국가기술자격증 취득을 위한

인벤터 3D & 오토캐드 2D

실기 실무 활용서

공저 메카피아 이예진, 장덕인
감수 노수황

피앤피북

국가기술자격증 취득을 위한
인벤터 3D & 오토캐드 2D 실기 실무 활용서

발행 2020년 3월 30일 초판 1쇄 발행

지은이 메카피아 이예진, 장덕인
감 수 노수황

발행인 최영민
발행처 피앤피북
주소 경기도 파주시 신촌2로 24
전화 031-8071-0088
팩스 031-942-8688
전자우편 pnpbook@naver.com

출판등록 2015년 3월 27일
등록번호 제406-2015-31호

정가 : 27,000원

ISBN 979-11-87244-59-2 93550

국가기술자격증 취득을 위한

인벤터 3D & 오토캐드 2D 실기 실무 활용서

머리말

현재 전산응용기계제도기능사 국가기술자격은 1974년 이후 기계제도기능사2급→정밀설계기능사2급→기계제도기능사→전산응용기계제도기능사로 자격의 변천과정이 있었으며 자격의 개요로 전자 · 컴퓨터 기술의 급속한 발전에 따라 기계제도 분야에서도 컴퓨터에 의한 설계 및 생산시스템(CAD/CAM)이 광범위하게 이용되고 있다. 그러나 이러한 시스템을 효율적으로 적용하고 응용할 수 있는 인력은 부족한 편이다. 이에 따라 산업현장에서 필요로 하는 전산응용 기계제도분야의 기능인력을 양성하고자 자격을 제정하였다.

또한 수행직무로 CAD시스템을 이용하여 도면을 작성하거나 수정, 출도를 하며 부품도를 도면의 형식에 맞게 배열하고 단면 형상의 표시 및 치수 노트를 작성하며 컴퓨터 그래픽을 이용하여 부품의 전개도, 조립도, 재단도, 유압회로, 전기회로, 배관회로 등을 제도하는 업무 수행을 하는 중요한 직무이다.

관련 전공자는 기계, 조선, 항공, 전기, 전자, 건설, 환경, 플랜트 엔지니어링 분야 등으로 진출한다. 최근 기계제도 분야에서는 CAD시스템 사용보편화와 CAD기술의 지속적인 발전으로 2차원 및 3차원 CAD를 활용한 전산응용기계제도 방식이 주류를 이루고 있다. 이에 따라 향후 시스템 운용을 담당할 기능인력이 꾸준히 증가할 전망이며, 최근 5년간 자격 응시 인원도 매년 증가하고 있는 추세이다.

본 서에서는 전산응용기계제도기능사, 기계설계산업기사, 일반기계기사 등의 실기 시험에 있어 유사한 수준의 도면작성과 모델링 기법을 단기간에 습득할 수 있도록 핵심 내용 위주로 기술하고 있다.

특히 자격 시험장에서 많이 설치되어 있고 사용자가 많은 오토캐드(AutoCAD)를 이용한 2D 도면작성과 인벤터(Inventor)를 이용한 3D 모델링 작업에 관련한 사항을 집중적으로 기술하여 실기 시험에 만반의 준비를 할 수 있도록 구성하였다.

주어진 시간 내에 조립도면을 해독하여 요구하는 부품을 모델링하고 KS규격에 의한 기계제도법을 준수하여 도면작업을 하여 최종 제출하기까지 CAD 활용 능력뿐만 아니라 기계제도법에 관한 여러 가지 관련 지식이 요구되는 자격시험으로 제조업 분야의 엔지니어로 성장하기 위한 가장 기본적이고 필수적인 자격이라고 할 수 있다.
모쪼록 본 교재를 채택해주신 독자 여러분들의 건승을 기원하며 자격증 취득에 도움이 되길 희망한다.

끝으로 한 권의 책으로 엮어내기까지 물심양면으로 많은 도움을 주신 ㈜메카피아 임직원들과 파트너인 피앤피북 출판 관계자 여러분께 깊은 감사의 인사를 드린다.

2020년 경자년 새해 저자 올림

저자 : 이예진

현 ; (주)메카피아 교육사업부 팀장
자격 ; Autodesk 공인 강사 (ACI – Autodesk Certified Instructor)
기계설계산업기사
전산응용기계제도기능사
3D프린터운용기능사
ATC 3D Printing 2급
ACU (Autodesk Certified User) – Fusion 360
ACU (Autodesk Certified User) – AutoCAD
ACP (Autodesk Certified Professional) – AutoCAD
ACP (Autodesk Certified Professional) – Inventor
저서 ; Autodesk INVENTOR 2016 입문서(2015.10.20)
무한상상 3차원 모델링 예제집(2015.11.11)
123D DESIGN + 3D 모델링 & 3D 프린팅(2016.02.22)
AutoCAD 기계제도 입문서(2016.03.20)
캐드 파워 유저들이 극찬한 캐드! progeCAD(2016.10.05)
Autodesk FUSION 360 3D 모델링 & 3D 프린팅(2018.04.20)
Autodesk 123D DESIGN과 3D 모델링 입문 활용서(2018.07.10)
Autodesk INVENTOR 2018 / 2019 Basic for Engineer(2019.03.12)
Fusion 360 CAM & Generative Design(2020.01.20)

저자 : 장덕인

현 ; 한국폴리텍 대학 울산캠퍼스 컴퓨터응용기계 학과장 재직중
약력 ; 한국폴리텍 대학 창원캠퍼스 기계설계학과
(89.01.01 – 01.12.31)
창원대학교 대학원 박사과정 재학중
경남대학교 산업대학원 기계설계학 석사(08.2)
경상남도 지방기능경기대회 심사위원
(03. 04. 05. 07. 08)
울산지방기능경기대회 심사위원(12. 13. 18)
전국 기능경기대회 심사위원(00. 02. 06. 07)
울산광역시 장애인 지방기능경기대회 심사위원(13)
울산광역시 장애인 지방기능경기대회 심사장(18)
울산지방기능경기대회 심사장(17. 19)
논문 ; 고장력볼트 체결을 위한 유압텐셔너 구조설계 및 유압설정에 관한 연구
저서 ; 정밀설계를 위한 기계제도 및 설계 (2013.09.01)
CNC선반 조작 및 가공 프로그램 매뉴얼(2019.09.17)

목차 |

Part 5 오토캐드 2D 도면 작성하기

Part 6 인벤터 3D 도면 작성하기

Part 7 연습 예제 도면

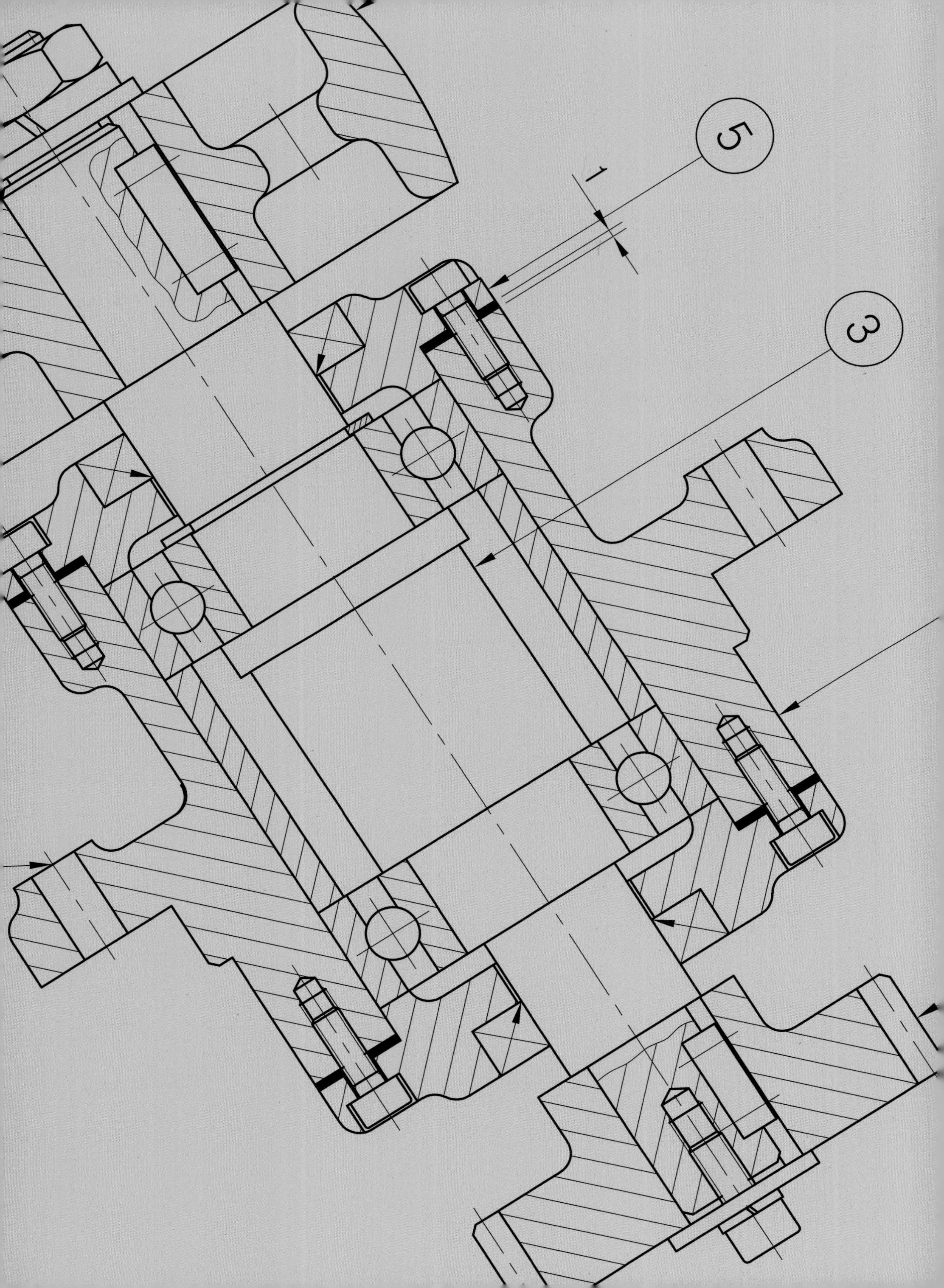
5
3
1

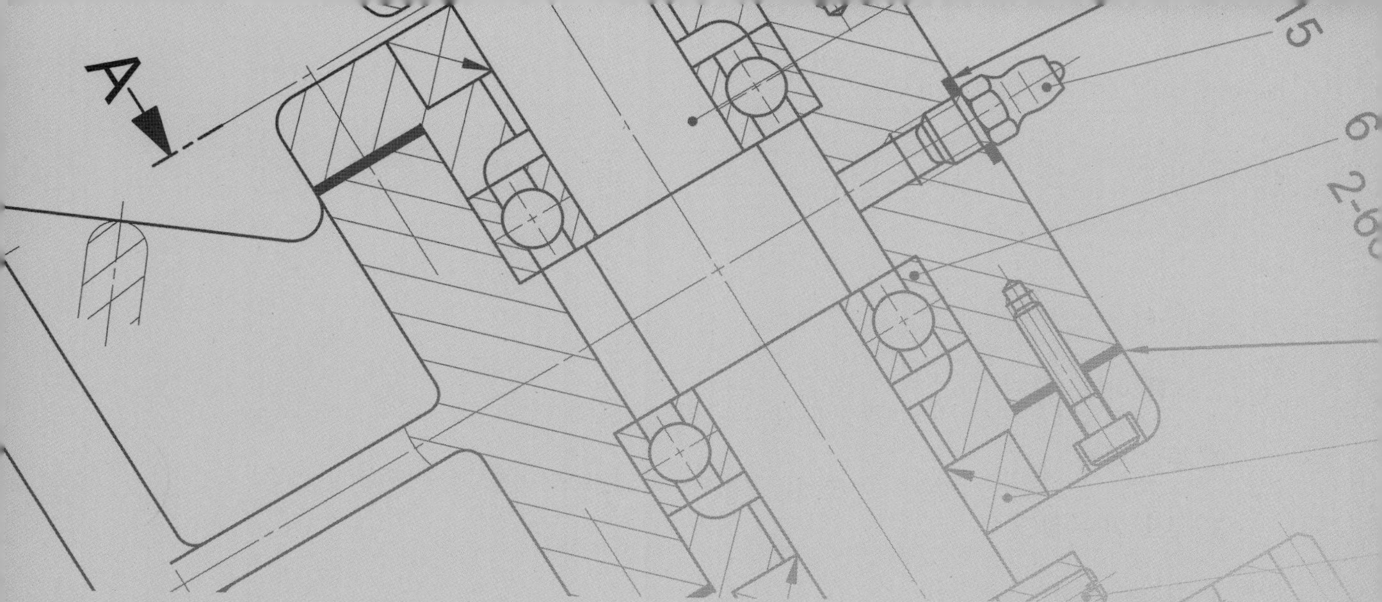

Part 01

실기시험 출제 기준

Section 1 기능검정 과제 분석 및 작업 방법

가. 도면 분석 및 이해

1. 작동 이해
요구사항 및 조립 도면을 보고 작동을 이해합니다. (이때는 작업하지 않는 부품도 모두 이해합니다.)

2. 투상 이해
각 부품의 투상(형상)을 이해합니다. (정면도, 우/좌측면도, 평면도 및 저면도 등을 비교하며...)

3. 주요 치수 및 공차
도면에 표기되어 있는 치수를 포함하여 작동, 조립에 관한 치수 및 공차를 이해합니다.

4. 규격품 정리
베어링, 오일실, 오링, Key, Pin 등의 기계요소 부품들을 과제도면 기준으로 KS기계제도 규격(PDF)에서 찾아 정리합니다.

5. 재질 및 표면처리
기계의 작동 및 각 부품에 맞는 재질과 표면처리(열처리, 도장) 방법을 정리합니다.

6. 주요 형상기하 공차
기계의 작동 및 특징에 맞도록 형상기하 공차를 정리합니다.

7. 부품의 투상 방법
각 부품의 정투상도(6면도 기준)를 결정하고, 각 부품의 단면도, 확대도, 부분 투상도 등을 정리합니다.

8. 시간 관리
위와 같이 도면을 이해하였다면 시간의 안배를 결정하고, 조정/관리할 수 있도록 체크합니다.

나. 3D 모델링 작업

1. 형상을 파악한 각 부품을 한 부분씩 나누어 3D 모델링을 합니다.
2. 모델링이 완료되었으면 형상을 확인하여 모따기와 필렛을 작업합니다.
3. 형상의 누락 및 오작업이 없는지 확인/검토합니다.
4. 각 부품마다 하나씩 위와 같이 작업합니다.

다. 등각 투상도(3D) 작업 (3차원 모델링도)

1. 부품의 형상 및 특징을 가장 잘 표현해 주는 Angle에서의 등각 투상도를 결정합니다.
2. 기능사의 경우 등각 투상도를 렌더링 처리하여 나타내고 산업기사의 경우 등각 투상도를 모서리선 또는 렌더링 처리하여 나타냅니다.
3. 산업기사의 경우 제품의 특징이 잘 나타나도록 단면하여 나타냅니다.
4. 부품의 크기와 유사하게 1:1 크기 또는 도면 크기에 알맞게 배치하여 나타냅니다.

라. 부품도(2D) 작업

1. 도면의 분석에서 정리한 것과 같이 각 부품의 투상도(6면도 및 단면도, 확대도, 부분 투상도 등)를 작업 및 배열합니다.
2. 각 부품 별로 치수의 기준면을 결정하고 부품의 특징과 목적 및 가공 공정에 맞도록 치수를 기입합니다.
3. 부품조립 및 가공 공정에 맞도록 주요공차 및 표면거칠기를 기입합니다.
4. 가공과 기능에 알맞는 주요 형상기하 공차를 기입합니다.
5. 도면의 크기에 맞추어 부품별로 확실하게 구분이 되도록 도면을 배치 및 정리합니다.
6. 표면처리(열처리, 도장), 부품의 명칭, 재질 및 수량 등을 표제란에 기입합니다.

마. 자체 도면 검도

도면 검도 요령 의거 또는 상기 내용을 기준으로 도면을 검도합니다.

Section 2 전산응용기계제도기능사 실기 출제 기준

<table>
<tr><td>직무분야</td><td>기 계</td><td>자격종목</td><td>전산응용기계제도기능사</td><td>적용기간</td><td>2018. 7. 1 ~ 2020. 12. 31</td></tr>
<tr><td colspan="6">○직무내용 : CAD 시스템을 이용하여 산업체에서 제품 개발, 설계, 생산 기술 부문의 기술자들이 기술 정보를 표현하고 저장하기 위한 도면, 그래픽 모델 및 파일 등을 산업 표준 규격에 준하여 제도하는 업무 등의 직무 수행

○수행준거 : 1) CAD 시스템을 사용하여 파일의 생성, 저장, 출력 등의 제도 환경을 설정할 수 있다.
2) 기계장치와 지그 등의 구조와 각 부품의 기능, 조립 및 분해 순서를 파악하여 한국 산업 규격(KS)에 준하는 제작용 부품 도면을 작성할 수 있다.
3) 출력 장치를 사용하여 한국 산업 규격(KS)에 준하는 도면을 출력할 수 있다.</td></tr>
</table>

실기검정방법	작 업 형	시험시간	5시간 정도

<table>
<tr><th>실 기
과목명</th><th>주요항목</th><th>세부항목</th><th>세세항목</th></tr>
<tr><td rowspan="4">전산응용기계
제도작업</td><td rowspan="2">1.설계관련
정보 수집
및 분석</td><td>1.정보 수집하기</td><td>1. 설계에 관련된 다양한 정보 원천을 확보할 수 있어야 한다.</td></tr>
<tr><td>2.정보 분석하기</td><td>2. 설계 관련 정보들을 체계적으로 해석 또는 분석하고 적용할 수 있어야 한다.</td></tr>
<tr><td>2.설계관련
표준화 제공</td><td>1.소요자재목록 및
부품 목록 관리하기</td><td>1. 주어진 도면으로부터 정확한 소요 자재 목록 및 부 품목록을 작성할 수 있어야 한다.</td></tr>
<tr><td>3.도면해독</td><td>1.도면 해독하기</td><td>1. 부품의 전체적인 조립 관계와 각 부품별 조립 관계를 파악할 수 있어야 한다.
2. 도면에서 해당 부품의 주요 가공 부위를 선정하고, 주요 가공 치수를 결정할 수 있어야 한다.
3. 가공 공차에 대한 가공 정밀도를 파악하고, 그에 맞는 가공 설비 및 치공구를 결정할 수 있어야 한다.
4. 도면에서 해당 부품에 대한 재질 특성을 파악하여 가공 가능성을 결정할 수 있어야 한다.</td></tr>
</table>

실 기 과목명	주요항목	세부항목	세세항목
전산응용기계 제도작업	4.형상(3D/2D) 모델링	1.모델링 작업 준비하기	1. 사용할 CAD 프로그램의 환경을 효율적으로 설정할 수 있어야 한다.
		2.모델링 작업하기	1. 이용 가능한 모델링 프로그램의 기능을 사용하여 요구되는 형상을 설계로 완벽하게 구현할 수 있어야 한다. 2. 모델링의 수정 및 편집을 용이하게 할 수 있어야 한다. 3. 관련 산업 표준을 준수하여 모델링을 할 수 있어야 한다. 4. 영역, 길이, 각도, 공차, 지시 등 모델링에 관련된 추가적인 정보를 도출하고 생성할 수 있어야 한다.
	5.설계도면 작성	1.설계사양과 구성요소 확인하기	1. 설계 입력서를 검토하여 주요 치수가 정확히 선정이 되었는지 확인할 수 있어야 한다.
		2.도면 작성하기	1. 부품 상호간 기구학적 간섭을 확인하여 오류 발생시 수정할 수 있어야 한다. 2. 레이아웃도, 부품도, 조립도, 각종 상세도 등 일반 도면을 작성할 수 있어야 한다.
		3.도면 출력 및 데이터 관리하기	1. 요구되는 데이터 형식에 맞도록 저장하거나 출력할 수 있어야 한다. 2. 프린터, 플로터 등 인쇄 장치의 설치와 출력 도면 영역 설정으로 실척 및 축(배)척으로 출력할 수 있어야 한다. 3. CAD 데이터 형식에 대하여 각각의 용도 및 특성을 파악하고 이를 변환할 수 있어야 한다. 4. 작업된 도면의 용도 및 활용성을 파악하고 분류하여 저장할 수 있어야 한다.
	6.설계검증	1.공학적 검증하기	1. 구성품의 질량, 응력, 변위량 등을 CAD 소프트웨어 등을 이용하여 계산하고 검증할 수 있어야 한다.

Section 3 전산응용기계제도기능사 실기시험 변경 안내

1. 변경사항

	현행	변경
과제명	부품도 및 모델링도 작업	부품도 및 모델링도 작업 – 질량 해석 추가
작업 시간	5시간	5시간
적용 시기	2018년 기능사 2회 실기시험까지 (산업수요 맞춤형 고등학교 및 특성화 고등학교 등 필기시험 면제자 검정 포함)	2018년 기능사 3회 실기시험부터

2. 주요 작업 내용

□ 부품도 및 모델링도 작업

1. 조립도 형식의 문제도면에서 지시한 부품에 대해 2D 부품도 및 3D 모델링도 작업을 실시합니다.

2. 기능과 동작을 이해하여 투상도, 치수, 치수공차, 끼워맞춤 공차 등 한국산업표준(KS)에 따라 도면을 작성합니다.

3. 3D 모델링도는 형상을 잘 나타내는 등각축을 잡아서 각 부품당 2개의 렌더링 등각 투상도를 나타내며, 이 때 음영 및 렌더링 처리를 하여 표현합니다.

– 여기서 3D 모델링도의 부품란 비고에 주어진 밀도 조건에 따른 질량을 산출하여 기입합니다. (질량해석 추가)

4. 그 외 사항은 기계 설계 및 KS 제도법을 기준으로 문제지 요구사항에 따라 2장(2D 부품도, 3D 모델링도)의 도면을 작성하여 제출합니다.

Section 4 개인 PC 사용 CAD 프로그램 활용 관련 안내

개인 PC를 사용한 CAD 프로그램 활용 실기시험 응시와 관련, 공정한 국가기술자격 시험을 위하여 아래와 같이 사전 안내를 드리오니 수험자께서는 양지하시어 협조해 주시기 바랍니다.

o 만약 시험장에 사용하려는 CAD 소프트웨어가 없을 경우 본인이 지참(정품 CAD 소프트웨어 또는 개인 PC)하여 사용할 수 있으나, 호환성 및 설치, 출력 등으로 인해 발생되는 모든 관련 사항은 수험자의 책임입니다.

– 본인 지참 시 시험 시작 전에 시험장 PC에 S/W 설치를 하거나 감독위원에게 개인 PC 검수를 받으셔야 시험을 응시할 수 있습니다.

– 개인 PC 지참시 PC 내용에는 CAD 파일 등 부정행위와 관련된 어떤 파일도 있어서는 안되며, 시험 전에 포맷 후 CAD 소프트웨어와 PDF Viewer 만을 설치하여 시험장에 오시기 바라며, 검수 결과 포맷이 이루어지지 않았을 시 시험장의 PC를 사용하여야 합니다.

– 특히 시험장 출력용 PC에 사용을 원하는 CAD 소프트웨어가 없을 경우 PDF 파일 형태로 출력한 후 종이로 출력해야 하오니 이 점 양지하시어 시험을 준비하시기 바랍니다.

– 이 때 폰트 깨짐 등의 문제가 발생할 수 있기 때문에 CAD 사용 환경 등을 충분히 숙지하시기 바랍니다.

o 제도 작업에 필요한 KS 관련 데이터는 시험장에서 파일 형태로 제공되므로 기타 데이터와 관련된 노트 또는 서적을 열람하면 부정행위자로 처리됩니다.

o 미리 작성된 Part program(도면, 단축 키 셋업 등) 또는 Block(도면양식, 표제란, 부품란, 요목표, 주서 및 표면 거칠기 비교표 등)을 사용할 경우 부정행위자로 처리됩니다.

o 수험자가 원할 경우 수험자 개인이 사용하는 마우스, 키보드는 지참하여 사용하실 수 있습니다.

– 다만, 설치나 호환성 관련 문제가 있을 경우 전적으로 수험자 책임이오니 양지하시기 바랍니다.

Section 5 전산응용기계제도기능사 실기 요구사항 예

응시종목	전산응용기계제도기능사	도 명	도면참조

비번호 :

※시험시간 : [O 표준시간 : 5시간]

1. 요구사항

※ 지급된 재료 및 시설을 이용하여 다음 (1)의 부품도(2D) 제도, (2)의 렌더링 등각 투상도(3D) 제도를 순서에 관계없이, 다음의 요구사항들에 의해 제도하시오.

(1) 부품도(2D) 제도

A) 주어진 문제의 조립도면에 표시된 부품번호 (① , ② , ③ , ④)의 부품도를 CAD 프로그램을 이용하여 A2 용지에 척도는 1:1로 투상법은 제3각법으로 제도하시오.

B) 각 부품들의 형상이 잘 나타나도록 투상도와 단면도 등을 빠짐없이 제도하고, 설계 목적에 맞는 가공을 하여 기능 및 작동을 할 수 있도록 치수 및 치수공차, 끼워 맞춤 공차와 기하 공차 기호, 표면거칠기 기호, 표면처리, 열처리, 주서 등 부품 제작에 필요한 모든 사항을 기입하시오.

C) 제도 완료 후 지급된 A3(420x297) 크기의 용지(트레이싱지)에 수험자가 직접 흑백으로 출력하여 확인하고 제출하시오.

(2) 렌더링 등각 투상도(3D) 제도

A) 주어진 문제의 조립도면에 표시된 부품번호 (① , ② , ③) 의 부품을 파라메트릭 솔리드 모델링을 하고 모양과 윤곽을 알아보기 쉽도록 뚜렷한 음영, 렌더링 처리를 하여 A3 용지에 제도하시오.

B) 음영과 렌더링 처리는 아래 그림과 같이 형상이 잘 나타나도록 등각 축 2개를 정해 척도는 NS로 실물의 크기를 고려하여 제도하시오. (단, 형상은 단면하여 표시하지 않는다.)

C) 부품란 "비고"에는 모델링한 부품 중 (① , ② , ③) 부품의 질량을 g 단위로 소수점 첫 째자리에서 반올림하여 기입하시오.

- 질량은 반드시 재질과 상관없이 비중을 7.85로 하여 계산하시기 바랍니다.

D) 제도 완료 후, 지급된 A3(420x297) 크기의 용지(트레이싱지)에 수험자가 직접 흑백으로 출력하여 확인하고 제출하시오.

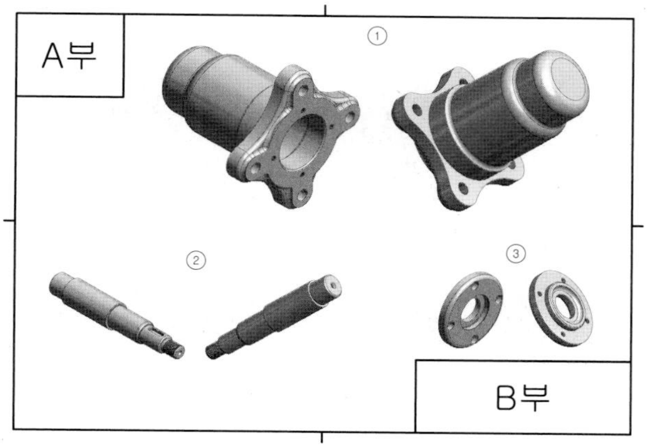

(3) 부품도 제도, 렌더링 등각 투상도 제도-공통

A) 도면의 크기별 한계설정(Limits), 윤곽선 및 중심마크 크기는 다음과 같이 설정하고, a b의 도면의 한계선(도면의 가장자리 선)이 출력되지 않도록 하시오.

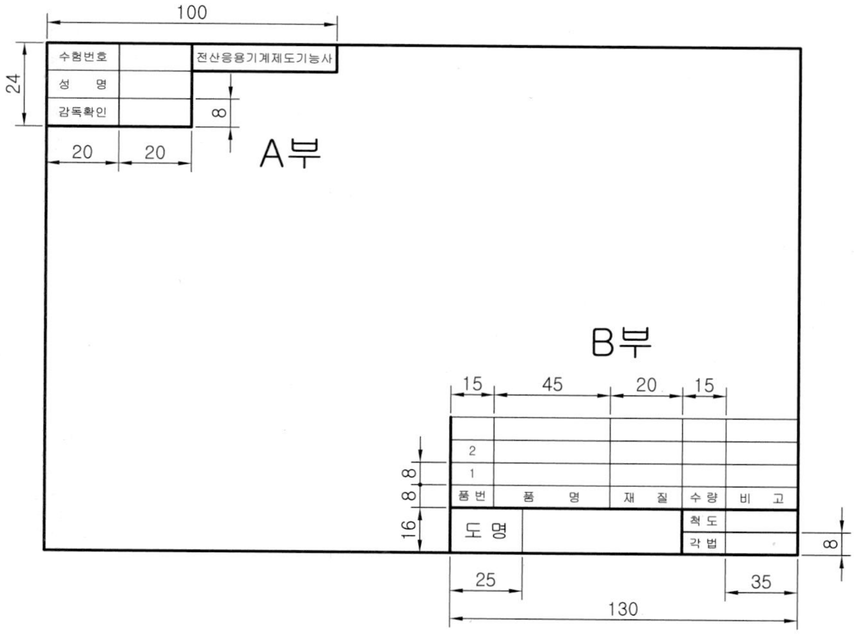

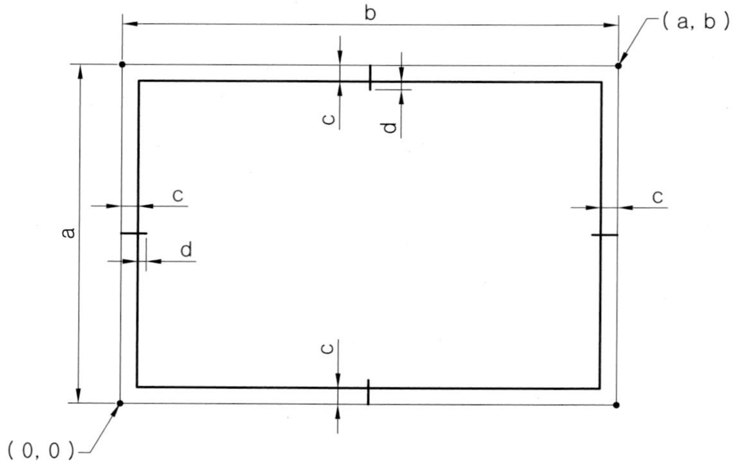

구분	도면의 한계		중심마크	
기호 / 도면크기	a	b	c	d
A2 (부품도)	420	594	10	5
A3 (렌더링 등각 투상도)	297	420	10	5

B) 문자, 숫자, 기호의 크기, 선 굵기는 다음 표에서 지정한 용도별 크기를 구분하는 색상을 지정하여 제도하시오.

문자, 숫자, 기호의 높이	선 굵기	지정 색상(Color)	용도
7.0㎜	0.70㎜	청(파란)색(Blue)	윤곽선, 표제란과 부품란의 윤곽선, 중심마크 등
5.0㎜	0.50㎜	초록(Green),갈색(Brown)	외형선, 부품번호, 개별주서 등
3.5㎜	0.35㎜	황(노란)색(Yellow)	숨은선, 치수와 기호, 일반주서 등
2.5㎜	0.25㎜	흰색(White),빨강(Red)	해치선, 치수선, 치수보조선, 중심선, 가상선 등

※ 위 표는 AutoCAD 프로그램 상에서 출력을 용이하게 위한 설정이므로 다른 프로그램을 사용할 경우 위 항목에 맞도록 문자, 숫자, 기호의 크기, 선 굵기를 지정하시기 바랍니다.

※ 출력 과정에서 문자, 숫자, 기호의 크기 및 선 굵기 등이 옳지 않을 경우 감점이나 혹은 채점 대상 제외가 될 수 있으니 이 점 참고하시기 바랍니다.

C) 아라비아 숫자, 로마자는 컴퓨터에 탑재된 ISO 표준을 사용하고, 한글은 굴림 또는 굴림체를 사용하시오.

2. 수험자 유의사항

※ 다음 유의사항을 고려하여 요구사항을 완성하시오.

1) 제공한 KS 데이터에 수록되지 않은 제도 규격이나 데이터는 과제로 제시된 도면을 기준으로 제도하거나 ISO규격과 관례에 따르시오.

2) 주어진 문제의 조립도면에서 표시되지 않은 제도규격은 지급한 KS규격 데이터에서 선정하여 제도하시오.

3) 주어진 문제의 조립도면에서 치수와 규격이 일치하지 않을 때는 해당 규격으로 제도하시오.

4) 마련한 양식의 A부 내용을 기입하고 시험위원의 확인 서명을 받아야 하며, B부는 수험자가 작성 하시오.

5) 수험자에게 주어진 문제는 수험번호를 기재하여 반드시 제출하시오.

6) 시작 전 바탕화면에 본인 비번호 폴더를 생성한 후 이 폴더에 비번호를 파일명으로 하여 작업내용을 저장하고 시험 종료 후 하드디스크의 작업내용은 삭제하시오.

7) 정전 또는 기계고장으로 인한 자료손실을 방지하기 위하여 10분에 1회 이상 저장(save)하시오.

8) 수험자는 제공된 장비의 안전한 사용과 작업 과정에서 안전수칙을 준수하시오.

9) 다음 사항에 대해서는 채점 대상에서 제외하니 특히 유의하시기 바랍니다.

A) 기권

(1) 수험자 본인이 수험 도중 기권 의사를 표시한 경우

B) 실격

(1) 미리 작성된 Part program(도면, 단축 키 셋업 등) 또는 Block(도면양식, 표제란, 부품란, 요목표, 주서 및 표면 거칠기 비교표 등)을 사용한 경우

(2) 채점 시 도면 내용이 다른 수험자와 일부 또는 전부가 동일한 경우

(3) 파일로 제공한 KS 데이터에 의하지 않고 지참한 노트나 서적을 열람한 경우

(4) 수험자의 장비조작 미숙으로 파손 및 고장을 일으킨 경우

C) 미완성

(1) 시험시간 내에 작품을 제출하지 아니한 경우

(2) 수험자의 직접 출력시간이 20분을 초과한 경우

(3) 요구한 부품도, 렌더링 등각 투상도 중에서 1개라도 투상도가 제도되지 않은 경우

D) 기 타

(1) 도면크기(윤곽선)와 내용이 일치하지 않은 도면

(2) 각법이나 척도가 요구사항과 맞지 않은 도면

(3) KS 제도규격에 의해 제도되지 않았다고 판단된 도면

(4) 지급된 용지(트레이싱지)에 출력되지 않은 도면

(5) 끼워 맞춤공차 기호를 부품도에 기입하지 않았거나 아무 위치에 지시하여 제도한 도면

(6) 끼워 맞춤 공차의 구멍 기호(대문자)와 축 기호(소문자)를 구분하지 않고 지시한 도면

(7) 기하공차 기호를 부품도에 기호를 기입하지 않았거나 아무 위치에 지시하여 제도한 도면

(8) 표면거칠기 기호를 부품도에 기호를 기입하지 않았거나 아무 위치에 지시하여 제도한 도면

(9) 조립상태로 제도하여 기본 지식이 없다고 판단된 경우

※ 출력은 사용하는 CAD프로그램으로 출력하는 것이 원칙이나, 출력에 애로사항이 발생할 경우 pdf 파일로 변환하여 출력하는 것도 무방합니다.

※ 공개 과제로 제시한 주요 요구사항 및 수험자 유의사항은 KS 규격 변경, 출제기준 변경 등에 따라 실제 시험 문제에서는 다소 달라질 수 있음을 알려드립니다.

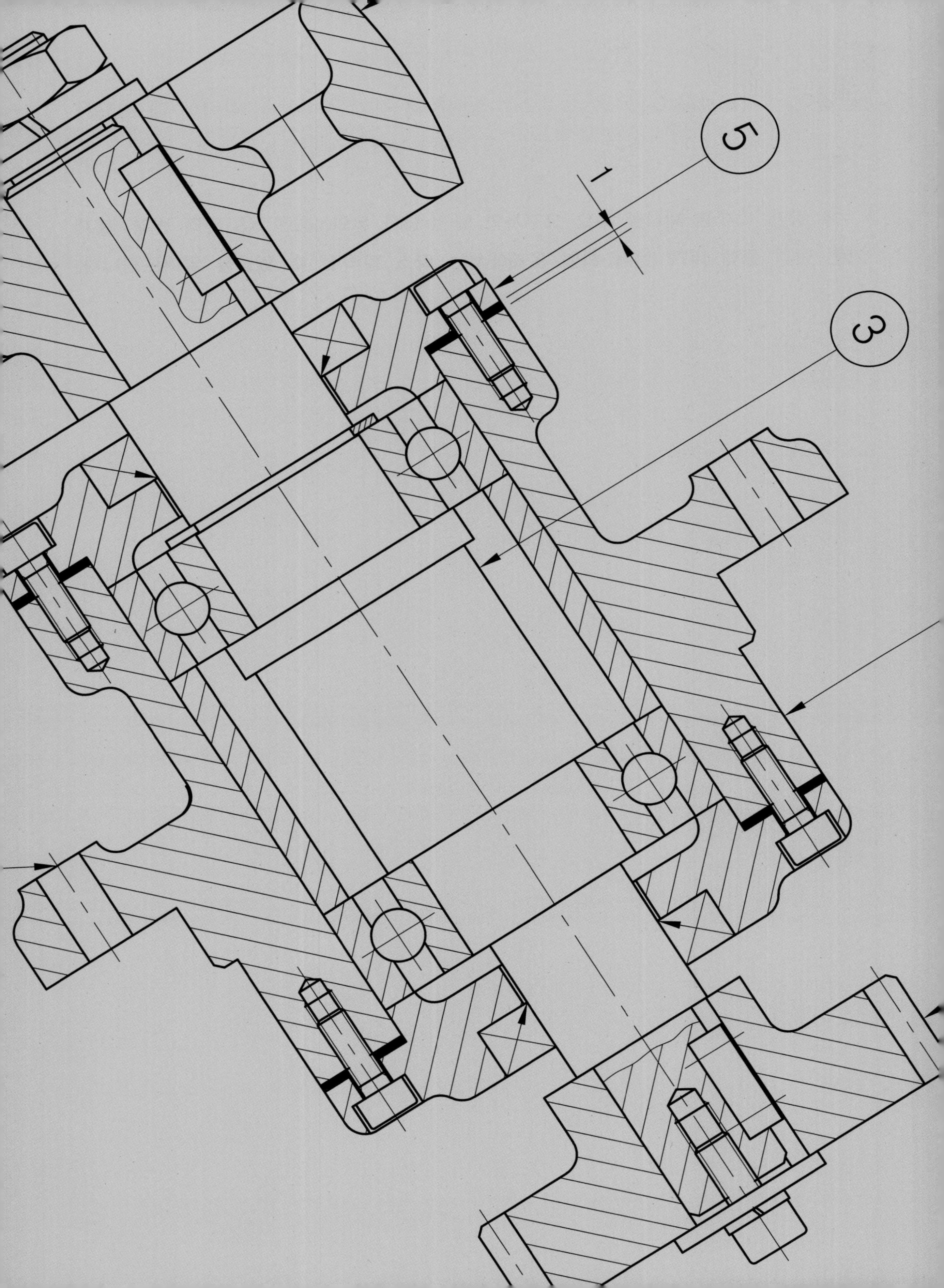
5
1
3

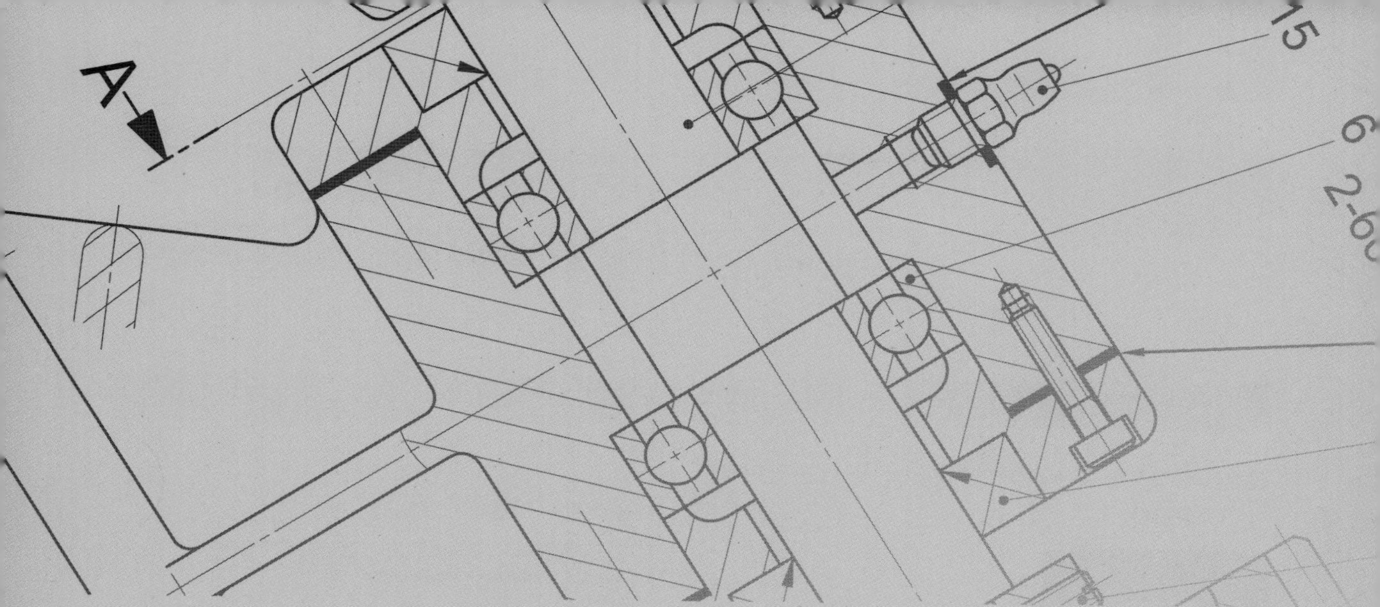

Part 02

인벤터 입문하기

Section 1 INVENTOR의 인터페이스와 환경 설정

INVENTOR의 인터페이스와 환경 설정에 대해 알아보도록 하겠습니다.

01 인벤터 실행하기

인벤터를 설치한 후 바탕화면의 아이콘을 더블 클릭해서 진행합니다.

다음과 같이 인벤터가 로딩됩니다.

02 인터페이스 소개

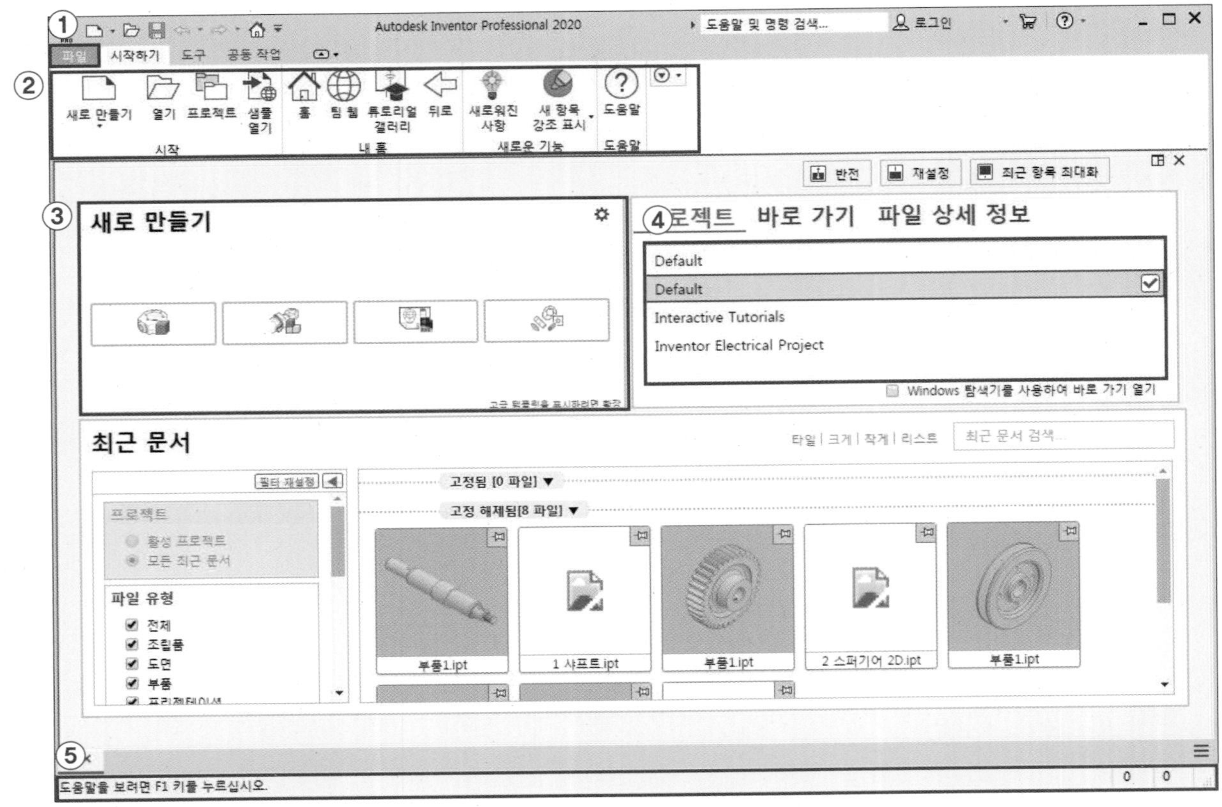

시작 화면은 다음과 같습니다.

❶ **파일 메뉴(어플리케이션 버튼)** : 모든 환경에서 접근할 수 있는 공통적인 명령 세트입니다.

❷ **패널 도구 막대** : 각각의 환경에 맞는 작업을 위한 명령어 아이콘 세트입니다.

❸ **새로 만들기** : 새 파일 작성을 위한 템플릿 설정창이 실행됩니다.

❹ **프로젝트** : 인벤터의 프로젝트를 변경할 수 있는 항목입니다.

❺ **상태 막대** : 현재 실행 중인 명령어의 순서나 현재 작업 환경의 상태를 표시합니다.

03 인벤터의 작업 환경과 작업 순서

① 인벤터의 작업 환경

새로 만들기 명령을 클릭하면 기본 템플릿 화면이 열립니다.

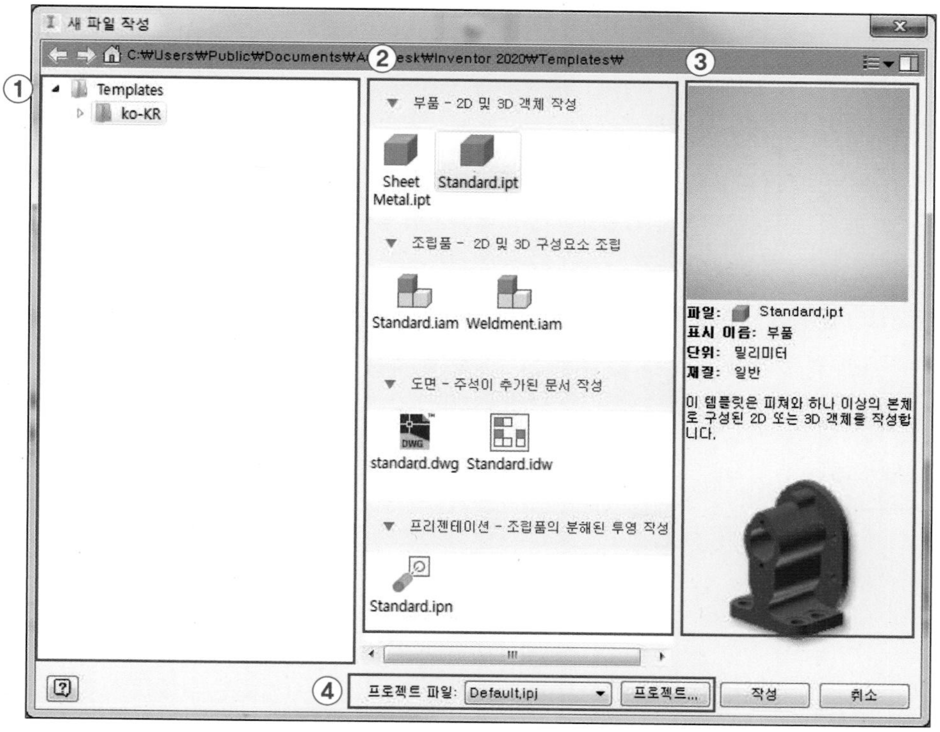

❶ **템플릿 폴더** : 템플릿 폴더가 표시됩니다.

❷ **템플릿 파일 검색기** : 해당 폴더에 있는 템플릿 파일이 표시됩니다.

❸ **템플릿 개요** : 선택한 템플릿의 개요와 설명이 표시됩니다.

❹ **프로젝트** : 프로젝트를 변경하거나 프로젝트 설명 창으로 갑니다.

② 인벤터의 템플릿 소개

❶ **Standard.ipt** : 기본적인 단품작업 환경을 제공합니다.

❷ **Sheet Metal.ipt** : 판금부품을 작성하는 환경을 제공합니다.

❸ **Standard.iam** : 기본적인 조립품 환경을 제공합니다.

❹ **Weldment.iam** : 용접환경이 추가된 조립품 환경을 제공합니다.

❺ **Standard.dwg** : 인벤터와 오토캐드가 직접 연동되는 도면 작업 환경을 제공합니다.

❻ **Standard.idw** : 기본적인 도면 작업 환경을 제공합니다.

❼ **Standard.ipn** : 분해도를 작성할 수 있는 프리젠테이션 작업 환경을 제공합니다.

04 응용프로그램 옵션 설정하기

인벤터를 원활하게 사용하기 위해서는 일단 기본적으로 간단한 응용프로그램 옵션을 설정해야 합니다. 모든 응용프로그램 옵션을 다 이해할 필요는 없고, 여기서는 간단하게 꼭 필요한 옵션 몇 가지만 설명하고 넘어가도록 하겠습니다.

다음과 같이 도구 탭의 응용프로그램 옵션 버튼을 클릭합니다.

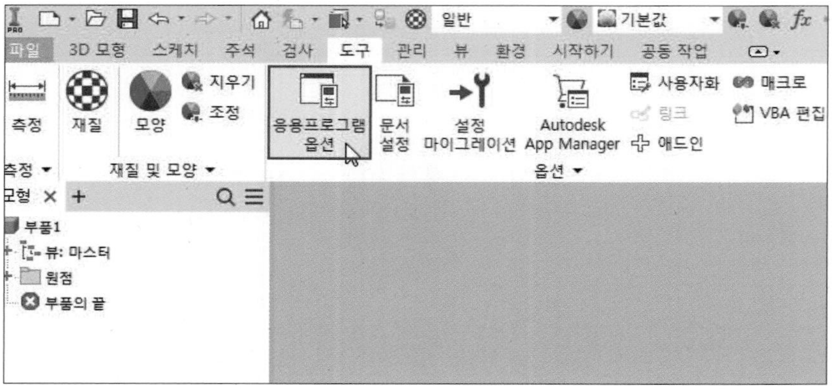

① 일반 탭 : 가장 일반적인 설정을 하는 옵션입니다.

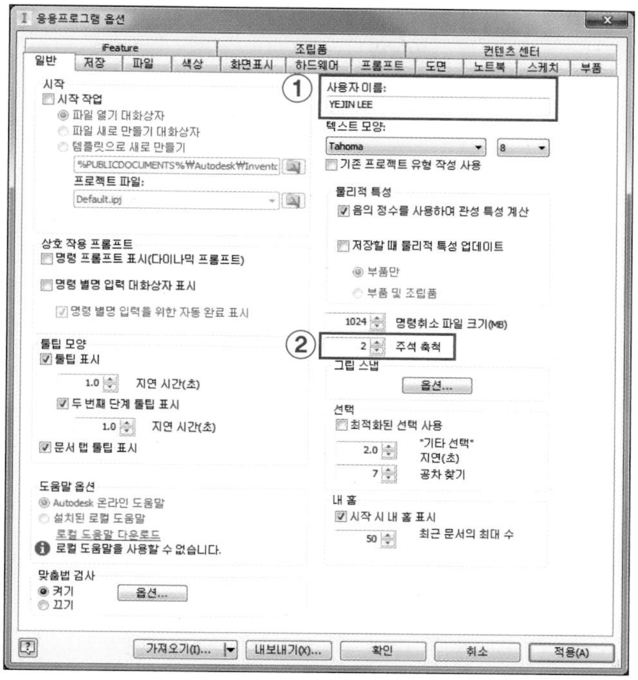

❶ **사용자 이름** : 도면 작성 시 사용자 이름 항목에 작성된 이름으로 등록됩니다.
자신의 이름 또는 이니셜로 변경합니다.

❷ **주석 축척** : 기본적인 텍스트의 크기나 스케치에서의 스케치 요소의 배율 축척을 나타냅니다.
1.5~2 정도가 가장 적당합니다.

② 파일 탭

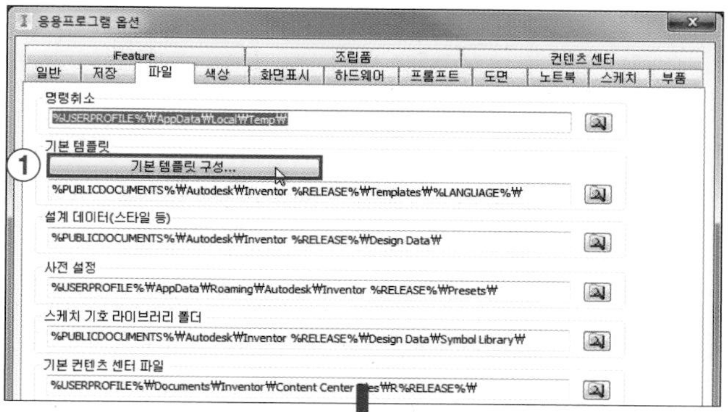

❶ **기본 템플릿 구성** : 기본 템플릿의 단위 및 표준 규격을 설정할 수 있습니다.

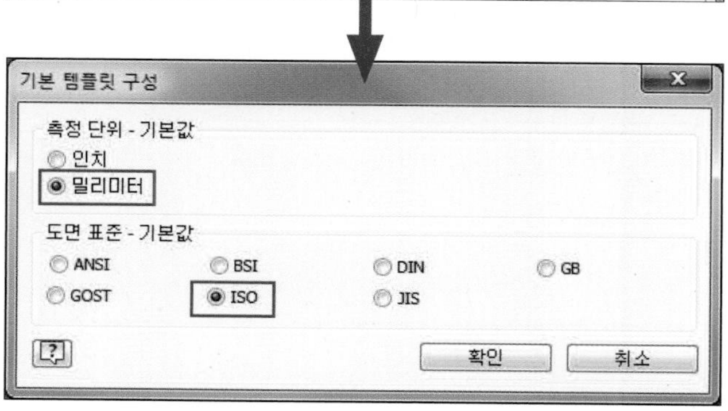

파일 측정 단위와 도면 표준의 기본값을 **밀리미터**와 ISO로 선택합니다.

③ 색상 탭 : 작업 화면의 스타일을 정하는 가장 중요한 옵션입니다.

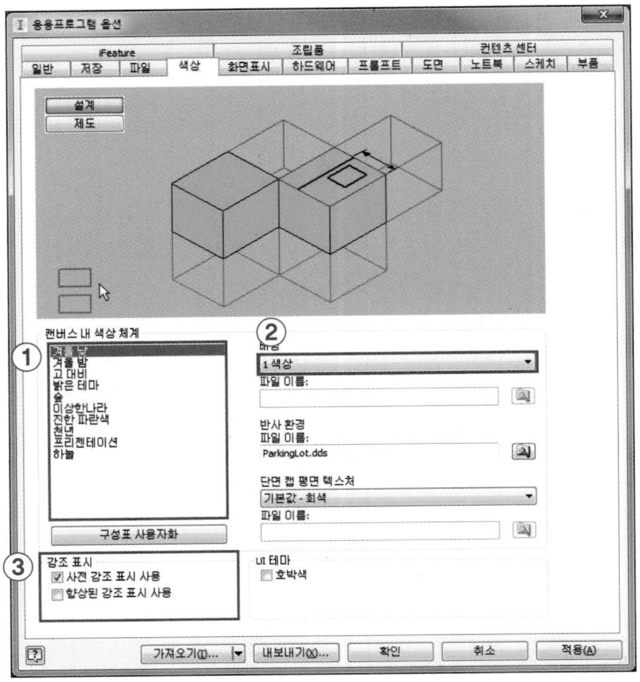

❶ **색상 체계** : 인벤터 시스템의 가장 기본적인 색상을 결정합니다.

❷ **배경** : 배경 색상을 결정합니다.

❸ **강조 표시** : 객체를 선택했을 때의 강조 표시에 대한 설정을 합니다.

④ 스케치 탭

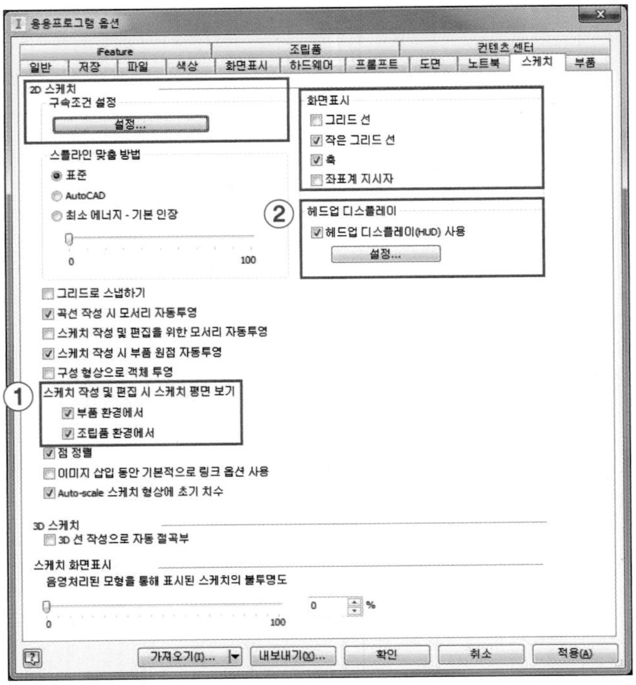

❶ **스케치 작성 및 편집 시 스케치 평면 보기** : 스케치를 새로 생성했을 때 해당 스케치가 모니터에 평행하게 표시됩니다.
(스케치의 표준 방향이 모니터에 평행하게 나타납니다.)

❷ **헤드업 디스플레이(HUD)** : AutoCAD의 동적 입력 기능과 같습니다.
(HUD를 사용하게 되면 스케치 작업시 속도가 느려질 수 있습니다.)

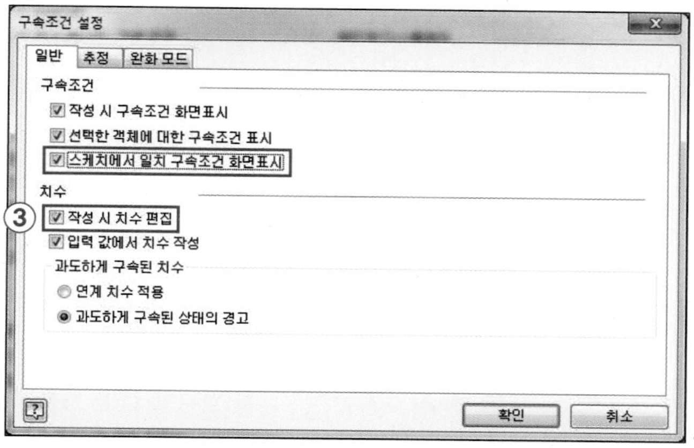

③ 작성 시 치수 편집 : 체크 상태로 합니다. 치수 작성 시 편집 창이 표시됩니다.

⑤ 화면표시 탭

인벤터 2011 버전부터 비주얼 스타일의 기본이 음영처리로 바뀌었기 때문에 기본 모델링의 모서리가 표시되지 않아 작업에 상당히 불편한 점이 많습니다. 여기서는 작업하기에 가장 편리한 모델의 표시 상태를 보기 위한 설정을 해보도록 하겠습니다.

모양 패널에서 응용프로그램 설정 사용을 선택하고 설정 버튼을 클릭합니다.

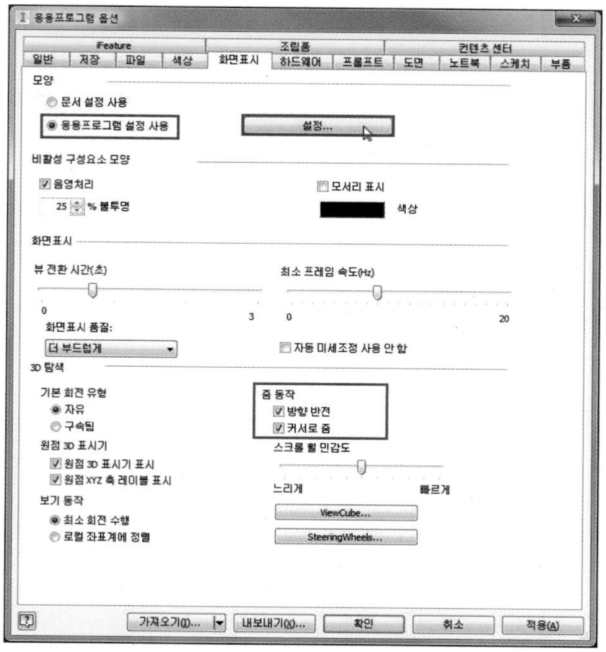

비주얼 스타일을 모서리로 음영처리로 바꾼 다음 확인 버튼을 클릭합니다.

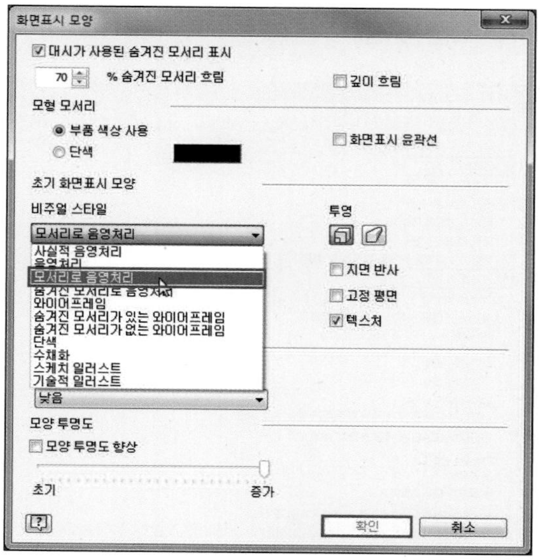

⑥ 부품 탭

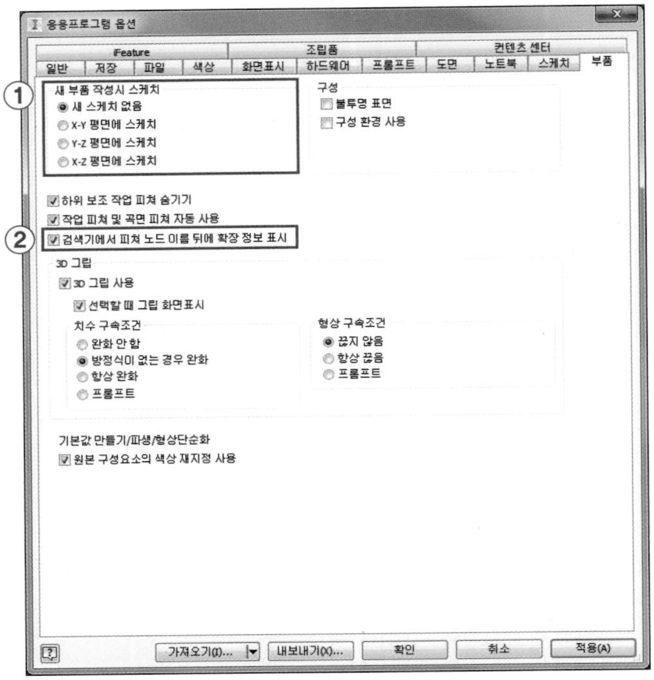

❶ **새 부품 작성시 스케치** : 2012 버전까지는 기본값이 X-Y 평면(즉, 정면)에 스케치였지만 2013 버전부터 기본값이 새 스케치 없음 상태가 되어 사용자가 직접 첫 번째 스케치를 작성할 면을 선택하게 되어 있습니다.

❷ **검색기에서 피쳐 노드 이름 뒤에 확장 정보 표시** : 피쳐 기능으로 입력한 값이 피쳐 옆에 표시됩니다.

⑦ 조립품 탭

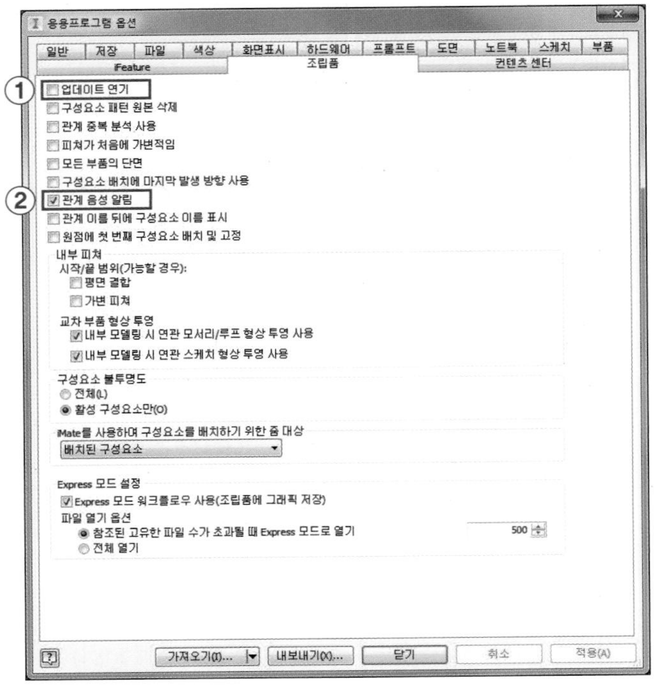

❶ **업데이트 연기** : 메이트 결과가 Update를 눌렀을 때 반영됩니다. 체크하면 부품 수량이 많을 때 유용합니다.

❷ **관계 음성 알림** : 조립품에서 부품을 조립할 때마다 알림음이 발생합니다. 체크 해제하도록 합니다.

05 인벤터의 기본 단축키

① 윈도우 단축키

단축키	설 명	범 주
Esc	명령 종료	전역
F1	현재 상태에 대한 도움말	전역
Del	선택한 객체 삭제	전역
Ctrl+C	복사	전역
Ctrl+N	새로 만들기	관리
Ctrl+O	열기	전역
Ctrl+P	인쇄	전역
Ctrl+S	저장	전역
Ctrl+V	붙여넣기	전역
Ctrl+X	잘라내기	전역
Ctrl+Y	명령 복구	전역
Crtl+Z	명령 취소	전역

② 인벤터 기본 단축키

단축키	설 명	범 주
F2	작업 창을 초점이동함	전역
F3	작업 창에서 줌 확대 또는 축소	전역
F4	작업 창에서 객체 회전	전역
F5	이전뷰로 돌아감	전역
F6	등각투영 뷰	전역
F7	그래픽 슬라이스	스케치
F8	전체 구속조건 표시	스케치
F9	전체 구속조건 숨기기	스케치
F10	스케치 숨기기/보이기	뷰
A	중심점 호	스케치
A	간섭 분석	조립품
A	기준선 치수 세트 명령	도면
B	품번기호 명령	도면
C	원 그리기	스케치
C	구속조건 명령	조립품
D	일반 치수 명령	스케치/도면

단축키	설 명	범 주
D	면 기울기/테이퍼 작성	부품
E	돌출 명령	부품
F	모깎기 작성	스케치/부품/조립품
F	형상 공차 명령	도면
H	스케치 영역 채우기/해치	스케치
H	구멍 명령	부품/조립품
I	수직 구속조건	스케치
L	선 명령	스케치
M	거리 측정	부품/조립품
N	구성요소 작성 명령	조립품
O	세로좌표 치수 세트 명령	도면
O	간격띄우기	스케치
P	구성요소 배치 명령	조립품
Q	iMate 작성 명령	조립품
R	회전 명령	부품/조립품
G	자유 회전	조립품
S	2D 스케치 명령	2D스케치/부품/조립품
T	텍스트 명령	스케치/도면
T	구성요소 미세조정 명령	프리젠테이션
V	자유 이동	조립품
W	모깎기 용접	용접 조립품
X	자르기 명령	스케치
Z	줌 창	뷰
]	작업평면 작성	전역
/	작업축 작성	전역
.	작업점 작성	스케치/부품/조립품
;	고정 작업점 작성	부품
=	동일 구속조건	스케치
Alt+.	사용자 작업점 보이기/숨기기	뷰
Alt+/	사용자 작업축 보이기/숨기기	뷰
Alt+]	사용자 작업평면 보이기/숨기기	뷰
Alt+F11	VBA 편집기	도구
Alt+F8	매크로	도구
Alt+마우스 드래그	조립품에서 메이트 구속조건 적용, 스케치에서는 스플라인 쉐이프 점 이동	조립품
Ctrl+−	맨 위 항목으로 복귀	부품/조립품
Ctrl+.	원점	부품/조립품
Ctrl+/	원점 축	부품/조립품

단축키	설 명	범 주
Ctrl+]	원점 평면	부품/조립품
Ctrl+=	상위 항목으로 복귀	부품/조립품
Ctrl+0	화면	전역
Ctrl+Enter	복귀	부품/조립품
Ctrl+H	대체	조립품
Ctrl+Shift+E	자유도	조립품
Ctrl+Shift+H	전체 대치	조립품
Ctrl+Shift+K	모따기	부품/조립품
Ctrl+Shift+L	로프트	스케치/부품
Ctrl+Shift+M	대칭	부품/조립품
Ctrl+Shift+N	시트 삽입	도면
Ctrl+Shift+O	원형 패턴	부품/조립품
Ctrl+Shift+Q	iMate 그림문자	조립품
Ctrl+Shift+R	직사각형 패턴	부품/조립품
Ctrl+Shift+S	스윕	스케치/부품
Ctrl+Shift+T	지시선	도면
Ctrl+Shift+W	용접물 기호	용접조립품
Ctrl+W	Steering	전역
Tab	강등	조립품
Shift+Tab	승격	조립품
Shift+F5	다음	뷰
Shift+마우스 오른쪽 버튼	선택 도구 메뉴 활성화	전역
Shift+휠 버튼	작업 창에서 자동으로 모형 회전	부품/조립품
End	줌 선택	부품/조립품
Home	줌 전체	부품/조립품
Page Up	면 보기	부품/조립품
BACKSPACE	활성 선 도구에서 마지막으로 스케치한 세그먼트 제거	스케치
Space Bar	마지막 명령 재실행	전역

③ 인벤터 프로페셔널 단축키

단축키	설 명	범 주
A	애니메이트	응력 해석/프레임 분석
B	프로브	프레임 분석
C	시뮬레이션 작성	프레임 분석
D	다이어그램	프레임 분석
E	편집	케이블 및 하네스
F	힘	다이나믹 시뮬레이션
F	힘	프레임 분석
F	팬 인	케이블 및 하네스
F	코어/중공 마침	금형 설계
J	접합 삽입	다이나믹 시뮬레이션
L	케이블 및 하네스 라이브러리	케이블 및 하네스
N	시뮬레이션 작성	응력 해석
N	음영처리 없음	프레임 분석
P	빔 특성	프레임 분석
P	피벗	케이블 및 하네스
P	핀 배치	케이블 및 하네스
P	프로브	응력 해석
R	보고서	응력 해석/프레임 분석
S	시뮬레이트	응력 해석/프레임 분석
T	파라메트릭 테이블	응력 해석
U	언라우팅	케이블 및 하네스
V	가상 부품 지정	케이블 및 하네스
X	고정 구속조건	프레임 분석

Section 2 화면 제어 알아보기

INVENTOR의 화면 제어법에 대해 알아보도록 하겠습니다.

01 마우스와 키보드를 이용한 빠른 화면 제어

① 확대/축소

❶ **전체 확대** : 휠 버튼을 더블 클릭합니다.
(단축키 Home)

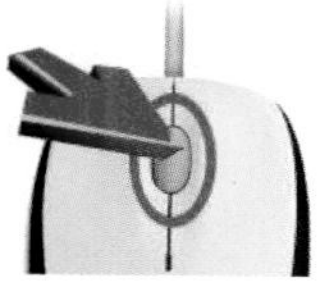

❷ **마우스 휠 버튼** : 위로 굴리면 화면이 축소, 아래로 굴리면 마우스 커서를 중심으로 화면이 확대됩니다.

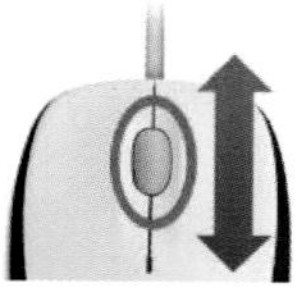

② 시점 이동

마우스 휠 버튼을 클릭해서 드래그하면 화면 시점이 이동합니다.

③ 화면 회전

❶ Shift 버튼을 누른 채로 마우스 휠 버튼을 드래그합니다.

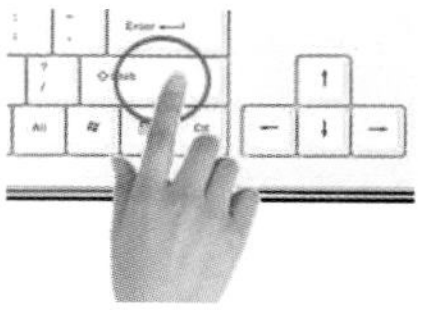

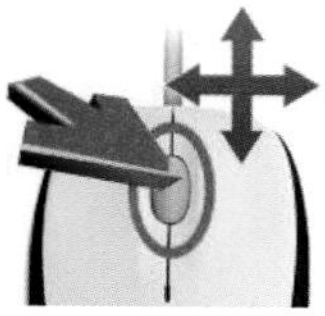

❷ 단축키 F4를 누른 채로 마우스 왼쪽 버튼을 클릭 & 드래그 합니다.

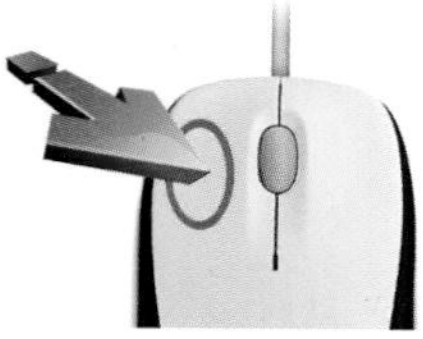

02 탐색 막대 활용하기

화면 우측의 탐색 막대를 활용해서 화면 제어를 할 수 있습니다.

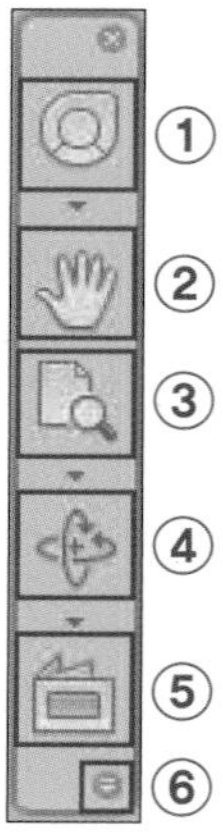

❶ **전체 탐색 휠** : 인벤터 화면 제어에 필요한 모든 명령을 리모컨 형식으로 간편하게 쓸 수 있도록 되어 있습니다.

❷ **시점 이동** : 화면의 시점 이동을 할 수 있습니다.

❸ **줌 전체** : 모델의 전체모습을 화면에 꽉 차게 나타내 줍니다. 아이콘 하단의 확장 화살표를 클릭하면 더욱더 다양한 종류의 줌 명령을 사용할 수 있습니다.

❹ **자유 회전** : 화면을 회전할 수 있습니다.

❺ **면 보기** : 선택한 면을 화면에 수직되게 회전시킵니다.

❻ **기타 옵션** : 그 외 화면 제어에 필요한 기타 아이콘 명령어들이 포함되어 있습니다. 체크해서 꺼내올 수 있습니다.

03 뷰 큐브(View Cube) 활용하기

화면 우측 상단에 위치한 상자 모양의 박스입니다. 실제 상자라고 생각하고 각 면이나 모서리 및 꼭지점을 마우스로 클릭합니다. 상자의 각 표면에는 해당 방향에 대한 이름표가 쓰여져 있습니다.

왼쪽 위의 홈 마크를 누르면 인벤터에서 기본으로 설정되어 있는 방향으로 화면이 회전 배치됩니다. (단축키 F6)

정투상일 때에는 뷰큐브에 90도씩 회전 마크와 시계/반시계 방향으로 틸팅 버튼이 표시됩니다.

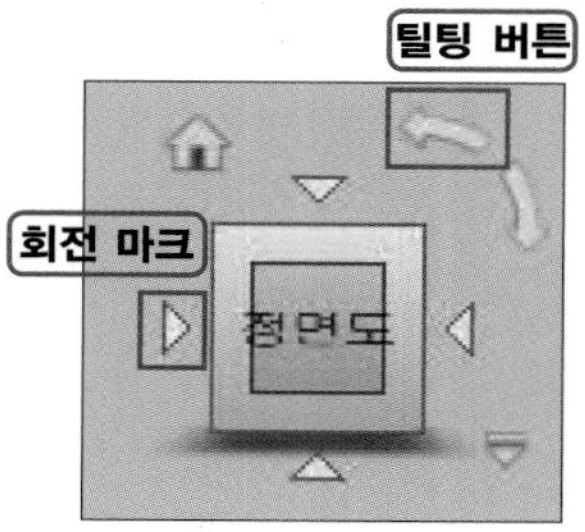

04 마킹 표식 메뉴 활용하기

인벤터 환경에서 마우스 우측 버튼을 클릭하면 각각의 환경에 맞게 사용할 수 있는 마킹 메뉴가 표시됩니다.

스케치 환경에서

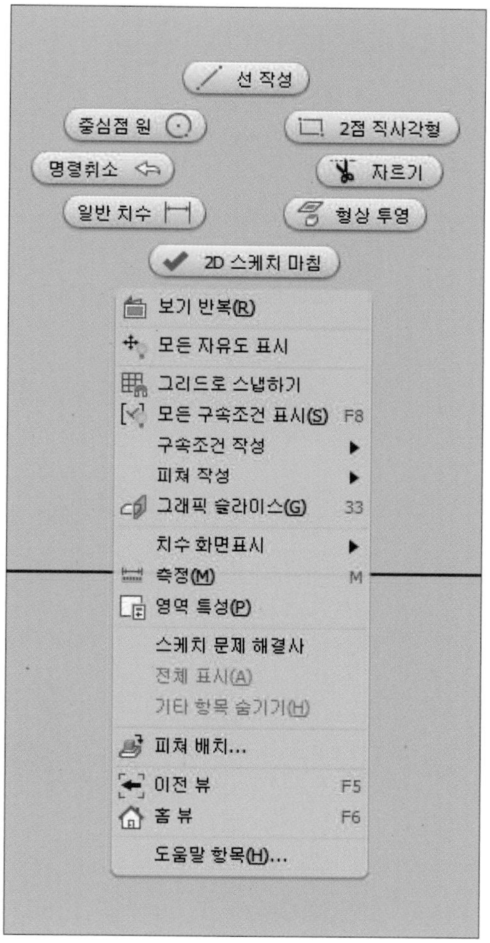

부품 환경에서

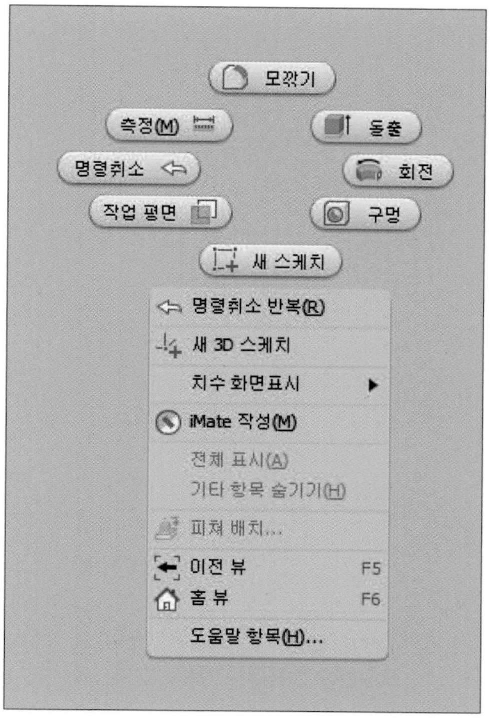

조립품 환경에서

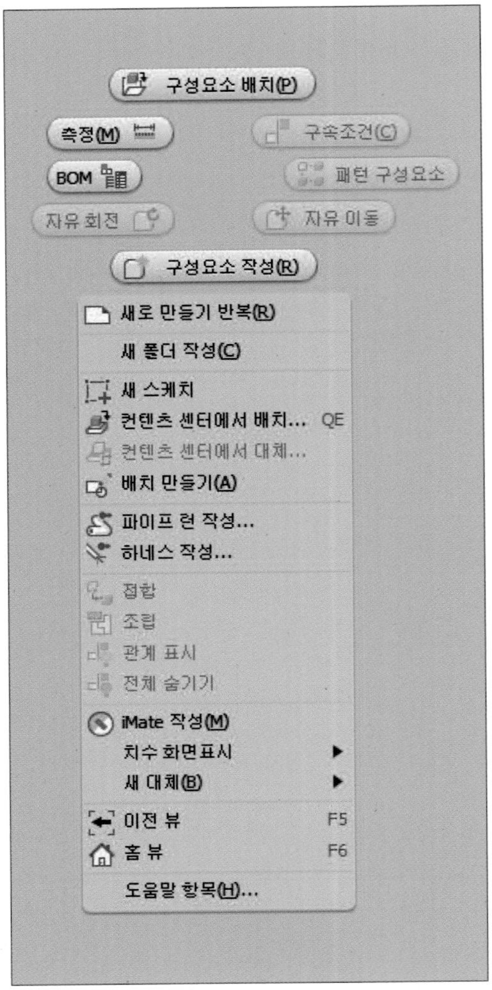

도면 환경에서

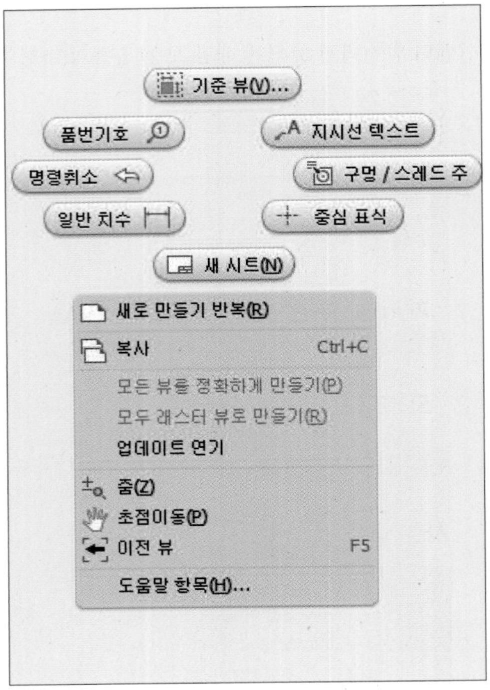

05 인벤터의 뷰 탭

인벤터에서 화면 표시에 대한 모든 명령어가 모여있는 탭입니다.

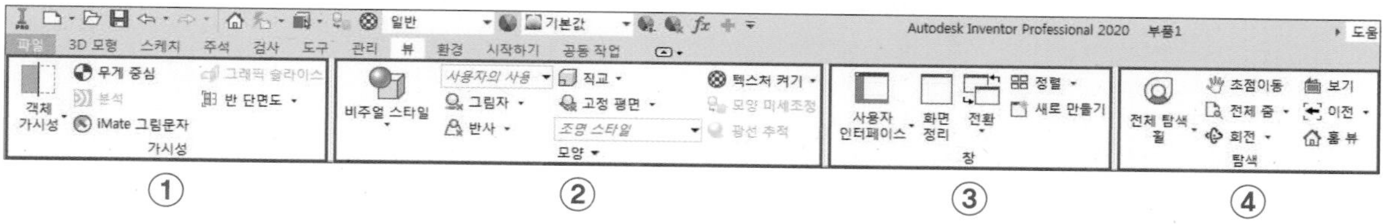

1 **가시성 패널** : 특정 객체의 가시성 또는 무게중심이나 곡률 분석을 하는 명령어가 모여있습니다.

2 **모양 패널** : 비주얼 스타일 또는 그림자와 텍스처, 반사 등 모델의 화면 표시 모양을 결정합니다.

❶ **비주얼 스타일** : 모델의 표시 상태를 표시하며 다음과 같은 종류가 있습니다.

사실적

음영처리

모서리로 음영처리

숨겨진 모서리로 음영처리

와이어 프레임

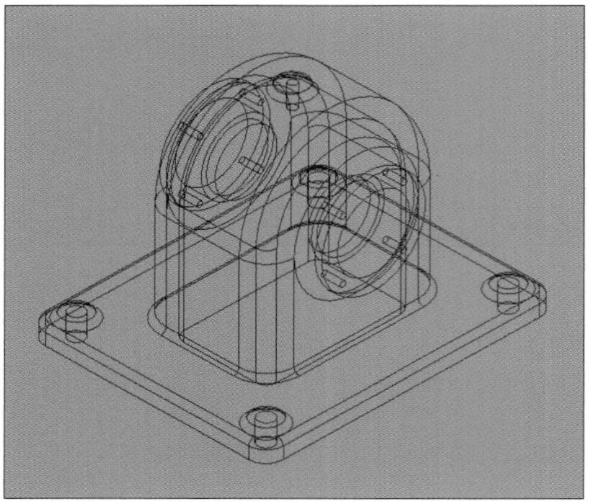

숨겨진 모서리가 있는 와이어 프레임

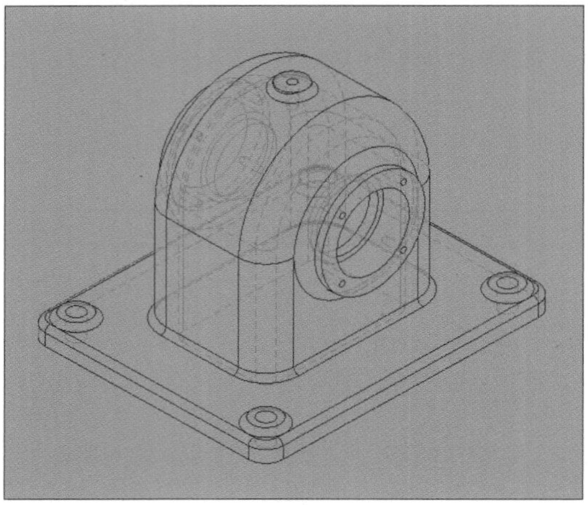

가시적 모서리만 있는 와이어 프레임

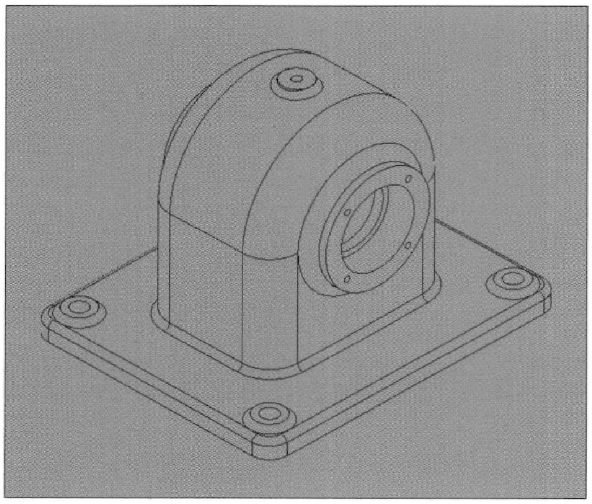

단색

수채화

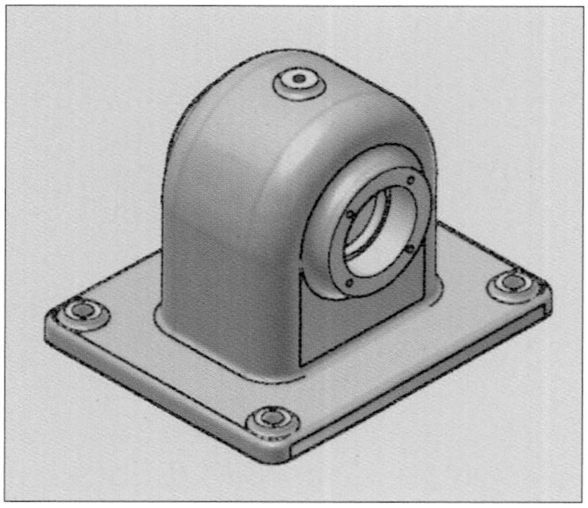

일러스트

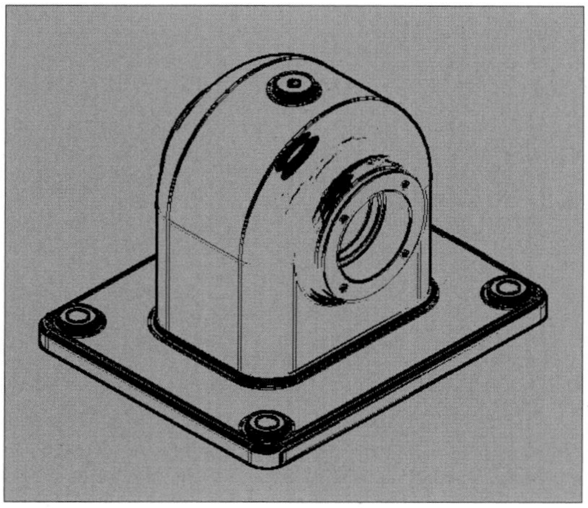

③ 창 패널 : 인벤터의 화면 구성을 담당하는 요소들을 제어할 수 있습니다.

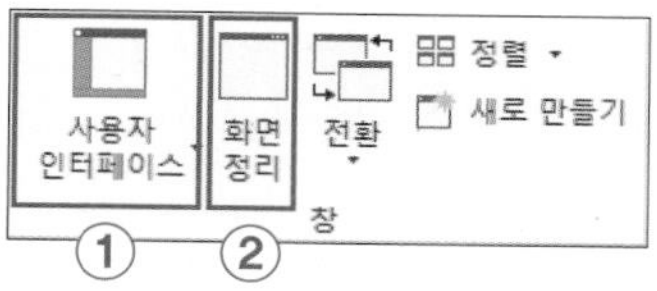

❶ 사용자 인터페이스 : 인벤터 화면의 모든 요소들의 표시/숨기기를 지원합니다.

❷ 화면 정리 : 불필요한 도구를 숨김으로 함으로써 화면을 크게 쓸 수 있습니다.

④ 탐색 패널 : 앞서 언급했던 탐색 막대의 모든 명령어가 모여 있습니다.

06 기타 선택 활용하기

모든 작업을 할 때 정확하게 요소를 선택해야 하는 경우에 기타 선택 모드를 사용하면 편리하게 사용할 수 있습니다.

원하는 요소 근처에 마우스 커서를 이동시킨 후, 1초 이상 기다려서 기타 선택 메뉴가 나타나면 확장 버튼을 누릅니다.

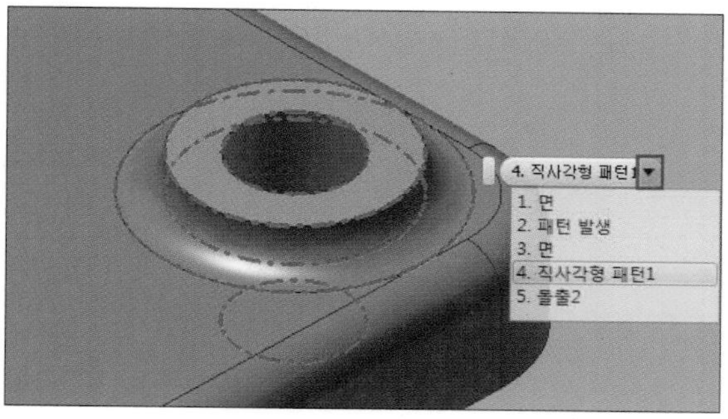

리스트에 마우스 커서를 위치시키면 해당 리스트가 어떤 객체인지 화면상에 표시됩니다.

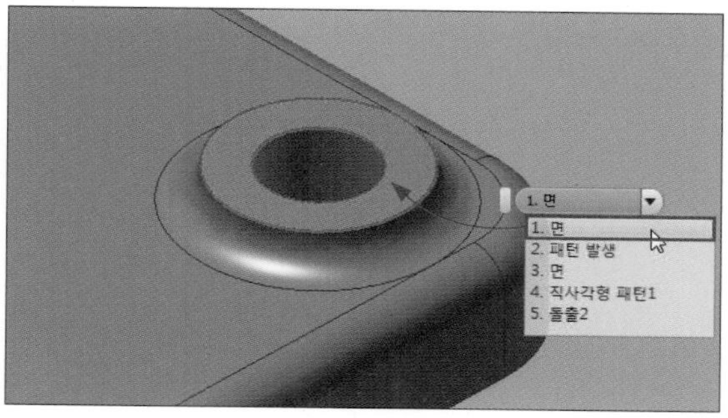

원하는 객체를 찾아 해당 리스트의 이름을 클릭하면 선택됩니다.

기타 선택은 객체 근처에서 마우스 우측 버튼을 클릭한 다음 기타 선택을 눌러도 됩니다.

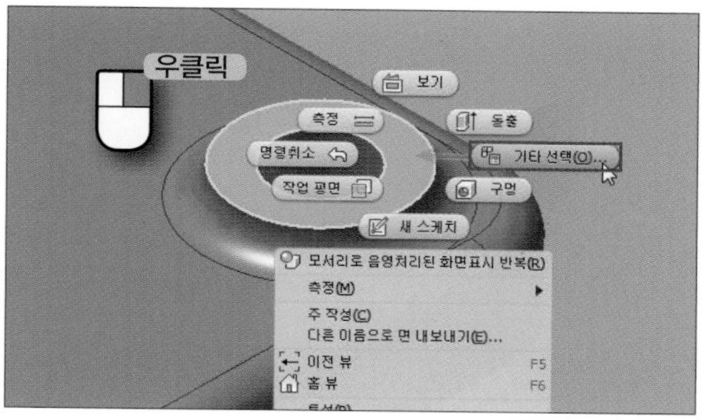

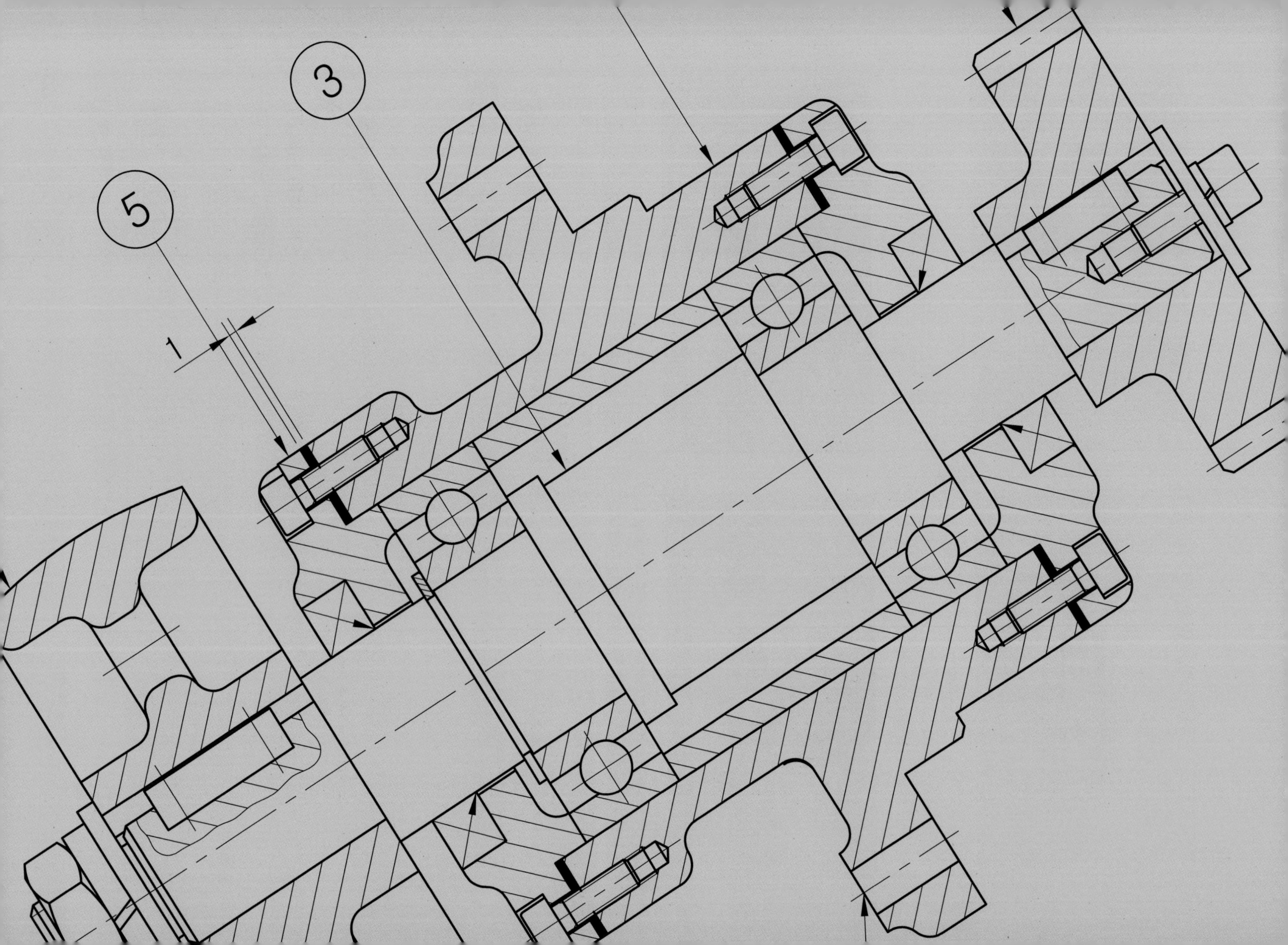
3
5
1

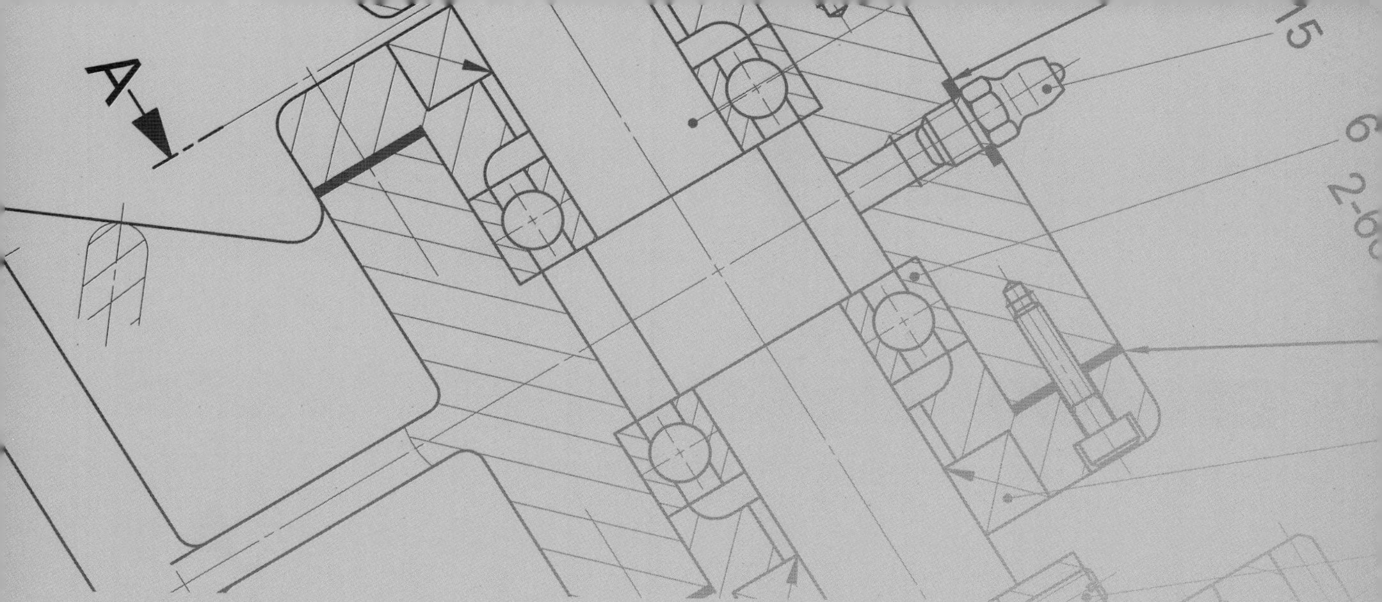

Part 03

오토캐드 입문하기

Section 1 AutoCAD 시작하기

AutoCAD의 시작 화면에 대해 알아보도록 하겠습니다.

01 AutoCAD 실행하기

바탕 화면에 있는 AutoCAD 2020 아이콘을 클릭해서 프로그램을 실행합니다.

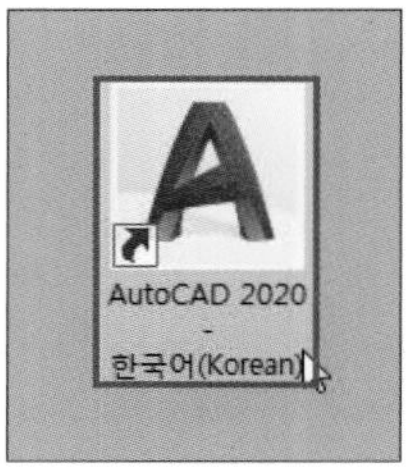

02 시작 화면 알아보기

프로그램이 실행되면 다음과 같은 시작 화면이 표시됩니다. 화면 아래쪽의 알아보기 버튼을 클릭하면 다음과 같은 화면이 표시됩니다.

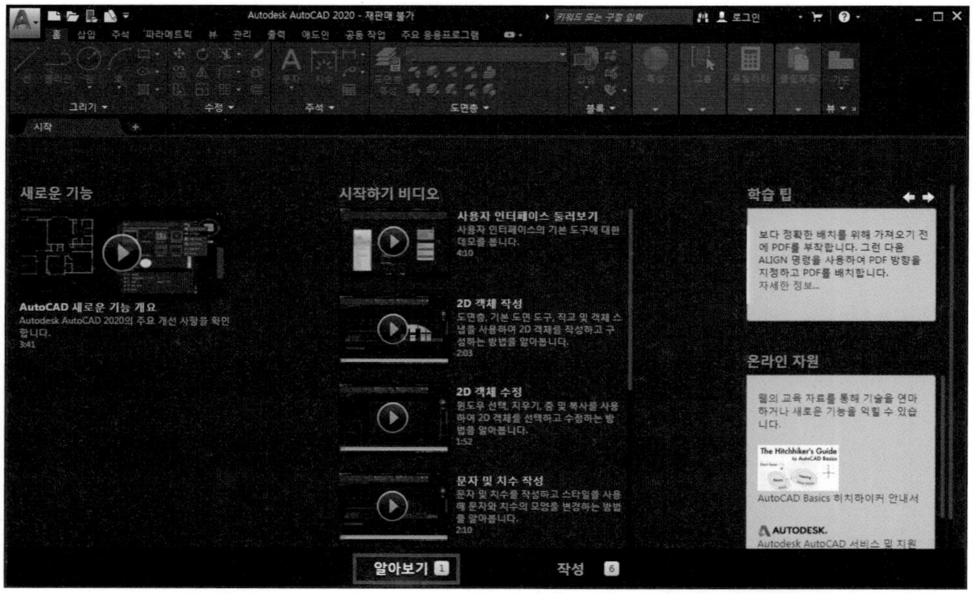

● 알아보기 프레임

알아보기 프레임은 현재 AutoCAD 버전의 새로워진 기능이나 시작하기 비디오, 학습 팁 등 사용자가 AutoCAD를 학습하기 위해 필요한 메뉴를 포함하고 있습니다.

작성 버튼을 클릭하면 다음과 같은 화면이 표시됩니다.

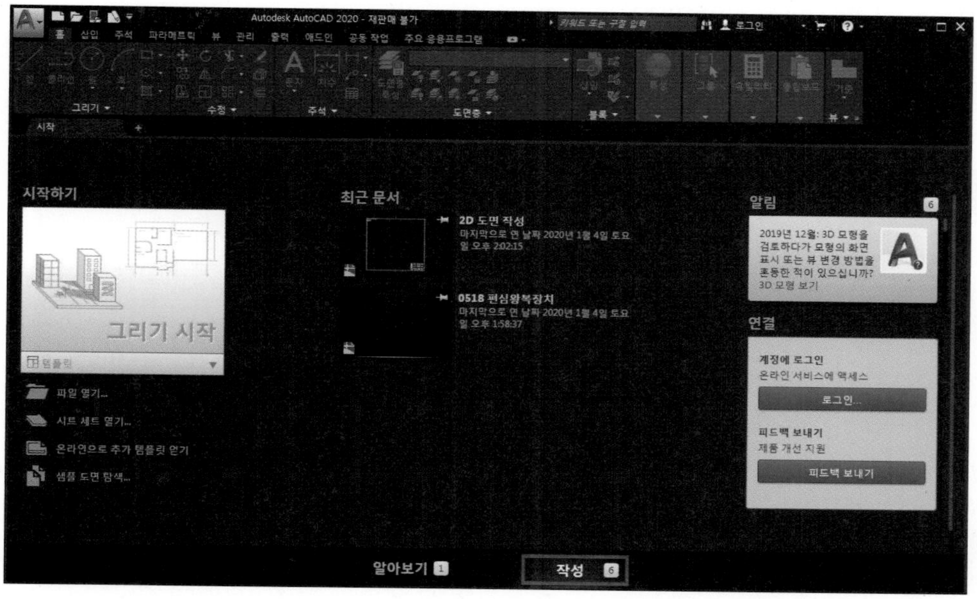

● 작성 프레임

작성 프레임은 사용자가 새로운 파일을 열거나 기존 파일 혹은 샘플 파일을 열 수 있게 해줍니다.

03 새 파일 만들기

step 1

작성 프레임 화면에서 그리기 시작 버튼을 클릭합니다.

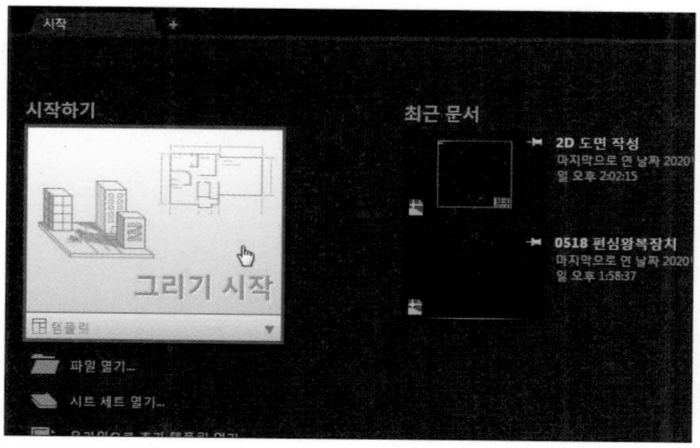

step 2

다음과 같이 새로운 창이 열립니다.

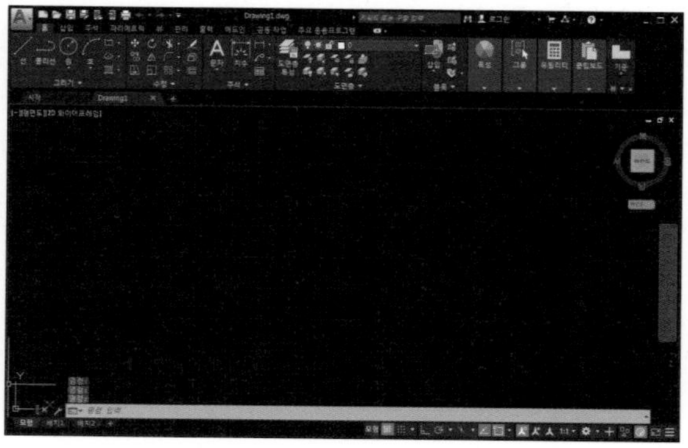

Section 2 인터페이스 알아보기

다음 시작 화면에서 AutoCAD 프로그램의 인터페이스에 대해서 알아보도록 하겠습니다.

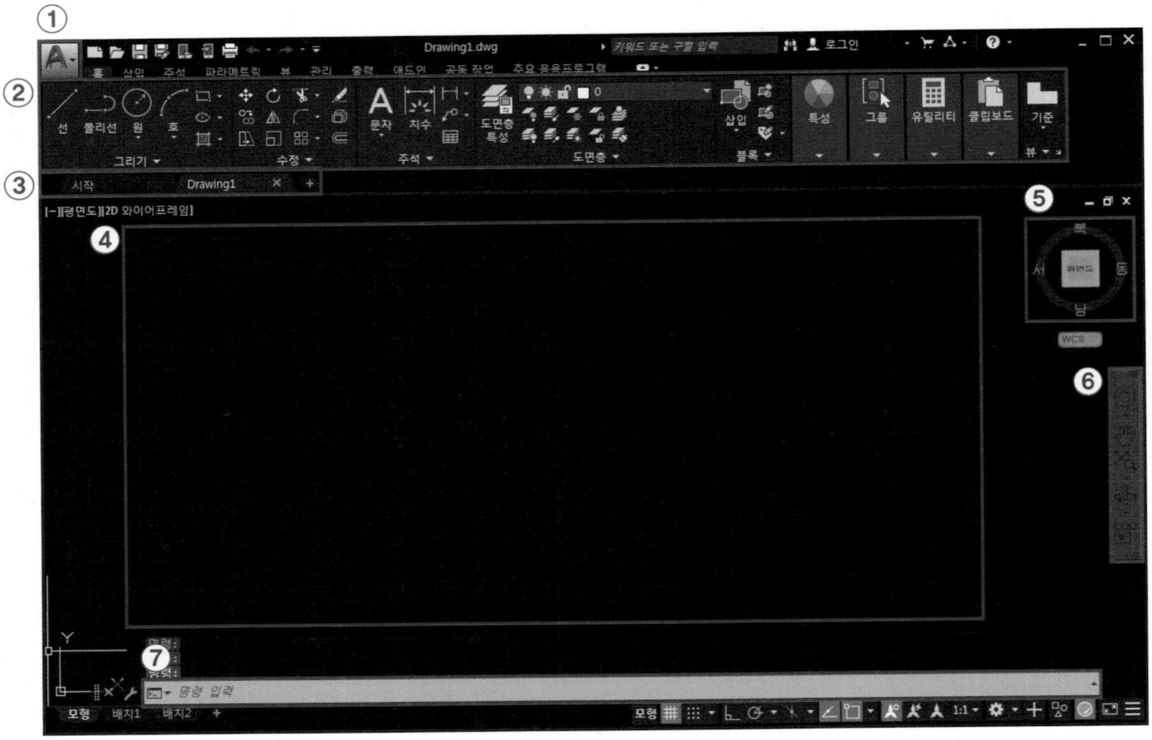

❶ **어플리케이션 버튼** : 어플리케이션 버튼은 파일 관리에 해당하는 명령어의 모음입니다. 파일을 새로 생성하거나, 열거나, 저장하는 명령이 모여있습니다.

❷ **아이콘 툴 바** : AutoCAD의 명령어 아이콘이 모여있습니다. 각각의 탭을 클릭하면 탭에 따라서 그에 맞는 명령어들을 볼 수 있습니다.

❸ **파일 탭** : 현재 열려있는 AutoCAD 파일의 리스트를 확인할 수 있습니다. 각각의 파일 탭을 클릭하여 신속하게 열려있는 파일로 전환할 수 있습니다.

❹ **작업 화면** : 사용자가 직접 명령어를 이용하여 작업을 시작하는 창입니다.

❺ **뷰 큐브(View Cube)** : 화면 제어의 보조 도구입니다. 실제 상자라고 생각하고 각 면이나 모서리 및 꼭지점을 마우스로 클릭하면 해당 방향으로 화면이 회전합니다.

❻ **탐색 막대** : 화면 제어를 할 수 있는 도구들의 아이콘 바입니다. 화면의 확대/축소, 시점 이동, 화면 회전 등을 할 수 있습니다.

❼ **명령 창** : 사용자가 직접 명령행에 명령어를 입력하여 원하는 명령 기능을 바로 수행할 수 있습니다. 여기에 입력하는 명령어에는 하위 명령어와 옵션이 포함되어 있습니다. 작업 목적에 맞는 명령어를 정확하게 사용해야 합니다.

Section 3 파일 명령 알아보기

다음 시작 화면에서 AutoCAD 프로그램의 파일 명령에 대해서 알아보도록 하겠습니다.

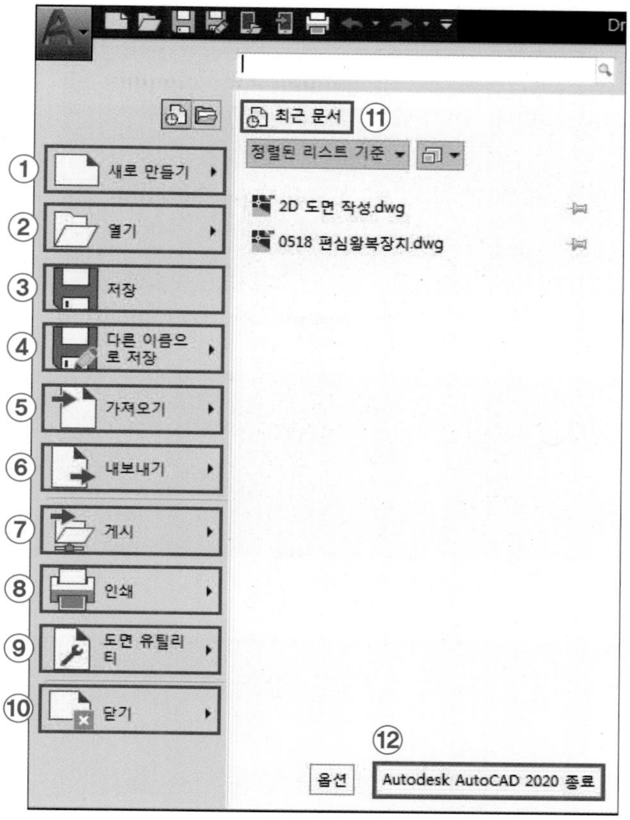

❶ **새로 만들기** : 새로운 AutoCAD 파일을 생성합니다. 사용자는 여기서 템플릿을 선택하여 파일을 열 수 있습니다.

❷ **열기** : 기존의 AutoCAD 파일을 엽니다.

❸ **저장** : 현재 작업 내역을 저장합니다.

❹ **다른 이름으로 저장** : 현재 파일을 다른 이름이나 다른 형식으로 저장합니다. 여기서는 다른 도면 표준이나 AutoCAD의 템플릿으로 저장할 수 있습니다.

❺ **가져오기** : PDF, DGN 등의 파일 데이터를 객체로 현재 도면에 가져옵니다.

❻ **내보내기** : 현재 파일을 다른 형식의 CAD 파일로 내보낼 수 있습니다. 대표적으로 DWF 파일로 게시하거나 PDF 파일로 내보낼 수 있습니다.

❼ **게시** : 여러 가지 형식으로 오토캐드 파일을 게시합니다. 대표적으로 3D 프린트 형식으로 내보내거나 온라인 전송 혹은 이메일로 전송할 수 있습니다.

❽ **인쇄** : 작업 중인 파일을 여러 가지 형식으로 인쇄합니다. 이 명령을 이용해서 종이 출력이 가능합니다. 혹은 그림 파일이나 PDF 형식으로 인쇄도 가능합니다.

❾ **도면 유틸리티** : 도면을 유지 관리하는 도구의 모음입니다. 도면 특성이나 단위 같은 파일의 특성을 제어합니다.

❿ **닫기** : 현재 작업 중인 파일을 닫습니다. 혹은 열려 있는 모든 파일을 한꺼번에 닫을 수도 있습니다.

⓫ **최근 문서** : 최근 작성한 문서의 리스트를 나열합니다. 사용자는 여기서 열기 명령을 이용하지 않고도 빠르게 최근에 작성한 파일을 열 수 있습니다.

⓬ **Autodesk AutoCAD 2020 종료** : AutoCAD 프로그램을 종료합니다.

Section 4 리본 바 메뉴 알아보기

AutoCAD 프로그램의 리본 바 메뉴에 대해서 알아보도록 하겠습니다.

❶ **홈** : 그리기, 수정, 도면층 등 AutoCAD의 기본 기능으로 구성된 탭입니다. 대부분 기본적으로 사용할 수 있는 기능들이 모여 있습니다.

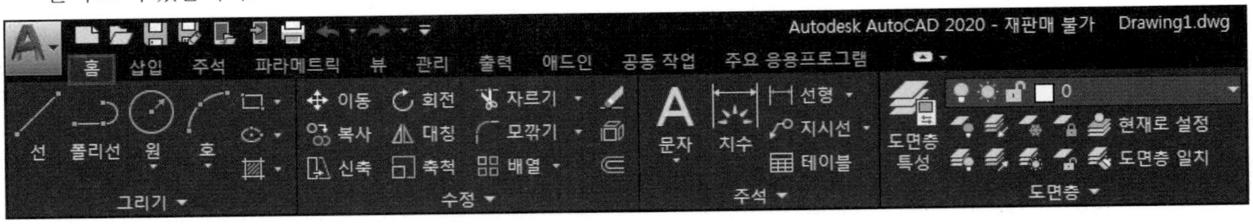

❷ **삽입** : 블록, 참조, 점 구름 등의 외부 데이터를 불러올 수 있는 기능들이 모여 있는 탭입니다.

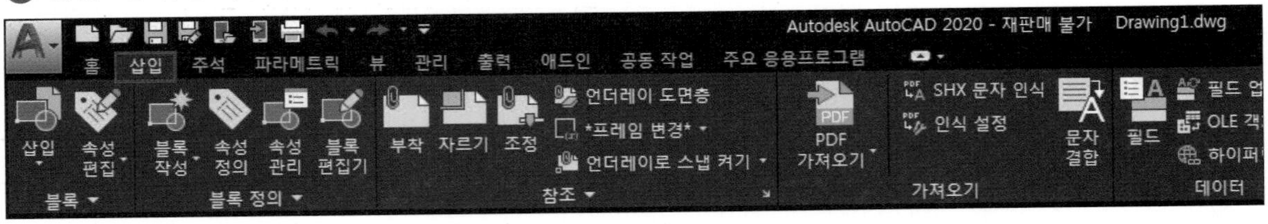

❸ **주석** : 문자와 치수, 지시선 등의 도면 주석을 삽입할 수 있는 기능들이 모여 있는 탭입니다.

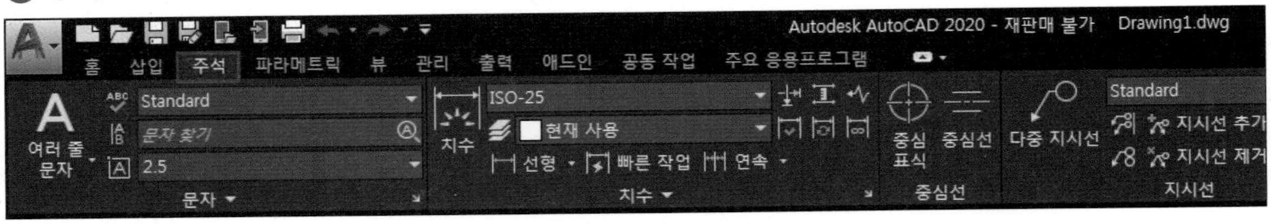

❹ **파라메트릭** : 작성된 객체에 파라메트릭 구속조건을 작성할 수 있는 기능들이 모여 있는 탭입니다.

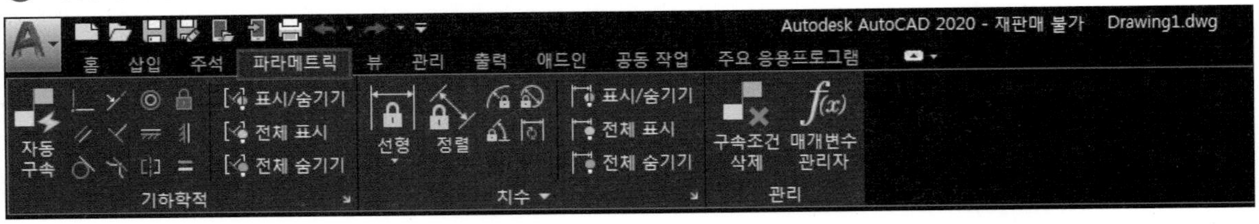

❺ **뷰** : 뷰 포트 도구는 물론, 모형 뷰 포트와 팔레트 등 AutoCAD의 뷰 설정 기능들이 모여 있는 탭입니다.

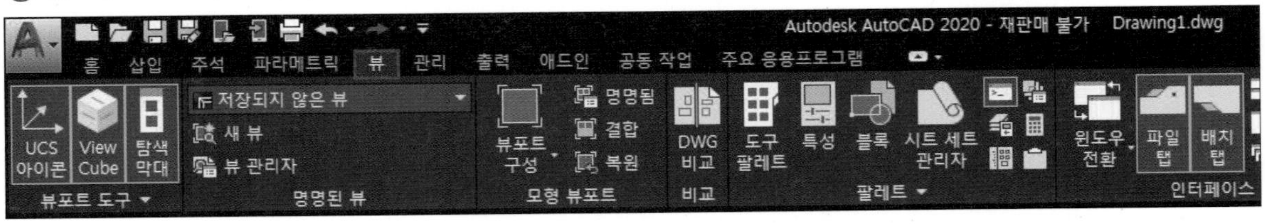

❻ **관리** : AutoCAD의 동작 레코더, 환경 구성에 대한 사용자화 및 응용프로그램 옵션을 설정할 수 있는 메뉴들이 모여 있는 탭입니다.

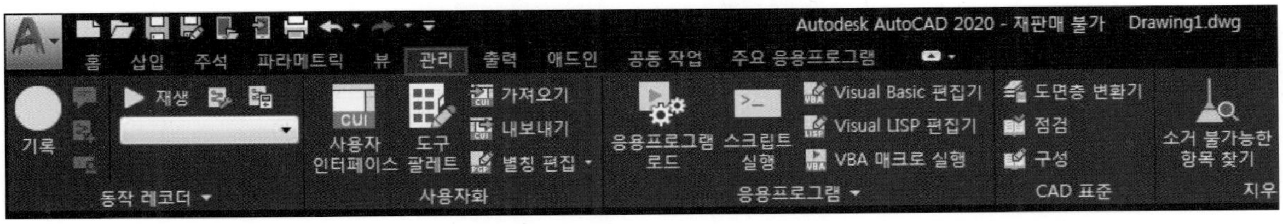

❼ **출력** : 작성한 AutoCAD 도면을 종이 혹은 이미지 및 PDF로 출력할 수 있는 기능들이 모여 있는 탭입니다.

❽ **애드인** : Autodesk App Store에서 다운로드한 모든 프로그램을 관리할 수 있는 대화상자를 표시해주는 탭입니다.

❾ **공동 작업** : 공유 및 공동 작업을 할 수 있는 기능들이 모여 있는 탭입니다.

❿ **주요 응용 프로그램** : AutoCAD와 연동될 수 있거나 데이터 호환을 할 수 있는 응용 프로그램 메뉴가 모여 있는 탭입니다.

⑪ **패널 버튼** : 아이콘 툴 바의 표시 상태를 전환합니다.

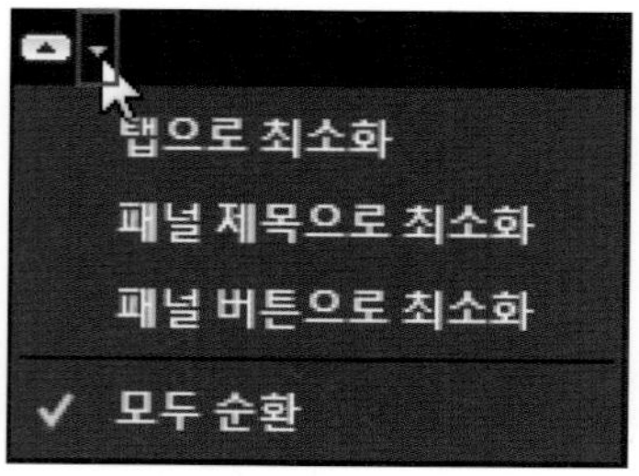

● **탭으로 최소화 체크 시**

● **패널 제목으로 최소화 체크 시**

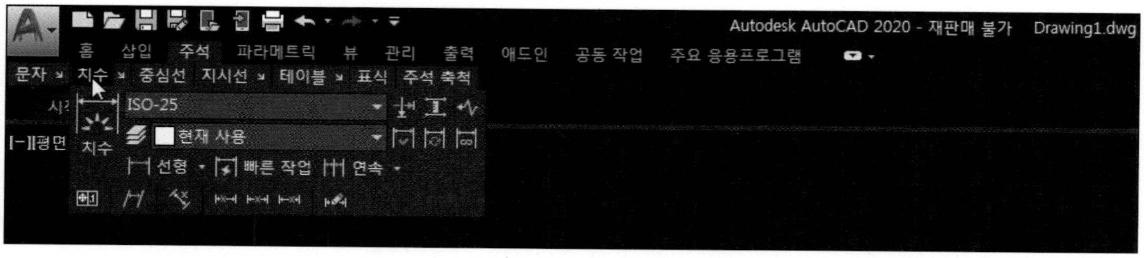

● **패널 버튼으로 최소화 체크 시**

● **모두 순환 :** 위의 세 가지 표시 상태를 순차적으로 전환합니다.

Section 5 AutoCAD 세팅하기

AutoCAD로 원활한 작업을 하기 위한 환경 설정 방법을 알아보도록 하겠습니다.

01 작업 공간 전환하기

작업 공간이란 AutoCAD의 작업 환경을 전환하기 위한 버튼입니다. 다음과 같이 화면 오른쪽 하단의 작업 공간 전환 버튼을 클릭하면 아래와 같은 하위 메뉴가 표시됩니다.

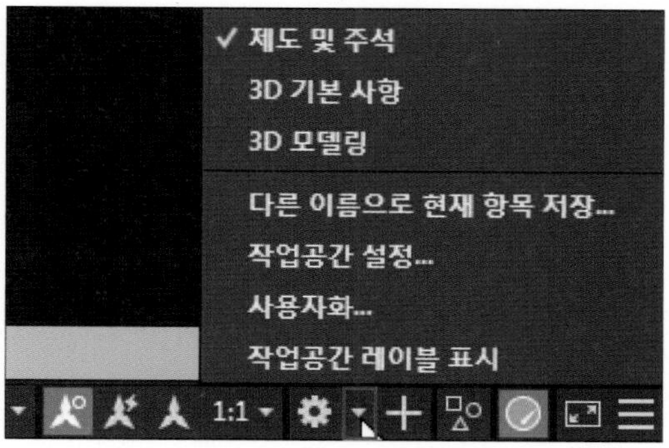

❶ 제도 및 주석

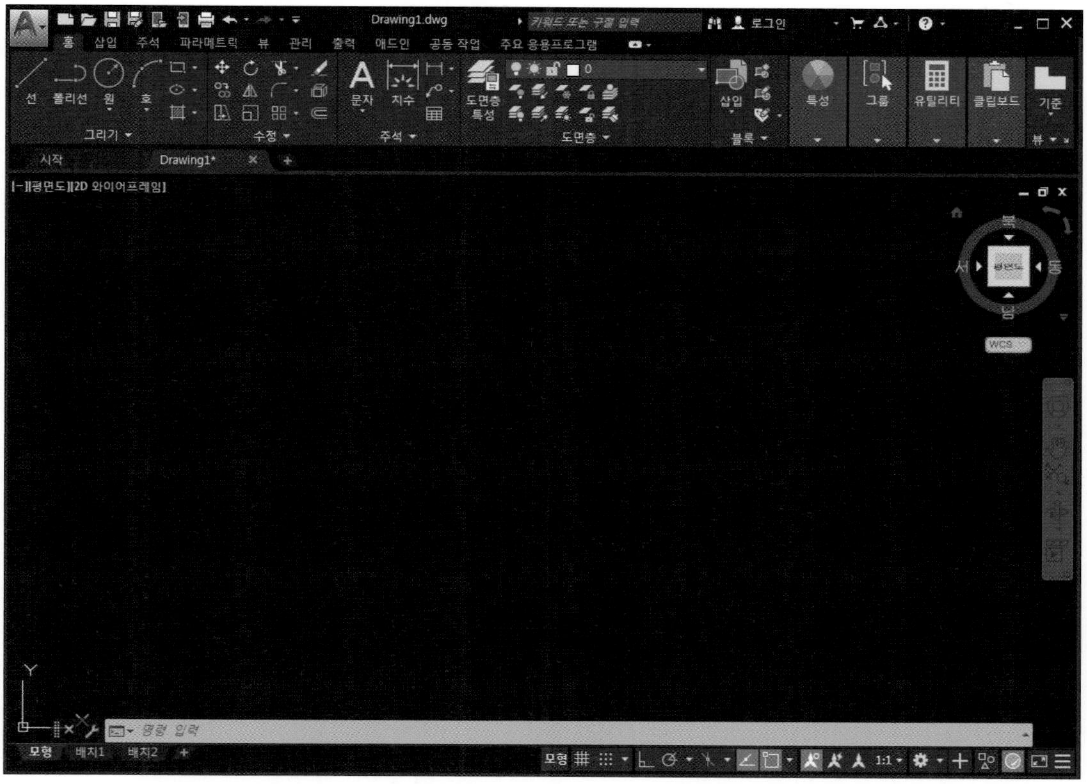

❷ 3D 기본 사항

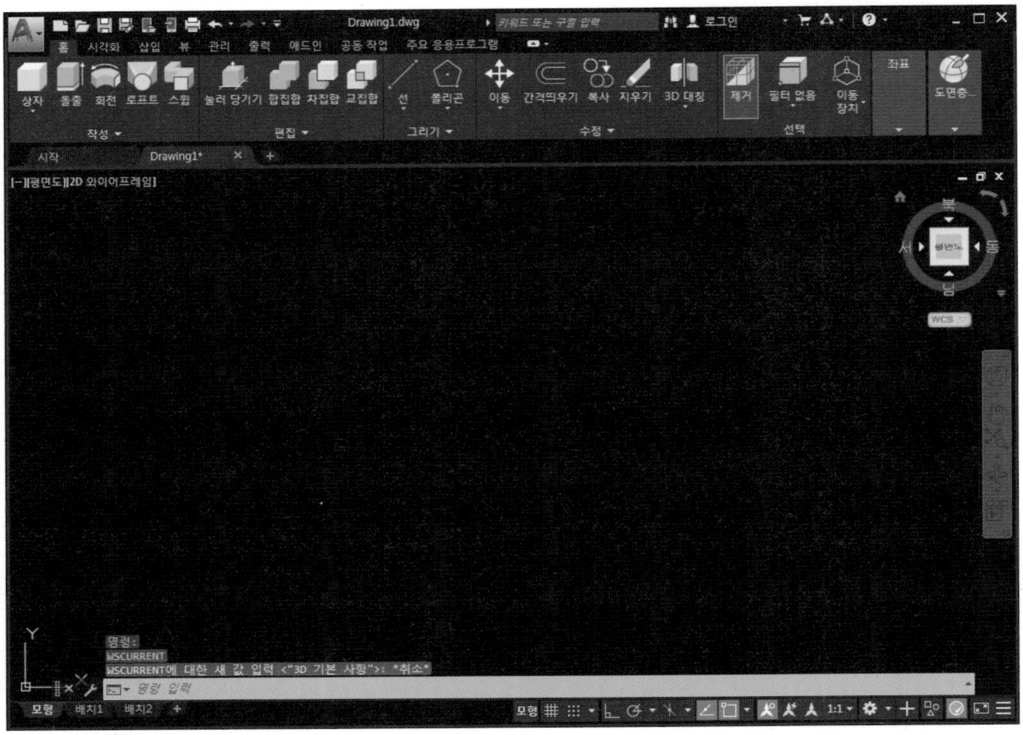

❸ 3D 모델링

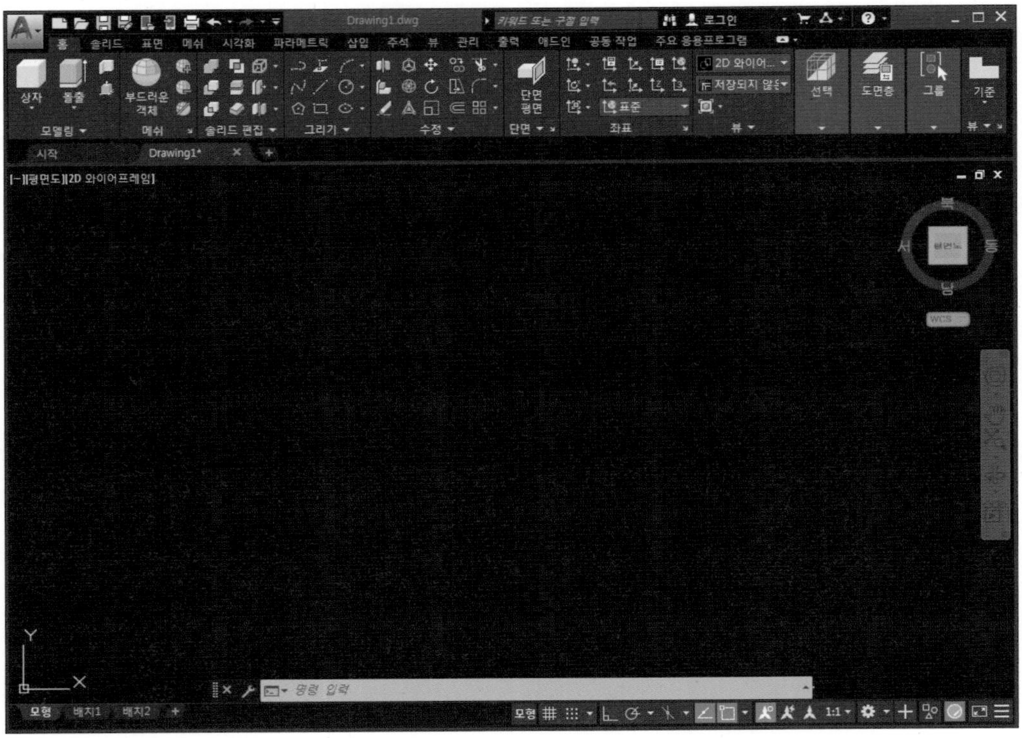

❹ **다른 이름으로 현재 항목 저장 :** 현재의 공간 환경 세팅을 정해진 이름으로 저장합니다.

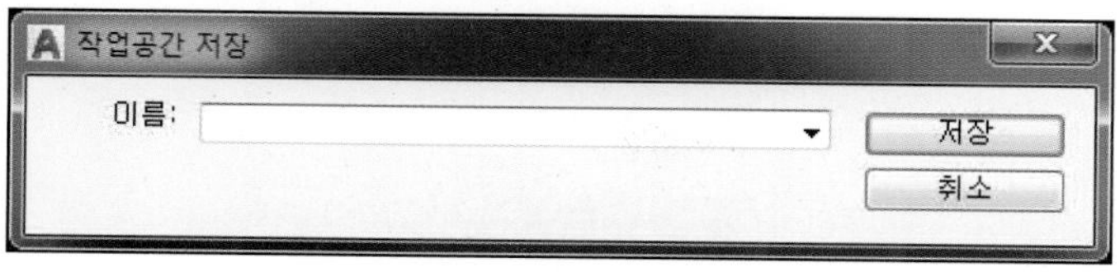

❺ **작업 공간 설정 :** 다음과 같이 작업 공간 표시 상태를 결정할 수 있습니다.

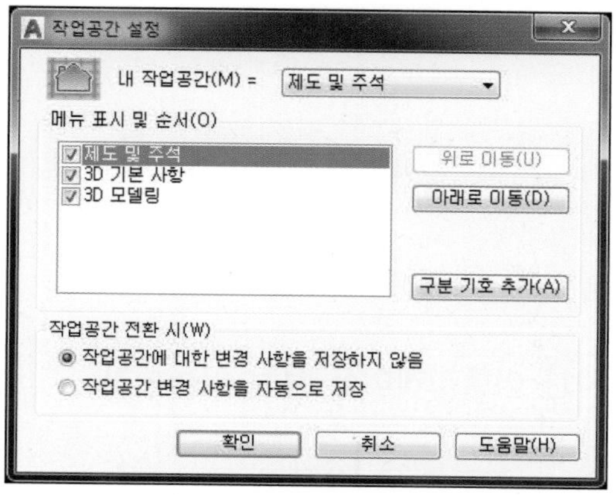

❻ **사용자화 :** 작업 메뉴의 표시 상태 혹은 아이콘의 위치 상태를 사용자가 임의로 설정할 수 있습니다.

❼ **작업공간 레이블 표시 :** 작업 공간 전환 아이콘에 현재의 작업 공간 이름을 표시합니다.

02 옵션

옵션 명령은 AutoCAD의 전반적인 환경 설정을 할 수 있는 메뉴입니다. 옵션 메뉴를 표시하는 방법은 다음과 같이 크게 3가지로 분류할 수 있습니다.

01 어플리케이션 메뉴 이용하기

어플리케이션 버튼을 클릭한 다음 옵션 명령을 클릭합니다.

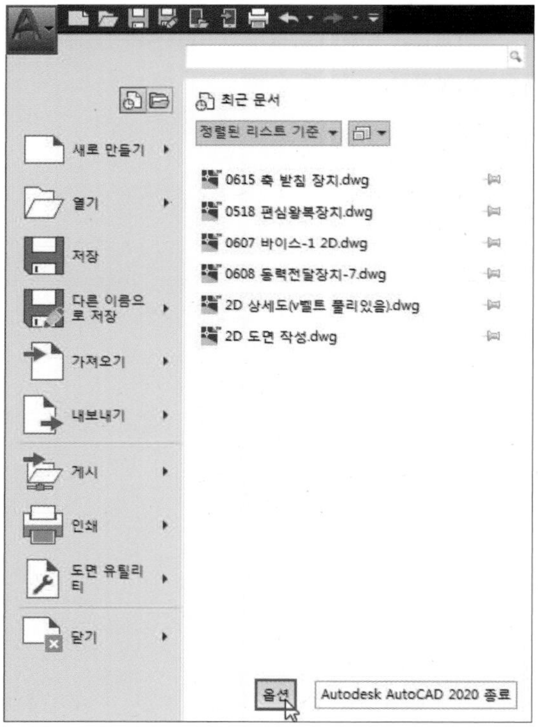

02 명령 창에서 명령어 입력하기

다음과 같이 명령 창에서 OPTIONS 명령을 타이핑한 다음 ENTER를 누릅니다.

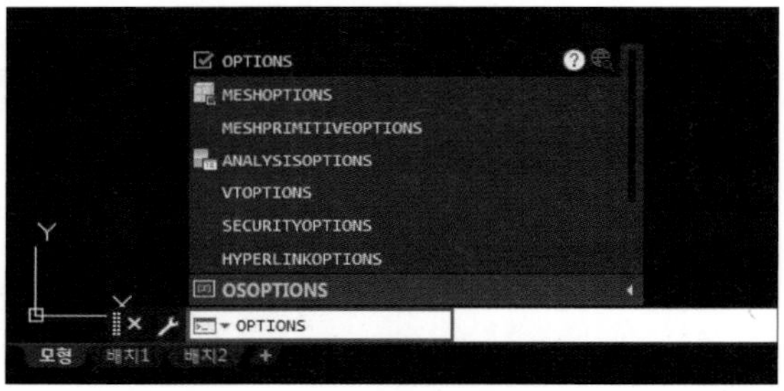

03 명령 창에서 단축 아이콘 클릭하기

명령 창에서 마우스 우측 버튼을 클릭한 다음 옵션 명령을 선택합니다.

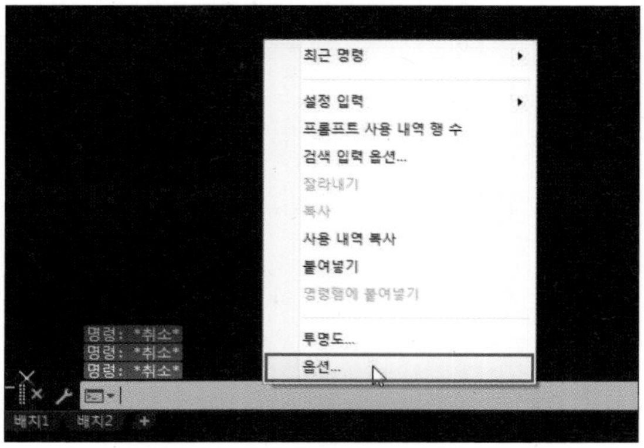

❶ **파일** : AutoCAD 프로그램에 해당하는 모든 파일의 위치를 확인하거나 편집할 수 있는 명령어 창입니다.

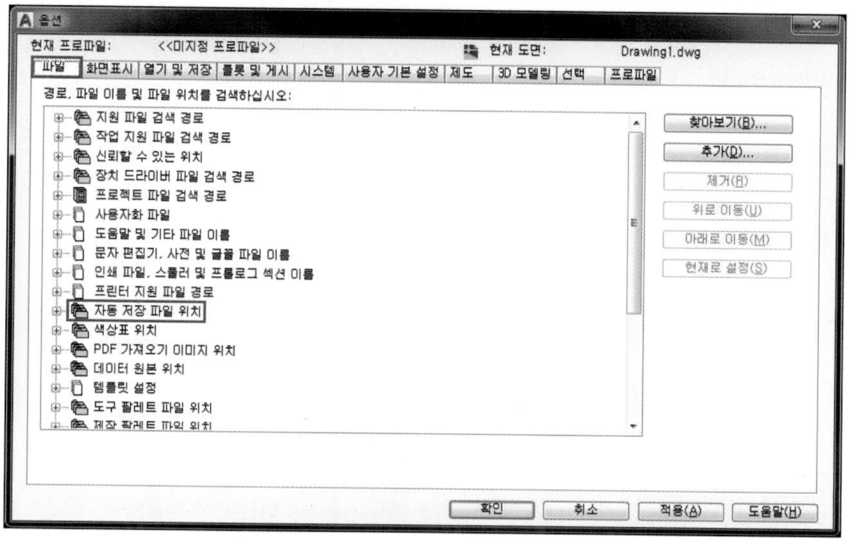

TIP · 자동 저장 파일 위치 : 자동 저장되는 파일의 위치를 변경할 수 있습니다.

❷ **화면표시** : AutoCAD 프로그램의 모든 색상에 대한 설정을 할 수 있습니다.

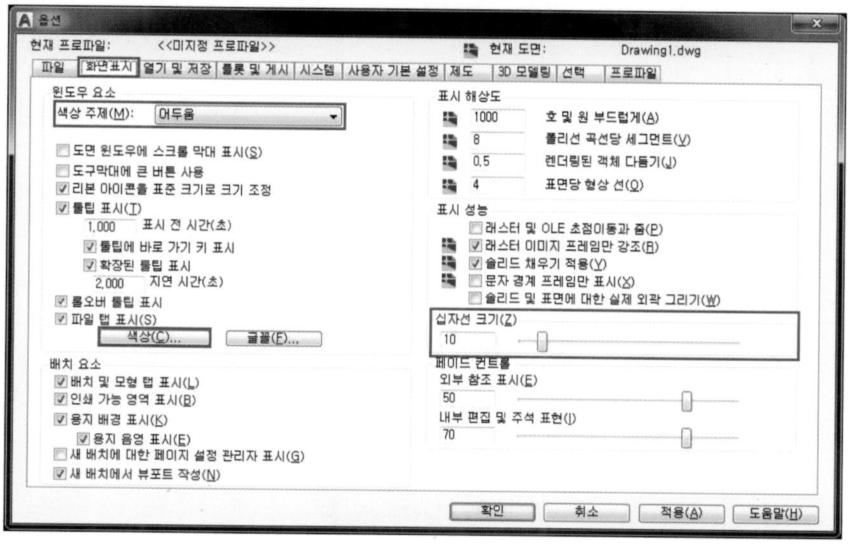

TIP · 색상 구성표 : 기본 작업 화면의 색상을 변경할 수 있습니다.
· 색상 : 작업 화면 및 기본 스타일의 색상을 변경할 수 있습니다.
· 십자선 크기 : 일반 상태의 커서 아이콘에서 표시하는 십자선의 크기를 변경할 수 있습니다.

❸ **열기 및 저장** : AutoCAD 파일을 열 때의 설정이나 저장할 때의 설정을 할 수 있습니다.

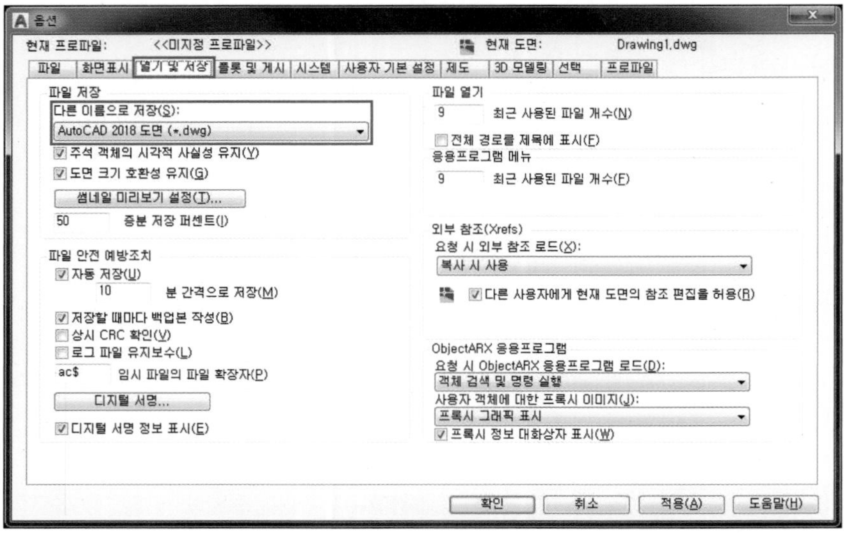

TIP · 다른 이름으로 저장 : AutoCAD로 작업한 후 저장되는 기본 버전을 정의할 수 있습니다.

❹ **플롯 및 게시** : AutoCAD로 작업한 도면을 출력하거나 게시할 때의 설정을 할 수 있습니다.

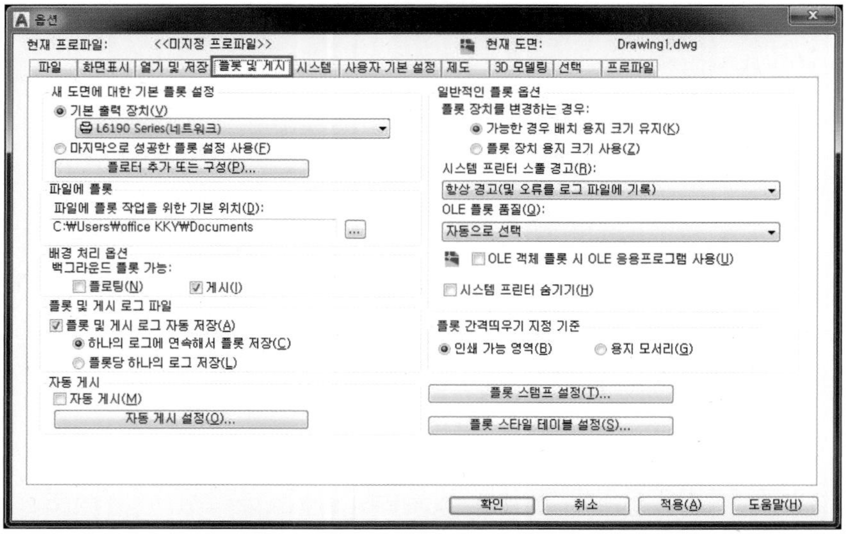

❺ 시스템 : 하드웨어 및 입력장치 설정 등 AutoCAD 시스템의 전반적인 사항에 대한 설정을 할 수 있습니다.

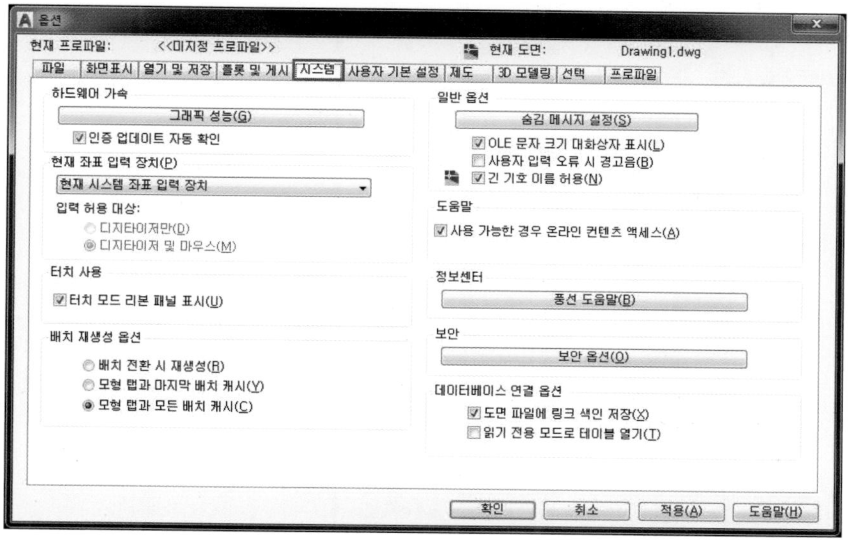

❻ 사용자 기본 설정 : 기본적으로 AutoCAD를 사용함에 있어서의 설정을 할 수 있습니다.

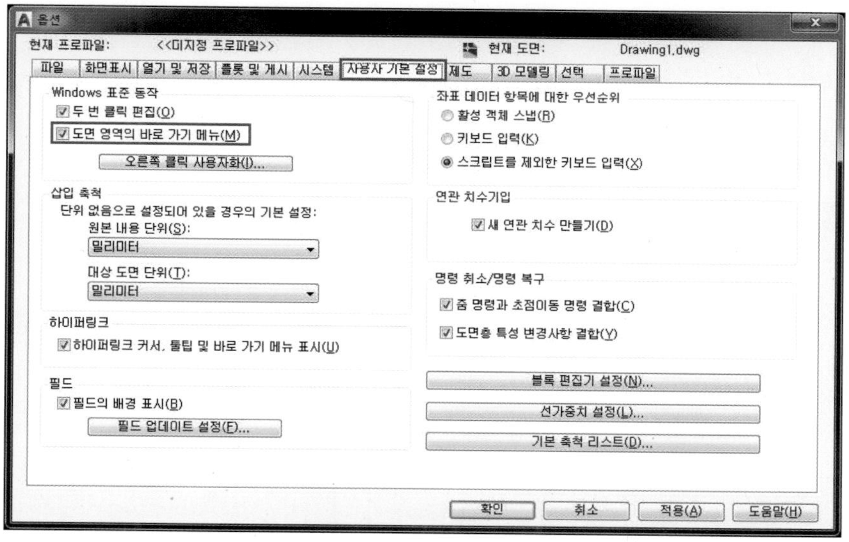

TIP

· 도면 영역의 바로 가기 메뉴 : 체크 해제하면 마우스 우측 버튼이 엔터키의 기능을 합니다.

❼ **제도** : AutoCAD의 스냅 설정이나 마우스 커서의 표식기에 대한 설정 등을 합니다.

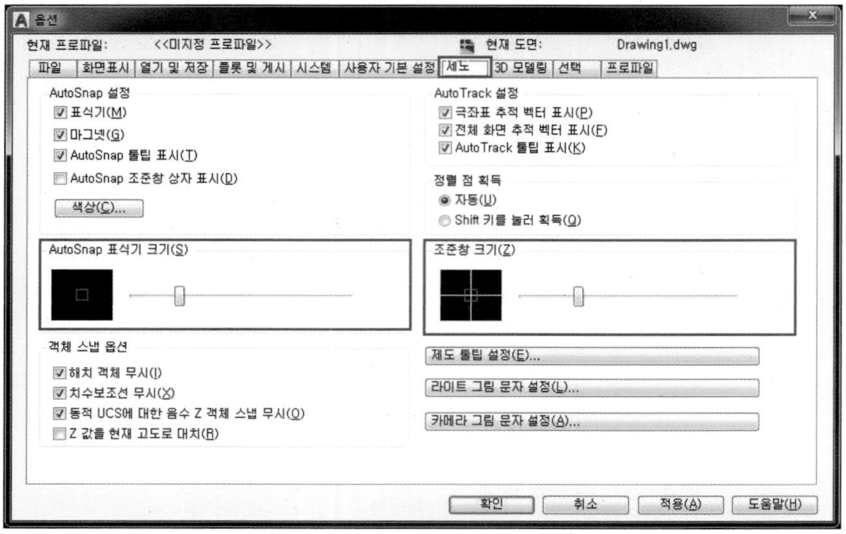

TIP · AutoSnap 표식기 크기 : 스냅 마크의 크기를 지정합니다.
· 조준창 크기 : 마우스 커서의 사각 마크 크기를 지정합니다.

❽ **3D 모델링** : 3D 모델링을 할 때의 십자선이나 객체의 비주얼 스타일 등, 3D 모델링을 함에 있어서의 기본적인 설정을 합니다.

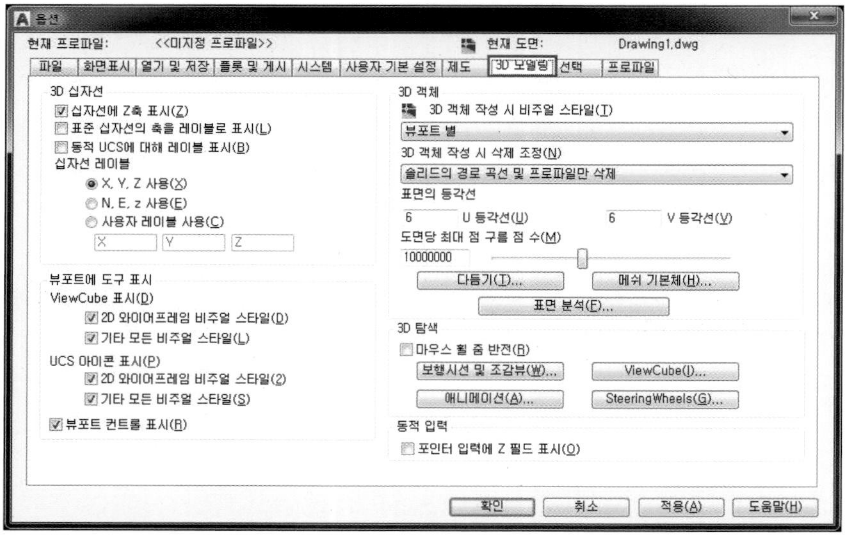

⑨ 선택 : AutoCAD에서 객체를 선택할 때의 설정을 합니다.

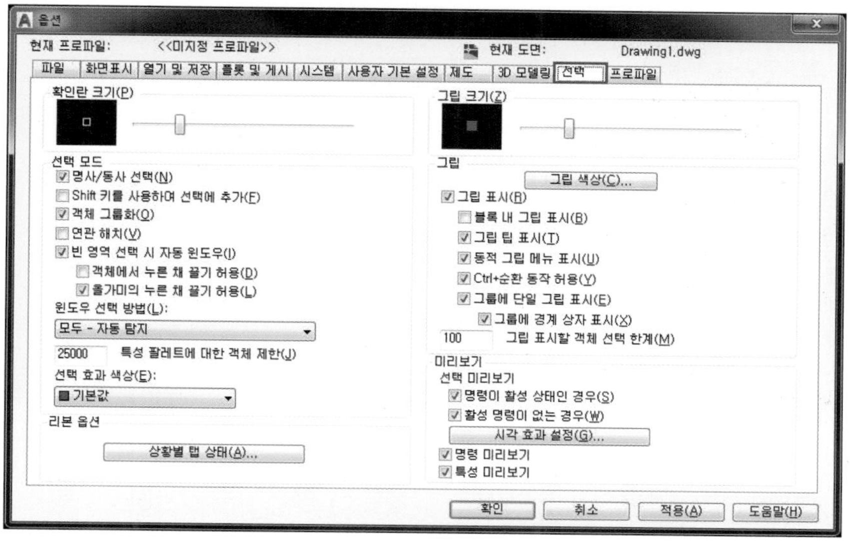

03 응용 프로그램 상태 막대

AutoCAD에서 자주 설정하는 옵션에 빠르게 접근할 수 있습니다. 또는 기능(Function)키는 이러한 옵션을 단축키로 접근할 수 있습니다.

❶ 도움말(F1) : 현재 작업 상태 및 마우스 커서가 위치하는 명령어의 도움말을 표시합니다.

❷ 커맨드 창 확장(F2) : 커맨드 창을 확장 상태로 표시하거나 다시 줄입니다.

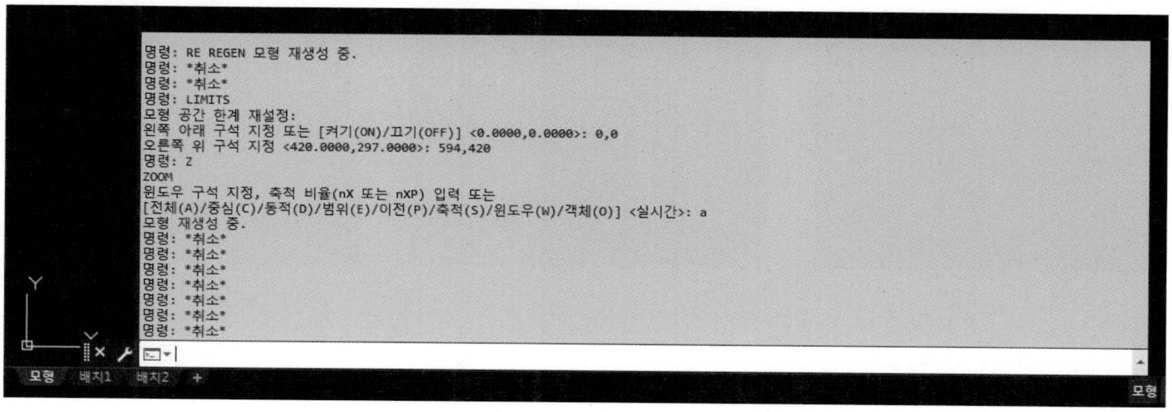

❸ 객체 스냅 켜기/끄기(F3) : 객체 스냅 상태를 켜거나 끕니다.

● 객체 스냅 켜기 상태

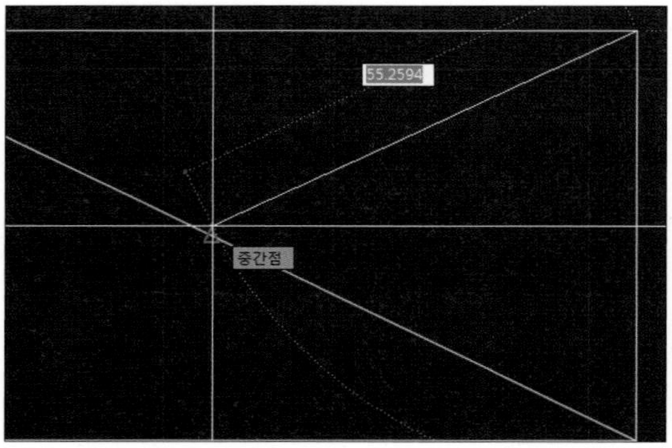

● 객체 스냅 끄기 상태

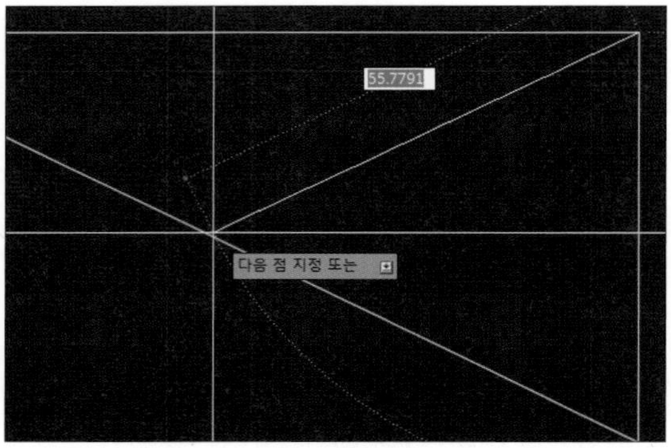

❹ 3DOsnap 켜기/끄기(F4) : 3D 객체 스냅 상태를 켜거나 끕니다.

● 3DOsnap 켜기 상태

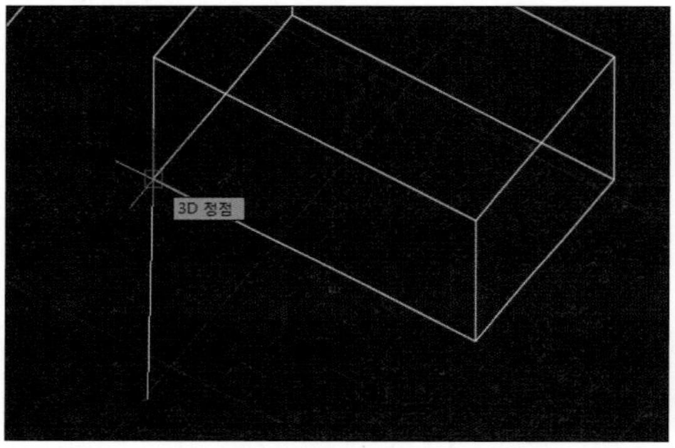

● 3DOsnap 끄기 상태

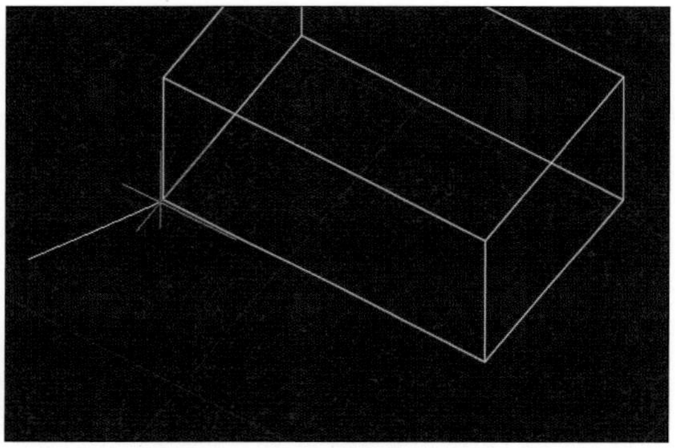

❺ 등각평면 선택(F5) : 등각투상 작도 상태에서 등각평면을 변경합니다.

● 등각평면 평면도 상태

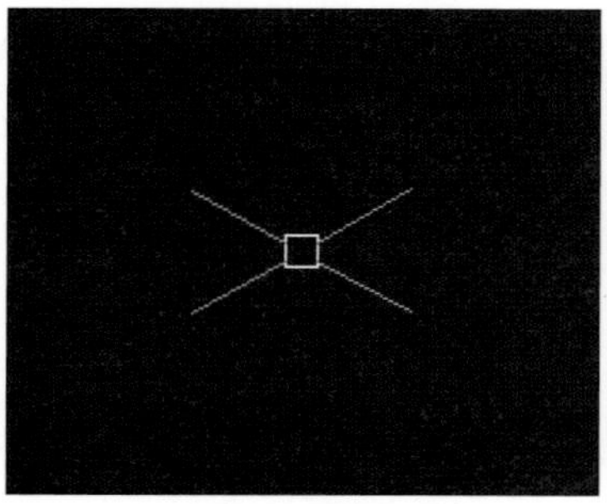

● 등각평면 우측면도 상태

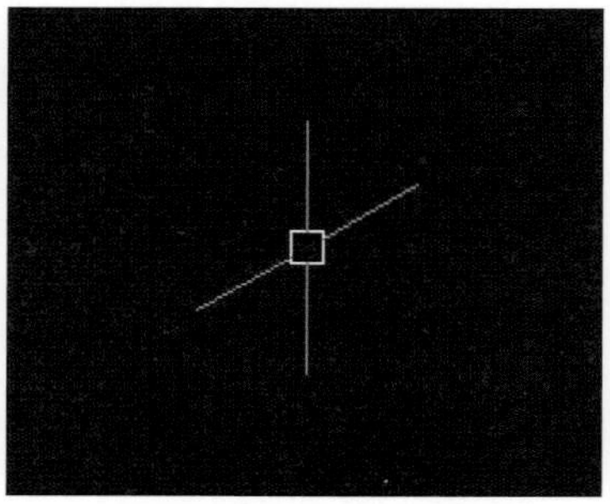

● 등각평면 좌측면도 상태

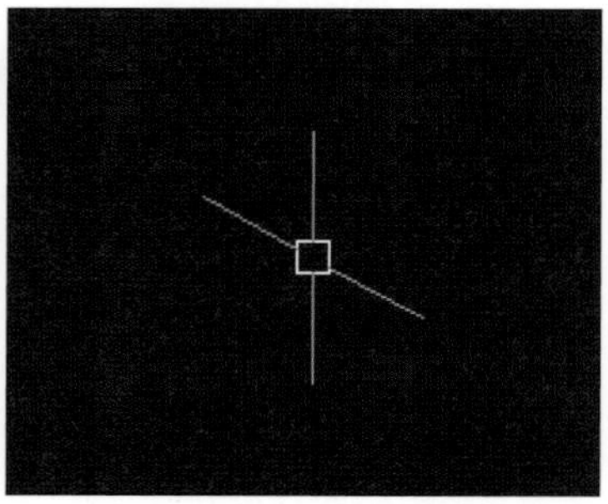

❻ 동적 UCS 켜기/끄기(F6) : 사용자 표준 좌표인 UCS를 켜거나 끕니다.

❼ 그리드 켜기/끄기(F7) : 화면상에 표시된 그리드를 켜거나 끕니다.

● 그리드 켜기 상태

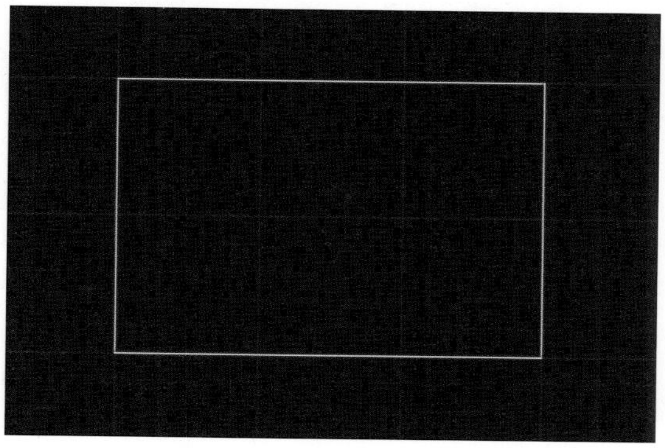

● 그리드 끄기 상태

● 그리드 옵션 : 응용 프로그램 상태 막대에서 다음 버튼을 클릭합니다.

다음과 같이 스냅 및 그리드 옵션이 표시됩니다.

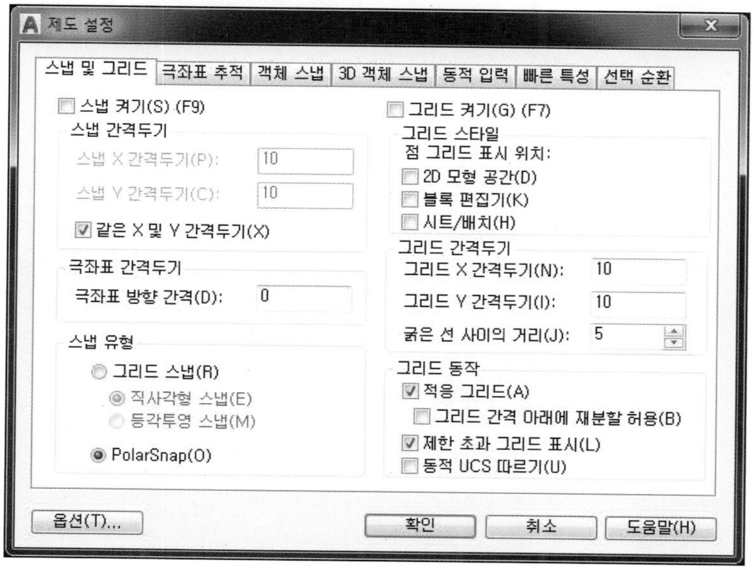

⑧ 직교 켜기/끄기(F8) : 선을 작도할 때 직교 선 작성 모드를 켜거나 끕니다.

● **직교 켜기 상태**

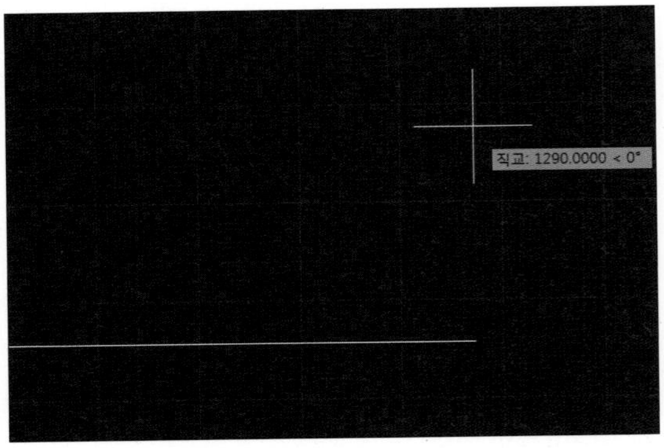

● **직교 끄기 상태**

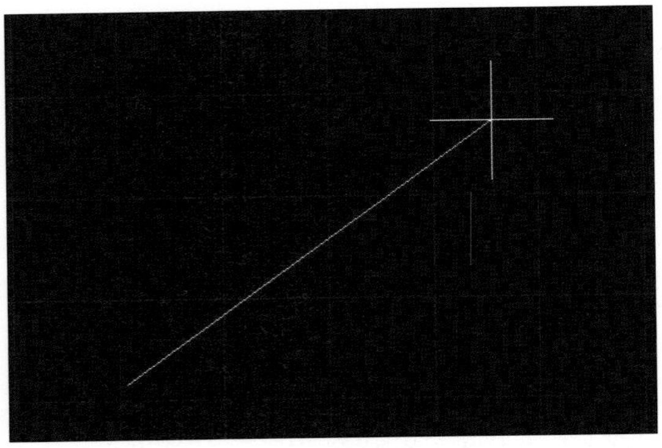

⑨ 스냅 켜기/끄기(F9) : 설정한 격자 스냅 상태를 켜거나 끕니다.

● **스냅 켜기 상태**

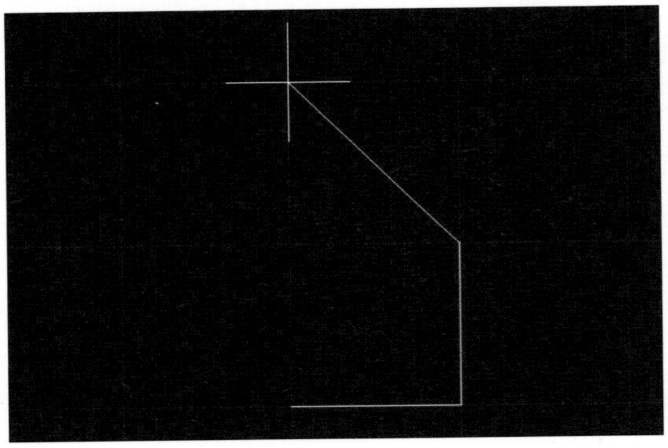

격자에 맞게 객체가 그려집니다.

● **스냅 끄기 상태**

격자에 상관없이 객체가 그려집니다.

⑩ 극좌표 켜기/끄기(F10) : 극좌표 모드를 켜거나 끕니다.

● **극좌표 켜기 상태**

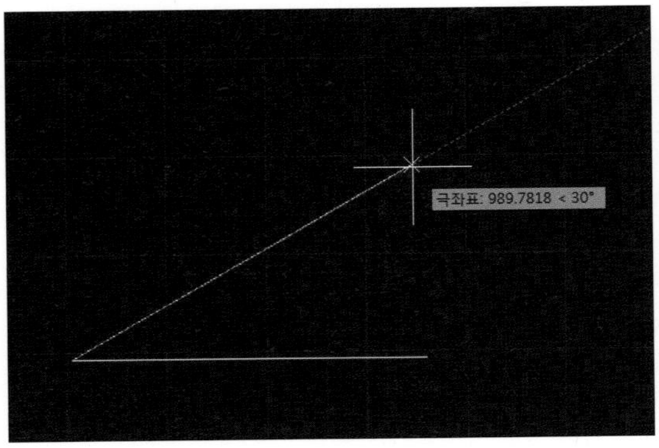

● **극좌표 끄기 상태**

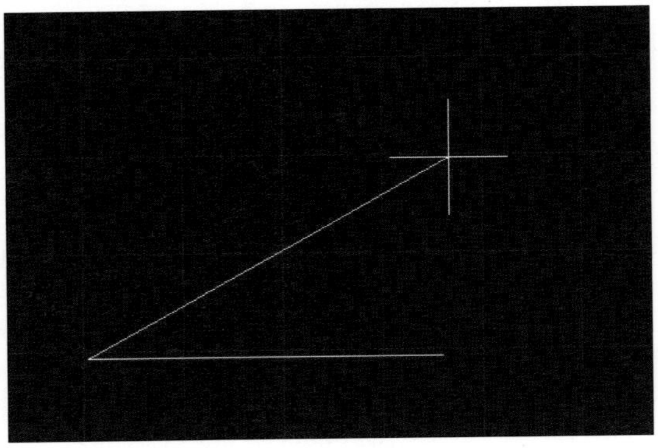

⑪ **객체 스냅 추적 켜기/끄기(F11)** : 도면 작성 중에 특정 객체의 정보를 수집하여 그 점에 대한 수평, 수직 또는 극좌표 정렬 경로를 추적할 수 있습니다.

● **객체 스냅 추적 켜기 상태**

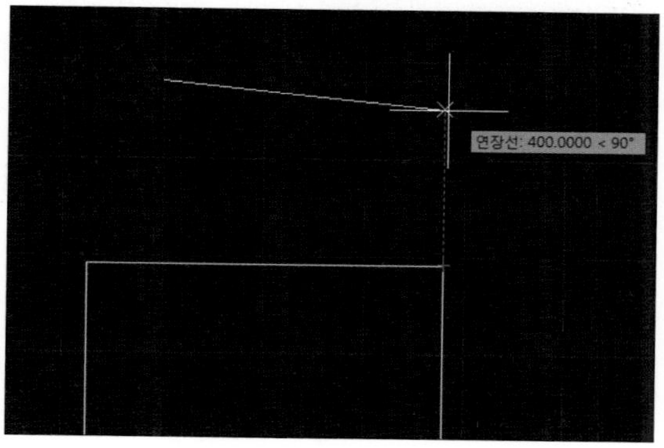

● **객체 스냅 추적 끄기 상태**

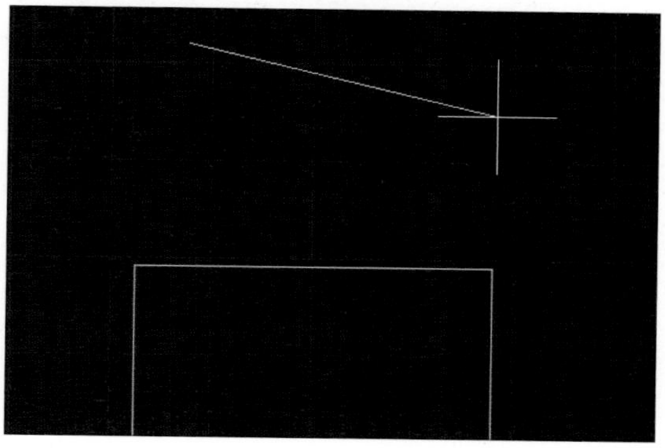

04 단축키

명령어를 단축키로 실행시킵니다. 기본적으로 AutoCAD에서는 기본 단축키를 지정해 놓았으나, 사용자의 입맛에는 맞지 않는 경우가 상당히 많습니다. 단축키는 AutoCAD의 명령어 옵션이 함축된 acad.pgp 파일에 들어 있습니다. 이 파일은 주로 AutoCAD를 설치한 폴더에 들어 있으나 윈도우 탐색기로 이 파일을 찾는다는 것은 상당히 귀찮은 일입니다. 다음과 같은 방법으로 단축키 파일을 열어 보도록 하겠습니다.

step 1

관리 탭에서 **별칭 편집** 명령을 클릭합니다.

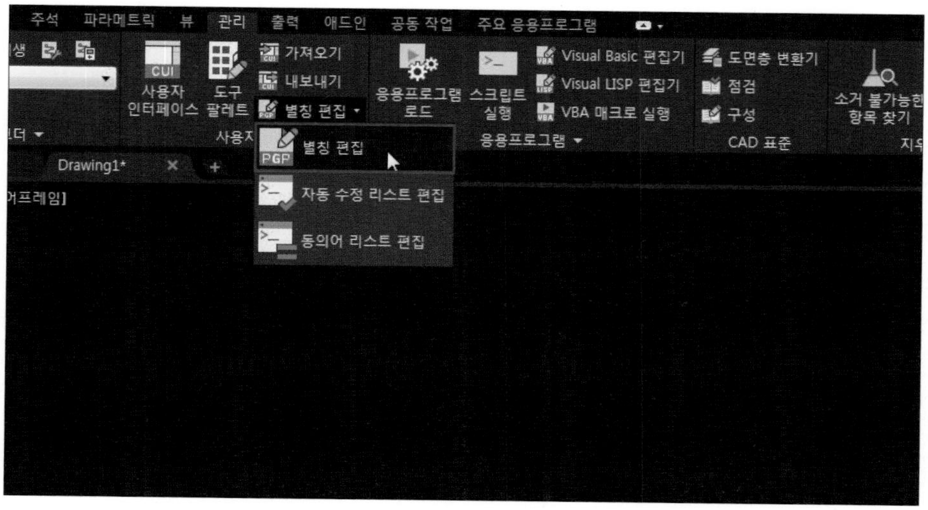

step 2

다음과 같이 acad.pgp 파일이 메모장으로 열리게 됩니다.

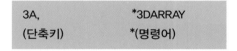

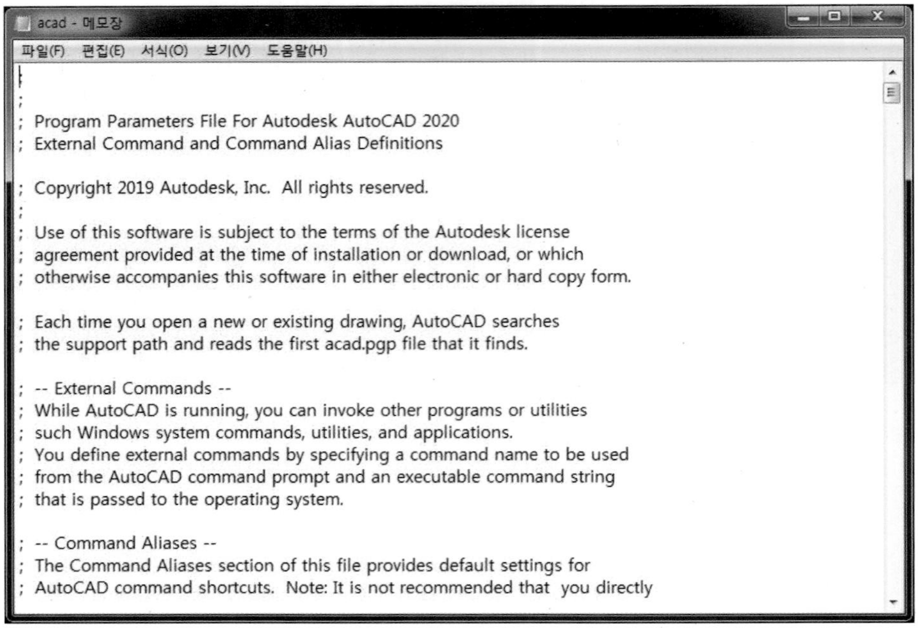


```
;
;  Program Parameters File For Autodesk AutoCAD 2020
;  External Command and Command Alias Definitions

;  Copyright 2019 Autodesk, Inc.  All rights reserved.
;
;  Use of this software is subject to the terms of the Autodesk license
;  agreement provided at the time of installation or download, or which
;  otherwise accompanies this software in either electronic or hard copy form.

;  Each time you open a new or existing drawing, AutoCAD searches
;  the support path and reads the first acad.pgp file that it finds.

;  -- External Commands --
;  While AutoCAD is running, you can invoke other programs or utilities
;  such Windows system commands, utilities, and applications.
;  You define external commands by specifying a command name to be used
;  from the AutoCAD command prompt and an executable command string
;  that is passed to the operating system.

;  -- Command Aliases --
;  The Command Aliases section of this file provides default settings for
;  AutoCAD command shortcuts.  Note: It is not recommended that  you directly
```

그럼 여기서 메모장의 스크롤 바를 아래로 드래그해서 내려가 보도록 하겠습니다.
그림과 같이 "; -- Sample aliases for AutoCAD commands -- " 란 텍스트 줄이 표시되고 그 밑에 영어로 부가 설명이 나오면서 각 명령어의 단축키 리스트가 나오게 됩니다.

단축키 지정줄에 대한 해석을 해보자면

3A,	*3DARRAY
(단축키)	*(명령어)

이렇게 해석할 수 있습니다. 앞에 사용자가 쓰기 편한 문자열의 단축키를 쓴 후에 " , "(콤마)를 삽입하고 그 뒤에 *(별표)를 삽입한 후 그 단축키와 링크시킬 해당 명령어를 입력하면 됩니다.

예를 들어 선긋기(Line) 명령에 대한 단축키를 지정해 보도록 하겠습니다. 맨 첫 글자 "L"자를 따서 단축키를 지정하면

```
L, *Line
```

이렇게 단축키 열을 입력하게 되면 "Line(선긋기)" 명령에 대해서는 명령 창에 "L"을 입력하면 선긋기 명령이 실행된다는 의미입니다. 한 개의 명령어에 대해서 여러 가지 단축키를 지정할 수는 있지만 시스템의 기본 단축키와 중복되면 그 단축키는 시스템 기본 단축키를 따라가게 되니 주의하시기 바랍니다.

단축키를 등록할 때의 주의점은 다음과 같습니다.

❶ 되도록 한 글자로 하는 것이 좋습니다.

(예 : L, *Line)

❷ 데이터 값을 입력할 때 혼동될 수 있으니 한 자리 숫자는 되도록 단축키로 쓰지 않는 것이 좋습니다.

(예 : 3, *Line -> 불가능하지는 않으나 좋지 않은 예입니다.)

❸ 2자 이상의 단축키를 사용할 때는 같은 글자를 두 번 타이핑하거나 자판 배열이 서로 가깝게 붙어 있는 배열을 쓰는 것이 단축키를 타이핑할 때 좋습니다.

(예 : MM, *Matchprop
RE, *Regen)

❹ 해당 명령어와 혼동되지 않도록 단축키는 되도록 그 명령어를 상징하는 첫 글자로 지정하는 것이 좋습니다.

(예 : E, *Erase)

❺ 노트를 작성하거나 표제란을 작성할 때 한글을 타이핑하는 경우 다시 명령어 창에서 입력하면 한글이 입력되어서 단축키 에러가 나는 경우가 많으므로, 해당 단축키와 같은 한글로 단축키를 중복 입력하면 한글로 단축키를 입력하더라도 에러가 나지 않고 매끄럽게 작업을 실행해 나갈 수 있습니다.

(예 : E, *Erase
ㄷ, *Erase -> 하나의 명령어에 같은 자판의 한/영 단축키를 주어 한/영 전환 시에도 무리없이 작업이 이루어질 수 있습니다.)

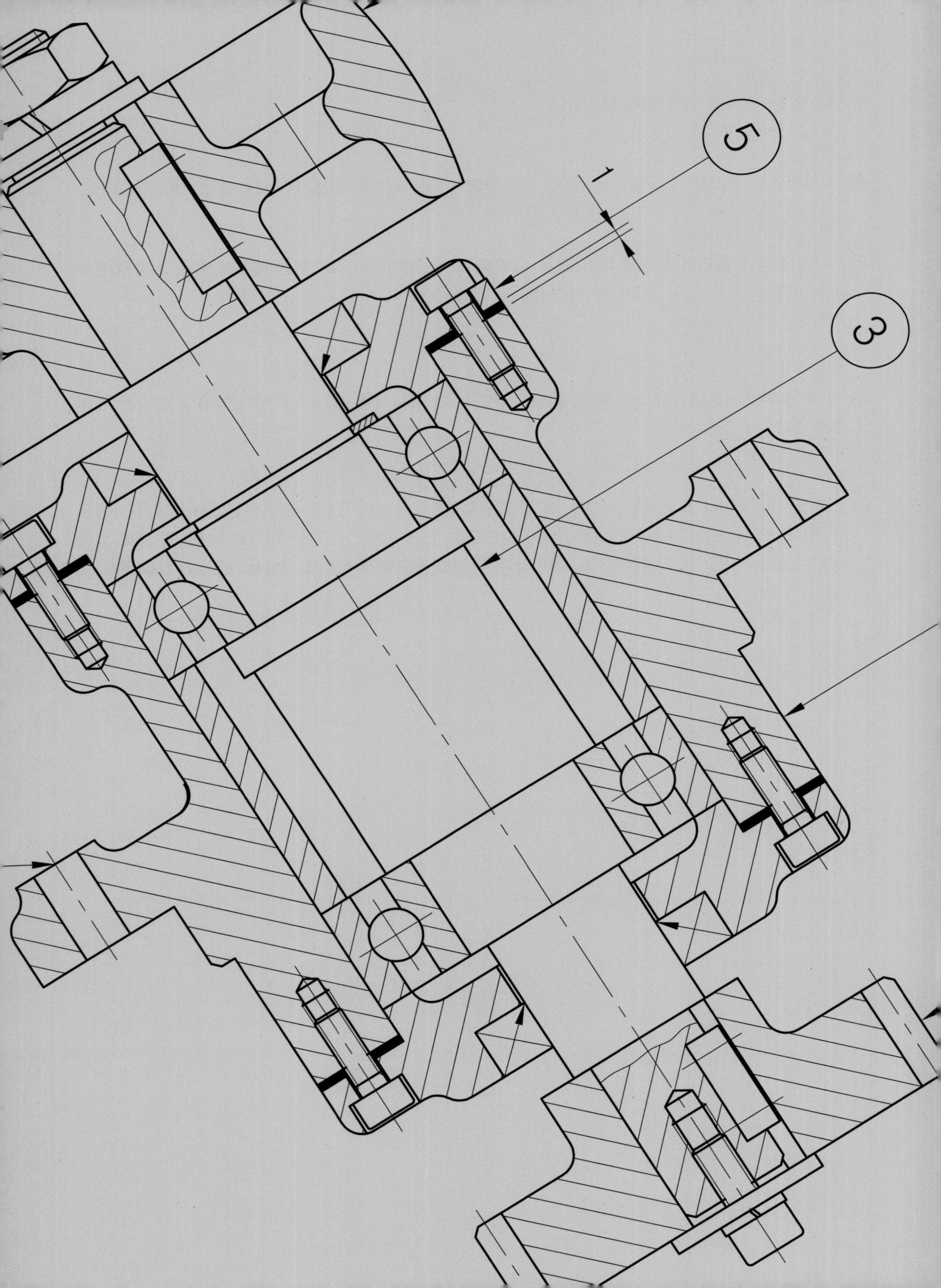
5
1
3

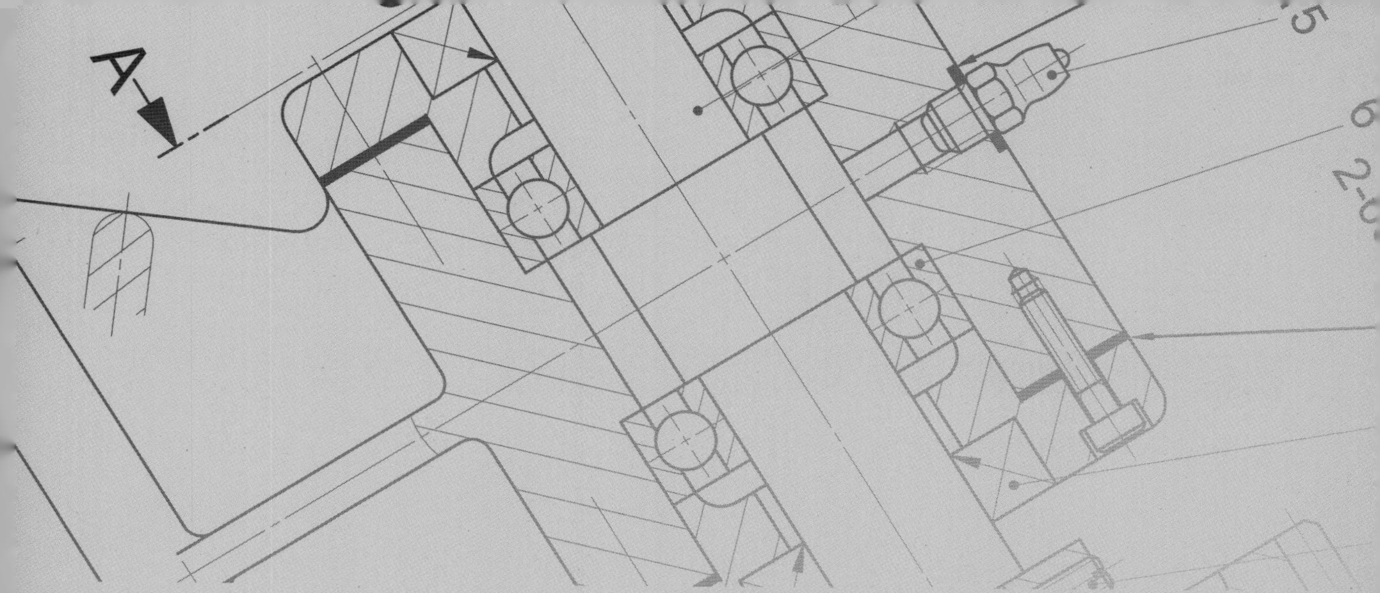

Part 04

동력전달장치

Section 1 본체, 하우징 타입의 부품 작성하기

동력전달장치의 본체 타입 부품을 작성해보도록 하겠습니다.

01 따라하기 예제도면 살펴보기

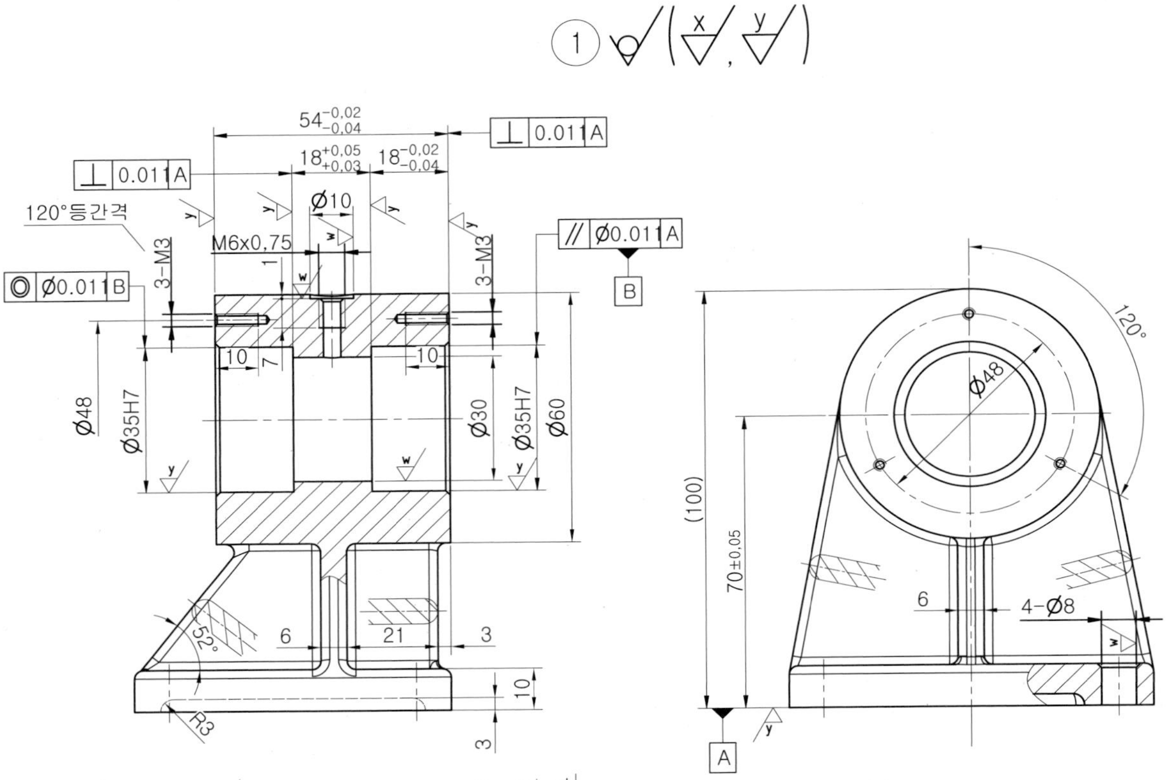

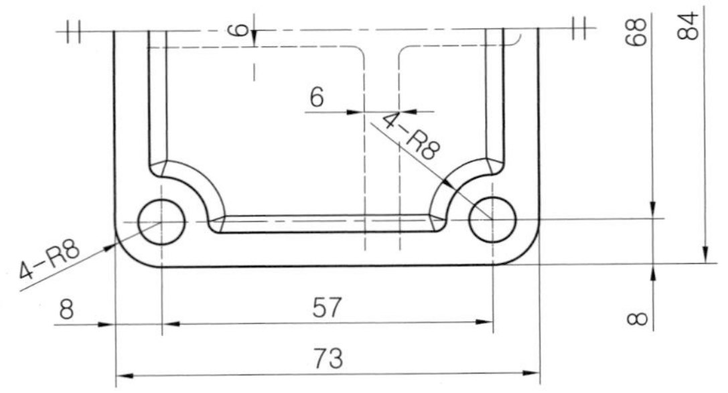

주)
도시되고 지시없는 모따기는 1x45 °
필렛과 라운드는 R3

chapter 01 베이스 피쳐 작성하기

step 1

새로 만들기 버튼을 클릭합니다.

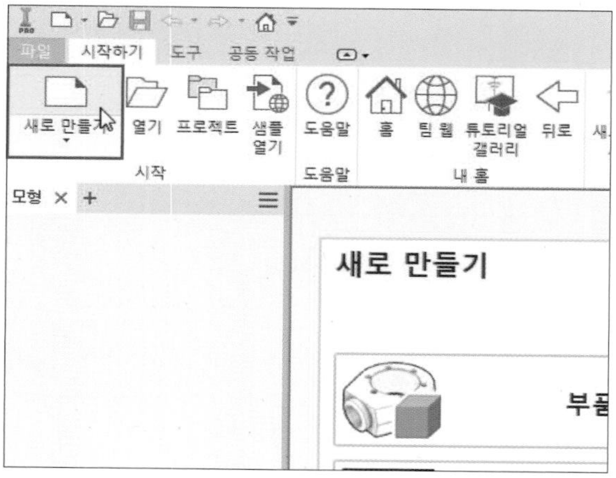

step 2

Standard(mm).ipt 템플릿을 선택한 다음 **작성** 버튼을 클릭합니다.

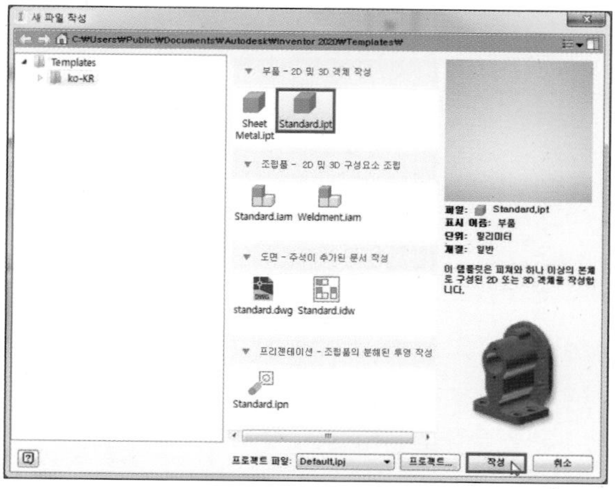

step 3

2D 스케치 시작 버튼을 클릭한 다음 **XZ 평면**을 선택합니다.

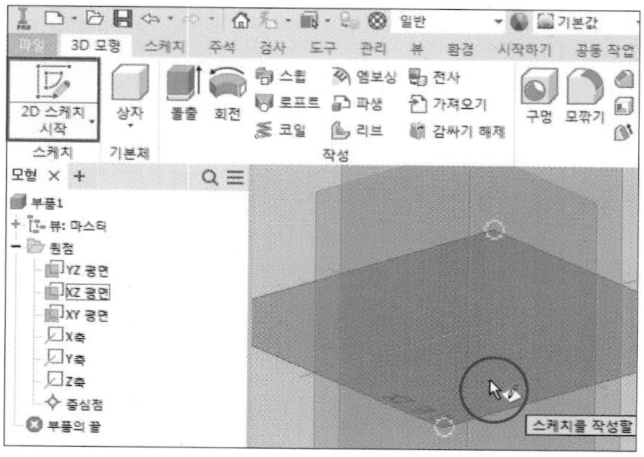

step 4

스케치 메뉴가 활성화되면 직사각형 메뉴에서 **두 점 중심 직사각형** 명령을 클릭합니다.

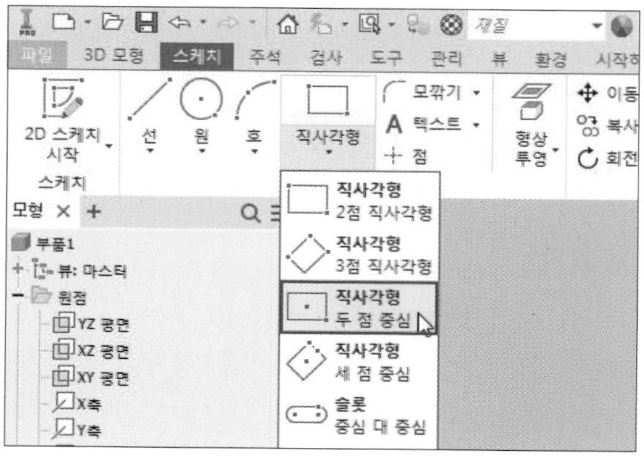

step 5

첫 번째 점으로는 **원점**을 선택합니다.

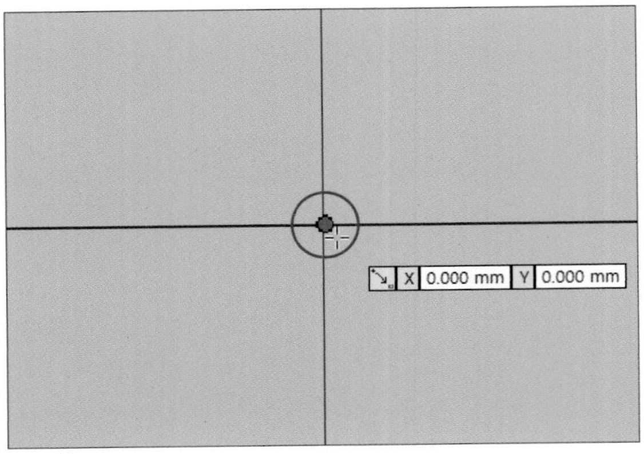

> **TIP 인벤터의 스냅**
>
> ① 스냅이 되지 않은 경우 (제어점 색상 : 노란색)
>
> 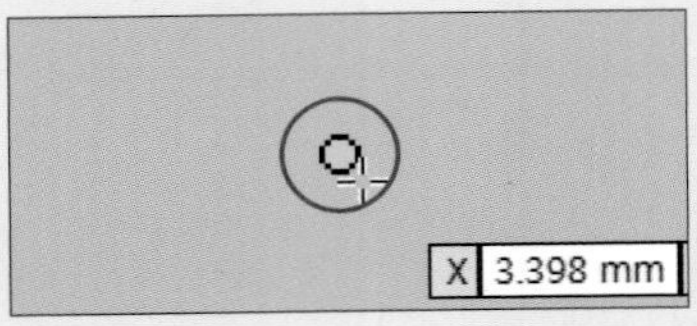
>
>
> ② 스냅이 된 경우 (제어점 색상 : 초록색)
>
> 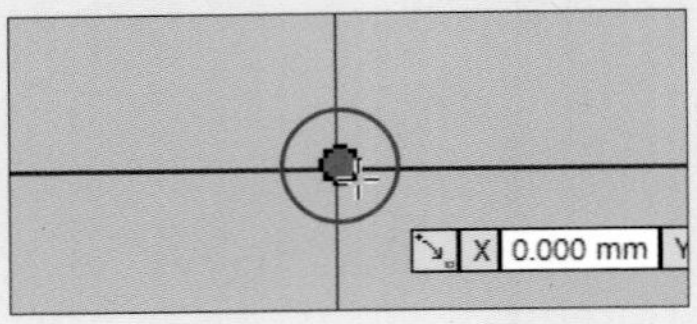
>

step 6

마우스를 우측 상단으로 이동하여 두 번째 점은 대략적인 지점을 클릭합니다.

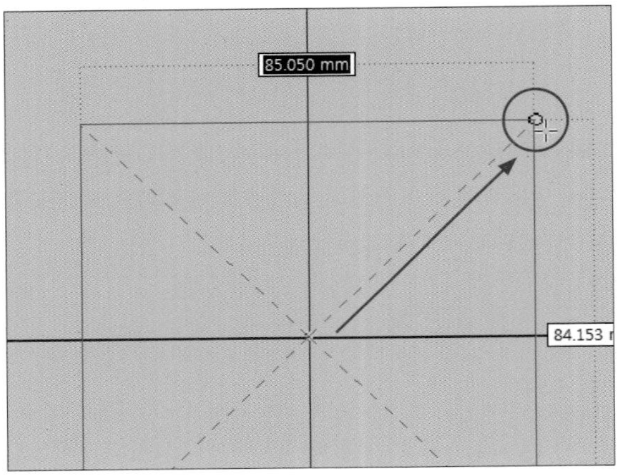

step 7

치수 명령을 클릭합니다.

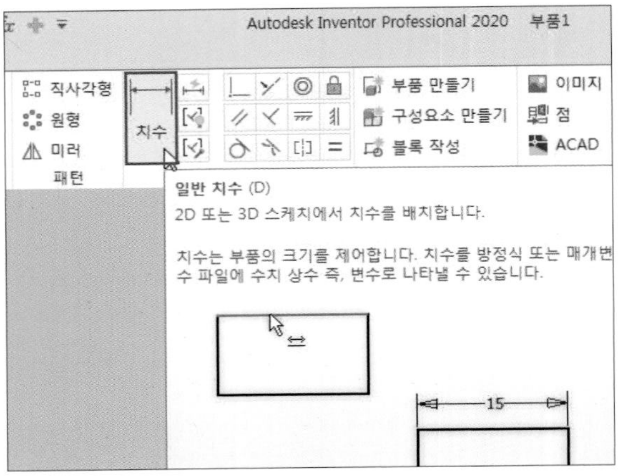

step 8

직사각형의 **윗변**을 클릭합니다.

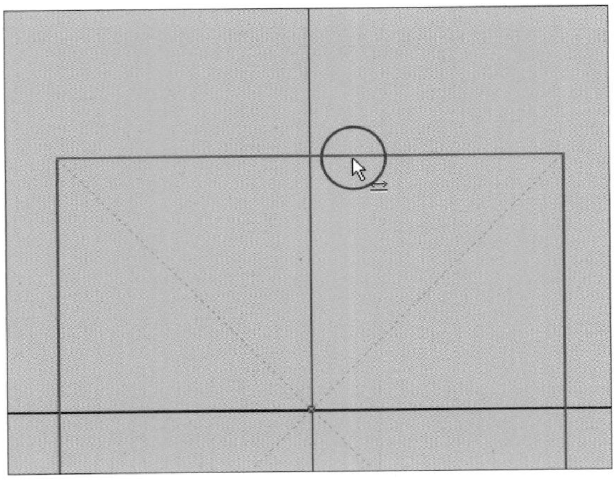

step 9

마우스를 위쪽으로 이동하면 다음과 같은 치수 형상이 미리보기 됩니다.

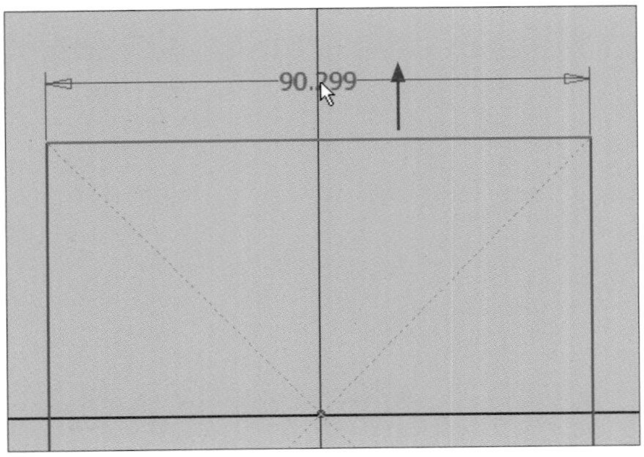

step 10

치수가 위치할 적당한 곳을 클릭하면 치수 편집창이 실행됩니다. 73을 입력한 다음 ENTER를 누릅니다.

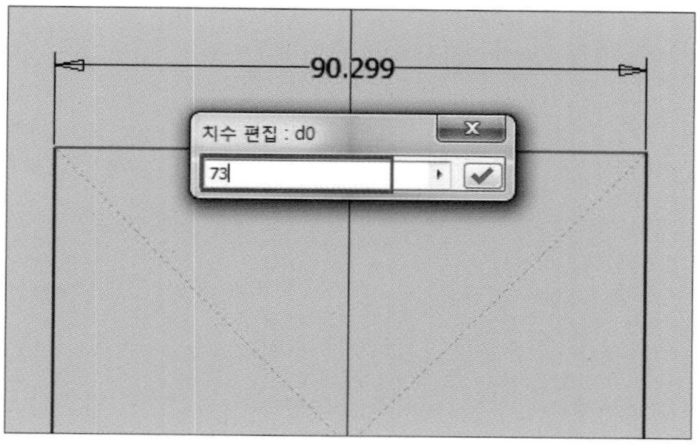

step 11

다음과 같이 치수 기입이 완료됩니다.

step 12

마찬가지 방법으로 세로 치수 84도 작성합니다.

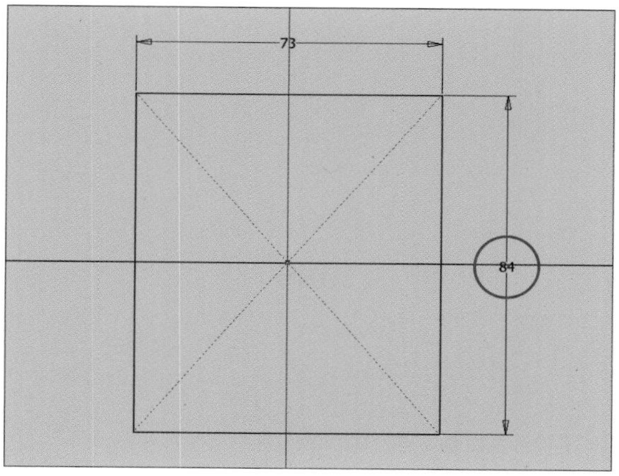

step 13

3D 모형 탭의 돌출 명령을 클릭합니다.

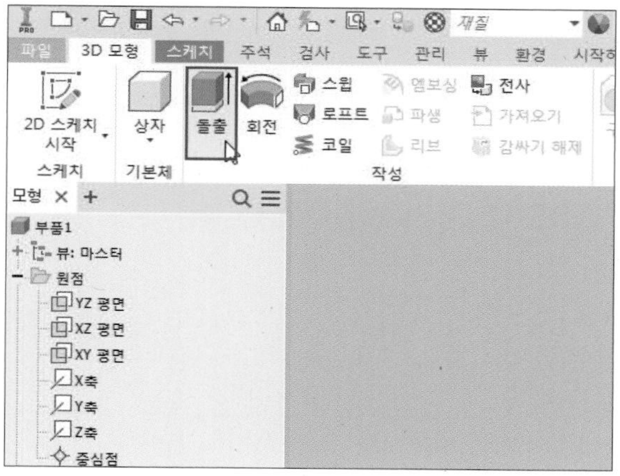

step 14

돌출창이 실행되면 프로파일은 자동으로 선택되었으므로 거리값으로 10을 입력한 다음 **확인** 버튼을 클릭합니다.

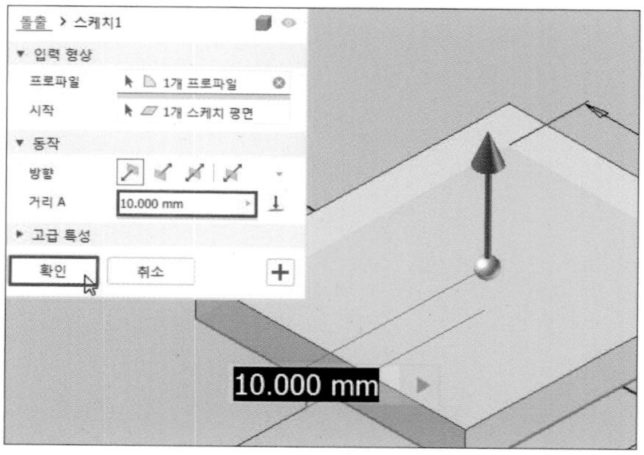

step 15

다음과 같이 기본 돌출 형상 작성이 완료되었습니다.

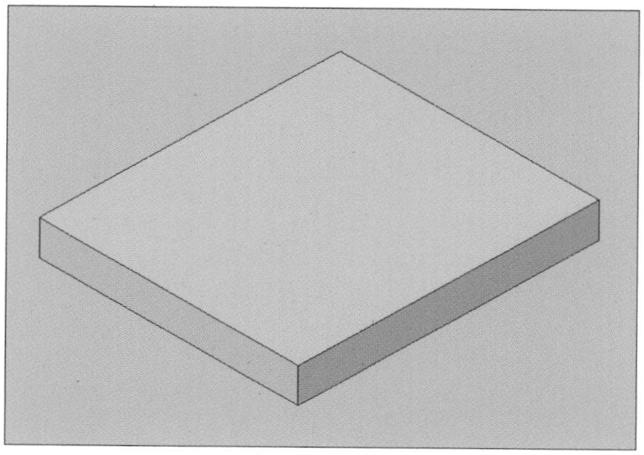

step 16

원점 항목 중 XY **평면**에 **새 스케치**를 작성합니다.

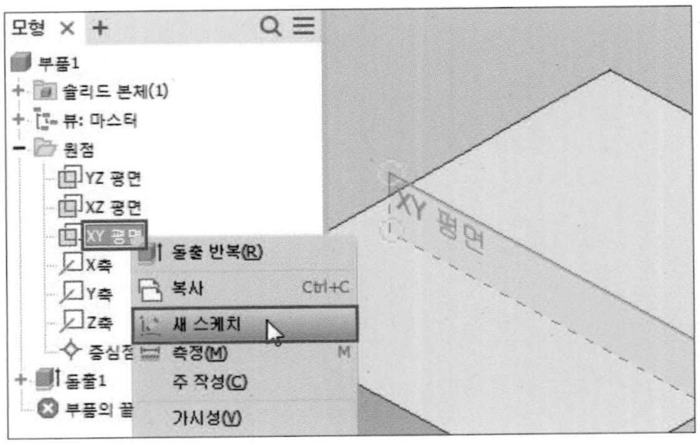

step 17

스케치 메뉴가 활성화되면 직사각형 메뉴에서 **2점 직사각형** 명령을 클릭합니다.

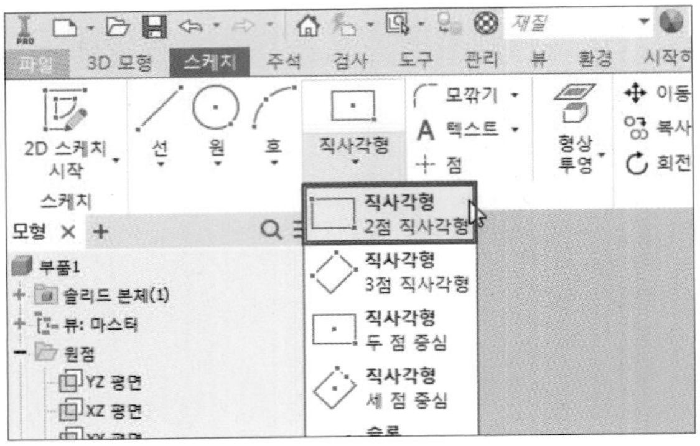

step 18

대략적인 첫 번째 점을 클릭합니다.

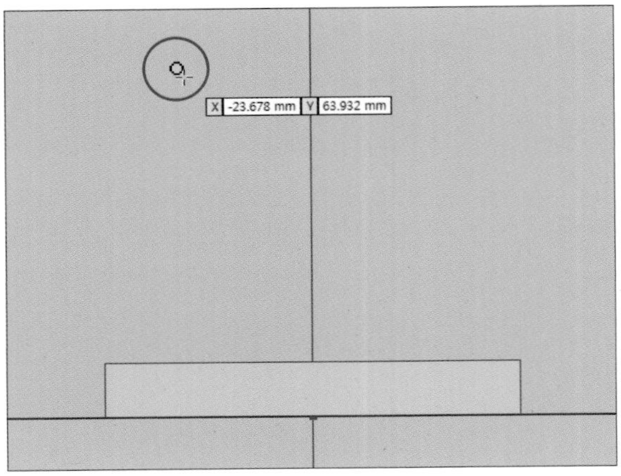

step 19

마우스를 우측 하단으로 이동하여 대략적인 두 번째 점을 클릭합니다.

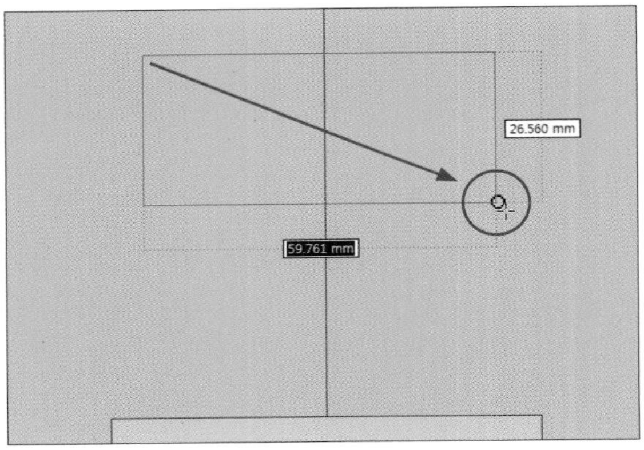

step 20

해당 선분을 마우스 우측 버튼으로 클릭한 다음 **중심선** 명령을 선택합니다.

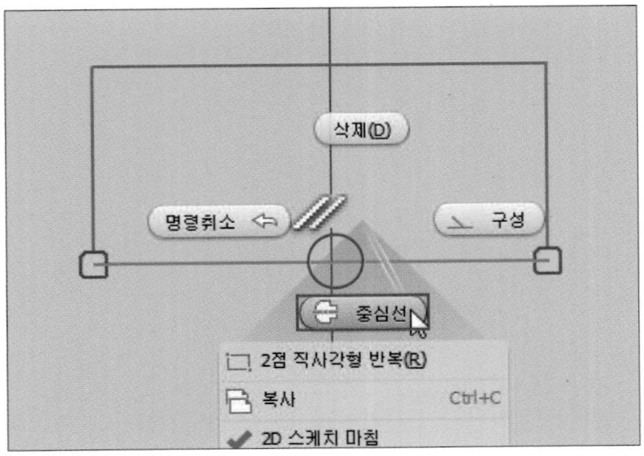

step 21

다음과 같이 해당 선분이 중심선으로 변경되었습니다.

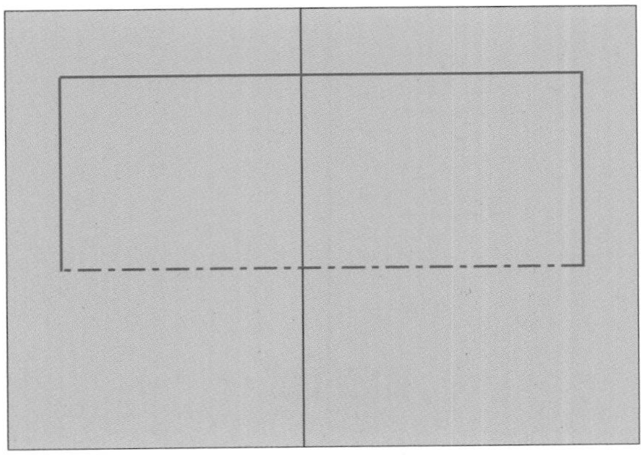

step 22

치수 명령을 클릭합니다.

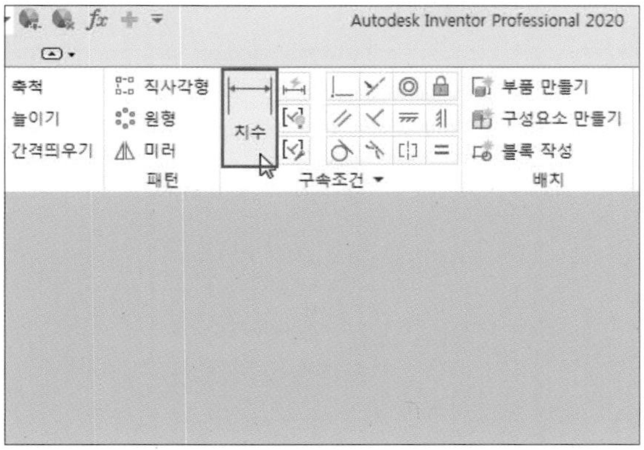

step 23

해당 선분을 클릭합니다.

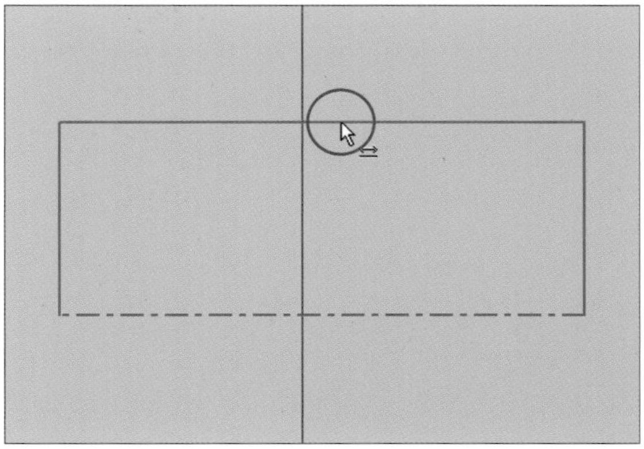

step 24

마우스를 위쪽으로 이동하면 다음과 같은 치수 형상이 미리보기 됩니다.

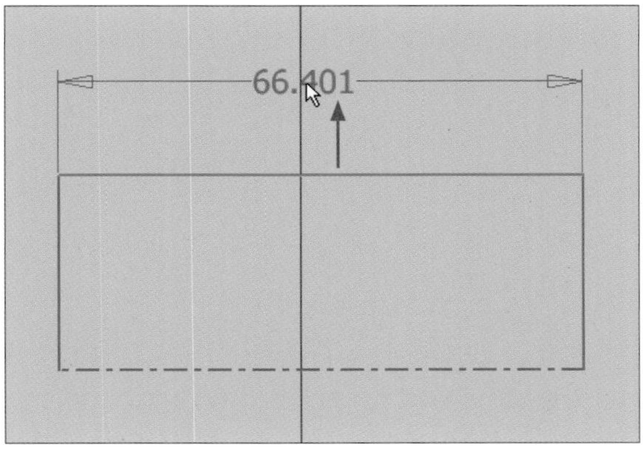

step 25

치수가 위치할 적당한 곳을 클릭하면 치수 편집창이 실행됩니다. 54를 입력한 다음 ENTER를 누릅니다.

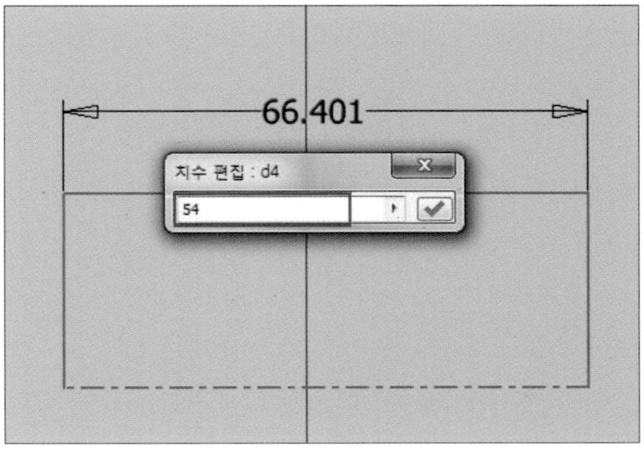

step 26

다시 한 번 **치수** 명령을 실행하여 해당 선분을 클릭합니다.

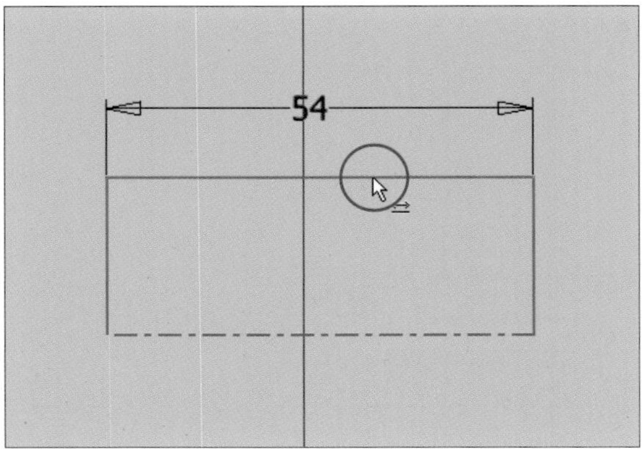

step 27

이어서 **중심선** 선분을 클릭합니다.

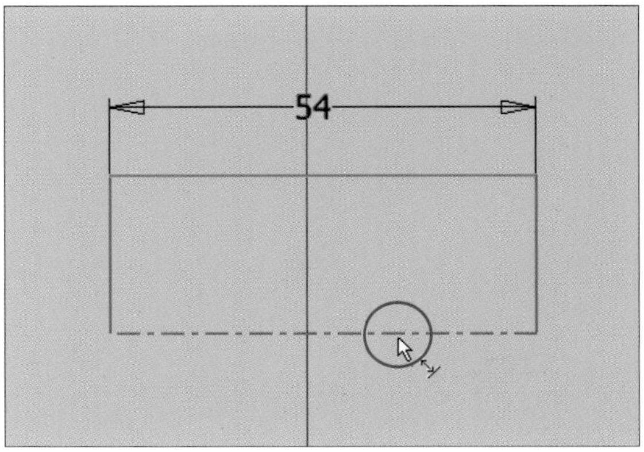

step 28

마우스를 오른쪽으로 이동하면 다음과 같이 **지름 치수**가 미리보기 됩니다.

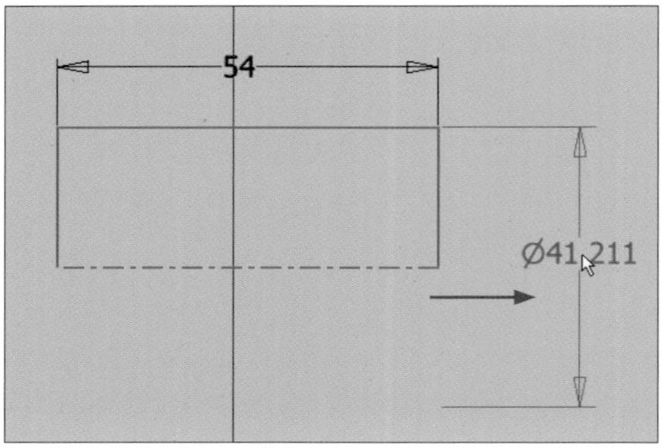

step 29

치수가 위치할 적당한 곳을 클릭하면 치수 편집창이 실행됩니다. 60을 입력한 다음 ENTER를 누릅니다.

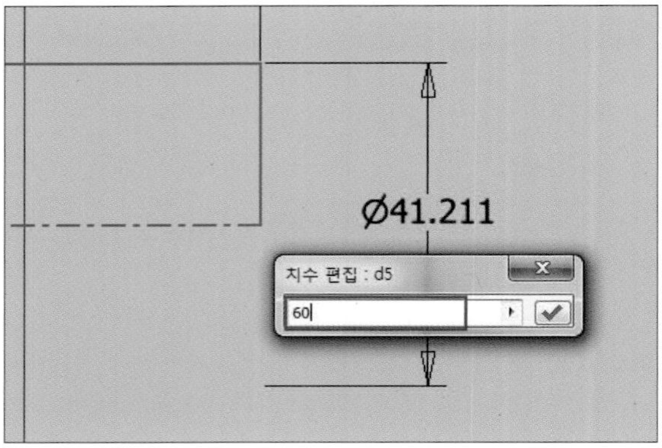

step 30

다시 한 번 **치수** 명령을 실행하여 해당 모서리를 클릭합니다.

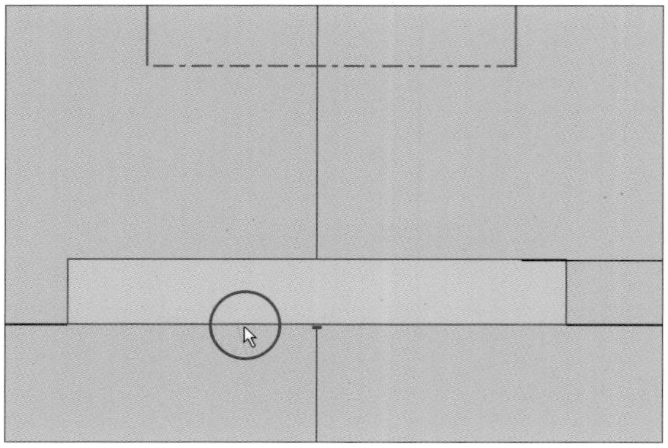

step 31

이어서 **중심선** 선분을 클릭합니다.

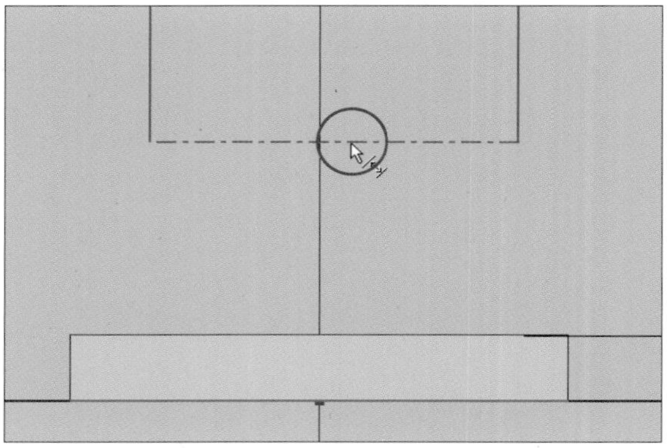

step 32

마우스를 왼쪽으로 이동하면 다음과 같은 치수 형상이 미리보기 됩니다.

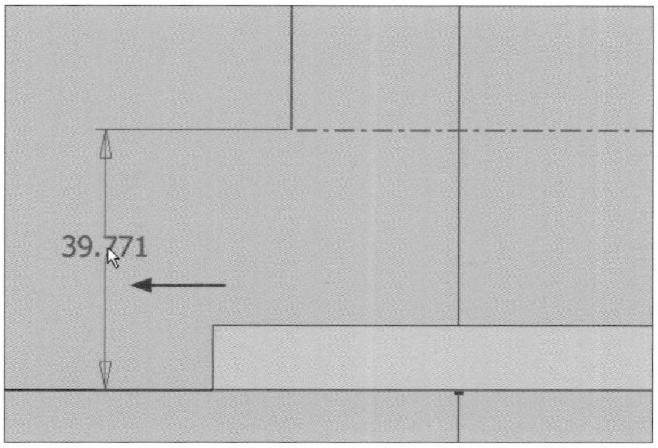

step 33

치수가 위치할 적당한 곳을 클릭하면 치수 편집창이 실행됩니다. 중심거리 허용차 70을 입력한 다음 ENTER를 누릅니다.

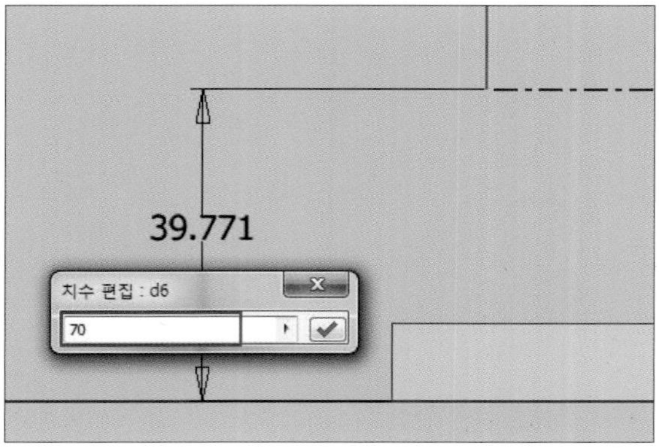

step 34

구속조건 패널의 **수직 구속조건** 명령을 클릭합니다.

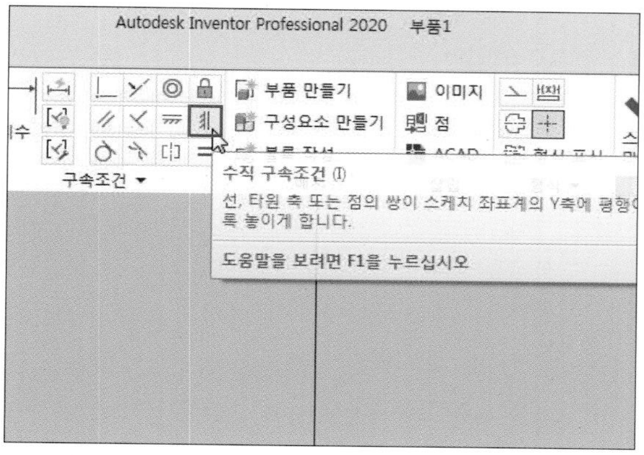

step 35

해당 점을 클릭합니다.

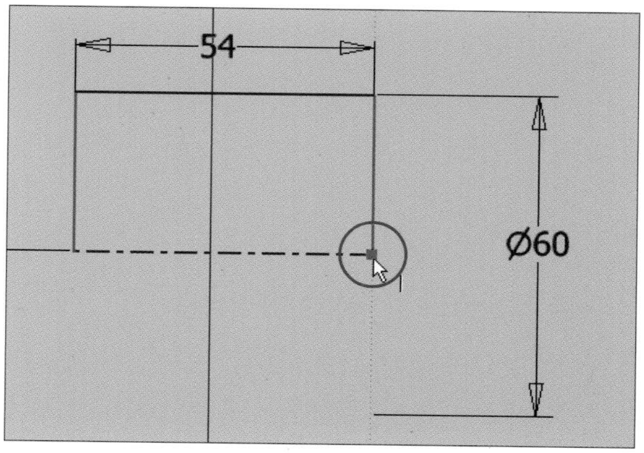

step 36

이어서 다음 점을 클릭합니다.

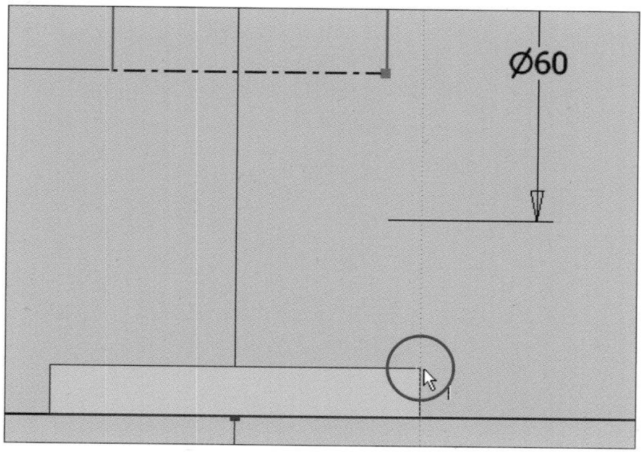

step 37

다음과 같이 두 점이 수직선상에 위치되면서 우측 선들의 높이가 정렬됩니다.

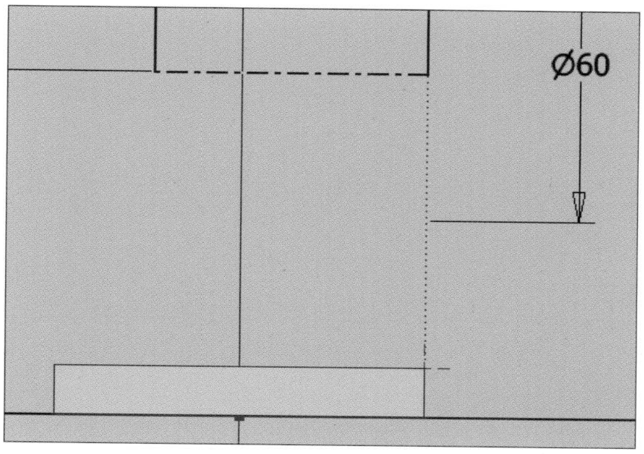

TIP 구속조건 – 수직 구속조건

① 수직선이 아닌 **선**을 수직하게 만듭니다.

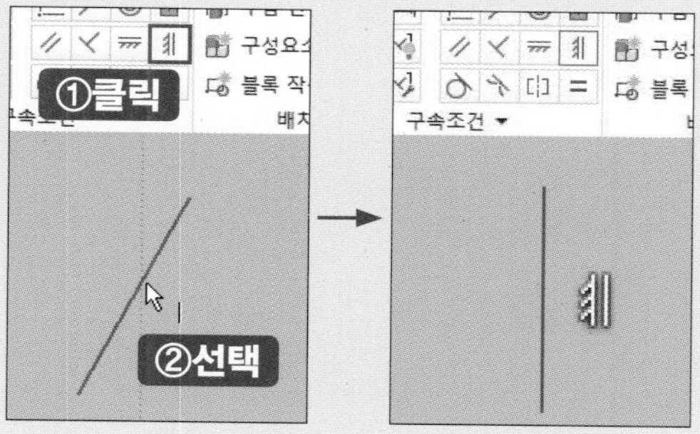

② 두 개의 **점**을 서로 수직선상에 있게 합니다.

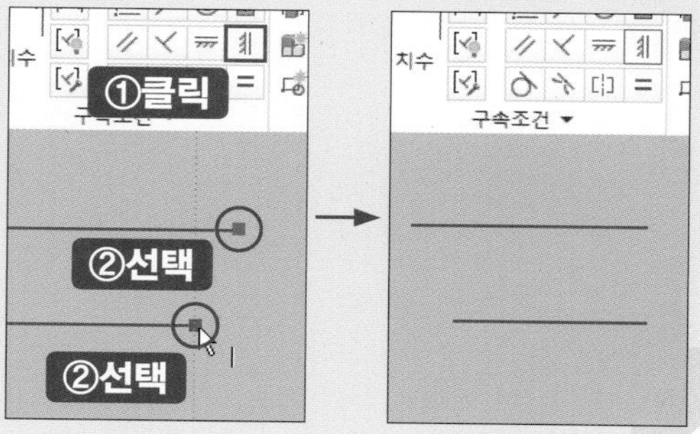

TIP 스케치 완전정의에 대해서

스케치 완전정의에 대한 기본적인 개념

스케치에서 말하는 완전정의란 중심점(X=0, Y=0, Z=0)에서 모든 스케치 요소의 X,Y좌표가 정해졌거나 이미 구속된 다른 스케치 요소에 대해서 X,Y좌표가 치수 혹은 구속조건에 의해서 완전 정의된 상태를 의미합니다.

일반적인 스케치의 완전정의

하나의 스케치 안에 있는 모든 스케치 요소가 원점이나 원점에 관계된 완전구속된 요소에 대해서 치수나 구속조건 관계로 완전히 정의된 상태를 의미합니다.

완전정의 상태

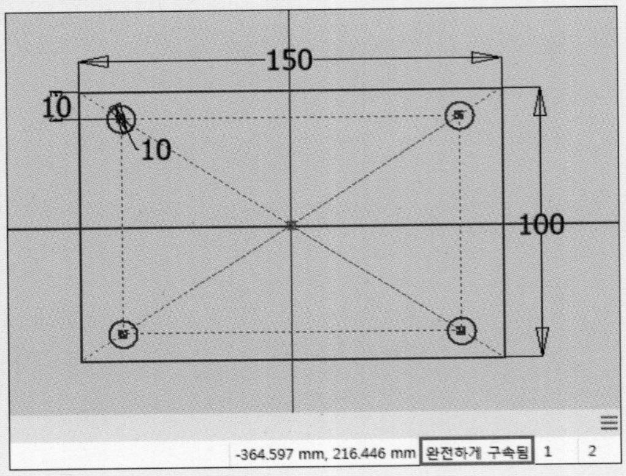

불완전정의 상태

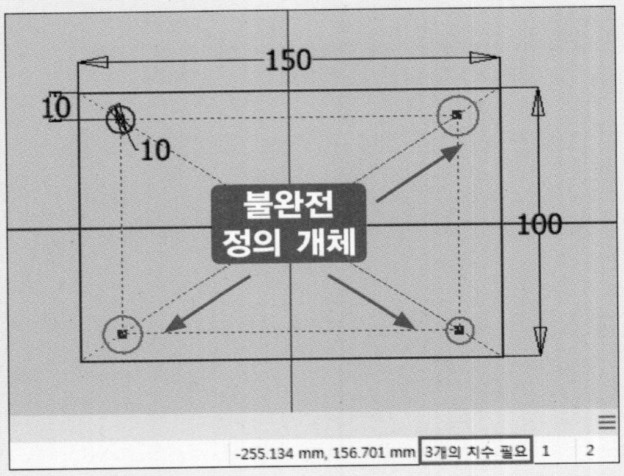

스케치의 설계적 완전정의가 가지는 의미

기본적으로 모든 스케치는 완전정의가 되어야 하며, 그 완전정의도, 단순히 치수만 가지는 완전정의가 아니라, 하나하나의 모든 스케치 요소들이 설계자의 의도에 맞게 스케치 요소나 구속조건, 혹은 치수가 작성된 상태를 의미합니다.

이를 설계적 완전정의라고 하며, 설계적 완전정의의 상태는 베이스 스케치 치수를 수정했을 때, 스케치 편집이 설계자의 의도에 맞게 변경되는 것을 의미합니다.

1. 설계자의 의도에 맞게 완전 정의된 스케치의 경우

치수가 바뀌더라도 모든 요소들이 설계자의 의도에 맞게 변경됩니다.

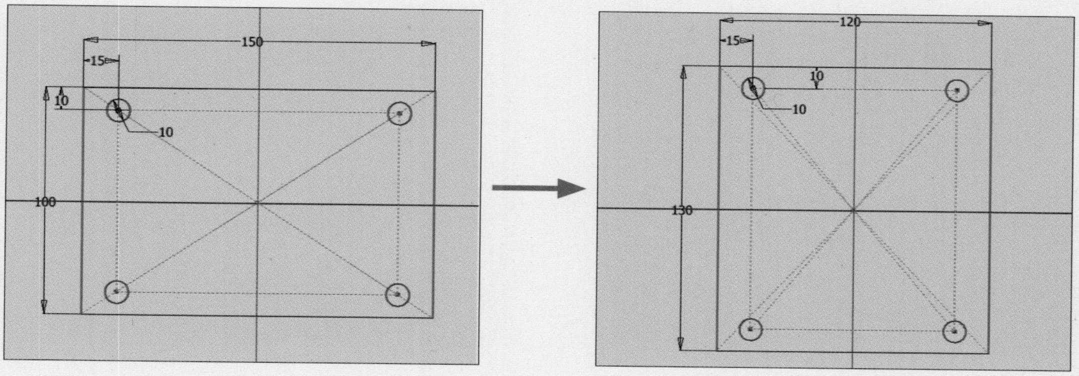

2. 설계자의 의도에 맞지 않게 완전 정의된 스케치의 경우

치수가 바뀌면 스케치 요소들의 위치가 예측할 수 없는 방향으로 수정될 수 있습니다.

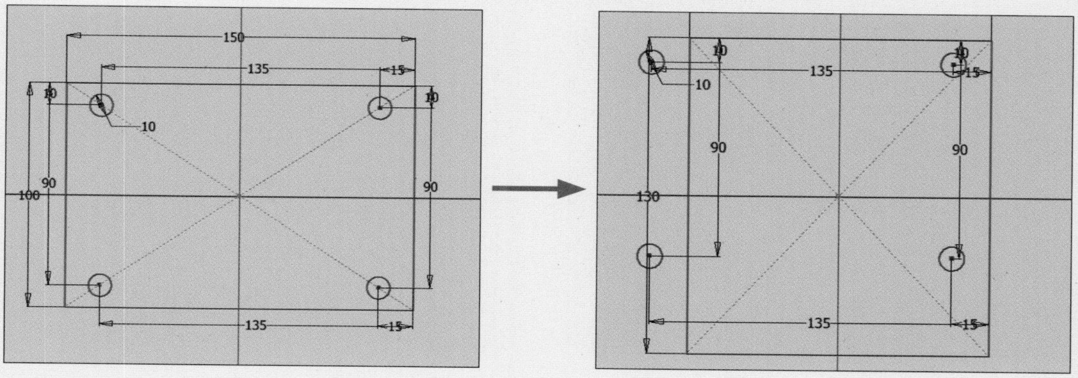

● 스케치 완전정의를 구분하는 법

해당 스케치가 완전정의가 되지 않았을 때에는 스케치 마크가 일반적인 상태가 되며, 완전 정의 상태에서는 스케치 마크에 클립 마크가 추가됩니다.

완전정의 상태 

불완전정의 상태 

step 38

3D **모형** 탭의 **회전** 명령을 클릭합니다.

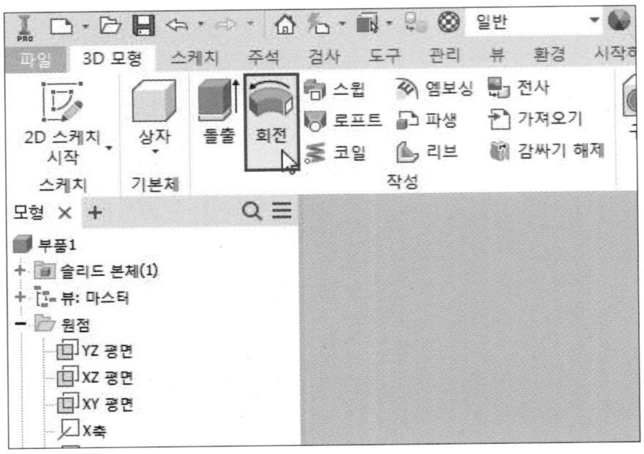

step 39

프로파일과 축이 자동으로 선택되었으므로 **확인** 버튼을 클릭합니다.

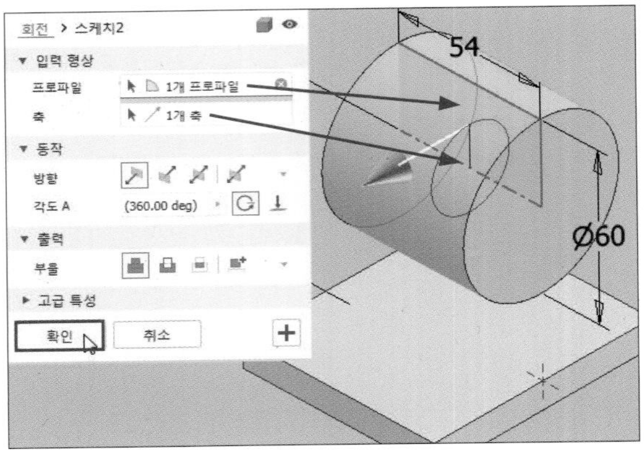

step 40

다음과 같이 회전 형상 작성이 완료되었습니다.

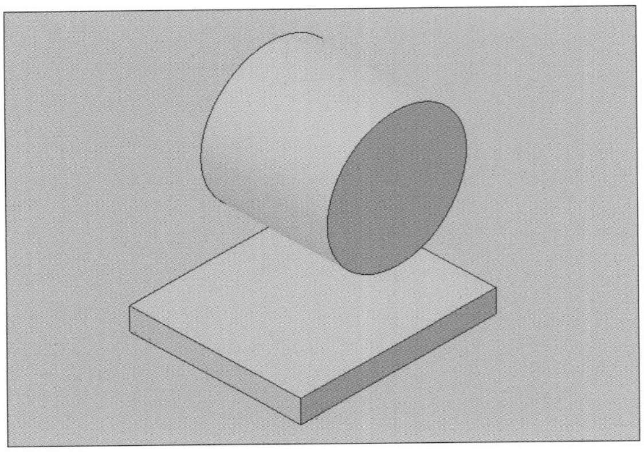

TIP 스케치 중심선의 기능

① **지름(직경)치수**를 작성할 수 있습니다.

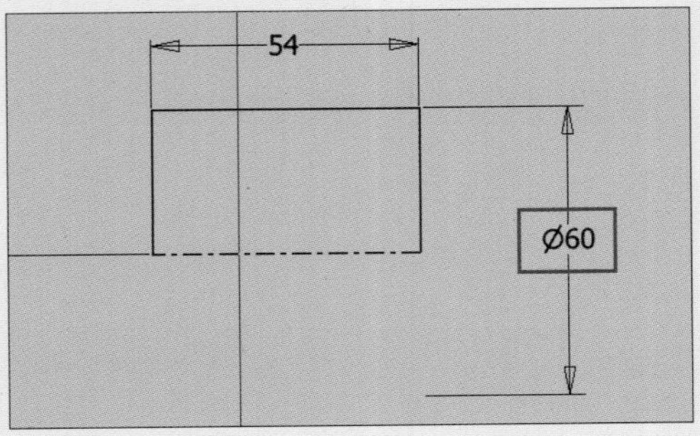

② 회전 명령 실행시 중심선이 **축**으로 자동 선택됩니다.

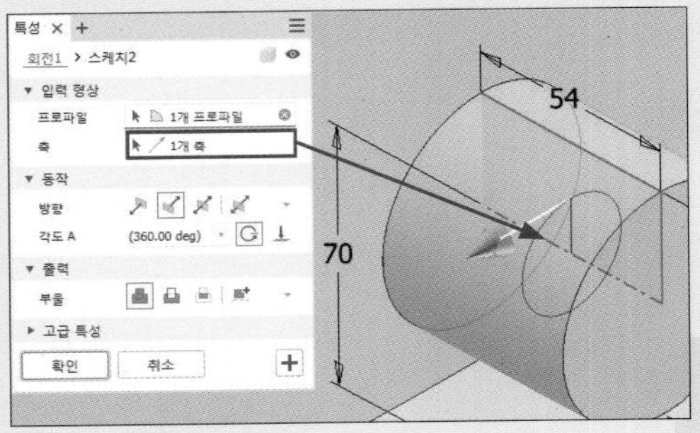

step 41

3D 모형 탭의 **모깎기** 명령을 실행합니다.

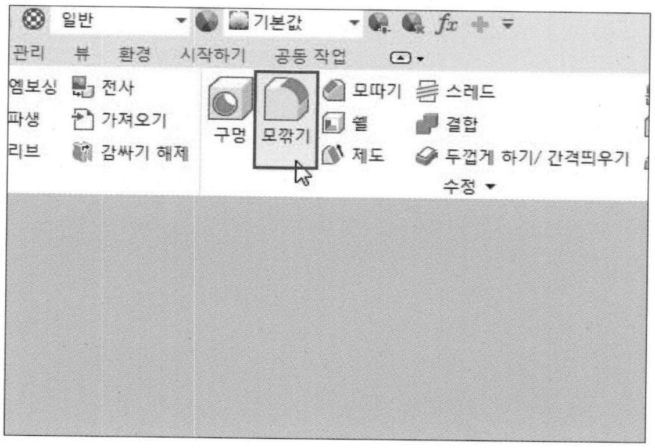

step 42

모서리 4군데를 클릭합니다.

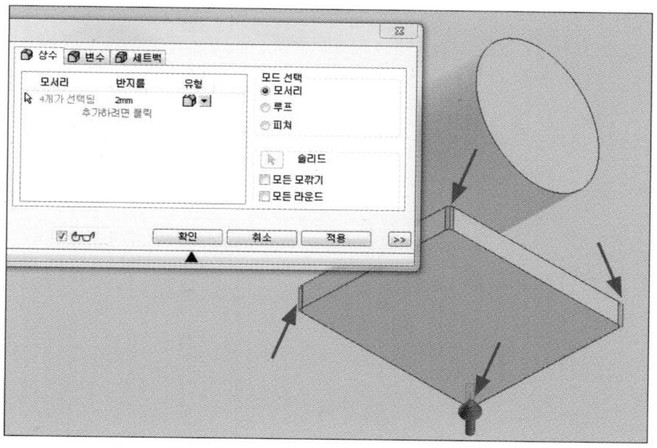

step 43

모깎기 반지름 8mm를 입력한 다음 **확인** 버튼을 클릭합니다.

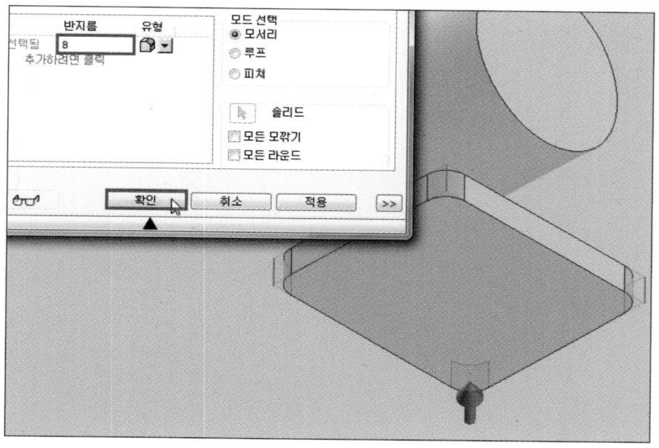

step 44

다시 한 번 모깎기 명령을 클릭하여 다음 **모서리**를 **루프** 형태로 클릭합니다.

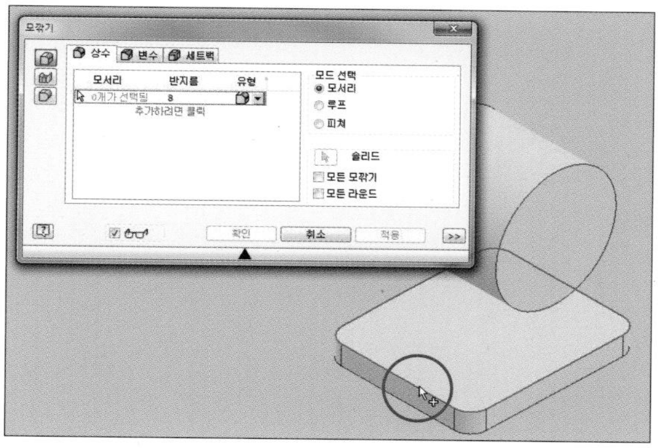

step 45

모깎기 반지름 3mm를 입력한 다음 **확인** 버튼을 클릭합니다.

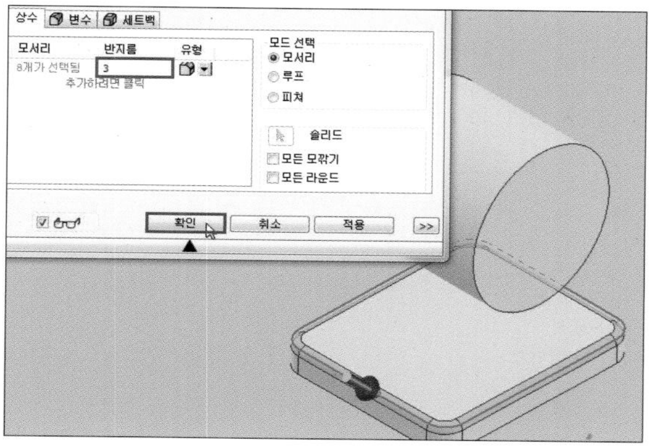

step 46

다음과 같이 모깎기 피쳐가 작성되었습니다.

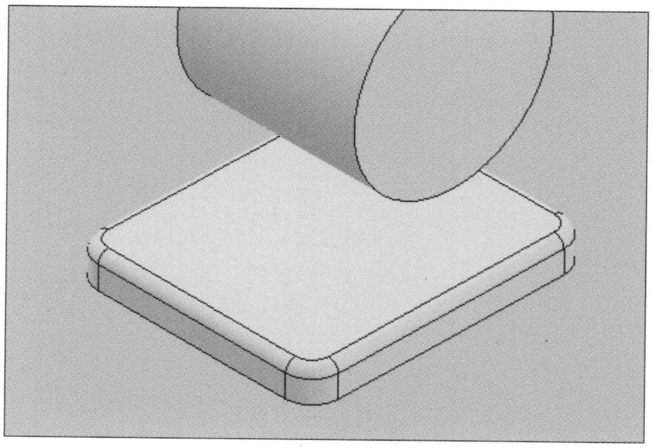

step 47

3D 모형 탭의 평면- **평면에서 간격띄우기** 명령을 실행합니다.

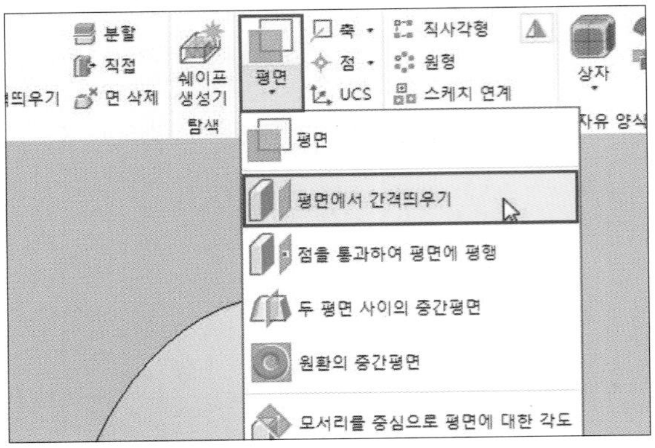

step 48

해당 면을 클릭합니다.

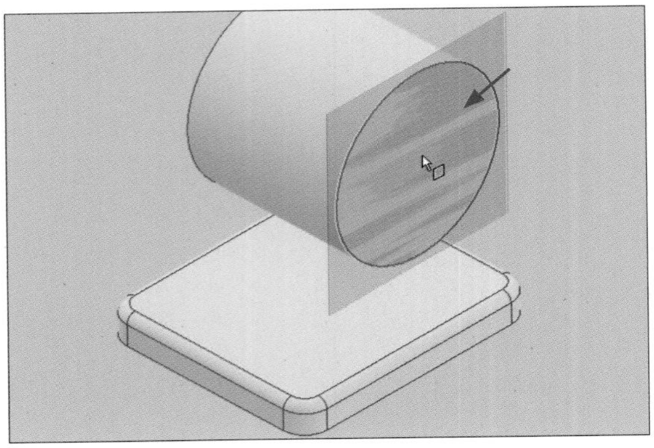

step 49

안쪽으로 드래그하면 다음과 같이 치수 창이 뜹니다. -24를 입력한 다음 확인 버튼을 클릭합니다.

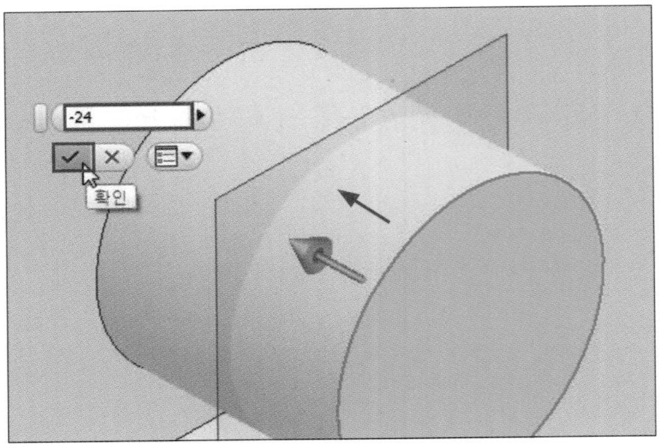

step 50

다음과 같이 24mm 만큼 간격이 띄워진 면이 작성됩니다.

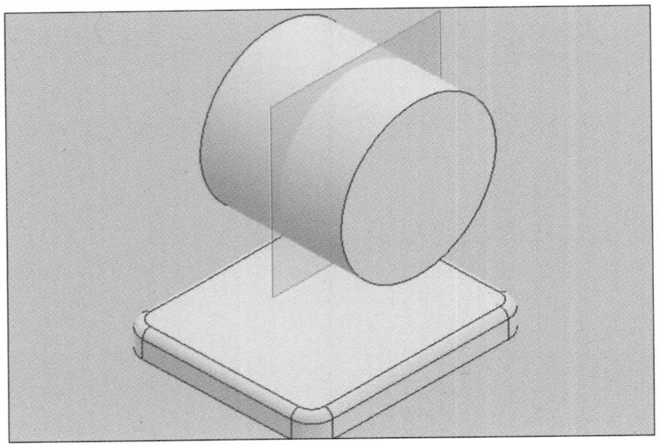

step 51

작업 평면을 마우스 우측 버튼으로 클릭한 다음 **새 스케치** 명령을 실행합니다.

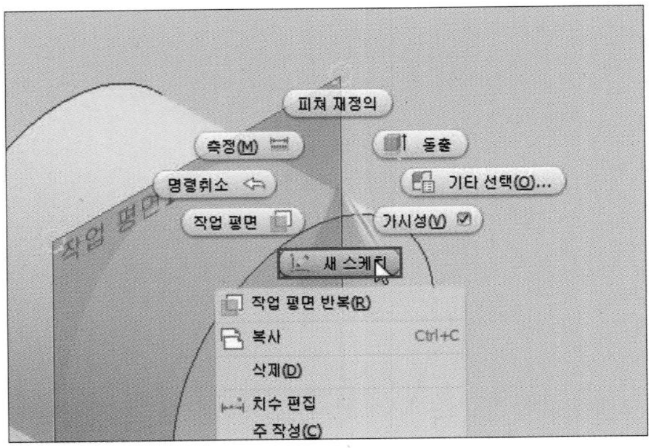

step 52

선 명령을 클릭합니다.

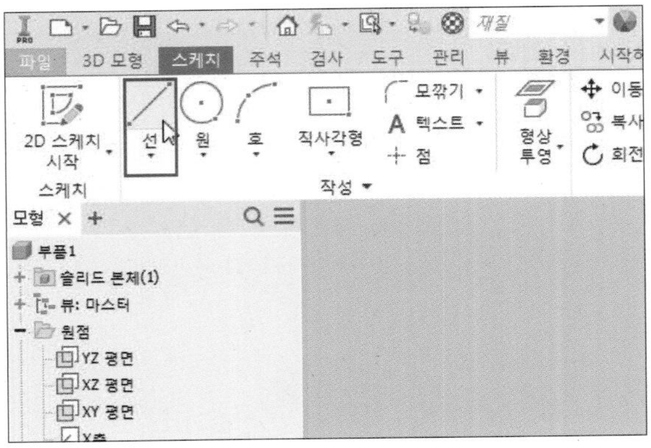

TIP **작업 평면을 선택하는 2가지 방법**

① 작업공간에서 선택할 시에는 **작업 평면의 모서리** 쪽으로 마우스를 가져가면 빨갛게 인식됩니다.

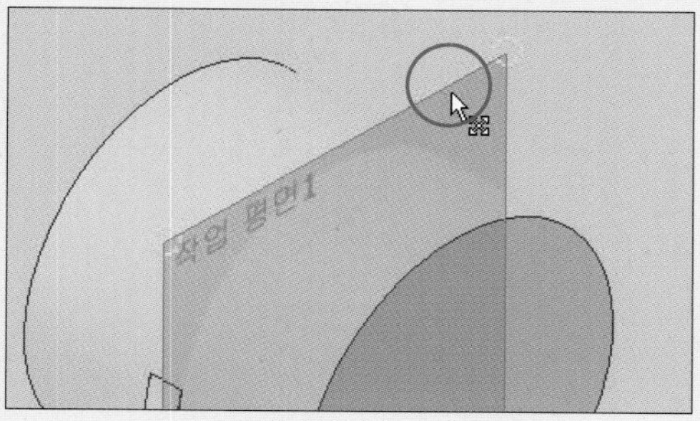

② **모형 검색기** 탭에서 작업 평면 항목을 선택합니다.

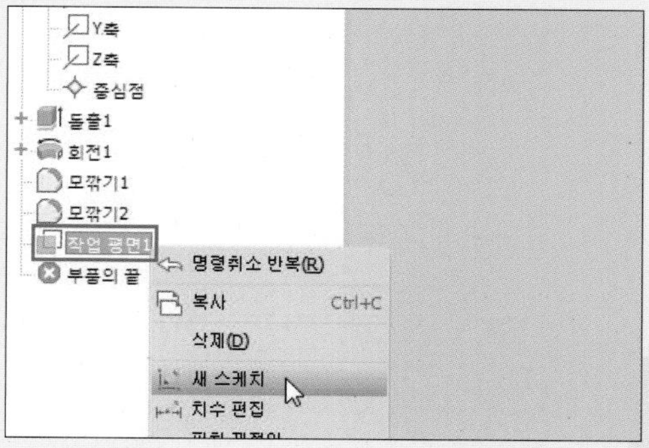

step 53

기존에 작성된 형상의 아래쪽 대략적인 부분에 첫 번째 점을 클릭합니다.

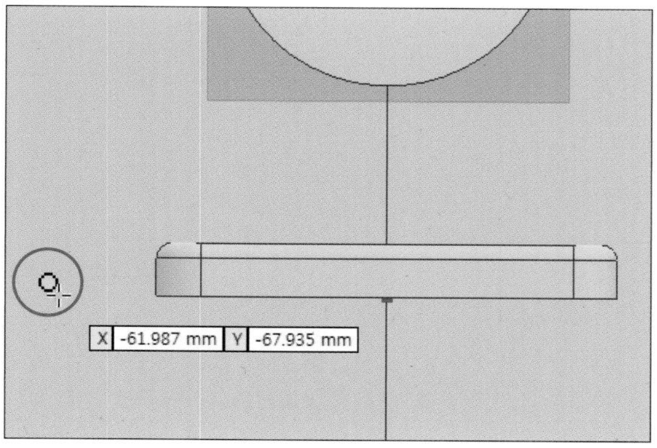

step 54

다음과 같이 위로 뻗는 대각선을 작성합니다.

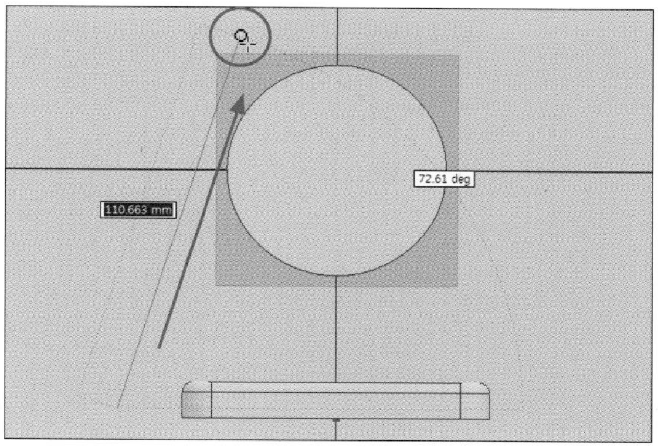

step 55

접선 구속조건 명령을 클릭합니다.

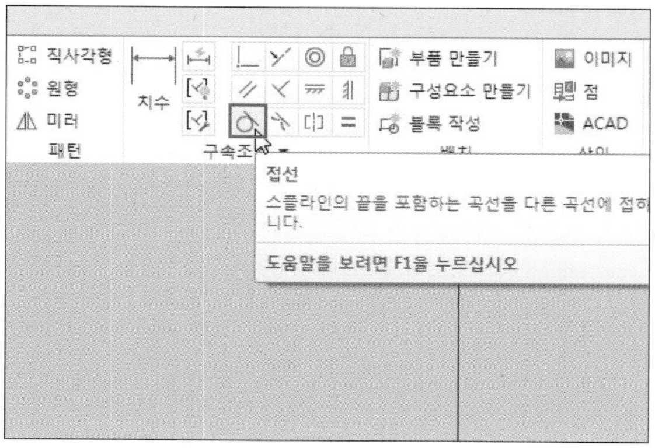

step 56

방금 작성한 대각선을 클릭합니다.

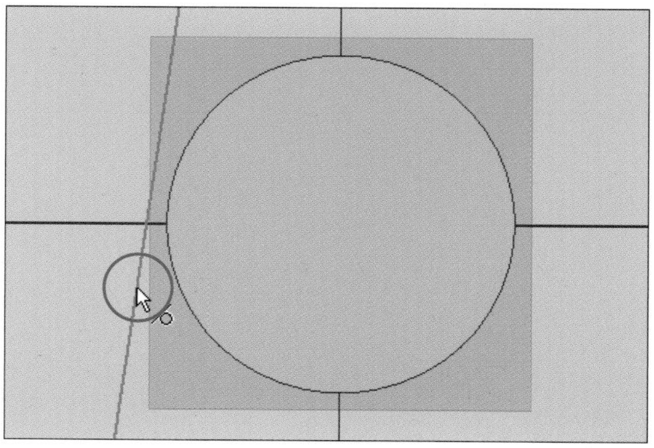

step 57

이어서 원형 모서리를 선택하여 선택한 원호와 선이 접하게 되는 접선 구속조건을 적용합니다.

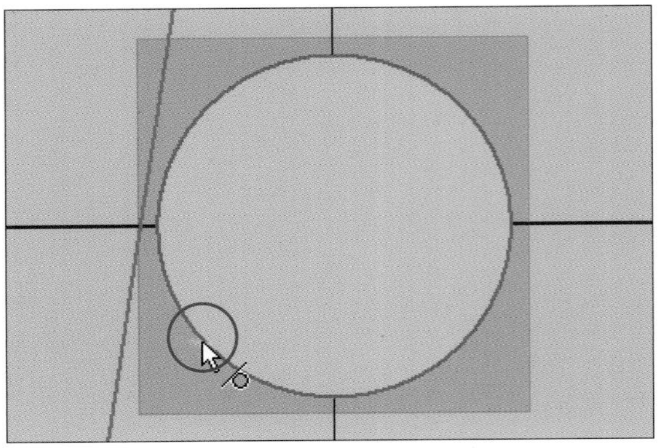

step 58

마찬가지 방법으로 아래쪽의 원호와 선도 **접선 구속조건**을 적용합니다.

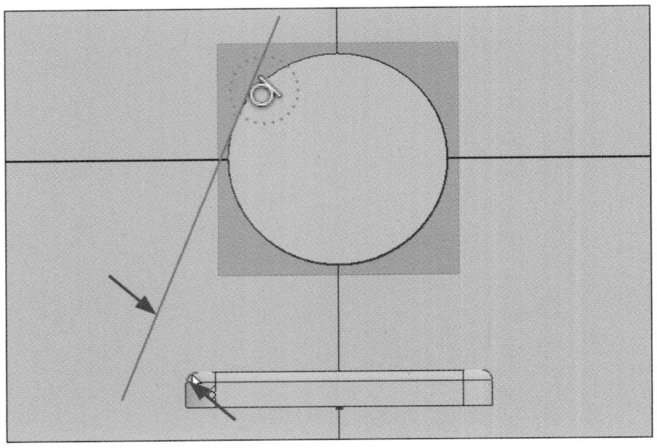

step 59

자르기 명령을 클릭합니다.

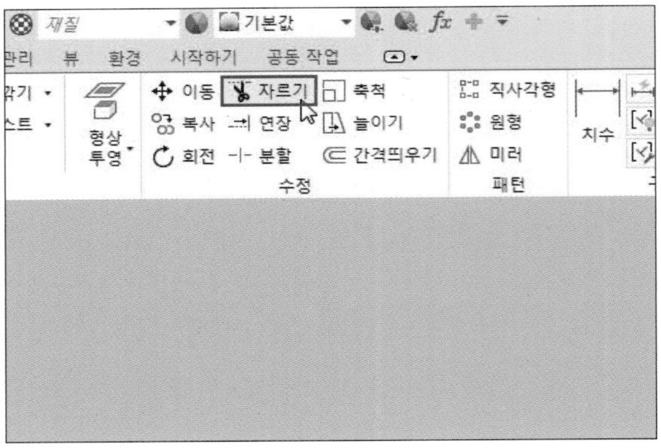

step 60

자를 부분에 마우스를 올려놓으면 접점을 기준으로 자를 부분이 미리보기 됩니다. 클릭하여 **잘라내기** 합니다.

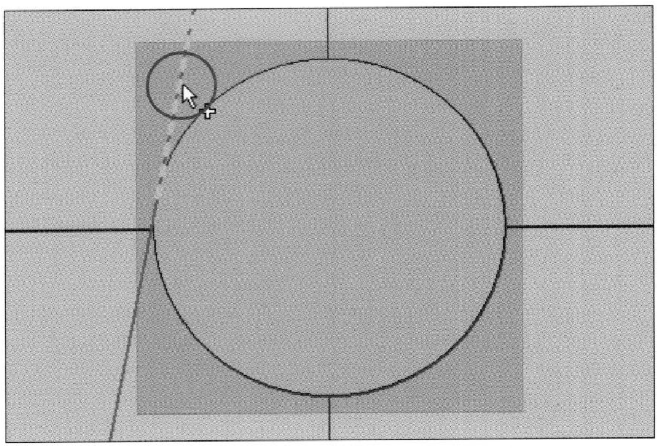

step 61

마찬가지 방법으로 아래쪽 부분도 **잘라내기** 합니다.

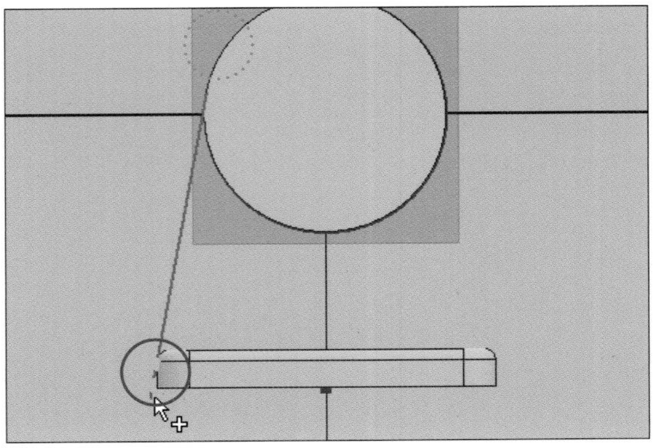

step 62

반대쪽도 동일하게 작성하도록 합니다.

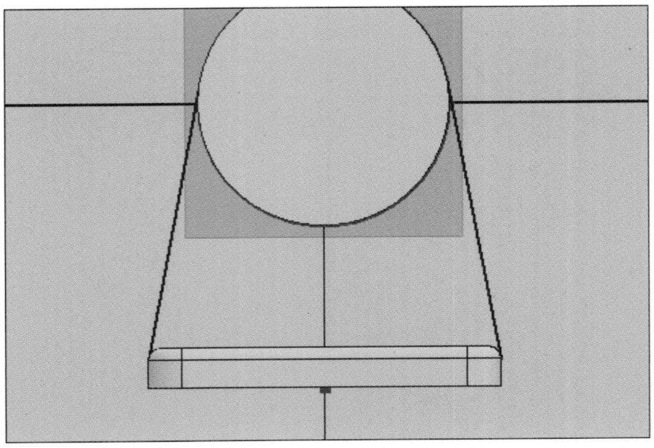

step 63

선 명령을 클릭합니다.

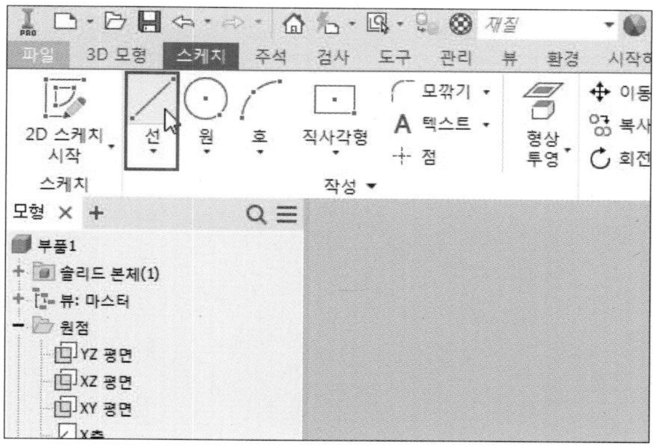

step 64

해당 점을 클릭합니다.

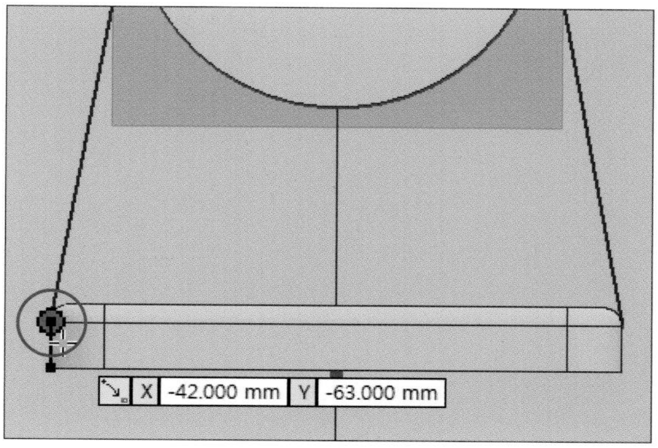

step 65

이어서 다음 점을 클릭하여 선을 작성합니다.

step 66

F7 키를 눌러 스케치의 단면을 확인해보면 다음과 같이 스케치 돌출 영역이 작성되었음을 확인할 수 있습니다.

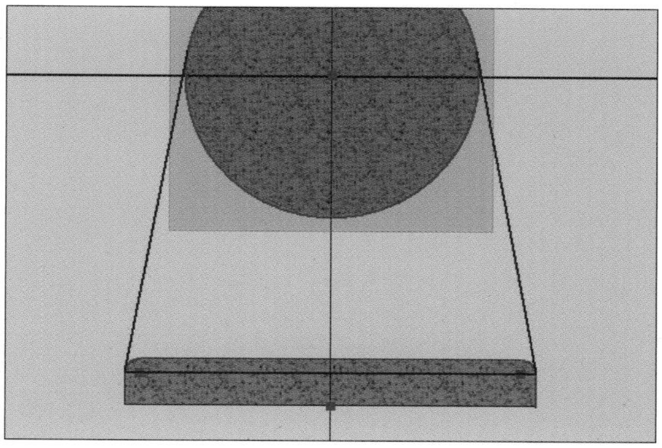

TIP 그래픽 슬라이스 기능(F7)

① 스케치 환경에서 F7 키를 누르게 되면 **스케치의 단면**을 확인할 수 있습니다.

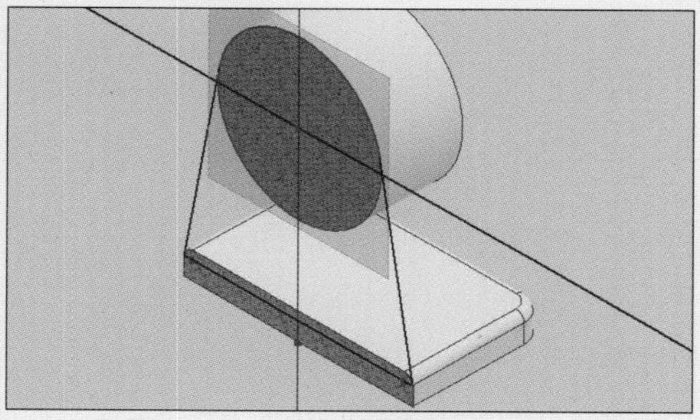

② **다시 한 번 F7 키를** 누르면 스케치 단면 보기 기능이 **종료**됩니다.

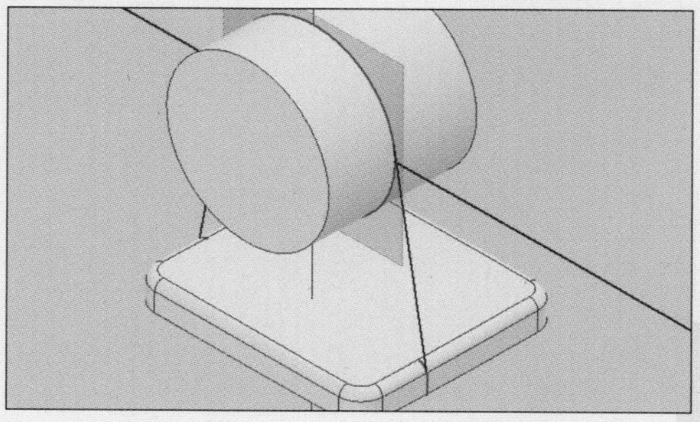

step 67

돌출 명령을 실행하여 프로파일로 다음 영역을 선택합니다.

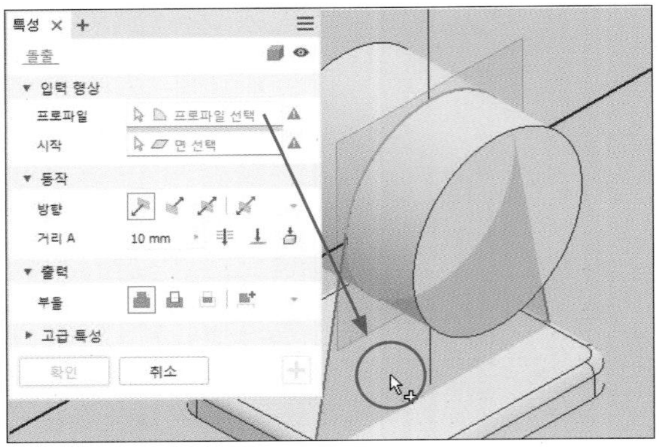

step 68

방향은 반대 방향, 거리는 6mm를 입력한 다음 확인 버튼을 클릭합니다.

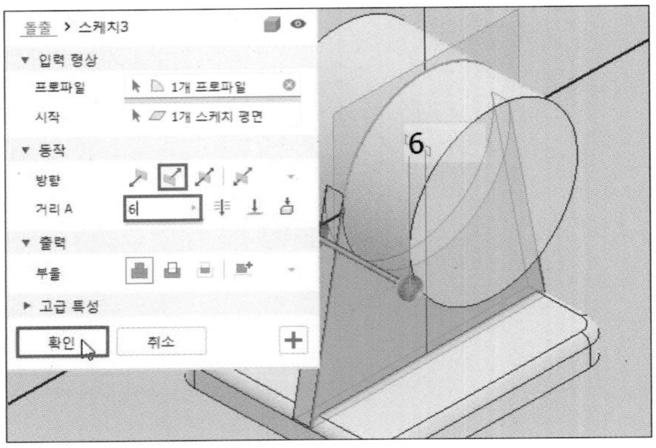

step 69

다음과 같이 돌출 형상이 작성되었습니다.

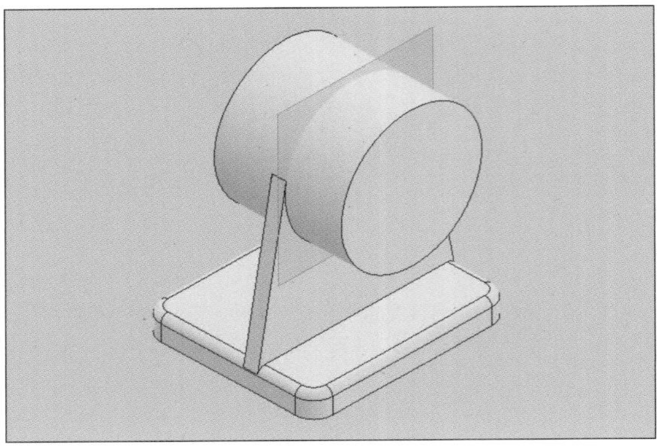

step 70

모형 검색기 탭에서 작업 평면 아이콘을 마우스 우측 버튼으로 클릭하여 가시성을 체크 해제합니다.

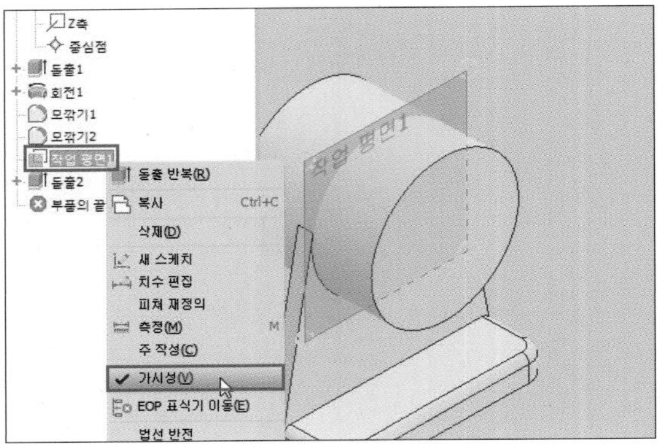

step 71

다음과 같이 작업 평면의 가시성이 해제됩니다.

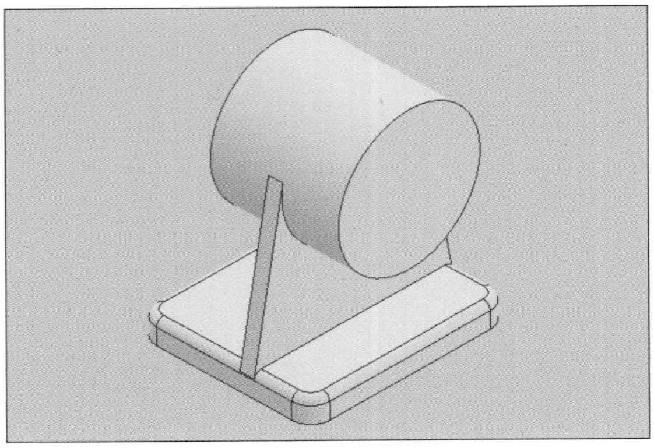

step 72

정면도에 해당하는 XY 평면에 새 스케치를 작성합니다.

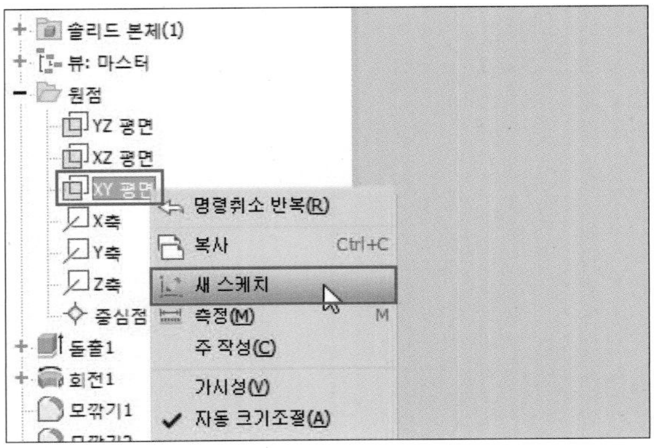

step 73

F7 키를 눌러 스케치의 단면을 확인할 수 있는 그래픽 슬라이스 모드로 전환합니다.

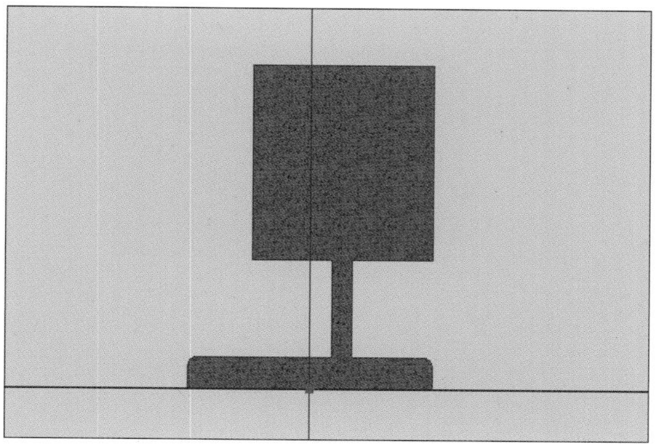

step 74

선 명령을 클릭합니다.

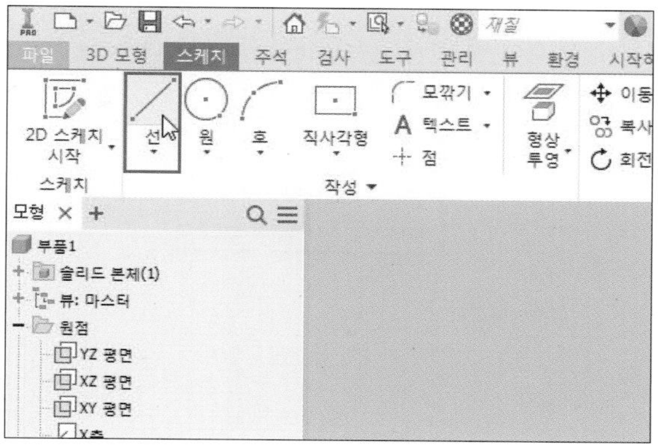

step 75

기존에 작성된 형상의 아래쪽 대략적인 부분에 첫 번째 점을 클릭합니다.

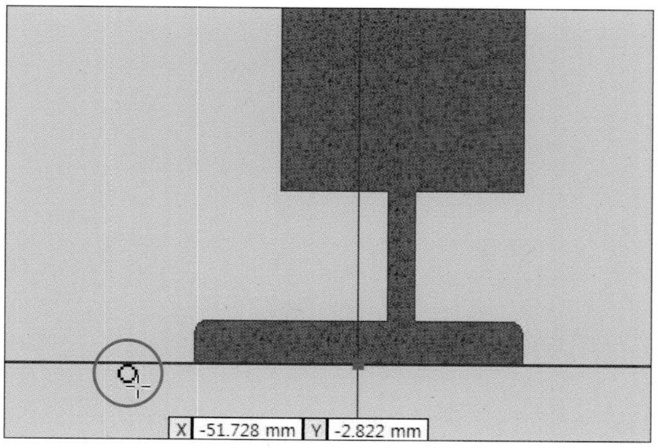

step 76

이어서 다음 점을 클릭합니다. 주변 요소들이 검은색으로 표시될 때 클릭할 수 있도록 합니다.

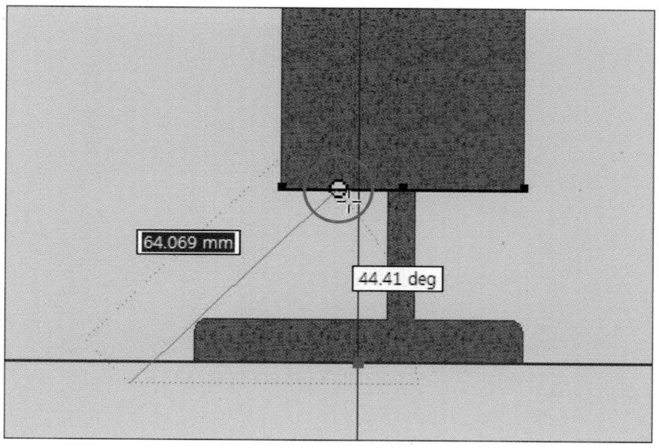

step 77

접선 구속조건을 실행한 다음 방금 작성한 대각선과 원호를 클릭하여 해당 두 선분이 접하도록 만듭니다.

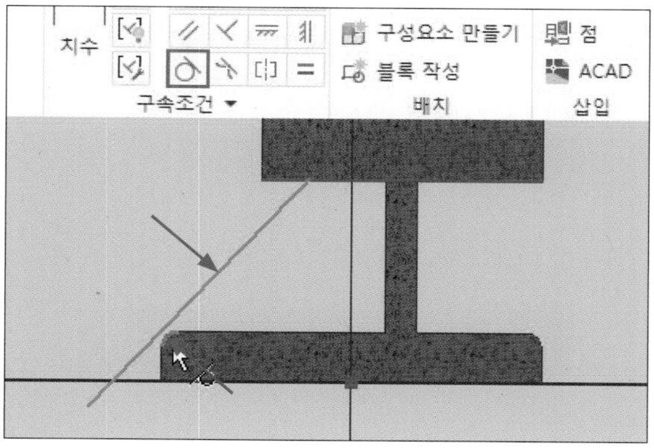

step 78

자르기 명령을 실행하여 다음 선분을 잘라내기 합니다.

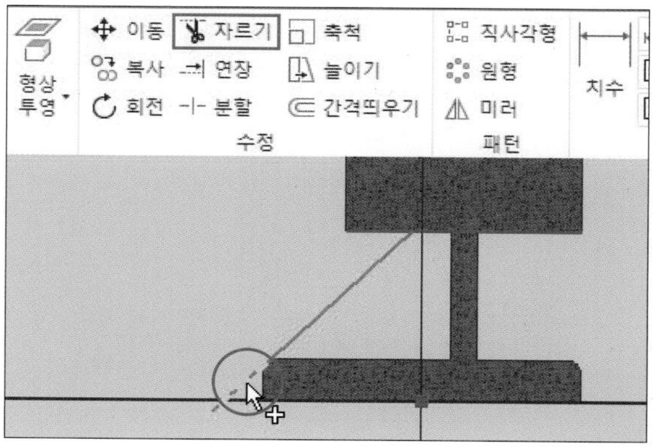

TIP 자동 형상 투영 기능

① 스케치 요소 작성시 주변 요소가 **빨간색**으로 보일 때 클릭하게 되면

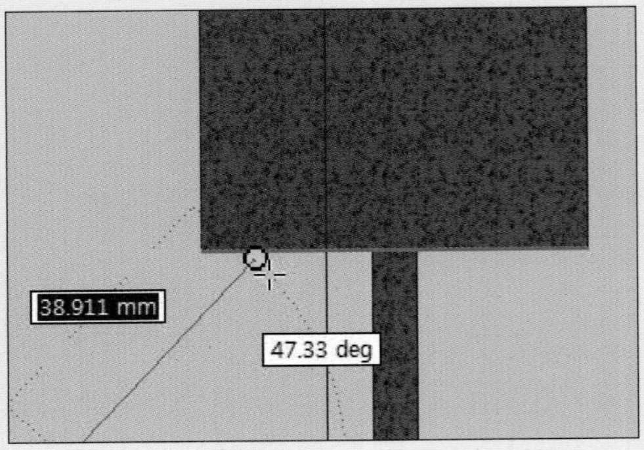

일치 구속조건 및 형상 투영 선이 적용되지 않은 상태로 스케치 요소가 작성됩니다.

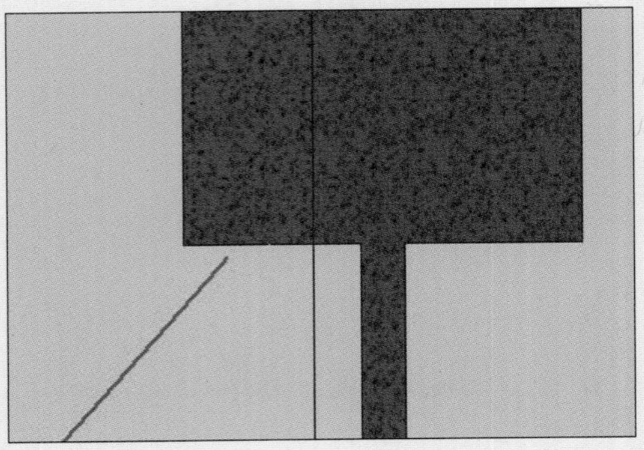

② 스케치 요소 작성시 주변 요소가 **검은색/하늘색**으로 보일 때 클릭하게 되면

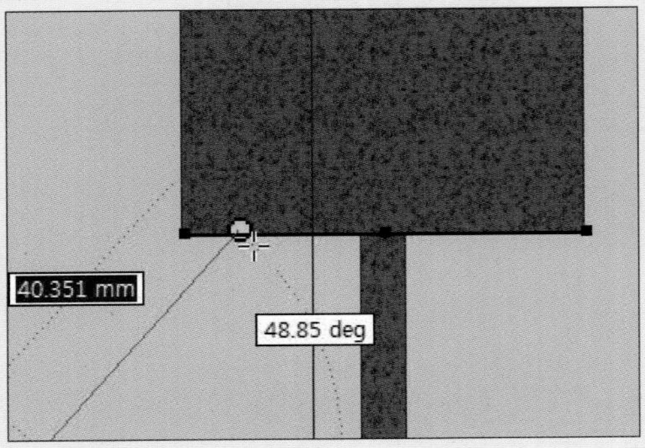

일치 구속조건 및 형상 투영 선(녹색 선분)이 자동으로 적용되어 스케치 요소가 작성됩니다.

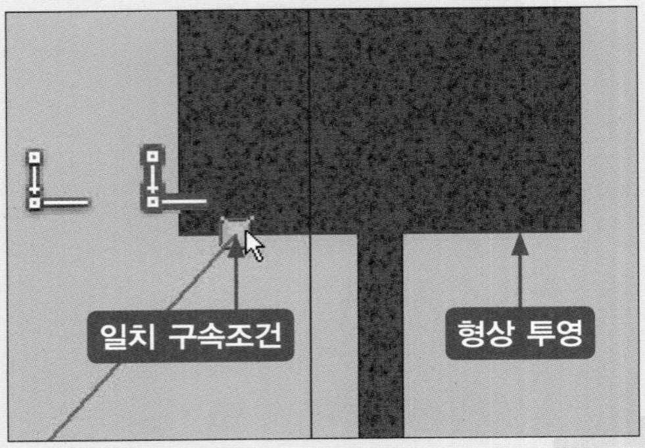

step 79

치수 명령을 실행하여 다음 두 선을 클릭합니다.

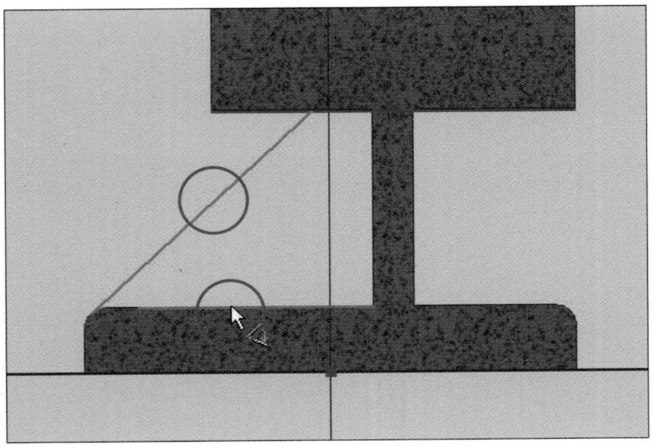

step 80

다음과 같이 각도 치수가 미리보기 됩니다.

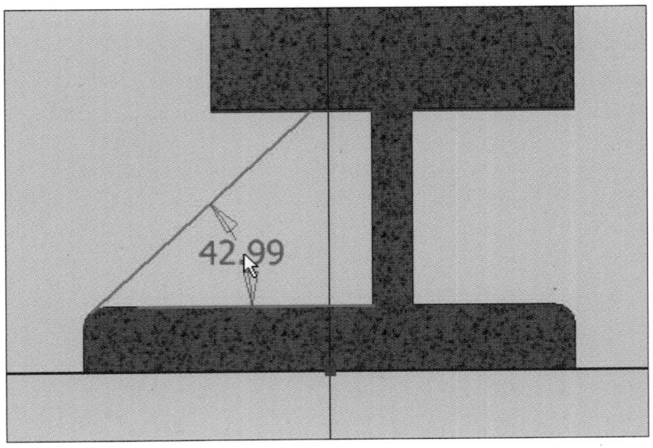

step 81

치수가 위치할 적당한 곳을 클릭하면 치수 편집창이 실행됩니다. 52를 입력한 다음 ENTER를 누릅니다.

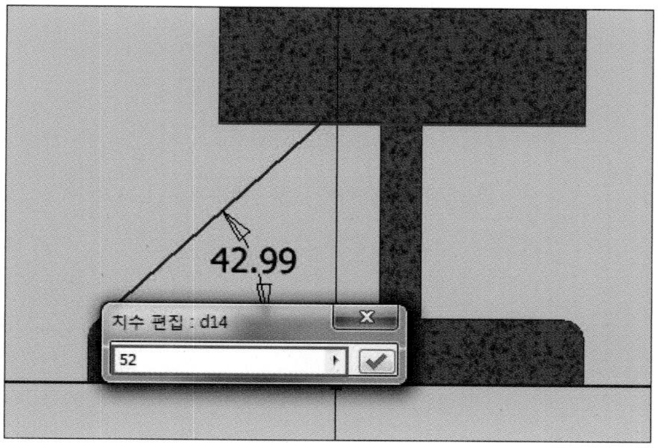

step 82

다음과 같이 각도 치수가 작성됩니다.

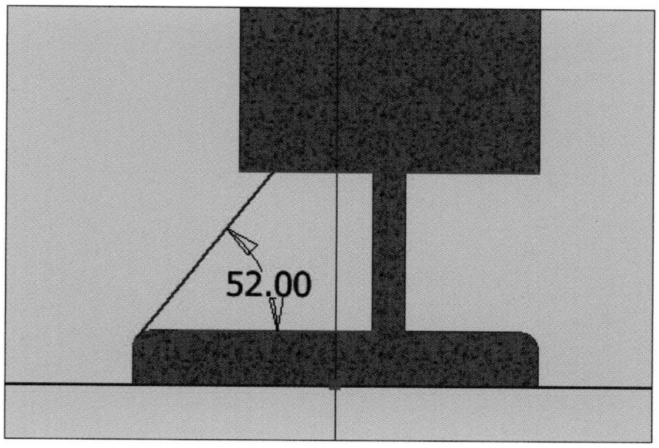

step 83

3D 모형 탭의 리브 명령을 실행합니다.

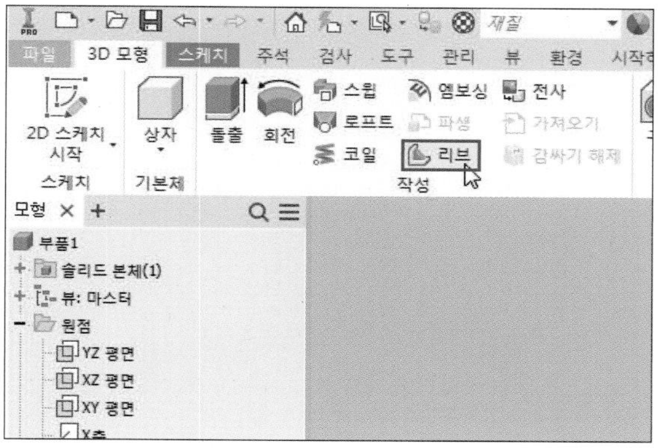

step 84

리브 타입을 스케치 평면에 평행으로 바꾼 후 프로파일로 다음 선을 클릭합니다.

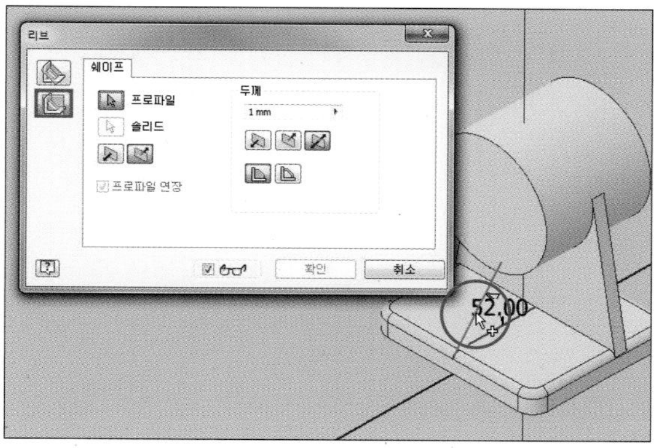

step 85

리브의 방향을 설정하고 두께 항목에는 6mm를 입력한 다음 확인 버튼을 클릭합니다.

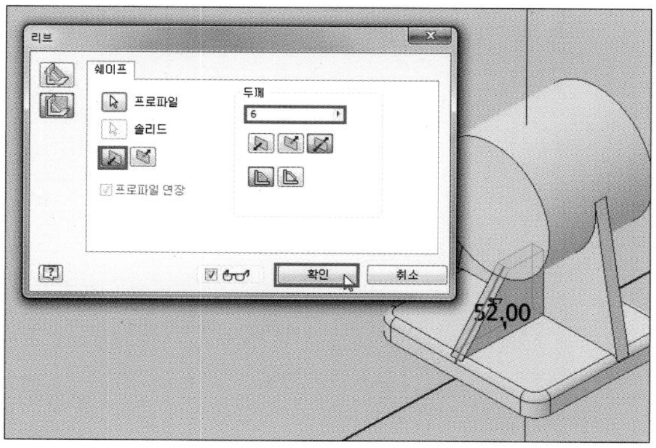

step 86

다음과 같이 위쪽 곡면을 감싸는 보강대 형상이 작성되었습니다.

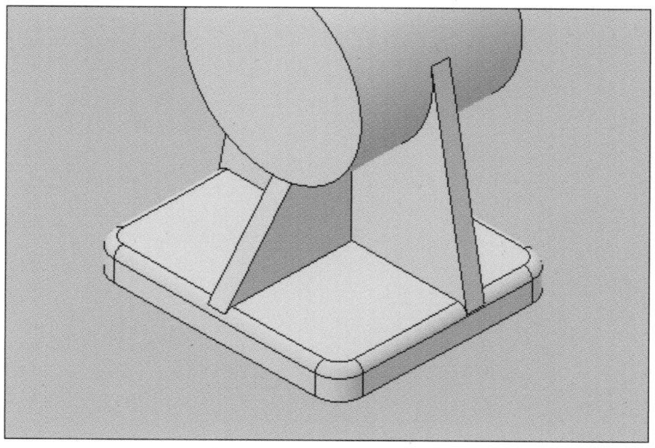

step 87

정면도에 해당하는 XY 평면에 새 스케치를 작성합니다.

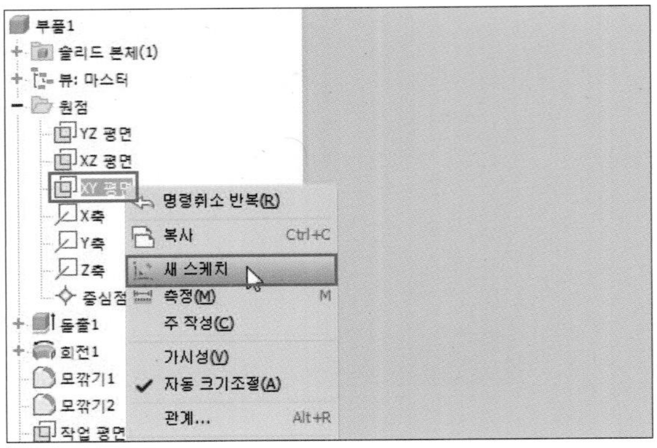

step 88

F7 키를 눌러 스케치의 단면을 확인할 수 있는 그래픽 슬라이스 모드로 전환합니다.

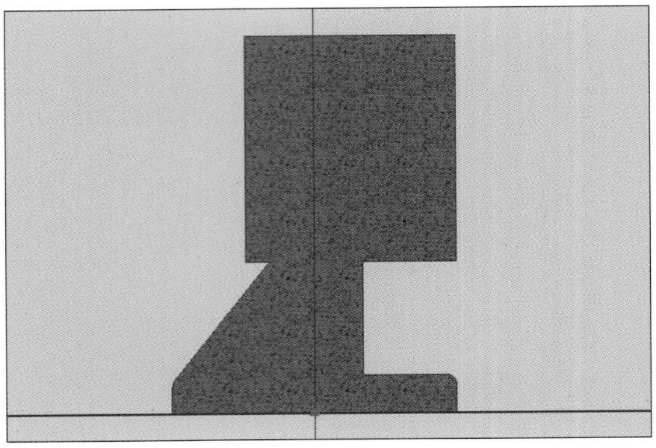

step 89

선 명령을 실행합니다.

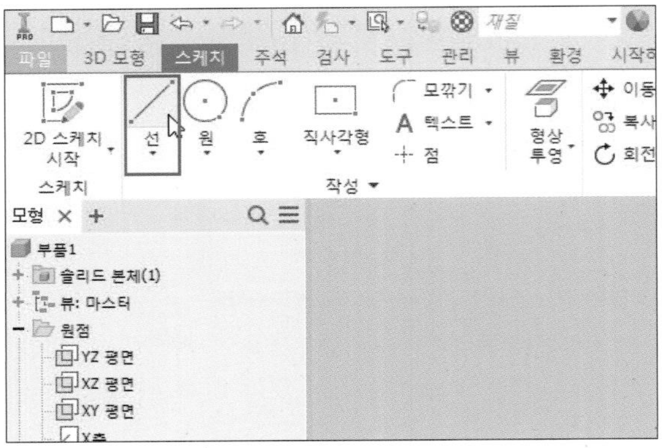

step 90

시작점으로는 다음 점을 클릭합니다. 선분이 검은색으로 표시될 때 클릭할 수 있도록 합니다.

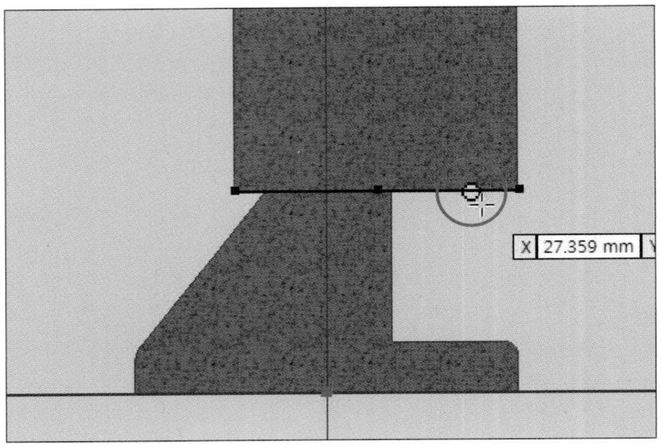

step 91

이어서 다음 점을 클릭합니다. 마찬가지로 선분이 검은색으로 표시될 때 클릭할 수 있도록 합니다.

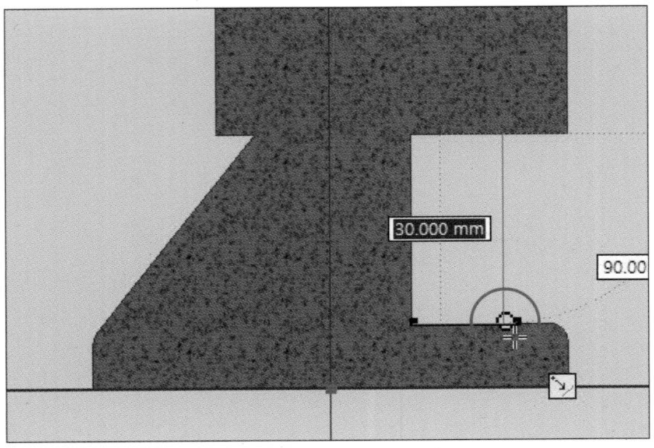

step 92

다음과 같이 두 선분을 잇는 수직선이 작성되었습니다.

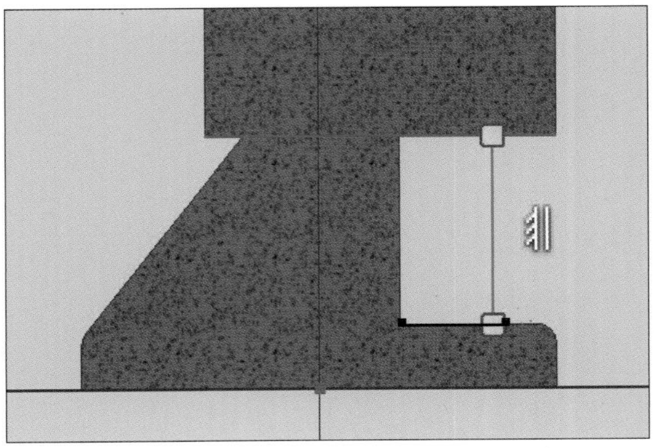

step 93

치수 명령을 실행합니다.

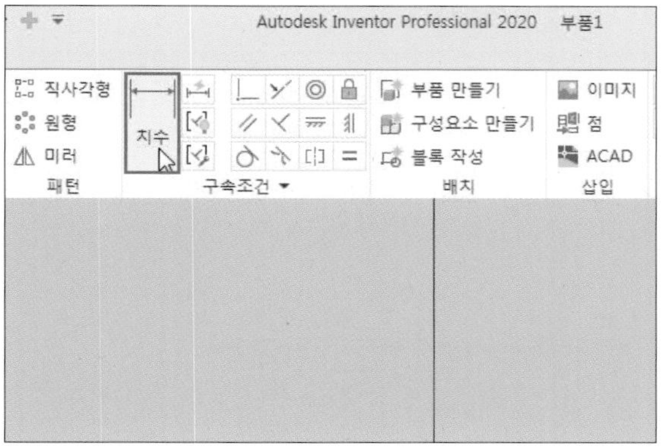

step 94

다음 점을 클릭합니다.

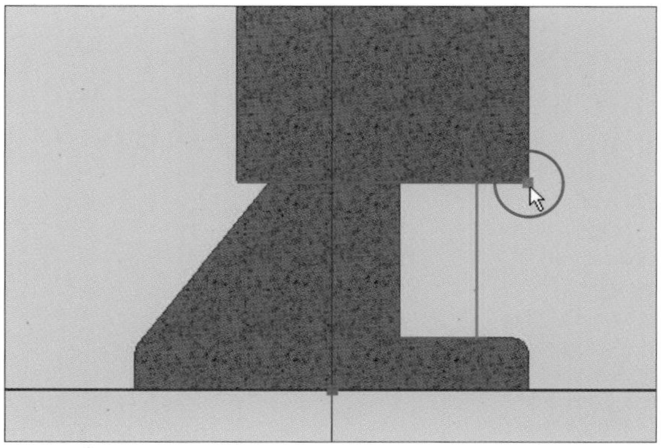

step 95

이어서 선을 클릭합니다.

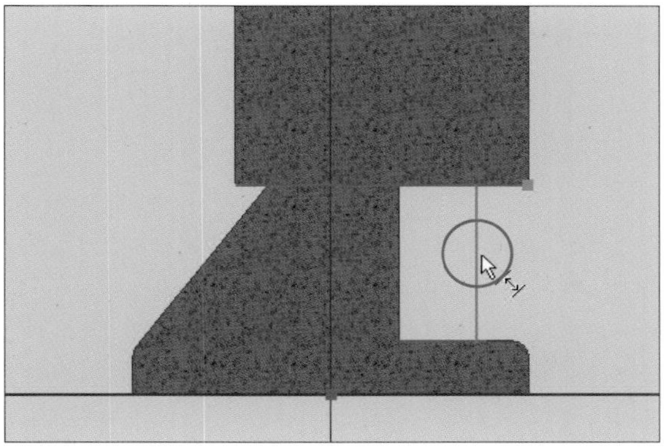

step 96

다음과 같이 간격 치수가 미리보기 됩니다.

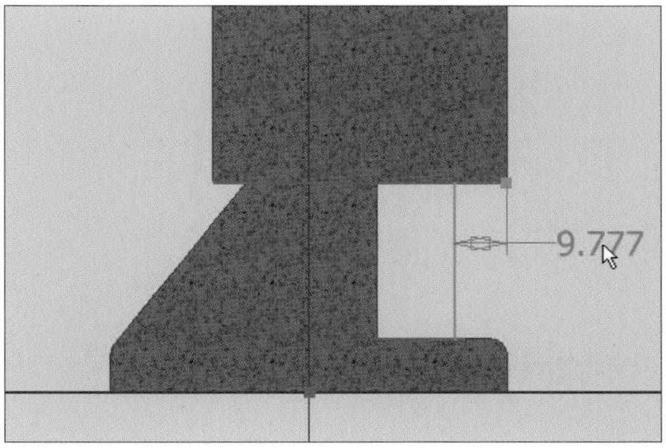

step 97

치수가 위치할 적당한 곳을 클릭하면 치수 편집창이 실행됩니다. 3을 입력한 다음 ENTER를 누릅니다.

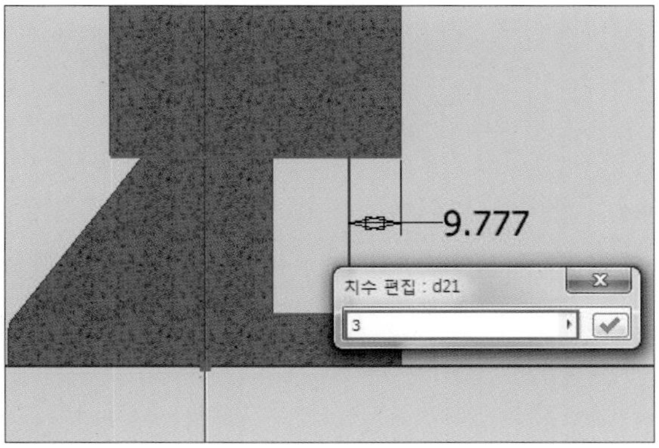

step 98

다음과 같이 간격 치수가 작성되었습니다.

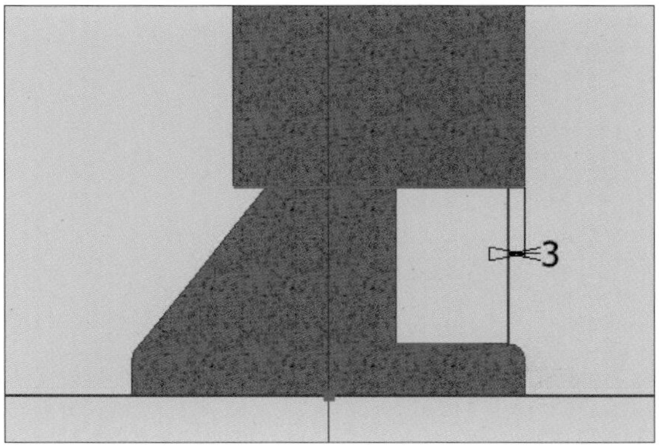

step 99

리브 명령을 실행합니다.

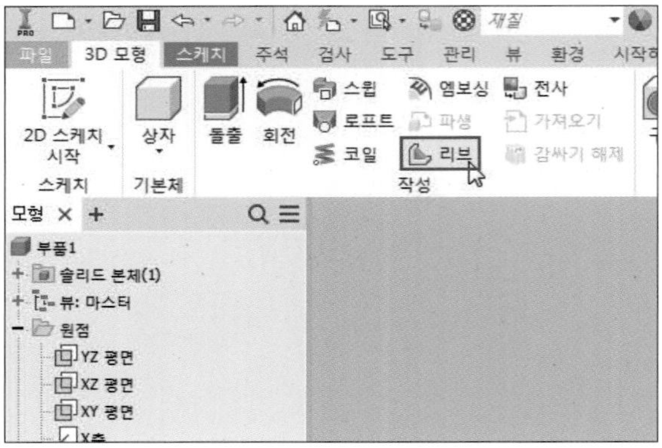

step 100

리브 타입을 스케치 평면에 평행으로 바꾼 후 프로파일로 다음 선을 클릭합니다.

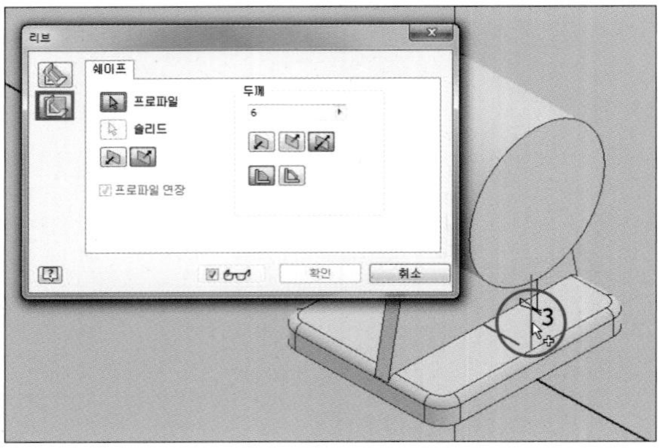

step 101

리브의 방향을 설정하고 두께 항목에는 6mm를 입력한 다음 확인 버튼을 클릭합니다.

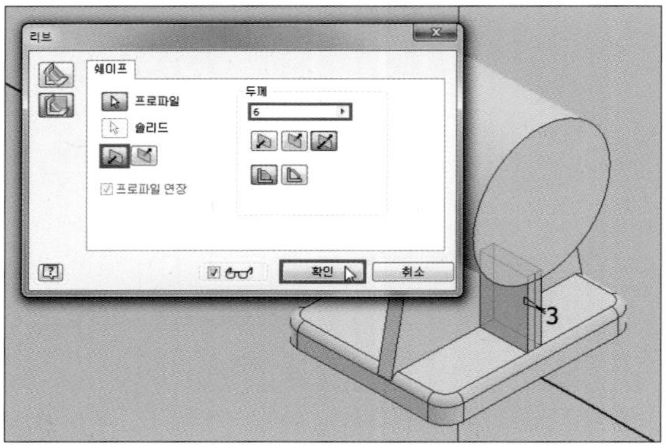

step 102

다음과 같이 두 번째 리브 형상이 작성되었습니다.

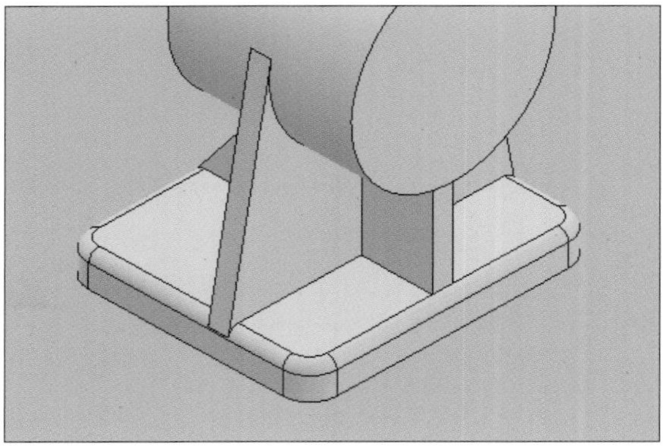

step 103

정면도에 해당하는 XY 평면에 새 스케치를 작성합니다.

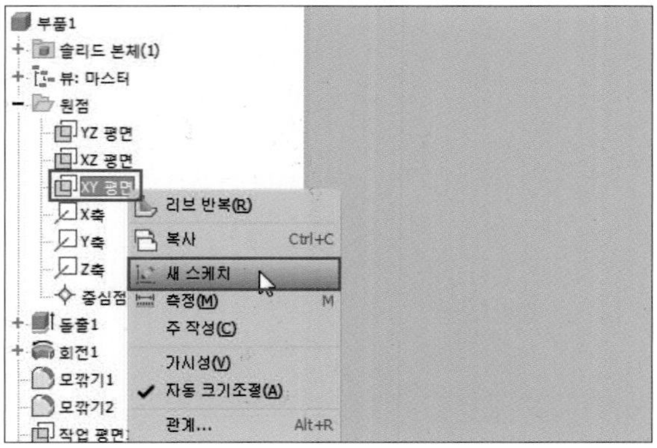

step 104

F7 모드로 전환한 다음 선 명령을 클릭합니다.

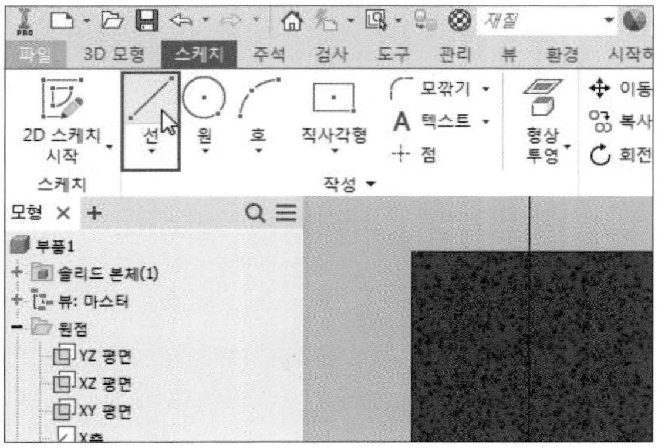

step 105

다음 점을 클릭합니다. 해당 점은 맨 왼쪽 모서리의 **중간점**입니다.

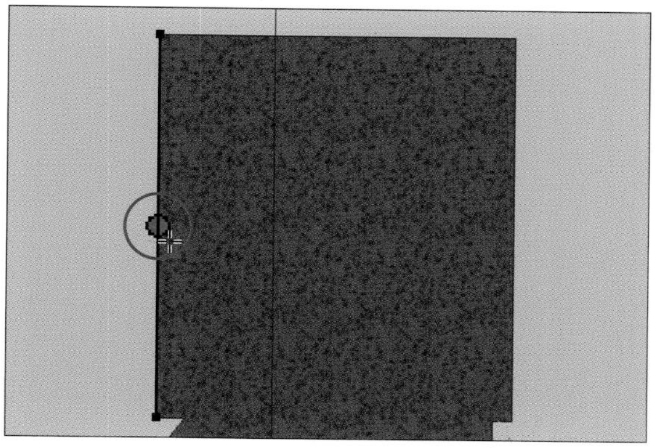

step 106

이어서 다음 점을 클릭합니다. 해당 점은 맨 오른쪽 모서리의 **중간점**입니다.

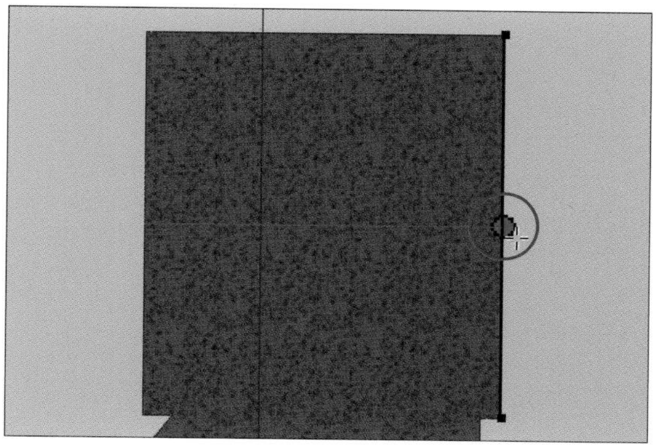

step 107

방금 작성한 선을 마우스 우측 버튼으로 클릭하여 **중심선** 형식으로 변경합니다.

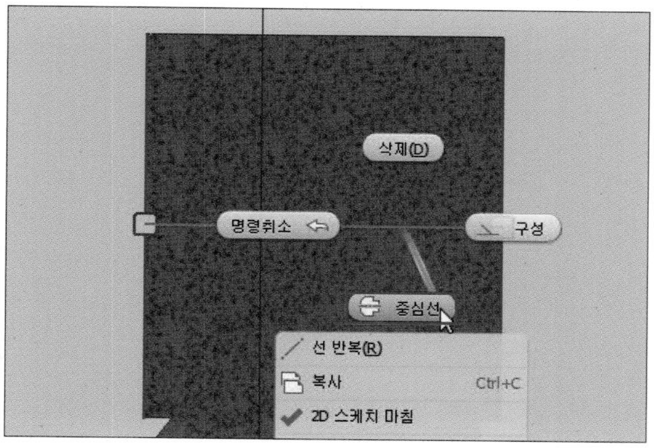

step 108

선 명령으로 다음과 같이 대략적인 스케치 형태를 작성합니다.

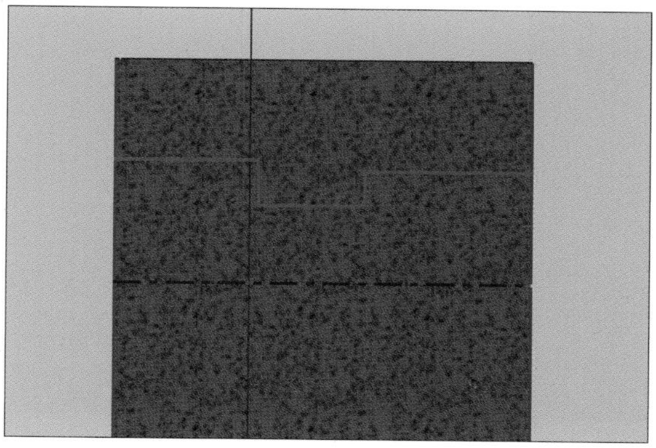

step 109

치수 명령을 클릭합니다.

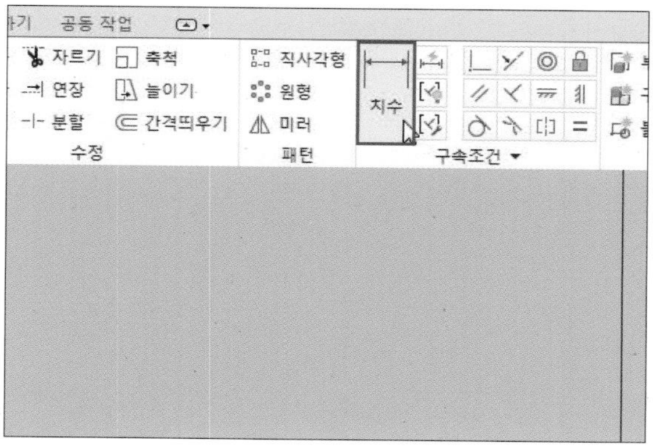

step 110

해당 선을 클릭합니다.

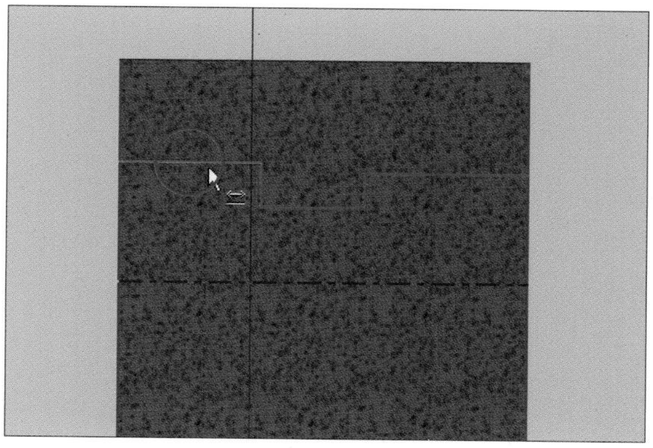

step 111

이어서 중심선을 클릭합니다.

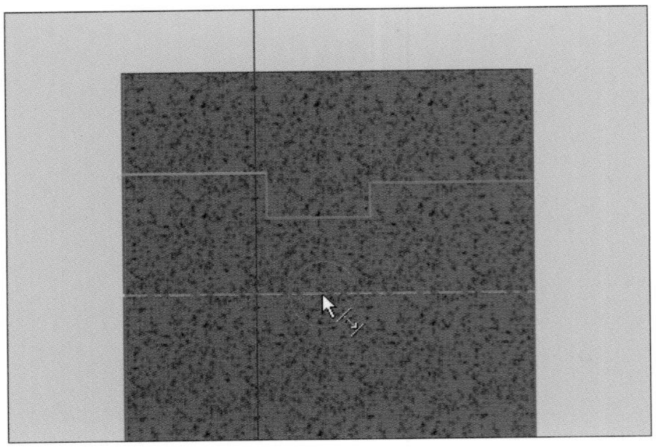

step 112

마우스를 왼쪽으로 이동하면 다음과 같이 지름 치수가 미리보기 됩니다.

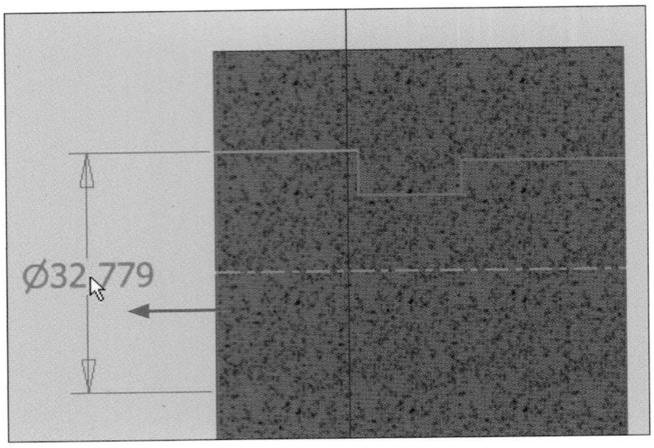

step 113

치수가 위치할 적당한 곳을 클릭하면 치수 편집창이 실행됩니다. 35를 입력한 다음 ENTER를 누릅니다.

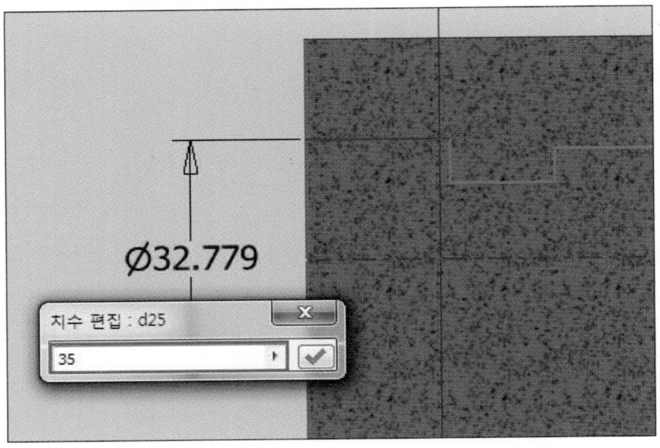

step 114

마찬가지 방법으로 나머지 두 곳의 지름 치수를 작성합니다.

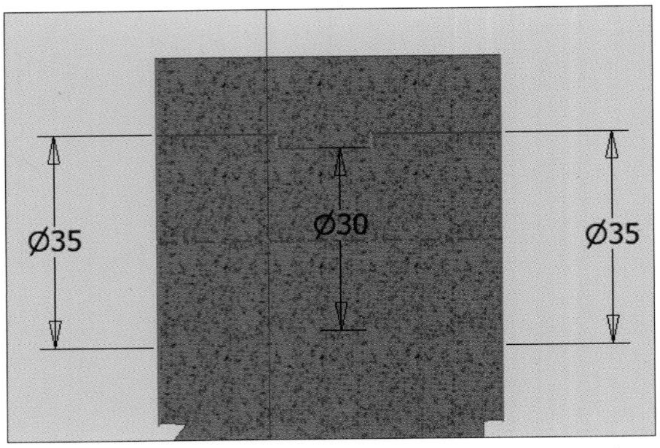

step 115

이어서 치수 명령으로 다음 선을 클릭합니다.

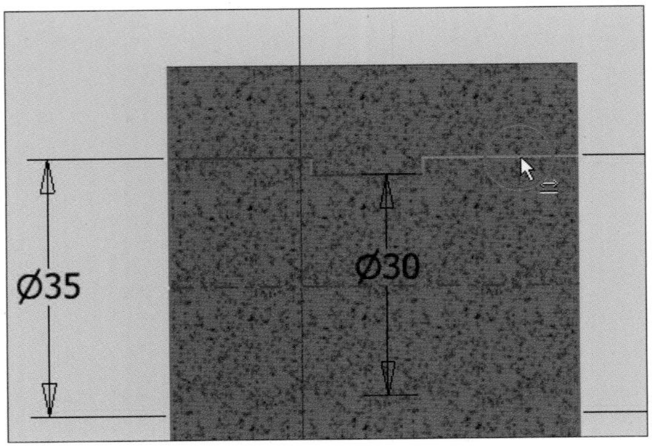

step 116

마우스를 위쪽으로 이동하면 다음과 같이 치수가 미리보기 됩니다.

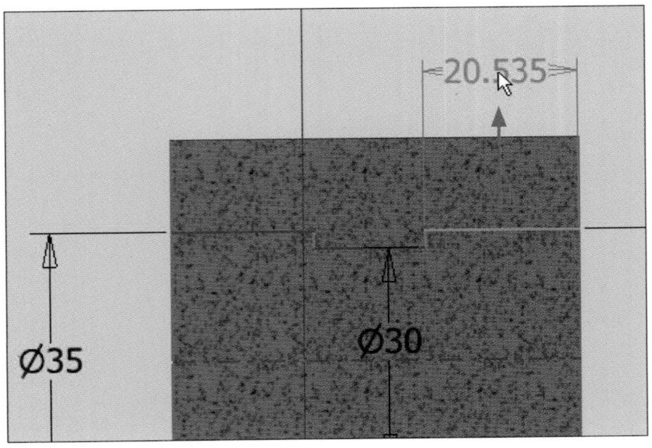

step 117

치수가 위치할 적당한 곳을 클릭하면 치수 편집창이 실행됩니다. 18을 입력한 다음 ENTER를 누릅니다.

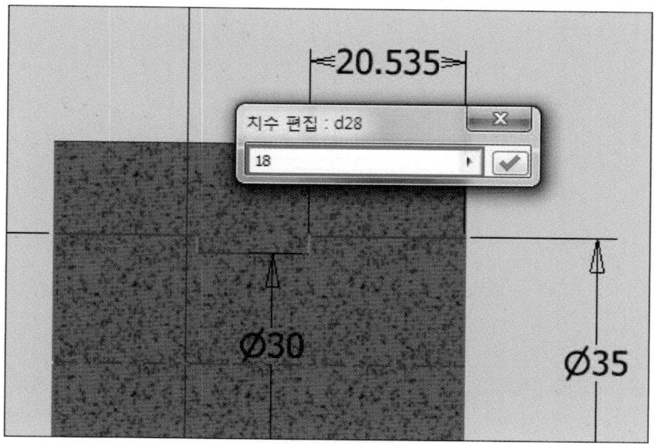

step 118

마찬가지 방법으로 나머지 치수도 작성합니다.

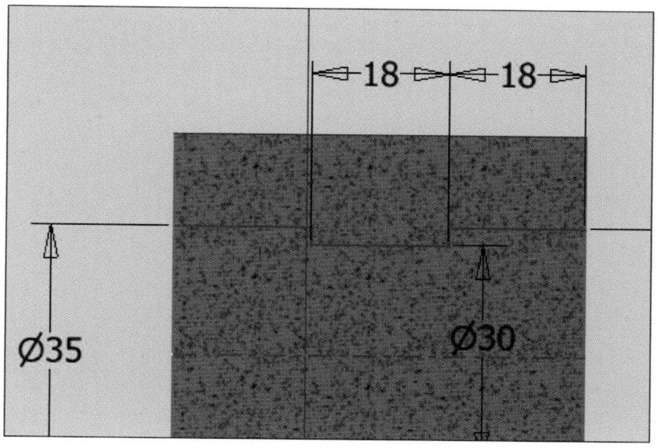

step 119

회전 명령을 클릭합니다.

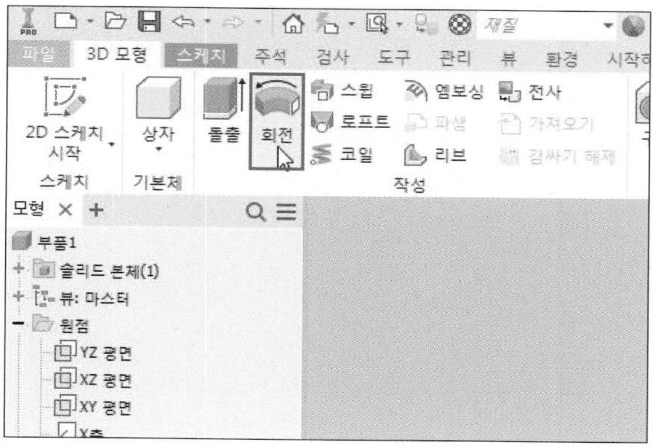

step 120

프로파일과 축이 자동으로 선택되어 미리보기 됩니다. 출력 옵션을 잘라내기로 변경한 다음 확인 버튼을 클릭합니다.

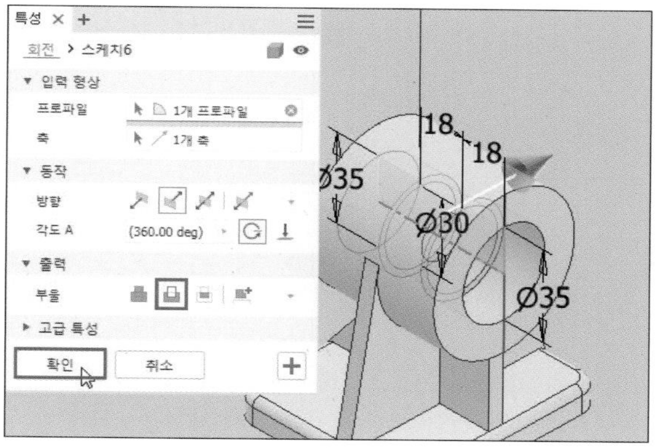

step 121

다음과 같이 돌출 차집합 피쳐가 작성되었습니다.

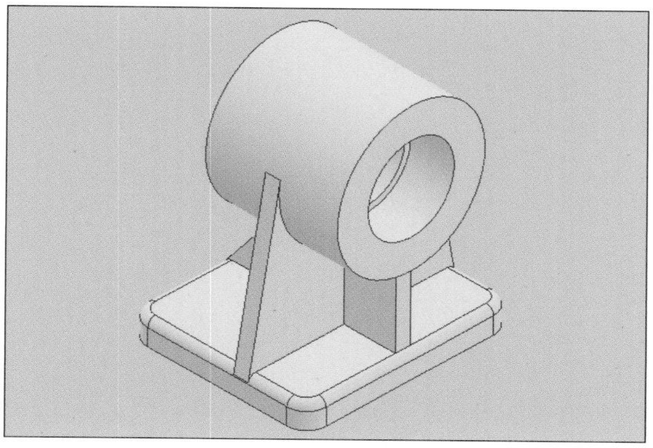

step 122

바닥면에 새 스케치를 작성합니다.

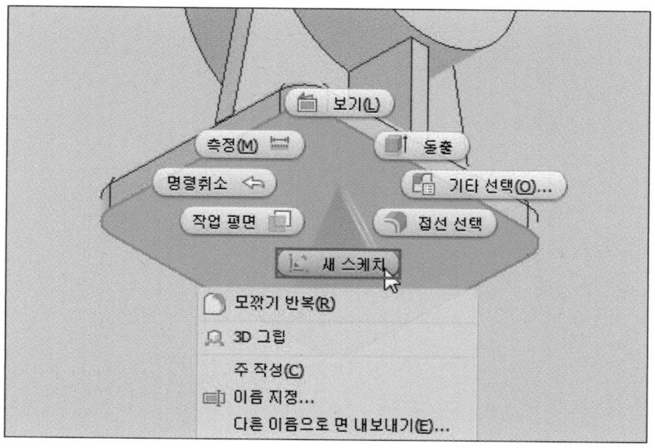

step 123

두 점 중심 **직사각형** 명령을 실행합니다.

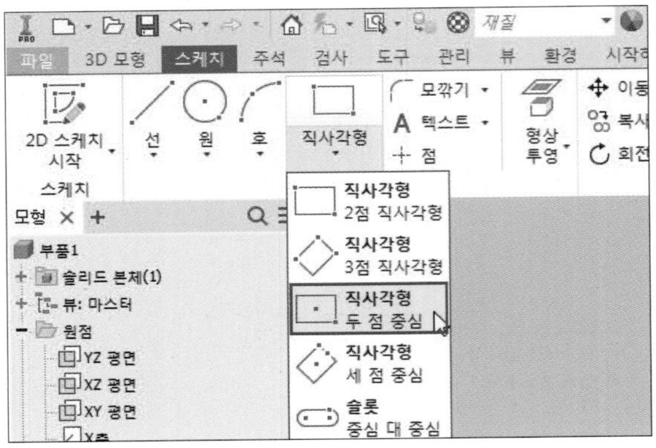

step 124

사각형의 중심점으로 **원점**을 클릭합니다.

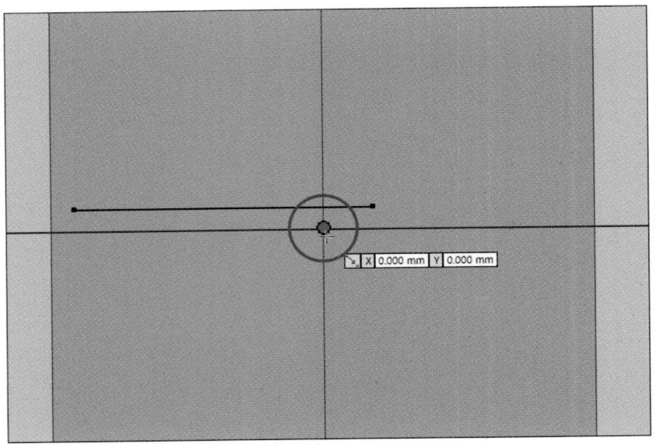

step 125

두 번째 점으로 대략적인 코너점을 클릭하여 두 점 중심 직사각형을 작성합니다.

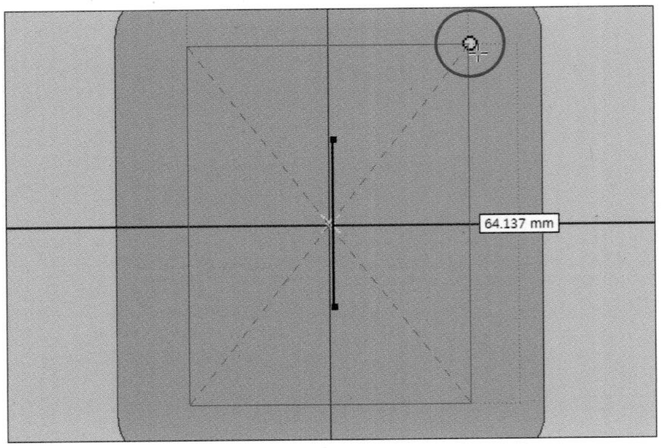

step 126

치수 명령을 클릭합니다.

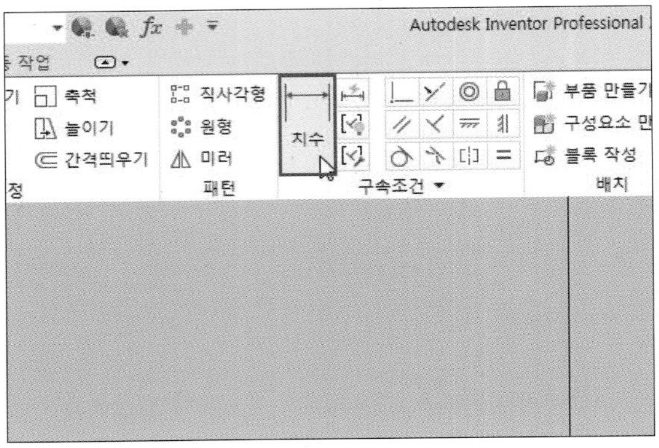

step 127

다음 선을 클릭합니다.

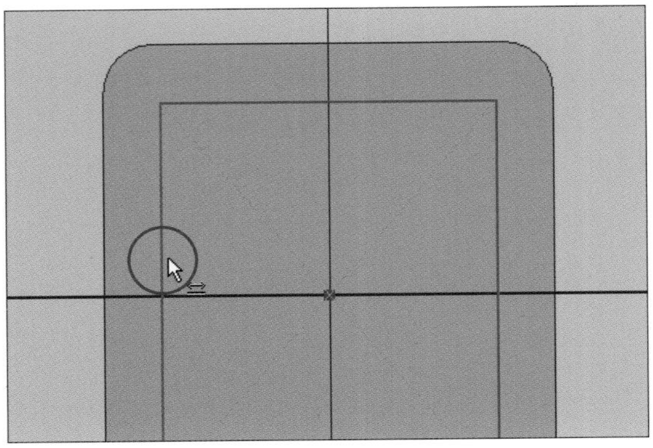

step 128

이어서 다음 선을 클릭합니다.

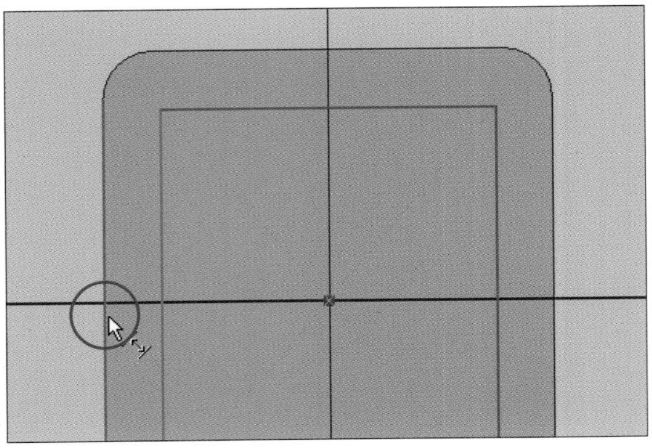

step 129

간격 치수가 미리보기 되면, 다음과 같이 적당한 곳을 클릭하여 치수값 6을 입력합니다.

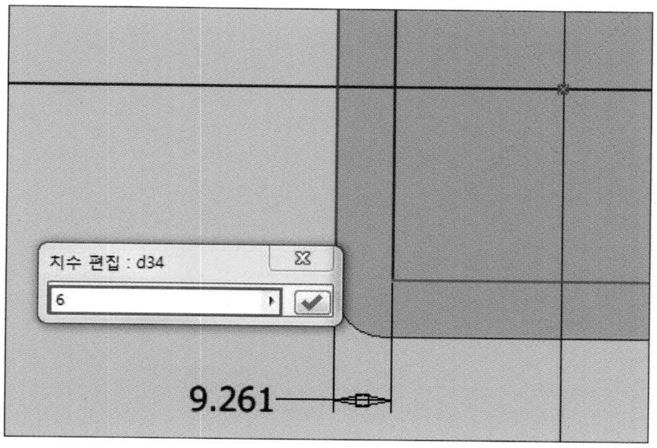

step 130

마찬가지 방법으로 다음 치수를 추가 기입하여 스케치를 완전 구속합니다.

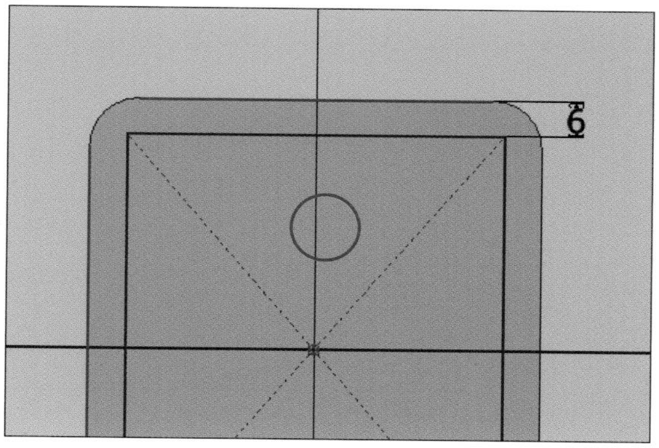

step 131

형상 투영 명령을 실행합니다.

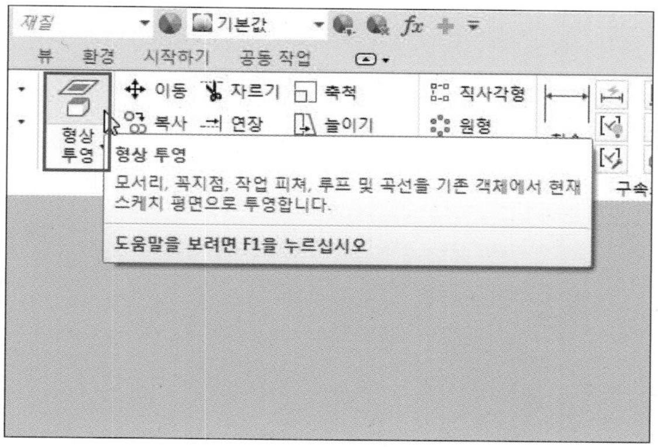

step 132

다음 모깎기 선을 클릭합니다.

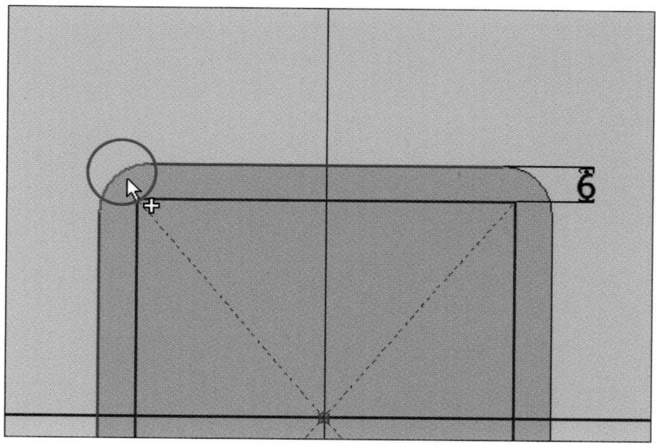

step 133

다음과 같이 해당 선분이 스케치 요소로 변환되면서 원호의 중심점도 함께 투영되는 것을 확인할 수 있습니다.

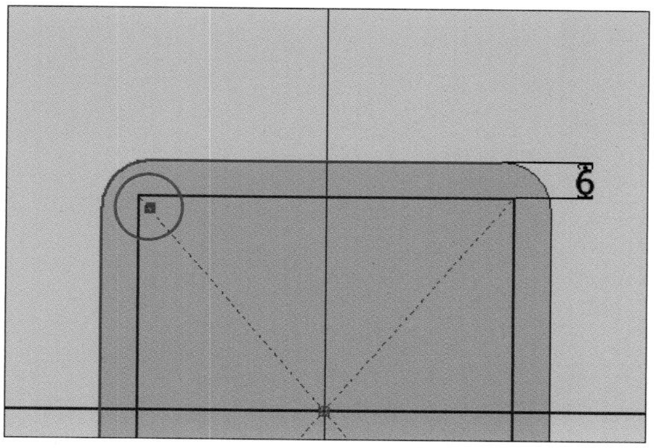

step 134

원 명령을 실행합니다.

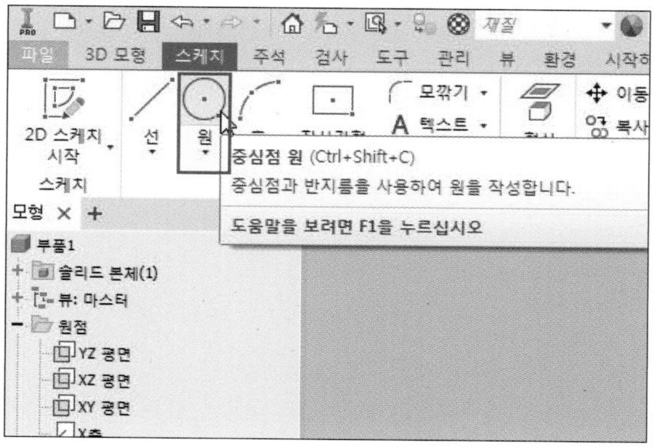

step 135

원의 중심점으로 형상 투영 선의 중심점을 클릭합니다.

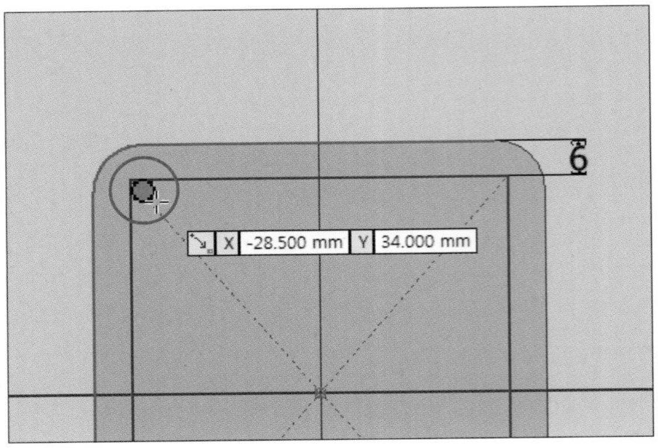

step 136

두 번째 점으로는 형상 투영된 원호의 끝점을 초록색으로 인식됐을 때 선택합니다.

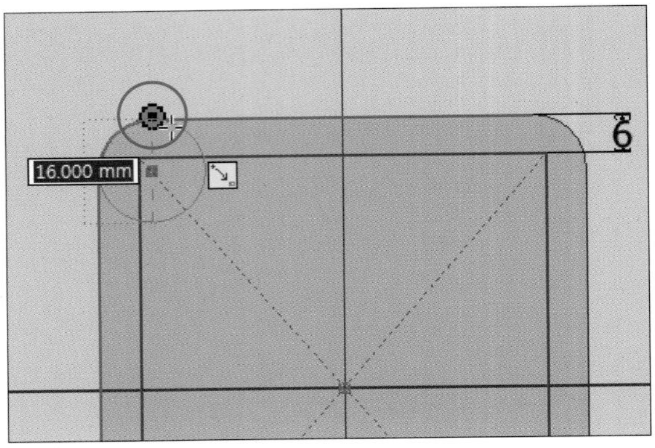

step 137

다음과 같이 접선 원이 작성되었습니다.

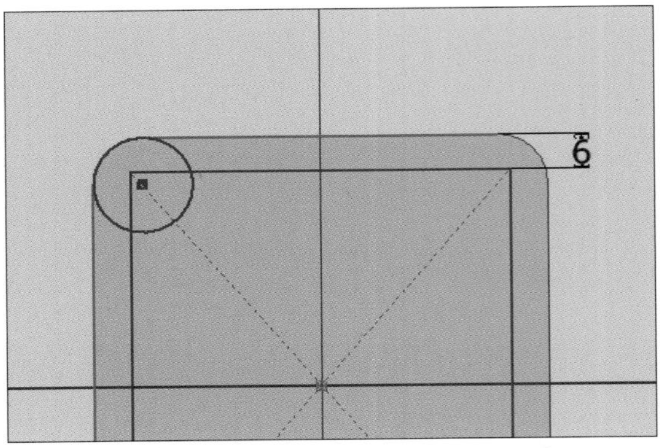

step 138

마찬가지 방법으로 접선 원 총 4개를 작성합니다.

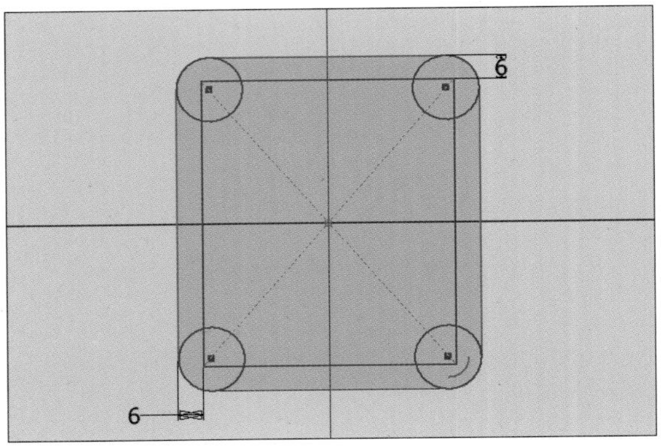

step 139

돌출 명령을 실행합니다.

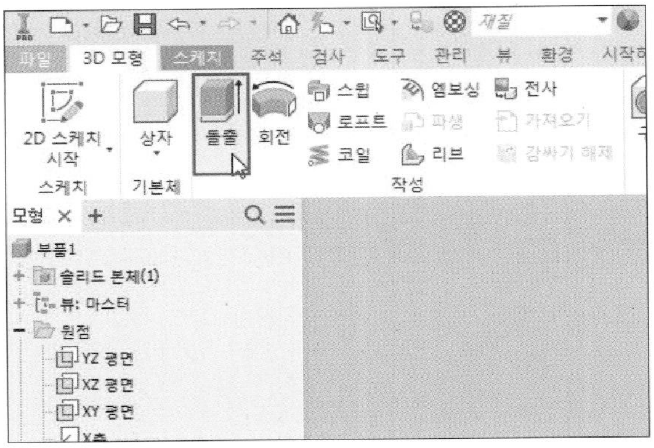

step 140

돌출 프로파일과 옵션을 다음과 같이 설정한 다음 거리 값에는 3mm를 입력하고 확인 버튼을 클릭합니다.

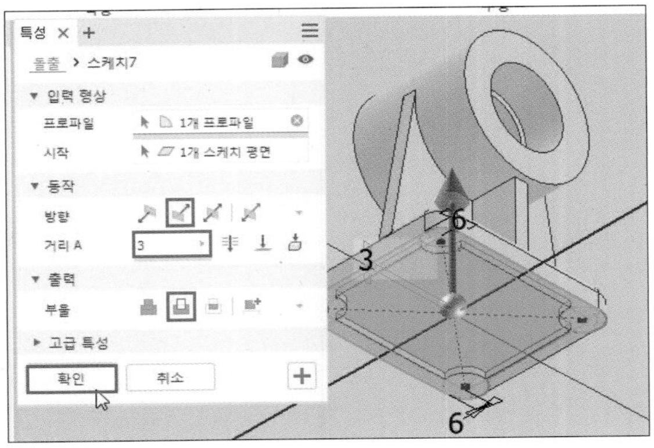

step 141

다음과 같이 하단의 돌출 차집합 피쳐가 작성되었습니다.

chapter 02 서브 피쳐 작성하기

step 1

다음 면에 새 스케치를 작성합니다.

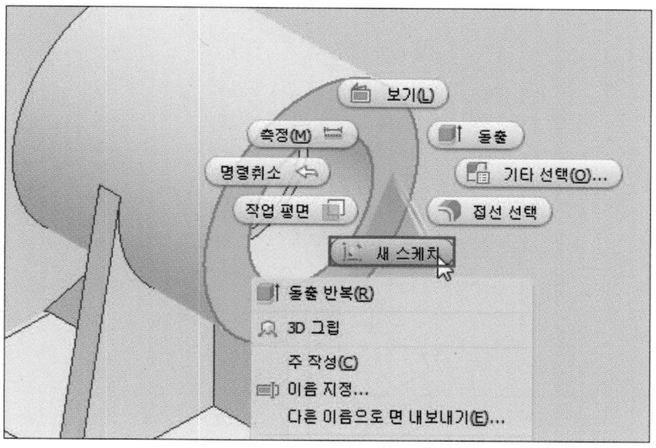

step 2

점 명령을 클릭합니다.

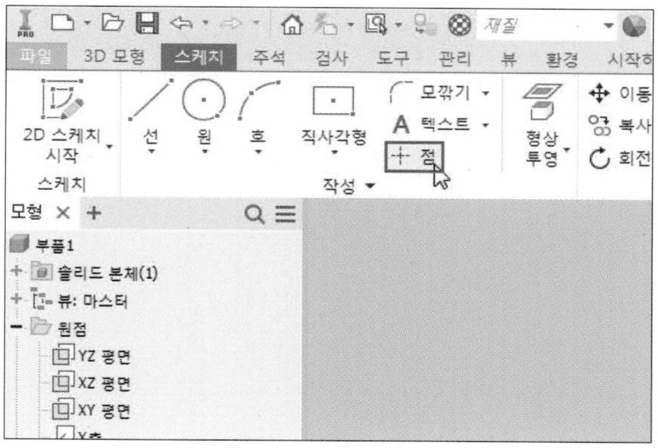

step 3

다음 대략적인 위치에 점을 작성합니다.

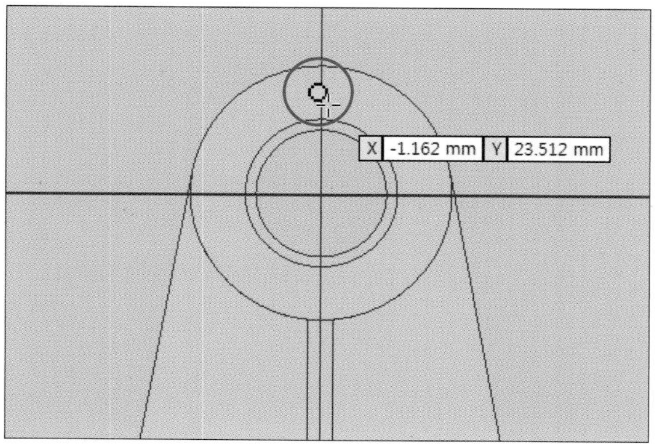

step 4

형상 투영 명령을 실행합니다.

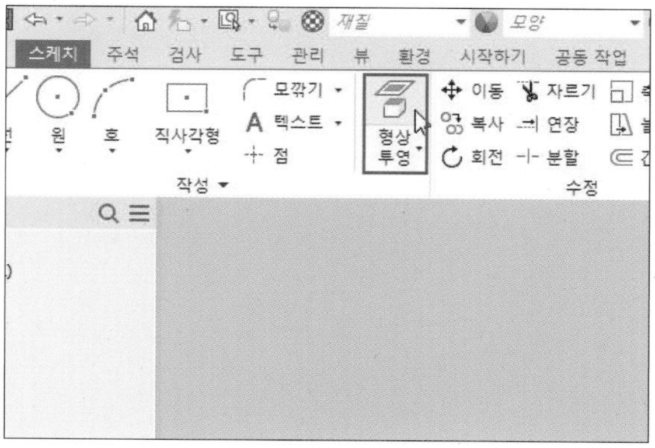

step 5

다음 **원** 모서리를 클릭합니다.

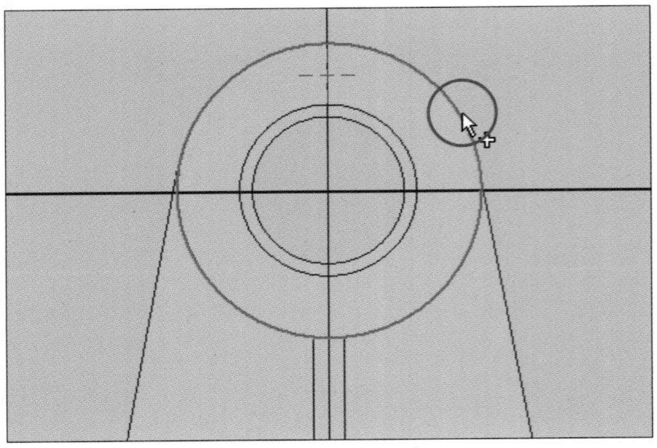

step 6

다음과 같이 원형 모서리가 스케치 요소로 투영됩니다.

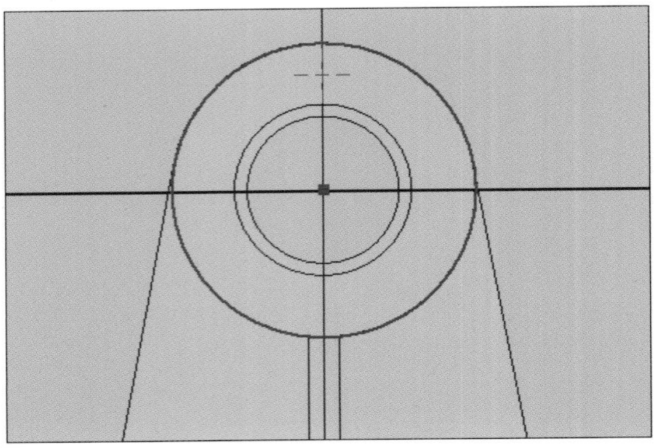

step 7

치수 명령을 실행합니다.

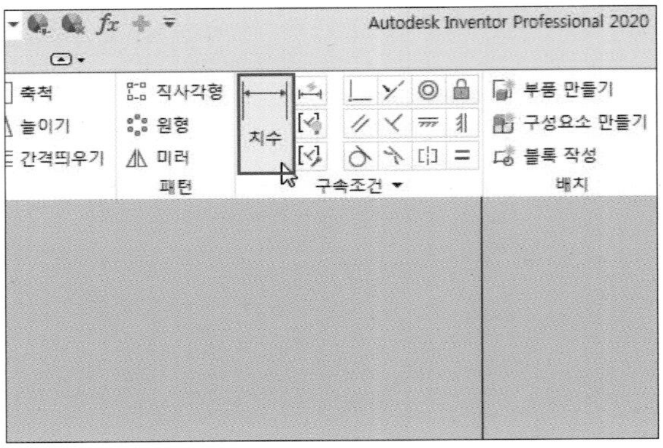

step 8

다음 **점**을 클릭합니다.

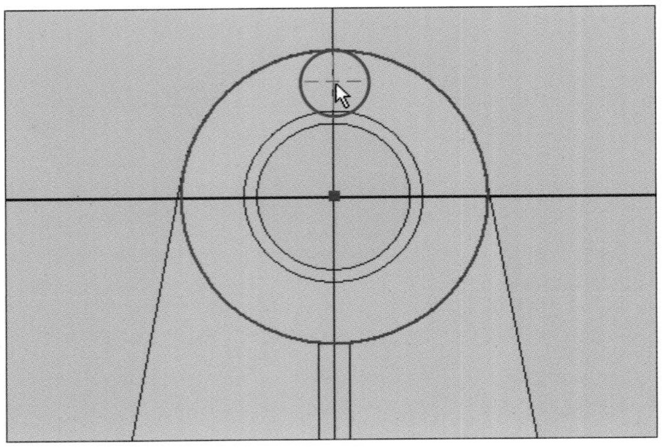

step 9

두 번째 점으로는 **원점**을 클릭합니다.

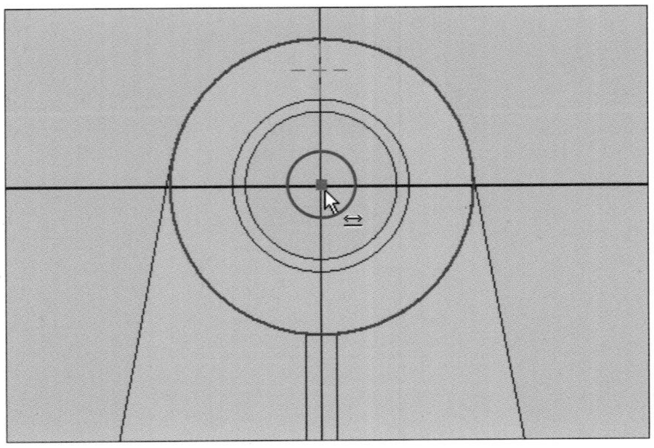

step 10

마우스를 오른쪽으로 이동하면 다음과 같이 간격치수가 미리보기 됩니다. 치수값으로 **24**를 입력합니다.

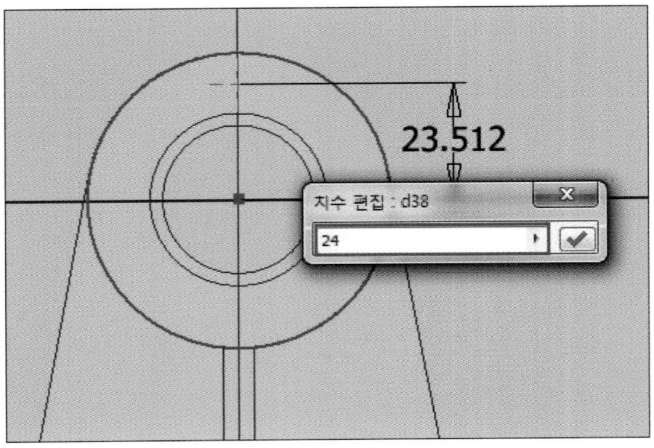

step 11

수직 구속조건을 클릭합니다.

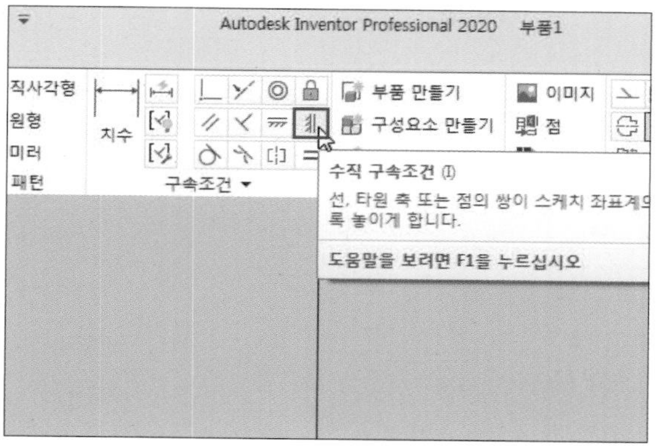

step 12

다음 점을 클릭합니다.

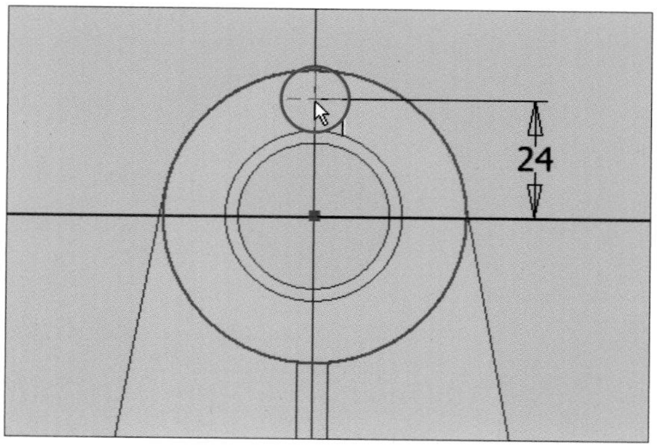

step 13

이어서 원점을 클릭하여 선택한 두 점을 수직하게 위치하도록 정렬시킵니다.

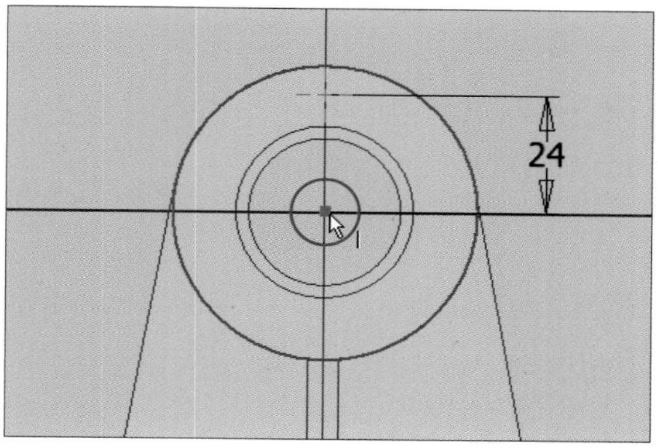

step 14

3D 모형 탭의 구멍 명령을 클릭합니다.

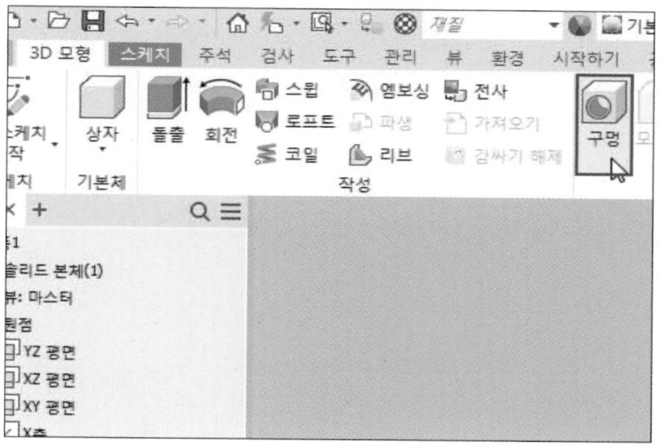

step 15

방금 작성한 점이 구멍의 중심으로 인식됩니다. 다음과 같이 구멍의 종류 및 크기 등을 설정합니다.

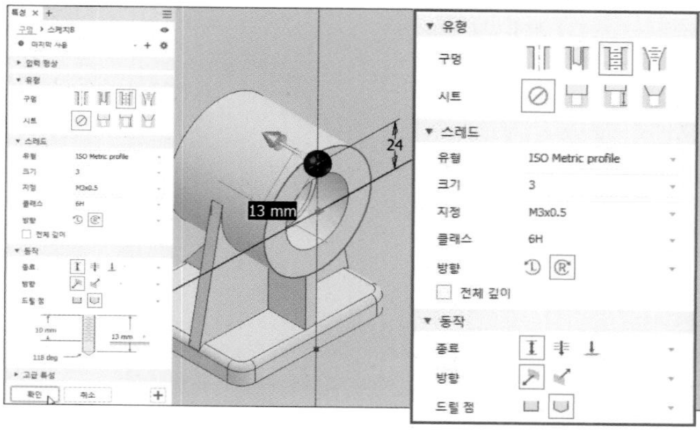

step 16

다음과 같이 M3 탭나사 작업이 완료되었습니다.

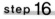

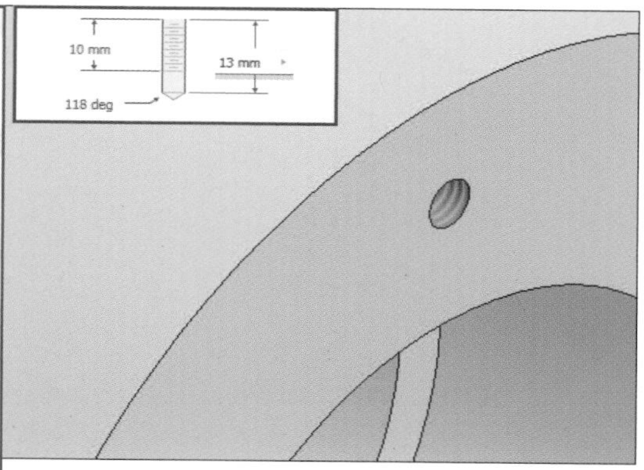

TIP 구멍 작업 시 작업 팁

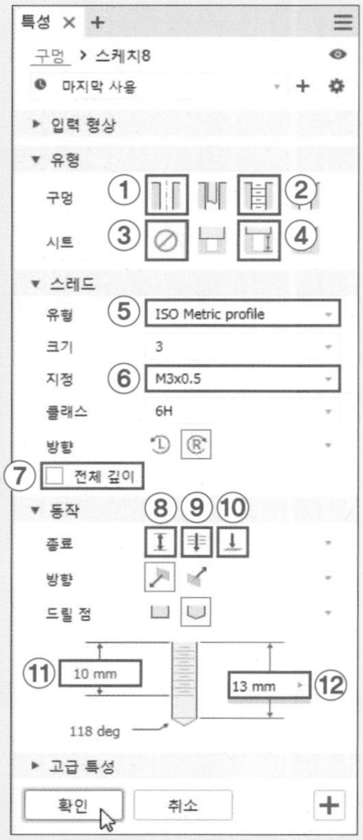

❶ **단순 구멍** : 스레드가 없는 단순 구멍 작업 시에 선택하는 옵션입니다.

❷ **탭 구멍** : 암나사 작업 시에 선택하는 옵션입니다.

❸ **드릴 구멍** : 일반 드릴 구멍 작업 시에 선택하는 옵션입니다.

❹ **카운터 보어 구멍** : 카운터 보어 구멍 작업 시에 선택하는 옵션입니다.

❺ **스레드 유형** : 인벤터로 스레드 작업 시에는 KS 규격이 없기 때문에 무조건 ISO Metric profile 유형을 선택합니다.

❻ **피치 설정** : 도면에 피치가 기입되어 있지 않은 경우 인벤터에서 자동으로 뜨는 기본 피치를 사용하시면 됩니다.

❼ **스레드 전체 깊이** : 스레드를 전체 깊이에 작성해야 한다면 해당 옵션을 체크합니다.

❽ **종료 옵션_길이 설정** : 구멍 전체 길이를 입력하여 해당 길이만큼만 구멍을 작성합니다.

❾ **종료 옵션_관통** : 구멍을 전체 관통 옵션으로 작성합니다.

❿ **종료 옵션_지정 면까지** : 곡면을 선택하여 해당 면까지만 구멍을 작성합니다.

⓫ **스레드 길이** : 스레드를 전체 깊이에 작성하지 않을 경우 스레드 길이를 측정하여 입력합니다.

⓬ **구멍 전체 길이** : 구멍을 관통하지 않을 경우 길이를 입력하여 해당 길이만큼만 구멍을 작성합니다.

step 17

3D 모형 탭의 원형 패턴 명령을 클릭합니다.

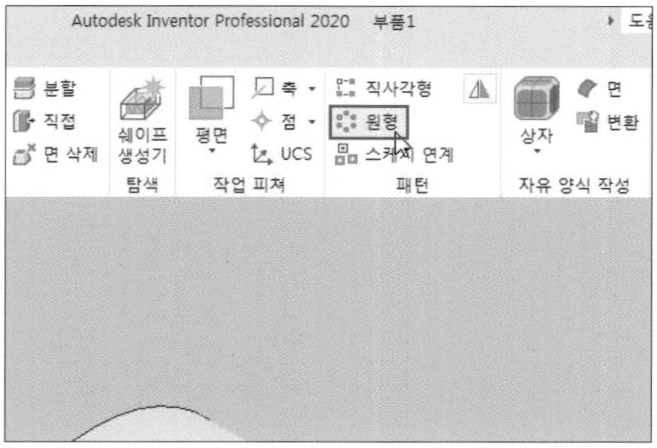

step 18

패턴할 피쳐와 회전축을 다음과 같이 설정합니다.

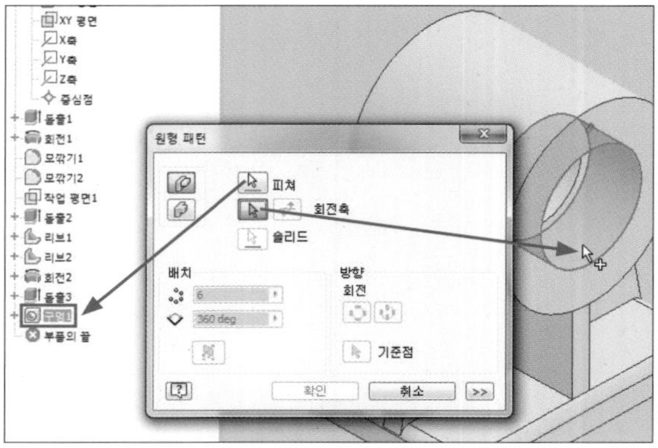

step 19

배치 옵션을 다음과 같이 설정한 다음 확인 버튼을 클릭합니다.

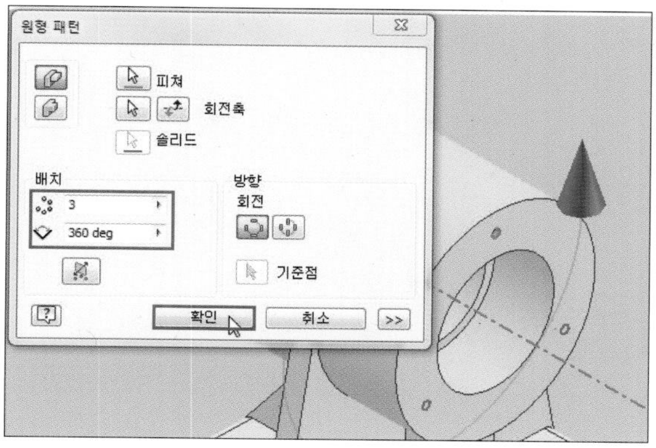

step 20

다음과 같이 구멍 피쳐 패턴이 작성되었습니다.

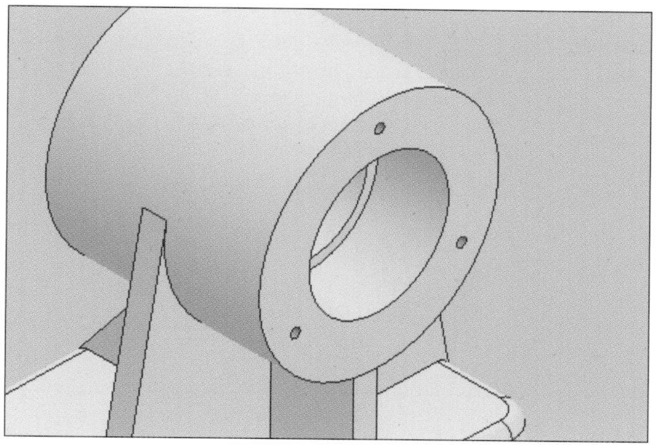

step 21

두 평면 사이의 중간평면 명령을 실행합니다.

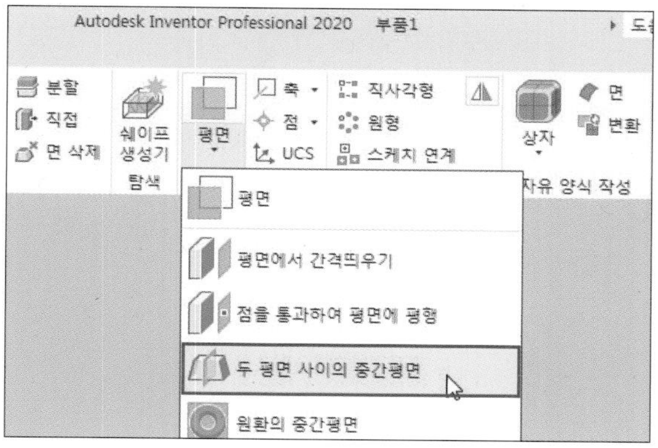

step 22

다음 면을 클릭합니다.

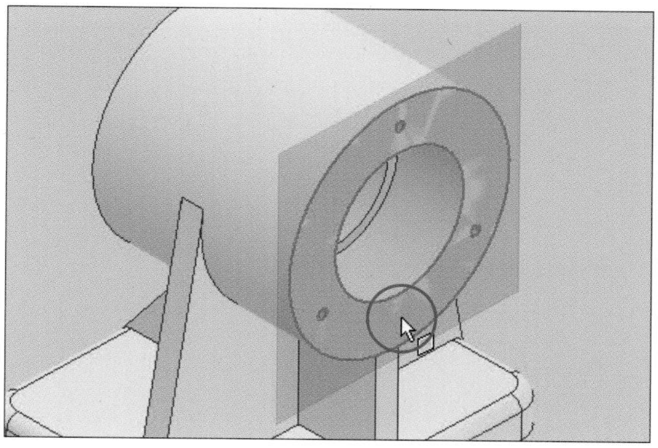

step 23

이어서 반대쪽 면을 클릭합니다.

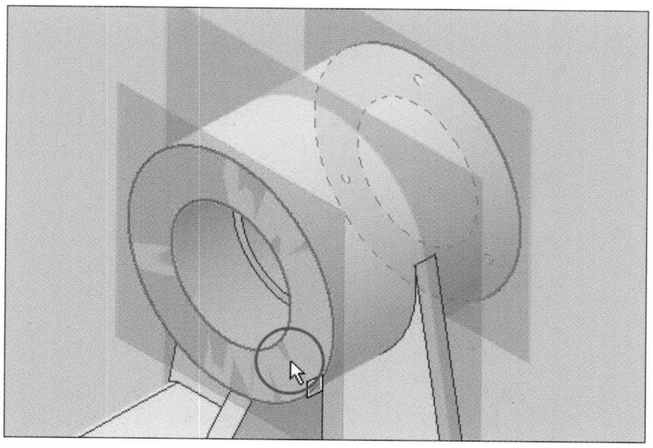

step 24

다음과 같이 선택한 두 면 사이에 중간 평면이 작성된 것을 확인할 수 있습니다.

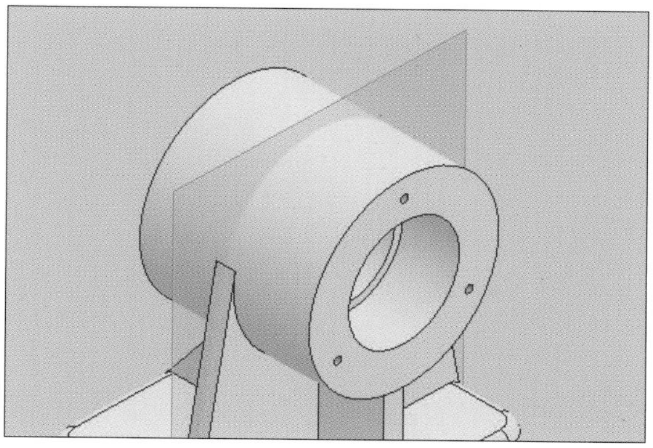

step 25

3D 모형 탭의 미러 패턴 명령을 클릭합니다.

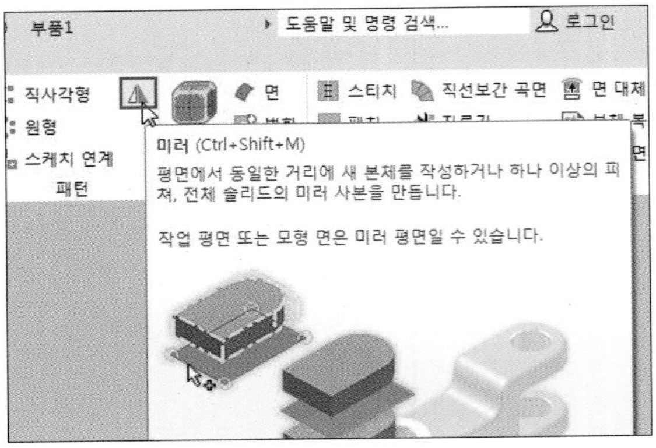

step 26

대칭 피쳐로는 구멍과 원형 패턴 피쳐를 선택합니다.

step 27

미러 평면을 선택하기 위해 먼저 미러 평면 화살표를 클릭합니다.

step 28

미러 평면으로는 다음 중간 평면을 선택하고 확인 버튼을 클릭합니다.

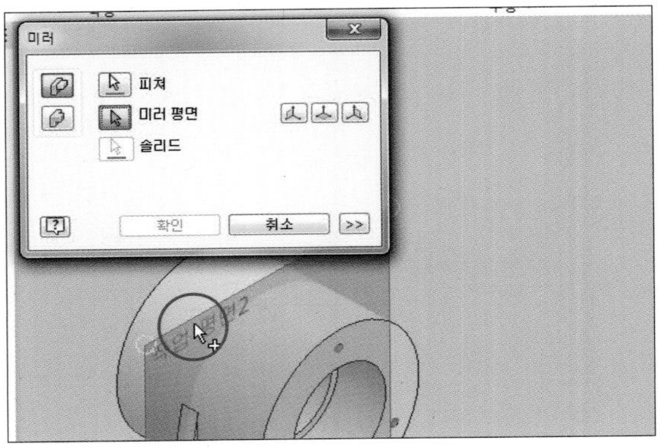

step 29

다음과 같이 미러 패턴 피쳐가 작성되었습니다.

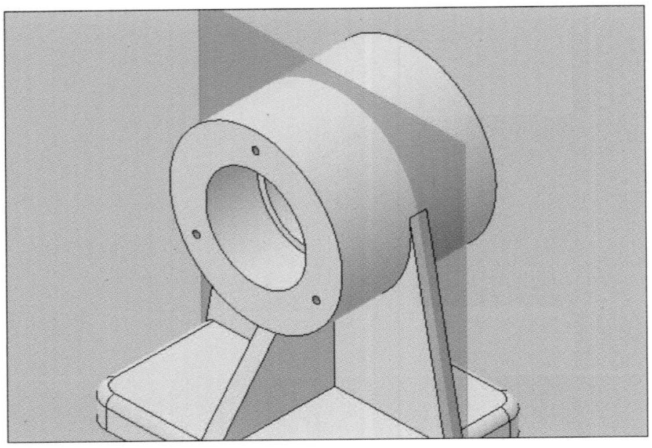

step 30

사용한 중간 평면은 마우스 우측 버튼으로 클릭하여 가시성을 체크 해제합니다.

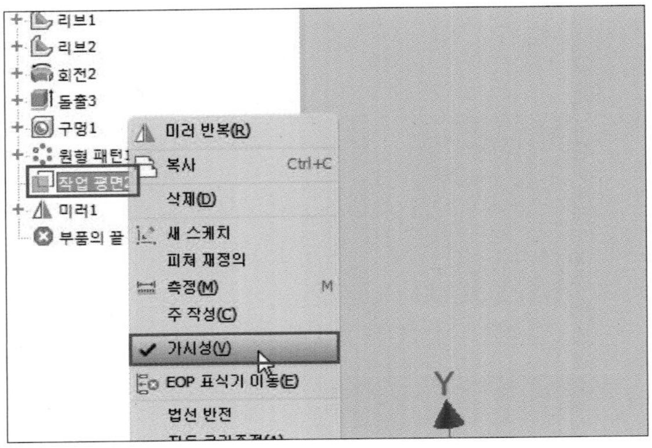

step 31

3D 모형 탭의 구멍 명령을 클릭합니다.

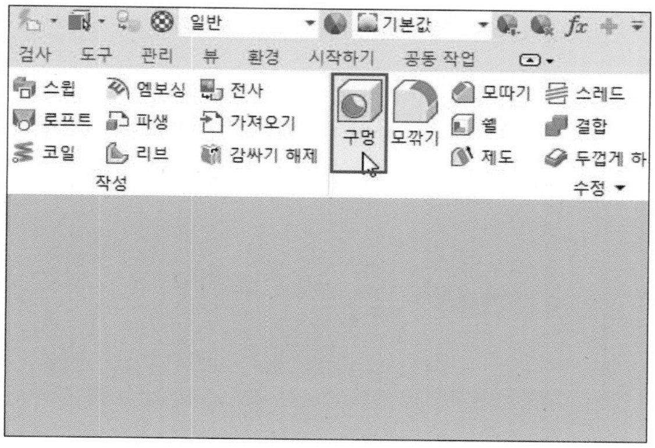

step 32

구멍 명령이 실행되면 다음과 같이 구멍 시작 평면을 클릭합니다.

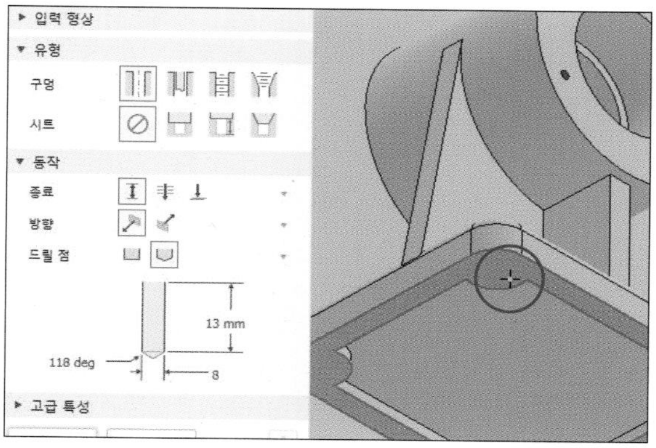

step 33

이어서 동심 참조 면을 클릭합니다. 클릭시 동심 구속조건 아이콘이 뜨는 것을 확인할 수 있습니다.

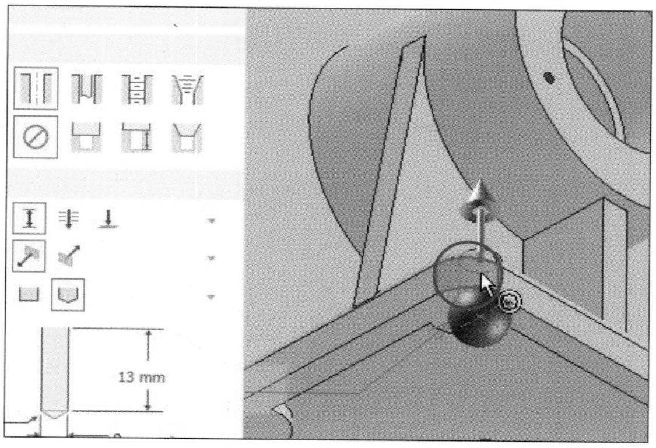

step 34

다음과 같이 구멍 위치가 정렬되었습니다. 해당 동심 옵션은 이렇듯 기존에 작업했었던 점 스케치를 생략한 후 진행해도 무방합니다.

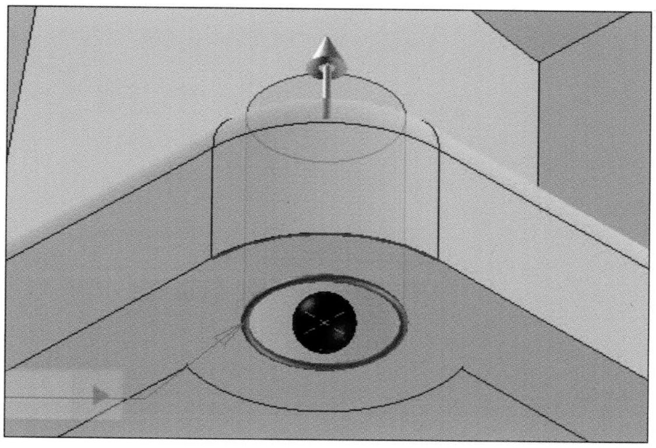

step 35

다음과 같이 구멍의 정보를 입력한 다음 확인 버튼을 클릭합니다.

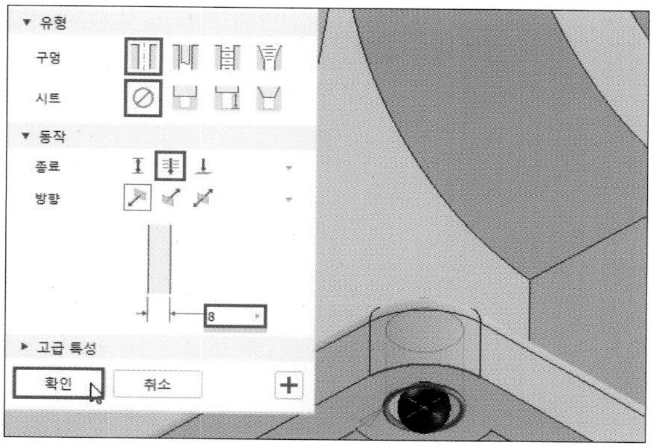

step 36

다음과 같이 드릴 구멍이 작성되었습니다.

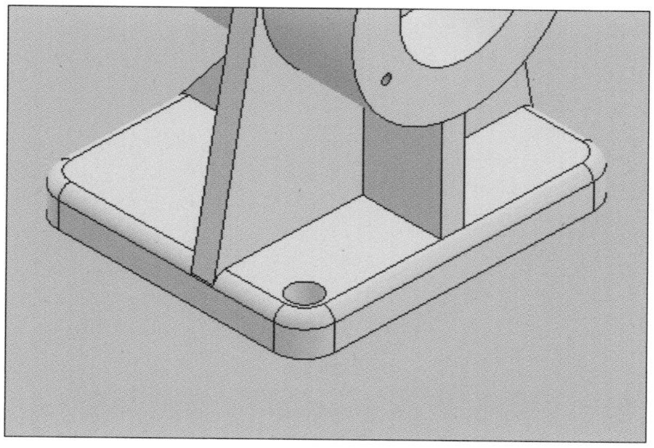

step 37

3D 모형 탭의 모따기 명령을 클릭합니다.

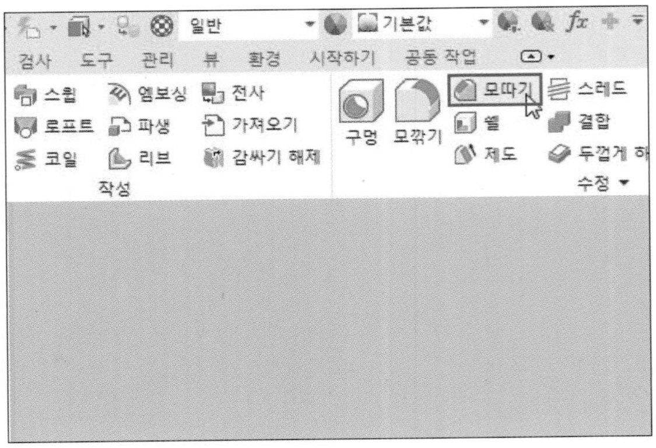

step 38

다음 모서리를 클릭한 다음 거리값으로 1mm를 입력한 후 확인 버튼을 클릭합니다.

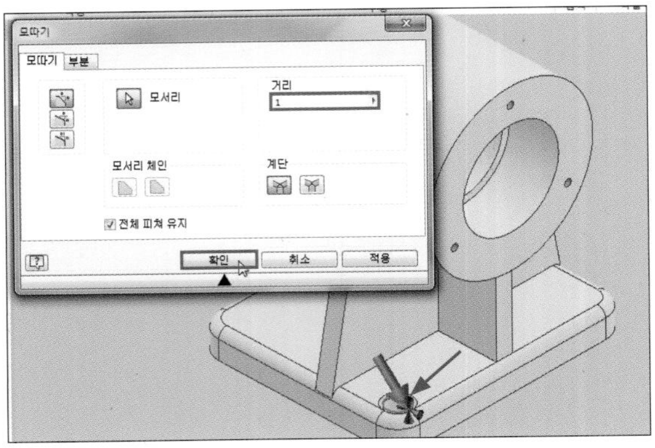

step 39

3D 모형 탭의 직사각형 패턴 명령을 클릭합니다.

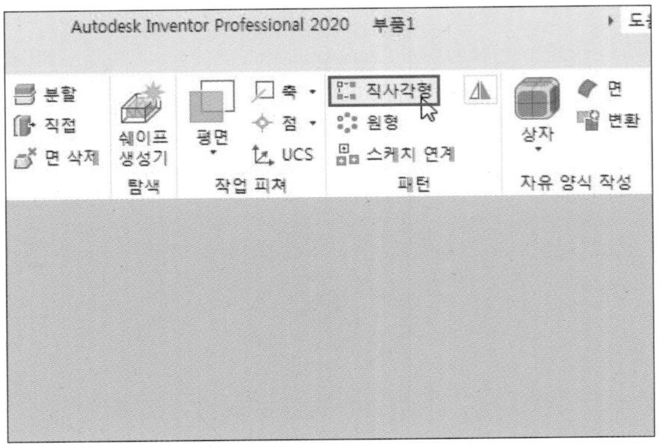

step 40

패턴할 피쳐로는 다음과 같이 드릴 구멍과 모따기 피쳐를 선택합니다.

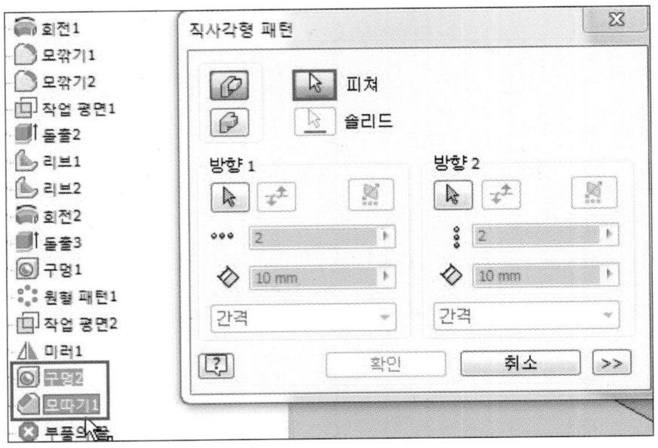

step 41

패턴 방향을 설정하기 위해 다음 화살표를 클릭합니다.

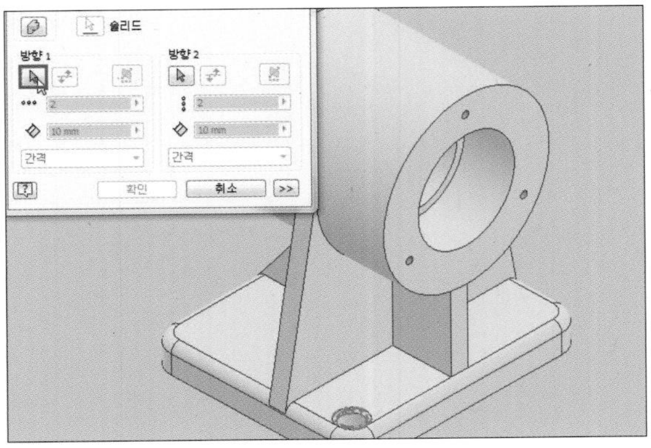

step 42

방향으로는 다음 모서리를 클릭합니다.

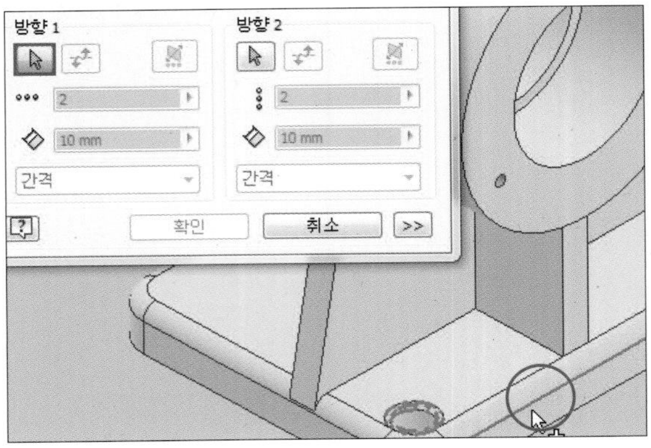

step 43

패턴 방향이 다음과 같이 설정되면 패턴 개수와 거리를 입력한 다음 미리보기를 확인합니다.

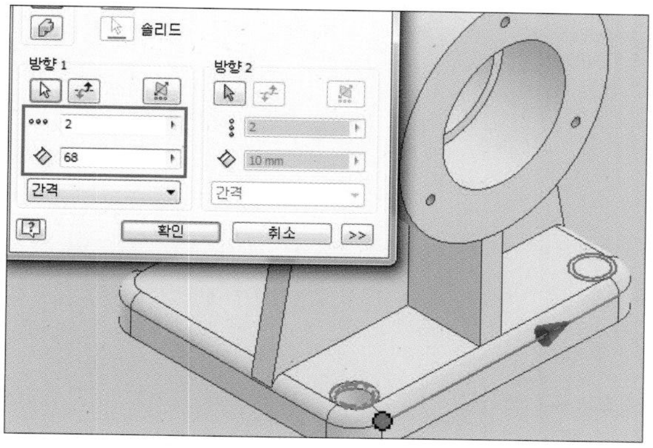

step 44

두 번째 패턴 방향을 설정하기 위해 다음 화살표를 클릭합니다.

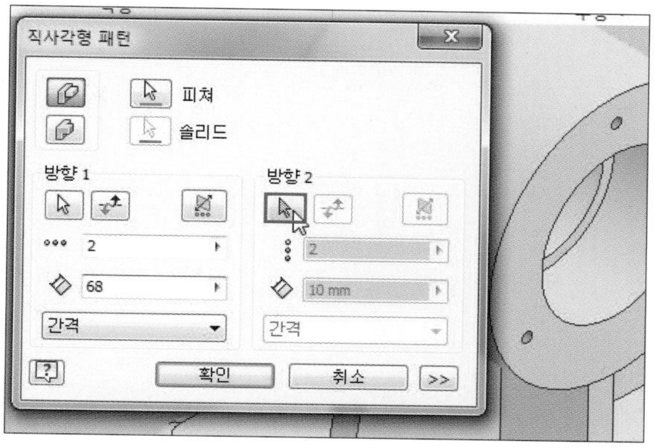

step 45

두 번째 방향으로는 다음 모서리를 클릭합니다.

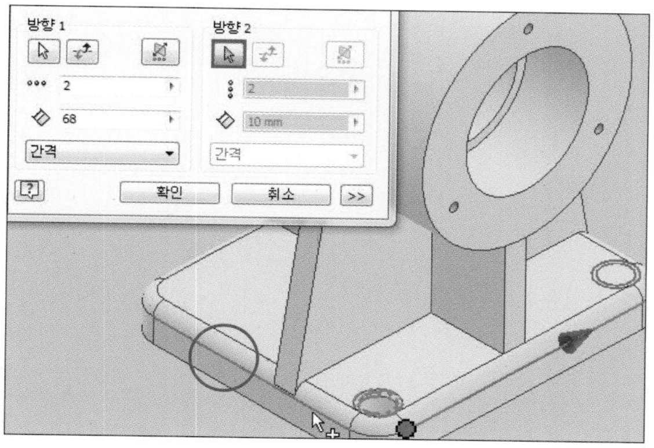

step 46

반전 아이콘을 클릭하여 녹색 화살표가 패턴 방향과 맞아지도록 설정합니다.

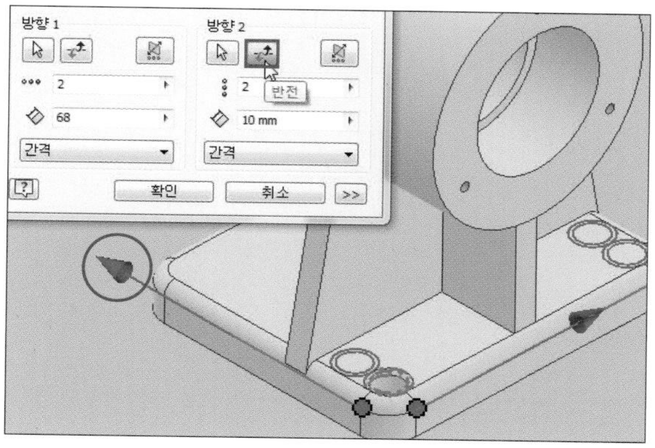

step 47

패턴 개수와 거리를 입력한 다음 확인 버튼을 클릭합니다.

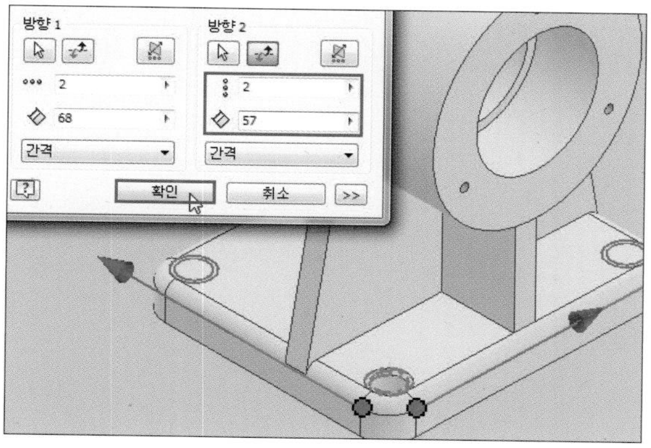

step 48

다음과 같이 직사각형 패턴 피쳐가 작성되었습니다.

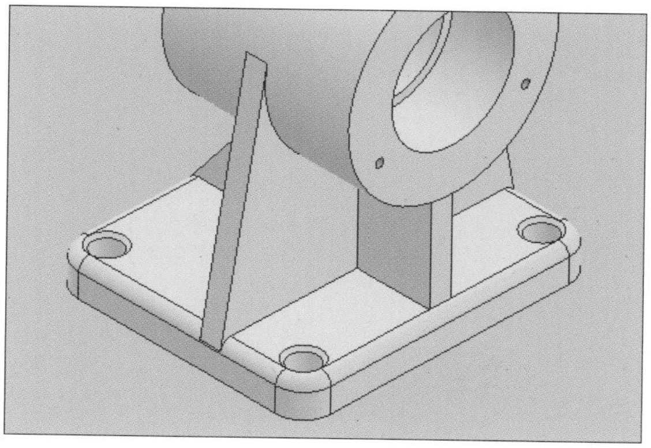

step 49

3D 모형 탭의 평면 명령 중 곡면에 접하고 평면에 평행 명령을 실행합니다.

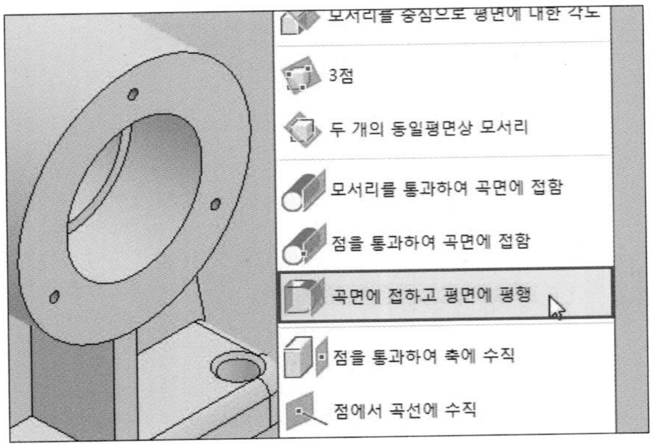

step 50

평면으로는 XZ 평면을 클릭합니다.

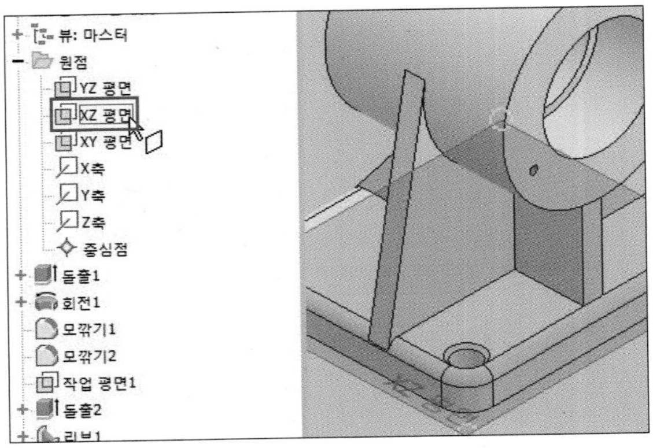

step 51

이어서 해당 곡면의 위쪽에 마우스를 올려놓으면 작업 평면이 미리보기 됩니다.

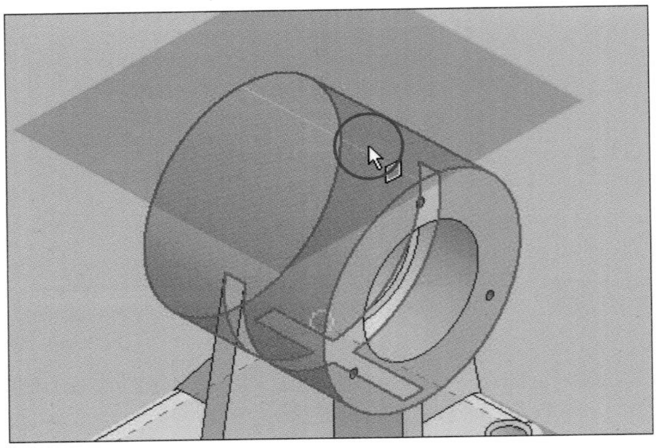

step 52

클릭하면 다음과 같이 곡면에 접하고 XZ 평면에 평행하는 작업 평면이 생성됩니다.

step 53

방금 만든 작업 평면에 새 스케치를 작성합니다.

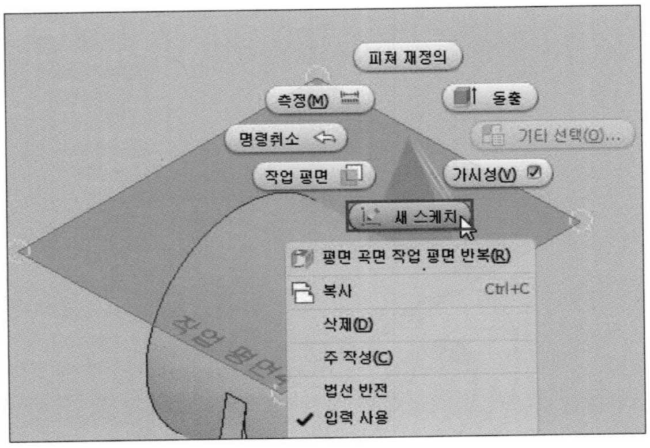

step 54

점 명령을 실행합니다.

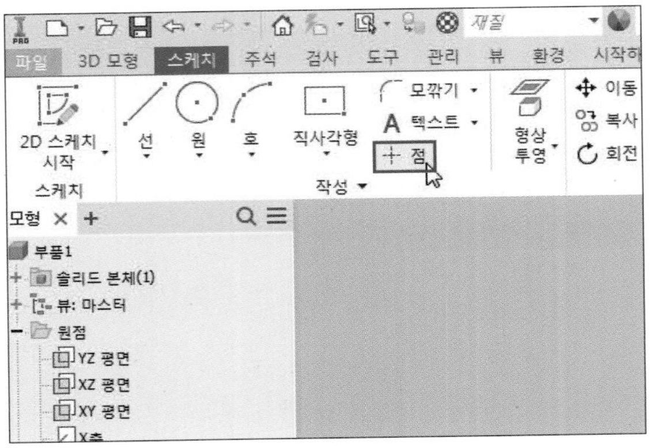

step 55

다음과 같이 대략적인 위치에 점을 클릭합니다.

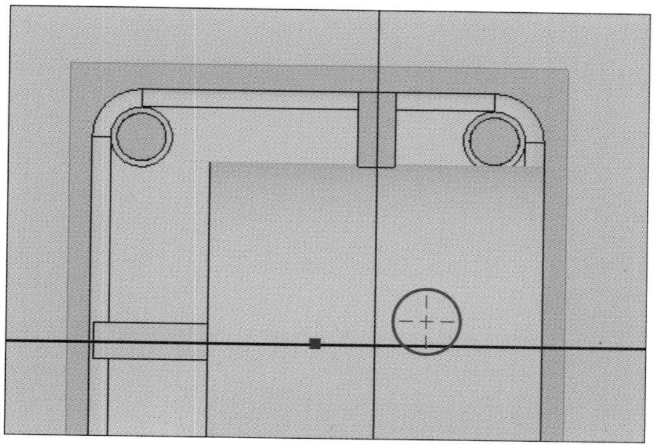

step 56

수평 구속조건 명령을 클릭합니다.

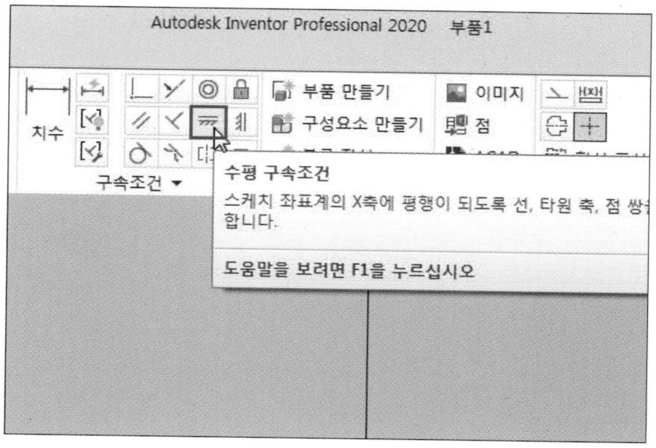

step 57

원점을 클릭합니다.

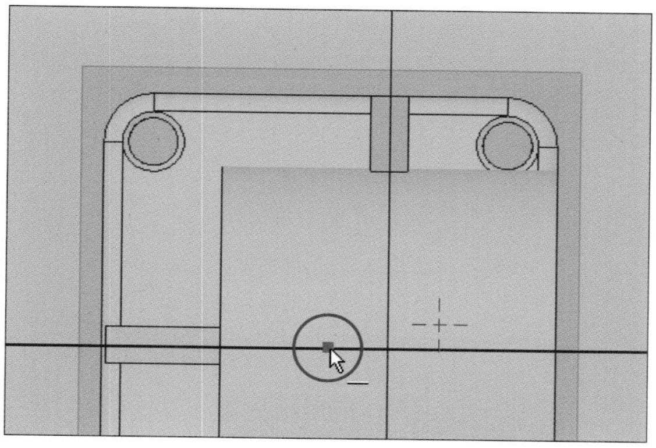

step 58

이어서 **작업 점**을 클릭합니다.

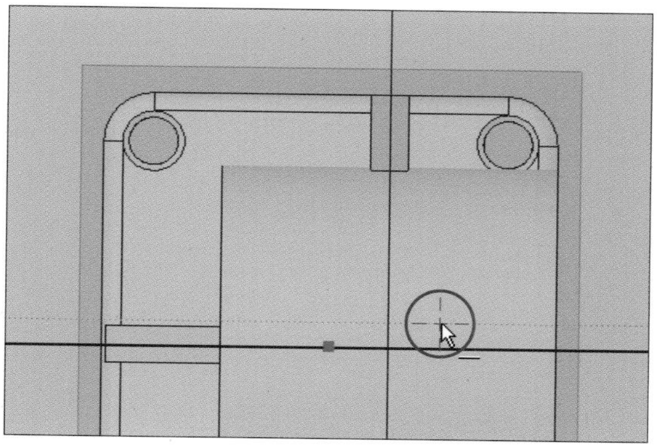

step 59

다음과 같이 두 점이 수평하게 정렬됩니다.

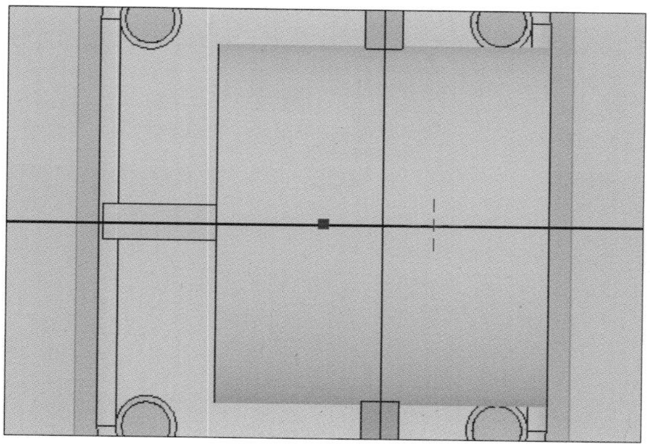

step 60

수직 구속조건 명령을 실행합니다.

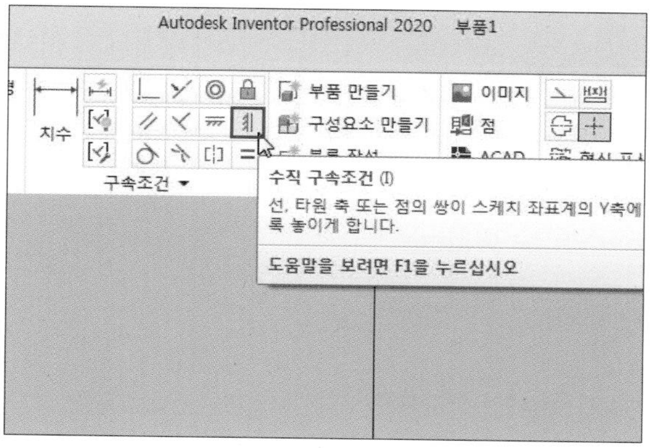

step 61

다음 점이 노랗게 인식되면 클릭합니다.

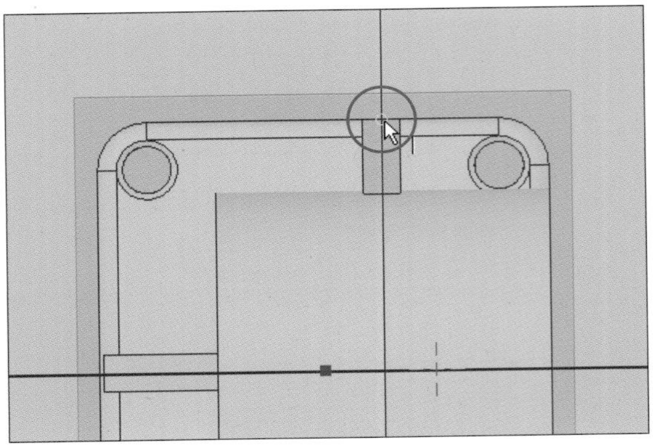

step 62

이어서 작업점을 클릭합니다.

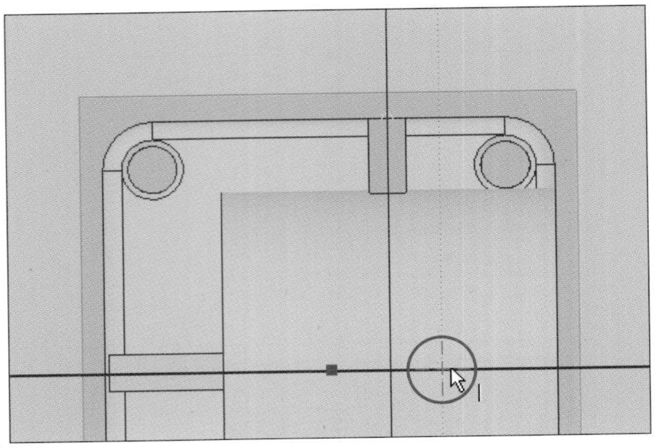

step 63

다음과 같이 두 점이 수직하게 정렬됩니다.

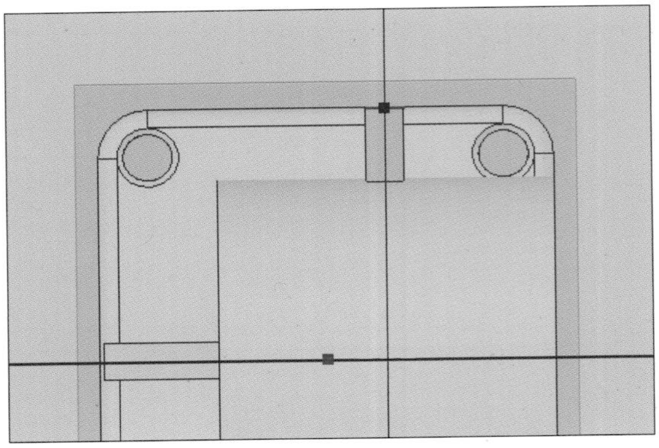

step 64

3D 모형 탭의 구멍 명령을 클릭합니다.

step 65

다음과 같이 구멍의 정보를 설정합니다.

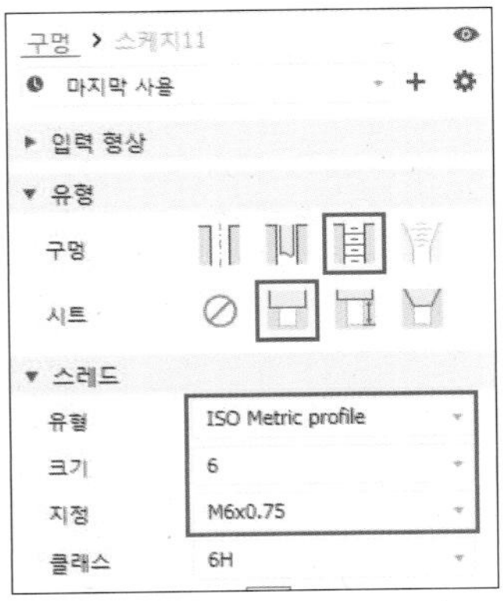

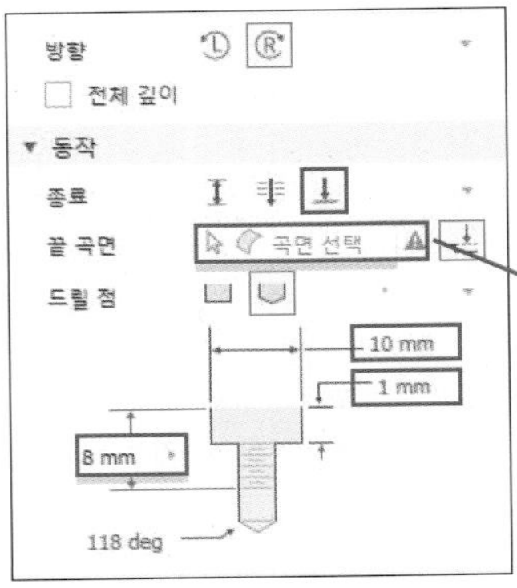

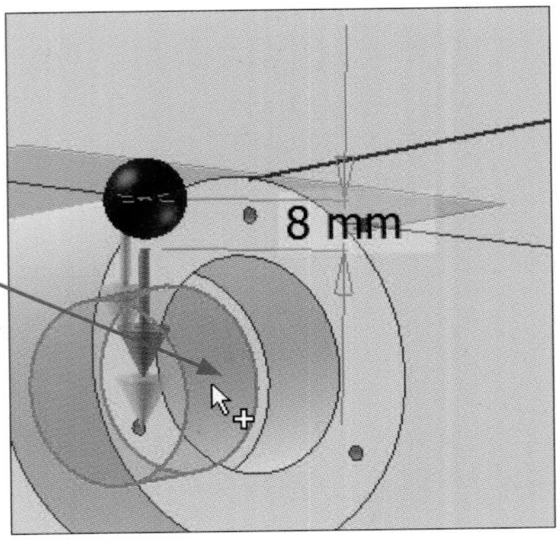

step 66

세팅이 완료되고 미리보기가 정상적으로 나오면 확인 버튼을 클릭합니다.

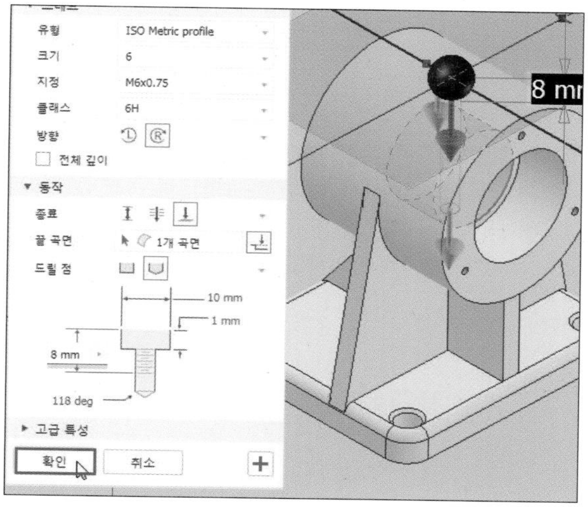

step 67

사용한 작업 평면의 가시성을 체크 해제합니다.

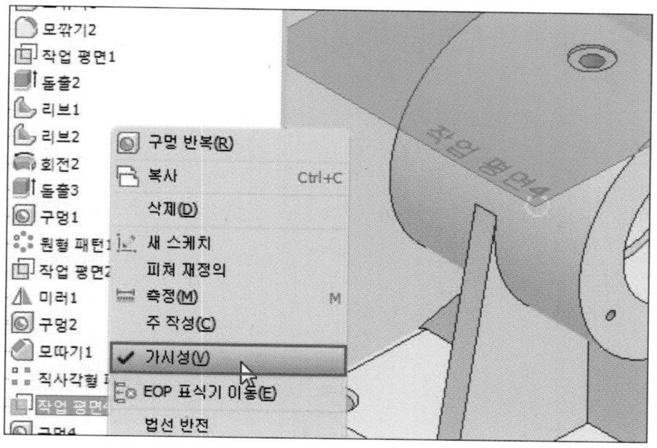

step 68

3D 모형 탭의 모따기 명령을 클릭합니다.

step 69

다음 모서리를 클릭한 다음 거리값으로 0.5mm를 입력한 후 확인 버튼을 클릭합니다.

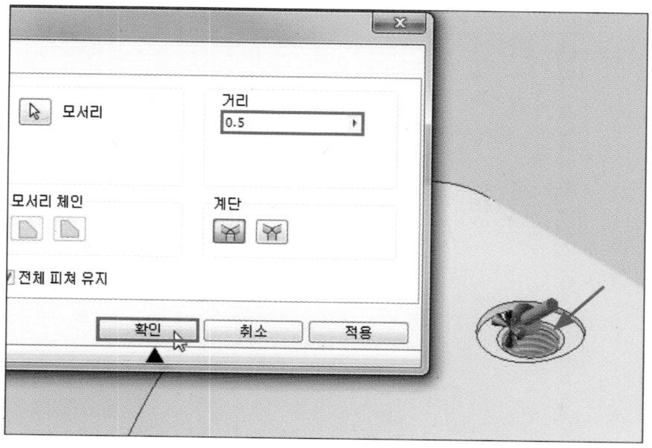

step 70

다음과 같이 상단 구멍 작업이 완료되었습니다.

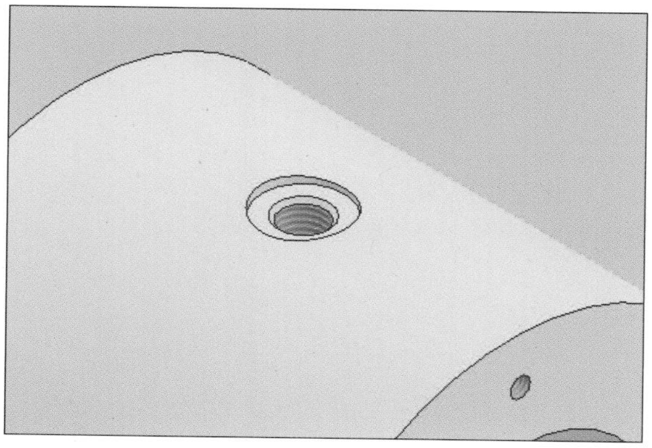

chapter 03 마무리 피쳐 작성하기

step 1

3D **모형** 탭의 **모따기** 명령을 실행합니다.

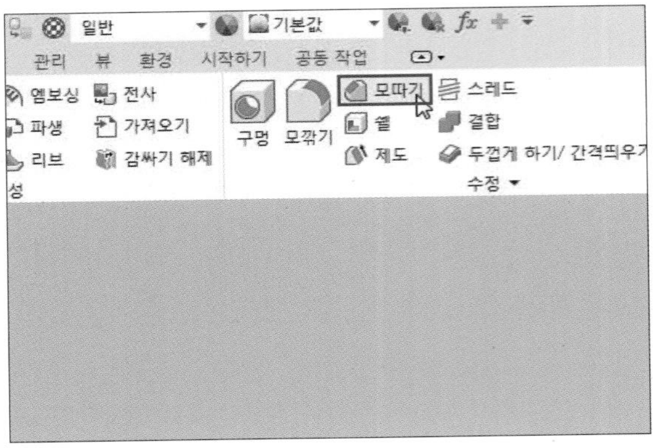

step 2

다음 모서리를 클릭한 다음 거리값으로 1mm를 입력한 후 **확인** 버튼을 클릭합니다.

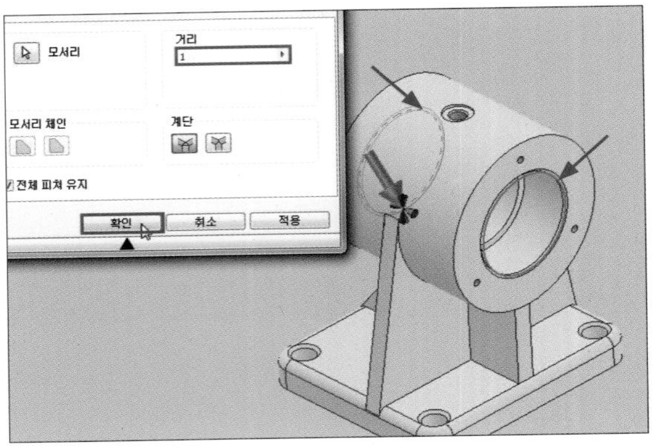

step 3

다음과 같이 모따기 피쳐가 작성됩니다.

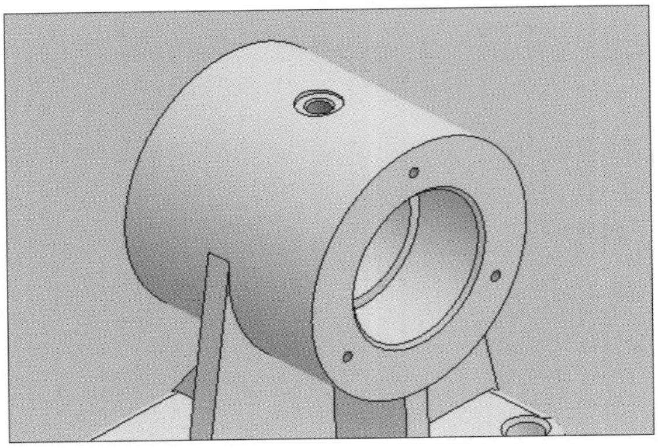

step 4

3D **모형** 탭의 **모깎기** 명령을 실행합니다.

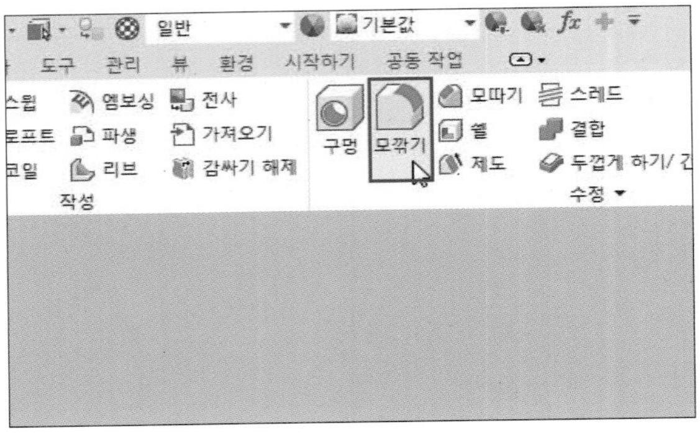

step 5

세로 방향의 모서리들을 클릭한 다음 반지름 값으로 3mm를 입력한 후 **확인** 버튼을 클릭합니다.

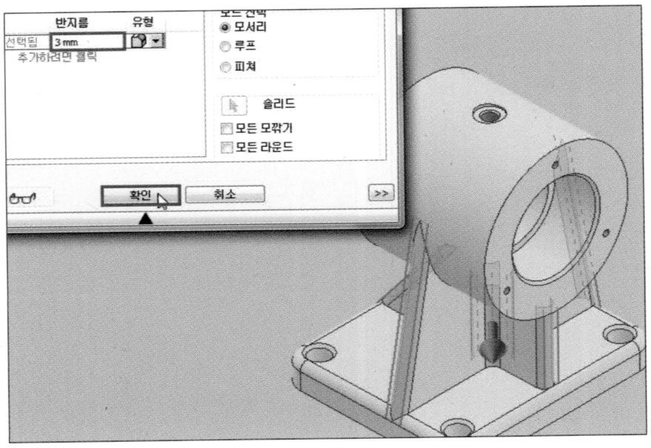

step 6

다시 한 번 **모깎기** 명령으로 **가로** 방향의 모서리들을 클릭한 다음 반지름 값으로 3mm를 입력한 후 **확인** 버튼을 클릭합니다.

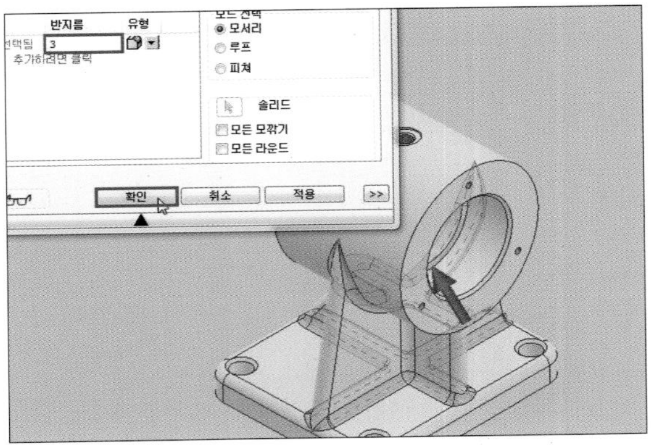

step 7

다시 한 번 **모깎기** 명령으로 **아래쪽**의 모서리들을 클릭한 다음 반지름 값으로 3mm를 입력한 후 **확인** 버튼을 클릭합니다.

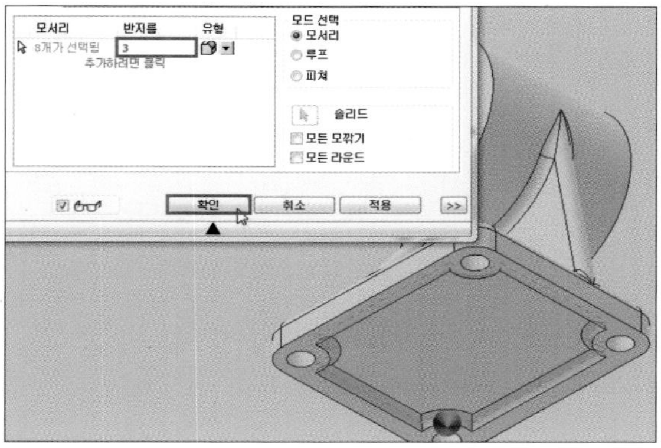

step 8

다시 한 번 **모깎기** 명령으로 다음 모서리들을 클릭한 다음 반지름 값으로 3mm를 입력한 후 **확인** 버튼을 클릭합니다.

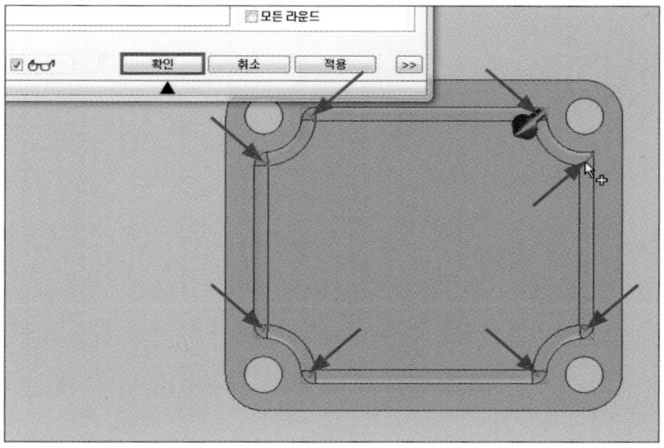

step 9

다음과 같이 본체 타입의 모델링이 완료되었습니다.

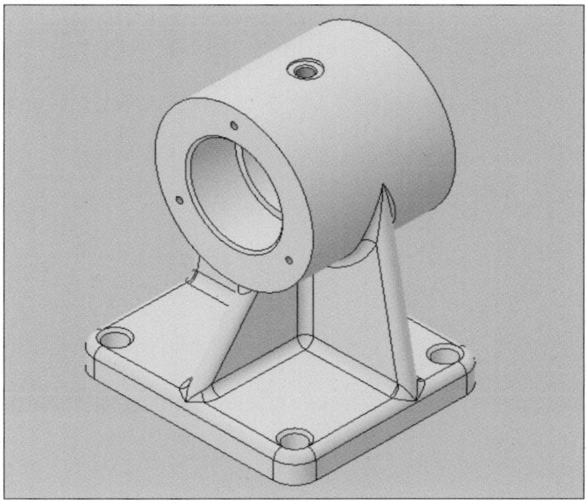

Section 2 커버 타입의 부품 작성하기

동력전달장치의 커버 타입 부품을 작성해보도록 하겠습니다.

01 따라하기 예제도면 살펴보기

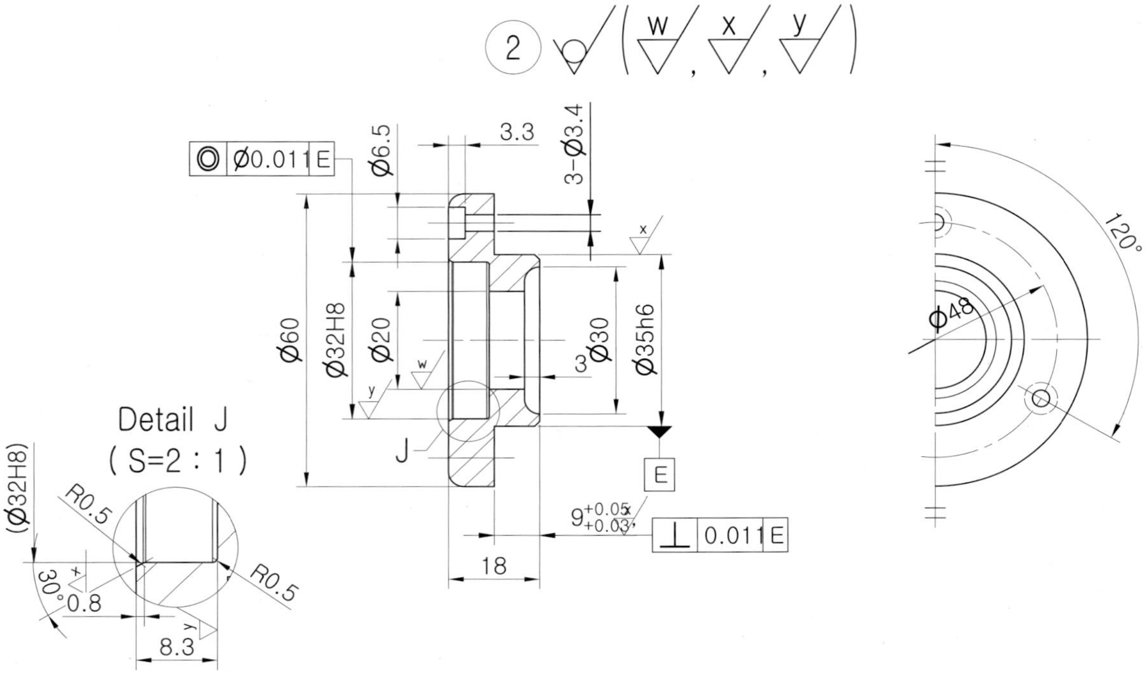

주)
도시되고 지시없는 모따기는 1x45 °
필렛과 라운드는 R3

chapter 01 베이스 피쳐 작성하기

step 1

새로 만들기 버튼을 클릭합니다.

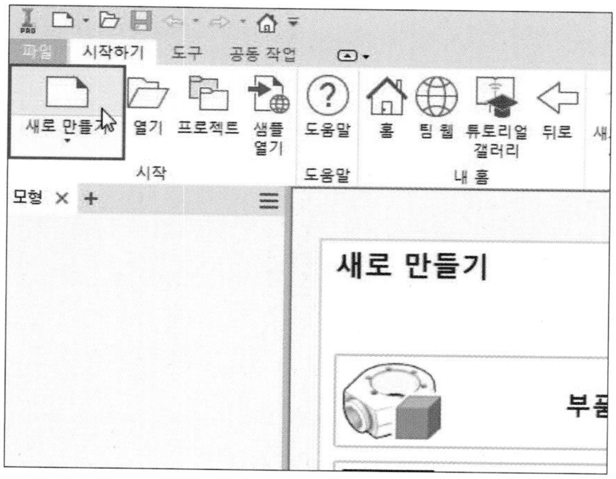

step 2

Standard(mm).ipt 템플릿을 선택한 다음 **작성** 버튼을 클릭합니다.

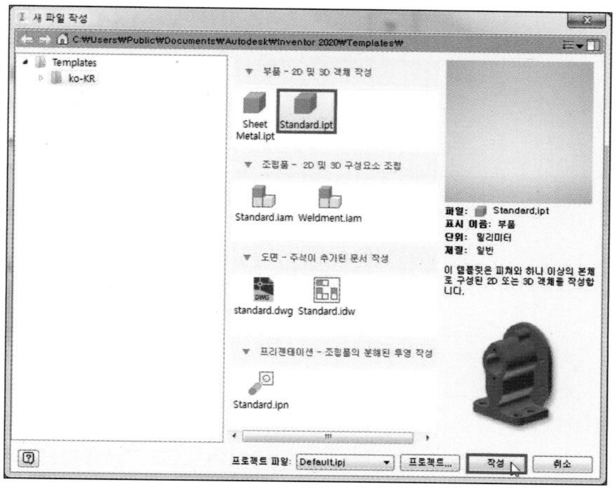

step 3

2D 스케치 시작 버튼을 클릭한 다음 **XY 평면**을 선택합니다.

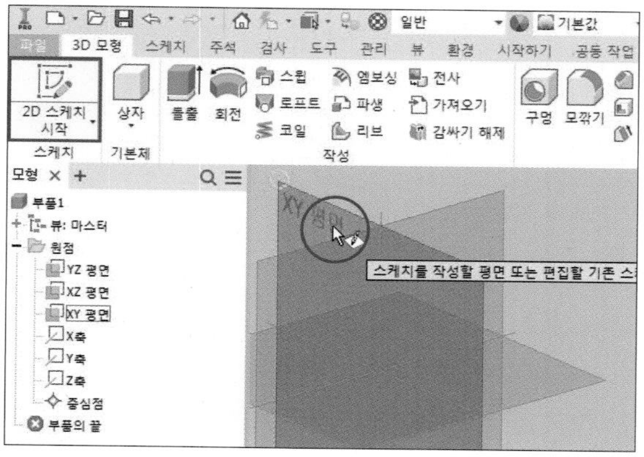

step 4

스케치 메뉴가 활성화되면 **선** 명령을 실행합니다.

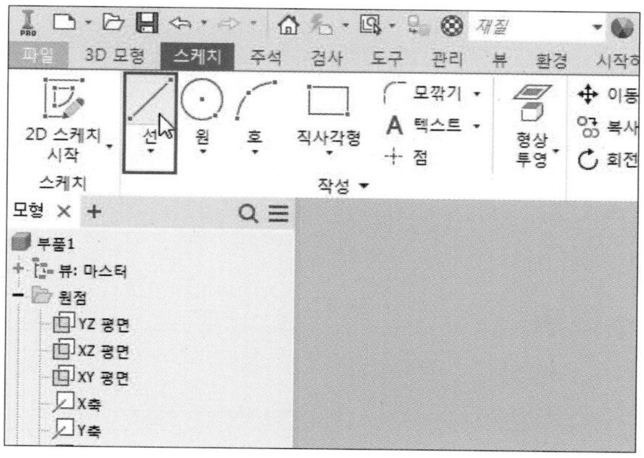

step 5

화면의 대략적인 곳에 첫 번째 점을 찍습니다.

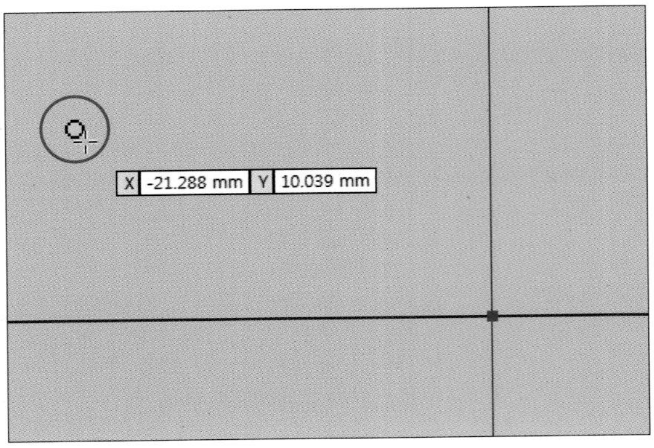

step 6

수평선이 되도록 두 번째 점을 클릭합니다.

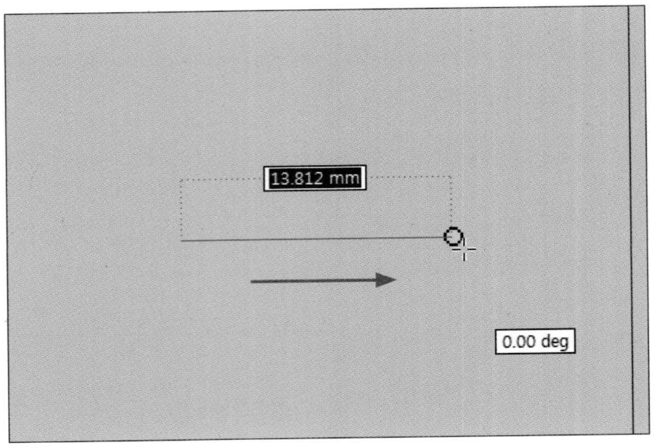

step 7

일치 구속조건 명령을 클릭합니다.

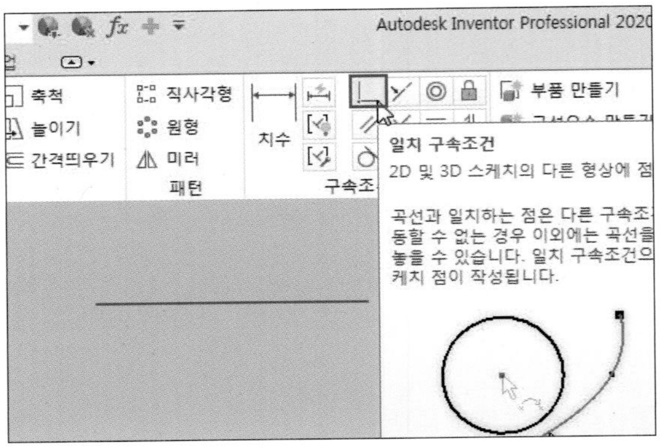

step 8

방금 작성한 선의 중간점을 클릭합니다.

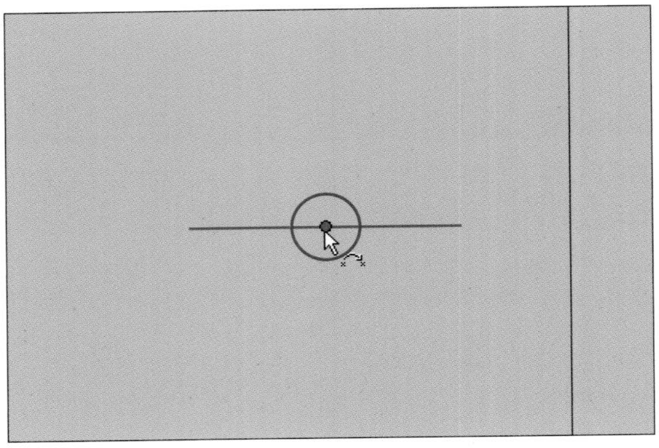

step 9

이어서 원점을 클릭합니다.

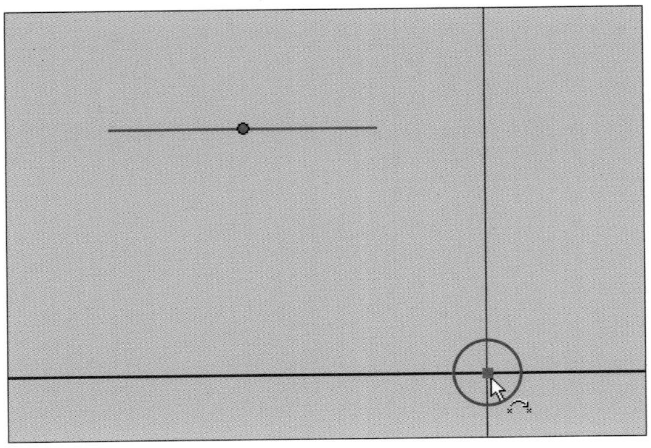

step 10

다음과 같이 선의 중간점과 원점이 일치되었습니다.

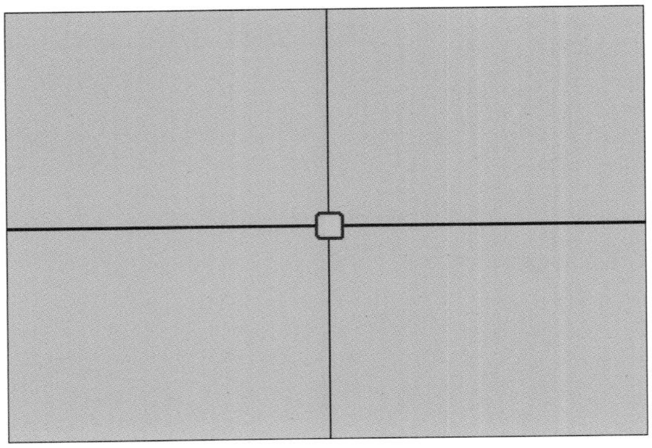

step 11

치수 명령을 실행합니다.

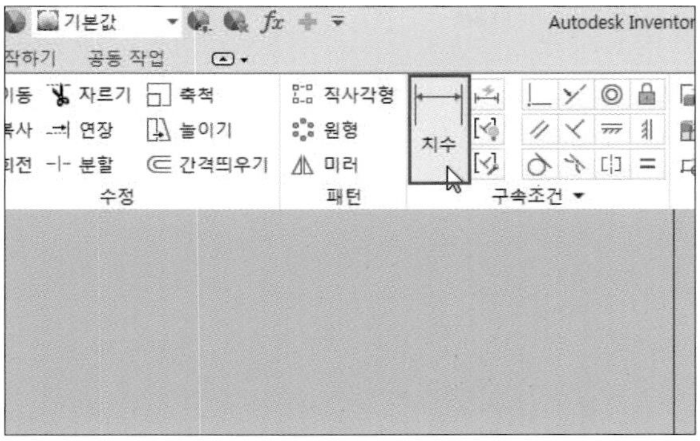

step 12

작성한 선에 길이 치수 18을 입력합니다.

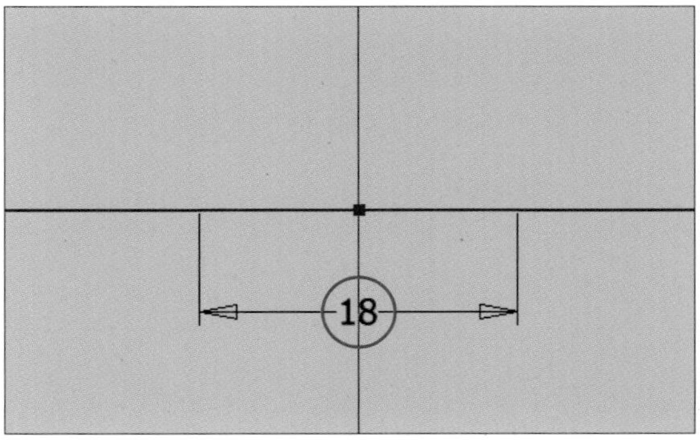

step 13

선을 마우스 우측 버튼으로 클릭하여 중심선 형식으로 변경합니다.

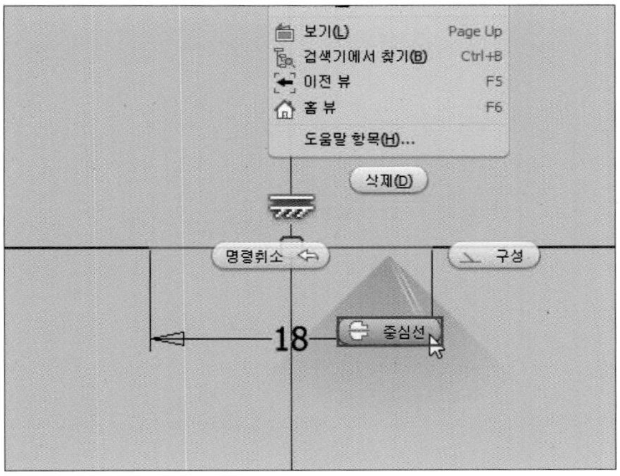

step 14

다음과 같이 선이 중심선 형식으로 변경되었습니다.

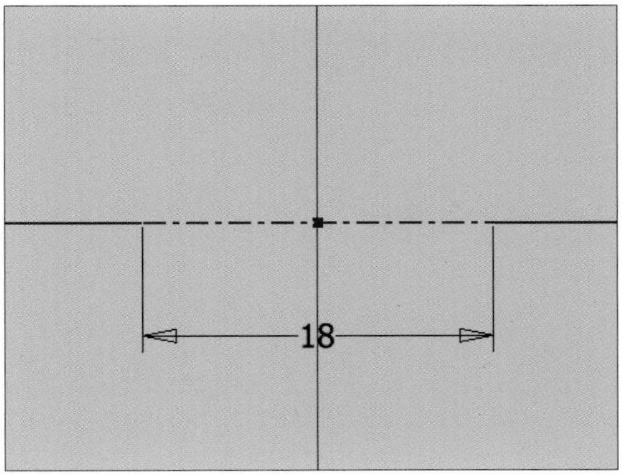

step 15

선 명령을 실행합니다.

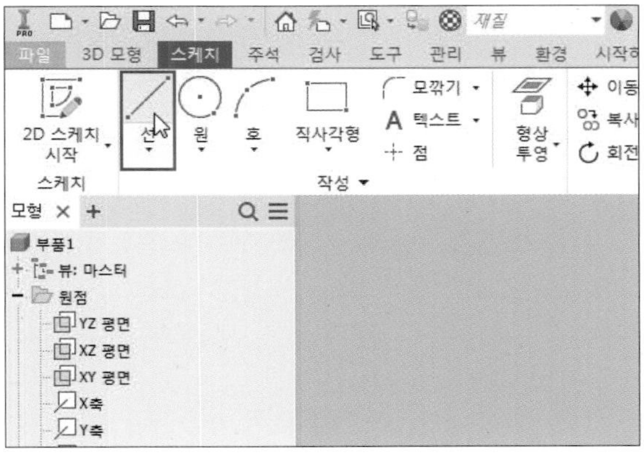

step 16

첫 번째 점으로 중심선의 끝점을 클릭합니다.

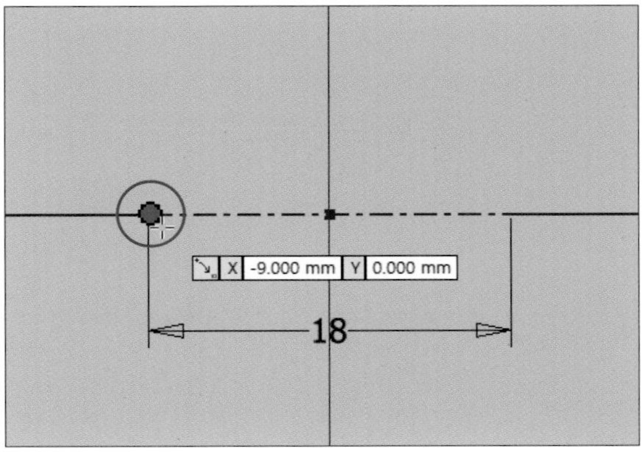

step 17

위로 뻗는 **수직선**을 작성합니다.

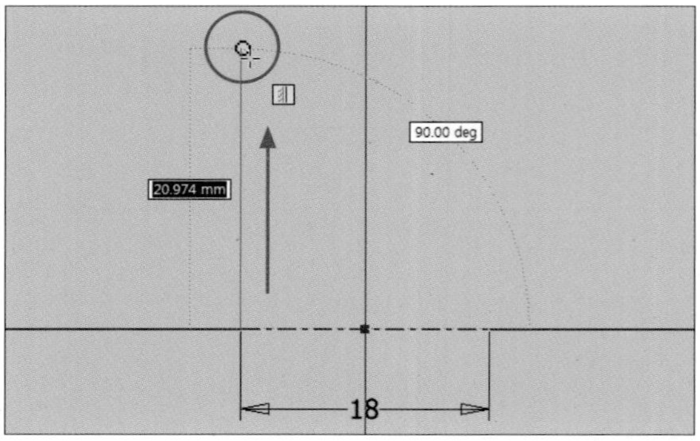

step 18

이어서 오른쪽으로 뻗는 **수평선**을 작성합니다.

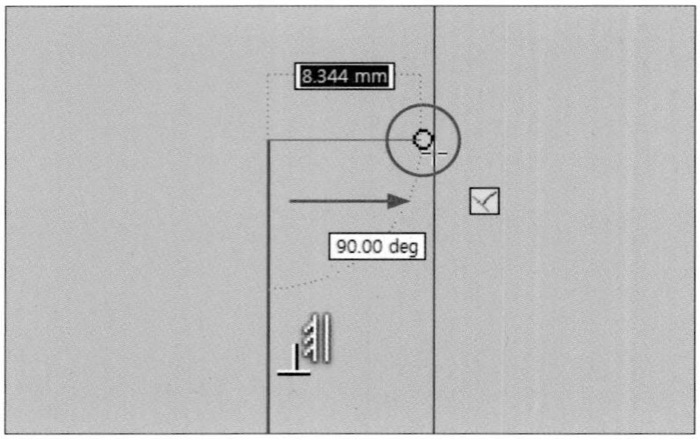

step 19

이어서 아래로 뻗는 **수직선**을 작성합니다.

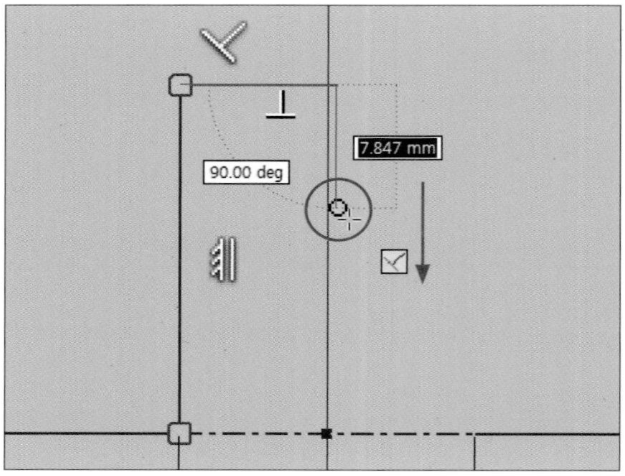

step 20

이어서 오른쪽으로 뻗는 **수평선**을 작성합니다. 이때, 구속조건 추정 기능을 이용하여 점을 찍도록 합니다.

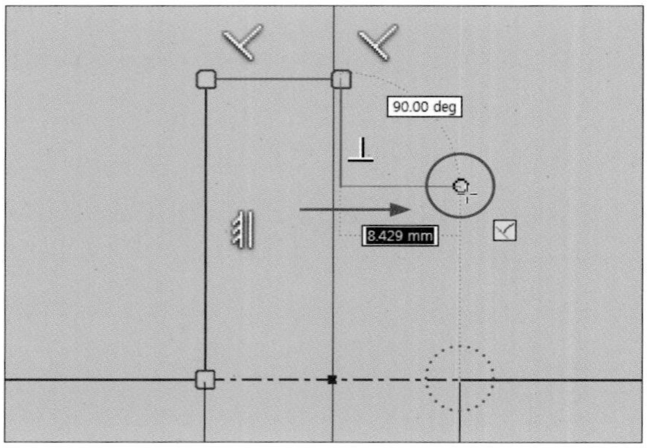

step 21

마지막으로 중심선의 **끝점**을 클릭하여 선 스케치를 마무리합니다.

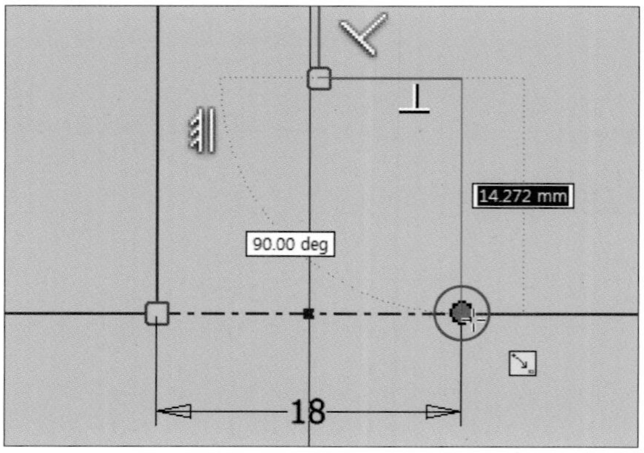

step 22

다음과 같이 선 스케치 작성이 완료되었습니다.

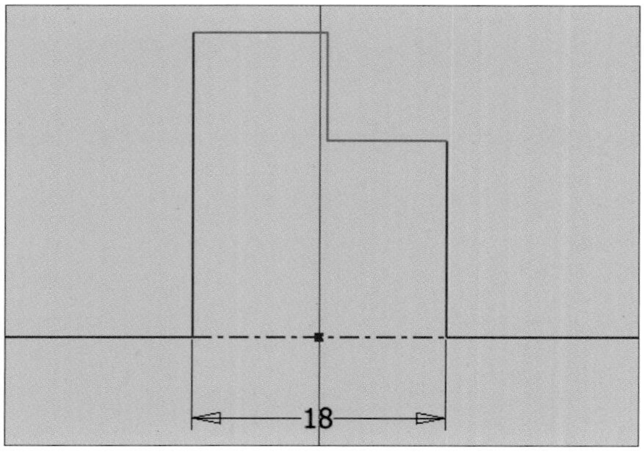

step 23

치수 명령을 클릭합니다.

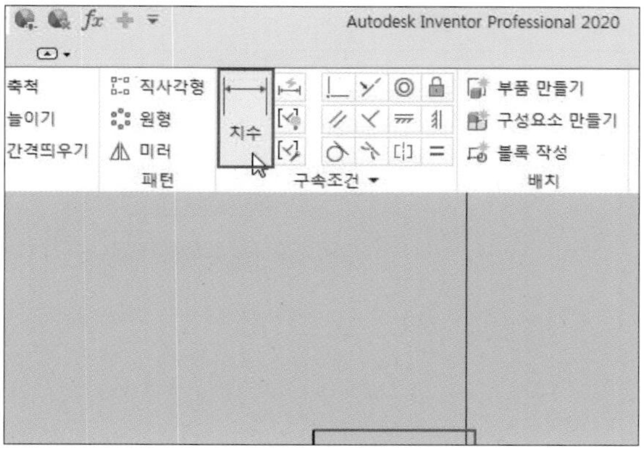

step 24

해당 선분을 클릭합니다.

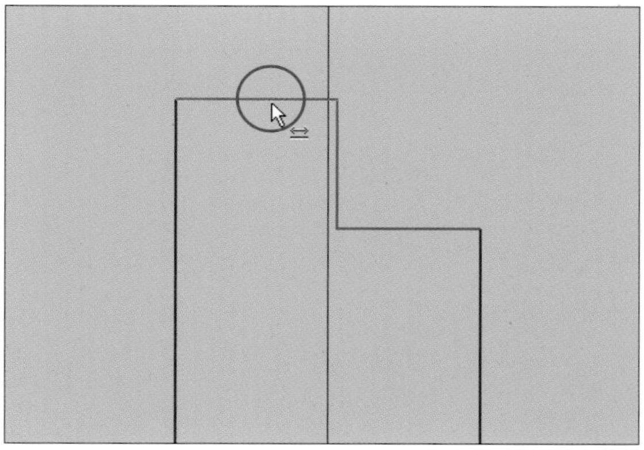

step 25

이어서 중심선을 클릭합니다.

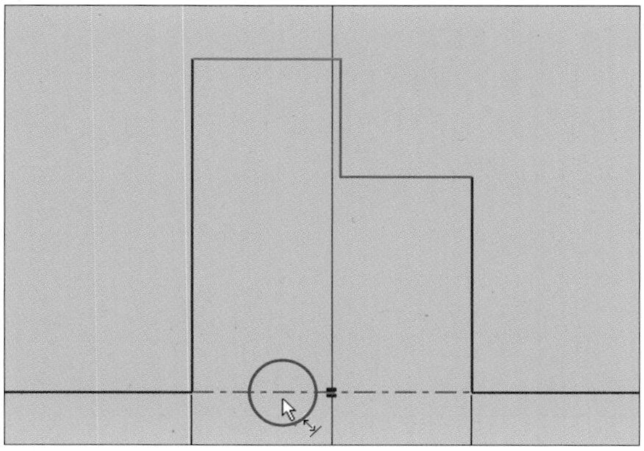

step 26

치수가 위치할 적당한 곳을 클릭하면 치수 편집창이 실행됩니다. 60을 입력한 다음 ENTER를 누릅니다.

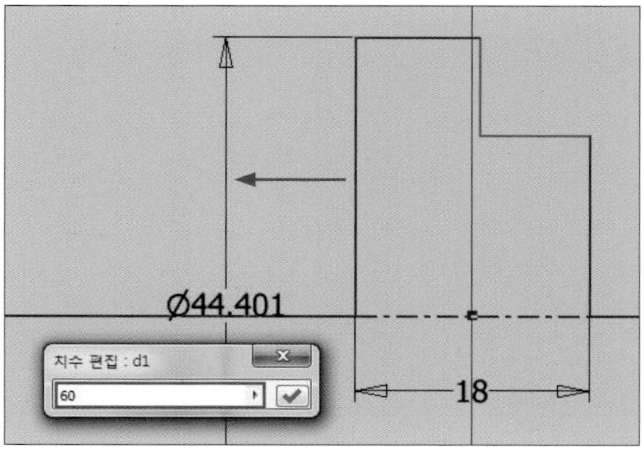

step 27

다음과 같이 지름 치수가 작성되었습니다.

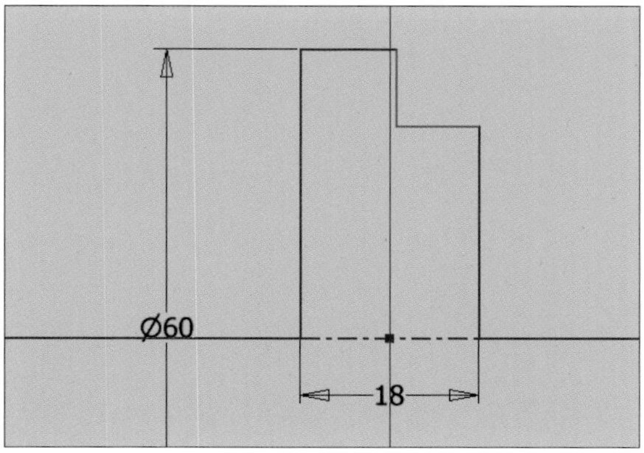

step 28

마찬가지 방법으로 반대쪽 지름 치수를 작성합니다.

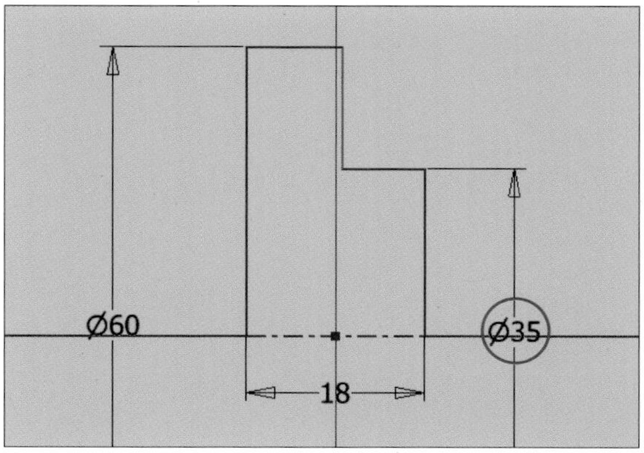

step 29

이어서 치수 명령으로 다음 선을 클릭합니다.

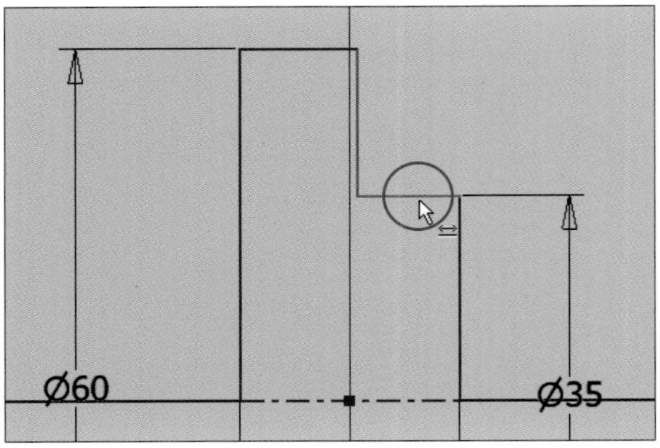

step 30

치수가 위치할 적당한 곳을 클릭하면 치수 편집창이 실행됩니다. 9를 입력한 다음 ENTER를 누릅니다.

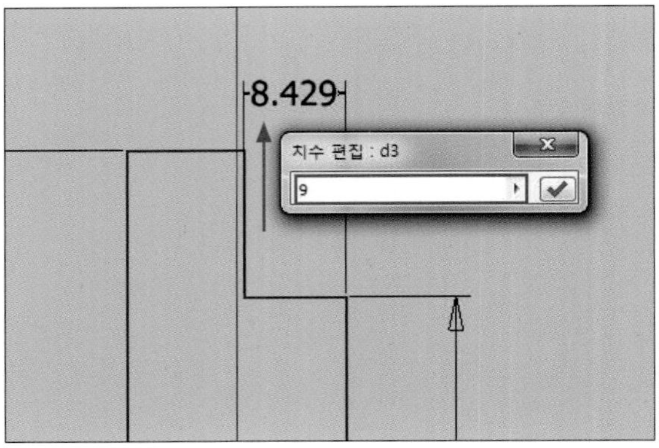

step 31

다음과 같이 스케치 및 치수가 작성되었습니다.

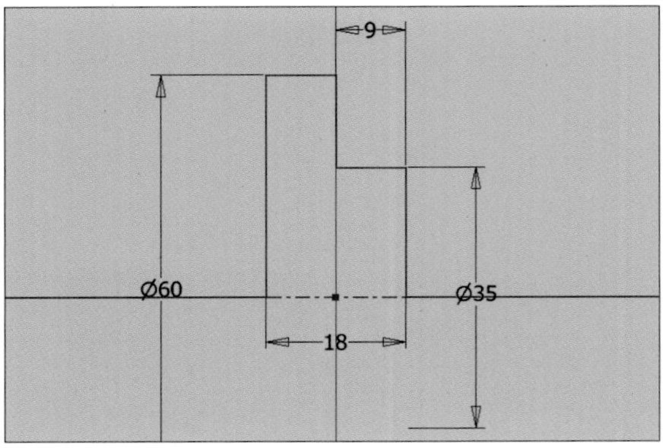

step 32

3D 모형 탭의 회전 명령을 클릭합니다.

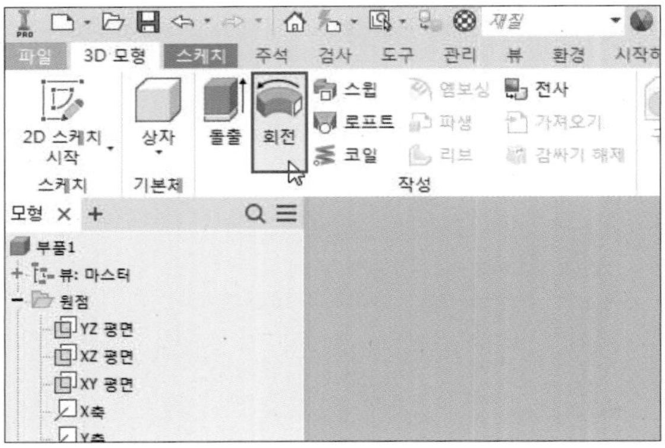

step 33

프로파일과 축이 자동으로 선택됩니다. 미리보기를 확인하고 확인 버튼을 클릭합니다.

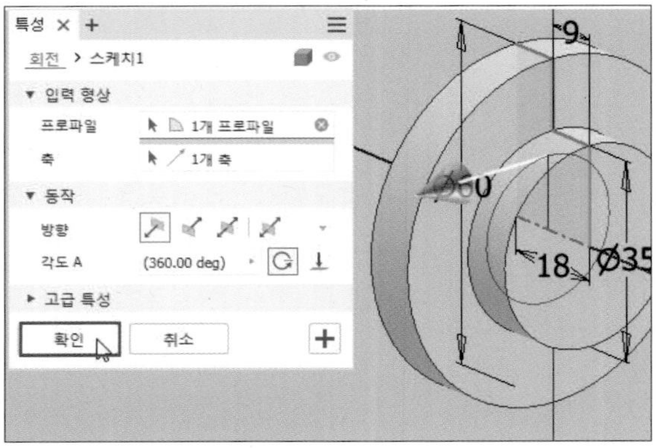

step 34

다음과 같이 커버 부품의 기본 베이스 피쳐 작성이 완료되었습니다.

chapter 02 서브 피쳐 작성하기

step 1

3D 모형 탭의 구멍 명령을 실행합니다.

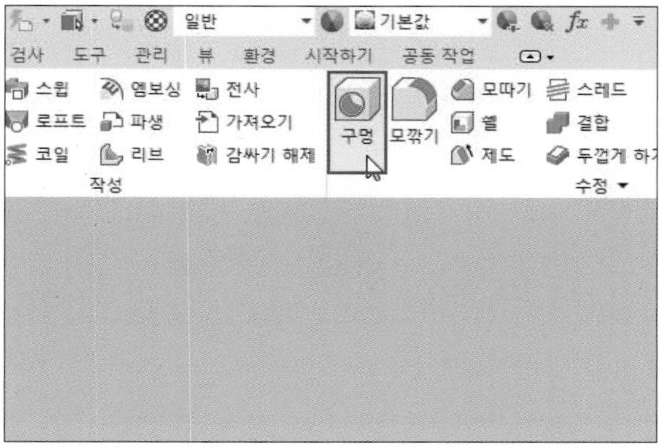

step 2

구멍 명령이 실행되면 구멍의 시작 평면으로 다음 면을 클릭합니다.

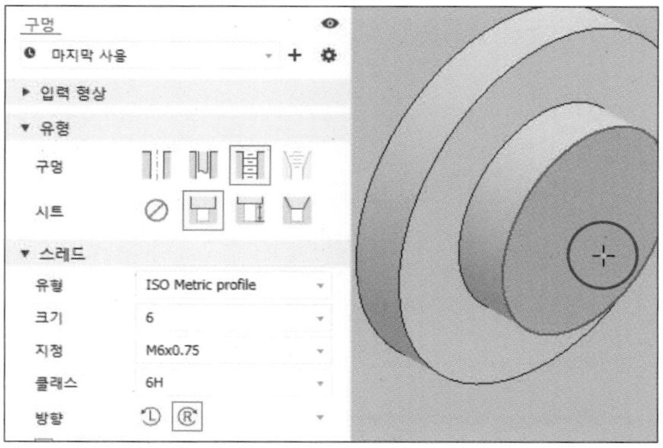

step 3

동심 참조 옵션으로는 다음 모서리를 클릭합니다.

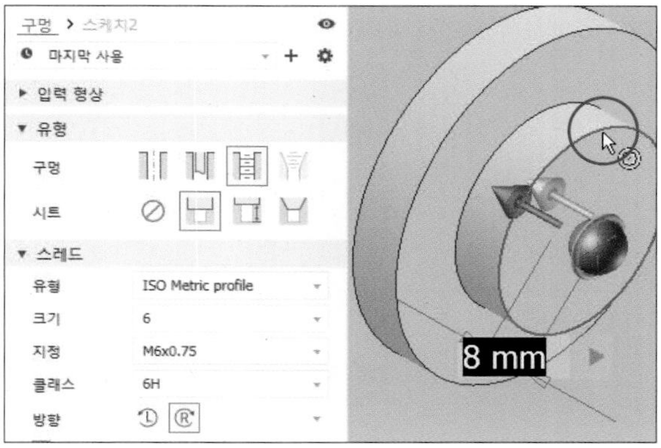

step 4

다음과 같이 구멍의 위치가 결정되었습니다.

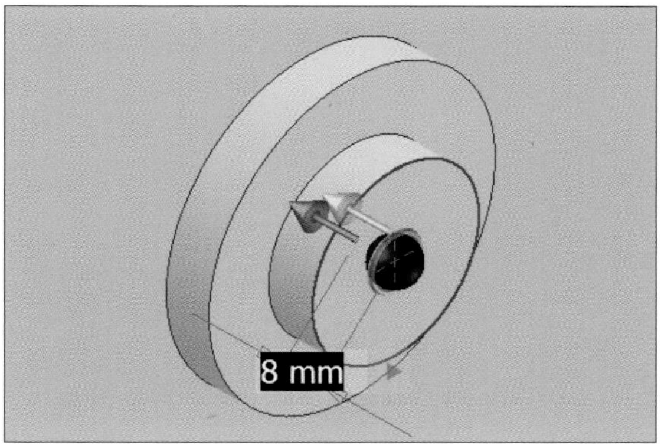

step 5

구멍을 다음과 같이 설정한 다음 확인 버튼을 클릭합니다.

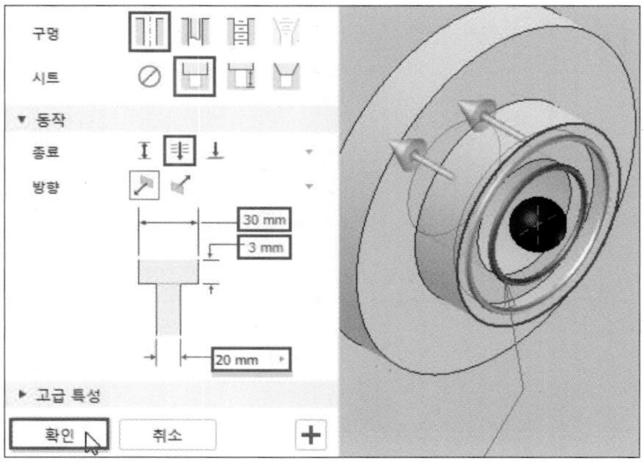

step 6

다음과 같이 구멍이 작성되었습니다.

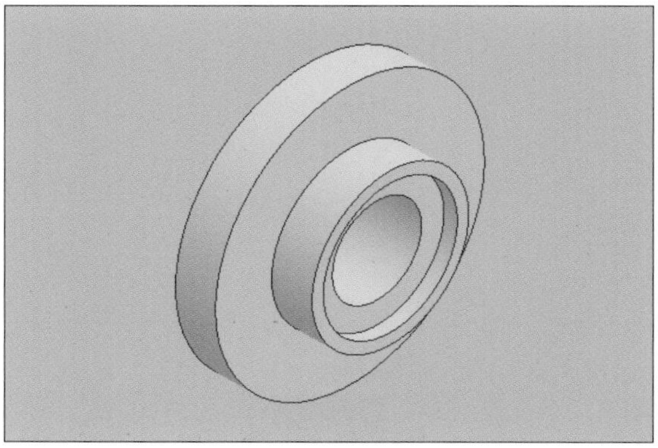

step 7

정면도에 해당하는 XY 평면에 새 스케치를 작성합니다.

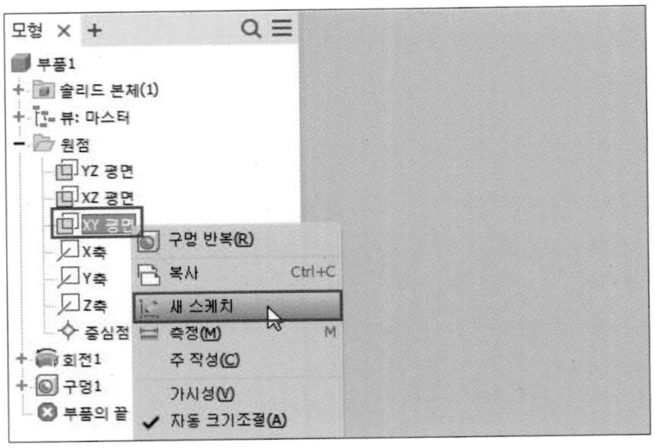

step 8

F7 키를 눌러 그래픽 슬라이스 모드로 전환합니다.

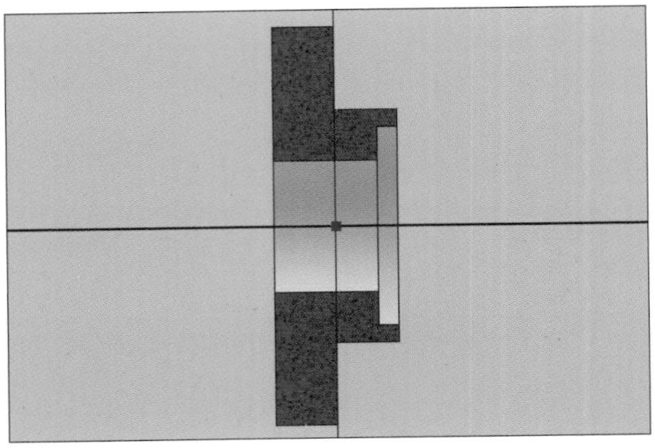

step 9

2점 직사각형 명령을 클릭합니다.

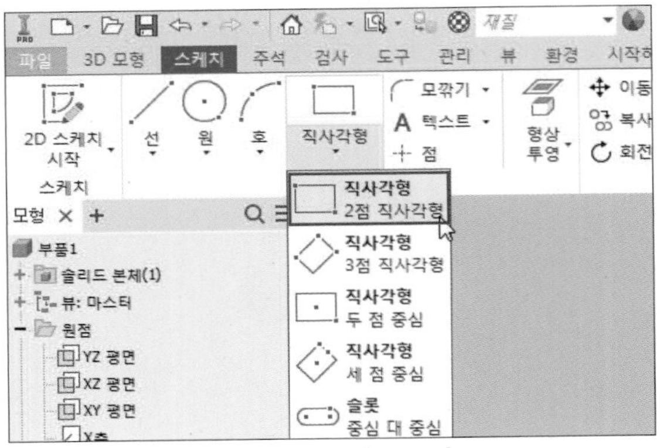

step 10

사각형의 첫 번째 점으로 해당 모서리가 검은색과 하늘색으로 인식될 때 클릭합니다.

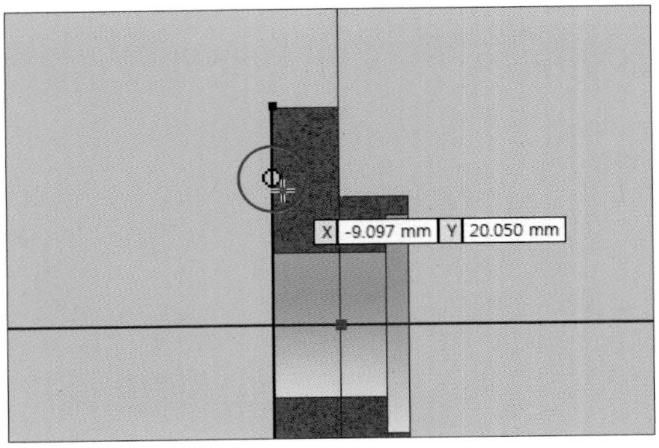

step 11

이어서 대략적인 두 번째 점을 클릭합니다.

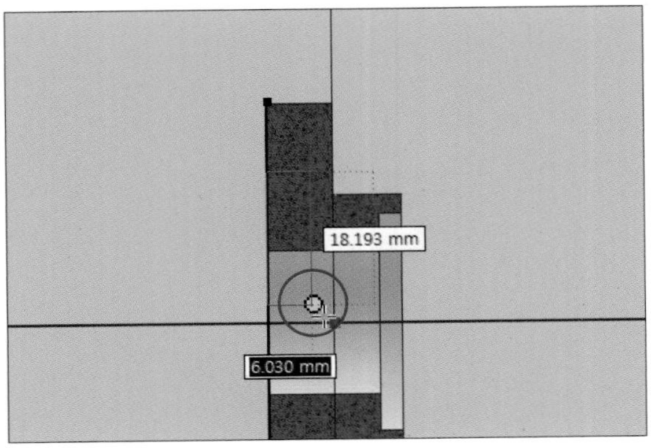

step 12

다음과 같이 2점 직사각형이 작성되었습니다.

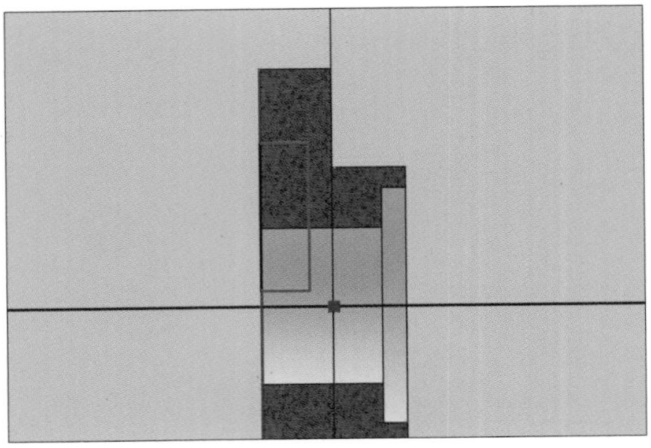

step 13

수평 구속조건 명령을 실행합니다.

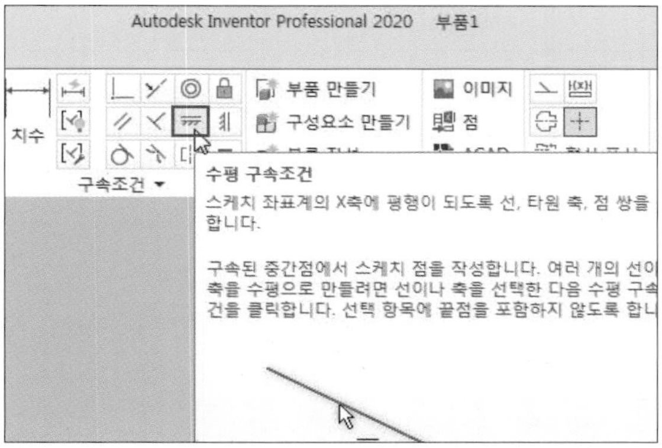

step 14

해당 **점**을 클릭합니다.

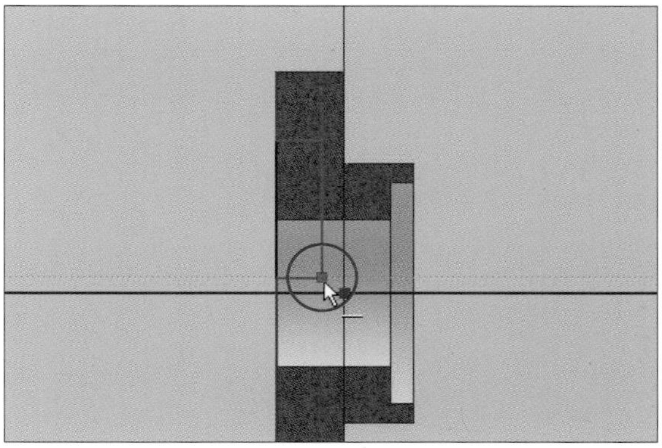

step 15

이어서 **원점**을 클릭합니다.

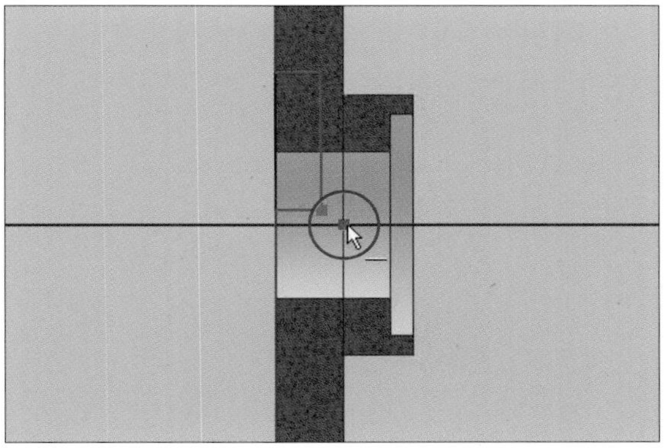

step 16

다음과 같이 두 점이 수평하게 정렬됩니다.

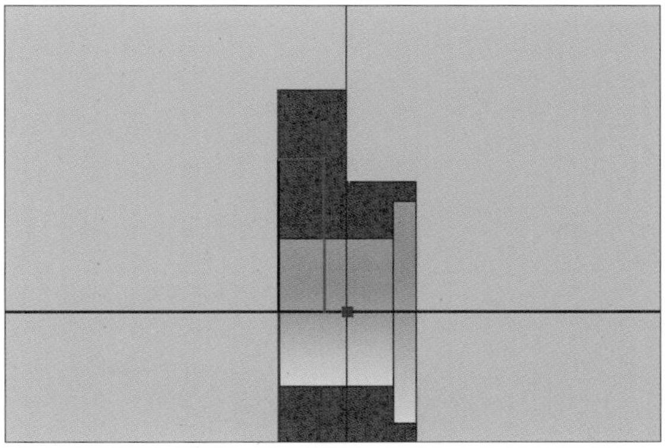

step 17

작성한 사각형의 **밑변**을 마우스 우측 버튼으로 클릭하여 **중심선** 형식으로 변경합니다.

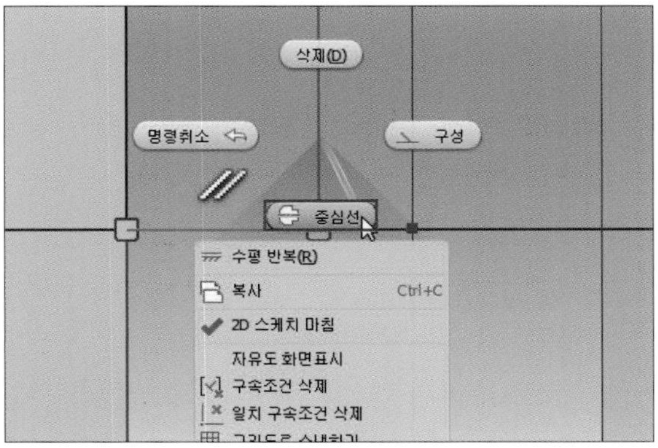

step 18

다음과 같이 선의 형식이 **중심선**으로 변경되었습니다.

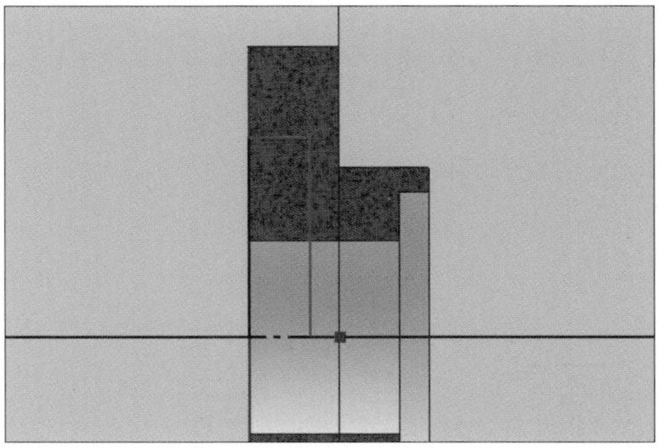

step 19

치수 명령을 클릭합니다.

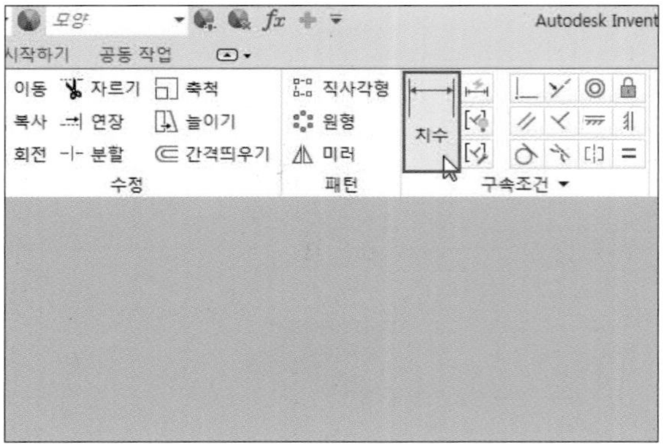

step 20

KS 규격집을 참고하여 오일 실이 들어갈 자리에 해당하는 사이즈를 결정합니다.

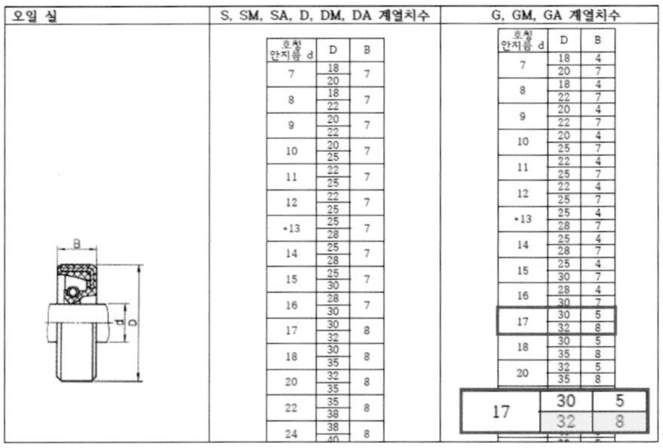

step 21

해당 선분을 클릭합니다.

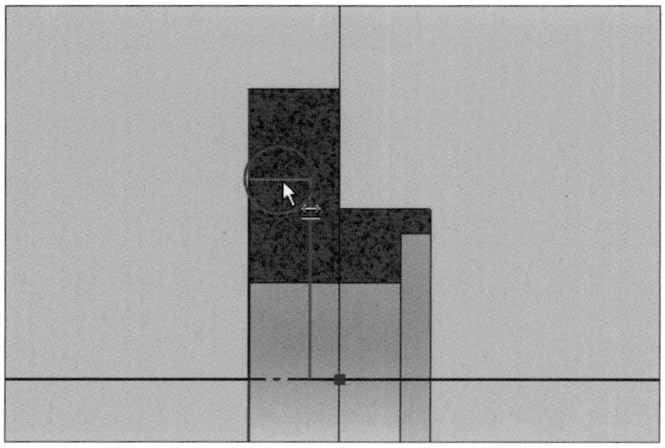

step 22

치수가 위치할 적당한 곳을 클릭하여 치수 8.3을 입력합니다. (B값이 6mm 이하 +0.2 / 6mm 이상 +0.3)

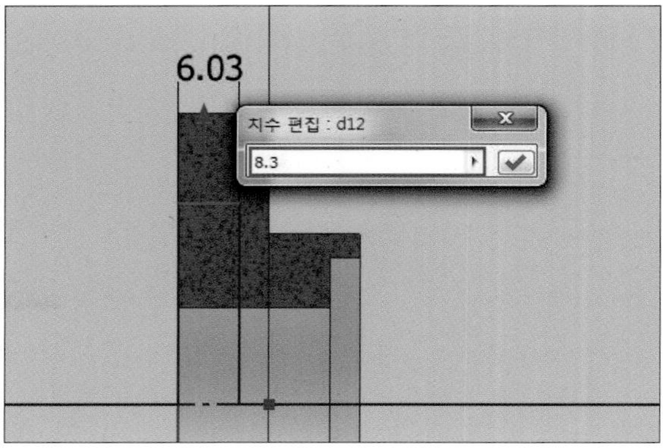

step 23

다시 한 번 치수 명령으로 해당 선을 클릭합니다.

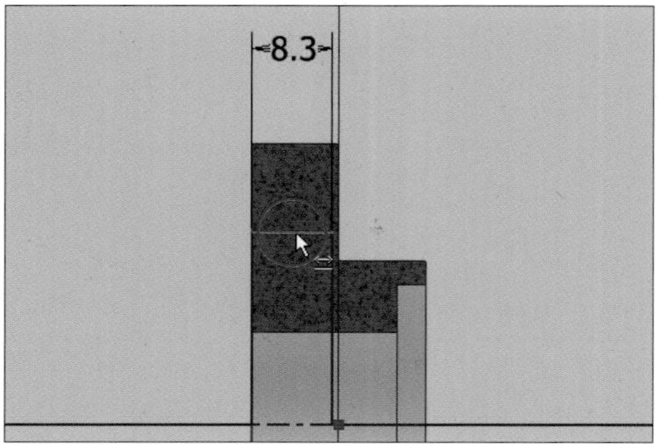

step 24

이어서 중심선을 클릭합니다.

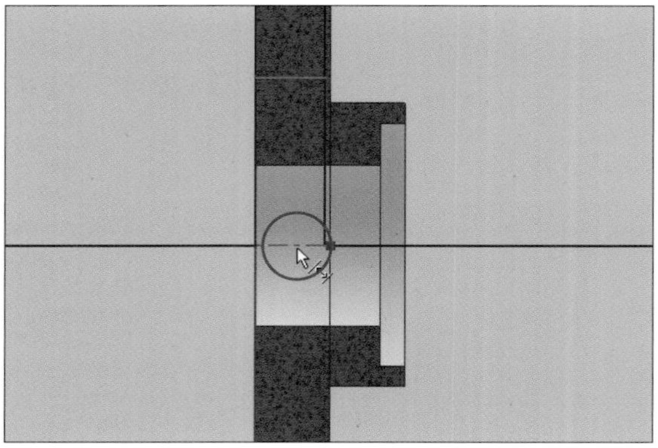

step 25

치수가 위치할 적당한 곳을 클릭하면 치수 편집창이 실행됩니다. 32를 입력한 다음 ENTER를 누릅니다.

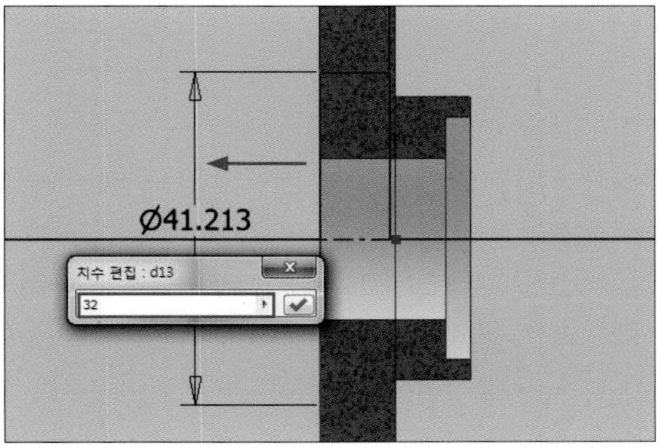

step 26

다음과 같이 **지름 치수**가 작성됩니다.

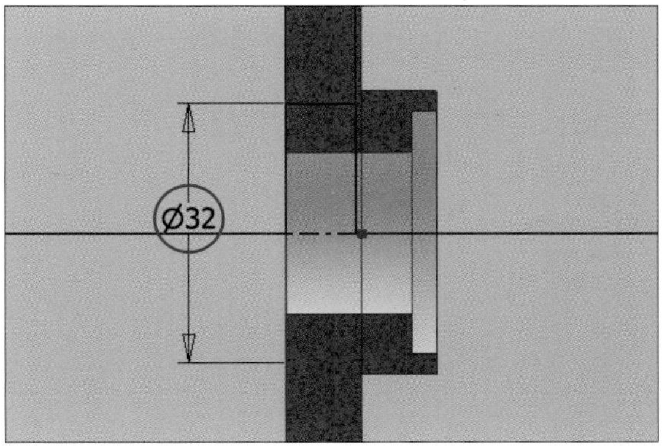

step 27

3D 모형 탭의 회전 명령을 실행합니다.

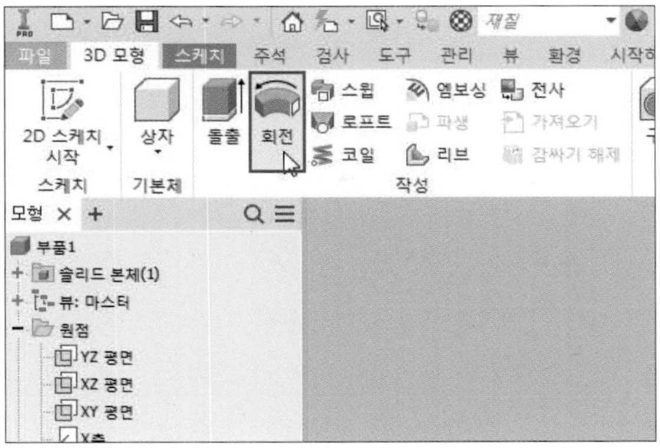

step 28

프로파일과 축이 자동으로 선택됩니다. 출력 옵션을 **잘라내기**로 변경한 다음 **확인** 버튼을 클릭합니다.

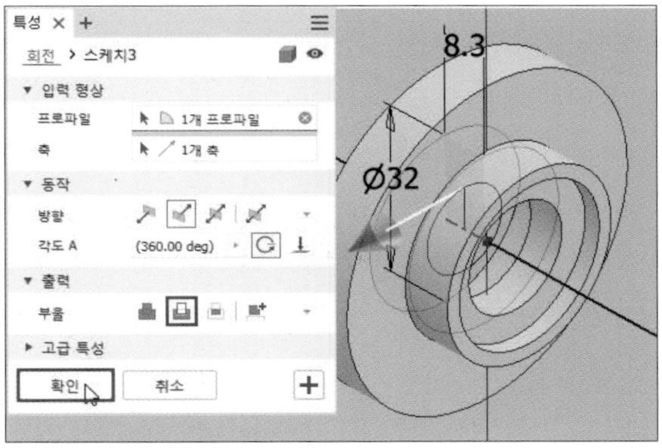

step 29

다음과 같이 돌출 차집합 피쳐가 작성되었습니다.

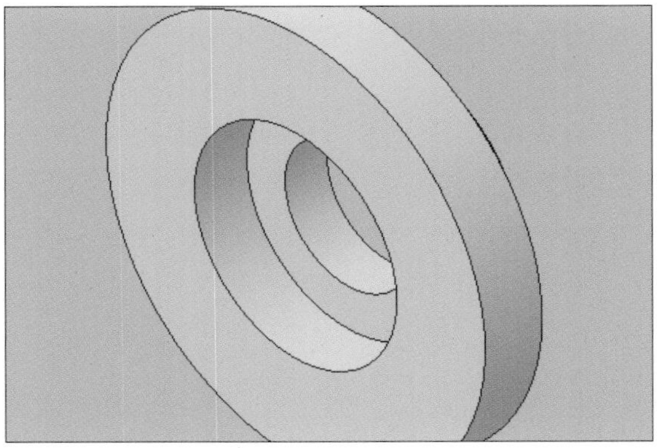

step 30

다음 면에 **새 스케치**를 작성합니다.

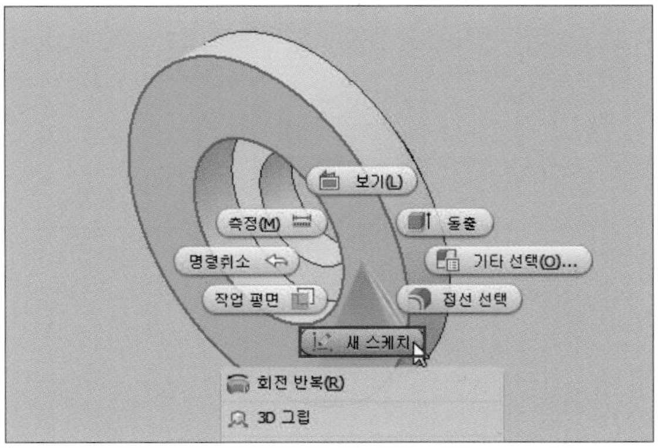

step 31

점 명령을 실행합니다.

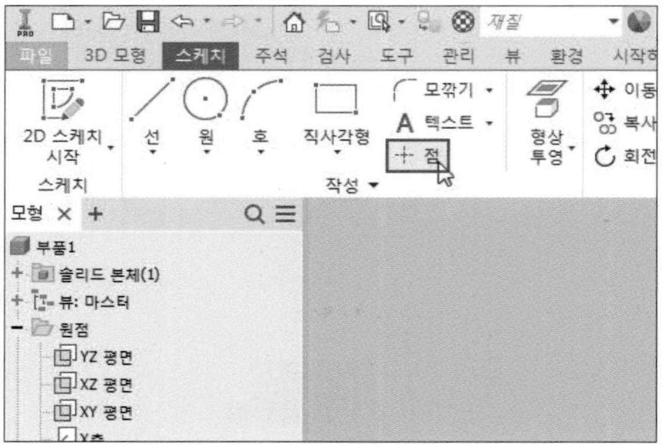

step 32

대략적인 곳에 점을 클릭합니다.

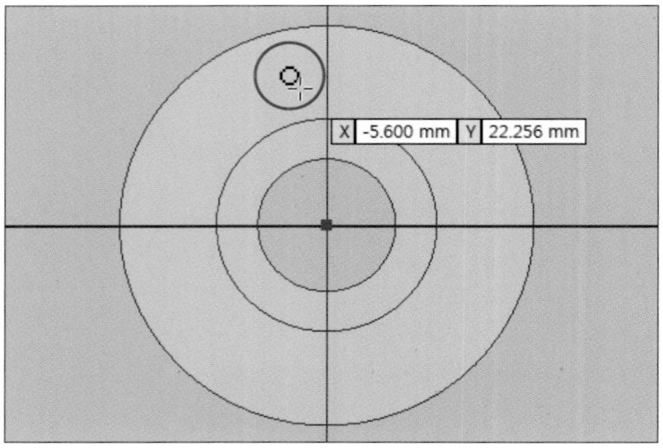

step 33

수직 구속조건 명령을 클릭합니다.

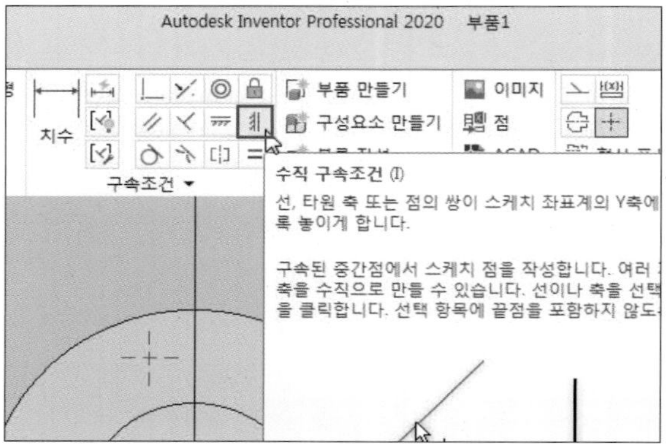

step 34

방금 작성한 점을 클릭합니다.

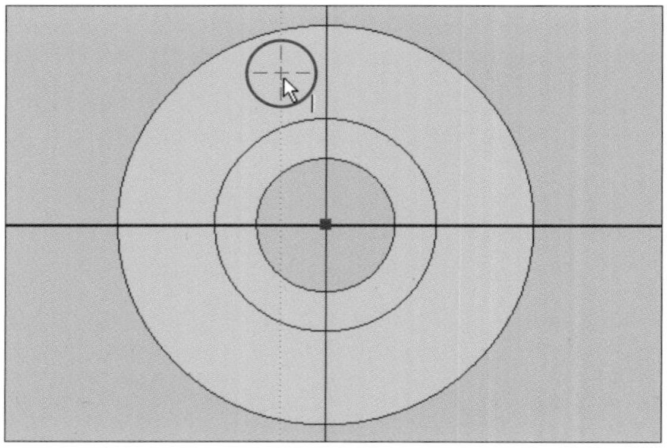

step 35

이어서 원점을 클릭합니다.

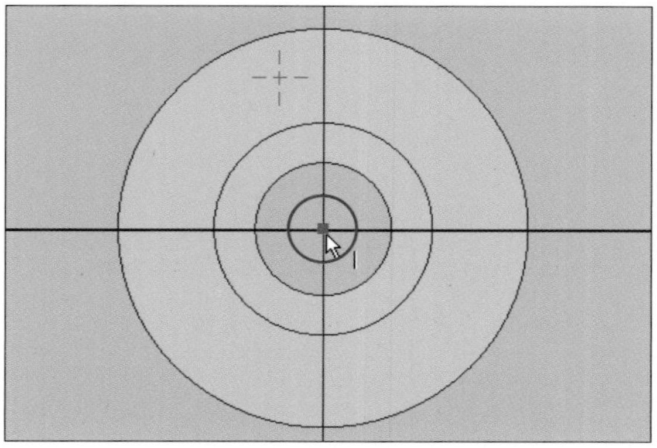

step 36

다음과 같이 두 점이 수직하게 정렬되었습니다.

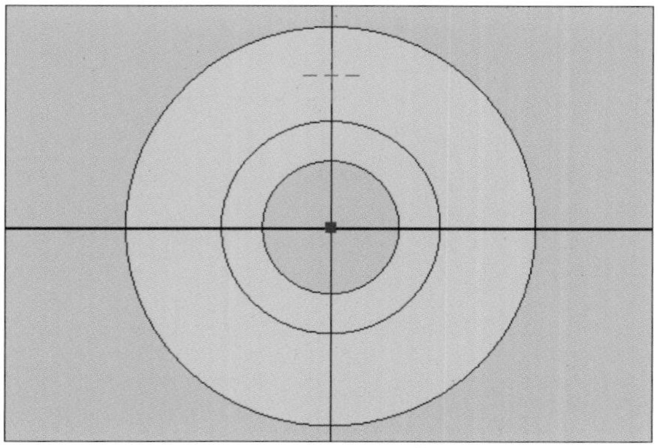

step 37

치수 명령을 실행합니다.

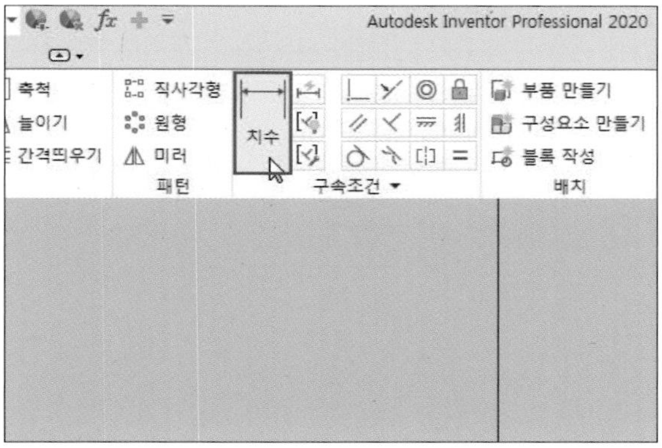

step 38

점을 클릭합니다.

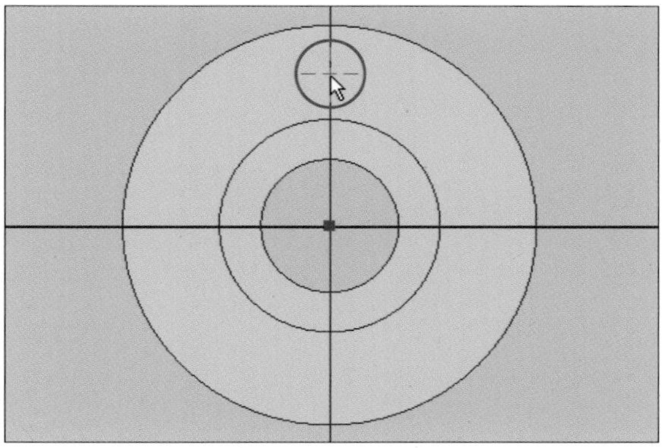

step 39

이어서 원점을 클릭합니다.

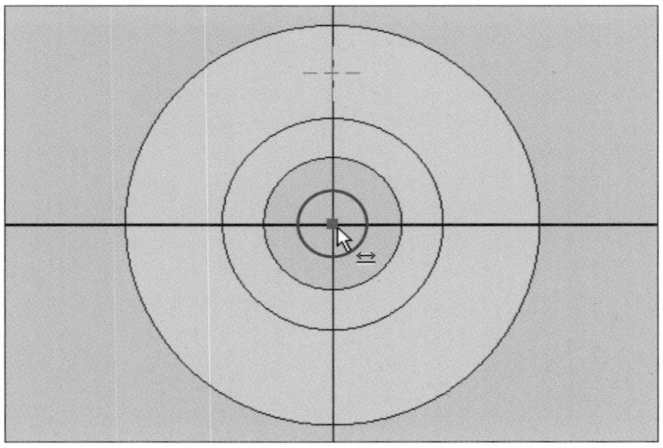

step 40

치수가 위치할 적당한 곳을 클릭하면 치수 편집창이 실행됩니다. 24를 입력한 다음 ENTER를 누릅니다.

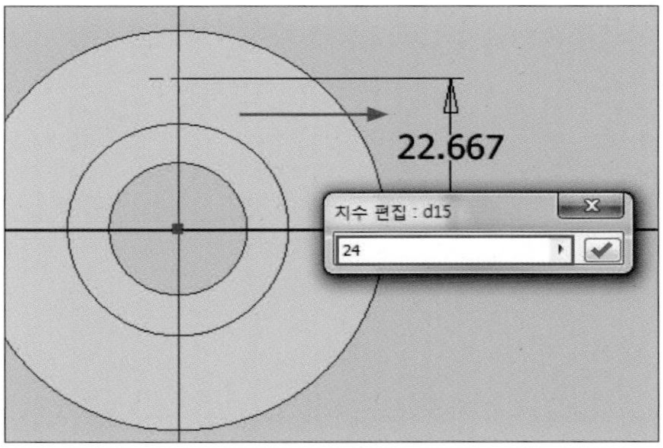

step 41

다음과 같이 구멍 작성을 위한 점 스케치가 완료되었습니다.

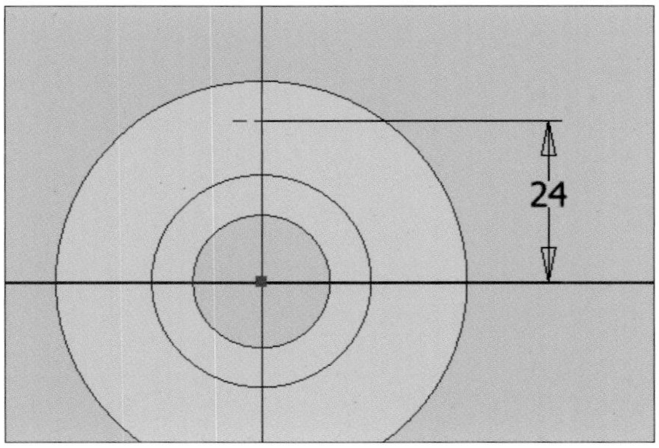

step 42

3D 모형 탭의 구멍 명령을 실행합니다.

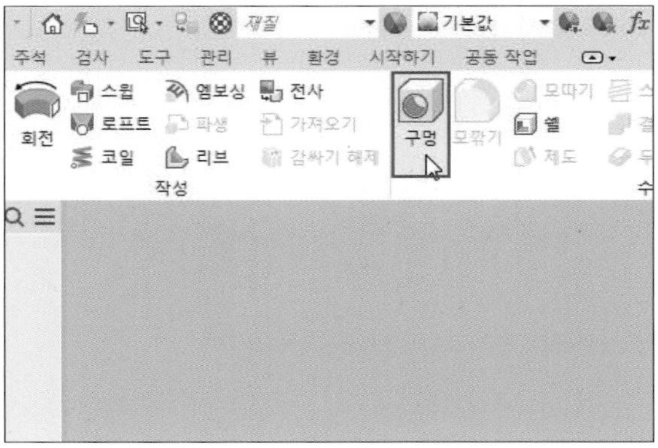

step 43

구멍을 다음과 같이 설정한 다음 미리보기를 확인하고 **확인** 버튼을 클릭합니다.

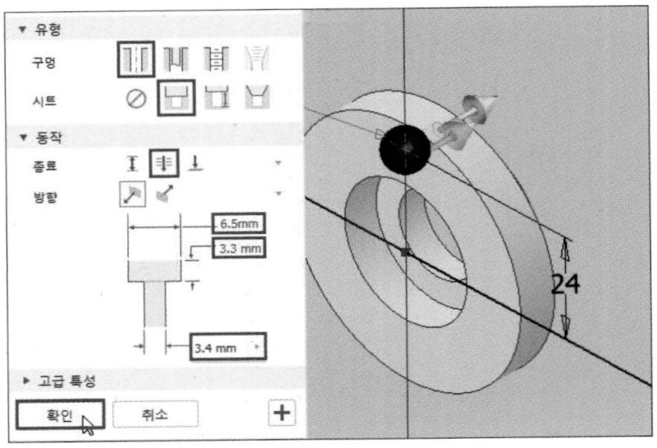

step 44

다음과 같이 카운터 보어 구멍이 작성되었습니다.

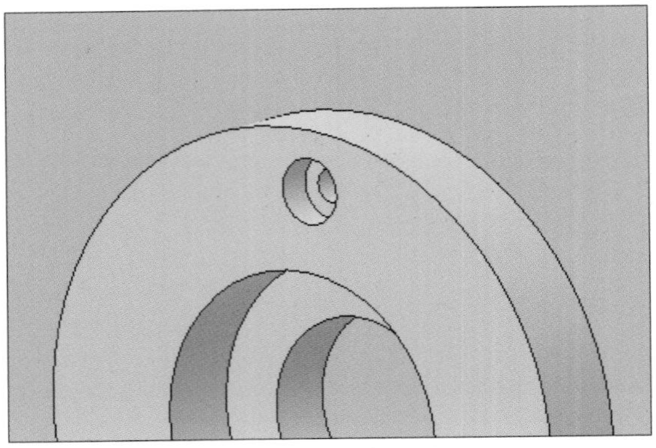

step 45

3D **모형** 탭의 **원형** 패턴 명령을 실행합니다.

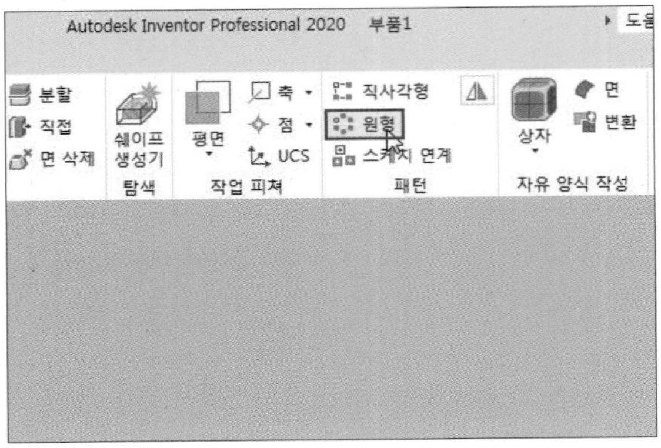

step 46

원형 패턴 피쳐로는 방금 작성한 **구멍** 피쳐를 **모형** 검색기 탭에서 클릭합니다.

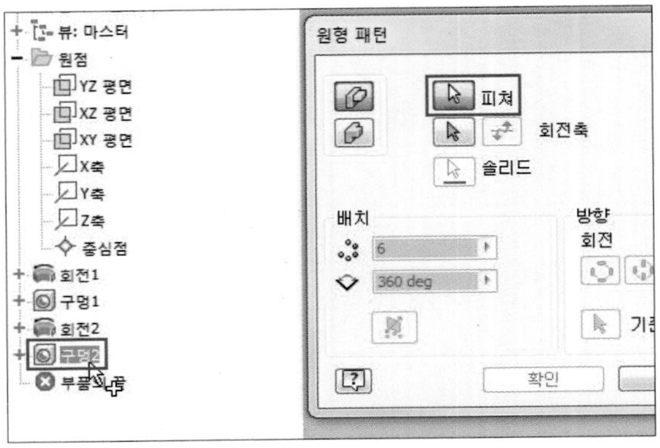

step 47

다음으로 회전축을 선택하기 위해 회전축 **화살표**를 먼저 클릭하도록 합니다.

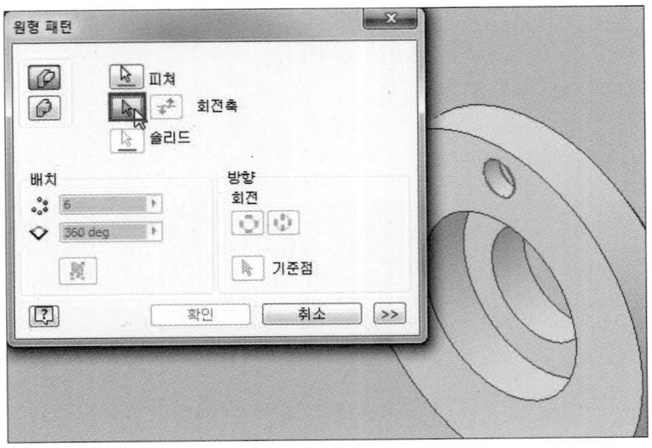

step 48

회전축으로는 다음 **원통형 면**을 선택하면 축이 자동으로 인식됩니다.

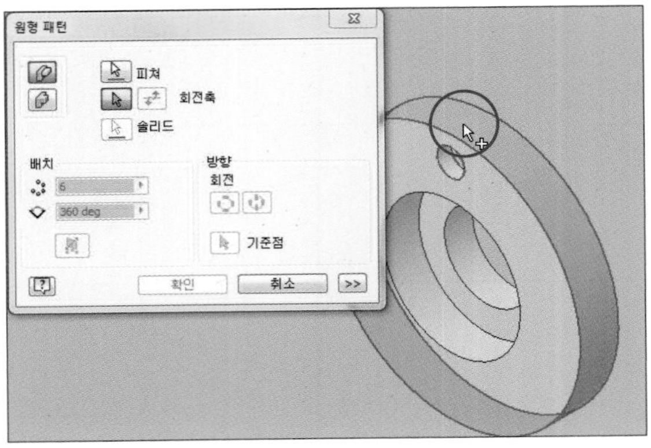

step 49

패턴 개수와 각도를 설정한 다음 확인 버튼을 클릭합니다.

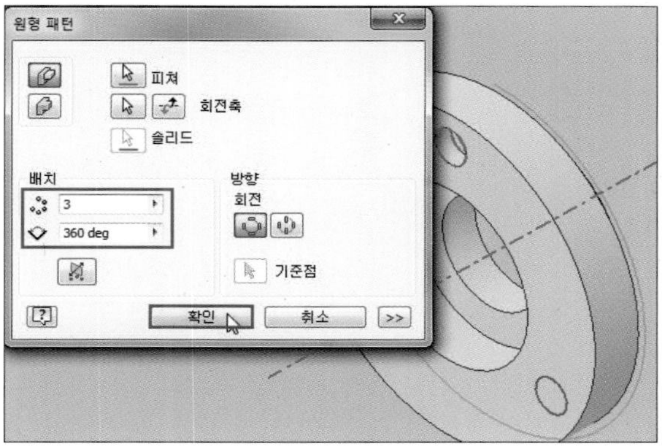

step 50

다음과 같이 원형 패턴 피쳐가 작성되었습니다.

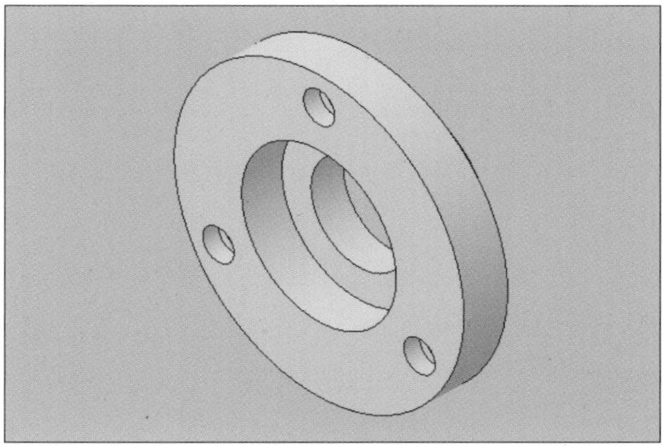

chapter 03 마무리 피쳐 작성하기

step 1

3D 모형 탭의 모따기 명령을 실행합니다.

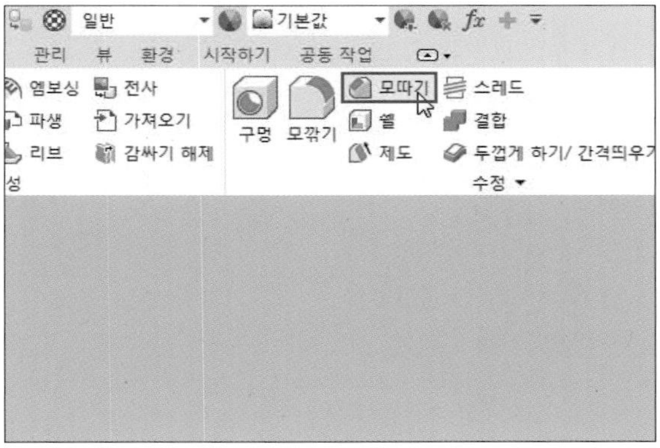

step 2

다음 모서리를 클릭한 다음 거리값으로 1mm를 입력한 후 확인 버튼을 클릭합니다.

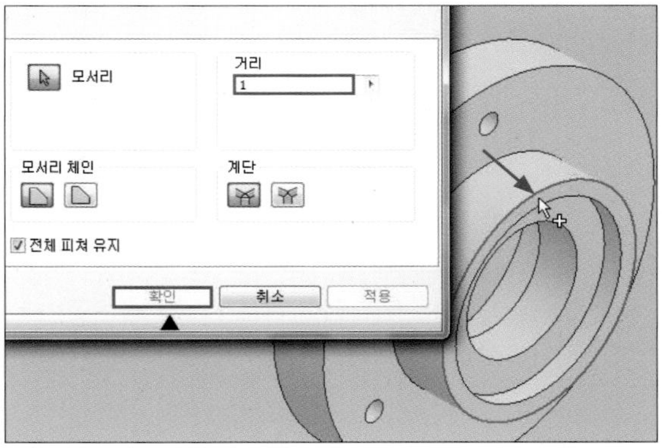

step 3

다음과 같이 모따기 피쳐가 작성되었습니다.

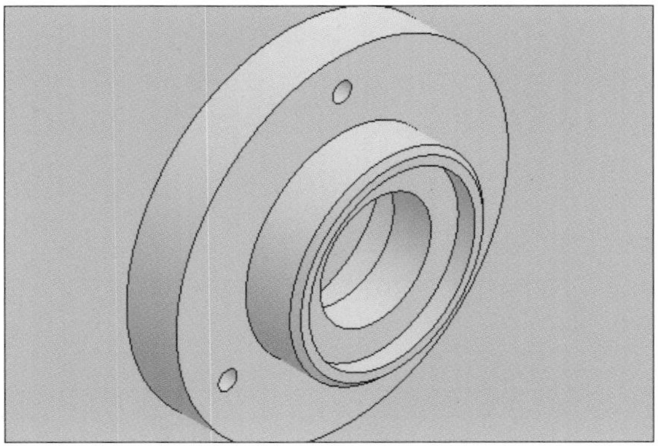

step 4

3D 모형 탭의 모깎기 명령을 실행합니다.

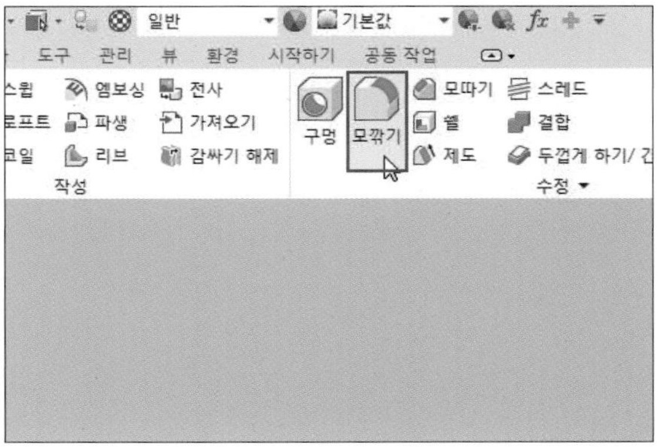

step 5

해당 **모서리**를 클릭한 다음 반지름 값으로 3mm를 입력한 후 **확인** 버튼을 클릭합니다.

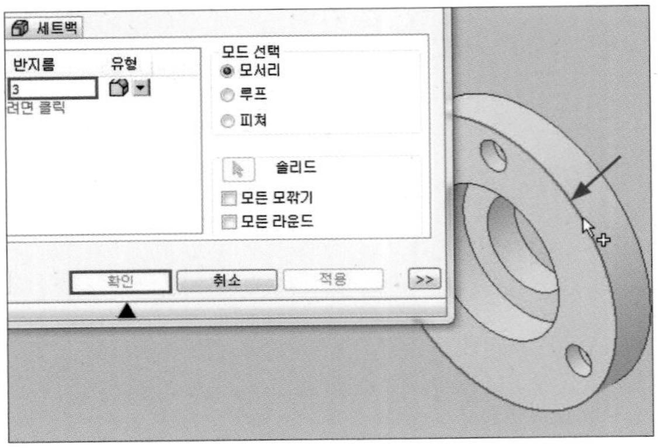

step 6

다음과 같이 모깎기 피쳐가 작성되었습니다.

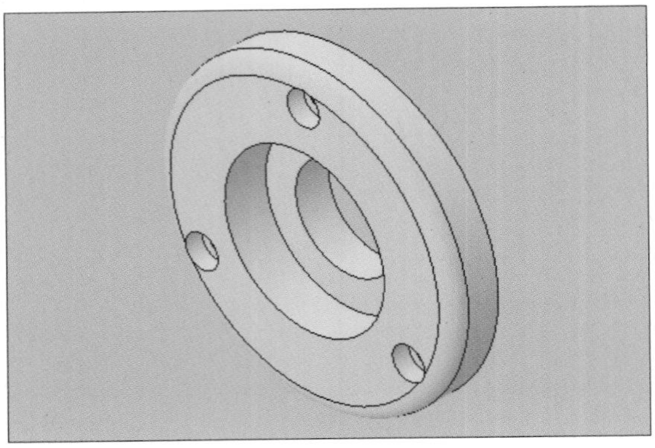

step 7

다시 한 번 **모깎기** 명령을 실행하여 다음 **모서리**에 3mm 필렛을 작성합니다.

step 8

다음과 같이 형상 안 쪽에 모깎기 피쳐가 작성되었습니다.

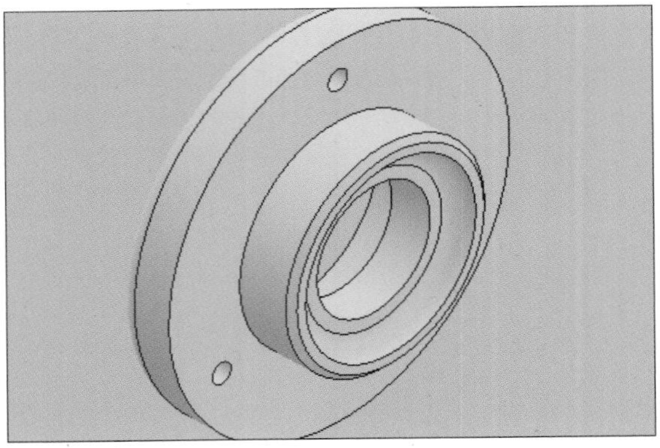

step 9

KS **규격집**의 **오일 실 부착 관계** 항목을 확인하여 오일 실이 들어가는 자리의 모따기와 모깎기 값을 확인하도록 합니다.

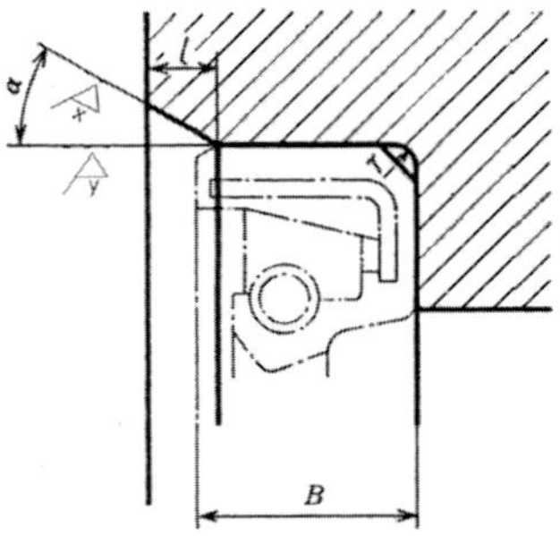

모 떼 기	$\alpha = 15° \sim 30°$ $l = 0.1B \sim 0.15B$
구석의 둥글기	$r \geqq 0.5$ mm

※ 큐넷에서 제공하는 KS 규격집 pdf 파일의 **38. 오일 실 부착 관계** (21p) 참고

step 10

3D 모형 탭의 모따기 명령을 실행합니다.

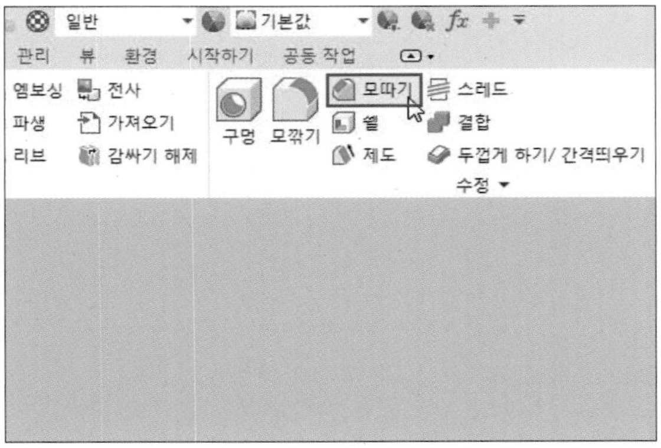

step 11

모따기 유형을 거리 및 각도로 변경합니다.

step 12

기준면으로는 다음 면을 클릭합니다.

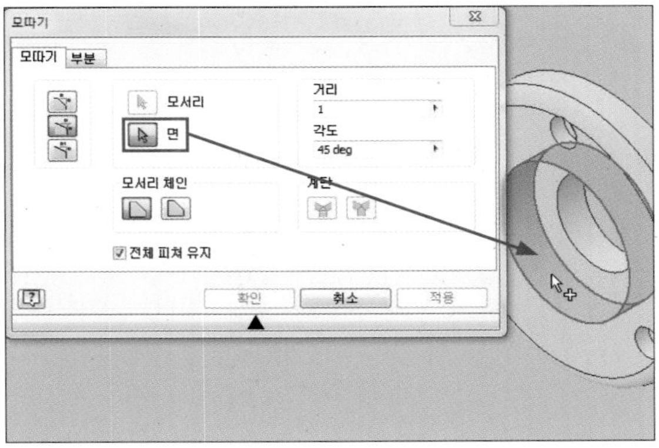

step 13

모따기 모서리 항목에는 다음 모서리를 클릭할 수 있도록 합니다.

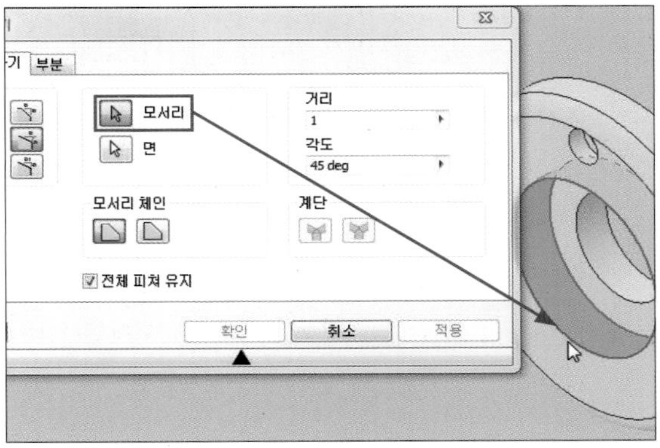

step 14

거리와 각도값을 입력한 다음 확인 버튼을 클릭합니다.

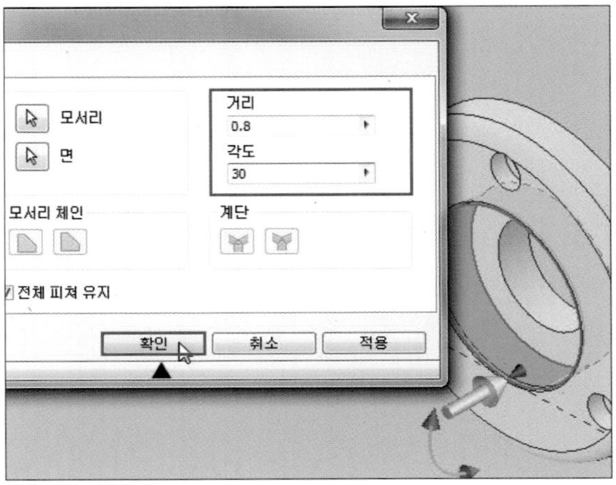

※ 각도는 15~30도 사이값을 입력함. 본 도서에서는 계산하기 쉬운 30도로 설정하였음.

※ 본 도면에서 B=8 이므로 0.1B~0.15B 에서 계산하기 쉬운 0.1B로 설정하였음.

∴ 모따기 거리 = 0.1 x 8 = 0.8mm

step 15

다음과 같이 오일실 부 모따기가 완료되었습니다.

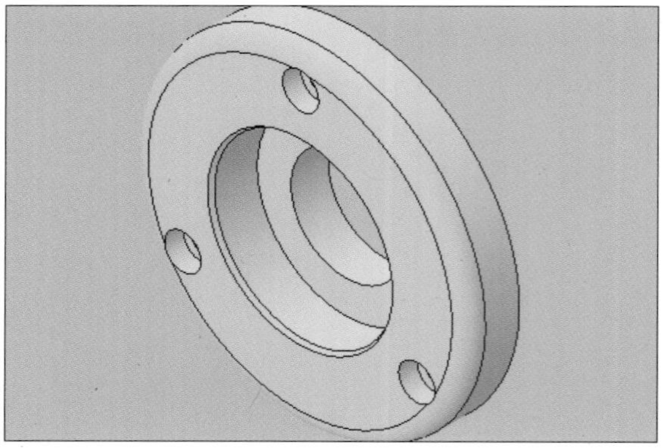

step 16

3D 모형 탭의 모깎기 명령을 실행합니다.

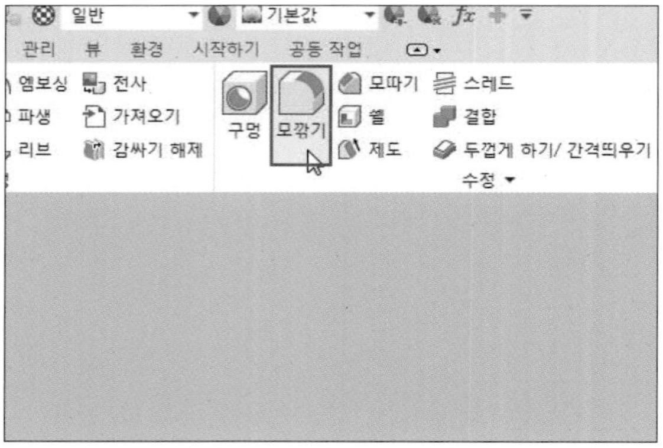

step 17

해당 모서리를 클릭한 다음 반지름 값으로 0.5mm를 입력한 후 확인 버튼을 클릭합니다.

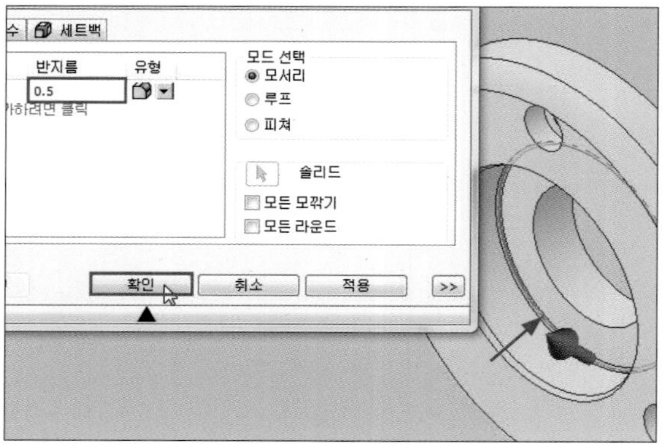

step 18

다음과 같이 오일실 부 모깎기가 완료되었습니다.

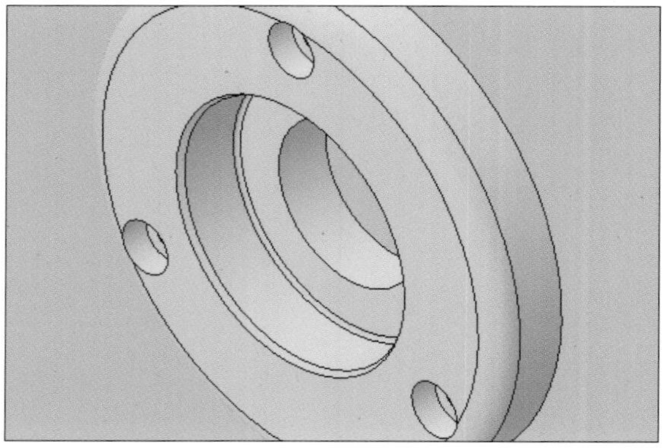

step 19

다음과 같이 커버 타입의 모델링이 완료되었습니다.

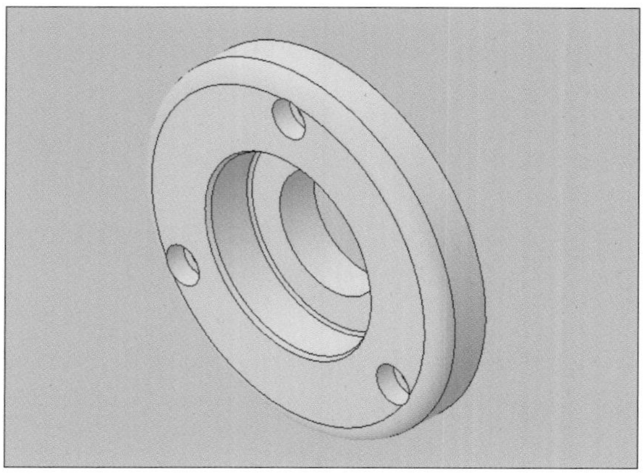

TIP KS 규격집 다운로드 방법

① **큐넷** 사이트에 접속합니다.
(http://www.q-net.or.kr)

② 우측 상단 통합검색란에 **KS**를 기입한 다음 **검색** 버튼을 클릭합니다.

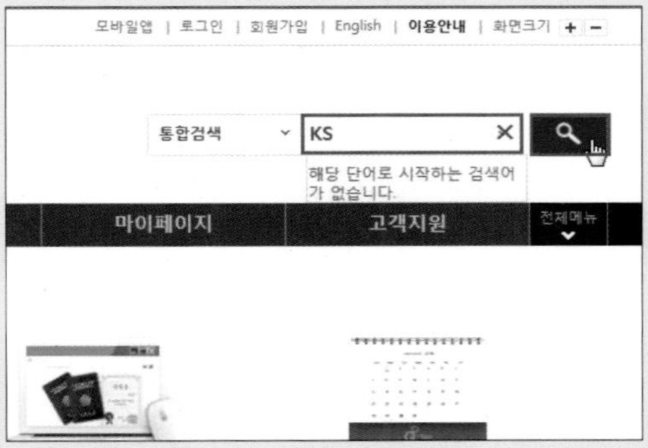

③ 스크롤을 아래쪽으로 내려 다음 공지사항을 확인하고 클릭합니다.

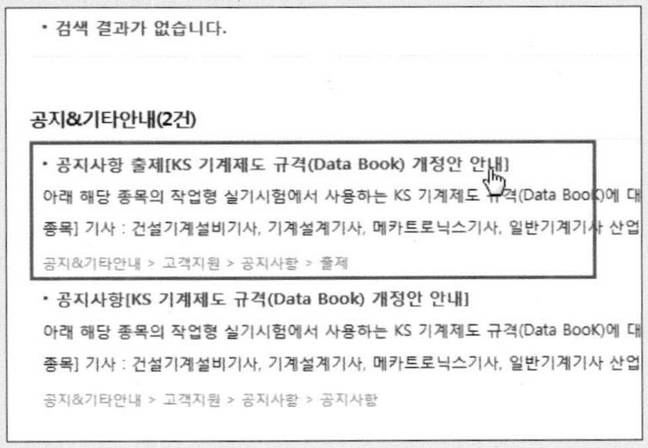

④ 첨부파일을 다운로드 받으면 **시험용 KS 규격**을 열람하실 수 있습니다.

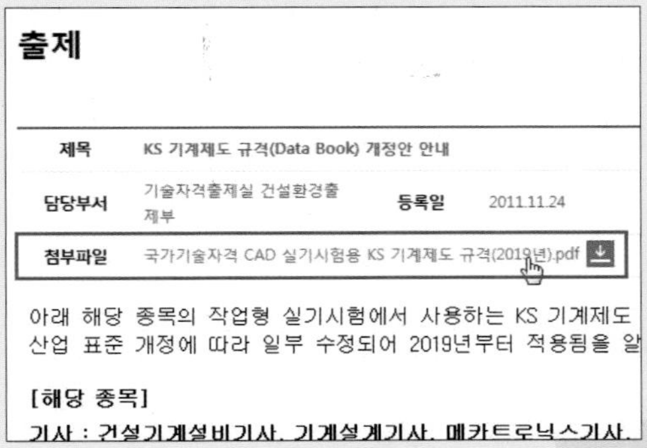

Section 3 V-벨트 풀리 타입의 부품 작성하기

동력전달장치의 V-벨트 풀리 타입 부품을 작성해보도록 하겠습니다.

01 따라하기 예제도면 살펴보기

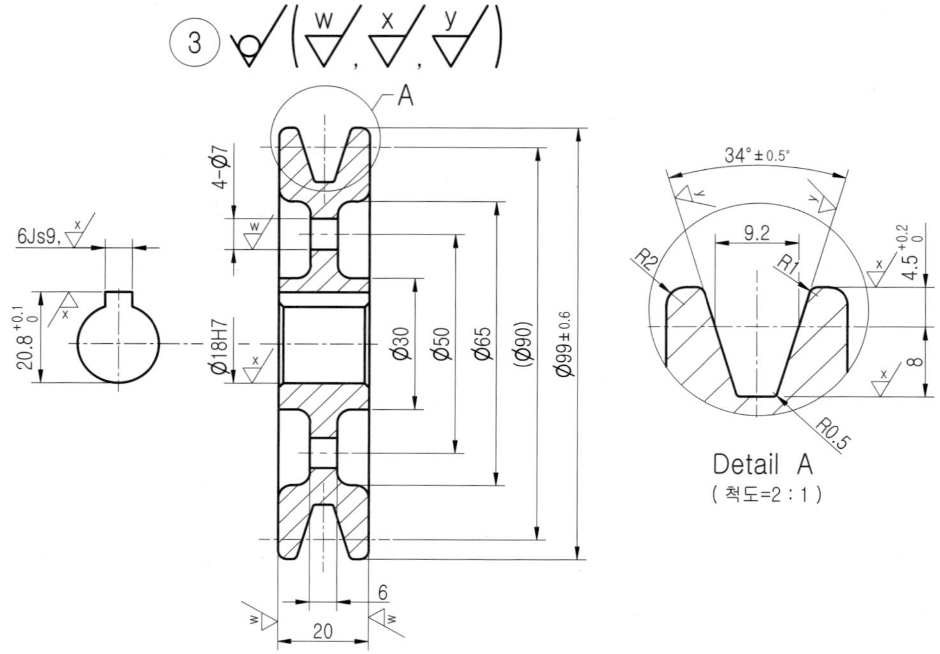

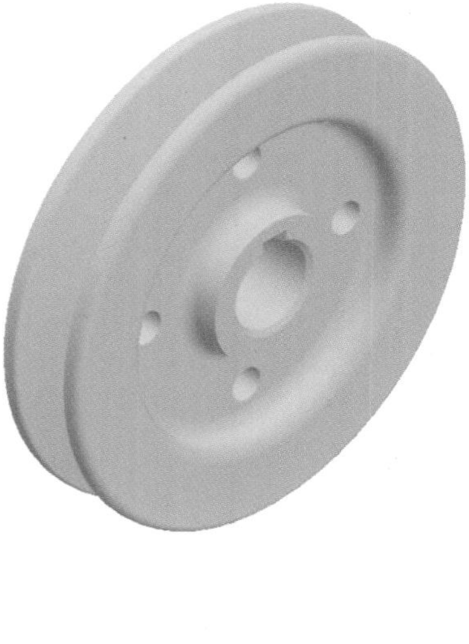

주)
도시되고 지시없는 모따기는 1x45 °
필렛과 라운드는 R3

chapter 01 베이스 피쳐 작성하기

step 0

문제도에 주어진 V-벨트 풀리의 형별과 호칭지름을 확인하여 사이즈를 결정합니다. **(형별 : A형, 호칭 지름 90mm)**

V 벨트 형별	호칭 지름	α(°)	ℓ_0	k	k_0	e	f	r_1	r_2	r_3	비 고
M	50이상~71이하 71초과~90이하 90초과	34 36 38	8.0	2.7	6.3	–	9.5	0.2~0.5	0.5~1.0	1~2	M형은 원칙적으로 한 줄만 걸친다.(e)
A	71이상~100이하 100초과~125이하 125초과	34 36 38	9.2	4.5	8.0	15.0	10.0	0.2~0.5	0.5~1.0	1~2	
B	125이상~165이하 165초과~200이하 200초과	34 36 38	12.5	5.5	9.5.	19.0	12.5	0.2~0.5	0.5~1.0	1~2	

step 1

새로 만들기 버튼을 클릭합니다.

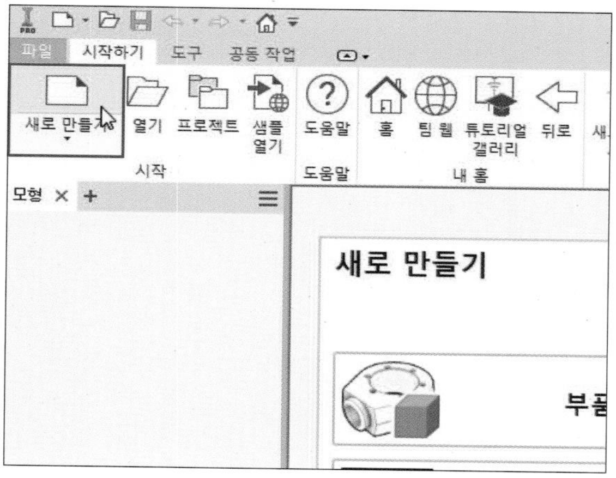

step 2

Standard(mm).ipt 템플릿을 선택한 다음 작성 버튼을 클릭합니다.

step 3

2D 스케치 시작 버튼을 클릭한 다음 XY 평면을 선택합니다.

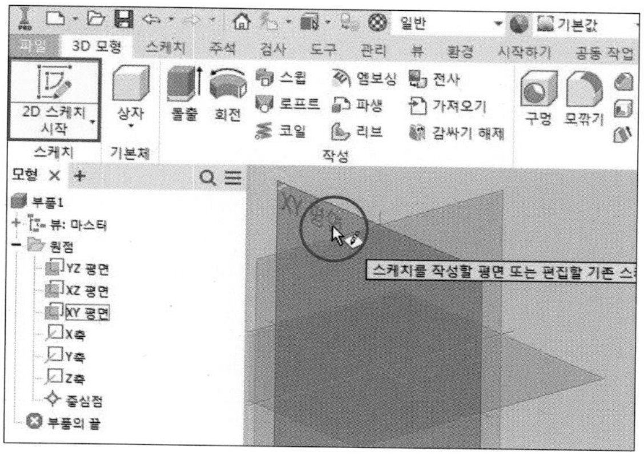

step 4

2점 직사각형 명령을 클릭합니다.

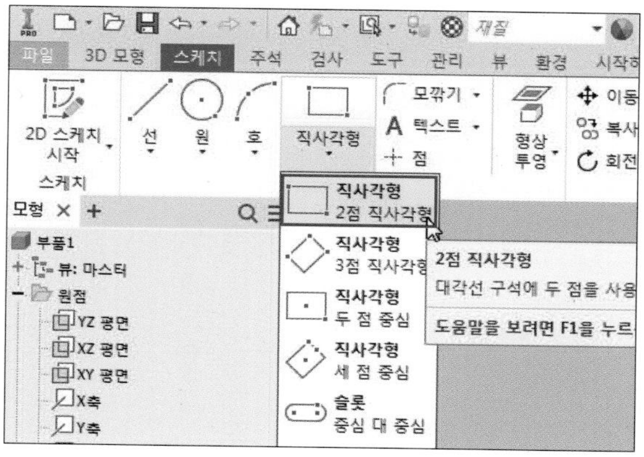

step 5

화면의 대략적인 곳에 첫 번째 점을 찍습니다.

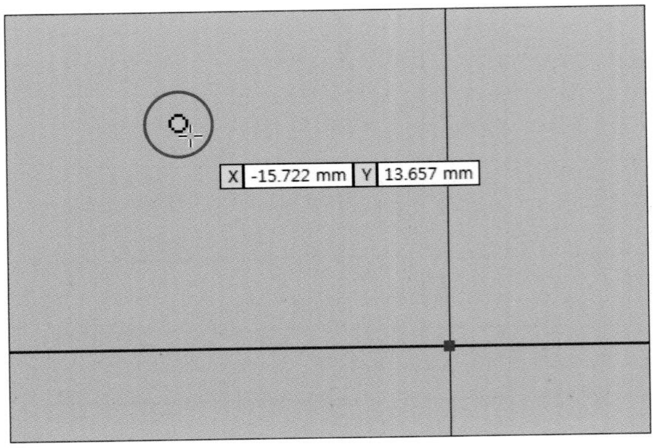

step 6

두 번째 점을 클릭하여 사각형을 작성합니다.

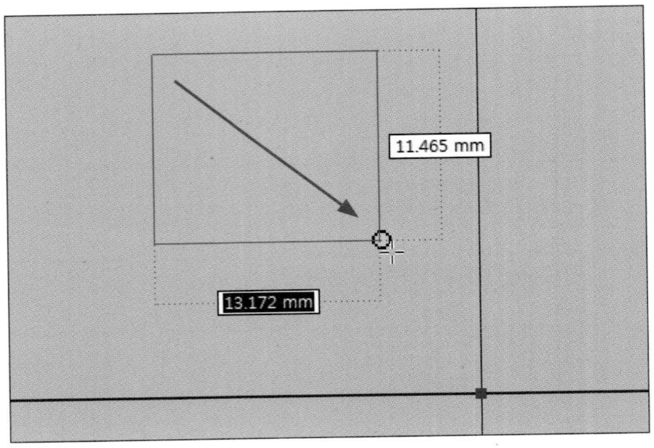

step 7

일치 구속조건 명령을 클릭합니다.

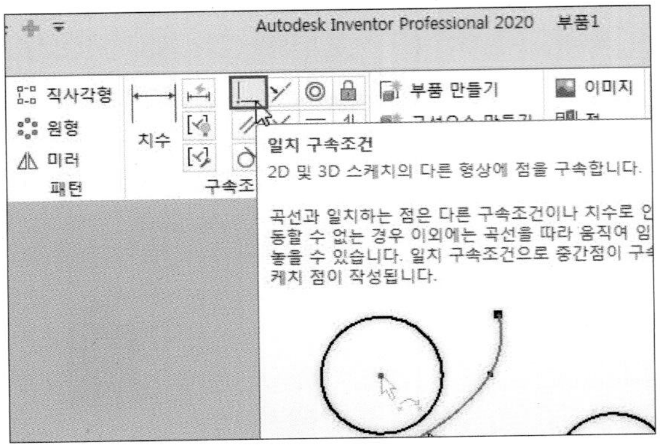

step 8

방금 작성한 사각형 밑변의 중간점을 클릭합니다.

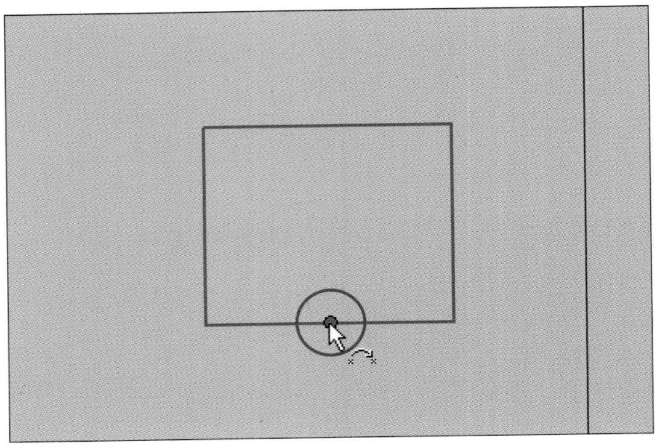

step 9

이어서 원점을 클릭하면 선택한 두 점이 일치됩니다.

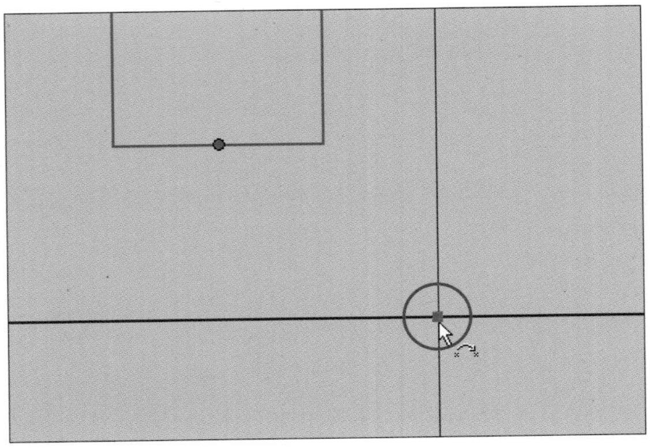

step 10

해당 선분을 마우스 우측 버튼으로 클릭하여 중심선 형식으로 변경합니다.

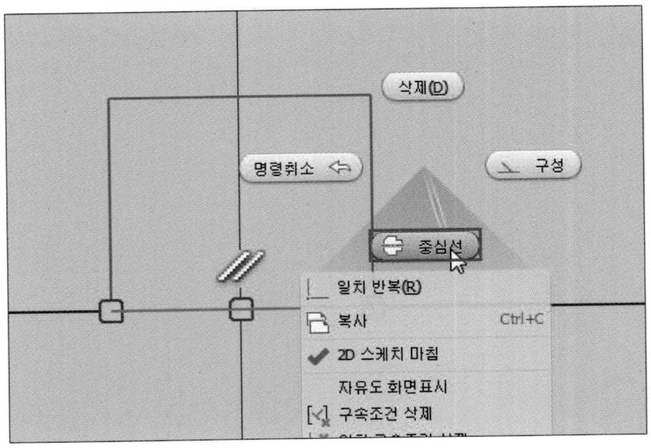

step 11

다음과 같이 해당 선분이 **중심선**으로 변경됩니다.

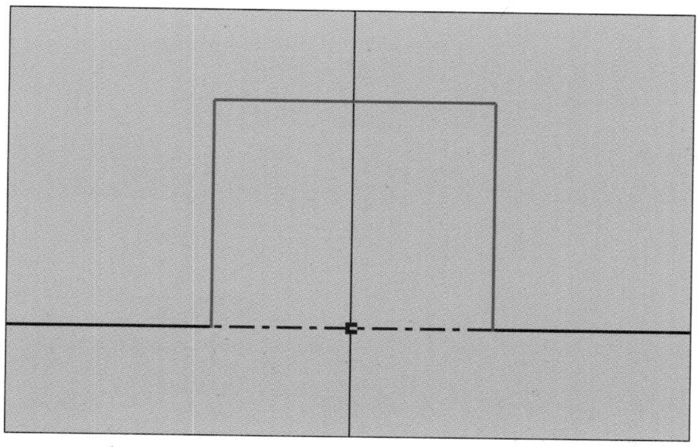

step 12

치수 명령을 클릭합니다.

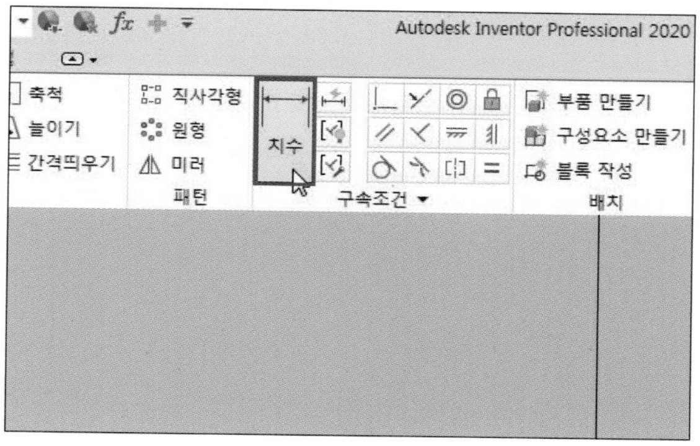

step 13

중심선을 클릭합니다.

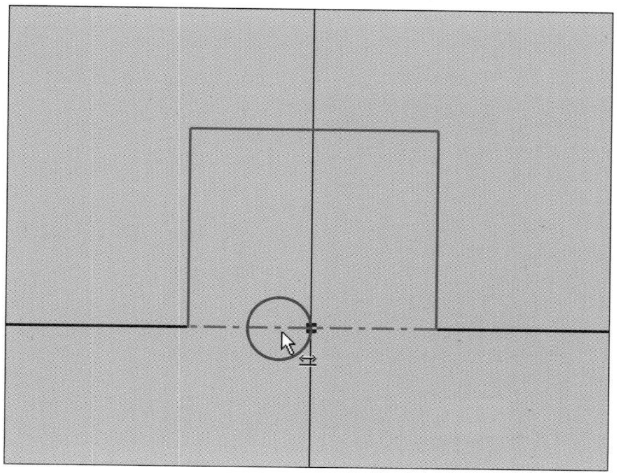

step 14

치수가 위치할 적당한 곳을 클릭하면 치수 편집창이 실행됩니다. 20을 입력한 다음 ENTER를 누릅니다.

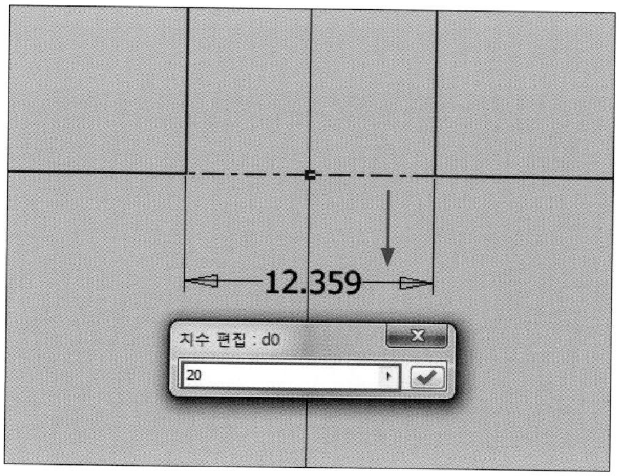

step 15

다음과 같이 치수가 작성되었습니다.

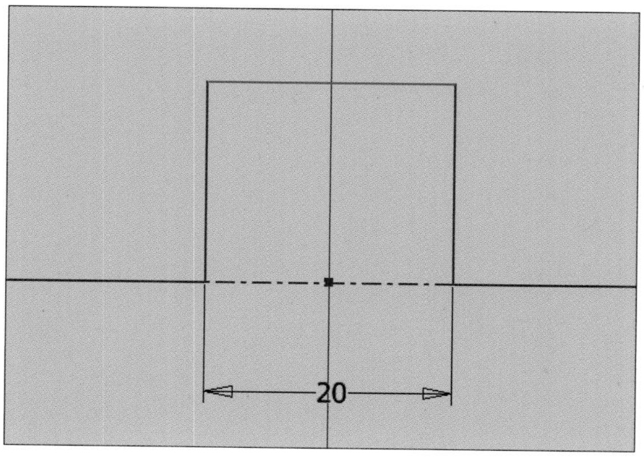

step 16

다시 한 번 **치수** 명령으로 다음 선을 클릭합니다.

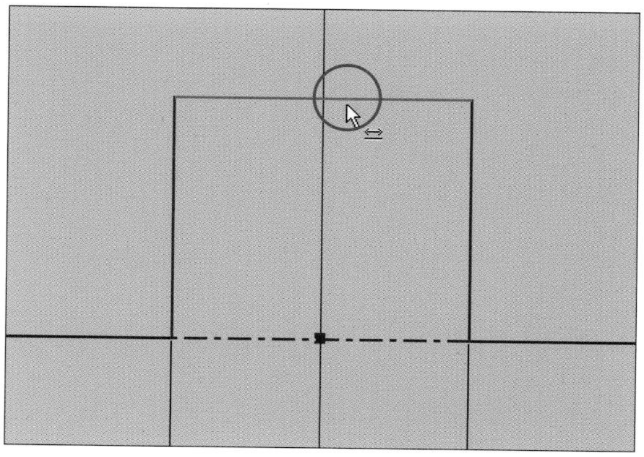

step 17

이어서 중심선을 클릭합니다.

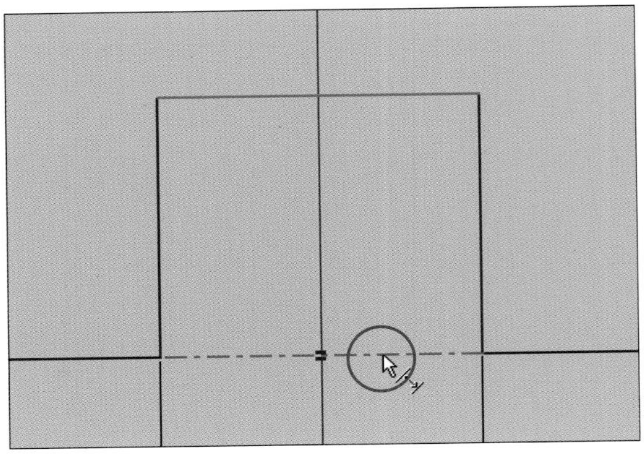

step 18

치수가 위치할 적당한 곳을 클릭하면 치수 편집창이 실행됩니다. 99를 입력한 다음 ENTER를 누릅니다.

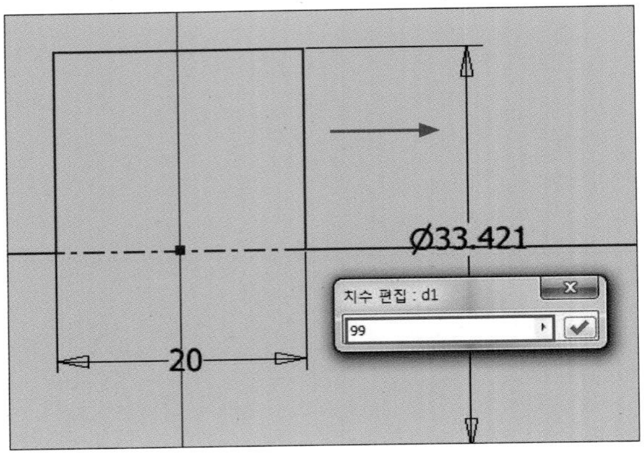

step 19

다음과 같이 스케치가 작성되었습니다.

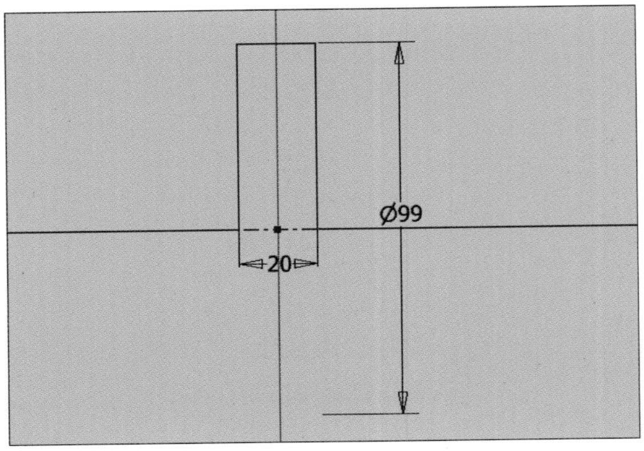

step 20

3D 모형 탭의 회전 명령을 클릭합니다.

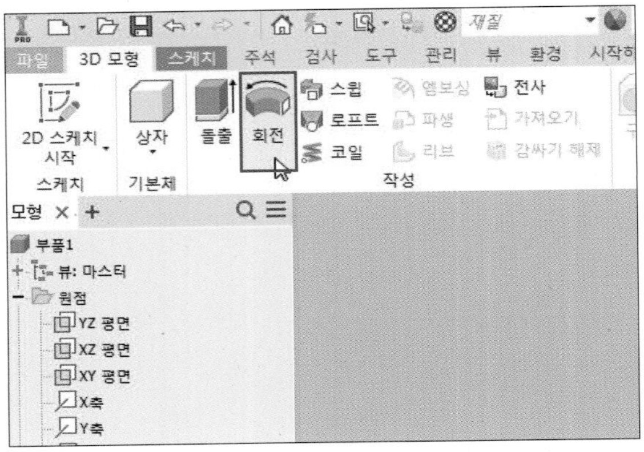

step 21

프로파일과 축이 자동으로 선택되었으므로 확인 버튼을 클릭합니다.

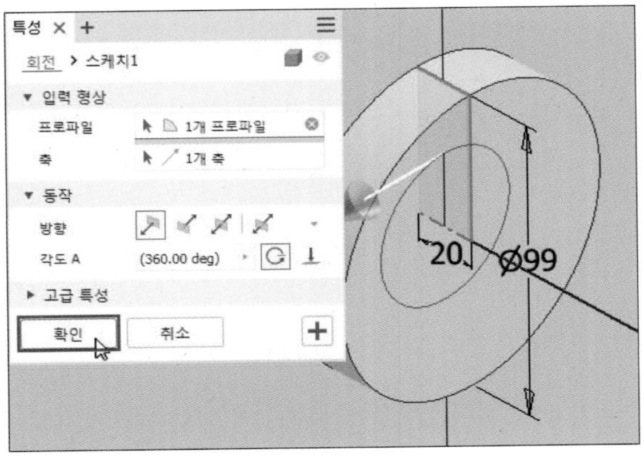

step 22

다음과 같이 회전 피처가 작성되었습니다.

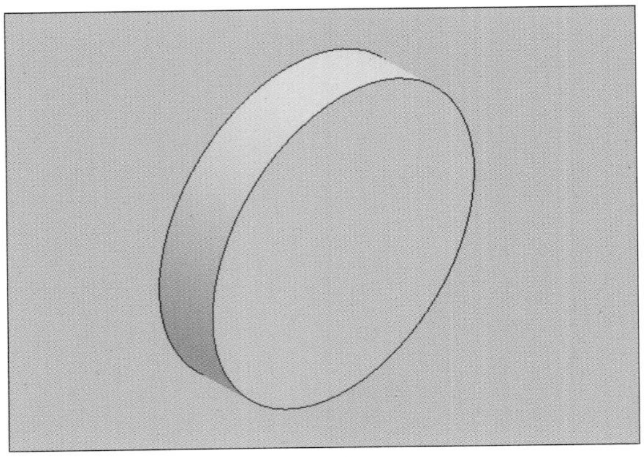

step 23

정면도에 해당하는 XY 평면에 새 스케치를 작성합니다.

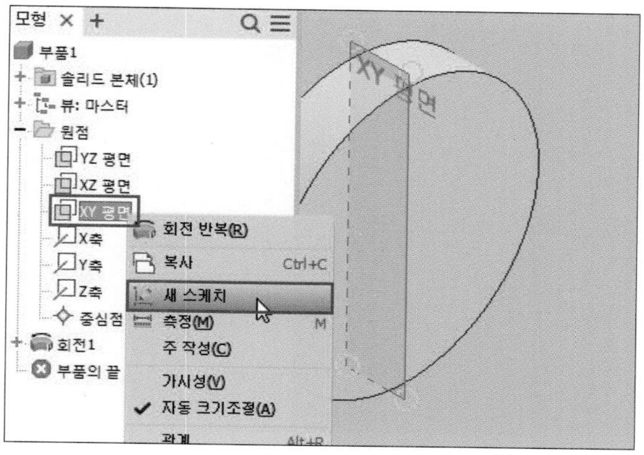

step 24

F7 키를 눌러 스케치의 단면을 확인할 수 있는 그래픽 슬라이스 모드로 전환합니다.

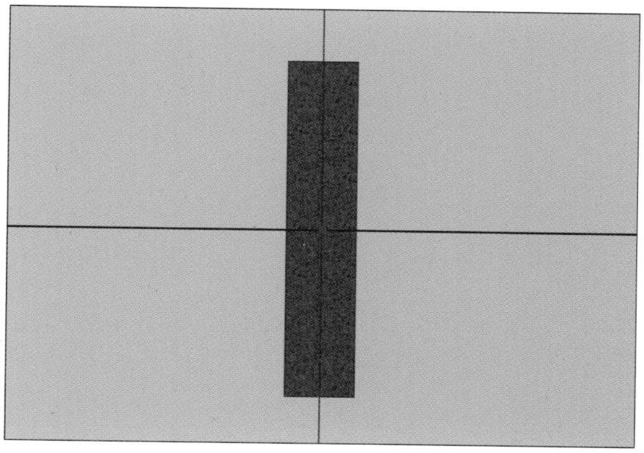

step 25

선 명령을 클릭합니다.

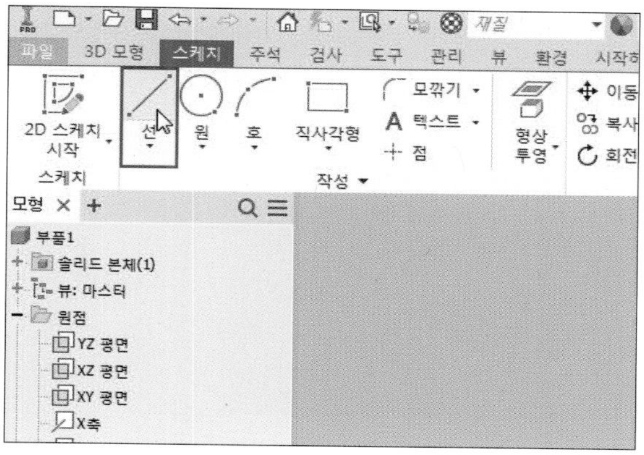

step 26

모델링 모서리의 중간점에 해당하는 점을 클릭합니다.

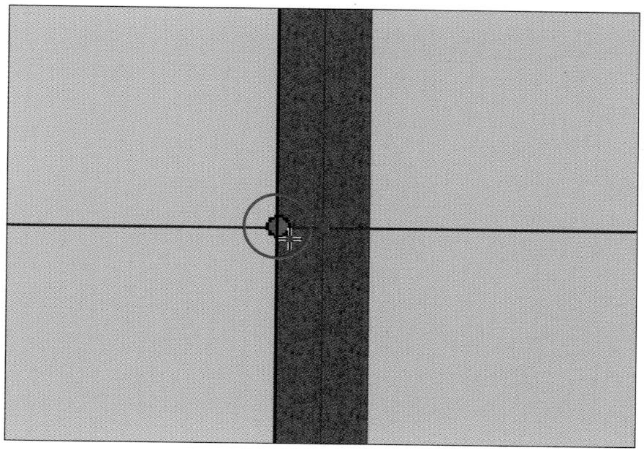

step 27

이어서 다음 점을 클릭합니다.

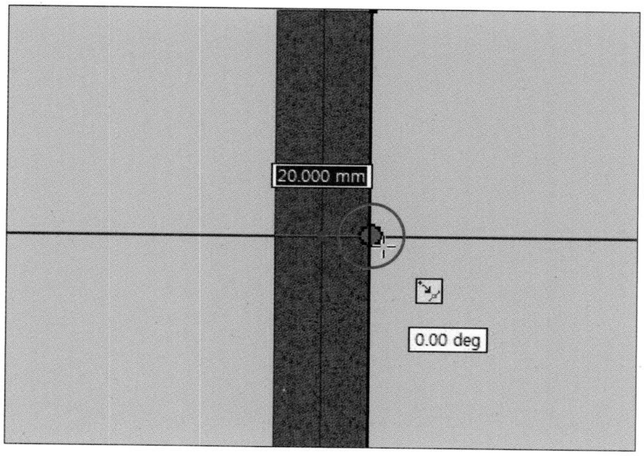

step 28

다음과 같이 선이 작성되었습니다.

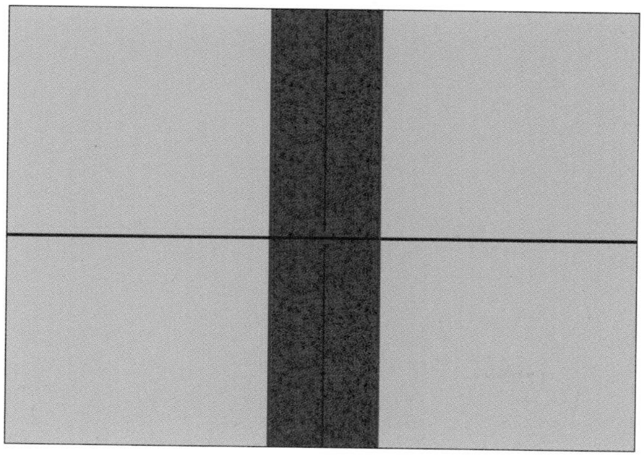

step 29

방금 작성한 선을 마우스 우측 버튼으로 클릭하여 중심선 형식으로 변경합니다.

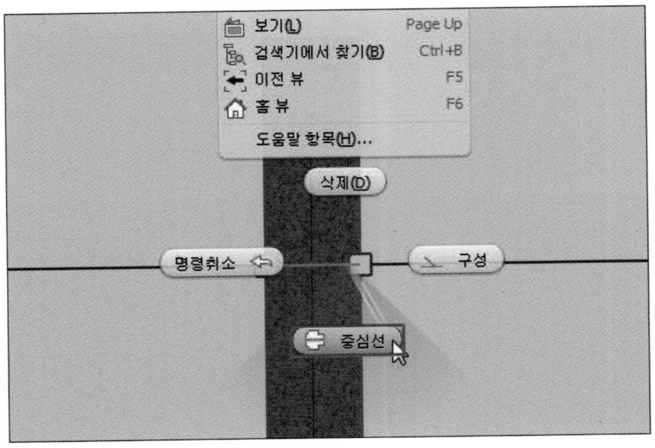

step 30

다음과 같이 해당 선분이 중심선으로 변경됩니다.

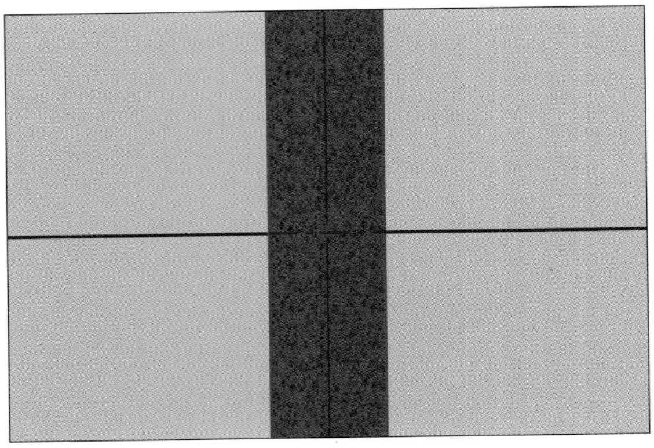

step 31

선 명령을 클릭합니다.

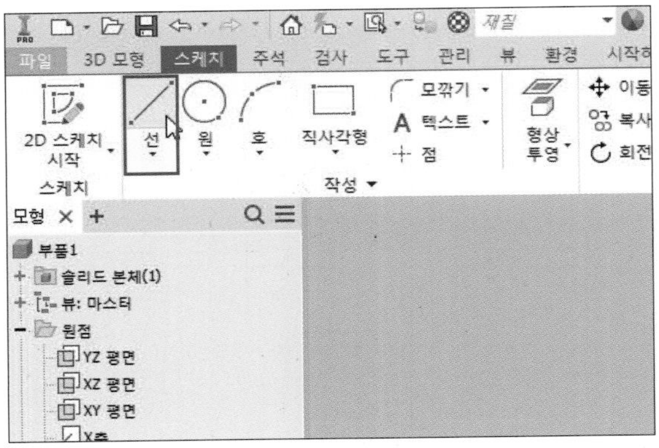

step 32

모델링의 위쪽 모서리에 첫 번째 점을 클릭합니다.

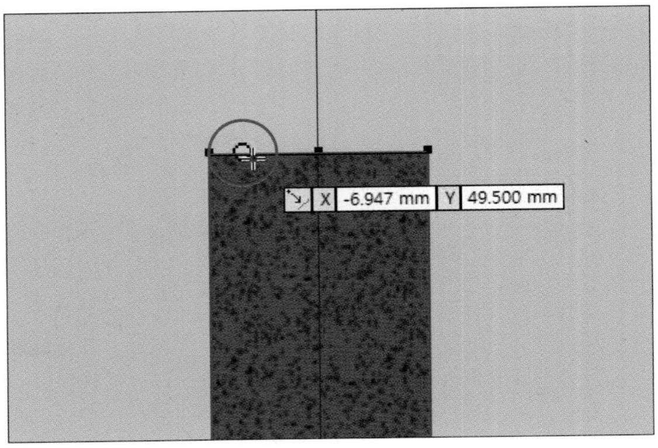

step 33

이어서 다음과 같이 대각선 형태가 되도록 두 번째 점을 대략적으로 클릭합니다.

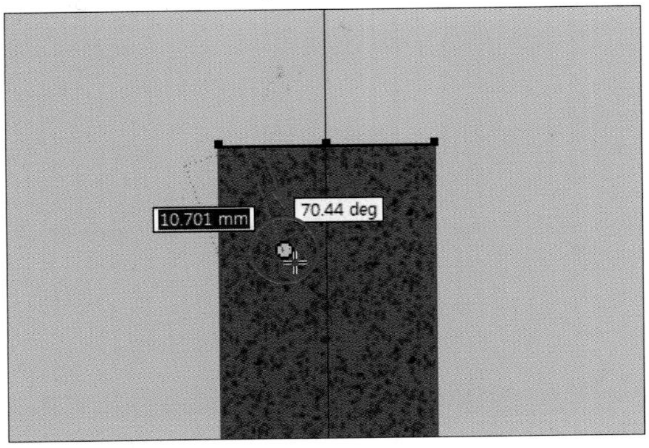

step 34

이어서 수평선이 되도록 점을 클릭하여 선을 작성합니다.

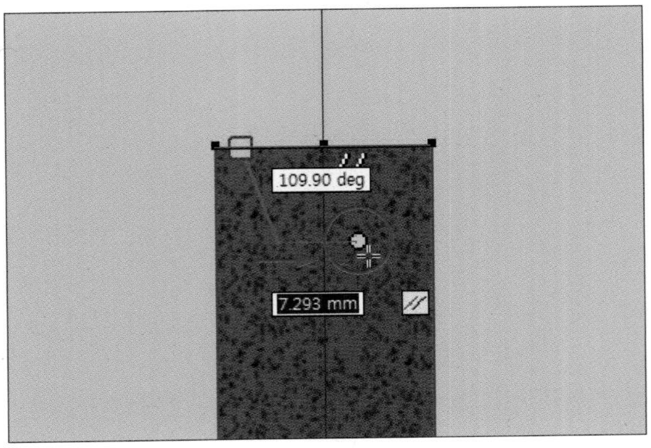

step 35

이어서 다음과 같이 대각선 형태가 되도록 점을 클릭하여 선을 작성합니다.

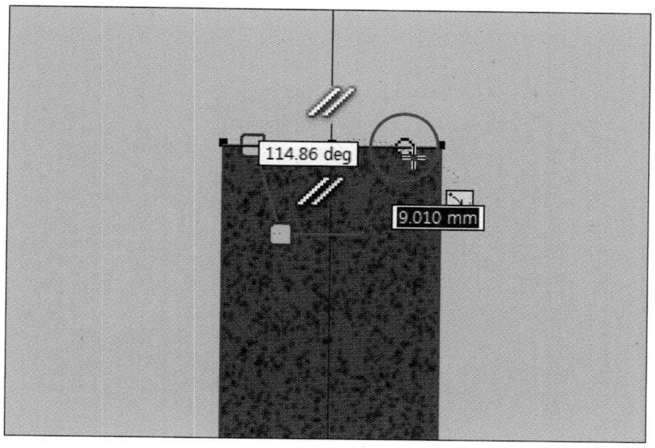

step 36

수직 구속조건 명령을 클릭합니다.

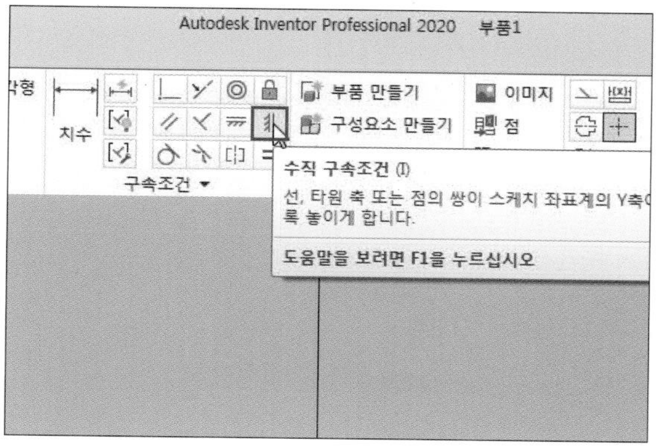

step 37

다음 중간점을 클릭합니다.

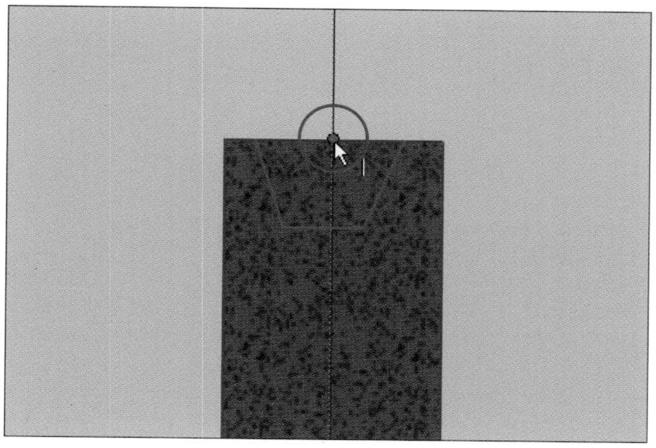

step 38

이어서 작성한 수평선의 중간점을 클릭합니다.

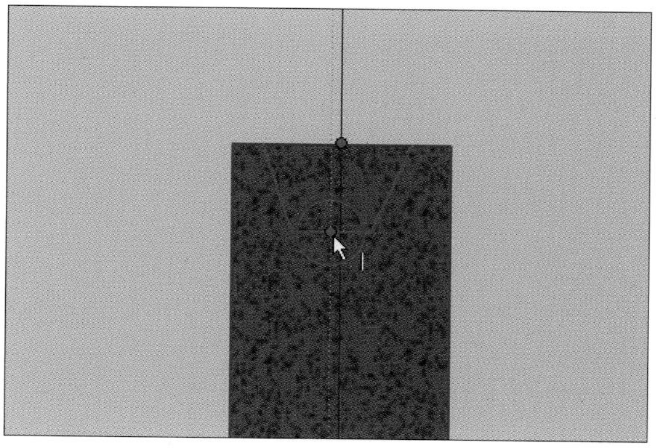

step 39

다음과 같이 두 점이 수직하게 정렬되었습니다.

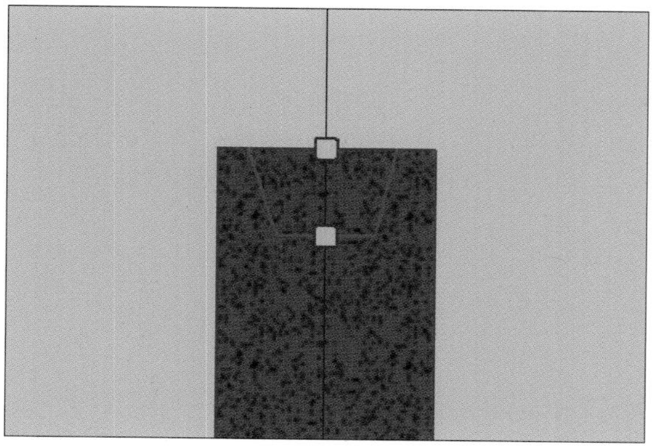

step 40

동일 구속조건 명령을 클릭합니다.

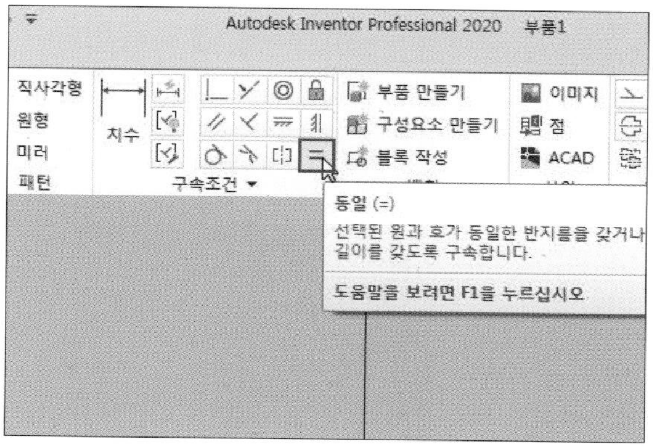

step 41

해당 대각선을 클릭합니다.

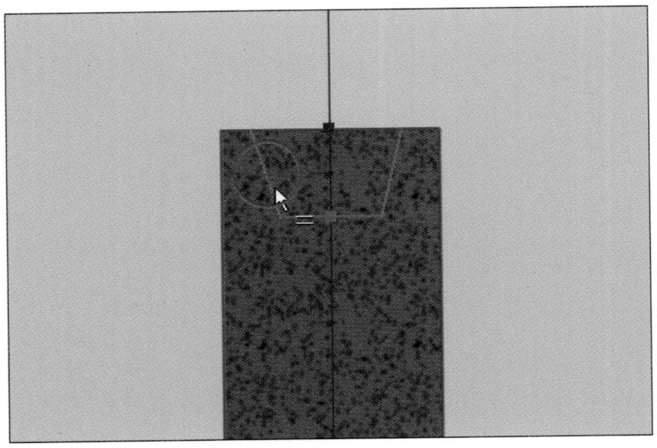

step 42

이어서 반대편 대각선을 클릭합니다.

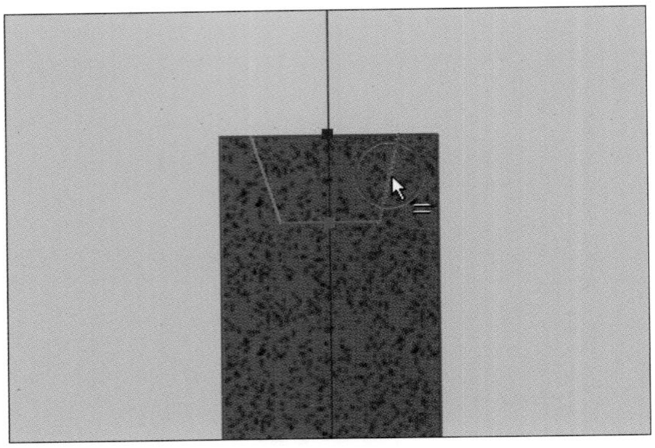

step 43

다음과 같이 두 선의 길이가 동일하게 설정됩니다.

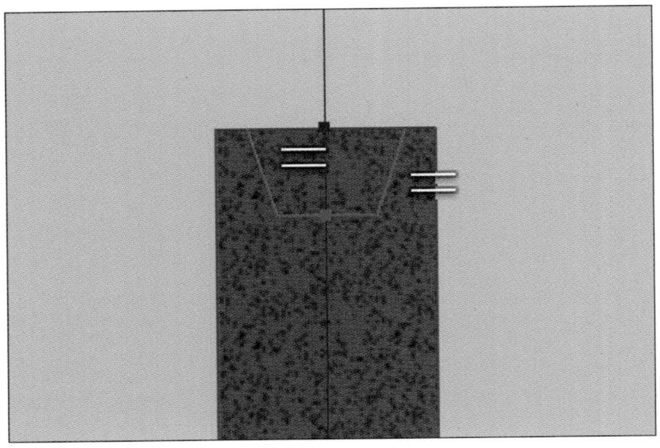

step 44

선 명령을 클릭합니다.

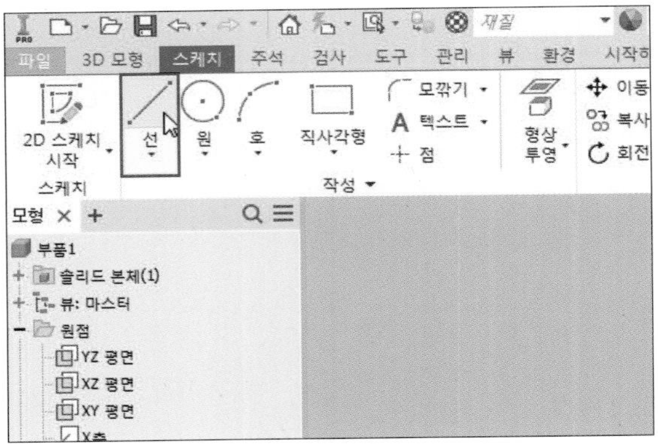

step 45

대각선 위에 위치하는 첫 번째 점을 클릭합니다. (단, 대각선의 중간점이 클릭되지 않도록 유의합니다.)

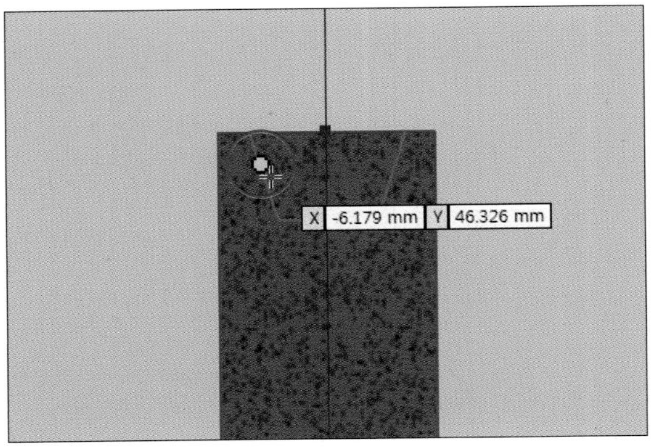

step 46

이어서 반대편 대각선 위에 끝점이 위치하는 수평선을 작성합니다.

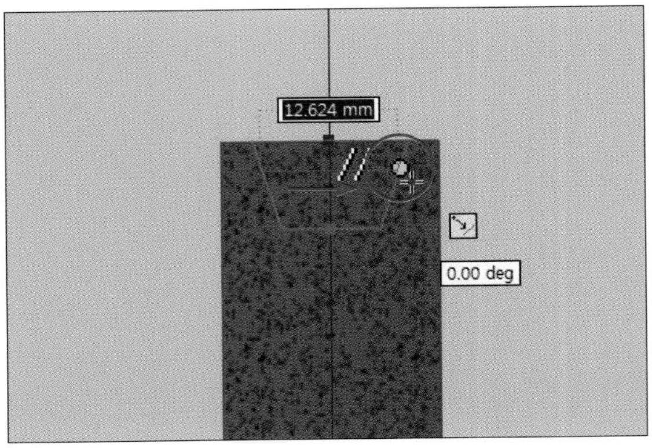

step 47

다음과 같이 수평선이 작성되었습니다.

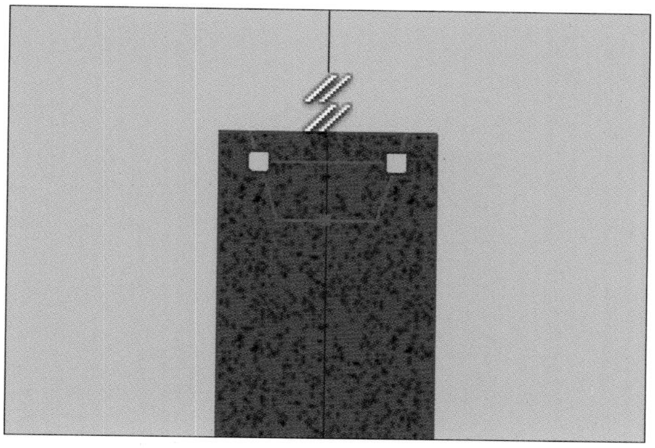

step 48

방금 작성한 선을 보조선 역할을 하는 **구성선**으로 변경합니다.

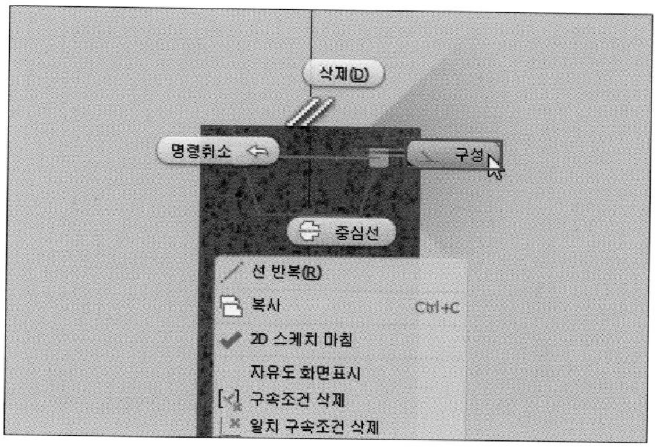

step 49

다음과 같이 선이 구성선 형식으로 변경되었습니다.

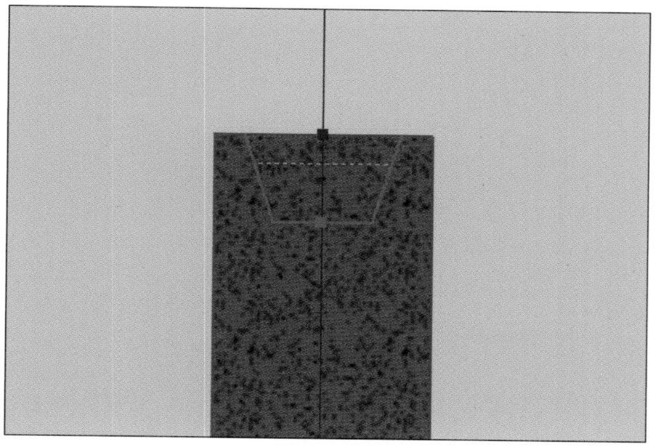

step 50

치수 명령을 클릭합니다.

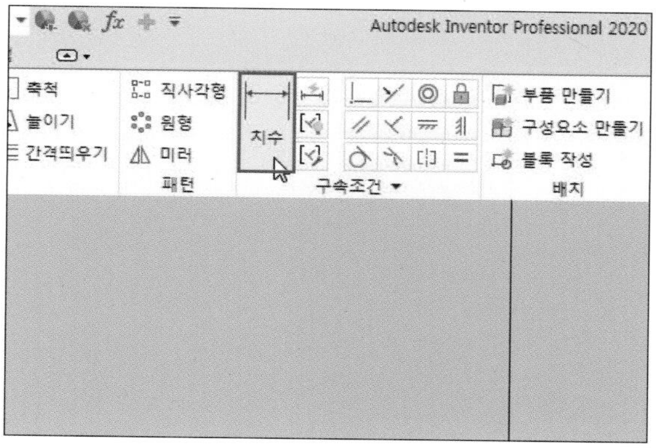

step 51

위쪽 **모서리**를 클릭합니다.

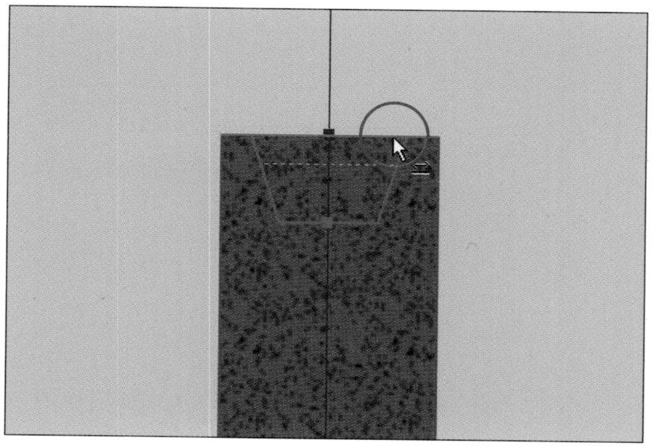

step 52

이어서 **구성선**을 클릭합니다.

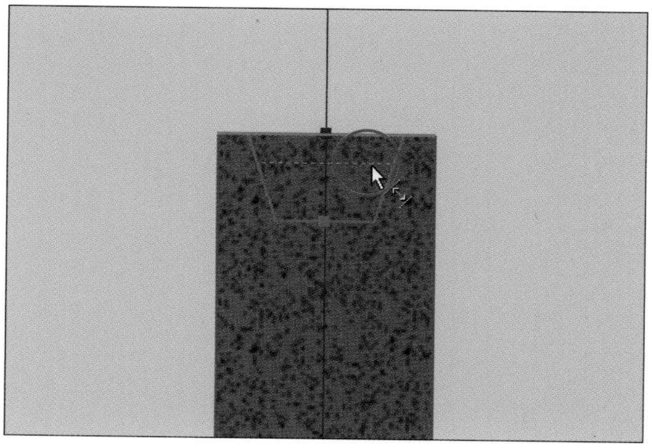

step 53

치수가 위치할 적당한 곳을 클릭하면 치수 편집창이 실행됩니다. 4.5를 입력한 다음 ENTER를 누릅니다.

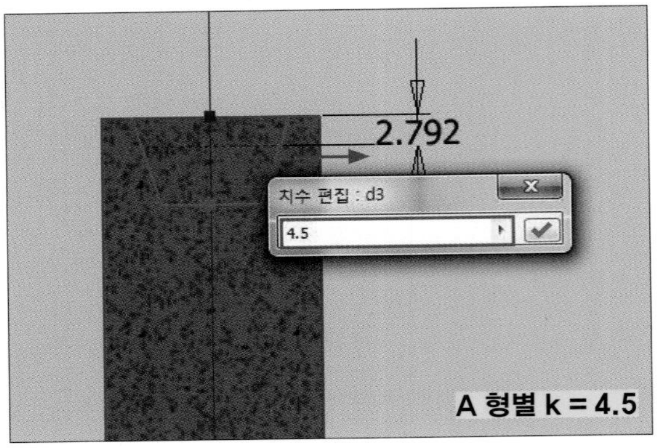

step 54

다시 한 번 **치수** 명령을 실행하여 **구성선**을 클릭합니다.

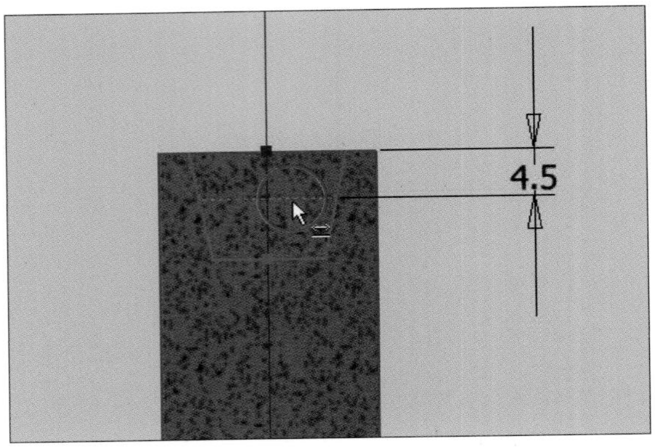

step 55

이어서 다음 **선**을 클릭합니다.

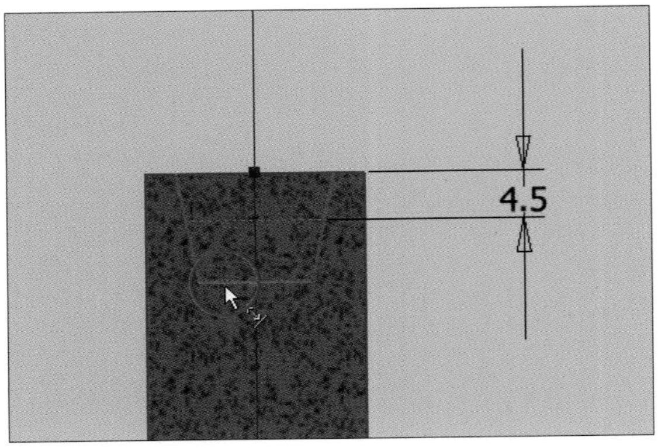

step 56

치수가 위치할 적당한 곳을 클릭하면 치수 편집창이 실행됩니다. 8을 입력한 다음 ENTER를 누릅니다.

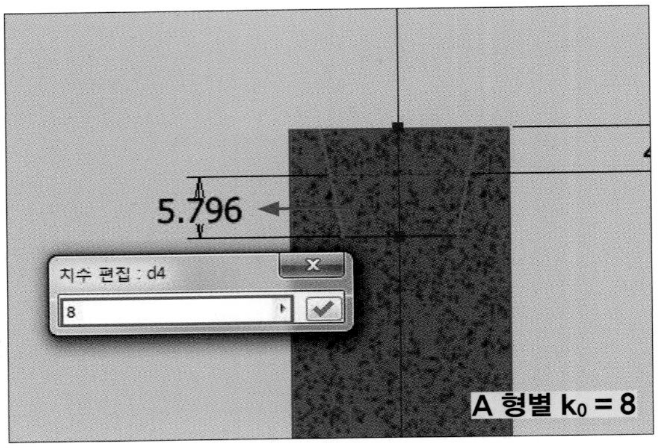

step 57

다시 한 번 **치수** 명령을 실행하여 **구성선**을 클릭합니다.

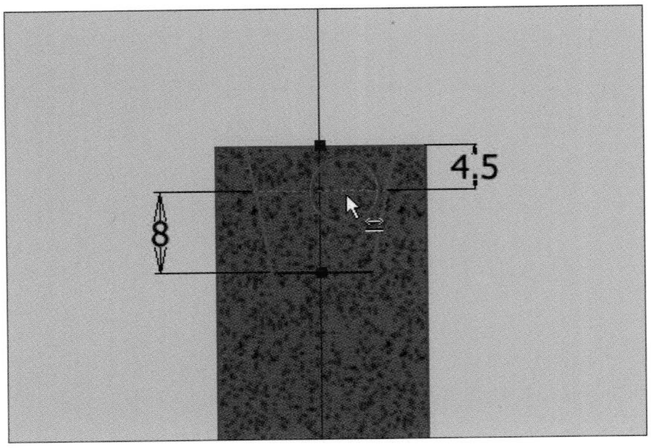

step 58

치수가 위치할 적당한 곳을 클릭하면 치수 편집창이 실행됩니다. 9.2를 입력한 다음 ENTER를 누릅니다.

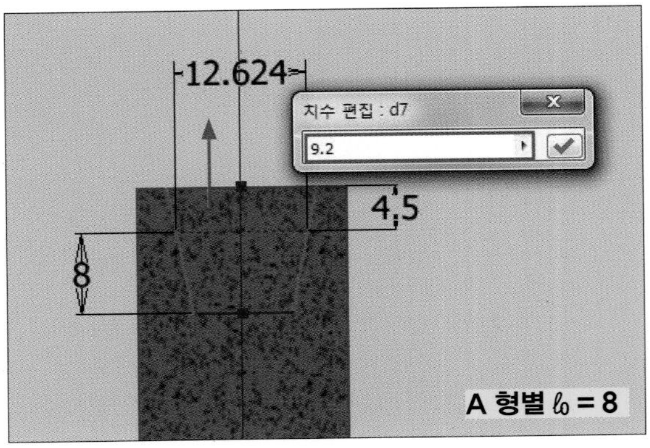

step 59

다시 한 번 **치수** 명령을 실행하여 **대각선**을 클릭합니다.

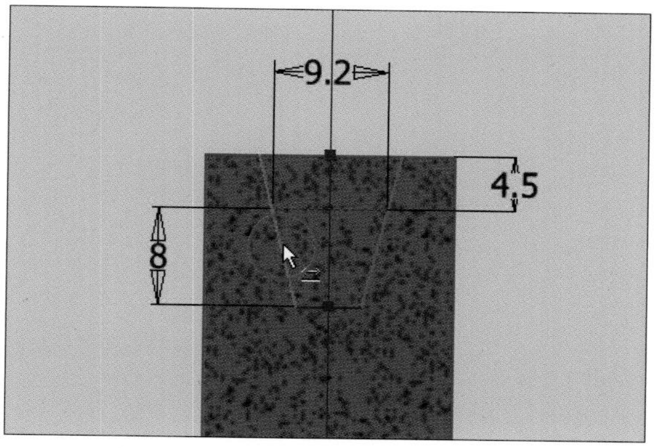

step 60

이어서 반대쪽 **대각선**을 클릭합니다.

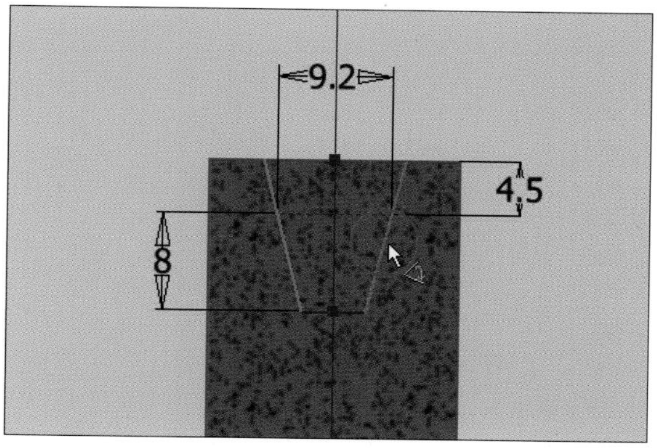

step 61

치수가 위치할 적당한 곳을 클릭하면 치수 편집창이 실행됩니다. 34를 입력한 다음 ENTER를 누릅니다.

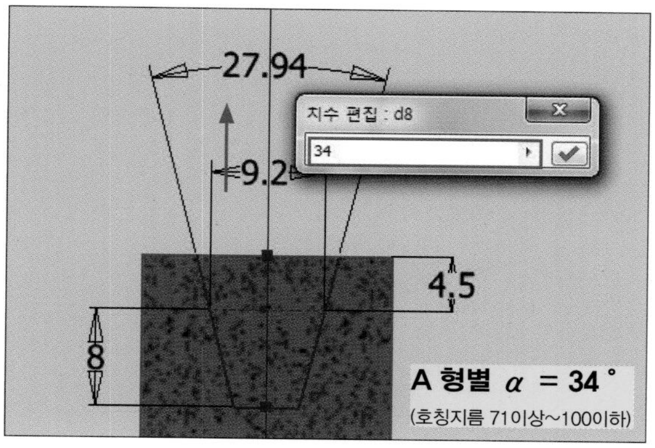

step 62

다음과 같이 V 벨트 풀리의 홈 부 스케치가 완료되었습니다.

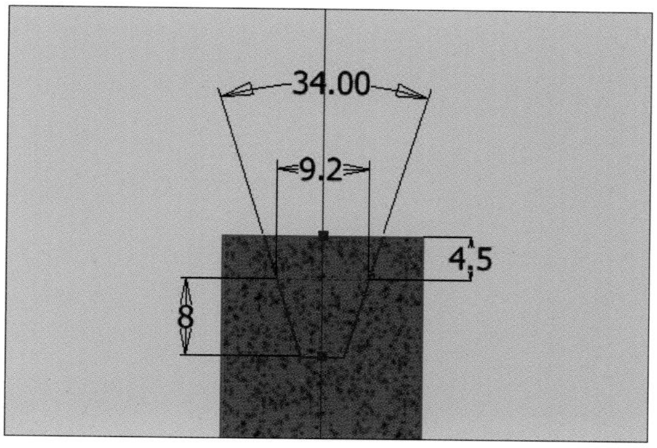

step 63

3D 모형 탭의 회전 명령을 클릭합니다.

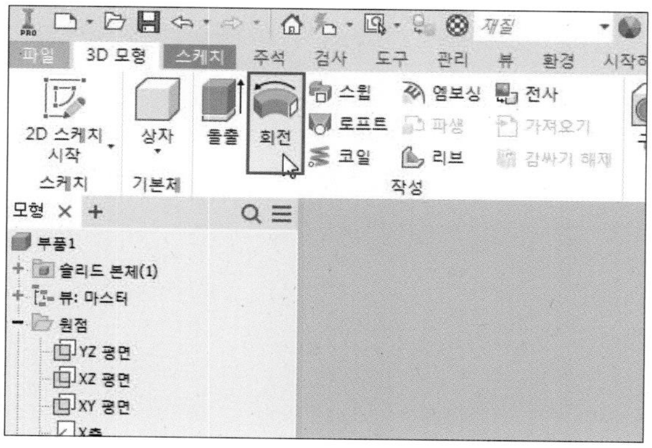

step 64

회전 프로파일로는 다음 스케치 영역을 클릭합니다.

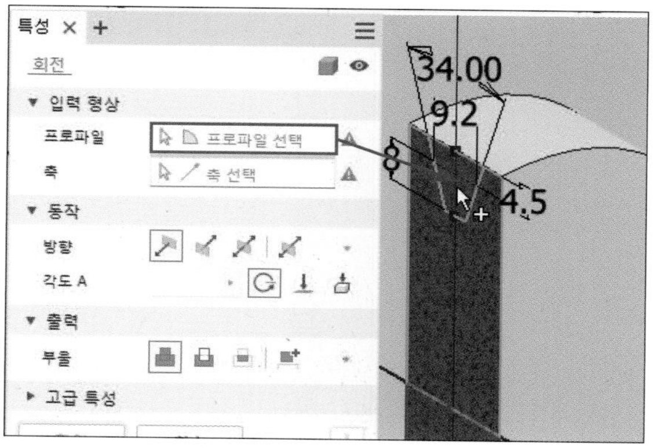

step 65

회전축으로는 다음 중심선을 클릭합니다.

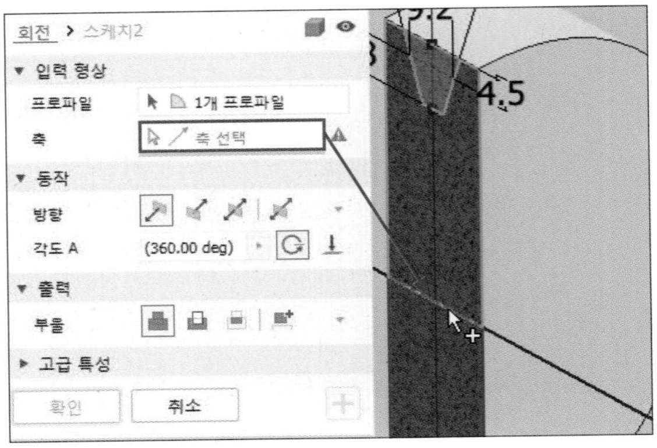

step 66

출력 옵션을 잘라내기로 변경한 다음 확인 버튼을 클릭합니다.

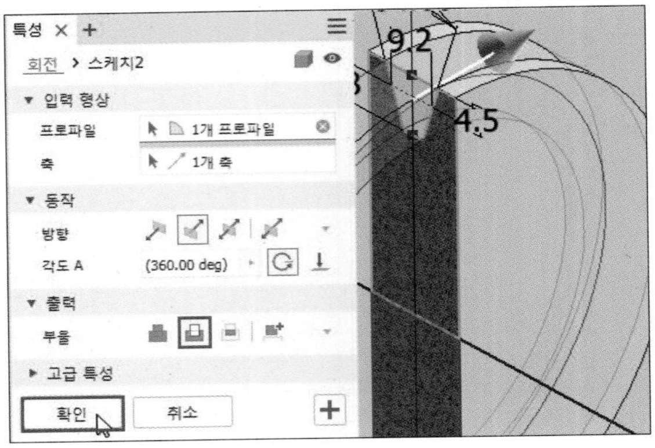

step 67

다음과 같이 회전 차집합 피쳐가 작성되었습니다.

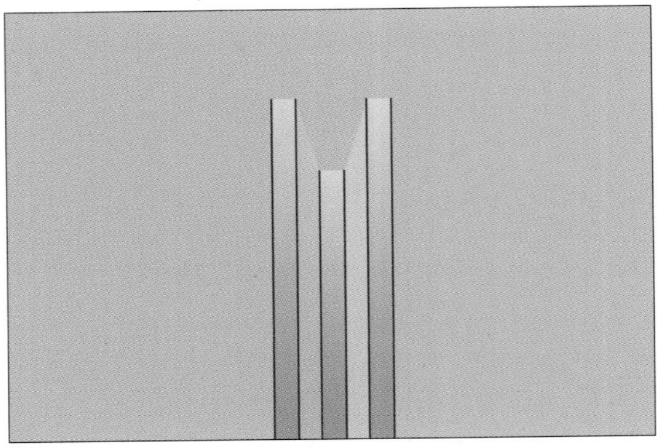

step 68

정면도에 해당하는 XY 평면에 새 스케치를 작성합니다.

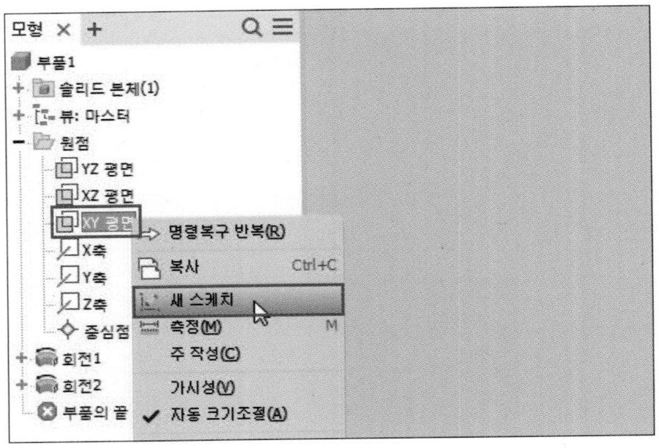

step 69

F7 키를 눌러 스케치의 단면을 확인할 수 있는 그래픽 슬라이스 모드로 전환합니다.

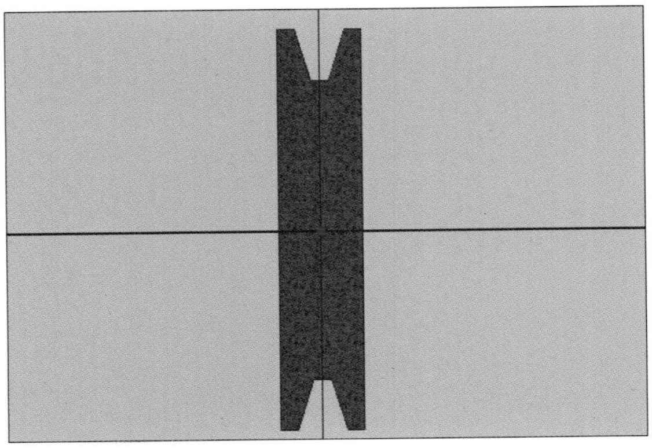

step 70

다음과 같이 원점을 지나는 중심선을 작성합니다.

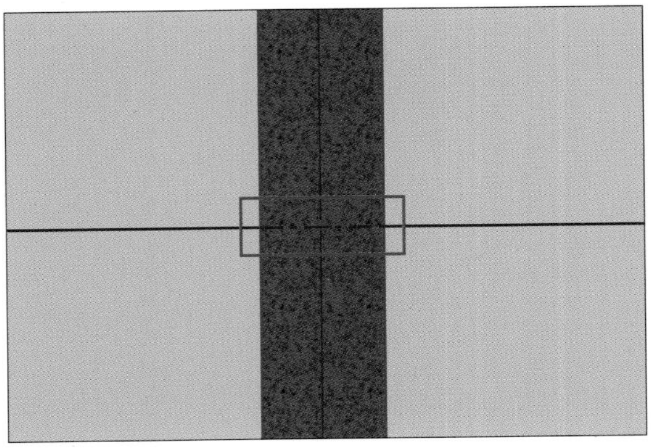

step 71

2점 직사각형 명령을 실행합니다.

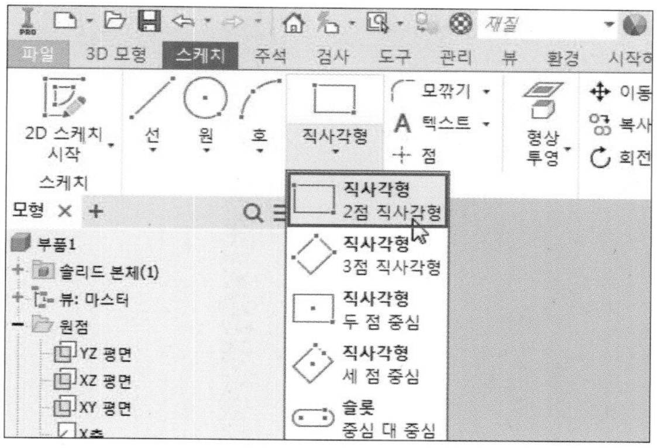

step 72

사각형의 첫 번째 점으로 다음 점을 클릭합니다.

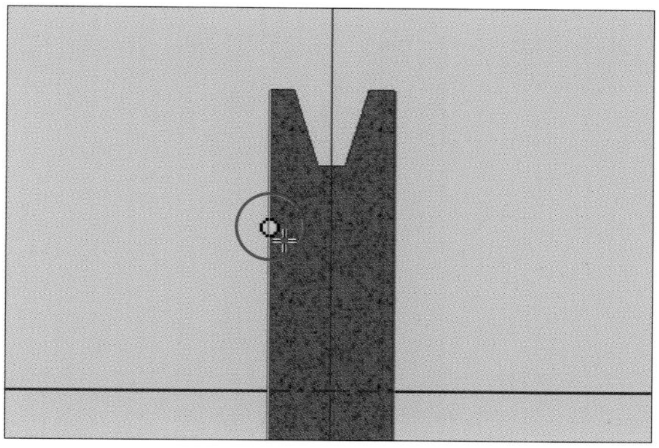

step 73

이어서 두 번째 점을 대략적인 곳에 클릭합니다.

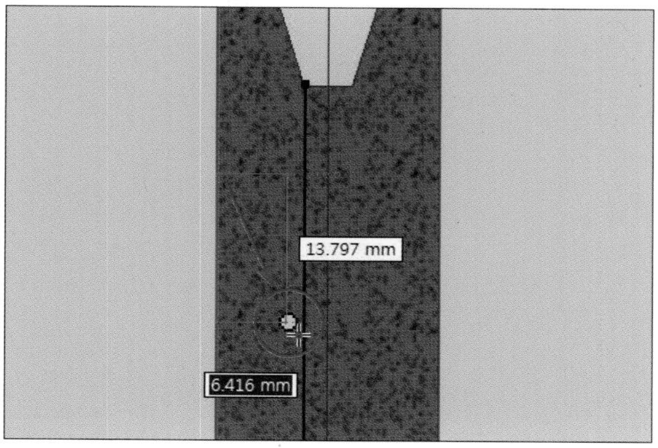

step 74

마찬가지 방법으로 반대쪽에도 2점 직사각형을 작성하도록 합니다.

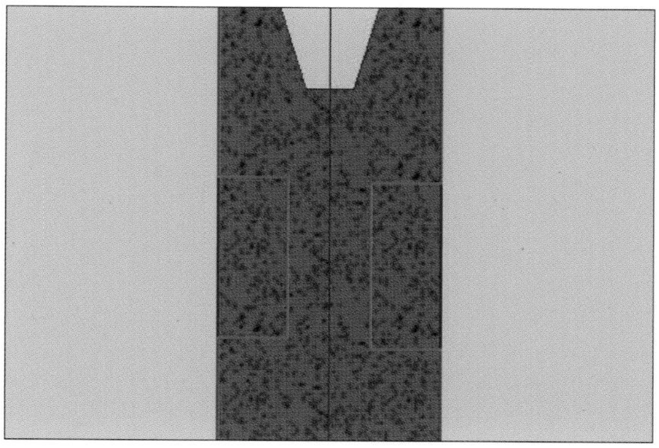

step 75

동일 구속조건 명령을 클릭합니다.

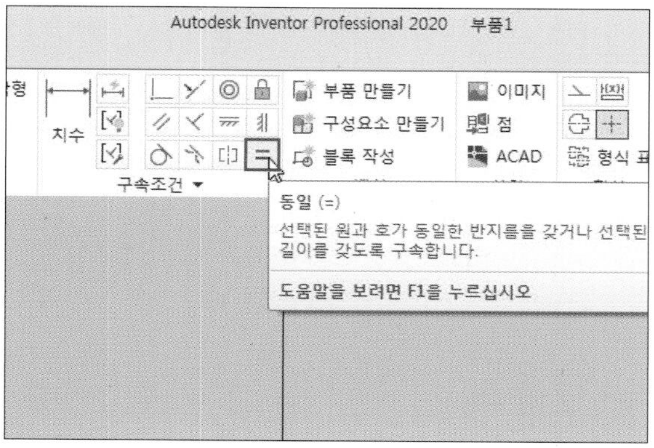

step 76

다음 선을 클릭합니다.

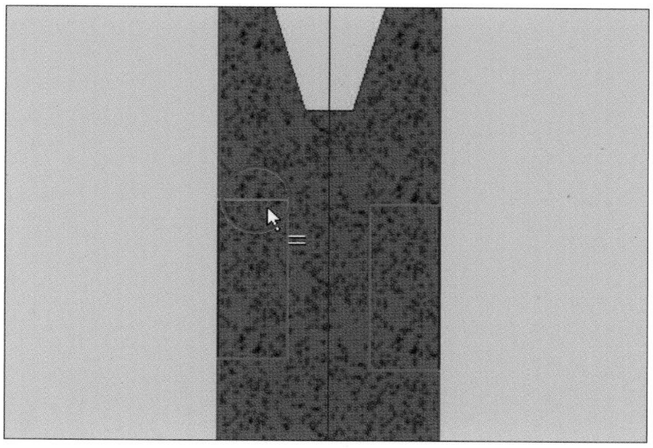

step 77

이어서 마주보는 선을 클릭합니다.

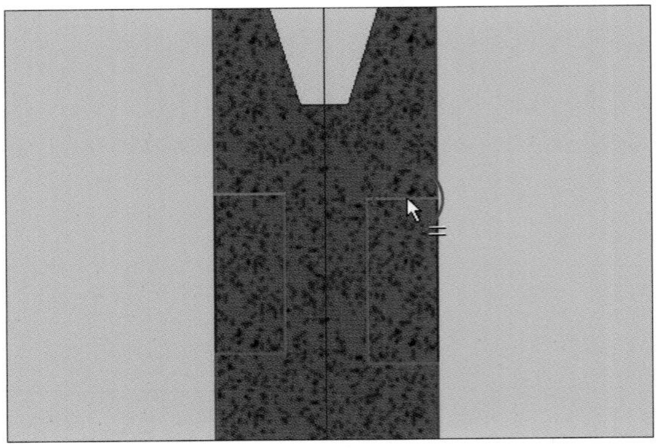

step 78

다음과 같이 두 선의 길이가 동등하게 변경됩니다.

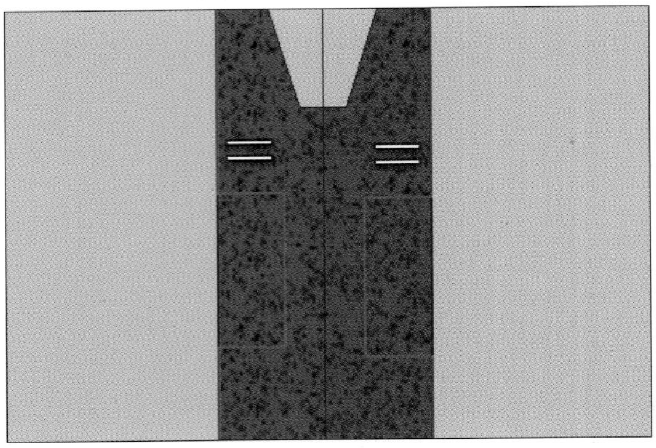

step 79

다시 한 번 동일 구속조건으로 다음 선을 클릭합니다.

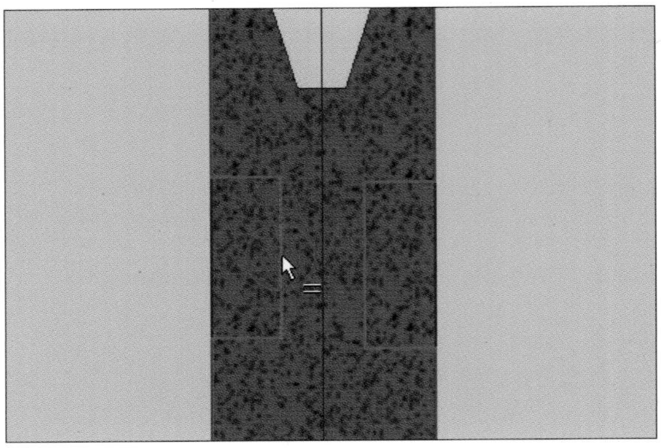

step 80

이어서 마주보는 선을 클릭합니다.

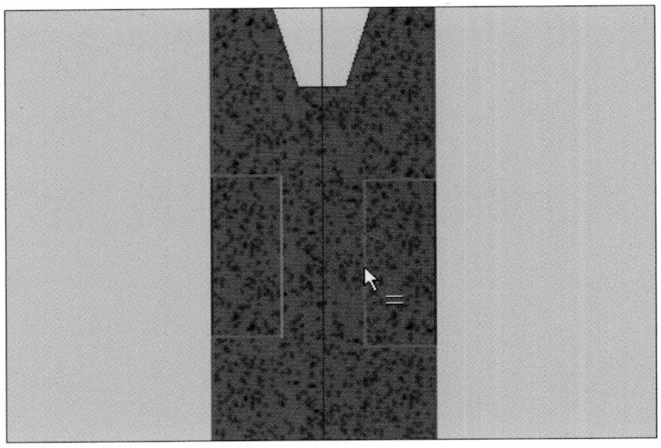

step 81

다음과 같이 두 선의 길이가 동등하게 변경됩니다.

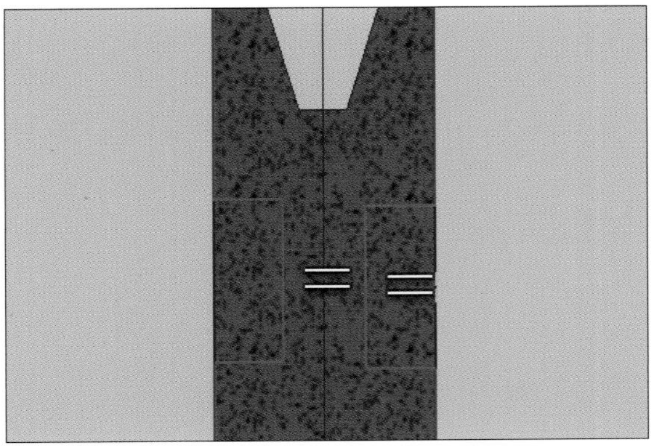

step 82

동일선상 구속조건 명령을 클릭합니다.

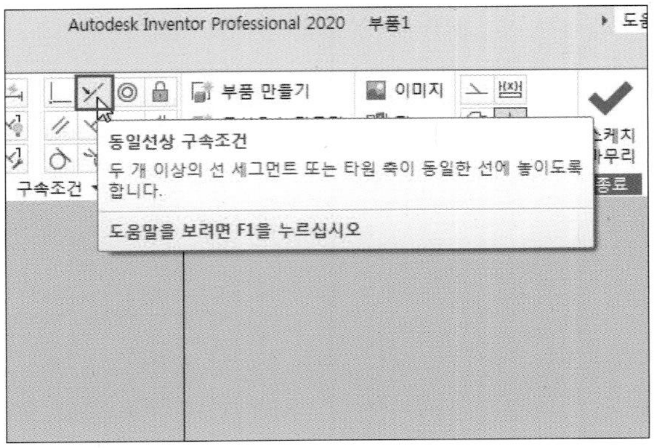

step 83

다음 선을 클릭합니다.

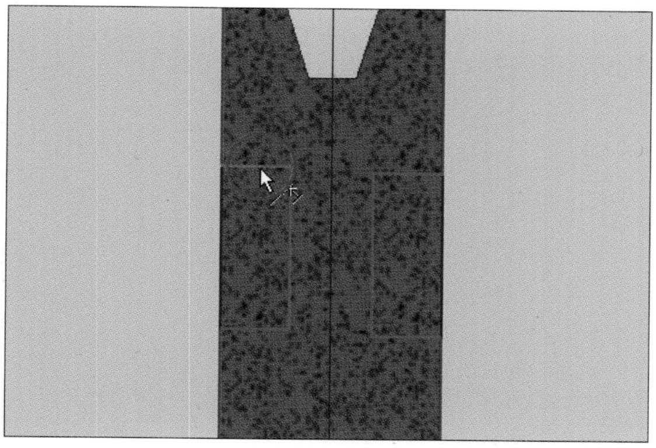

step 84

이어서 마주보는 선을 클릭합니다.

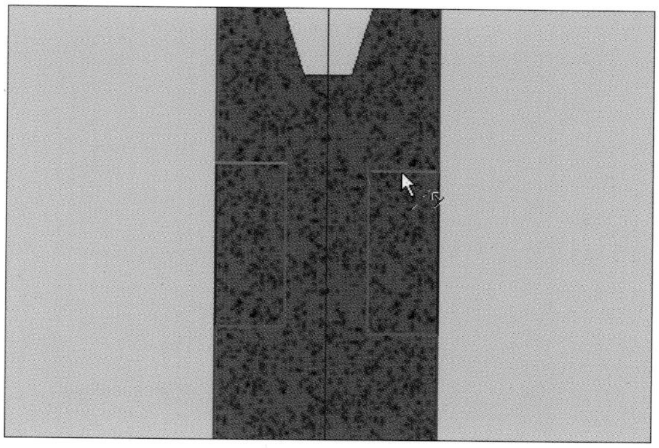

step 85

다음과 같이 선택한 두 개의 선이 동일 선상에 놓여지게 됩니다.

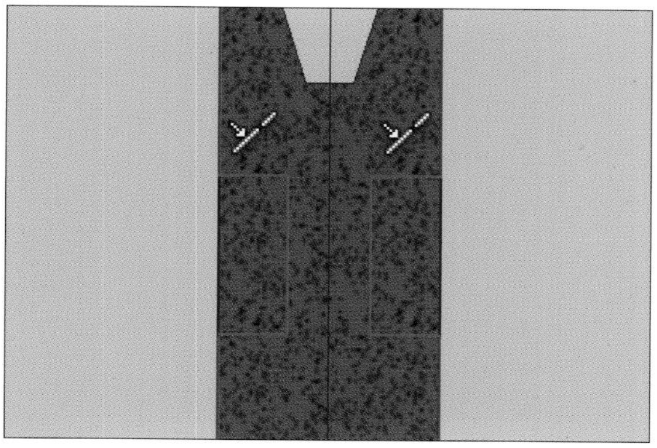

step 86

치수 명령을 클릭합니다.

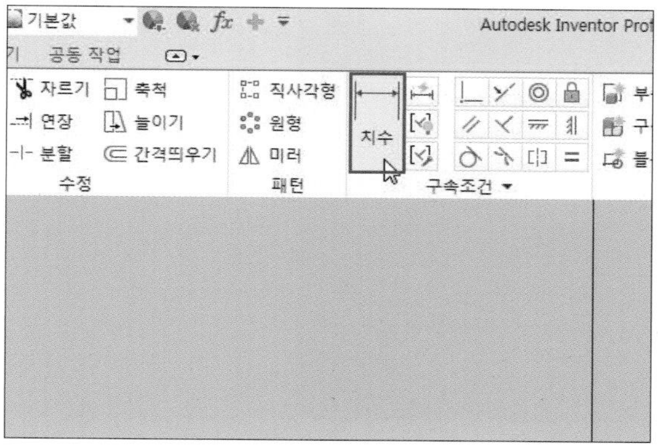

step 87

다음 선을 클릭합니다.

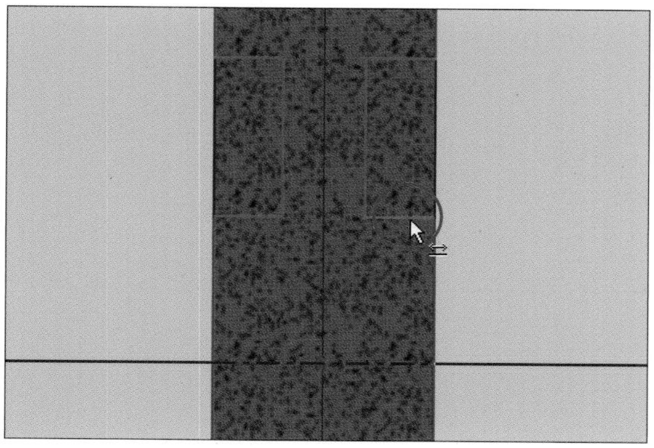

step 88

이어서 중심선을 클릭합니다.

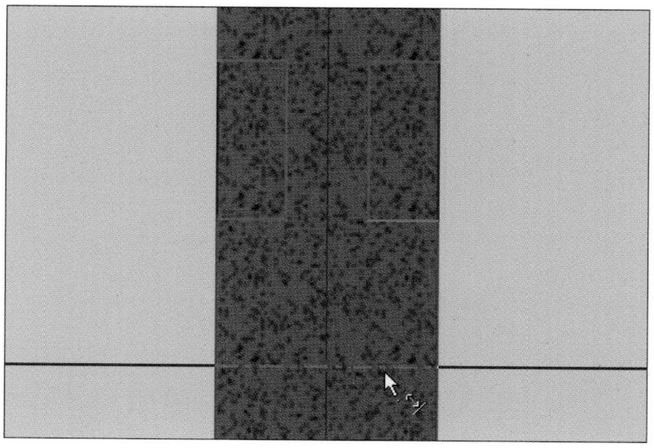

step 89

치수가 위치할 적당한 곳을 클릭하면 치수 편집창이 실행됩니다. 30을 입력한 다음 ENTER를 누릅니다.

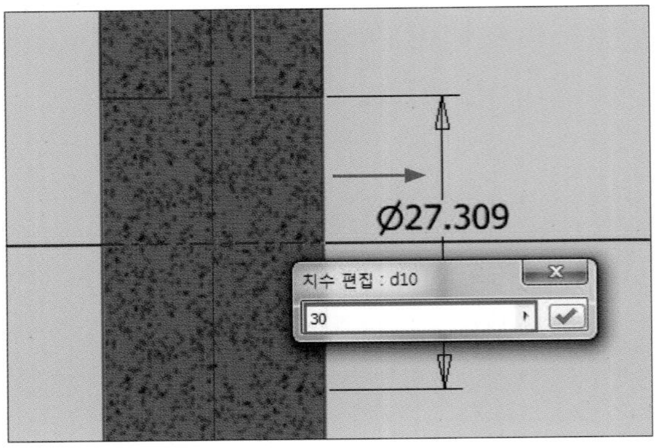

step 90

마찬가지 방법으로 위쪽의 **지름 치수**도 작성합니다.

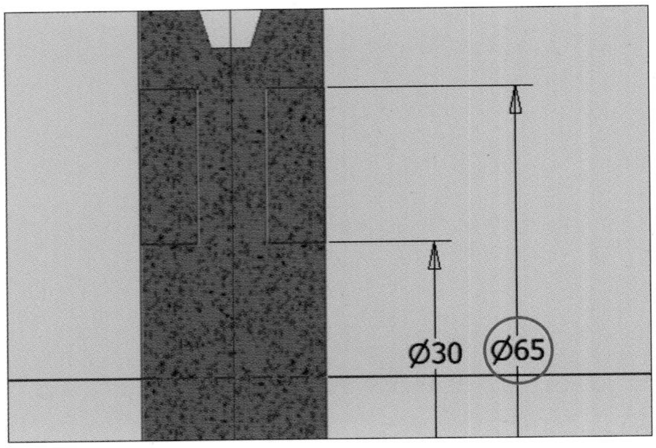

step 91

다시 한 번 **치수** 명령으로 다음 선을 클릭합니다.

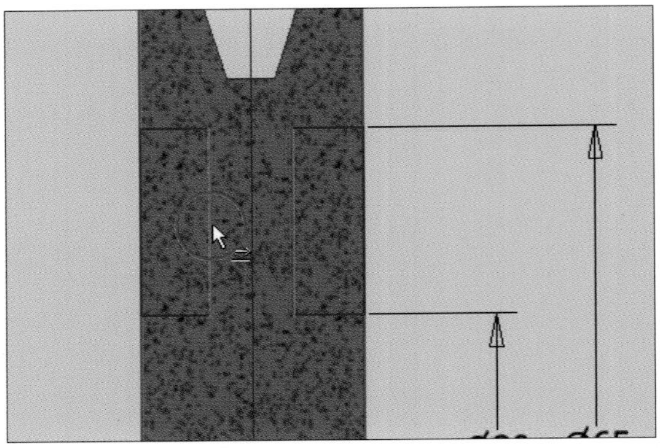

step 92

이어서 마주보는 선을 클릭합니다.

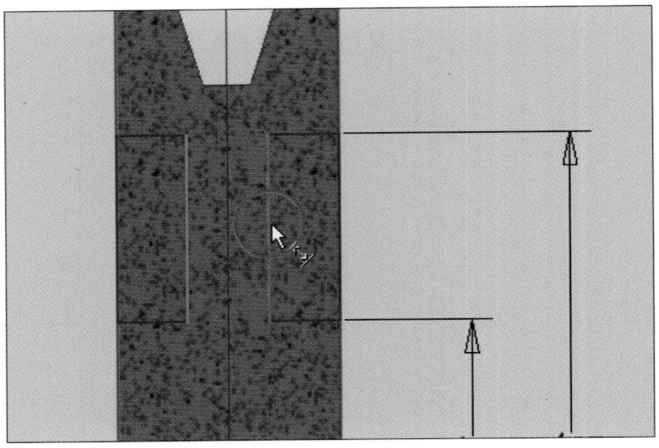

step 93

치수가 위치할 적당한 곳을 클릭하면 치수 편집창이 실행됩니다. 6을 입력한 다음 ENTER를 누릅니다.

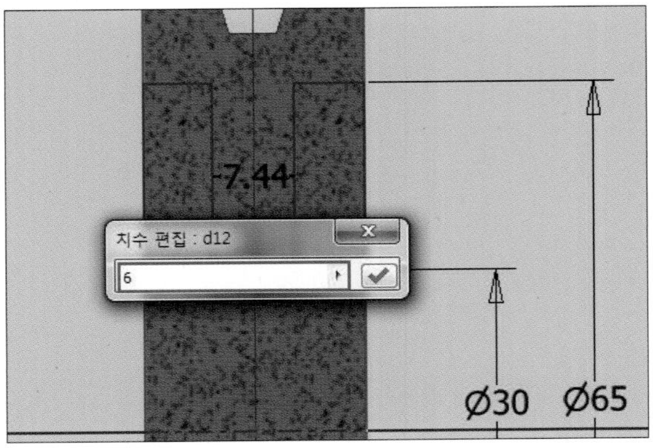

step 94

다음과 같이 스케치가 완전하게 구속됩니다.

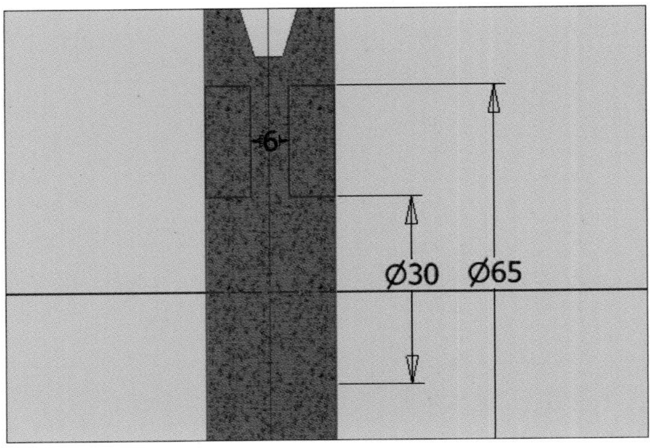

step 95

3D 모형 탭의 회전 명령을 클릭합니다.

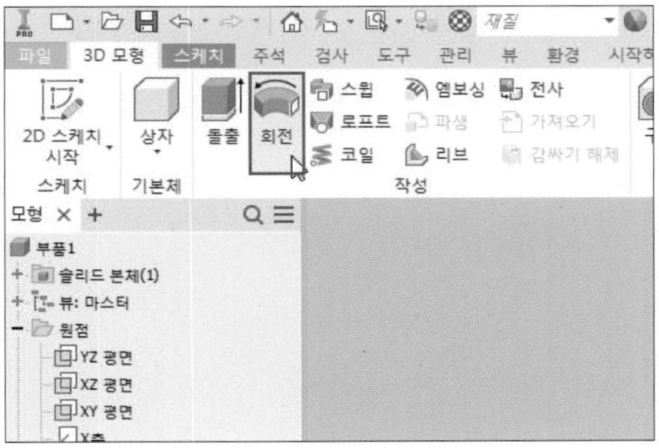

step 96

회전 프로파일로는 다음 2개의 폐곡선 스케치 영역을 클릭합니다.

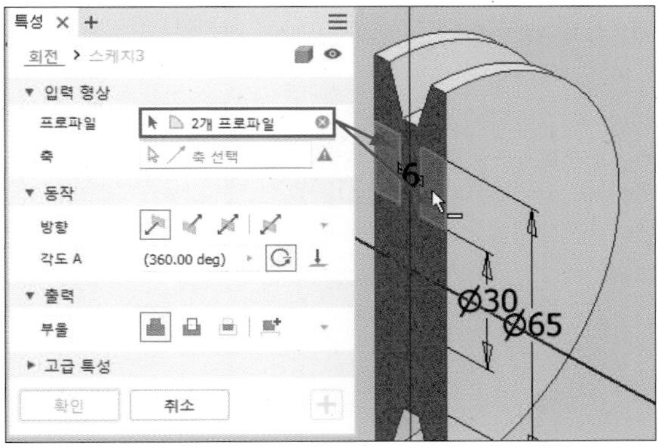

step 97

회전축으로는 다음 중심선을 클릭합니다.

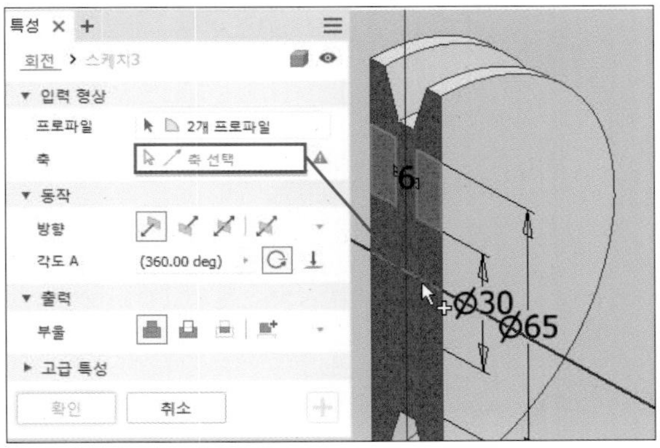

step 98

출력 옵션을 잘라내기로 변경한 다음 확인 버튼을 클릭합니다.

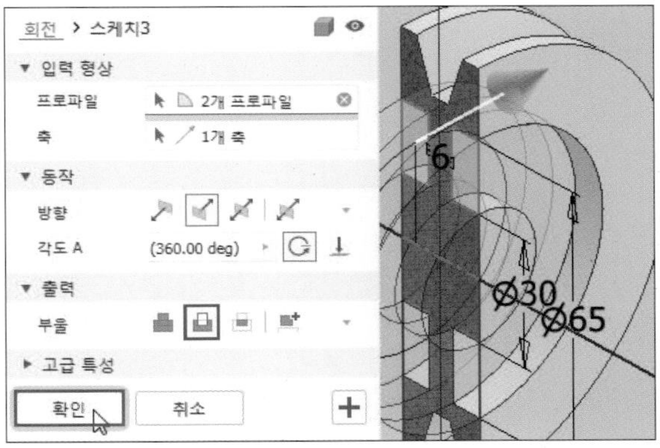

step 99

다음과 같이 V-벨트 풀리의 베이스 피쳐 작성이 완료되었습니다.

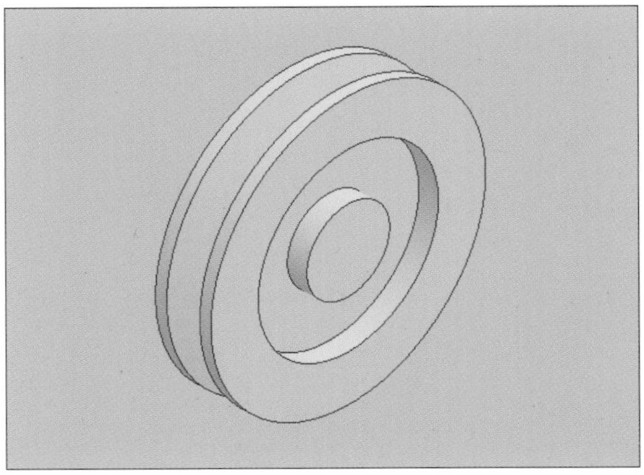

chapter 02 서브 피쳐 작성하기

step 1

3D **모형** 탭의 **구멍** 명령을 실행합니다.

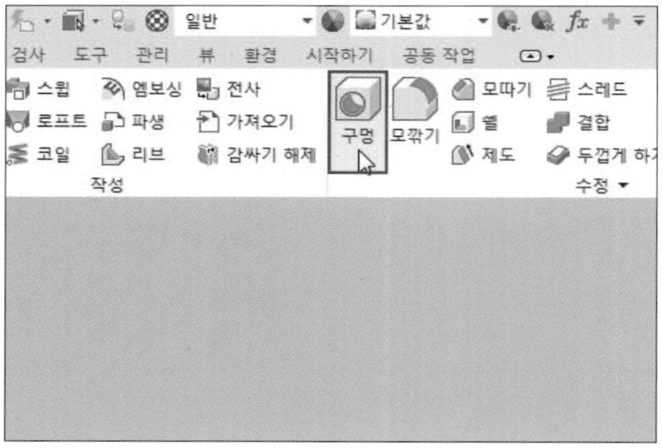

step 2

구멍 명령이 실행되면 구멍의 **시작 평면**으로 다음 면을 클릭합니다.

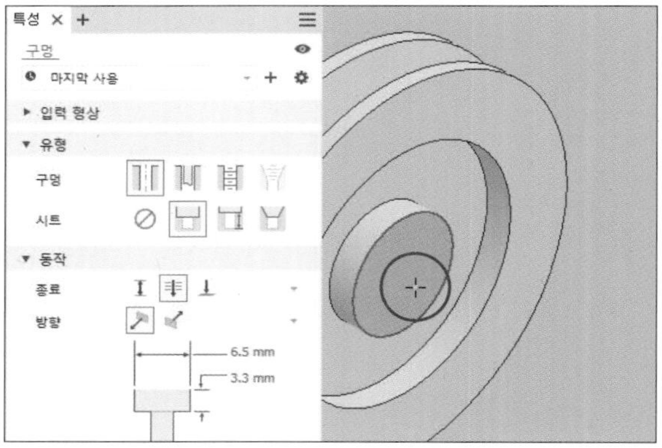

step 3

동심 참조 옵션으로는 다음 **모서리**를 클릭합니다.

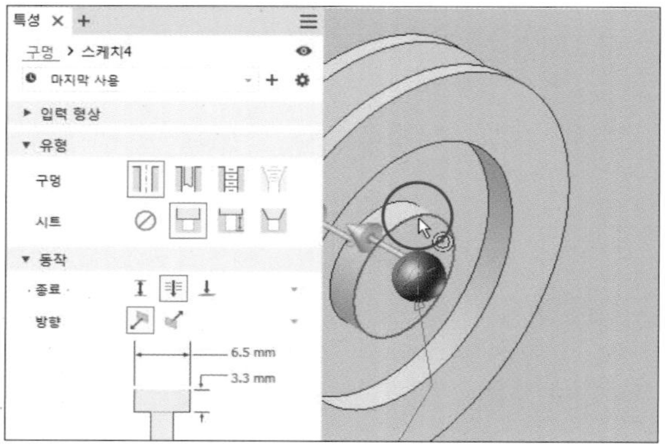

step 4

다음과 같이 구멍의 위치가 결정되었습니다.

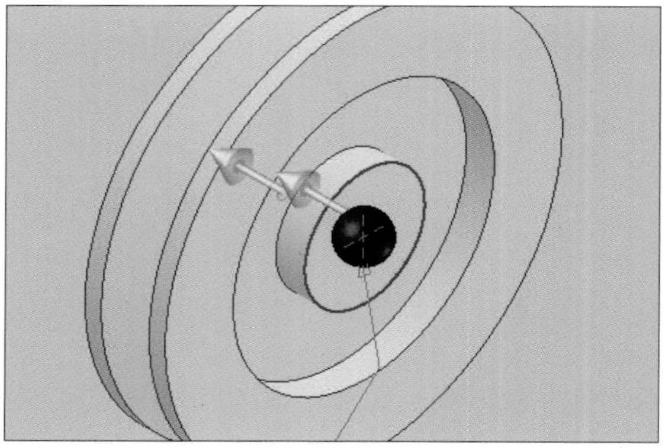

step 5

구멍을 다음과 같이 설정한 다음 **확인** 버튼을 클릭합니다.

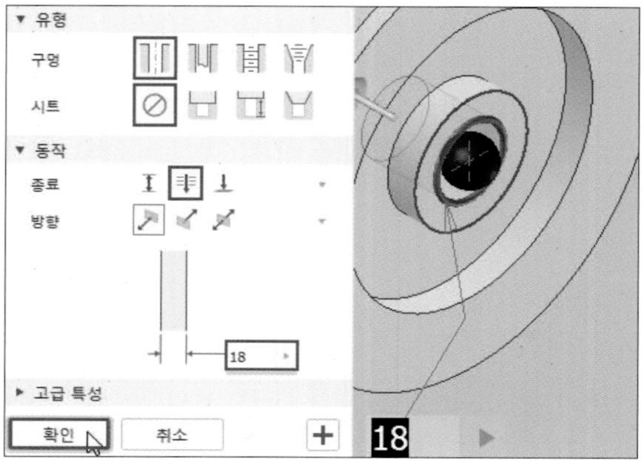

step 6

다음과 같이 구멍이 작성되었습니다.

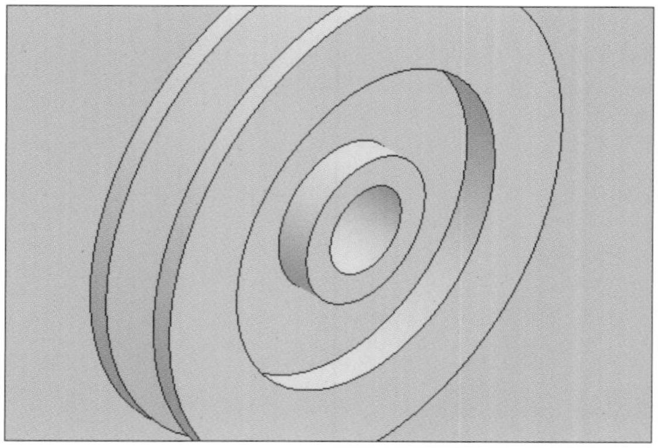

step 7

다음 면에 **새 스케치**를 작성합니다.

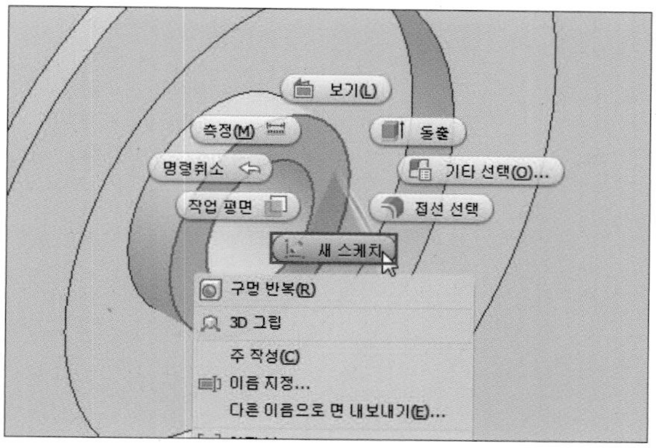

step 8

선 명령을 실행합니다.

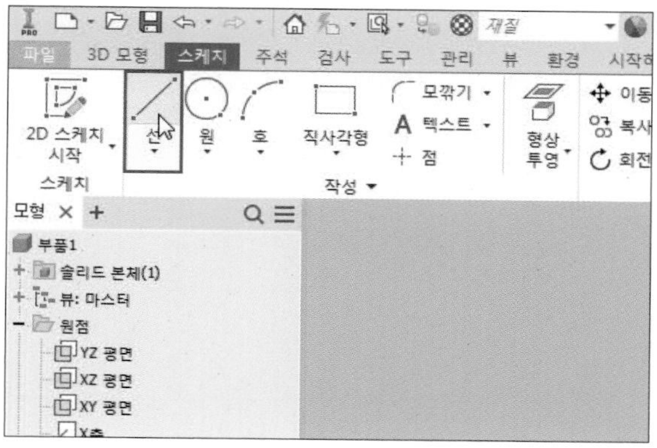

step 9

해당 원형 모서리가 **검은색**과 **하늘색**으로 표시될 때 점을 클릭합니다.

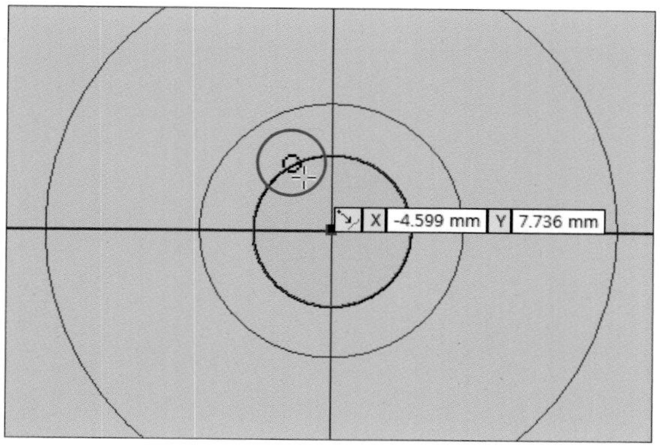

step 10

위로 뻗는 **수직선**이 되도록 두 번째 **점**을 클릭합니다.

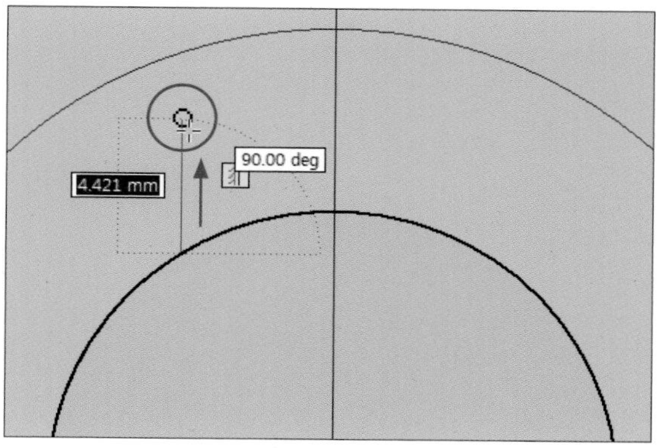

step 11

이어서 **수평선**이 되도록 다음 점을 클릭합니다.

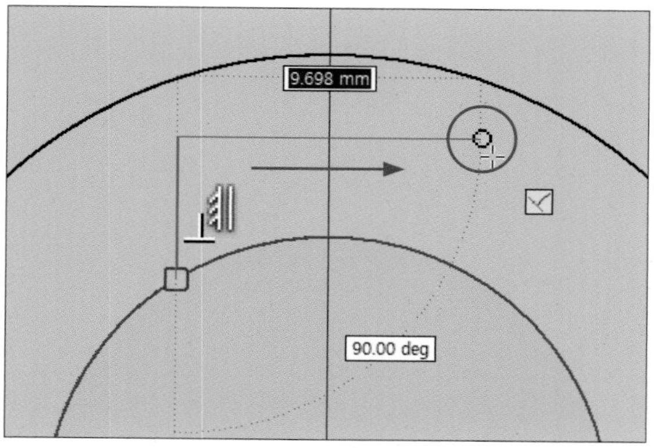

step 12

마지막으로 원형 모서리에 **끝점**이 올 수 있도록 하는 수직선을 작성합니다.

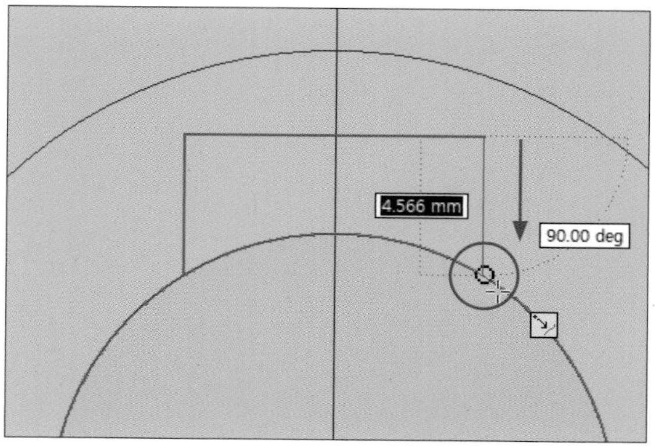

step 13

다음과 같이 키 홈 스케치가 완료되었습니다.

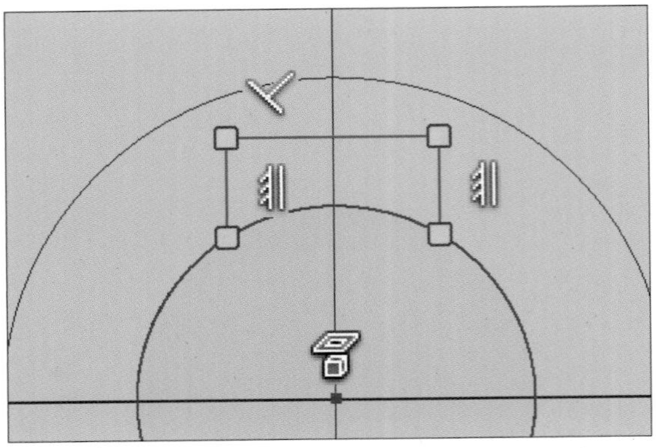

step 14

동일 구속조건 명령을 클릭합니다.

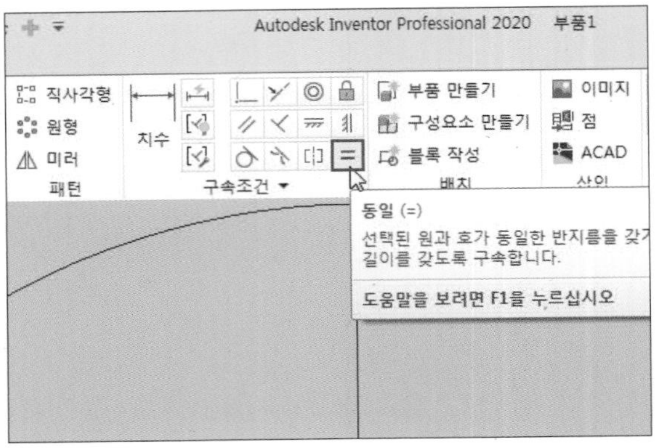

step 15

다음 선을 클릭합니다.

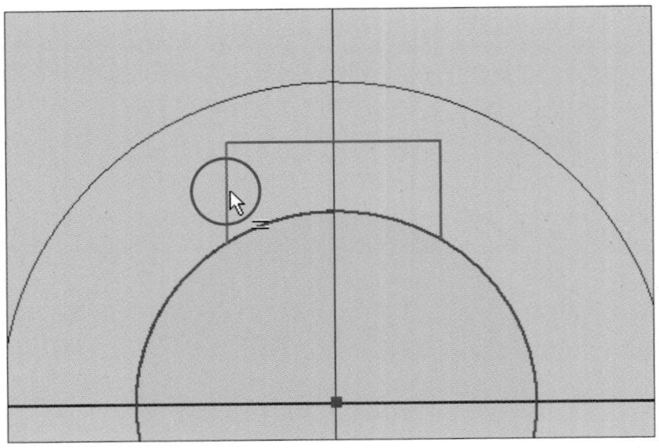

step 16

이어서 마주보는 선을 클릭합니다.

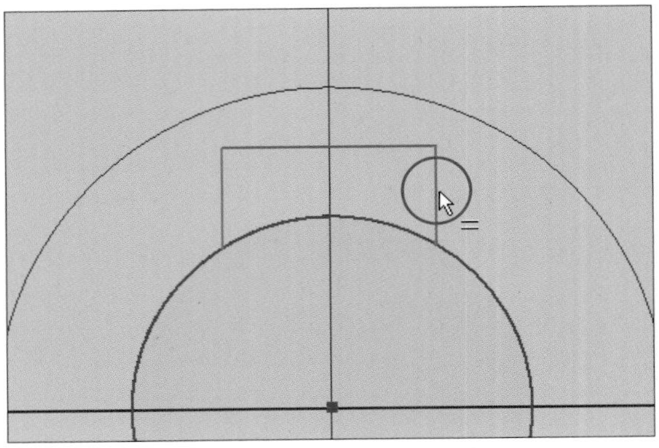

step 17

다음과 같이 두 선의 길이가 동일하게 변경되며, 같은 원주상에 있으므로 키 홈 스케치 요소가 가운데로 정렬됩니다.

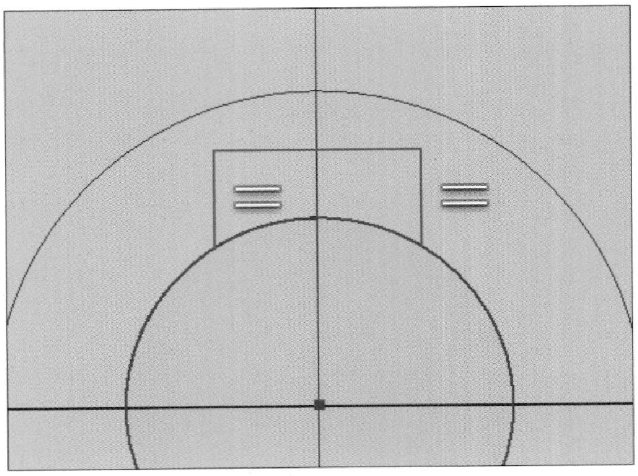

step 18

KS 규격집의 평행 키 항목을 확인하여 키 홈 자리의 치수값을 확인하도록 합니다. (축 지름 d = 18 기준)

21. 평행 키 (키 홈)

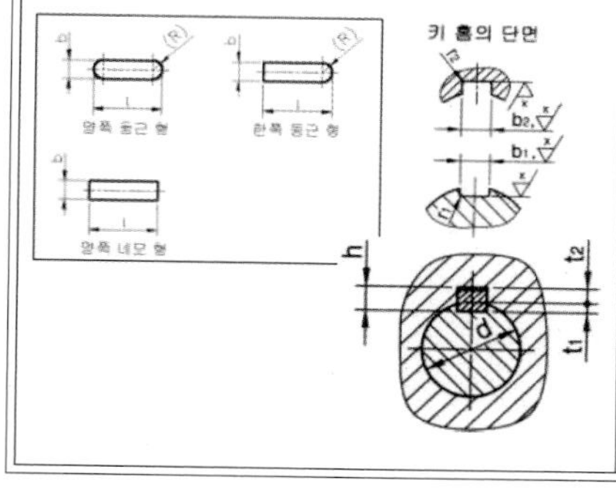

b1 및 b2의 기준 치수	키 홈의 치수							적용하는 축 지름 d (초과~이하)
	활동형		보통형		t1의 기준 치수	t2의 기준 치수	t1 및 t2의 허용차	
	b1 허용차	b2 허용차	b1 허용차	b2 허용차				
2	H9	D10	N9	JS9	1.2	1.0	+0.1 0	6~8
3					1.8	1.4		8~10
4					2.5	1.8		10~12
5					3.0	2.3		12~17
6					3.5	2.8		17~22
7					4.0	3.3	+0.2 0	20~25
8					4.0	3.3		22~30
10					5.0	3.3		30~38

※ 큐넷에서 제공하는 KS 규격집 pdf 파일의 **21. 평행 키 (키 홈)**(10p) 참고

step 19

치수 명령을 클릭합니다.

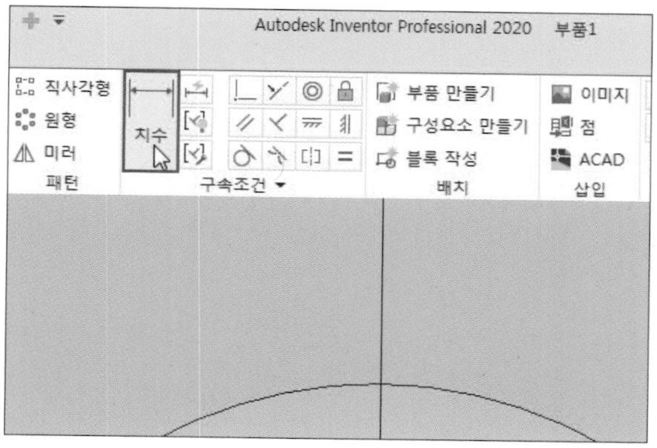

step 20

다음 선을 클릭합니다.

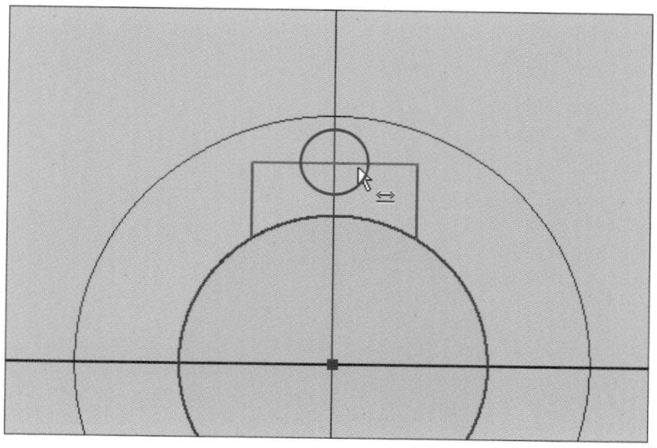

step 21

치수가 위치할 적당한 곳을 클릭하면 치수 편집창이 실행됩니다. 6을 입력한 다음 ENTER를 누릅니다.

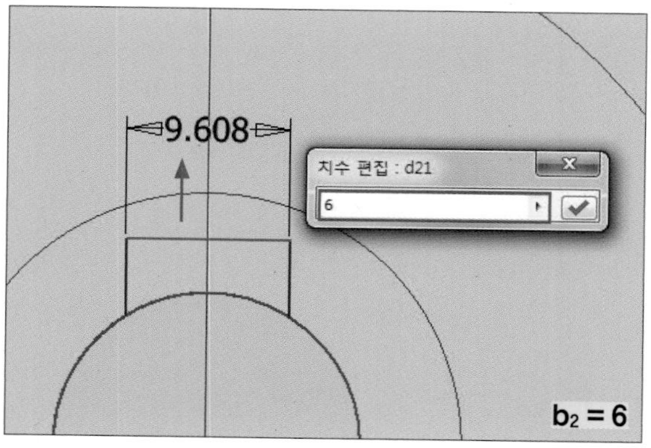

step 22

이어서 **치수 명령**으로 다음 선을 클릭합니다.

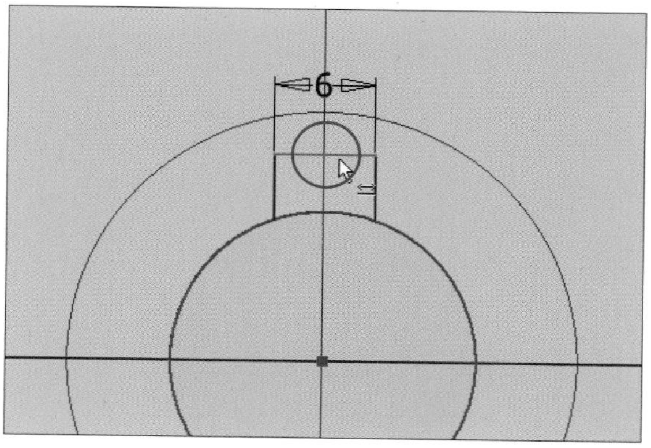

step 23

이어서 다음 선을 클릭합니다. 마우스 커서 근처의 아이콘이 다음과 같이 변경될 때 선을 클릭하도록 합니다.

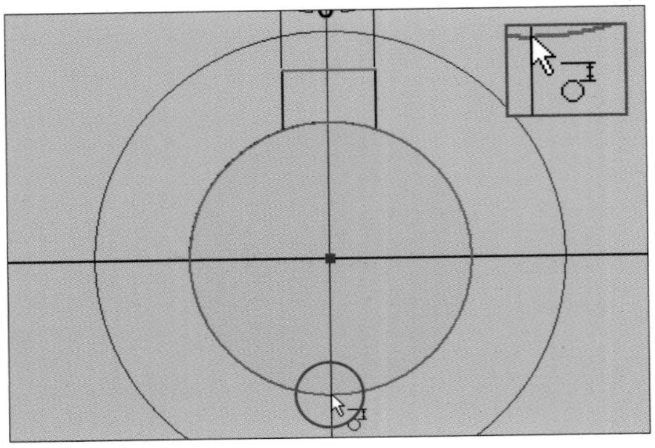

step 24

치수가 위치할 적당한 곳을 클릭하면 치수 편집창이 실행됩니다. 20.8을 입력한 다음 ENTER를 누릅니다.

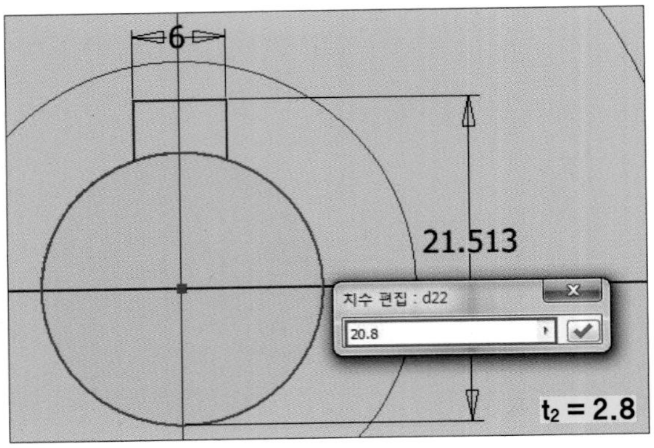

TIP 원형 치수 작성시 아이콘의 의미

① 원의 **사분점**으로부터의 높이 치수를 작성할 수 있습니다.

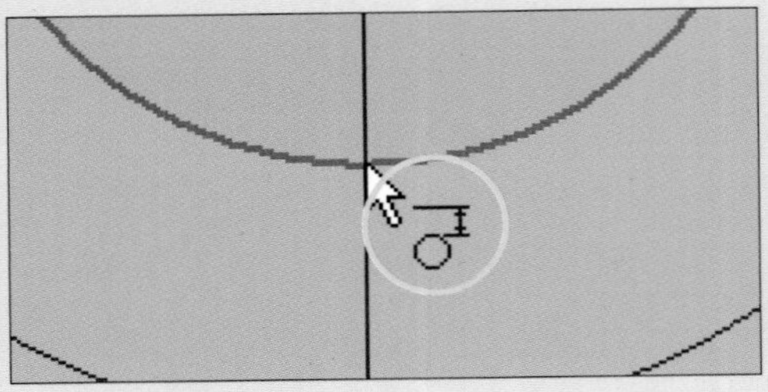

② 원의 **중심점**으로부터의 높이 치수를 작성할 수 있습니다.

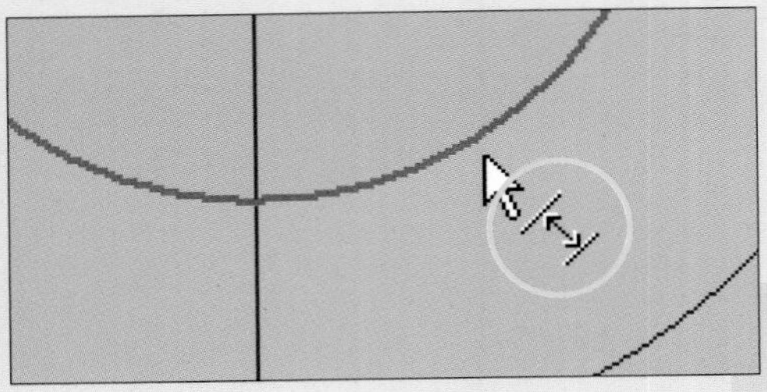

step 25

다음과 같이 치수 작성이 완료되었습니다.

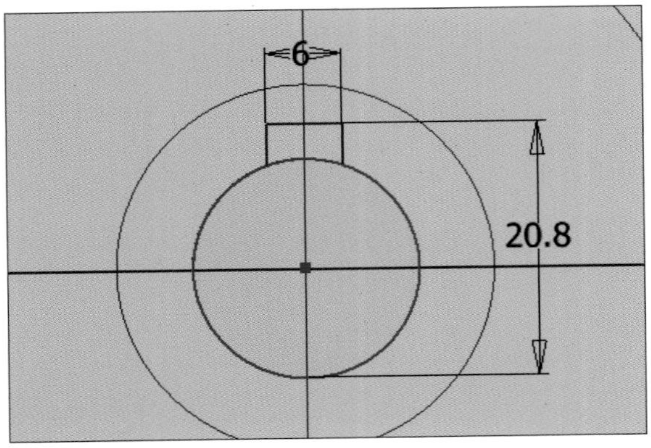

step 26

3D 모형 탭의 돌출 명령을 클릭합니다.

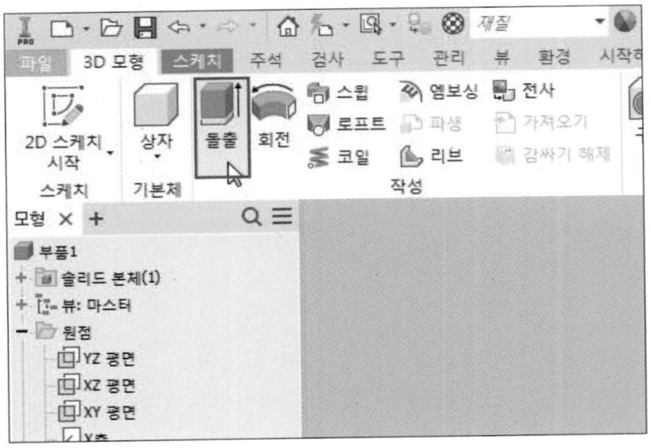

step 27

프로파일로는 다음 스케치 **영역**을 선택합니다.

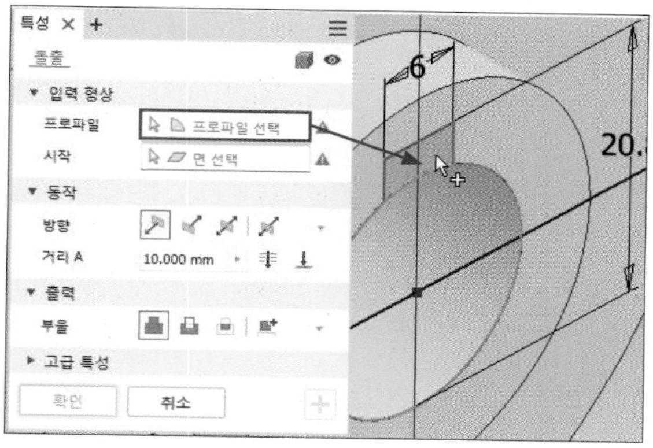

step 28

거리는 **전체 관통**, 출력 옵션은 **잘라내기**로 설정하고 **확인** 버튼을 클릭합니다.

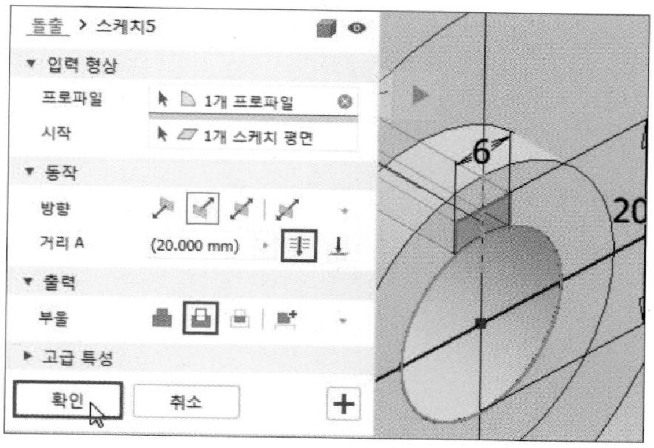

step 29

다음과 같이 돌출 차집합 피쳐가 작성됩니다.

step 30

다음 면에 **새 스케치**를 작성합니다.

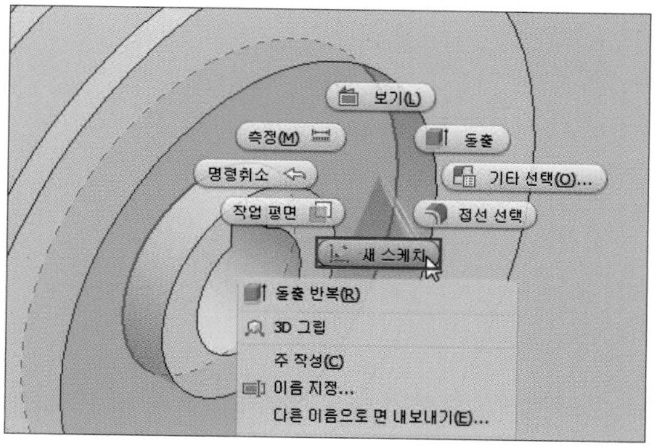

step 31

점 명령을 클릭합니다.

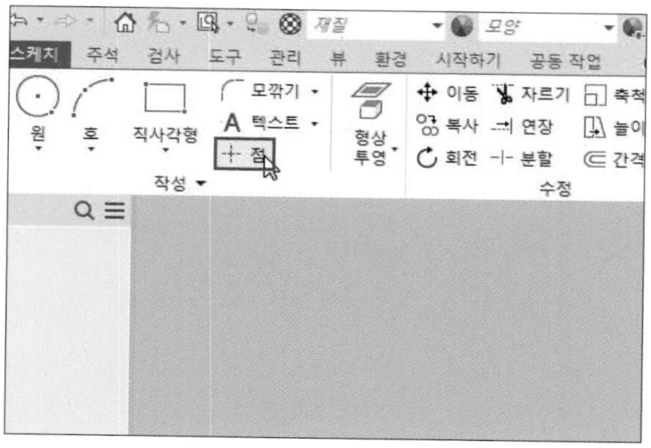

step 32

다음 대략적인 위치에 **점**을 작성합니다.

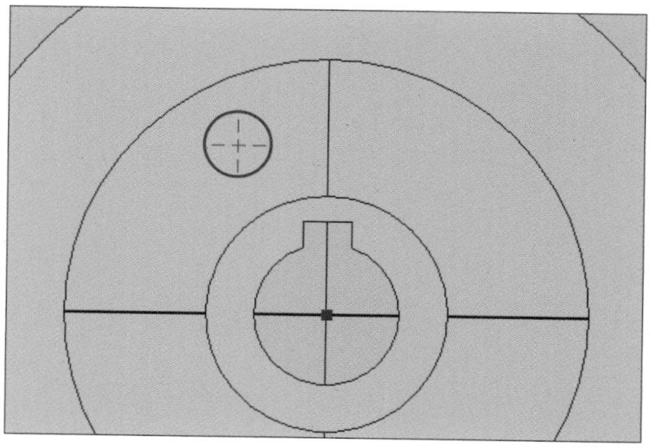

step 33

수직 구속조건 명령을 클릭합니다.

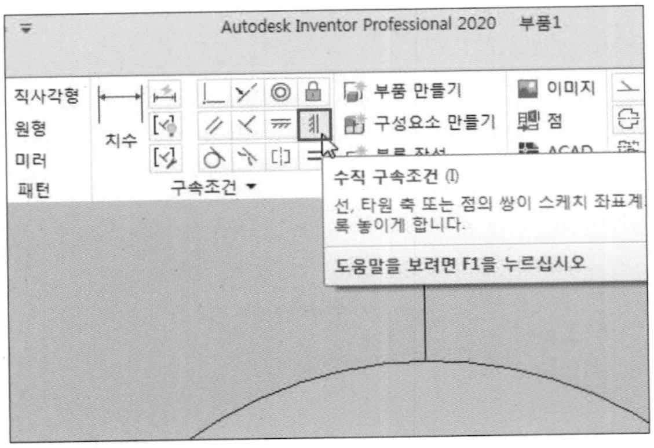

step 34

다음 점을 클릭합니다.

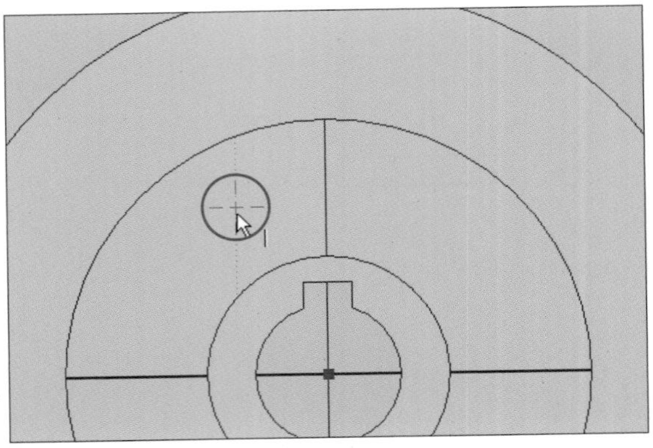

step 35

이어서 원점을 클릭합니다.

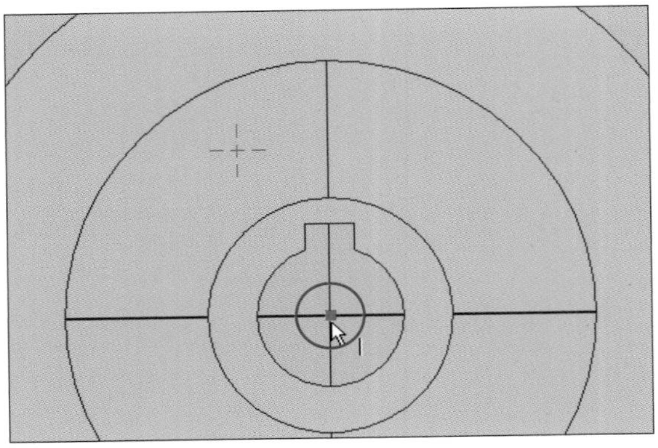

step 36

다음과 같이 두 점이 수직하게 정렬되었습니다.

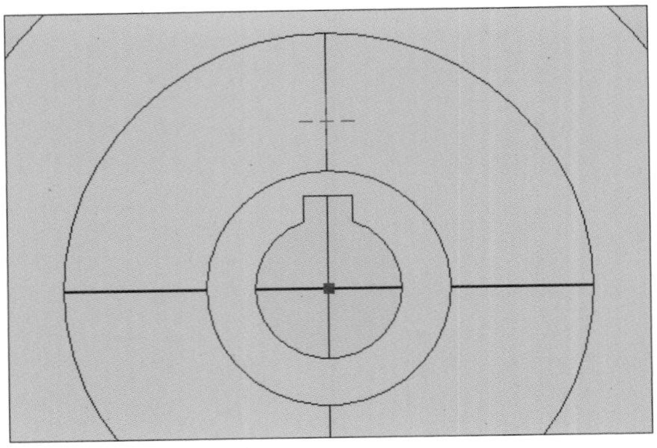

step 37

치수 명령을 클릭합니다.

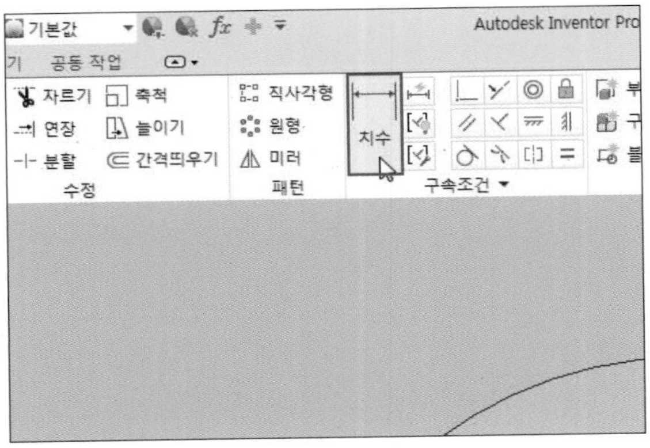

step 38

다음 점을 클릭합니다.

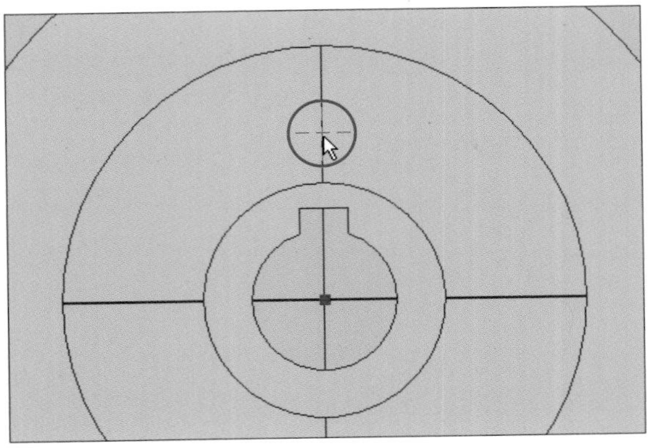

step 39

이어서 원점을 클릭합니다.

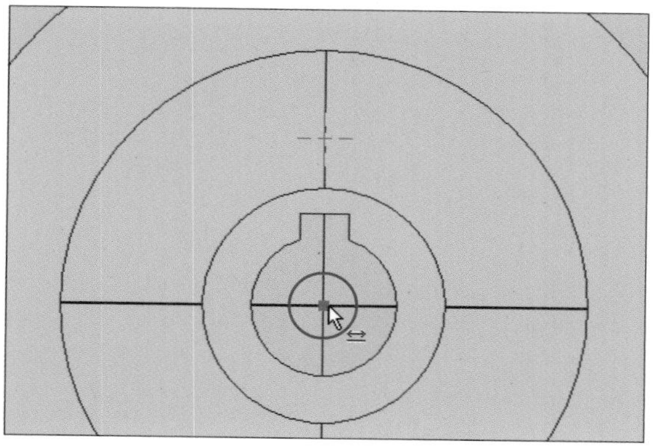

step 40

치수가 위치할 적당한 곳을 클릭하면 치수 편집창이 실행됩니다. 25를 입력한 다음 ENTER를 누릅니다.

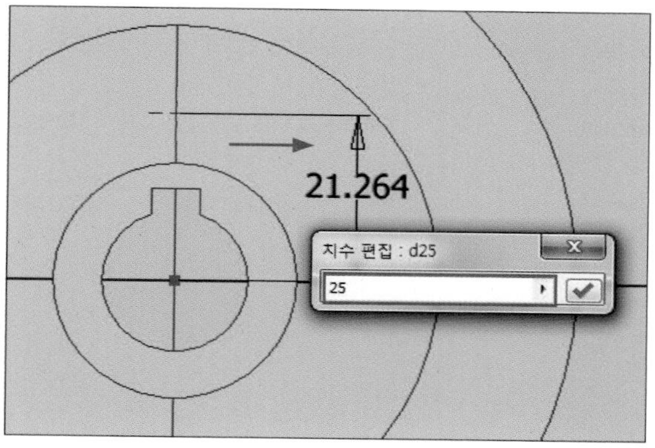

step 41

다음과 같이 구멍 작성을 위한 점 스케치가 완료되었습니다.

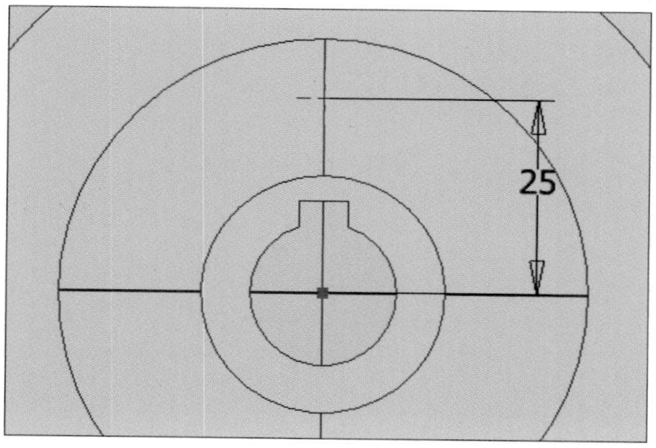

step 42

3D 모형 탭의 구멍 명령을 실행합니다.

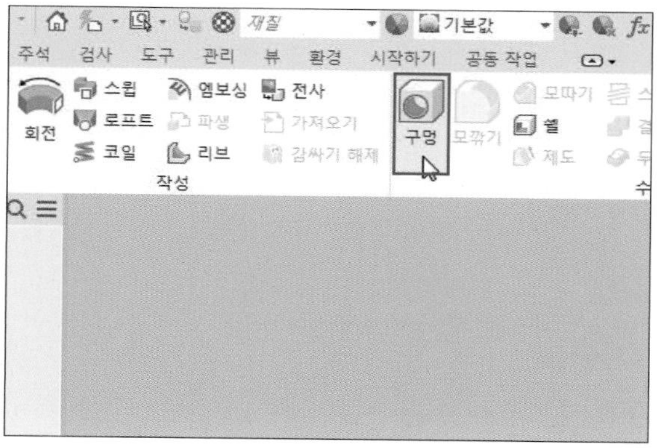

step 43

다음과 같이 구멍의 유형을 설정한 다음 확인 버튼을 클릭합니다. (일반 단순 구멍 지름 : 7mm, 전체 관통 옵션)

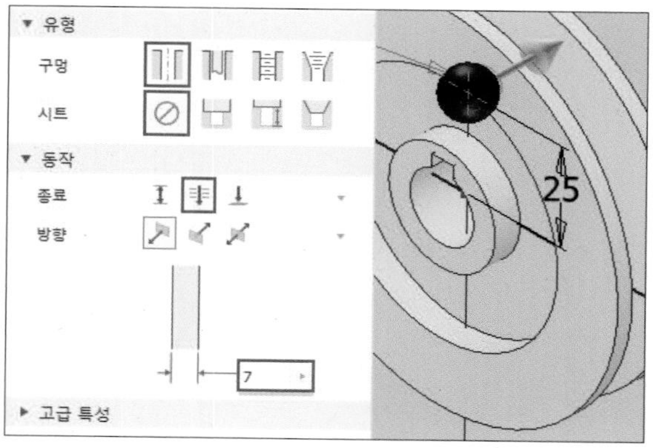

step 44

다음과 같이 구멍 피쳐가 작성되었습니다.

step 45

3D **모형** 탭의 **원형** 패턴 명령을 실행합니다.

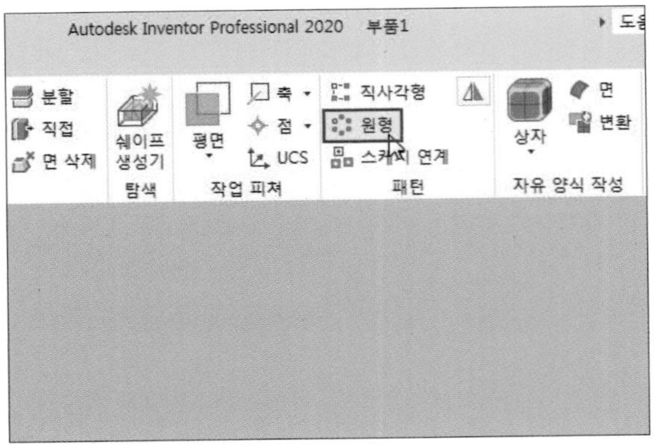

step 46

원형 패턴 피쳐로는 방금 작성한 **구멍** 피쳐를 **모형 검색기** 탭에서 클릭합니다.

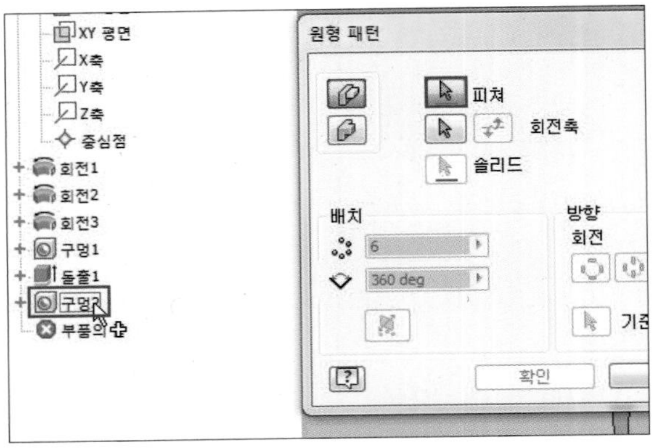

step 47

회전축을 선택하기 위해 다음 **화살표**를 먼저 클릭하도록 합니다.

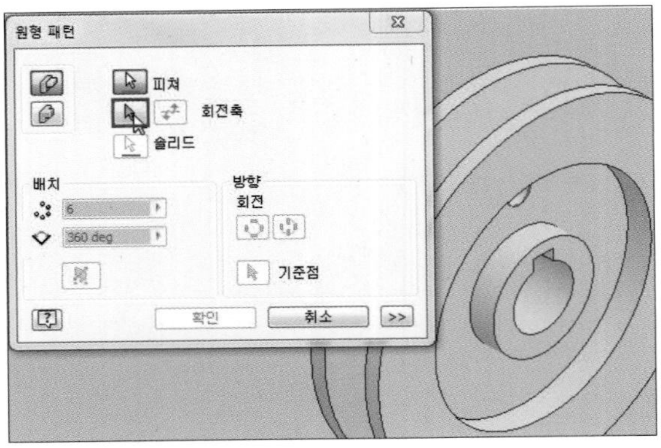

step 48

회전축으로는 다음 **원통형 면**을 선택하면 축이 자동으로 인식됩니다.

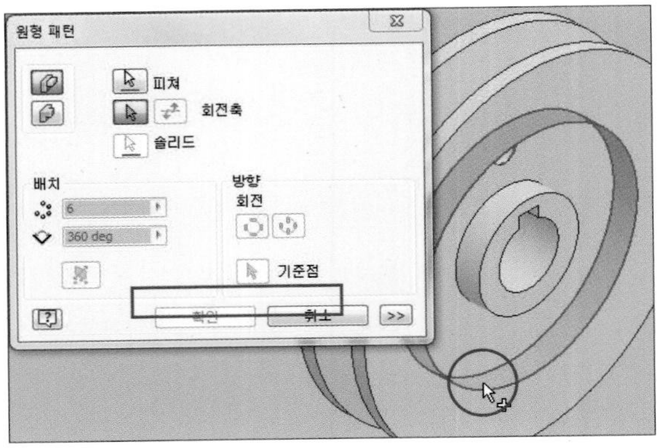

step 49

패턴 개수와 **각도**를 설정한 다음 **확인** 버튼을 클릭합니다.

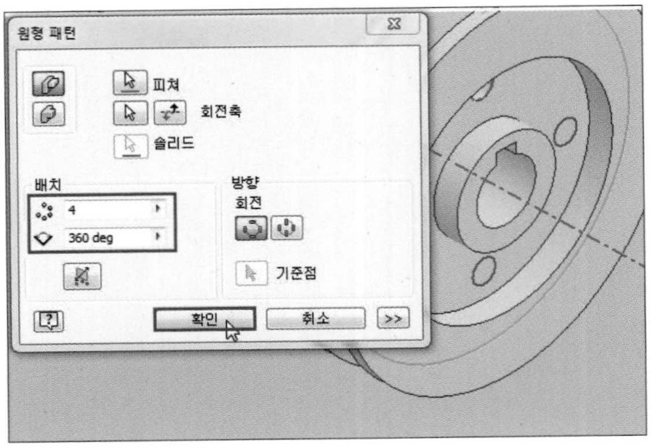

step 50

다음과 같이 원형 패턴 피쳐가 작성되었습니다.

chapter 03 마무리 피쳐 작성하기

step 1

3D 모형 탭의 모따기 명령을 실행합니다.

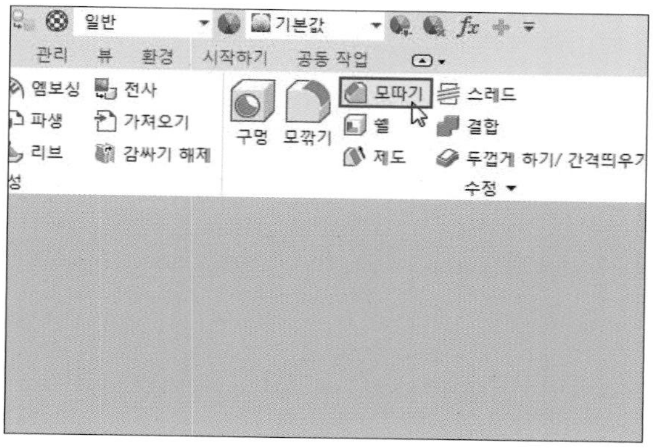

step 2

모따기 거리값으로 1mm를 입력합니다.

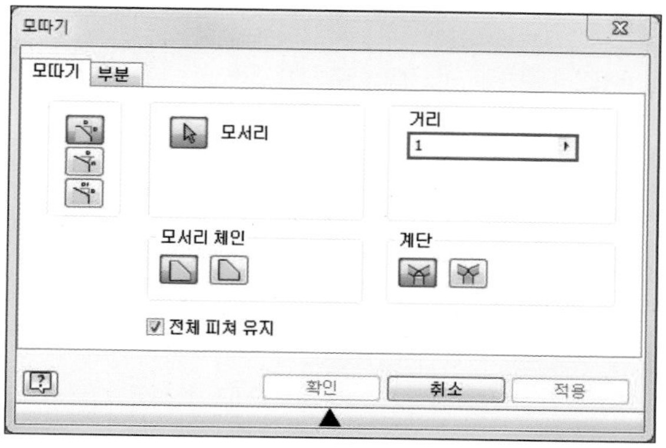

step 3

다음 모서리를 클릭합니다.

step 4

이어서 반대편의 마주보는 모서리도 클릭합니다.

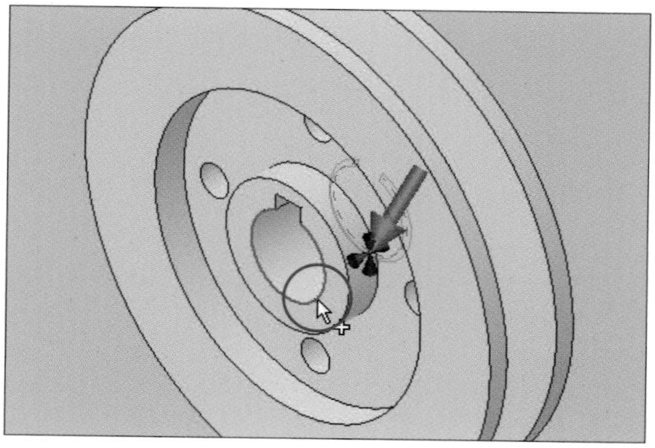

step 5

미리보기가 정상적으로 나오면 확인 버튼을 클릭합니다.

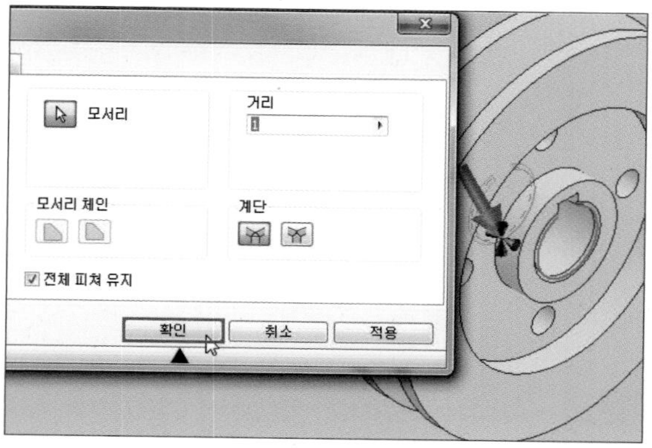

step 6

다음과 같이 모따기 피쳐가 작성되었습니다.

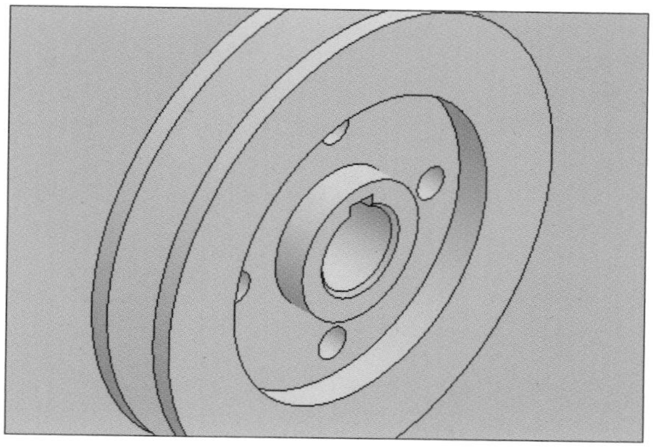

step 7

3D 모형 탭의 **모깎기** 명령을 실행합니다.

step 8

모깎기 반지름으로 3mm를 입력합니다.

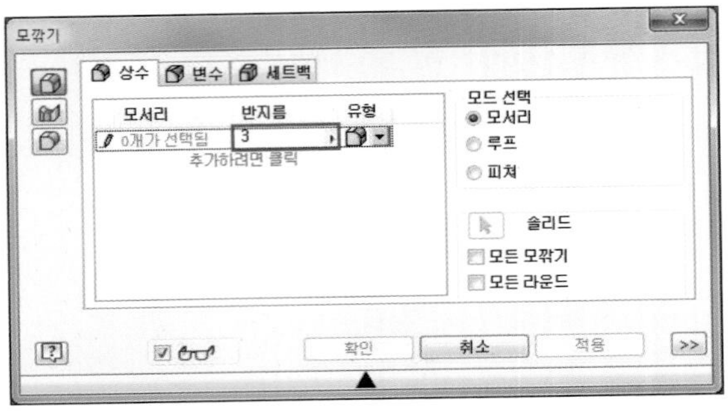

step 9

다음 **모서리**들을 클릭합니다.

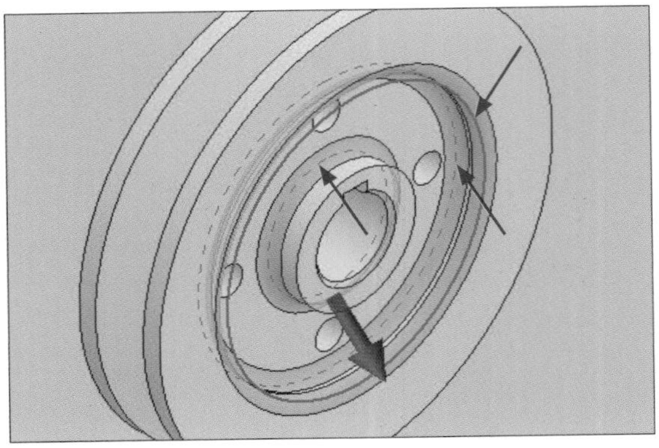

step 10

이어서 반대편의 마주보는 **모서리**들도 클릭합니다.

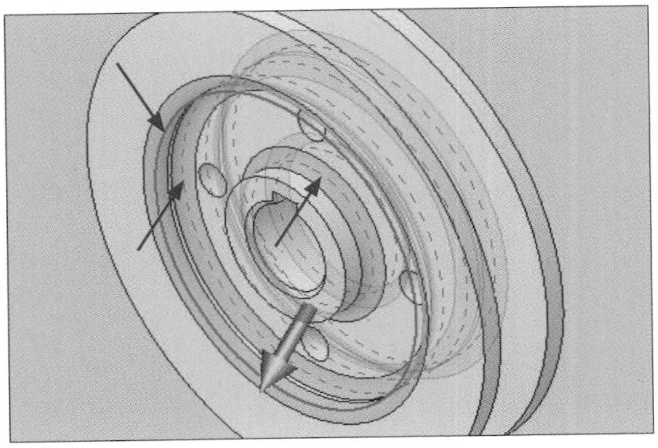

step 11

미리보기가 정상적으로 나오면 **확인** 버튼을 클릭합니다.

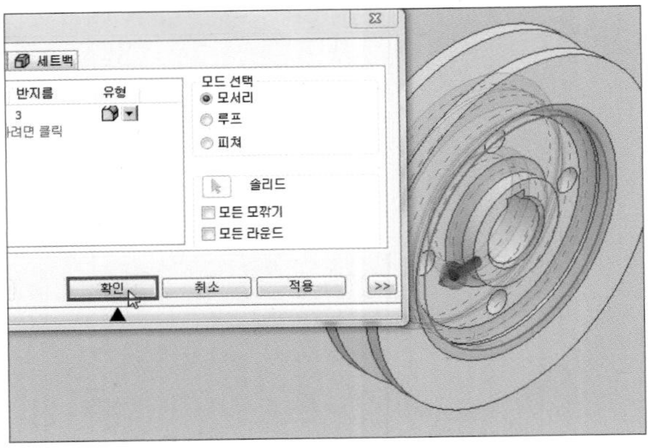

step 12

다음과 같이 원점을 지나는 **중심선**을 작성합니다.

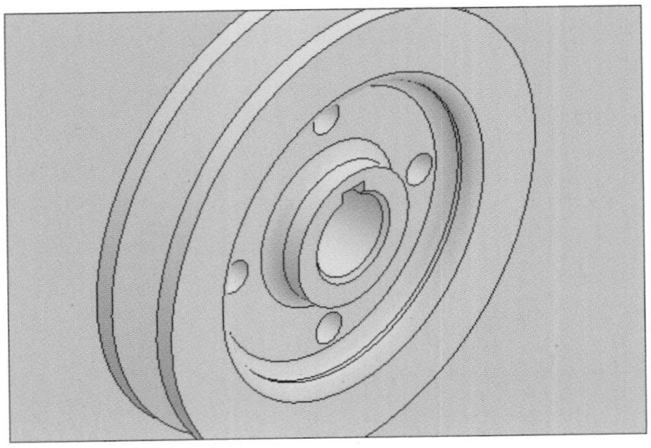

step 13

3D 모형 탭의 **모깎기** 명령을 실행합니다.

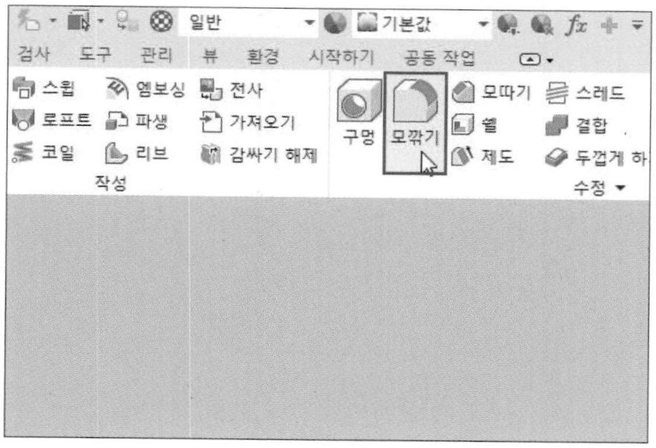

step 14

모깎기 반지름으로 0.5mm를 입력합니다.

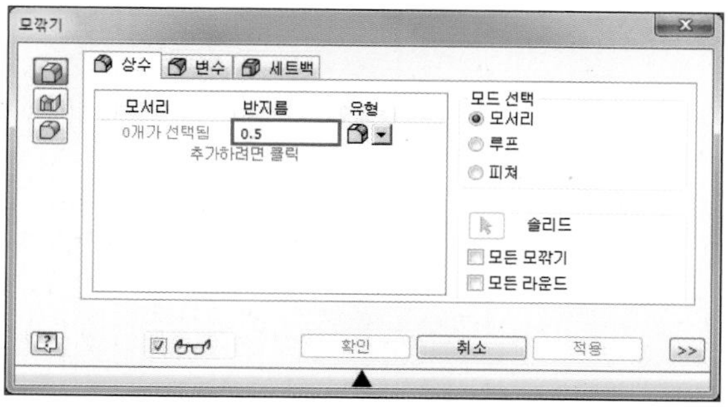

V 벨트 풀리 $r_1 = 0.5$

step 15

다음 두 모서리를 클릭합니다.

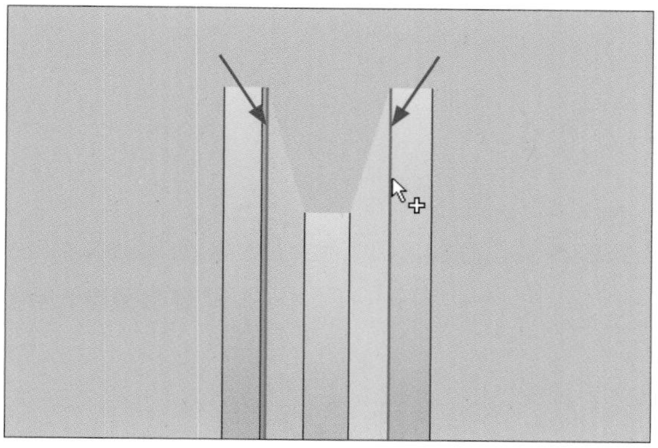

step 16

미리보기가 정상적으로 나오면 **확인** 버튼을 클릭합니다.

step 17

다시 한 번 **모깎기** 명령을 실행하여 반지름으로 1mm를 입력합니다.

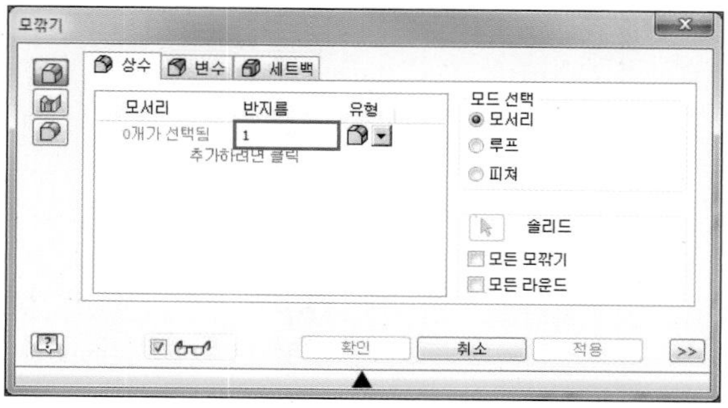

V 벨트 풀리 $r_2 = 1$

step 18

다음 두 모서리를 클릭합니다.

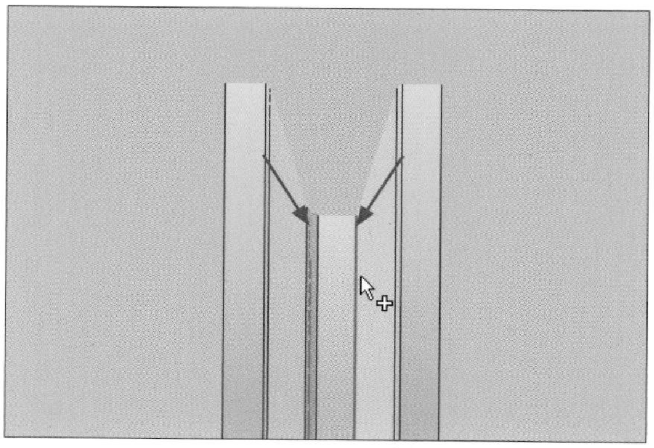

step 19

미리보기가 정상적으로 나오면 **확인** 버튼을 클릭합니다.

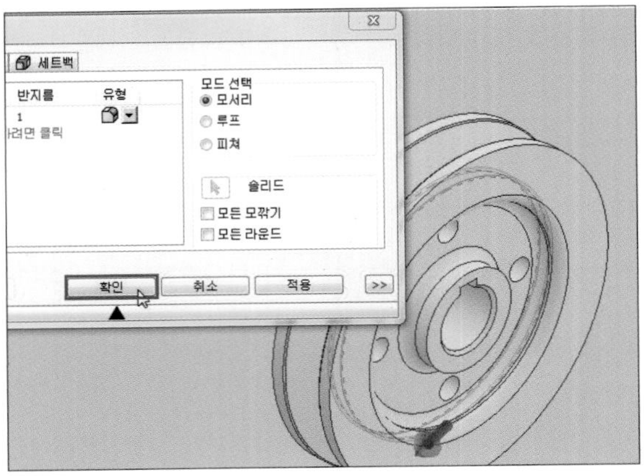

step 20

다시 한 번 **모깎기** 명령을 실행하여 반지름으로 2mm를 입력합니다.

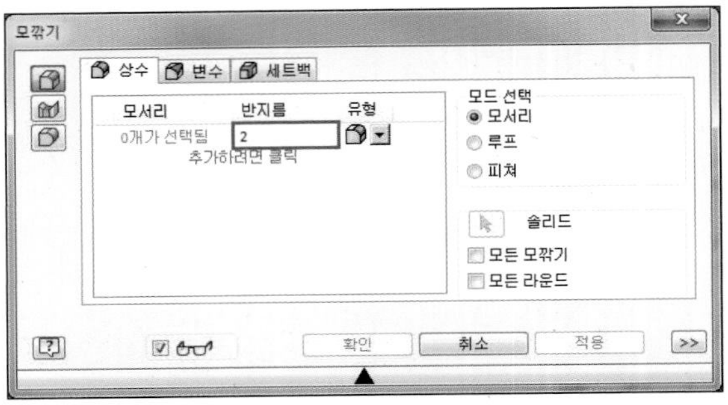

V 벨트 풀리 $r_3 = 2$

step 21

다음 두 모서리를 클릭합니다.

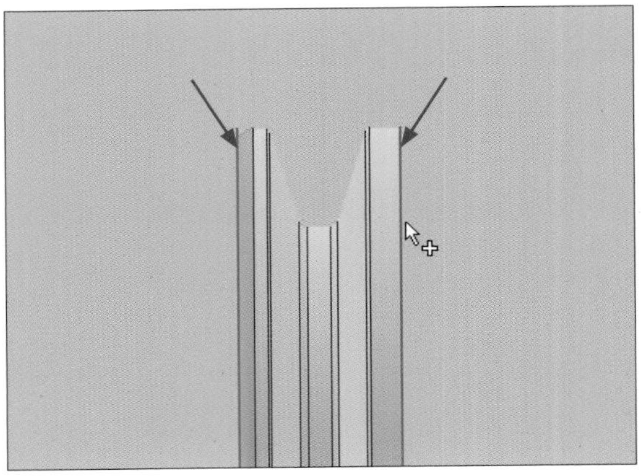

step 22

미리보기가 정상적으로 나오면 **확인** 버튼을 클릭합니다.

step 23

다음과 같이 V-벨트 풀리 타입의 모델링이 완료되었습니다.

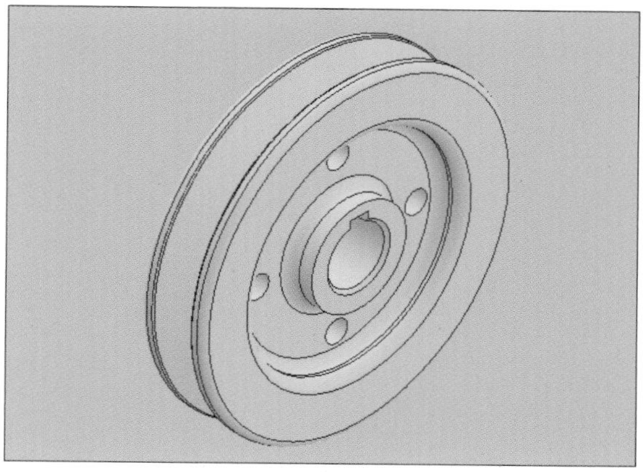

Section 4 스퍼 기어 타입의 부품 작성하기

동력전달장치의 스퍼 기어 타입 부품을 작성해보도록 하겠습니다.

01 따라하기 예제도면 살펴보기

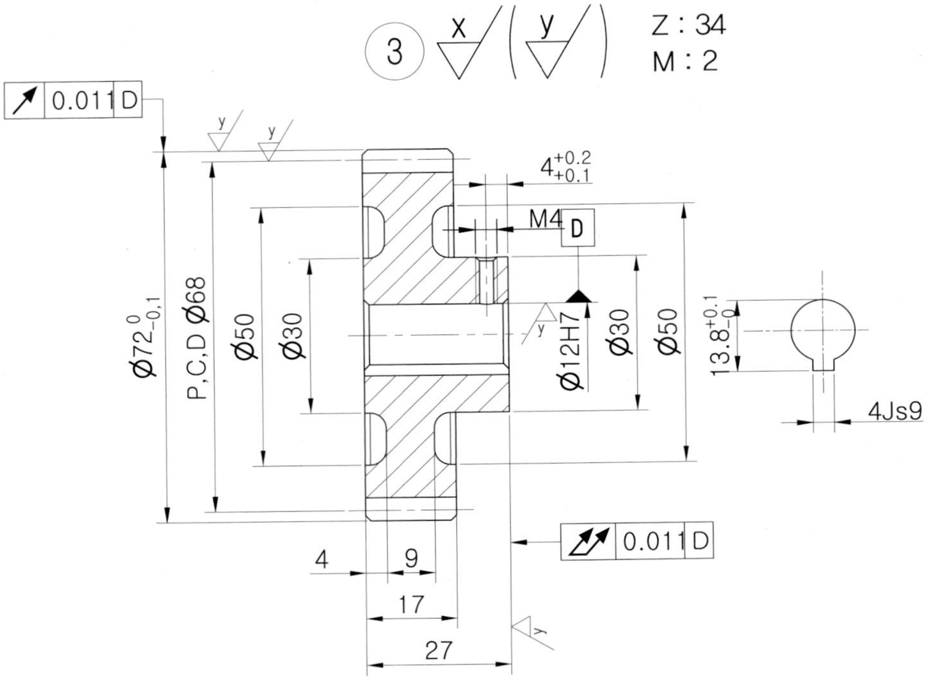

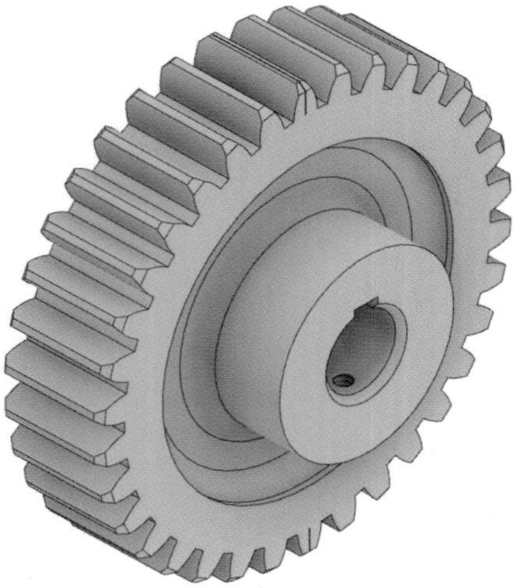

주)
도시되고 지시없는 모따기는 1x45 °
필렛과 라운드는 R3

chapter 01 베이스 피쳐 작성하기

step 1

새로 만들기 버튼을 클릭합니다.

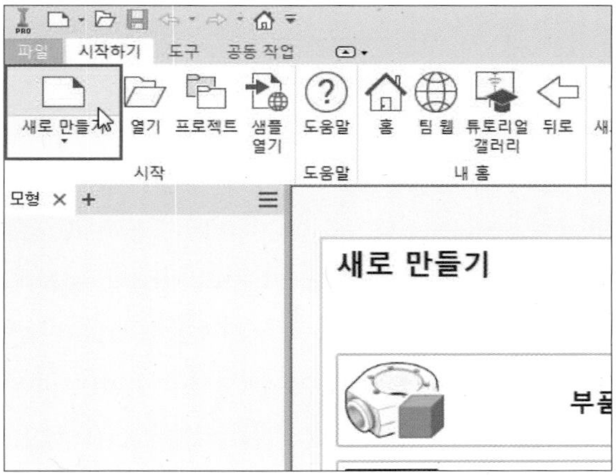

step 2

Standard(mm).ipt 템플릿을 선택한 다음 작성 버튼을 클릭합니다.

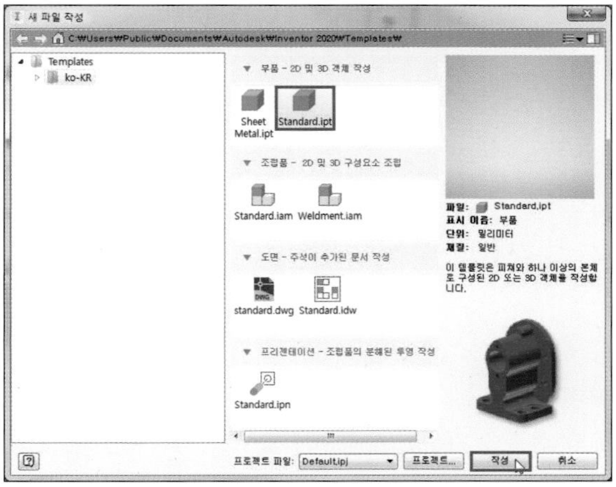

step 3

2D 스케치 시작 버튼을 클릭한 다음 XY 평면을 선택합니다.

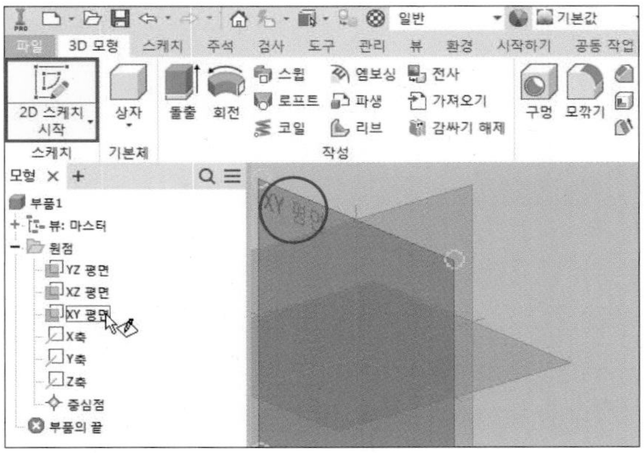

step 4

스케치 메뉴가 활성화되면 선 명령을 클릭합니다.

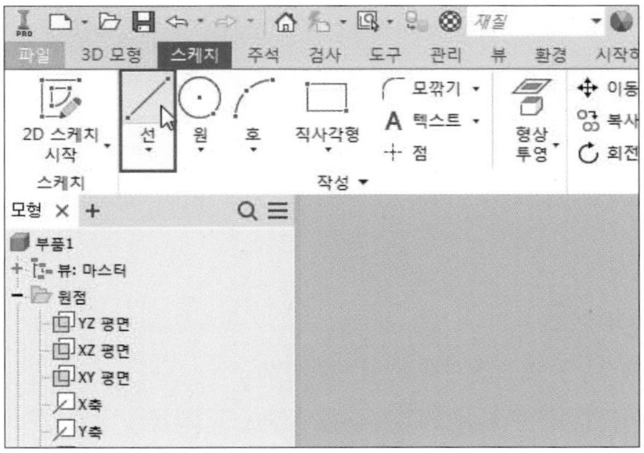

step 5

화면의 대략적인 곳에 첫 번째 점을 찍습니다.

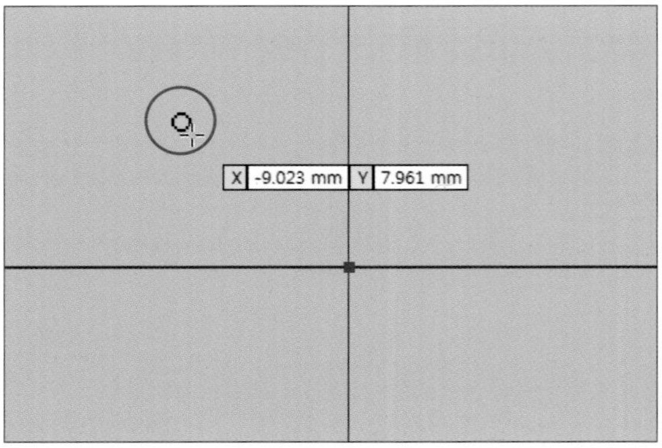

step 6

수평선이 되도록 두 번째 점을 클릭합니다.

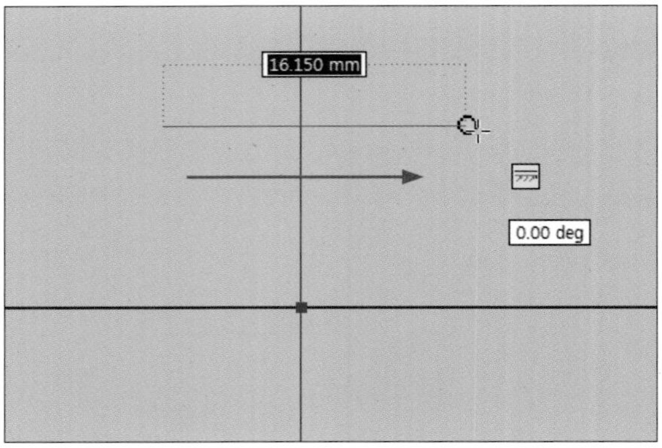

step 7

해당 선분을 마우스 우측 버튼으로 클릭하여 **중심선** 형식으로 변경합니다.

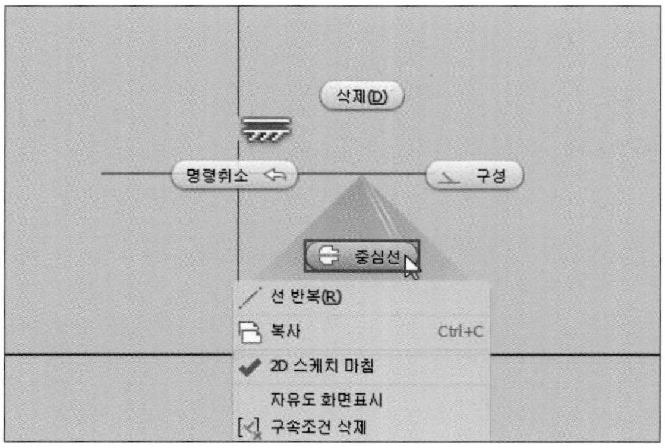

step 8

다음과 같이 해당 선분이 **중심선**으로 변경됩니다.

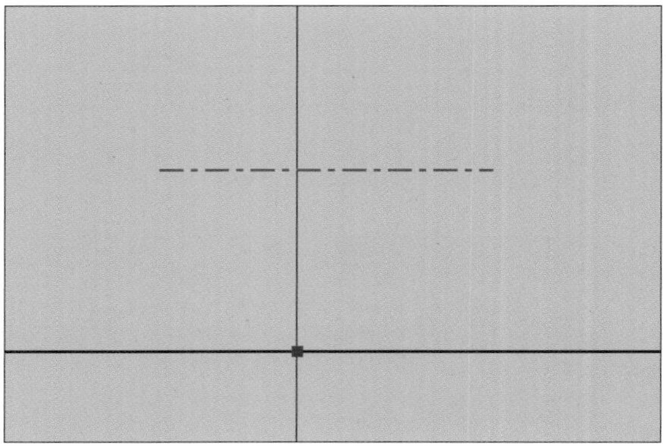

step 9

일치 구속조건 명령을 클릭합니다.

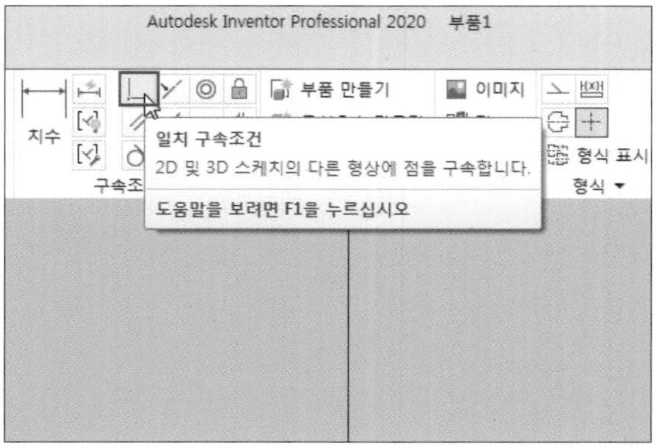

step 10

중심선의 **중간점**을 클릭합니다.

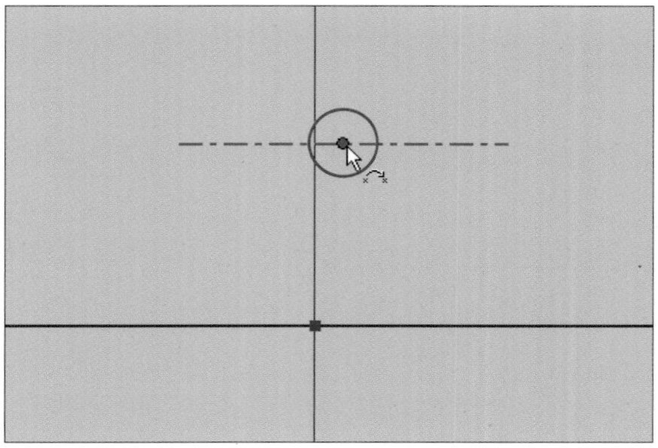

step 11

이어서 원점을 클릭합니다.

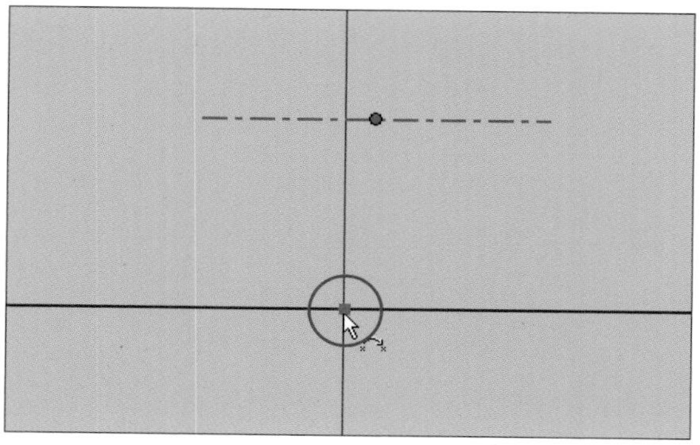

step 12

다음과 같이 선의 중간점과 원점이 일치됩니다.

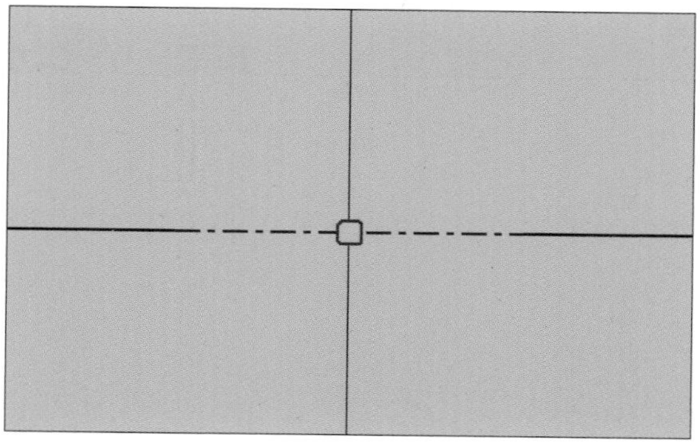

step 13

치수 명령을 클릭합니다.

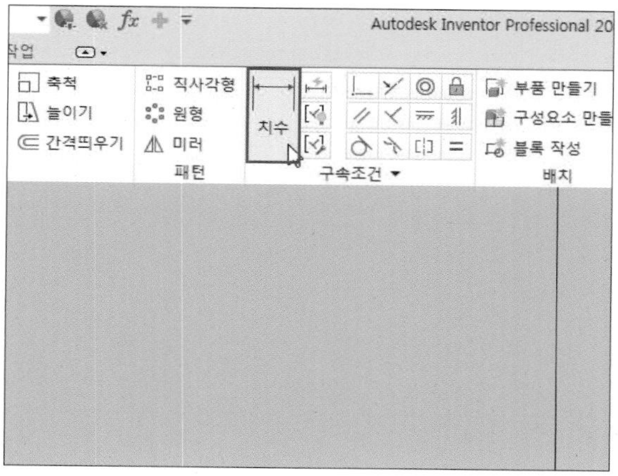

step 14

중심선을 클릭합니다.

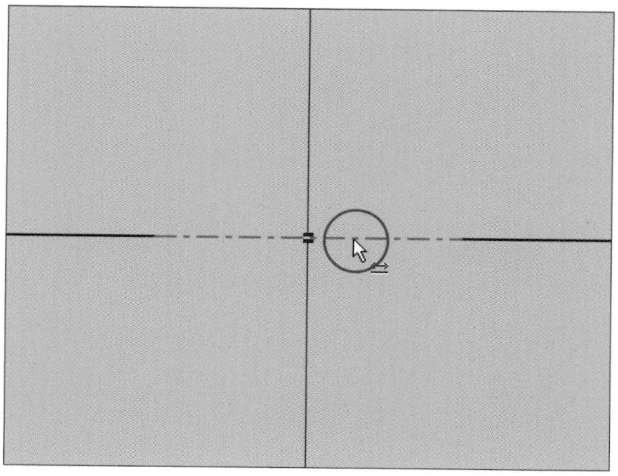

step 15

치수가 위치할 적당한 곳을 클릭하면 치수 편집창이 실행됩니다. 27을 입력한 다음 ENTER를 누릅니다.

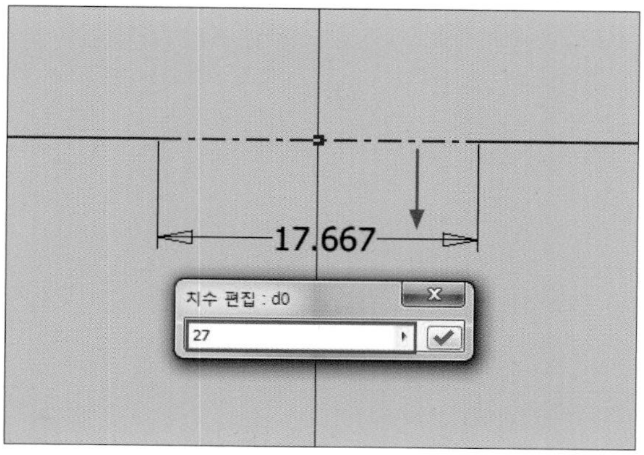

step 16

다음과 같이 치수가 작성되었습니다.

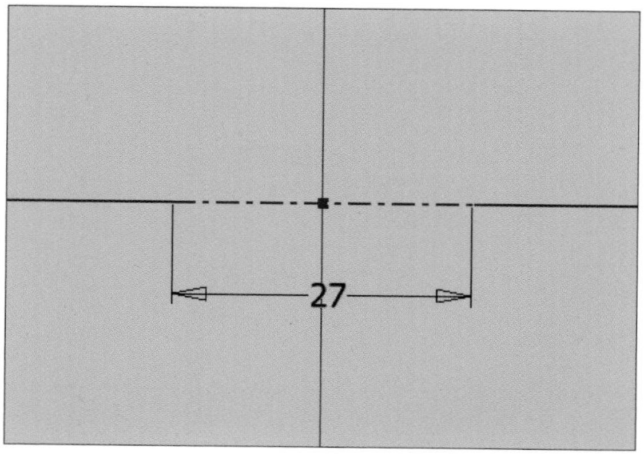

step 17

선 명령을 클릭합니다.

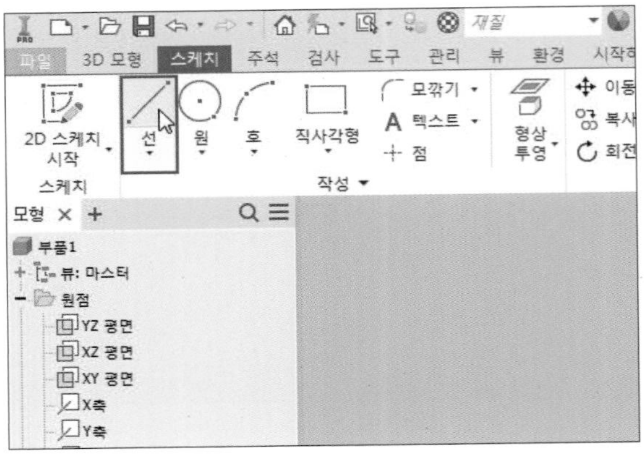

step 18

중심선의 **끝점**을 클릭합니다.

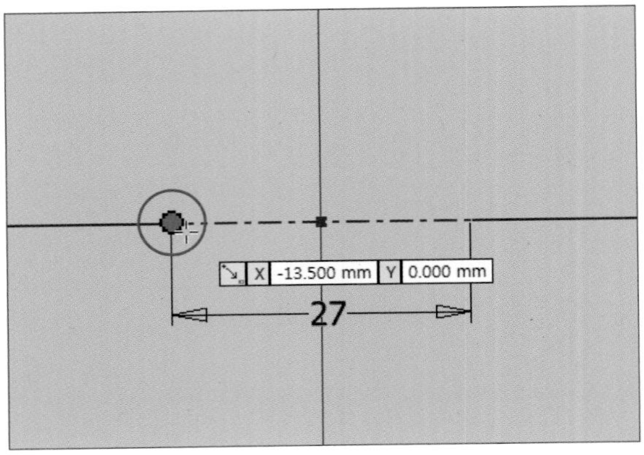

step 19

위로 뻗는 **수직선**이 되도록 다음 점을 클릭합니다.

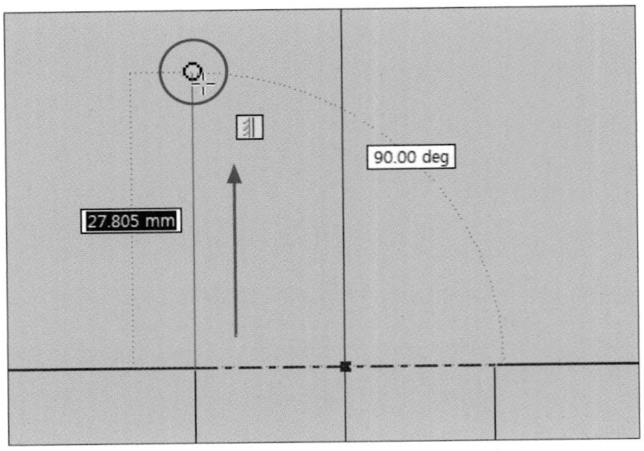

step 20

이어서 **수평선**이 되도록 점을 클릭합니다.

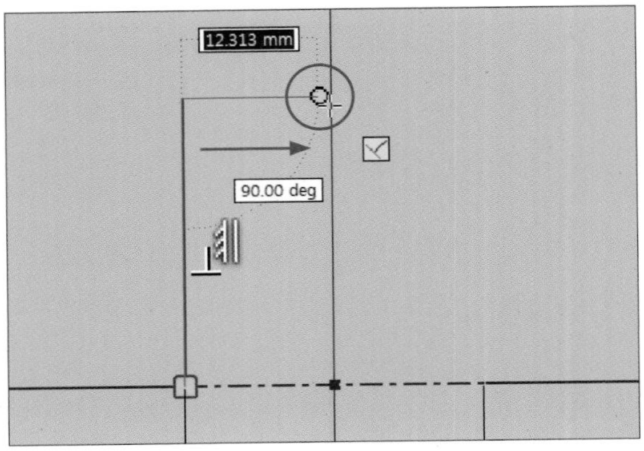

step 21

이어서 아래쪽으로 뻗는 **수직선**이 되도록 다음 점을 클릭합니다.

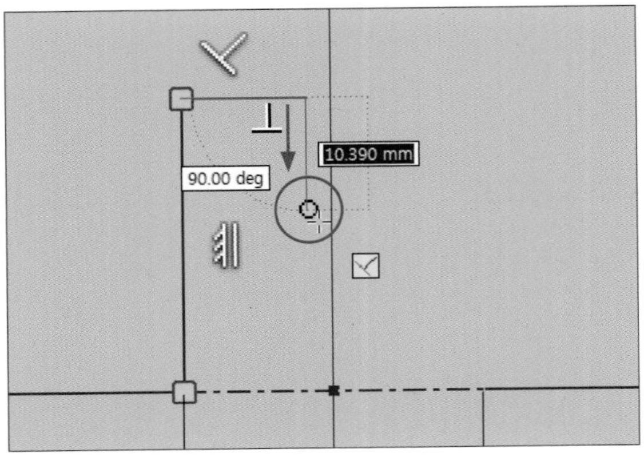

step 22

이어서 오른쪽으로 뻗는 **수평선**을 작성합니다. 이때, 구속조건 추정 기능을 이용하여 점을 찍도록 합니다.

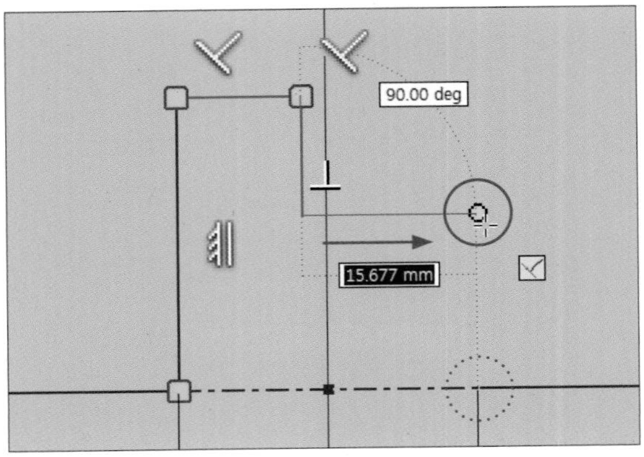

step 23

마지막으로 중심선의 **끝점**을 클릭하여 선 스케치를 마무리합니다.

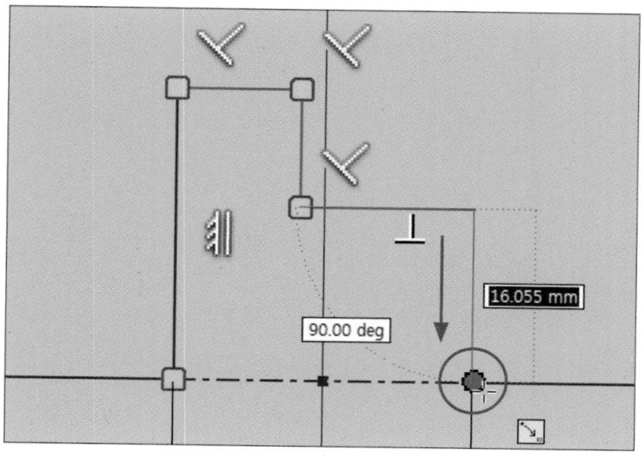

step 24

다음과 같이 선 스케치 작성이 완료되었습니다.

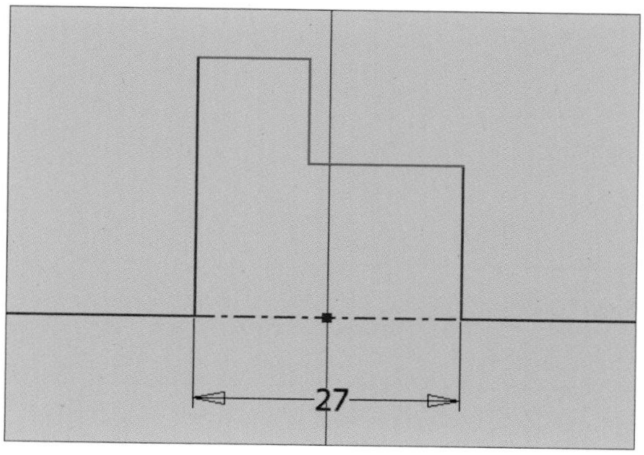

step 25

치수 명령을 클릭합니다.

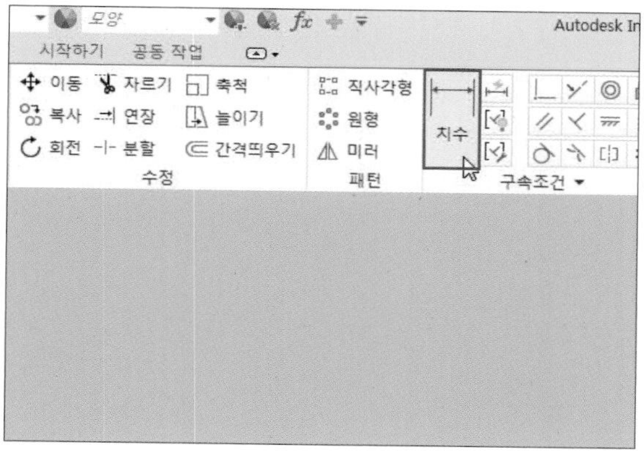

step 26

해당 선분을 클릭합니다.

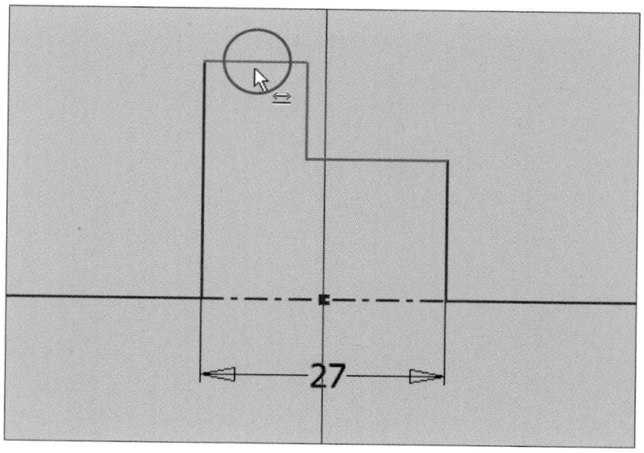

step 27

이어서 중심선을 클릭합니다.

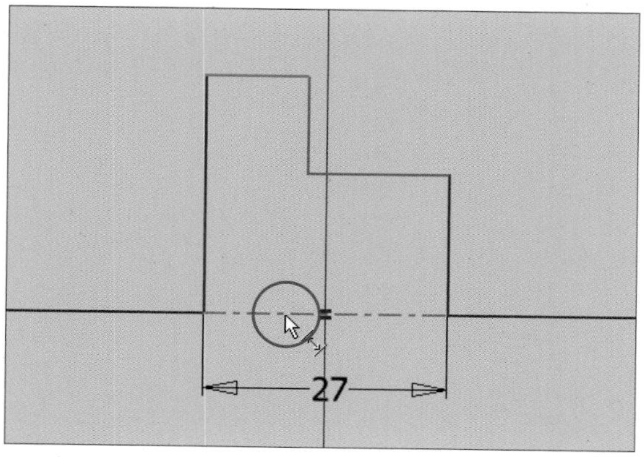

step 28

치수가 위치할 적당한 곳을 클릭하면 치수 편집창이 실행됩니다. 63을 입력한 다음 ENTER를 누릅니다.

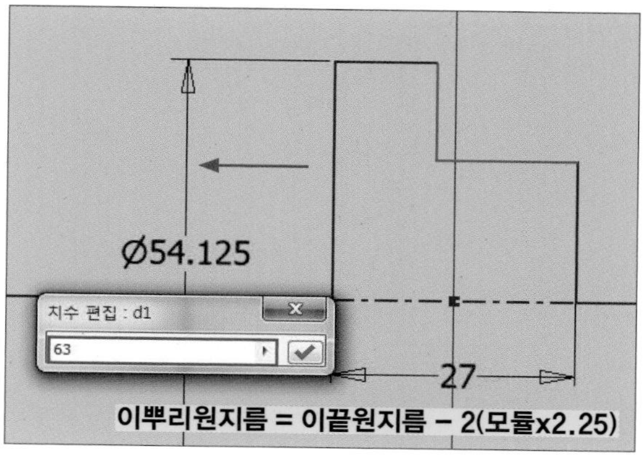

step 29

다음과 같이 **지름 치수**가 작성되었습니다.

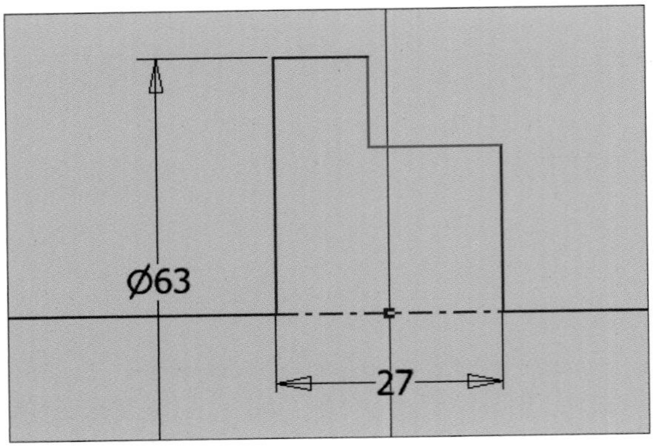

step 30

마찬가지 방법으로 반대쪽 **지름 치수**를 작성합니다.

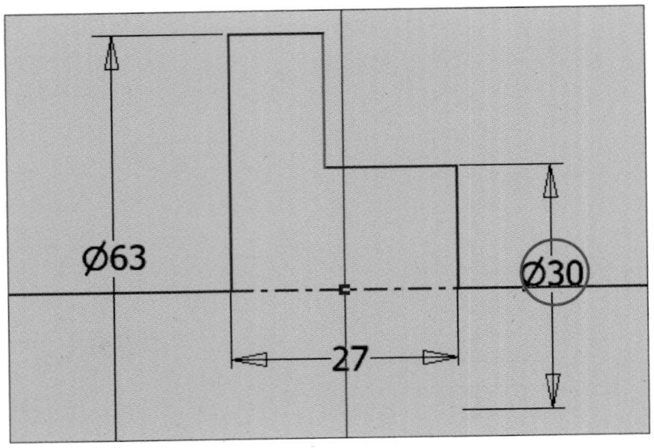

step 31

이어서 **치수** 명령으로 다음 선을 클릭합니다.

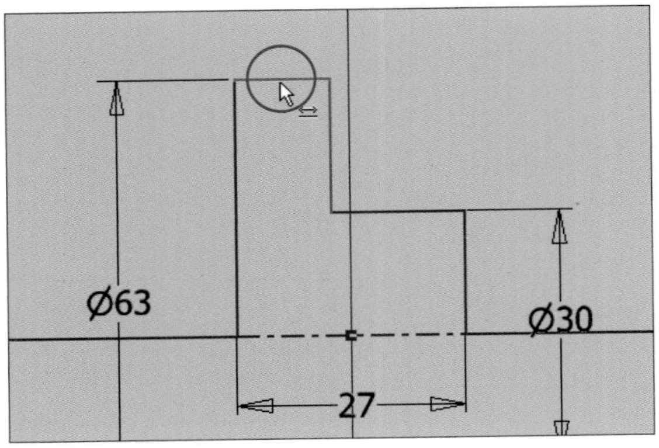

step 32

치수가 위치할 적당한 곳을 클릭하면 치수 편집창이 실행됩니다. 17을 입력한 다음 ENTER를 누릅니다.

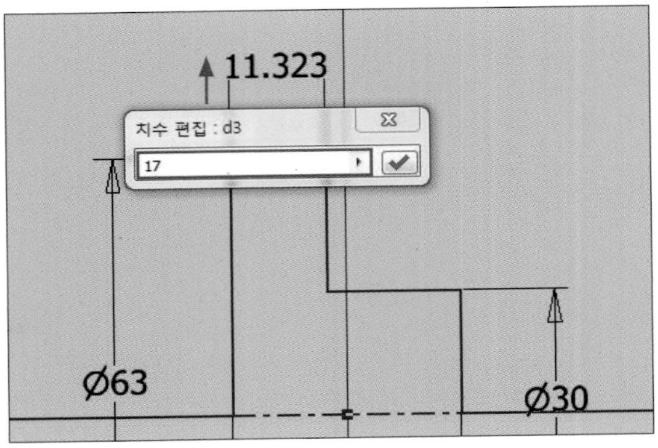

step 33

다음과 같이 스케치 및 치수가 작성되었습니다.

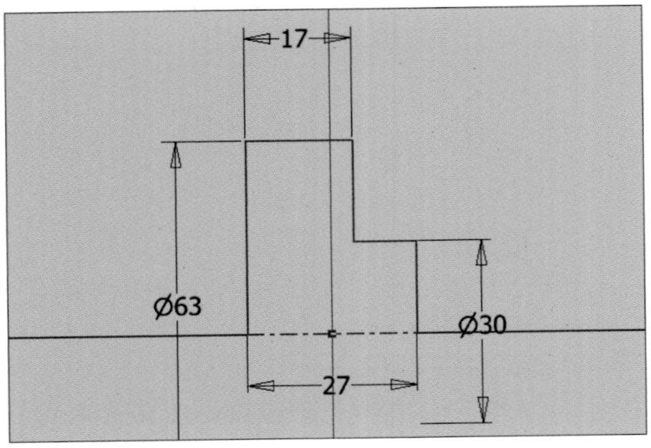

step 34

3D 모형 탭의 회전 명령을 클릭합니다.

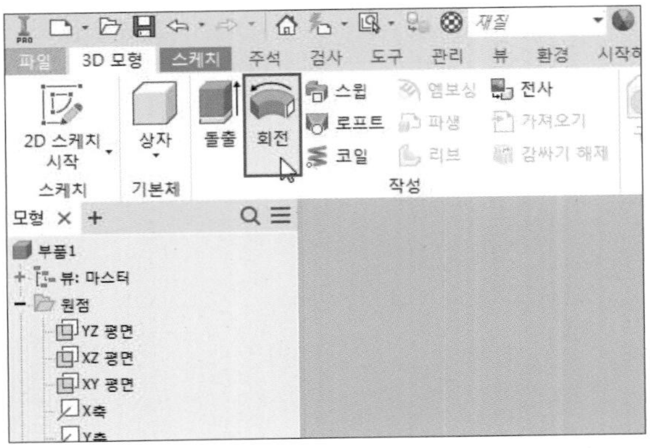

step 35

프로파일과 축이 자동으로 선택됩니다. 미리보기를 확인하고 **확인** 버튼을 클릭합니다.

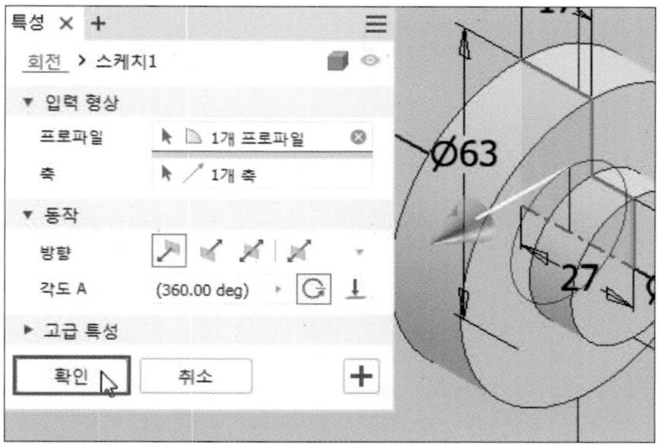

step 36

다음과 같이 기본 베이스 피쳐 작성이 완료되었습니다.

step 37

다음 면에 **새 스케치**를 작성합니다.

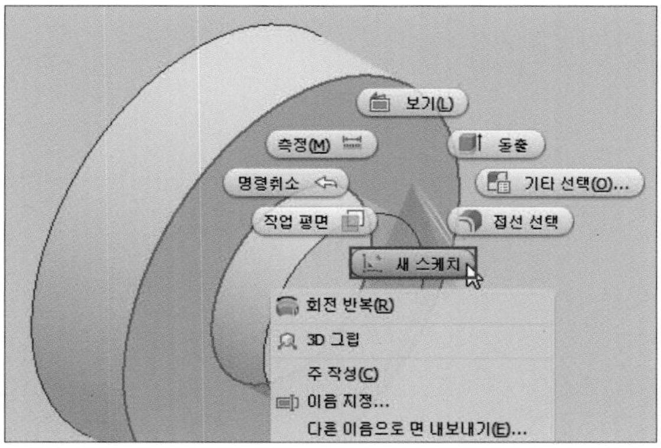

step 38

형상 투영 명령을 클릭합니다.

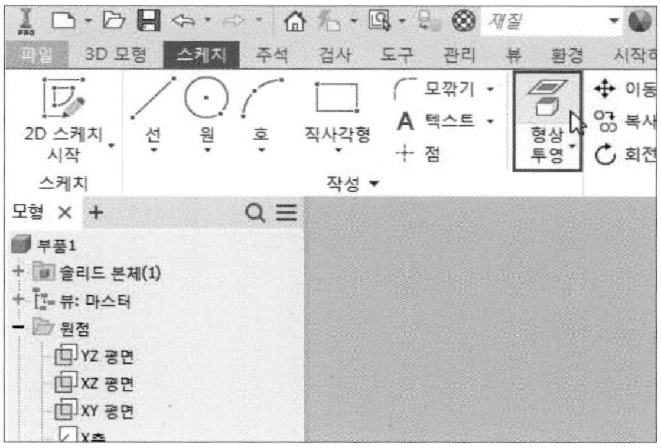

step 39

다음 **모서리**를 클릭합니다.

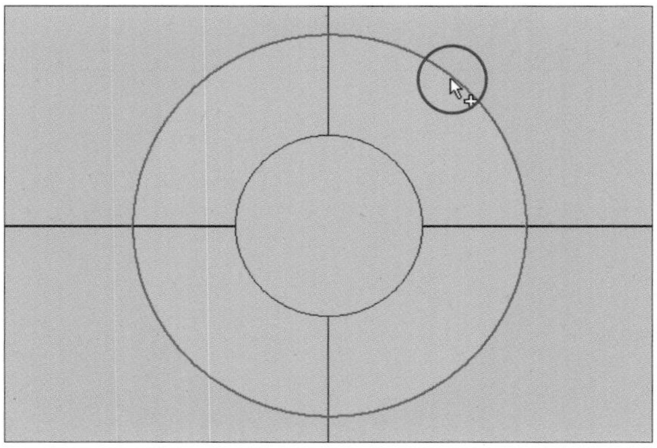

step 40

선택한 모서리가 **스케치 요소**로 형상 **투영**됩니다.

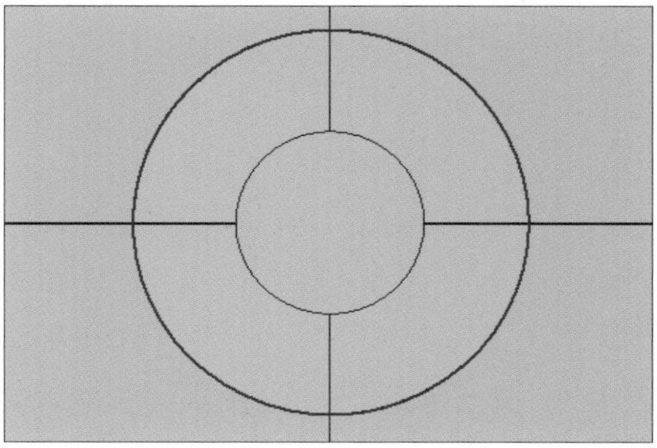

step 41

원 명령을 클릭합니다.

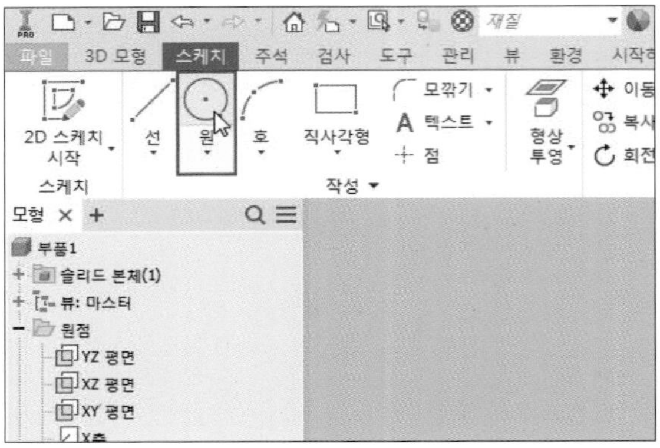

step 42

원의 중심점으로 원점을 클릭합니다.

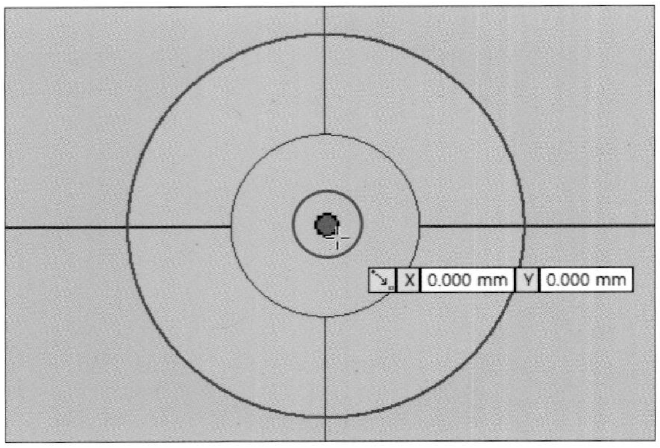

step 43

다음과 같이 대략적인 원을 작성합니다.

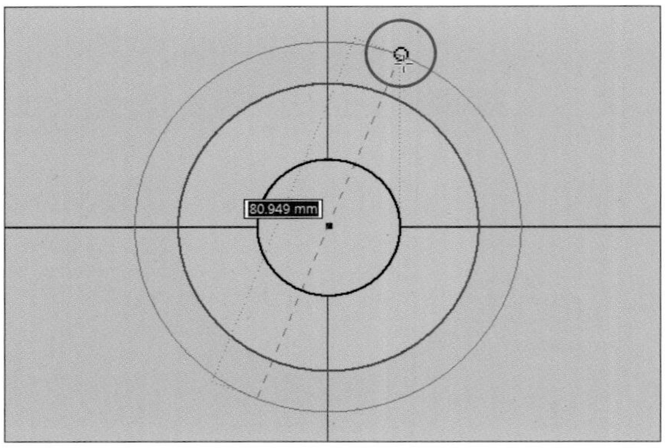

step 44

원점을 중심점으로 하는 원이 작성되었습니다.

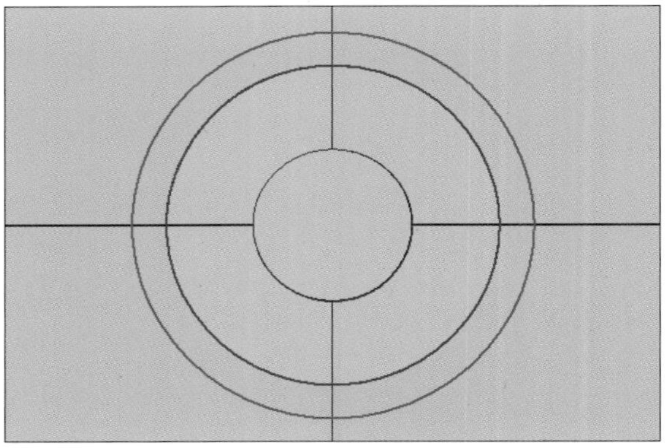

step 45

원점을 중심점으로 하는 원을 하나 더 작성할 수 있도록 합니다.

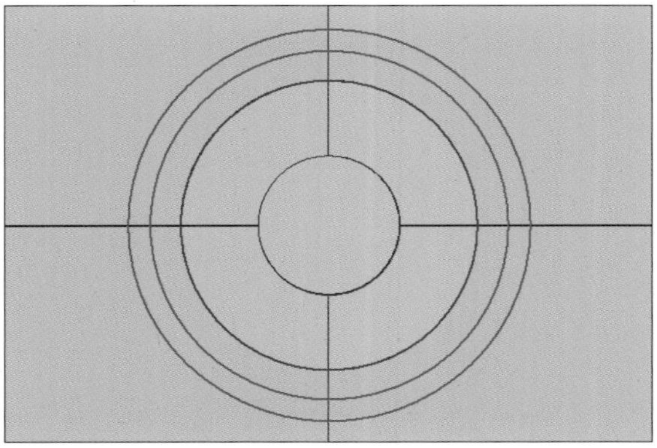

step 46

치수 명령을 클릭합니다.

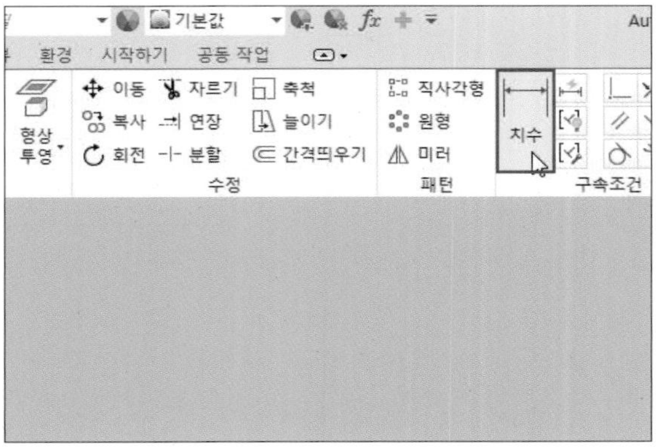

step 47

바깥 원을 클릭합니다.

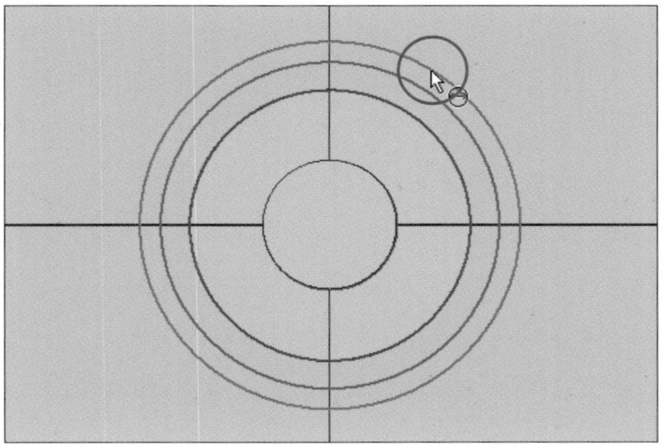

step 48

치수가 위치할 적당한 곳을 클릭하면 치수 편집창이 실행됩니다. 72를 입력한 다음 ENTER를 누릅니다.

step 49

다음과 같이 이끝원 지름 치수가 작성되었습니다.

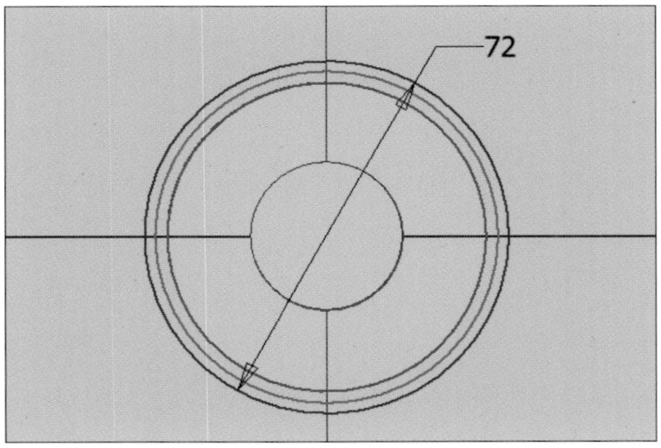

step 50

마찬가지 방법으로 나머지 원에 피치원 지름 치수를 작성합니다.

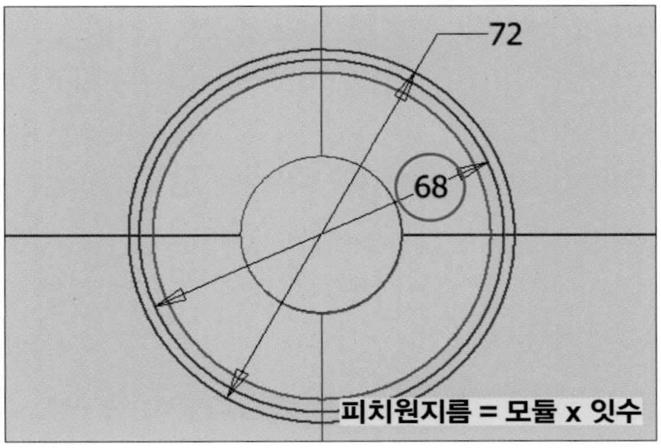

step 51

작성한 두 개의 원을 모두 선택한 다음 마우스 우측 버튼을 클릭하여 구성선으로 변경합니다.

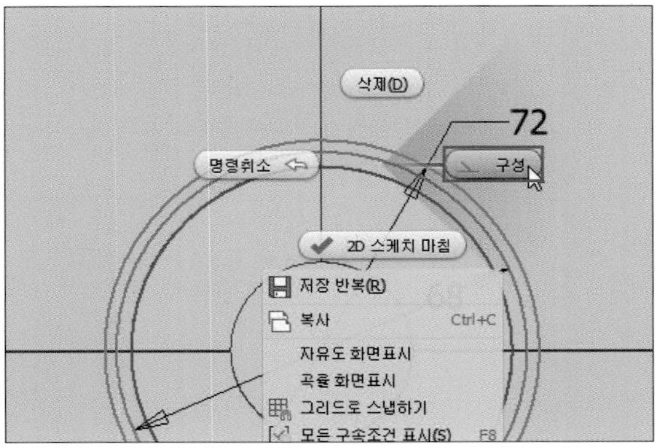

step 52

다음과 같이 두 개의 원이 구성선 형식으로 변경됩니다.

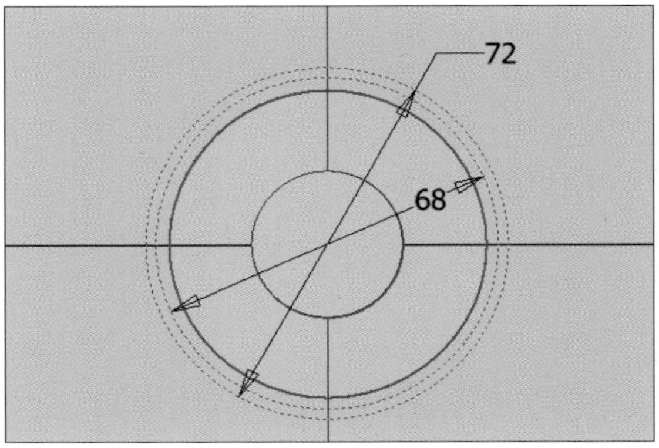

step 53

선 명령을 클릭합니다.

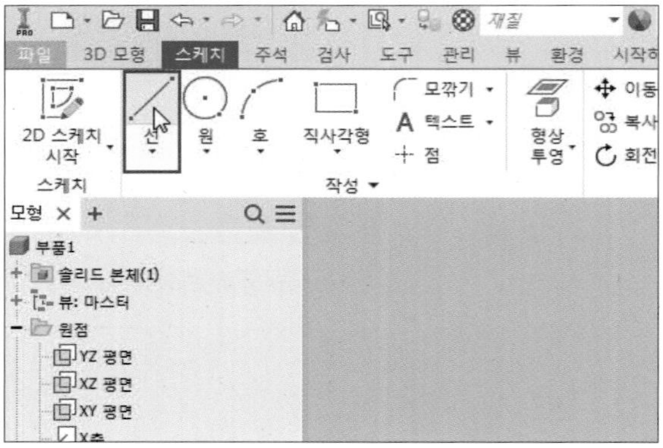

step 54

이끝원에 스냅되는 첫 번째 **점**을 클릭합니다.

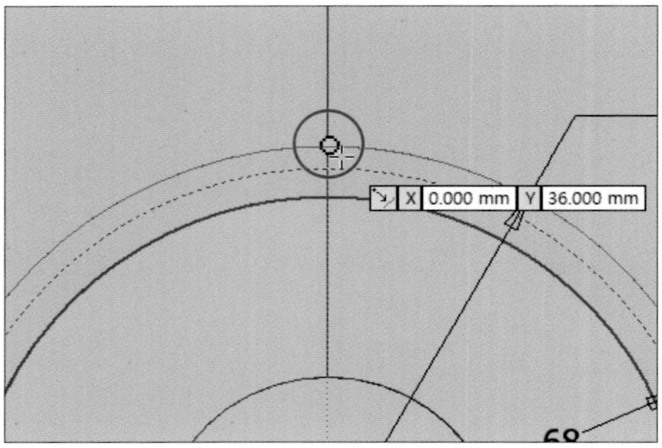

step 55

이어서 이뿌리원에 스냅되는 **수직선**이 되도록 두 번째 **점**을 클릭합니다.

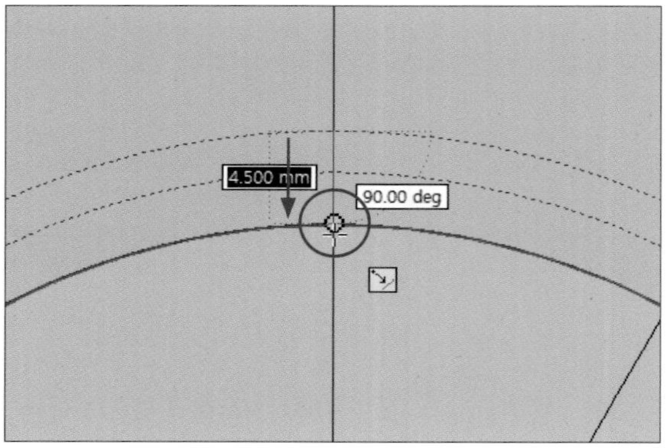

step 56

다음과 같이 수직선이 작성되었습니다.

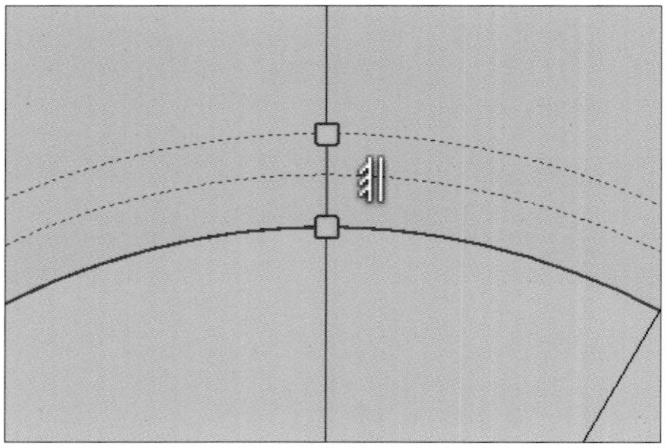

step 57

마찬가지 방법으로 나머지 3개의 **선**을 작성합니다.

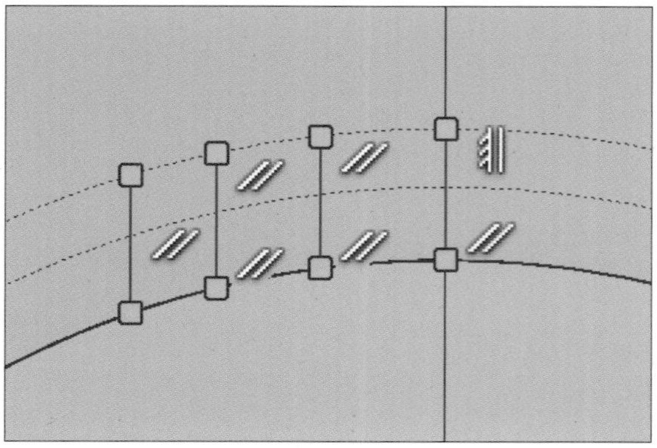

step 58

수직 구속조건 명령을 클릭합니다.

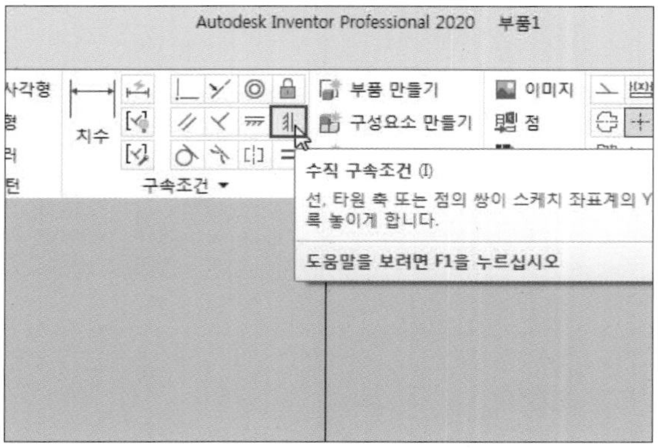

step 59

다음 위치의 점을 클릭합니다.

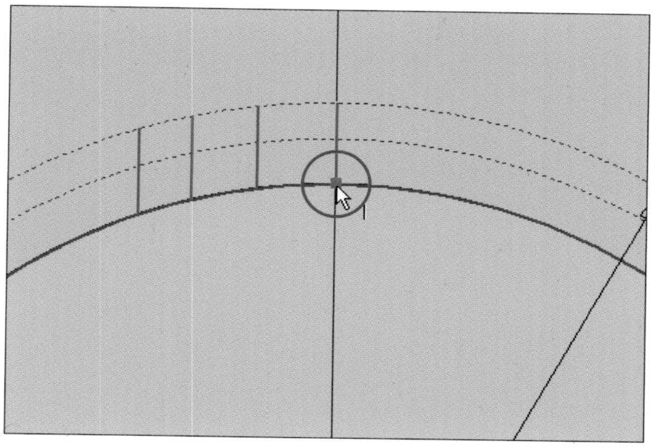

step 60

이어서 원점을 클릭합니다.

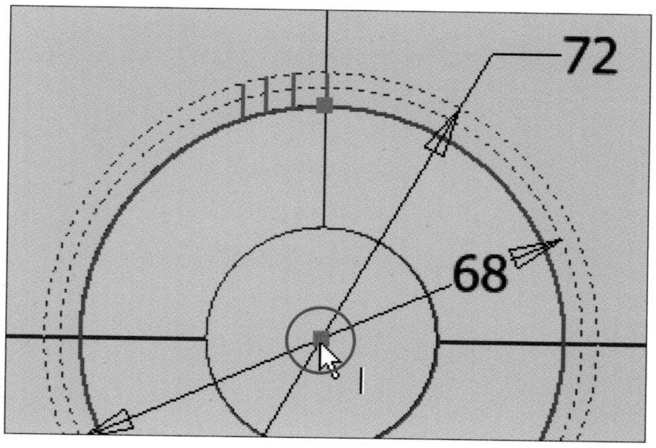

step 61

다음과 같이 두 점이 수직하게 정렬되면서 해당 선분이 완전 구속됩니다.

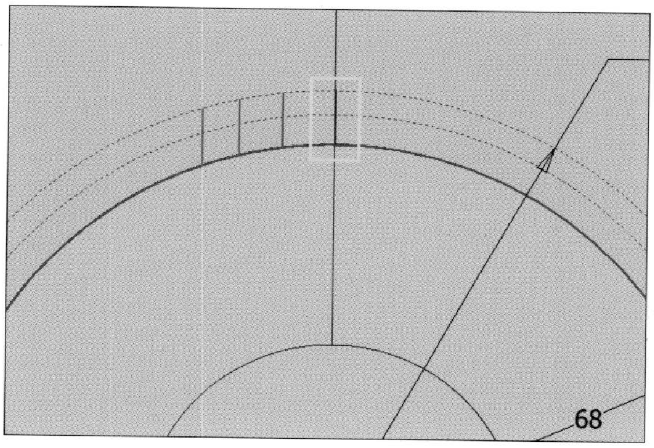

step 62

치수 명령을 클릭합니다.

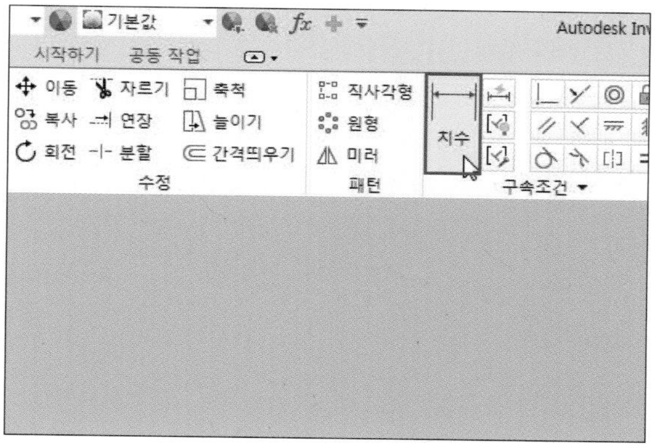

step 63

해당 선을 클릭합니다.

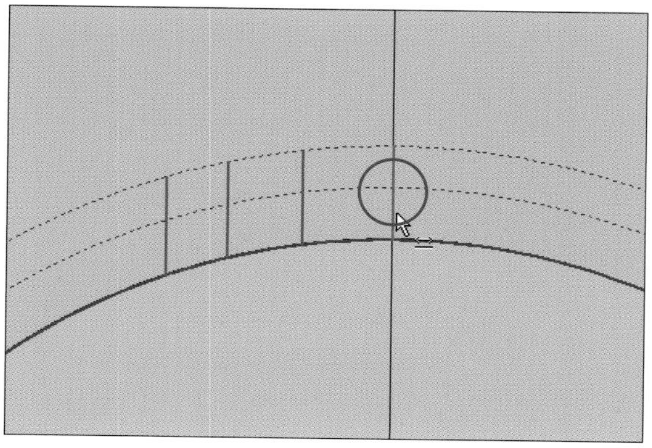

step 64

이어서 다음 선을 클릭합니다.

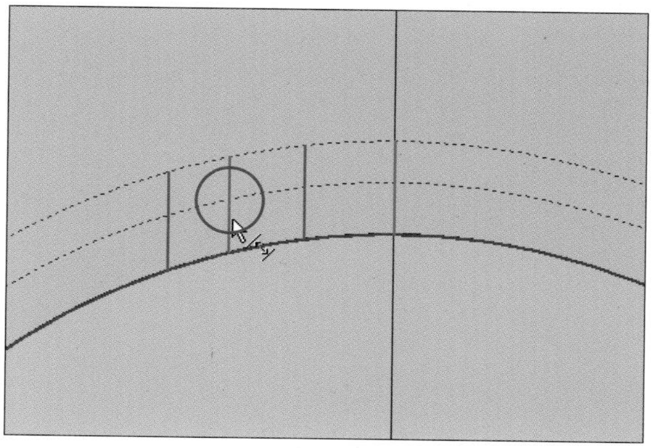

step 65

치수가 위치할 적당한 곳을 클릭하면 치수 편집창이 실행됩니다. 2*0.785를 입력한 다음 ENTER를 누릅니다.

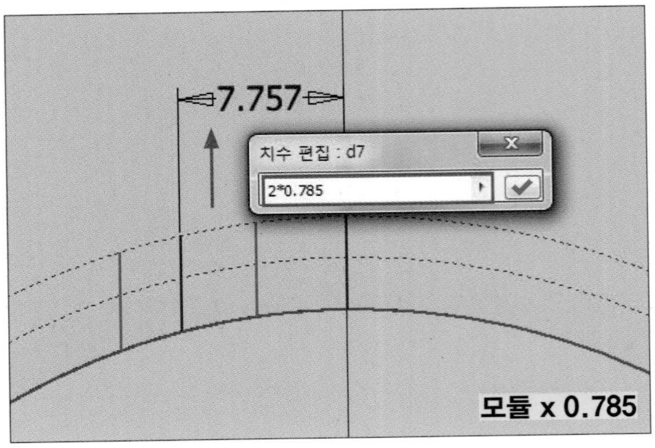

step 66

다음과 같이 1.57이 계산되어 치수가 작성됩니다.

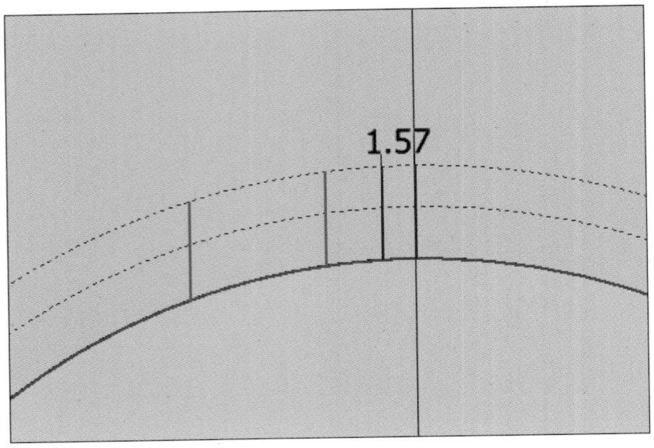

step 67

다음과 같이 구속이 되지 않은 선을 **드래그**하여 위치를 다시 조정합니다.

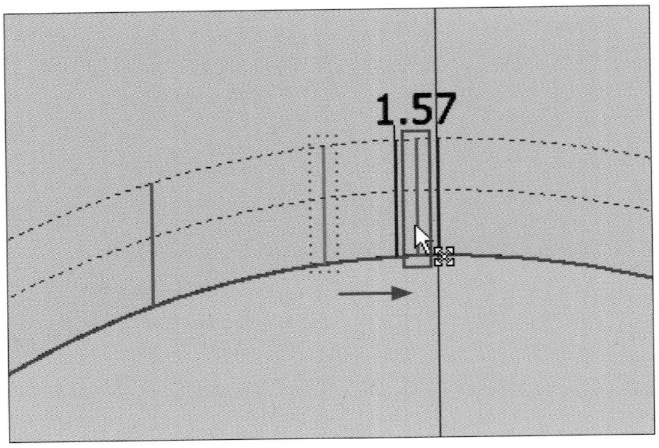

step 68

다시 한 번 **치수** 명령으로 다음 선을 클릭합니다.

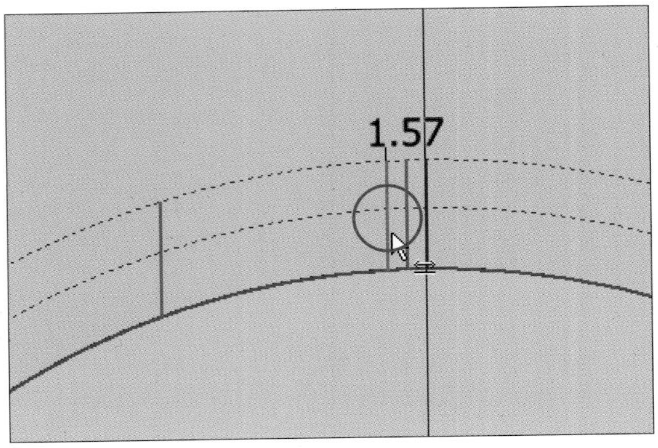

step 69

이어서 다음 선을 클릭합니다.

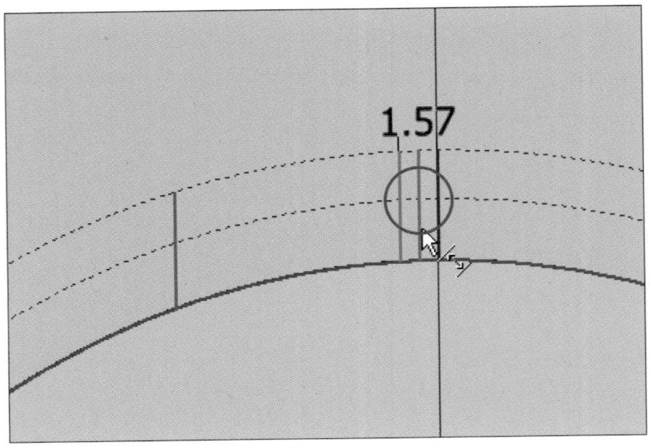

step 70

치수가 위치할 적당한 곳을 클릭하면 치수 편집창이 실행됩니다. 2/2를 입력한 다음 ENTER를 누릅니다.

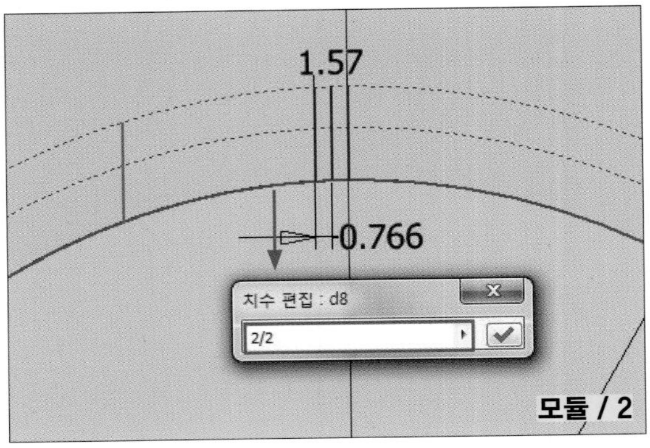

step 71

다음과 같이 1이 계산되어 치수가 작성됩니다.

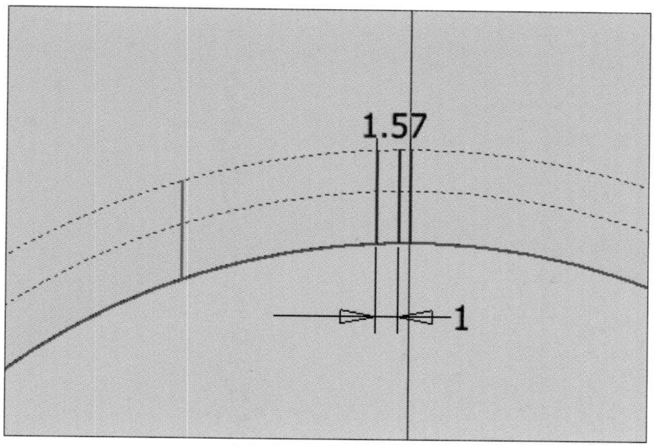

step 72

다시 한 번 **치수** 명령으로 다음 **선**을 클릭합니다.

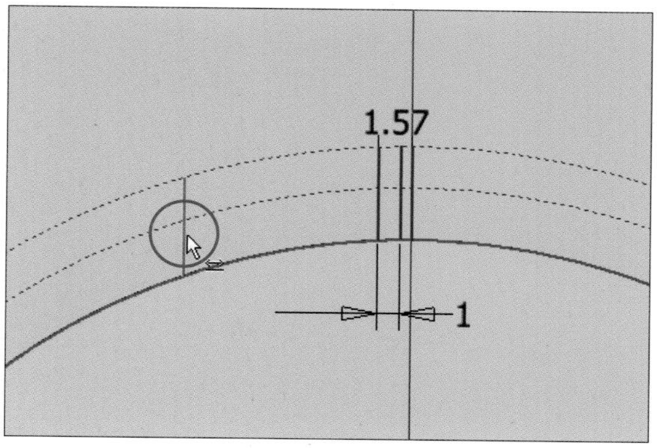

step 73

이어서 다음 **선**을 클릭합니다.

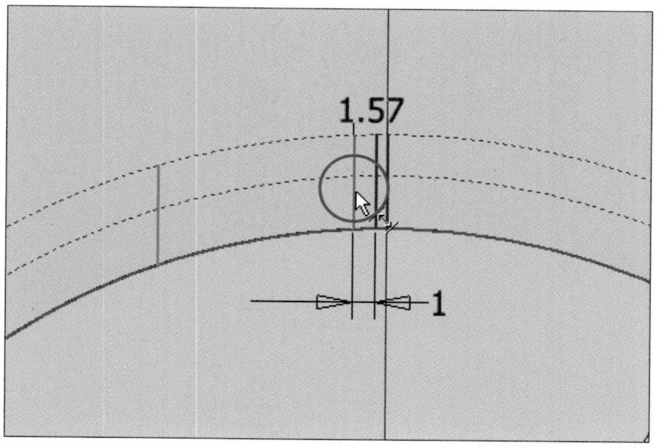

step 74

치수가 위치할 적당한 곳을 클릭하면 치수 편집창이 실행됩니다. 2/4를 입력한 다음 ENTER를 누릅니다.

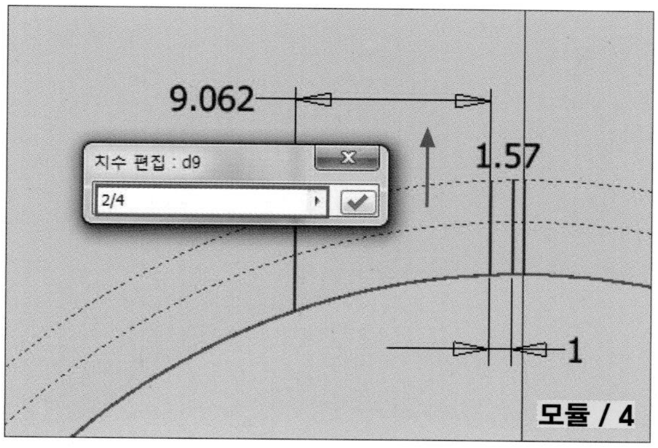

step 75

다음과 같이 스케치 및 치수가 작성되었습니다.

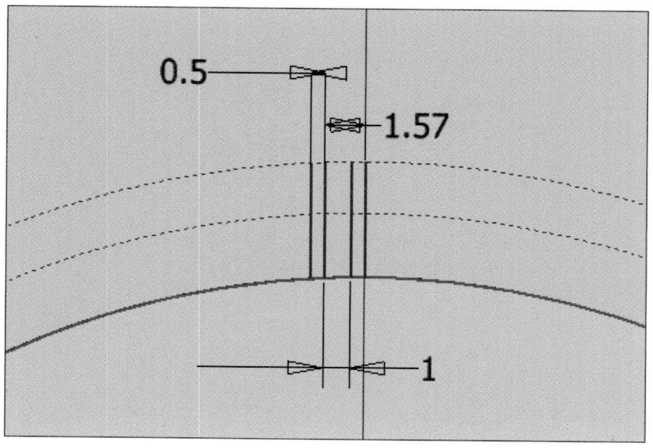

step 76

작성한 수직선을 모두 선택한 다음 마우스 우측 버튼을 클릭하여 **구성선**으로 변경합니다.

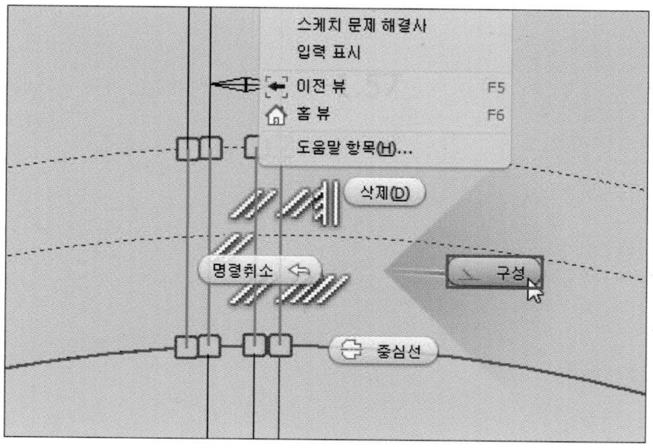

step 77

다음과 같이 선이 **구성선** 형식으로 변경됩니다.

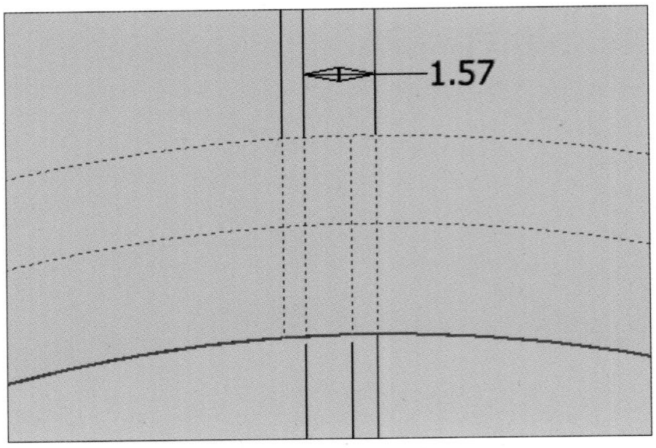

step 78

점 명령을 실행합니다.

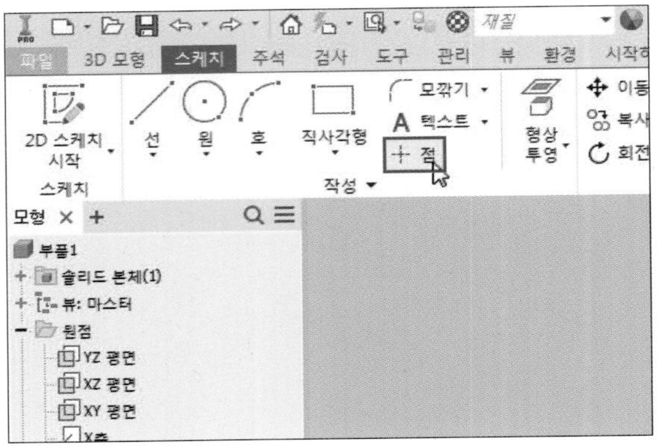

step 79

다음 **교차점**을 클릭합니다.

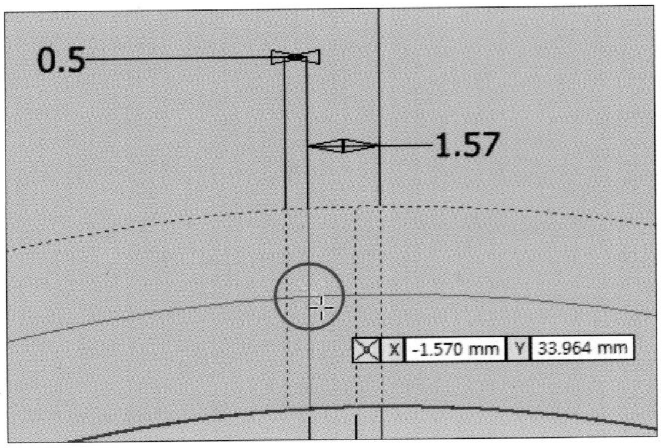

step 80

다음과 같이 선과 선이 교차되는 부분에 점이 작성됩니다.

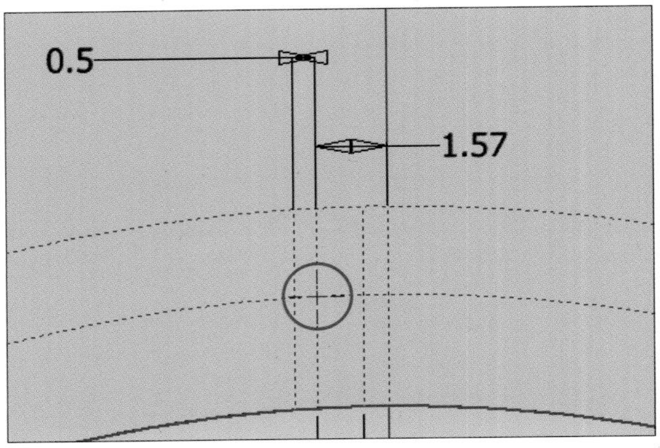

step 81

3점 호 명령을 클릭합니다.

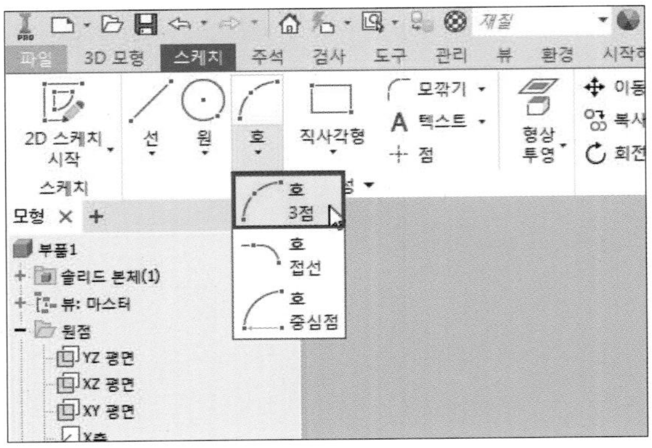

step 82

다음 **시작점**을 클릭합니다.

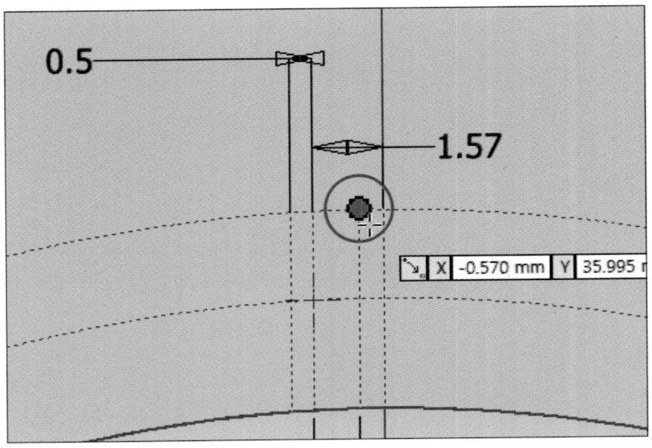

step 83

이어서 다음 **끝점**을 클릭합니다.

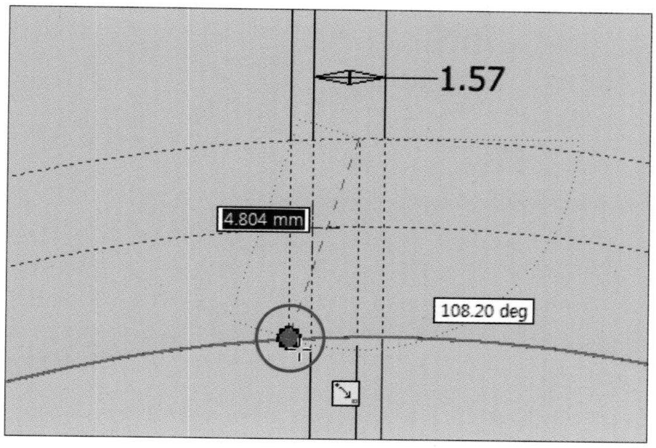

step 84

마지막으로 **중간점**을 클릭하면 호가 작성됩니다.

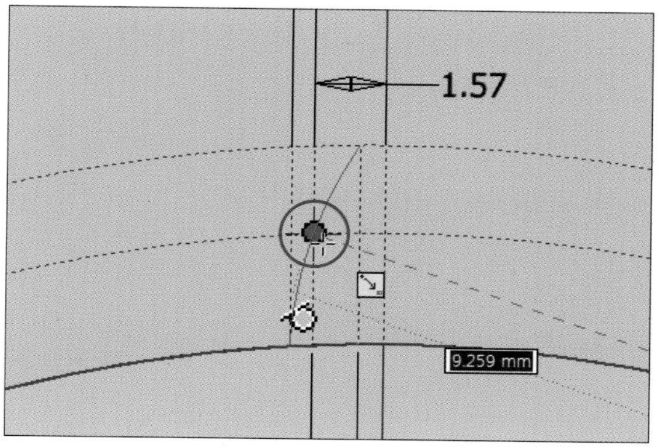

step 85

다음과 같이 3점 호가 작성되었습니다.

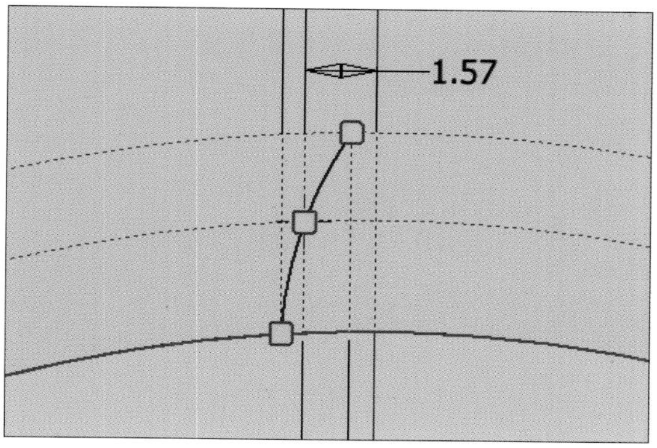

step 86

스케치 탭의 **미러** 명령을 클릭합니다.

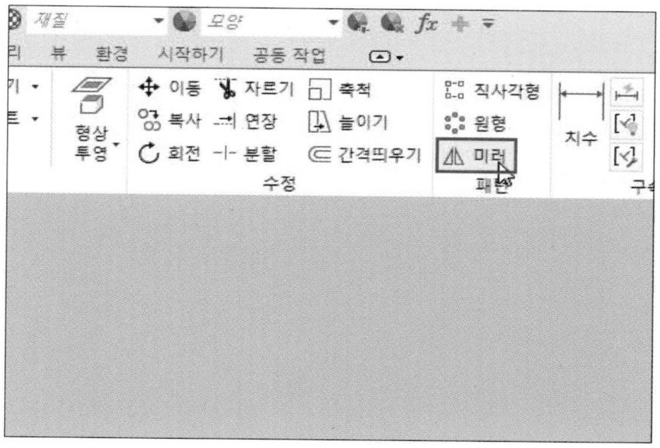

step 87

미러 **선택** 요소로 다음 **선**을 클릭합니다.

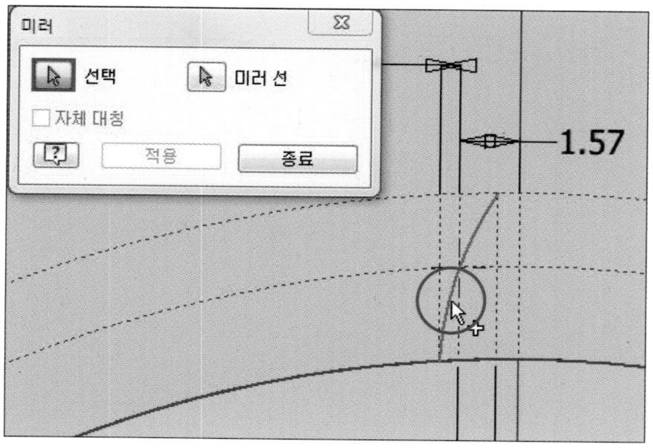

step 88

다음으로 미러 대칭선을 클릭하기 위해 **화살표**를 먼저 클릭합니다.

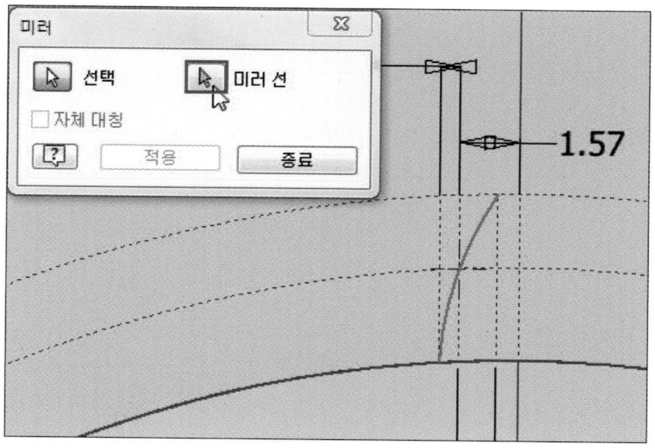

step 89

미러 대칭선으로는 다음 **수직선**을 클릭합니다.

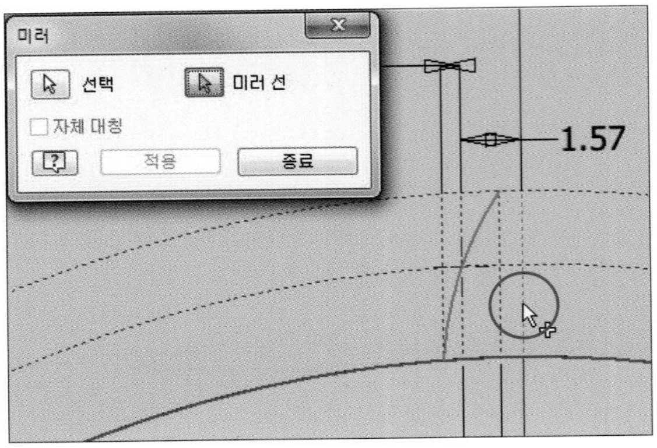

step 90

설정이 완료되면 **적용** 버튼을 클릭합니다.

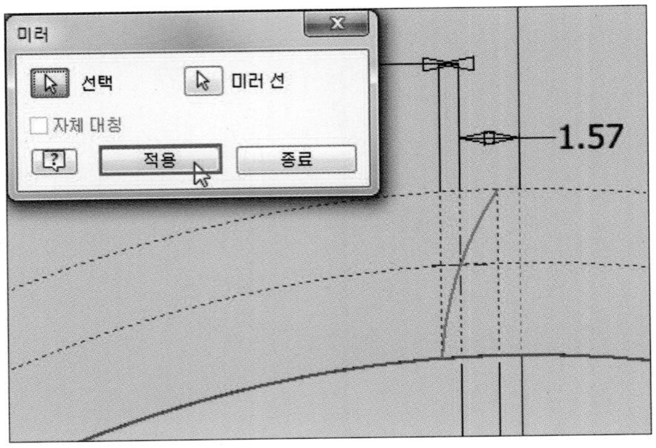

step 91

다음과 같이 호 선분이 대칭됩니다.

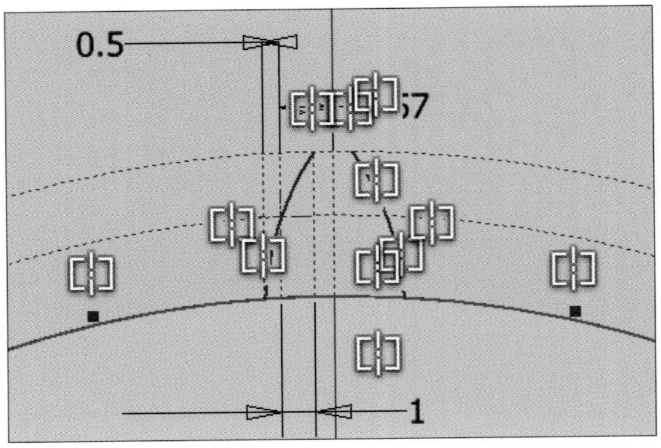

step 92

중심점 호 명령을 클릭합니다.

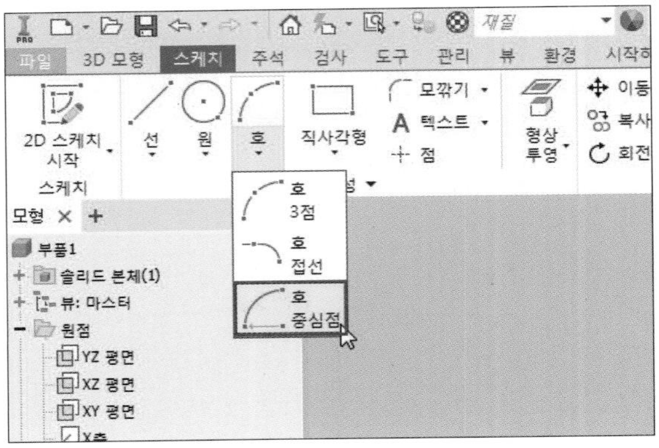

step 93

호의 중심점으로 **원점**을 클릭합니다.

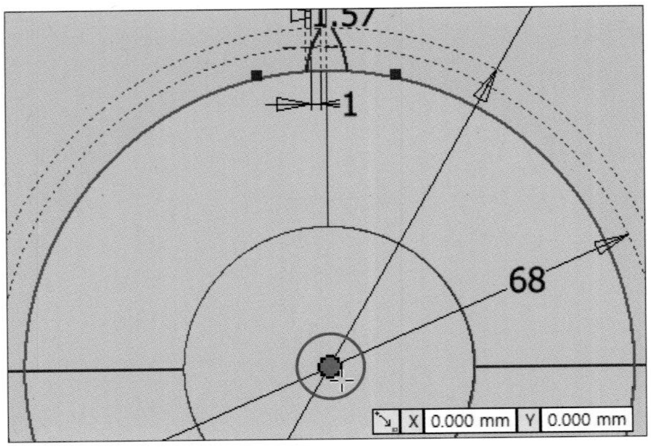

step 94

호의 **시작점**으로 다음 **점**을 클릭합니다.

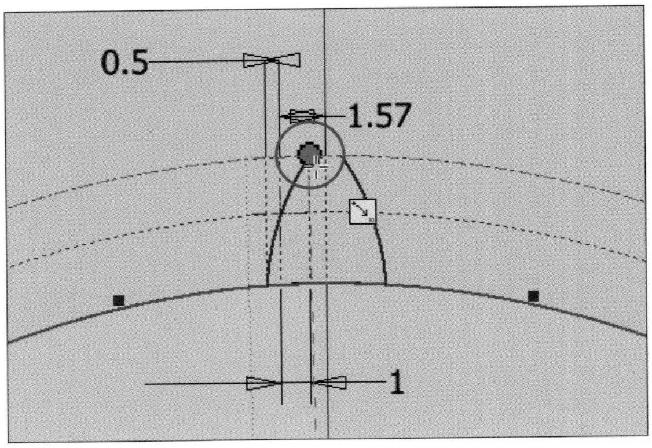

step 95

호의 끝점으로 다음 점을 클릭합니다.

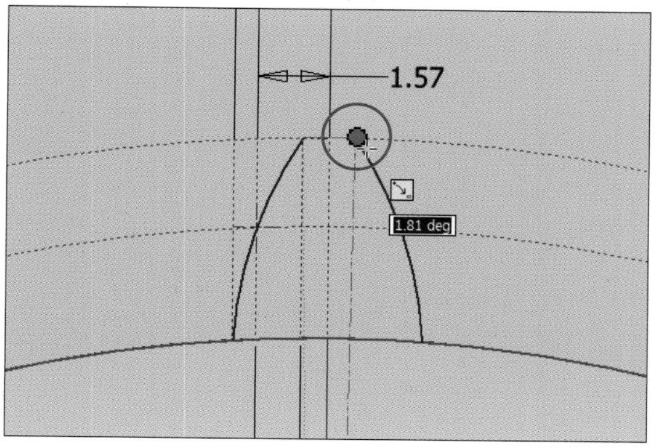

step 96

다음과 같이 중심점 호가 작성되면서 돌출 작업을 위한 폐곡선 영역이 만들어지게 됩니다.

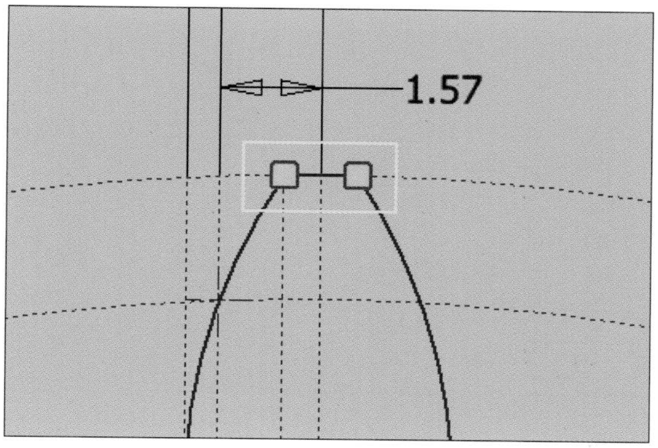

step 97

3D 모형 탭의 돌출 명령을 클릭합니다.

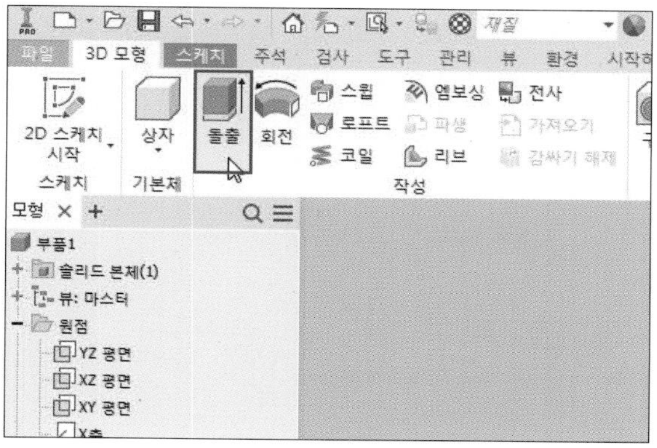

step 98

프로파일로는 다음 스케치 영역을 선택합니다.

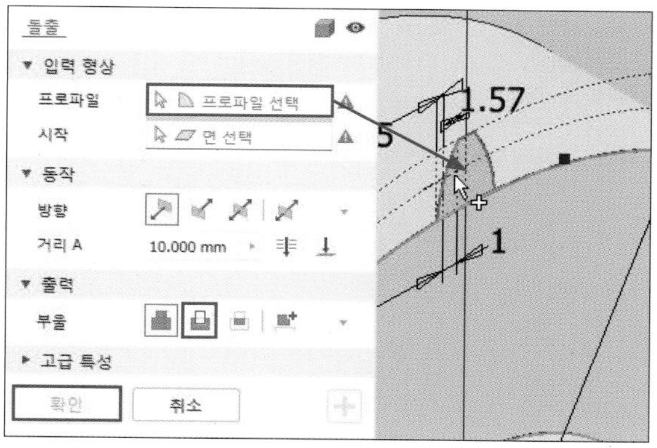

step 99

거리 항목의 끝(지정 면까지) 옵션을 클릭합니다.

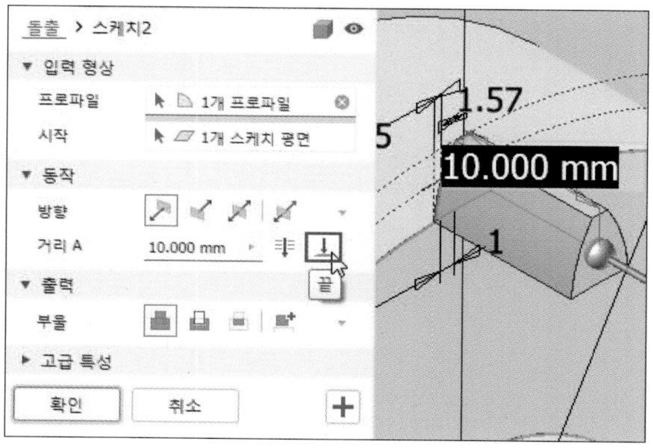

step 100

이어서 스케치를 작업한 면의 반대쪽 면을 클릭합니다.

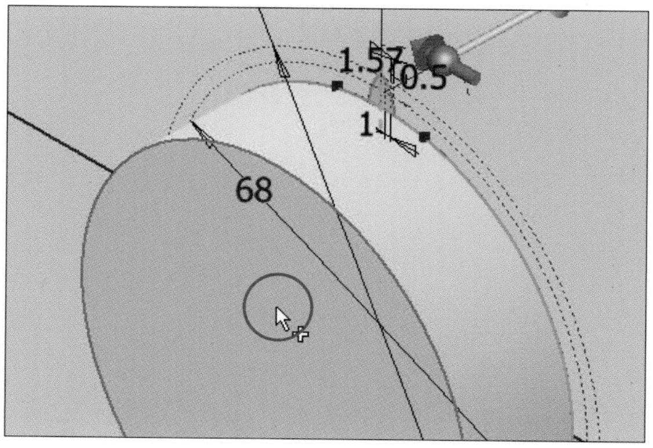

step 101

미리보기가 정상적으로 나오면 **확인** 버튼을 클릭합니다.

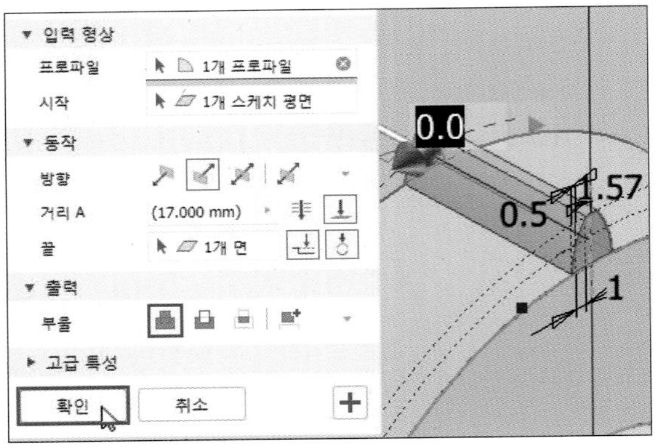

step 102

다음과 같이 기어 치형부 피쳐가 작성되었습니다.

step 103

3D 모형 탭의 **모따기** 명령을 실행합니다.

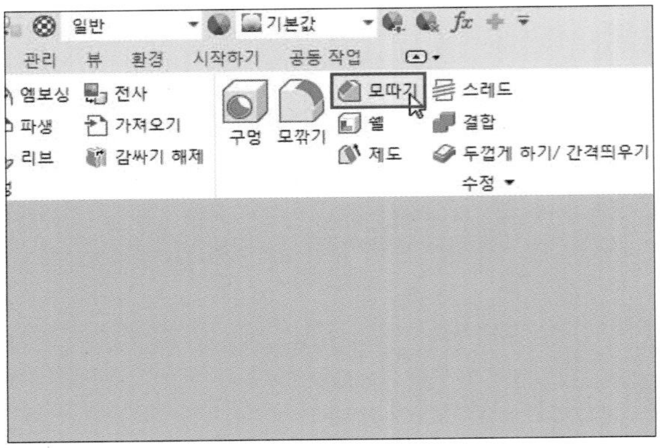

step 104

다음 **모서리**들을 클릭한 다음 거리값으로 1mm를 입력한 후 **확인** 버튼을 클릭합니다.

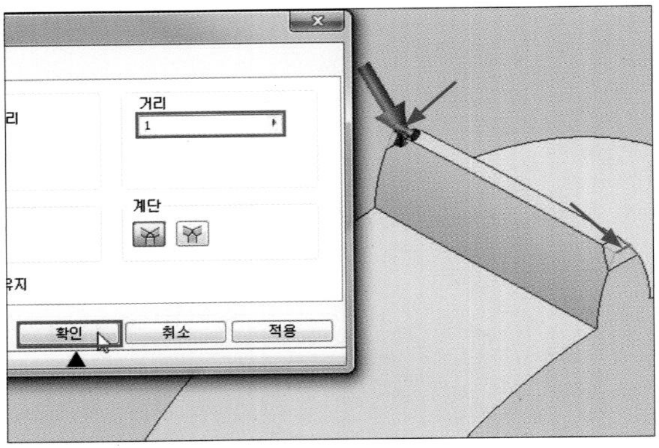

step 105

다음과 같이 모따기 피쳐가 작성되었습니다.

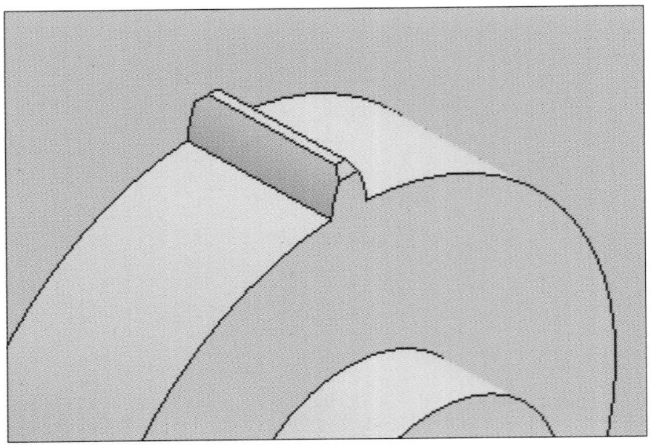

step 106

3D 모형 탭의 **원형** 패턴 명령을 실행합니다.

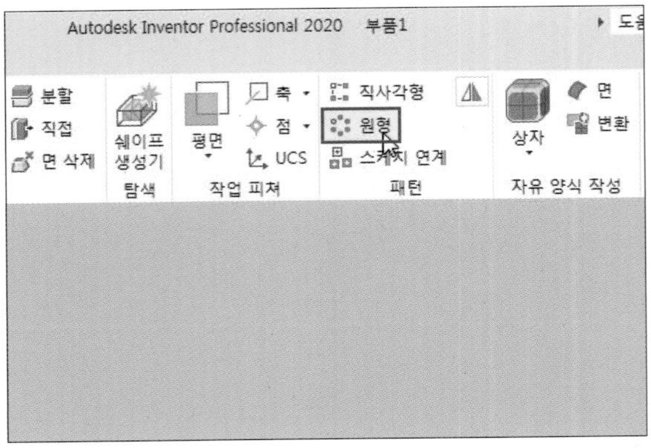

step 107

원형 패턴 피쳐로는 방금 작성한 **돌출**, **모따기** 피쳐를 **모형 검색기** 탭에서 클릭합니다.

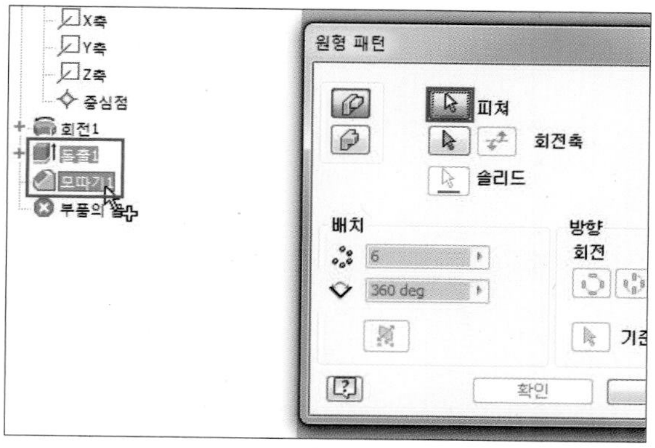

step 108

다음으로 회전축을 선택하기 위해 회전축 **화살표**를 먼저 클릭하도록 합니다.

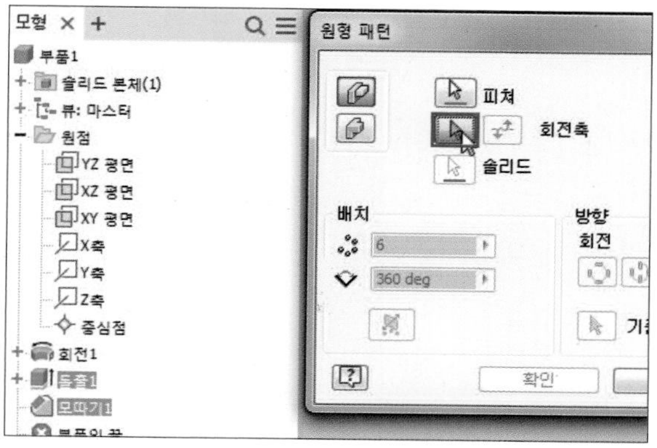

step 109

회전축으로는 다음 **원통형** 면을 선택하면 축이 자동으로 인식됩니다.

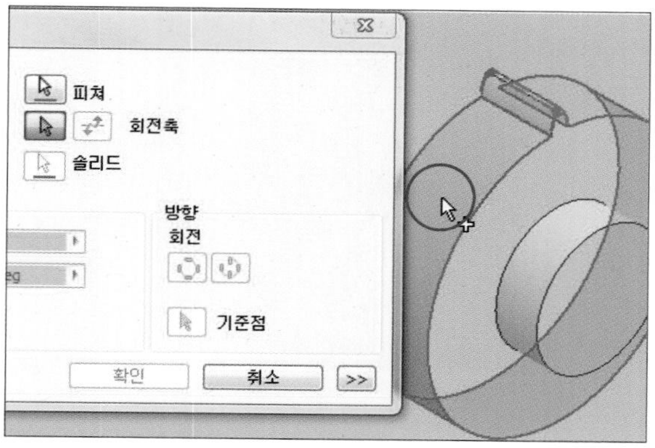

step 110

패턴 개수와 **각도**를 설정한 다음 **확인** 버튼을 클릭합니다.

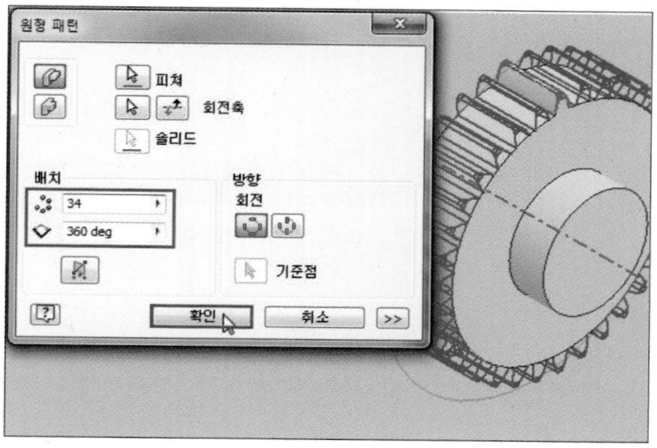

step 111

다음과 같이 기어 치형부의 원형 패턴이 완료되었습니다.

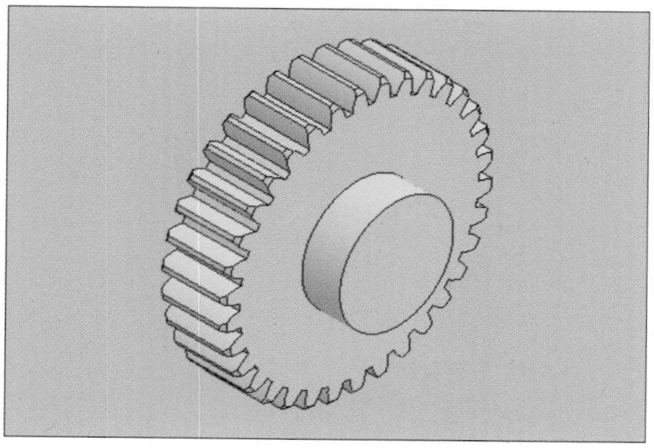

step 112

정면도에 해당하는 **XY 평면**에 **새 스케치**를 작성합니다.

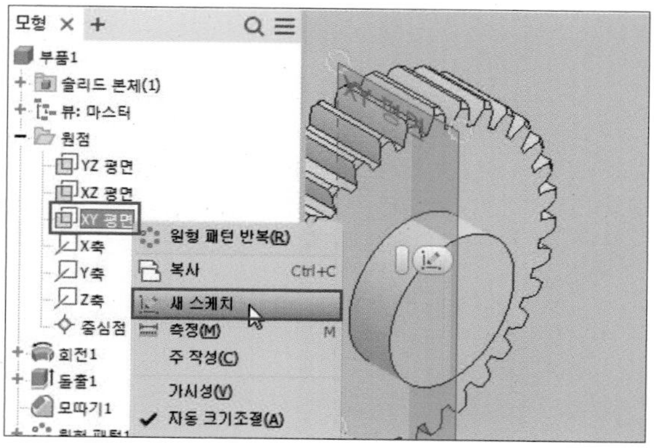

step 113

F7 키를 눌러 그래픽 슬라이스 모드로 전환합니다.

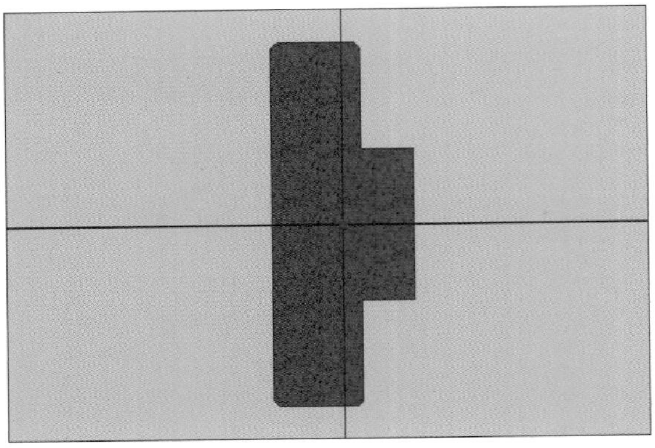

step 114

선 명령을 클릭합니다.

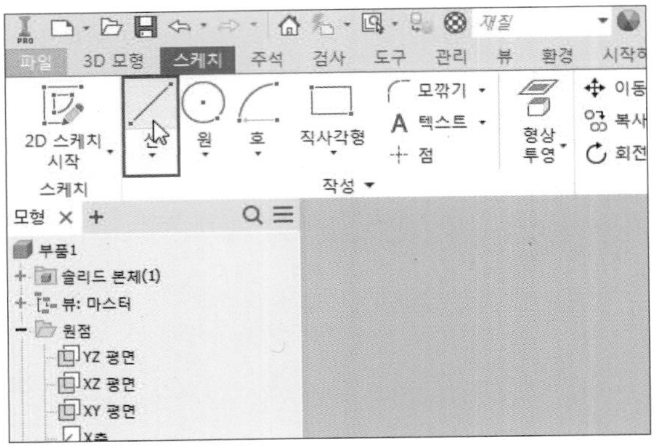

step 115

다음 점을 클릭합니다.

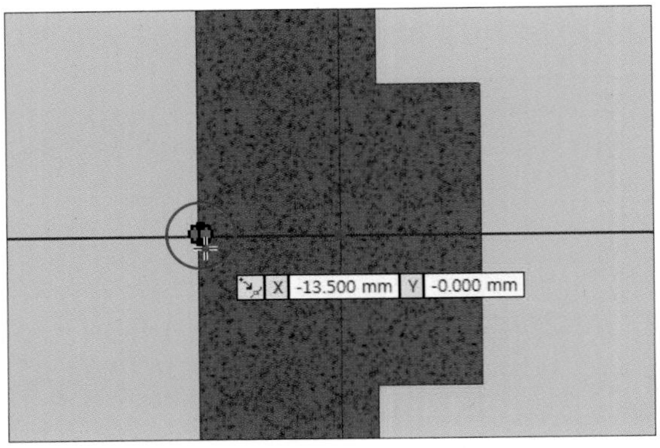

step 116

이어서 수평선이 되도록 다음 점을 클릭합니다.

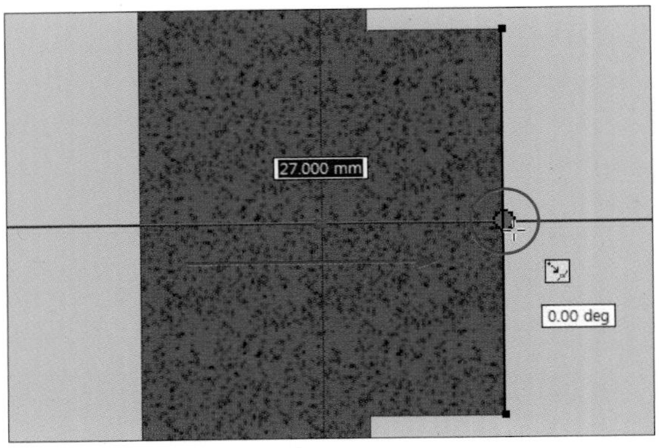

step 117

방금 작성한 선을 마우스 우측 버튼으로 클릭하여 중심선 형식으로 변경합니다.

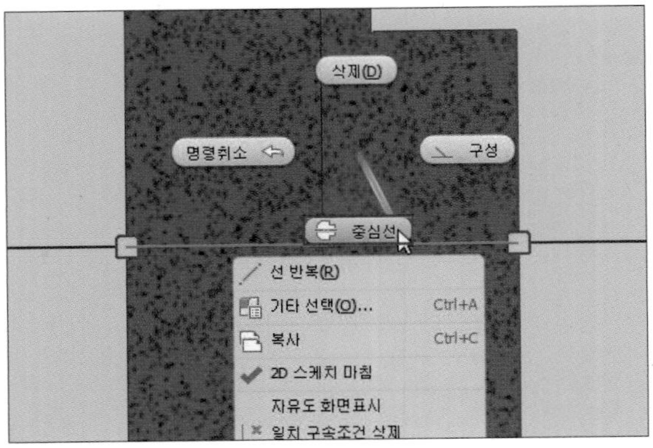

step 118

다음과 같이 해당 선분이 중심선으로 변경됩니다.

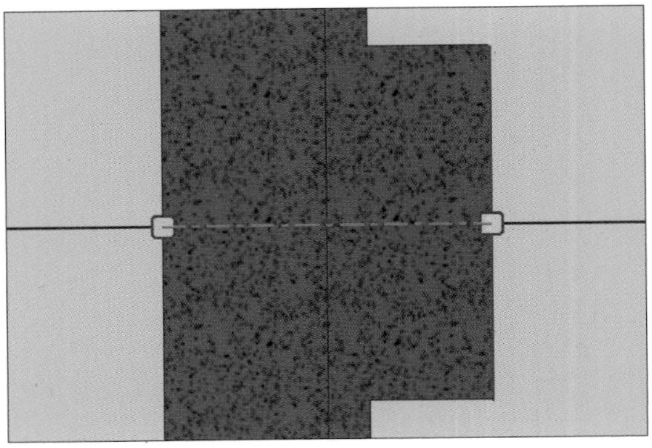

step 119

2점 직사각형 명령을 실행합니다.

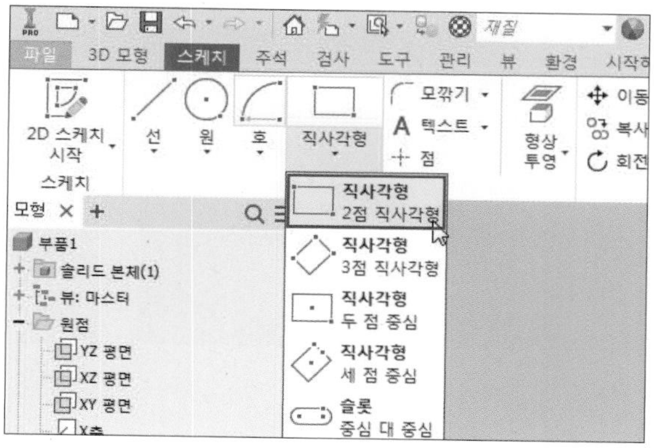

step 120

왼쪽 모서리에 스냅되는 첫 번째 점을 클릭합니다. 이때, 자동투영 모서리의 끝점이나 중간점에 고정되지는 않도록 합니다.

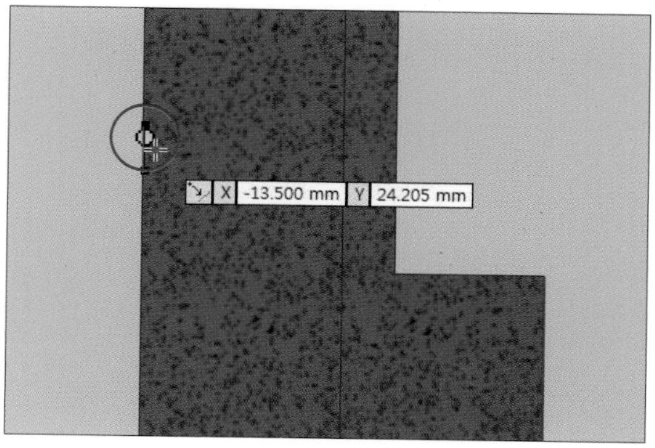

step 121

이어서 두 번째 점을 대략적인 곳에 클릭합니다.

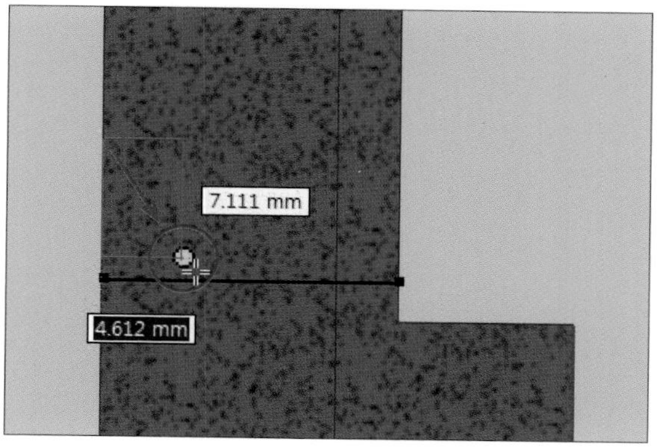

step 122

다음과 같이 2점 직사각형이 작성되었습니다.

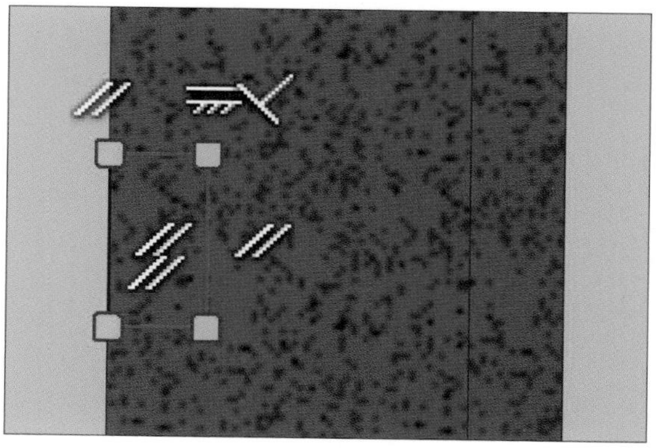

step 123

마찬가지 방법으로 반대쪽에도 2점 직사각형을 작성하도록 합니다.

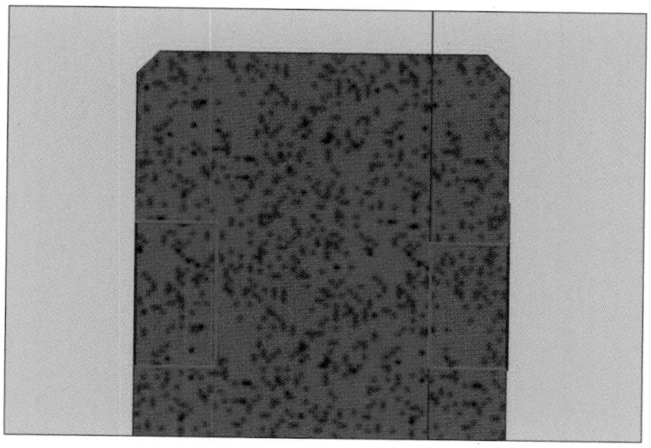

step 124

동일 구속조건 명령을 클릭합니다.

step 125

다음 선을 클릭합니다.

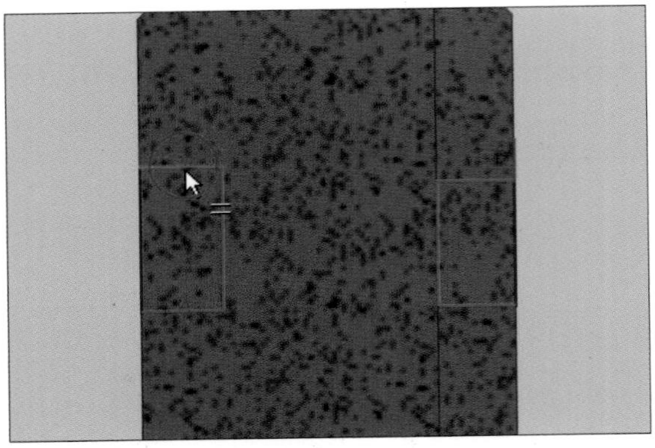

step 126

이어서 마주보는 선을 클릭합니다.

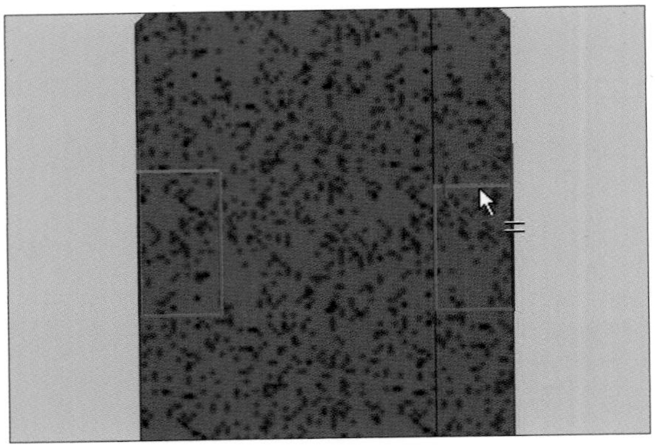

step 127

다음과 같이 두 선의 길이가 동등하게 변경됩니다.

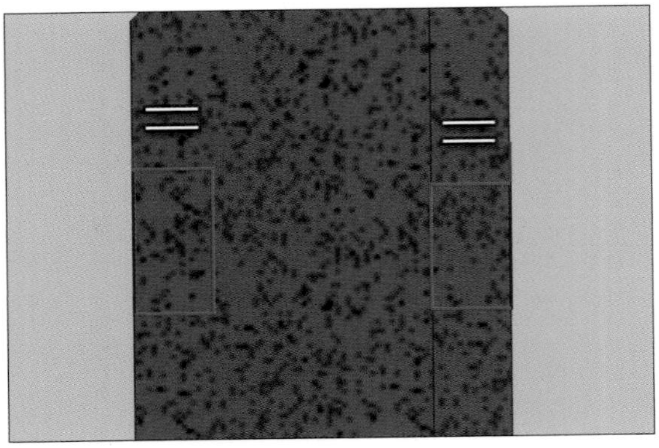

step 128

다시 한 번 동일 구속조건으로 다음 선들을 동일하게 구속시켜 주도록 합니다.

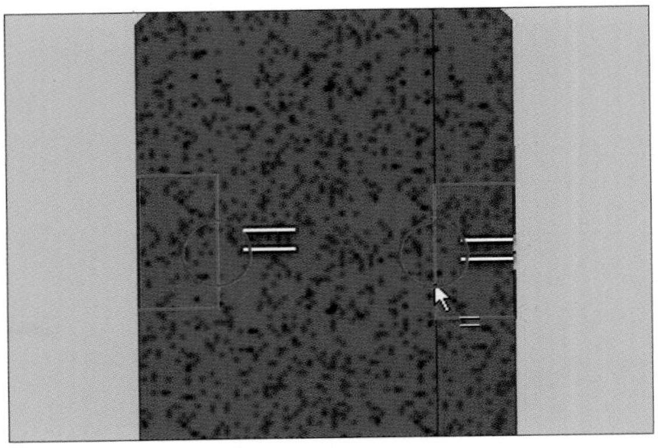

step 129

동일선상 구속조건 명령을 클릭합니다.

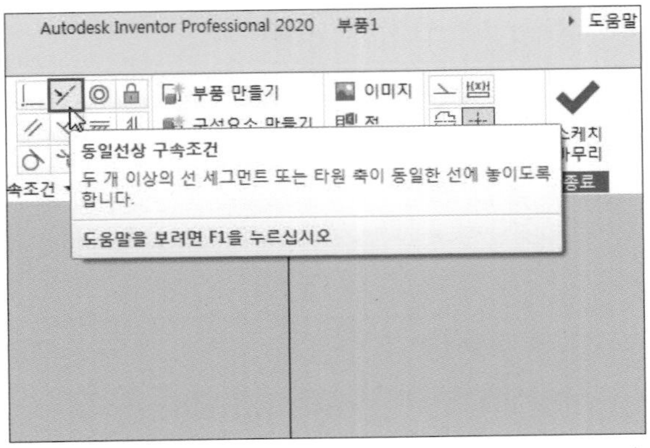

step 130

다음 선을 클릭합니다.

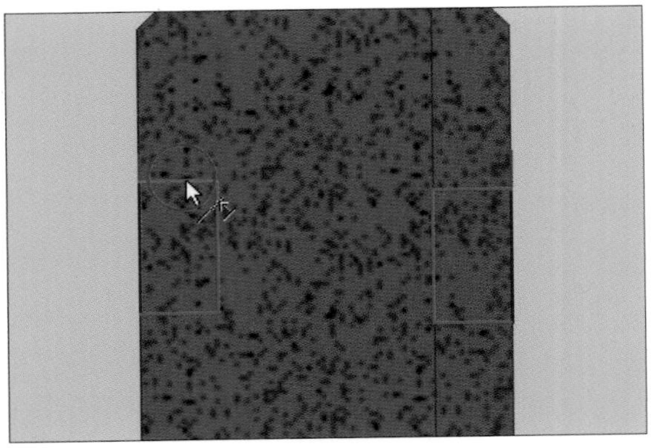

step 131

이어서 마주보는 선을 클릭합니다.

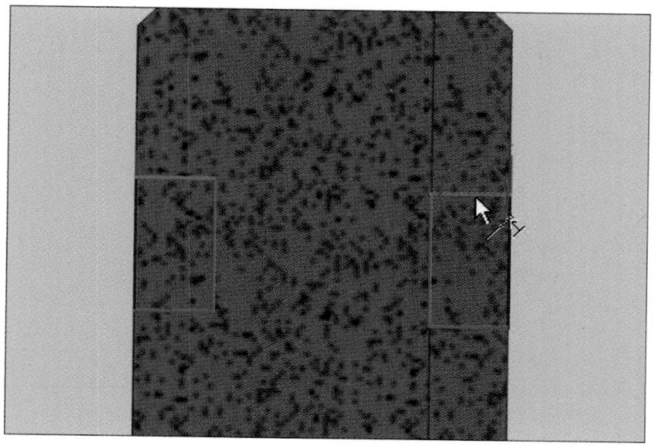

step 132

다음과 같이 선택한 두 개의 선이 동일 선상에 놓여지게 됩니다.

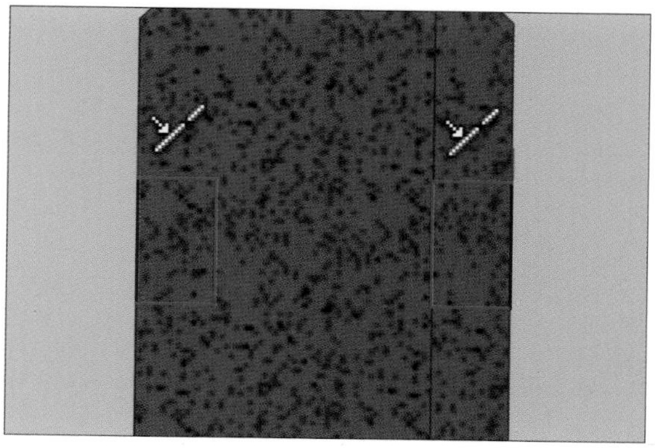

step 133

치수 명령을 클릭합니다.

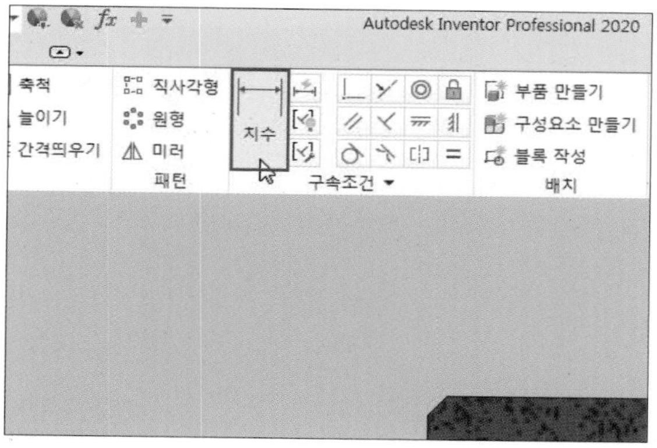

step 134

다음 선을 클릭합니다.

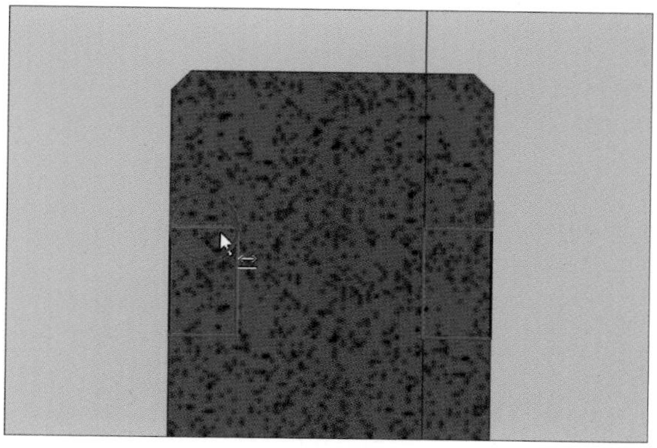

step 135

이어서 **중심선**을 클릭합니다.

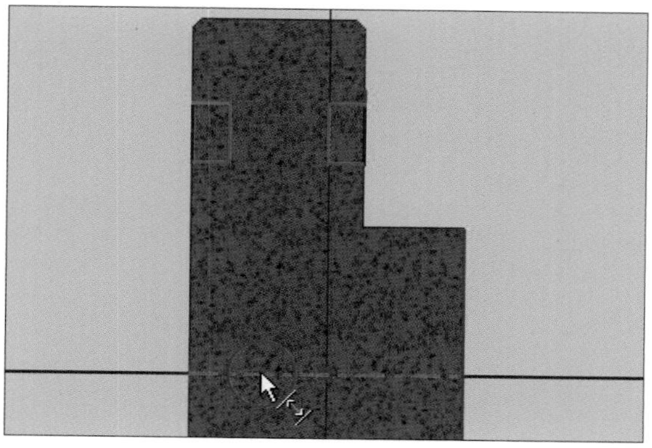

step 136

치수가 위치할 적당한 곳을 클릭하면 치수 편집창이 실행됩니다. 50을 입력한 다음 ENTER를 누릅니다.

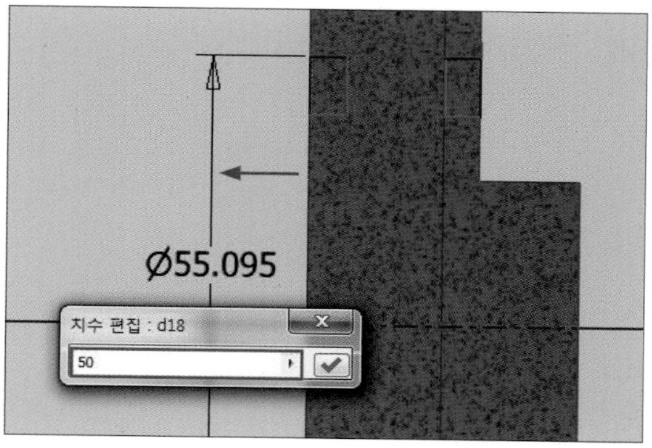

step 137

다음과 같이 지름 치수가 작성되었습니다.

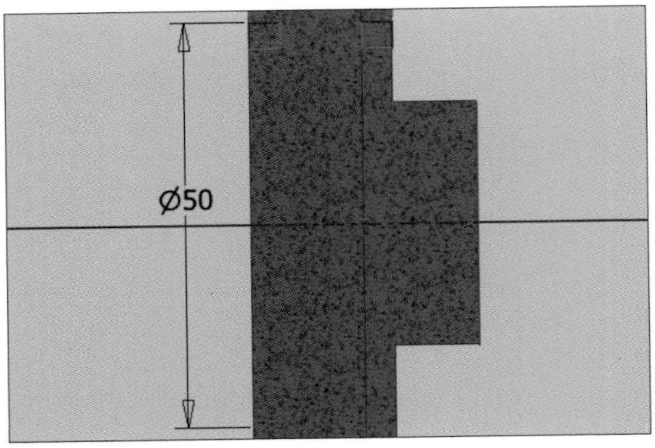

step 138

마찬가지 방법으로 아래쪽의 **지름 치수**도 작성합니다.

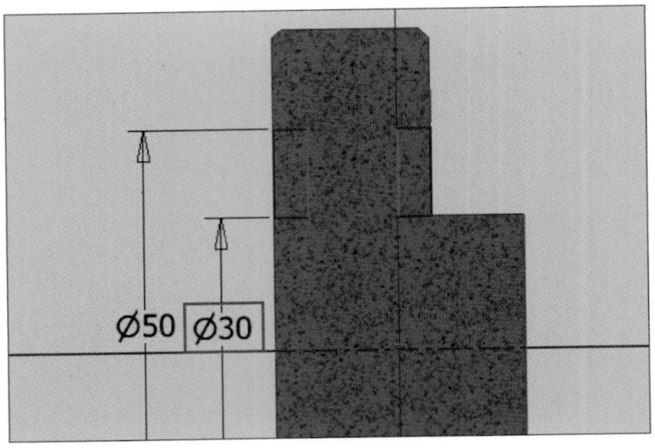

step 139

다시 한 번 **치수** 명령으로 다음 선을 클릭합니다.

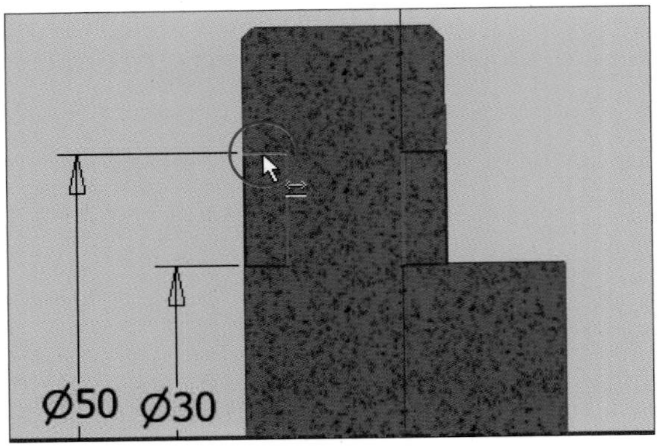

step 140

치수가 위치할 적당한 곳을 클릭하면 치수 편집창이 실행됩니다. 4를 입력한 다음 ENTER를 누릅니다.

step 141

다음과 같이 스케치가 작성되었습니다.

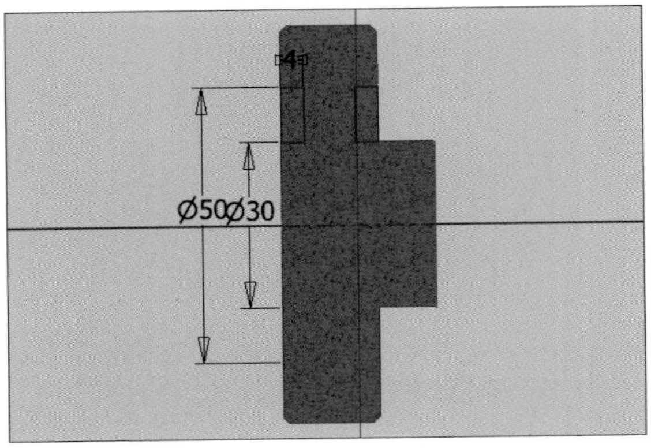

step 142

3D 모형 탭의 회전 명령을 클릭합니다.

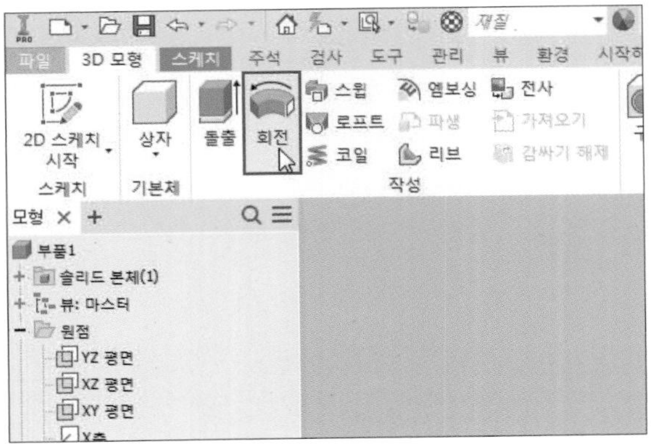

step 143

회전 프로파일로는 다음 2개의 폐곡선 스케치 영역을 클릭합니다.

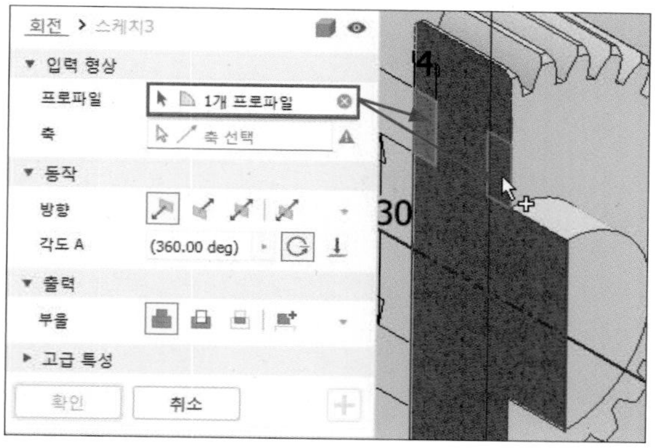

step 144

회전축으로는 다음 중심선을 클릭합니다.

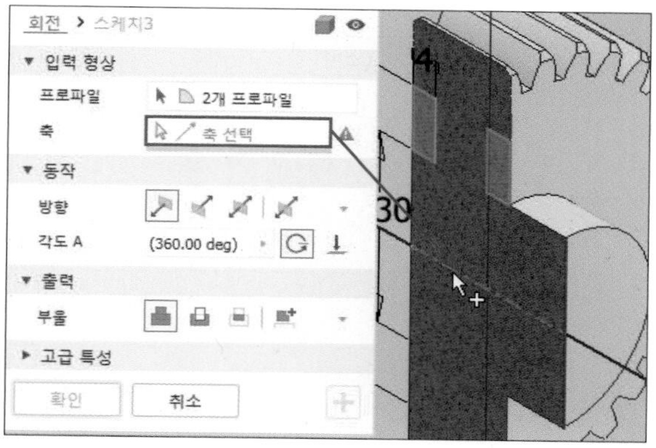

step 145

출력 옵션을 잘라내기로 변경한 다음 확인 버튼을 클릭합니다.

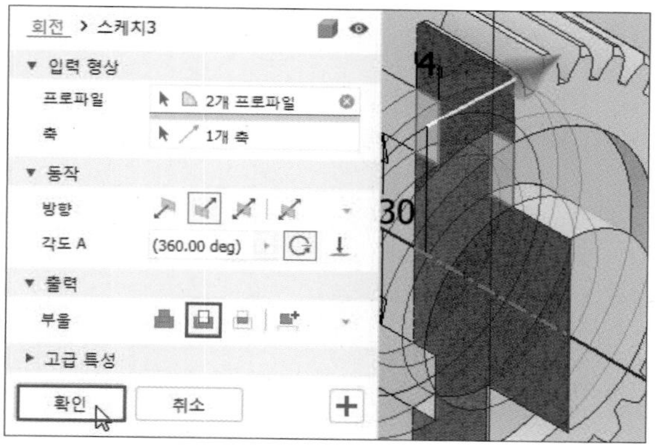

step 146

다음과 같이 스퍼 기어의 베이스 피처 작성이 완료되었습니다.

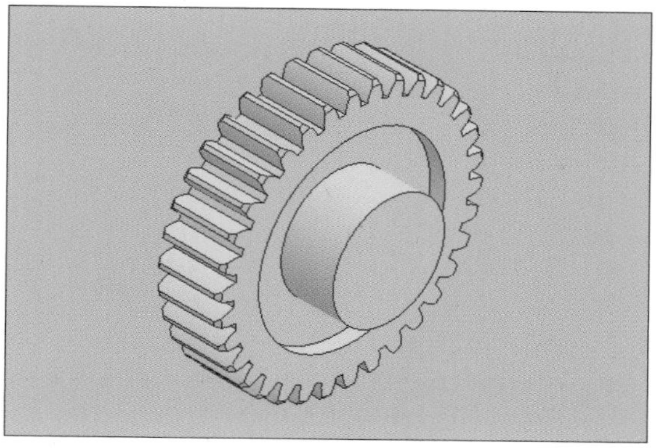

chapter 02 서브 피쳐 작성하기

step 1

3D **모형** 탭의 **구멍** 명령을 실행합니다.

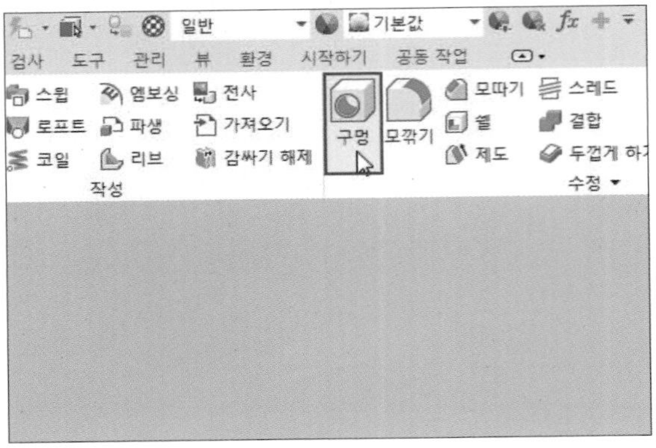

step 2

구멍 명령이 실행되면 구멍의 **시작 평면**으로 다음 면을 클릭합니다.

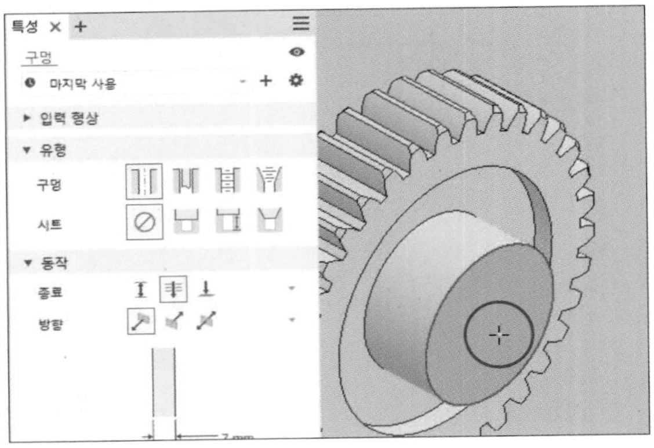

step 3

동심 참조 옵션으로는 다음 **모서리**를 클릭합니다.

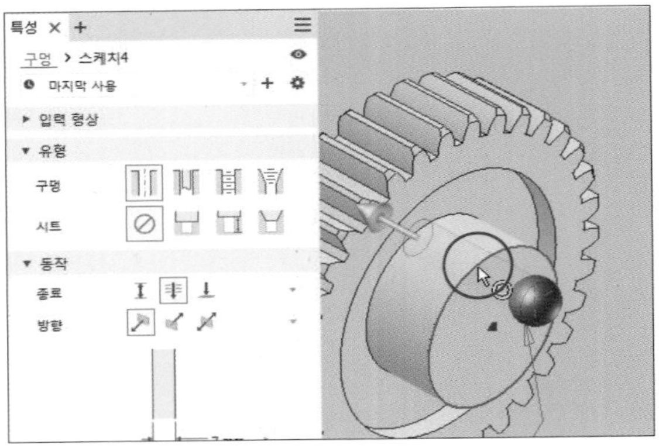

step 4

다음과 같이 구멍의 위치가 결정되었습니다.

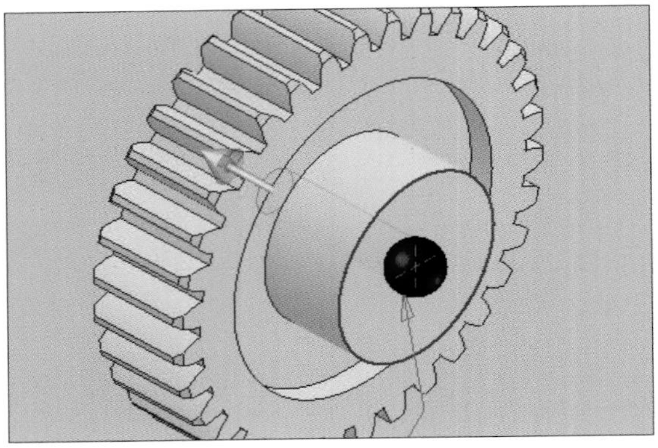

step 5

구멍을 다음과 같이 설정한 다음 **확인** 버튼을 클릭합니다.

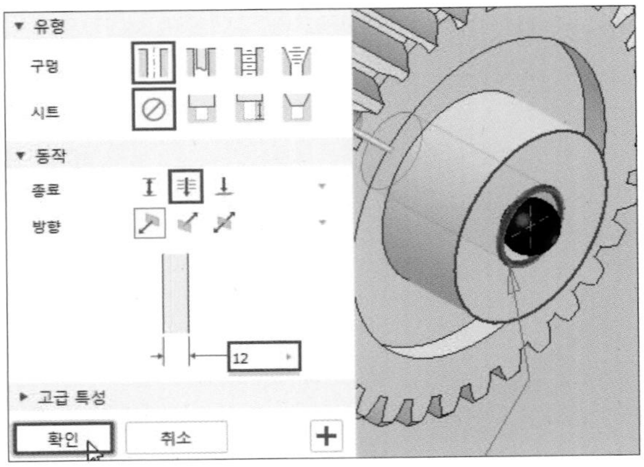

step 6

다음과 같이 구멍이 작성되었습니다.

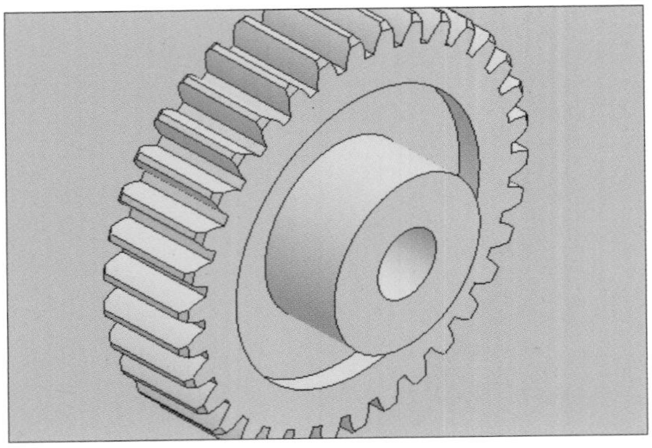

step 7

다음 면에 **새 스케치**를 작성합니다.

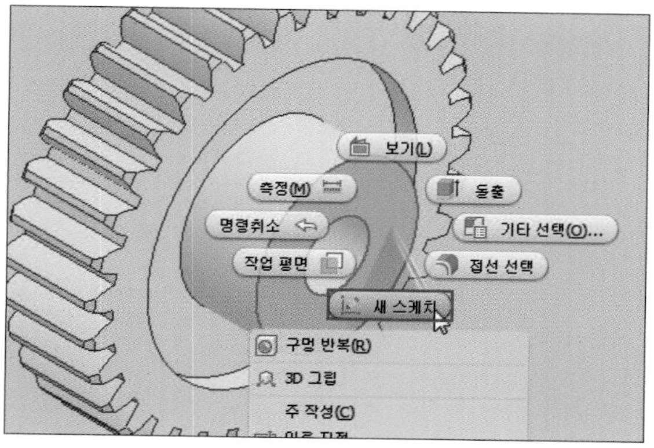

step 8

선 명령을 실행합니다.

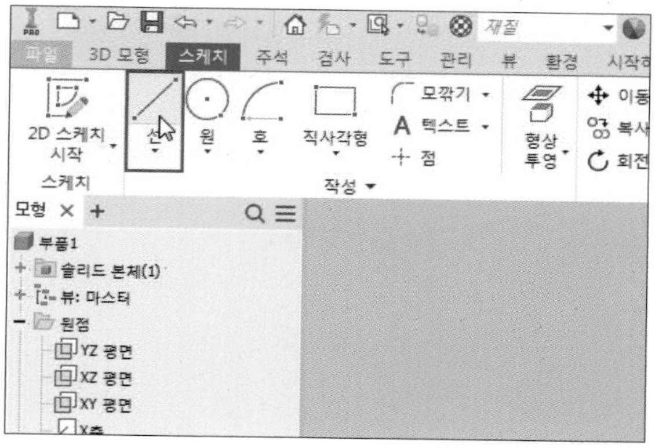

step 9

해당 원형 모서리가 **검은색**과 **하늘색**으로 표시될 때 점을 클릭합니다.

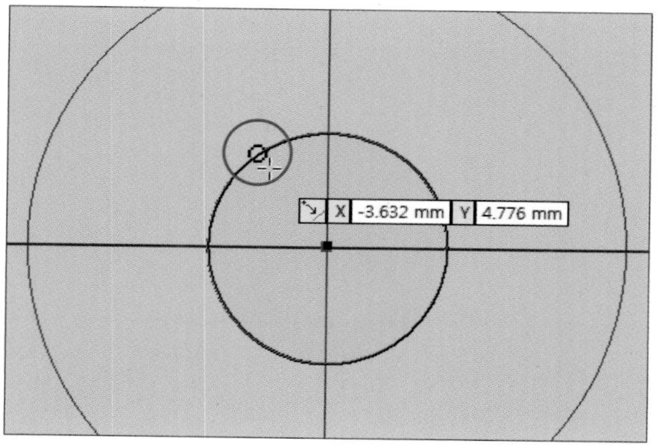

step 10

위로 뻗는 **수직선**이 되도록 두 번째 **점**을 클릭합니다.

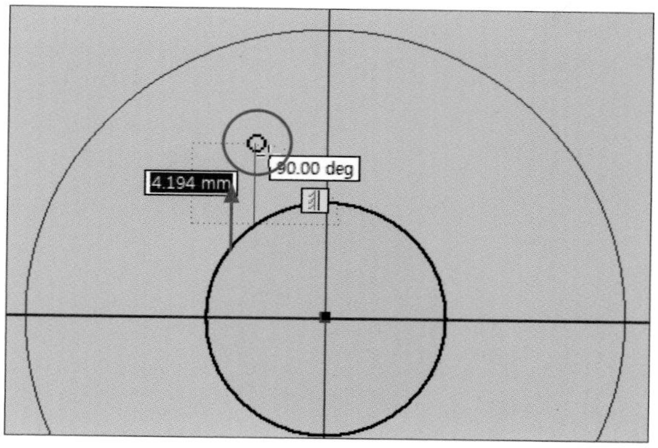

step 11

이어서 **수평선**이 되도록 다음 **점**을 클릭합니다.

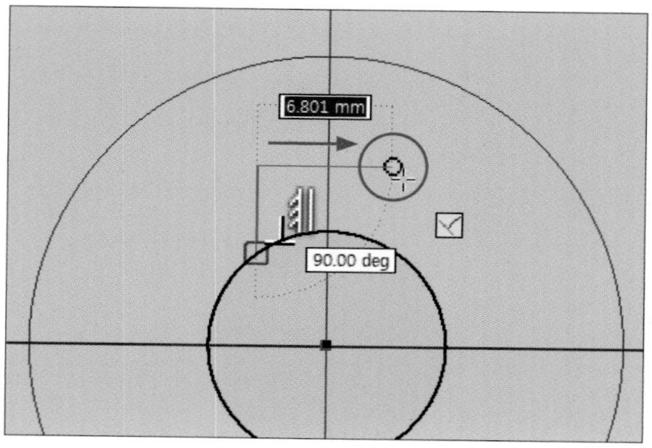

step 12

마지막으로 원형 모서리에 **끝점**이 올 수 있도록 하는 수직선을 작성합니다.

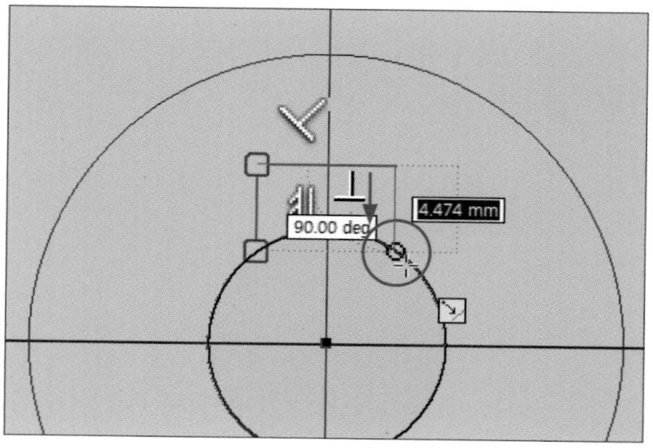

step 13

다음과 같이 키 홈 스케치가 완료되었습니다.

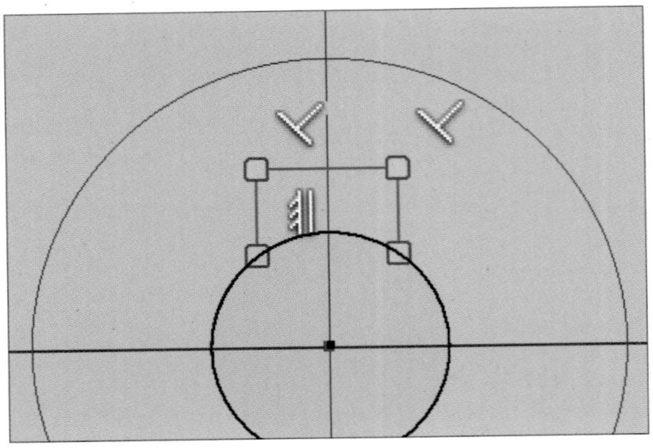

step 14

동일 구속조건 명령을 클릭합니다.

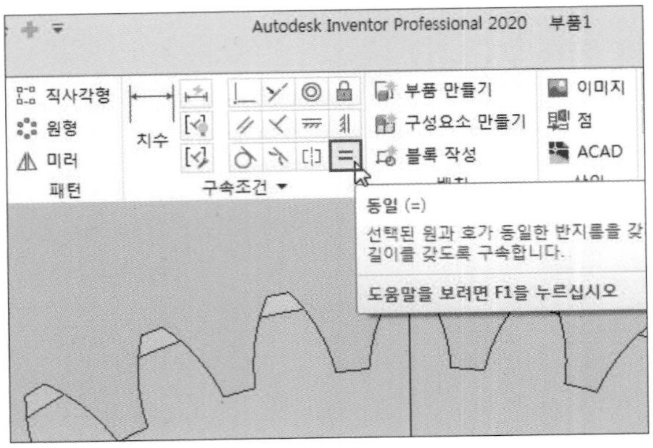

step 15

다음 선을 클릭합니다.

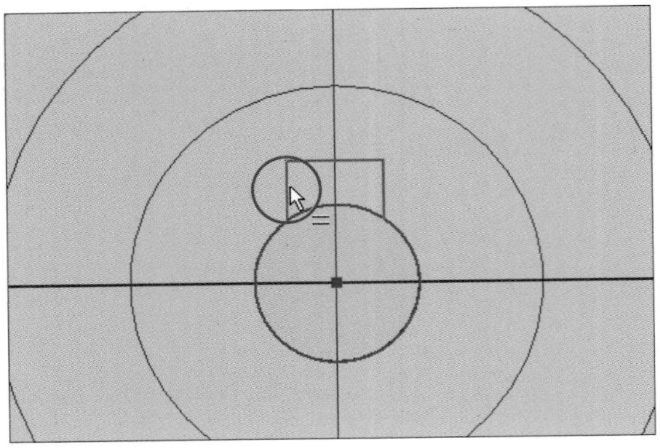

step 16

이어서 마주보는 선을 클릭합니다.

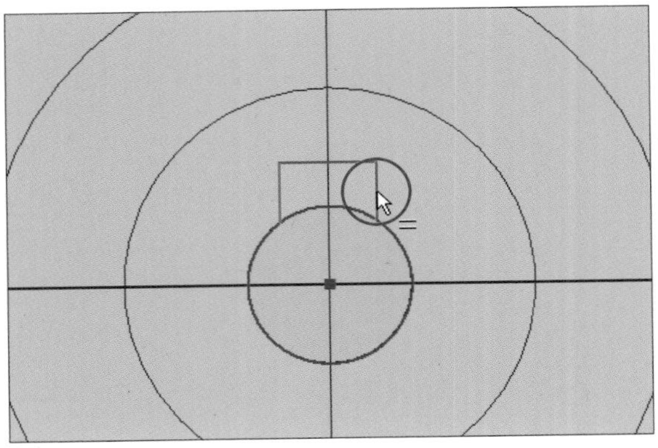

step 17

다음과 같이 두 선의 길이가 동일하게 변경되며, 같은 원주상에 있으므로 키 홈 스케치 요소가 가운데로 정렬됩니다.

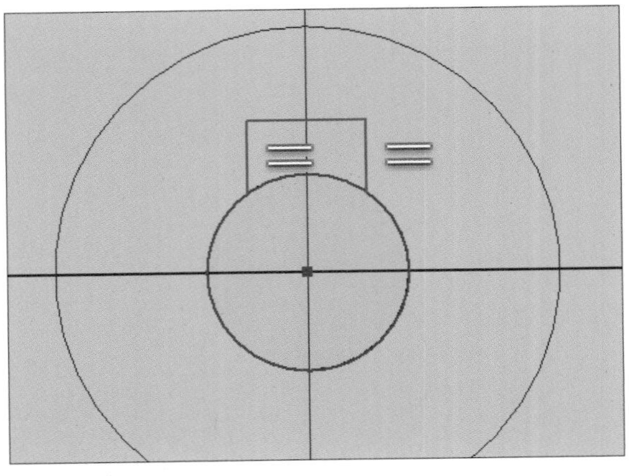

step 18

KS 규격집의 **평행 키** 항목을 확인하여 키 홈 자리의 치수값을 확인하도록 합니다. (축 지름 d = 12 기준)

21. 평행 키 (키 홈)

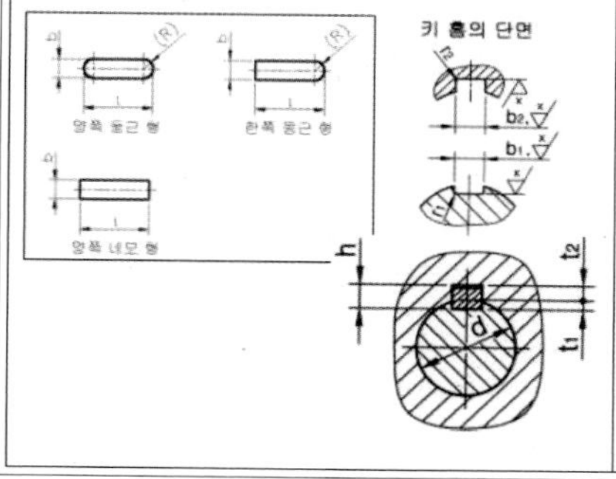

b1 및 b2의 기준 치수	키 홈의 치수 활동형 b1 허용차	활동형 b2 허용차	보통형 b1 허용차	보통형 b2 허용차	t1의 기준 치수	t2의 기준 치수	t1 및 t2의 허용차	적용하는 축 지름 d (초과~이하)
2					1.2	1.0		6~8
3					1.8	1.4	+0.1 0	8~10
4					2.5	1.8		10~12
5	H9	D10	N9	JS9	3.0	2.3		12~17
6					3.5	2.8		17~22
7					4.0	3.3	+0.2 0	20~25
8					4.0	3.3		22~30
10					5.0	3.3		30~38

※ 큐넷에서 제공하는 KS 규격집 pdf 파일의 **21. 평행 키 (키 홈)**(10p) 참고

step 19

치수 명령을 클릭합니다.

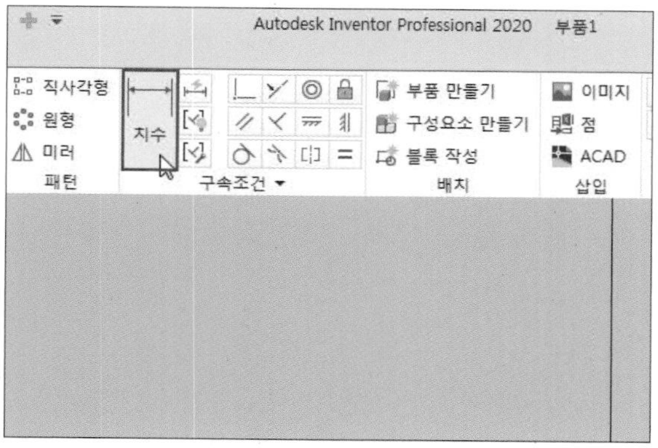

step 20

다음 선을 클릭합니다.

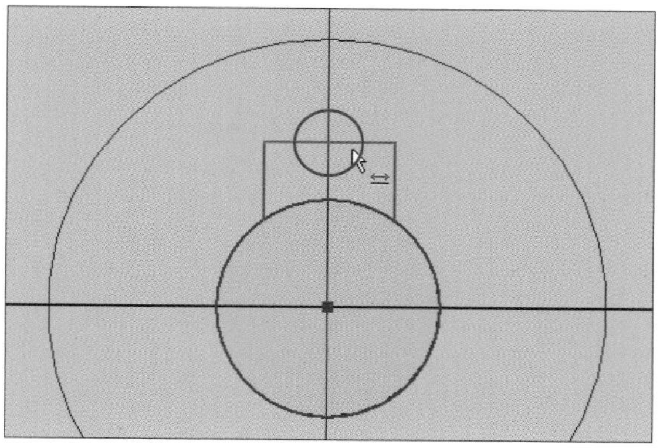

step 21

치수가 위치할 적당한 곳을 클릭하면 치수 편집창이 실행됩니다. 4를 입력한 다음 ENTER를 누릅니다.

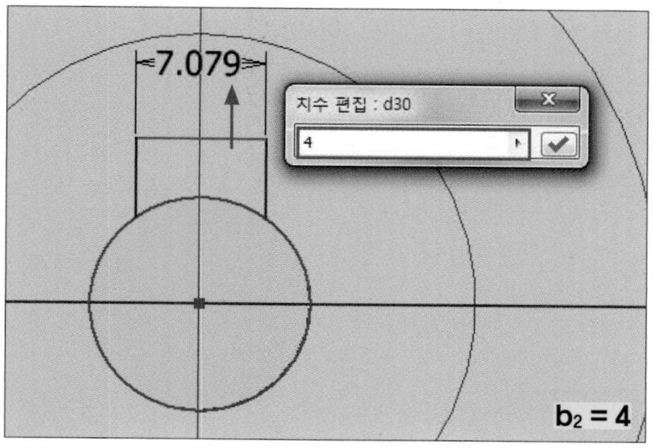

step 22

이어서 **치수** 명령으로 다음 선을 클릭합니다.

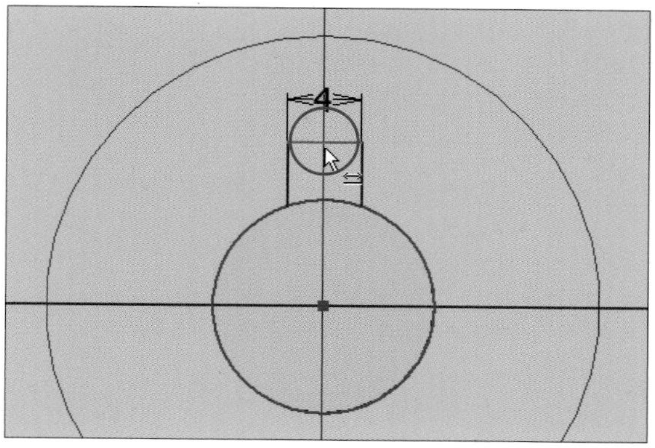

step 23

이어서 다음 선을 클릭합니다. 마우스 커서 근처의 아이콘이 다음과 같이 변경될 때 선을 클릭하도록 합니다.

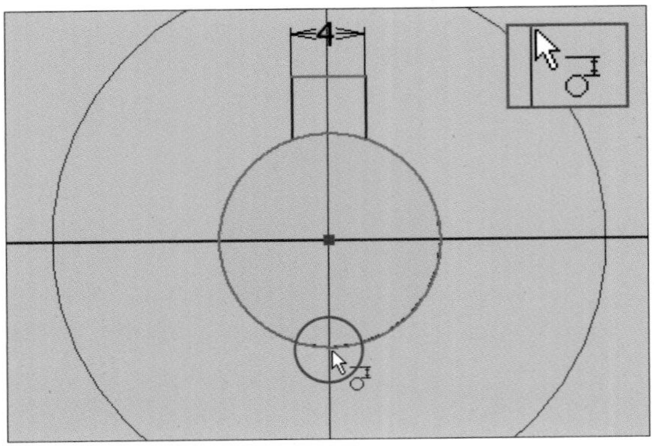

step 24

치수가 위치할 적당한 곳을 클릭하면 치수 편집창이 실행됩니다. 13.8을 입력한 다음 ENTER를 누릅니다.

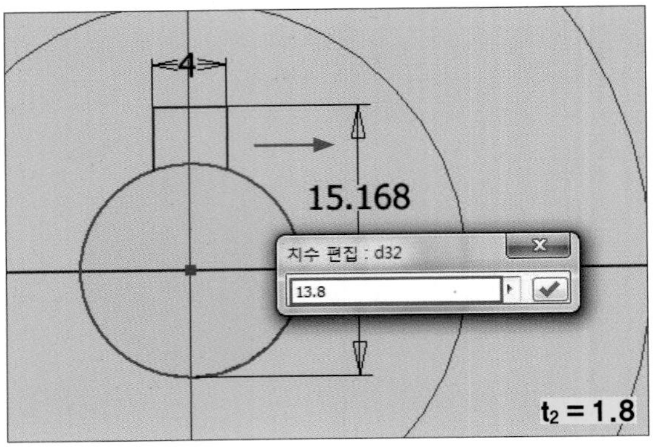

step 25

다음과 같이 치수 작성이 완료되었습니다.

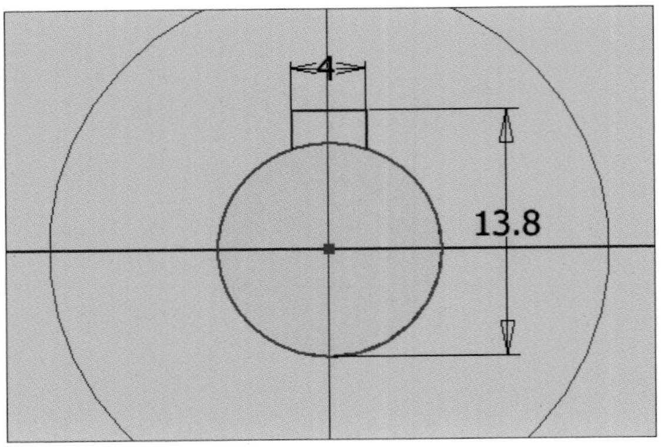

step 26

3D 모형 탭의 돌출 명령을 클릭합니다.

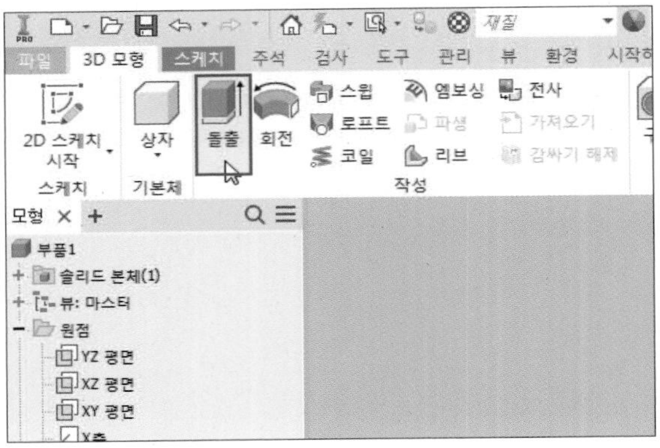

step 27

프로파일로는 다음 스케치 영역을 선택합니다.

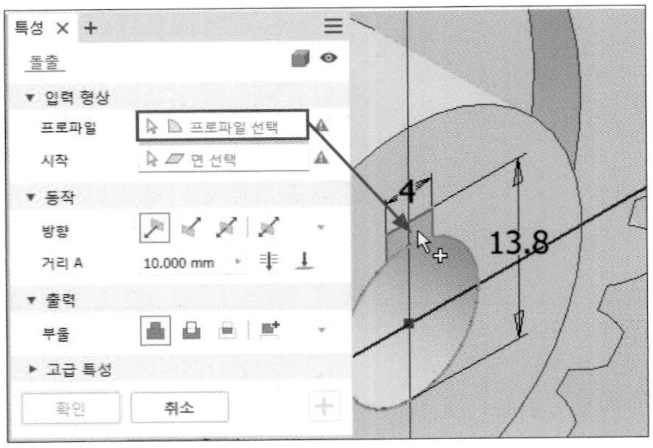

step 28

거리는 전체 관통, 출력 옵션은 잘라내기로 설정하고 확인 버튼을 클릭합니다.

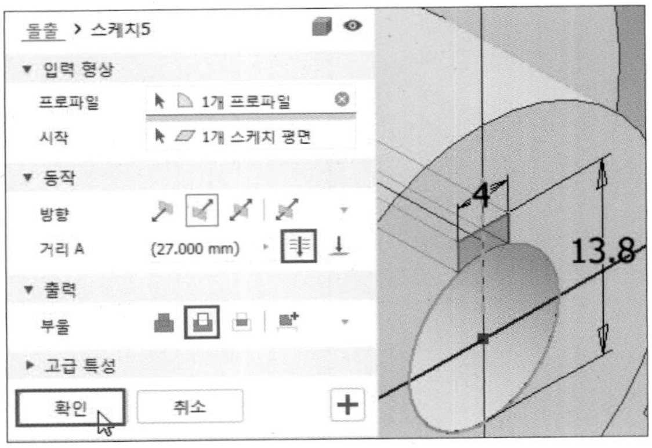

step 29

다음과 같이 돌출 차집합 피쳐가 작성됩니다.

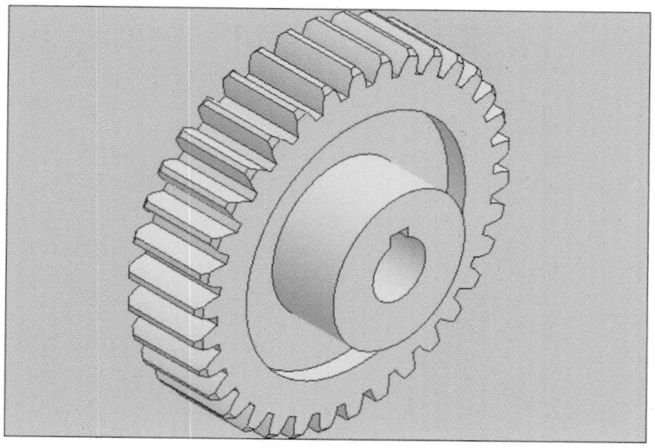

step 30

3D 모형 탭의 평면 명령 중 **곡면에 접하고 평면에 평행** 명령을 실행합니다.

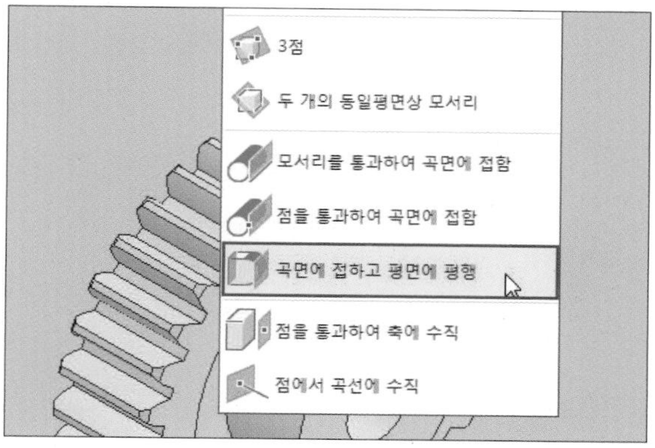

step 31

평면으로는 XZ **평면**을 클릭합니다.

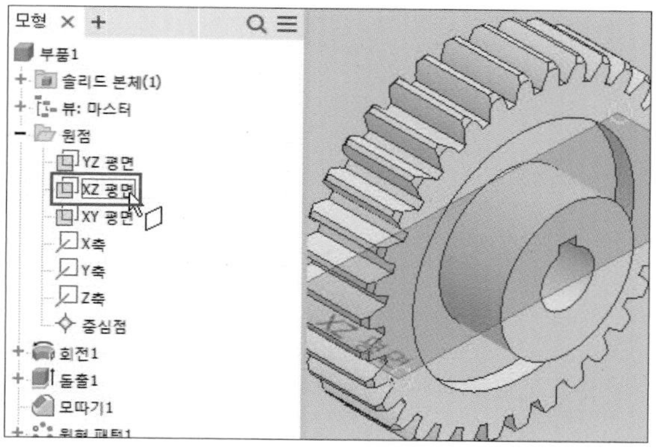

step 32

이어서 해당 **곡면의 아래쪽**에 마우스를 올려놓으면 작업 평면이 미리보기 됩니다.

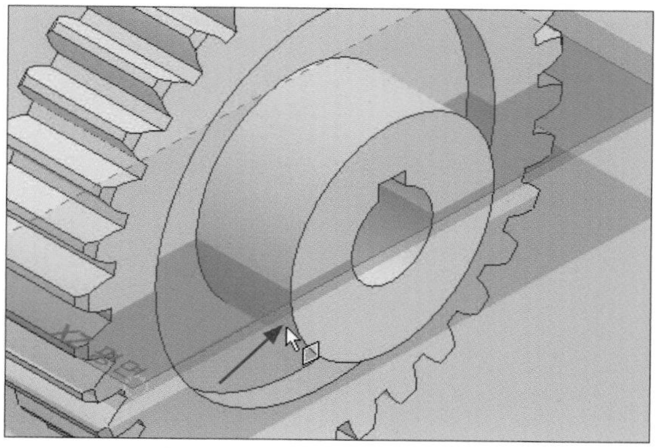

step 33

클릭하면 다음과 같이 곡면에 접하고 XZ 평면에 평행하는 작업 평면이 생성됩니다.

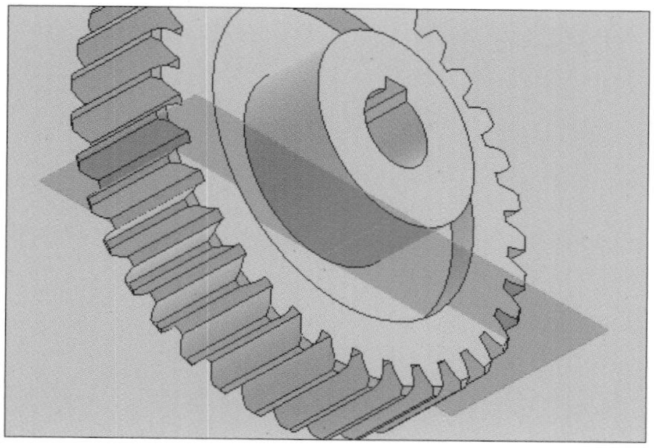

step 34

작업 평면을 마우스 우측 버튼으로 클릭한 다음 **새 스케치** 명령을 실행합니다.

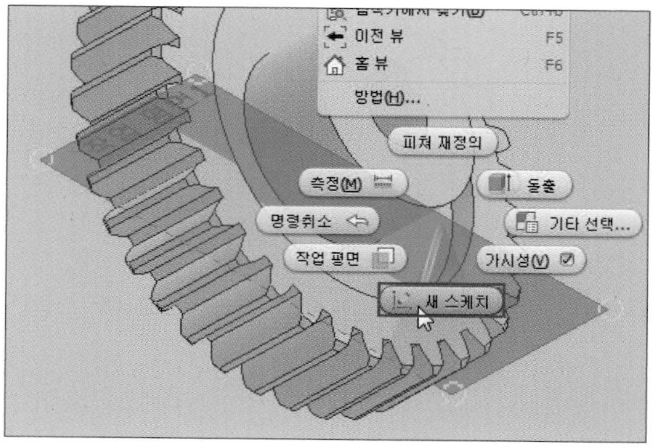

step 35

점 명령을 클릭합니다.

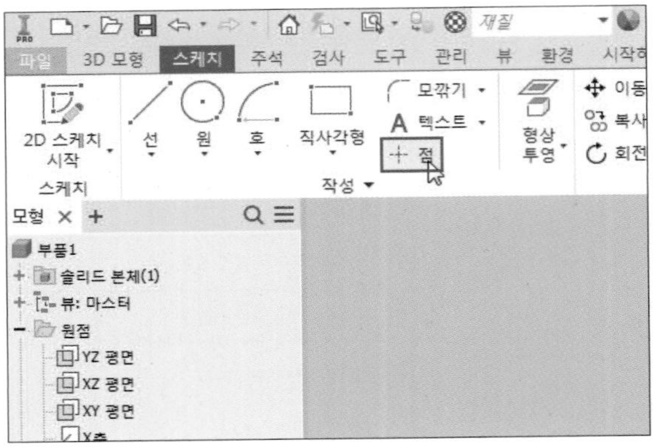

step 36

다음 대략적인 위치에 점을 작성합니다.

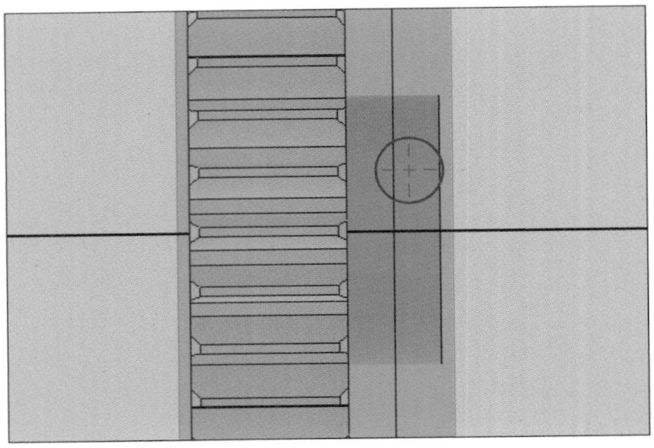

step 37

수평 구속조건 명령을 클릭합니다.

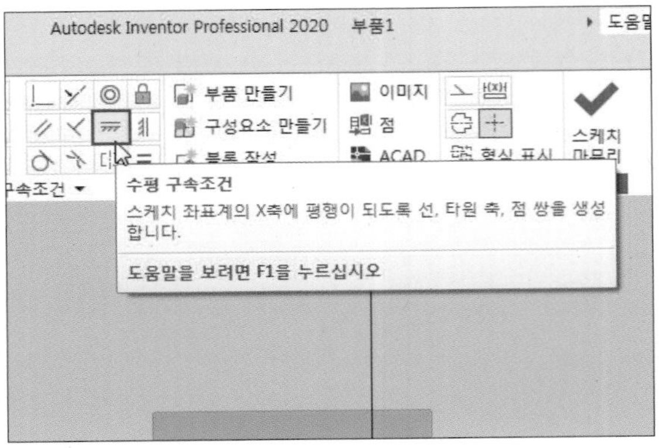

step 38

다음 점을 클릭합니다.

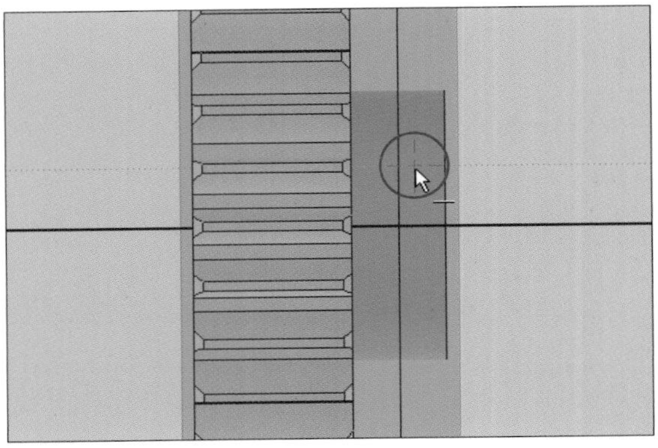

step 39

이어서 우측 모서리의 중간점이 노랗게 인식되면 클릭합니다.

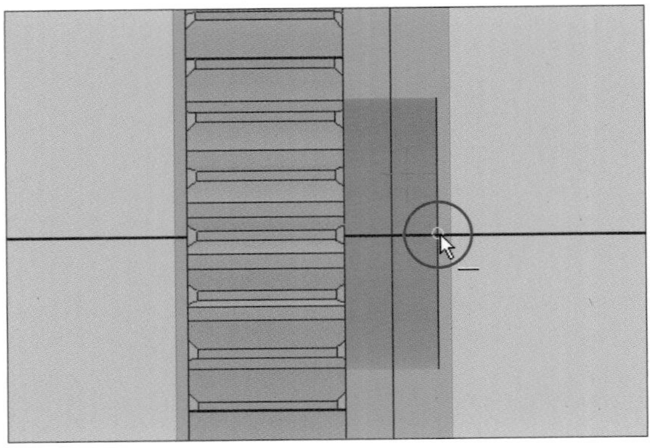

step 40

다음과 같이 선택한 두 점이 수평하게 정렬됩니다.

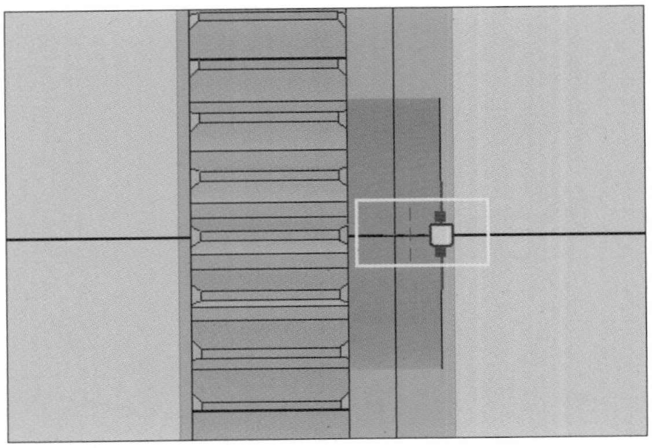

step 41

치수 명령을 클릭합니다.

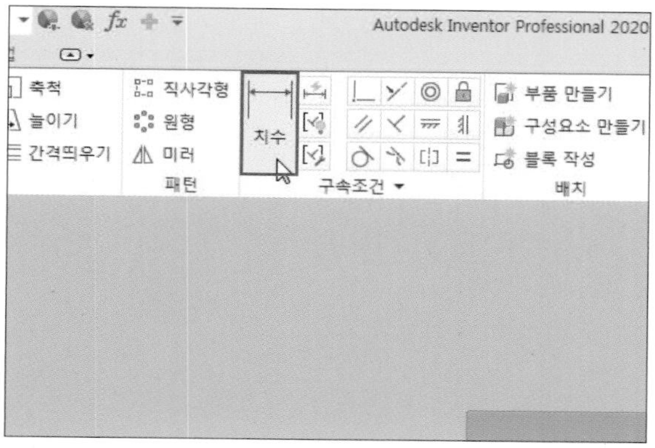

step 42

다음 점을 클릭합니다.

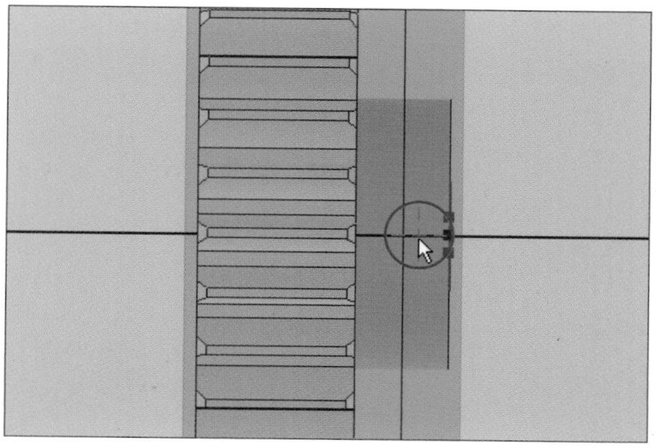

step 43

이어서 우측 모서리를 클릭합니다.

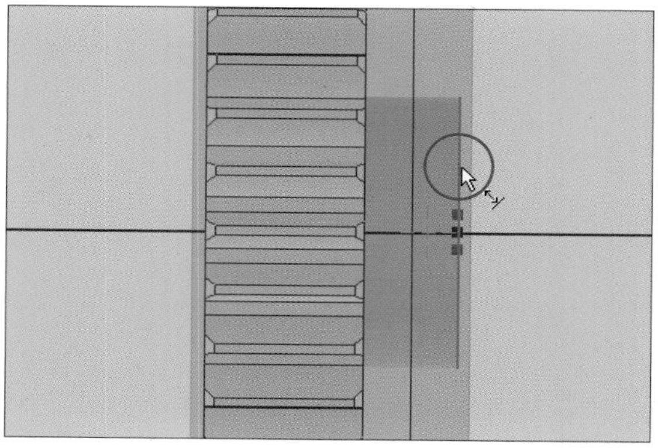

step 44

치수가 위치할 적당한 곳을 클릭하면 치수 편집창이 실행됩니다. 4를 입력한 다음 ENTER를 누릅니다.

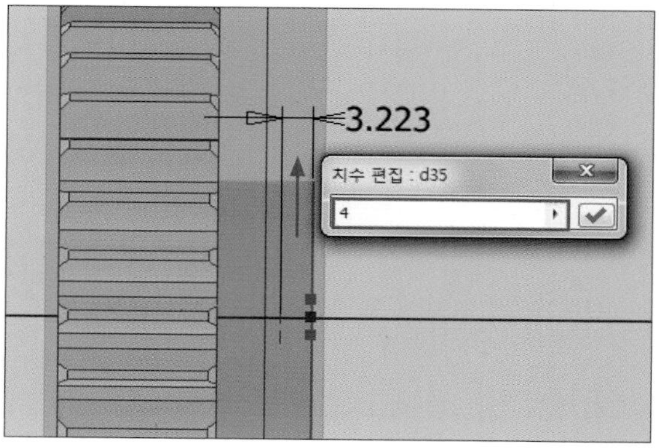

step 45

다음과 같이 치수 작성이 완료되었습니다.

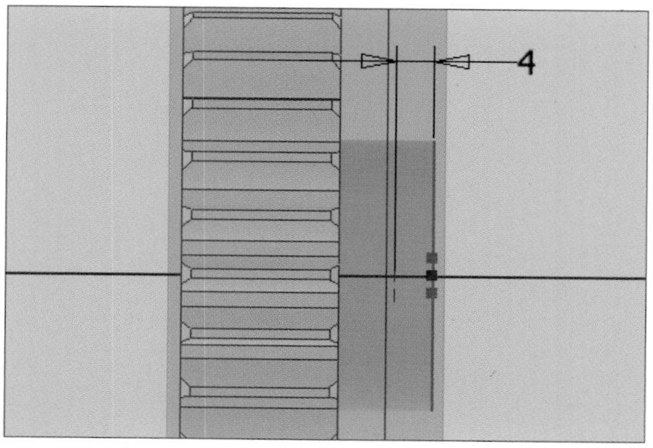

step 46

3D 모형 탭의 구멍 명령을 실행합니다.

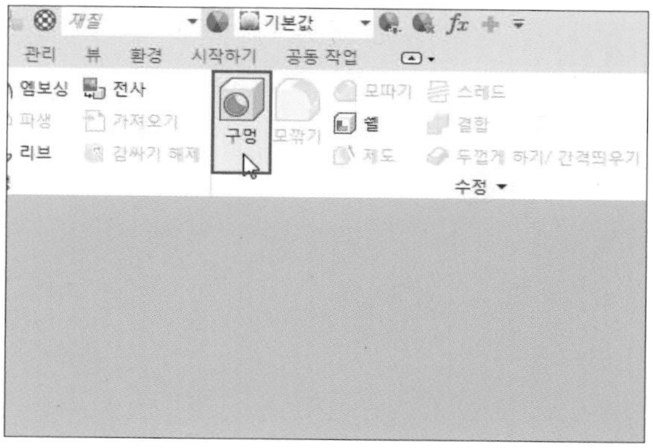

step 47

다음과 같이 구멍의 종류 및 크기 등을 설정합니다.

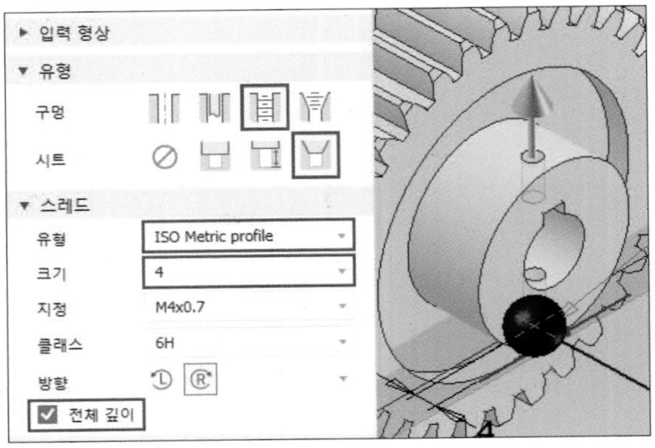

step 48

종료 옵션을 끝(지정 면까지)으로 변경한 다음 끝 곡면으로는 다음 곡면을 선택합니다.

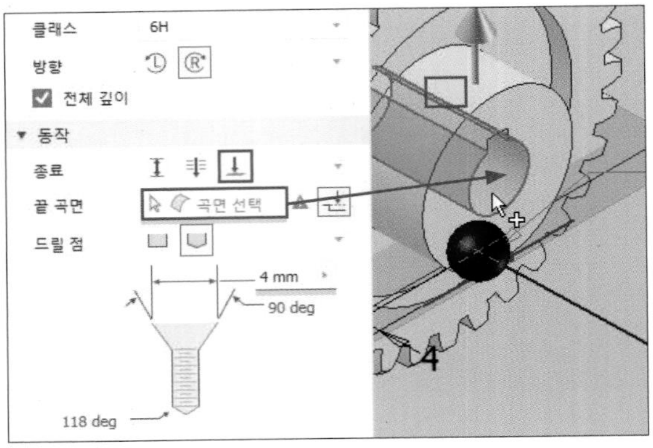

step 49

미리보기가 정상적으로 나오면 확인 버튼을 클릭합니다.

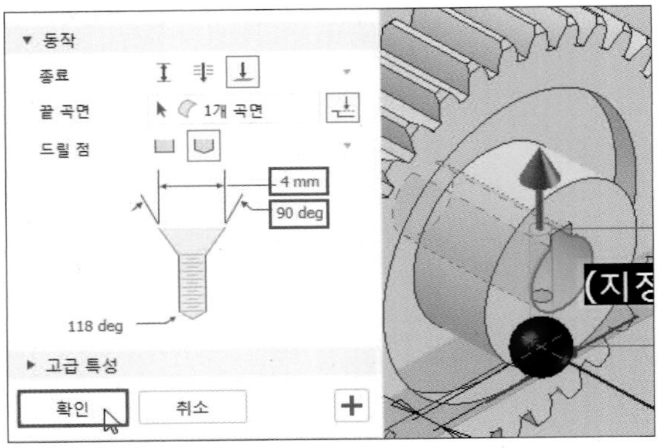

step 50

다음과 같이 탭나사 구멍 피쳐가 작성됩니다.

step 51

모형 검색기 탭에서 작업 평면 아이콘을 마우스 우측 버튼으로 클릭하여 가시성을 체크 해제합니다.

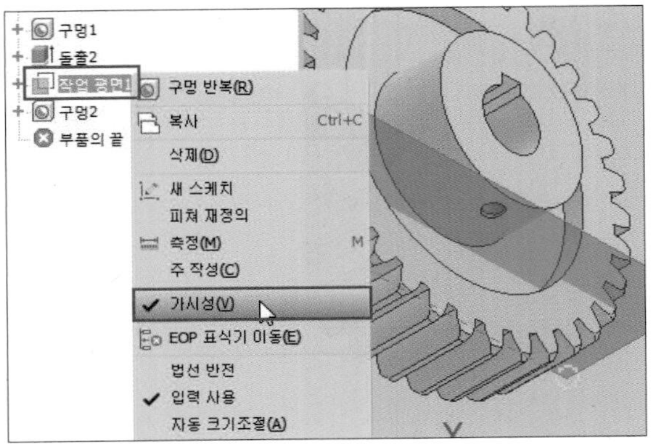

step 52

다음과 같이 작업 평면의 가시성이 해제됩니다.

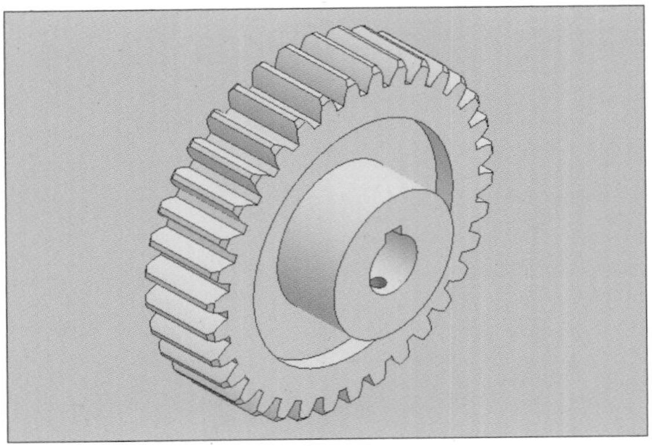

chapter 03 마무리 피쳐 작성하기

step 1

3D 모형 탭의 **모따기** 명령을 실행합니다.

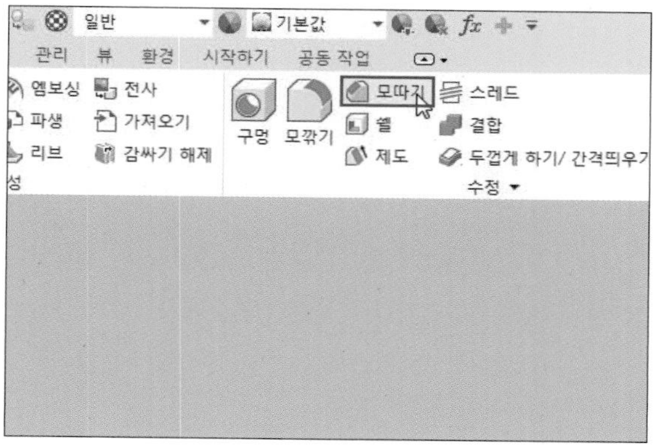

step 2

모따기 거리값으로 1mm를 입력합니다.

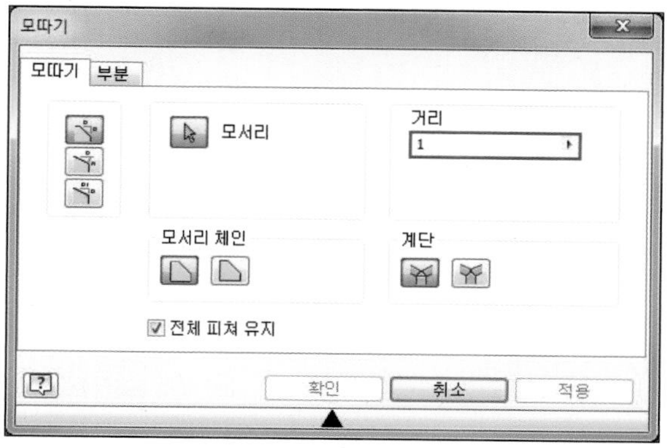

step 3

다음 **모서리**를 클릭합니다.

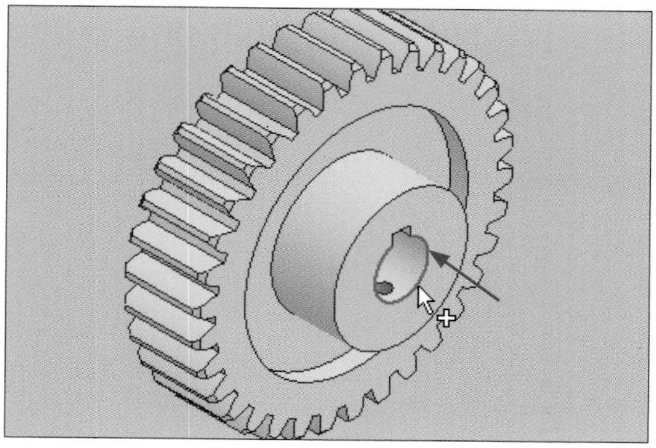

step 4

이어서 반대편의 마주보는 **모서리**도 클릭합니다.

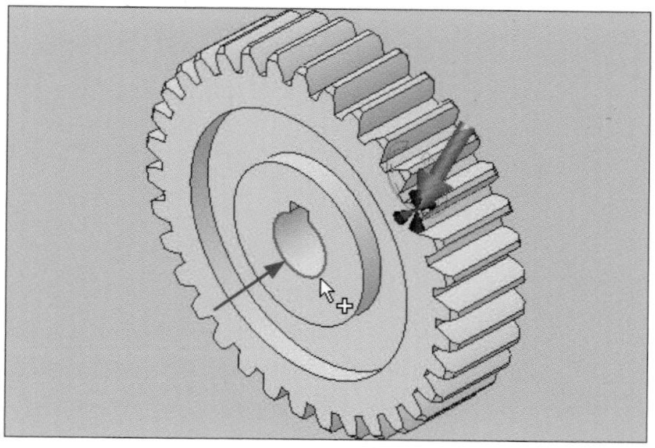

step 5

미리보기가 정상적으로 나오면 **확인** 버튼을 클릭합니다.

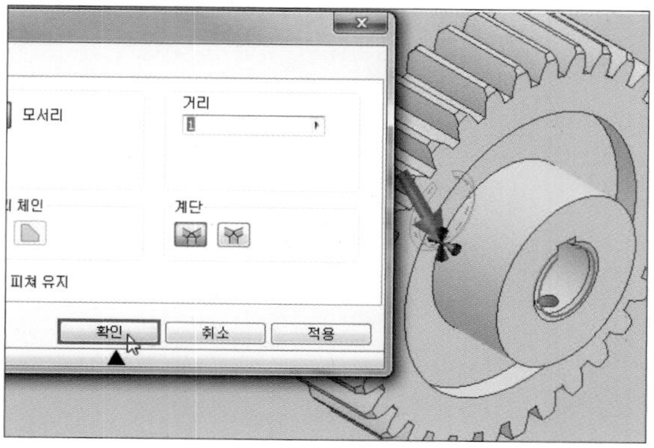

step 6

다음과 같이 모따기 피쳐가 작성되었습니다.

step 7

3D 모형 탭의 **모깎기** 명령을 실행합니다.

step 8

모깎기 반지름으로 3mm를 입력합니다.

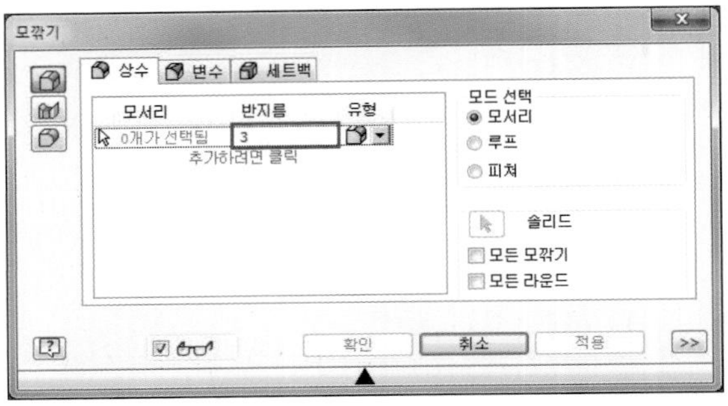

step 9

다음 **모서리**들을 클릭합니다.

step 10

이어서 반대편의 마주보는 **모서리**들도 클릭합니다.

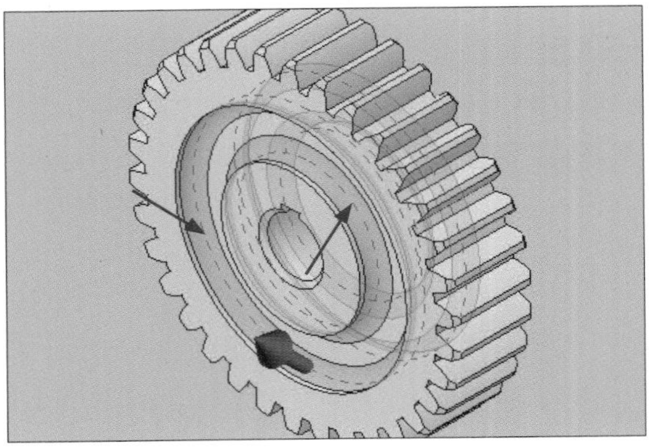

step 11

미리보기가 정상적으로 나오면 **확인** 버튼을 클릭합니다.

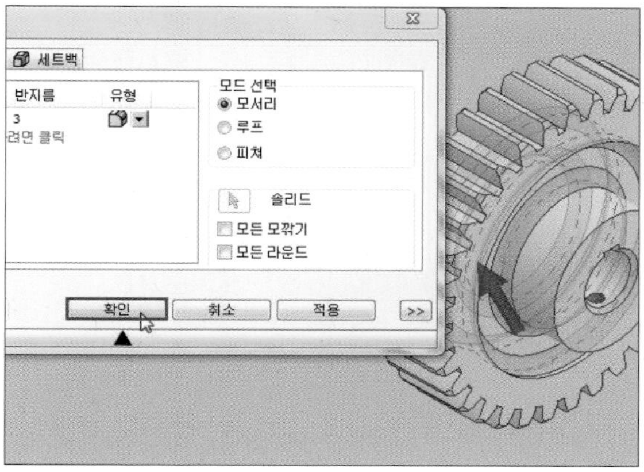

step 12

다음과 같이 스퍼 기어 타입의 모델링이 완료되었습니다.

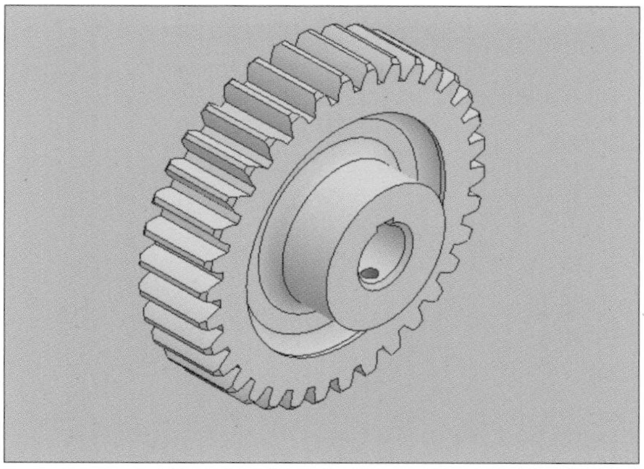

Section 5 축 타입의 부품 작성하기

동력전달장치의 축 타입 부품을 작성해보도록 하겠습니다.

01 따라하기 예제도면 살펴보기

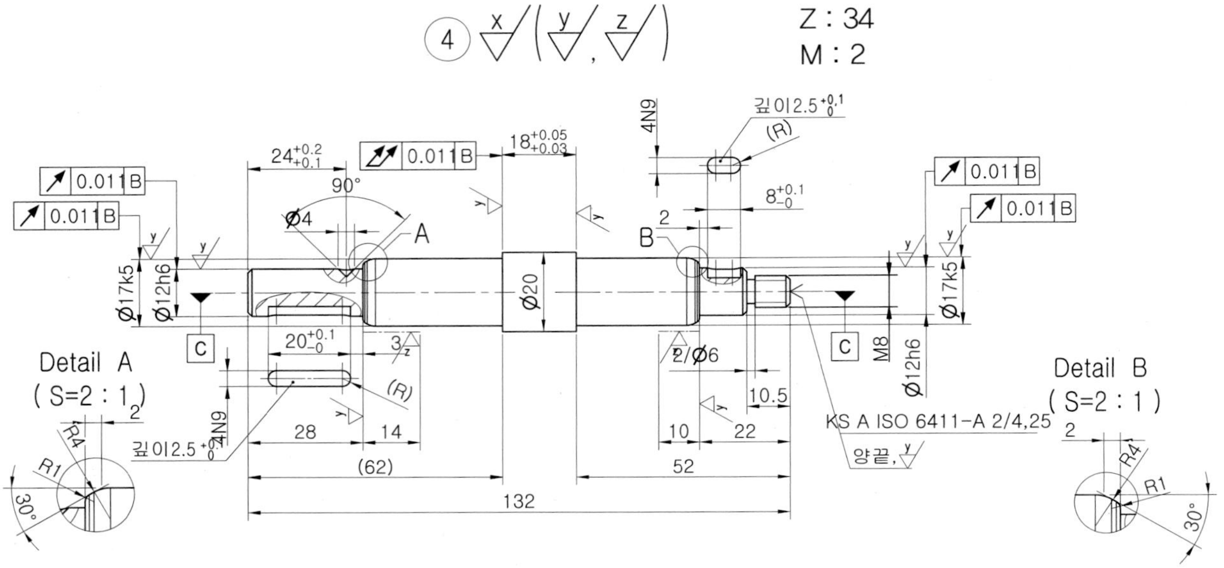

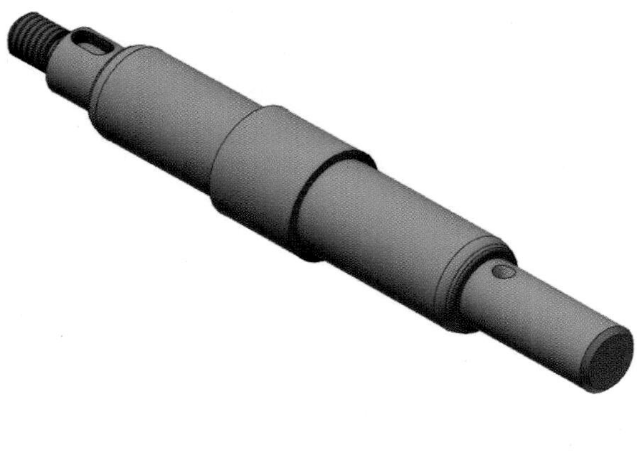

주)
도시되고 지시없는 모따기는 1x45 °
필렛과 라운드는 R3

chapter 01 베이스 피쳐 작성하기

step 1

새로 만들기 버튼을 클릭합니다.

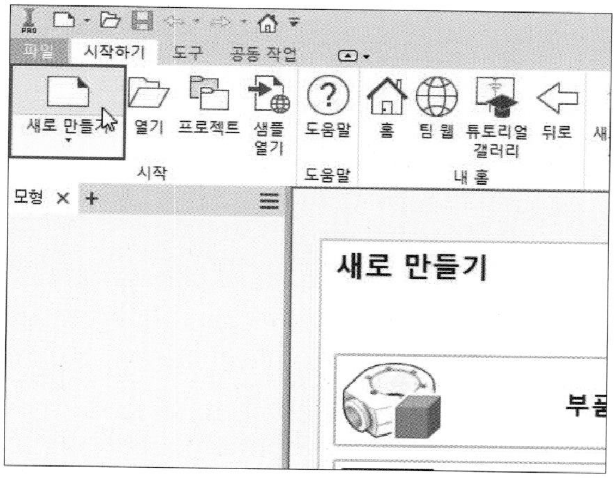

step 2

Standard(mm).ipt 템플릿을 선택한 다음 **작성** 버튼을 클릭합니다.

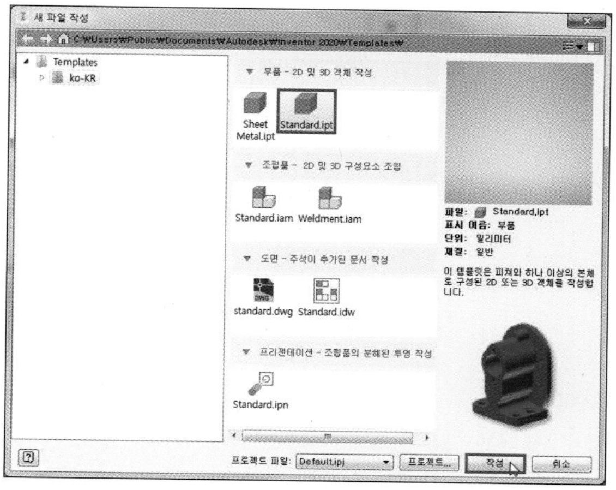

step 3

2D 스케치 시작 버튼을 클릭한 다음 **XY 평면**을 선택합니다.

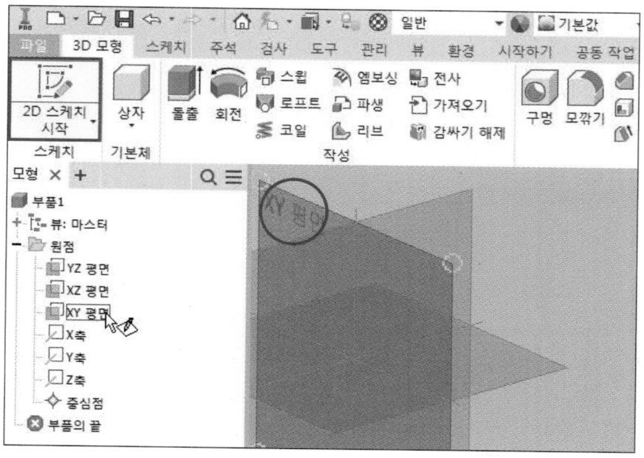

step 4

스케치 메뉴가 활성화되면 **선** 명령을 클릭합니다.

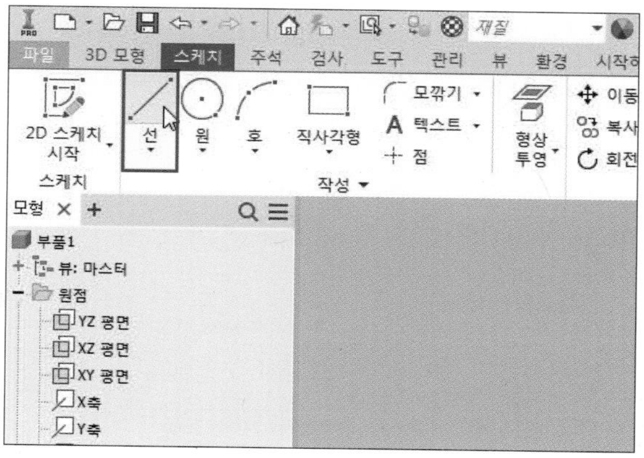

step 5

화면의 대략적인 곳에 첫 번째 점을 찍습니다.

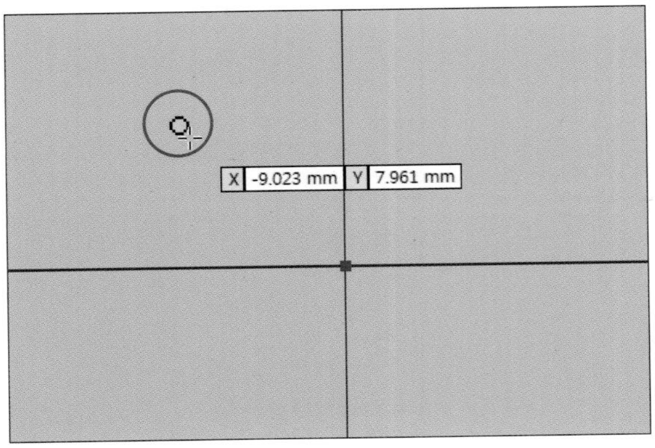

step 6

수평선이 되도록 두 번째 점을 클릭합니다.

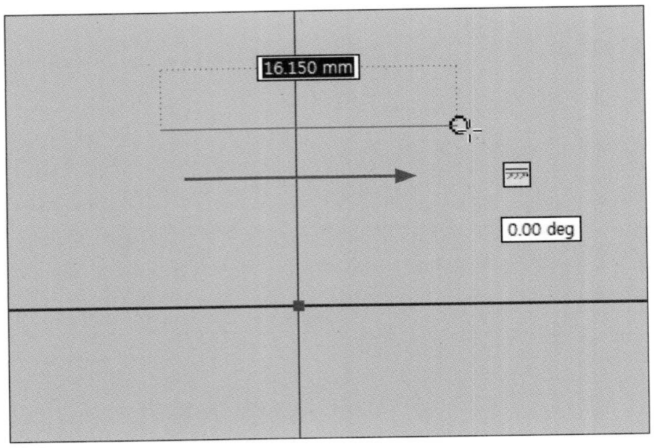

step 7

해당 선분을 마우스 우측 버튼으로 클릭하여 중심선 형식으로 변경합니다.

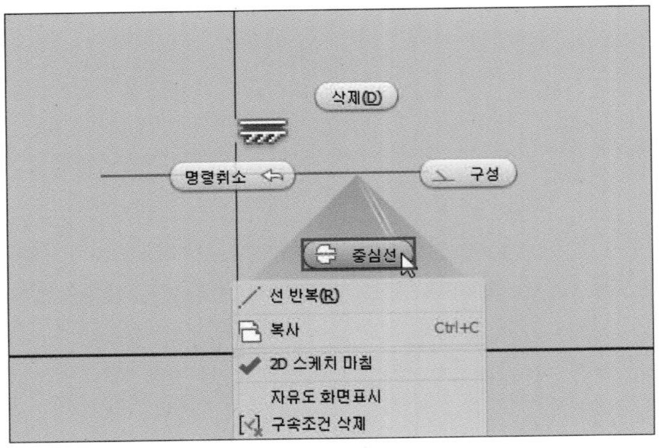

step 8

다음과 같이 해당 선분이 중심선으로 변경됩니다.

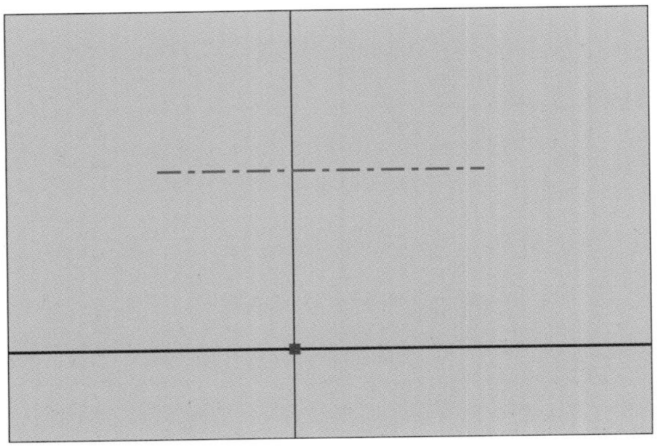

step 9

일치 구속조건 명령을 클릭합니다.

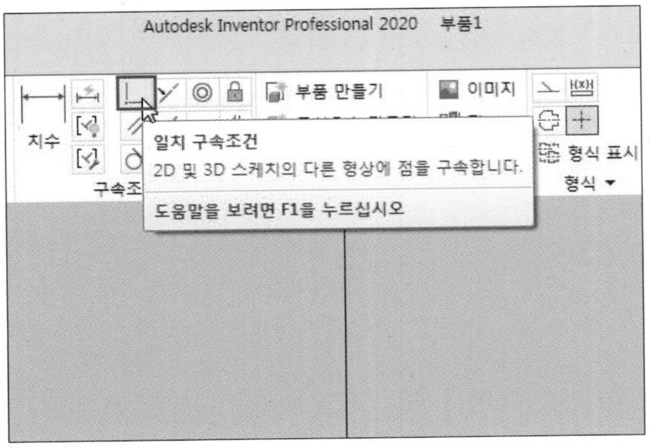

step 10

중심선의 중간점을 클릭합니다.

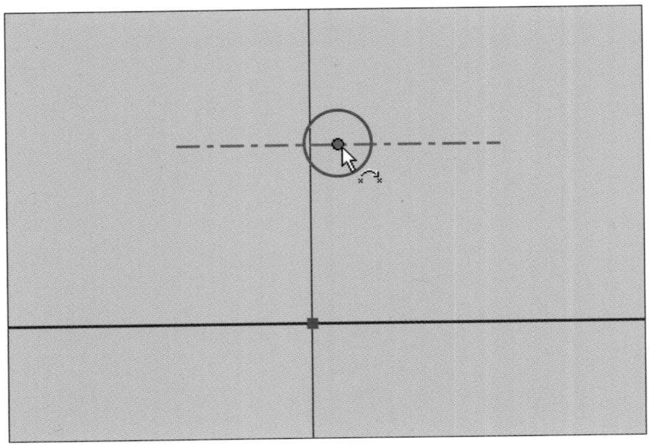

step 11

이어서 원점을 클릭합니다.

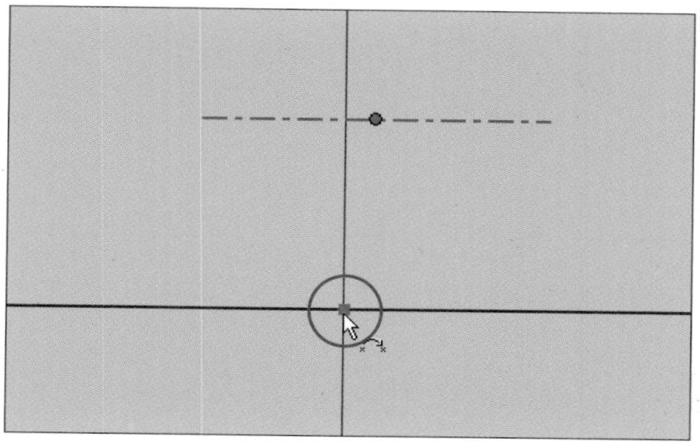

step 12

다음과 같이 선의 중간점과 원점이 일치됩니다.

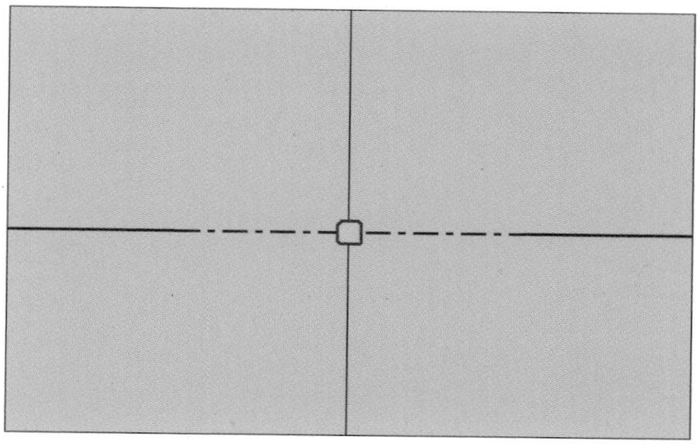

step 13

치수 명령을 클릭합니다.

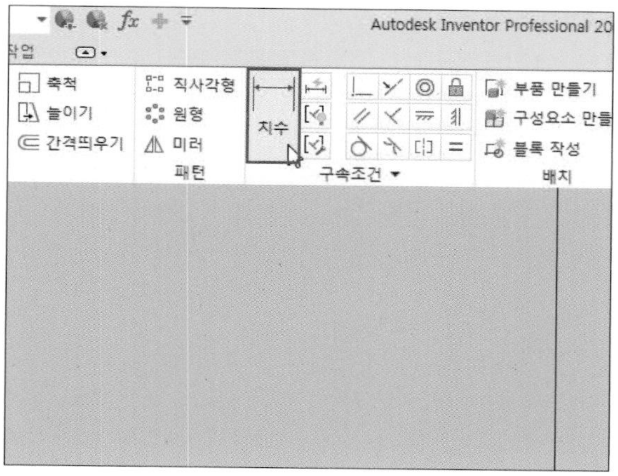

step 14

중심선을 클릭합니다.

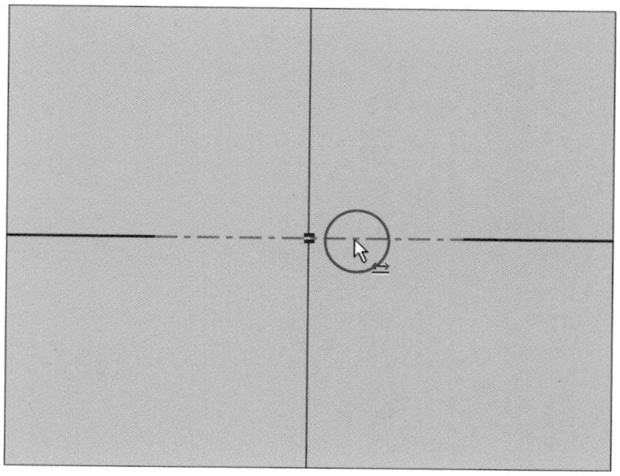

step 15

치수가 위치할 적당한 곳을 클릭하면 치수 편집창이 실행됩니다. 132를 입력한 다음 ENTER를 누릅니다.

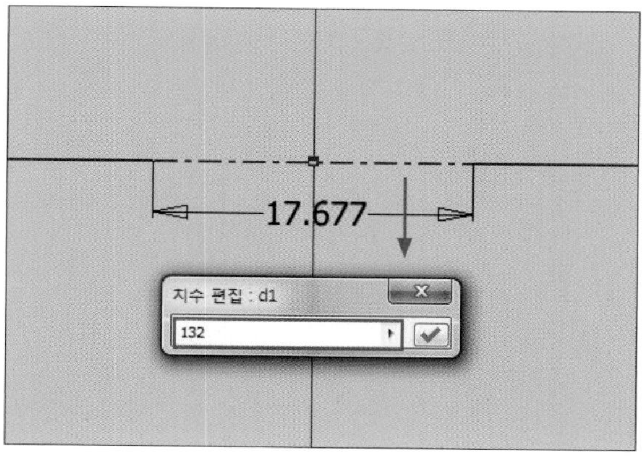

step 16

다음과 같이 치수가 작성되었습니다.

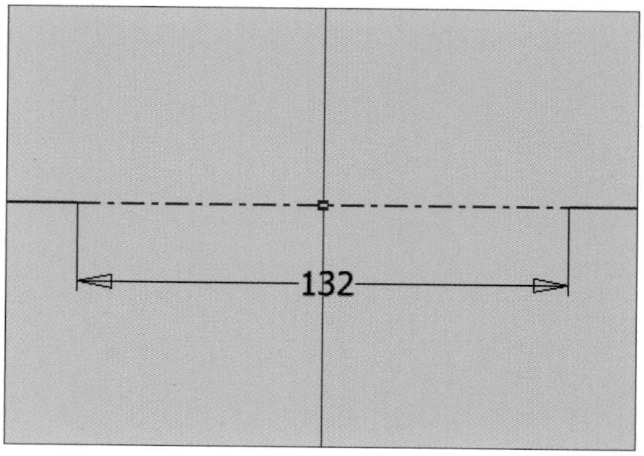

step 17

선 명령을 클릭합니다.

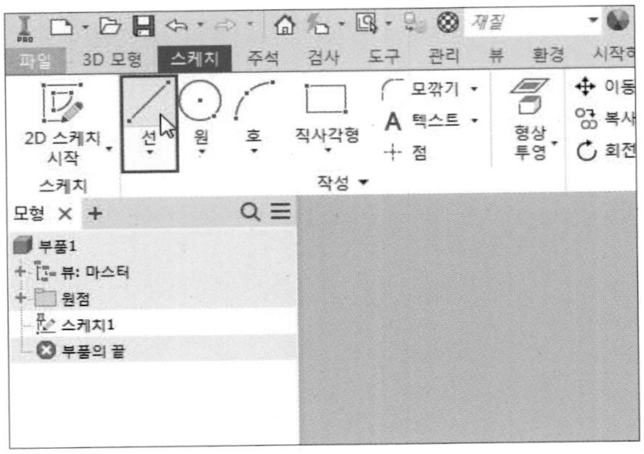

step 18

중심선의 **끝점**을 클릭합니다.

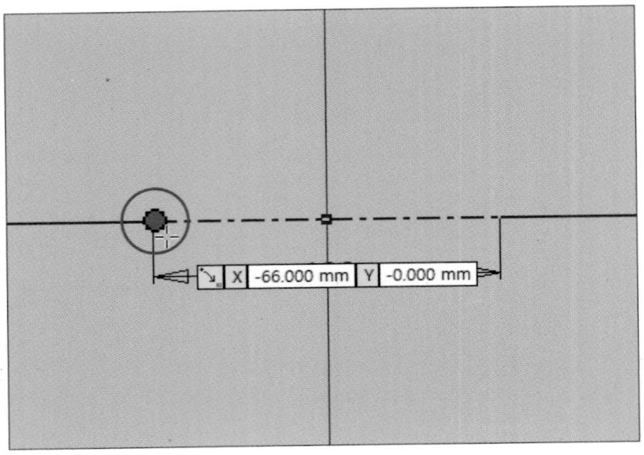

step 19

위로 뻗는 **수직선**이 되도록 다음 **점**을 클릭합니다.

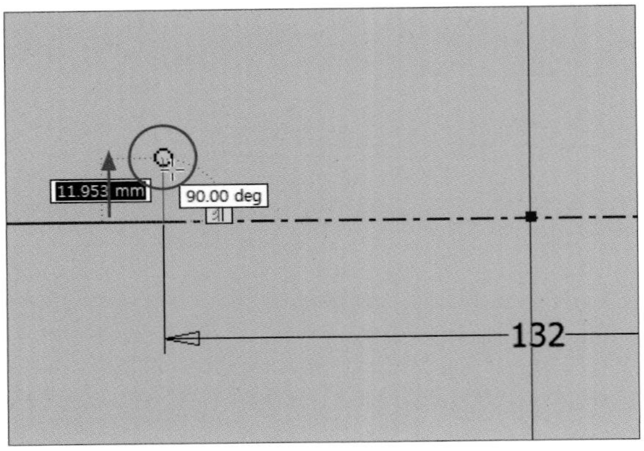

step 20

이어서 **수평선**이 되도록 **점**을 클릭합니다.

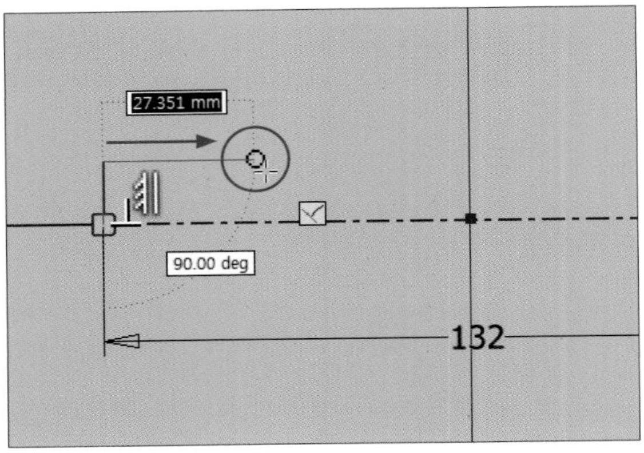

step 21

다음과 같이 **첫 번째 단**의 대략적인 스케치가 완료되었습니다.

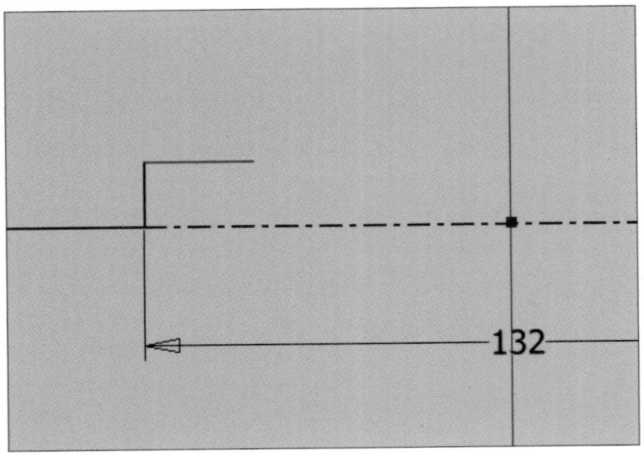

step 22

치수 명령을 클릭합니다.

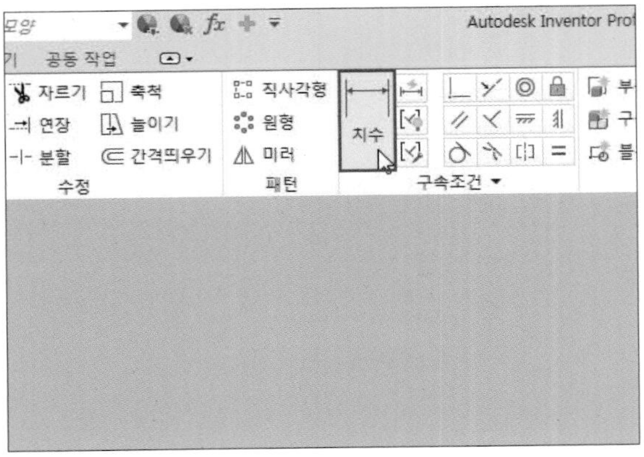

step 23

해당 선분을 클릭합니다.

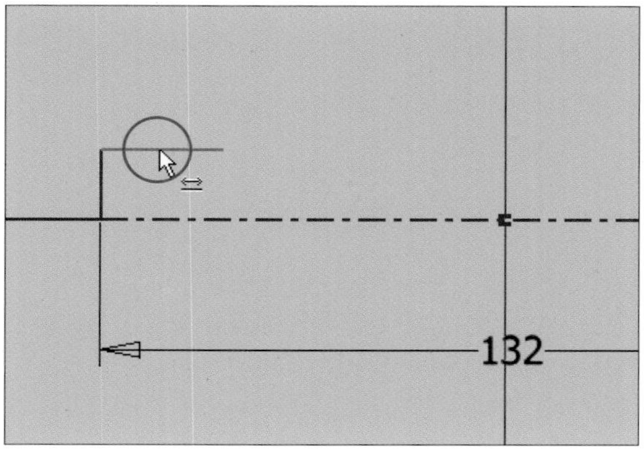

step 24

이어서 중심선을 클릭합니다.

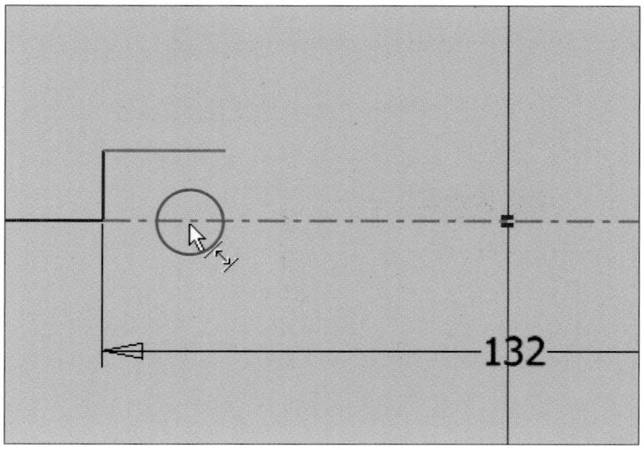

step 25

치수가 위치할 적당한 곳을 클릭하면 치수 편집창이 실행됩니다. 12를 입력한 다음 ENTER를 누릅니다.

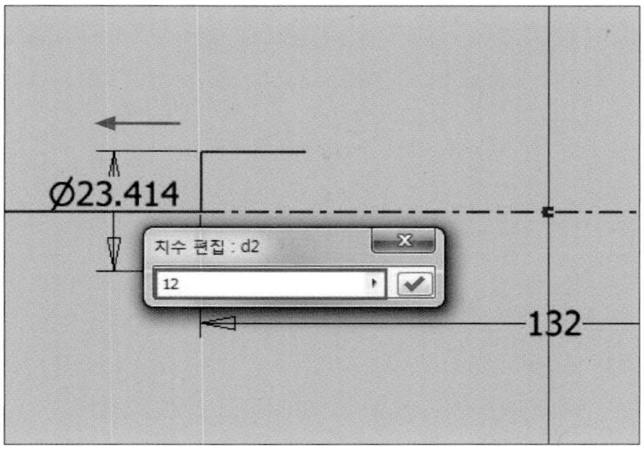

step 26

다음과 같이 지름 치수가 작성되었습니다.

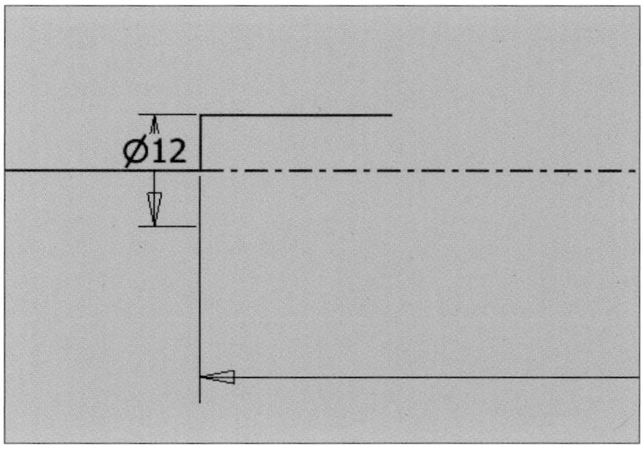

step 27

이어서 치수 명령으로 다음 선을 클릭합니다.

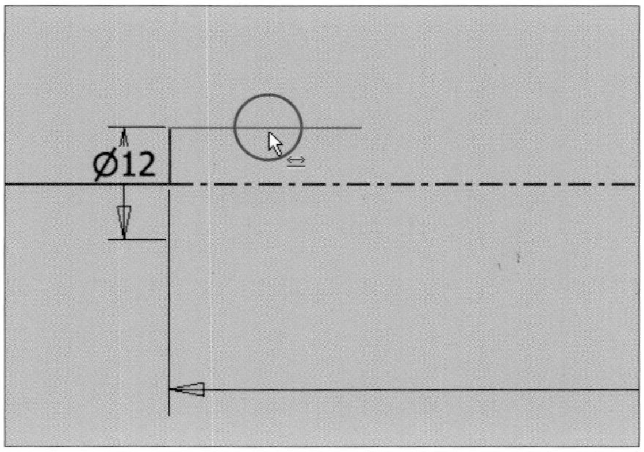

step 28

치수가 위치할 적당한 곳을 클릭하면 치수 편집창이 실행됩니다. 28을 입력한 다음 ENTER를 누릅니다.

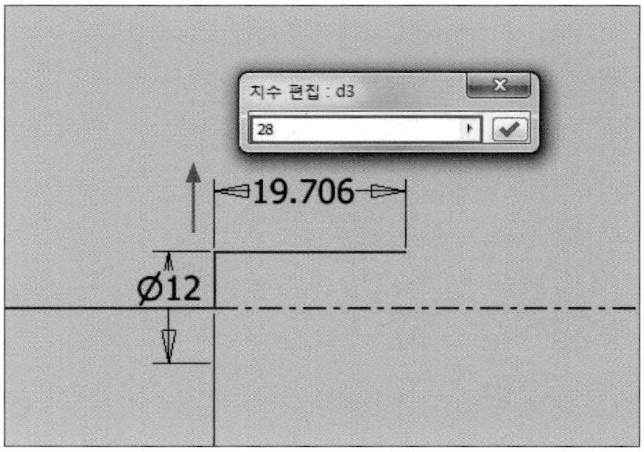

TIP **복잡한 형상의 회전용 스케치 작성 방법**

① 선을 그릴 때 **도면의 치수**와 길이가 **비슷하게** 설정되도록 작성합니다. **(프로파일 꼬임 방지)**

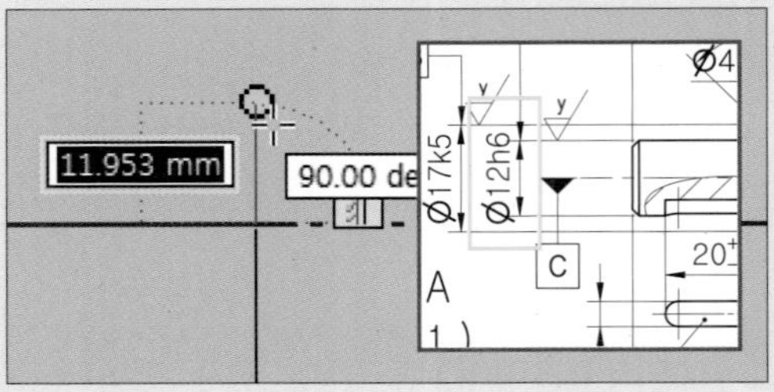

② **한 단씩** 프로파일과 치수를 같이 넣어 나가는 식으로 차근차근 작성합니다.

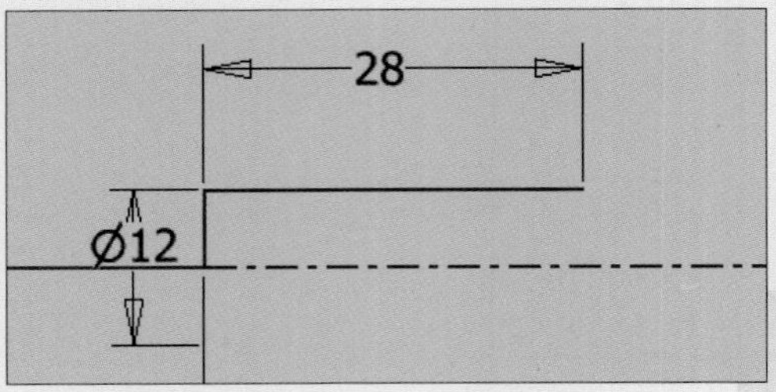

step 29

다음과 같이 **첫 번째 단의 스케치 및 치수**가 작성되었습니다.

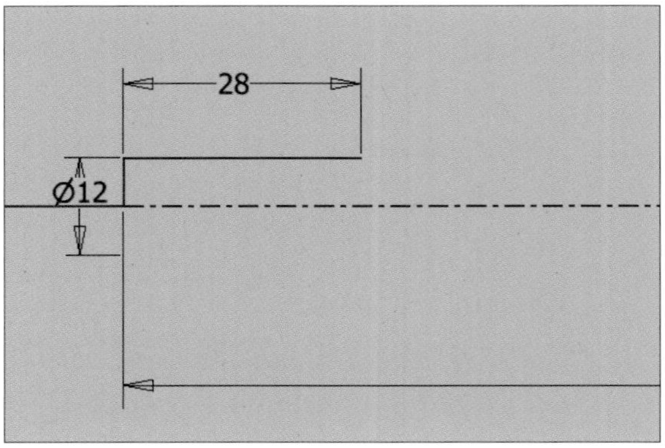

step 30

선 명령을 클릭합니다.

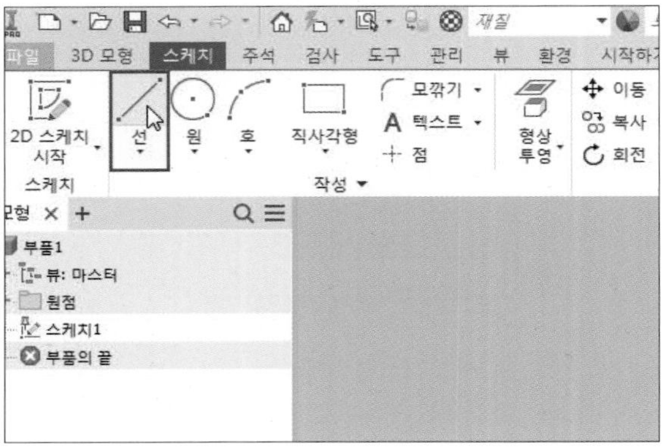

step 31

다음 **점**을 클릭합니다.

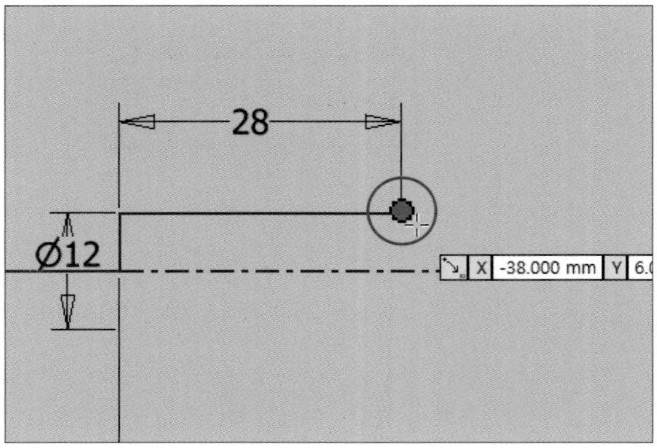

step 32

위로 뻗는 **수직선**이 되도록 다음 **점**을 클릭합니다.

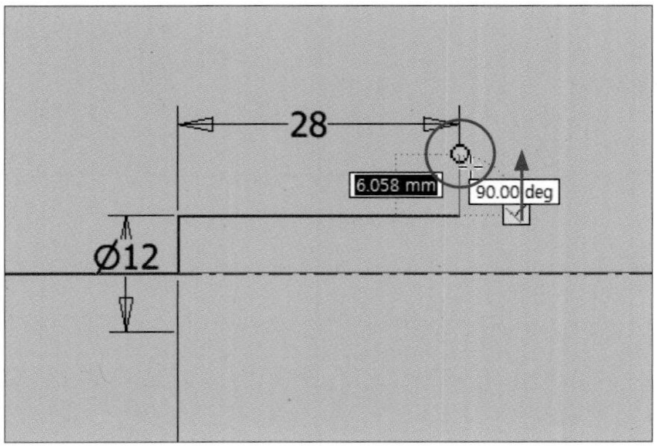

step 33

이어서 수평선이 되도록 점을 클릭합니다.

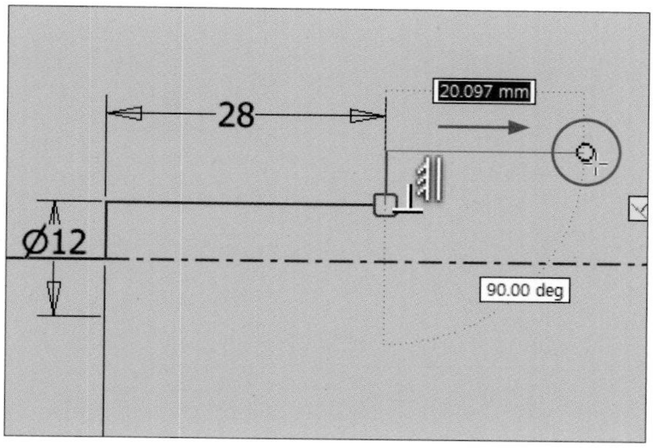

step 34

위로 뻗는 수직선을 이어서 추가로 그려줍니다.

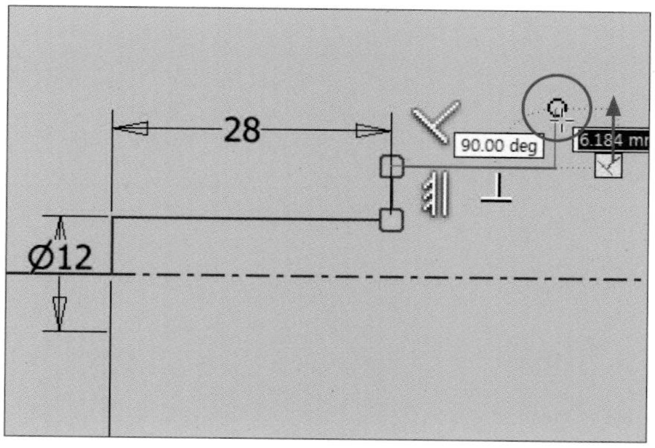

step 35

마지막으로 수평선을 추가로 그려줍니다.

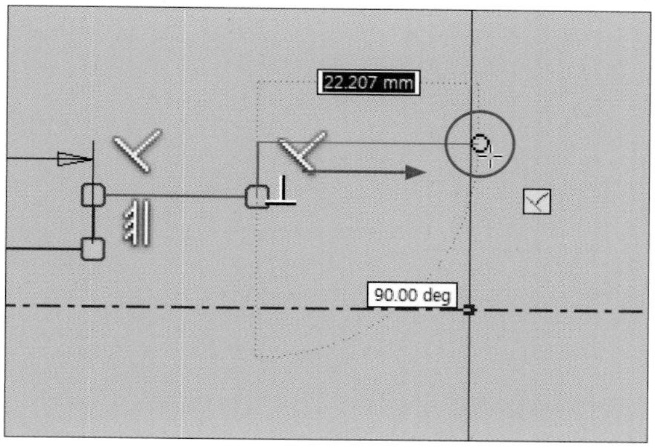

step 36

다음과 같이 두 번째, 세 번째 단의 대략적인 스케치가 완료됩니다.

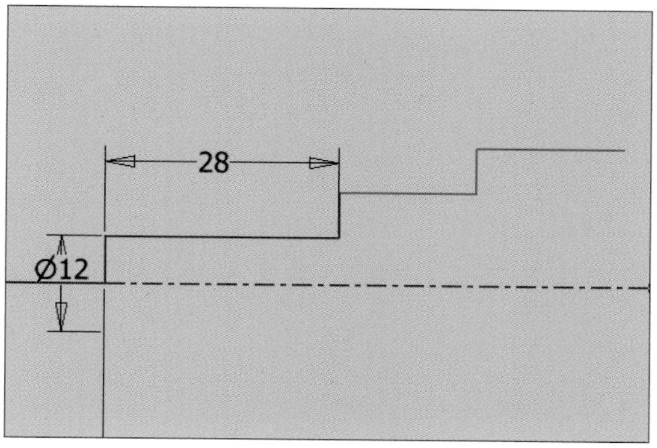

step 37

치수 명령으로 다음과 같이 지름 치수를 작성합니다.

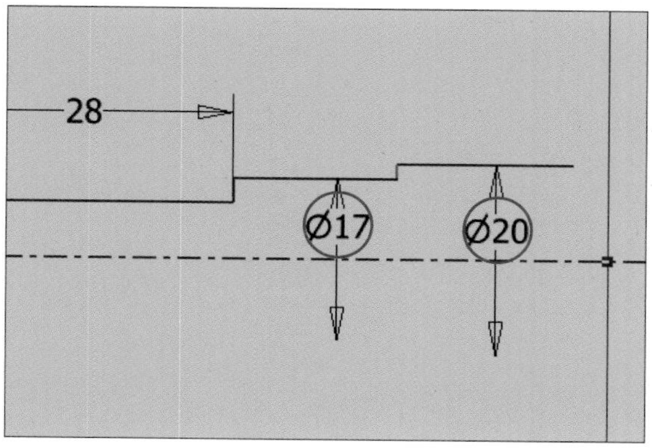

step 38

다시 한 번 치수 명령으로 다음 선을 클릭합니다.

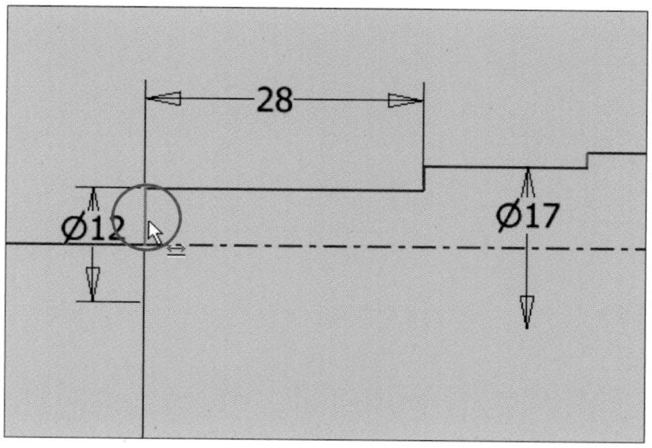

step 39

이어서 다음 선을 클릭합니다.

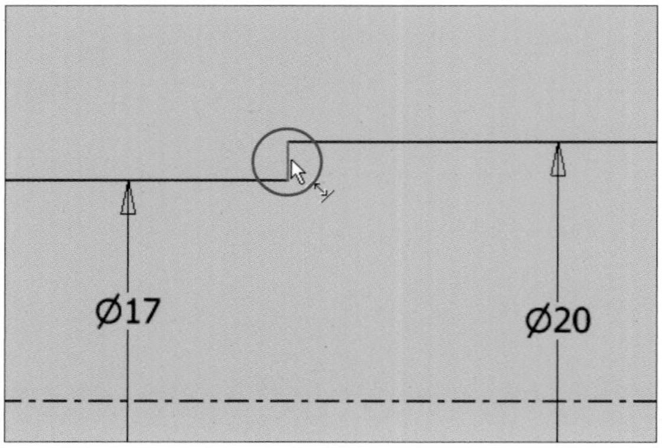

step 40

치수가 위치할 적당한 곳을 클릭하면 치수 편집창이 실행됩니다. 62를 입력한 다음 ENTER를 누릅니다.

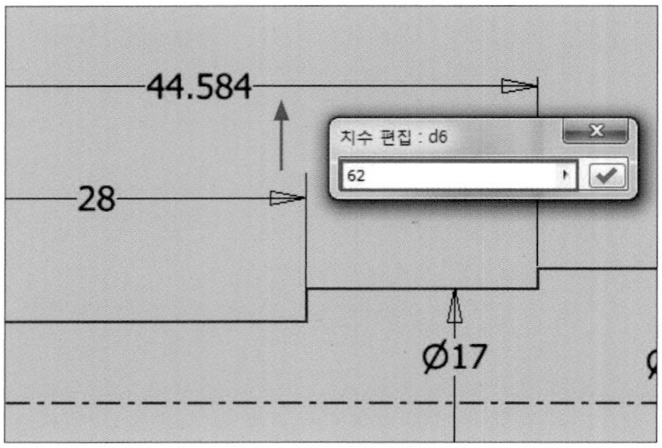

step 41

다음과 같이 치수가 작성되었습니다.

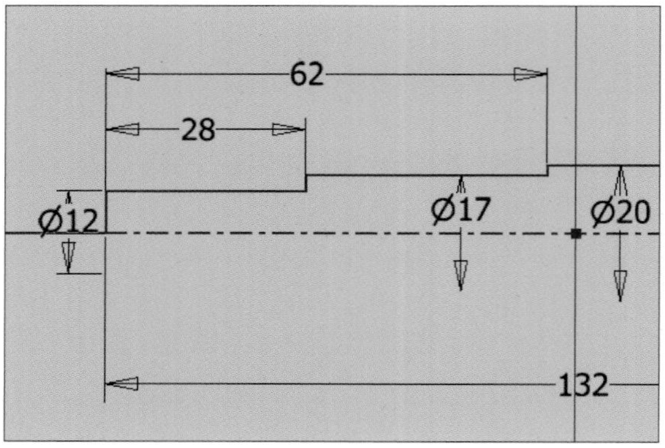

step 42

다시 한 번 치수 명령으로 다음 치수를 기입하여 마무리 합니다.

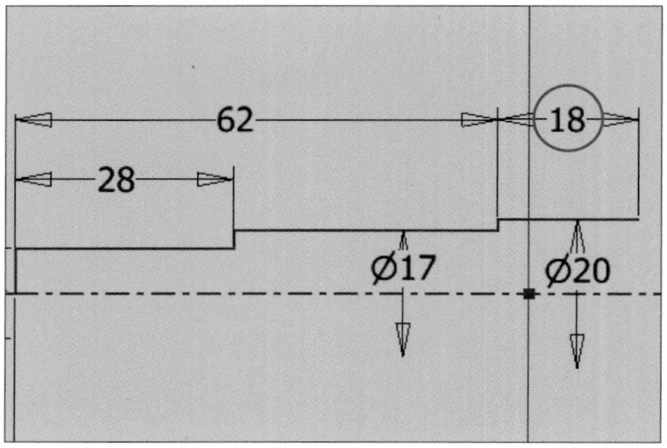

step 43

선 명령으로 네 번째, 다섯 번째 단을 대략적으로 스케치합니다.

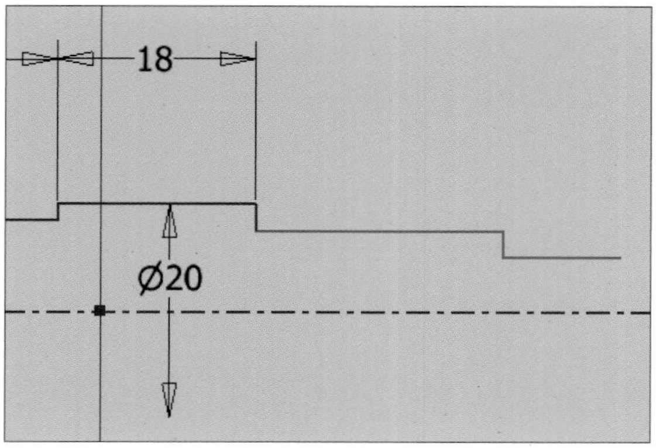

step 44

치수 명령으로 다음과 같이 지름 치수를 작성합니다.

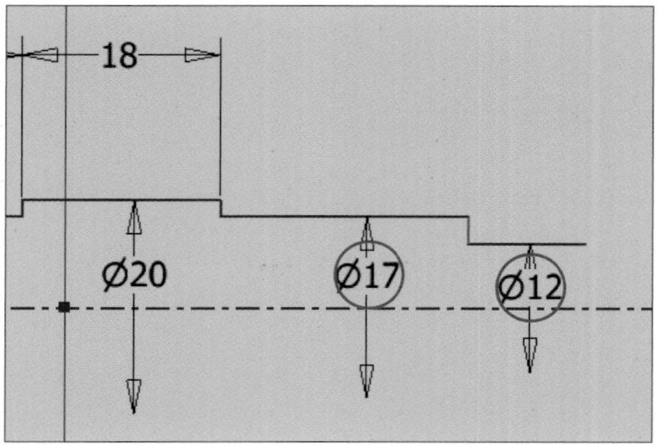

step 45

다시 한 번 **치수** 명령으로 **길이 치수**를 기입합니다.

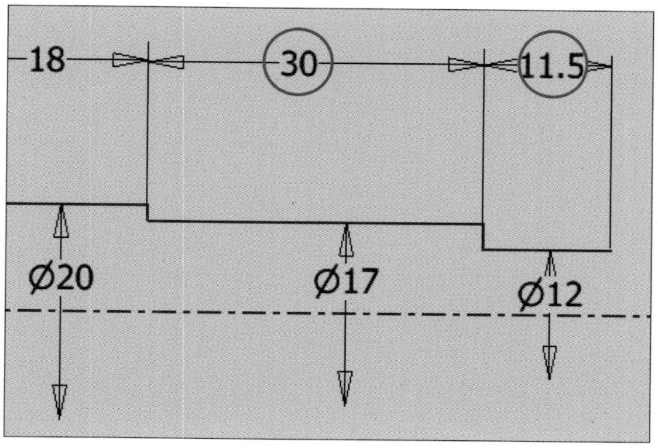

step 46

선 명령으로 **마지막 단**을 대략적으로 스케치합니다.

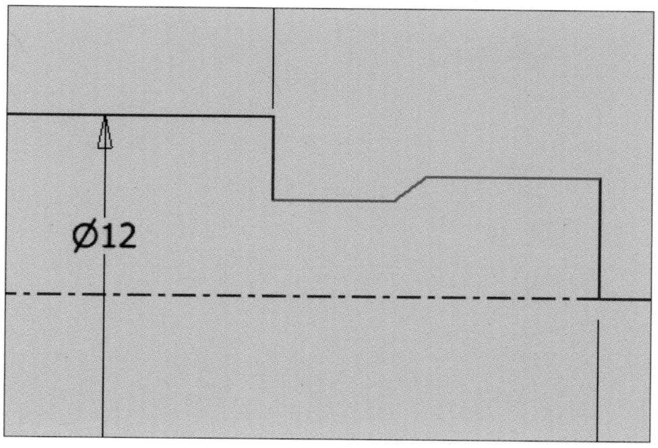

step 47

KS 규격집의 **나사의 틈새** 항목을 확인하여 치수값을 확인하도록 합니다. (d = 8 기준)

17. 나사의 틈새

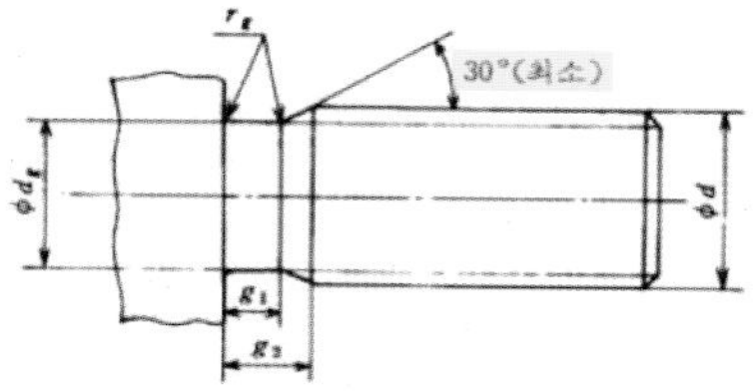

나사의 피치	dg 기준 치수	dg 허용차	g_1 최소	g_2 최대	r_g 약
0.5	d - 0.8	호칭지름이 3mm 이하는 h12, 호칭지름이 3mm 초과는 h13 적용	0.8	1.5	0.2
0.7	d - 1.1		1.1	2.1	0.4
0.8	d - 1.3		1.3	2.4	0.4
1	d - 1.6		1.6	3	0.6
1.25	d - 2		2	3.75	0.6
1.5	d - 2.3		2.5	4.5	0.8
1.75	d - 2.6		3	5.25	1
2	d - 3		3.4	6	1

시험용

※ 큐넷에서 제공하는 KS 규격집 pdf 파일의 **17. 나사의 틈새**(7p) 참고

step 48

치수 명령으로 다음과 같이 **지름 치수**를 작성합니다.

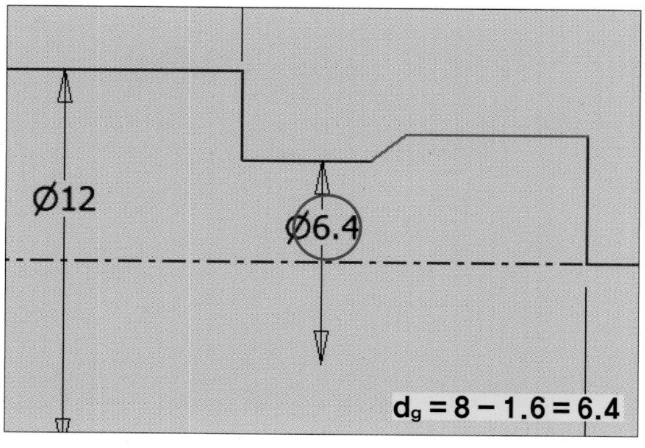

step 49

마찬가지 방법으로 다음과 같이 **지름 치수**를 작성합니다.

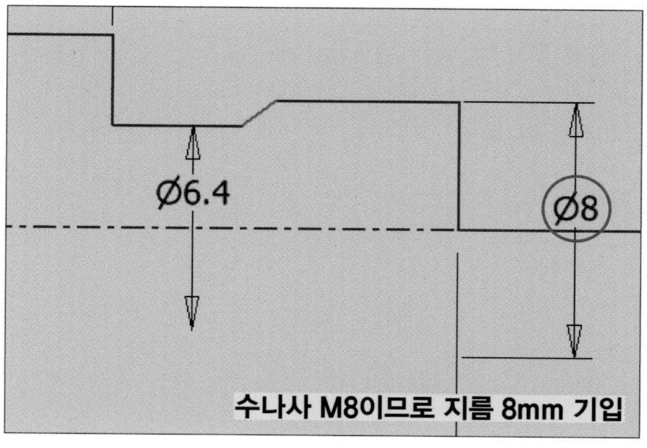

step 50

다시 한 번 치수 명령으로 길이 치수를 기입합니다.

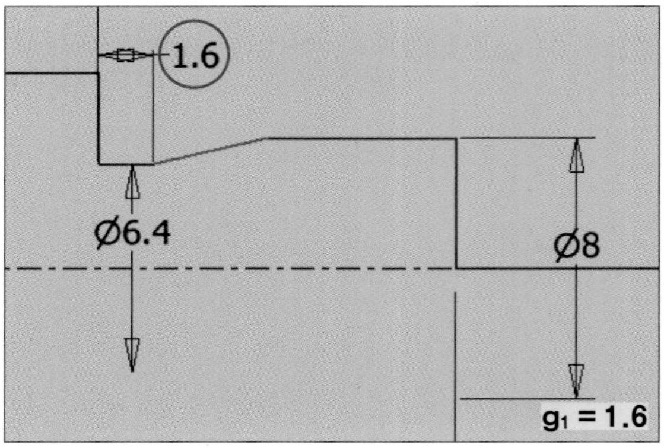

step 51

다시 한 번 치수 명령으로 다음 선을 클릭합니다.

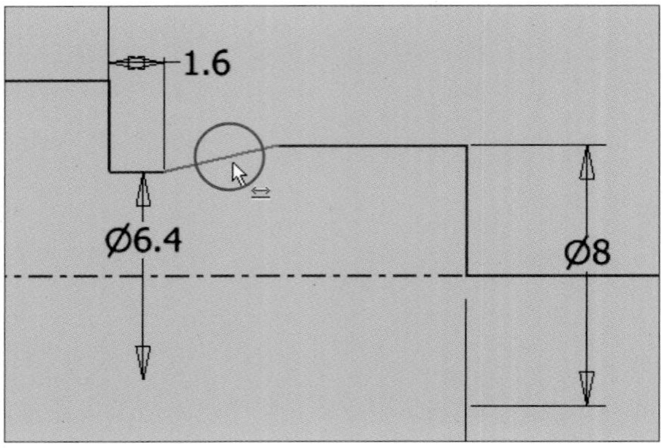

step 52

이어서 다음 선을 클릭합니다.

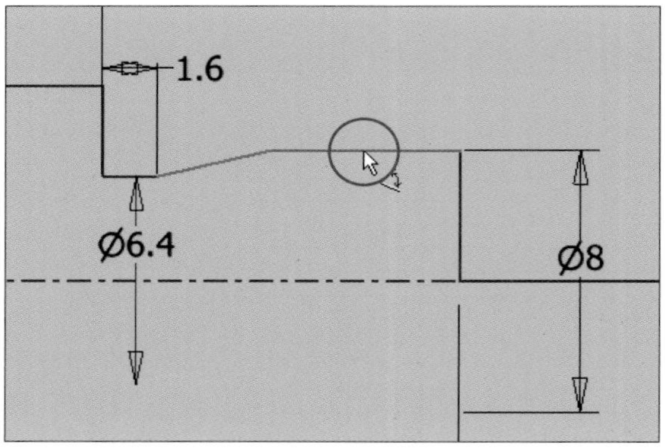

step 53

치수가 위치할 적당한 곳을 클릭하면 치수 편집창이 실행됩니다. 30을 입력한 다음 ENTER를 누릅니다.

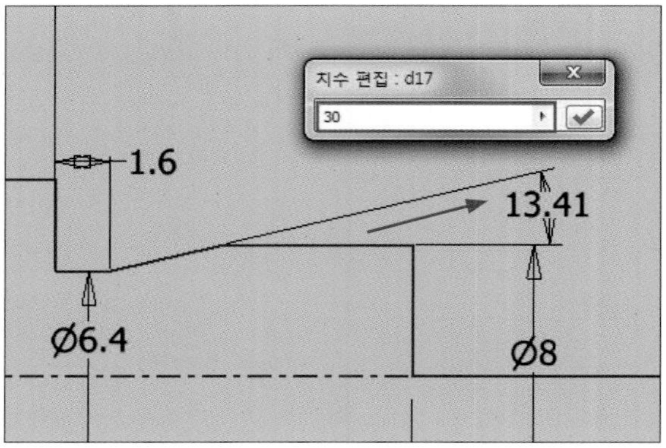

step 54

다음과 같이 각도 치수가 작성됩니다.

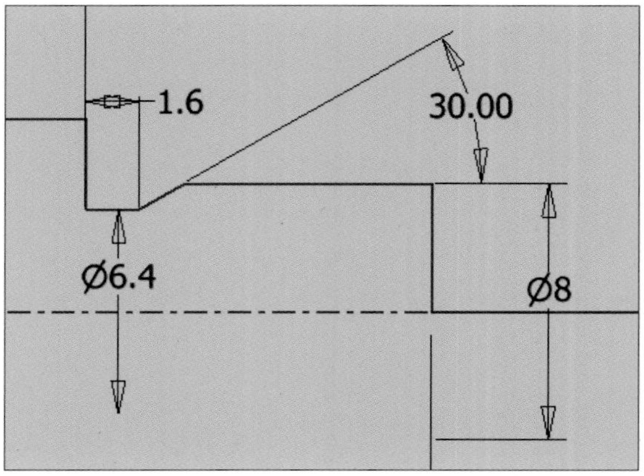

step 55

다음과 같이 축 부품의 스케치 및 치수 작성이 완료되었습니다.

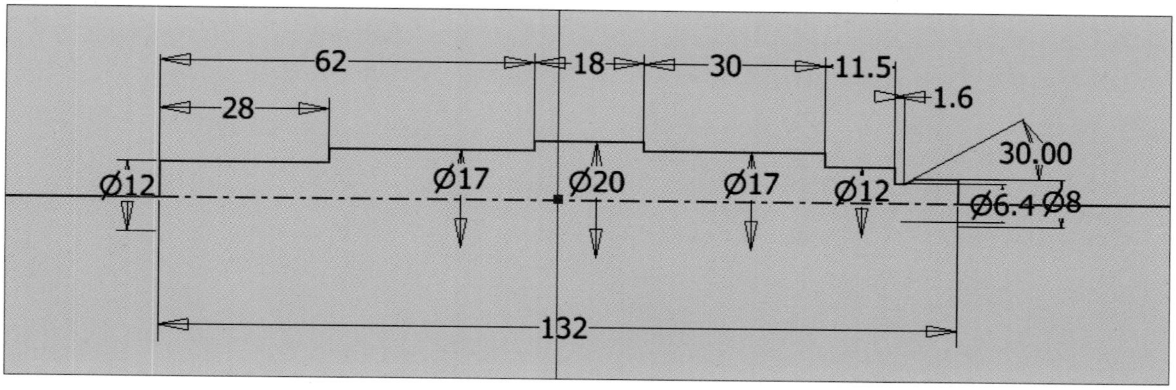

step 56

3D 모형 탭의 회전 명령을 클릭합니다.

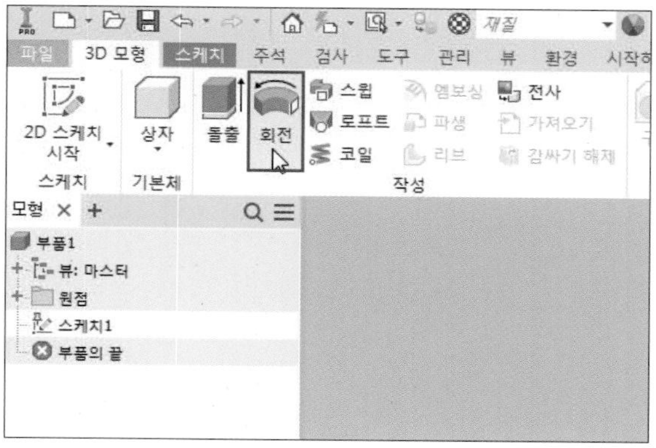

step 57

프로파일과 축이 자동으로 선택되었으므로 확인 버튼을 클릭합니다.

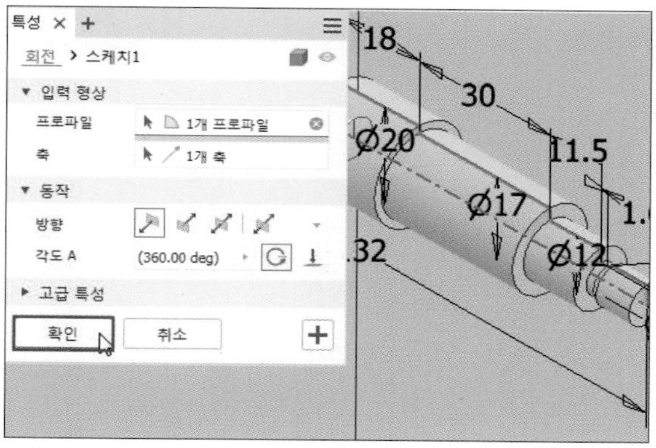

step 58

다음과 같이 축의 베이스 피쳐 작성이 완료되었습니다.

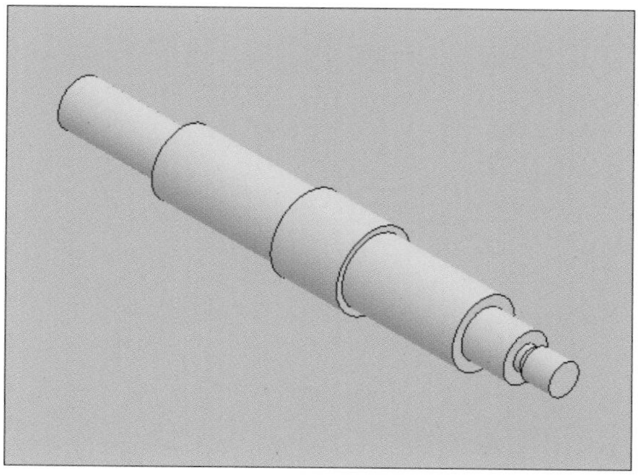

chapter 02 서브 피쳐 작성하기

step 1

3D 모형 탭의 **모깎기** 명령을 실행합니다.

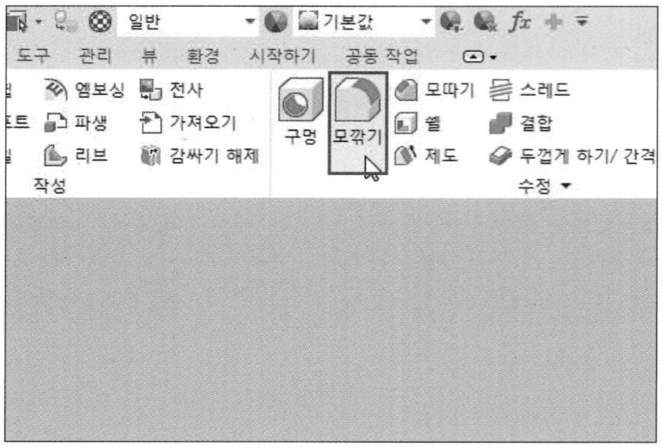

step 2

나사의 **틈새 모서리**들을 클릭한 다음 반지름 값으로 0.6mm를 입력한 후 **확인** 버튼을 클릭합니다.

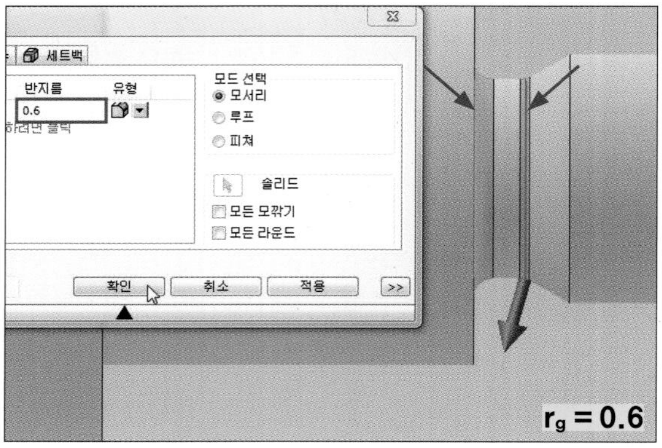

step 3

다음과 같이 나사의 틈새 모깎기 피쳐가 작성되었습니다.

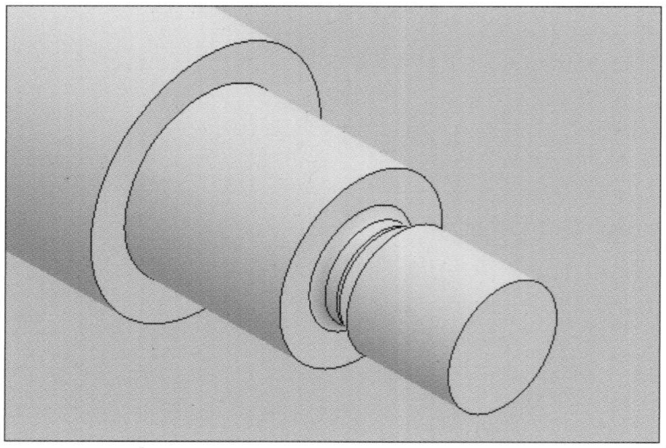

step 4

3D 모형 탭의 **스레드** 명령을 실행합니다.

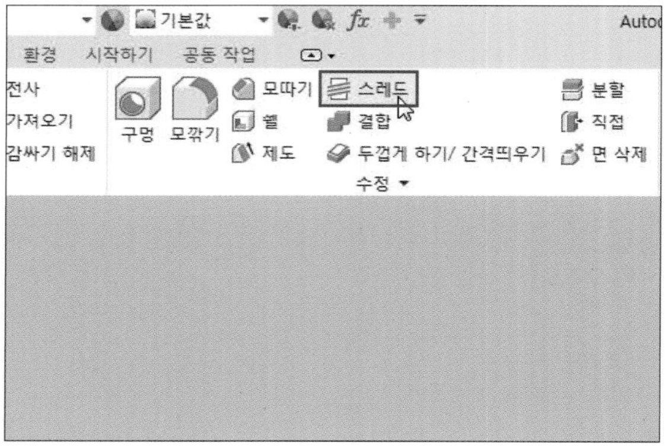

step 5

스레드를 삽입할 **원통 면**을 다음과 같이 클릭합니다.

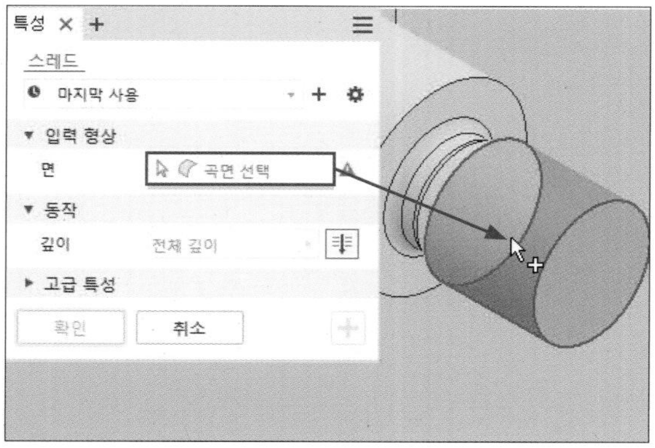

step 6

스레드의 규격과 호칭 및 깊이를 설정한 다음 **확인** 버튼을 클릭합니다.

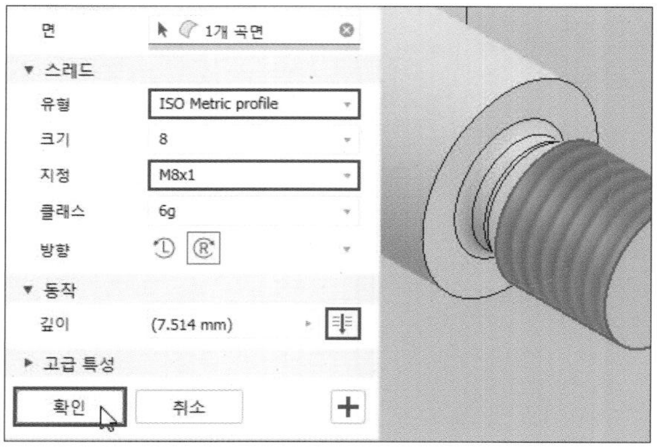

step 7

다음과 같이 스레드 피쳐가 작성되었습니다.

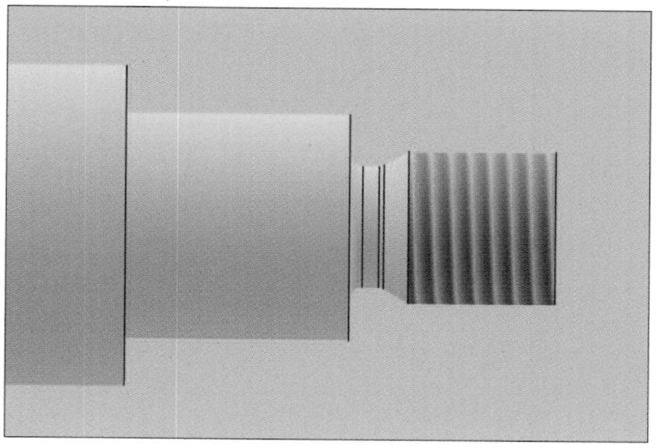

step 8

3D 모형 탭의 평면 명령 중 **곡면에 접하고 평면에 평행** 명령을 실행합니다.

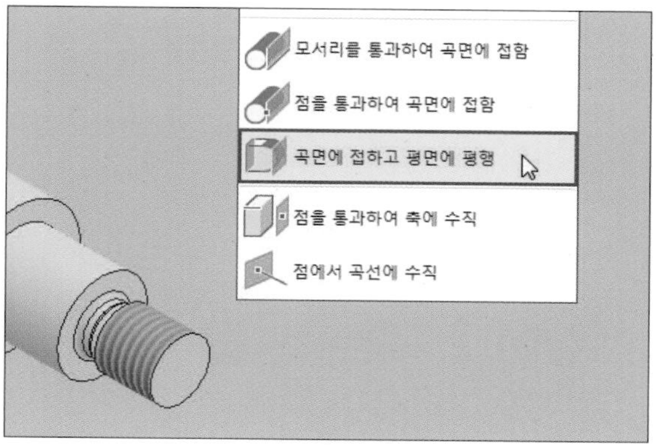

step 9

평면으로는 XZ 평면을 클릭합니다.

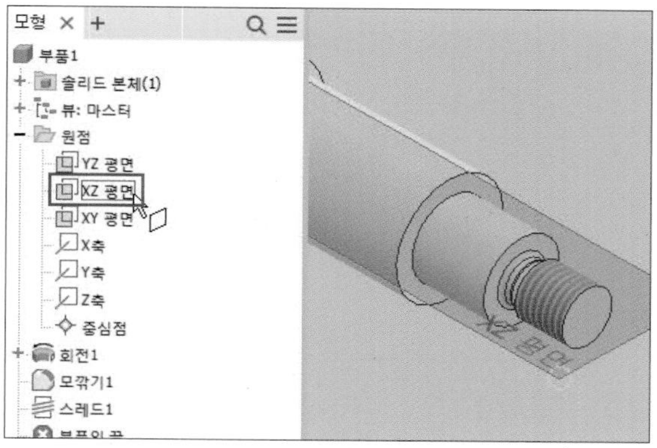

step 10

이어서 해당 곡면의 **위쪽**에 마우스를 올려놓으면 작업 평면이 미리보기 됩니다.

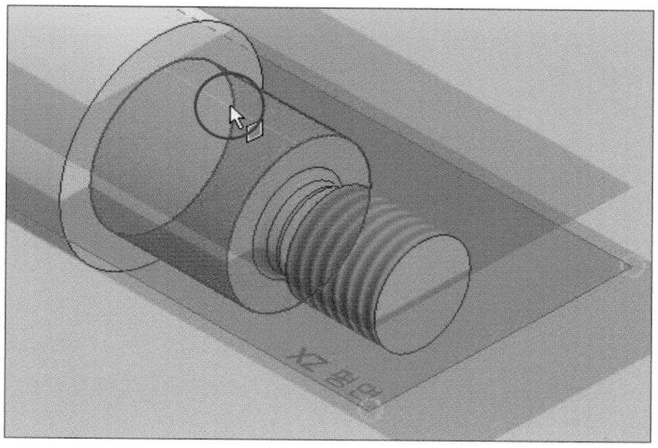

step 11

클릭하면 다음과 같이 곡면에 접하고 XZ 평면에 평행하는 작업 평면이 생성됩니다.

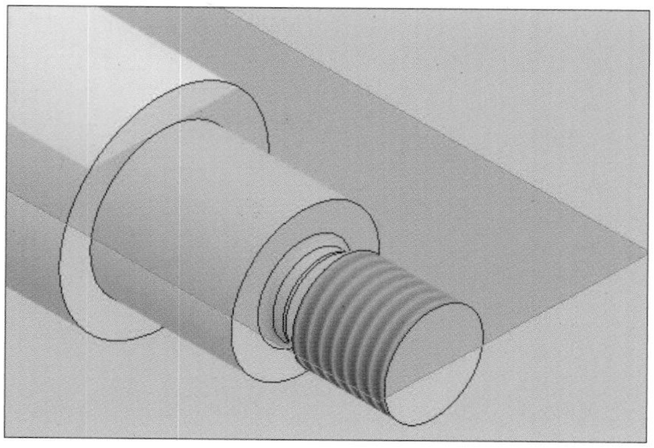

step 12

방금 만든 작업 평면에 **새 스케치**를 작성합니다.

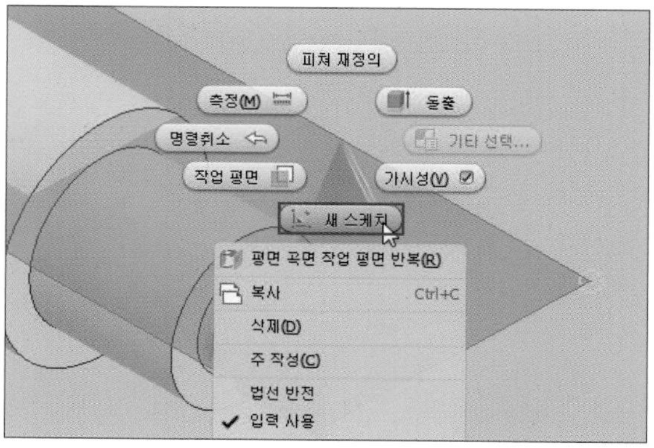

step 13

중심 대 중심 슬롯 명령을 클릭합니다.

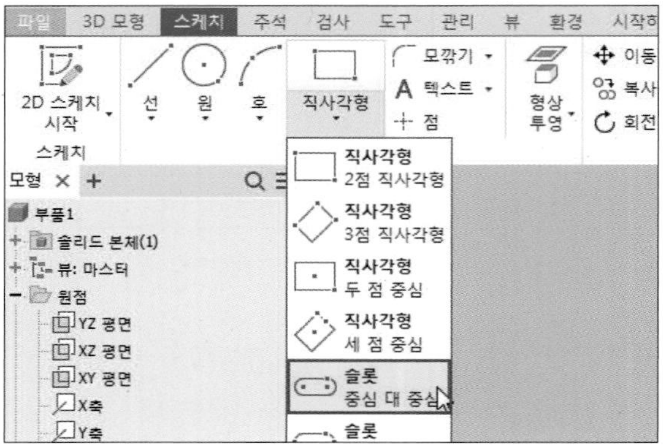

step 14

슬롯의 중심점을 대략적으로 클릭합니다.

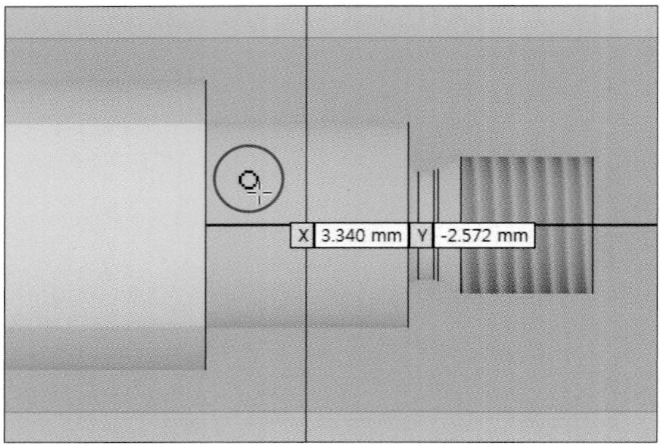

step 15

이어서 수평선이 되도록 슬롯의 다음 중심점을 클릭합니다.

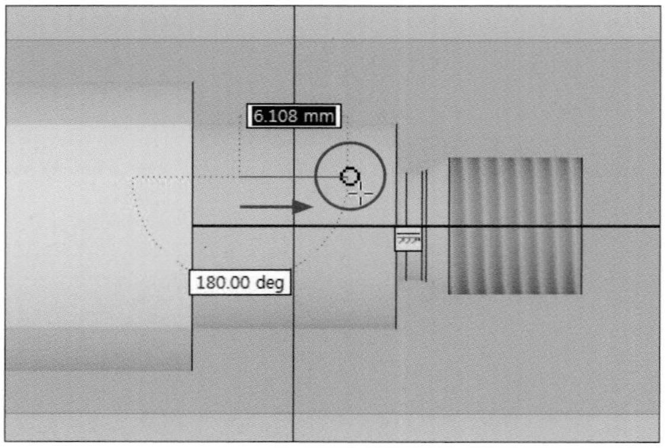

step 16

마우스를 옆으로 이동하면 다음과 같이 슬롯이 미리보기 됩니다. 장공 원호의 반지름에 해당하는 세 번째 점을 대략적으로 클릭합니다.

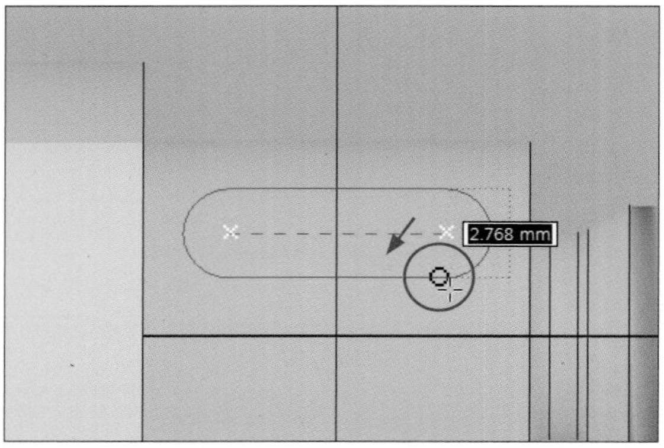

step 17

다음과 같이 중심 대 중심 슬롯이 작성되었습니다.

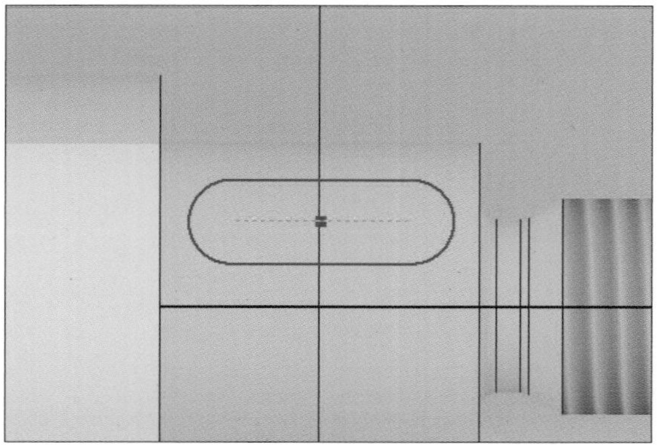

step 18

형상 투영 명령을 클릭합니다.

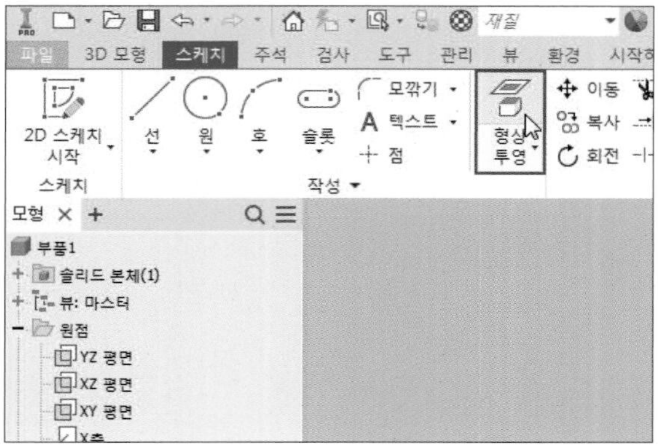

step 19

다음 모서리를 클릭합니다.

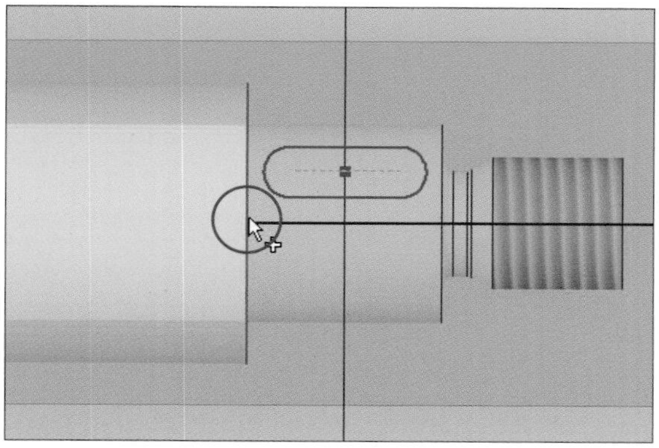

step 20

모델링의 모서리가 스케치 요소로 투영 변환됩니다.

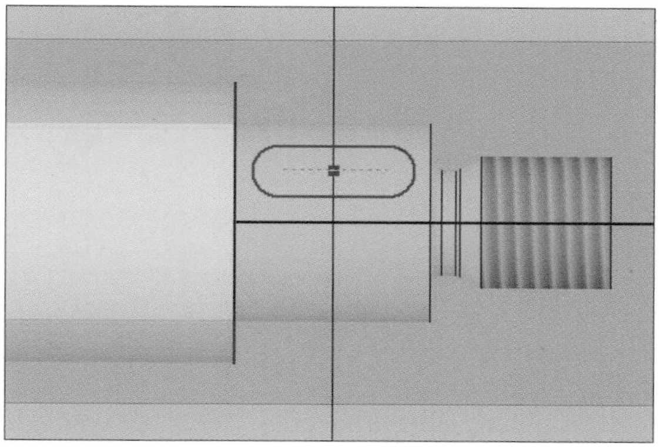

step 21

수평 구속조건 명령을 클릭합니다.

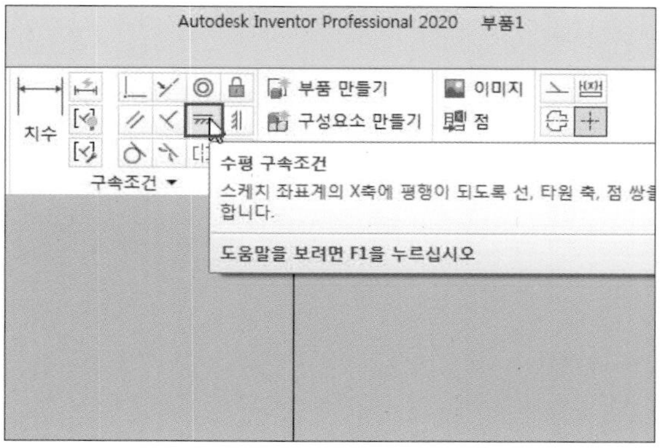

step 22

슬롯의 중심점을 클릭합니다.

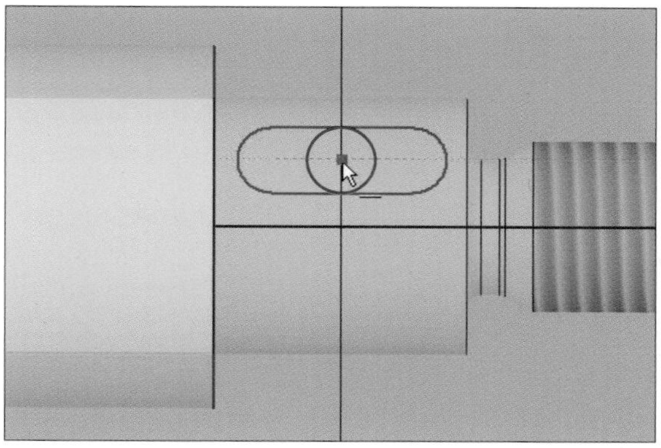

step 23

이어서 형상 투영 모서리의 중간점이 인식되면 클릭합니다.

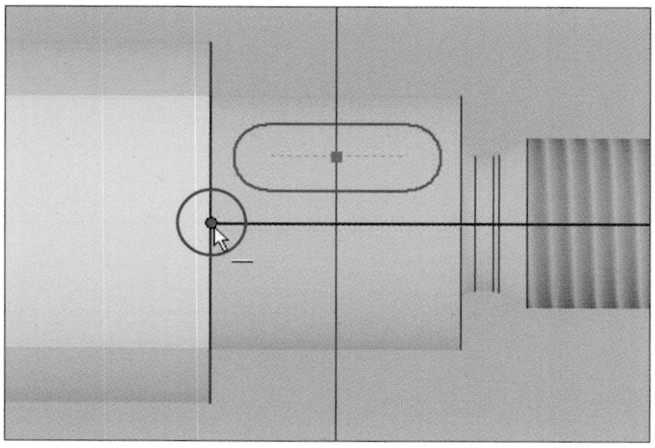

step 24

다음과 같이 두 점이 수평하게 정렬됩니다.

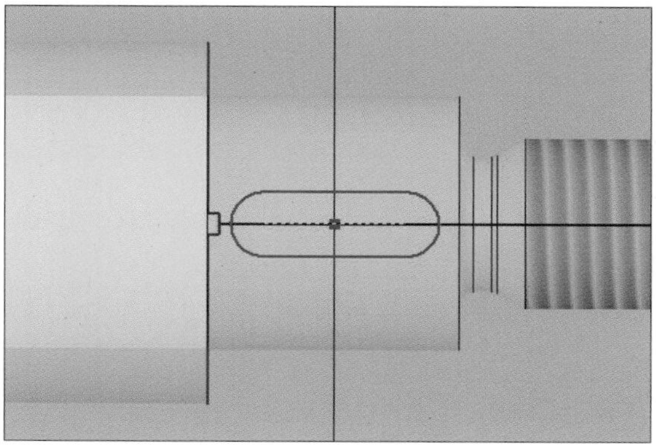

step 25

KS **규격집의 평행 키** 항목을 확인하여 키 자리의 치수값을 확인하도록 합니다. (축 지름 d = 12 기준)

21. 평행 키 (키 홈)

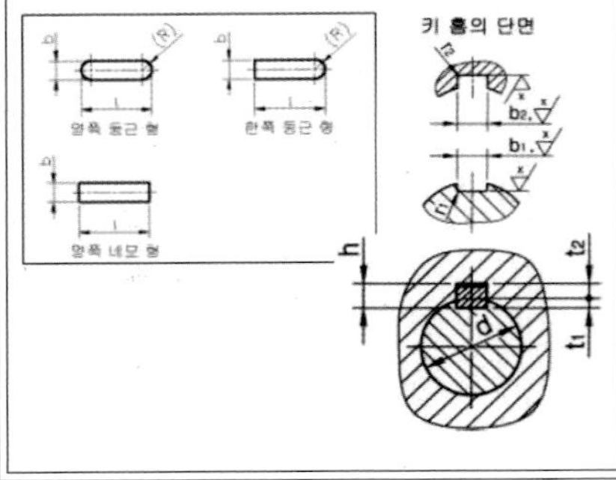

키 홈의 치수								적용하는 축 지름 d (초과~이하)
b_1 및 b_2의 기준치수	활동형		보통형		t_1의 기준치수	t_2의 기준치수	t_1 및 t_2의 허용차	
	b_1	b_2	b_1	b_2				
	허용차	허용차	허용차	허용차				
2	H9	D10	N9	JS9	1.2	1.0	+0.1 0	6~8
3					1.8	1.4		8~10
4					2.5	1.8		10~12
5					3.0	2.3		12~17
6					3.5	2.8		17~22
7					4.0	3.3	+0.2 0	20~25
8					4.0	3.3		22~30
10					5.0	3.3		30~38

※ 큐넷에서 제공하는 KS 규격집 pdf 파일의 **21. 평행 키 (키 홈)**(10p) 참고

step 26

치수 명령을 클릭합니다.

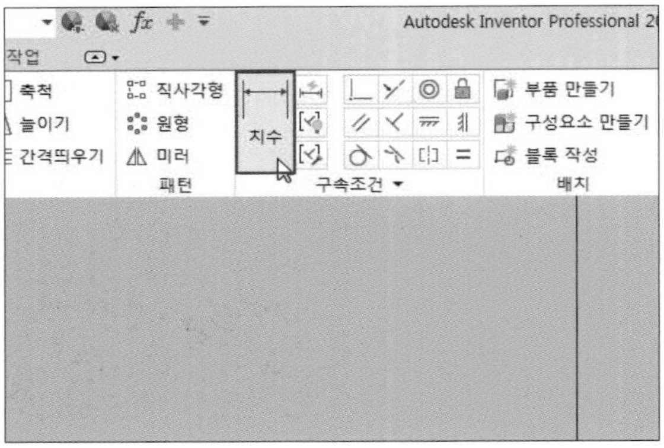

step 27

다음 선을 클릭합니다.

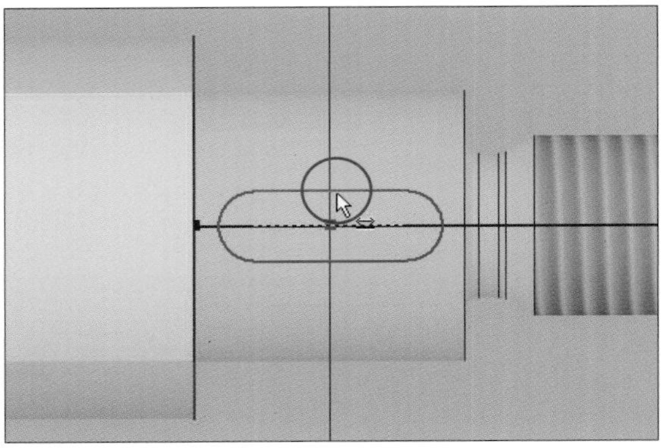

step 28

이어서 다음 선을 클릭합니다.

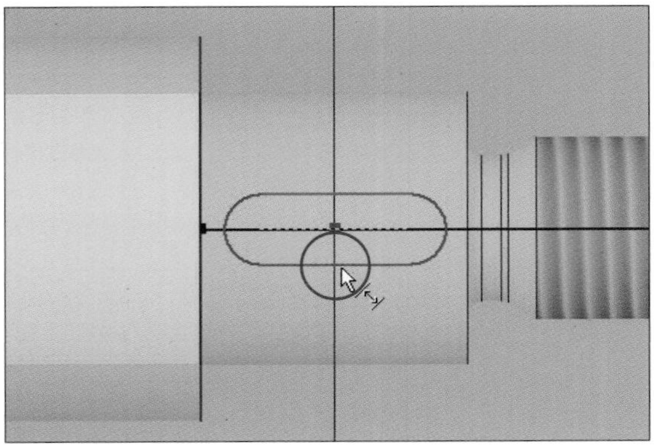

step 29

치수가 위치할 적당한 곳을 클릭하면 치수 편집창이 실행됩니다. 4를 입력한 다음 ENTER를 누릅니다.

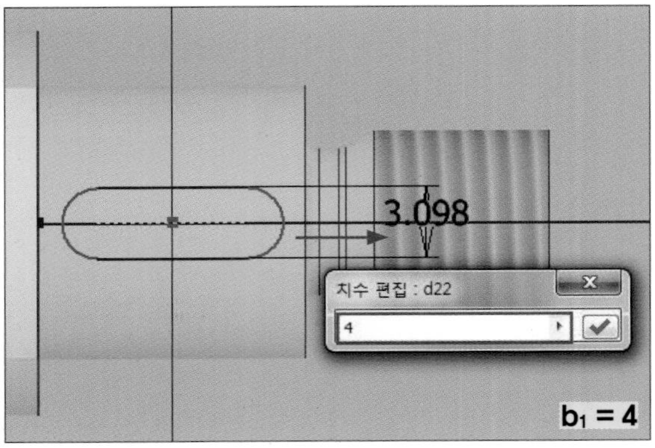

step 30

다음과 같이 치수가 작성되었습니다.

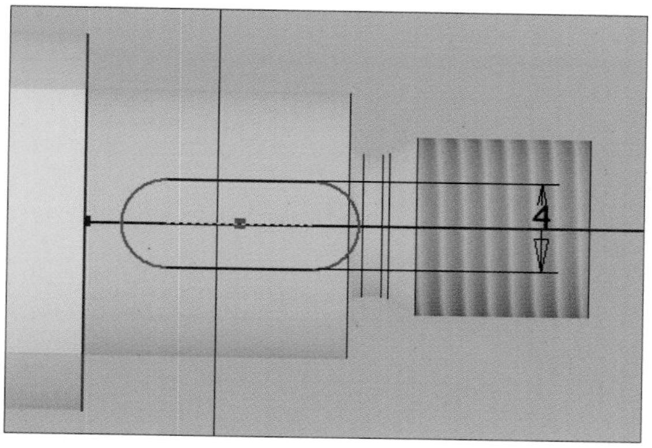

step 31

다시 한 번 **치수** 명령으로 다음 **선**을 클릭합니다.

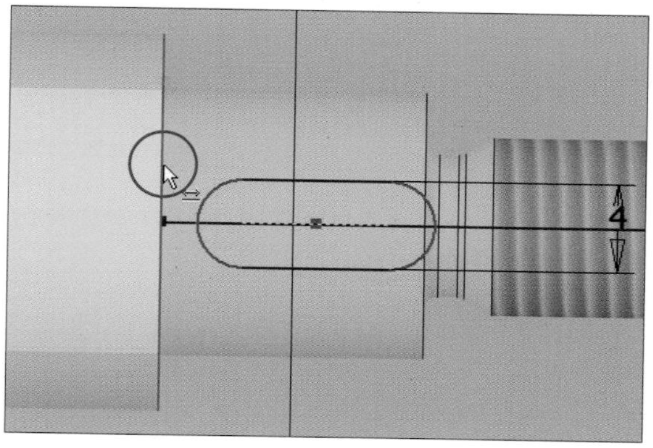

step 32

이어서 다음 선을 클릭합니다. 마우스 커서 근처의 아이콘이 다음과 같이 변경될 때 선을 클릭하도록 합니다.

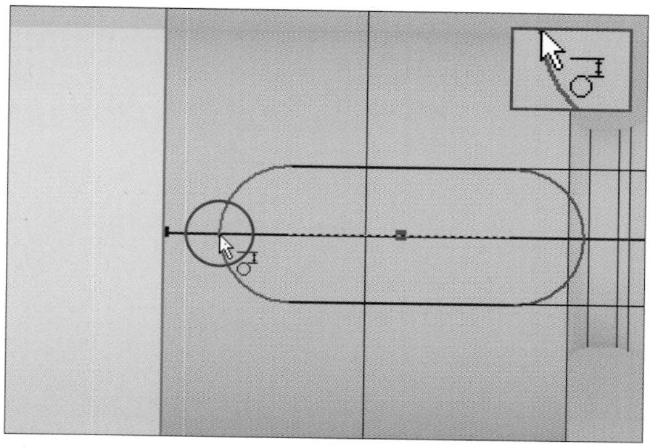

step 33

치수가 위치할 적당한 곳을 클릭하면 치수 편집창이 실행됩니다. 2를 입력한 다음 ENTER를 누릅니다.

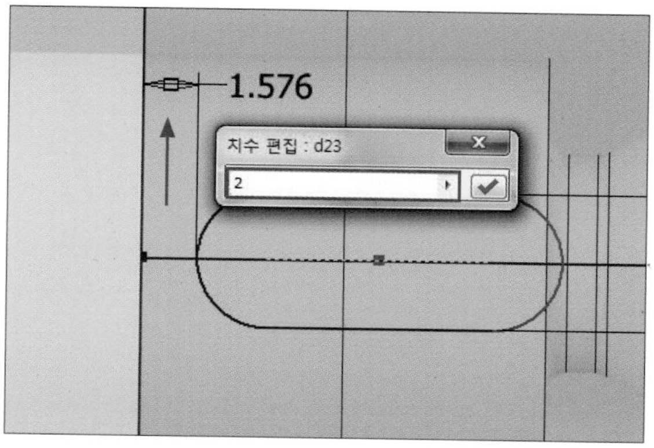

step 34

다음과 같이 치수가 작성되었습니다.

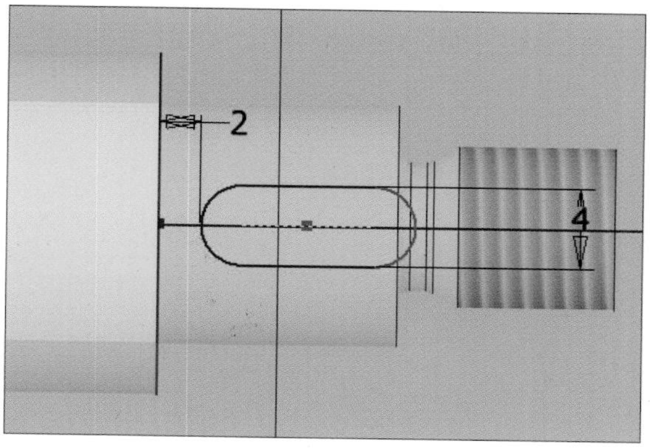

step 35

다시 한 번 **치수** 명령으로 다음 **선**을 클릭합니다.

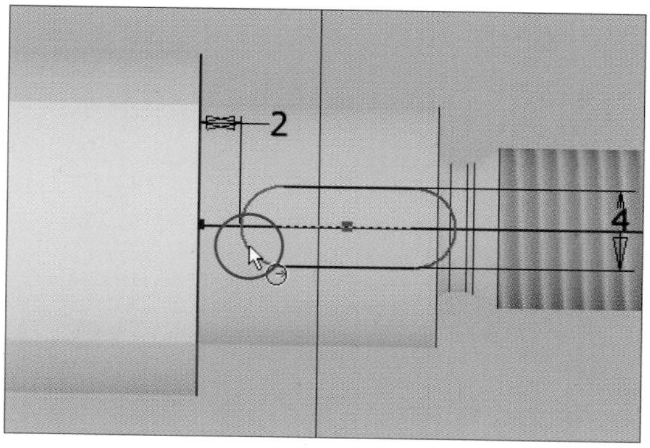

step 36

이어서 다음 선을 클릭합니다. 마우스 커서 근처의 아이콘이 다음과 같이 변경될 때 선을 클릭하도록 합니다.

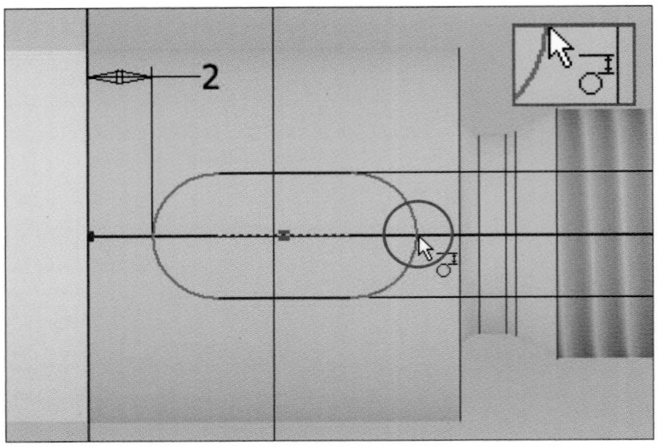

step 37

치수가 위치할 적당한 곳을 클릭하면 치수 편집창이 실행됩니다. 8을 입력한 다음 ENTER를 누릅니다.

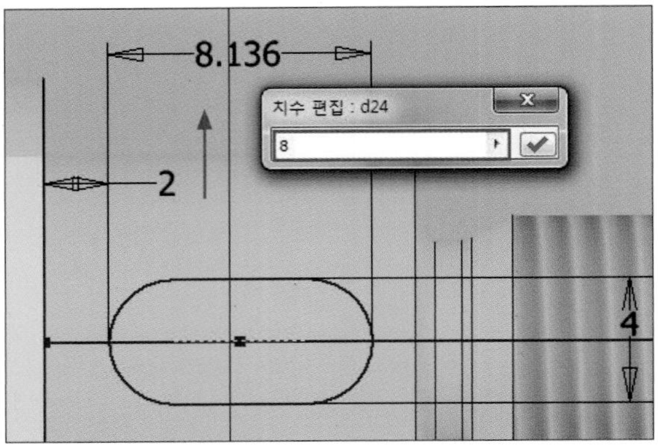

step 38

다음과 같이 스케치 및 치수 작성이 완료되었습니다.

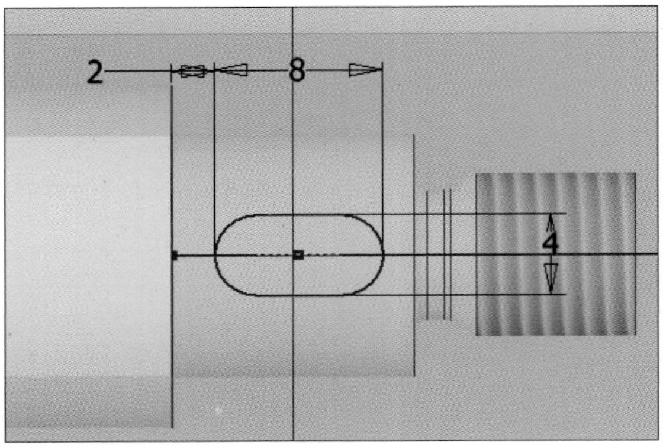

step 39

3D 모형 탭의 돌출 명령을 클릭합니다.

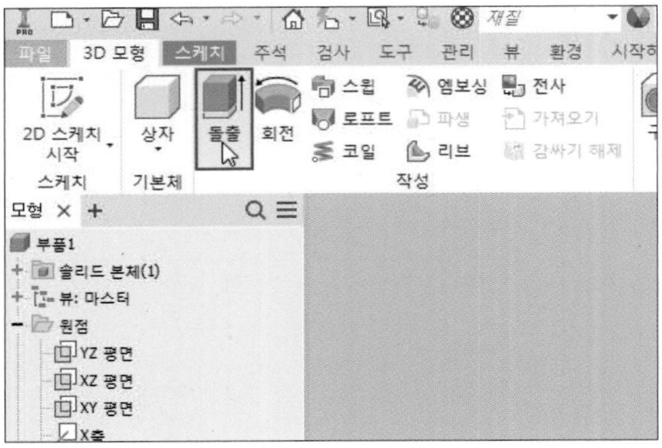

step 40

거리는 2.5mm, 출력 옵션은 잘라내기로 설정하고 확인 버튼을 클릭합니다.

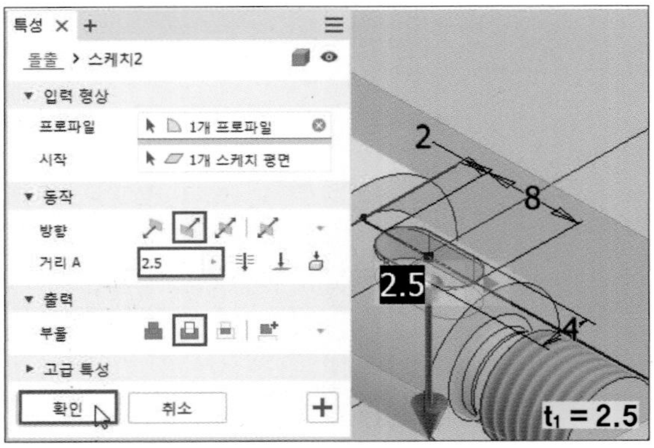

step 41

다음과 같이 돌출 차집합 피쳐가 작성됩니다.

step 42

모형 검색기 탭에서 작업 평면 아이콘을 마우스 우측 버튼으로 클릭하여 가시성을 체크 해제합니다.

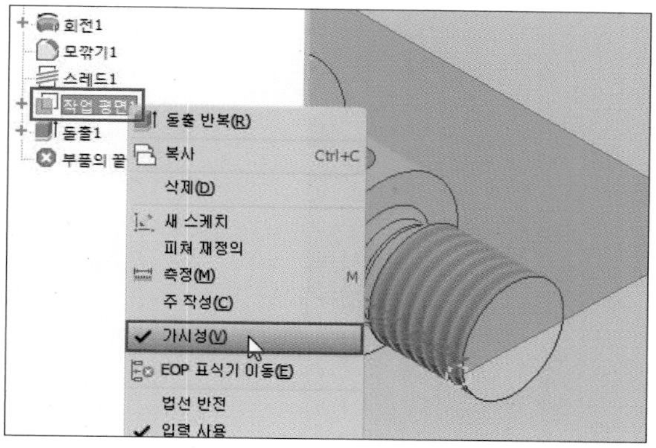

step 43

다음과 같이 작업 평면의 가시성이 해제됩니다.

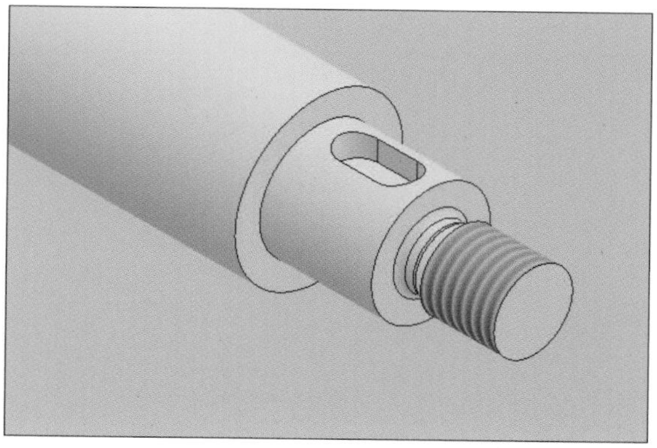

step 44

3D 모형 탭의 평면 명령 중 곡면에 접하고 평면에 평행 명령을 실행합니다.

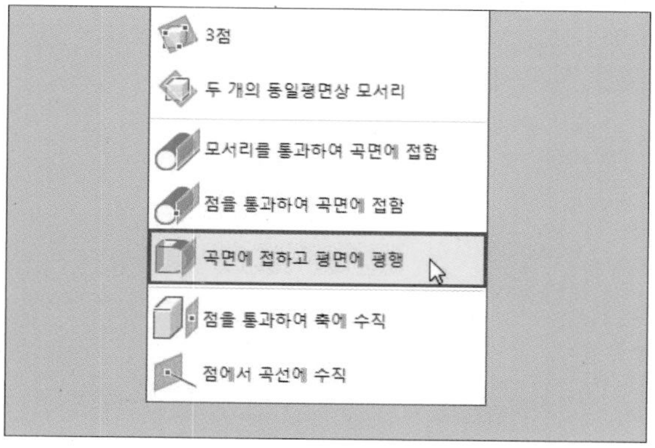

step 45

평면으로는 XZ 평면을 클릭합니다.

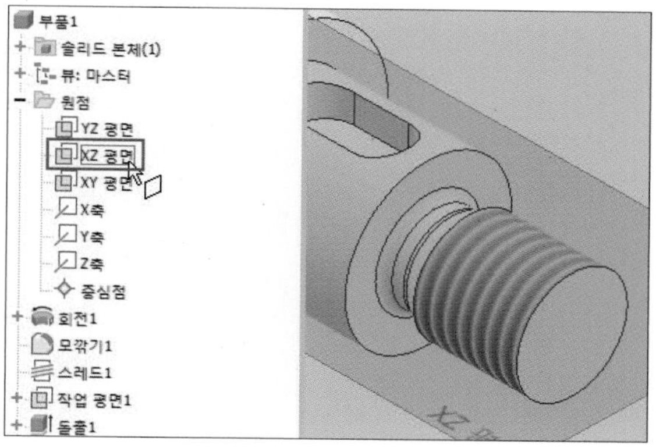

step 46

이어서 해당 곡면의 아래쪽에 마우스를 올려놓으면 작업 평면이 미리보기 됩니다.

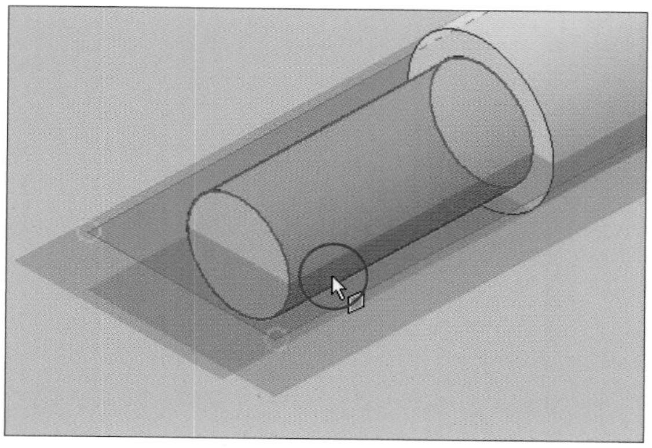

step 47

클릭하면 다음과 같이 곡면에 접하고 XZ 평면에 평행하는 작업 평면이 생성됩니다.

step 48

방금 만든 작업 평면에 **새 스케치**를 작성합니다.

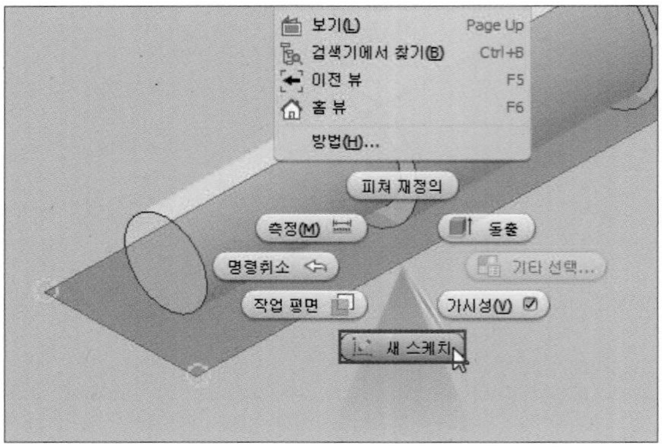

step 49

이번에는 키 자리를 아래쪽에 작업해야 하므로 **뷰큐브**를 이용하여 **축 부품의 아랫면**이 보이도록 화면을 회전합니다.

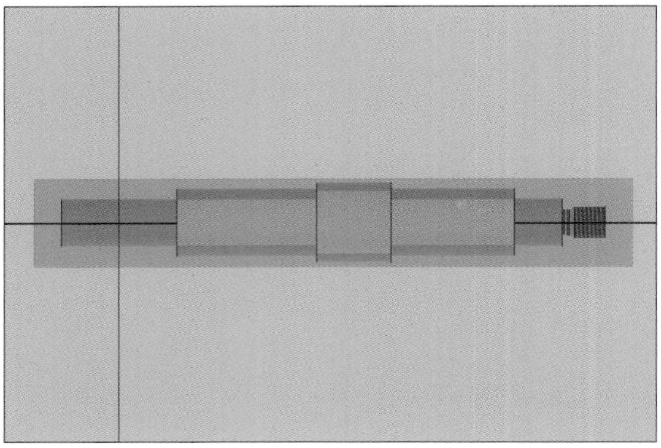

step 50

다음과 같이 **슬롯**을 작성합니다.

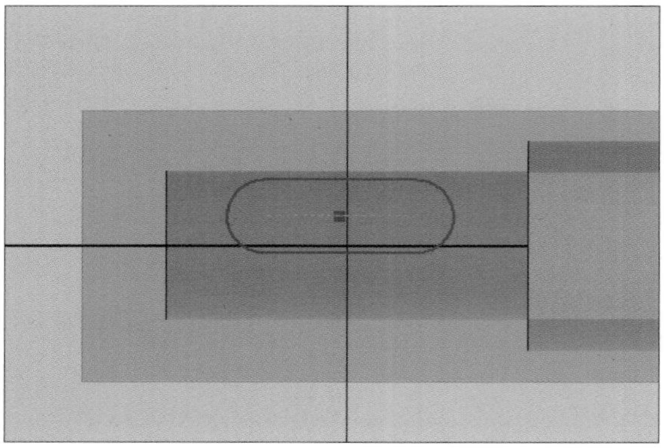

step 51

형상 투영 명령을 클릭합니다.

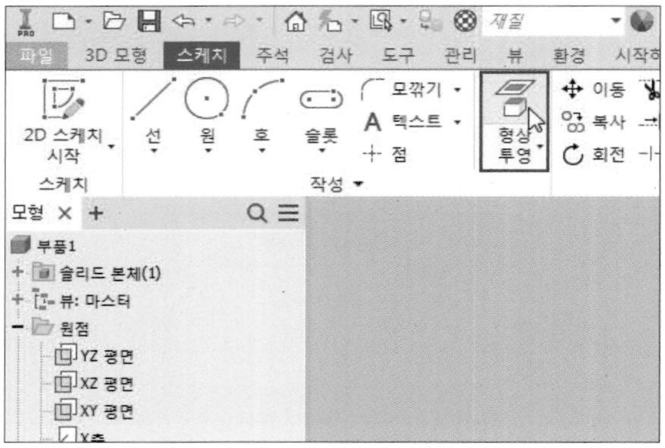

step 52

다음 **모서리**를 클릭합니다.

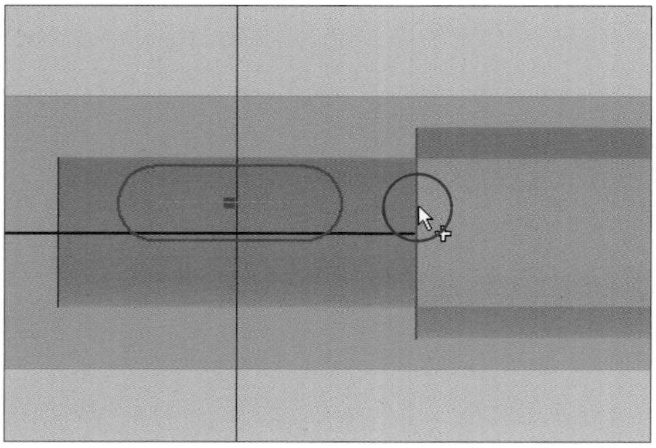

step 53

모델링의 모서리가 스케치 요소로 투영 변환됩니다.

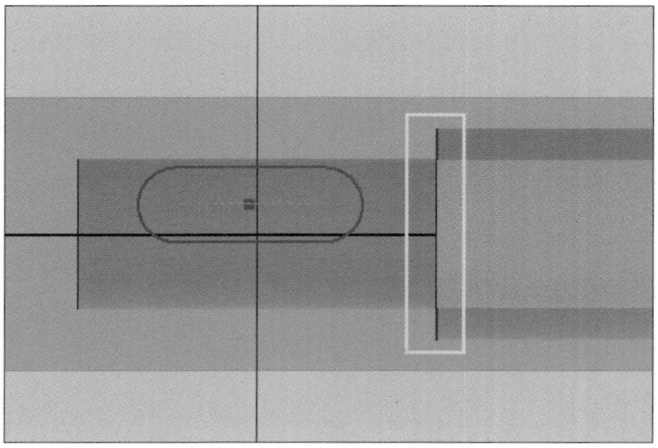

step 54

수평 구속조건 명령을 클릭합니다.

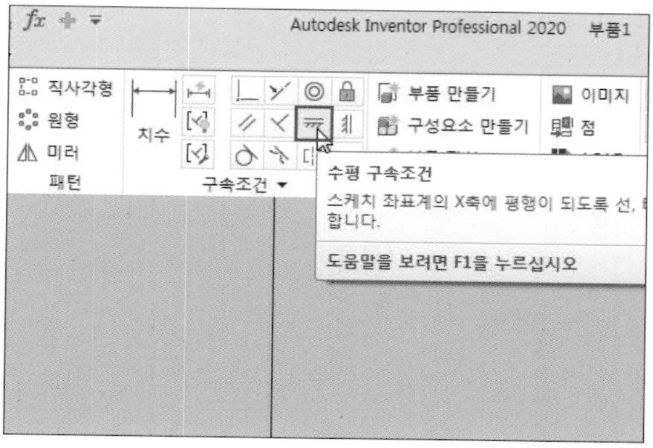

step 55

슬롯의 중심점을 클릭합니다.

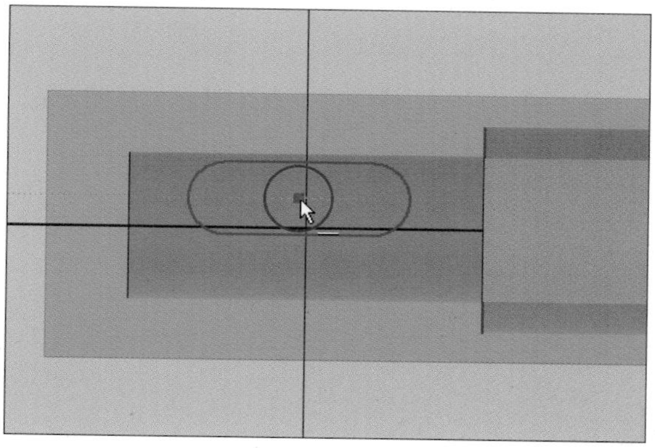

step 56

이어서 형상 투영 모서리의 중간점이 인식되면 클릭합니다.

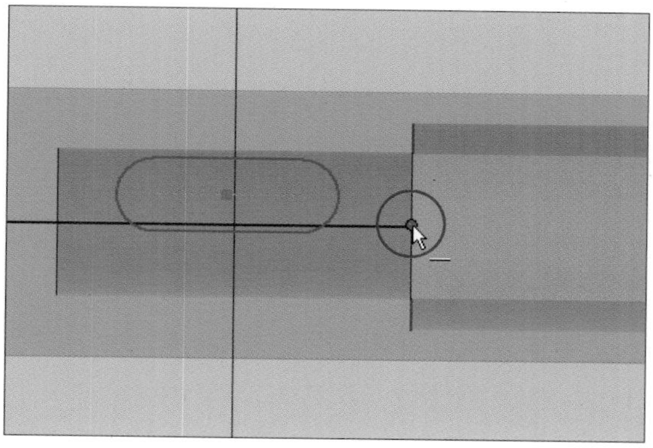

step 57

다음과 같이 두 점이 수평하게 정렬됩니다.

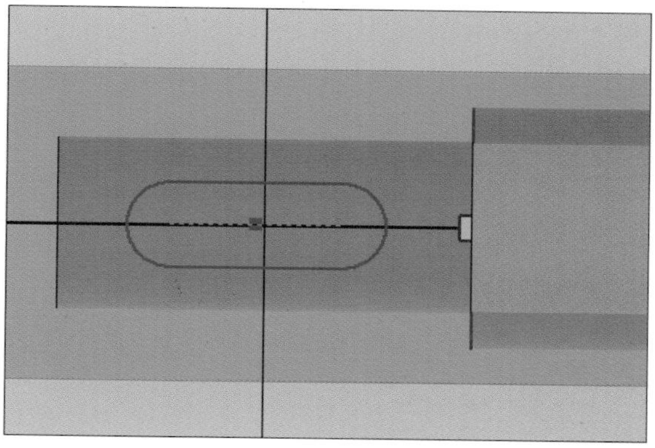

step 58

치수 명령을 클릭합니다.

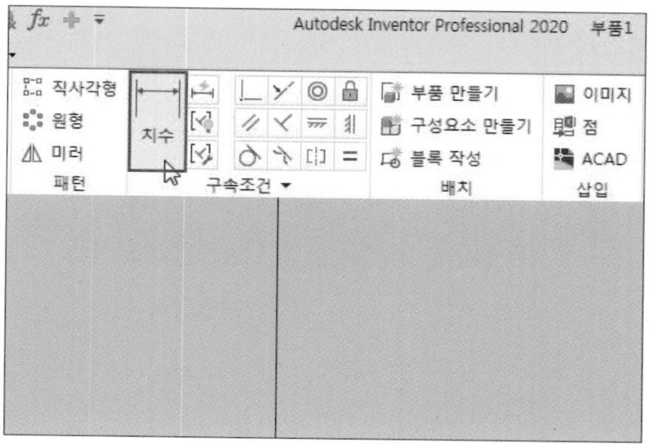

step 59

다음과 같이 치수 명령으로 4mm 치수를 작성합니다.

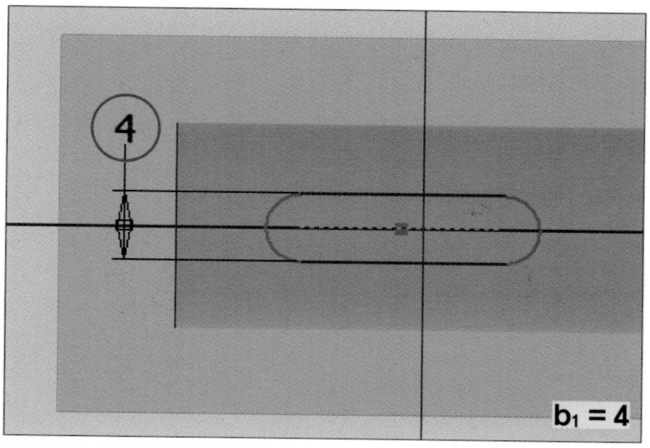

step 60

치수 명령으로 나머지 치수도 기입하여 스케치를 마무리합니다.

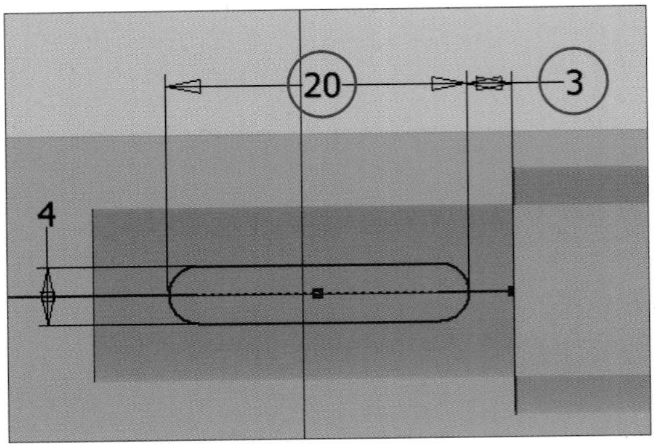

step 61

3D 모형 탭의 돌출 명령을 클릭합니다.

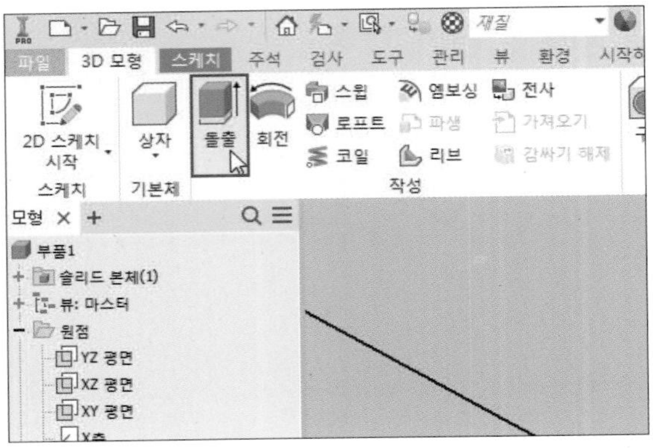

step 62

거리는 2.5mm, 출력 옵션은 잘라내기로 설정하고 확인 버튼을 클릭합니다.

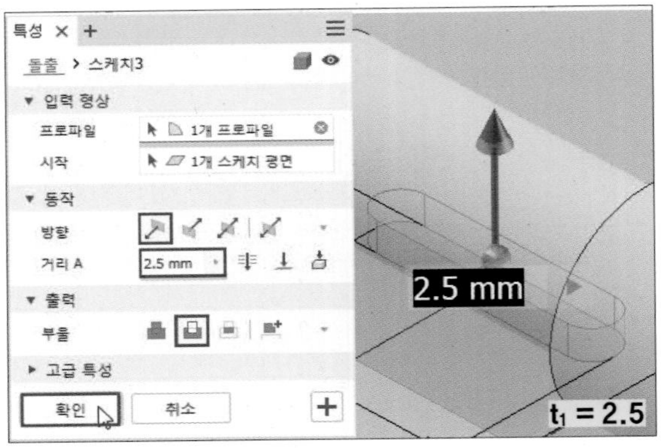

step 63

다음과 같이 돌출 차집합 피처가 작성됩니다.

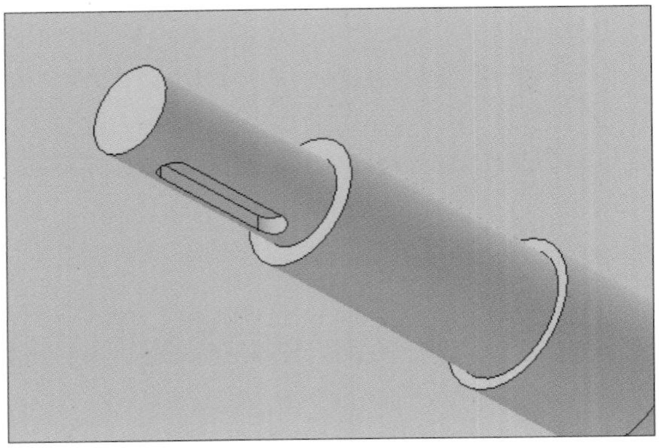

step 64

정면도에 해당하는 XY 평면에 새 스케치를 작성합니다.

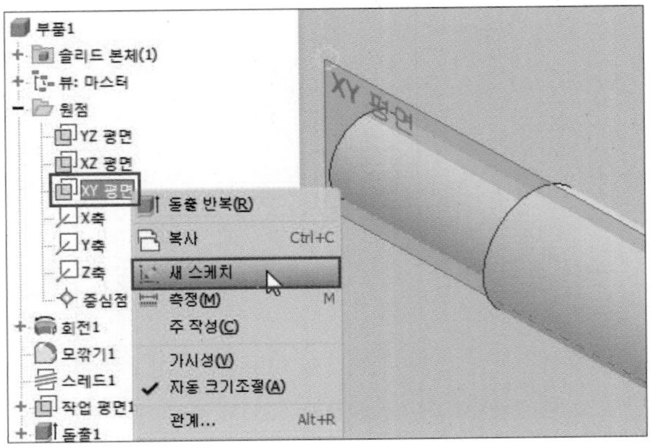

step 65

F7 키를 눌러 스케치의 단면을 확인할 수 있는 그래픽 슬라이스 모드로 전환합니다.

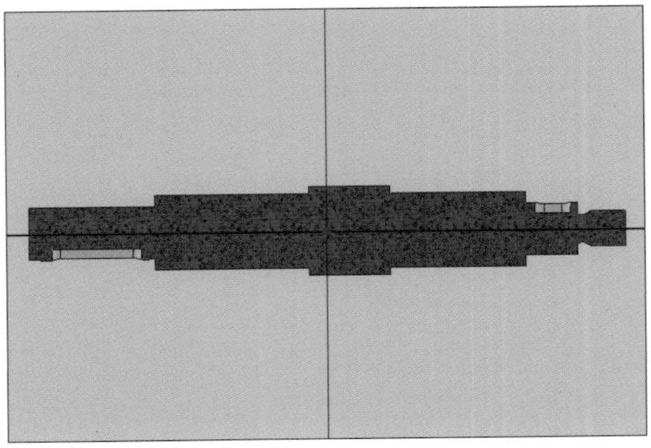

step 66

선 명령을 클릭합니다.

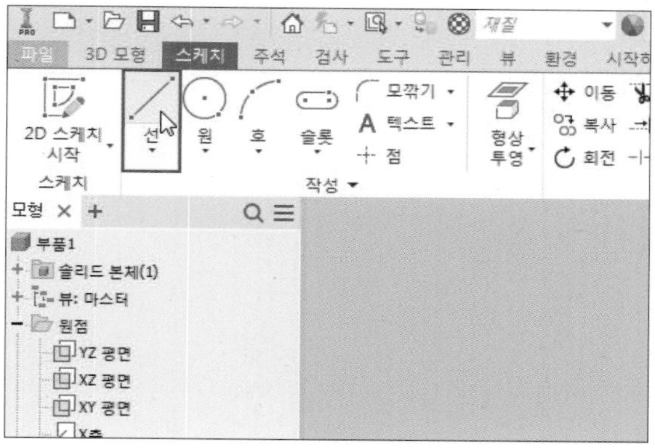

step 67

해당 모서리가 **검은색**과 **하늘색**으로 표시될 때 대략적으로 **점**을 클릭합니다.

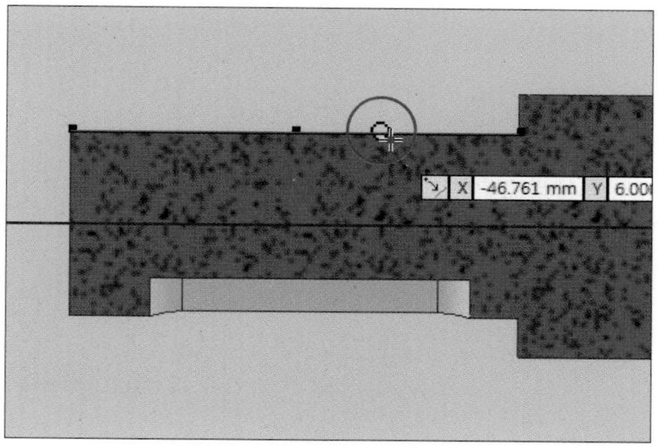

step 68

아래로 뻗는 **수직선**이 되도록 두 번째 **점**을 클릭합니다.

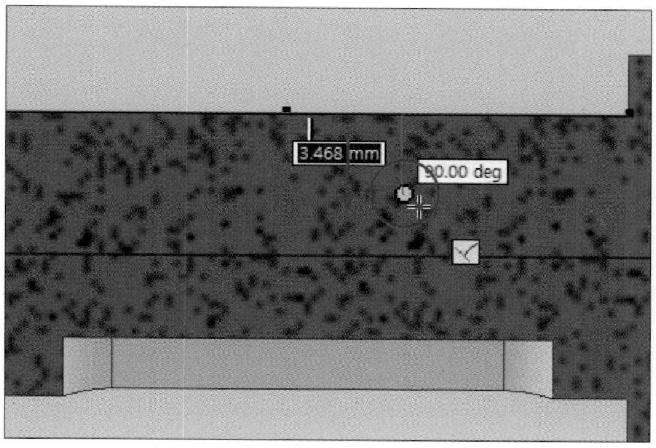

step 69

이어서 **대각선**이 되도록 다음 **점**을 클릭합니다.

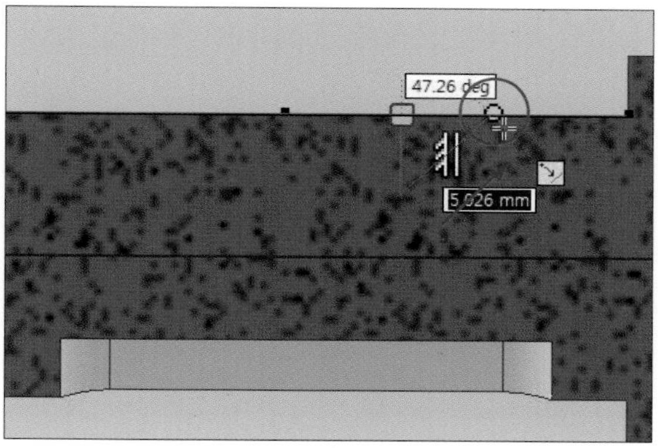

step 70

다음과 같이 반단면 스케치가 완료되었습니다.

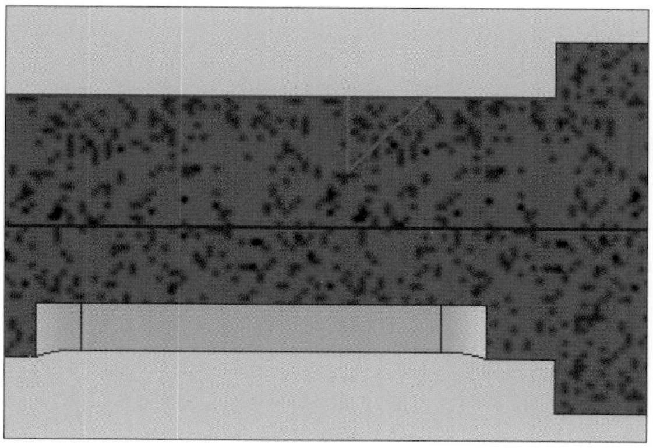

step 71

해당 수직선을 마우스 우측 버튼으로 클릭하여 **중심선** 형식으로 변경합니다.

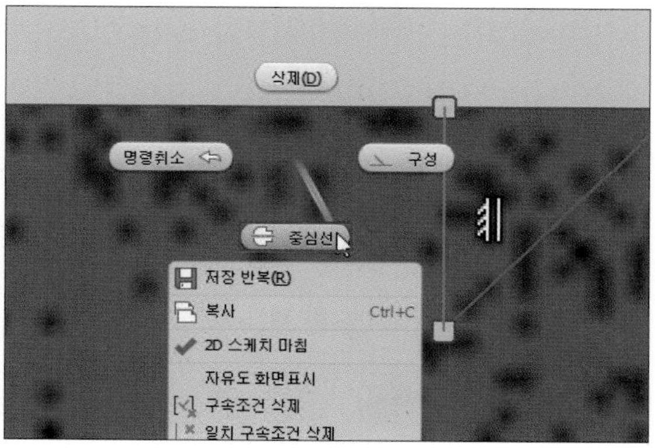

step 72

다음과 같이 해당 선분이 **중심선**으로 변경됩니다.

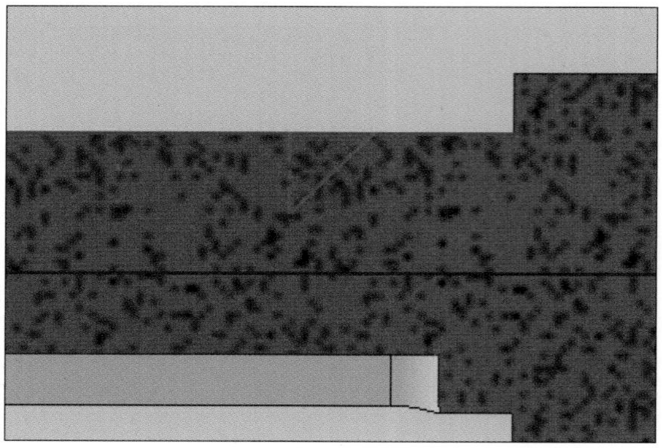

step 73

치수 명령을 클릭합니다.

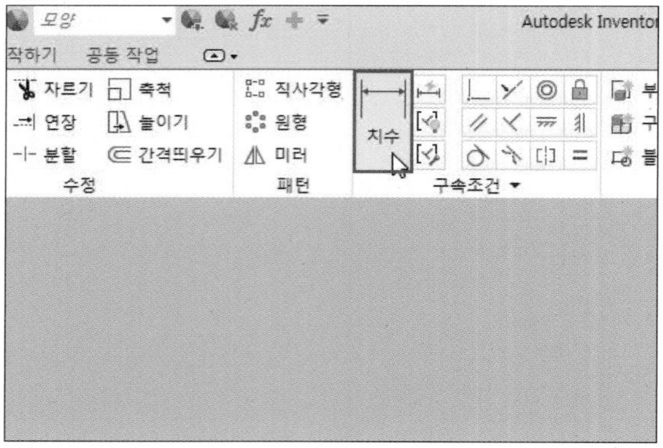

step 74

다음 선을 클릭합니다.

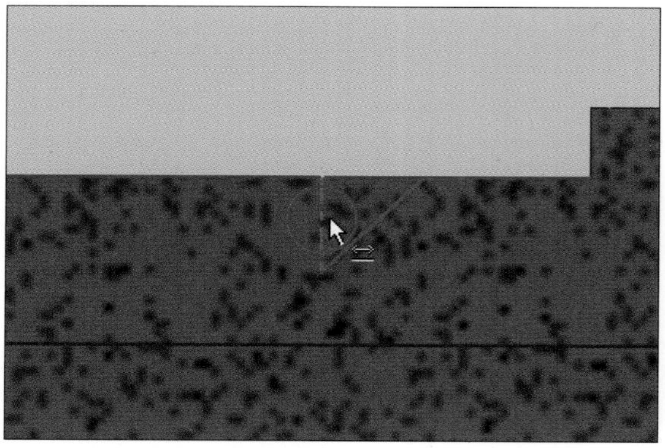

step 75

이어서 다음 선을 클릭합니다.

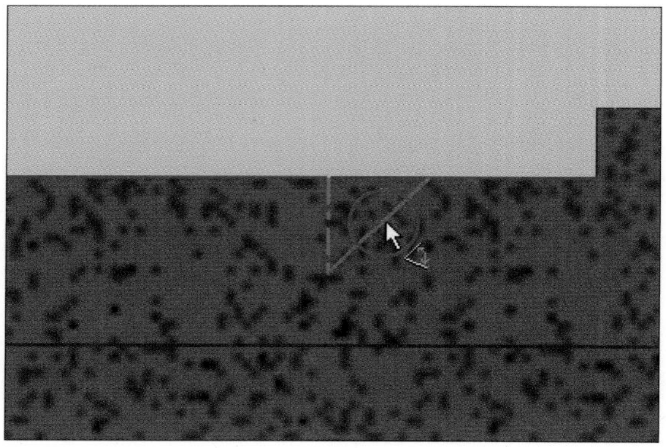

step 76

치수가 위치할 적당한 곳을 클릭하면 치수 편집창이 실행됩니다. 45를 입력한 다음 ENTER를 누릅니다.

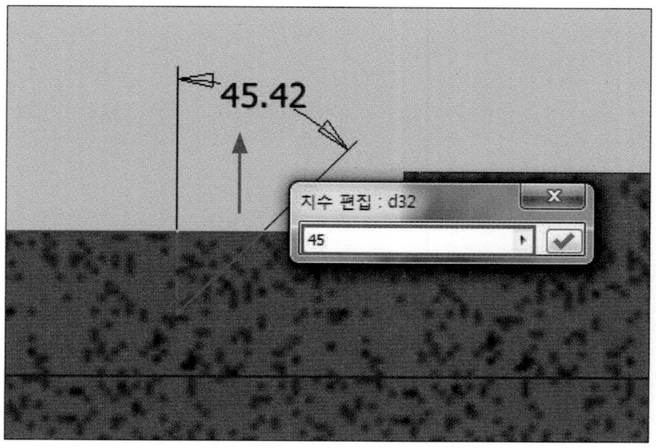

step 77

다음과 같이 각도 치수가 작성되었습니다.

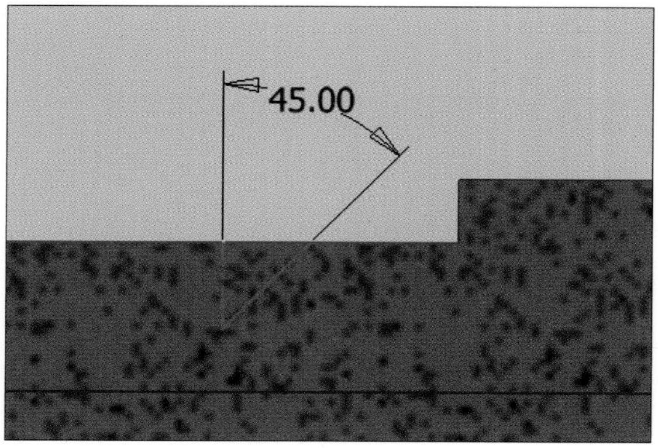

step 78

다시 한 번 **치수** 명령으로 다음 선을 클릭합니다.

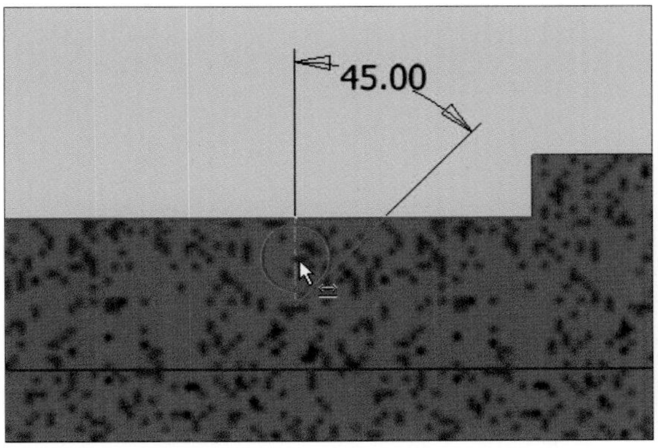

step 79

이어서 다음 **점**을 클릭합니다.

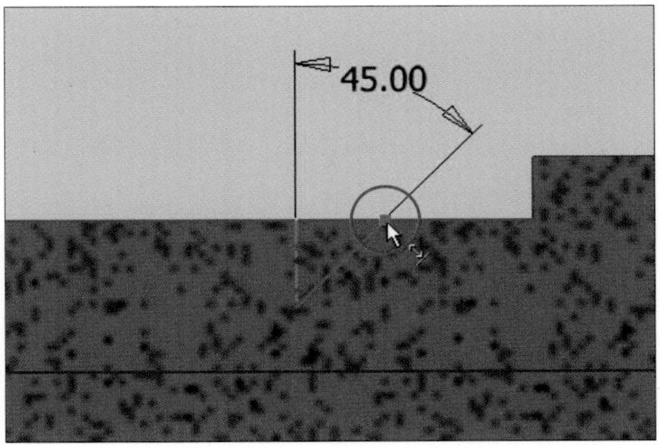

step 80

치수가 위치할 적당한 곳을 클릭하면 치수 편집창이 실행됩니다. 4를 입력한 다음 ENTER를 누릅니다.

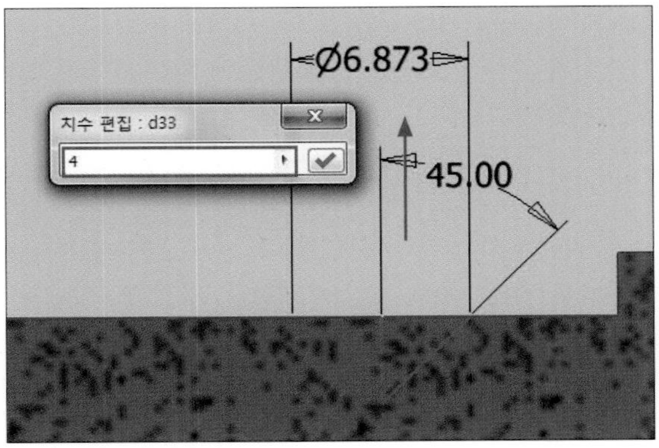

step 81

다음과 같이 지름 치수가 작성되었습니다.

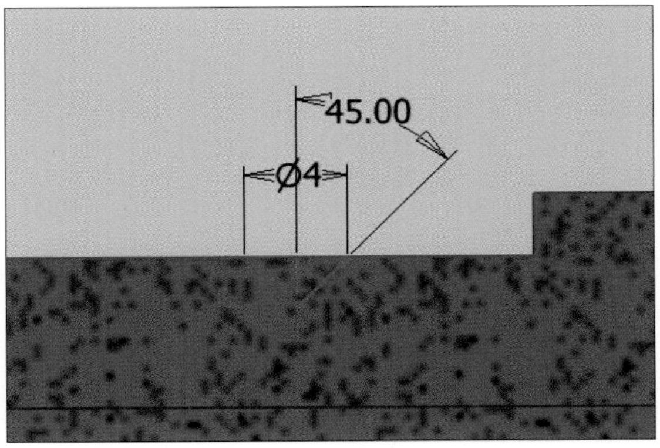

step 82

다시 한 번 **치수** 명령으로 다음 선을 클릭합니다.

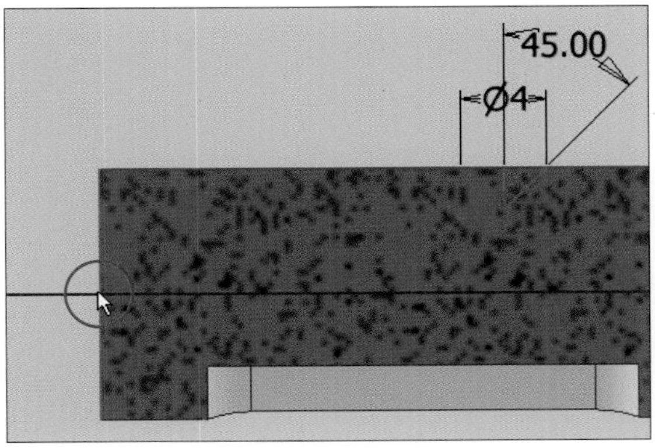

step 83

이어서 다음 **선**을 클릭합니다.

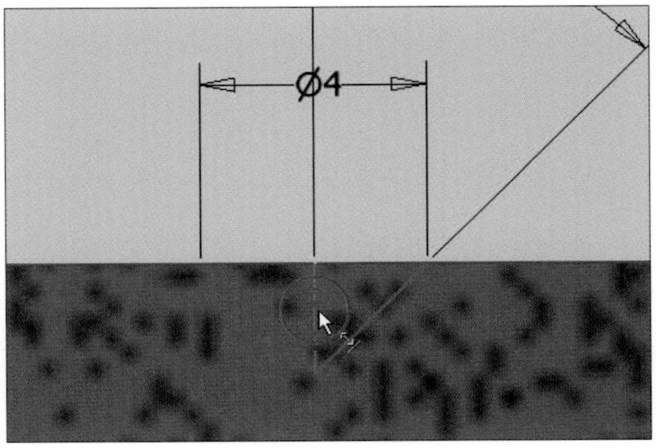

step 84

치수가 위치할 적당한 곳을 클릭하면 치수 편집창이 실행됩니다. 24를 입력한 다음 ENTER를 누릅니다.

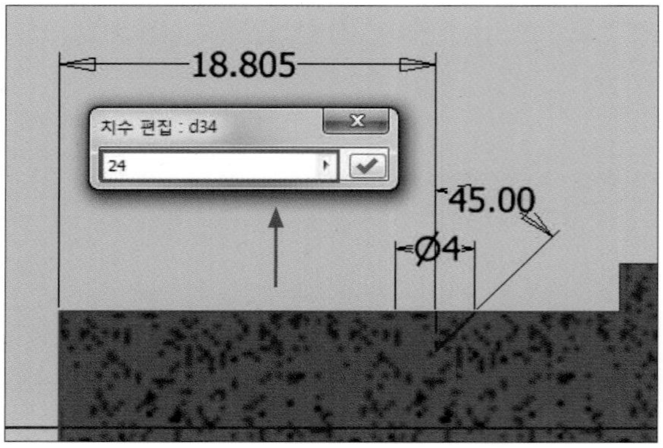

step 85

다음과 같이 간격 치수가 작성되었습니다.

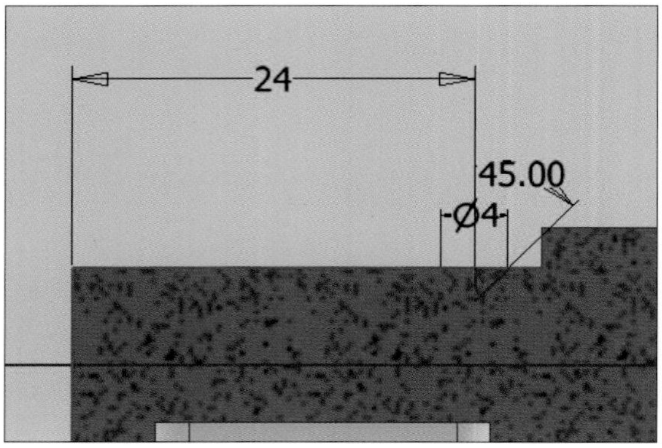

step 86

3D 모형 탭의 회전 명령을 클릭합니다.

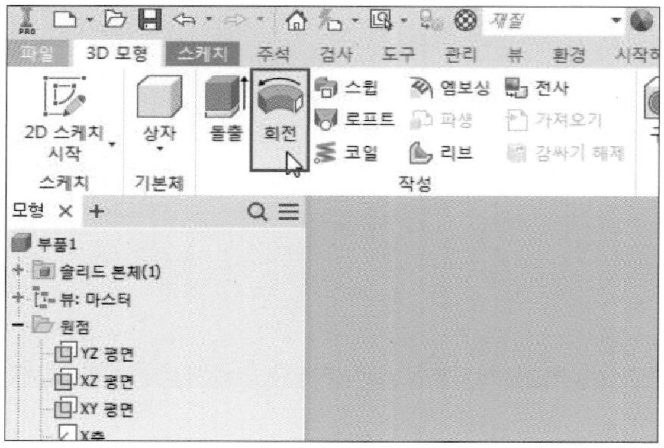

step 87

프로파일과 축이 자동으로 선택되었으므로 출력 옵션만 잘라내기로 변경한 다음 확인 버튼을 클릭합니다.

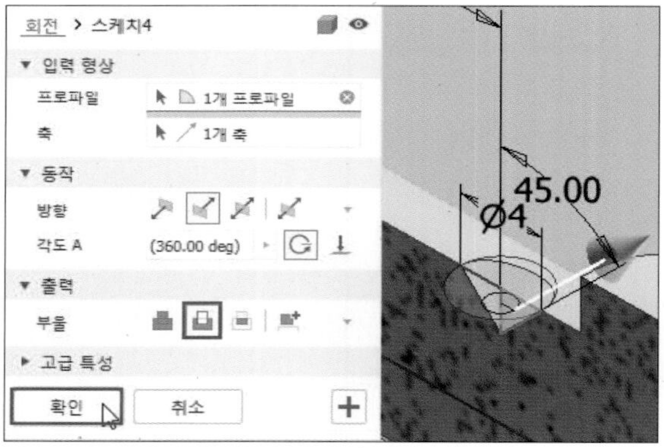

step 88

다음과 같이 회전 차집합 피처 작성이 완료되었습니다.

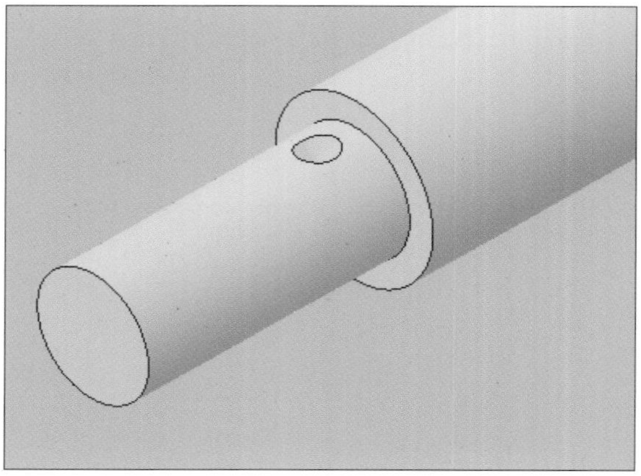

chapter 03 마무리 피쳐 작성하기

step 1

3D 모형 탭의 모따기 명령을 실행합니다.

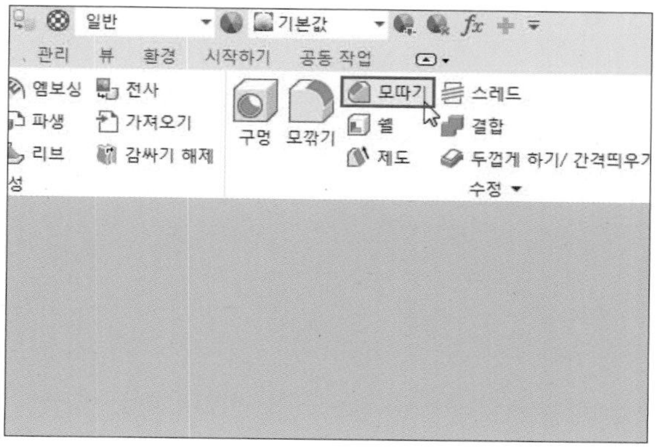

step 2

모따기 거리값으로 1mm를 입력합니다.

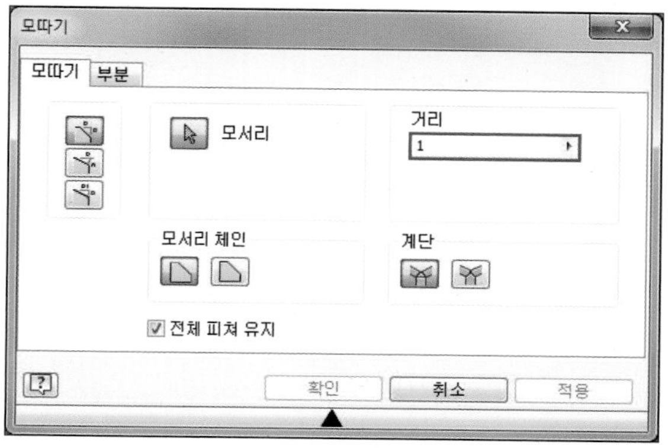

step 3

다음 모서리들을 클릭합니다.

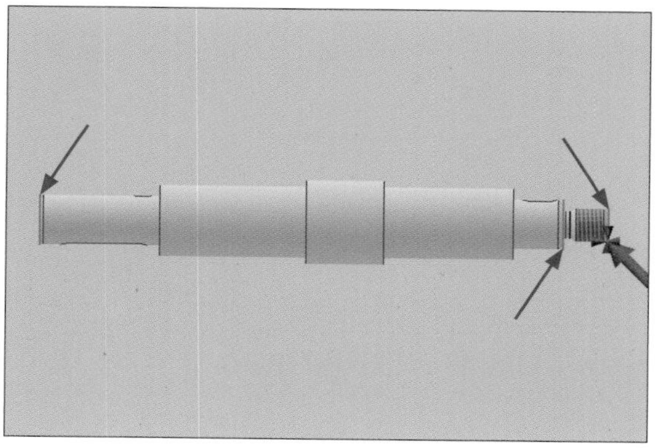

step 4

미리보기가 정상적으로 나오면 확인 버튼을 클릭합니다.

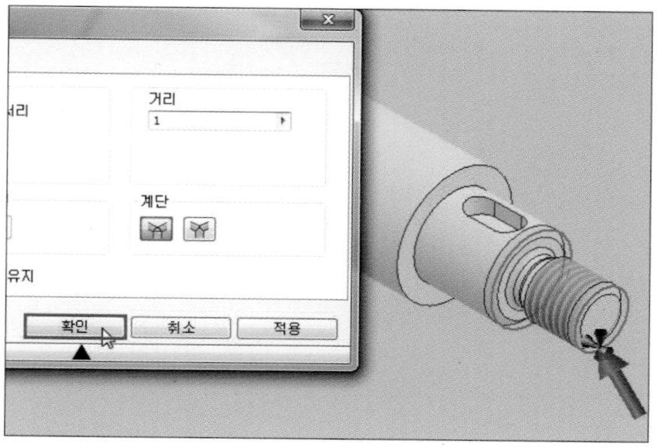

step 5

다음과 같이 모따기 피쳐가 작성되었습니다.

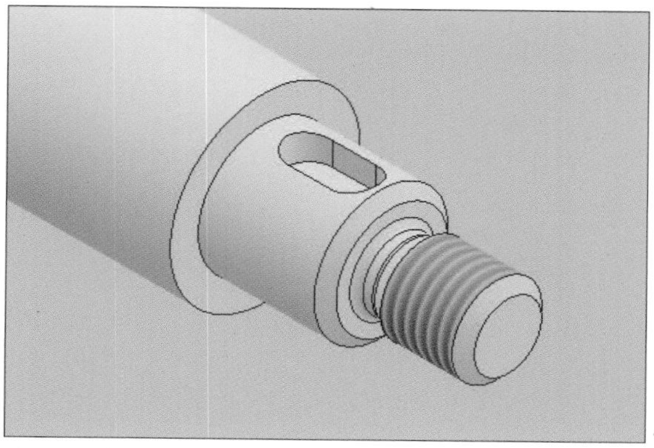

step 6

3D 모형 탭의 모따기 명령을 실행합니다.

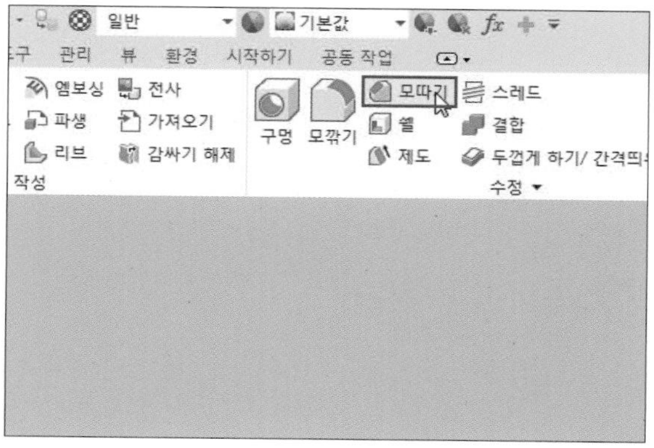

step 7

모따기 유형을 거리 및 각도로 변경합니다.

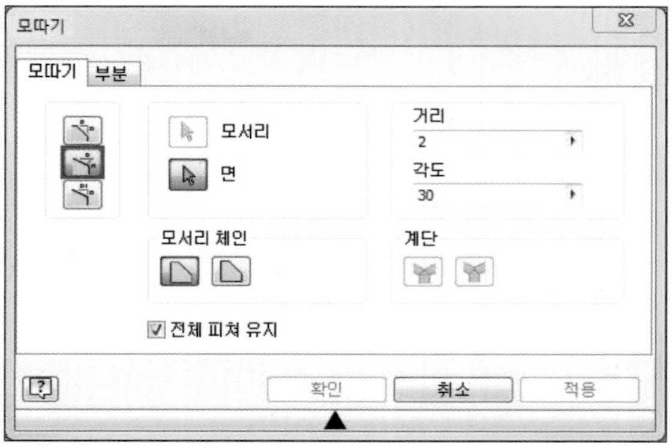

step 8

기준면으로는 다음 면을 클릭합니다.

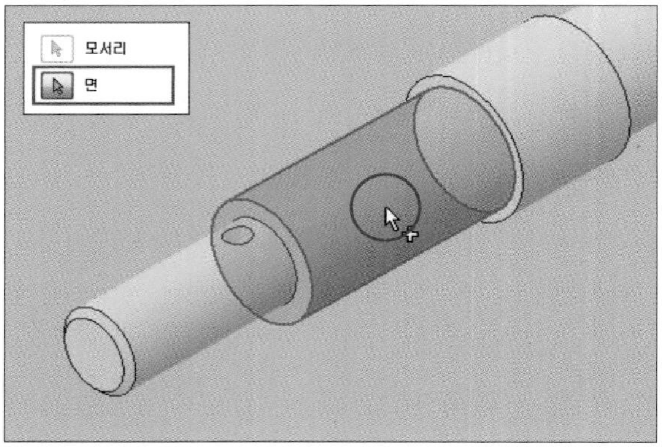

step 9

모따기 모서리 항목에는 다음 모서리를 클릭할 수 있도록 합니다.

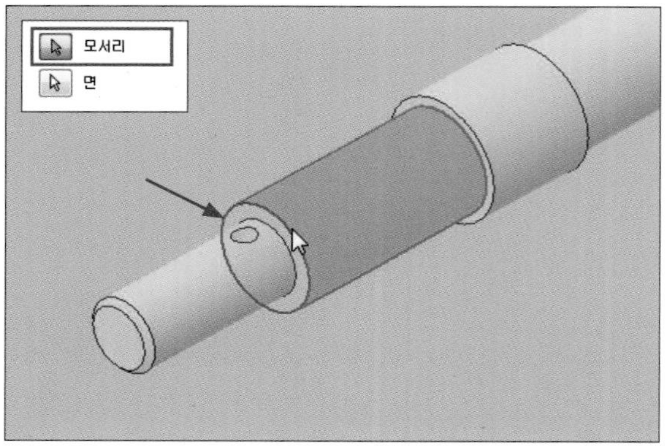

step 10

거리와 각도값을 입력한 다음 확인 버튼을 클릭합니다.

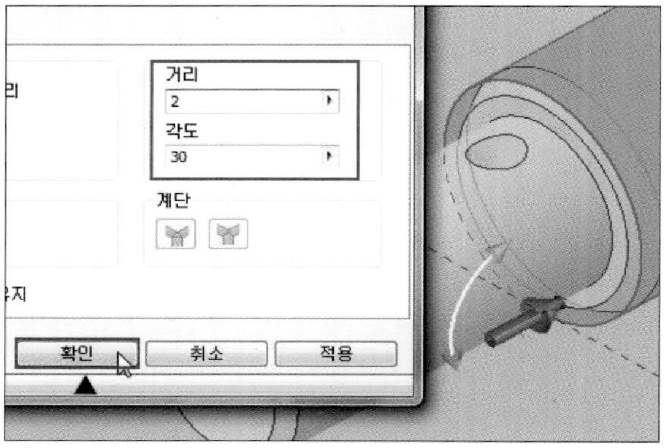

step 11

다음과 같이 오일실 자리의 모따기 작업이 완료되었습니다.

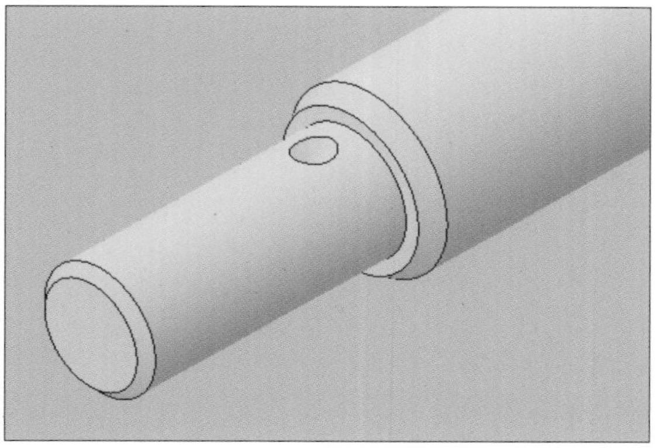

step 12

3D 모형 탭의 모깎기 명령을 실행합니다.

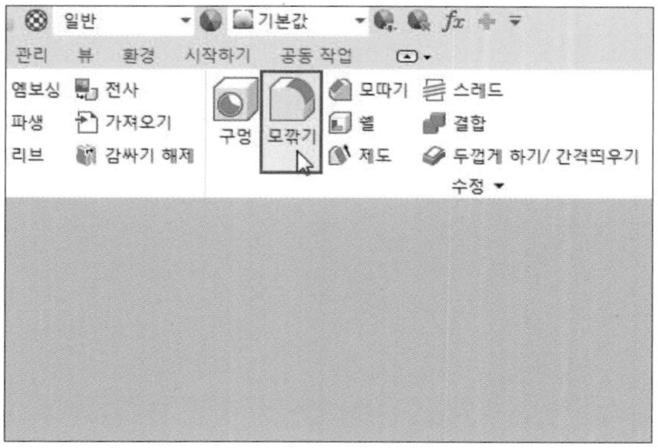

step 13

모깎기 반지름으로 4mm를 입력합니다.

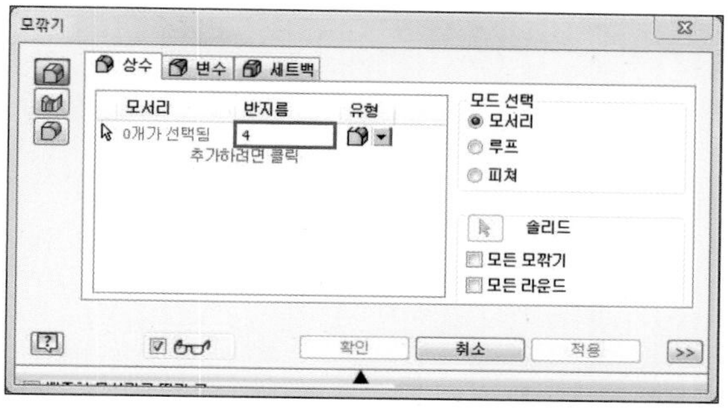

step 14

다음 **모서리**를 클릭합니다.

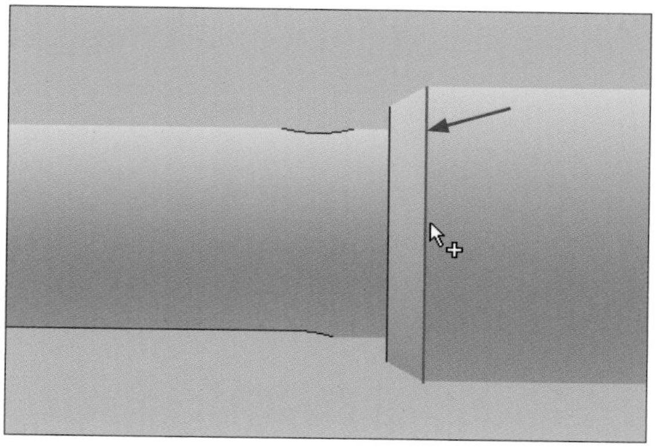

step 15

미리보기가 정상적으로 나오면 **확인** 버튼을 클릭합니다.

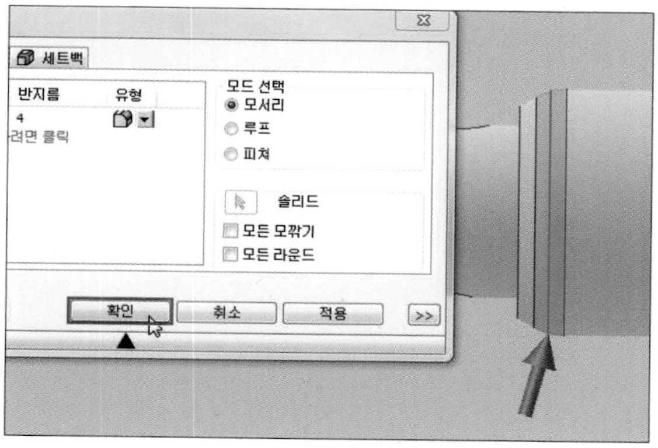

step 16

다음과 같이 모깎기가 완료되었습니다.

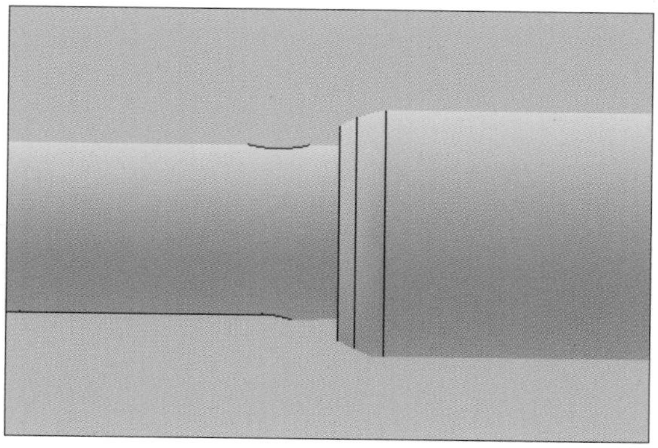

step 17

다시 한 번 모깎기 명령을 실행하여 모깎기 반지름으로 1mm를 입력합니다.

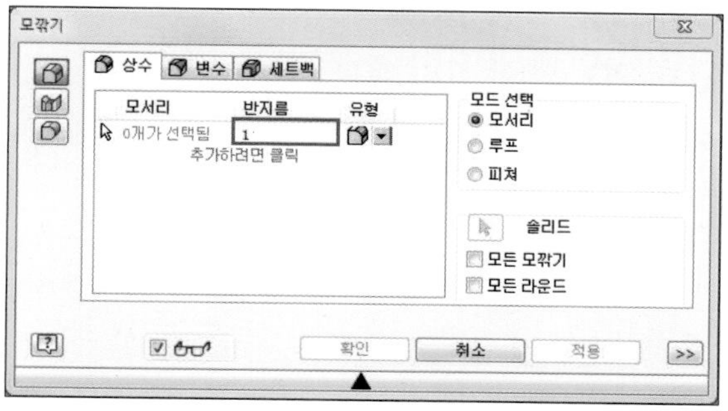

step 18

다음 **모서리**를 클릭합니다.

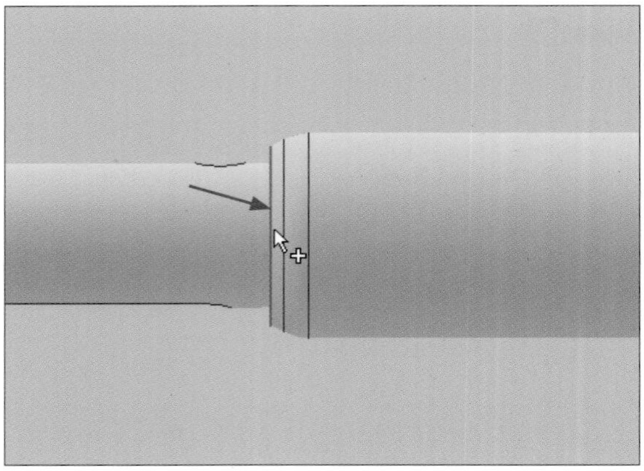

step 19

미리보기가 정상적으로 나오면 **확인** 버튼을 클릭합니다.

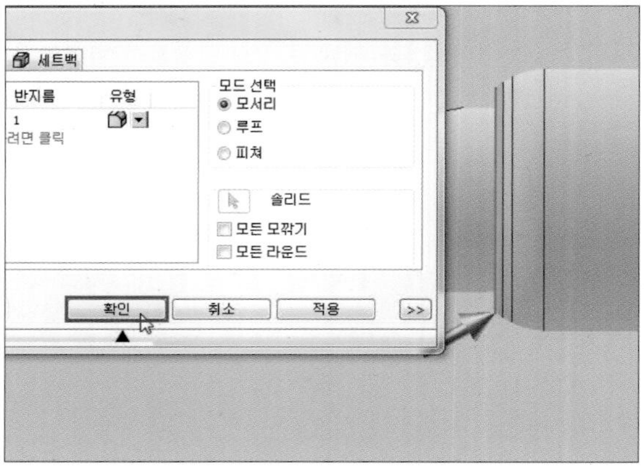

step 20

다음과 같이 오일실이 들어가는 자리의 모따기-모깎기 작업이 완료되었습니다.

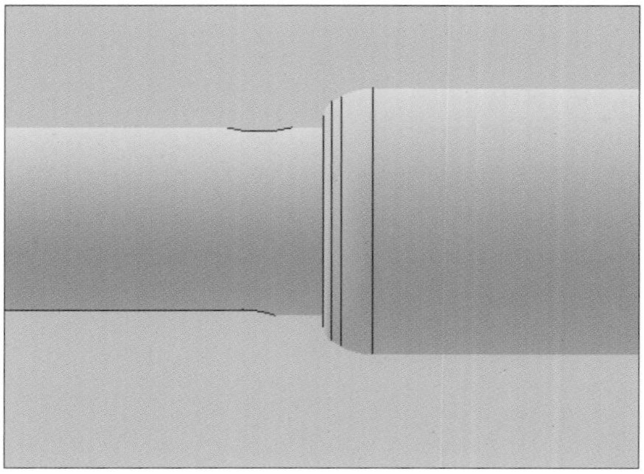

step 21

반대쪽의 오일실 자리에도 동일하게 작업해 주도록 합니다.

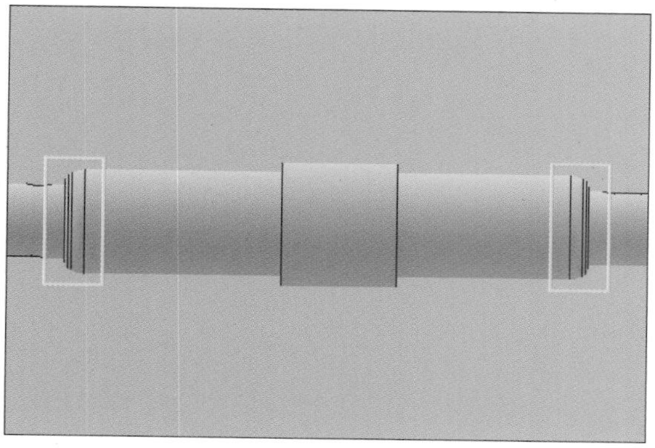

TIP 오일실부의 모따기-모깎기 작업

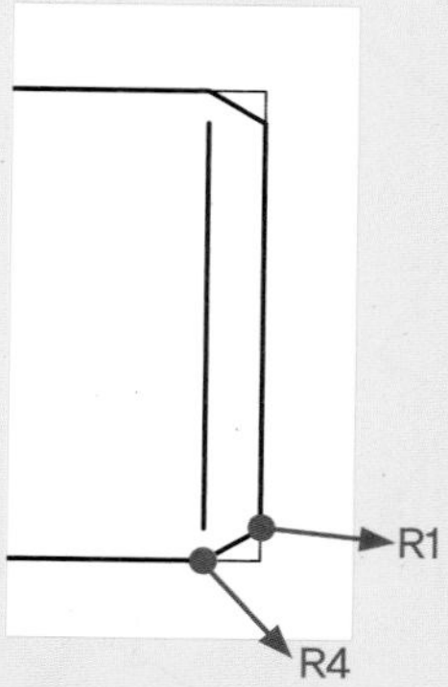

① 모따기 작업 (거리 및 각도)

- 거리 : 2mm
  각도 : 30도

② 모깎기 작업

- R 4mm
- R 1mm

step 22

다음과 같이 축 타입의 모델링이 완료되었습니다.

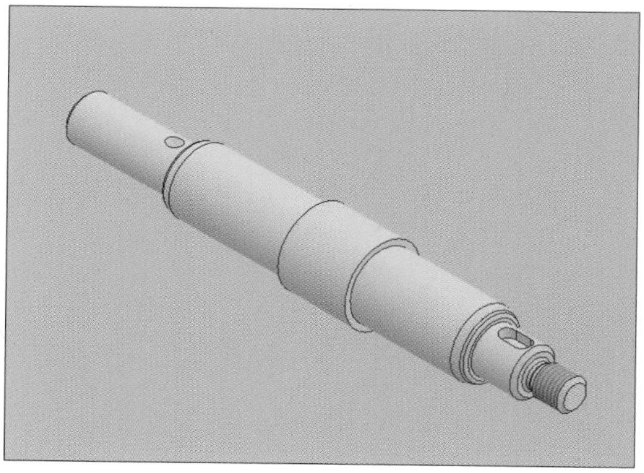

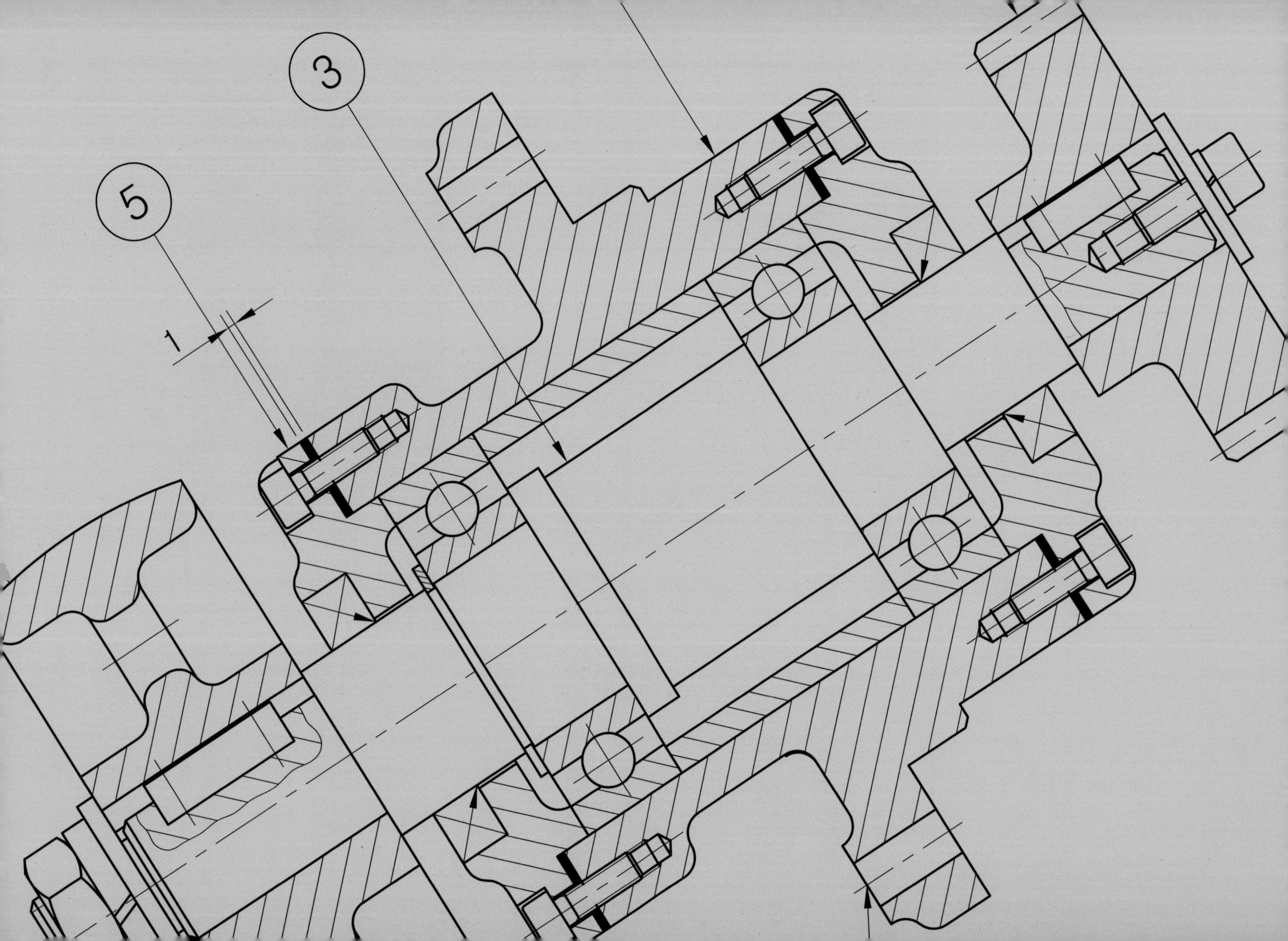
5
1
3

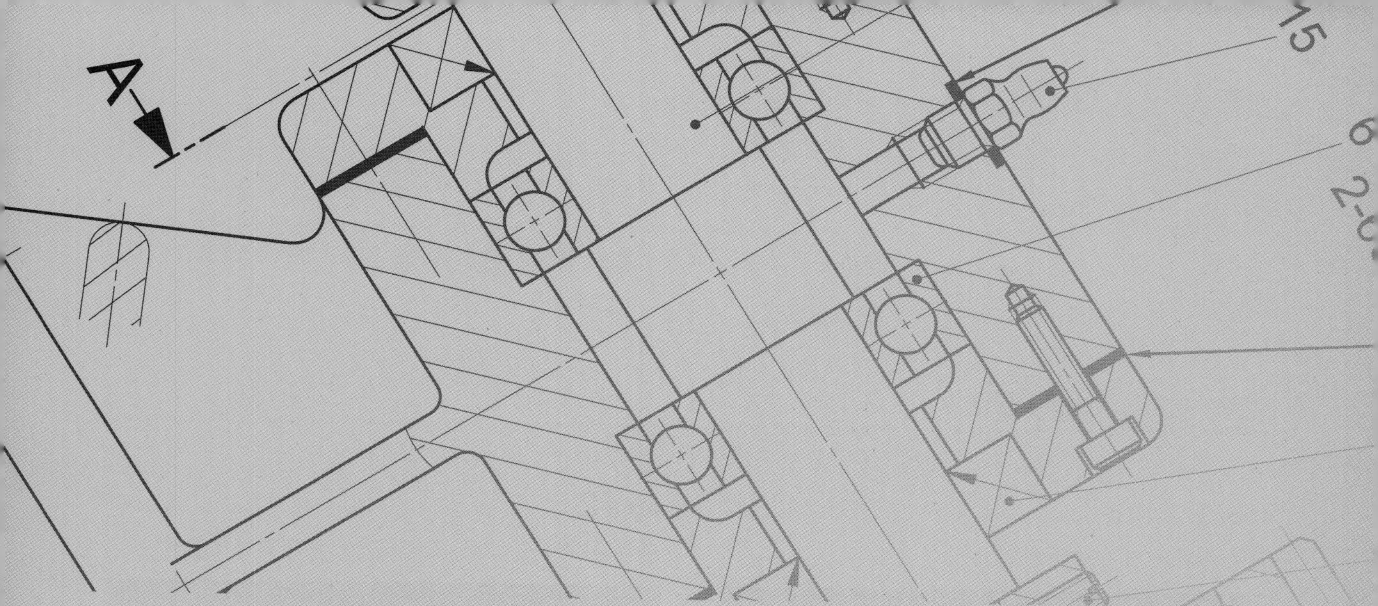

Part 05

오토캐드 2D 도면 작성하기

Section 1 기본 세팅하기

오토캐드 2D 부품도 작성을 위한 오토캐드 기본 세팅을 알아보도록 하겠습니다.

chapter 01 기본 세팅하기

step 1

새로 만들기 버튼을 클릭합니다.

step 2

다음과 같이 오토캐드 작업 공간으로 화면이 전환됩니다.

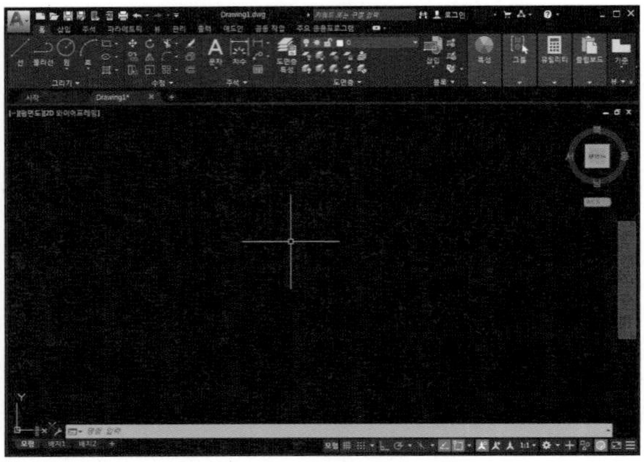

step 3

명령창에 LIMITS(한계)를 타이핑한 다음 ENTER를 누릅니다.

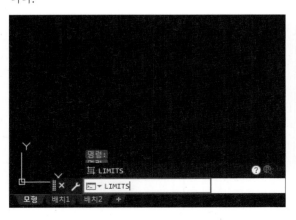

step 4

왼쪽 아래 구석으로는 0,0을 입력한 다음 ENTER를 누릅니다.

step 5

오른쪽 위 구석에는 594,420을 입력한 다음 ENTER 키를 누르면 도면의 영역 한계가 설정됩니다.

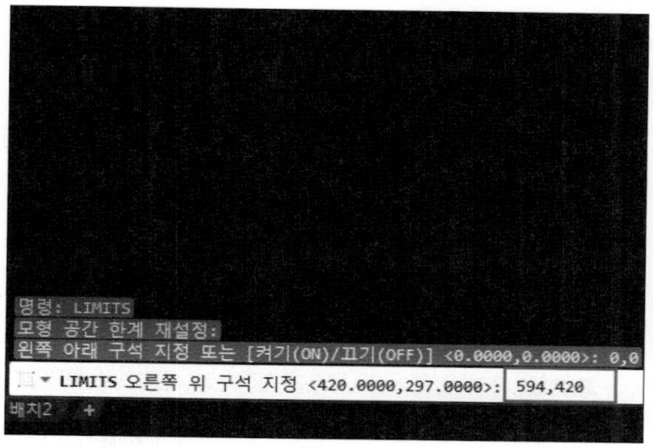

step 6

이어서 명령창에 Z(줌)를 타이핑한 다음 ENTER를 누릅니다.

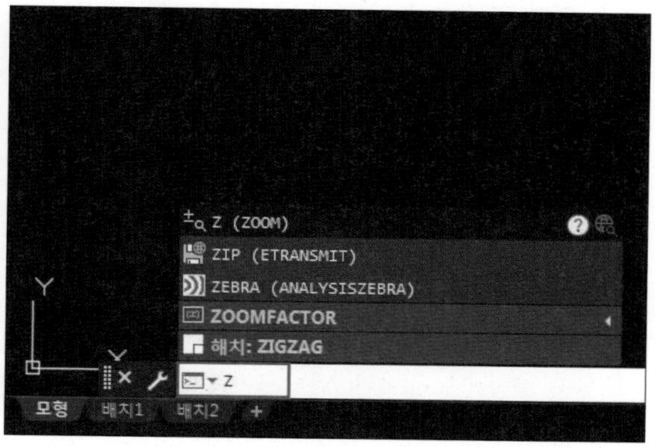

step 7

전체에 해당하는 A를 타이핑한 다음 ENTER를 누르면 화면 보기가 도면 한계에 맞춰 세팅됩니다.

step 8

명령창에 ZOOMFACTOR(실시간 줌 감도 제어)를 타이핑한 다음 ENTER를 누릅니다.

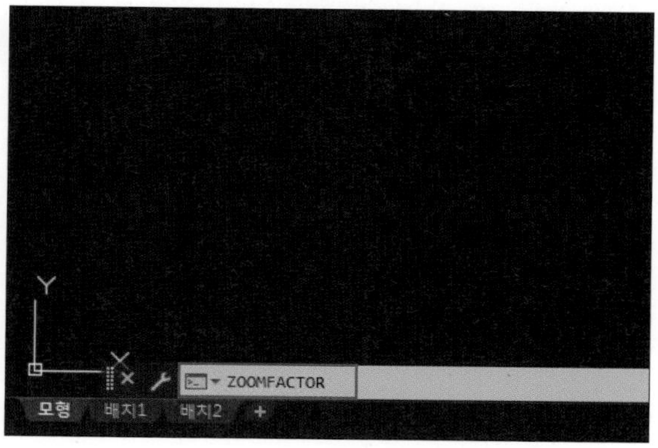

step 9

휠 줌 감도를 변수값으로 설정할 수 있게 됩니다. 25 정도를 입력합니다. 해당 명령어는 사용자 입맛에 맞게 설정하시기 바랍니다.

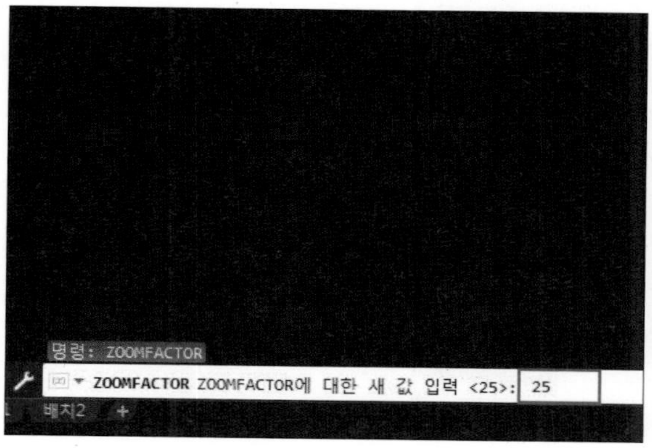

step 10

명령창에 LA(도면층 설정)를 타이핑한 다음 ENTER를 누릅니다.

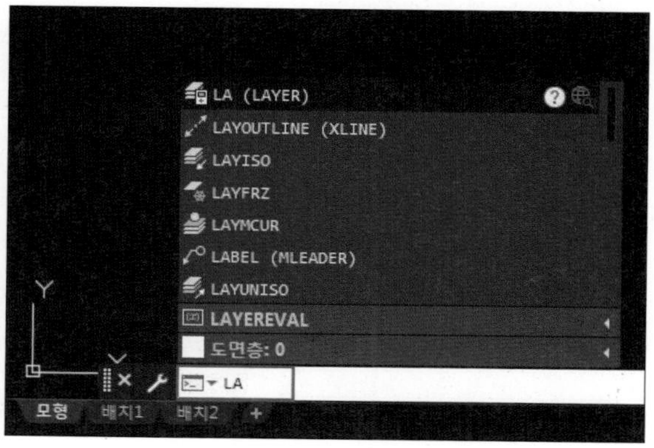

step 11

다음과 같이 도면층 특성창이 열리게 됩니다.

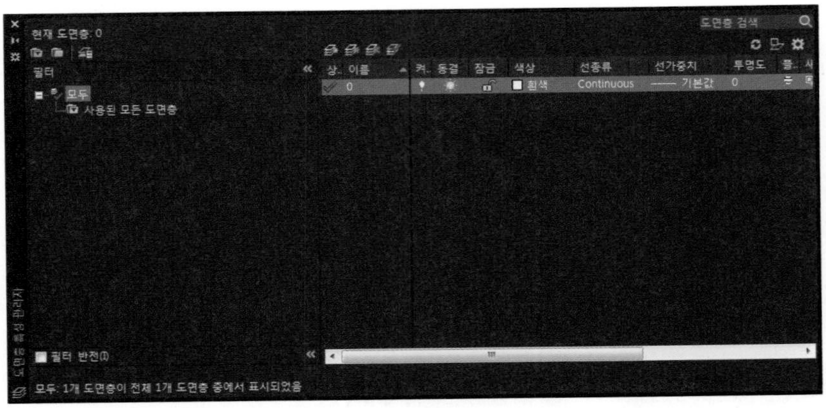

step 12

새 도면층 아이콘을 클릭합니다.

step 13

다음과 같이 새 도면층 항목이 표시되면 도면층 이름으로 중심선을 기입합니다.

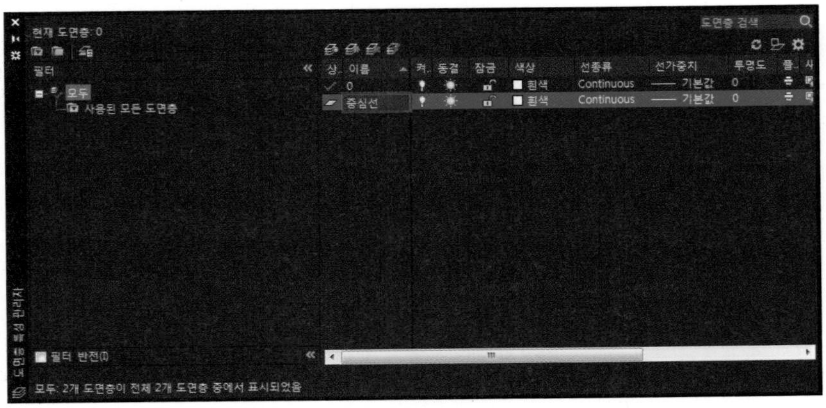

step 14

마찬가지 방법으로 다음과 같은 도면층을 새로 만듭니다.

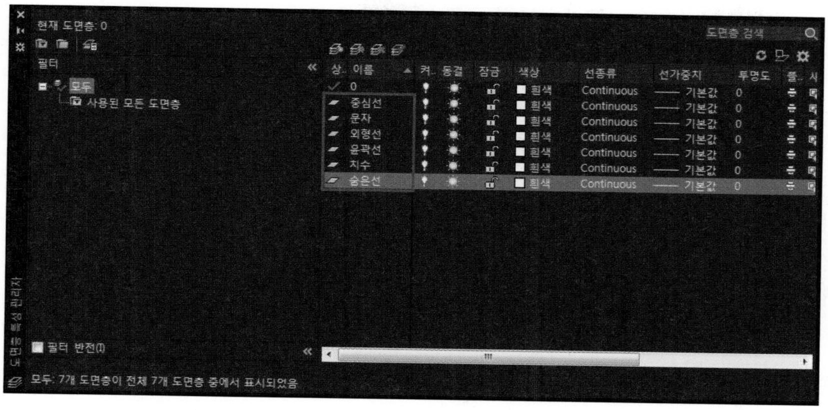

step 15

0번 도면층의 색상 항목을 클릭합니다.

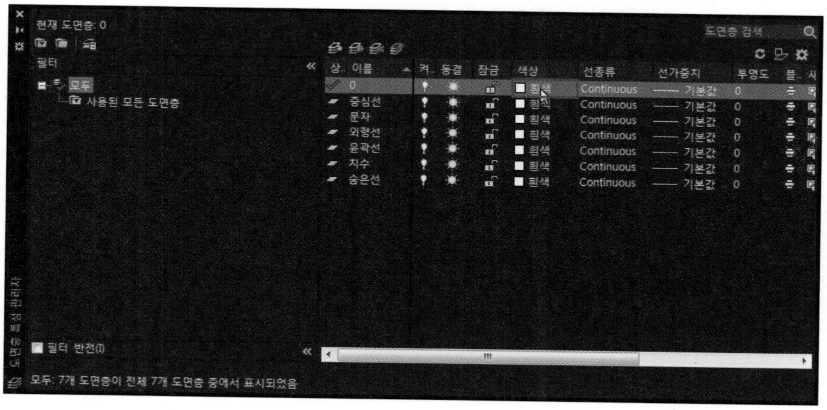

step 16

다음과 같이 색상 선택창이 뜨면 빨간색을 선택한 다음 확인 버튼을 클릭합니다.

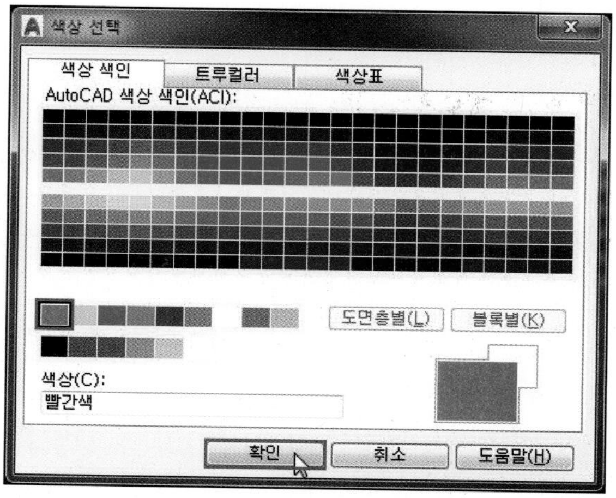

TIP 색상 선택시 팁

색상 선택시 다음 항목 내에서만 선택할 수 있도록 합니다.

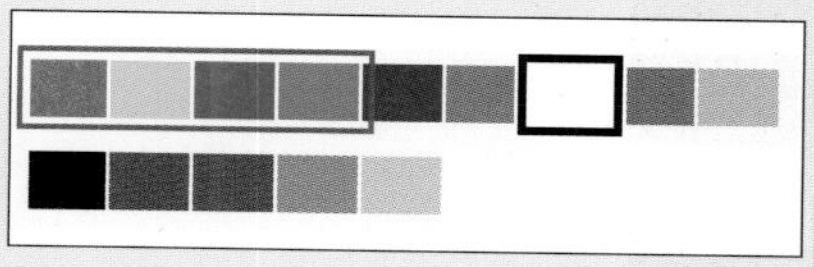

step 17

다음과 같이 해당 도면층의 색상이 변경됩니다.

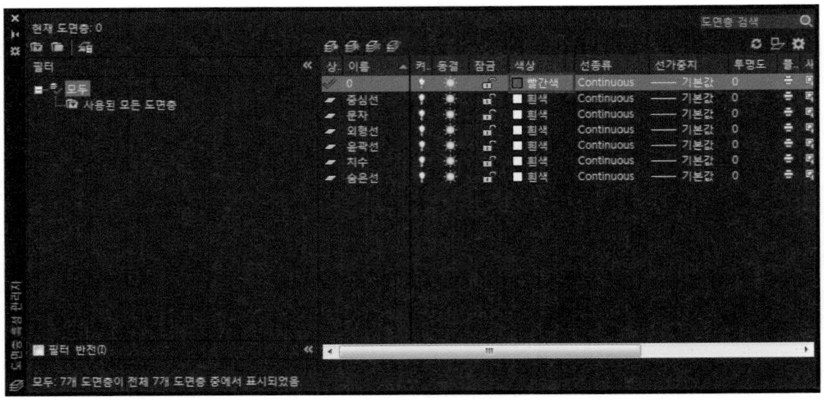

step 18

나머지 항목도 다음과 같이 변경합니다.

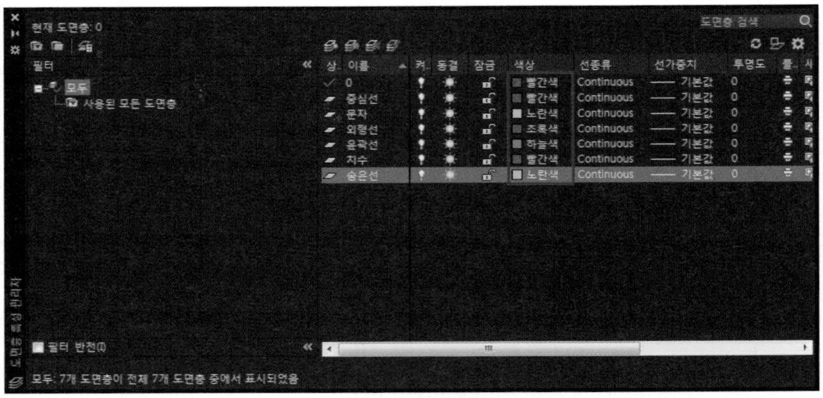

step 19

중심선 도면층의 **선종류** 항목을 클릭합니다.

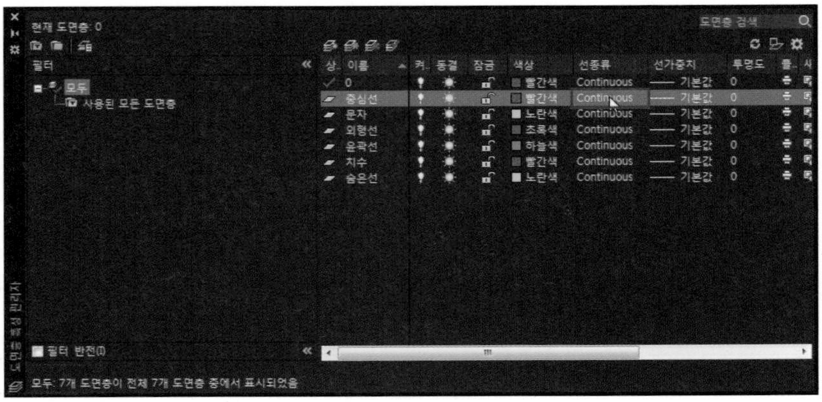

step 20

선종류 선택창이 뜨면 **로드** 버튼을 클릭합니다.

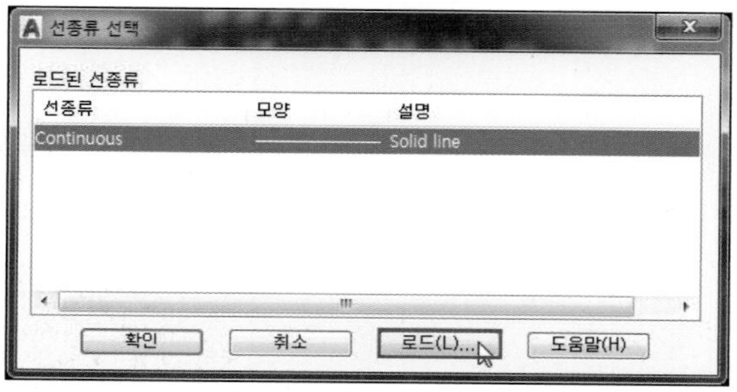

step 21

다음과 같이 선종류 로드창이 표시됩니다.

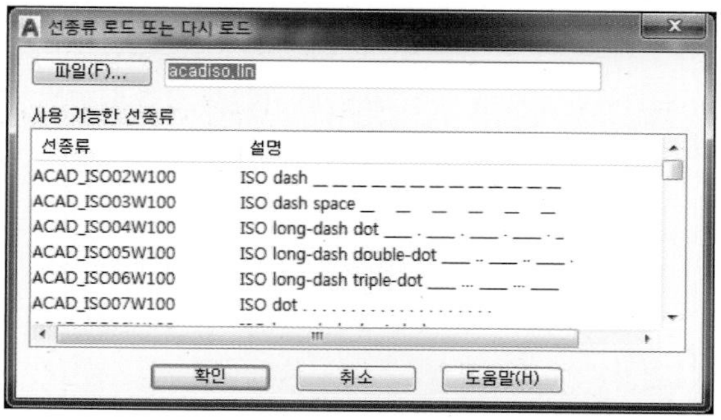

step 22

사용 가능한 선종류 목록 중 CENTER2 항목을 선택한 다음 **확인** 버튼을 클릭합니다.

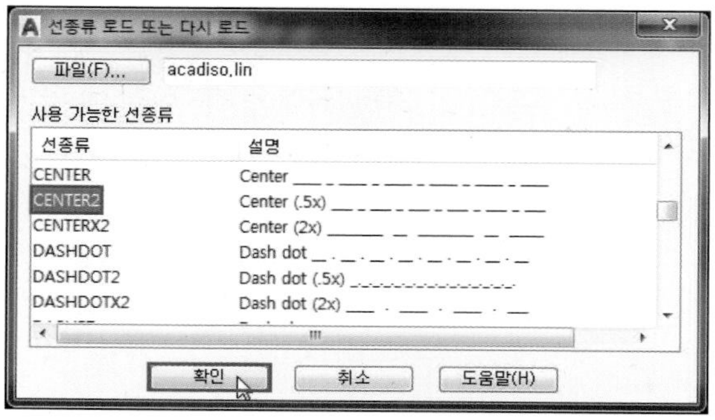

step 23

다음과 같이 로드된 선종류 항목에 CENTER2 항목이 표시됩니다.

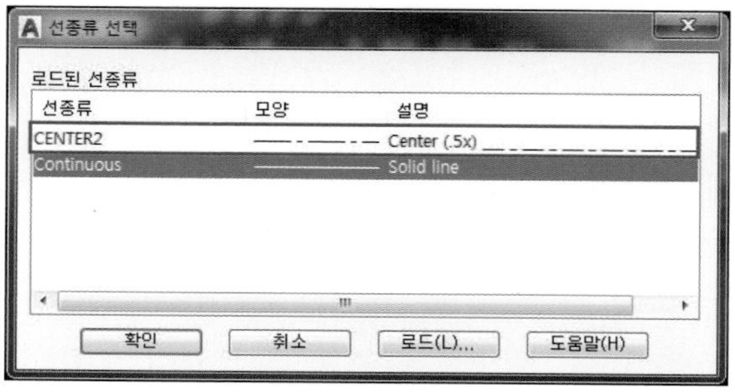

step 24

다른 선종류도 로드하기 위해 다시 한 번 **로드** 버튼을 클릭합니다.

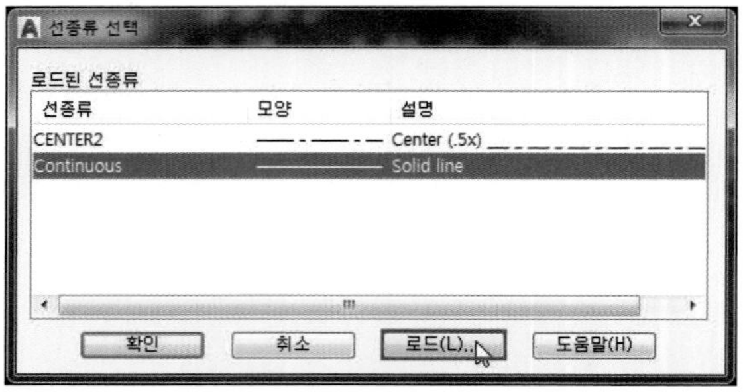

step 25

사용 가능한 선종류 목록 중 PHANTOM2 항목을 선택한 다음 **확인** 버튼을 클릭합니다.

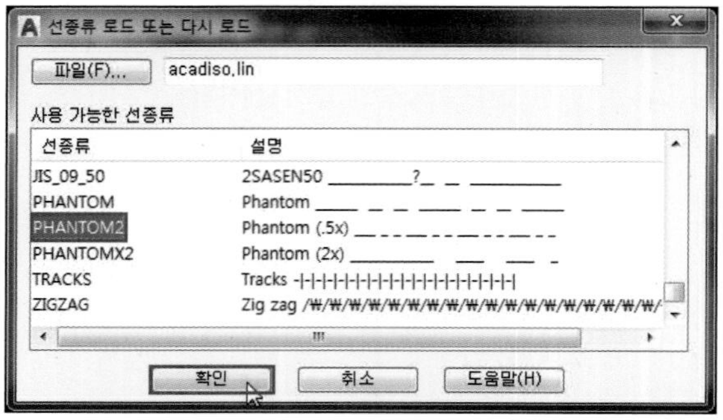

step 26

다음과 같이 로드된 선종류 항목에 PHANTOM2 항목이 표시됩니다. 마지막으로 **로드** 버튼을 클릭합니다.

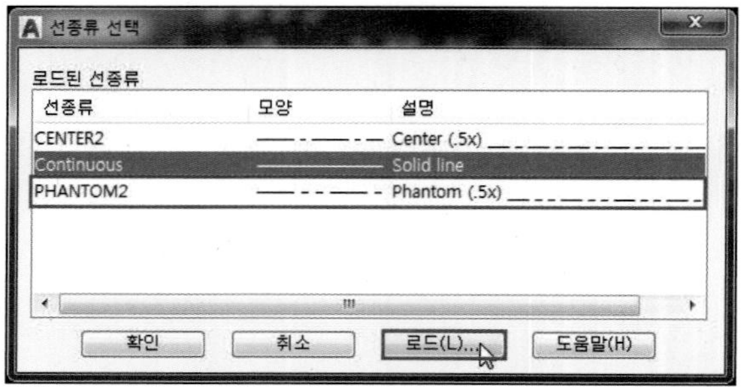

step 27

사용 가능한 선종류 목록 중 HIDDEN2 항목을 선택한 다음 **확인** 버튼을 클릭합니다.

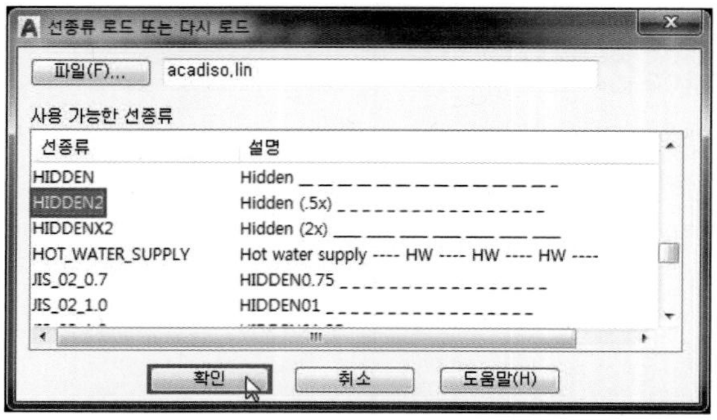

step 28

다음과 같이 로드된 선종류 항목에 HIDDEN2 항목이 표시됩니다.

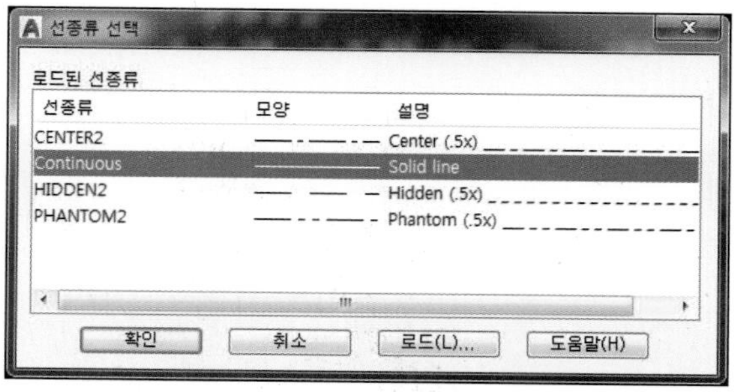

step 29

로드된 선종류 목록에서 CENTER2 항목을 클릭한 다음 확인 버튼을 클릭합니다.

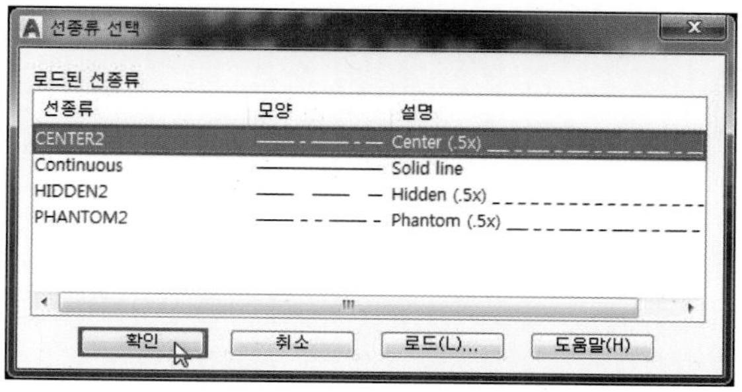

step 30

다음과 같이 중심선 도면층의 선종류가 CENTER2로 변경되었습니다.

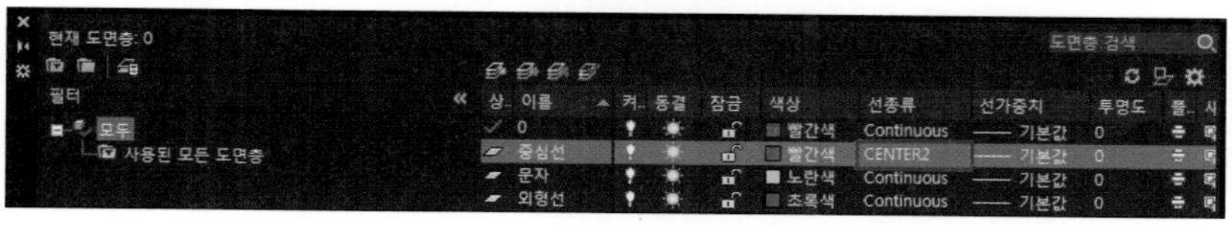

step 31

숨은선 도면층의 선종류를 아까 로드한 HIDDEN2로 변경합니다.

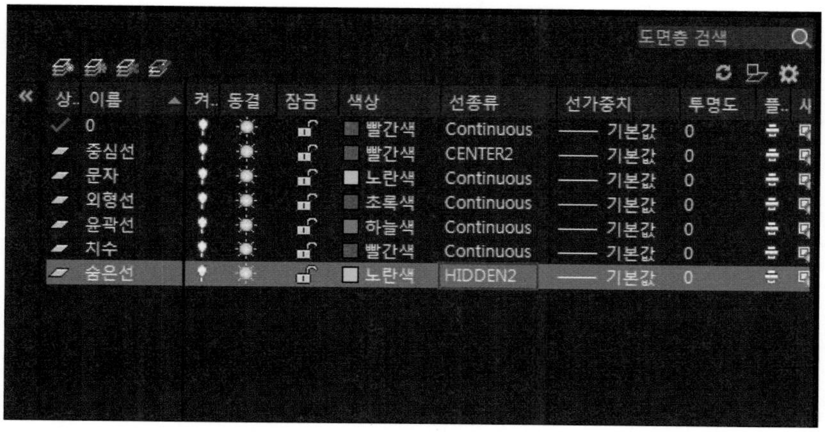

step 32

앞서 진행했던 방식으로 **가상선** 도면층을 추가할 수 있도록 합니다.

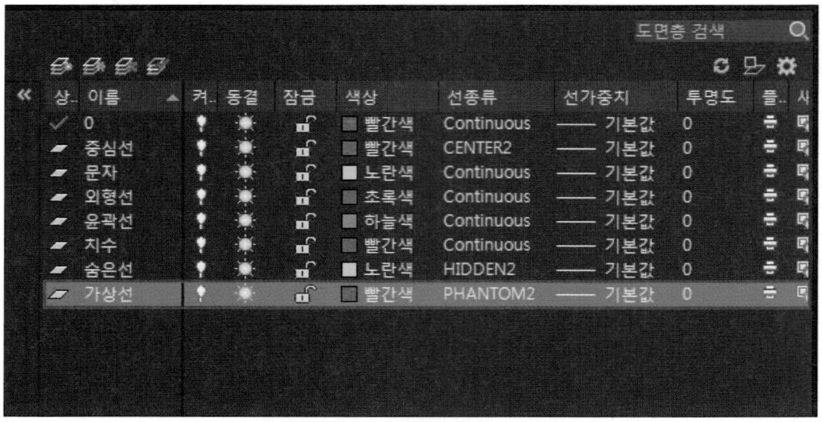

상..	이름	켜..	동결	잠금	색상	선종류	선가중치	투명도	플..	사
	0				빨간색	Continuous	기본값	0		
	중심선				빨간색	CENTER2	기본값	0		
	문자				노란색	Continuous	기본값	0		
	외형선				초록색	Continuous	기본값	0		
	윤곽선				하늘색	Continuous	기본값	0		
	치수				빨간색	Continuous	기본값	0		
	숨은선				노란색	HIDDEN2	기본값	0		
	가상선				빨간색	PHANTOM2	기본값	0		

step 33

선가중치는 그림에 나와있는 것처럼 지금 설정해도 되고, 도면 작성 후 플롯 설정시 설정해도 무방합니다. 본서에서는 플롯 설정시 선 가중치를 설정하도록 하겠습니다.

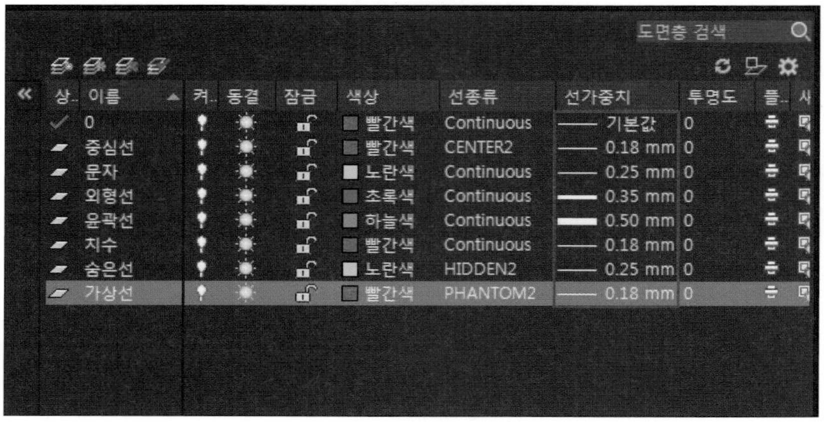

상..	이름	켜..	동결	잠금	색상	선종류	선가중치	투명도	플..	사
	0				빨간색	Continuous	기본값	0		
	중심선				빨간색	CENTER2	0.18 mm	0		
	문자				노란색	Continuous	0.25 mm	0		
	외형선				초록색	Continuous	0.35 mm	0		
	윤곽선				하늘색	Continuous	0.50 mm	0		
	치수				빨간색	Continuous	0.18 mm	0		
	숨은선				노란색	HIDDEN2	0.25 mm	0		
	가상선				빨간색	PHANTOM2	0.18 mm	0		

도면층에서 선가중치 설정 O

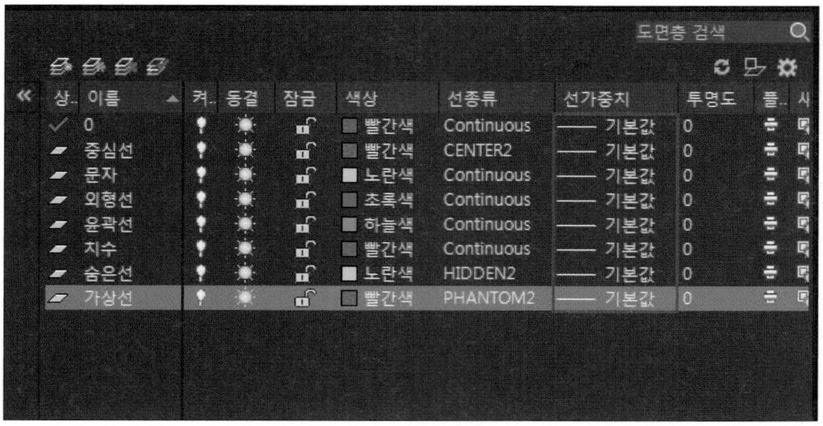

상..	이름	켜..	동결	잠금	색상	선종류	선가중치	투명도	플..	사
	0				빨간색	Continuous	기본값	0		
	중심선				빨간색	CENTER2	기본값	0		
	문자				노란색	Continuous	기본값	0		
	외형선				초록색	Continuous	기본값	0		
	윤곽선				하늘색	Continuous	기본값	0		
	치수				빨간색	Continuous	기본값	0		
	숨은선				노란색	HIDDEN2	기본값	0		
	가상선				빨간색	PHANTOM2	기본값	0		

도면층에서 선가중치 설정 X
(도면 작성후 플롯 스타일 테이블에서 설정)

step 34

명령창에 LTS(선 종류 축척)를 타이핑한 다음 ENTER를 누릅니다.

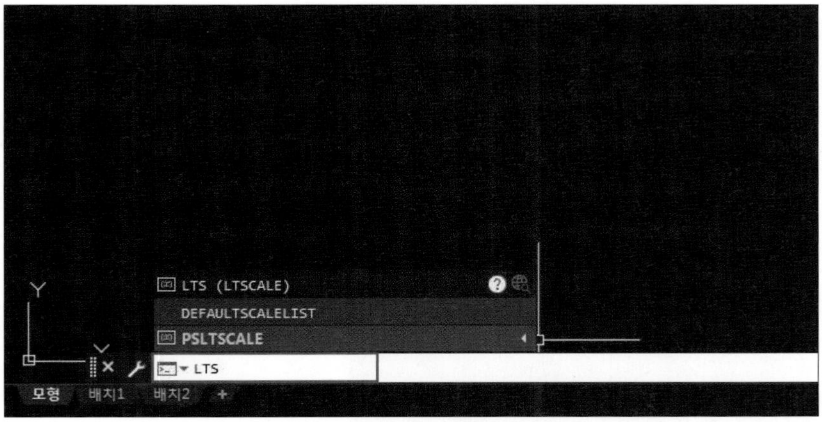

step 35

축척 비율을 0.3 정도로 조정합니다. 해당 명령어는 도면 작성시 중심선이 1점 쇄선으로 보이지 않을 경우 사용합니다.

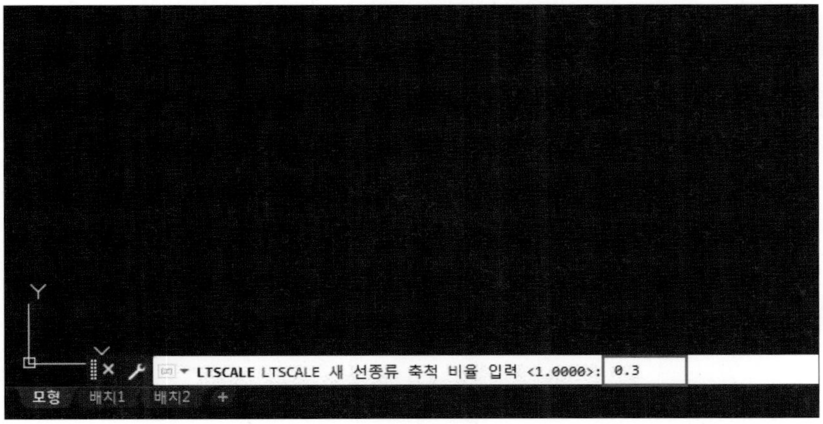

문자, 숫자, 기호의 높이	선 굵기	지정 색상(Color)	용도
7.0mm	0.70mm	청(파란)색(Blue)	윤곽선, 표제란과 부품란의 윤곽선, 중심마크 등
5.0mm	0.50mm	초록(Green),갈색(Brown)	외형선, 부품번호, 개별주서 등
3.5mm	0.35mm	황(노란)색(Yellow)	숨은선, 치수와 기호, 일반주서 등
2.5mm	0.25mm	흰색(White),빨강(Red)	해치선, 치수선, 치수보조선, 중심선, 가상선 등

Section 2 문자, 치수 스타일 설정하기

오토캐드 2D 부품도 작성을 위한 문자, 치수 스타일을 설정해 보도록 하겠습니다.

chapter 01 문자 스타일 설정하기

step 1

명령창에 ST(문자 스타일)를 타이핑한 다음 ENTER를 누릅니다.

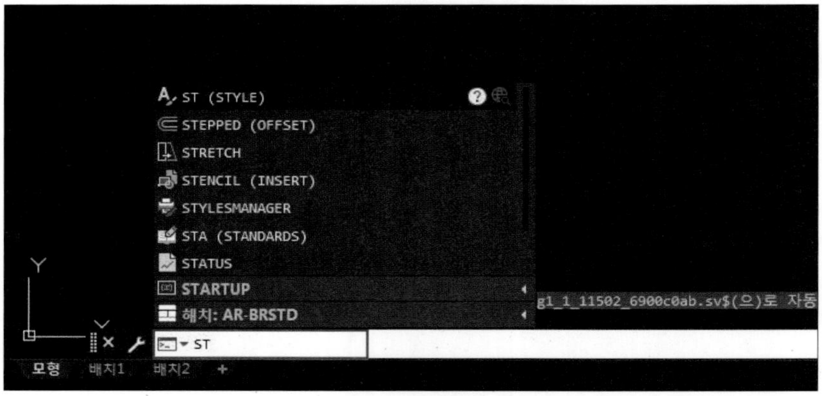

step 2

문자 스타일 창이 뜨면 **새로 만들기** 버튼을 클릭합니다.

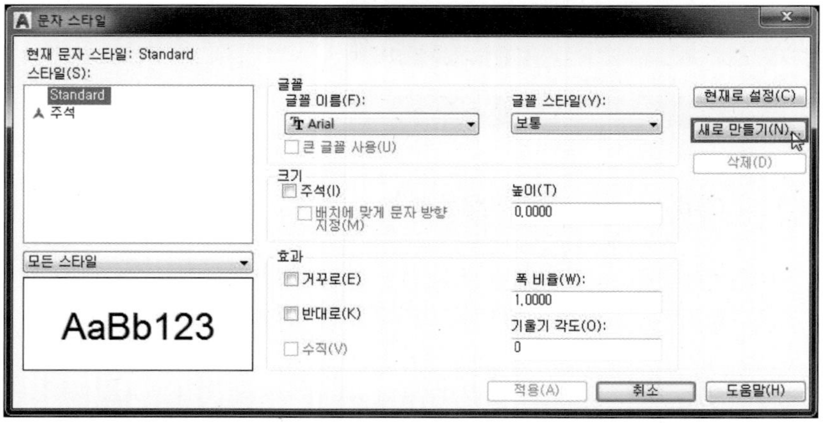

step 3

한글 기입용 문자 스타일 **이름**을 설정한 다음 **확인** 버튼을 클릭합니다.

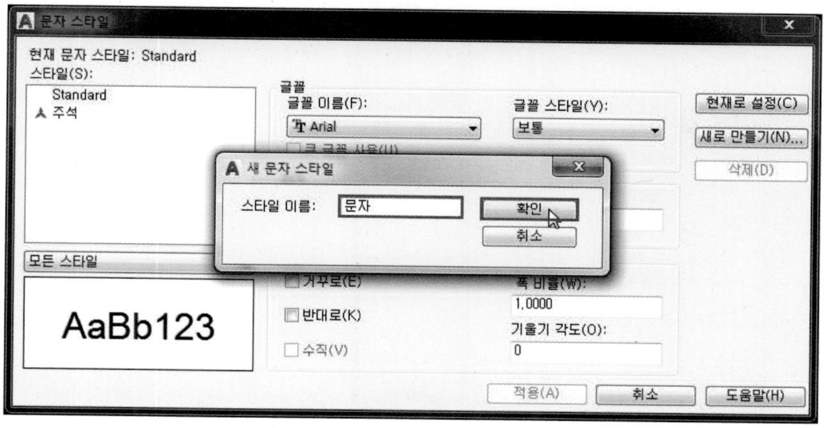

step 4

글꼴 이름은 **굴림체**로 설정합니다.

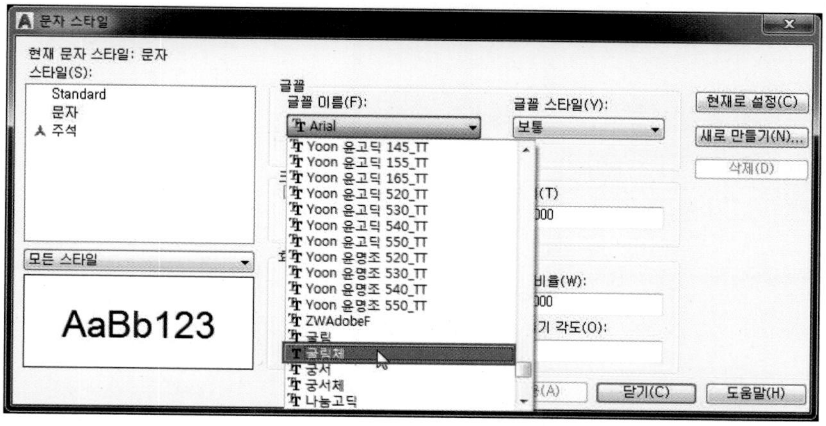

step 5

설정이 완료되면 **적용** 버튼을 클릭합니다.

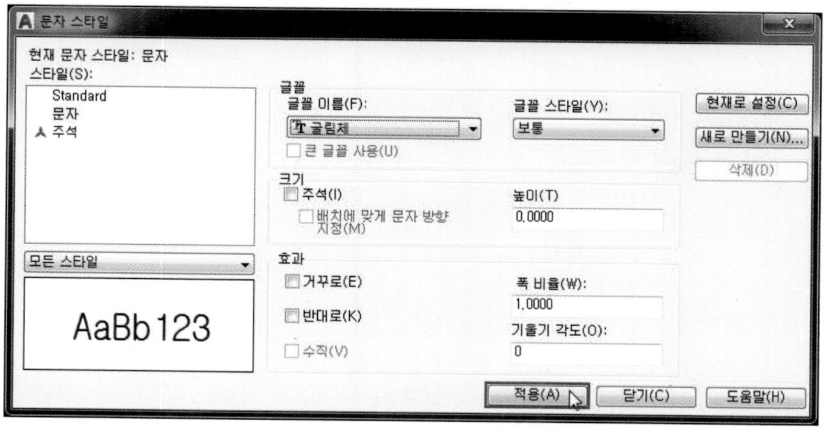

step 6

다시 한 번 **새로 만들기** 버튼을 클릭합니다.

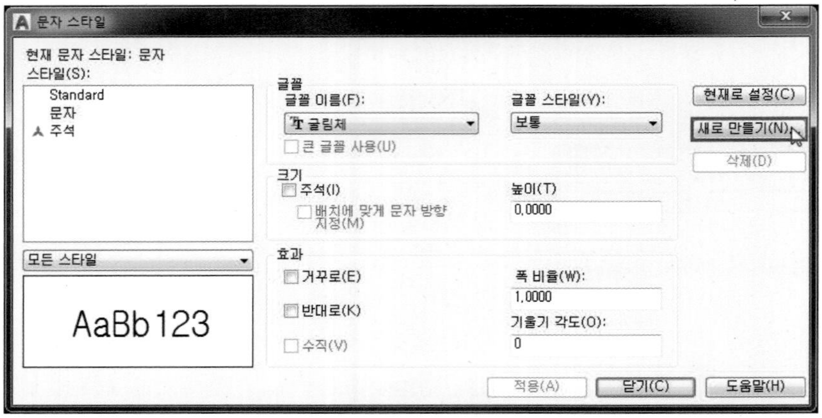

step 7

아라비아 숫자 및 로마자 기입용 문자 스타일 **이름**을 설정한 다음 **확인** 버튼을 클릭합니다.

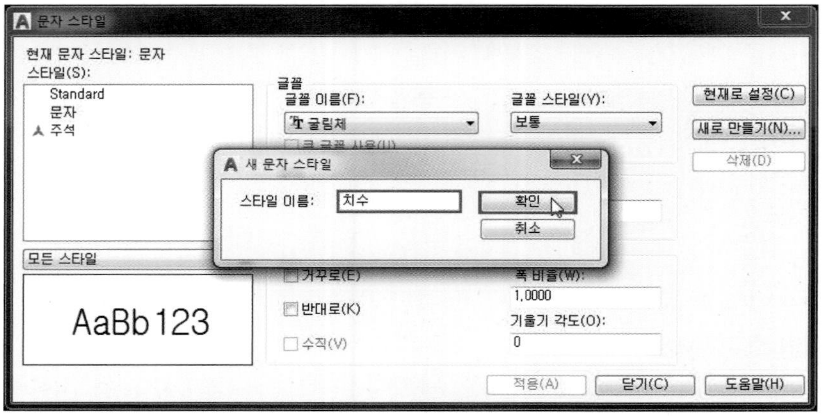

step 8

글꼴 이름은 isocp.shx로 설정합니다.

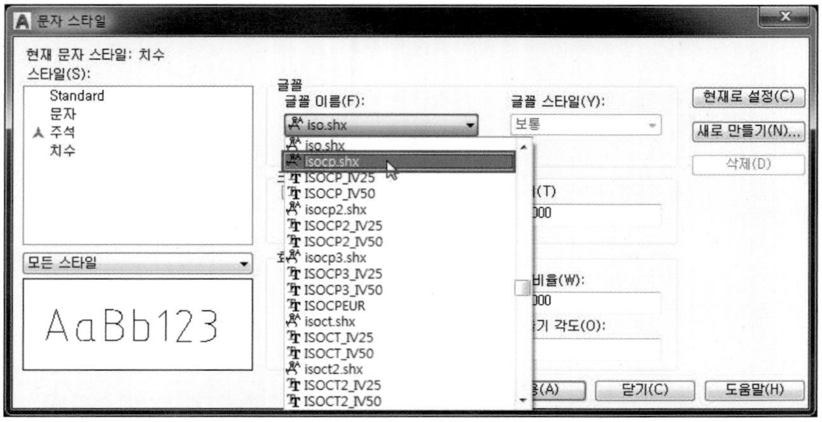

step 9

큰 글꼴 **사용** 항목을 체크합니다.

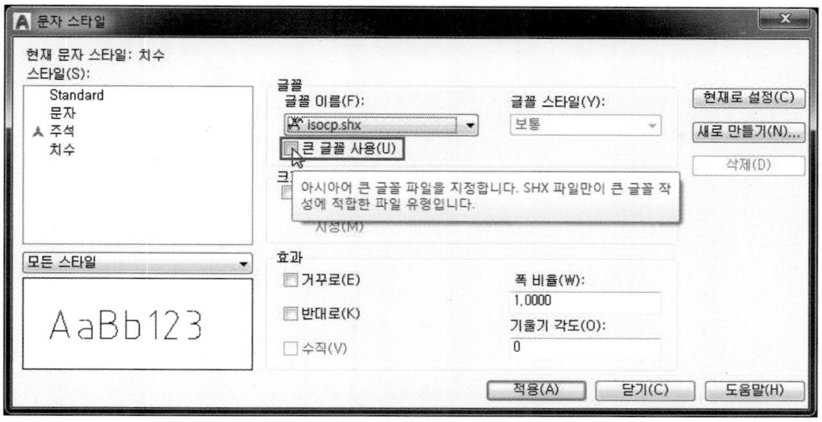

step 10

큰 글꼴은 whgtxt.shx로 설정합니다.

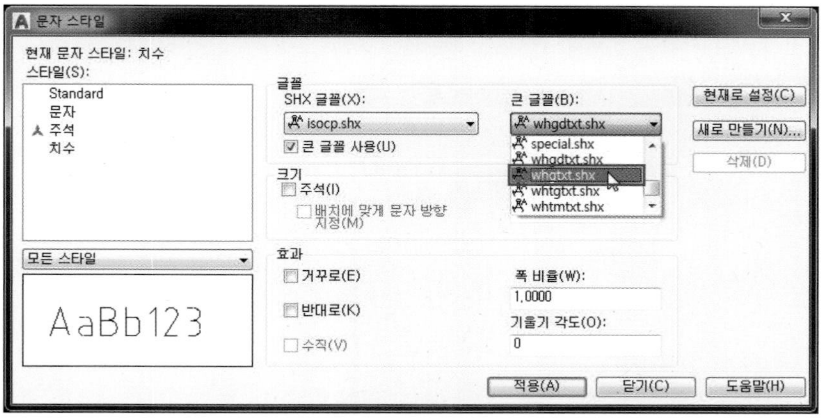

step 11

설정이 완료되면 **적용** 버튼을 클릭합니다.

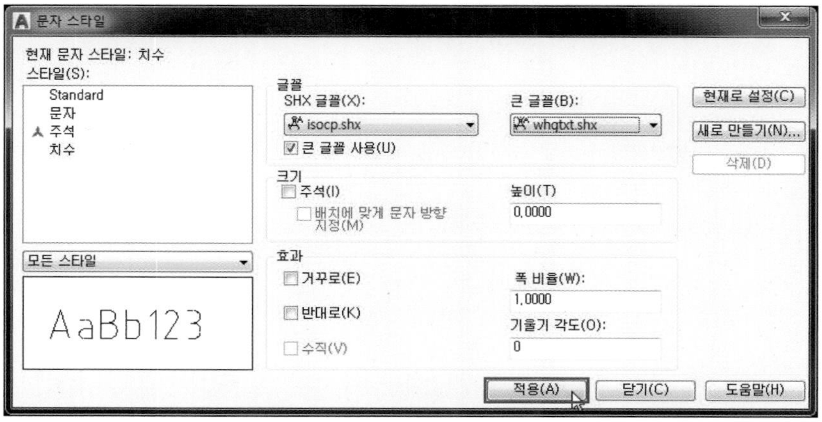

step 12

한글 기입을 위해 한글 기입용 문자 스타일을 클릭한 다음 **현재로 설정** 버튼을 클릭합니다.

step 13

설정이 완료되면 **닫기** 버튼을 클릭하여 문자 스타일을 종료합니다.

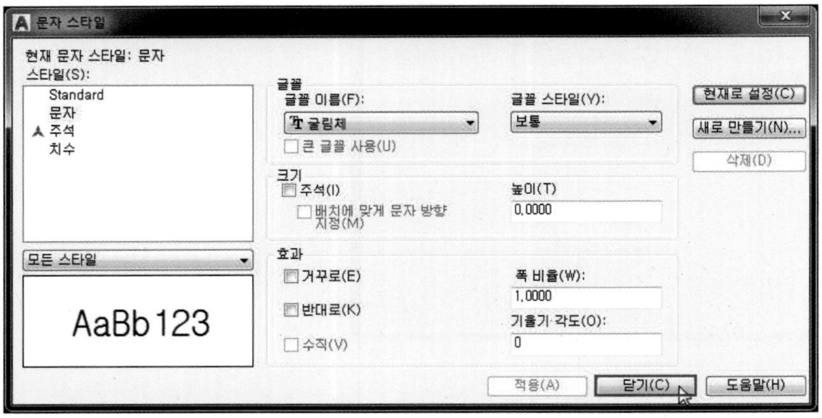

chapter 02 치수 스타일 설정하기

step 1

명령창에 D(치수 스타일)를 타이핑한 다음 ENTER를 누릅니다.

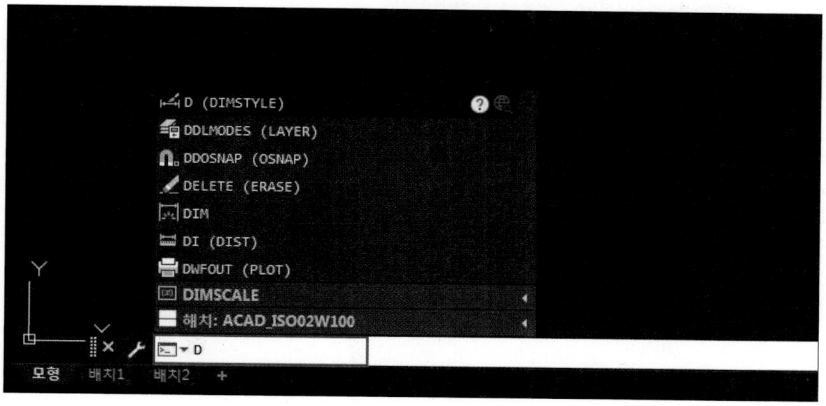

step 2

치수 스타일 관리자 창이 뜨면 **수정** 버튼을 클릭합니다.

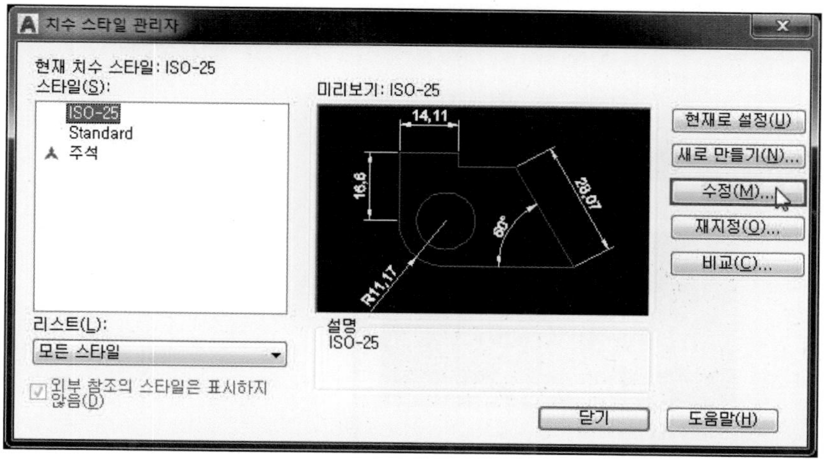

step 3

선 항목에서는 다음과 같이 설정합니다.

step 4

기호 및 화살표 항목에서는 다음과 같이 설정합니다.

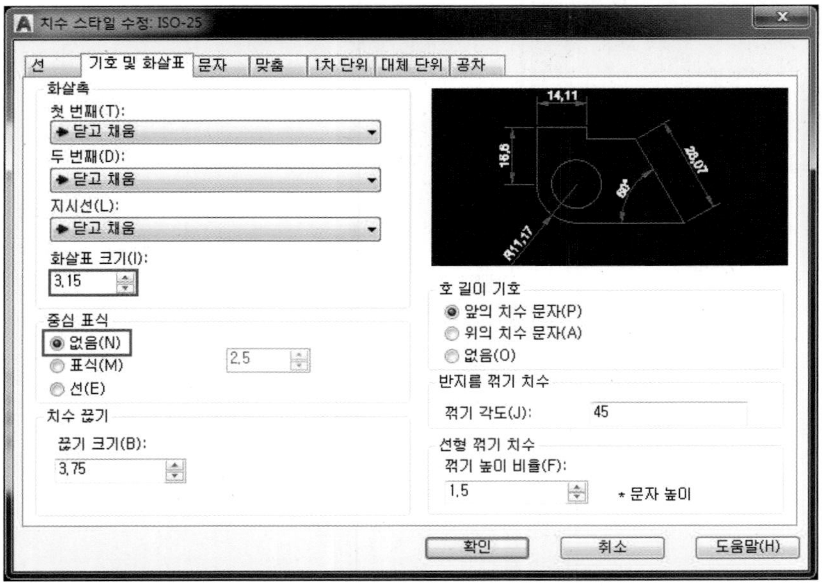

step 5

문자 항목에서는 다음과 같이 설정합니다.

step 6

1차 단위 항목에서는 다음과 같이 설정합니다.

step 7

모든 설정이 완료되면 **확인** 버튼을 클릭합니다.

step 8

미리보기를 확인한 다음 **닫기** 버튼을 클릭하여 치수 스타일 관리자 창을 종료합니다.

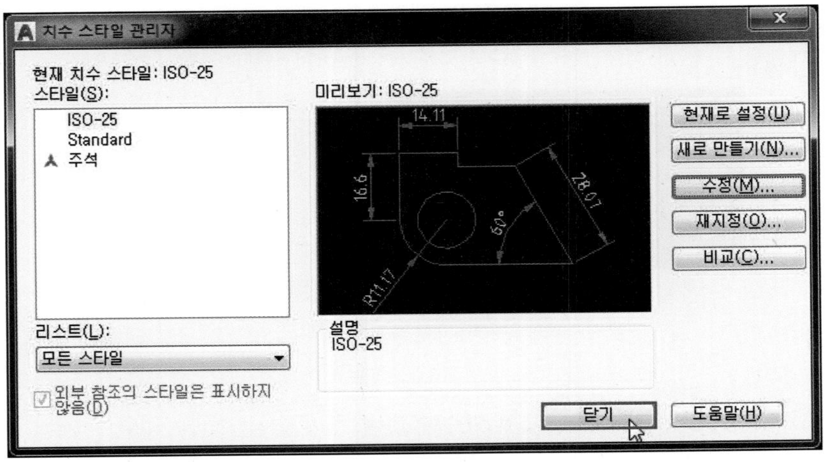

Section 3 도면 양식 작성하기

오토캐드 2D 부품도 작성을 위한 도면 양식을 작성해 보도록 하겠습니다.

chapter 01 도면 경계 작성하기

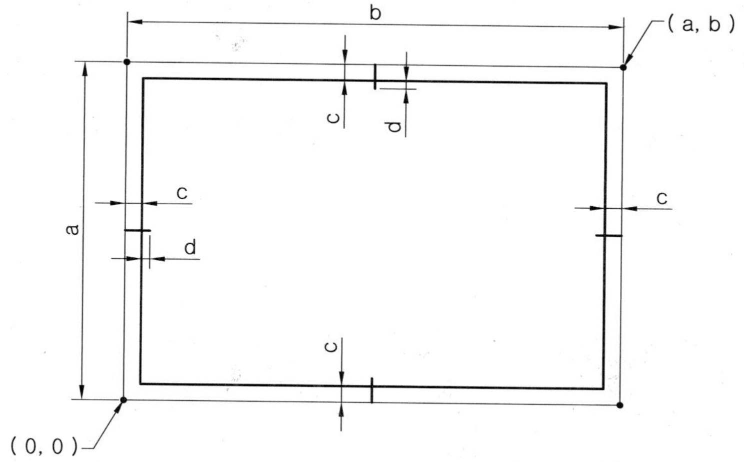

구분	도면의 한계		중심마크	
기호 / 도면크기	a	b	c	d
A2 (부품도)	420	594	10	5
A3 (렌더링 등각 투상도)	297	420	10	5

step 1

현재 도면층을 윤곽선 도면층으로 변경합니다.

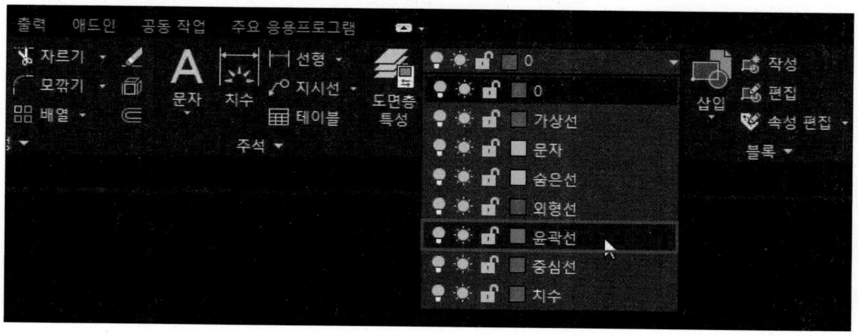

step 2

명령창에 REC(직사각형)를 타이핑한 다음 ENTER를 누릅니다.

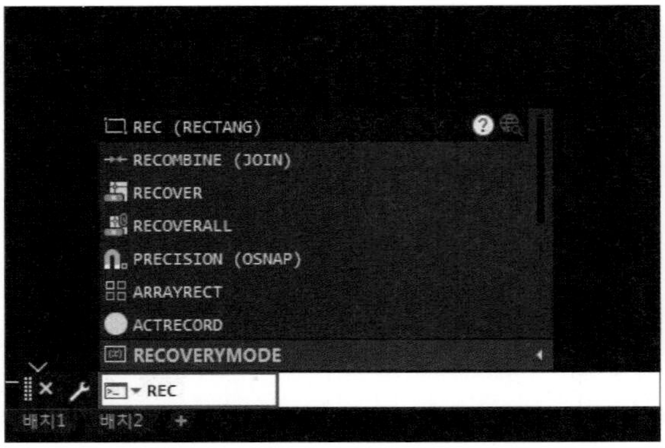

step 3

직사각형의 첫 번째 구석점으로는 0,0을 입력한 다음 ENTER를 누릅니다.

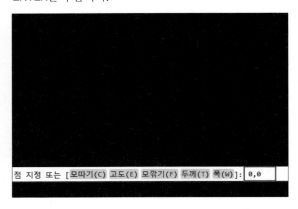

step 4

다른 구석점으로는 594,420을 입력한 다음 ENTER를 누릅니다.

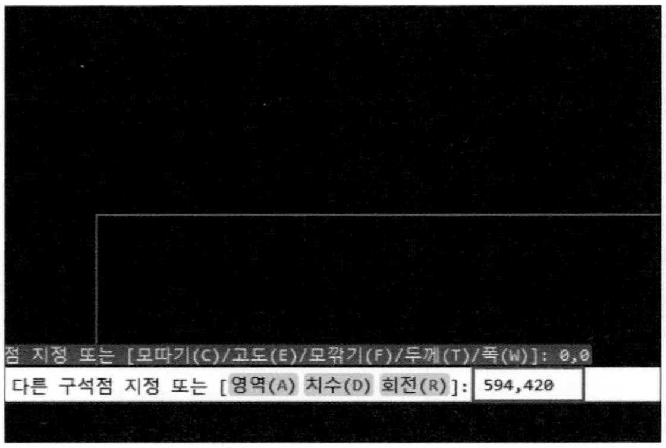

step 5

다음과 같이 A2 영역의 직사각형이 작성되었습니다.

step 6

명령창에 O(간격띄우기)를 타이핑한 다음 ENTER를 누릅니다.

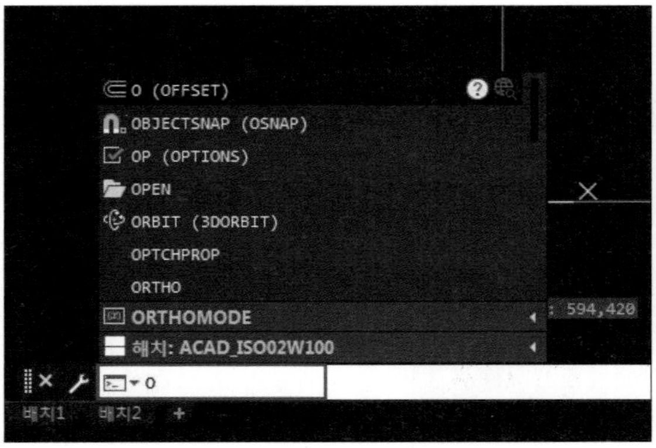

step 7

간격띄우기 거리값으로 10을 입력한 다음 ENTER를 누릅니다.

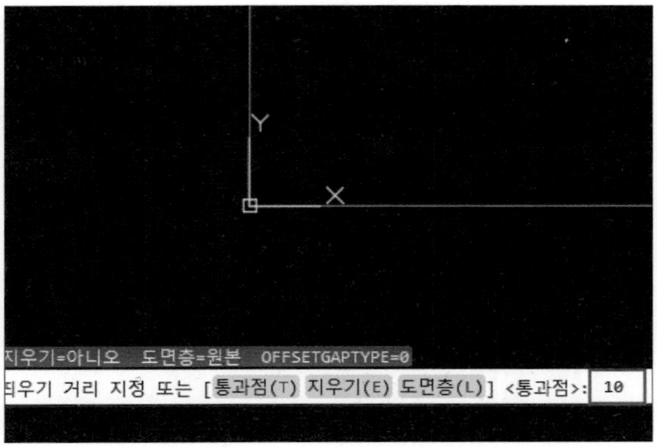

step 8

간격띄우기 객체로 다음 **사각형**을 **클릭**합니다.

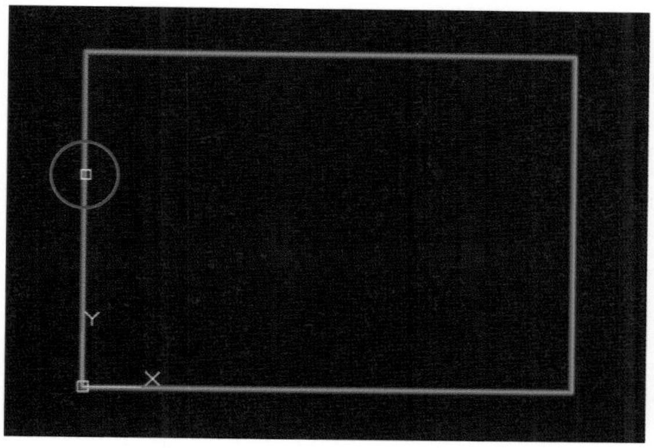

step 9

마우스를 **사각형 안쪽**에 위치하면 간격띄우기 선이 안쪽에 미리보기 됩니다. 이때 **클릭**합니다.

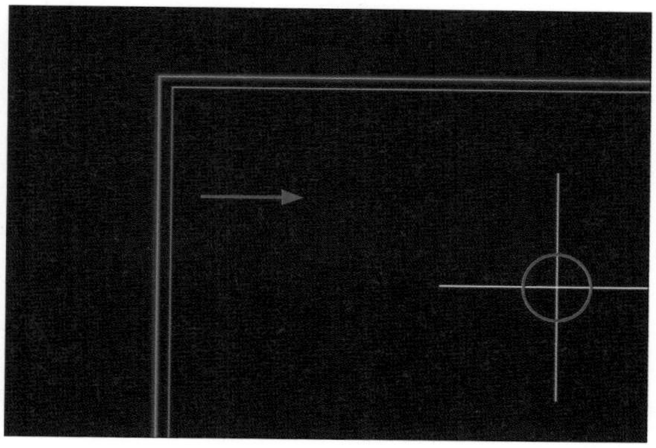

step 10

다음과 같이 간격띄우기 선이 작성되었습니다.

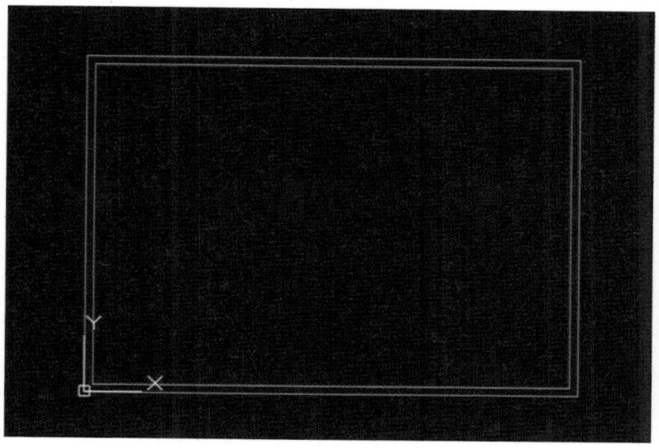

step 11

다시 한 번 명령창에 O(간격띄우기)를 타이핑한 다음 ENTER를 누릅니다.

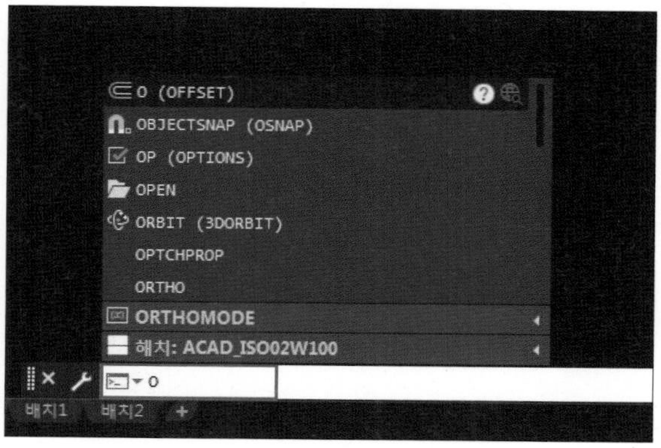

step 12

간격띄우기 거리값으로 5를 입력한 다음 ENTER를 누릅니다.

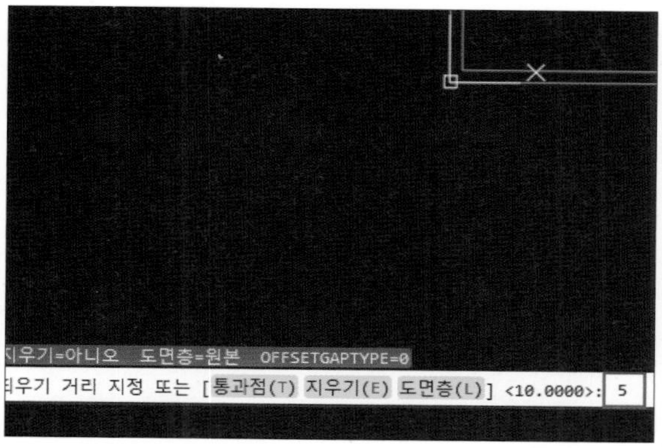

step 13

간격띄우기 객체로 다음 **안쪽 사각형**을 **클릭**합니다.

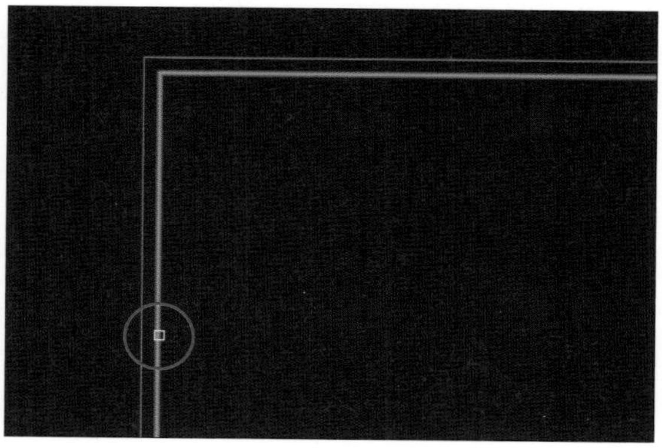

step 14

마우스를 **사각형 안쪽**에 위치하면 간격띄우기 선이 안쪽에 미리보기 됩니다. 이때 **클릭**합니다.

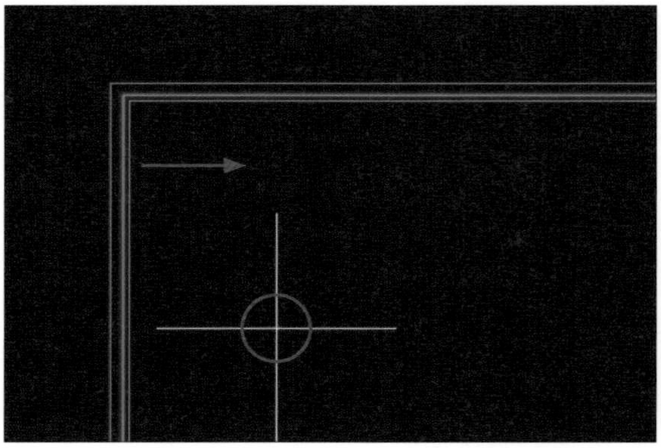

step 15

다음과 같이 간격띄우기 선이 작성되었습니다.

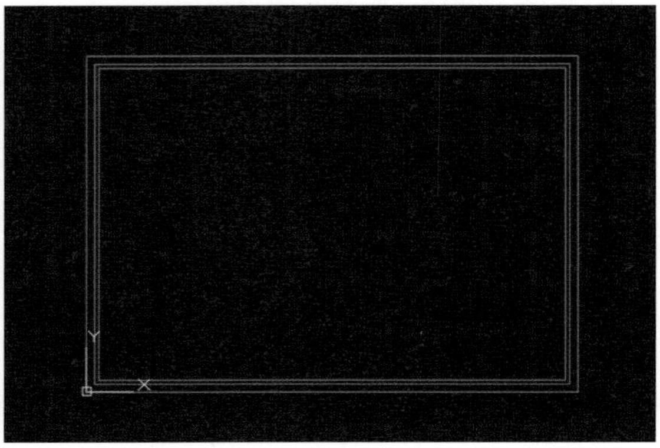

step 16

명령창에 L(선)을 타이핑한 다음 ENTER를 누릅니다.

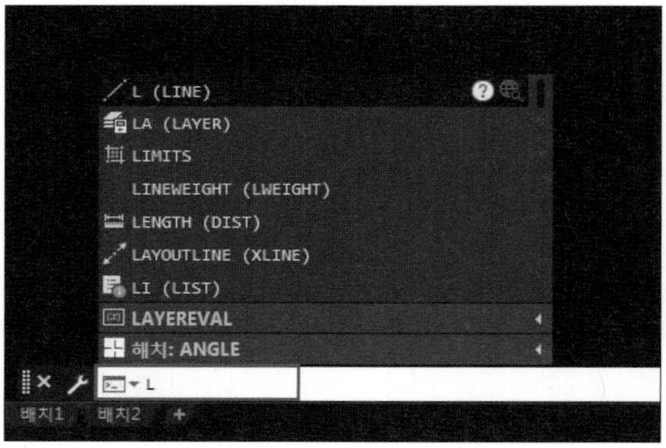

step 17

외곽 사각형의 다음 **중간점**에 첫 번째 점을 클릭합니다.

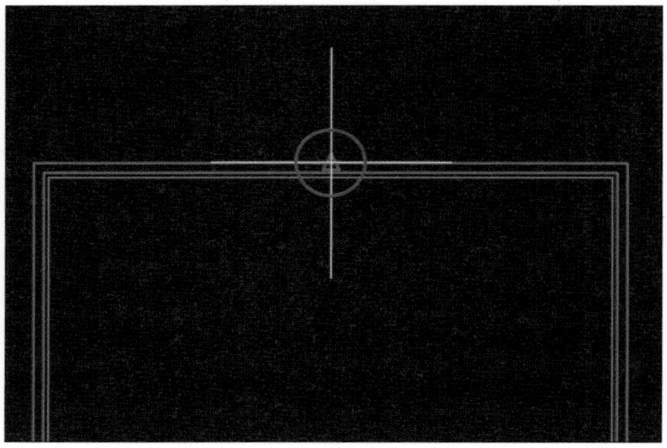

step 18

외곽 사각형의 다음 **중간점**에 두 번째 점을 클릭합니다.

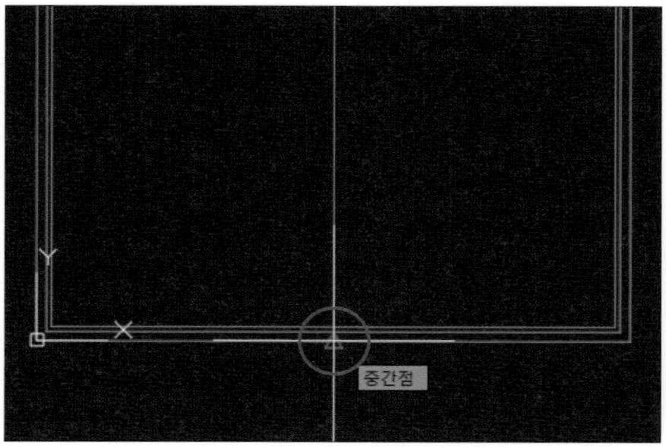

step 19

다음과 같이 수직선이 작성되었습니다.

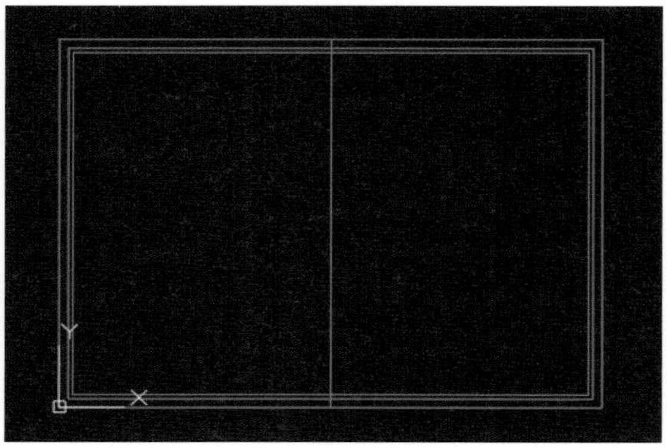

step 20

마찬가지 방법으로 **수평선**도 작성합니다.

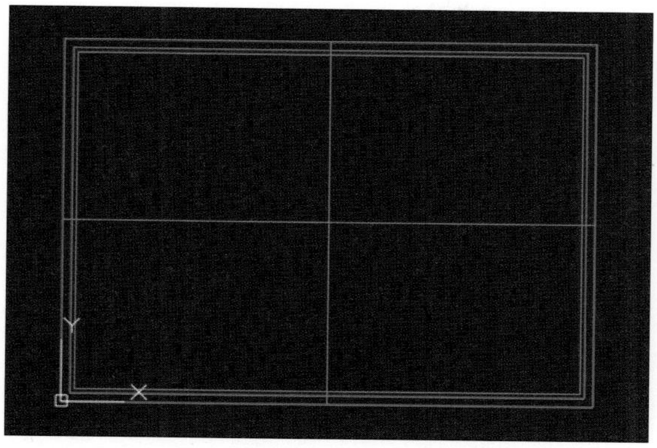

step 21

명령창에 TR(자르기)을 타이핑한 다음 ENTER를 누릅니다.

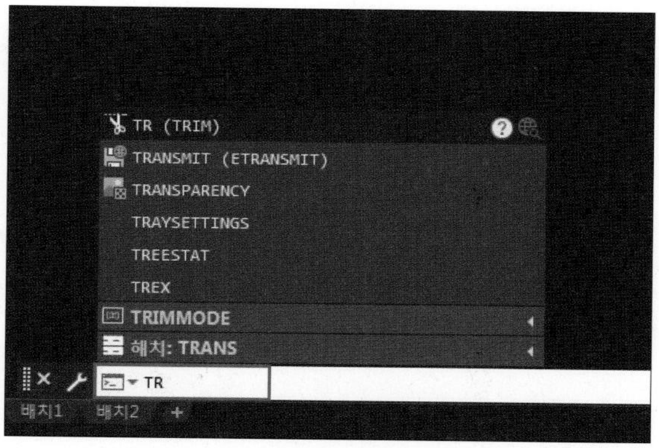

step 22

TRIM 객체 선택 항목이 나오면 다시 한 번 ENTER를 누릅니다.

step 23

자르기 영역을 지정하기 위해 다음 대략적인 **점**을 잡습니다.

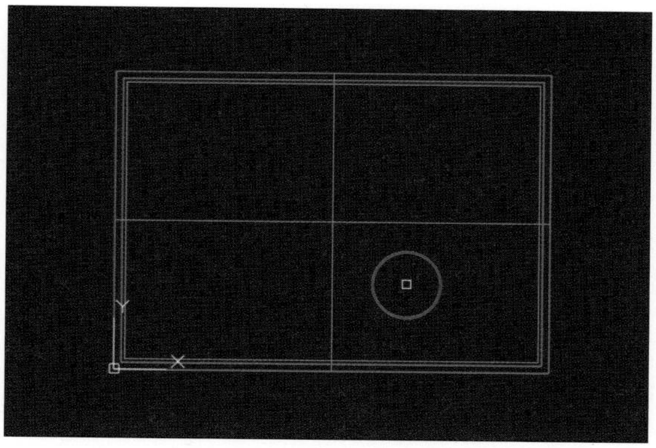

step 24

다음과 같이 **드래그**하면 드래그 영역이 인식되면서 걸쳐 있는 요소가 삭제됩니다.

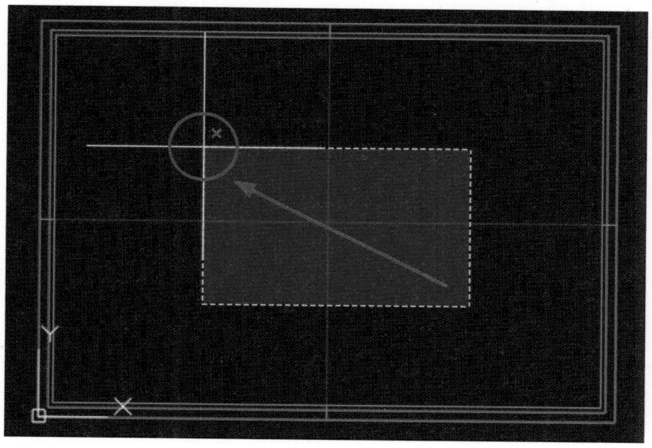

step 25

클릭하면 다음과 같이 안쪽 선이 삭제됩니다.

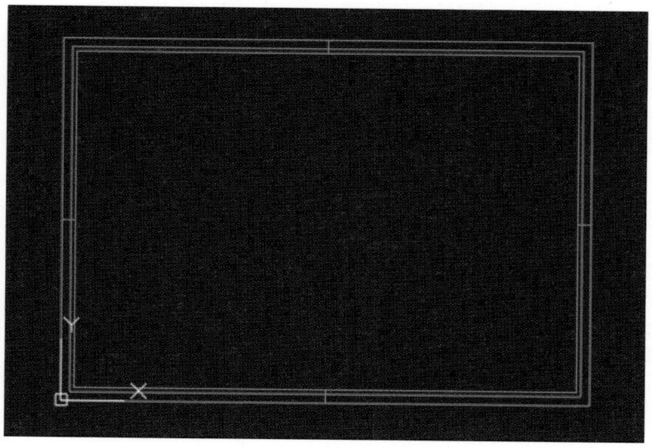

step 26

바깥쪽과 제일 안쪽의 사각형을 다중 선택한 다음 키보드의 DELETE 키를 누릅니다.

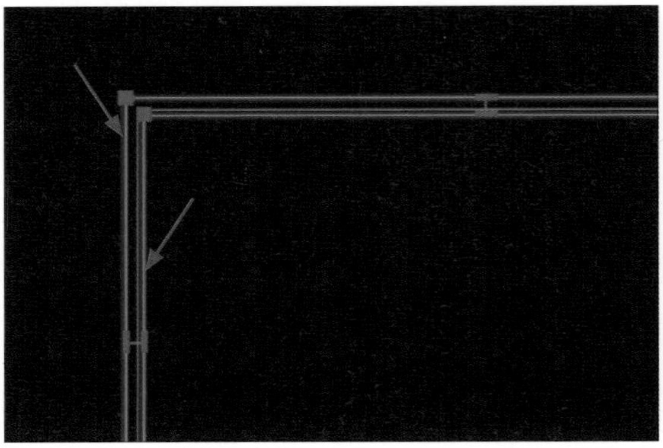

step 27

다음과 같이 해당 선분이 삭제되었습니다.

step 28

다음 **선**을 다중 선택합니다.

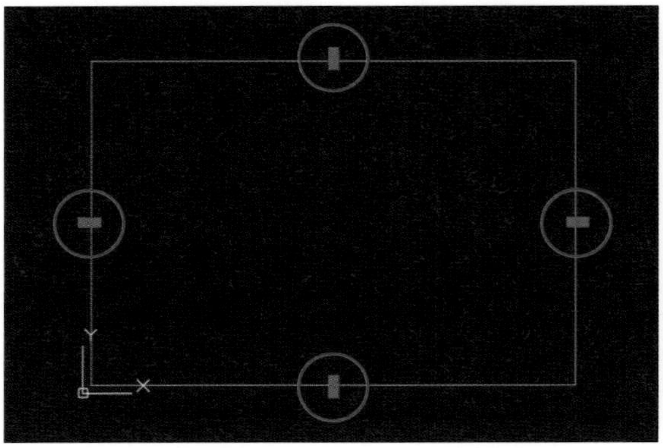

step 29

해당 선분을 **외형선** 도면층으로 변경합니다.

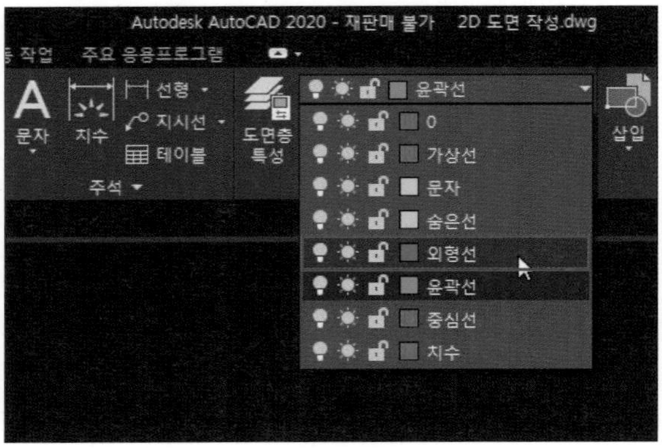

step 30

다음과 같이 도면 경계 작성이 완료되었습니다.

chapter 02 수검란 작성하기

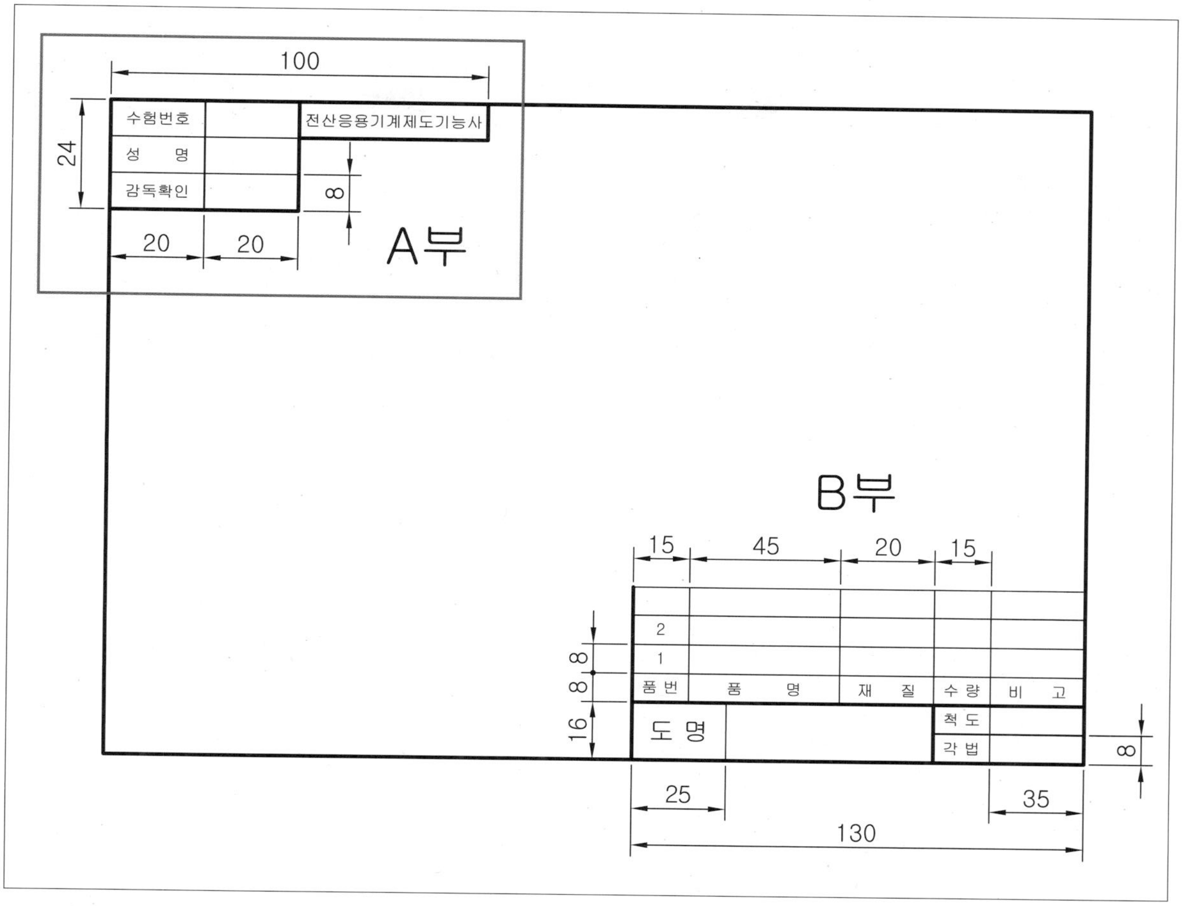

step 1

현재 도면층을 0번(가는실선) 도면층으로 변경합니다.

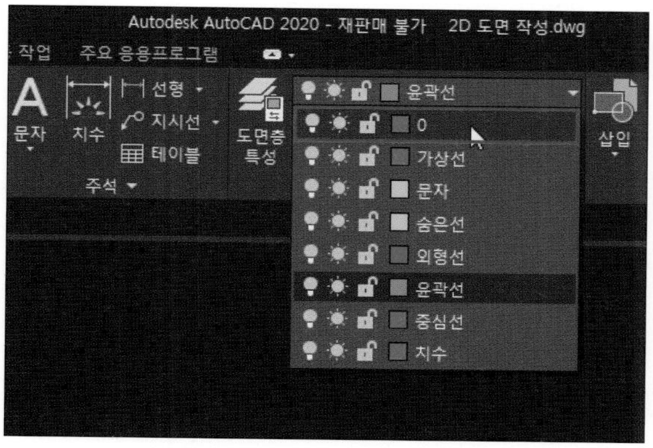

step 2

명령창에 L(선)을 타이핑한 다음 ENTER를 누릅니다.

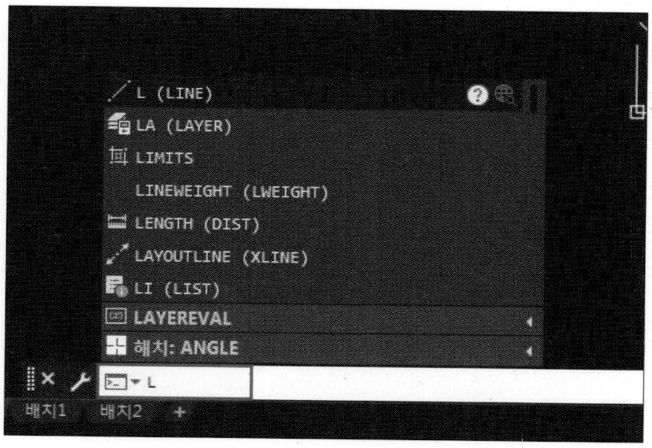

step 3

작성한 도면 경계의 왼쪽 상단 **끝점**을 첫 번째 **점**으로 클릭합니다.

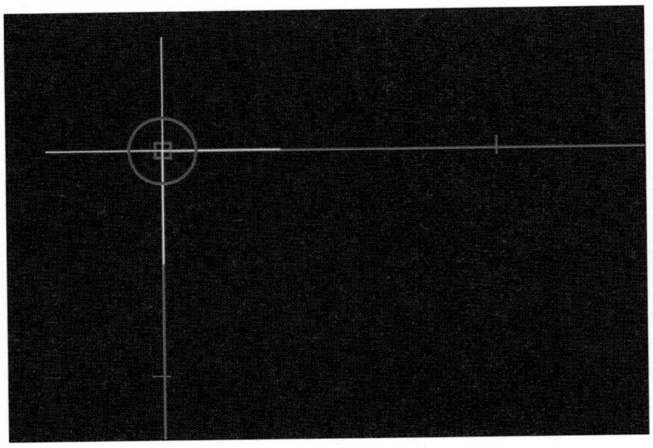

step 4

수평선을 그리듯이 마우스 커서를 오른쪽에 두고 다음 점으로는 명령창에 40을 타이핑합니다.

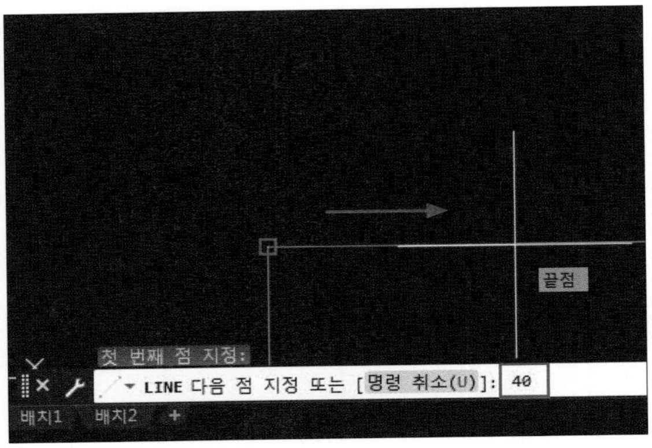

step 5

다음과 같이 길이 40의 수평선이 작성되었습니다.

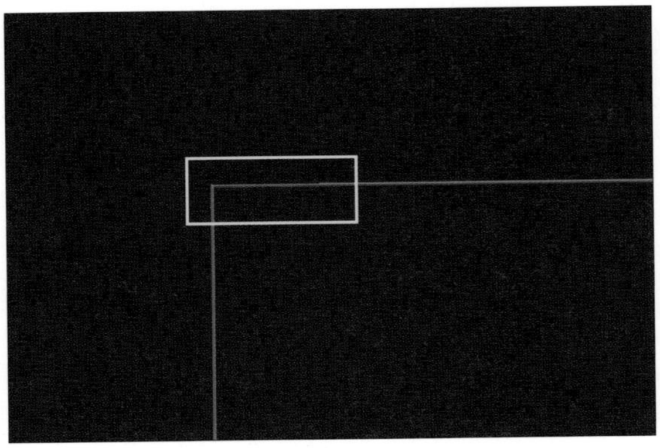

step 6

마찬가지 방법으로 길이 60의 **수평선**을 이어서 작성합니다.

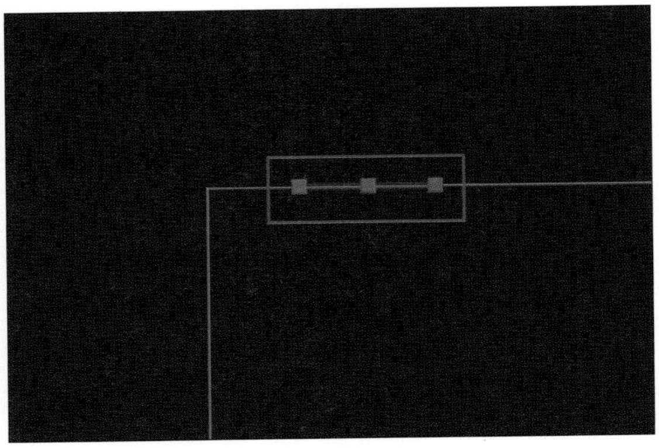

step 7

명령창에 O(간격띄우기)를 타이핑한 다음 ENTER를 누릅니다.

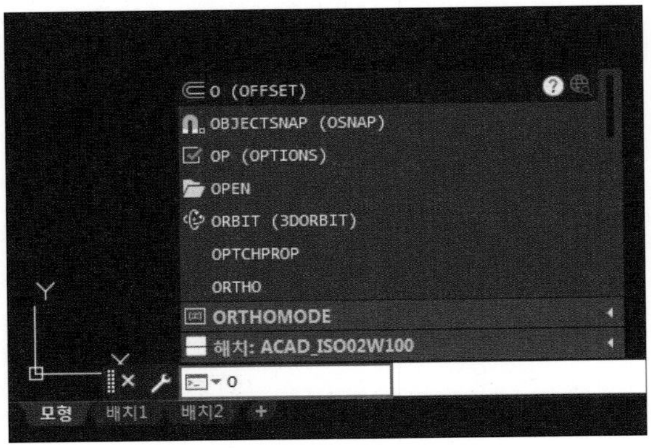

step 8

간격띄우기 거리값으로 8을 입력한 다음 ENTER를 누릅니다.

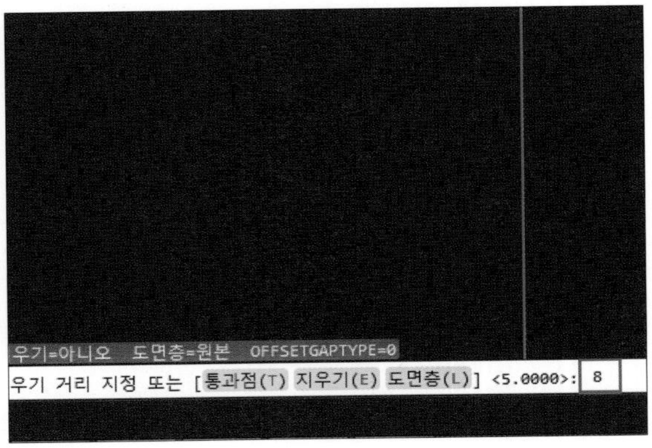

step 9

간격띄우기 객체로 다음 선을 **클릭**합니다.

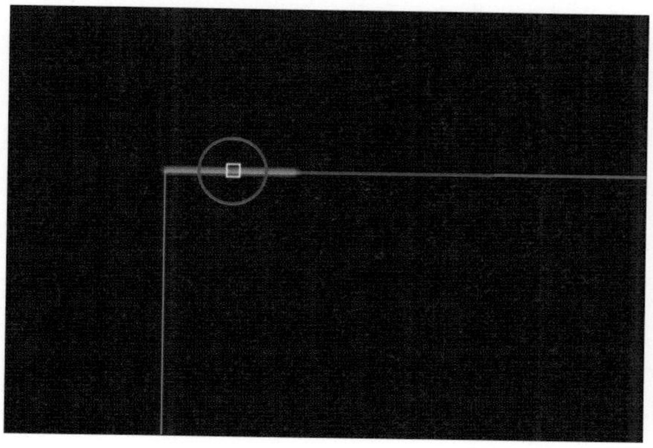

step 10

마우스를 **아래쪽**에 위치하면 간격띄우기 선이 아래쪽에 미리보기 됩니다. 이 때 **클릭**합니다.

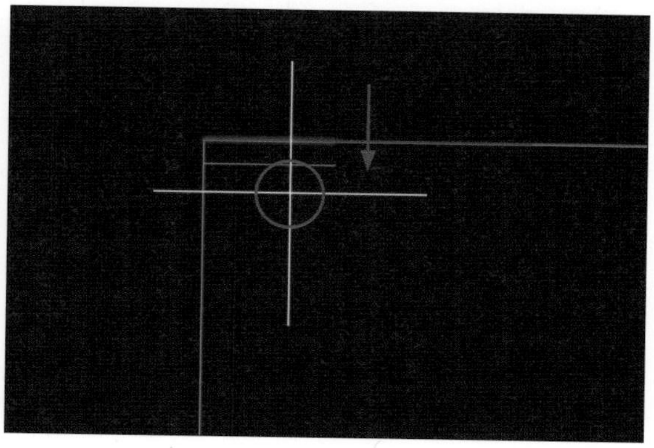

step 11

다음과 같이 간격띄우기 선이 작성되었습니다.

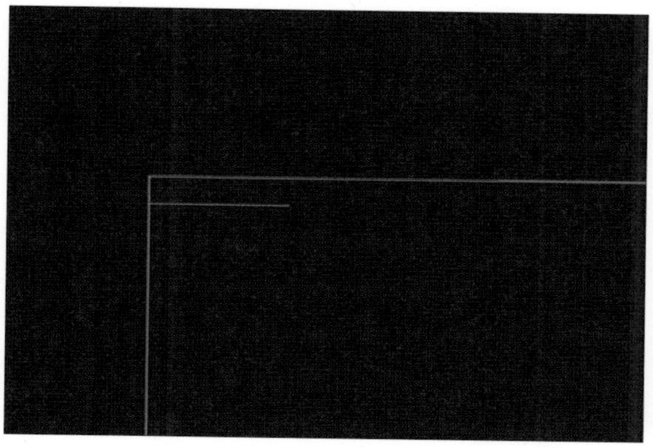

step 12

마찬가지 방법으로 다음 선들도 동일 **간격띄우기**를 진행합니다.

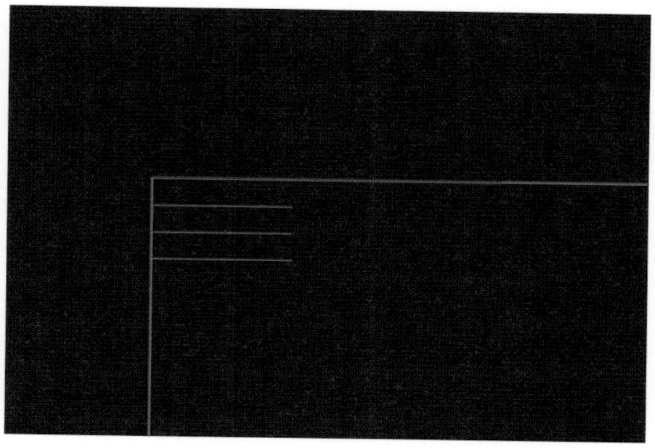

step 13

다시 한 번 **간격띄우기** 명령을 실행하여 간격띄우기 객체로 다음 선을 **클릭**합니다.

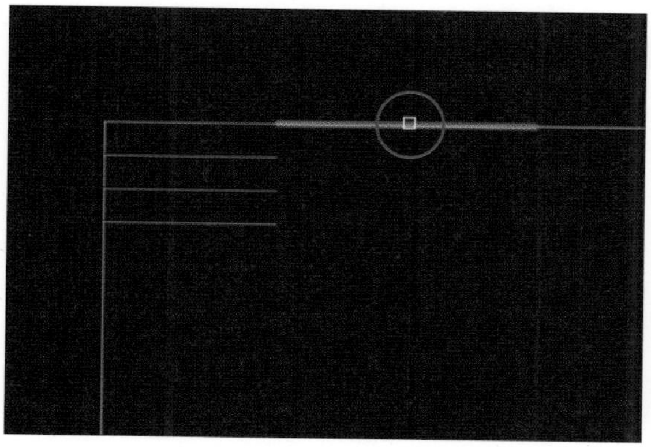

step 14

마우스를 **아래쪽**에 위치하면 간격띄우기 선이 아래쪽에 미리보기 됩니다. 이 때 **클릭**합니다.

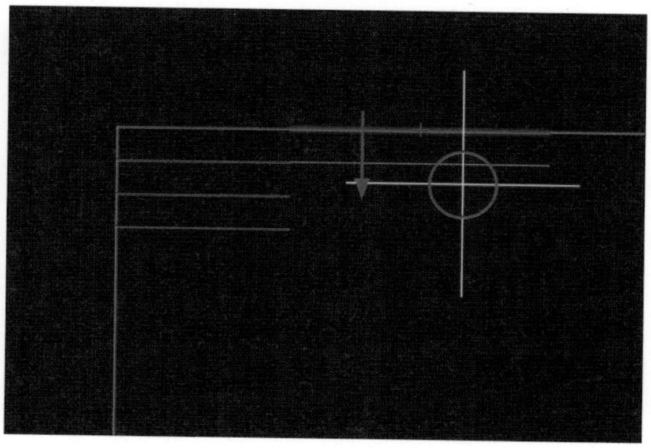

step 15

다음과 같이 간격띄우기 선이 작성되었습니다.

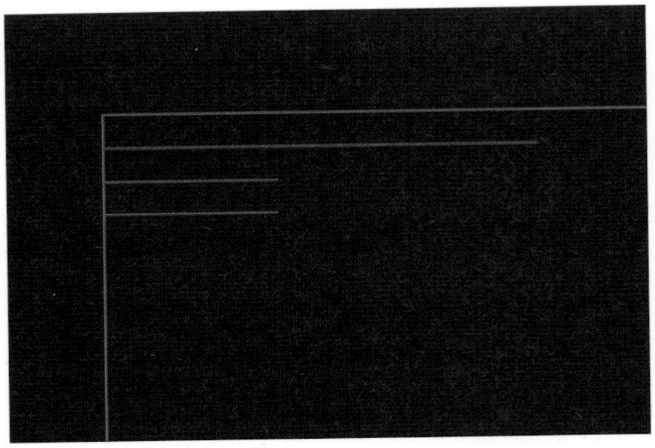

step 16

명령창에 L(선)을 타이핑한 다음 ENTER를 누릅니다.

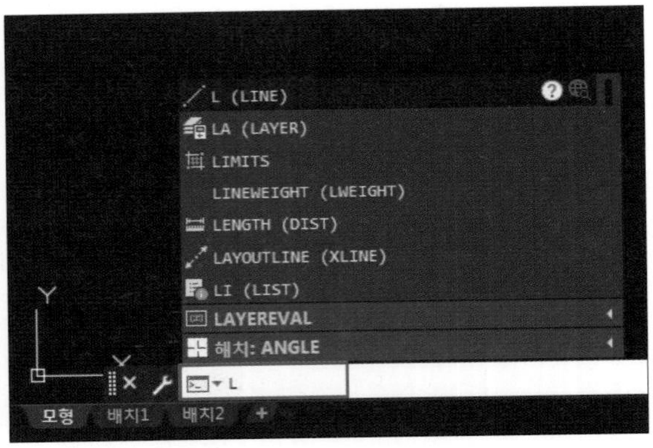

step 17

작성한 도면 경계의 왼쪽 상단 끝점을 첫 번째 점으로 클릭합니다.

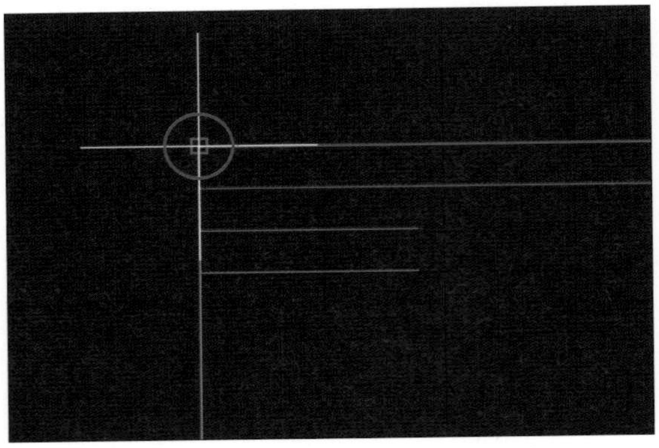

step 18

이어서 수직선이 되도록 다음 점을 클릭합니다.

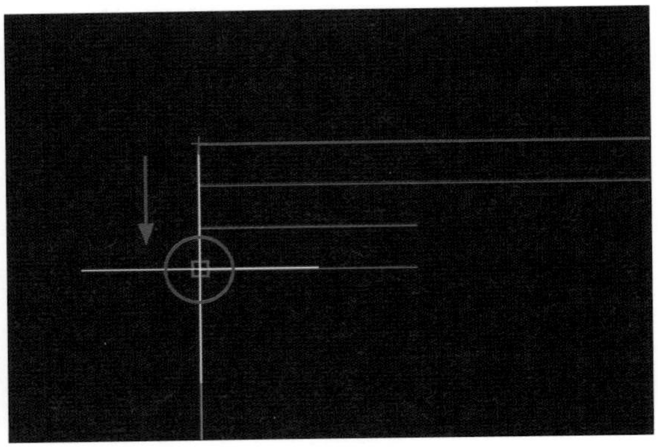

step 19

키보드의 ESC를 누르면 다음과 같이 선이 작성됩니다.

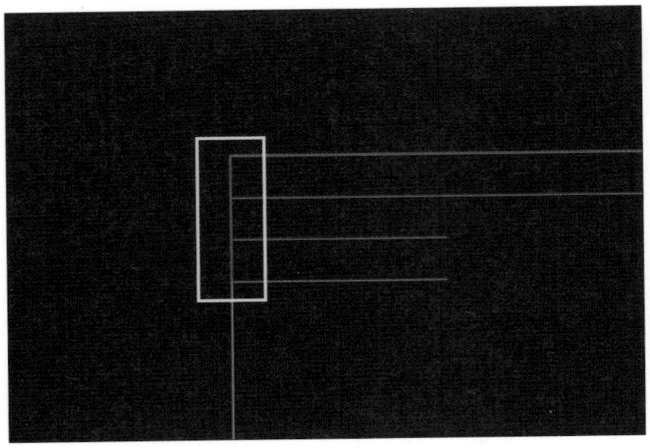

step 20

다시 한 번 선 명령으로 다음 중간점을 클릭합니다.

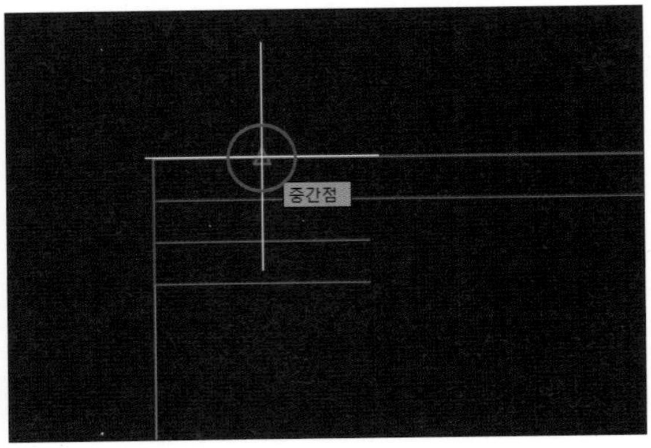

step 21

이어서 **수직선**이 되도록 다음 **중간점**을 클릭합니다.

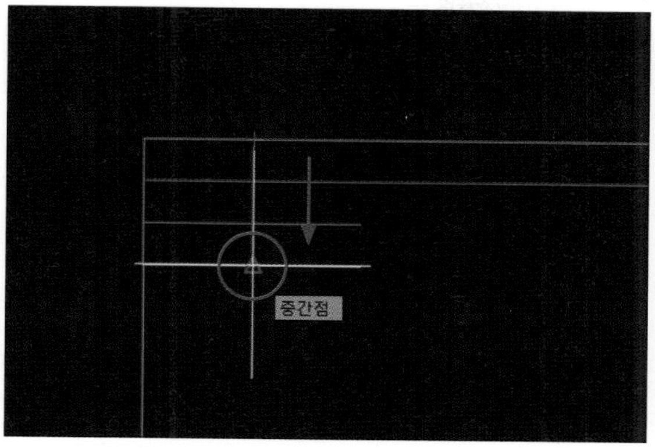

step 22

키보드의 ESC를 누르면 다음과 같이 선이 작성됩니다.

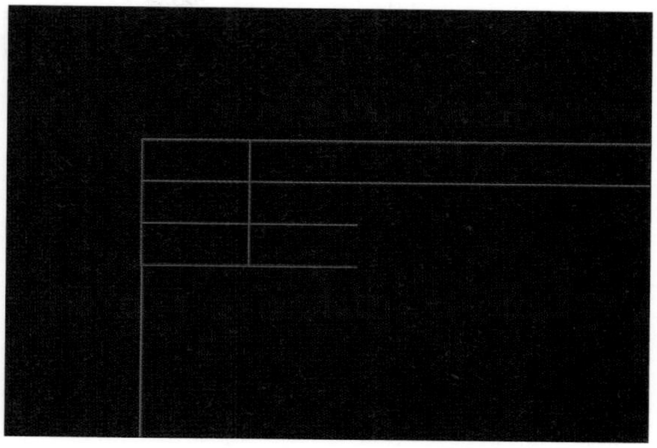

step 23

마찬가지 방법으로 다음 선을 작성하도록 합니다.

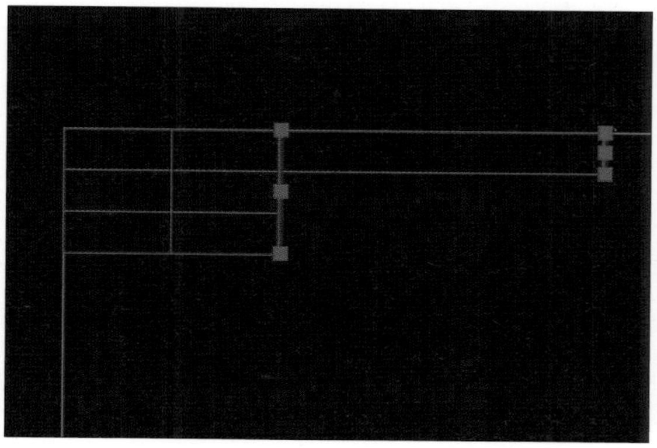

step 24

명령창에 PLINE(폴리선)을 타이핑한 다음 ENTER를 누릅니다.

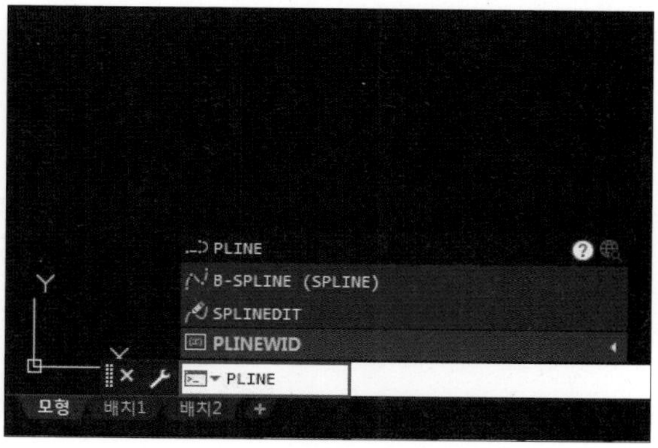

step 25

다음 **끝점**을 클릭합니다.

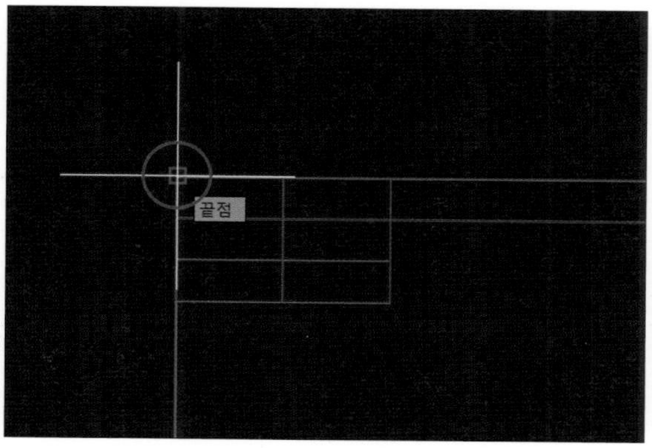

step 26

이어서 다음 **중간점**을 클릭합니다.

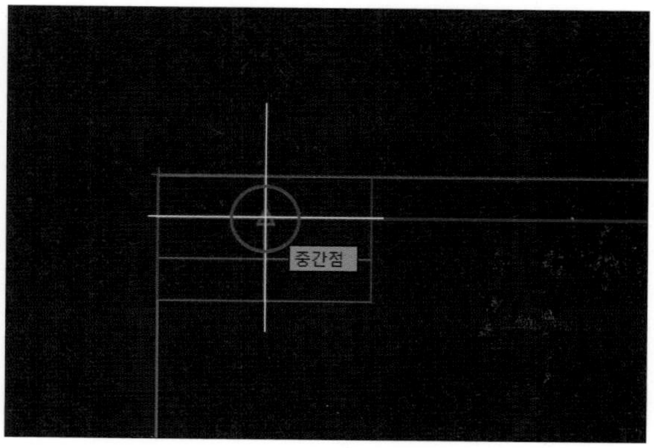

step 27

이어서 다음 **끝점**을 클릭합니다.

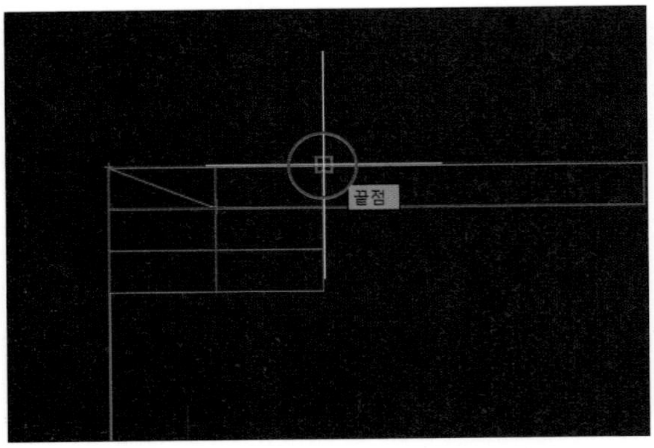

step 28

이어서 다음 **끝점**을 클릭합니다.

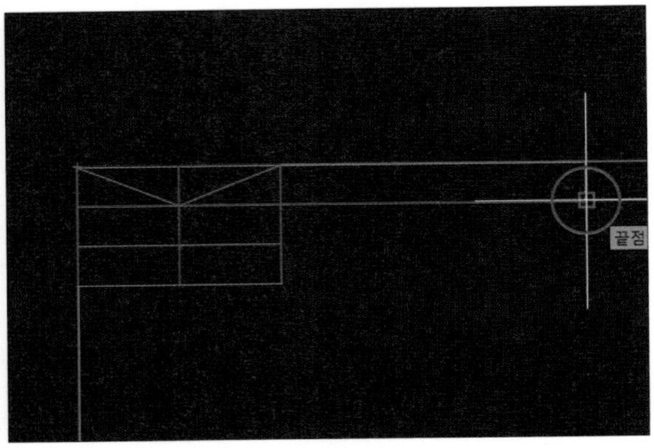

step 29

키보드의 ESC 키를 누르면 다음과 같이 폴리선이 작성됩니다.

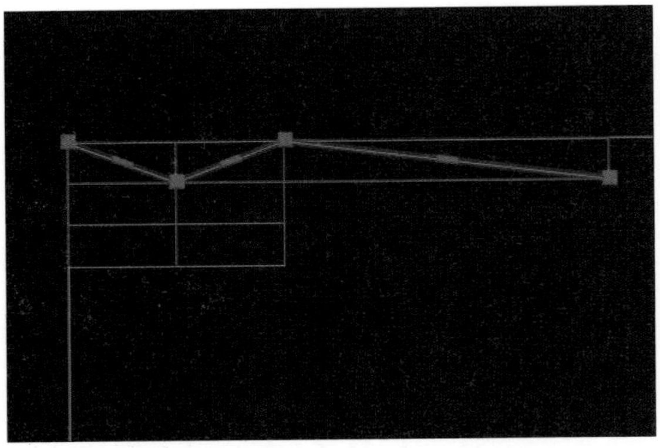

step 30

현재 도면층을 **문자** 도면층으로 변경합니다.

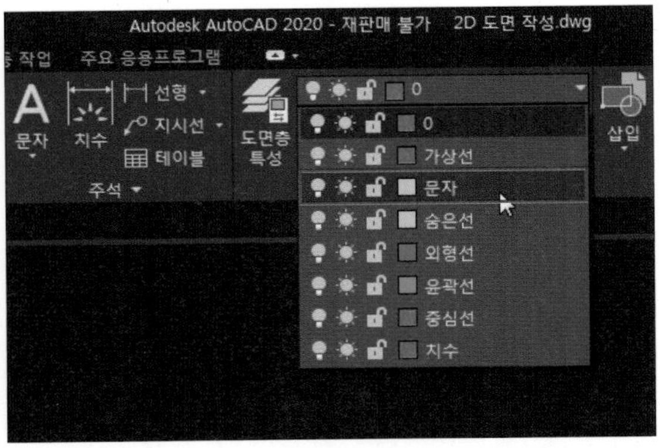

step 31

명령창에 DT(단일행 문자)를 타이핑한 다음 ENTER를 누릅니다.

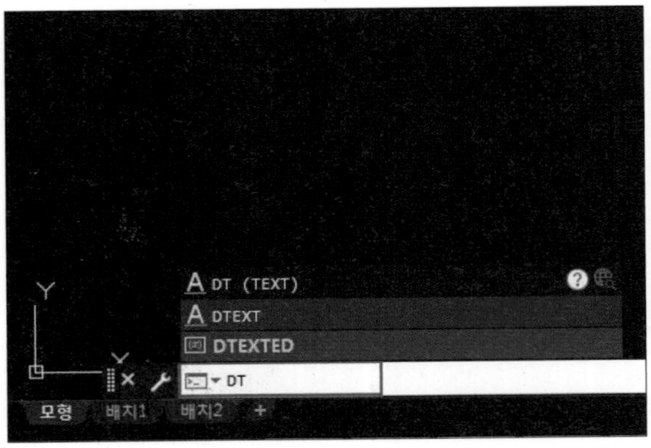

step 32

자리를 맞추기 위해 J를 타이핑합니다.

step 33

중간 자리맞추기 옵션인 M을 타이핑합니다.

step 34

문자의 중간점으로 폴리선의 다음 **중간점**을 클릭합니다.

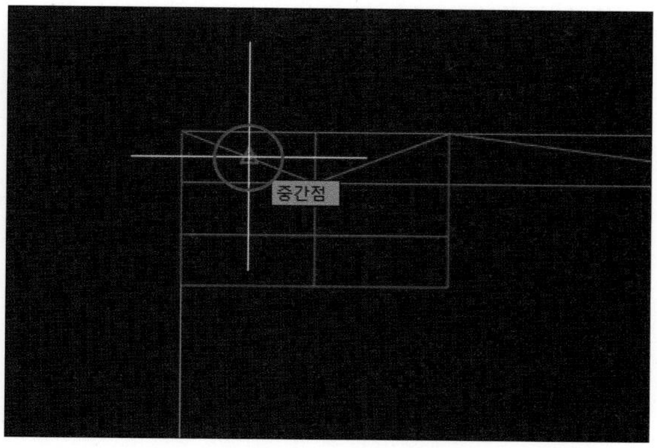

step 35

문자의 높이값은 3.5를 입력한 다음 ENTER를 누릅니다.

step 36

문자의 회전 각도는 0도로 세팅이 되어 있으므로 바로 ENTER를 누릅니다.

step 37

다음과 같이 문자 입력창이 표시됩니다.

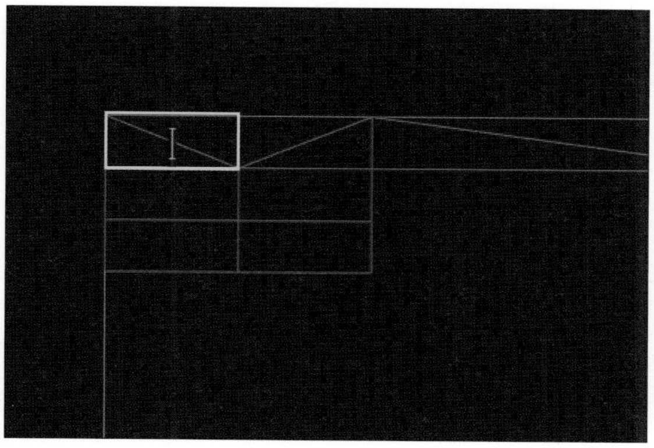

step 38

수검란 형식에 맞춰 다음과 같이 문자를 기입합니다.

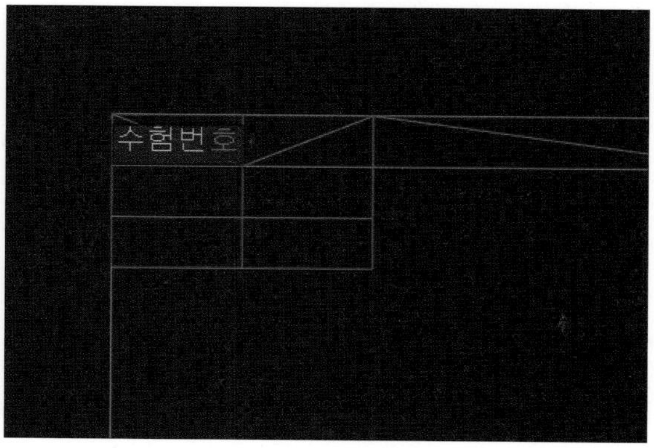

step 39

문자 타이핑 후 ENTER를 **두 번** 누르면 다음과 같이 문자가 작성됩니다.

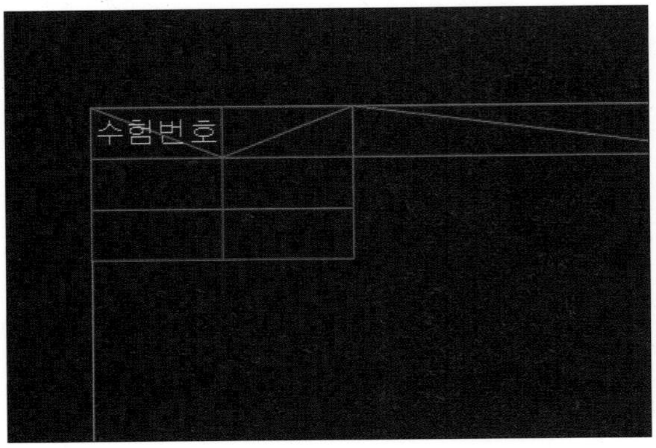

step 40

명령창에 CP(복사)를 타이핑한 다음 ENTER를 누릅니다.

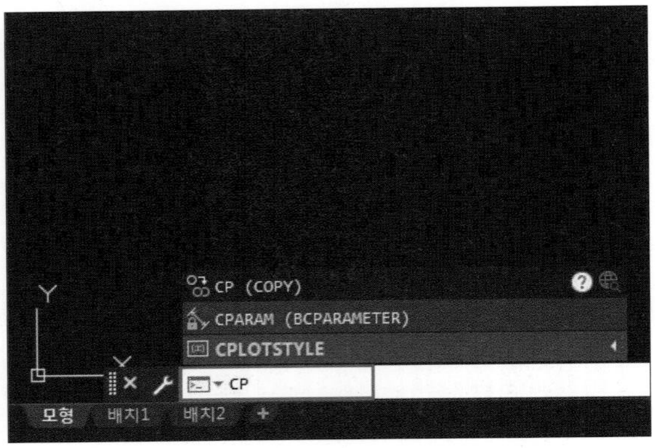

step 41

복사 객체로는 다음 **문자**를 클릭한 다음 ENTER를 누릅니다.

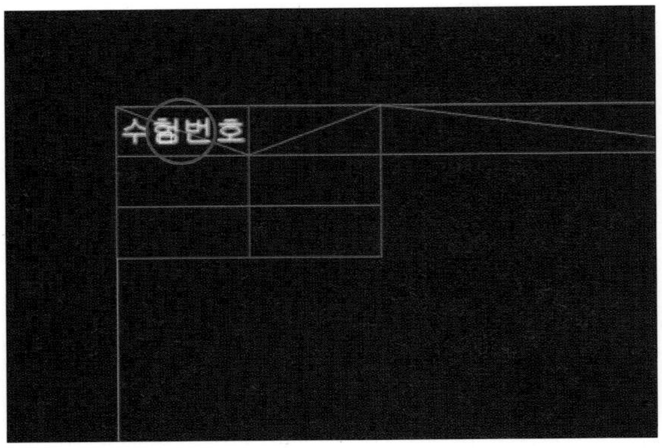

step 42

복사 기본점으로는 다음 **중간점**을 클릭합니다.

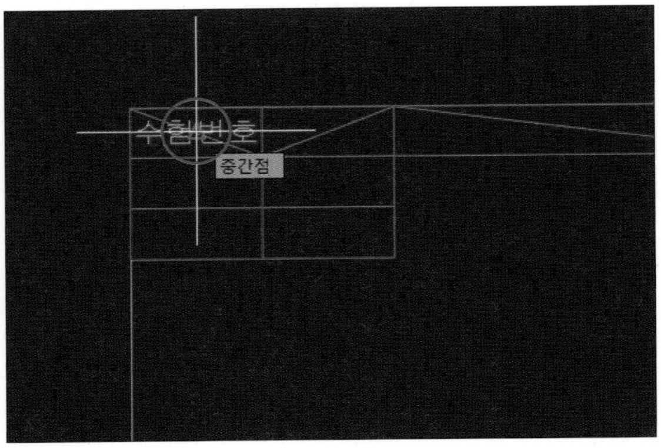

step 43

이어서 다음 **중간점**을 클릭하면 다음과 같이 복사가 완료됩니다.

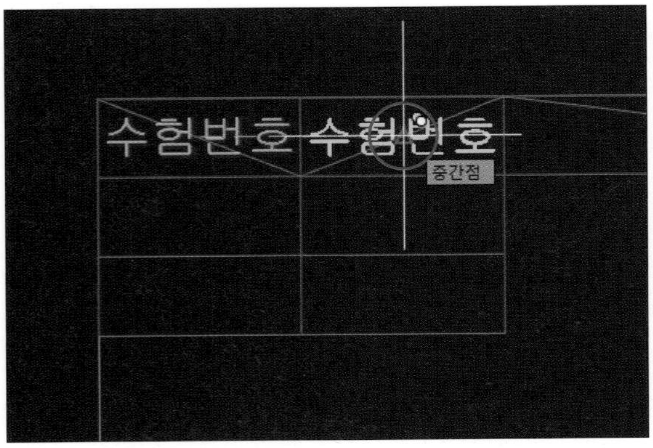

step 44

이어서 다음 **중간점**을 클릭합니다.

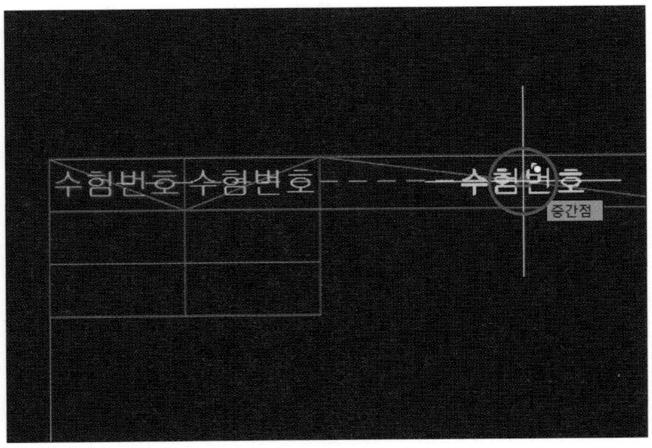

step 45

키보드의 ESC 키를 누르면 다음과 같이 복사가 완료됩니다.

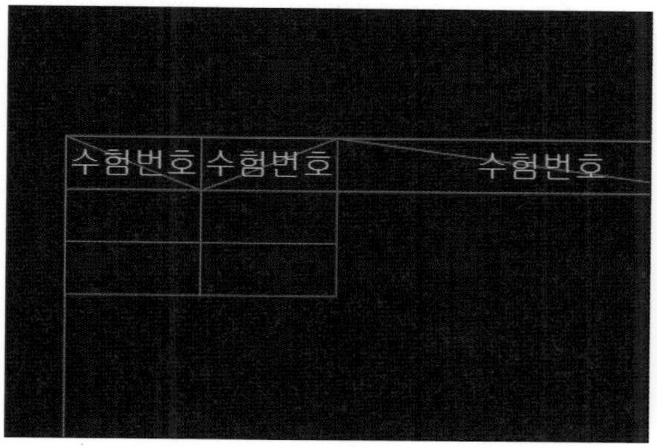

step 46

명령창에 CP(복사)를 타이핑한 다음 ENTER를 누릅니다.

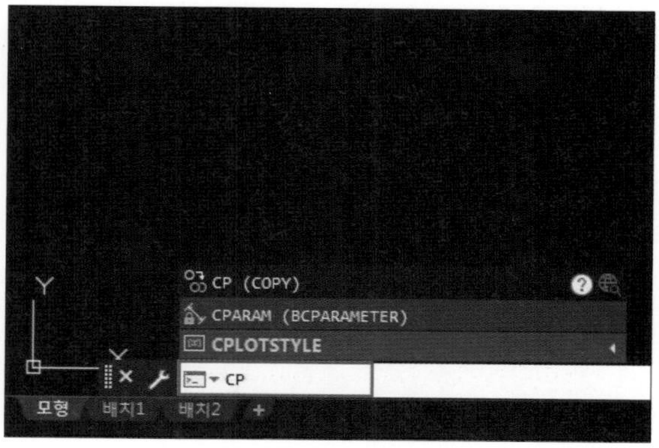

step 47

다시 한 번 **복사** 명령을 실행하여 복사 객체로 다음 **두 문자**를 클릭한 다음 ENTER를 누릅니다.

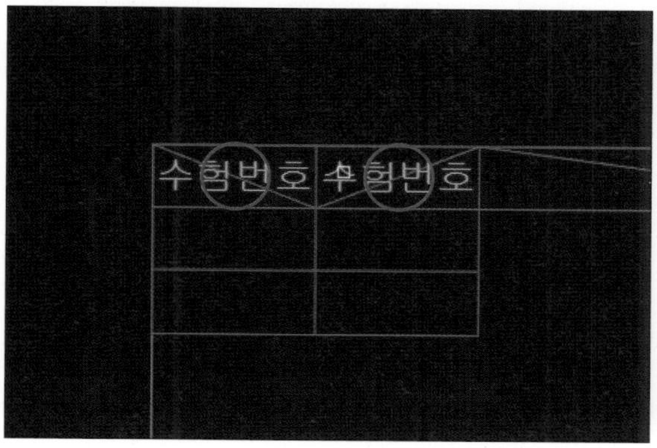

step 48

복사 기본점으로는 다음 **끝점**을 클릭합니다.

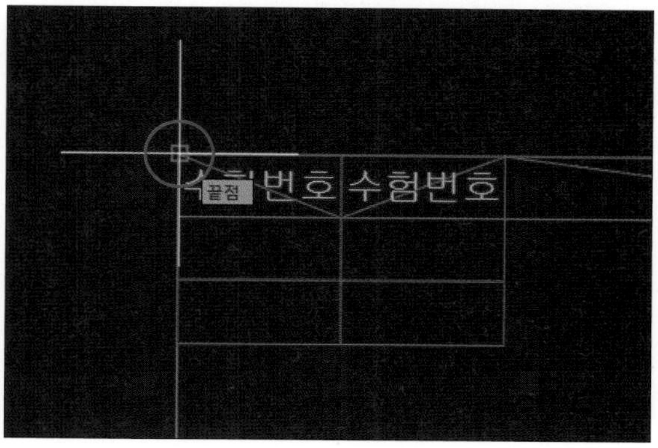

step 49

이어서 다음 **끝점**을 클릭하면 다음과 같이 복사가 완료됩니다.

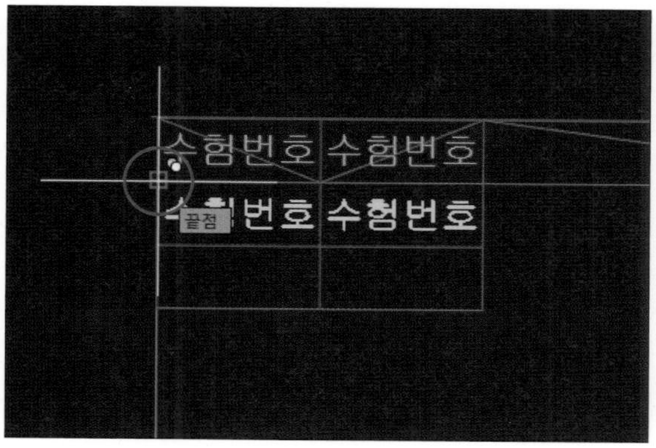

step 50

이어서 다음 **끝점**을 클릭합니다.

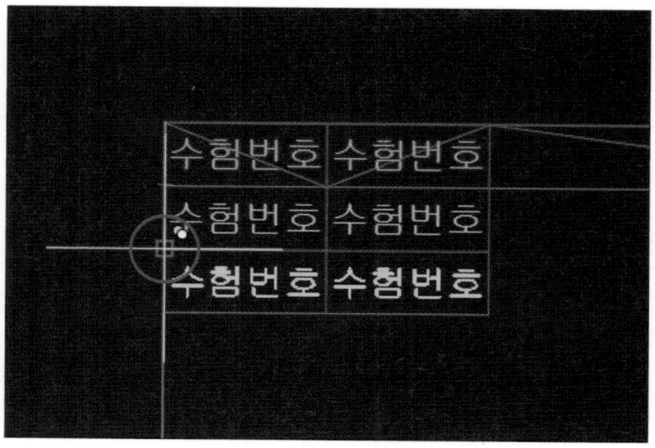

step 51

키보드의 ESC 키를 누르면 다음과 같이 복사가 완료됩니다.

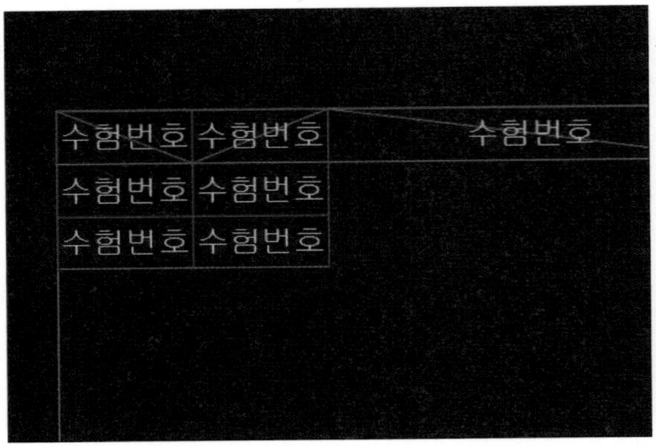

step 52

해당 **문자를 더블 클릭**하면 다음과 같이 문자 편집창이 실행됩니다.

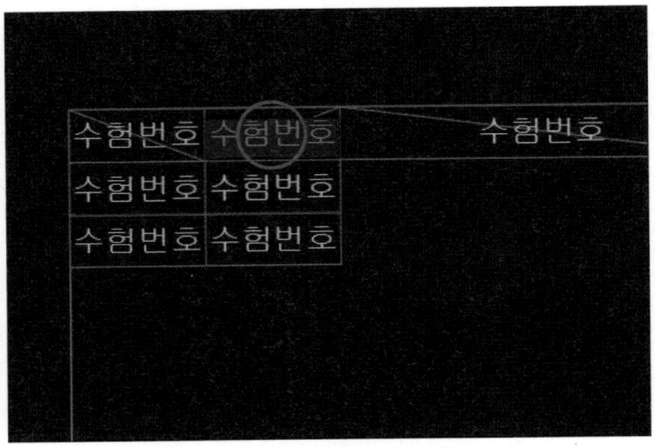

step 53

수험 번호를 기입합니다.

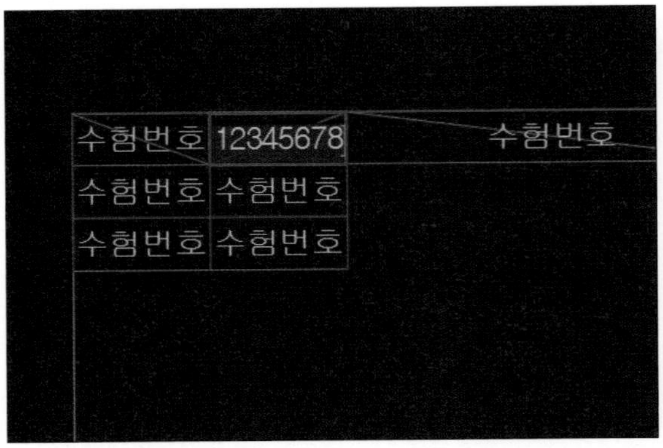

step 54

ENTER를 누르면 문자 편집이 완료됩니다.

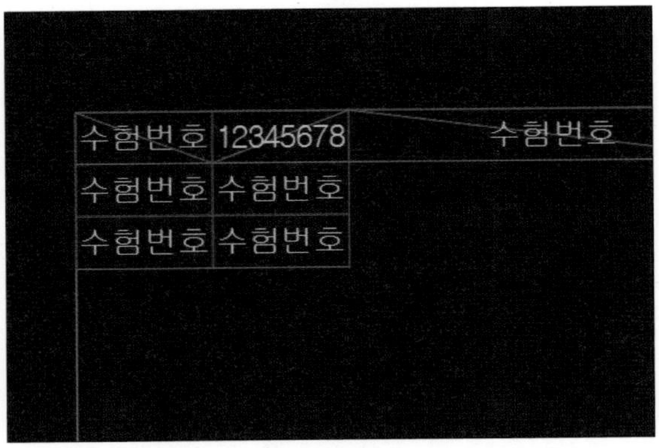

step 55

나머지 문자들도 수검란 형식에 맞춰 변경하도록 합니다.

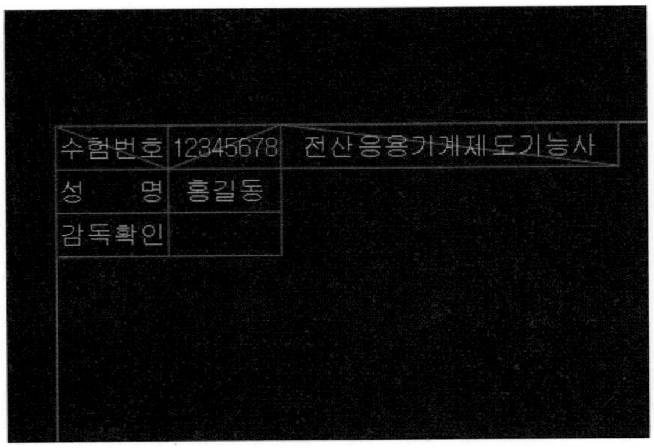

step 56

작성한 **폴리선**을 클릭한 다음 키보드의 DELETE 키를 누릅니다.

step 57

다음과 같이 폴리선이 삭제되었습니다.

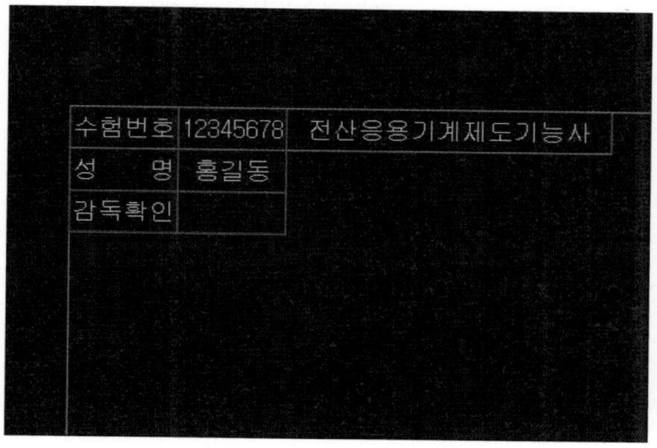

step 58

윤곽선에 겹친 선들을 선택한 다음 키보드의 DELETE 키를 누릅니다.

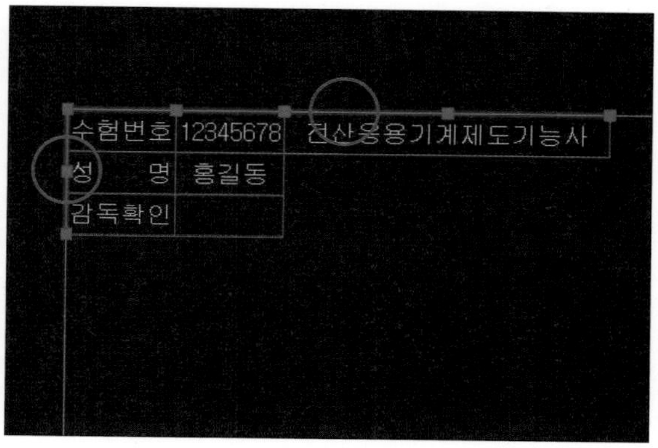

step 59

다음과 같이 윤곽선에 겹친 선들이 삭제되었습니다.

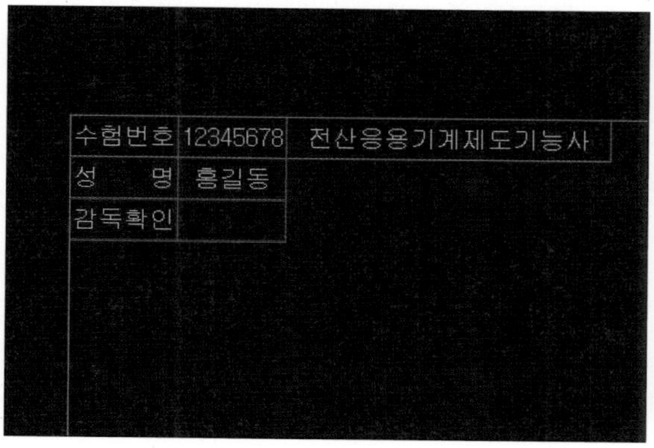

step 60

다음 선을 다중 선택합니다.

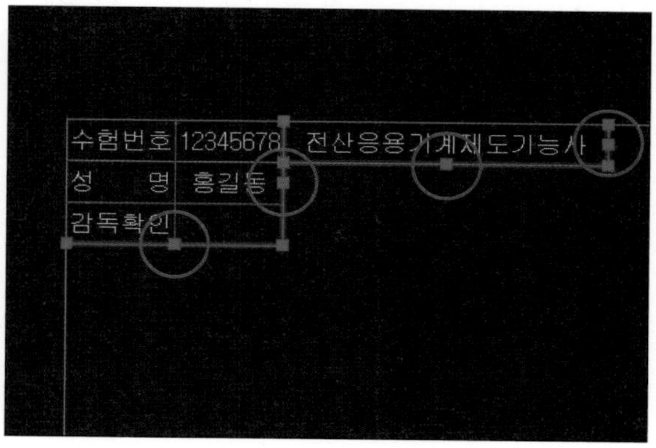

step 61

해당 선분을 **외형선** 도면층으로 변경합니다.

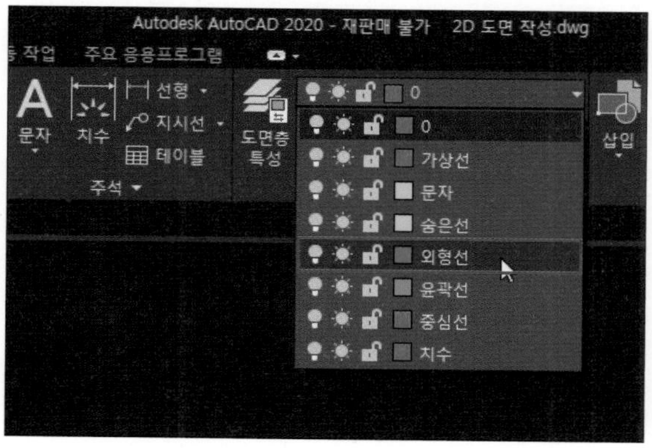

step 62

다음과 같이 수검란 작성이 완료되었습니다.

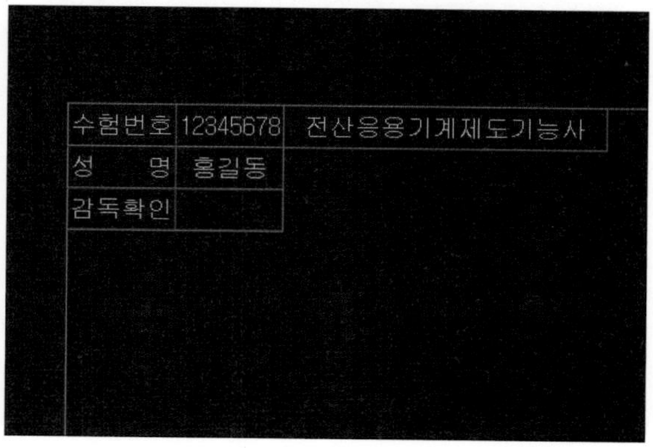

chapter 03 표제란 작성하기

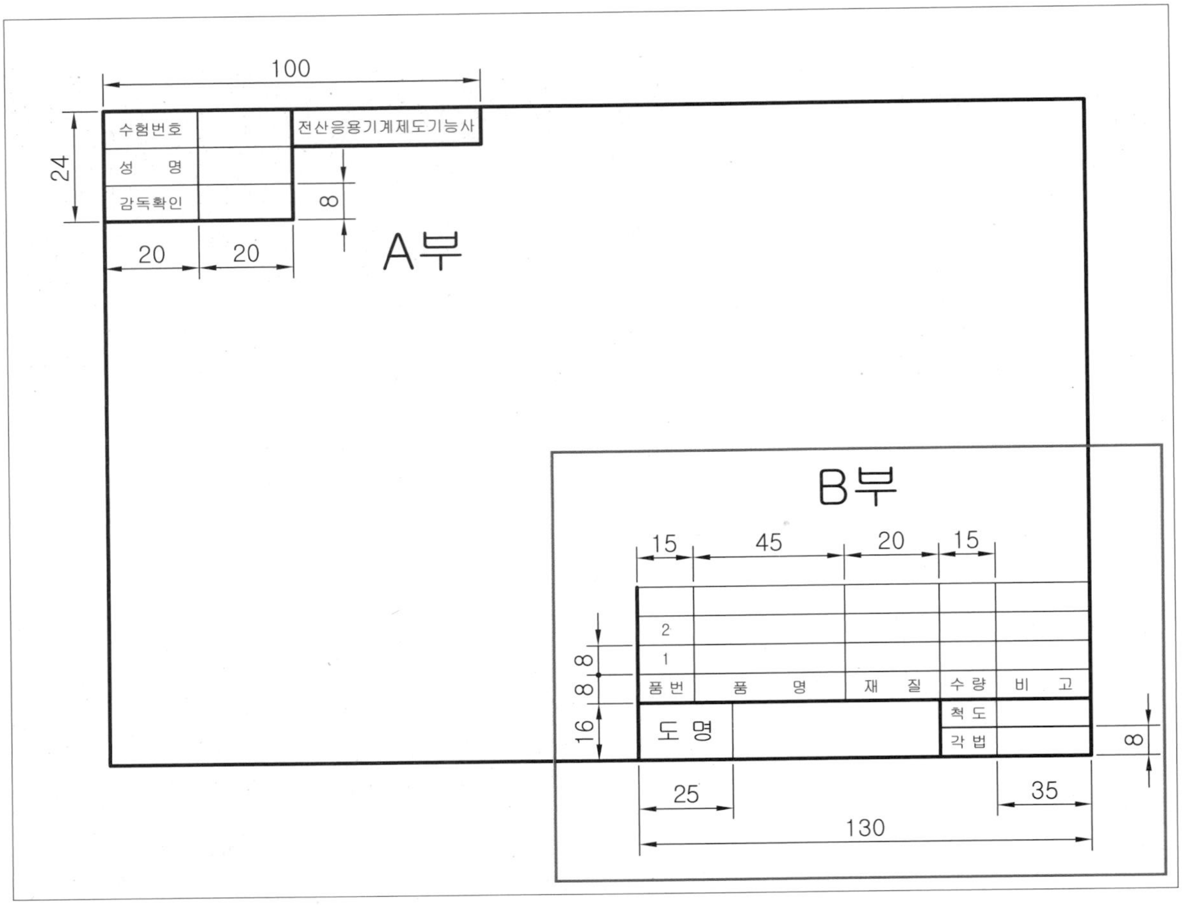

step 1

현재 도면층을 **0번**(가는실선) 도면층으로 변경합니다.

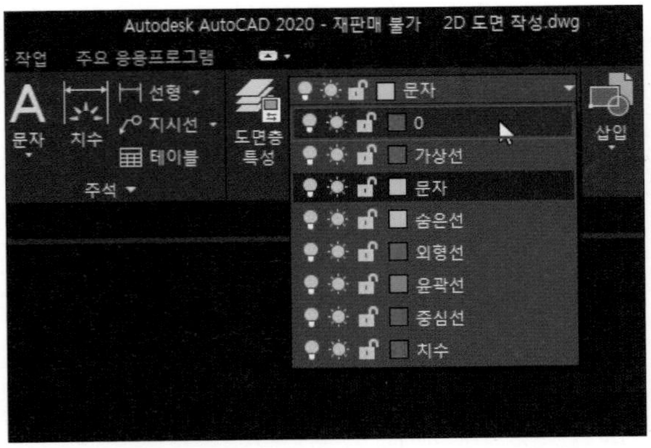

step 2

명령창에 L(선)을 타이핑한 다음 ENTER를 누릅니다.

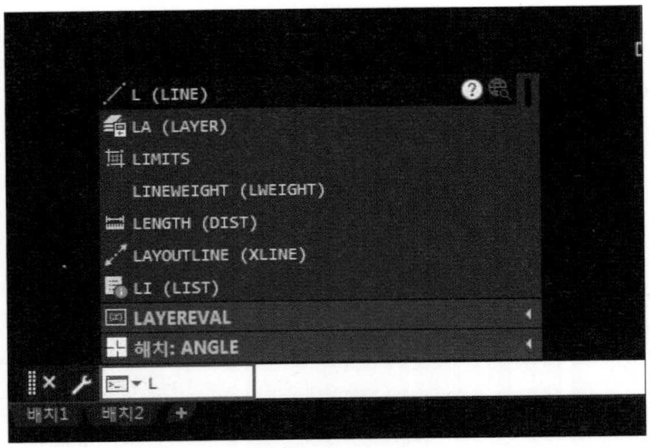

step 3

작성한 도면 경계의 오른쪽 하단 **끝점**을 첫 번째 **점**으로 클릭합니다.

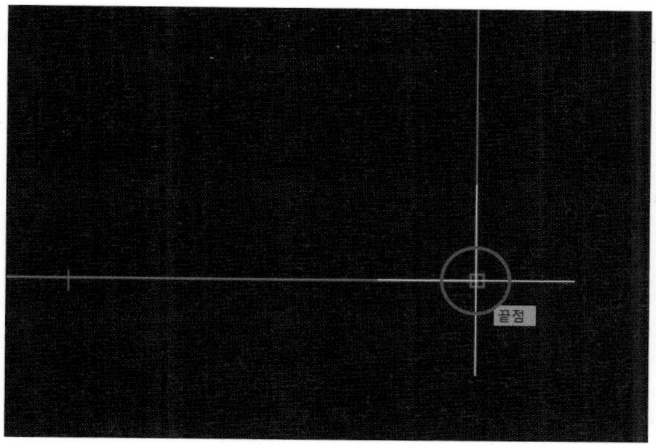

step 4

수평선을 그리듯이 마우스 커서를 왼쪽에 두고 다음 점으로는 명령창에 130을 타이핑합니다.

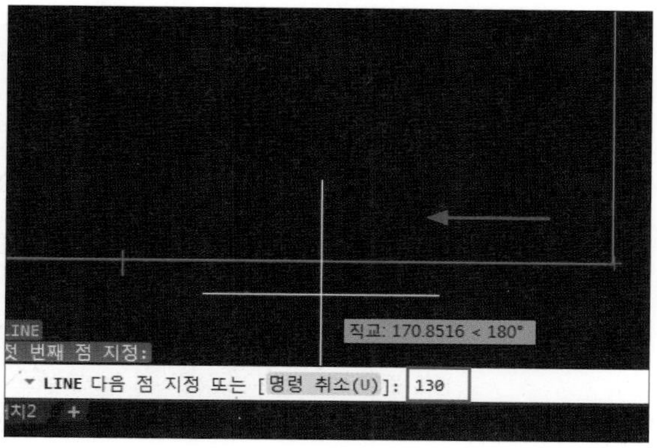

step 5

다음과 같이 길이 40의 수평선이 작성되었습니다.

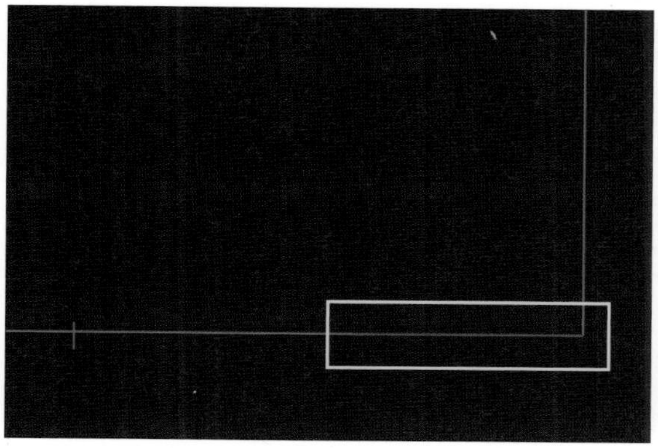

step 6

간격띄우기 명령으로 8mm 간격의 선 7개를 추가로 작성하도록 합니다.

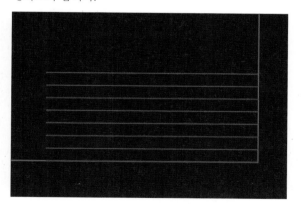

step 7

선 명령으로 다음 선을 작성합니다.

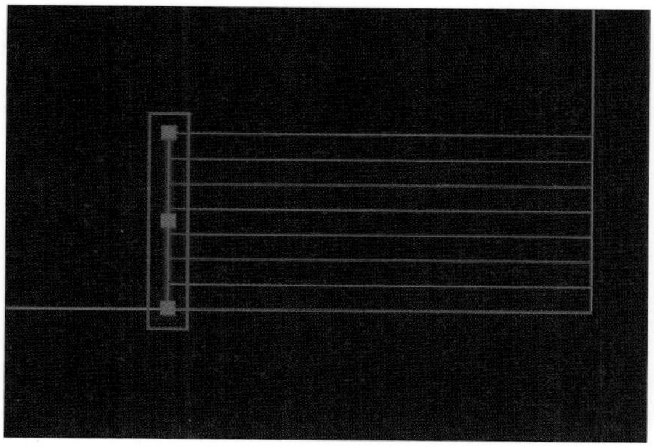

step 8

간격띄우기 기능으로 다음 선을 작성합니다. 이때 선들의 간격은 기입된 **치수**를 참고하도록 합니다.

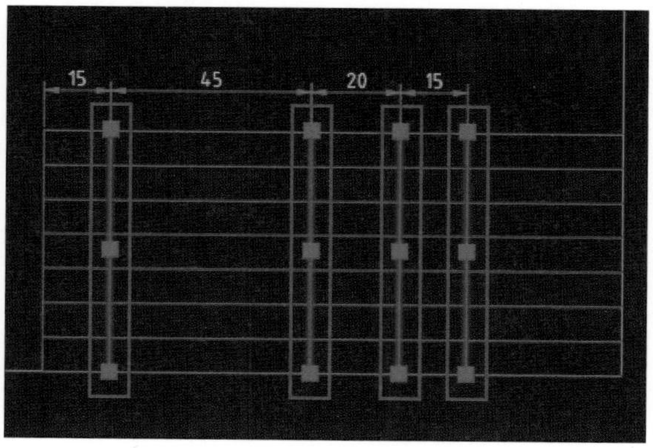

step 9

간격띄우기 기능으로 다음 선을 추가로 작성합니다. 이때 선의 간격은 기입된 **치수**를 참고하도록 합니다.

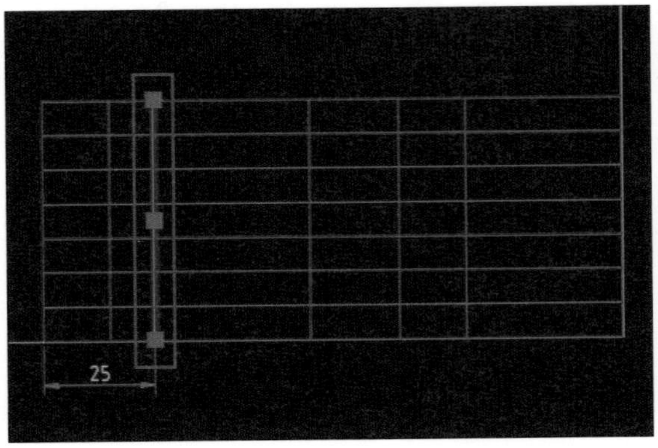

step 10

명령창에 TR(자르기)을 타이핑한 다음 ENTER를 누릅니다.

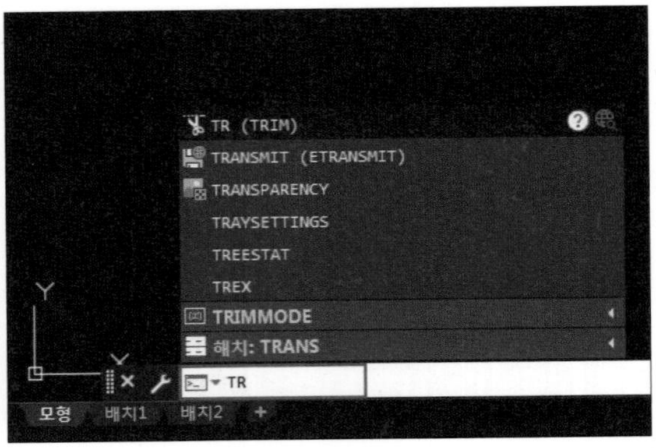

step 11

TRIM 객체 선택 항목이 나오면 다시 한 번 ENTER를 누릅니다.

step 12

다음과 같은 양식이 되도록 자르기를 진행합니다.

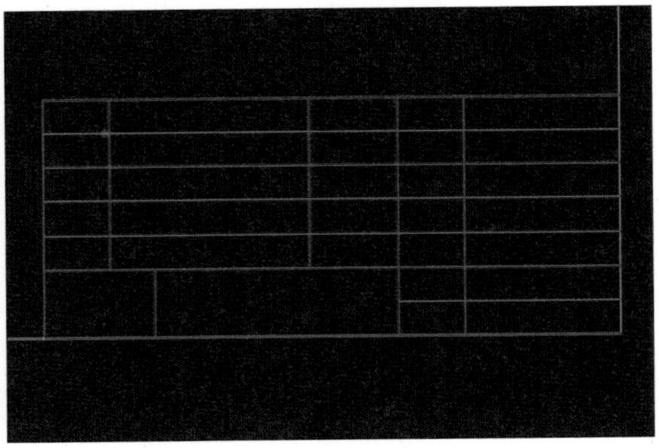

step 13

폴리선 명령으로 다음과 같이 문자 배치를 위한 폴리선을 작성합니다.

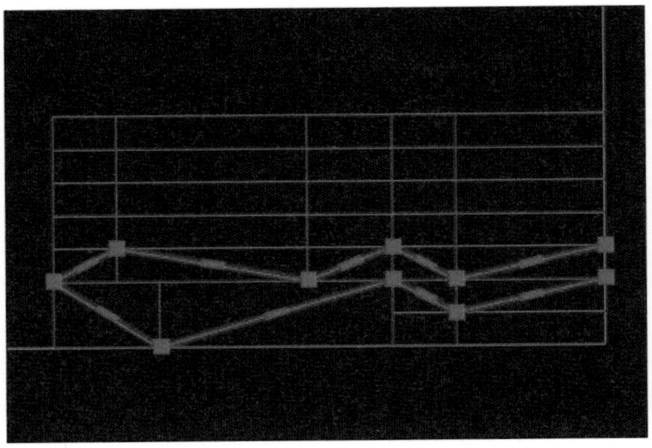

step 14

현재 도면층을 **문자** 도면층으로 변경합니다.

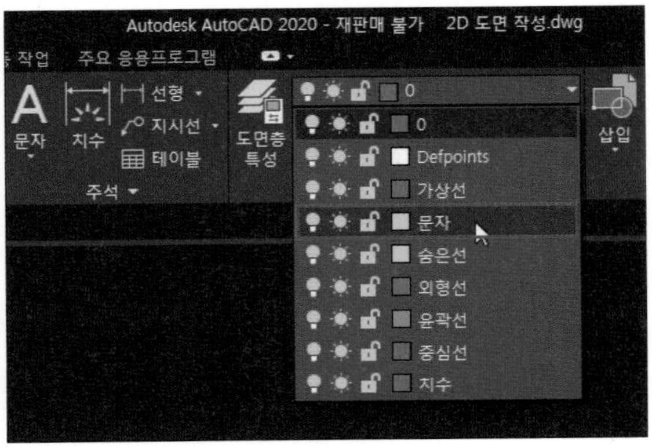

step 15

명령창에 DT(단일행 문자)를 타이핑한 다음 ENTER를 누릅니다.

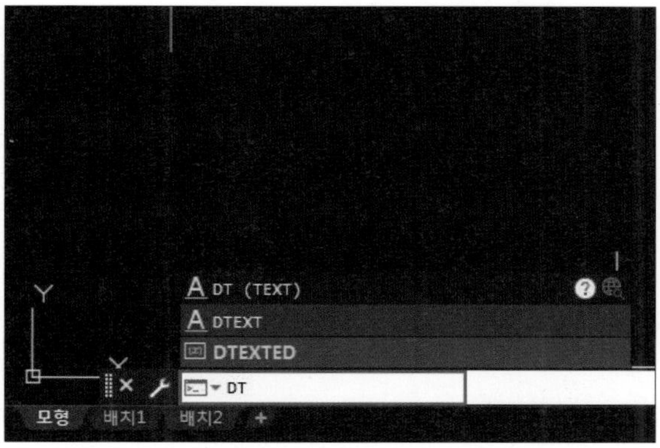

step 16

자리를 맞추기 위해 J를 타이핑합니다.

step 17

중간 자리맞추기 옵션인 M을 타이핑합니다.

step 18

문자의 중간점으로 폴리선의 다음 **중간점**을 클릭합니다.

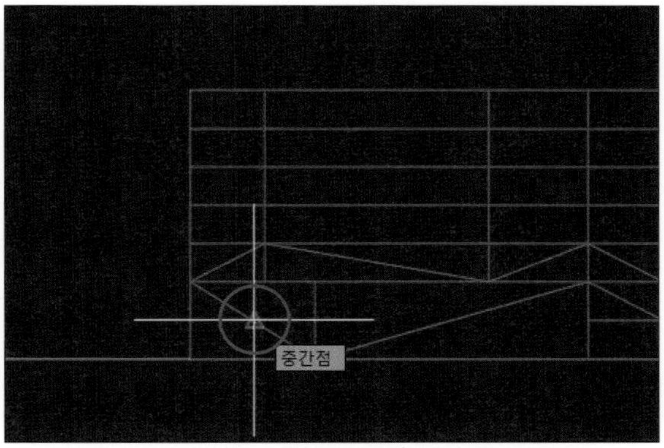

step 19

문자의 높이값은 3.5를 입력한 다음 ENTER를 누릅니다.

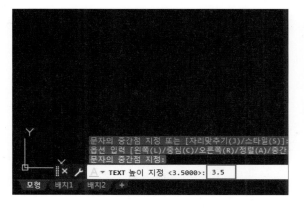

step 20

문자의 회전 각도는 0도로 세팅이 되어 있으므로 바로 ENTER를 누릅니다.

step 21

다음과 같이 문자 입력창이 표시되면 수검란 형식에 맞춰 다음과 같이 문자를 기입합니다.

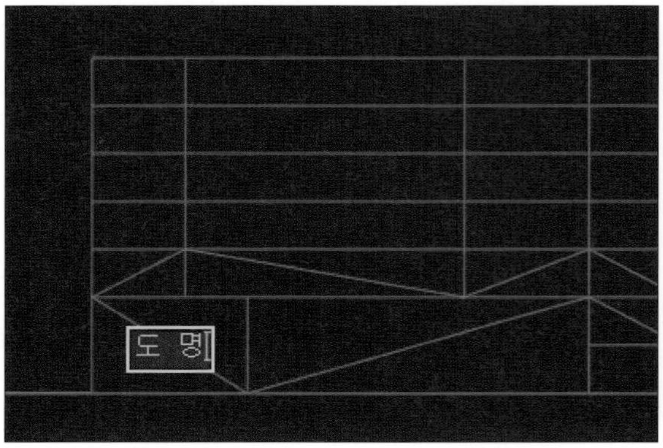

step 22

ENTER를 두 번 누르면 다음과 같이 문자가 작성됩니다.

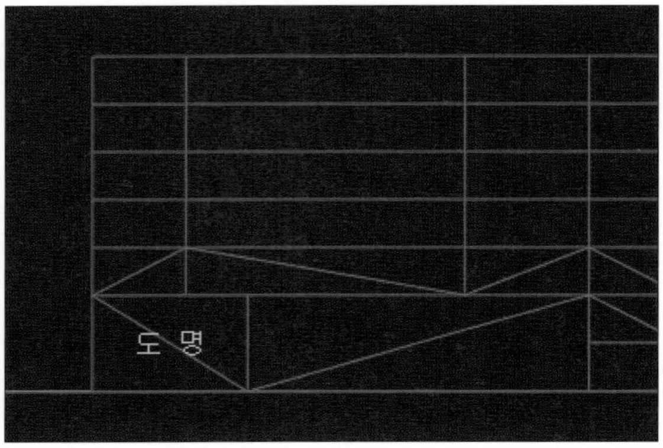

step 23

명령창에 CP(복사)를 타이핑한 다음 ENTER를 누릅니다.

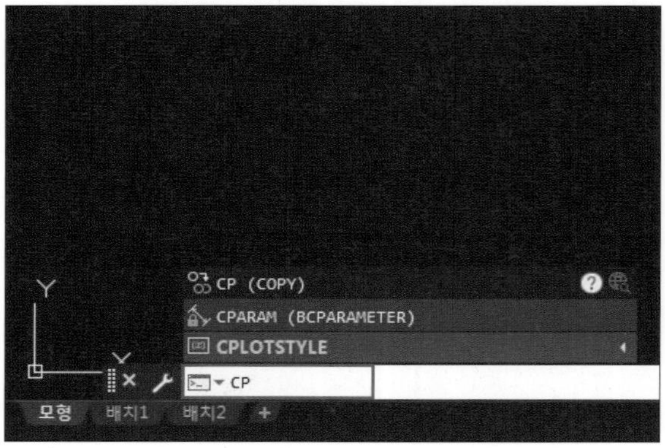

step 24

복사 객체로는 다음 문자를 클릭한 다음 ENTER를 누릅니다.

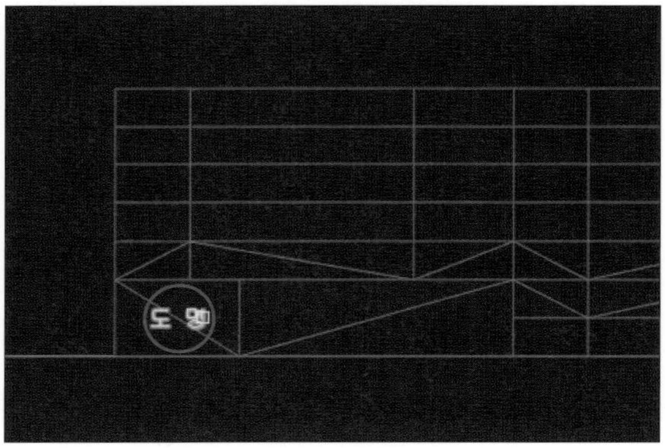

step 25

복사 기본점으로는 다음 중간점을 클릭합니다.

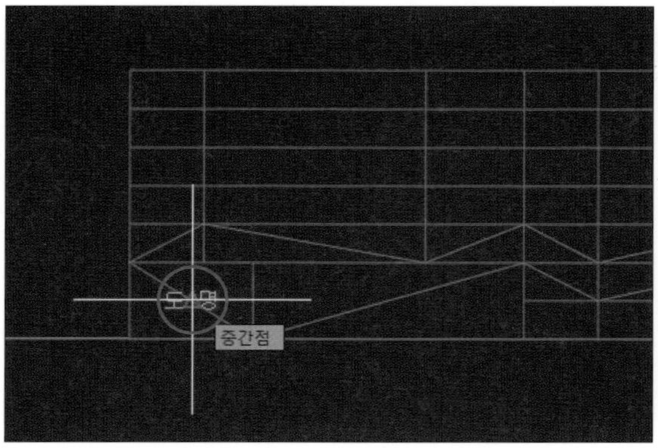

step 26

이어서 다음 중간점을 클릭하면 다음과 같이 복사가 완료됩니다.

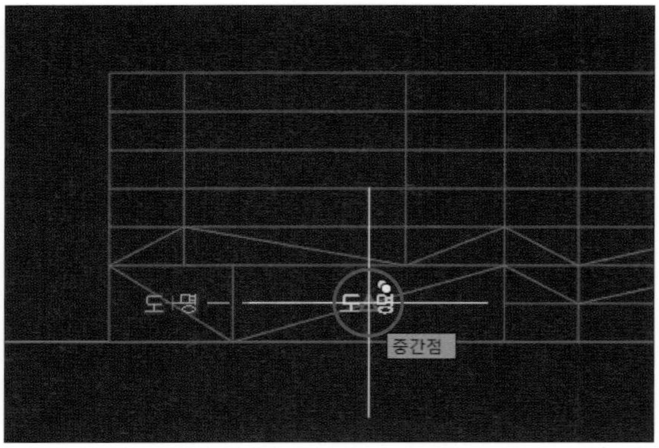

step 27

이어서 다음 점들을 클릭하여 복사를 진행합니다.

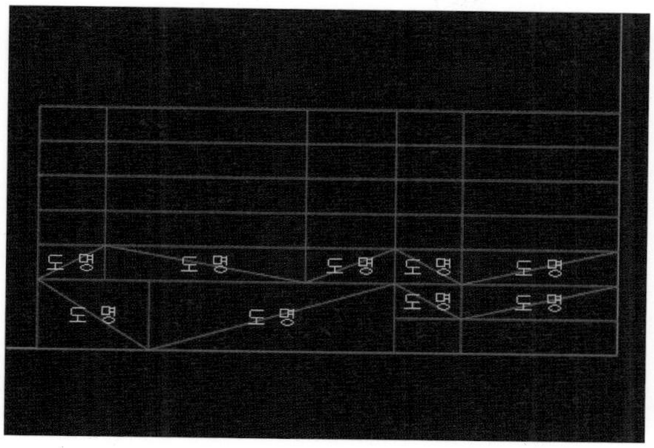

step 28

작성한 폴리선을 클릭한 다음 키보드의 DELETE 키를 누릅니다.

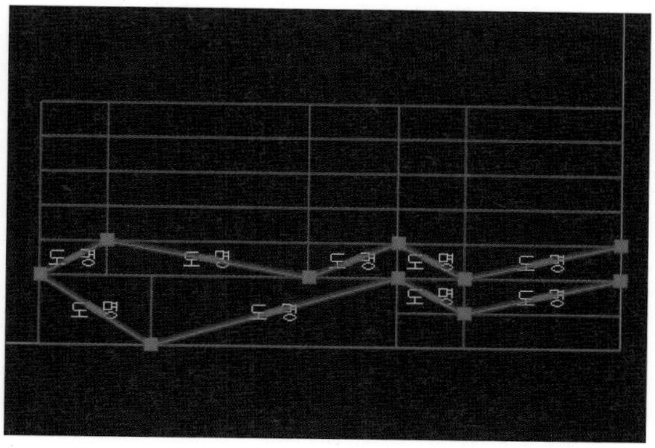

step 29

다음과 같이 폴리선이 삭제되었습니다.

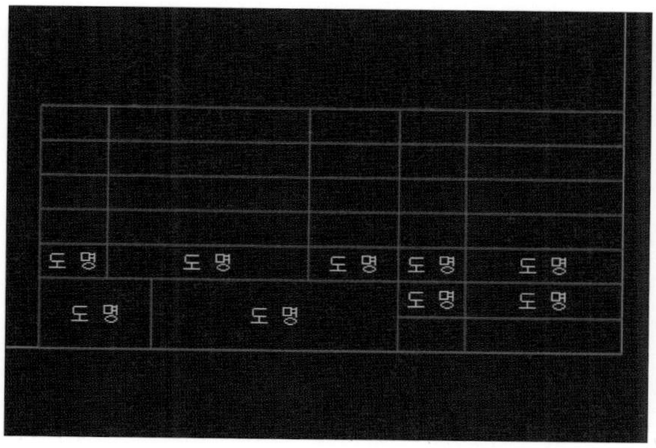

step 30

복사 명령을 실행하여 복사 객체로 다음 문자를 클릭한 다음 ENTER를 누릅니다.

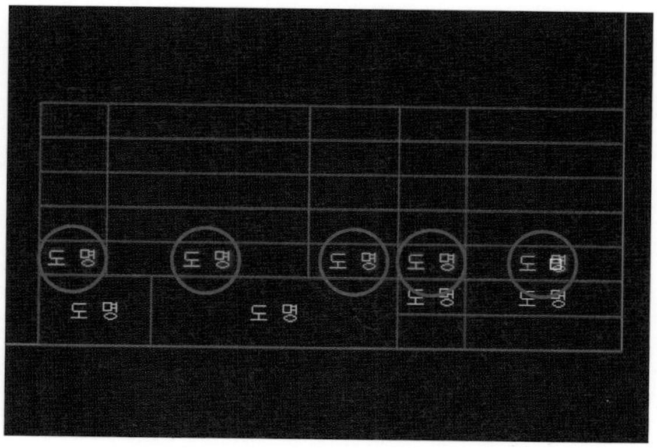

step 31

복사 기본점으로는 다음 끝점을 클릭합니다.

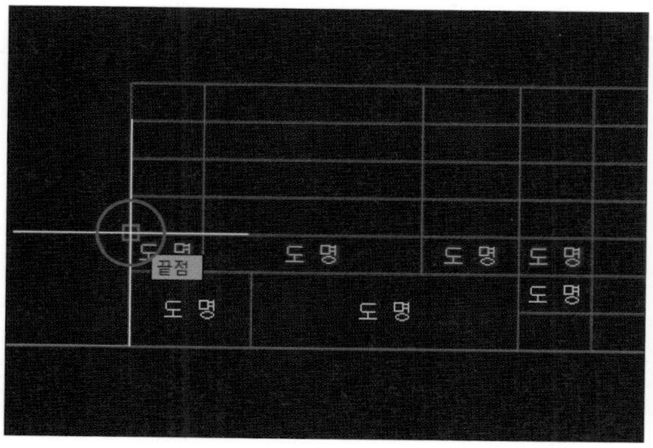

step 32

이어서 다음 끝점을 클릭하면 다음과 같이 복사가 완료됩니다.

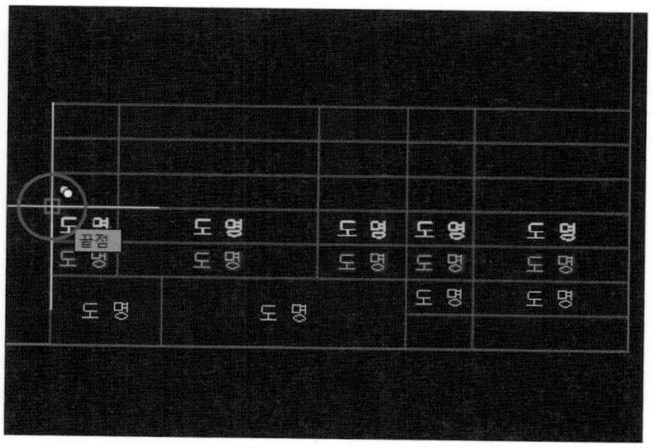

step 33

마찬가지 방법으로 다음과 같이 복사를 진행합니다.

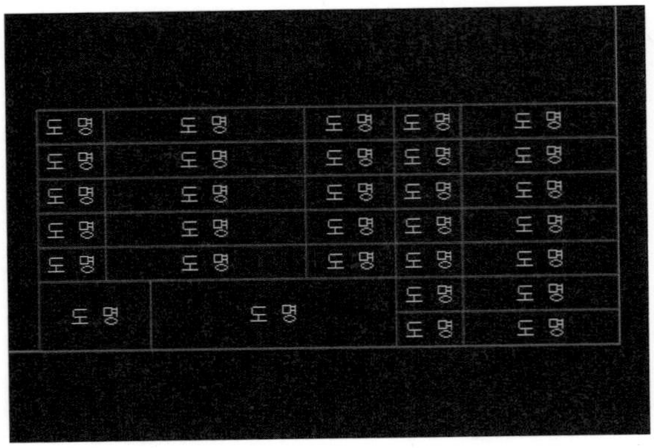

step 34

문자를 더블 클릭하여 표제란 형식에 맞춰 문자를 변경합니다.

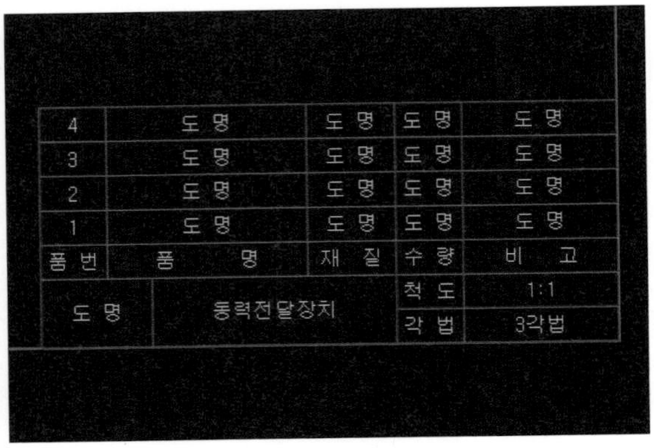

step 35

해당 선을 클릭한 다음 키보드의 DELETE 키를 누릅니다.

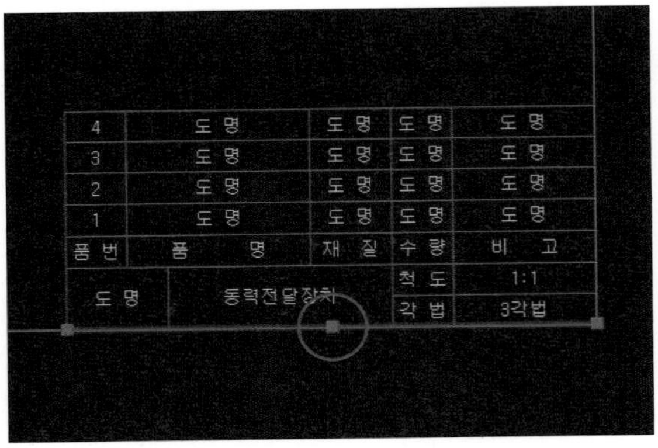

step 36

다음과 같이 윤곽선에 겹친 선이 삭제되었습니다.

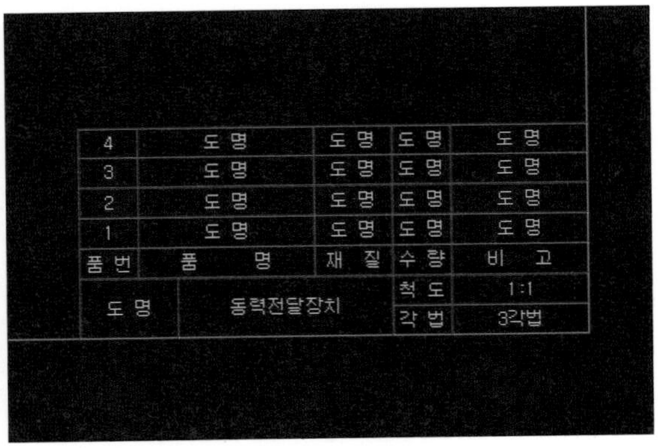

step 37

다음 선을 다중 선택합니다.

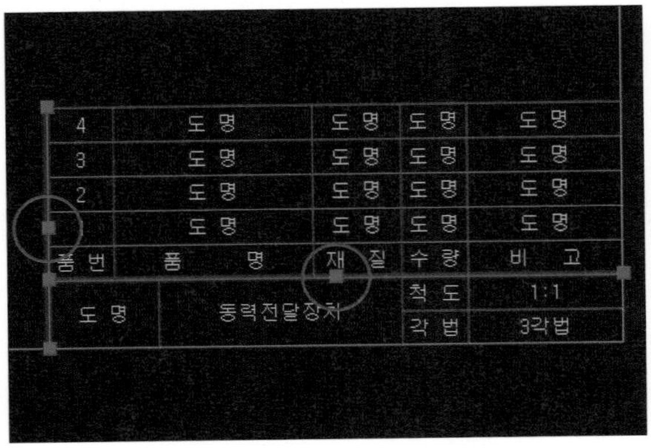

step 38

해당 선분을 외형선 도면층으로 변경합니다.

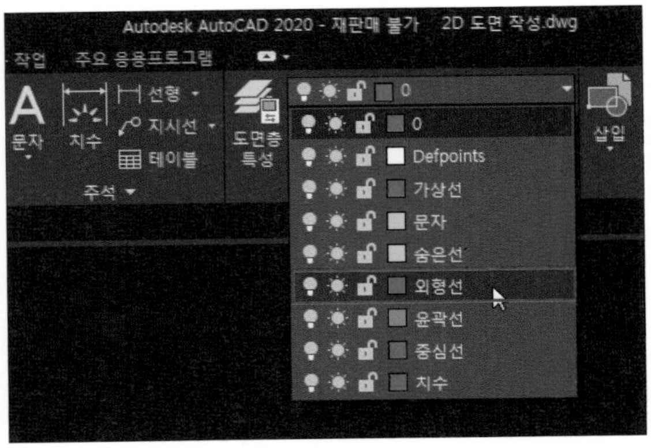

step 39

다음과 같이 해당 선분이 외형선 도면층으로 변경되었습니다.

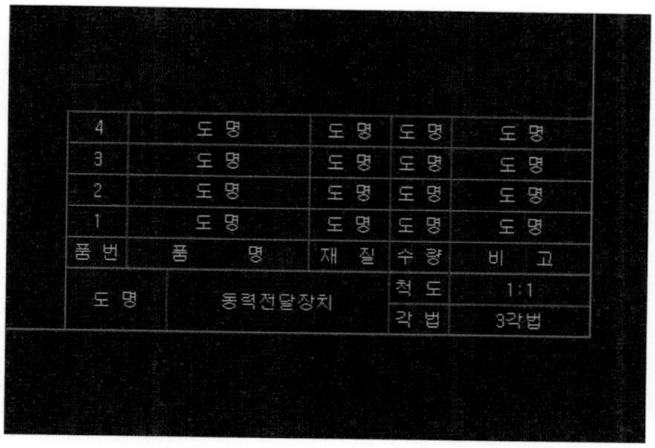

step 40

다음 두 문자를 선택한 다음 키보드의 Ctrl + 1 키를 누릅니다.

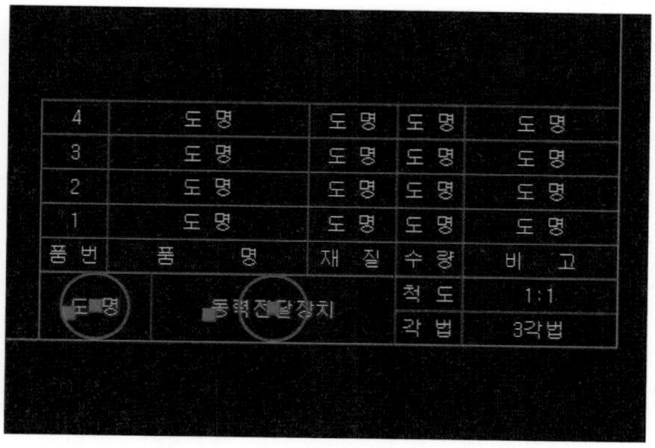

step 41

다음과 같이 **특성창**이 실행되면 도면층을 **외형선** 도면층, 문자 높이를 5mm로 변경합니다.

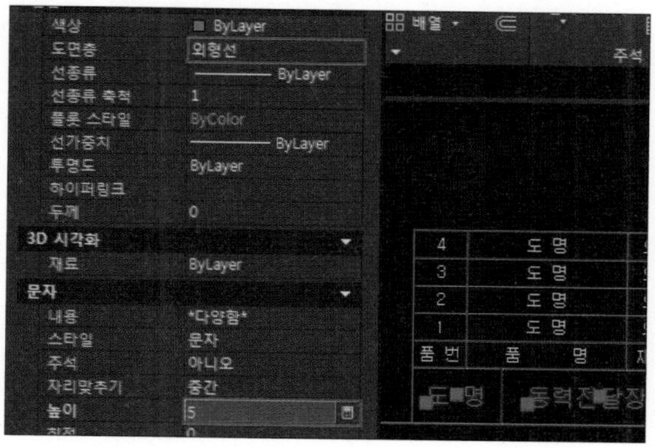

step 42

다음과 같이 표제란 작성이 완료되었습니다.

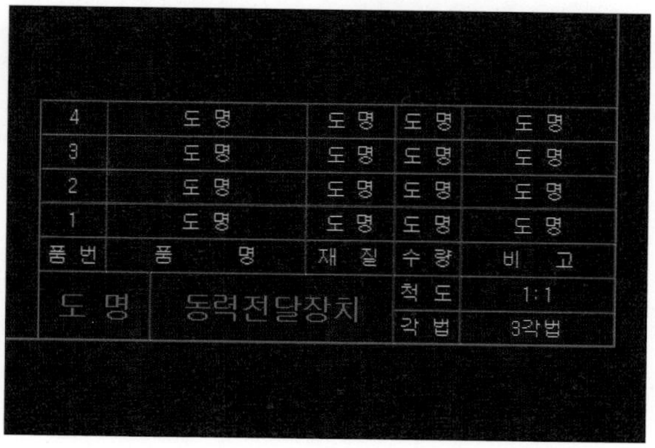

Section 4 표면 거칠기, 블록, 데이텀 만들기

오토캐드 2D 부품도 작성을 위한 표면 거칠기, 데이텀 등을 작성해 보도록 하겠습니다.

chapter 01 표면 거칠기 기호 작성하기

step 1

현재 도면층을 **치수** 도면층으로 변경합니다.

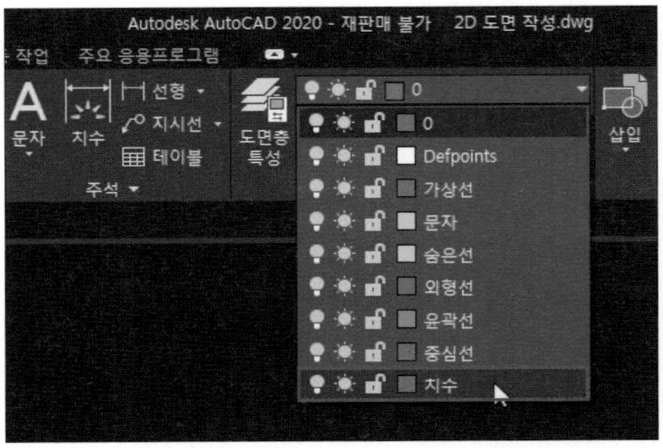

step 2

명령창에 REC(직사각형)를 타이핑한 다음 ENTER를 누릅니다.

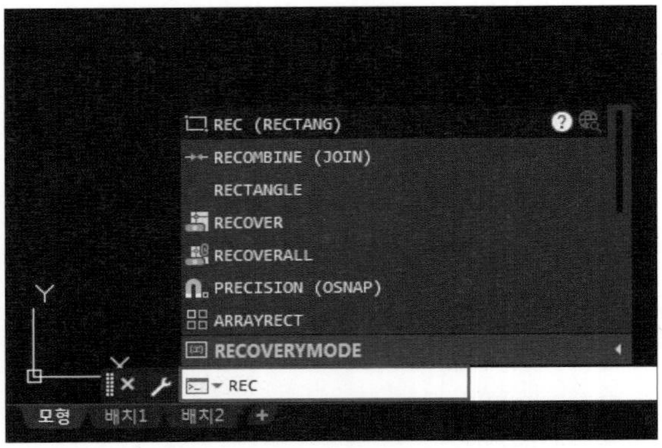

step 3

화면 빈 곳을 첫 번째 구석점으로 클릭합니다.

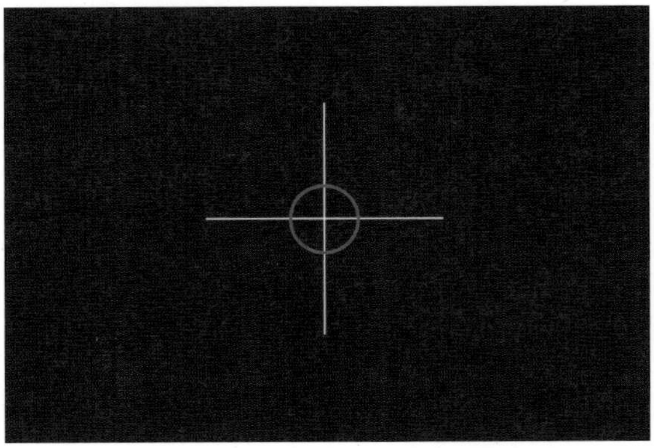

step 4

두 번째 구석점으로는 명령창에 @4,4를 기입한 다음 ENTER를 누릅니다.

step 5

다음과 같이 사각형이 작성되었습니다.

step 6

작성한 **사각형**을 클릭합니다.

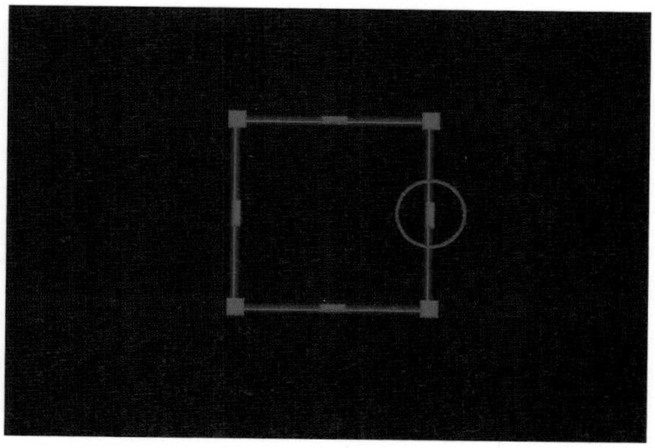

step 7

이어서 다음 **끝점**을 클릭합니다.

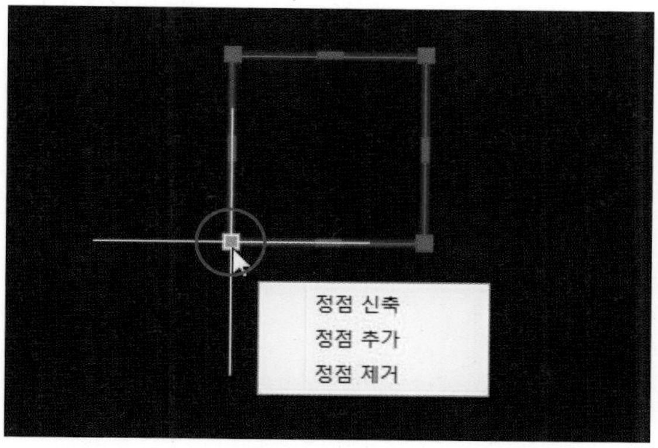

step 8

이어서 다음 **중간점**을 클릭합니다.

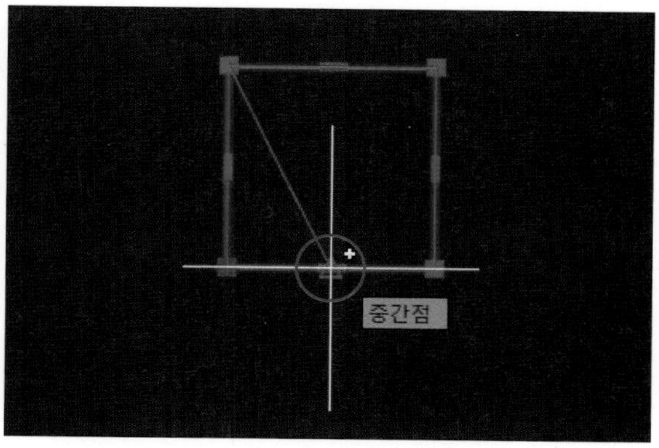

step 9

다음과 같이 사각형의 끝점이 중간점으로 이동되면서 형상이 수정되는 것을 확인할 수 있습니다.

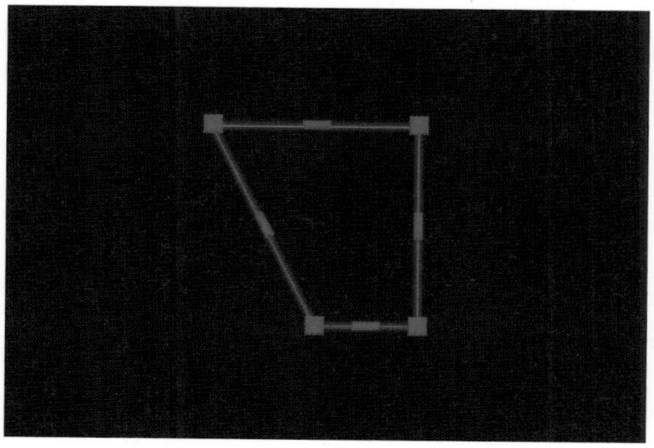

step 10

마찬가지 방법으로 다음 **끝점**을 클릭합니다.

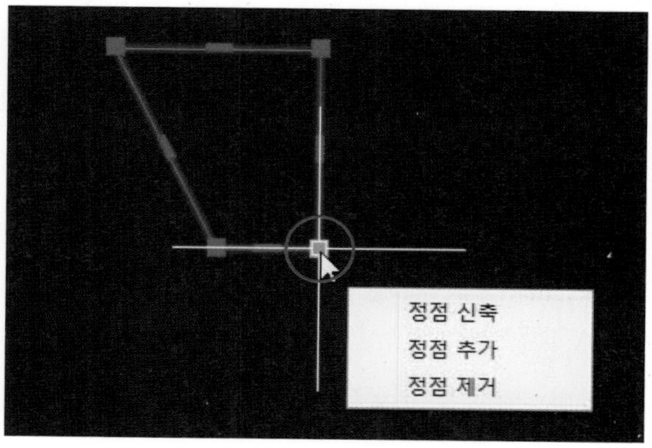

step 11

이어서 다음 끝점을 클릭합니다.

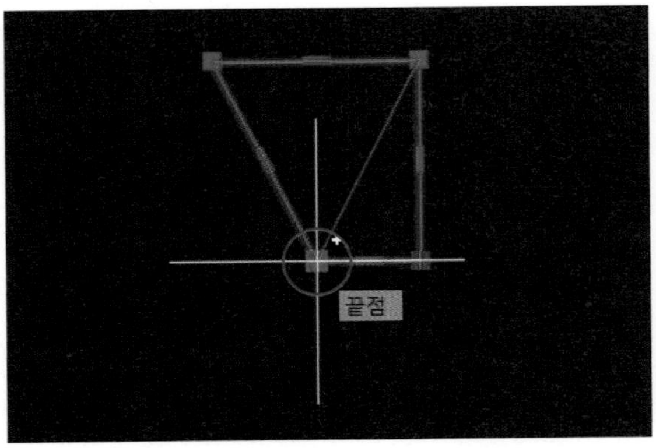

step 12

다음과 같이 사각형 형상이 수정되었습니다.

step 13

해당 형상을 클릭합니다.

step 14

명령창에 X(분해)를 타이핑한 다음 ENTER를 누릅니다.

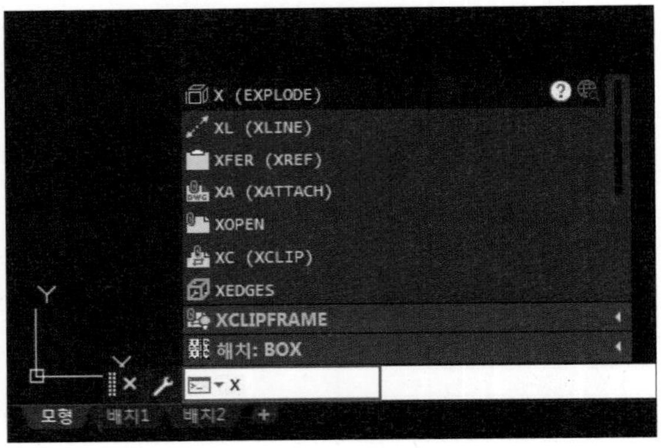

step 15

다음과 같이 선이 분해되는 것을 확인할 수 있습니다.

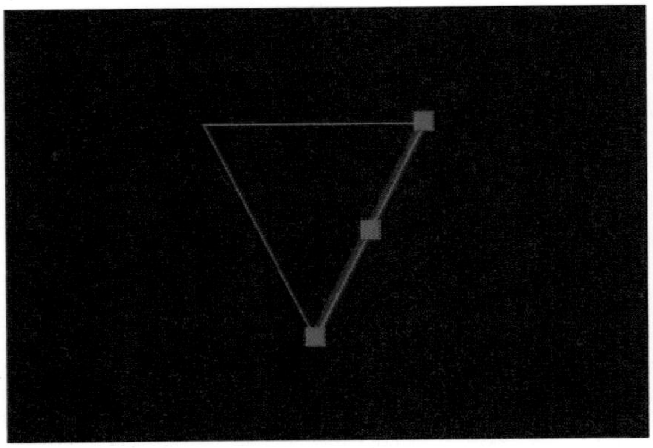

step 16

명령창에 CP(복사)를 타이핑한 다음 ENTER를 누릅니다.

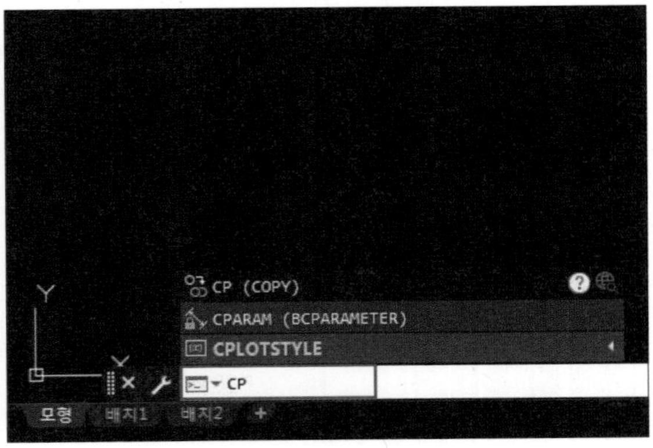

step 17

복사 객체로는 다음 선을 클릭한 다음 ENTER를 누릅니다.

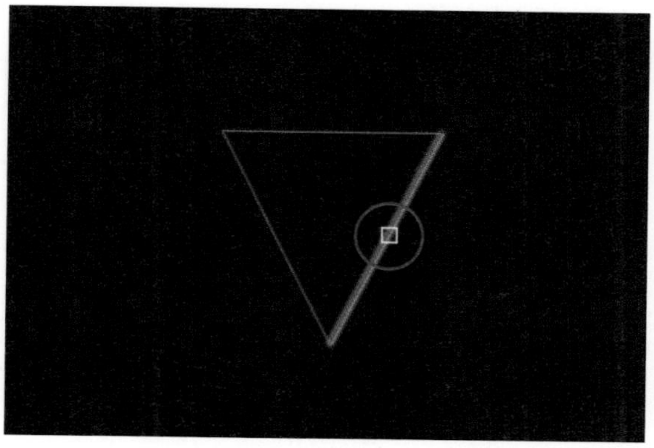

step 18

복사 기본점으로는 다음 **끝점**을 클릭합니다.

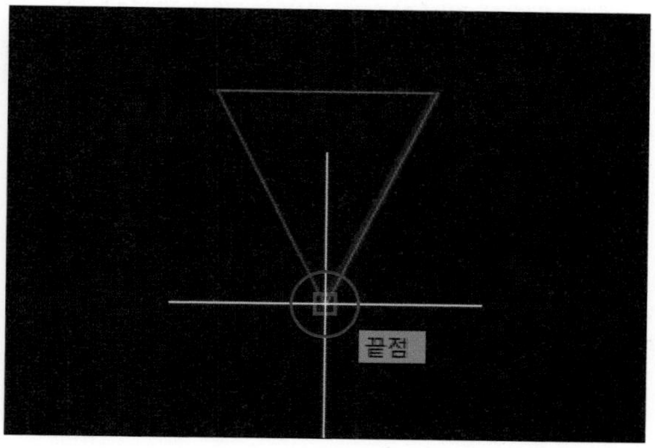

step 19

이어서 다음 **끝점**을 클릭합니다.

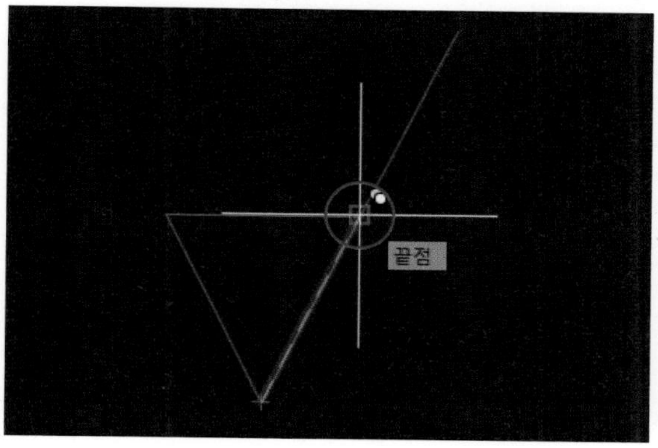

step 20

다음과 같이 선 복사가 완료되었습니다.

step 21

명령창에 J(결합)를 타이핑한 다음 ENTER를 누릅니다.

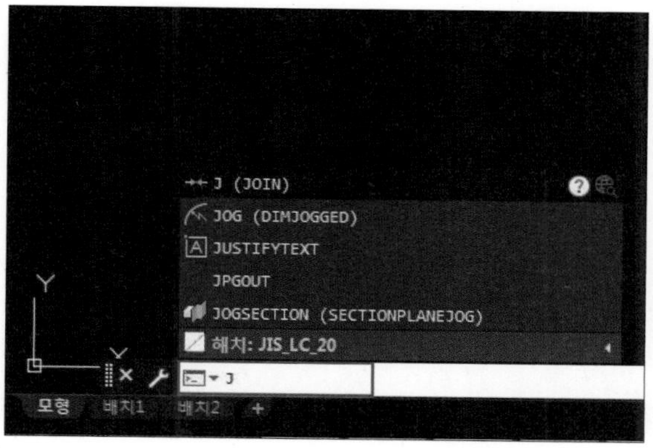

step 22

다음 두 선을 클릭한 다음 ENTER를 누릅니다.

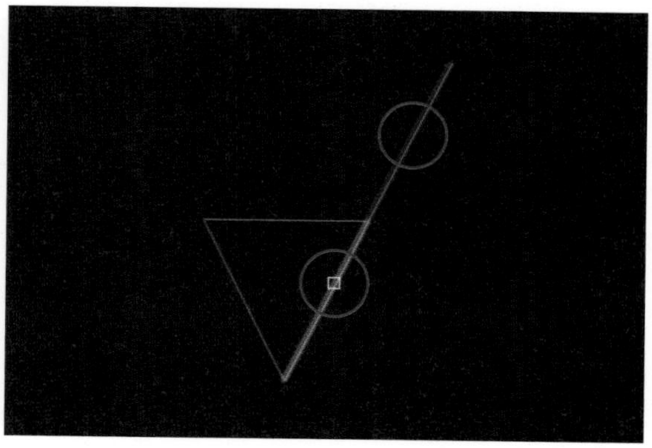

step 23

다음과 같이 두 선분이 하나로 결합됩니다.

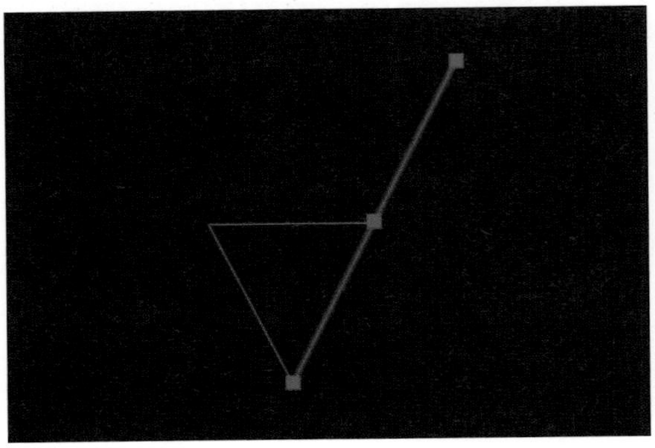

step 24

명령창에 DLI(선형 치수)를 타이핑한 다음 ENTER를 누릅니다.

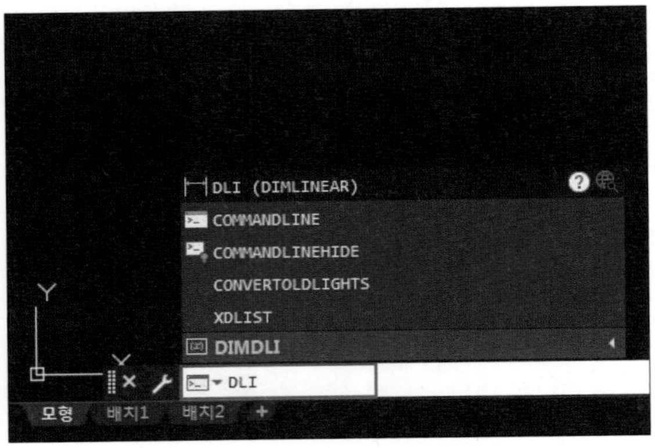

step 25

다음 끝점을 클릭합니다.

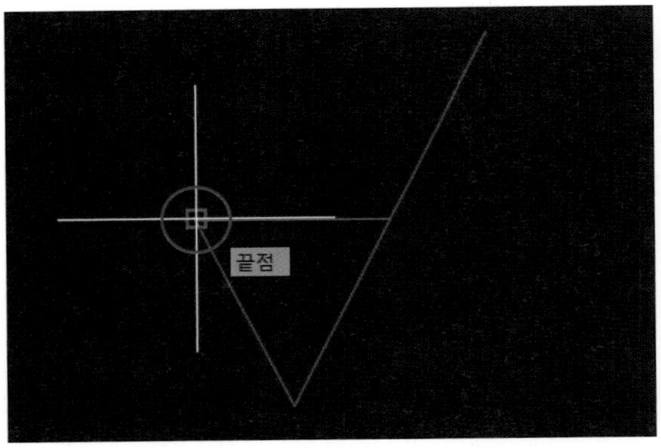

step 26

이어서 다음 중간점을 클릭합니다.

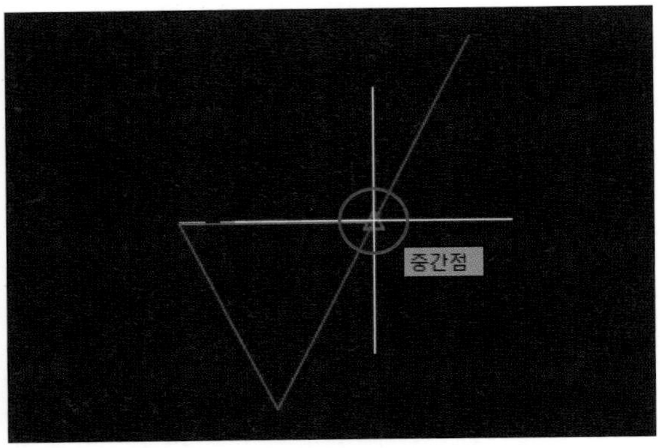

step 27

마우스를 위쪽으로 이동하면 다음과 같은 치수 형상이 미리보기 됩니다. 명령창에 3을 입력한 다음 ENTER를 누릅니다.

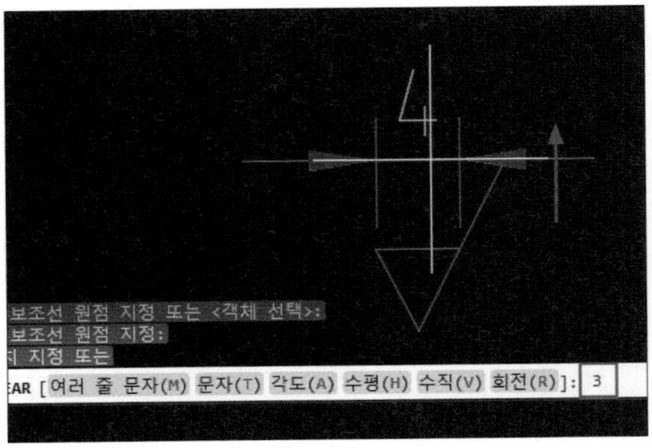

step 28

다음과 같이 선택한 객체에서 3mm 만큼 떨어진 곳에 치수를 작성했습니다.

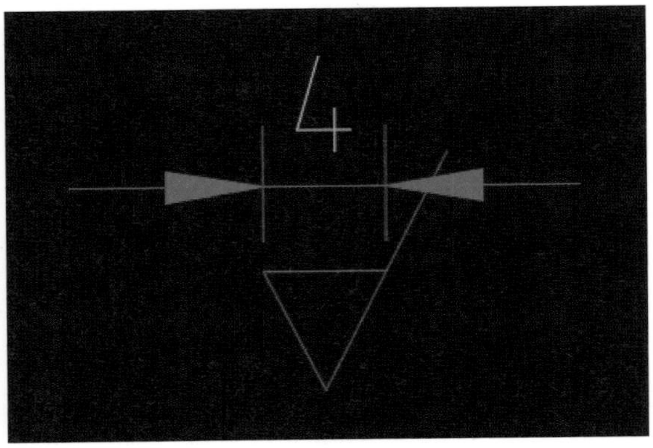

step 29

명령창에 D(치수 스타일)를 타이핑한 다음 ENTER를 누릅니다.

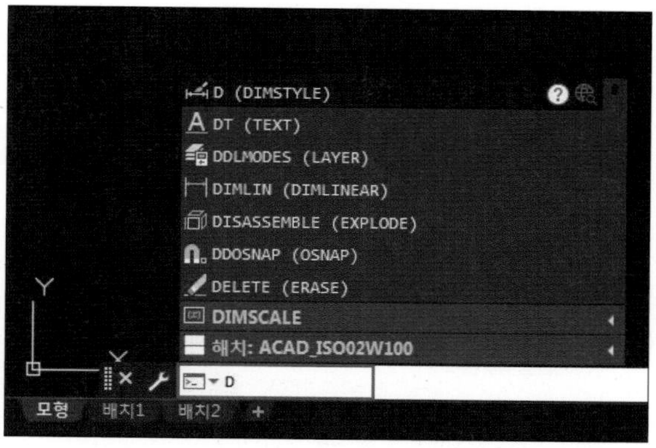

step 30

치수 스타일 관리자 창이 뜨면 **새로 만들기** 버튼을 클릭합니다.

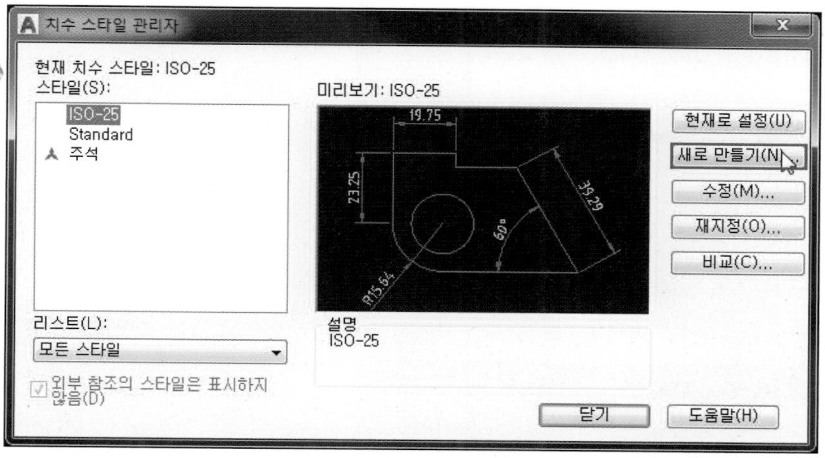

step 31

ISO-25 치수 스타일로부터 시작하는 새 스타일의 **이름**을 설정하고 **계속** 버튼을 클릭합니다.

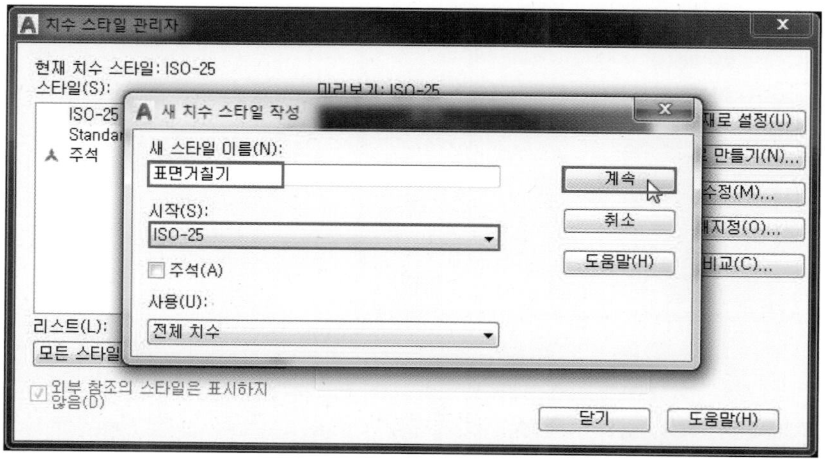

step 32

선 항목에서는 다음과 같이 설정합니다.

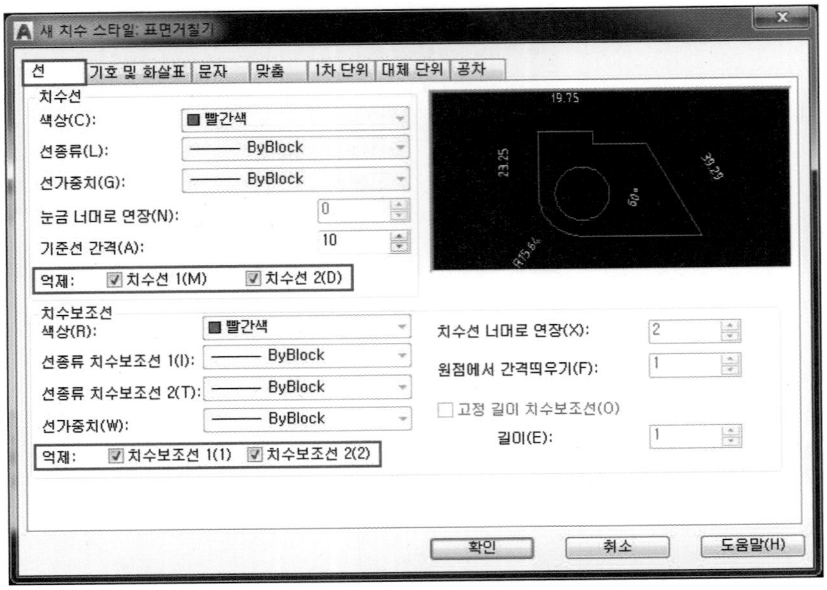

step 33

문자 항목에서는 다음과 같이 설정한 후 **확인** 버튼을 클릭합니다.

step 34

현재 치수 스타일을 다시 ISO-25로 설정합니다.

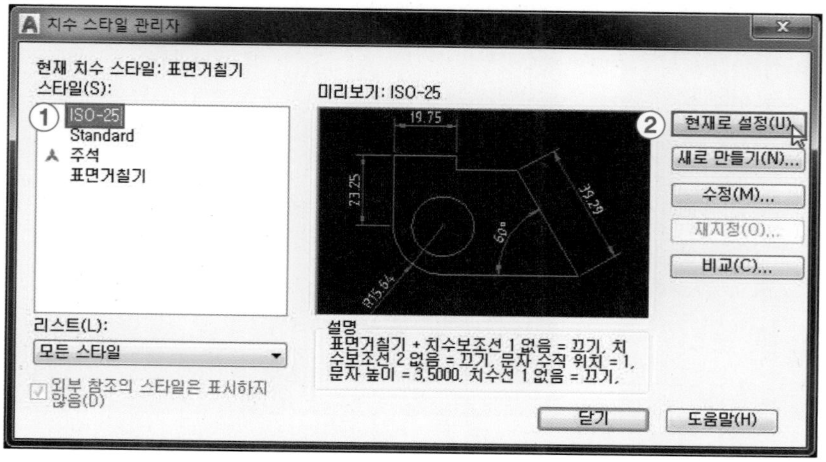

step 35

설정이 완료되면 닫기 버튼을 클릭합니다.

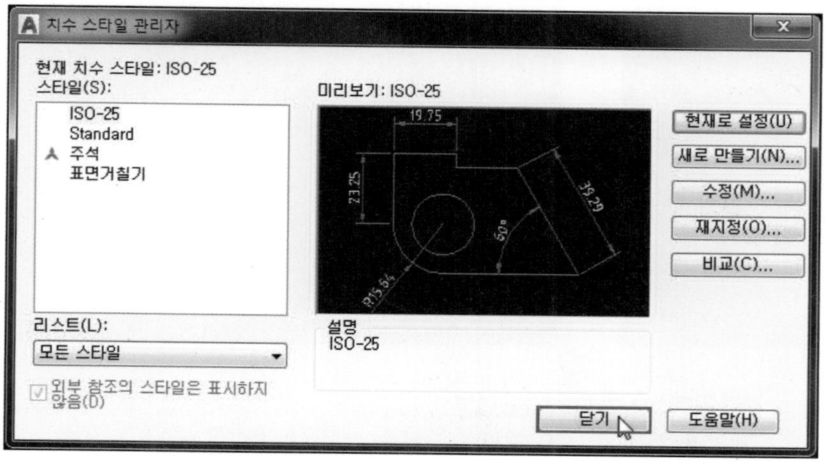

step 36

작성된 치수를 선택한 다음 키보드의 Ctrl + 1 키를 누릅니다.

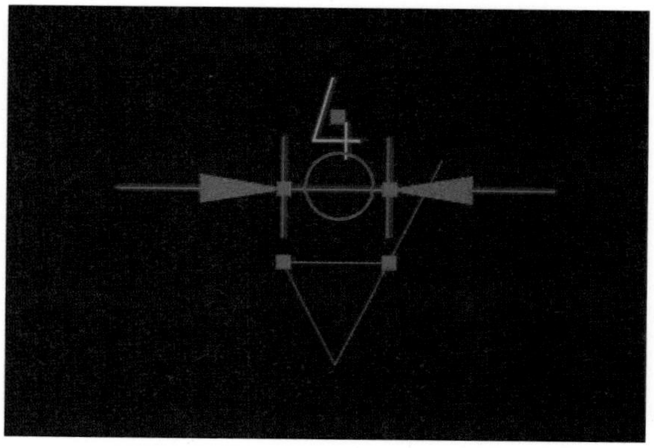

step 37

다음과 같이 **특성창**이 실행되면 **치수 스타일**을 방금 작성한 **표면거칠기** 스타일로 변경합니다.

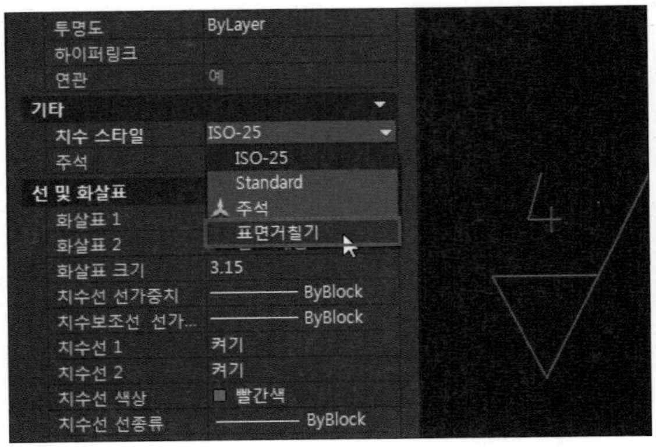

step 38

다음과 같이 치수 스타일이 표면거칠기 스타일로 변경되었습니다.

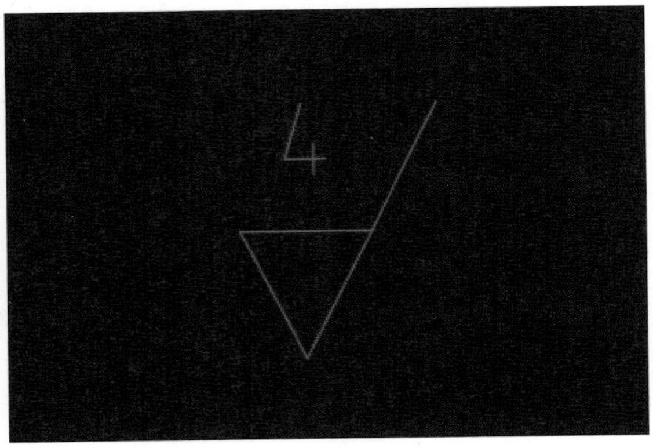

step 39

치수를 **더블 클릭**하여 링크된 값은 지우고 **소문자 w**를 입력합니다.

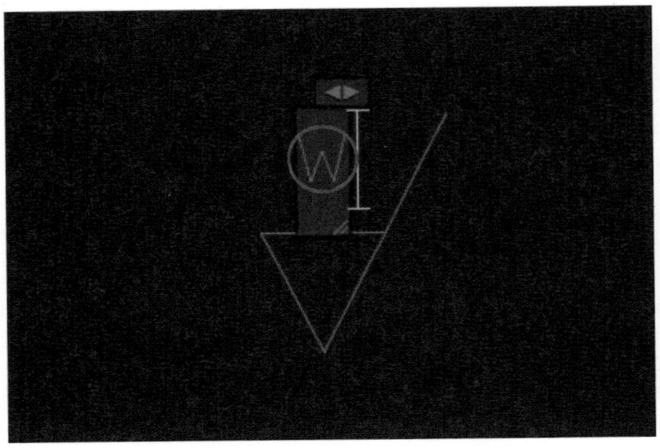

step 40

화면 빈 곳을 클릭하면 다음과 같이 치수가 수정됩니다.

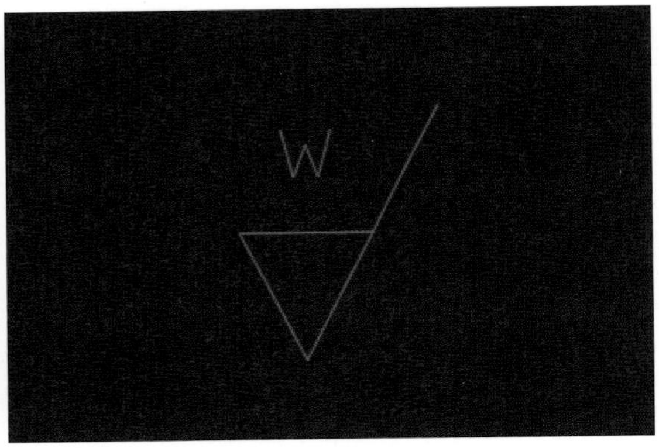

step 41

복사 명령으로 다음과 같이 표면 거칠기 기호의 복사본을 작성합니다.

step 42

다음과 같이 문자를 변경하여 표면거칠기 기호 작성을 완료합니다.

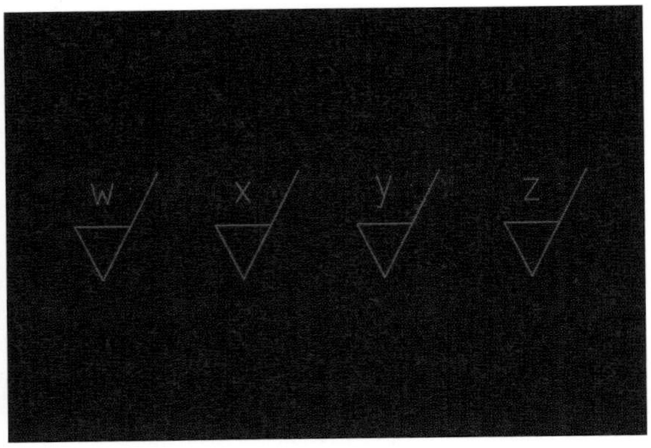

chapter 02 블록 작성하기

step 1

명령창에 B(블록 작성)를 타이핑한 다음 ENTER를 누릅니다.

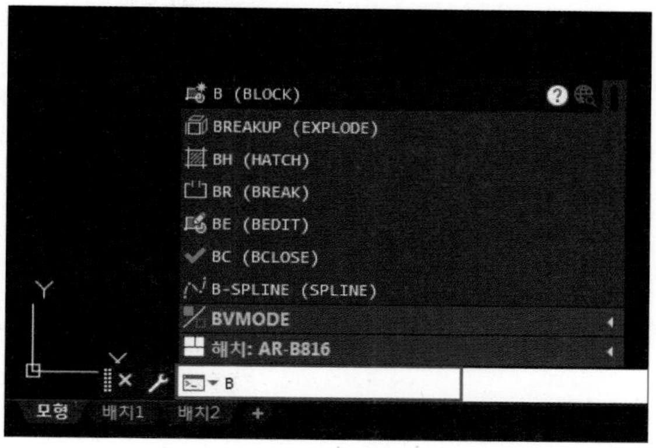

step 2

블록 정의 창이 실행되면 블록 **이름**을 설정한 다음 **객체 선택** 아이콘을 클릭합니다.

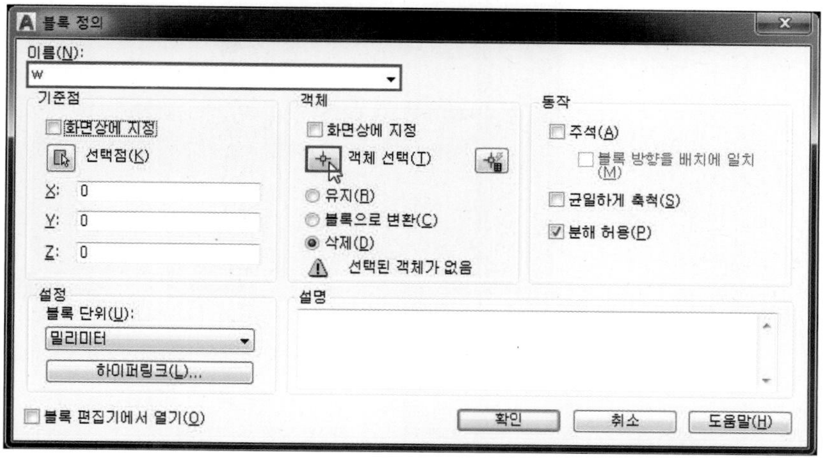

step 3

표면 거칠기 기호 중 w를 **드래그**한 다음 ENTER를 누릅니다.

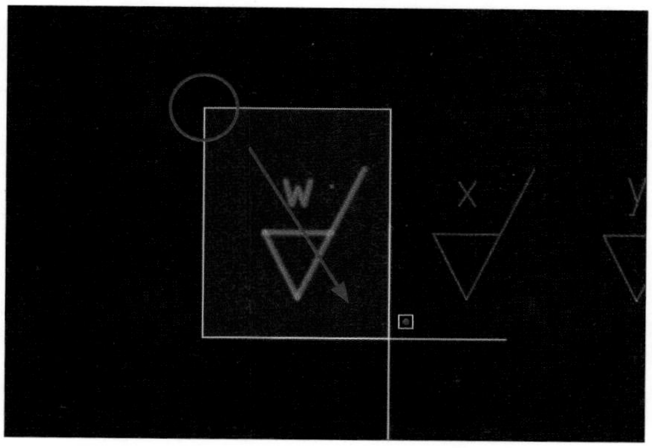

step 4

다시 블록 정의 창이 실행되면 **선택점** 아이콘을 클릭합니다.

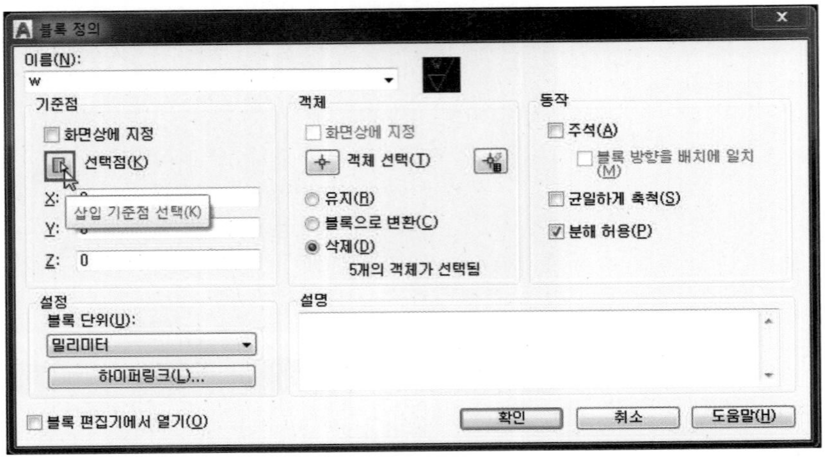

step 5

삽입 기준점으로는 다음 **끝점**을 클릭합니다.

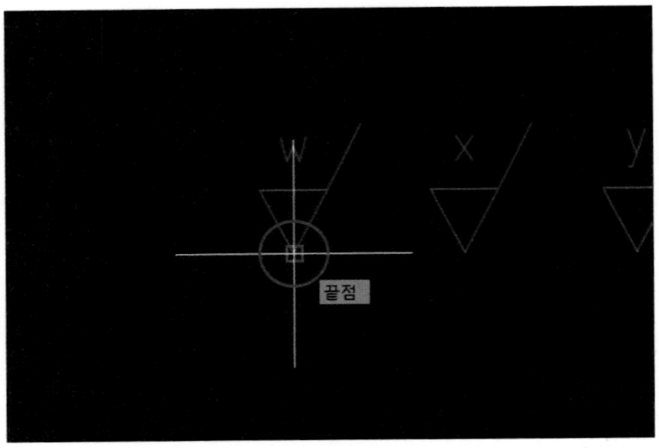

step 6

객체 **삭제** 버튼을 선택한 다음 **확인** 버튼을 클릭합니다.

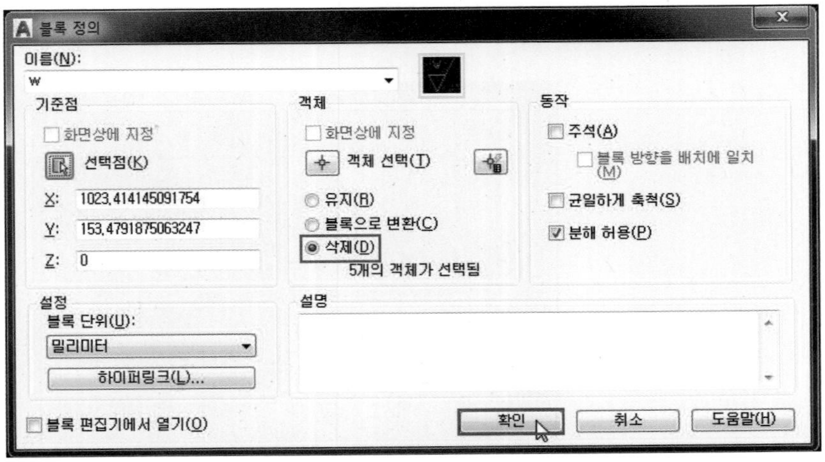

step 7

다음과 같이 블록이 작성되면서 블록에 저장된 객체는 삭제됩니다.

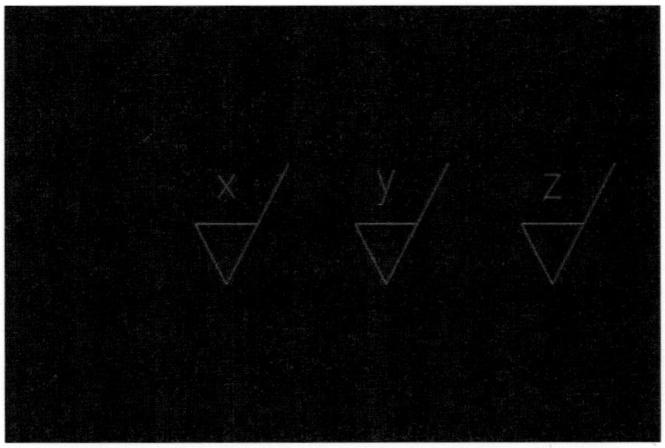

step 8

마찬가지 방법으로 나머지 블록도 작성합니다.

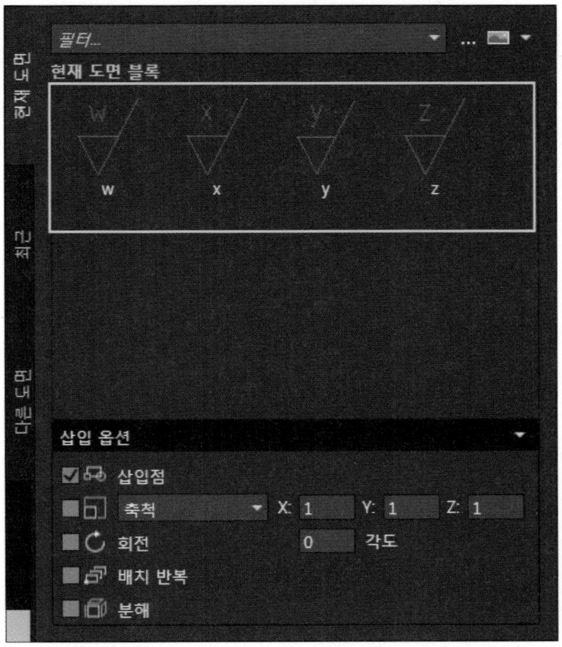

TIP 표면 거칠기 기호 작업 팁

도면 작성시 블록을 이용하여 표면 거칠기 기호를 삽입한 다음, 작성한 표면 거칠기 기호들을 전부 X(분해) 명령을 이용하여 폭파시켜야 **표면 거칠기의 글자가 정상적으로 배치**됩니다.

chapter 03 데이텀 작성하기

step 1

명령창에 QLEADER(신속 지시선)를 타이핑한 다음 ENTER를 누릅니다.

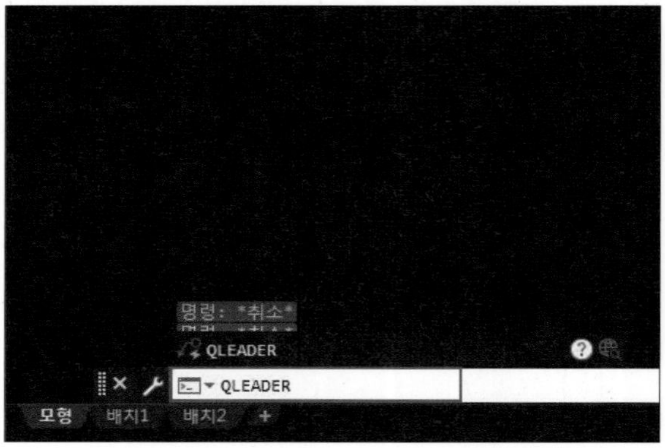

step 2

화면 빈 곳 대략적인 점을 클릭합니다.

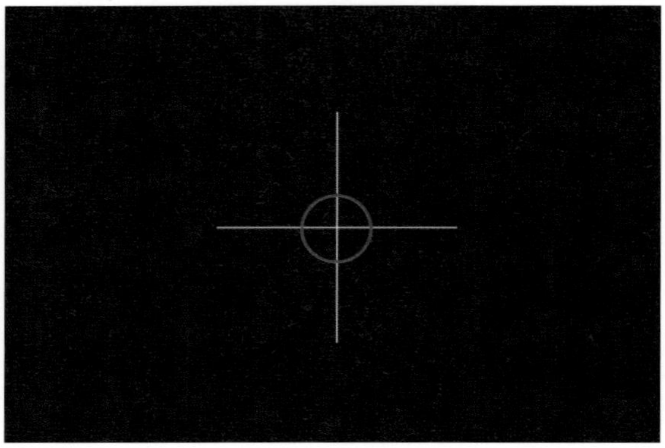

step 3

이어서 마우스 커서를 아래쪽으로 이동하면 다음과 같이 지시선이 미리보기 됩니다. 적당한 길이가 되도록 두 번째 점을 클릭합니다.

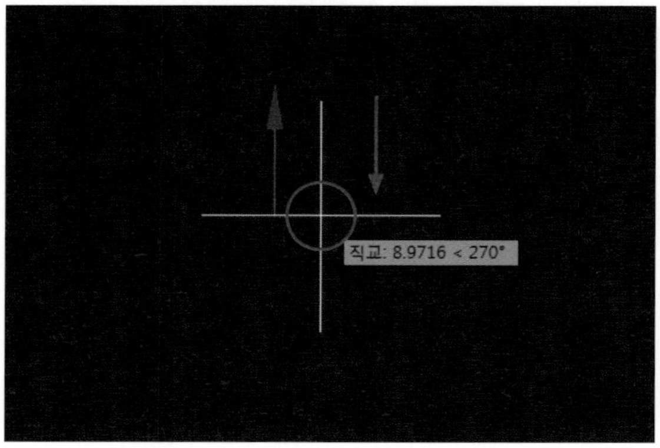

step 4

키보드의 ESC 키를 누르면 다음과 같이 지시선이 작성됩니다.

step 5

다음 **지시선**을 선택한 다음 키보드의 Ctrl + 1 키를 누릅니다.

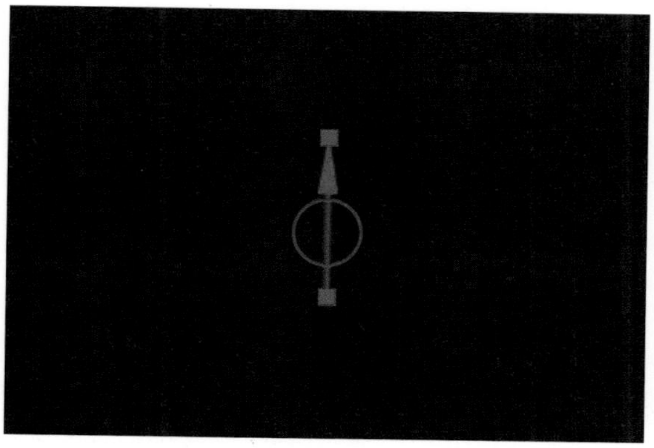

step 6

다음과 같이 **특성창**이 실행되면 화살표 모양을 **데이텀 삼각형 채우기**로 변경합니다.

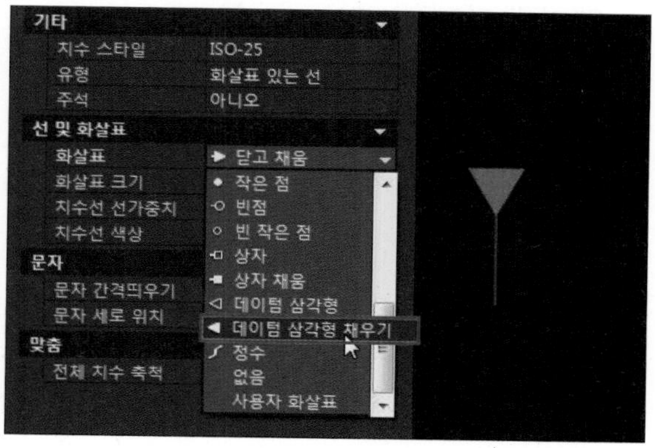

step 7

다음과 같이 지시선의 화살표 모양이 변경되었습니다.

step 8

주석 탭의 **치수** 패널을 **확장**하여 **공차** 명령을 실행합니다.

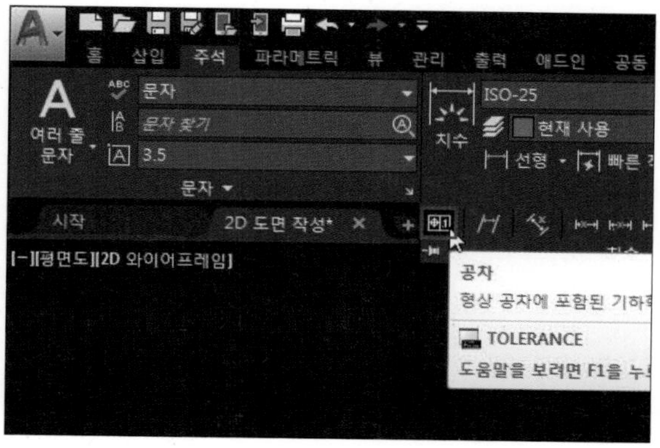

step 9

기하학적 공차 창이 실행되면 데이텀 1 항목에 A를 기입한 다음 확인 버튼을 클릭합니다.

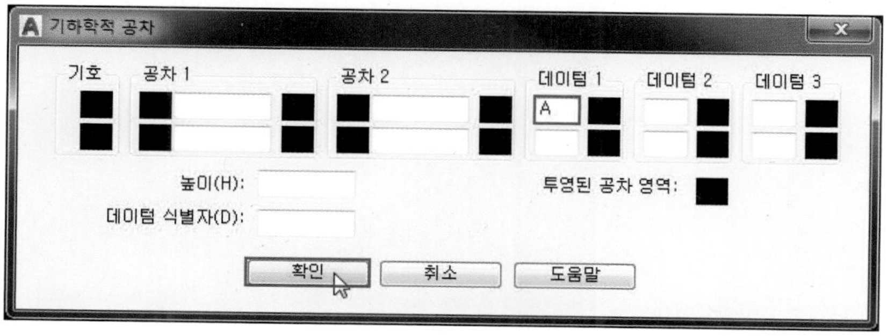

step 10

다음과 같이 마우스 커서에 데이텀 기호가 미리보기 됩니다.

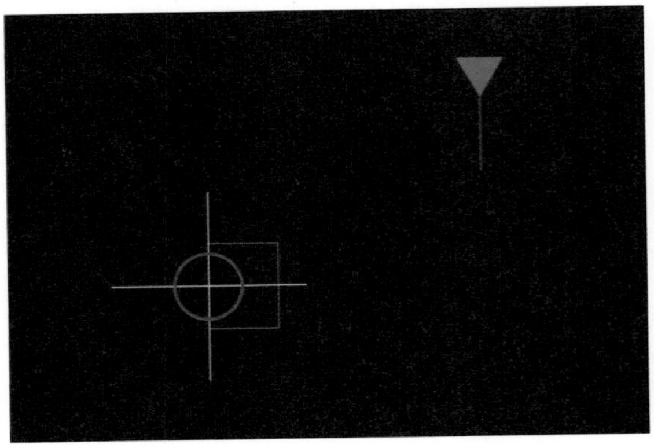

step 11

클릭하면 다음과 같이 데이텀 기호가 작성됩니다.

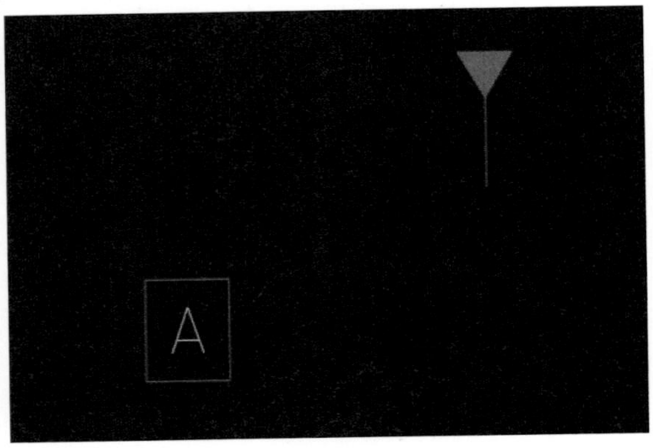

step 12

명령창에 M(이동)을 타이핑한 다음 ENTER를 누릅니다.

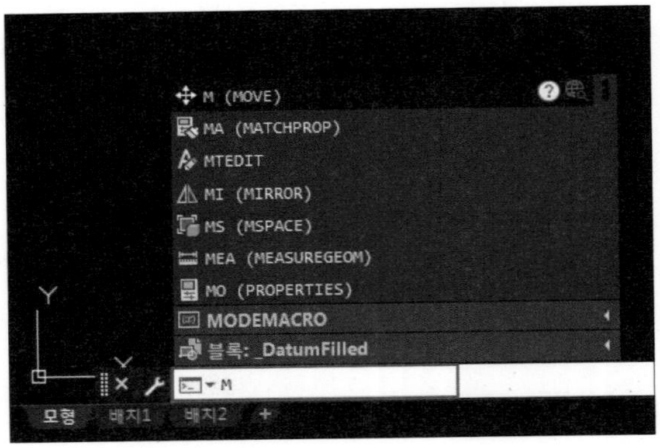

step 13

이동 객체로는 다음 데이텀 기호를 클릭한 다음 ENTER를 누릅니다.

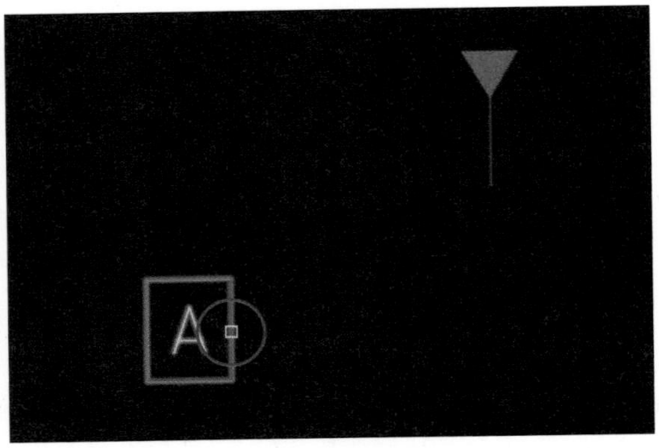

step 14

이동 기준점으로는 다음 **중간점**을 클릭합니다.

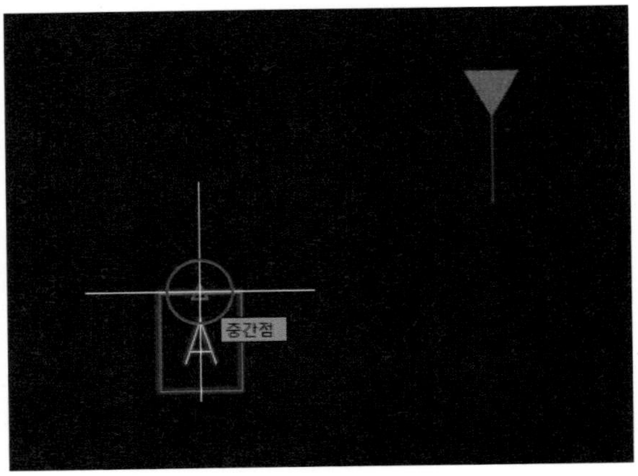

step 15

이어서 다음 **끝점**을 클릭하면 다음과 같이 이동이 완료됩니다.

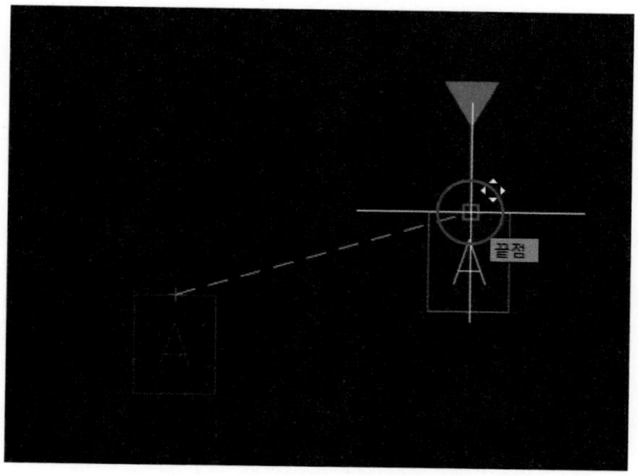

step 16

다음과 같이 데이텀 기호 작성이 완료되었습니다.

Section 5 idw 도면 작성하기

오토캐드 2D 부품도 작성을 위한 idw 도면을 작성해 보도록 하겠습니다.

chapter 01 인벤터 idw 도면 작성하기

step 1

홈 화면의 새로 만들기 항목에서 **기본 템플릿 구성** 버튼을 클릭합니다.

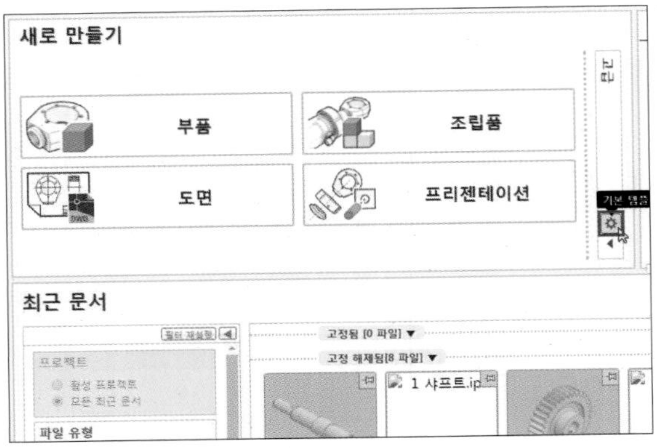

step 2

기본 템플릿 구성 창이 실행되면 측정단위 - 기본값은 밀리미터로, 도면 표준 - 기본값은 JIS로 설정한 다음 확인 버튼을 클릭합니다.

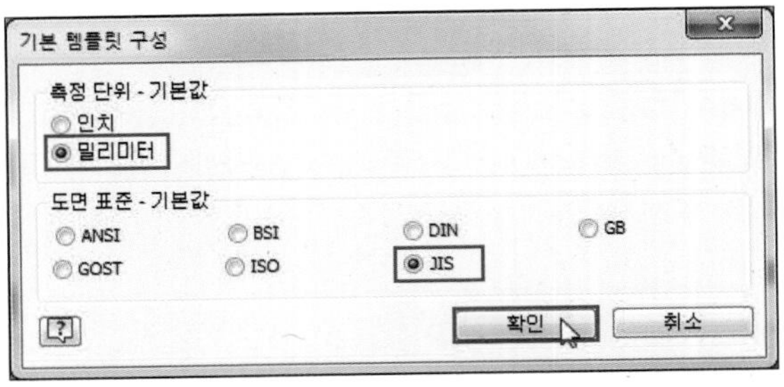

step 3

다음과 같이 기본 템플릿 대체 메세지가 뜨면 **덮어쓰기** 버튼을 클릭합니다.

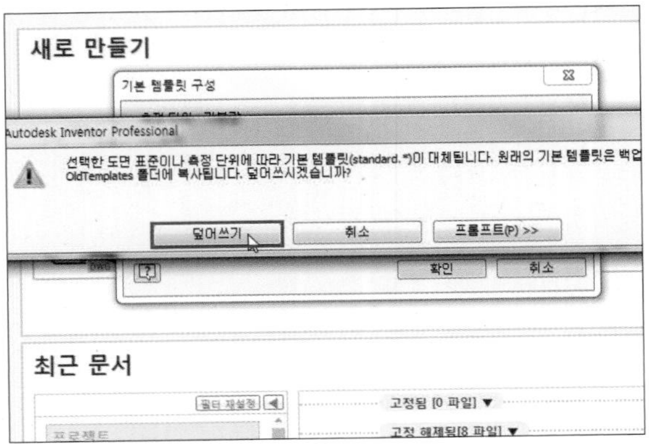

step 4

새로 만들기 버튼을 클릭합니다.

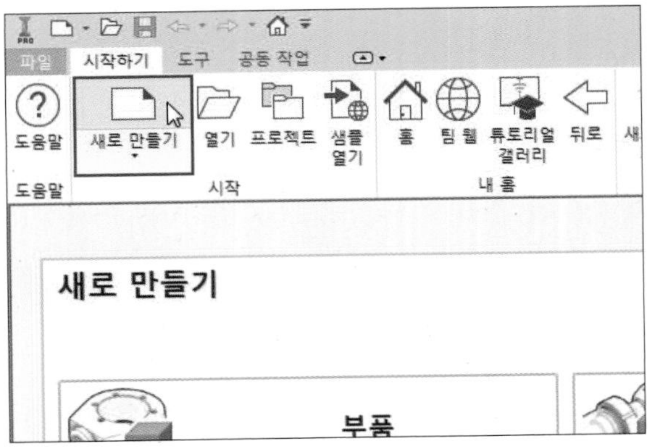

step 5

Standard.idw 템플릿을 선택한 다음 **작성** 버튼을 클릭합니다.

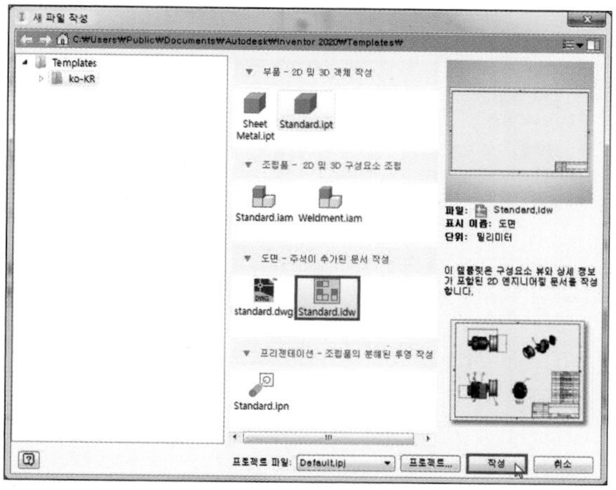

step 6

다음과 같이 도면 환경이 열리게 됩니다.

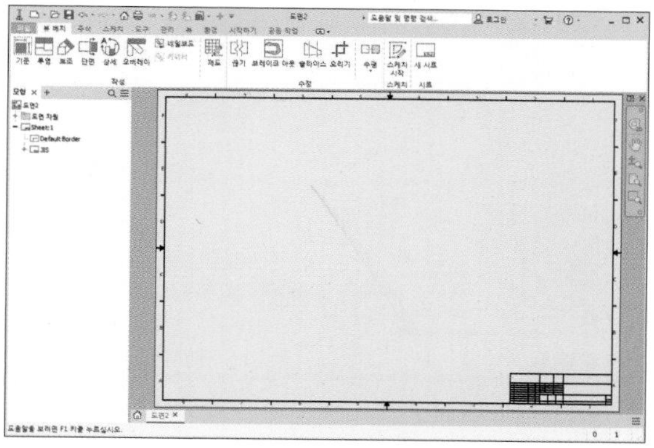

step 7

모형 검색기에서 다음 **도면 자원** 항목을 마우스 우측 버튼으로 선택하여 **삭제** 버튼을 클릭합니다.

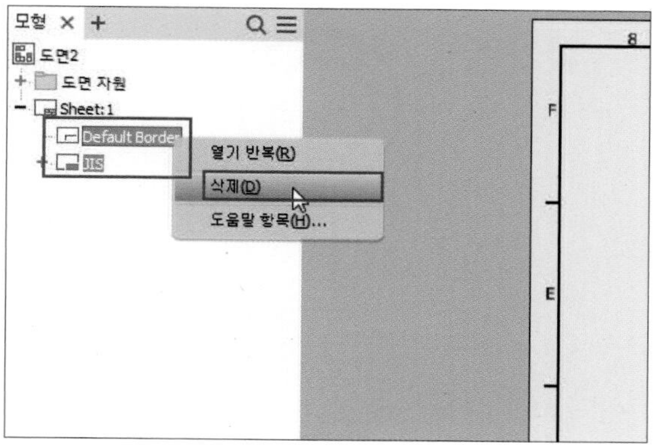

step 8

다음과 같이 기본 경계 및 표제란 형식이 삭제됩니다.

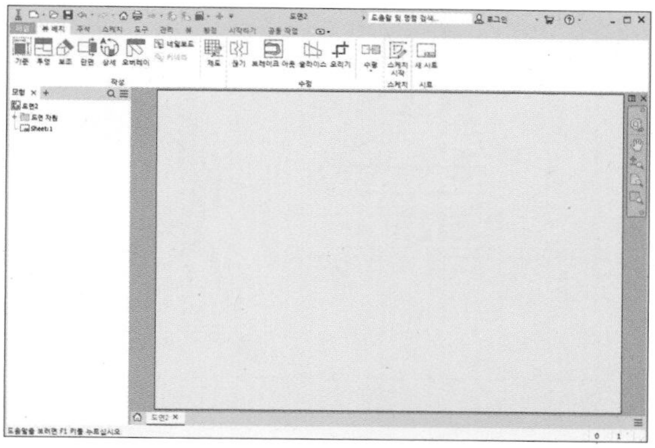

step 9

뷰 배치 탭의 **기준** 명령을 클릭합니다.

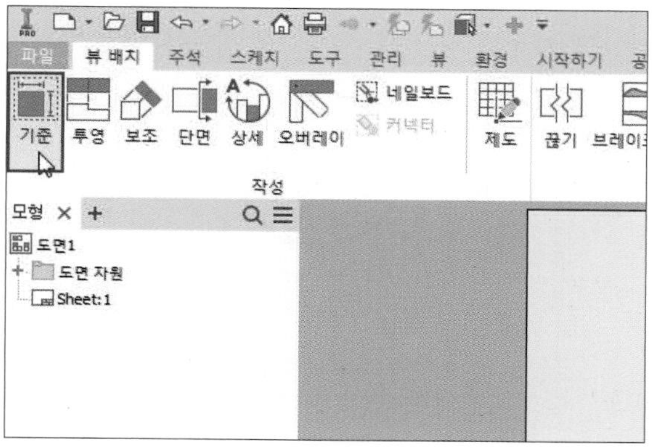

step 10

도면 뷰 창의 **기존 파일 열기** 버튼을 클릭합니다.

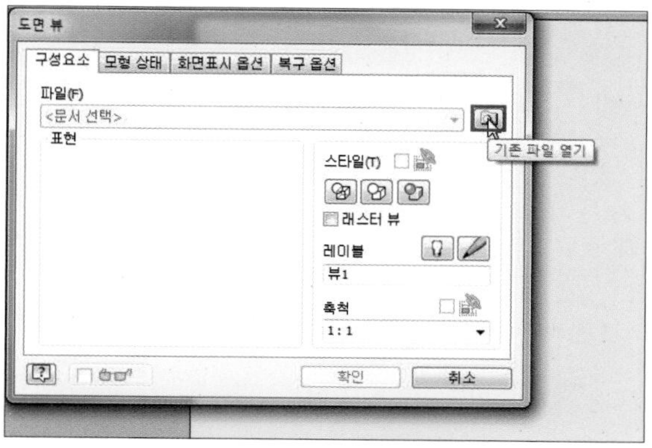

step 11

본체 부품을 선택한 다음 **열기** 버튼을 클릭합니다.

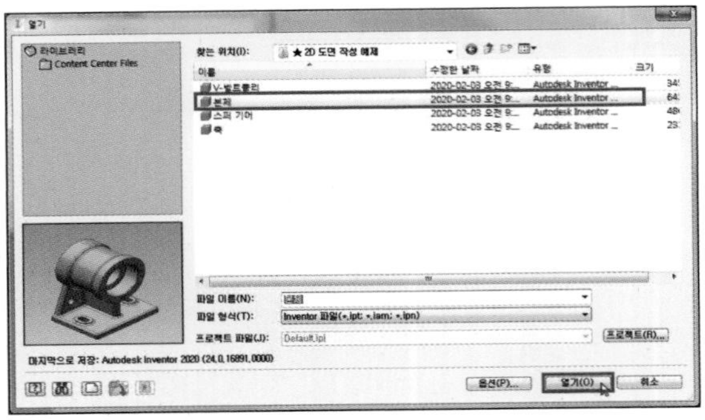

step 12

다음 버튼을 클릭하여 기본 뷰 배치 방향을 **우측면도**로 전환합니다.

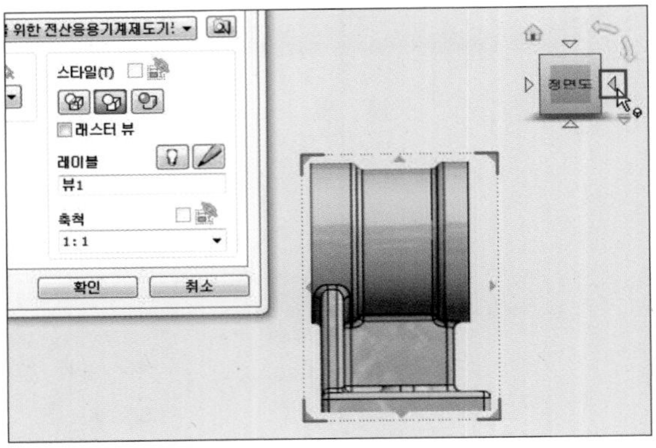

step 13

스타일과 축척을 다음과 같이 설정한 다음 확인 버튼을 클릭합니다.

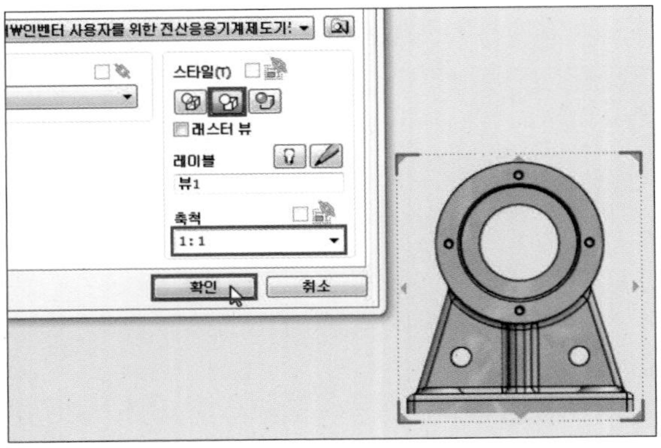

step 14

다음과 같이 본체 부품의 기본 도면 뷰가 배치됩니다.

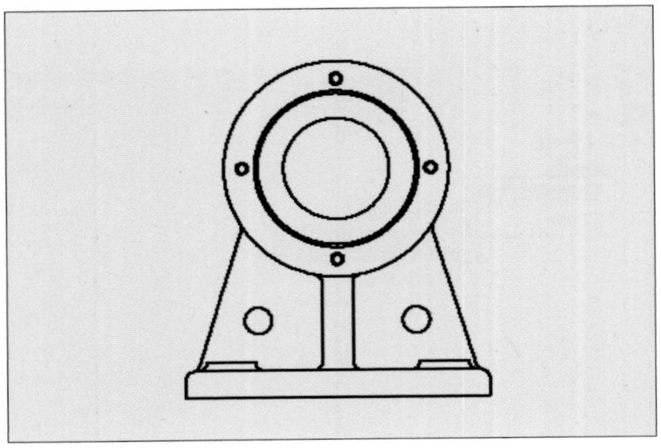

step 15

뷰 배치 탭의 **단면** 명령을 클릭합니다.

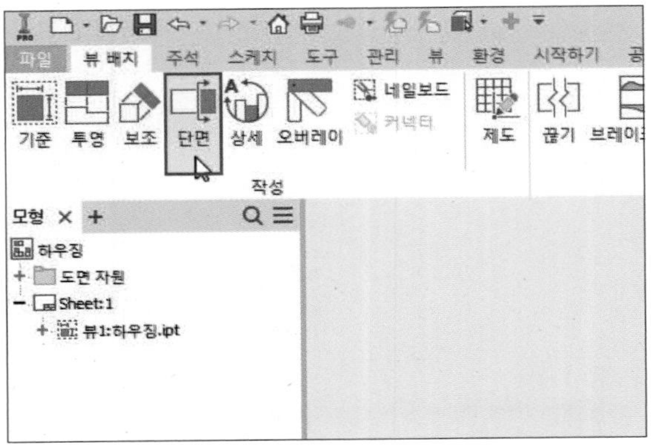

step 16

단면을 작성할 **기준 뷰**를 빨간 테두리의 영역이 잡히면 선택합니다.

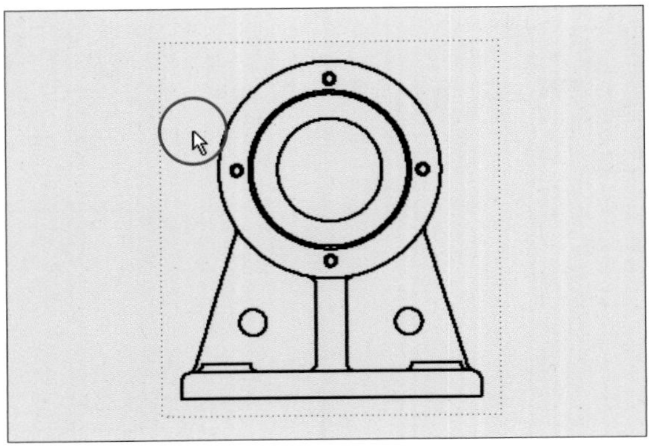

step 17

단면선의 끝점을 클릭하기 위해 다음 선의 중간점에 마우스 커서를 올려 놓습니다.

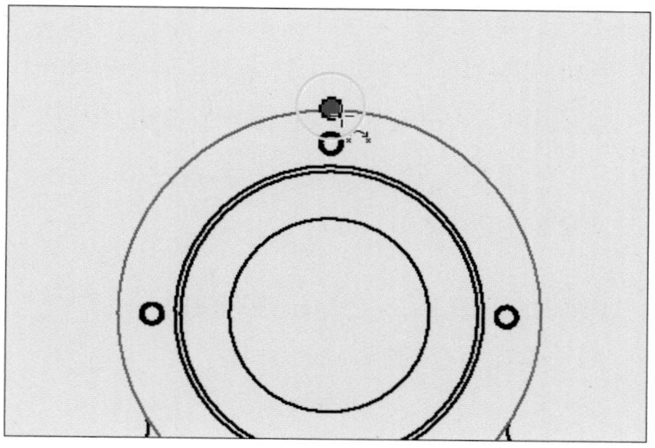

step 18

마우스 커서를 위쪽으로 이동하면 다음과 같이 **링크**가 걸리게 됩니다. 적당한 곳에 **클릭**합니다.

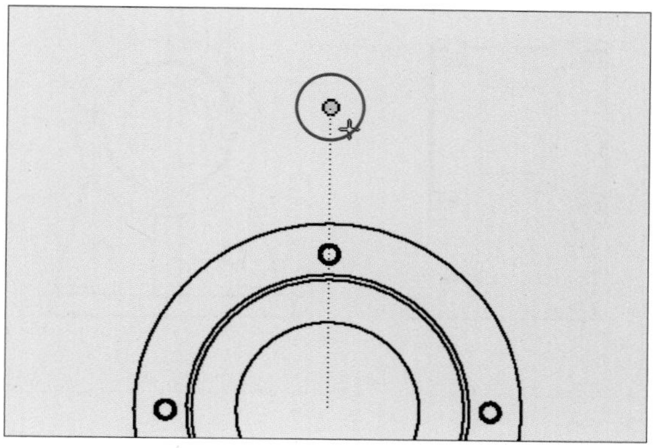

step 19

이어서 다음 **끝점**을 클릭합니다.

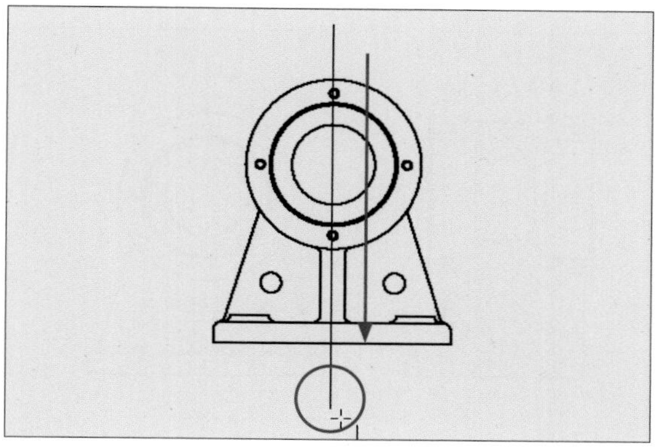

step 20

마우스 우측 버튼을 클릭하여 **계속** 버튼을 누릅니다.

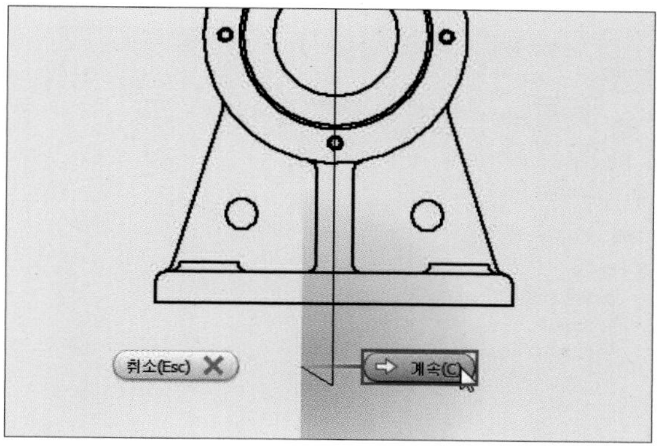

step 21

단면도 창이 뜨면 축척, 스타일 등을 확인합니다.

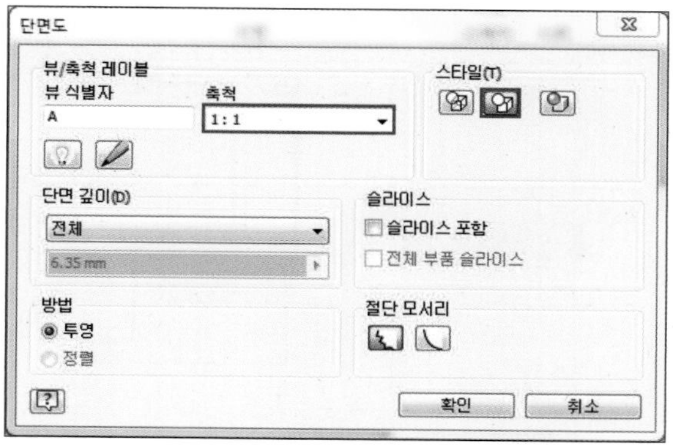

step 22

마우스 커서를 **왼쪽**으로 위치시키면 다음과 같은 단면도가 미리보기 됩니다.

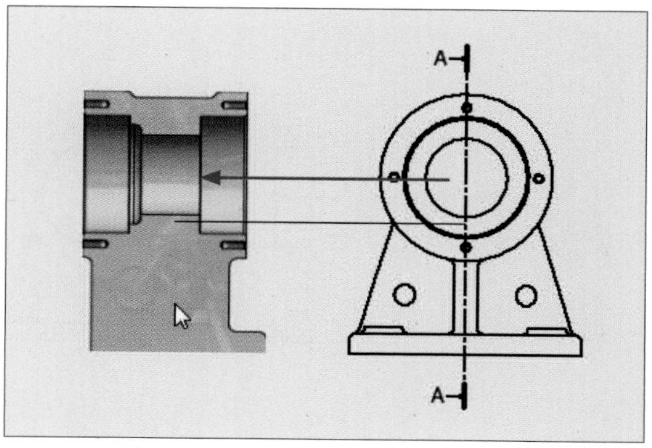

step 23

클릭하면 다음과 같이 반단면도가 작성됩니다.

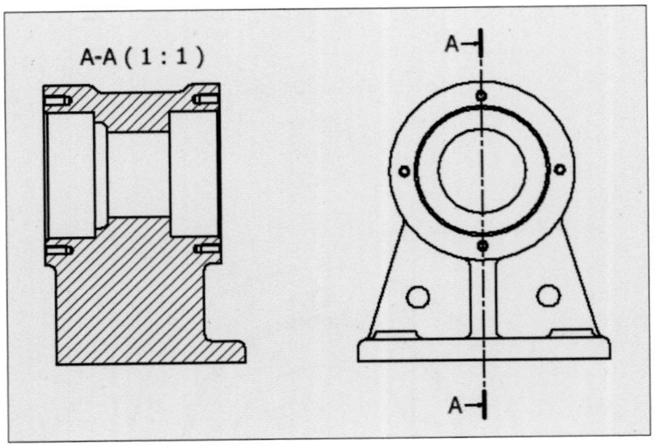

> **TIP** 길이 방향으로 단면을 하지 않는 부품
>
> 축, 핀, 키, 평행핀, 볼트, 너트, 와셔, 세트스크류, 리벳, 테이퍼 핀, 볼베어링의 볼, 롤러베어링의 롤러, 리브, 암, 기어의 이 등의 부품은 단면하여 표시하면 오히려 도면을 해독하는데 있어 혼동을 일으킬 우려가 있으므로 단면으로 잘렸어도 기본적으로 단면으로 나타내지 않습니다.
>
> 따라서, 인벤터로 단면 처리한 리브는 오토캐드에서 추가 수정하도록 하겠습니다.

step 24

뷰 배치 탭의 **투영** 명령을 클릭합니다.

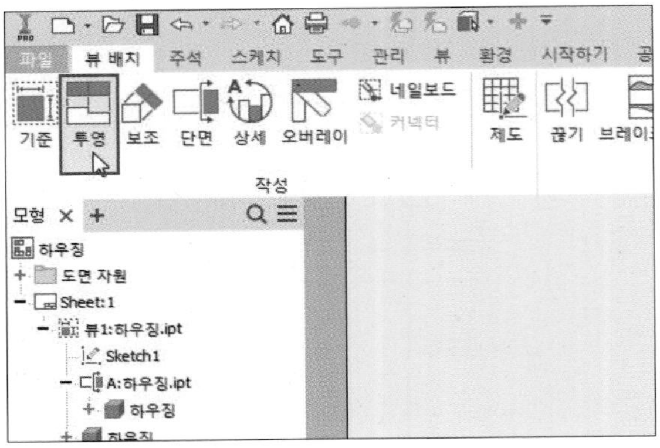

step 25

투영뷰를 작성할 기준 뷰를 빨간 테두리의 영역이 잡히면 선택합니다.

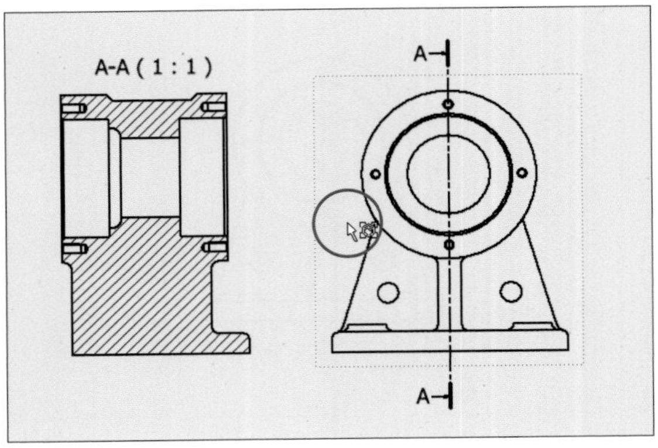

step 26

마우스 커서를 **왼쪽으로** 위치시키면 다음과 같은 투영뷰가 미리보기 됩니다. 적당한 곳에 **클릭**합니다.

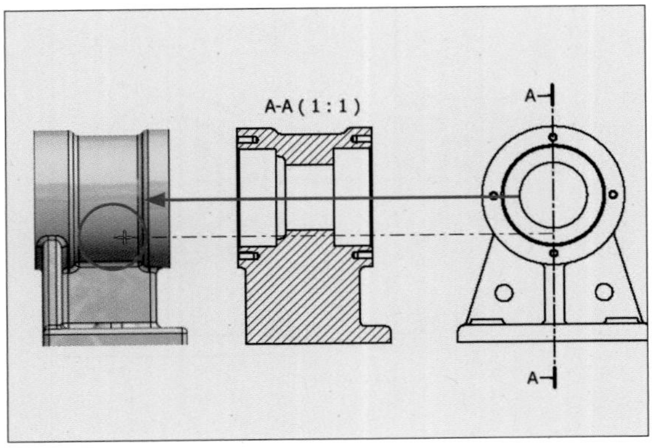

step 27

마우스 우측 버튼을 클릭하여 **작성** 버튼을 누르면 투영뷰 작성이 완료됩니다.

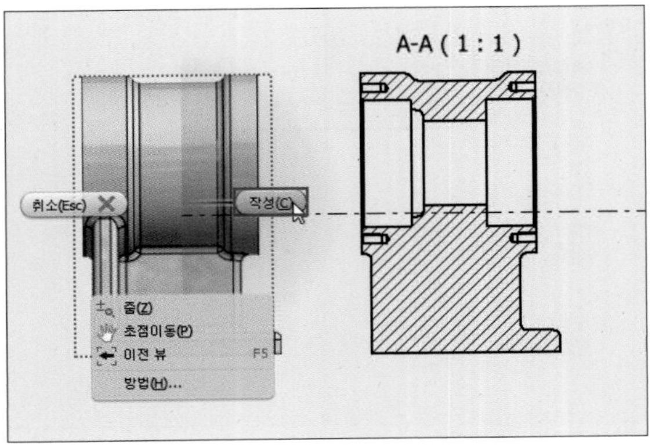

step 28

작성한 투영뷰를 더블 클릭합니다.

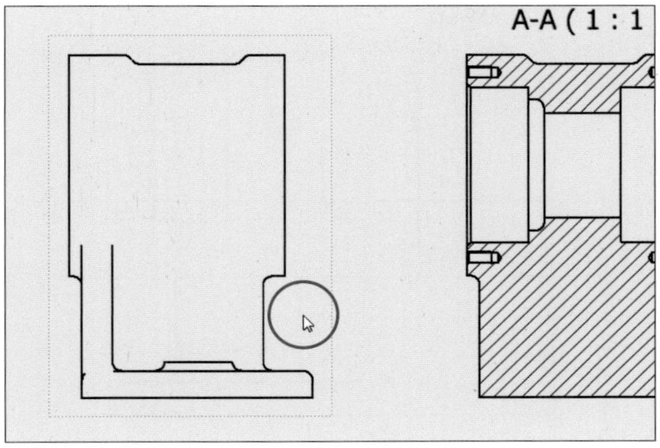

step 29

기준으로부터의 스타일 항목을 체크 해제합니다.

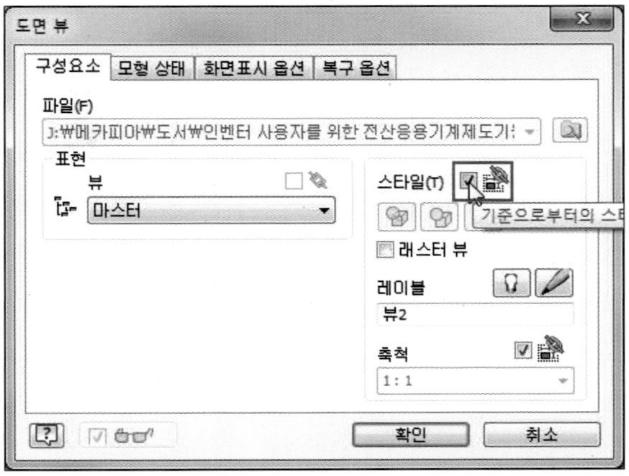

step 30

은선 스타일로 변경한 다음 확인 버튼을 클릭합니다.

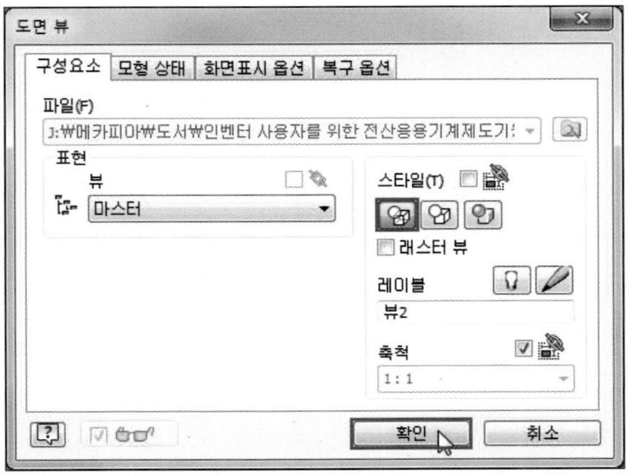

step 31

다음과 같이 선택한 뷰의 스타일이 변경되었습니다.

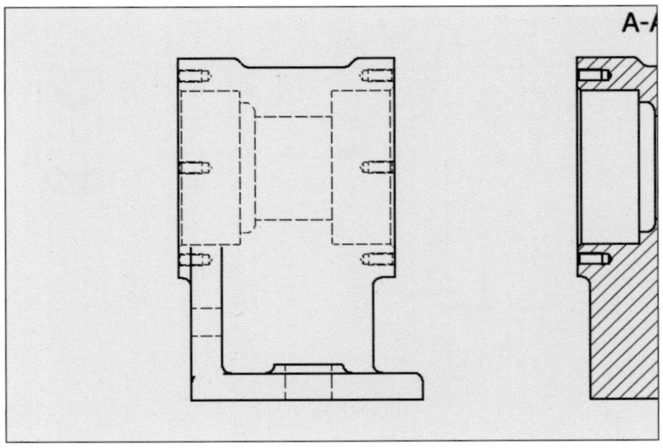

step 32

스케치 시작 명령을 클릭합니다.

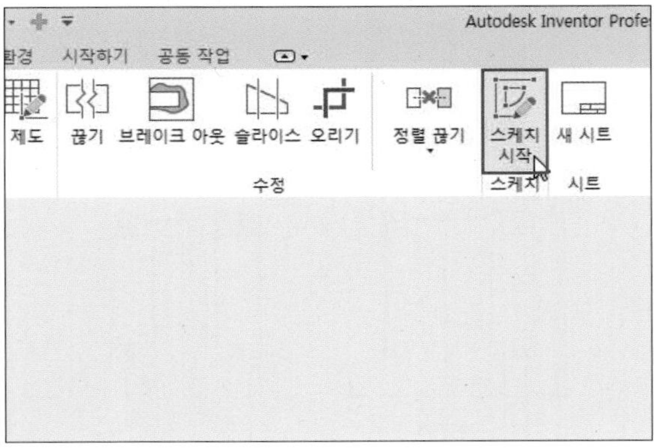

step 33

스케치를 작성할 뷰 영역을 클릭합니다.

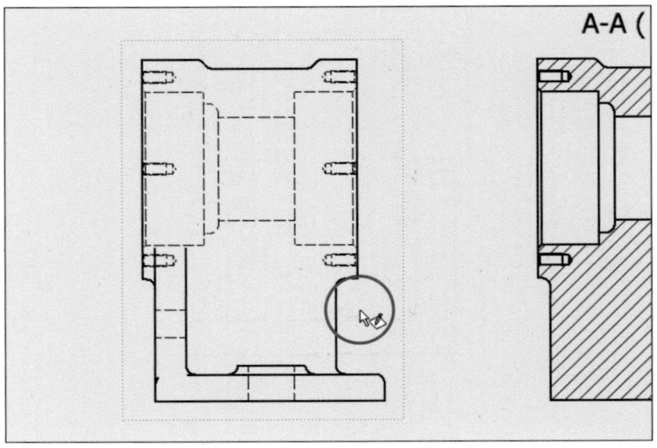

step 34

다음과 같이 선택한 **뷰 영역 중심**에 **기준선**이 표시되면서 스케치 환경으로 들어가게 됩니다.

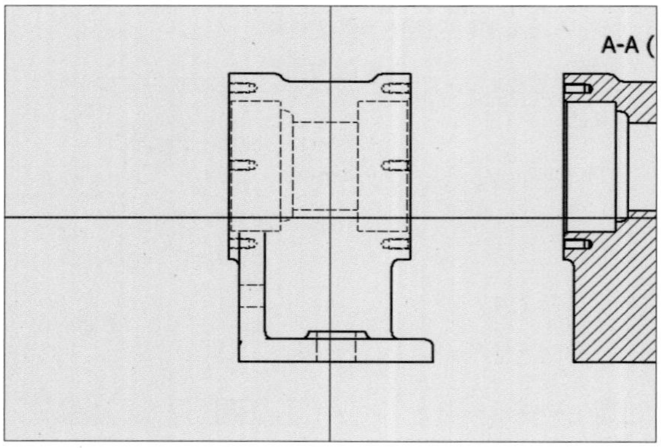

step 35

스케치 탭의 **선**, **치수** 명령을 이용하여 다음과 같이 스케치를 진행합니다.

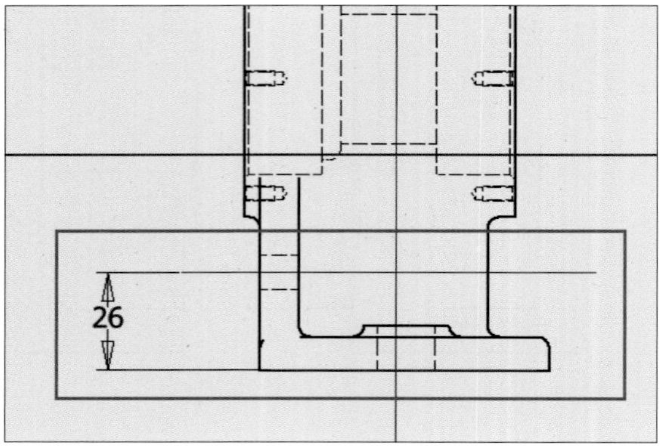

step 36

우측 상단의 **스케치 마무리** 버튼을 클릭합니다.

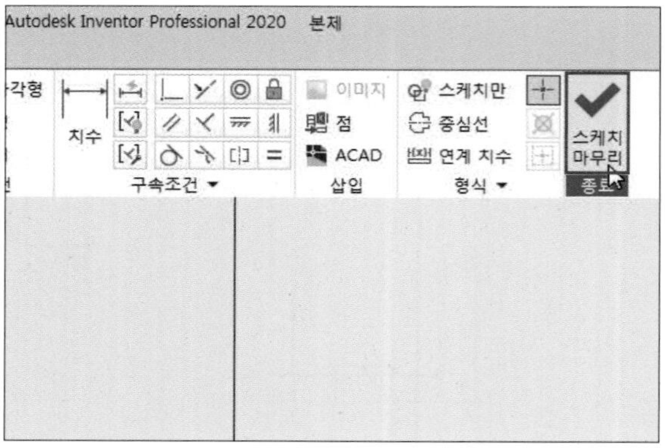

step 37

뷰 배치 탭의 **단면** 명령을 클릭합니다.

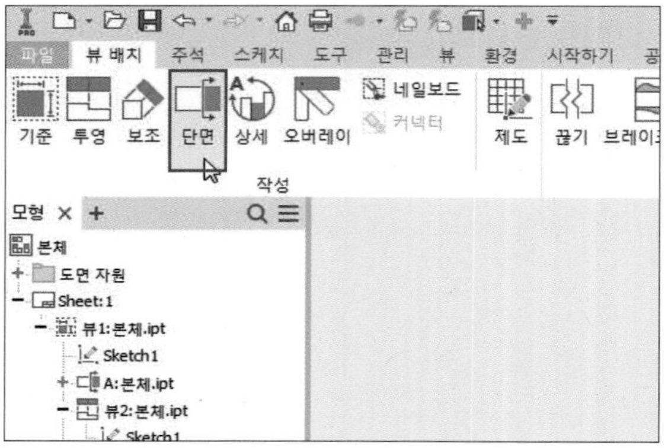

step 38

작성한 **뷰 스케치**를 클릭합니다.

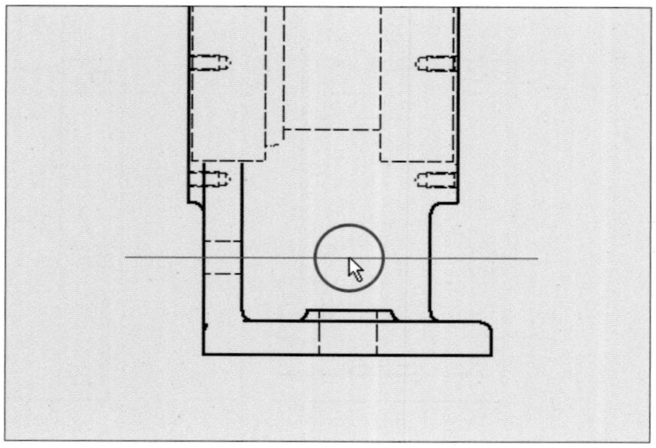

step 39

마우스 커서를 **위쪽**으로 위치시키면 다음과 같은 단면 뷰가 미리보기 됩니다. **클릭**하여 뷰를 작성합니다.

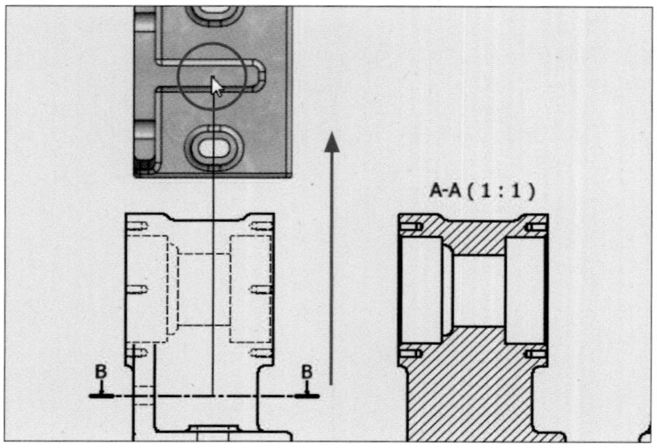

step 40

작성한 단면뷰를 클릭한 다음 **아래쪽으로 드래그**하여 뷰의 위치를 재배치하도록 합니다.

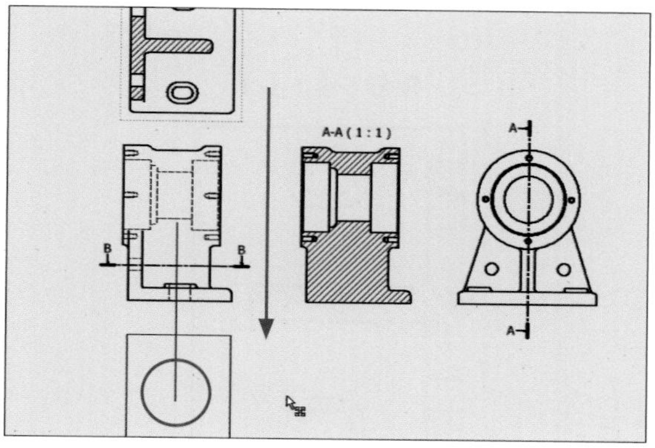

step 41

은선 스타일로 변경한 뷰를 다시 한 번 **은선 제거** 스타일로 변경하여 본체 부품의 뷰 작성을 완료합니다.

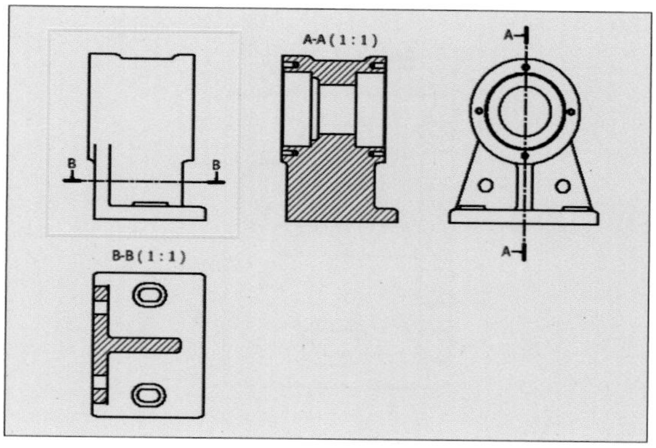

step 42

다음과 같이 **모따기 모서리**를 클릭합니다.

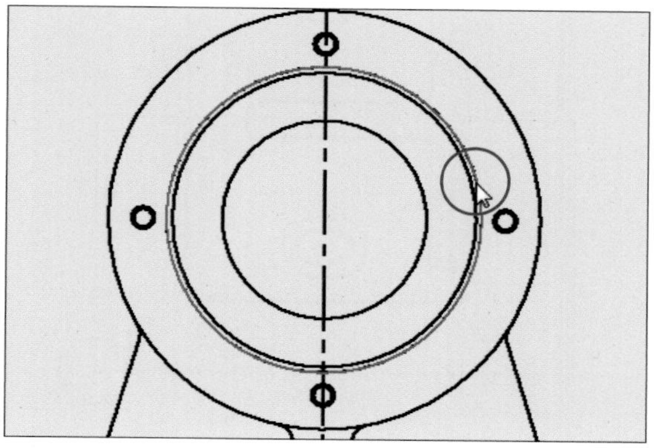

step 43

마우스 우측 버튼을 클릭하면 다음과 같은 팝업창이 뜹니다. **가시성**을 **체크 해제**합니다.

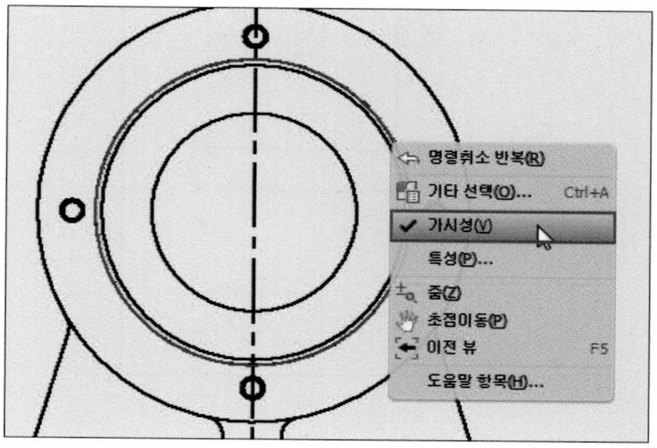

step 44

다음과 같이 모따기의 모서리가 가시성이 해제되면서 스케치 선이 깔끔하게 정리됩니다.

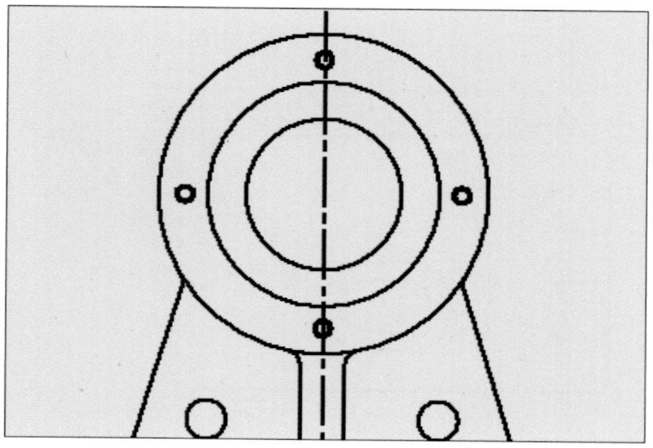

step 45

뷰 배치 탭의 **오리기** 명령을 실행합니다.

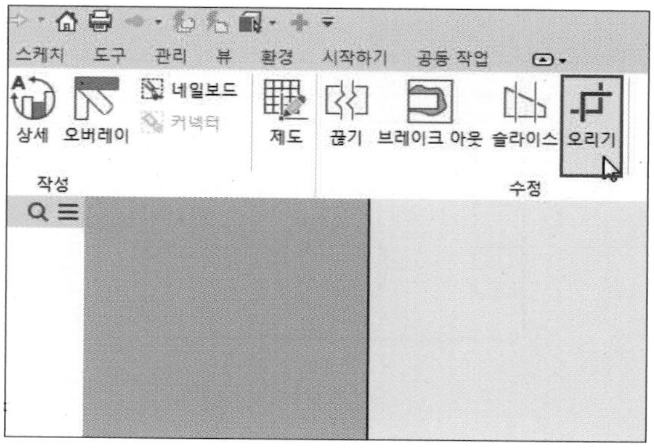

step 46

오리고 싶은 **뷰**를 클릭합니다.

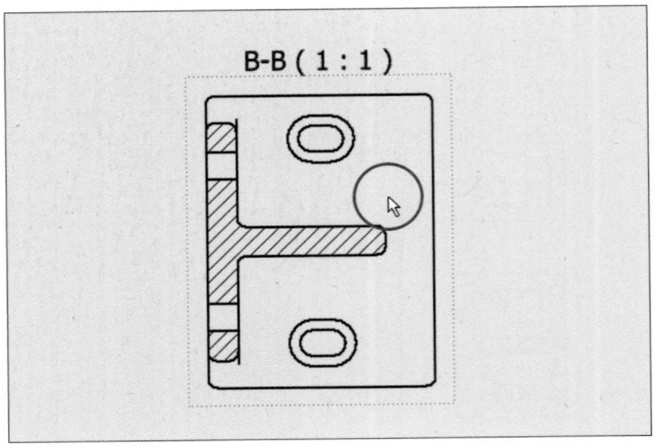

step 47

직사각형의 첫 번째 구석점을 클릭하기 위해 다음 선의 중간점에 마우스 커서를 올려 놓습니다.

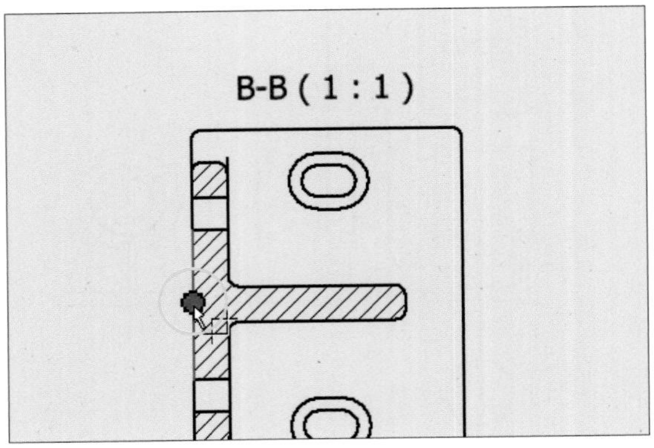

step 48

마우스 커서를 왼쪽으로 이동하면 다음과 같이 **링크**가 걸리게 됩니다. 적당한 곳에 **클릭**합니다.

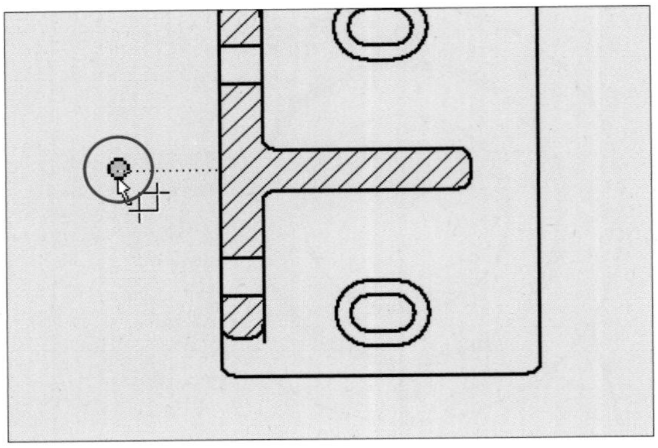

step 49

이어서 **두 번째 점**을 클릭하여 직사각형 영역을 작성합니다.

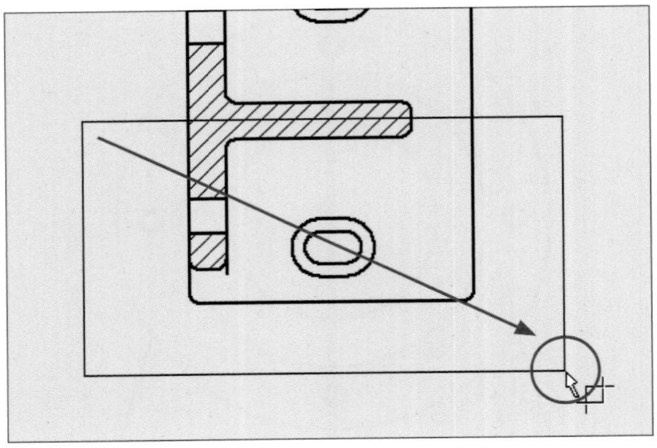

step 50

다음과 같이 선택한 뷰의 오리기 작업이 완료되었습니다.

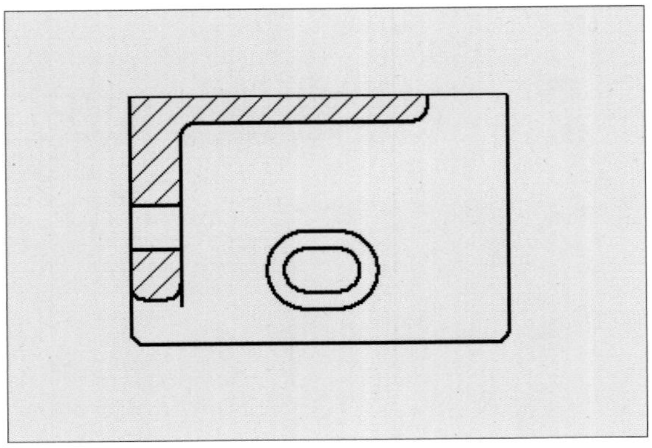

step 51

다음과 같이 오리기 라인을 다중 선택한 다음 마우스 우측 버튼으로 클릭하여 **가시성**을 **체크 해제**합니다.

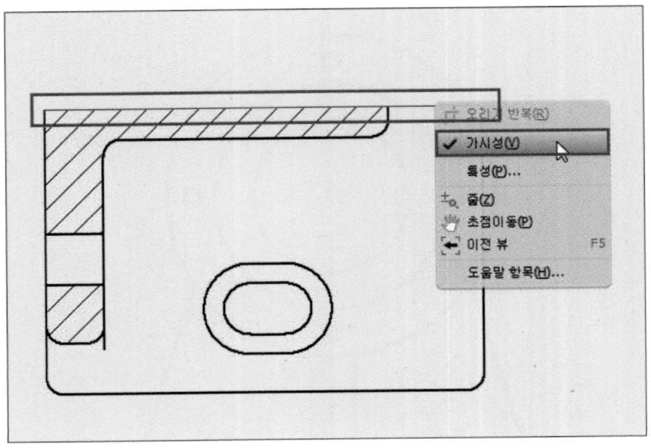

step 52

다음과 같이 오리기 라인의 가시성이 해제되었습니다.

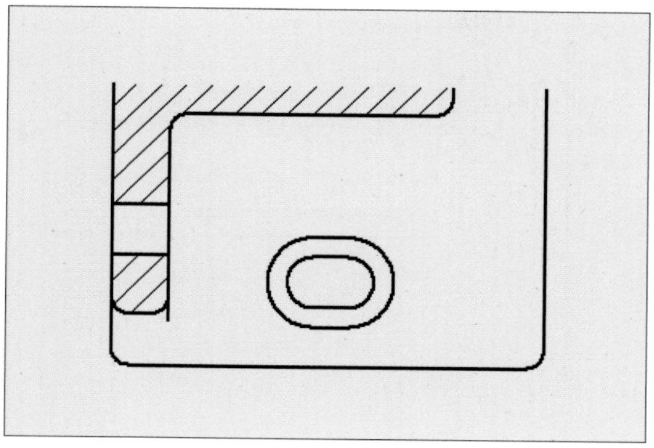

step 53

주석 탭의 **중심선** 명령을 클릭합니다.

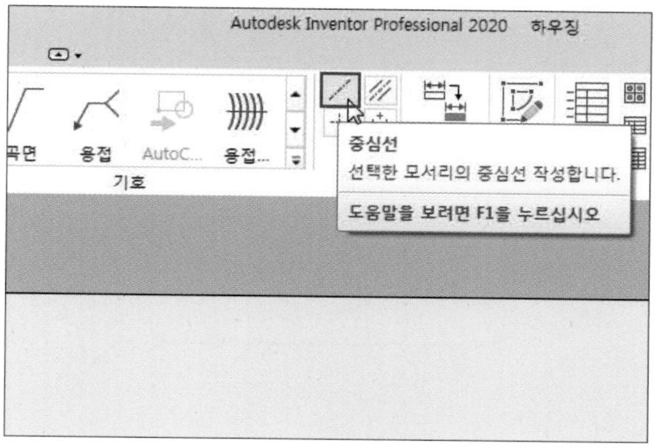

step 54

중심선을 작성할 첫 번째 **위치점**을 클릭합니다.

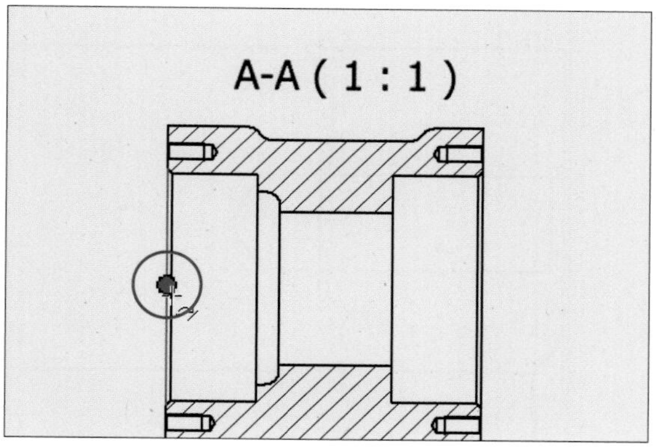

step 55

이어서 다음 **위치점**을 클릭합니다.

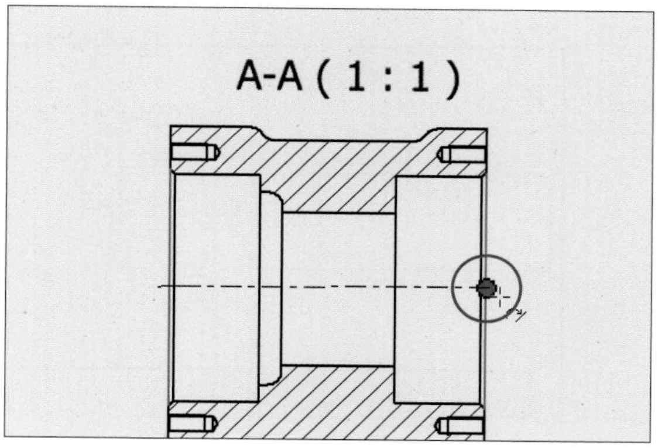

step 56

마우스 우측 버튼을 클릭하여 **작성** 버튼을 누릅니다.

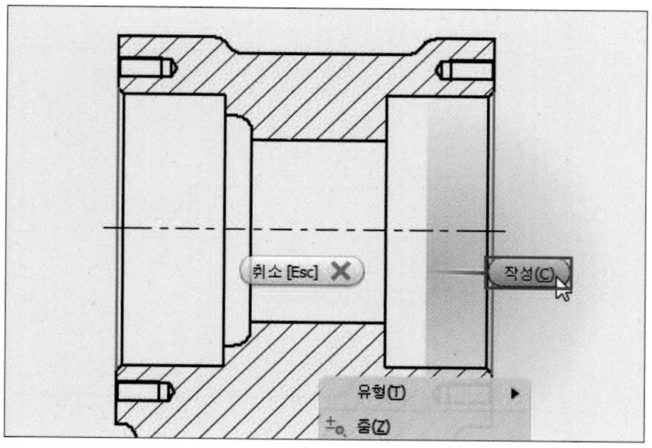

step 57

다음과 같이 중심선이 작성되었습니다.

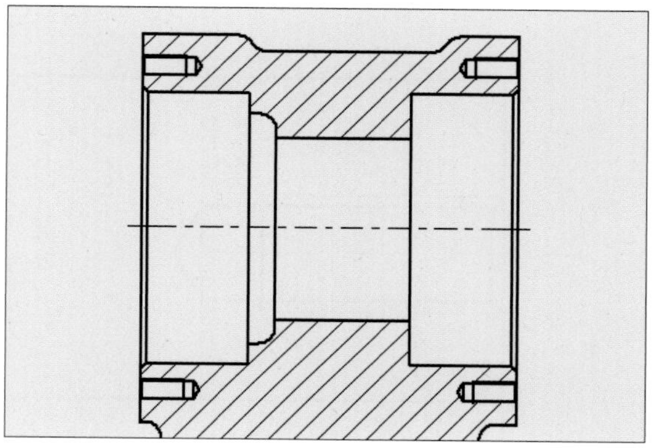

step 58

마찬가지 방법으로 다음 **중심선**을 작성합니다.

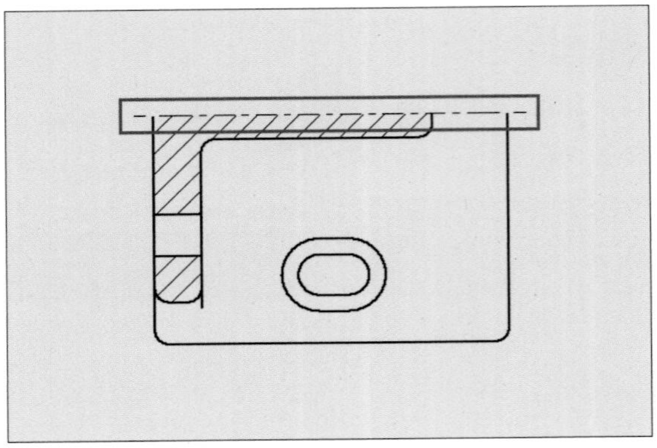

step 59

주석 탭의 **중심선 이등분** 명령을 클릭합니다.

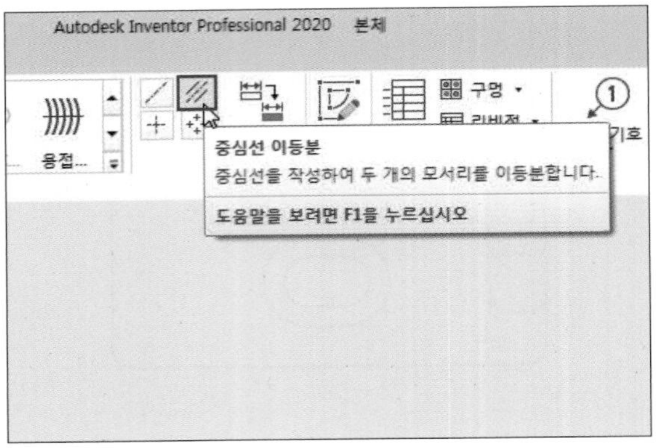

step 60

다음 나사산의 **모서리**를 클릭합니다.

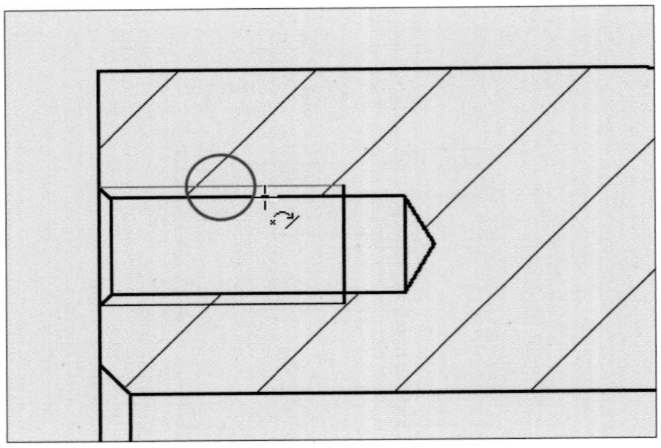

step 61

이어서 다음 나사산의 **모서리**를 클릭합니다.

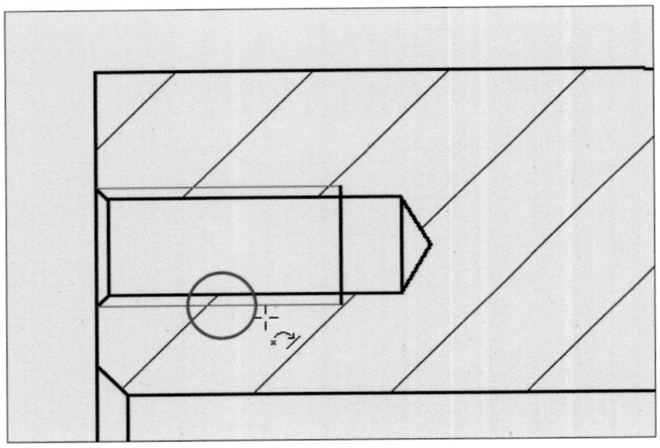

step 62

다음과 같이 선택한 두 선의 중간 부분에 **중심선**이 작성됩니다.

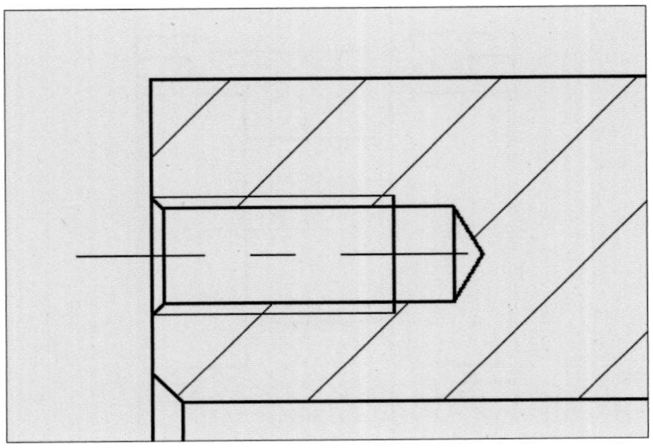

step 63

중심선의 끝점을 적당히 **드래그**하여 중심선의 위치를 조정합니다.

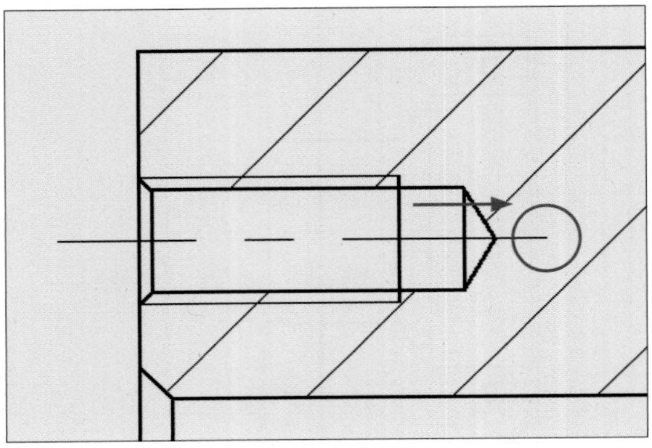

step 64

마찬가지 방법으로 다음 **중심선**을 작성합니다.

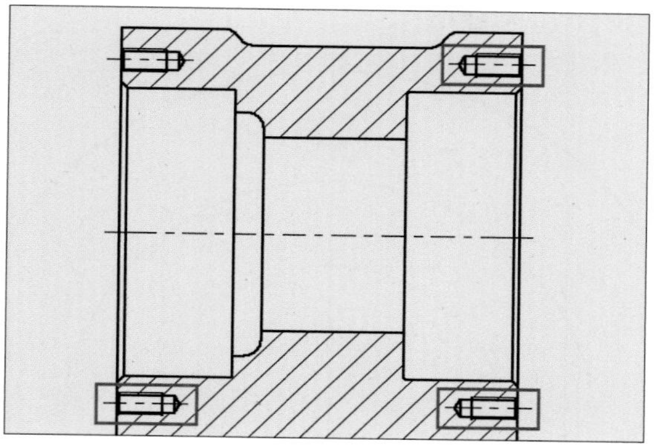

step 65

주석 탭의 **중심 패턴** 명령을 클릭합니다.

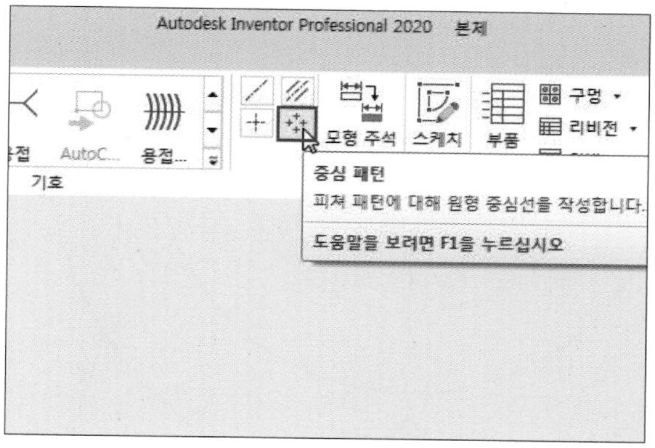

step 66

원형 패턴의 중심으로 다음 **모서리**를 클릭합니다.

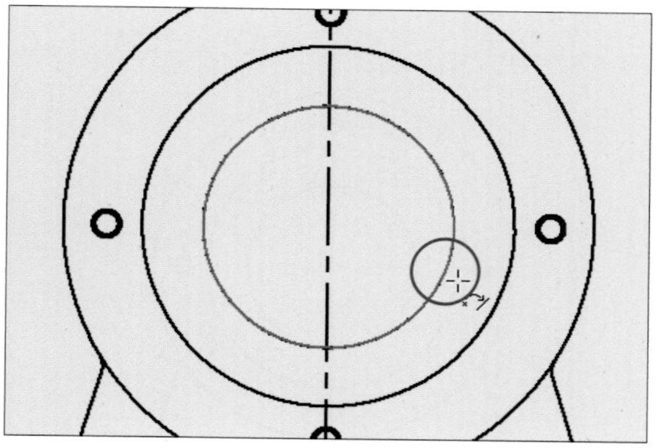

step 67

첫 번째 구멍 **모서리**를 클릭합니다.

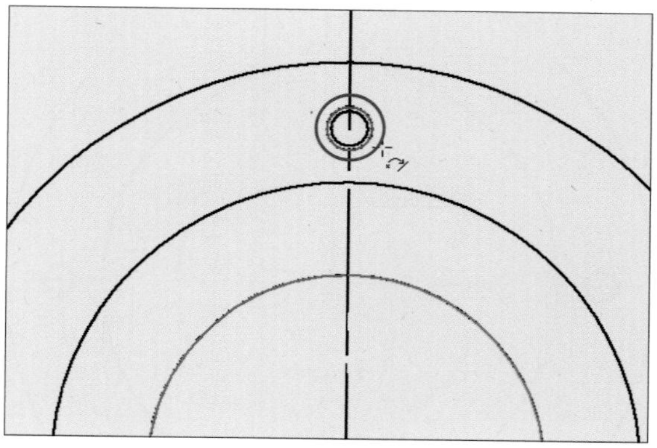

step 68

이어서 두 번째 구멍 **모서리**를 클릭합니다.

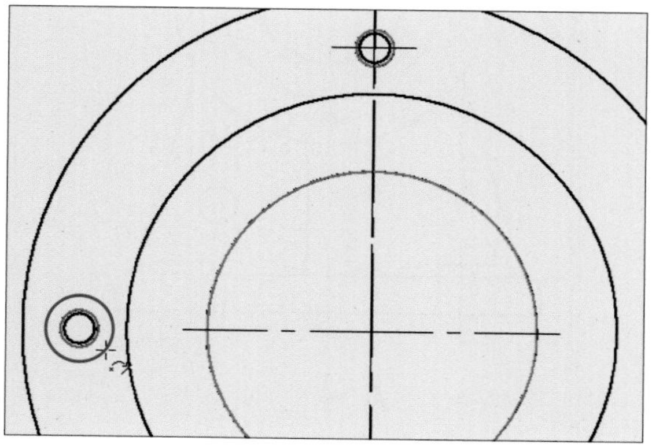

step 69

이어서 세 번째 구멍 **모서리**를 클릭합니다.

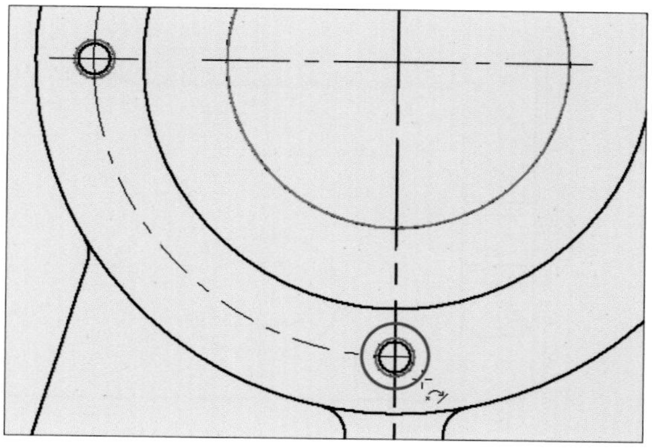

step 70

이어서 네 번째 구멍 **모서리**를 클릭합니다.

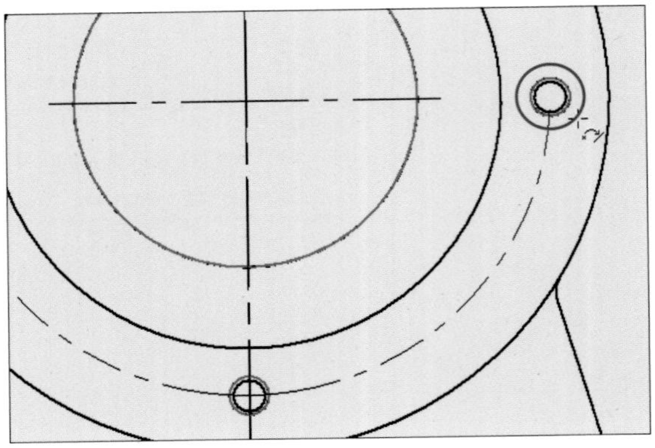

step 71

마지막으로 **첫 번째 구멍 모서리**를 한 번 더 클릭하여 마무리하도록 합니다.

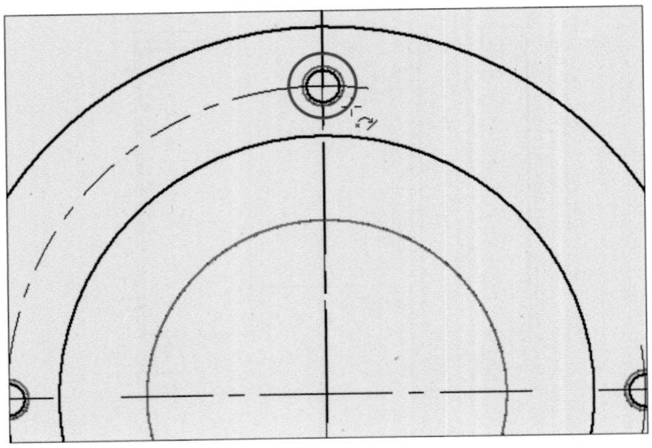

step 72

마우스 우측 버튼을 클릭하여 **작성** 버튼을 누릅니다.

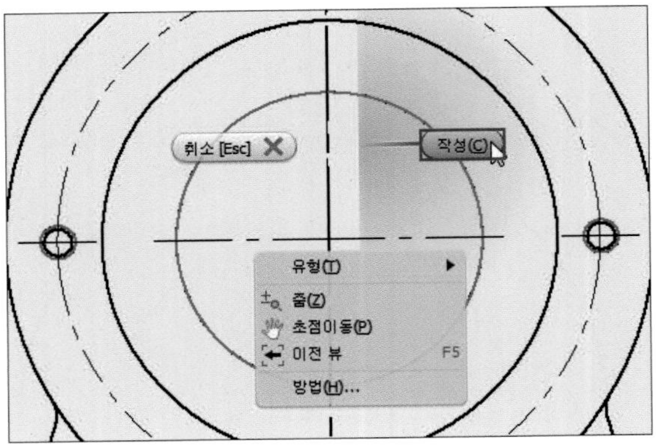

step 73

다음과 같이 구멍부의 원형 패턴 중심선이 작성되었습니다.

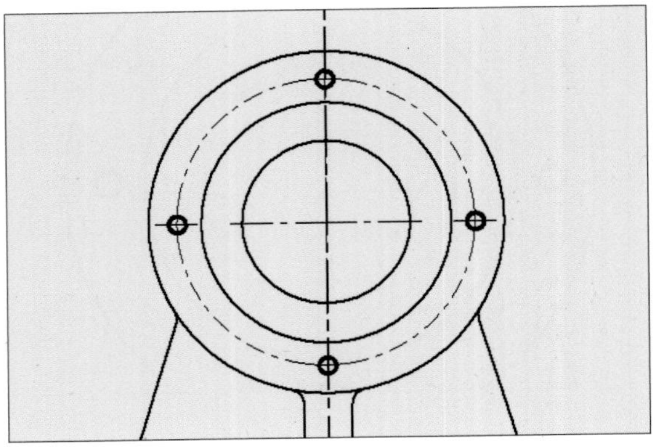

step 74

단면도의 **중심선**도 다음과 같이 작성합니다.

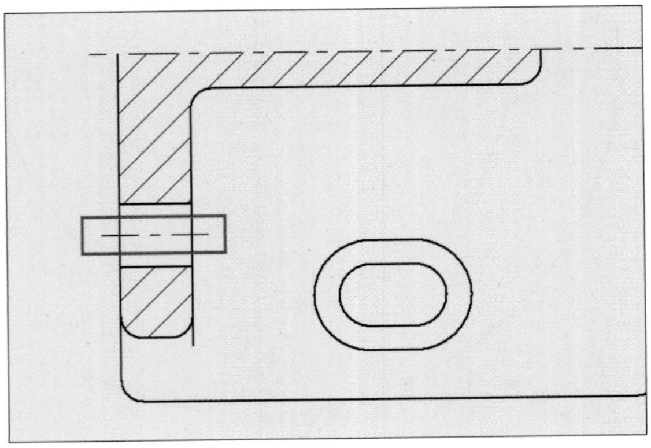

step 75

우측면도 뷰에도 다음 **중심선**을 기입합니다.

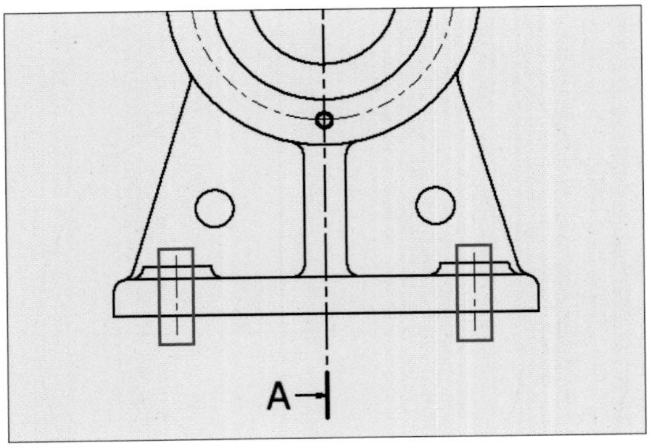

step 76

주석 탭의 **중심 표식** 명령을 클릭합니다.

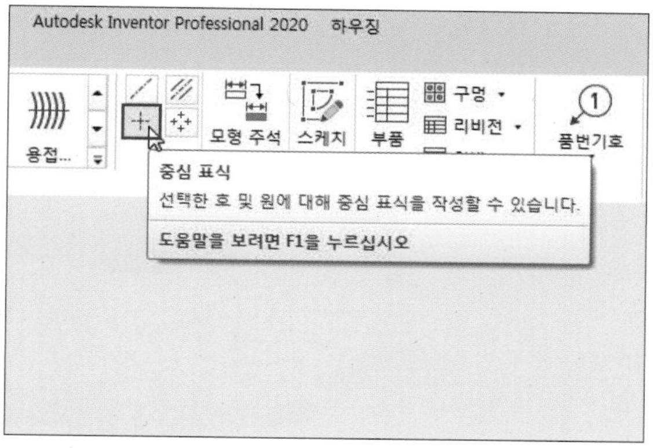

step 77

다음 **구멍**을 클릭합니다.

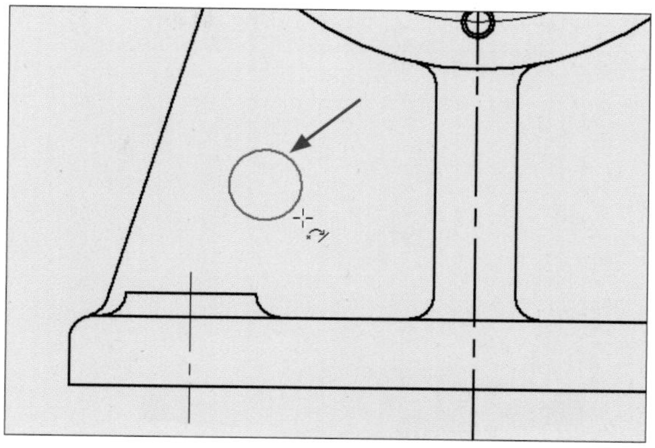

step 78

다음과 같이 선택한 구멍에 **중심 표식**이 작성되었습니다.

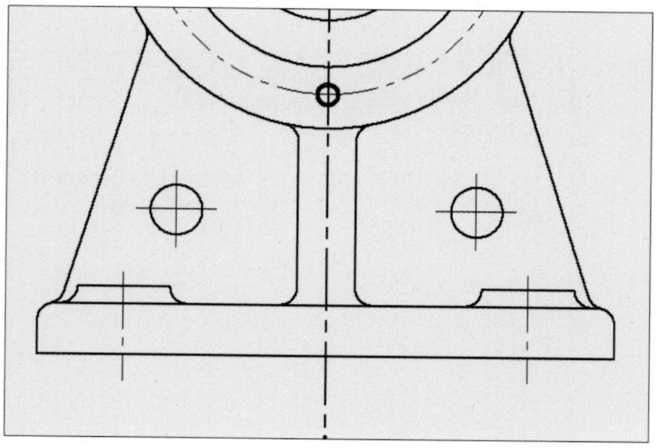

step 79

마찬가지 방법으로 단면도 뷰에도 **중심 표식**을 작성합니다.

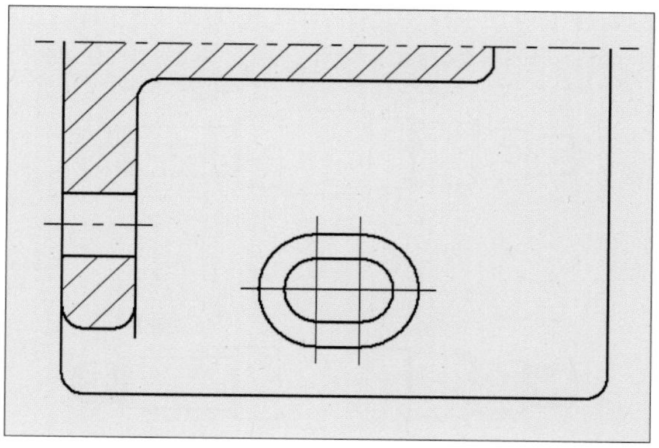

step 80

다음과 같이 본체 부품의 뷰 및 중심선 작성이 완료되었습니다.

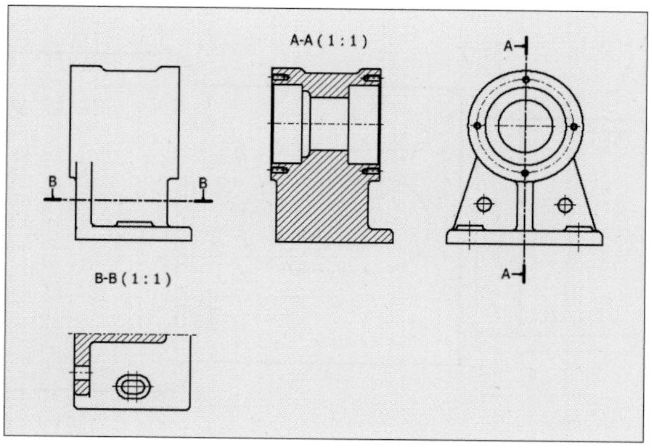

step 81

뷰 배치 탭의 **기준** 명령을 클릭합니다.

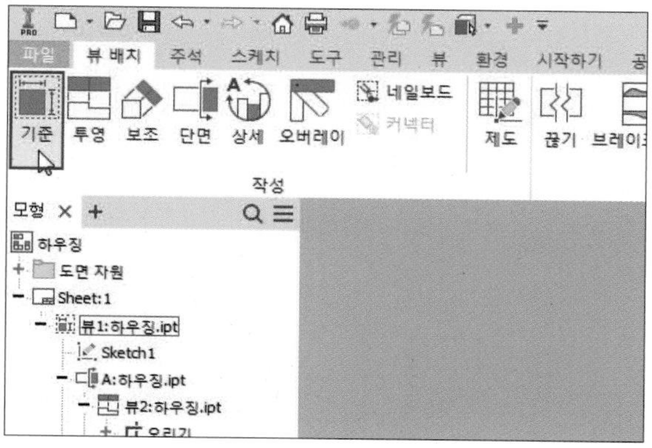

step 82

축 부품을 불러온 다음 **정면도**를 기준으로 마우스 커서를 위쪽으로 이동하면 **평면도** 영역이 미리보기 됩니다. 적당한 곳에 **클릭**합니다.

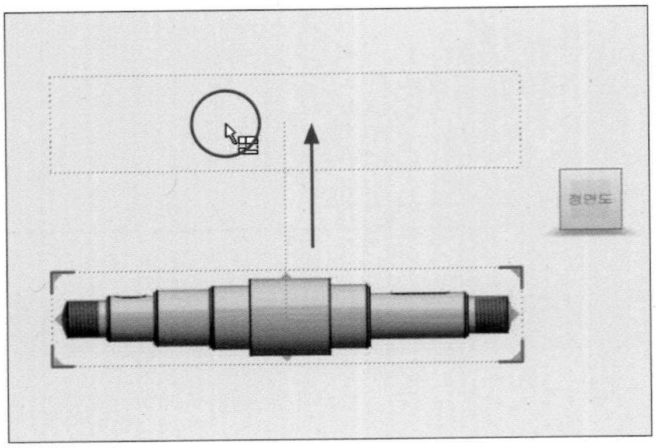

step 83

스타일과 **축척**을 다음과 같이 설정한 다음 **확인** 버튼을 클릭합니다.

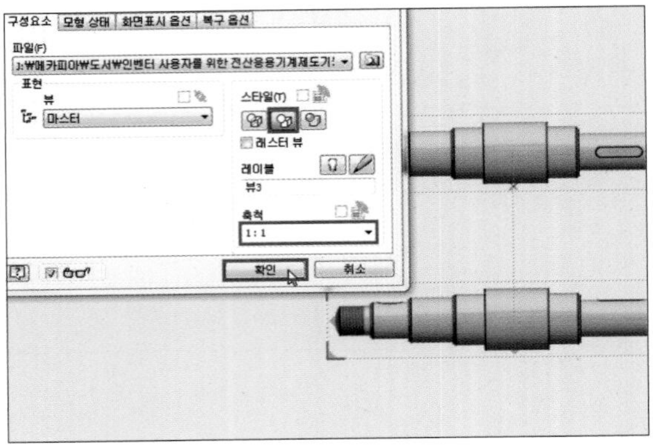

step 84

다음과 같이 축 부품의 기본 도면 뷰가 배치됩니다.

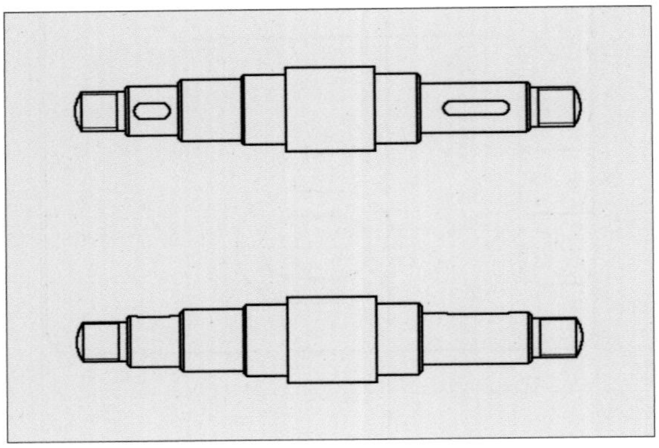

step 85

뷰 배치 탭의 **오리기** 명령을 실행합니다.

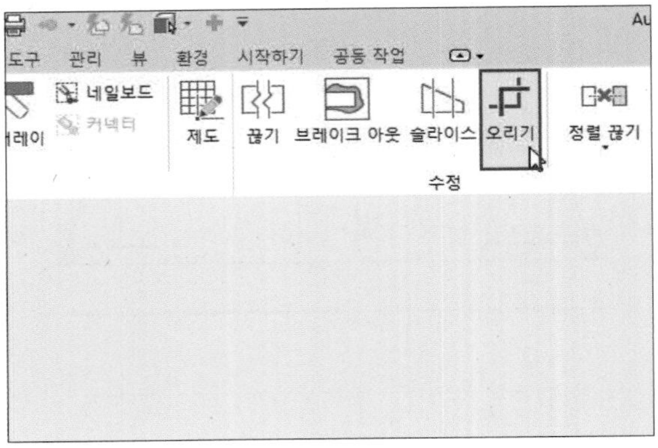

step 86

오리고 싶은 **뷰**를 클릭합니다.

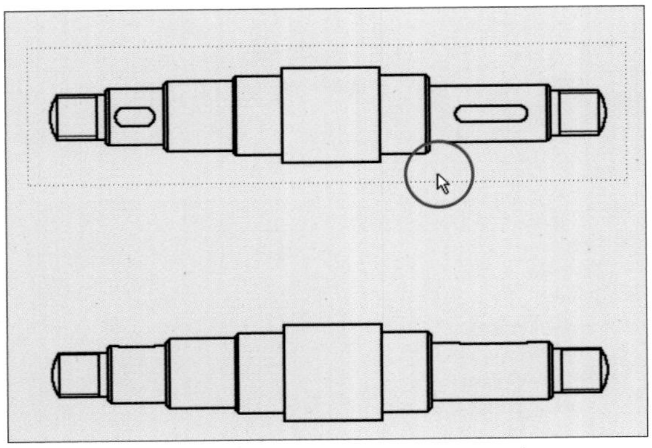

step 87

유지할 뷰의 **직사각형 영역**을 작성합니다.

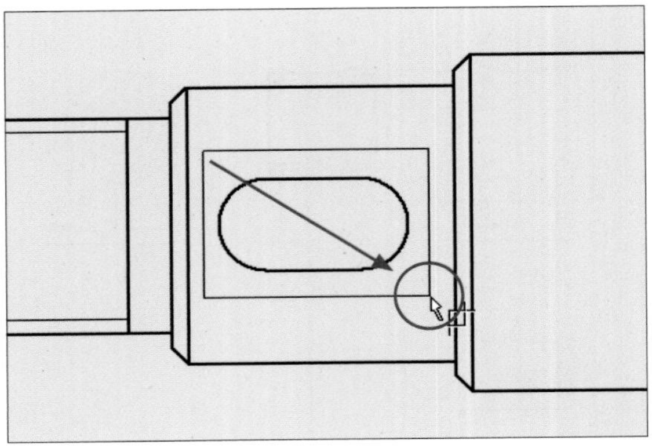

step 88

클릭하면 다음과 같이 선택한 뷰의 오리기 작업이 완료되었습니다.

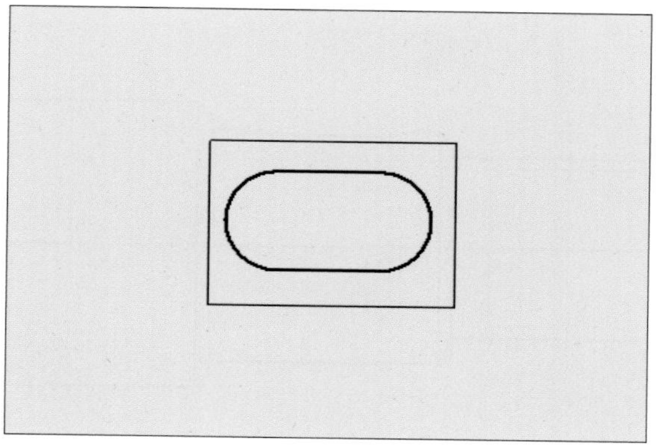

step 89

다음과 같이 오리기 라인을 다중 선택한 다음 마우스 우측 버튼으로 클릭하여 **가시성**을 **체크 해제**합니다.

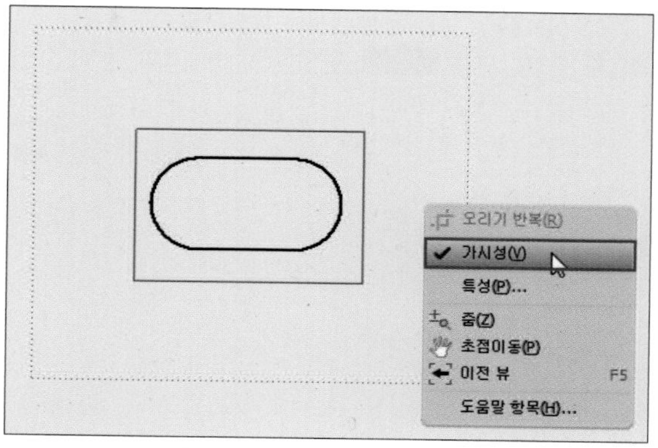

step 90

마찬가지 방법으로 반대쪽 키 홈도 동일하게 뷰를 작성합니다.

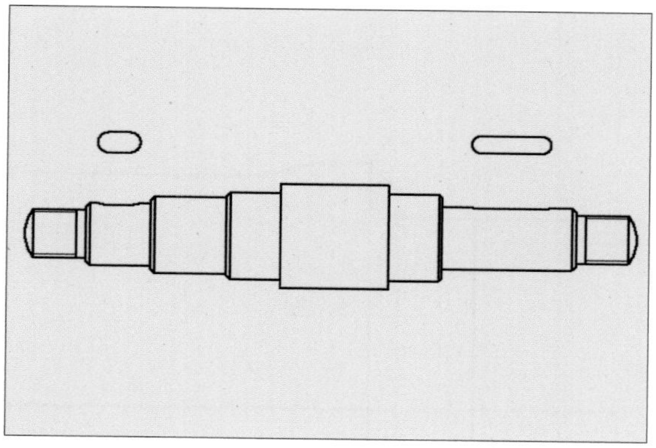

step 91

스케치 시작 명령을 클릭합니다.

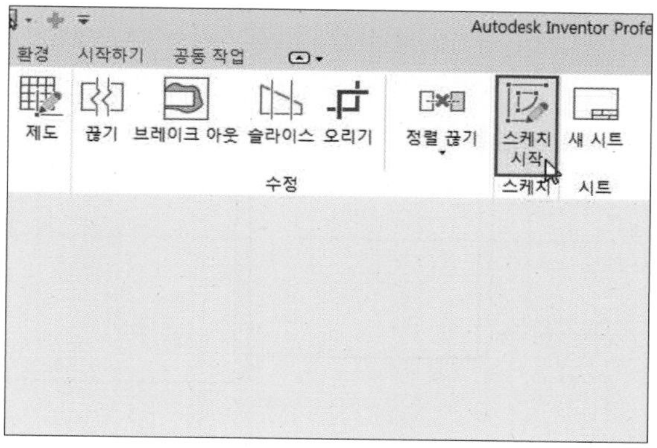

step 92

스케치를 작성할 **뷰 영역**을 클릭합니다.

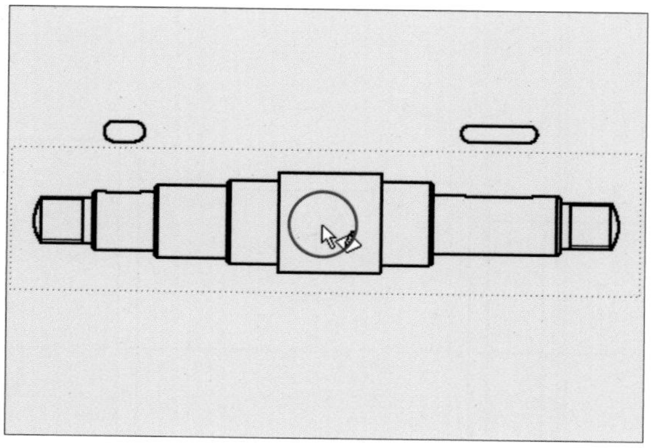

step 93

다음과 같이 선택한 **뷰 영역 중심**에 **기준선**이 표시되면서 스케치 환경으로 들어가게 됩니다.

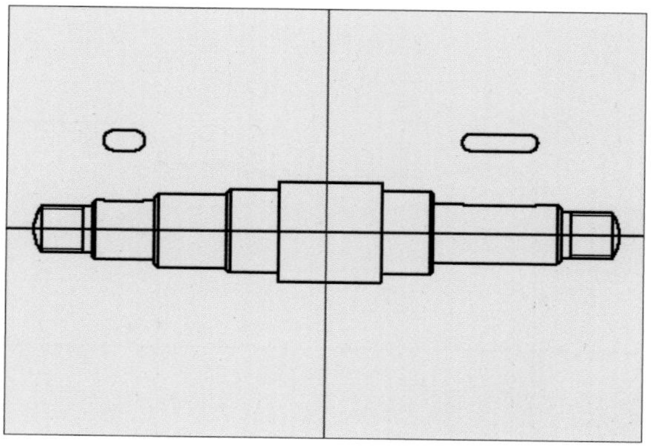

step 94

스케치 탭의 선 명령을 확장하여 스플라인 제어 꼭지점 명령을 실행합니다.

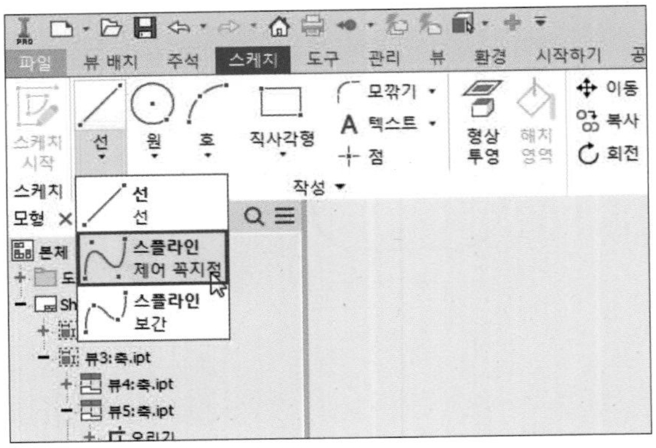

step 95

부분 단면도를 작성할 영역을 스케치 하기 위해 대략적인 첫 번째 점을 클릭합니다.

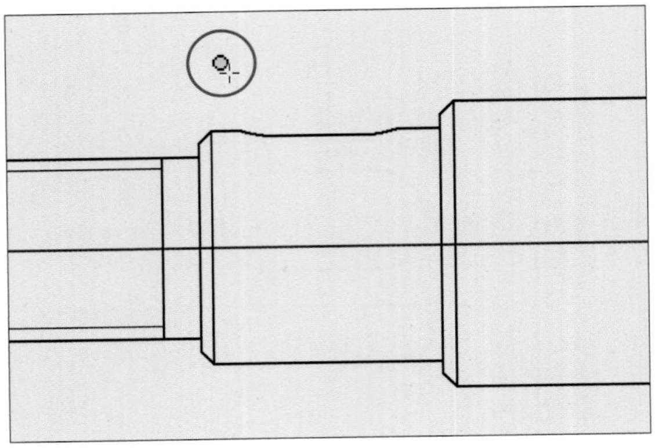

step 96

이어서 다음 점을 클릭합니다.

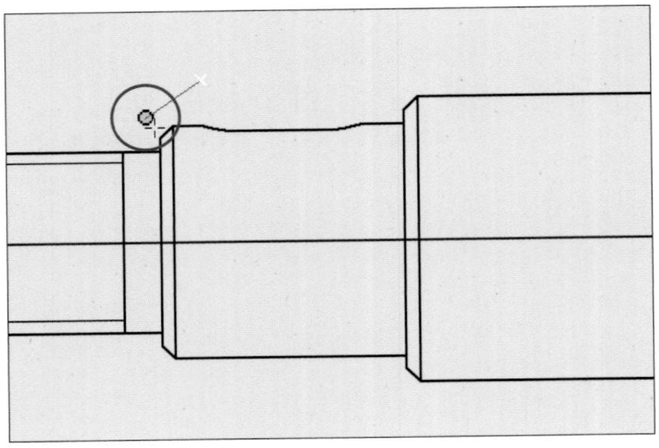

step 97

세 번째 점을 클릭하는 순간부터는 제어 꼭지점을 기준으로 하는 곡선이 작성됩니다.

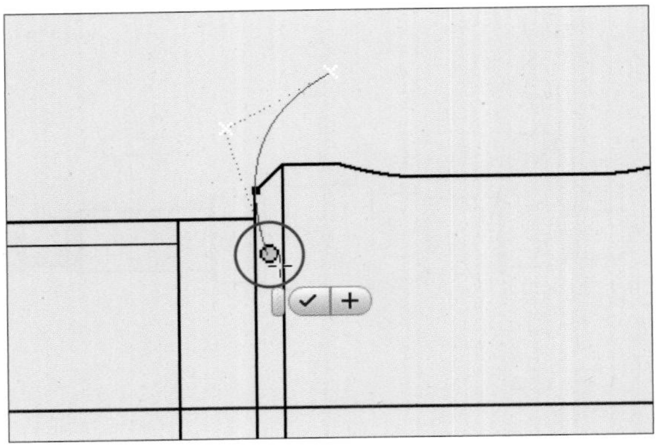

step 98

계속 점을 클릭하여 스플라인 영역을 만들어줍니다.

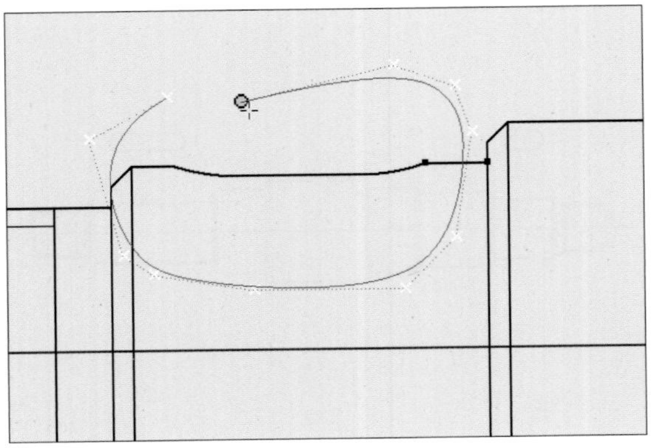

step 99

마지막으로는 첫 번째로 클릭했던 점을 다시 한 번 클릭하여 닫힌 프로파일로 스케치를 완료합니다.

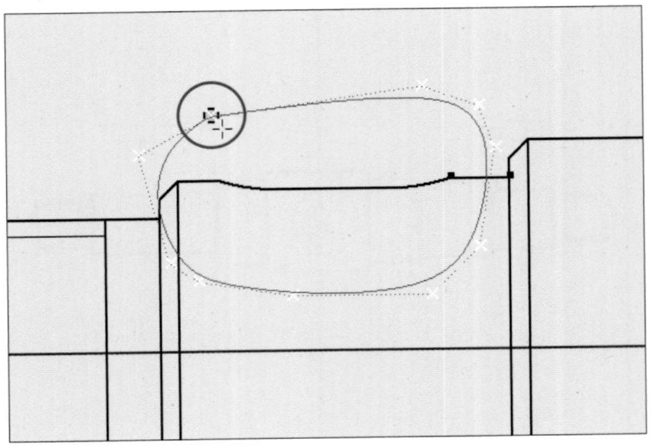

step 100

다음과 같이 부분 단면도 작성을 위한 스케치를 완료하였습니다.

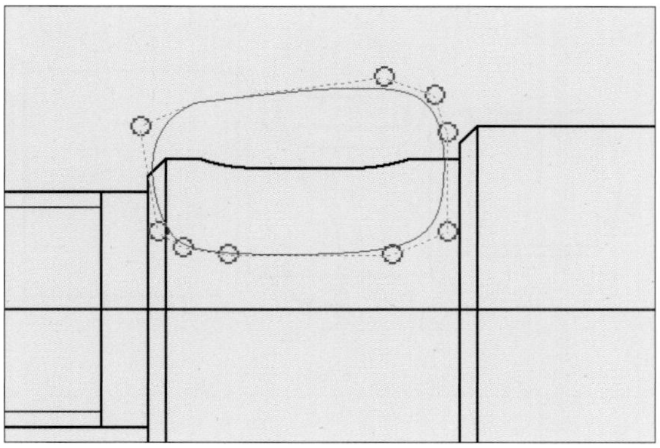

step 101

우측 상단의 **스케치 마무리** 버튼을 클릭합니다.

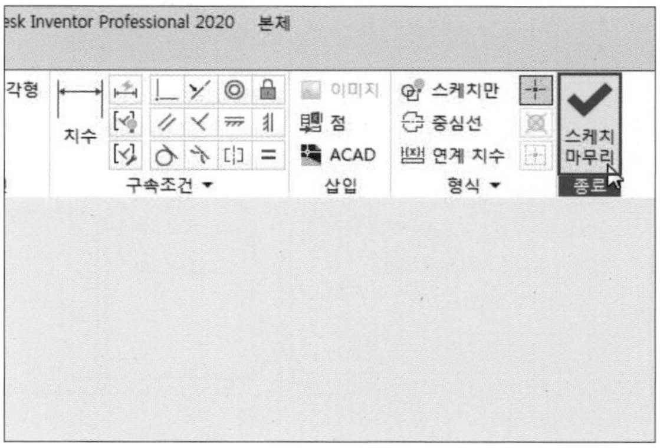

step 102

뷰 배치 탭의 **브레이크 아웃** 명령을 클릭합니다.

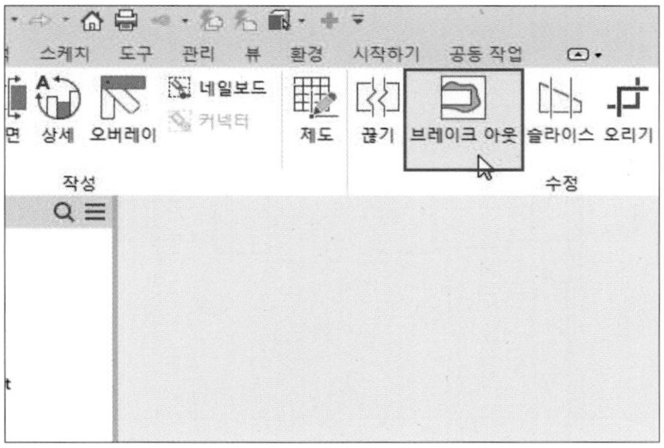

step 103

부분 단면도를 작성할 **뷰**를 **선택**합니다.

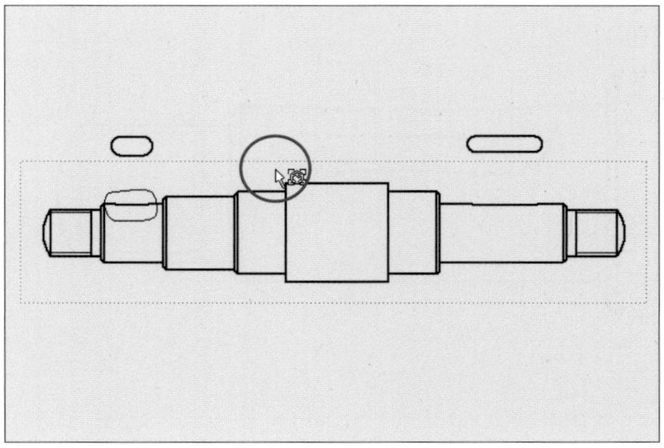

step 104

다음과 같이 브레이크 아웃 창이 실행되면서 작성한 스케치 프로파일이 자동으로 선택됩니다.

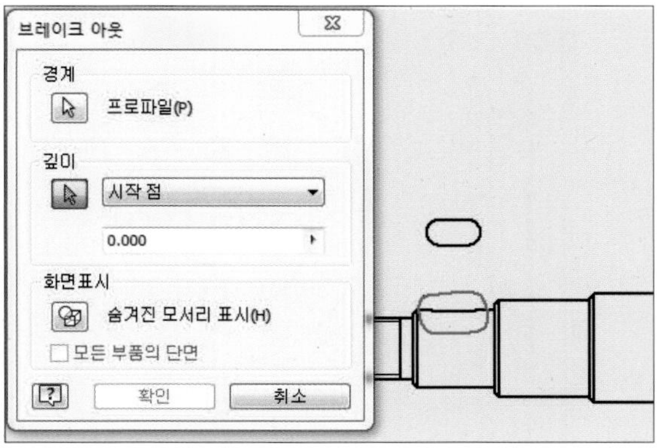

step 105

깊이점으로는 **평면도**의 다음 **점**을 클릭합니다.

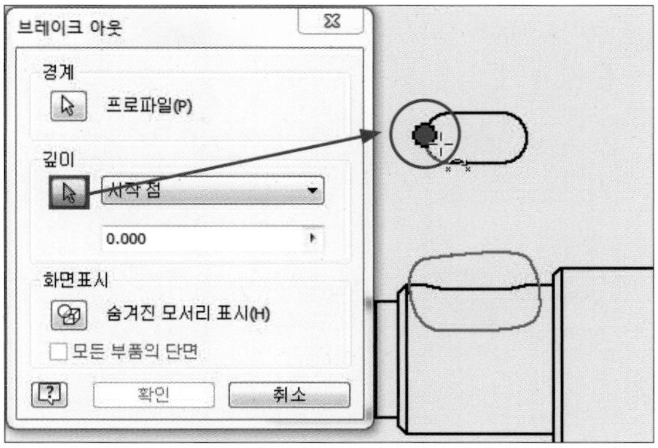

step 106

모든 설정이 완료되면 **확인** 버튼을 클릭합니다.

step 107

다음과 같이 부분 단면도 작성이 완료되었습니다.

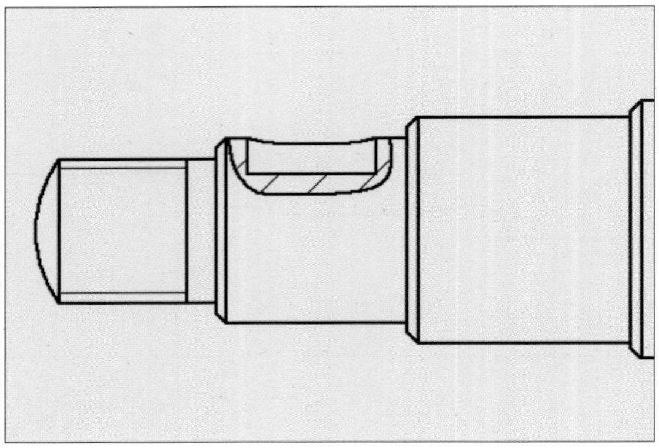

step 108

마찬가지 방법으로 반대쪽 키 홈도 동일하게 부분 단면도를 작성합니다.

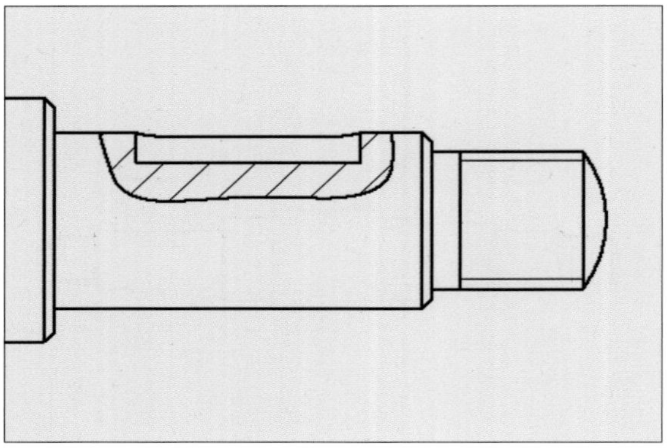

step 109

다음과 같이 축 부품에 **중심선**을 작성합니다.

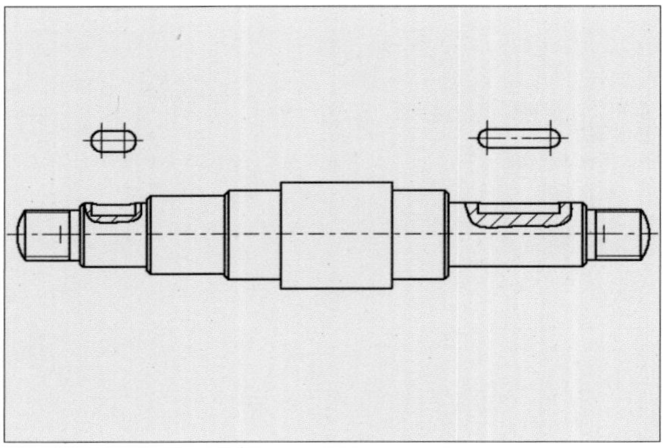

step 110

뷰 배치 탭의 **기준** 명령으로 **스퍼 기어** 부품의 도면을 다음과 같이 작성합니다. 기어 이 부분은 오토캐드에서 추가 수정하도록 하겠습니다.

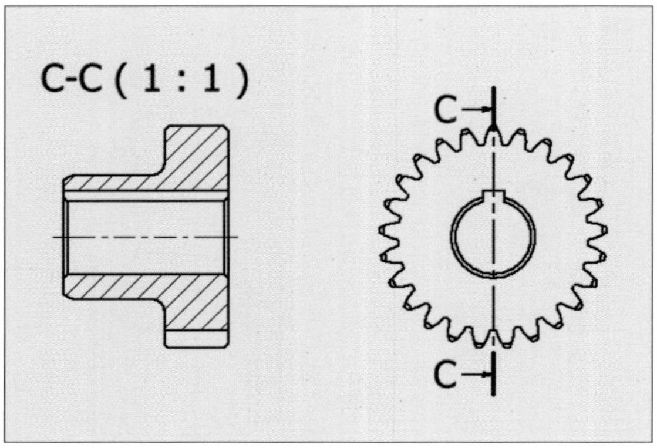

step 111

뷰 배치 탭의 **기준** 명령으로 **V-벨트 풀리** 부품의 도면을 다음과 같이 작성합니다.

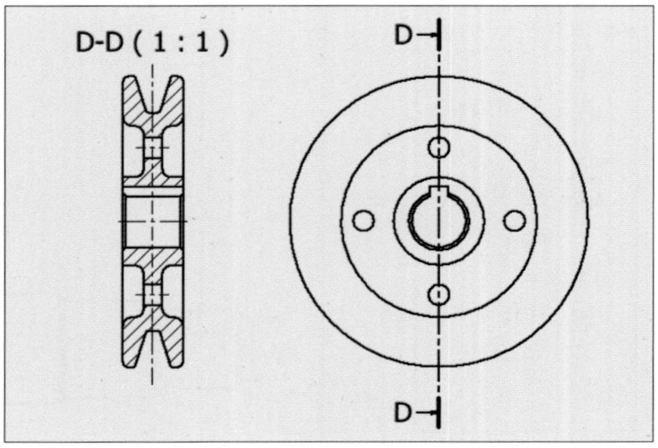

step 112

다음과 같이 2D 부품도를 작성할 부품의 기본 도면 작성이 완료되었습니다.

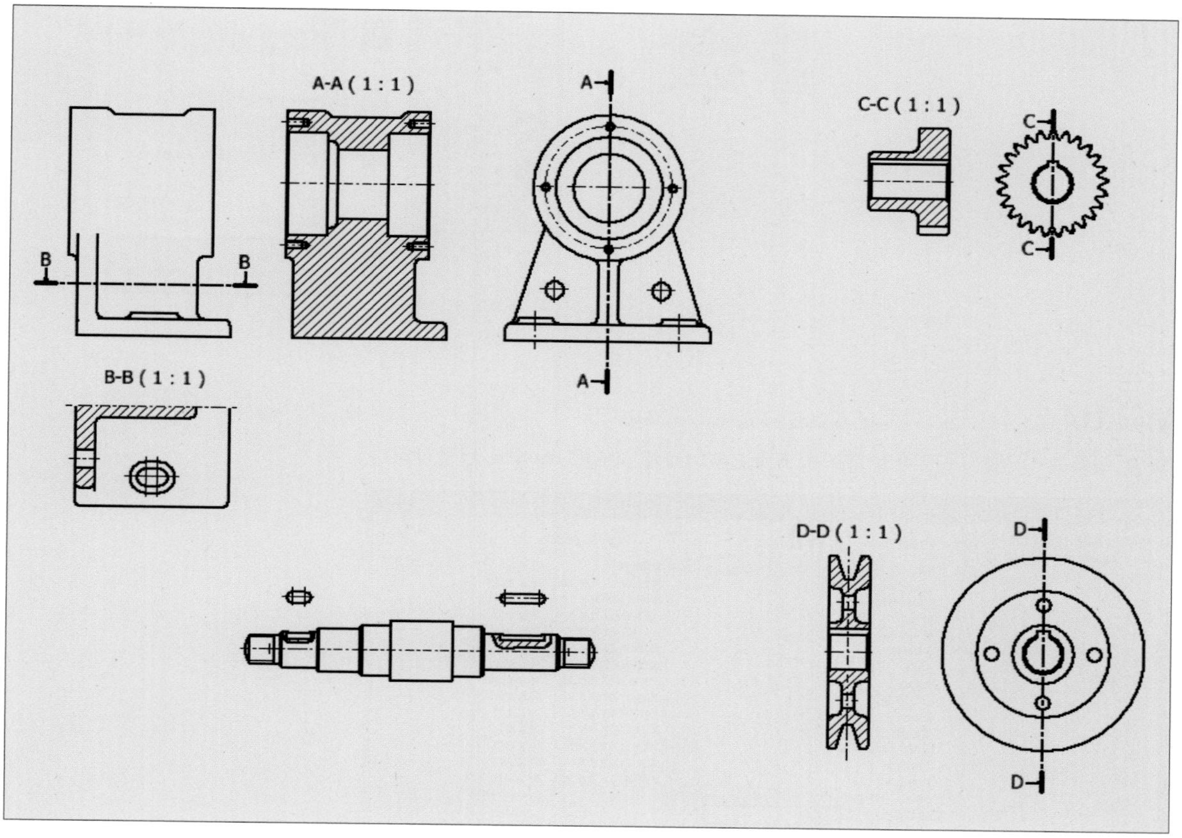

step 113

파일 메뉴의 내보내기 항목에서 DWG로 내보내기를 클릭합니다.

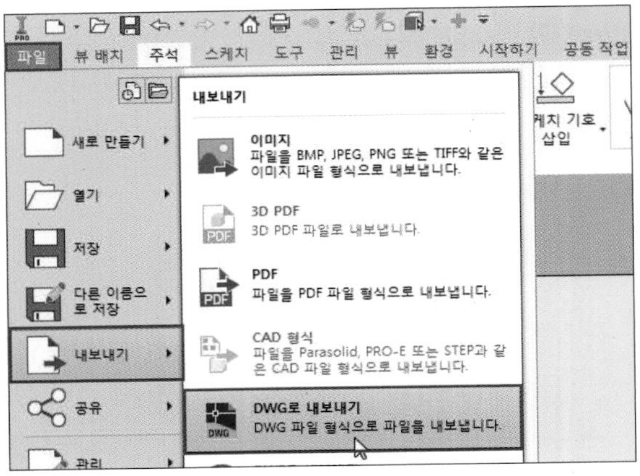

step 114

파일 이름을 설정한 다음 파일 형식을 AutoCAD DWG 파일(*.dwg)로 변경합니다.

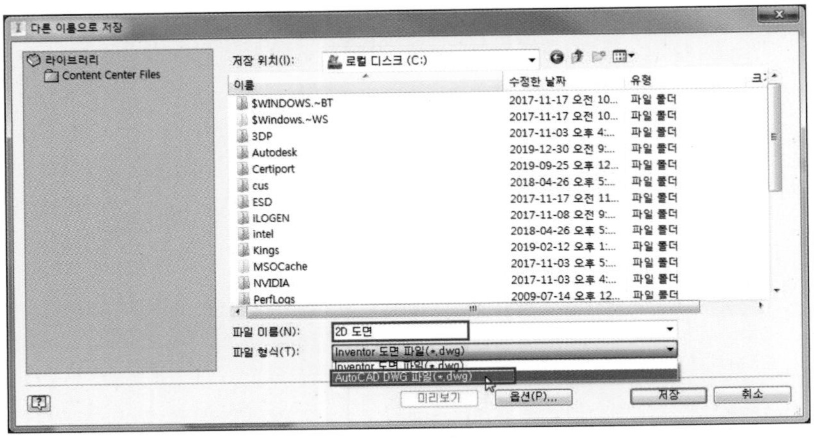

step 115

하단의 옵션 버튼을 클릭합니다.

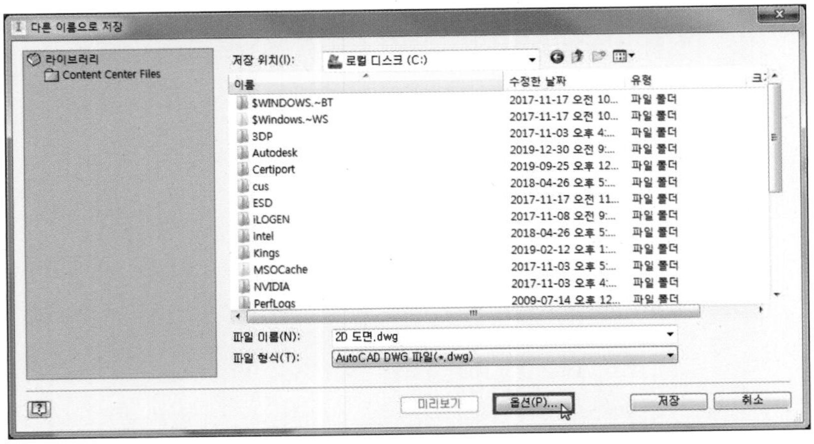

step 116

현재 사용하고 있는 AutoCAD **버전**에 맞춰 파일 버전을 지정합니다.

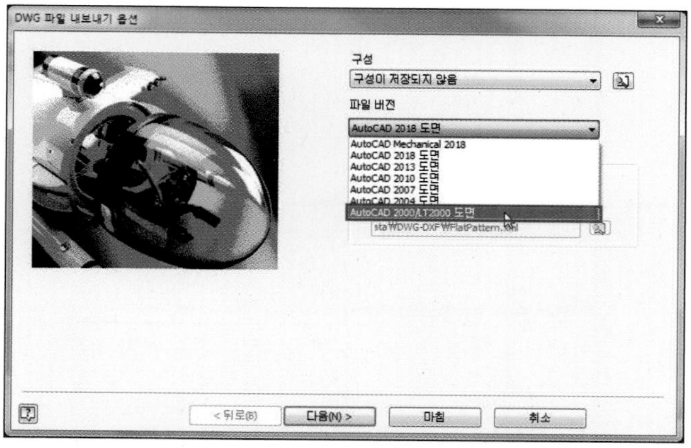

step 117

설정이 완료되면 **마침** 버튼을 클릭합니다.

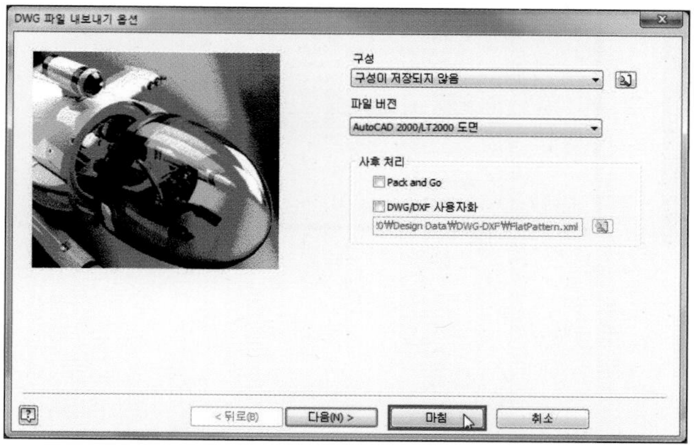

step 118

저장 버튼을 클릭하여 AutoCAD DWG 파일을 저장합니다.

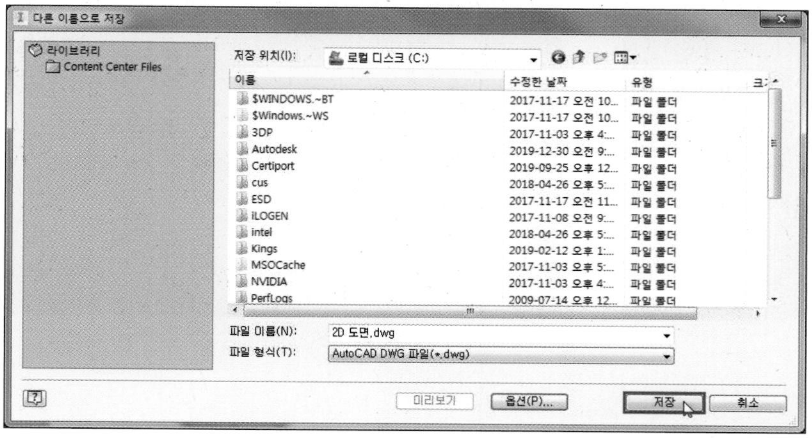

Section 6 idw 도면 불러오기

오토캐드 2D 부품도 작성을 위한 idw 도면을 AutoCAD에서 불러와 보도록 하겠습니다.

chapter 01 인벤터 idw 도면 불러오기

step 1

응용 프로그램 메뉴 항목의 **열기** 버튼을 클릭합니다.

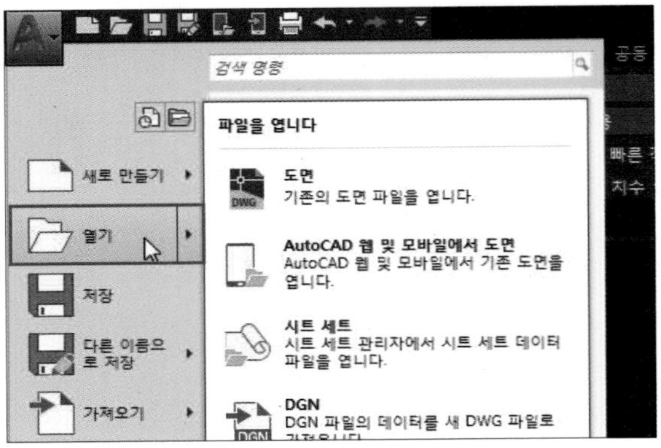

step 2

인벤터로 작성한 .dwg 도면을 찾은 다음 **열기** 버튼을 클릭합니다.

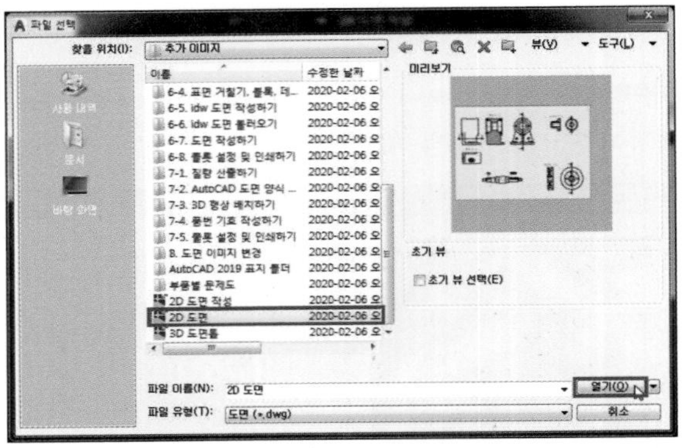

step 3

도면 파일이 열리게 되면 다음과 같이 도면 작성에 필요 없는 요소를 다중 선택한 다음 마우스 우측 버튼을 클릭하여 **지우기** 명령을 클릭합니다.

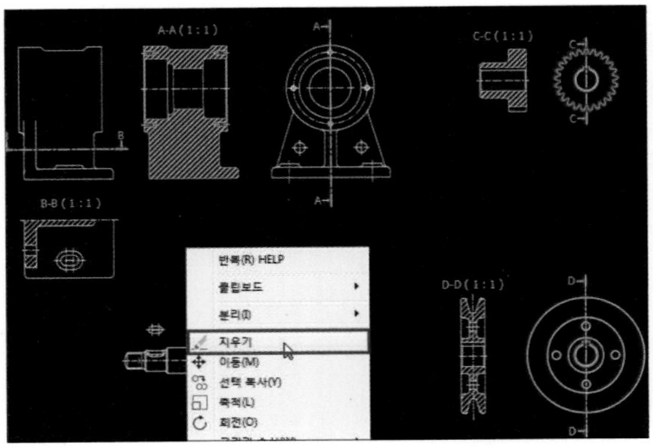

step 4

다음과 같이 도면이 정리됩니다.

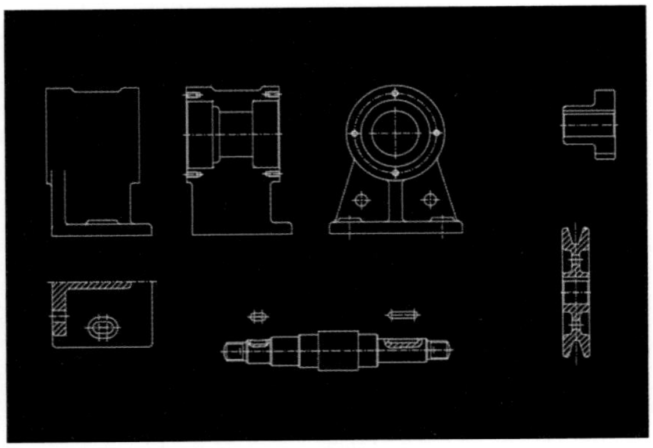

step 5

도면을 전체 드래그한 다음 **복사(Ctrl+C)**를 합니다.

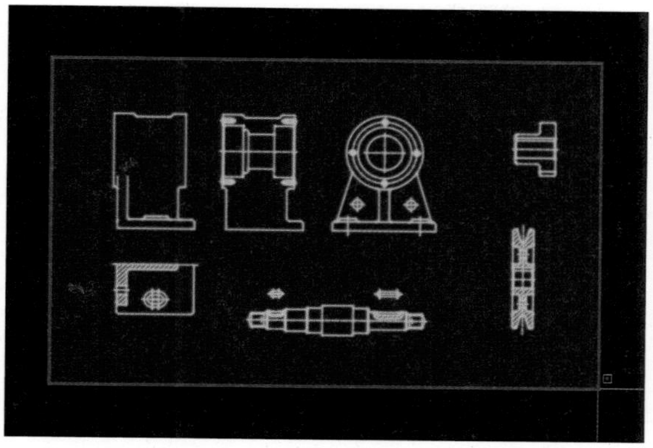

step 6

도면 양식 파일에 **붙여넣기(Ctrl+V)**를 합니다.

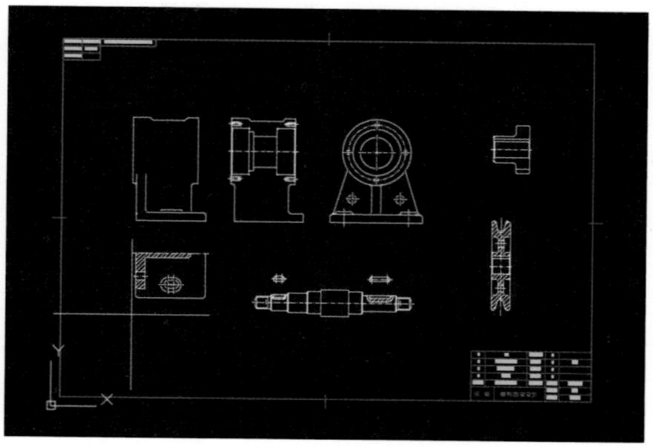

step 7

클릭하면 다음과 같이 작성한 도면이 도면 양식 파일에 불러와 집니다.

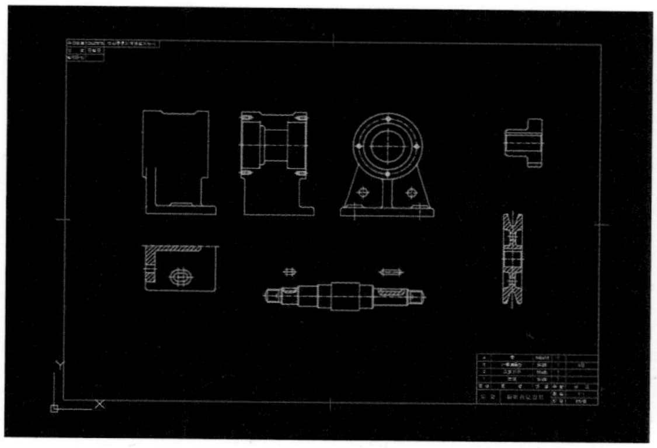

step 8

명령창에 LA(도면층 설정)를 타이핑한 다음 ENTER를 누릅니다.

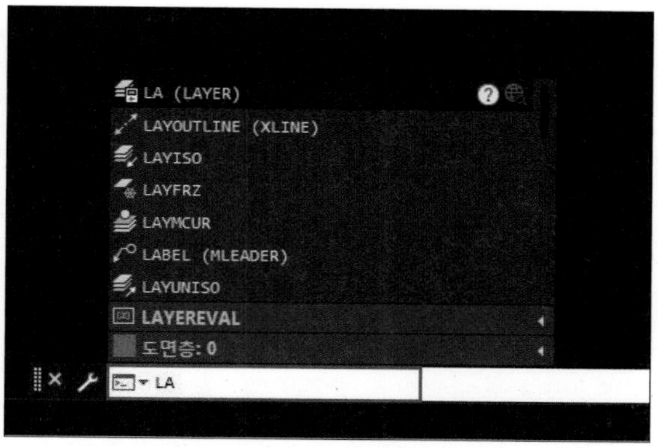

step 9

도면층 항목 중 **외형선(ISO)** 항목을 마우스 우측 버튼으로 클릭하여 **선택한 도면층 병합 대상** 명령을 실행합니다.

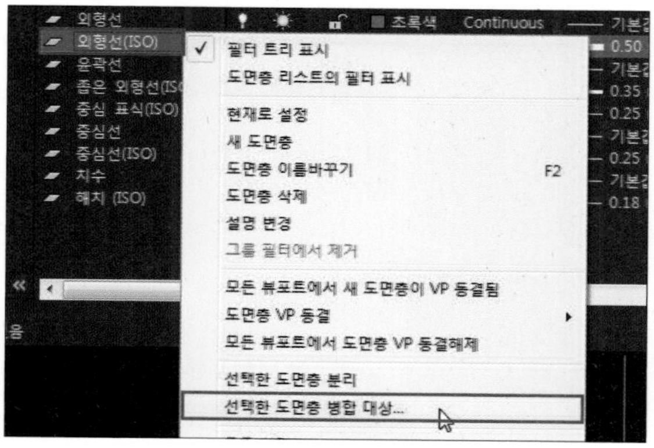

step 10

도면층에 병합 창이 실행되면 **외형선** 항목을 선택한 다음 **확인** 버튼을 클릭합니다.

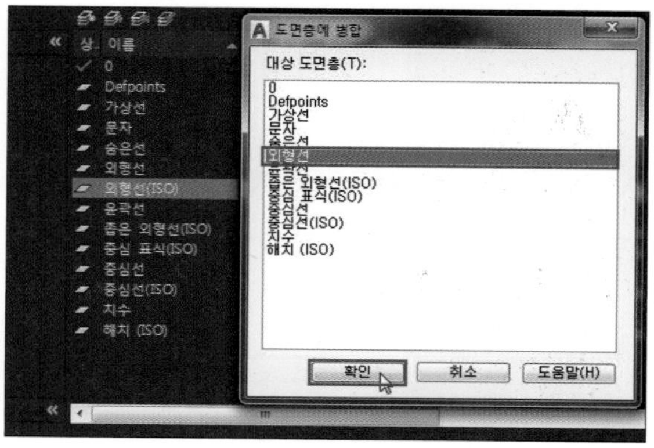

step 11

다음과 같은 창이 실행되면 **예(Y)** 버튼을 클릭합니다.

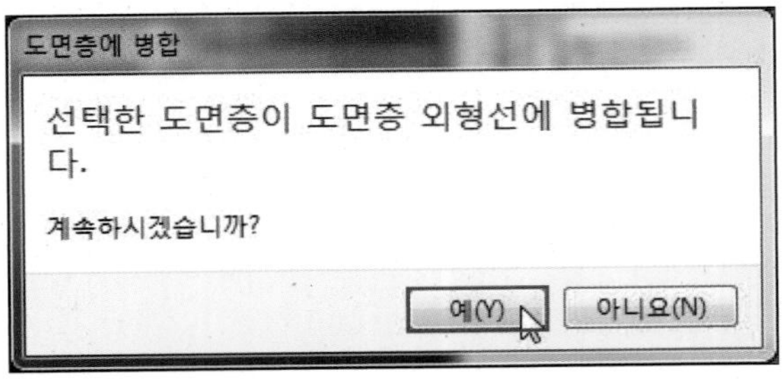

step 12

다음과 같이 선택한 도면층이 외형선 도면층에 병합되면서 외형선 특성으로 변경됩니다.

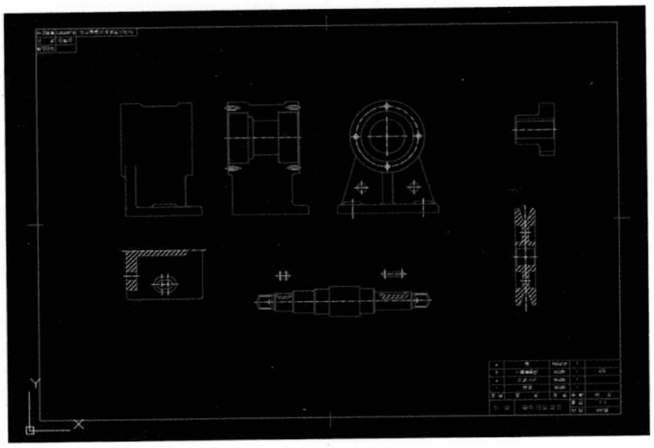

step 13

마찬가지 방법으로 **좁은 외형선(ISO)** 항목을 **0번**(가는 실선) 도면층으로 병합합니다.

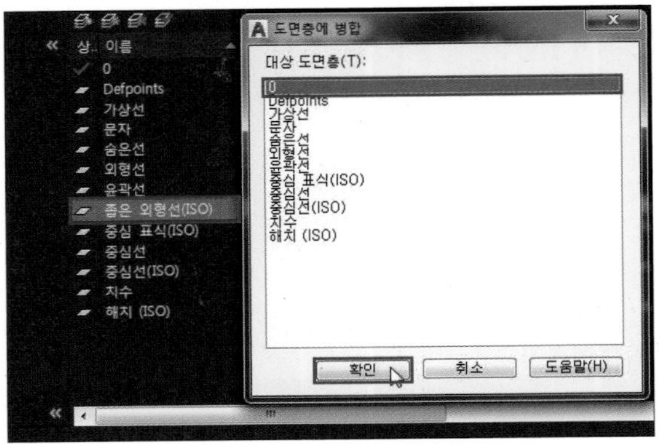

step 14

마찬가지 방법으로 **중심 표식(ISO)** 항목을 **중심선** 도면층으로 병합합니다.

step 15

마찬가지 방법으로 **중심선(ISO)** 항목을 **중심선** 도면층으로 병합합니다.

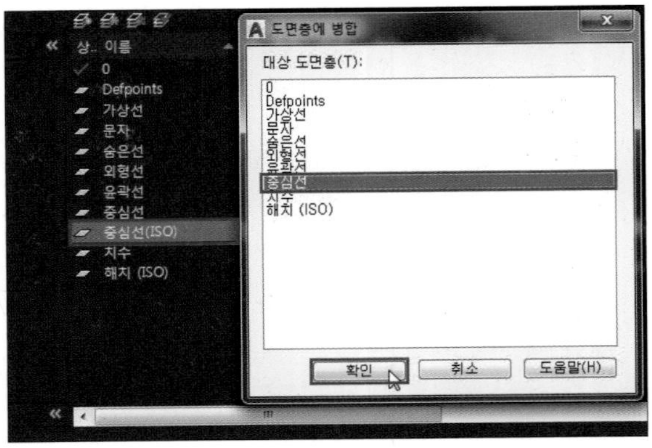

step 16

마찬가지 방법으로 **해치(ISO)** 항목을 **0번**(가는 실선) 도면층으로 병합합니다.

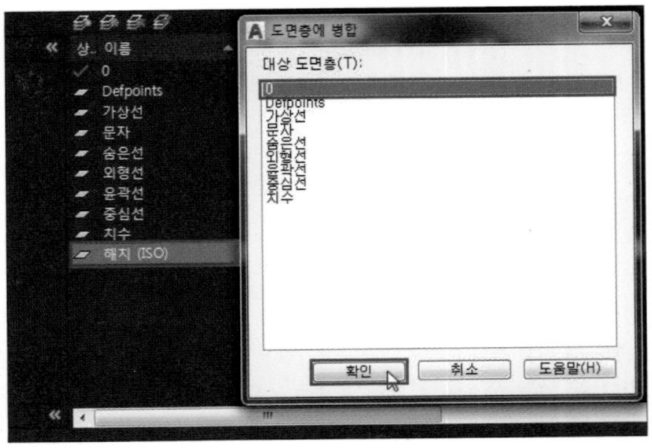

step 17

다음과 같이 도면층이 정리되었습니다.

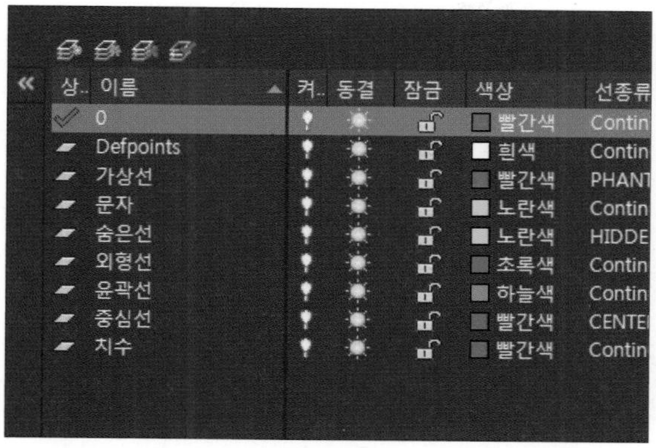

step 18

다음과 같이 정리된 도면층에 의해 도면이 변경됩니다.

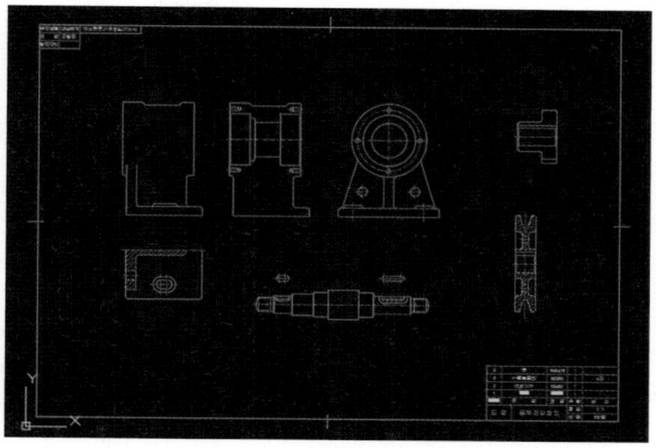

step 19

현재 도면층을 **0번**(가는 실선) 도면층으로 변경한 다음 **스플라인** 명령으로 다음과 같은 선을 작성합니다.

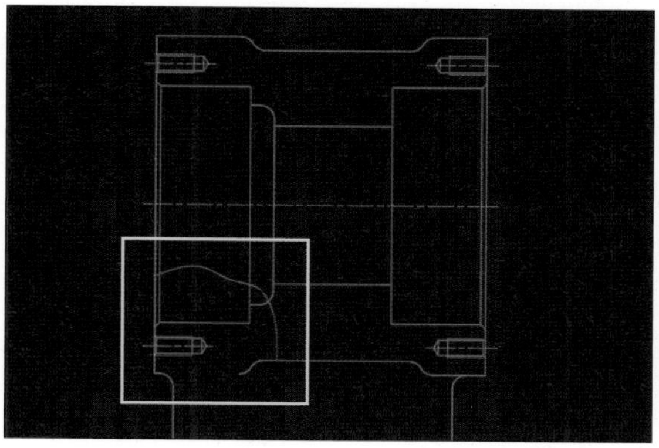

step 20

스플라인 아래쪽에 있는 도면 요소를 **자르기** 명령을 이용하여 **삭제**합니다.

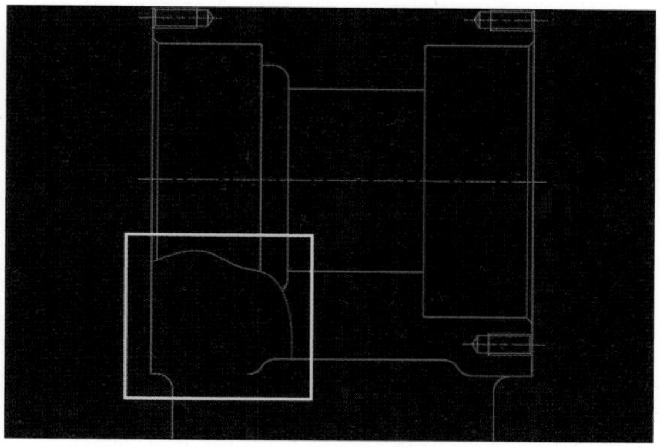

step 21

단면 처리가 되지 않은 정면도의 다음 요소를 **복사** 명령을 이용하여 같은 위치에 복사하도록 합니다.

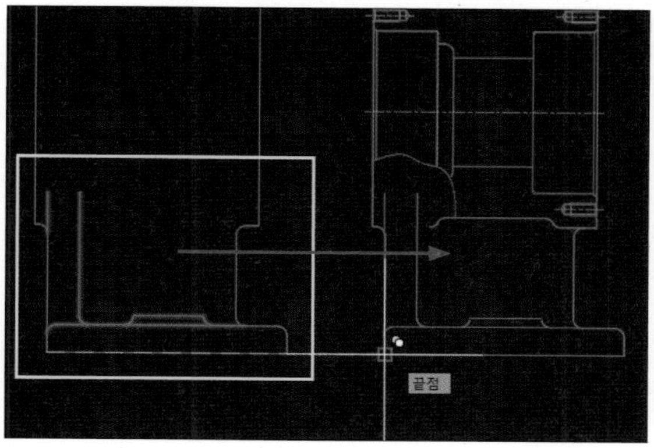

step 22

해치 명령을 이용하여 절단면에 대한 해치 패턴을 작성하여 본체 부품의 단면도 수정을 완료합니다.

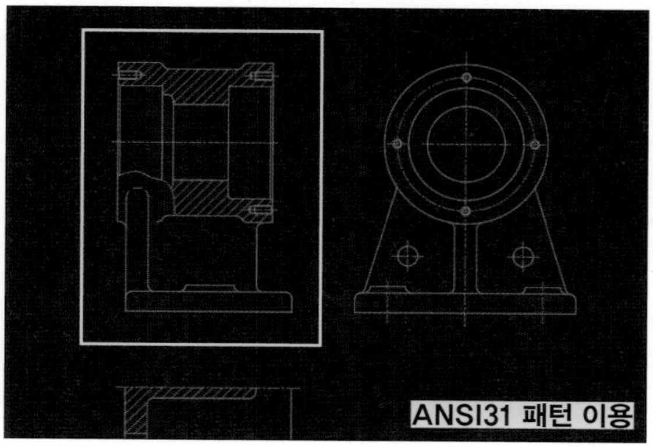

Section 7 도면 작성하기

오토캐드 2D 부품도 작성을 해보도록 하겠습니다.

chapter 01 불완전 나사부 작도하기

step 1

현재 도면층을 0번(가는실선) 도면층으로 변경합니다.

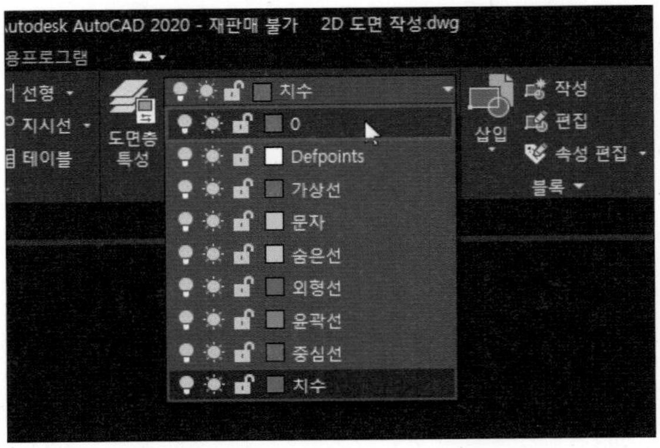

step 2

명령창에 L(선)을 타이핑한 다음 ENTER를 누릅니다.

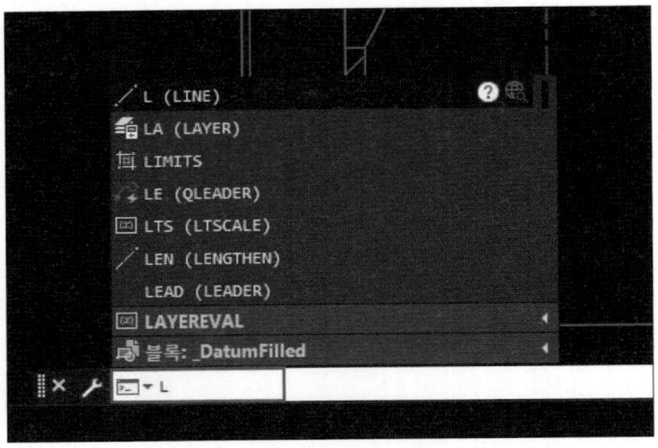

step 3

첫 번째 점으로 다음 **끝점**을 클릭합니다.

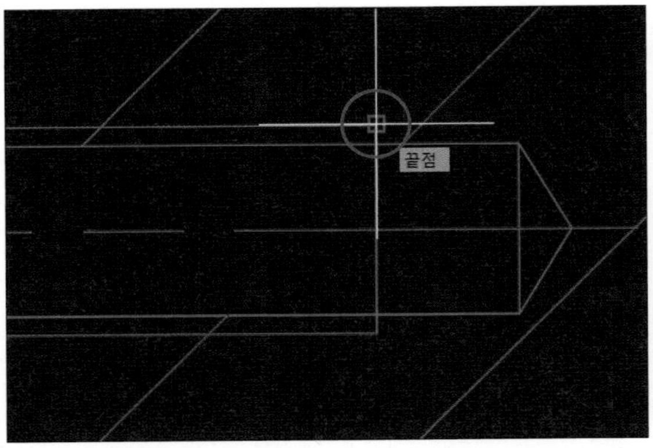

step 4

다음 점으로는 명령창에 상대 좌표로 @1<−30을 입력한 다음 ENTER를 누릅니다.

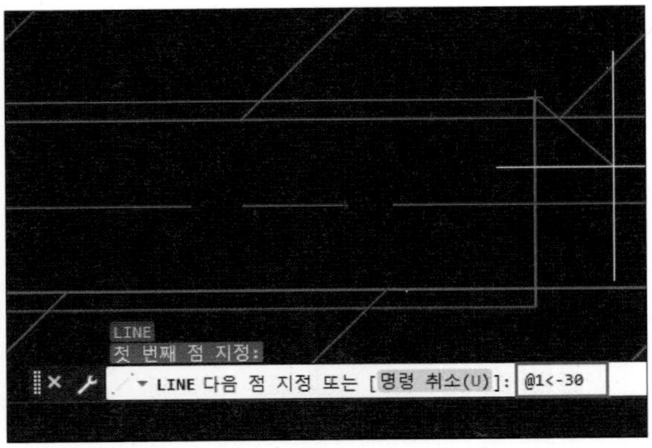

step 5

다음과 같이 30도 각도를 가진 1mm 길이의 선이 작성되었습니다.

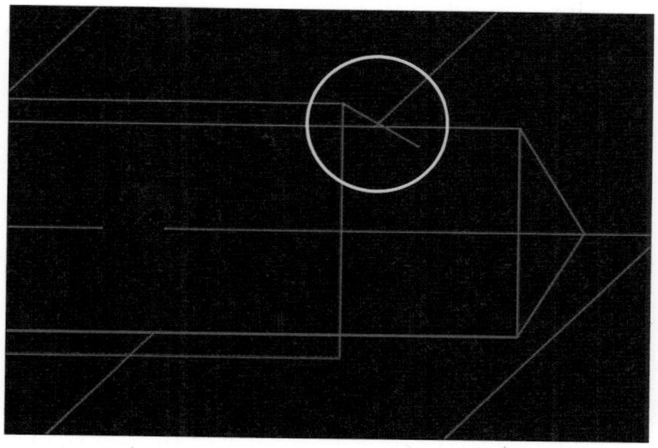

step 6

명령창에 TR(자르기)을 타이핑한 다음 ENTER를 누릅니다.

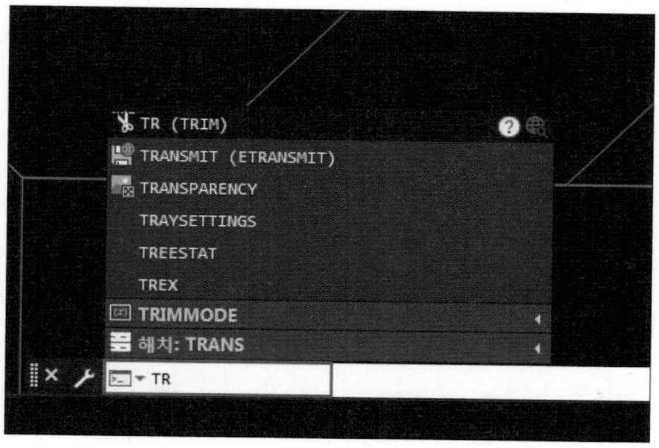

step 7

TRIM 객체 선택 항목이 나오면 다시 한 번 ENTER를 누릅니다.

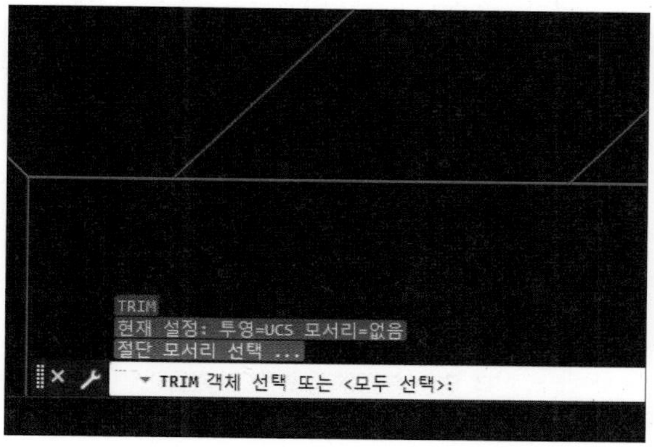

step 8

자를 부분을 마우스 커서로 인식하면 다음과 같이 미리 보기가 됩니다.

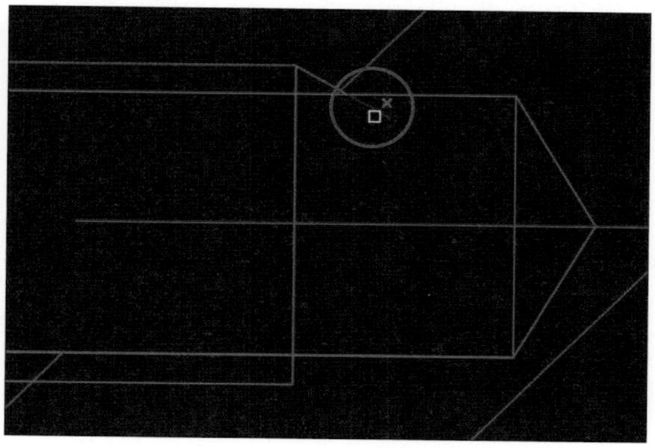

step 9

클릭하면 다음과 같이 자르기가 완료되었습니다.

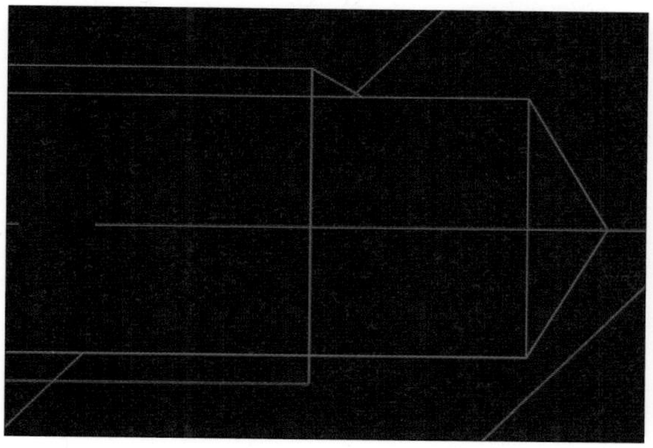

step 10

명령창에 MI(대칭)을 타이핑한 다음 ENTER를 누릅니다.

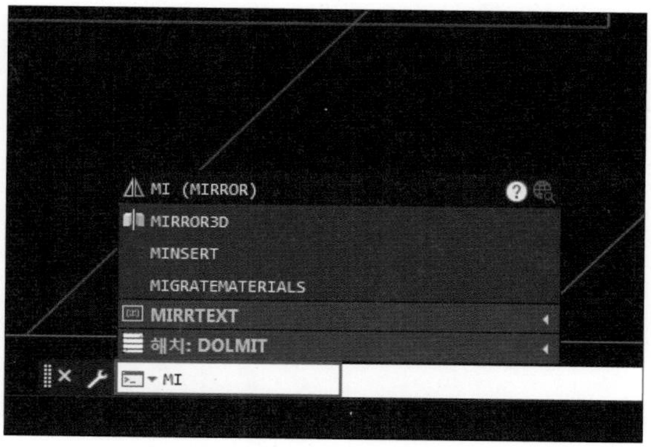

step 11

대칭 복사할 객체를 다음과 같이 선택한 후 ENTER를 누릅니다.

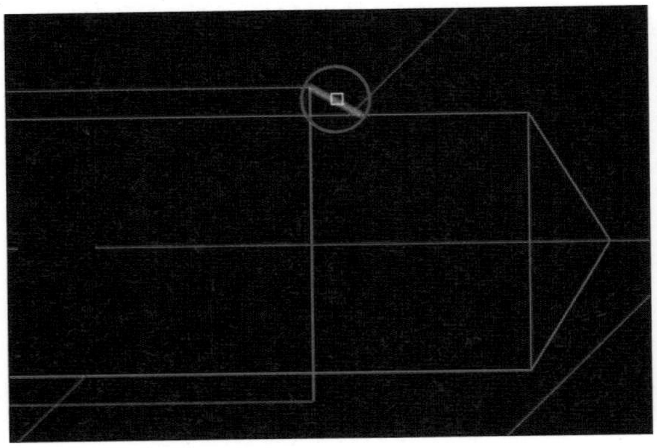

step 12

대칭선의 첫 번째 점을 지정합니다.

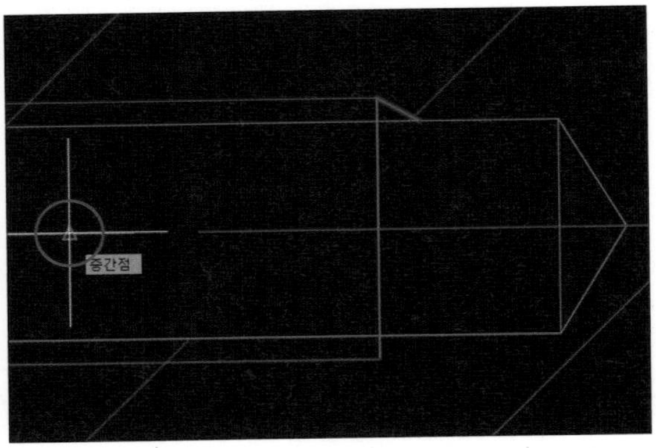
중간점

step 13

대칭선의 두 번째 점을 지정합니다.

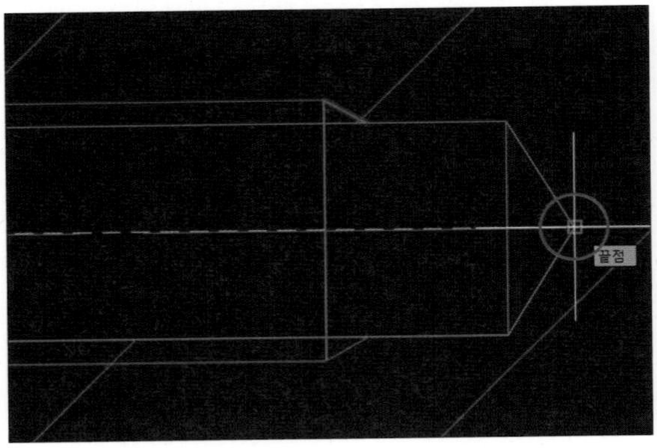
끝점

step 14

원본 객체가 지워지지 않게 하기 위해 N을 타이핑한 다음 ENTER를 누릅니다.

칭선의 첫 번째 점 지정:
칭선의 두 번째 점 지정:
MIRROR 원본 객체를 지우시겠습니까? [예(Y) 아니오(N)] <아니오>: N

step 15

다음과 같이 대칭 객체가 작성되었습니다.

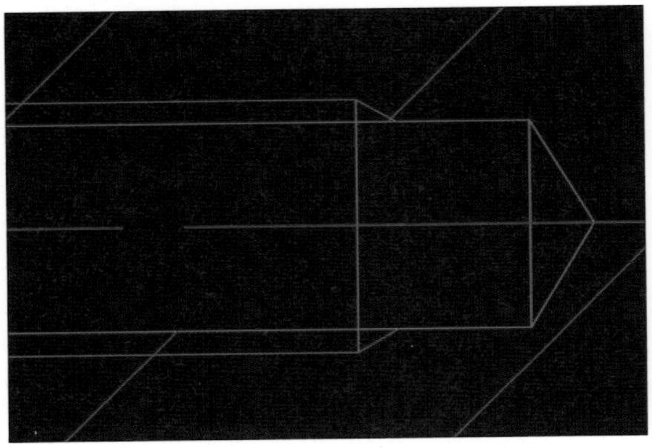

step 16

마찬가지 방법으로 불완전 나사부를 추가 작도합니다.

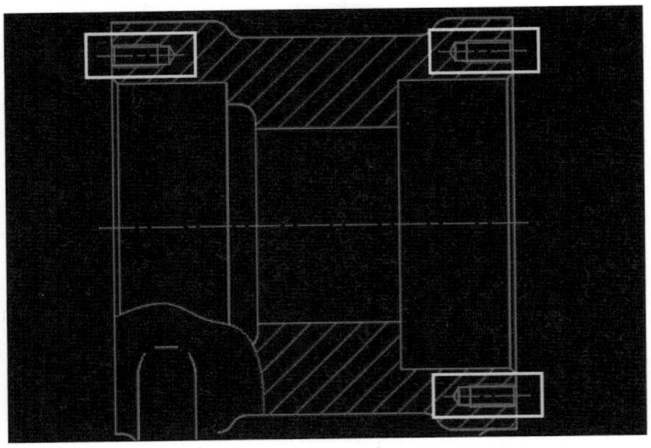

step 17

명령창에 TR(자르기)을 타이핑한 다음 ENTER를 누릅니다.

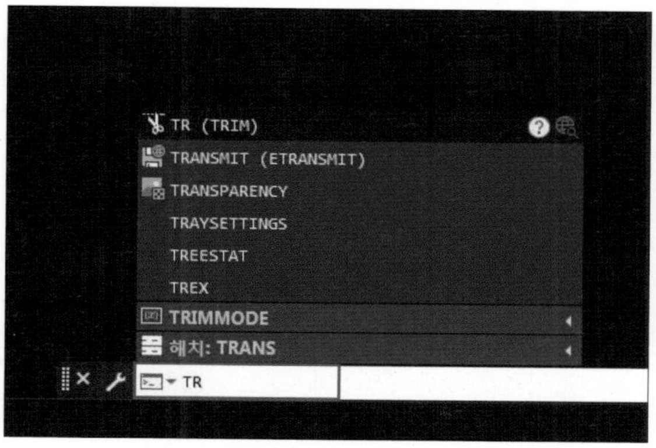

step 18

TRIM 객체 선택 항목이 나오면 다시 한 번 ENTER를 누릅니다.

step 19

다음과 같이 중심선을 기준으로 자를 영역을 드래그 해 줍니다.

step 20

다음과 같이 중심선에 걸친 부분이 자르기 되었습니다.

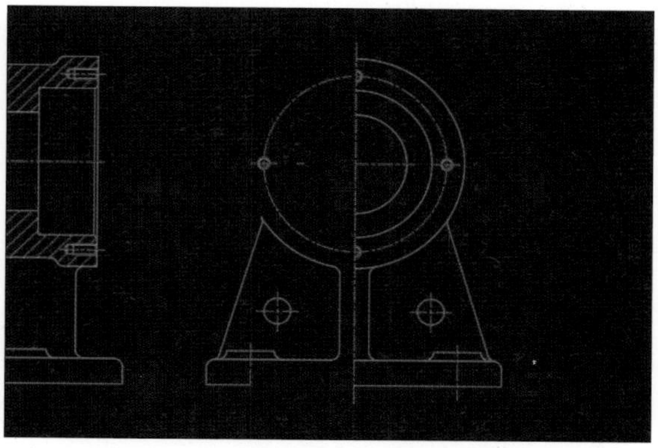

step 21

삭제할 부분을 드래그로 선택한 다음 키보드의 DELETE 키를 누릅니다.

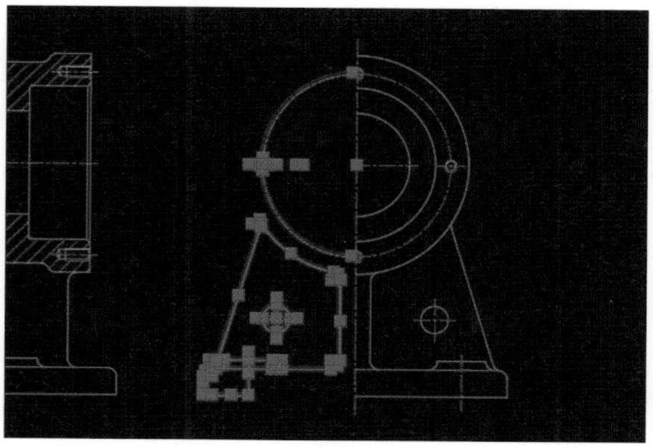

step 22

다음과 같이 선택한 객체가 삭제되었습니다.

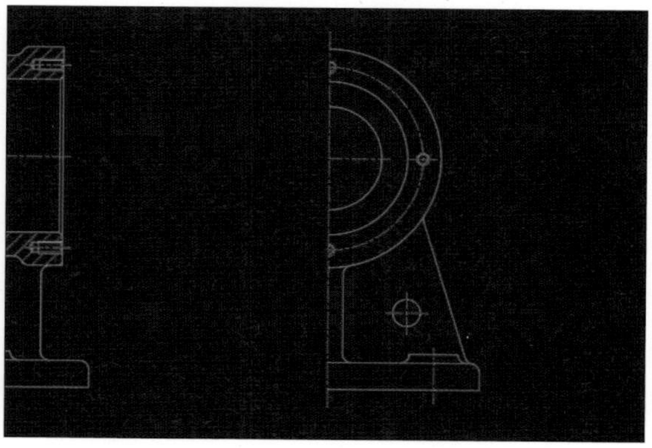

step 23

명령창에 LEN(선분 길이 변경)을 타이핑한 다음 ENTER를 누릅니다.

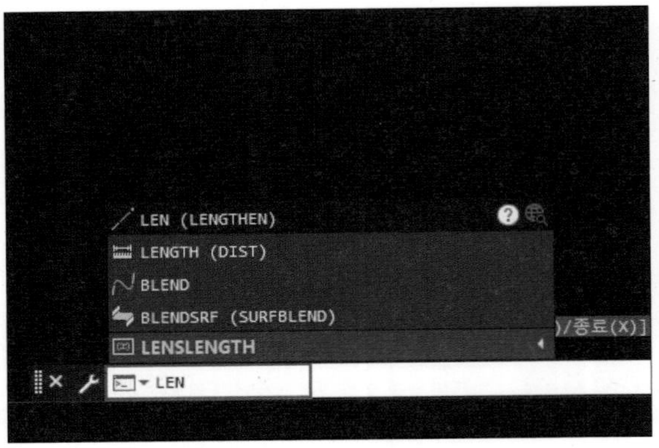

step 24

증분에 해당하는 단축키 DE를 입력한 다음 ENTER를 누릅니다.

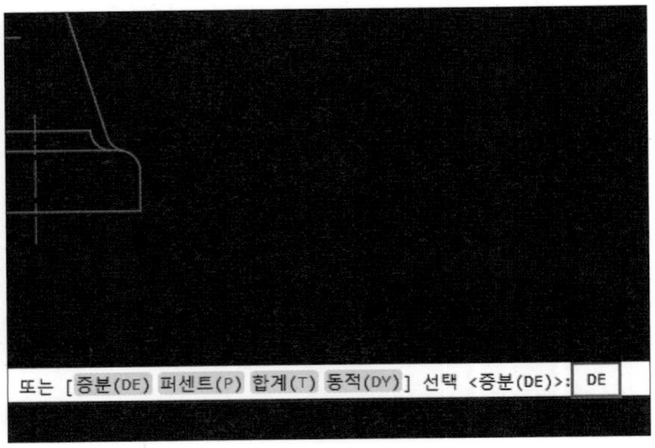

step 25

증분 길이로는 2mm 정도를 입력한 다음 ENTER를 누릅니다.

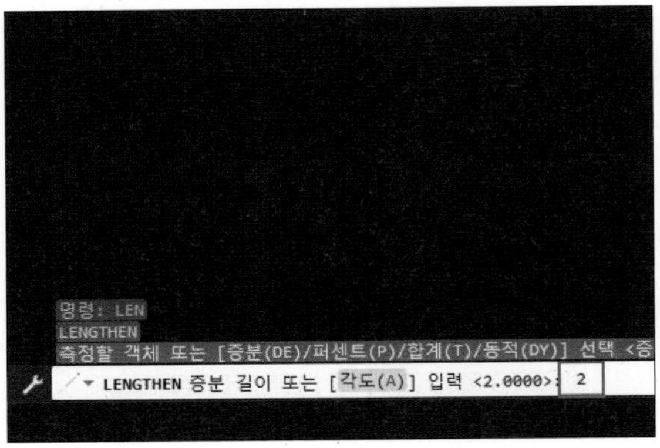

step 26

우측면도의 **중심선 윗 부분**에 마우스 커서를 가져가면 위쪽 방향으로 2mm 만큼 길이가 증분된 선이 미리보기 됩니다.

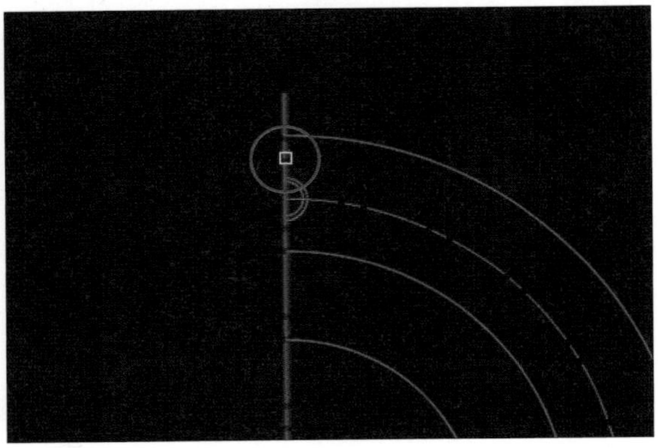

step 27

클릭하면 다음과 같이 선이 증분됩니다.

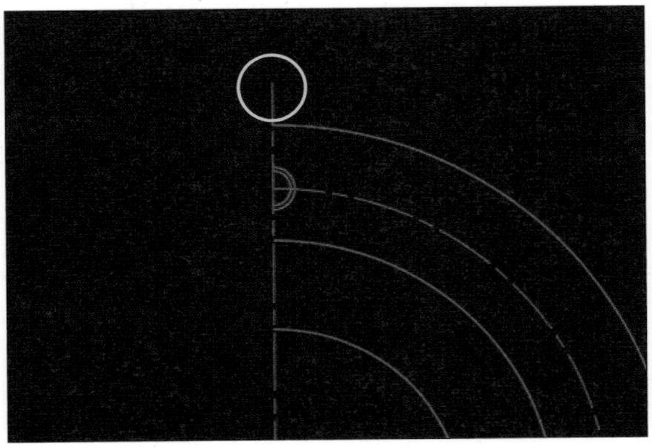

step 28

마찬가지 방법으로 도면에 작성된 **중심선**을 2mm씩 증분시켜 주도록 합니다.

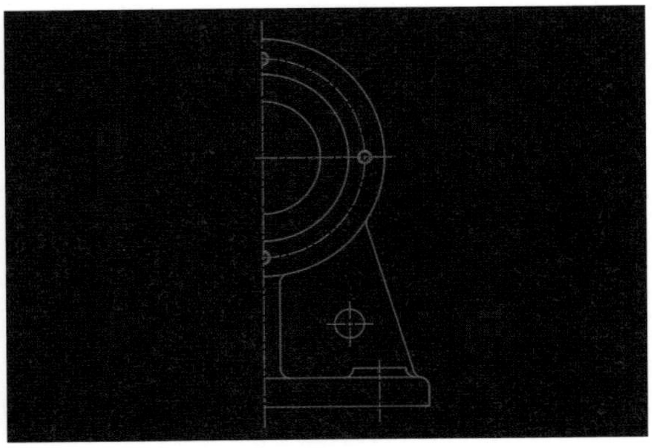

step 29

명령창에 TR(자르기)을 타이핑한 다음 ENTER를 누릅니다.

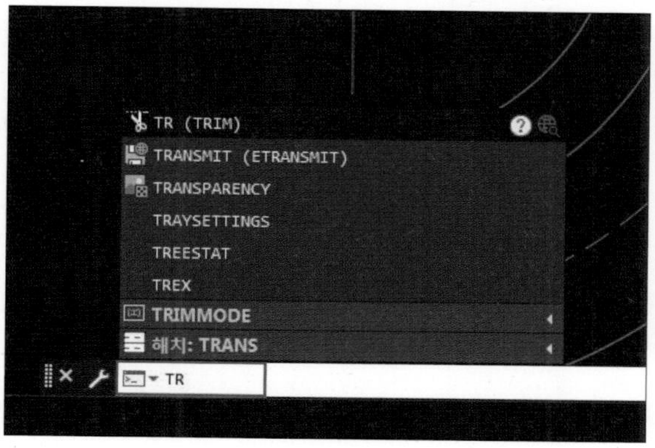

step 30

TRIM 객체 선택 항목이 나오면 다시 한 번 ENTER를 누릅니다.

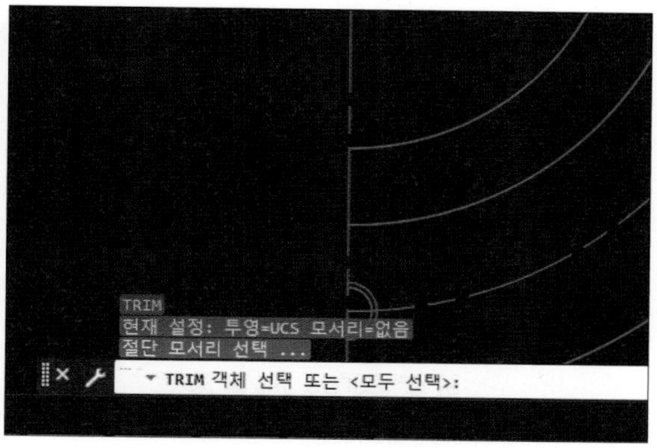

step 31

십자 표식 기준 골지름 원의 우측 상단 부분을 자르기 위해 다음과 같이 마우스를 가져갑니다.

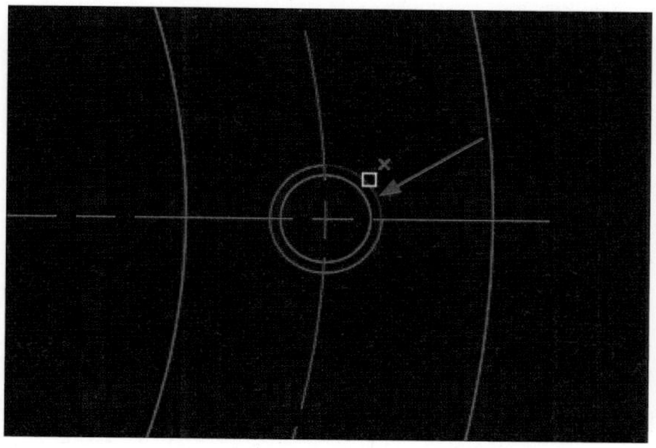

step 32

클릭하면 불완전 나사부 작업을 위한 1/4 자르기가 완료됩니다.

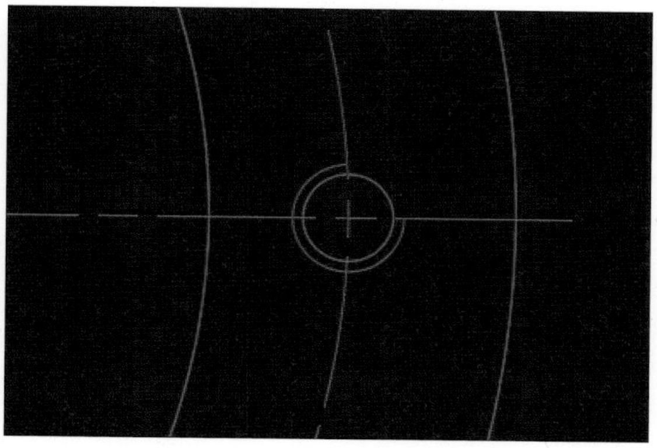

step 33

명령창에 RO(회전)를 타이핑한 다음 ENTER를 누릅니다.

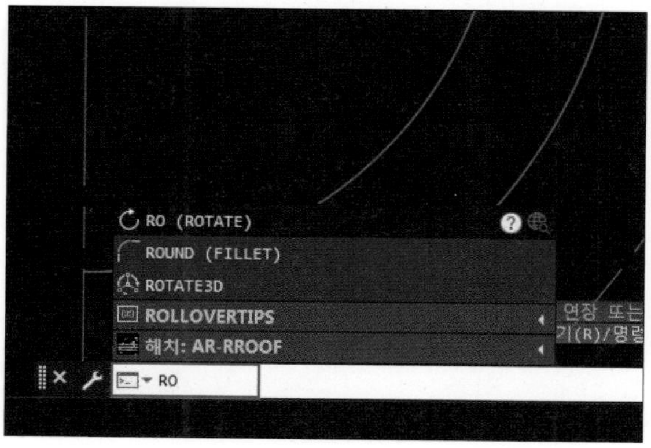

step 34

회전할 객체를 다음과 같이 선택한 다음 ENTER를 누릅니다.

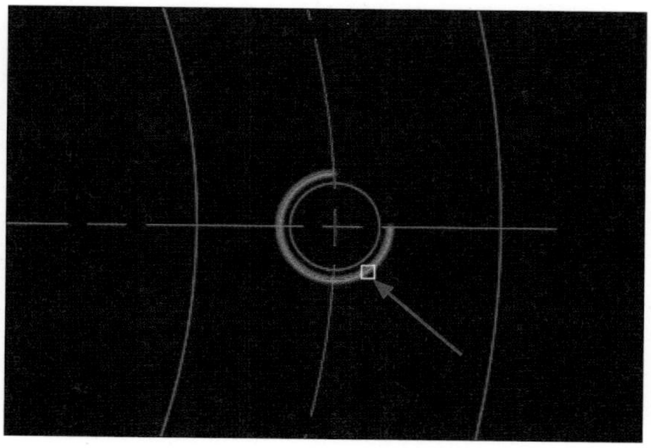

step 35

회전 중심점을 다음과 같이 선택합니다.

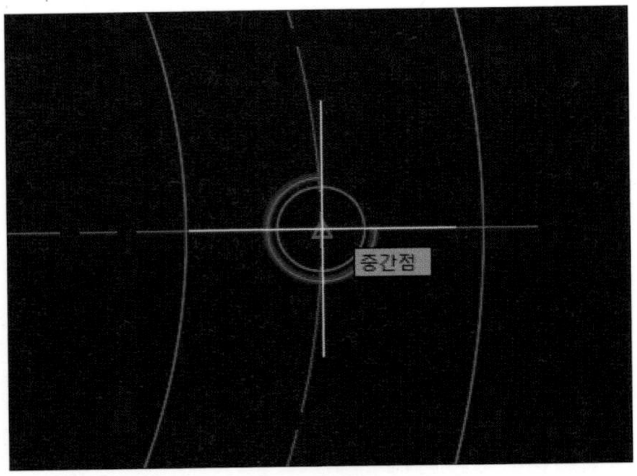
중간점

step 36

회전 각도는 –15도를 입력한 다음 ENTER를 누릅니다.

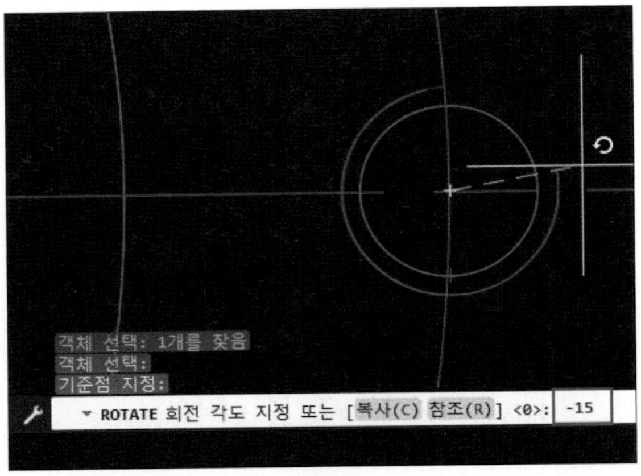
객체 선택: 1개를 찾음
객체 선택:
기준점 지정:
ROTATE 회전 각도 지정 또는 [복사(C) 참조(R)] <0>: -15

step 37

다음과 같이 불완전 나사부의 작도가 완료되었습니다.

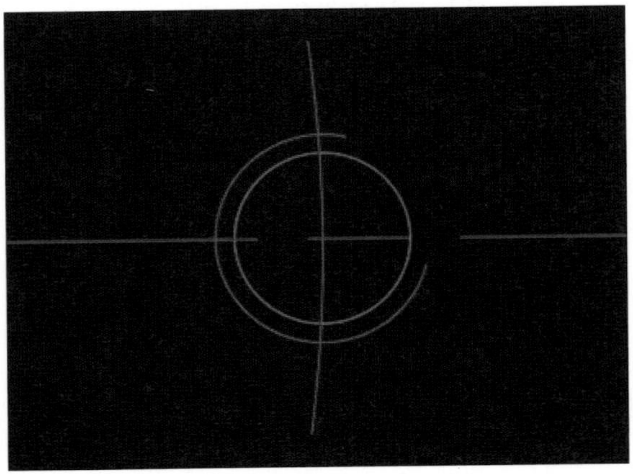

chapter 02 브레이크 아웃 선 도면층 변경하기

step 1

다음과 같이 인벤터의 브레이크 아웃 명령을 실행한 **부분 단면도** 선을 클릭합니다.

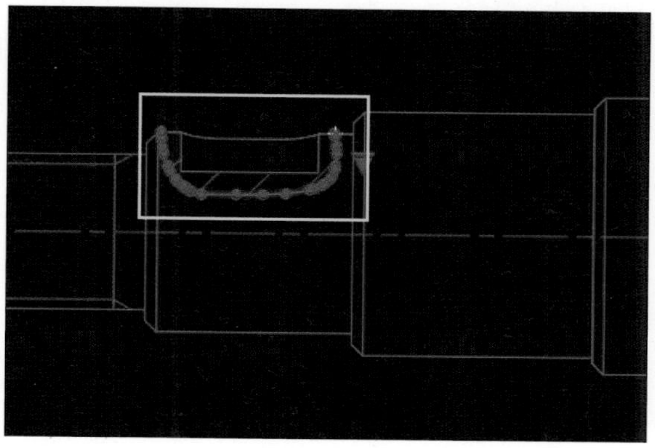

step 2

선택한 객체의 도면층을 **0번**(가는실선) 도면층으로 변경합니다.

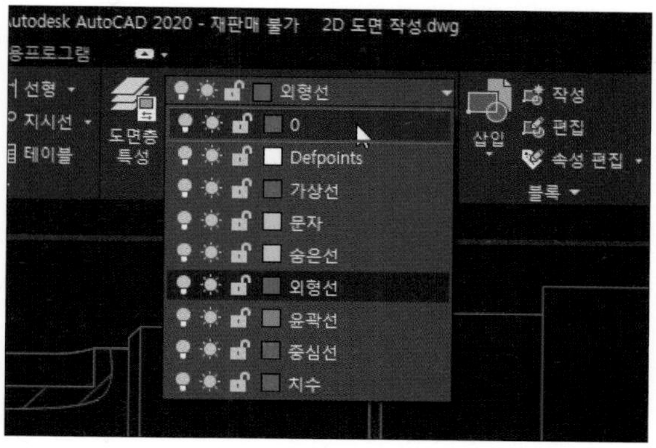

step 3

다음과 같이 브레이크 아웃 선 도면층이 가는 실선으로 변경됩니다.

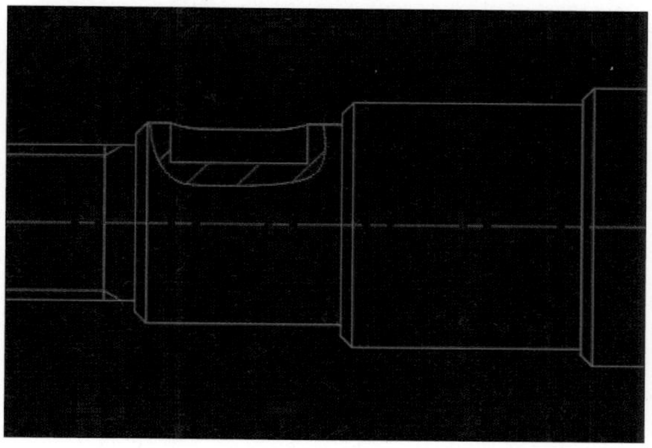

step 4

마찬가지 방법으로 반대쪽 키 홈도 브레이크 아웃 선분을 **가는 실선**으로 변경합니다.

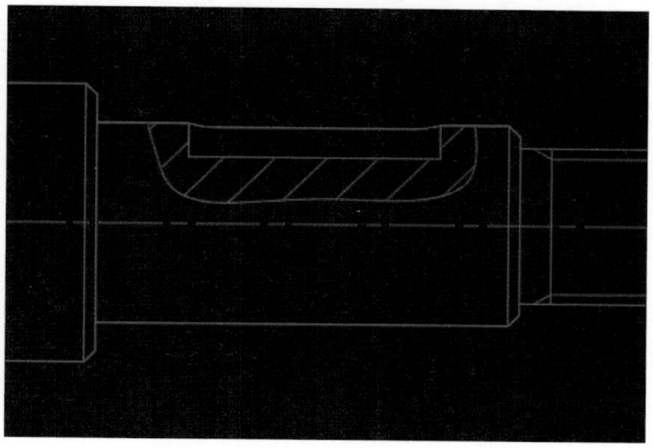

chapter 03 치수 작성하기

step 0

치수나 데이텀, 형상공차 등의 기호 작성시에는 현재 도면층을 치수나 0번(가는 실선) 도면층으로 변경한 후 작업하도록 합니다.

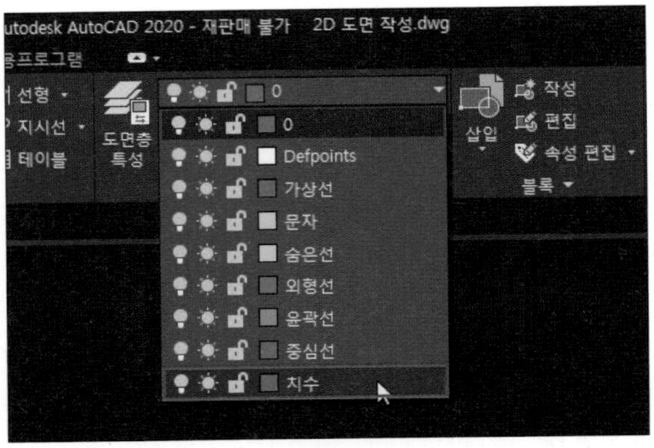

step 1

명령창에 DIMLIN(선형 치수)을 타이핑한 다음 ENTER를 누릅니다.

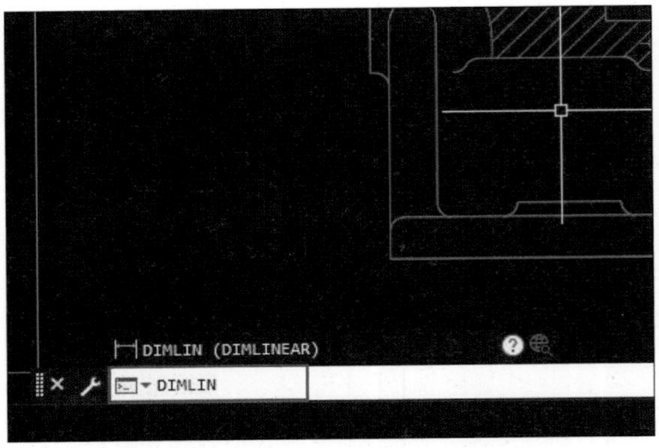

step 2

첫 번째 객체로 다음 끝점을 클릭합니다.

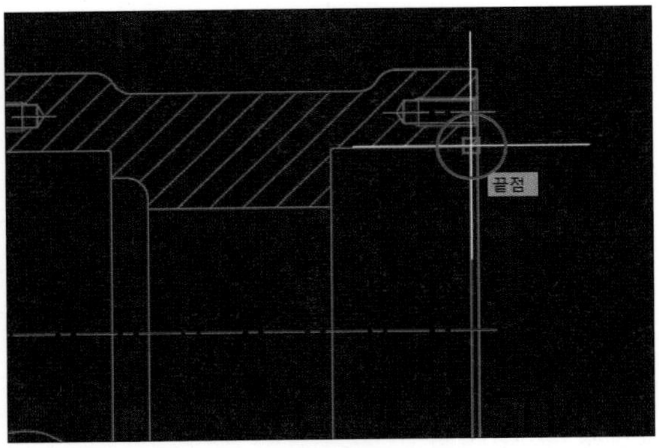

step 3

두 번째 객체로 다음 끝점을 클릭합니다.

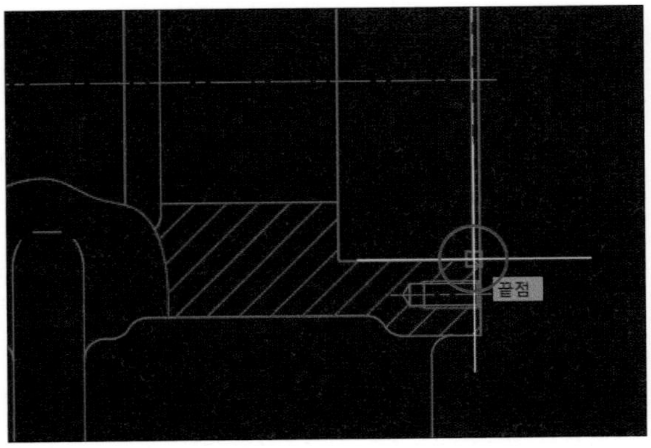

step 4

마우스를 오른쪽으로 이동하면 다음과 같은 치수 형상이 미리보기 됩니다. 클릭하여 치수를 작성합니다.

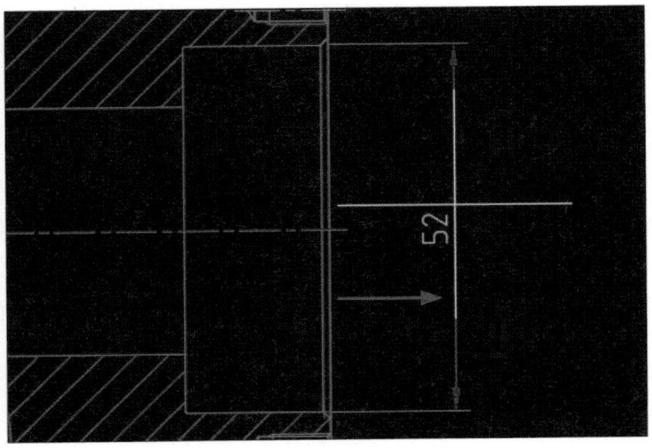

step 5

마찬가지 방법으로 다음과 같은 치수를 작성합니다.

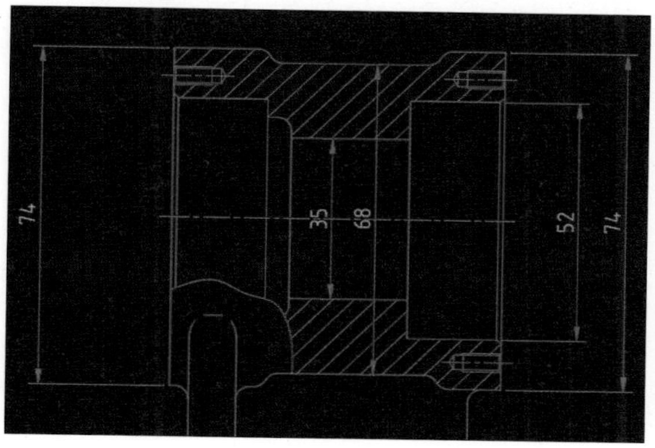

step 6

명령창에 DIMED(치수 편집)를 타이핑한 다음 ENTER를 누릅니다.

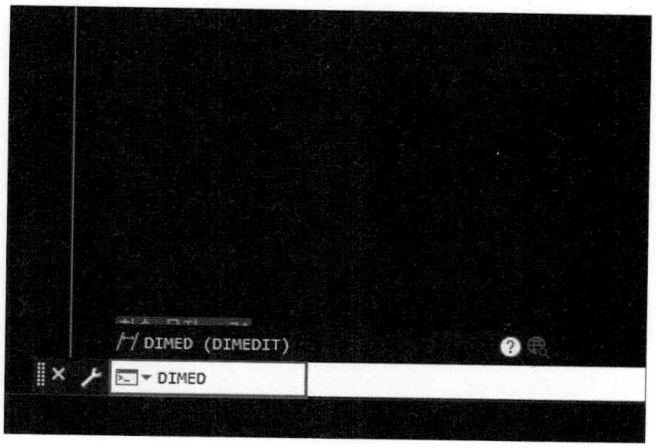

step 7

치수 편집 유형 중 **새로 만들기**에 해당하는 단축키 N을 입력한 다음 ENTER를 누릅니다.

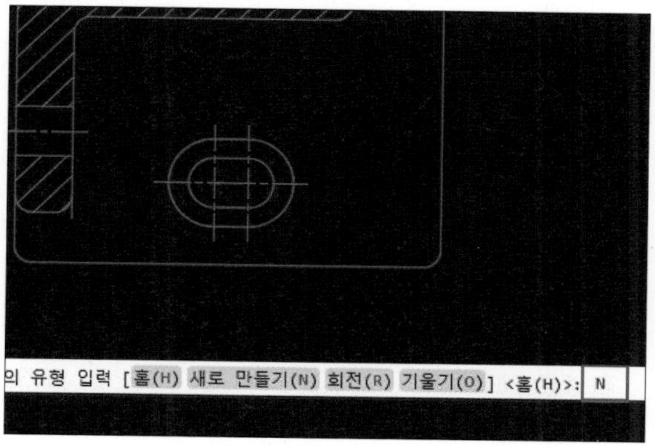

step 8

다음과 같이 치수 편집창이 실행됩니다.

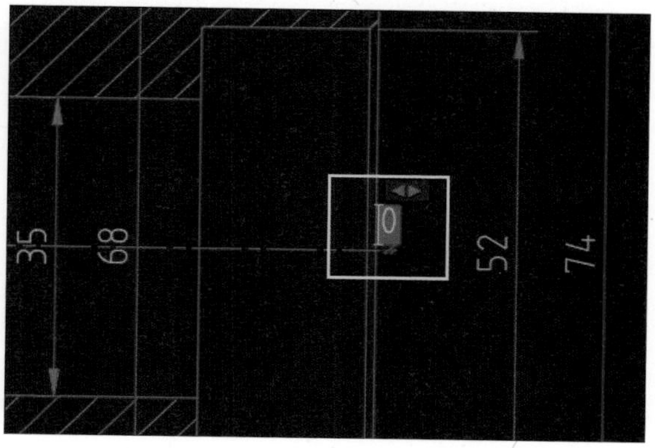

step 9

커서를 앞에 두고 파이 기호에 해당하는 %%C를 타이핑합니다.

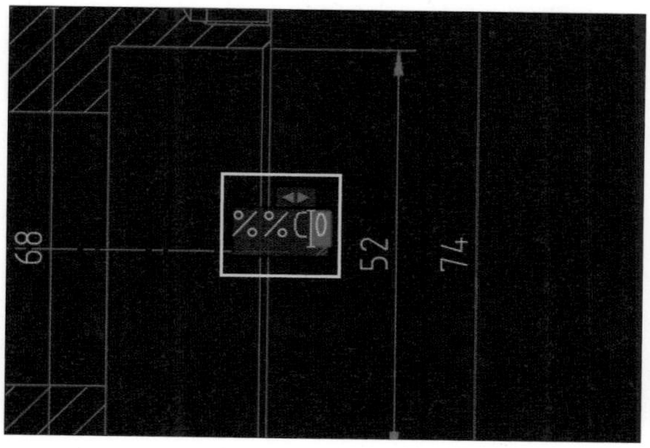

step 10

파이 기호가 입력되면 **화면 빈 곳**을 **클릭**합니다.

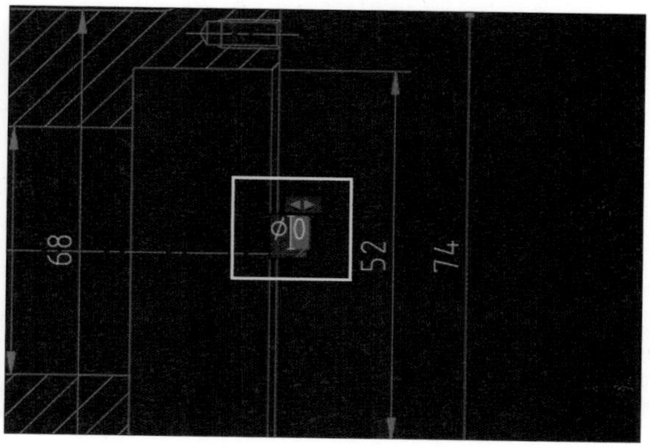

step 11

파이 기호를 삽입할 **치수**를 다음과 같이 선택합니다.

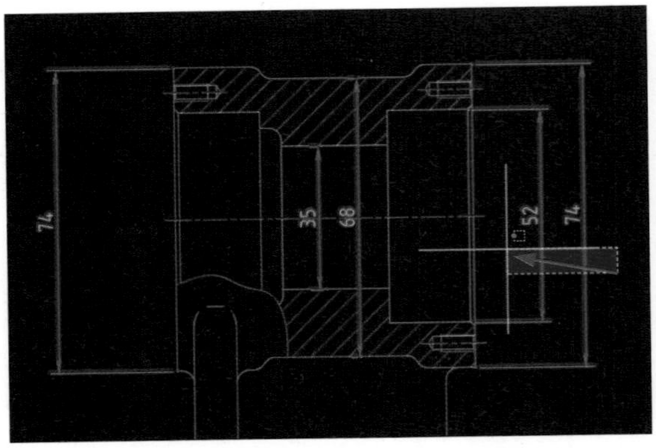

step 12

치수가 선택되었음을 확인한 다음 ENTER를 누릅니다.

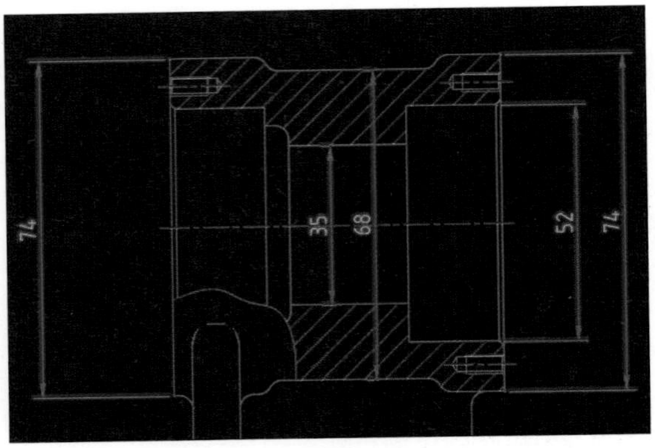

step 13

다음과 같이 선택한 치수에 파이 기호가 일괄 삽입되었습니다.

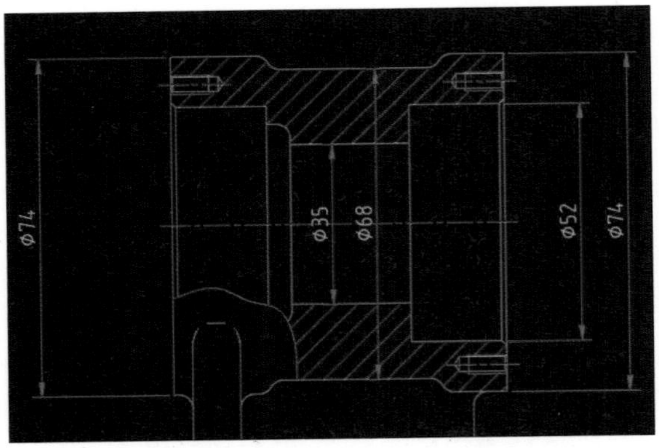

> **TIP 지름 치수 기입 방법**
>
> 지름 치수 기입을 위한 파이 기호를 작성할 때에는 다음과 같은 방법 중 편한 방법을 사용하면 됩니다.
>
> ① DIMEDIT(치수 편집) – 새로 만들기(N)
>
> ② 작성한 치수를 더블 클릭하여 치수 편집창이 실행되면 %%C를 기입 (하나씩 수정하는 방법)
>
> ③ 지름 치수 기입용 새로운 치수 스타일을 만든다. [1차 단위 탭 – 머리말 항목에 %%C 기입]

step 14

명령창에 DIMSPACE(치수 간격 설정)을 타이핑한 다음 ENTER를 누릅니다.

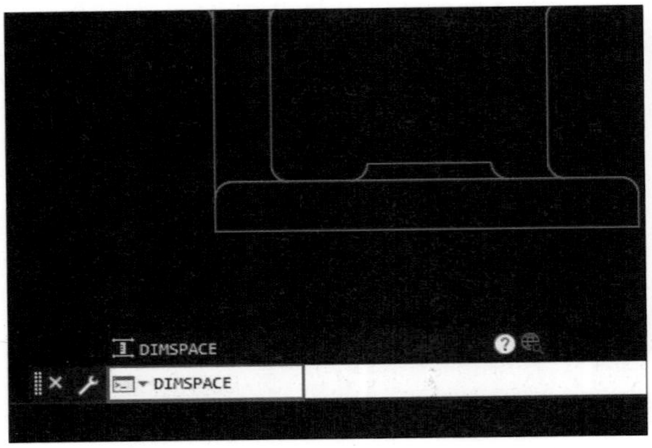

step 15

기준 치수를 선택합니다.

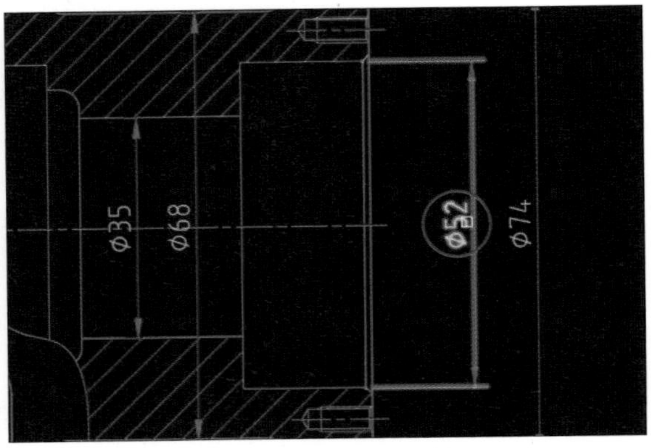

step 16

간격을 둘 치수를 다음과 같이 선택한 다음 ENTER를 누릅니다.

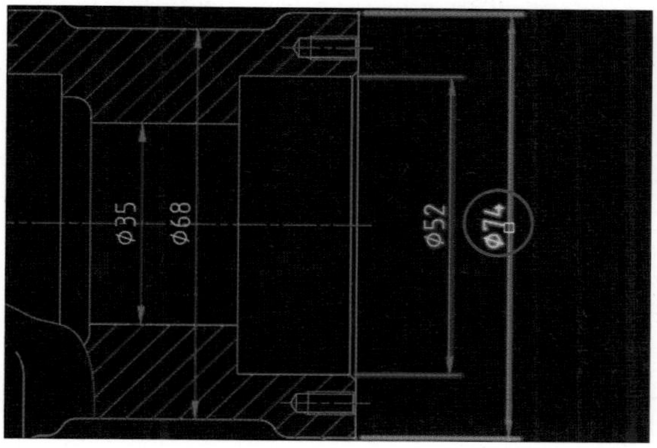

step 17

간격 띄우기 값으로는 10mm를 입력한 다음 ENTER를 누릅니다.

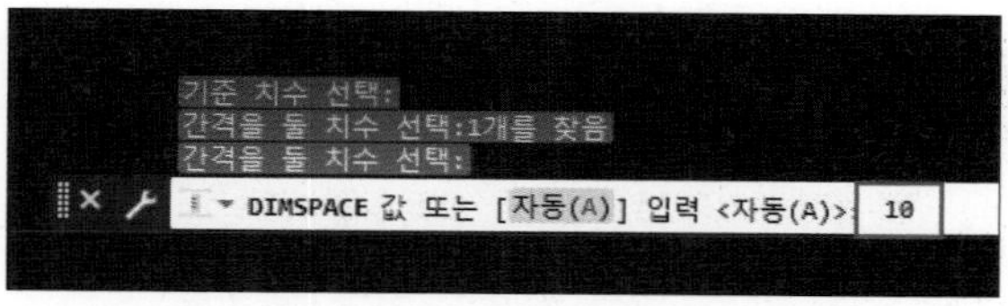

step 18

다음과 같이 작성한 치수가 동등 간격으로 재배치되면서 도면이 정리됩니다.

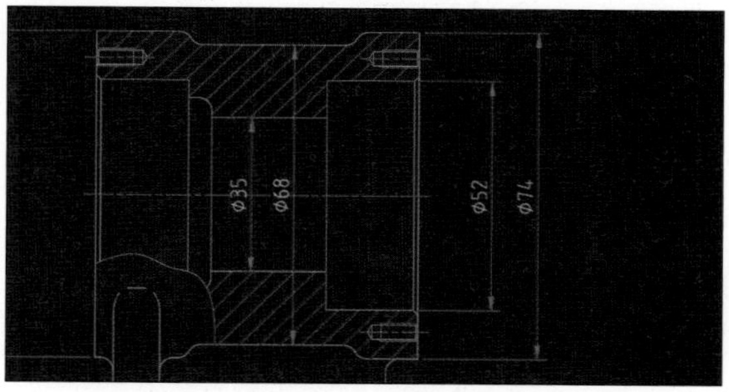

step 19

마찬가지 방법으로 다음 치수를 작성합니다.

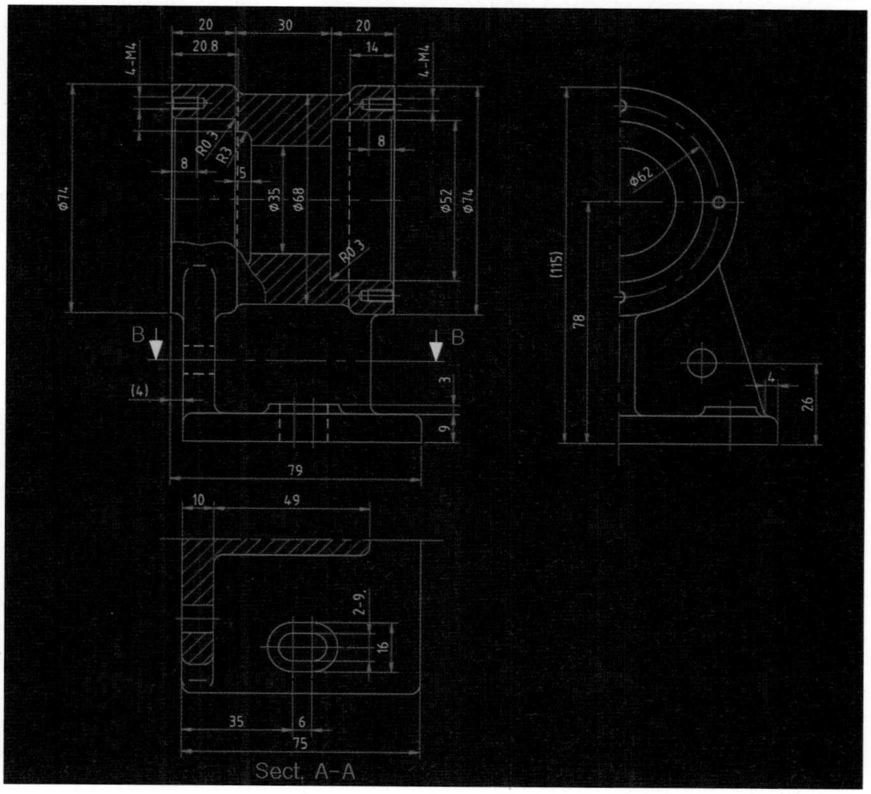

step 20

끼워맞춤 공차를 작성할 치수를 **더블 클릭**합니다.

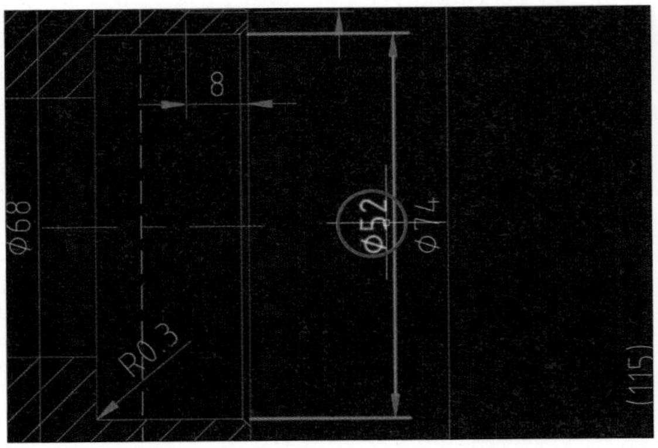

step 21

편집창이 실행되면 규격에 맞춰 끼워맞춤 공차를 기입합니다.

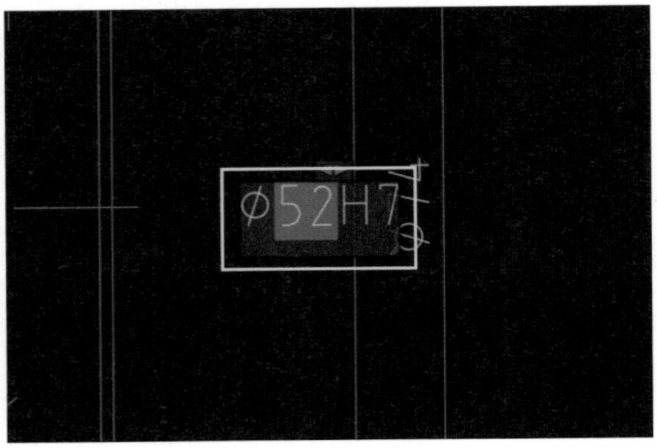

step 22

화면 빈 곳을 클릭하면 다음과 같이 치수 편집이 완료됩니다.

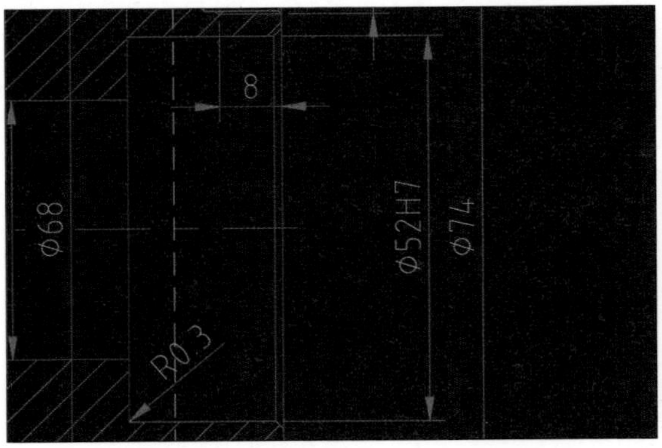

step 23

다시 한 번 **끼워맞춤 공차**를 작성할 치수를 **클릭**합니다.

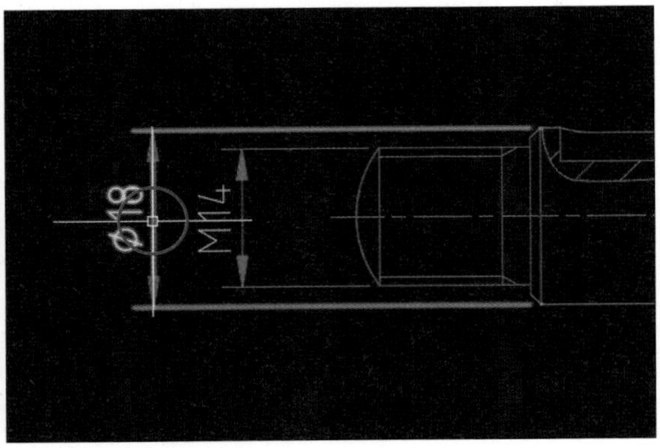

step 24

Ctrl + 1 키를 누르면 **특성창**이 실행됩니다. 문자 탭의 **문자 재지정** 항목에 **끼워맞춤 공차**를 추가로 기입합니다.

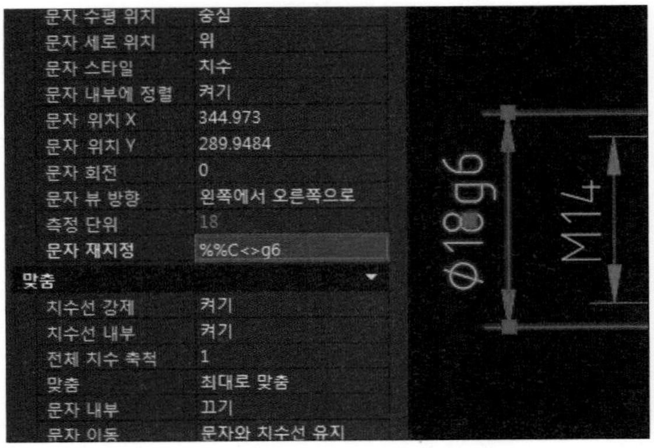

step 25

특성창을 종료하면 다음과 같이 끼워맞춤 공차 기입이 완료됩니다.

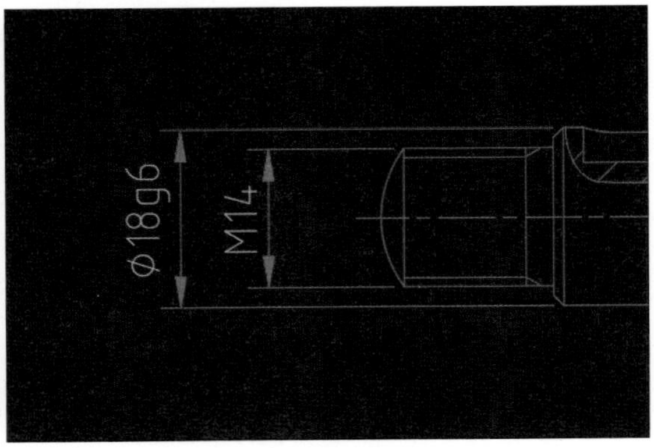

step 26

치수 공차를 작성할 치수를 더블 클릭합니다.

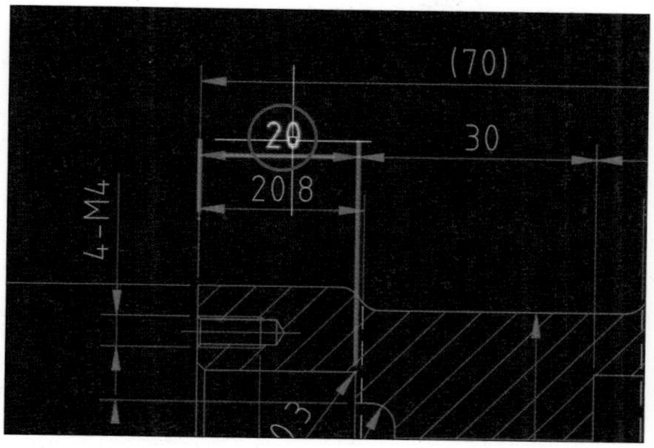

step 27

편집창이 실행되면 규격에 맞춰 치수 공차를 기입합니다.

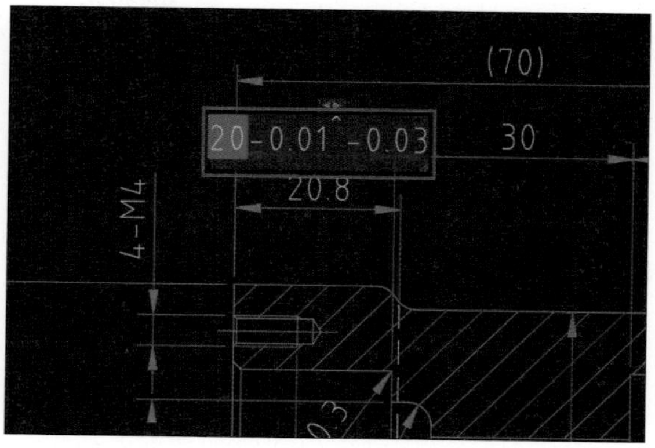

step 28

작성한 치수 공차를 드래그한 다음 크기를 2.5로 변경하고 ENTER를 누릅니다.

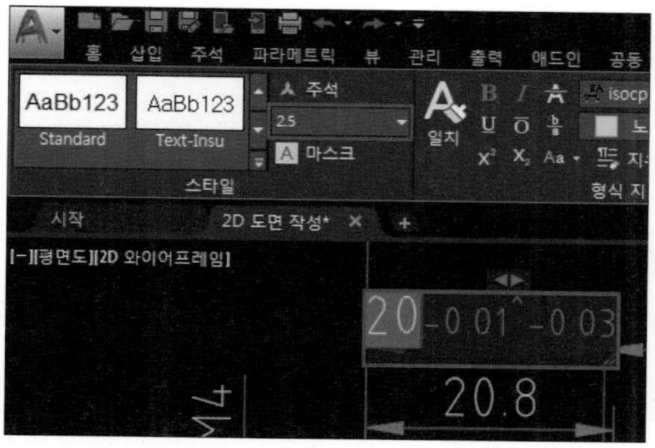

step 29

다음과 같이 치수 공차의 문자 크기가 수정되었습니다.

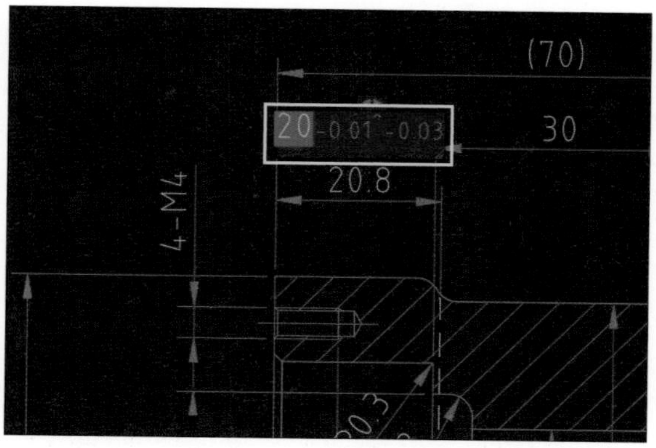

step 30

치수 공차의 색상을 빨간색으로 변경합니다.

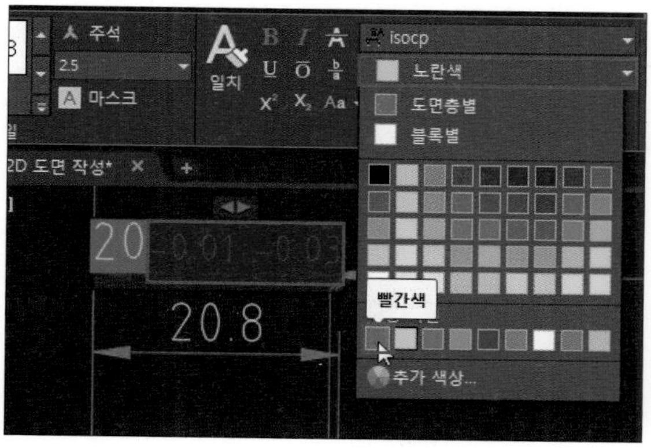

step 31

설정이 완료된 치수 공차를 다시 한 번 드래그하여 스택 명령을 실행합니다.

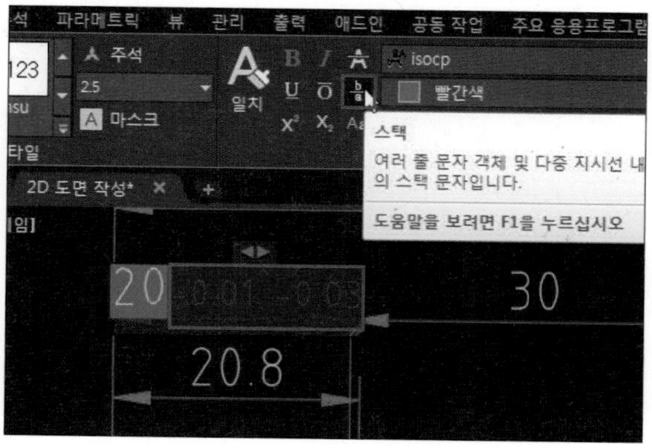

step 32

설정이 완료되면 **화면 빈 곳**을 클릭합니다.

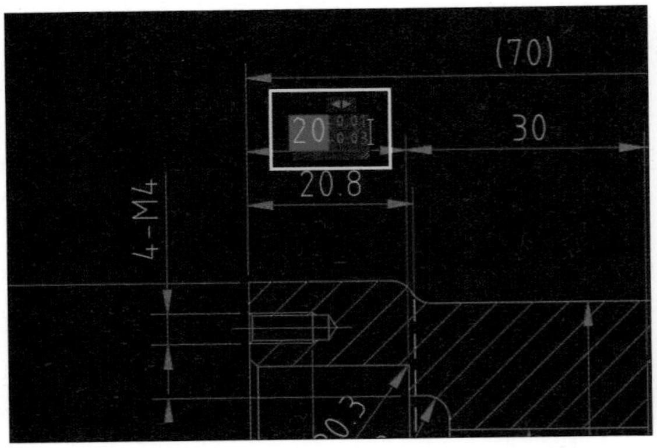

step 33

다음과 같이 치수 공차 작성이 완료되었습니다.

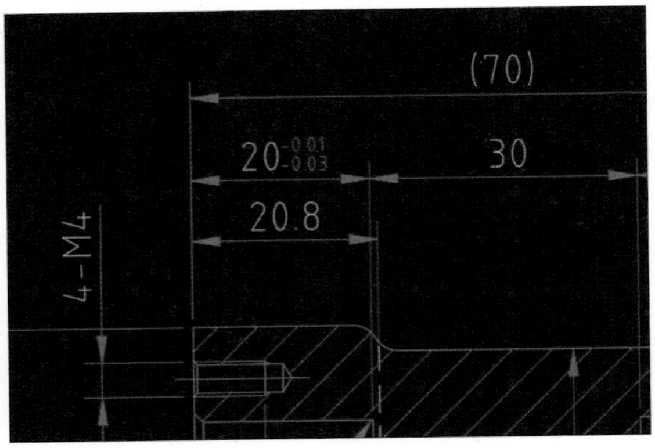

step 34

중심거리의 허용차를 작성할 치수를 **클릭**합니다.

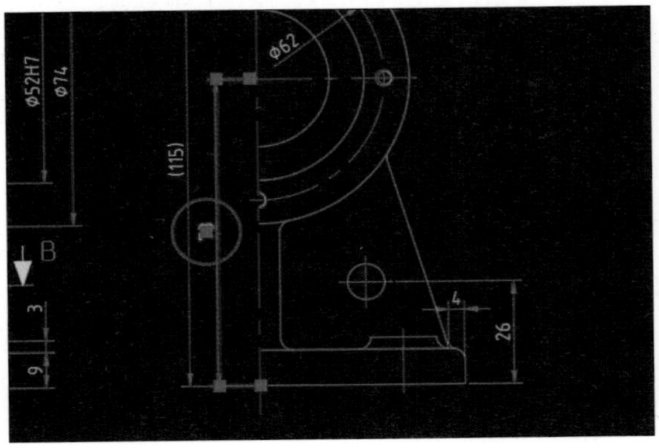

step 35

Ctrl + 1 키를 누르면 **특성창**이 실행됩니다. 공차 탭의 공차 표시 항목을 **대칭**으로 변경합니다.

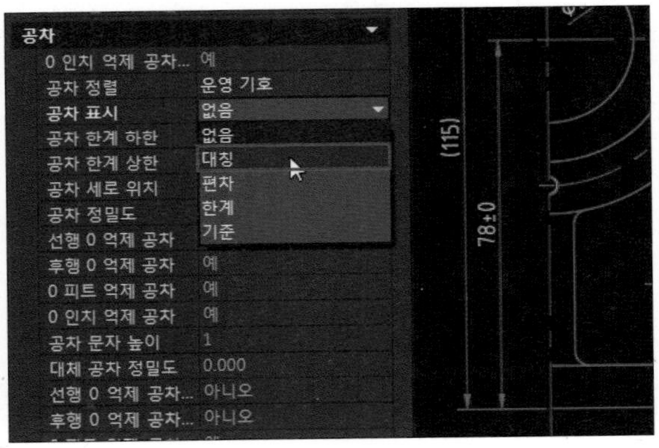

step 36

공차 한계 상한 항목에 0.05를 기입합니다.

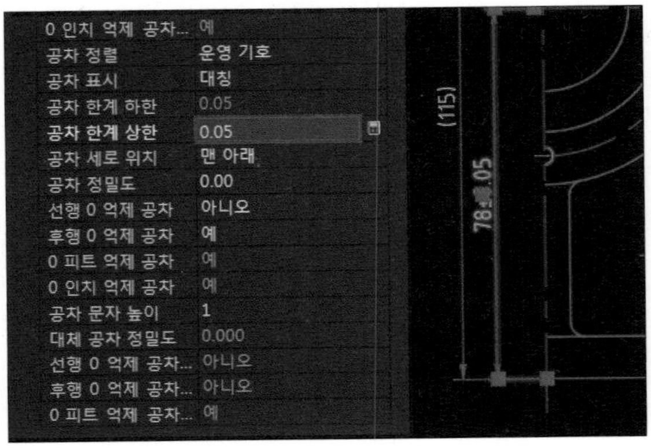

step 37

공차 문자 높이 항목에 0.5를 기입합니다.

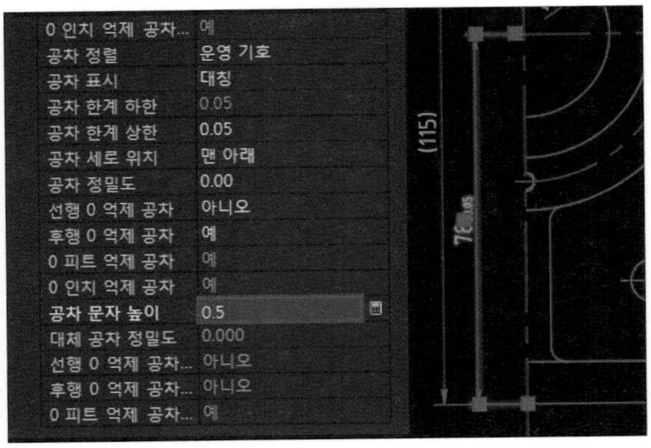

step 38

특성창을 종료하면 다음과 같이 중심거리 허용차 기입이 완료됩니다.

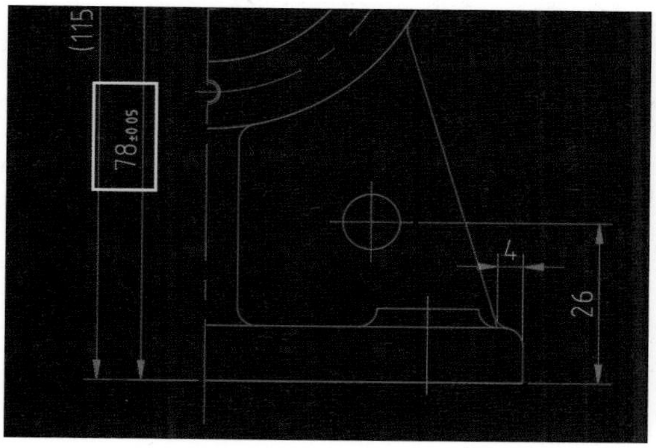

step 39

명령창에 DIMLIN(선형 치수)을 타이핑한 다음 ENTER를 누릅니다.

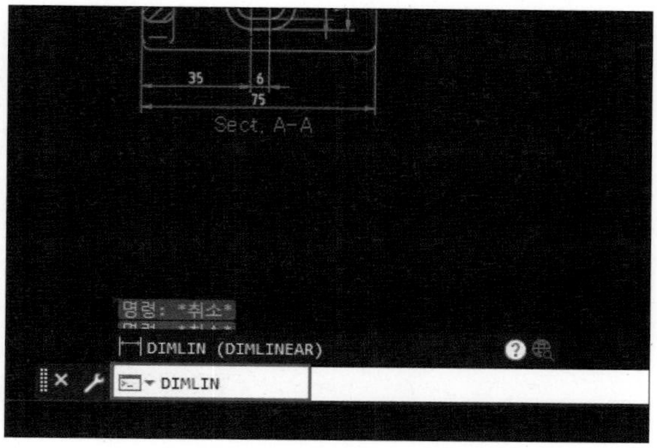

step 40

첫 번째 점으로 다음 **끝점**을 클릭합니다.

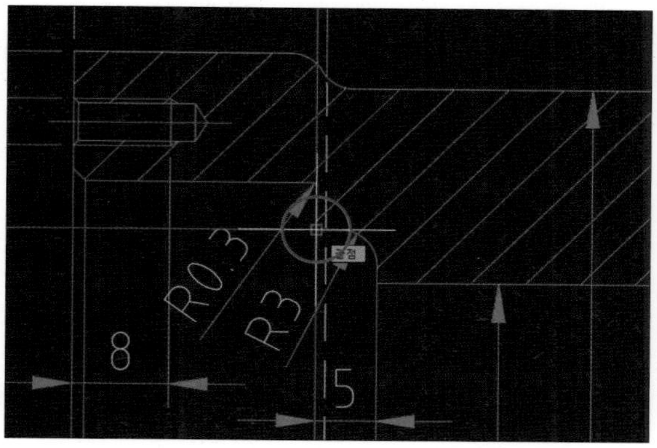

step 41

두 번째 점으로는 마우스를 **아래쪽**으로 이동한 다음 명령창에 44를 기입한 후 ENTER를 누릅니다.

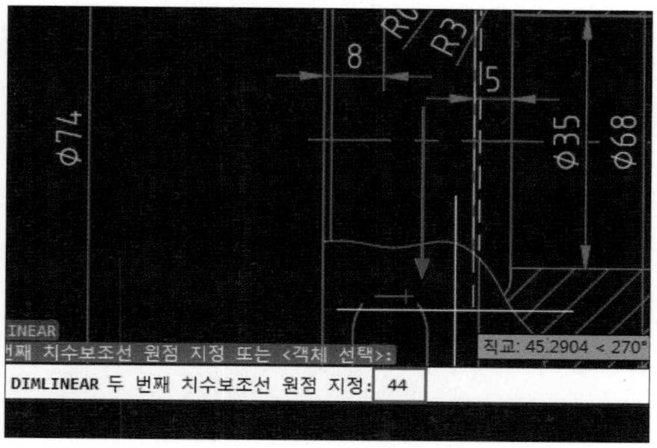

step 42

다음과 같이 44mm 길이 만큼의 치수가 작성되었습니다.

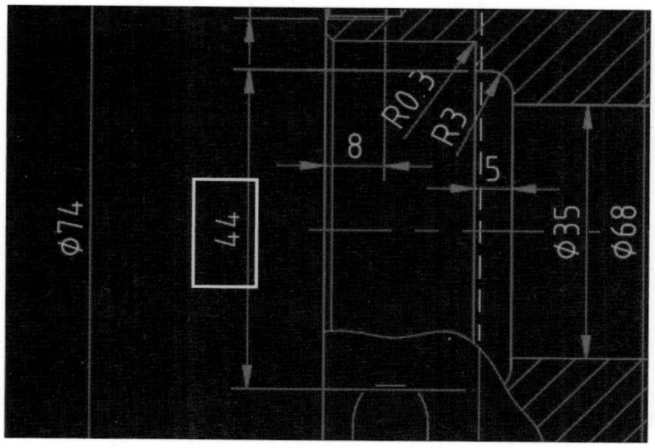

step 43

해당 치수를 **더블 클릭**하여 편집창이 실행되면 마우스 커서를 맨앞으로 이동하여 %%C를 입력합니다.

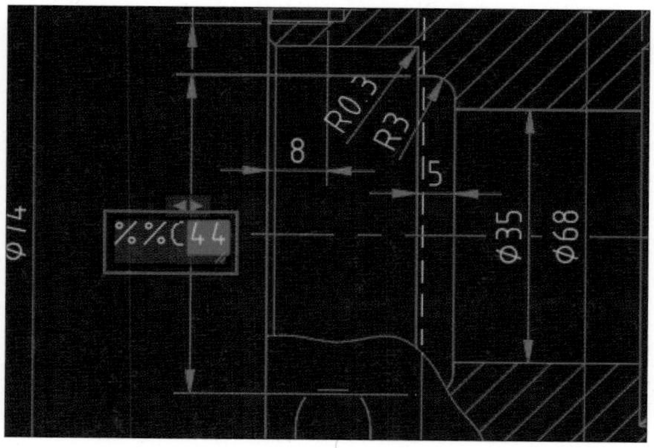

step 44

기호 삽입이 완료되면 **화면 빈 곳**을 **클릭**하여 치수 편집을 완료합니다.

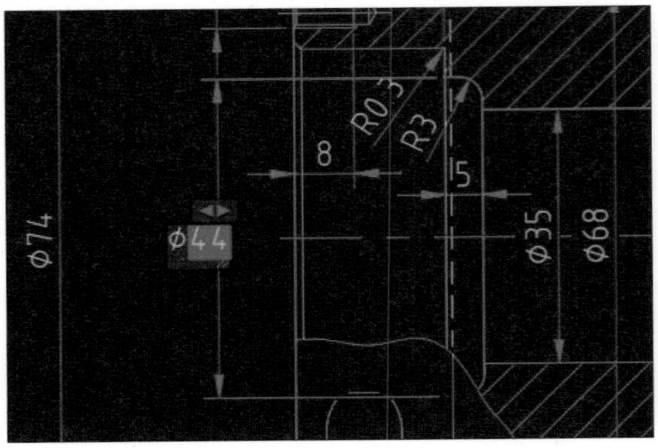

step 45

방금 작성한 **치수**를 클릭합니다.

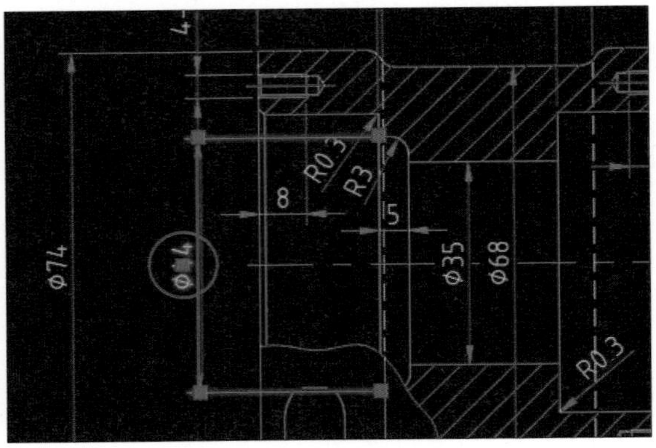

step 46

Ctrl + 1 키를 누르면 **특성창**이 실행됩니다. 선 및 화살표 탭의 **치수선 2**, **치수보조선 2** 항목을 **끄기**로 변경합니다.

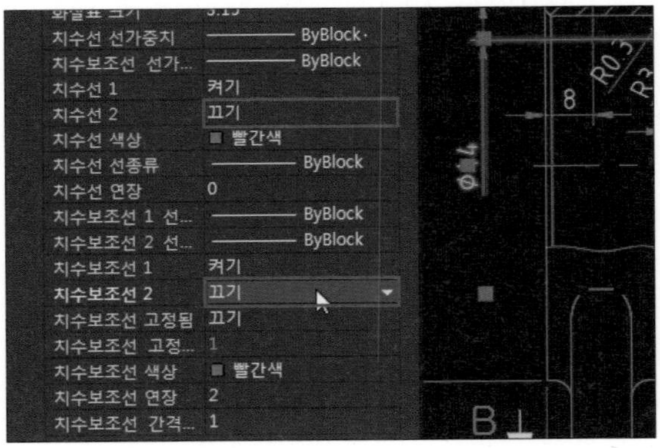

step 47

특성창을 종료하면 다음과 같이 반절 치수 기입이 완료됩니다.

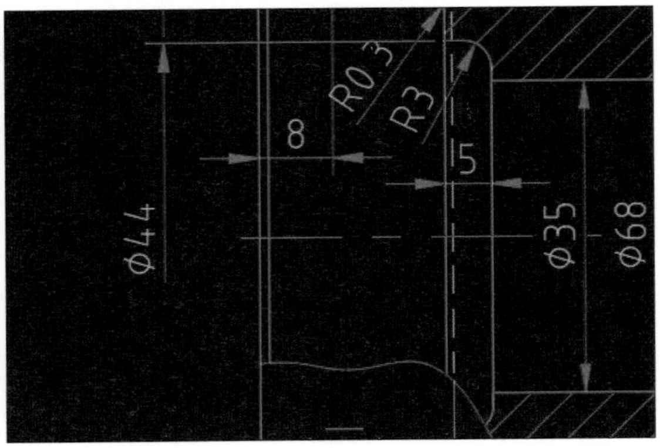

step 48

마찬가지 방법으로 다음 치수도 기입합니다.

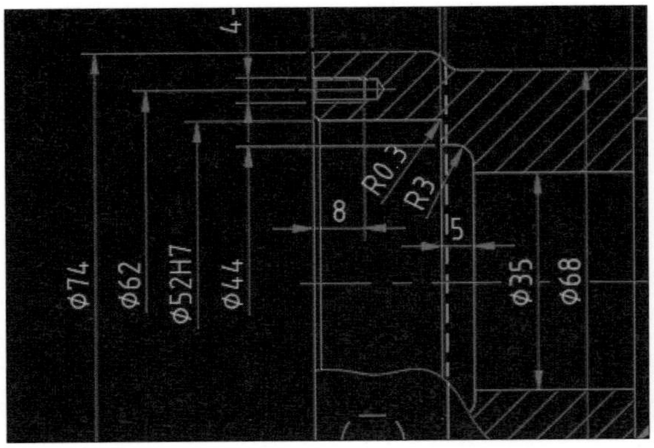

step 49

대칭 도시 기호 기입을 위해 도면층을 **문자** 도면층으로 변경합니다.

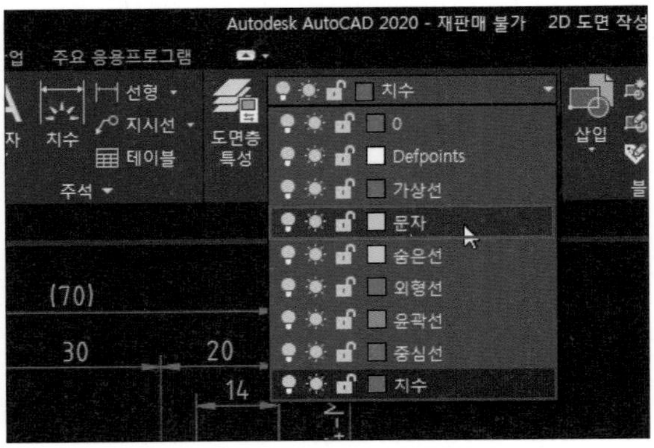

step 50

명령창에 L(선)을 타이핑한 다음 ENTER를 누릅니다.

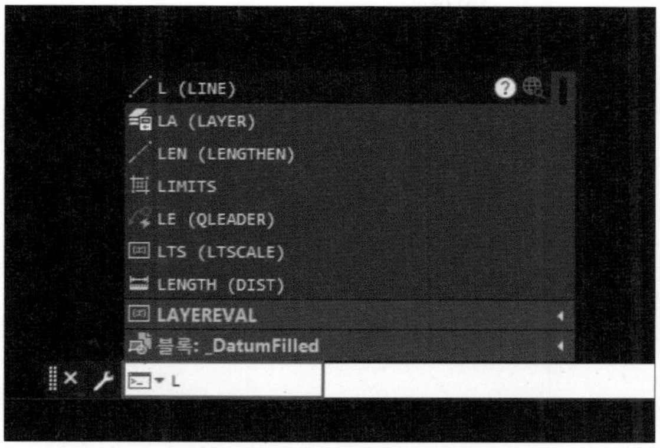

step 51

첫 번째 점으로는 대략적인 점을 클릭합니다.

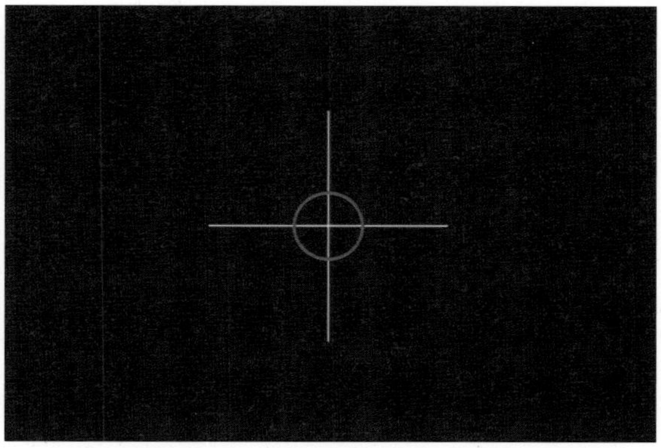

step 52

직교 모드(F8)가 켜져 있는 상태에서 마우스를 오른쪽으로 이동한 다음 명령창에 3을 기입한 후 ENTER를 누릅니다.

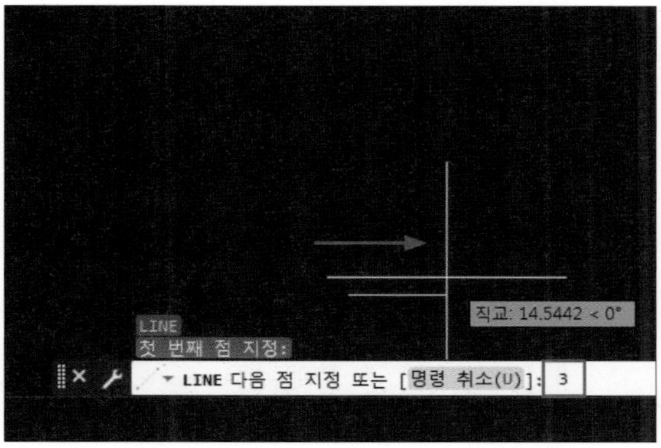

step 53

다음과 같이 수평선이 작성되었습니다.

step 54

명령창에 O(간격띄우기)를 타이핑한 다음 ENTER를 누릅니다.

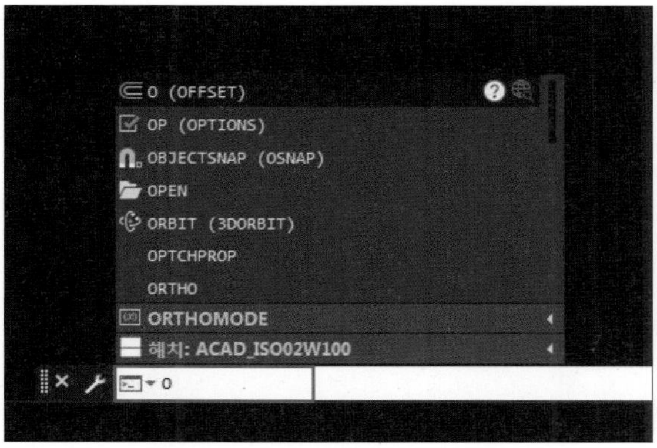

step 55

간격띄우기 거리값으로 2를 입력한 다음 ENTER를 누릅니다.

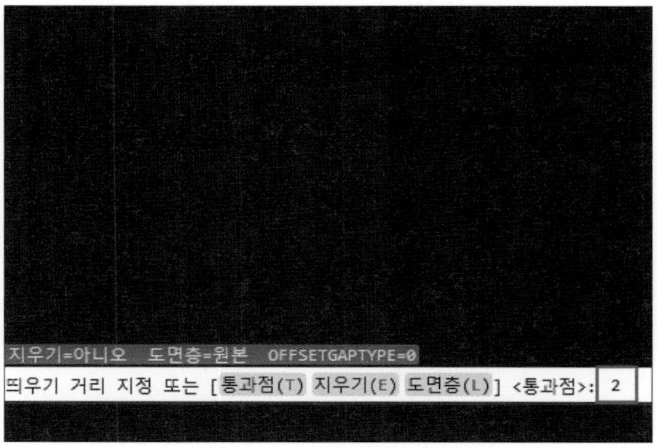

step 56

간격띄우기 객체로 다음 선을 **클릭**합니다.

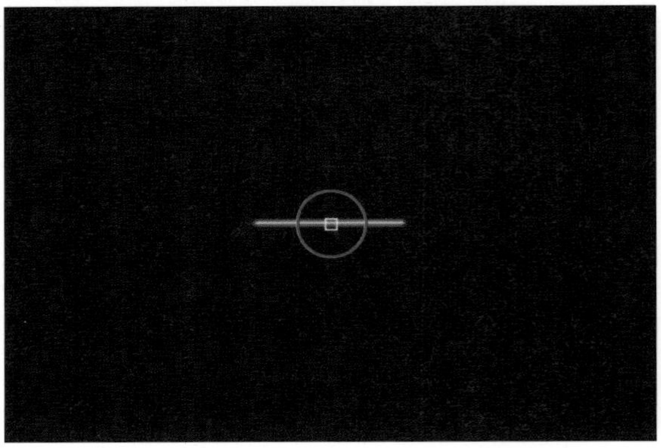

step 57

마우스를 **아래쪽**으로 위치시키면 간격띄우기 선이 미리 보기 됩니다. 이 때 **클릭**합니다.

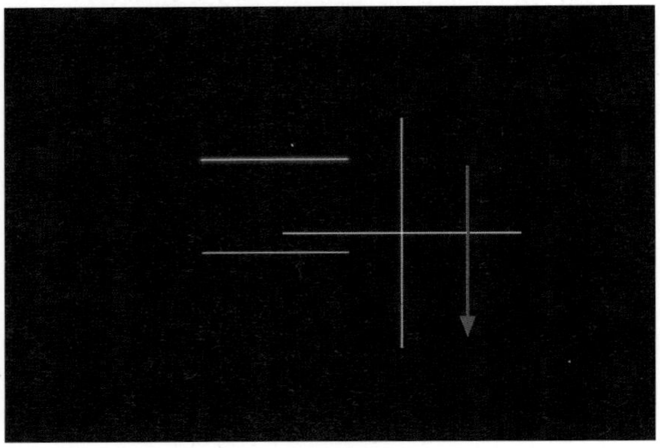

step 58

다음과 같이 대칭 도시 기호가 작성되었습니다.

step 59

다음과 같이 **밑면도**에 대칭 도시 기호를 삽입합니다.

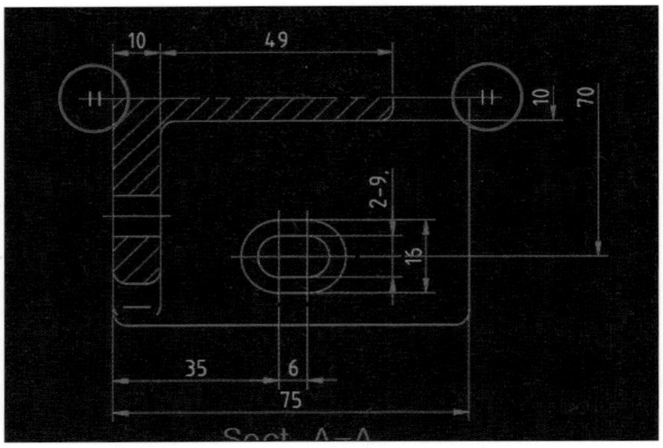

step 60

마찬가지 방법으로 **우측면도**에도 대칭 도시 기호를 삽입합니다.

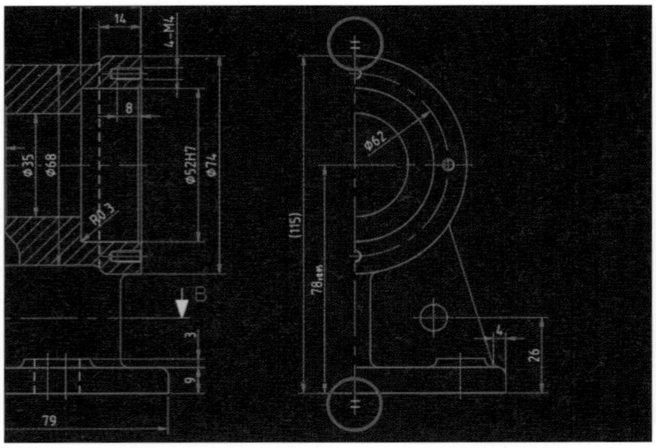

step 61

현재 도면층을 다시 **치수** 도면층으로 변경합니다.

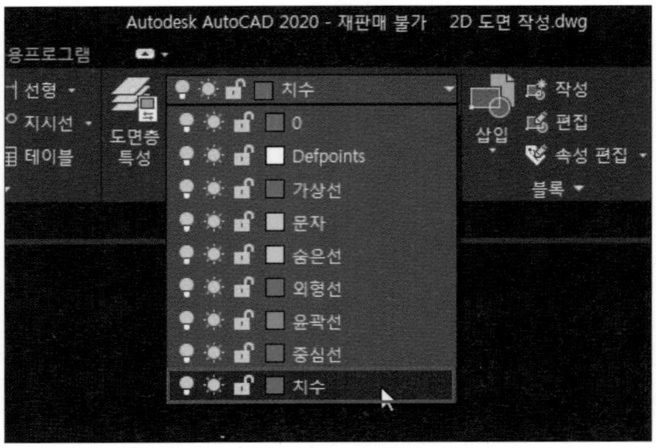

step 62

홈 탭의 주석 패널에서 **반지름 치수** 명령을 실행합니다.

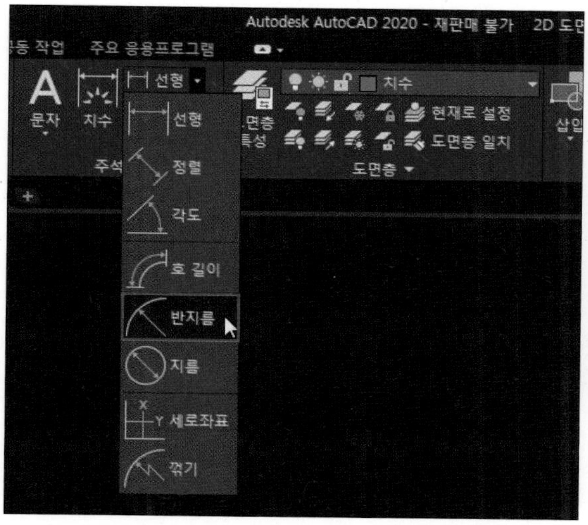

step 63

반지름 치수를 기입할 **호**를 **클릭**합니다.

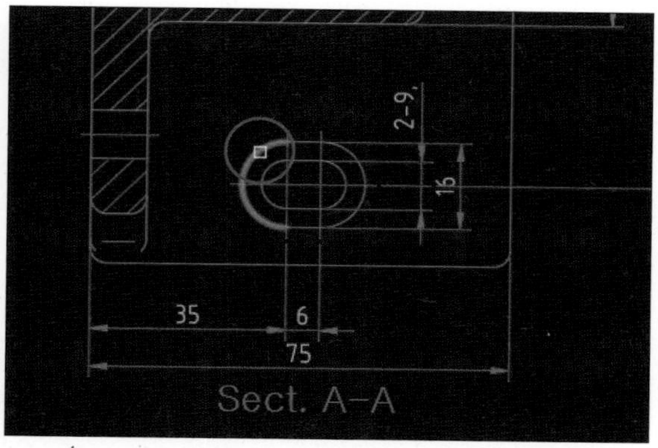

step 64

마우스를 이동하여 치수가 위치할 곳을 클릭하면 반지름 치수가 작성됩니다.

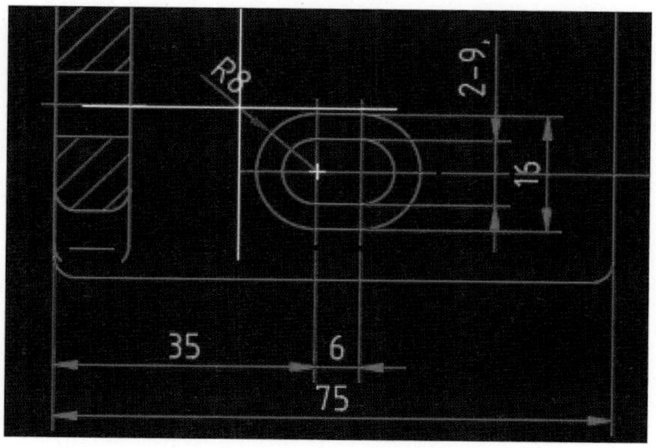

step 65

치수 편집 기능을 이용하여 다음과 같이 치수를 수정합니다.

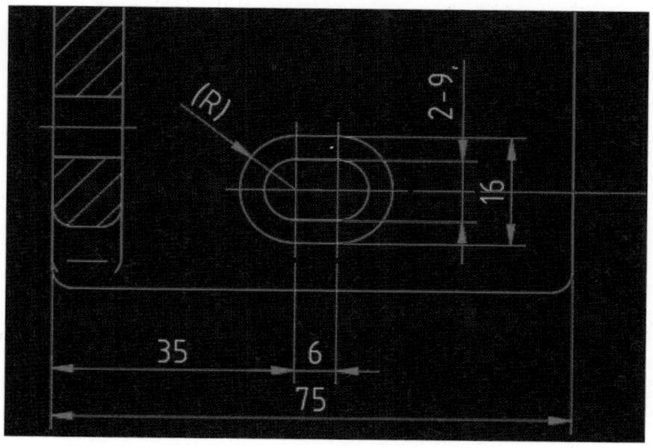

step 66

다음과 같이 치수 작성을 마무리합니다.

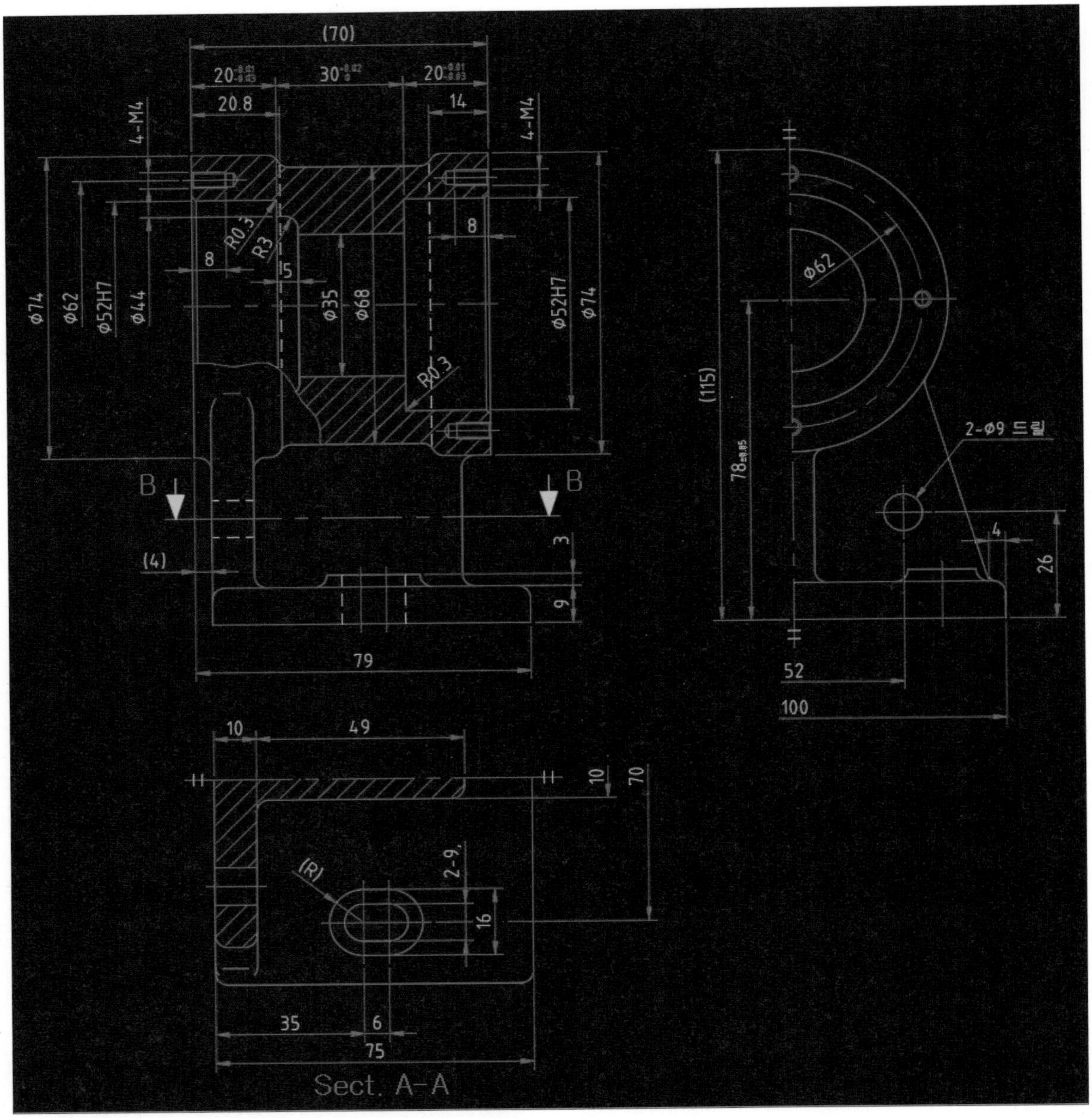

chapter 04 형상공차 작성하기

step 1

명령창에 M(이동)을 타이핑한 다음 ENTER를 누릅니다.

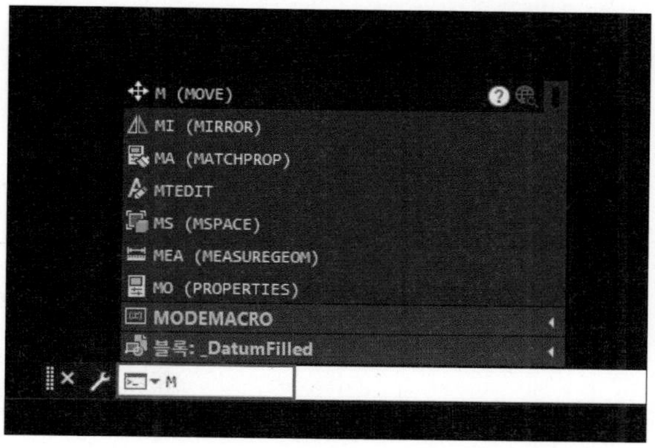

step 2

이동할 객체로는 기존에 작성한 **데이텀 기호**를 드래그한 다음 ENTER를 누릅니다.

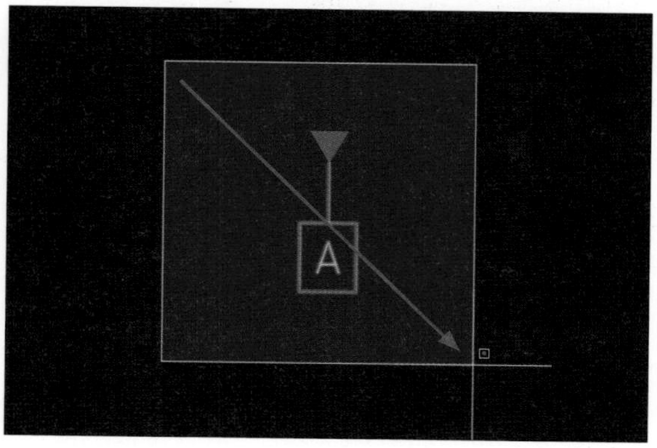

step 3

이동 기준점으로는 다음 **점**을 클릭합니다.

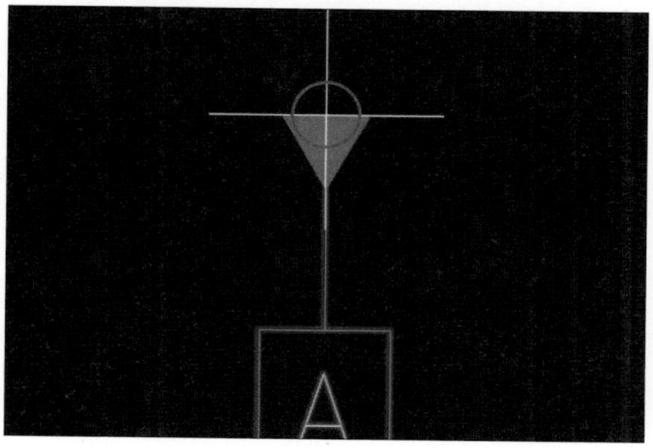

step 4

데이텀 기호가 위치할 적당한 곳을 클릭하여 데이텀 기호를 삽입합니다.

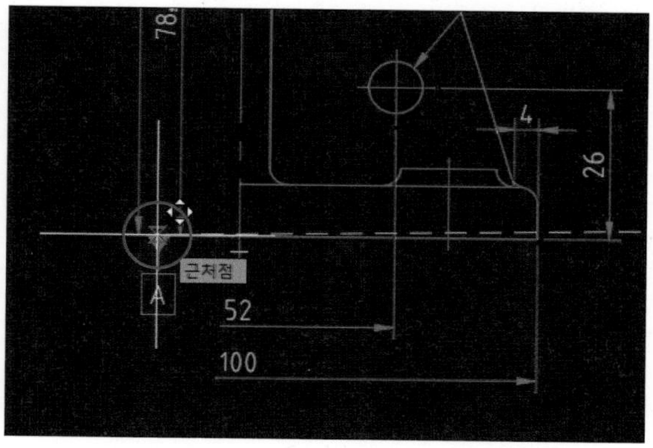

step 5

다음과 같이 데이텀 기호가 작성되었습니다.

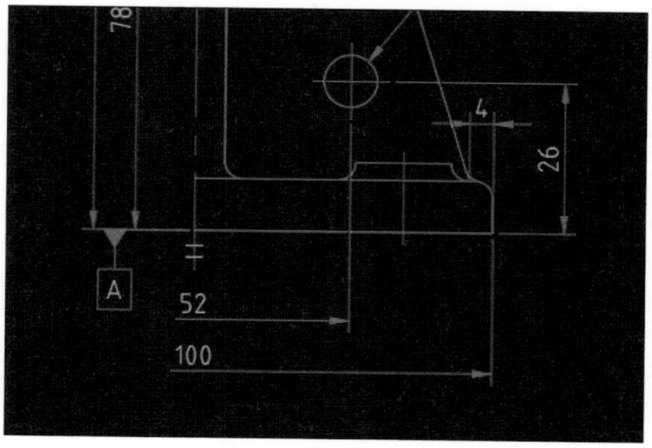

step 6

명령창에 LE(지시선)를 타이핑한 다음 ENTER를 누릅니다.

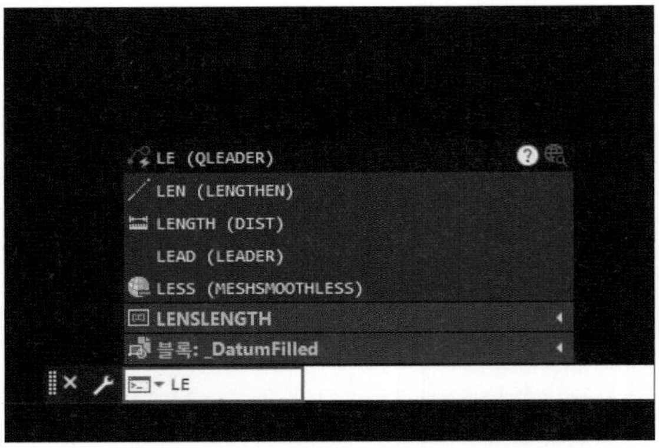

step 7

지시선 **설정**을 변경하기 위해 S를 타이핑한 다음 ENTER를 누릅니다.

step 8

지시선 설정창이 실행되면 **주석 유형**을 **공차**로 변경한 다음 **확인** 버튼을 클릭합니다.

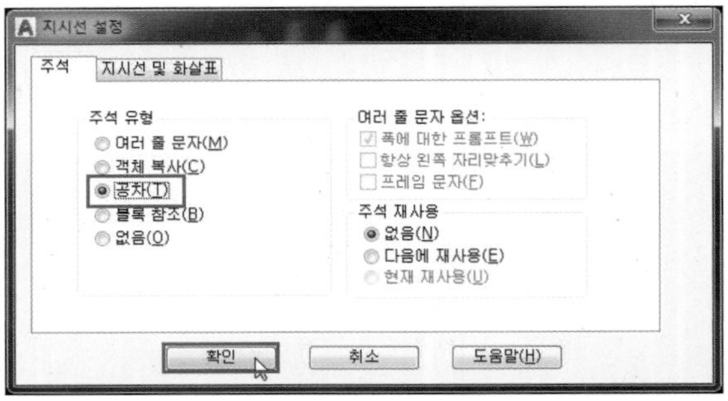

step 9

지시선을 작성할 첫 번째 **끝점**을 클릭합니다.

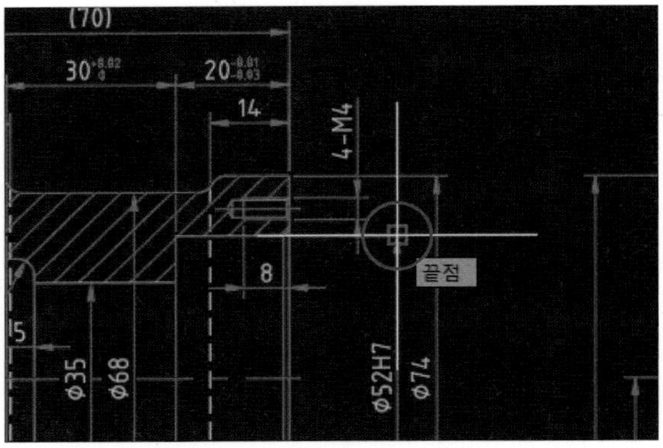

step 10

직교 모드(F8)가 켜져 있는 상태에서 마우스를 **위쪽**으로 이동한 다음 적당한 곳을 **클릭**합니다.

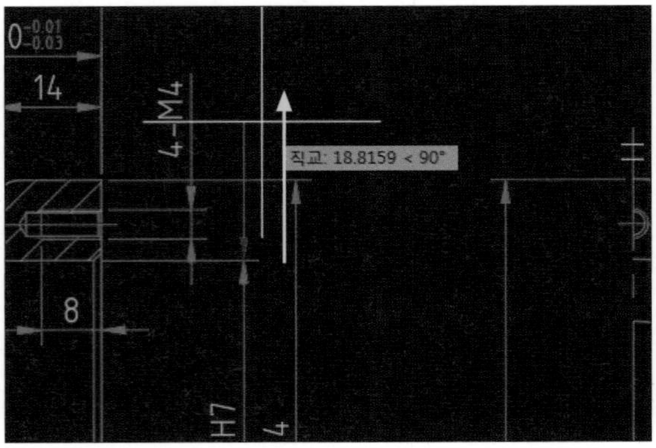

step 11

이어서 **수평선**을 작성합니다.

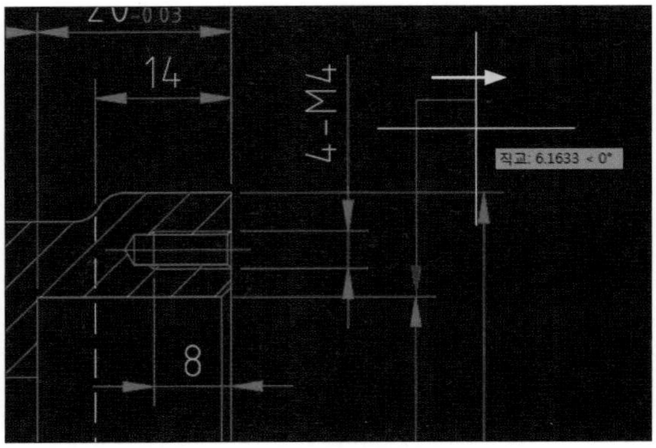

step 12

클릭하면 다음과 같이 기하학적 공차창이 실행됩니다.

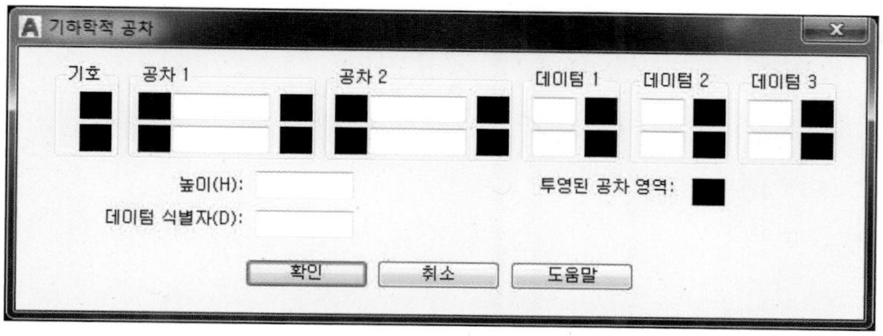

step 13

기호 항목을 클릭하면 다음과 같이 기호창이 실행됩니다. **평행도** 기호를 클릭합니다.

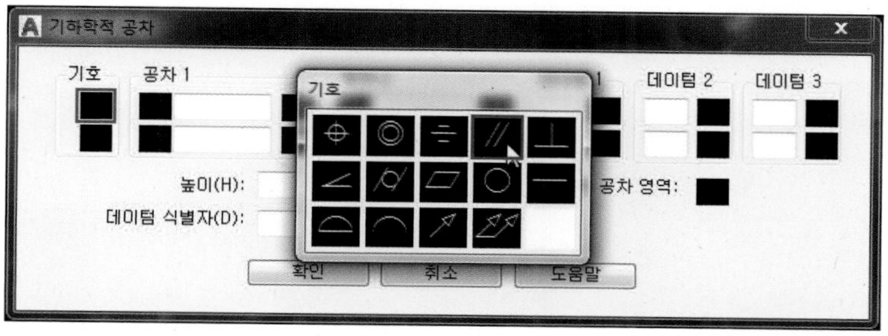

step 14

공차값과 데이텀을 규격에 맞춰 기입합니다.

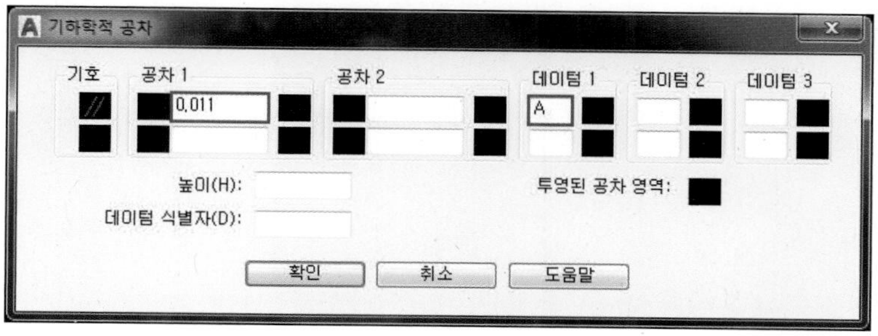

step 15

해당 항목을 클릭하면 다음과 같이 **파이 기호**를 삽입할 수 있습니다.

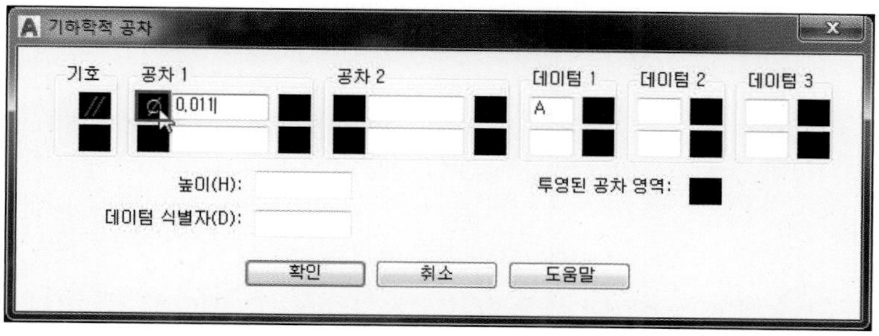

step 16

모든 설정이 완료되면 **확인** 버튼을 클릭하여 기하학적 공차창을 종료합니다.

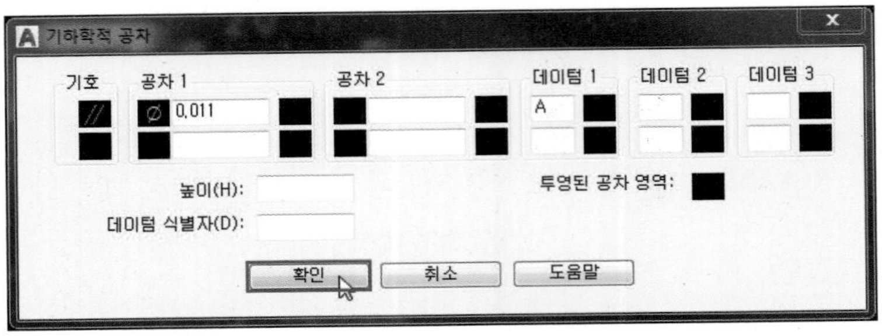

step 17

다음과 같이 형상공차가 작성되었습니다.

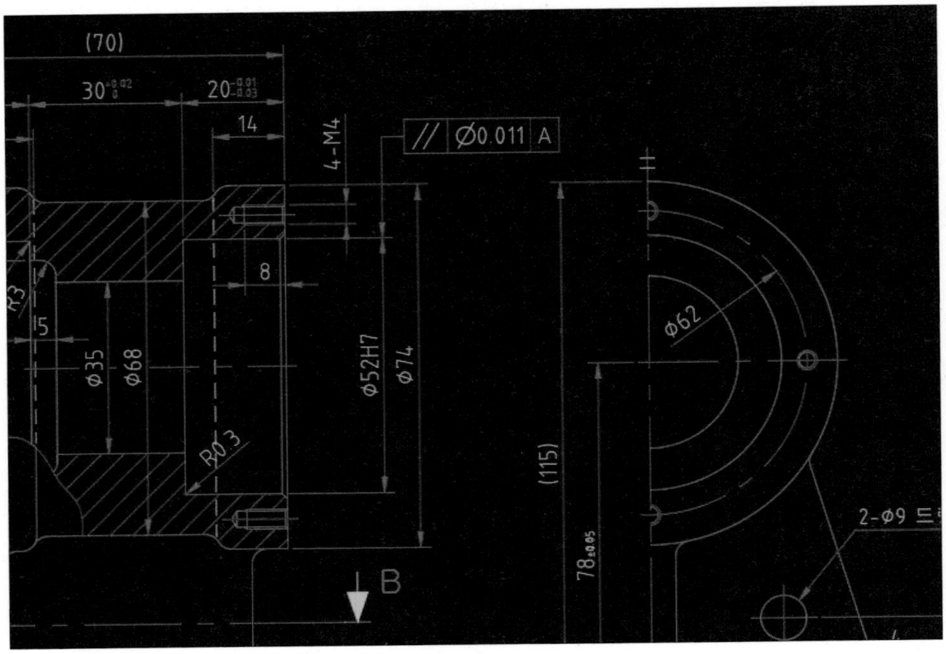

chapter 05 표면 거칠기 기호 작성하기

step 1

명령창에 I(블록 삽입)를 타이핑한 다음 ENTER를 누릅니다.

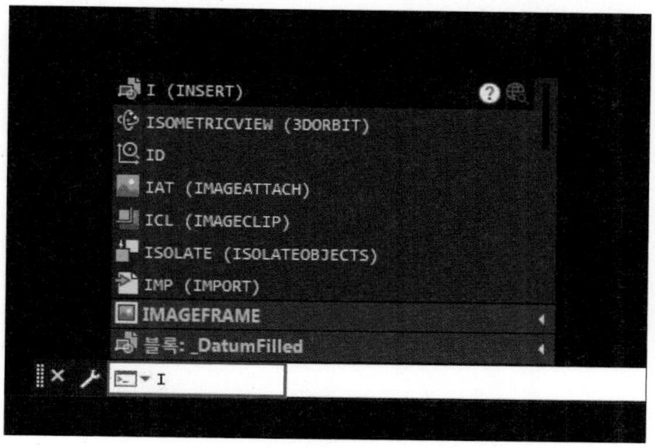

step 2

프로그램 우측 하단에 블록 삽입 창이 실행됩니다.

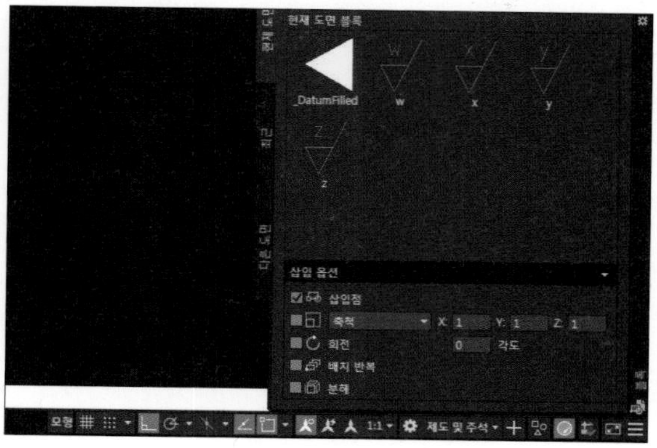

step 3

기존에 작성한 **표면 거칠기** 기호를 클릭합니다.

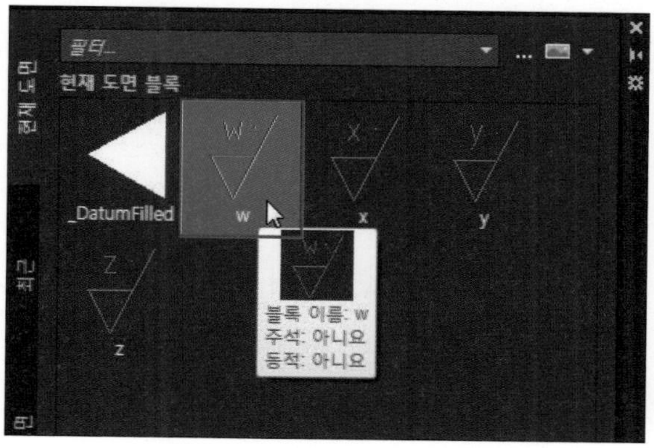

step 4

화면 빈 곳을 클릭하면 다음과 같이 블록이 작성됩니다.

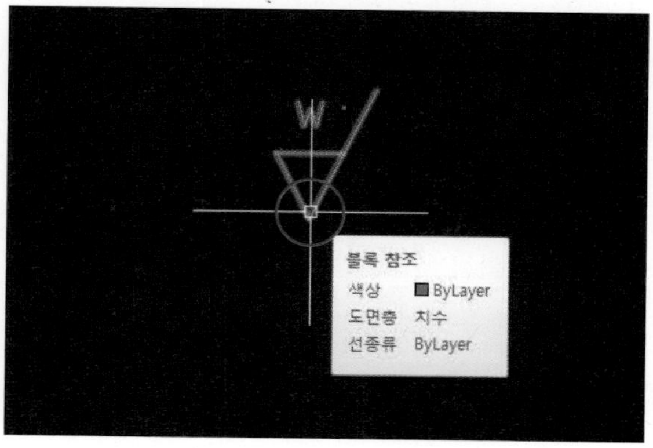

step 5

명령창에 SC(축척)를 타이핑한 다음 ENTER를 누릅니다.

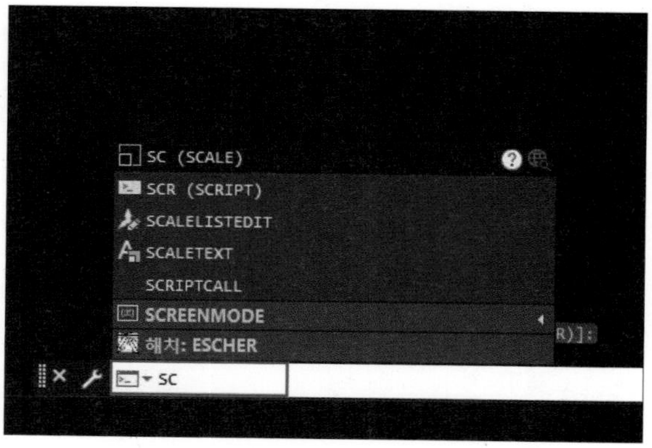

step 6

축척 객체로 다음 기호를 드래그한 다음 ENTER를 누릅니다.

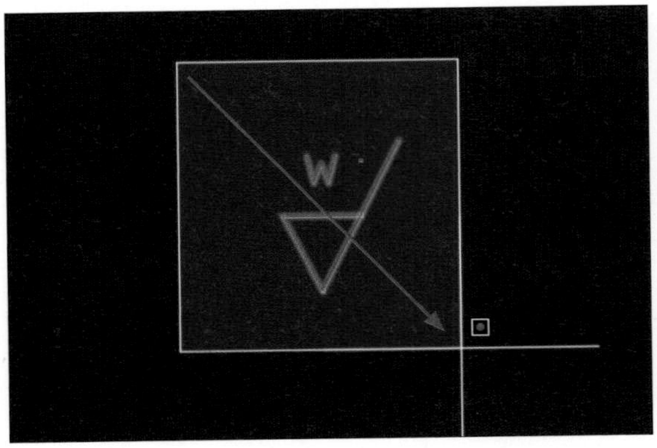

step 7

축척 기준점으로는 다음 끝점을 클릭합니다.

step 8

축척 비율은 2배로 입력한 다음 ENTER를 누릅니다.

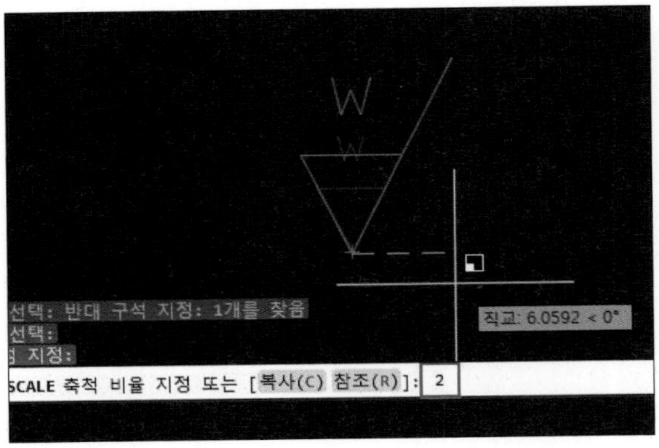

step 9

다음과 같이 표면거칠기 기호가 2배로 커지게 됩니다.

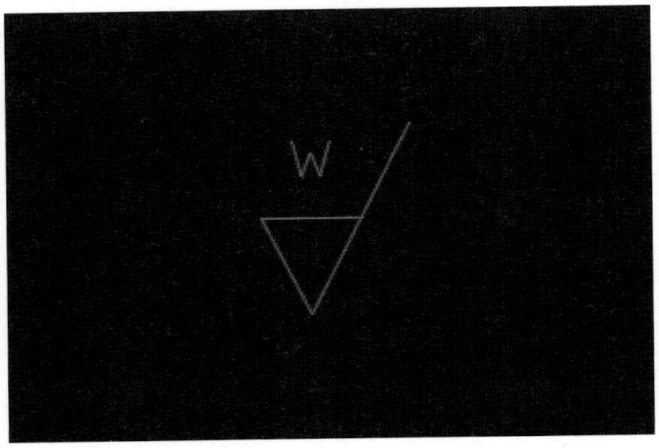

step 10

명령창에 X(분해)를 타이핑한 다음 ENTER를 누릅니다.

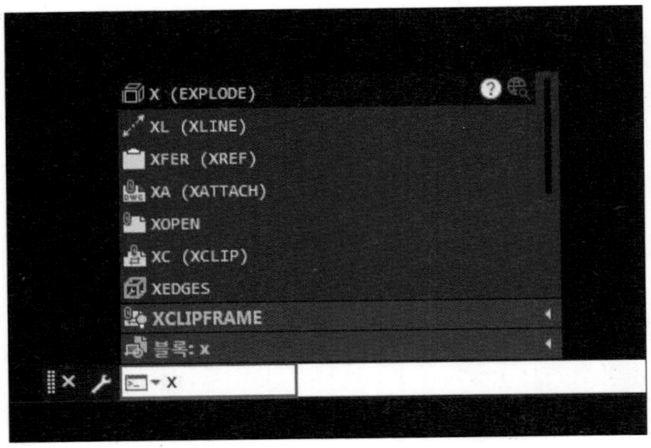

step 11

분해할 객체를 드래그한 다음 ENTER를 누릅니다.

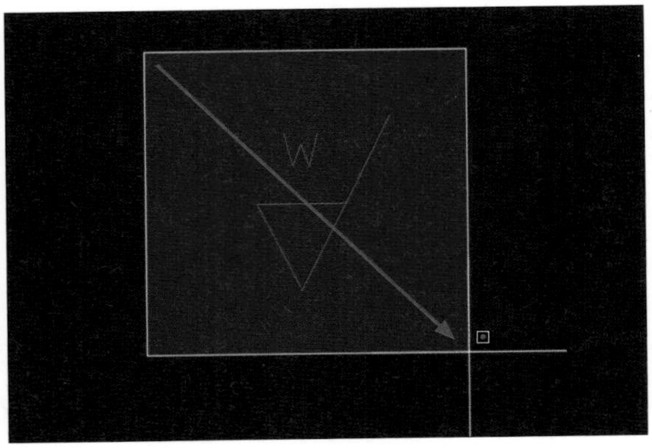

step 12

다음과 같이 표면 거칠기 기호 블록이 분해되었습니다.

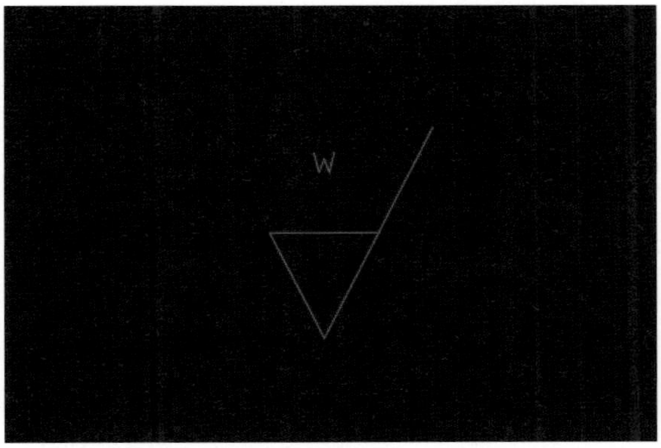

step 13

문자를 더블 클릭하여 편집창으로 들어갑니다.

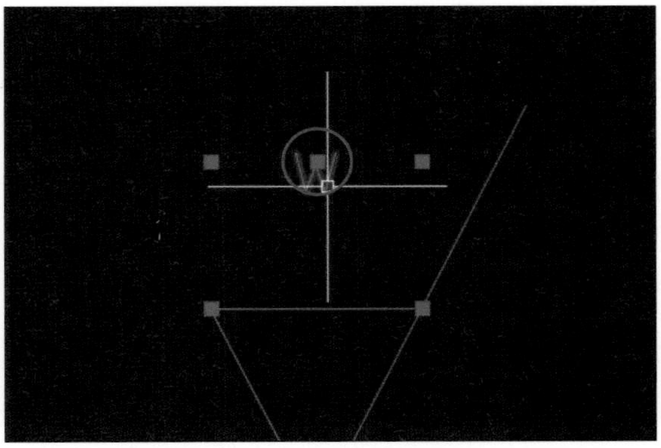

step 14

문자 크기를 5mm로 변경합니다.

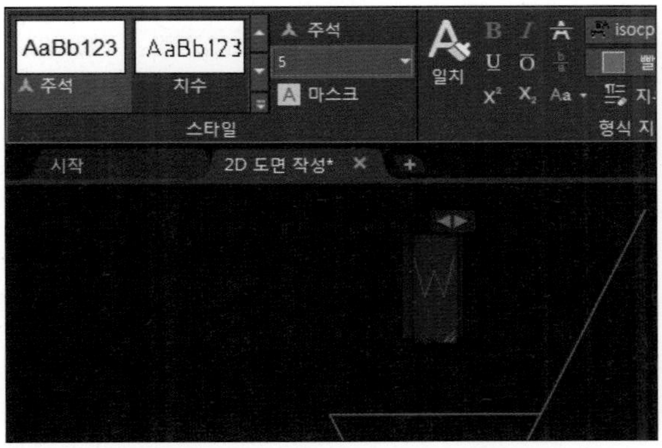

step 15

다음과 같이 문자 크기가 변경되었습니다.

step 16

작성한 표면 거칠기 기호를 전부 드래그하여 도면층을 외형선 도면층으로 변경합니다.

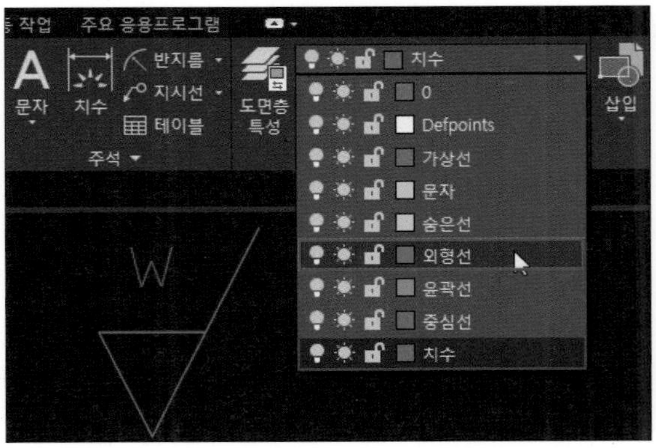

step 17

문자를 클릭한 다음 Ctrl + 1 키를 누르면 특성창이 실행됩니다. 문자 색상 항목을 ByLayer로 변경합니다.

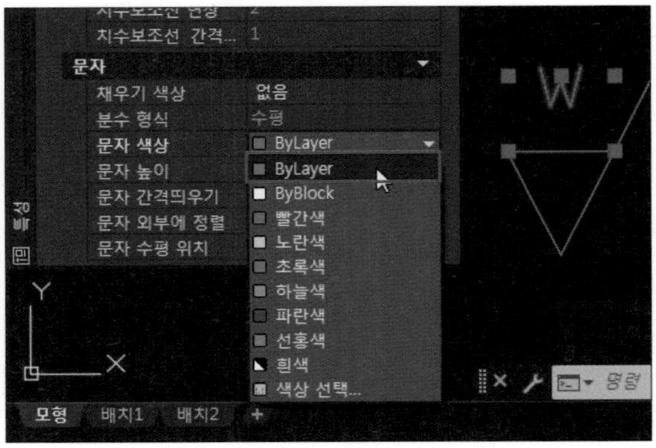

step 18

현재 도면층을 **외형선** 도면층으로 변경합니다.

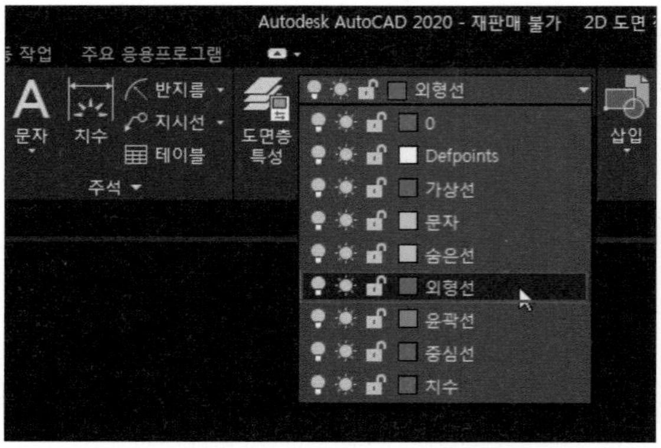

step 19

명령창에 CP(복사)를 타이핑한 다음 ENTER를 누릅니다.

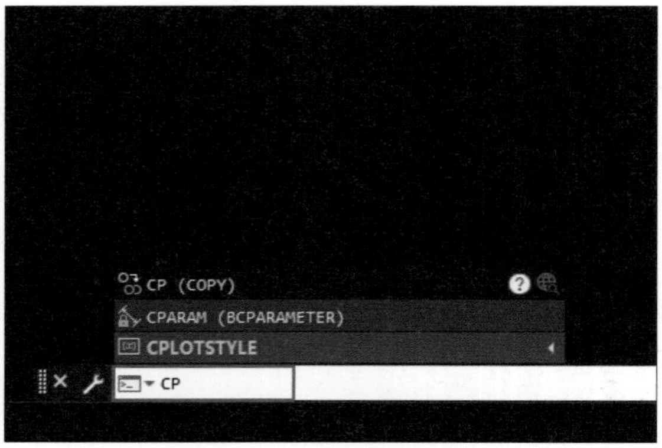

step 20

복사할 객체로 다음 기호를 **드래그**한 다음 ENTER를 누릅니다.

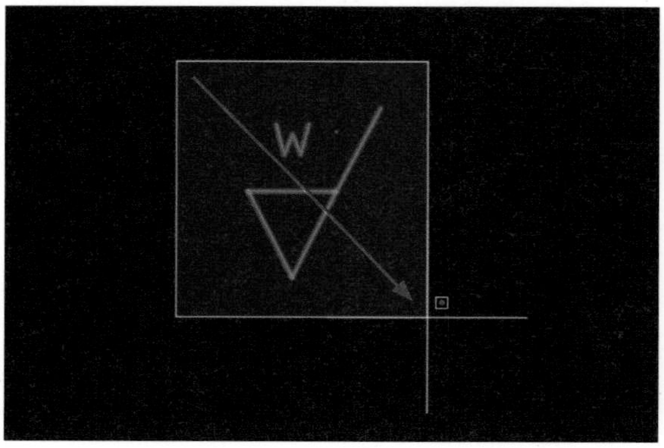

step 21

복사 기준점으로는 다음 **끝점**을 클릭합니다.

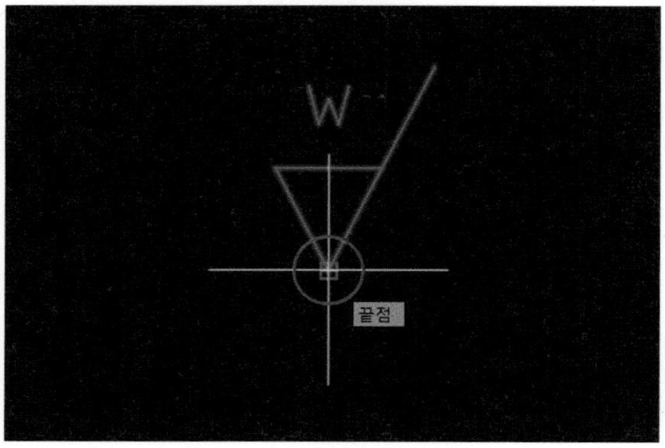

step 22

직교 모드(F8)가 켜져 있는 상태에서 마우스를 **오른쪽**으로 이동한 다음 적당한 곳을 **클릭**합니다.

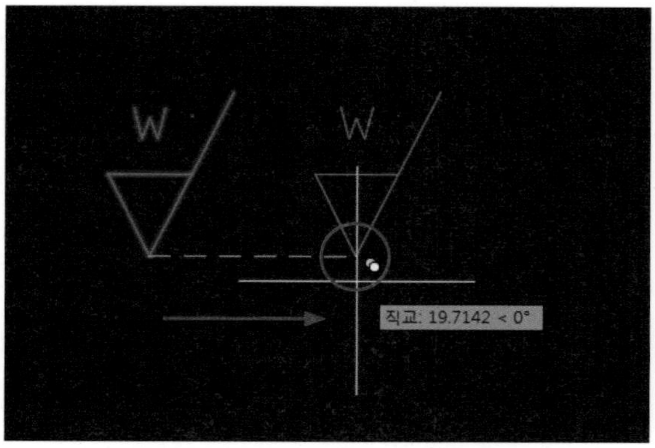

step 23

다음과 같이 표면 거칠기 기호의 복사를 진행합니다.

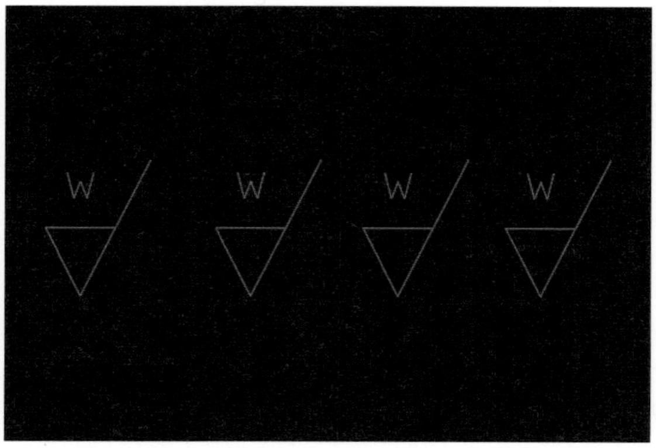

step 24

다음과 같이 문자를 편집합니다.

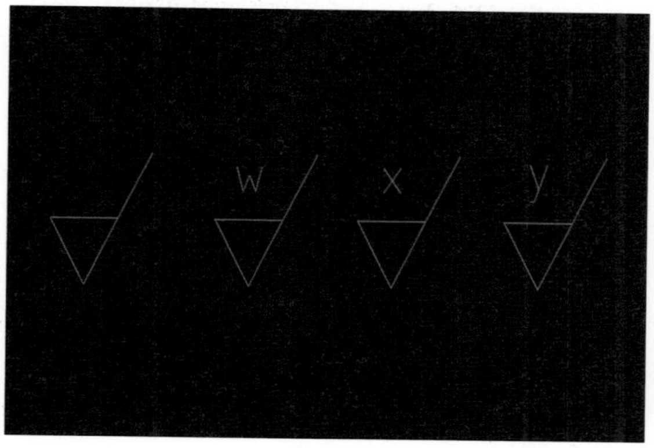

step 25

홈 탭의 접선, 접선, 접선 원 명령을 실행합니다.

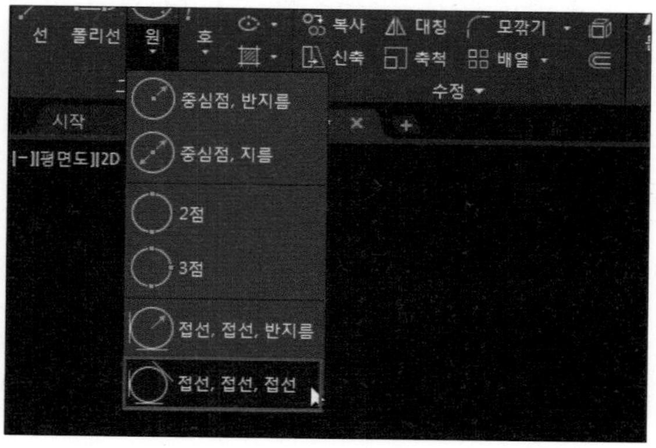

step 26

첫 번째 접선을 클릭합니다.

step 27

두 번째 접선을 클릭합니다.

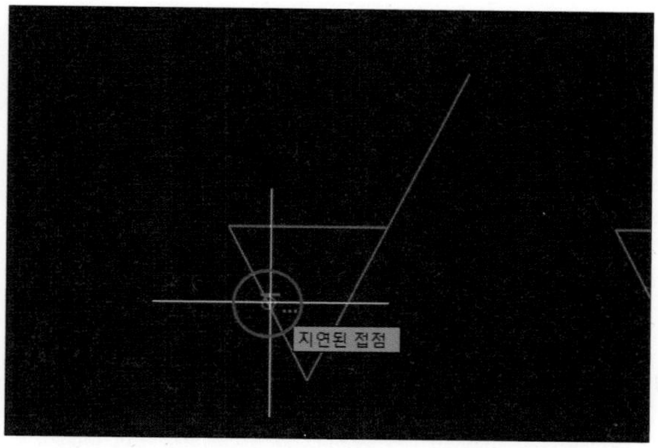

step 28

이어서 세 번째 접선을 클릭합니다.

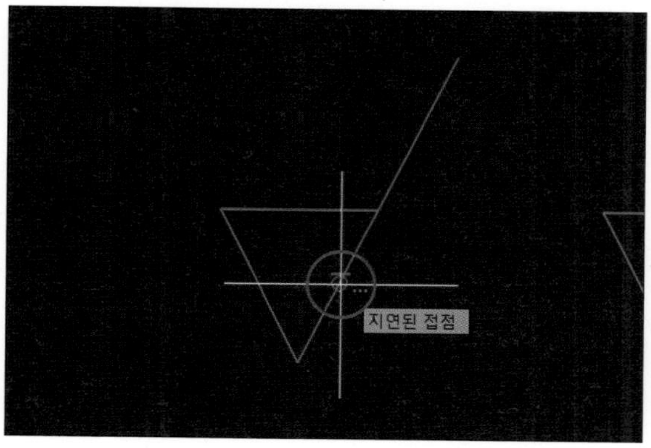

step 29

다음과 같이 선택한 세 개의 선분에 접하는 원이 작성되었습니다.

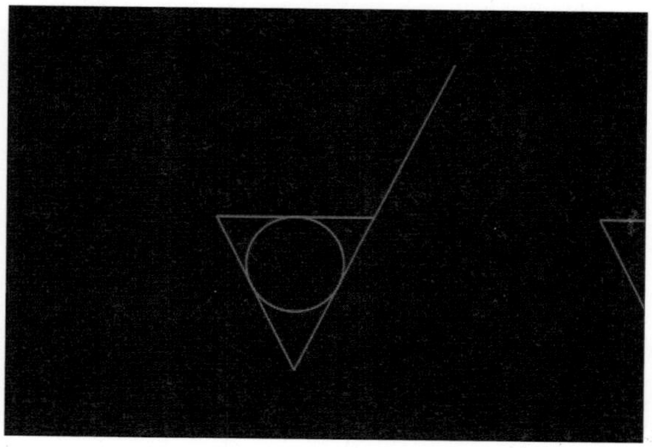

step 30

다음 선분을 클릭한 다음 DELETE 키를 누릅니다.

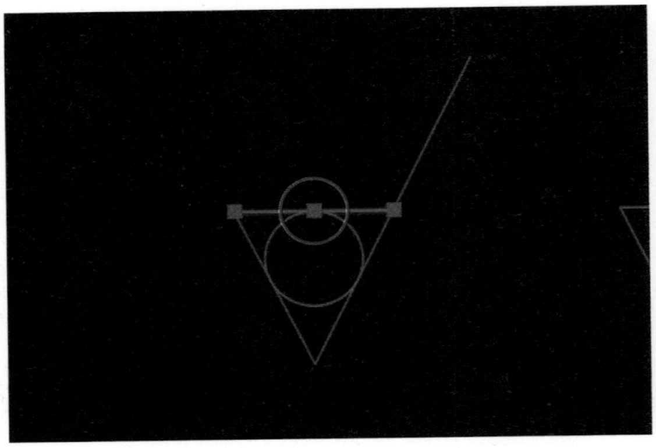

step 31

다음과 같이 선택한 선분이 삭제되었습니다.

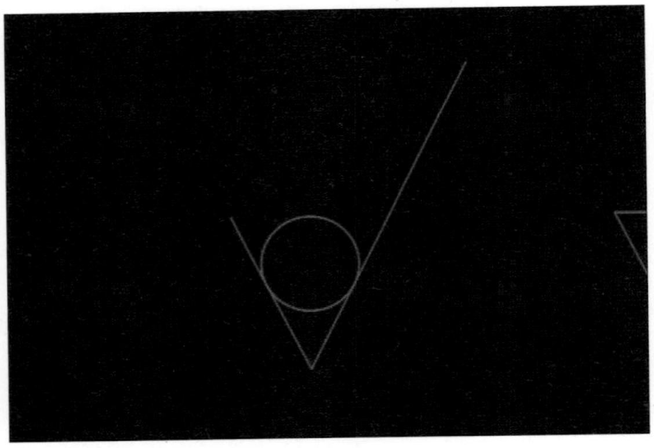

step 32

홈 탭의 3점 **호** 명령을 실행합니다.

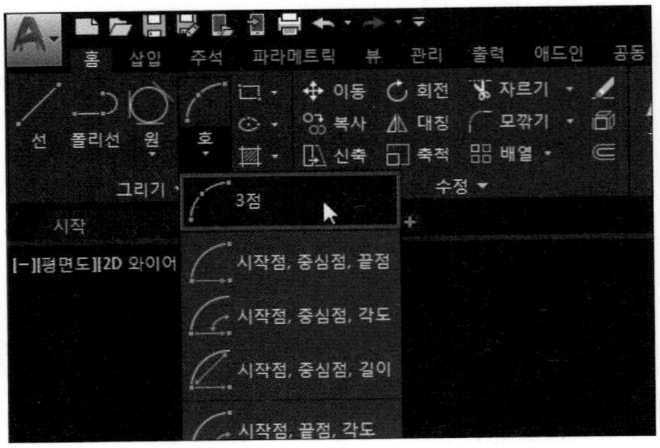

step 33

호의 시작점을 다음과 같이 대략적으로 클릭합니다.

step 34

호의 중간점을 클릭합니다.

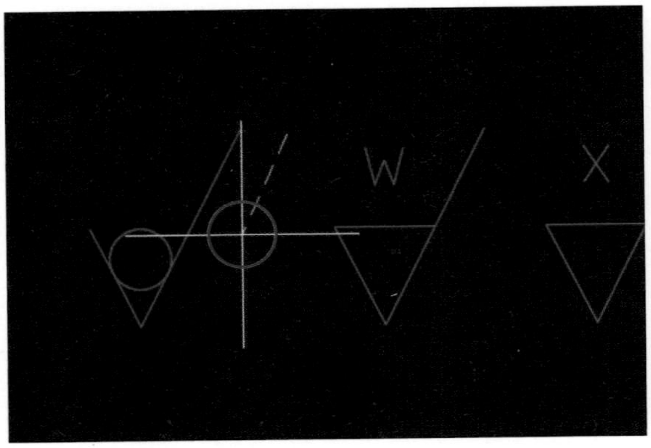

step 35

이어서 **호의 끝점**을 클릭합니다.

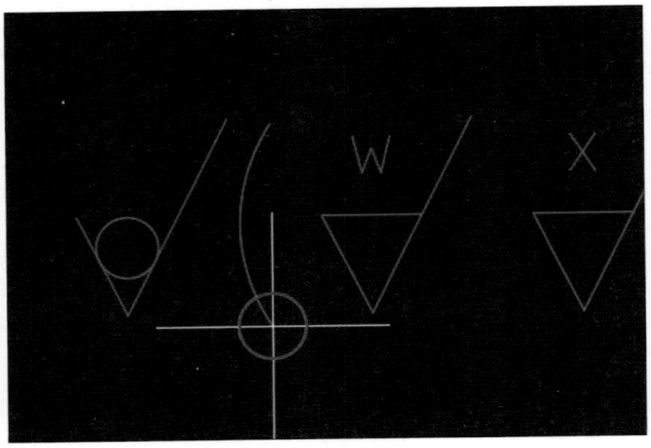

step 36

다음과 같이 3점 호 작성이 완료되었습니다.

W
X

step 37

마찬가지 방법으로 반대쪽에도 3점 호를 작성합니다.

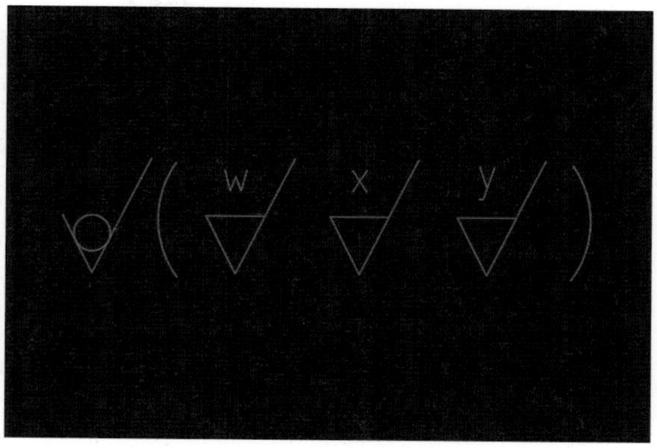
W
X
y

step 38

명령창에 DT(단일행 문자)를 타이핑한 다음 ENTER를 누릅니다.

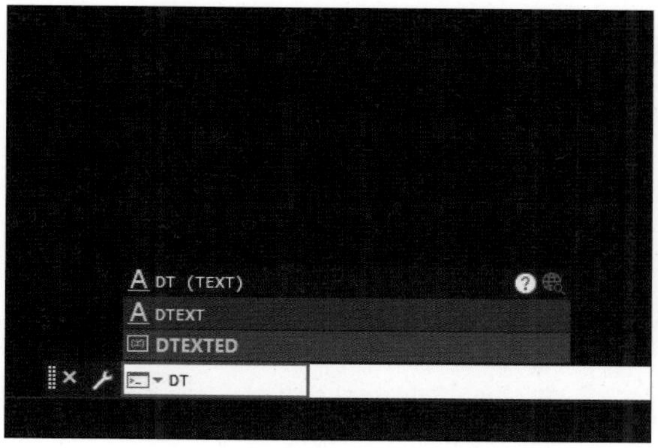
DT (TEXT)
DTEXT
DTEXTED
DT

step 39

문자가 위치할 적당할 곳을 클릭합니다.

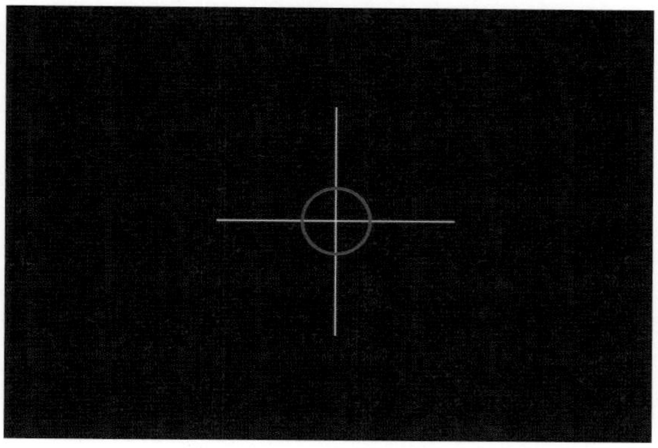

step 40

문자의 높이를 5mm로 설정한 다음 ENTER를 누릅니다.

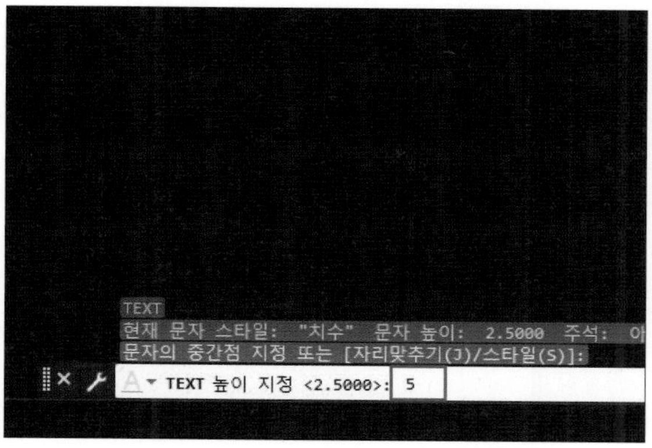
TEXT
현재 문자 스타일: "치수" 문자 높이: 2.5000 주석: 아
문자의 중간점 지정 또는 [자리맞추기(J)/스타일(S)]:
TEXT 높이 지정 <2.5000>: 5

step 41

문자의 회전 각도는 0도로 세팅이 되어 있으므로 바로 ENTER를 누릅니다.

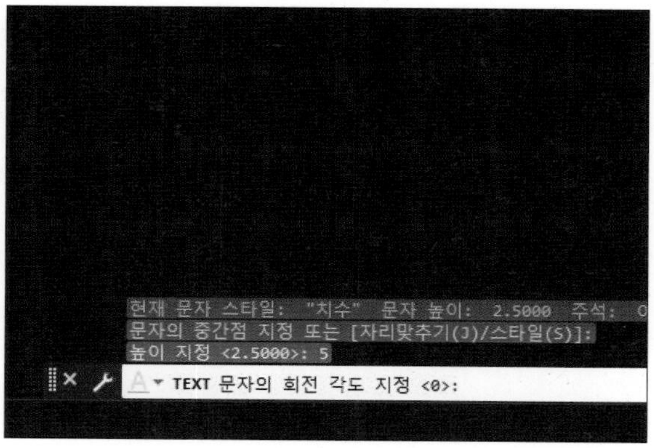
현재 문자 스타일: "치수" 문자 높이: 2.5000 주석: 아
문자의 중간점 지정 또는 [자리맞추기(J)/스타일(S)]:
높이 지정 <2.5000>: 5
TEXT 문자의 회전 각도 지정 <0>:

step 42

문자 입력창이 실행되면 ,를 타이핑합니다.

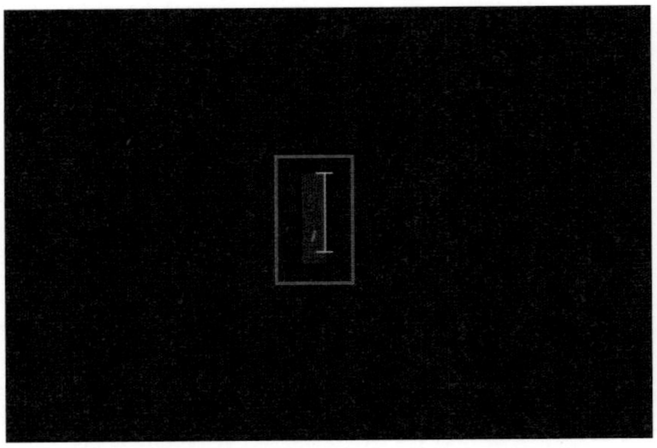

step 43

화면 빈 곳을 클릭하면 다음과 같이 문자가 작성됩니다.

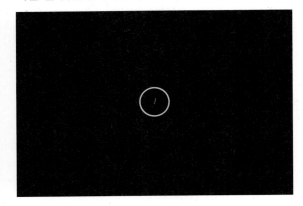

step 44

작성한 문자를 다음과 같이 배치합니다.

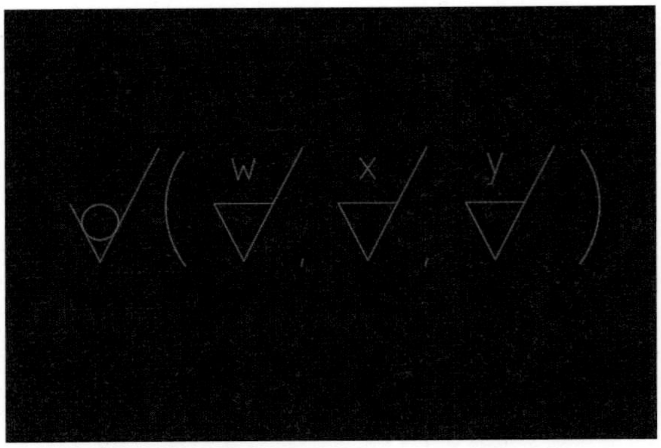

step 45

지름이 10mm인 **원**을 다음과 같이 작성합니다.

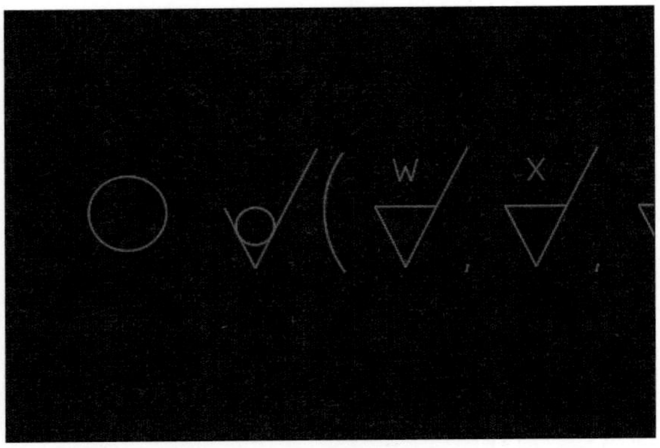

step 46

작성한 원을 선택한 다음 **문자** 도면층으로 변경합니다.

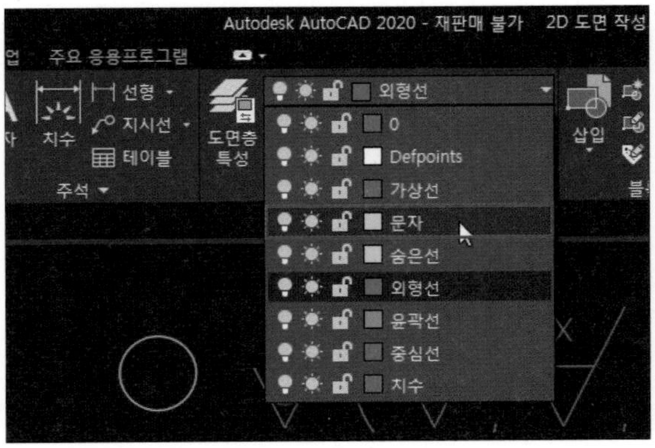

step 47

명령창에 DT(단일행 문자)를 타이핑한 다음 ENTER를 누릅니다.

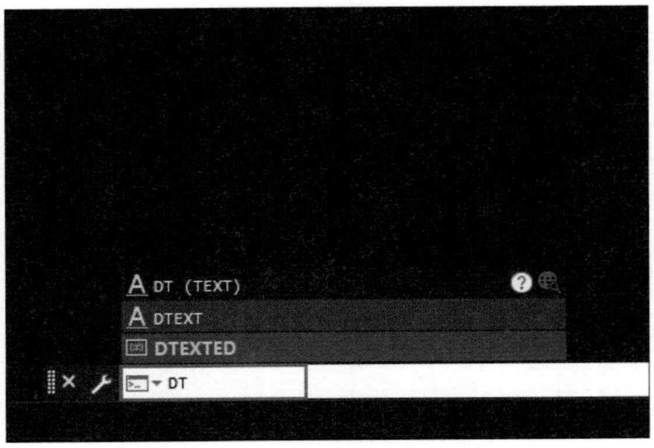

step 48

문자의 **자리 맞추기**를 설정하기 위해 단축키 J를 입력한 다음 ENTER를 누릅니다.

step 49

중간 중심에 해당하는 단축키 MC를 입력한 다음 ENTER를 누릅니다.

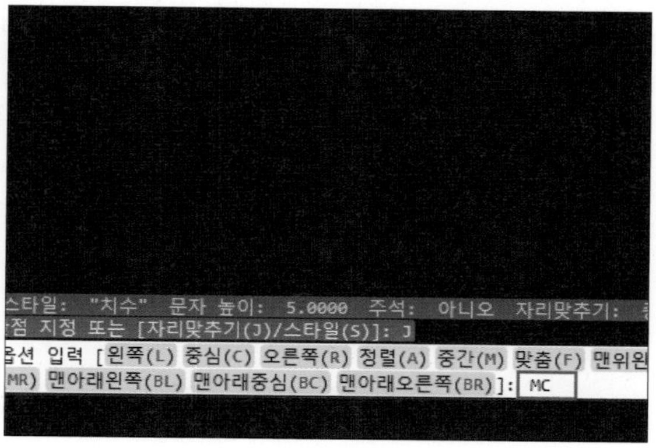

step 50

문자가 위치할 **원의 중심점**을 클릭합니다.

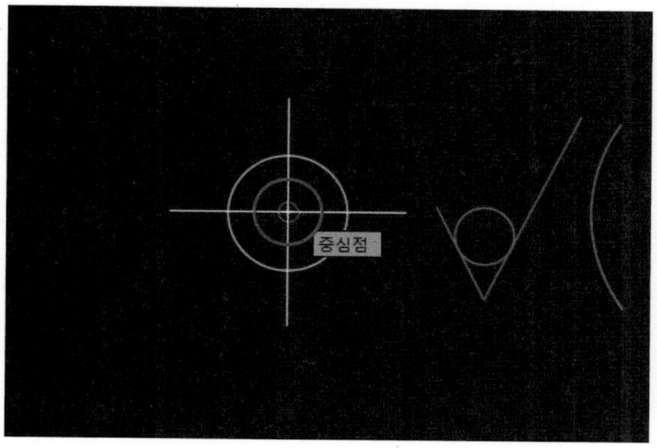

step 51

문자의 높이를 5mm로 설정한 다음 ENTER를 누릅니다.

step 52

문자의 회전 각도는 0도로 세팅이 되어 있으므로 바로 ENTER를 누릅니다.

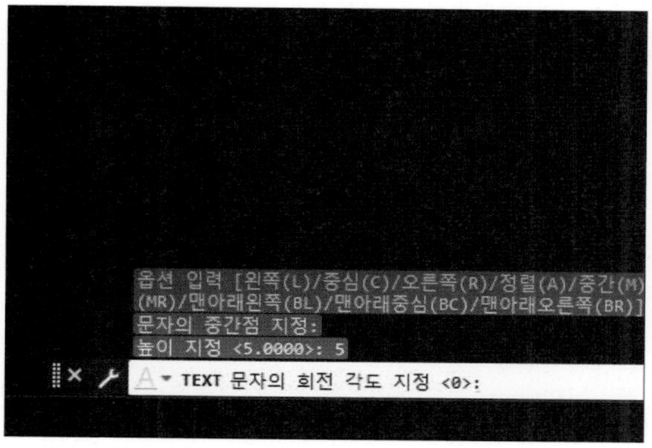

step 53

문자 입력창이 실행되면 **부품 번호**를 타이핑합니다.

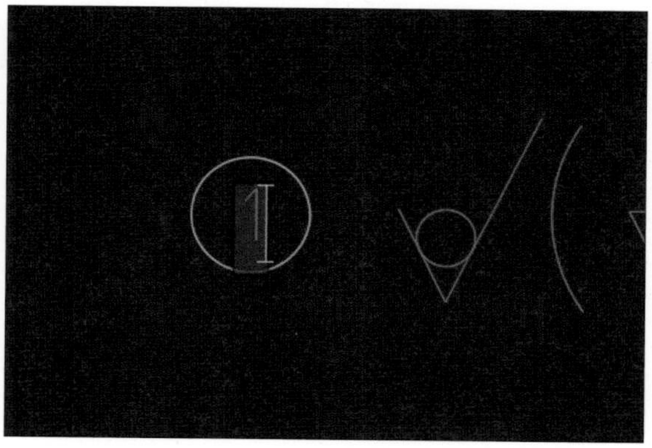

step 54

화면 빈 곳을 클릭하면 다음과 같이 문자가 작성됩니다.

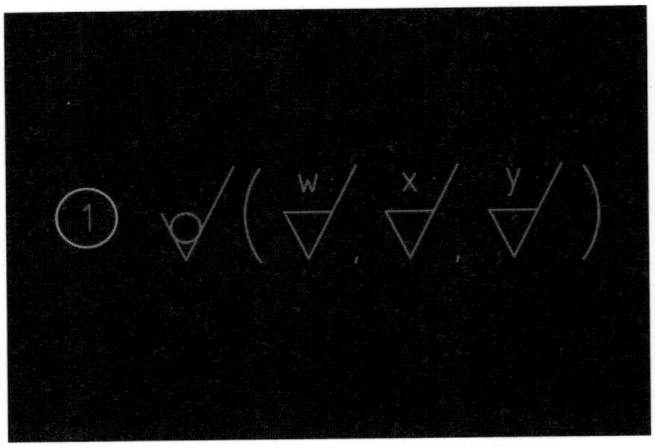

step 55

부품 번호 및 표면 거칠기를 도면의 적당한 곳에 위치시킵니다.

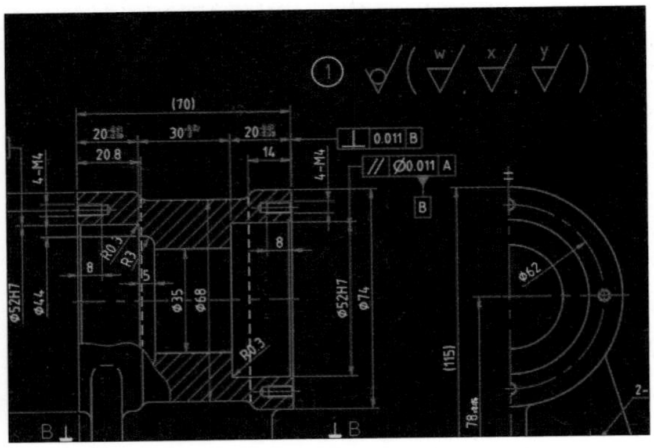

step 56

현재 도면층을 **치수** 도면층으로 변경합니다.

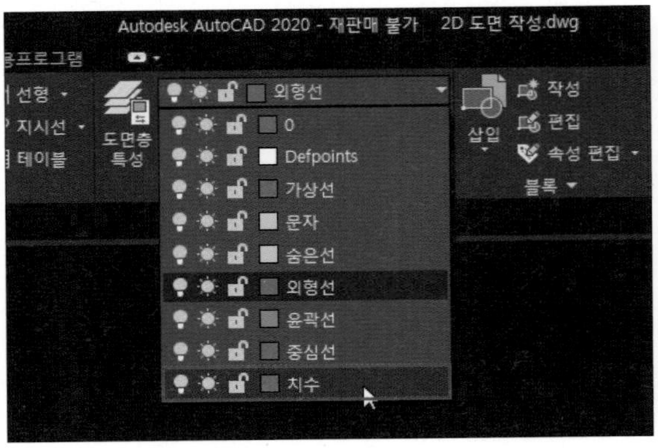

step 57

명령창에 I(블록 삽입)를 타이핑한 다음 ENTER를 누릅니다.

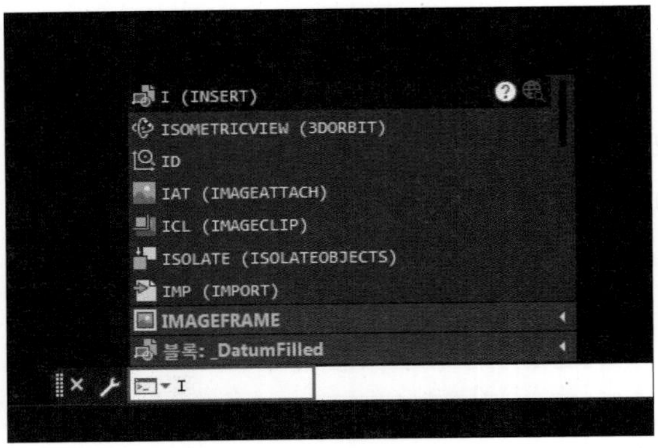

step 58

회전 항목에 체크한 다음 작성할 **표면 거칠기 기호**를 클릭합니다.

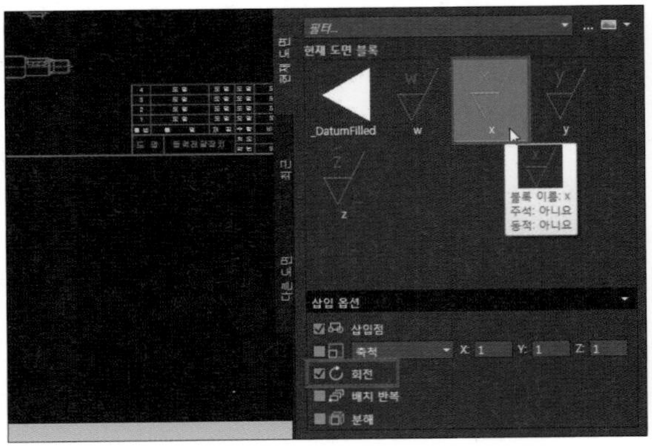

step 59

표면 거칠기 기호를 작성할 위치에 **클릭**하도록 합니다.

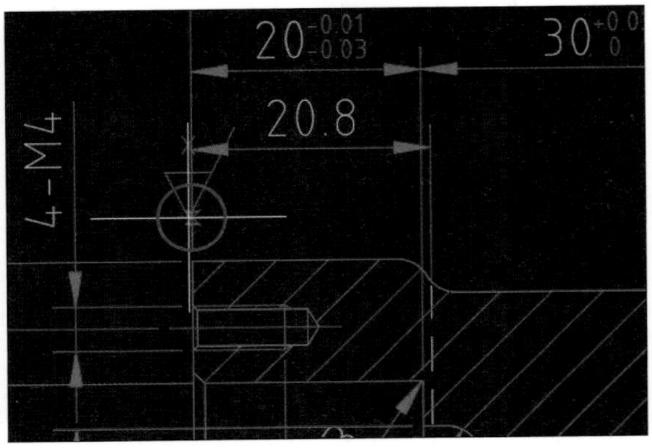

step 60

마우스 커서의 위치에 따라 다음과 같이 표면 거칠기 기호를 회전하여 작성할 수도 있습니다.

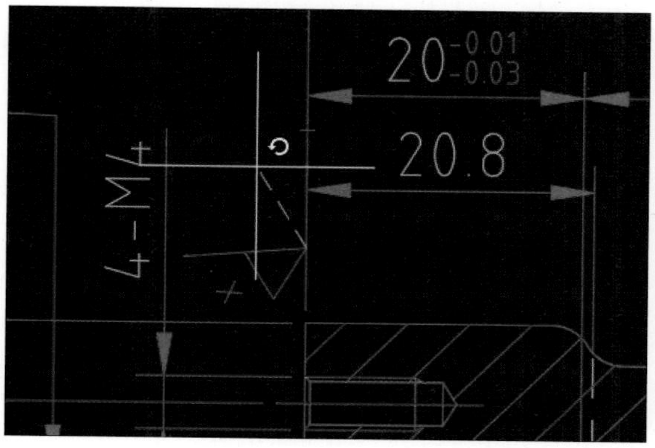

step 61

회전 위치를 지정할 **근처점**을 클릭합니다.

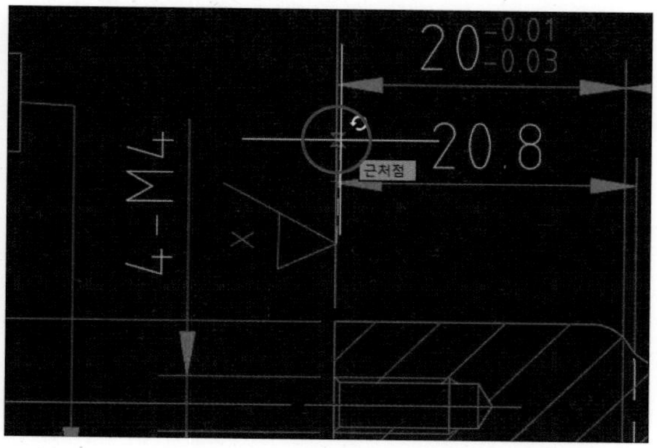

step 62

다음과 같이 표면 거칠기 기호가 작성되었습니다.

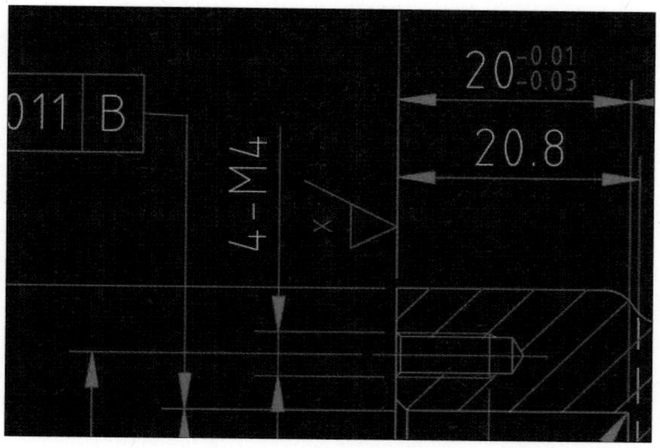

TIP 표면 거칠기 기호 삽입 팁

표면 거칠기 기호 삽입시 OS(객체 스냅 설정) 항목에서 **근처점**을 체크해놓으면 수월하게 기호 삽입 작업이 가능합니다.

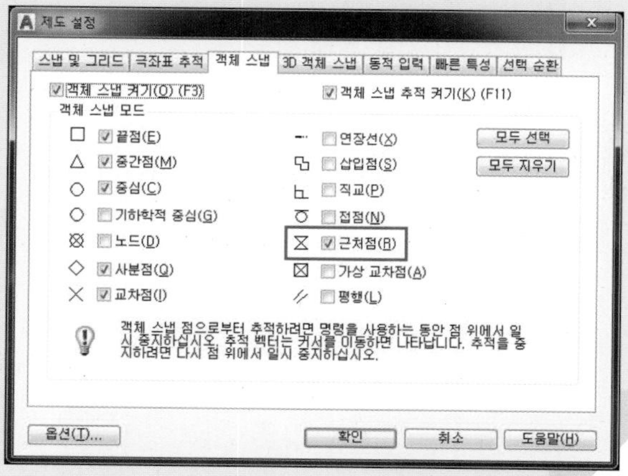

step 63

다음과 같이 도면을 완성합니다.

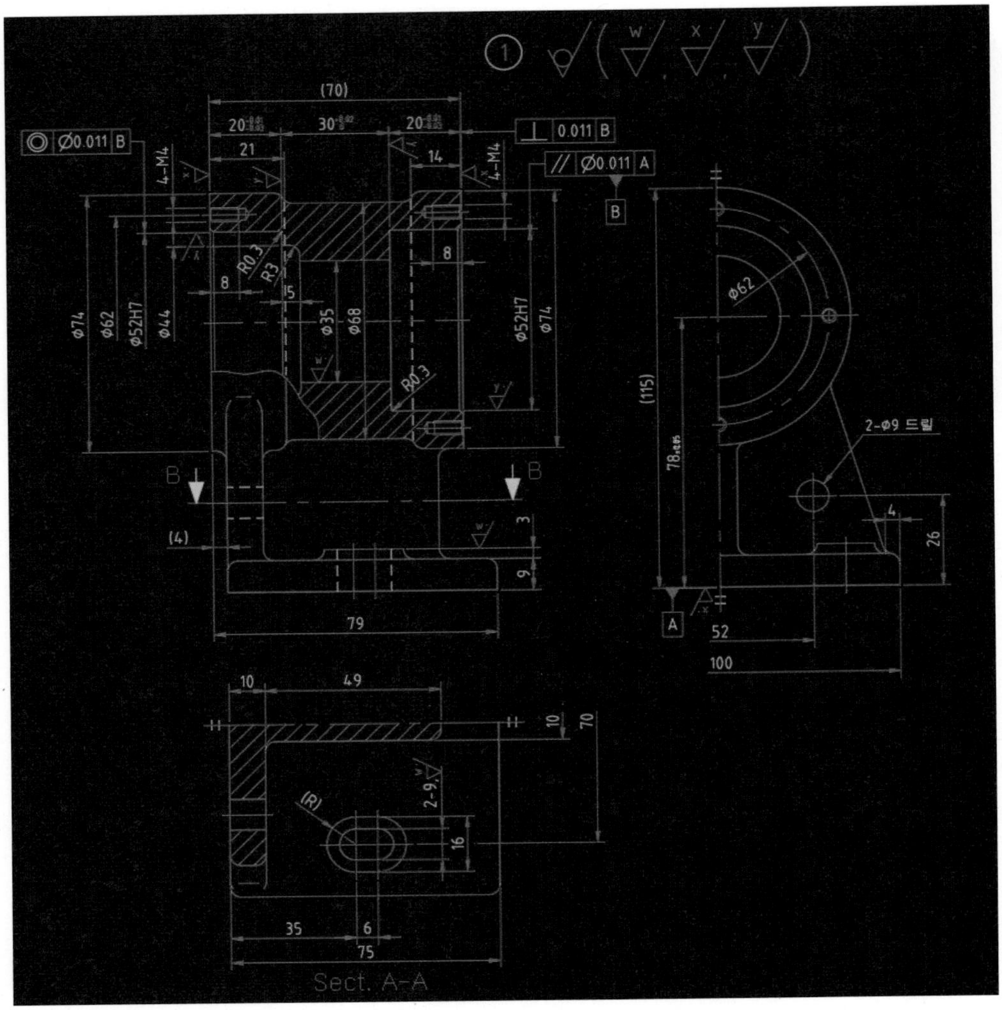

TIP 표면 거칠기 기호 작업 팁

도면 작성시 블록을 이용하여 표면 거칠기 기호를 삽입한 다음, 작성한 표면 거칠기 기호들을 전부 X(분해) 명령을 이용하여 폭파시켜야 **표면 거칠기의 글자가 정상적으로 배치**됩니다.

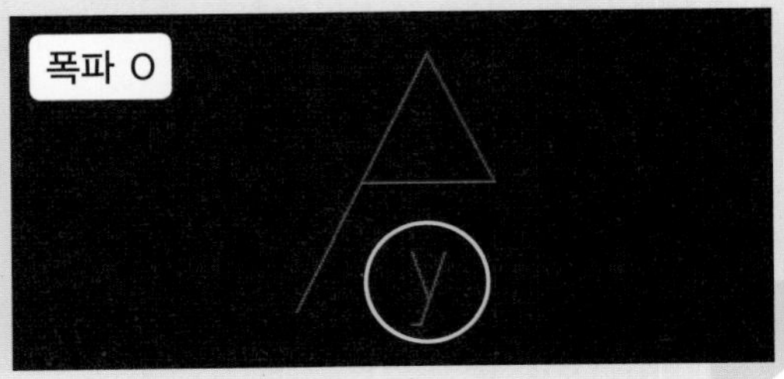

chapter 06 주서 작성하기

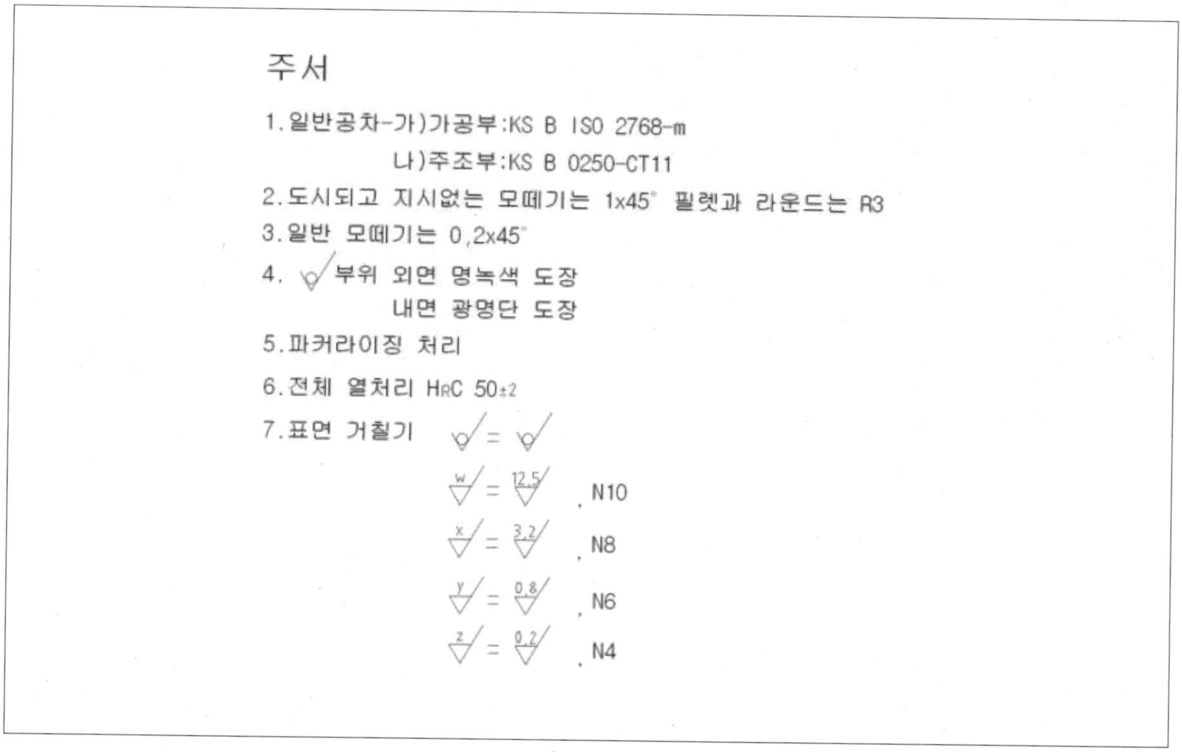
주서
1.일반공차-가)가공부:KS B ISO 2768-m
나)주조부:KS B 0250-CT11
2.도시되고 지시없는 모떼기는 1x45° 필렛과 라운드는 R3
3.일반 모떼기는 0.2x45°
4. 부위 외면 명녹색 도장
내면 광명단 도장
5.파커라이징 처리
6.전체 열처리 HRC 50±2
7.표면 거칠기
12.5
N10
3.2
N8
0.8
N6
0.2
N4

step 1

현재 도면층을 **문자** 도면층으로 변경합니다.

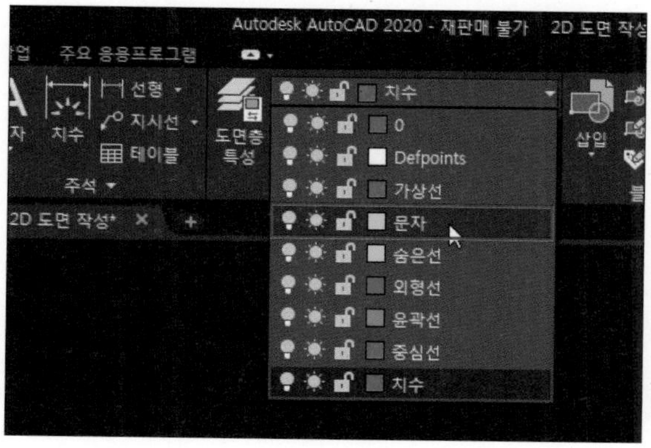

step 2

명령창에 MT(여러 줄 문자)를 타이핑한 다음 ENTER를 누릅니다.

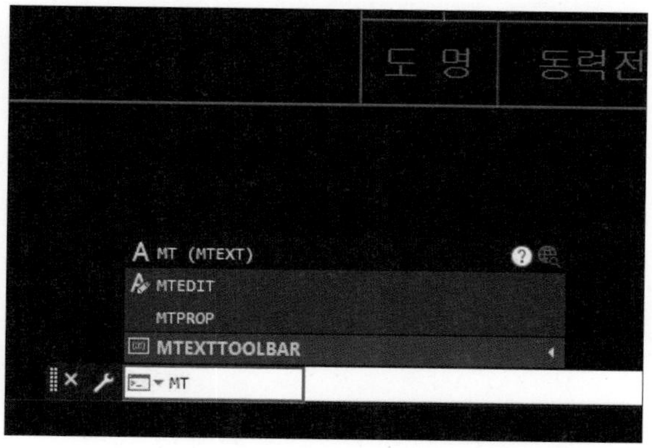

step 3

여러 줄 문자를 작성할 **영역**을 지정하기 위해 대략적인 **첫 번째 점**을 클릭합니다.

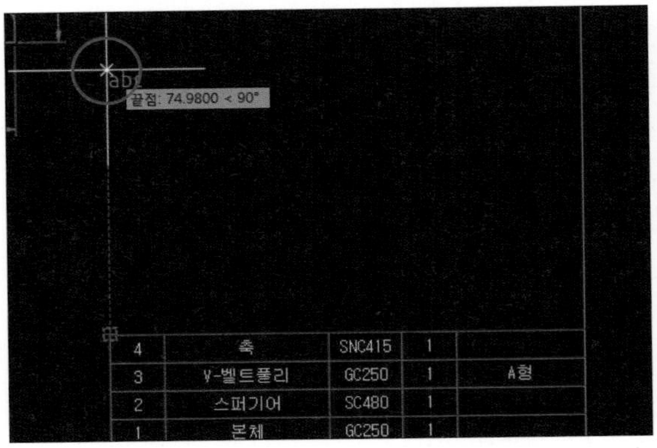

step 4

이어서 **두 번째 점**을 클릭하여 영역을 작성합니다.

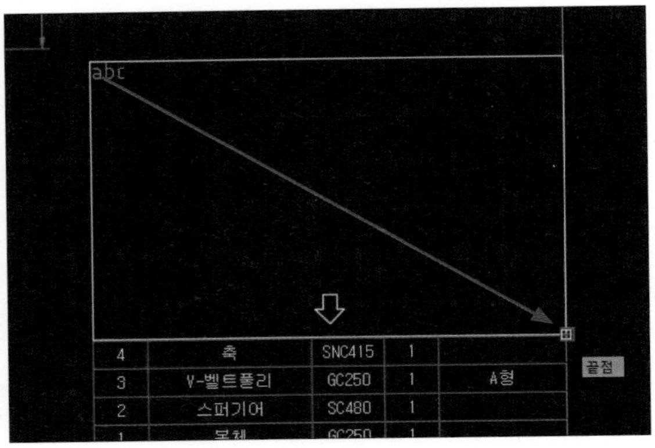

step 5

다음과 같이 문자 작성 창이 실행되었습니다.

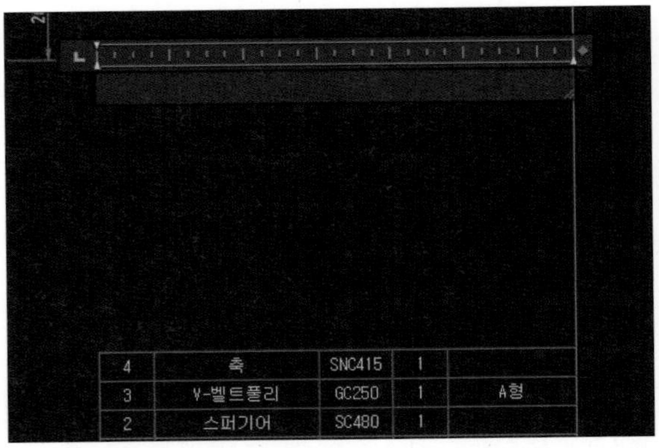

step 6

다음과 같이 규격에 맞춰 작성합니다. **제목** 글씨는 5mm, **내용**은 3.5mm로 크기를 지정합니다.

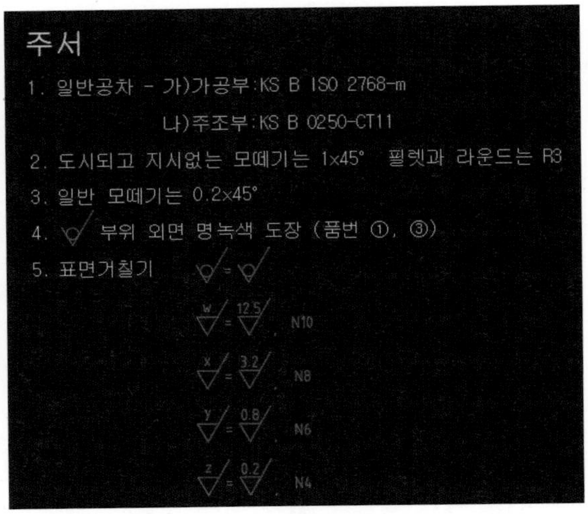

step 7

다음과 같이 2D 부품 도면을 완성합니다.

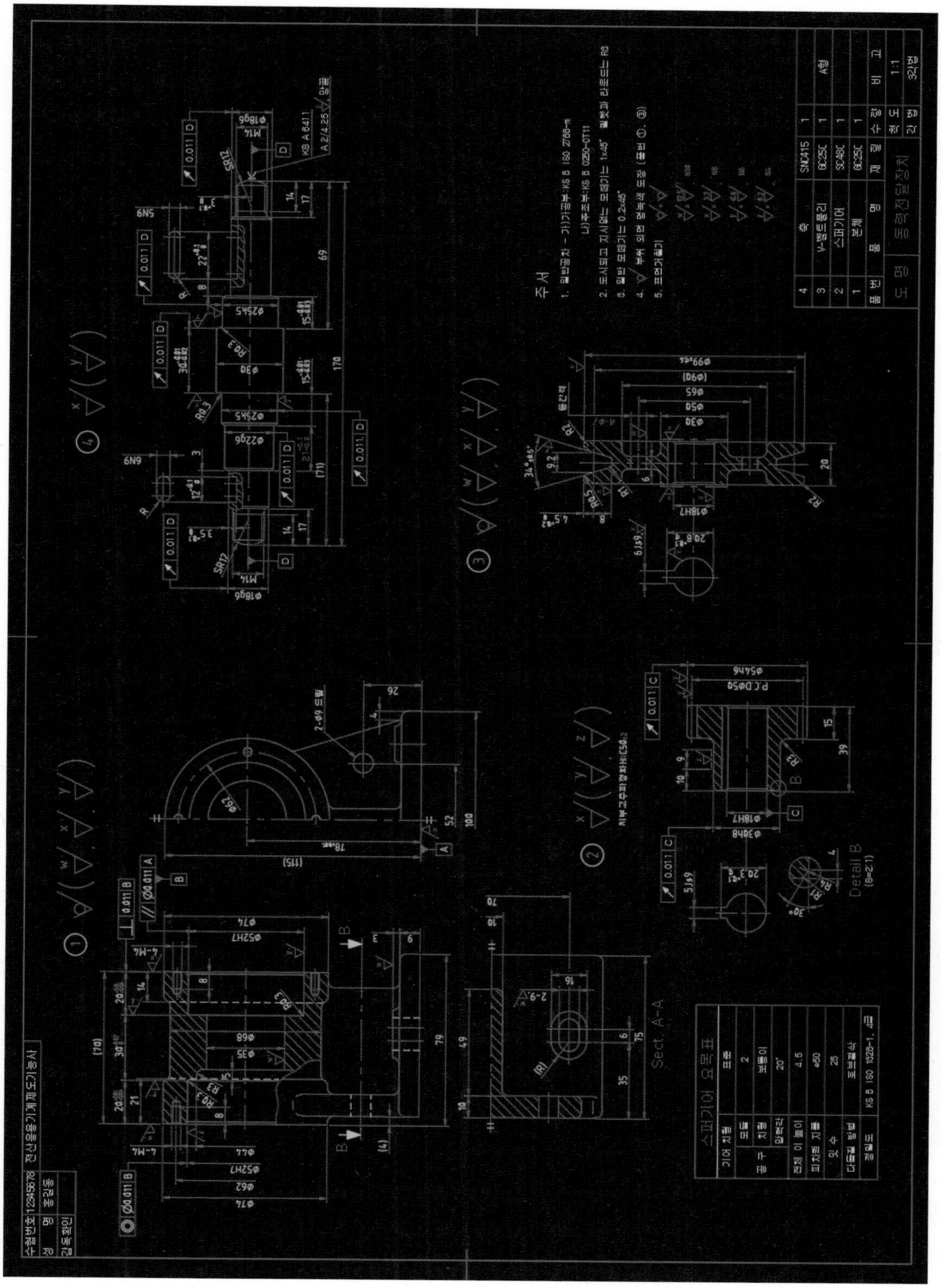

Section 8 플롯 설정 및 인쇄하기

오토캐드로 작성한 2D 부품도를 인쇄해 보도록 하겠습니다.

chapter 01 플롯 설정하기

step 1

명령창에 Z(줌)를 타이핑한 다음 ENTER를 누릅니다.

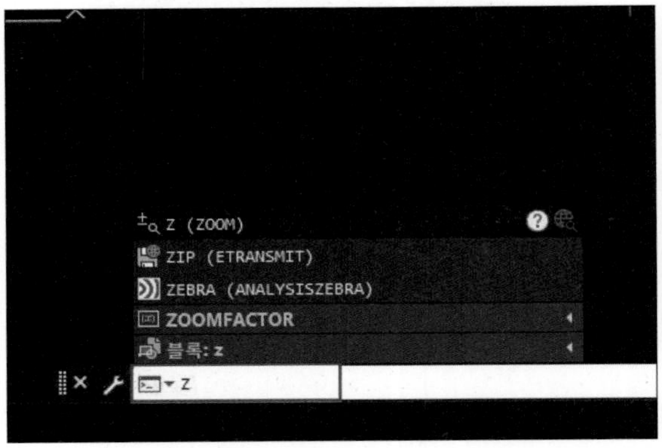

step 2

전체에 해당하는 A를 타이핑한 다음 ENTER를 누릅니다.

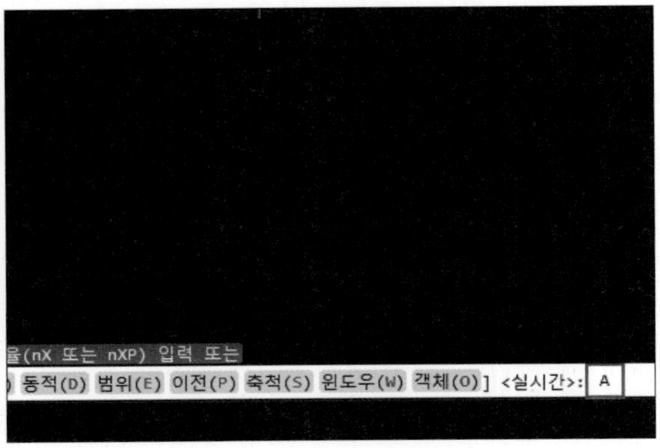

step 3

다음과 같이 도면 전체 영역이 화면에 맞춰집니다.

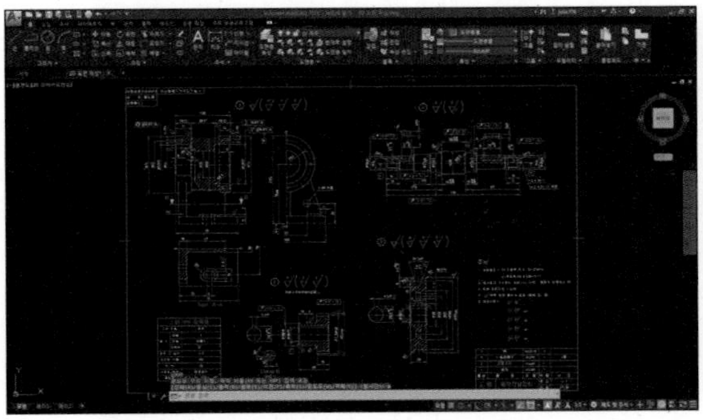

step 4

명령창에 PLOT(플롯, 인쇄)을 타이핑한 다음 ENTER를 누릅니다.

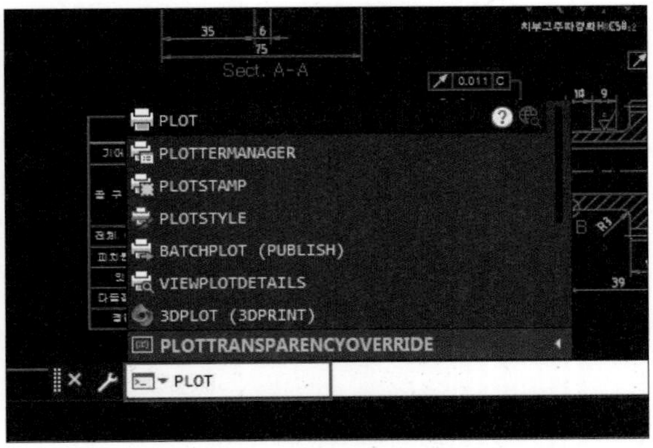

step 5

프린터 이름은 시험장에 지정되어 있는 프린터를 설정하거나, DWG To PDF로 PDF 파일로 변환합니다.

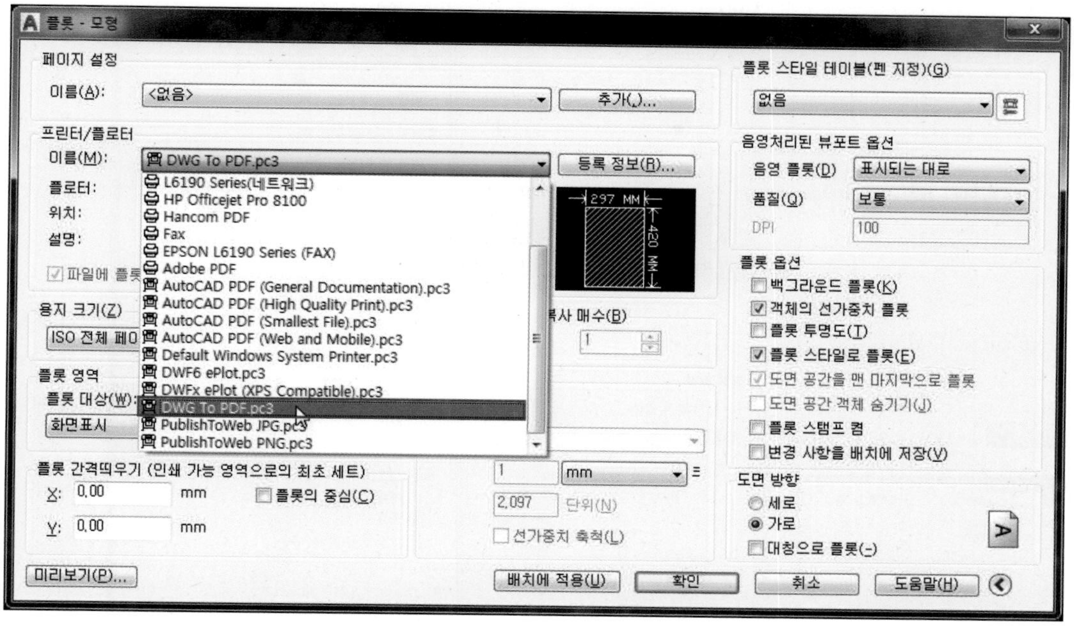

step 6

용지 크기는 A3(420 x 297mm)로 설정합니다.

step 7

플롯 대상은 한계로 설정합니다.

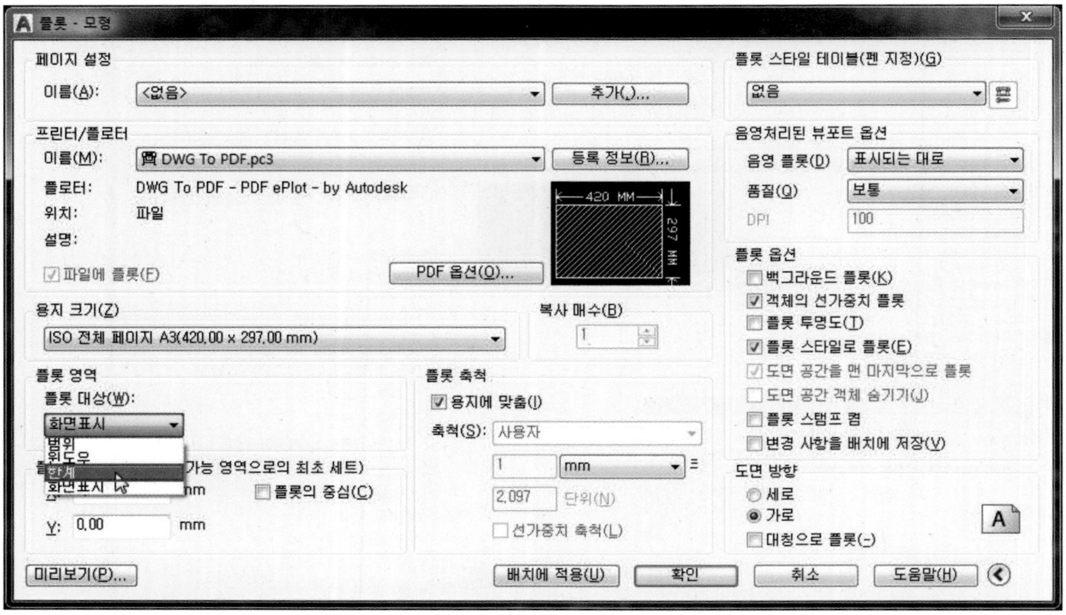

step 8

플롯의 중심 항목과 용지에 맞춤 항목을 체크합니다.

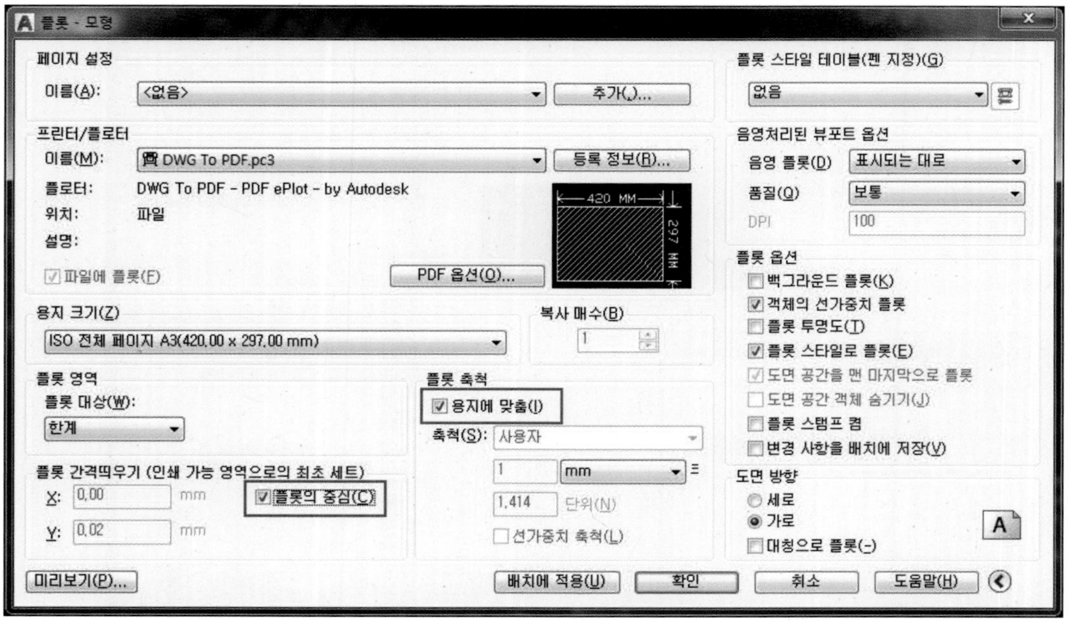

step 9

플롯 스타일 테이블은 acad.ctb로 설정합니다.

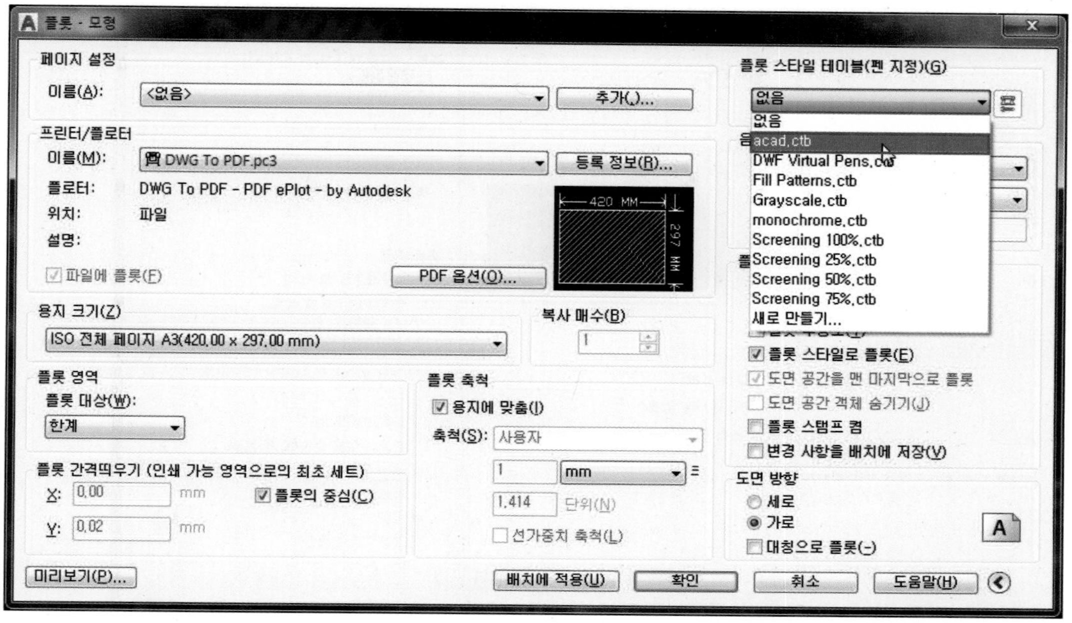

step 10

다음과 같은 창이 뜨면 예(Y) 버튼을 클릭합니다.

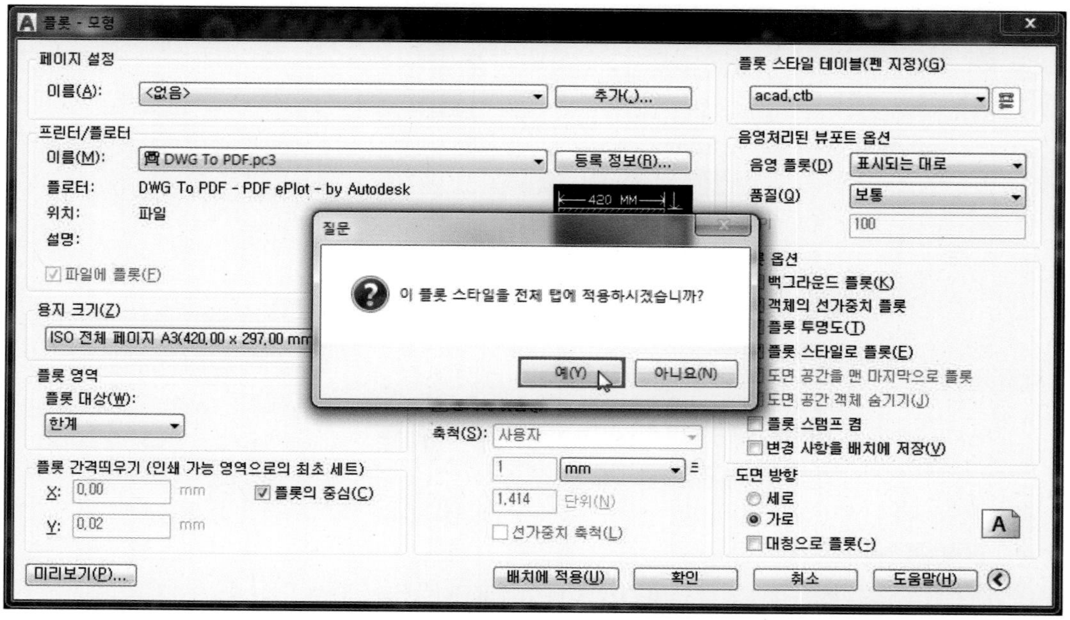

step 11

플롯 스타일 테이블 편집 아이콘을 클릭합니다.

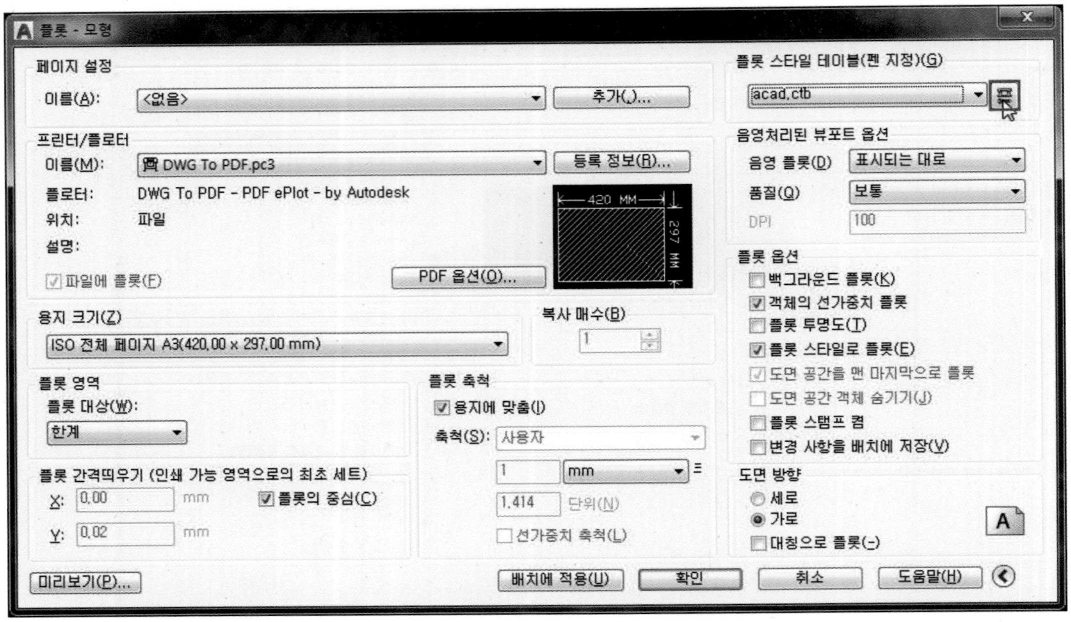

step 12

플롯 스타일 테이블 편집기 창이 실행되면 **플롯 스타일**의 다음 항목을 Shift 키를 이용하여 다중 선택합니다.

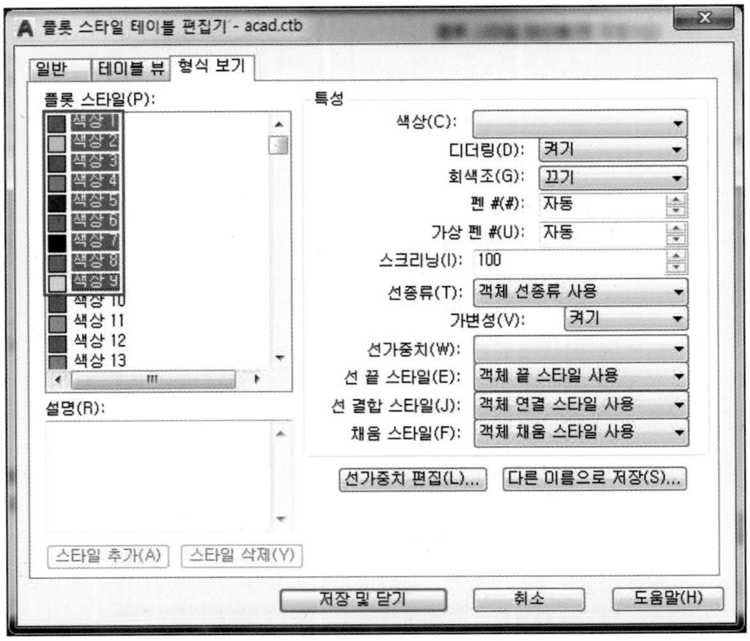

step 13

선택한 플롯 스타일의 **색상**과 **선 가중치**를 다음과 같이 변경합니다.

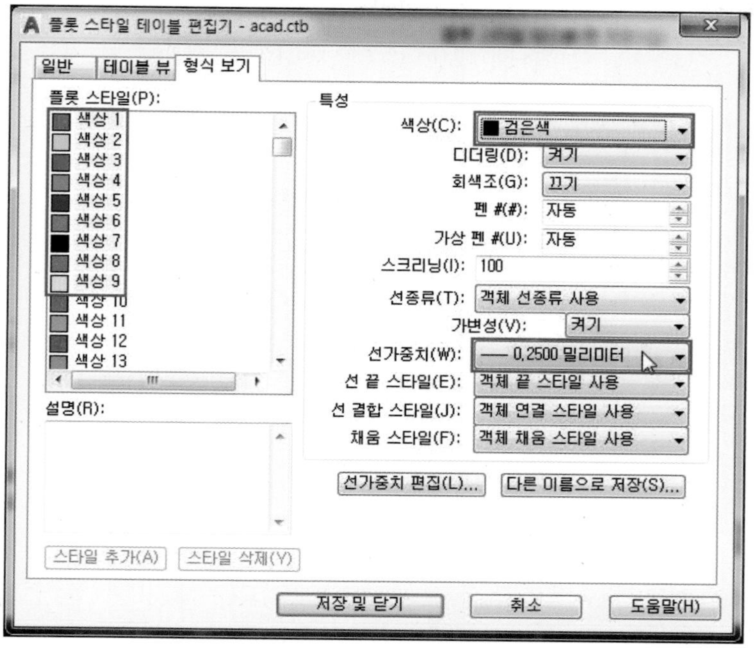

step 14

색상 2 플롯 스타일의 **선 가중치**를 0.35mm로 변경합니다.

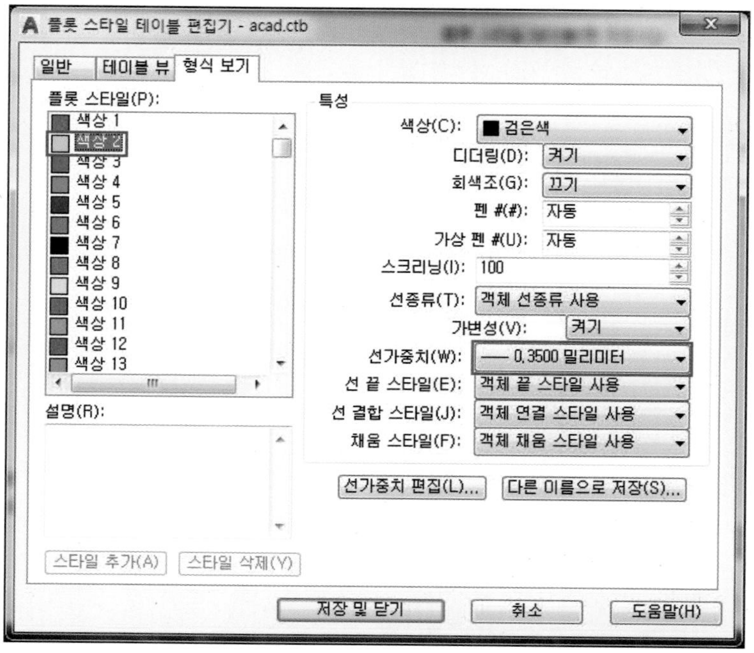

step 15

색상 3 플롯 스타일의 **선 가중치**를 0.5mm로 변경합니다.

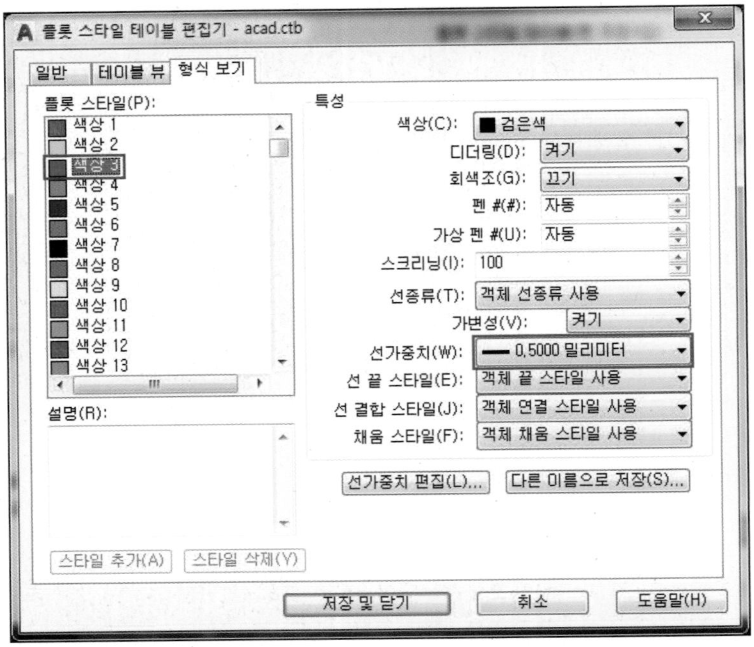

step 16

색상 4 플롯 스타일의 **선 가중치**를 0.7mm로 변경합니다.

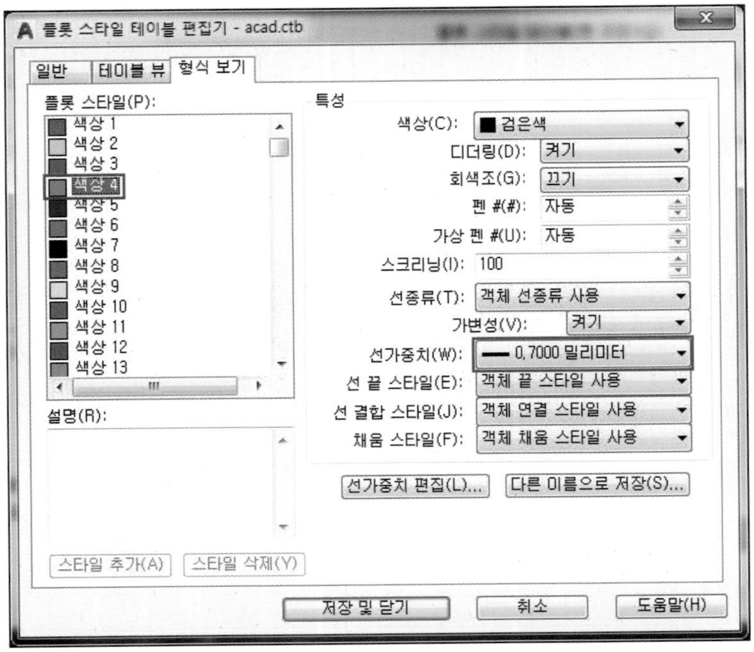

step 17

설정이 완료되면 **저장 및 닫기** 버튼을 클릭합니다.

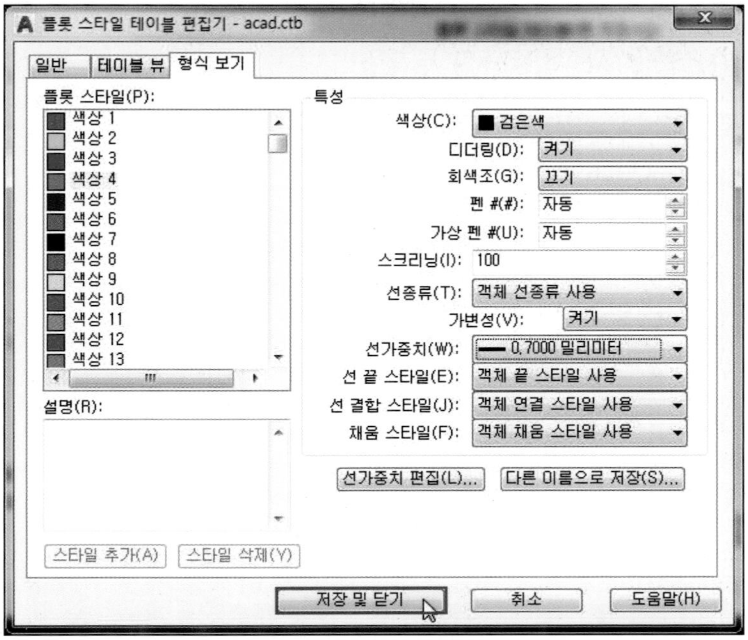

step 18

왼쪽 하단의 **미리보기** 버튼을 클릭합니다.

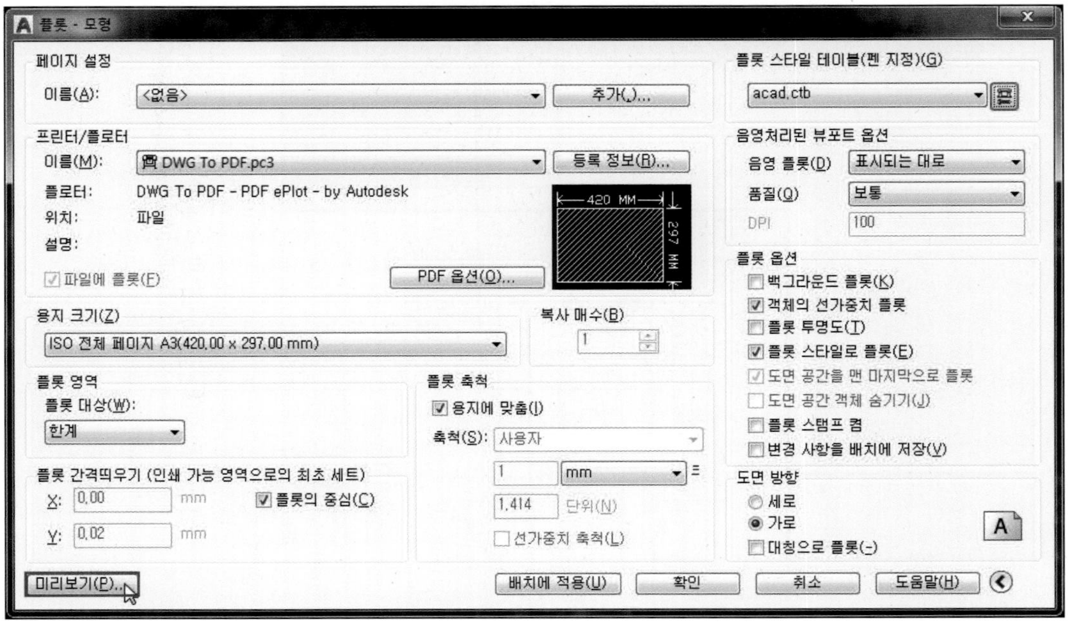

step 19

다음과 같이 도면이 미리보기 됩니다.

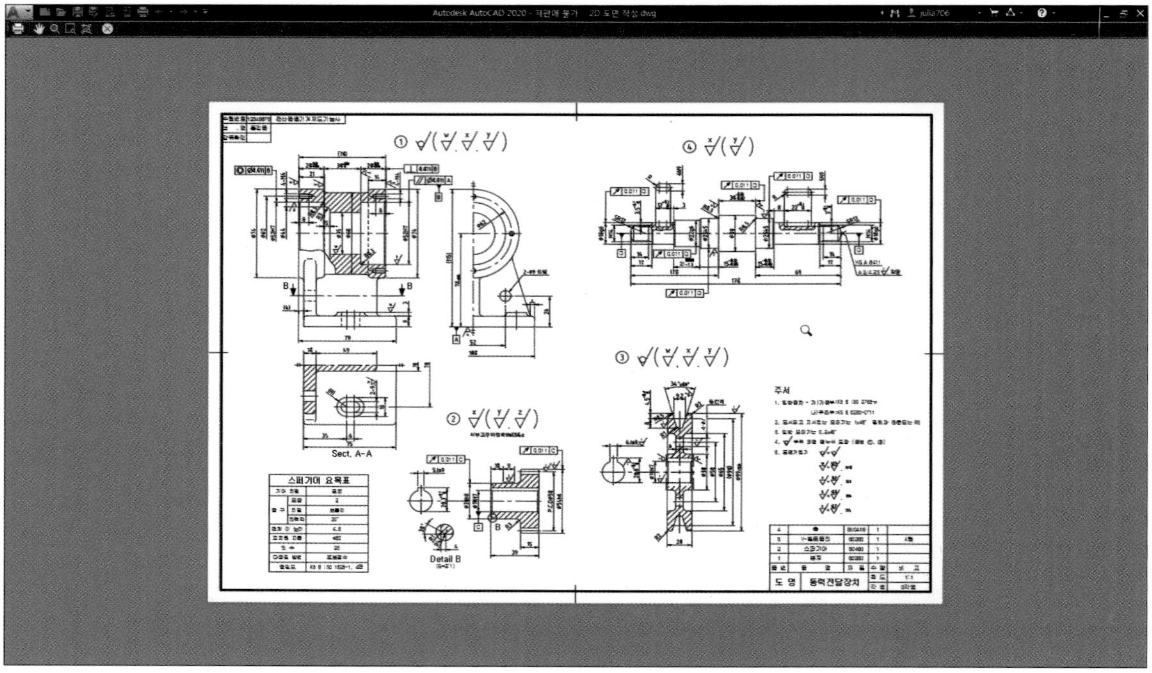

step 20

왼쪽 상단의 플롯 명령을 실행합니다.

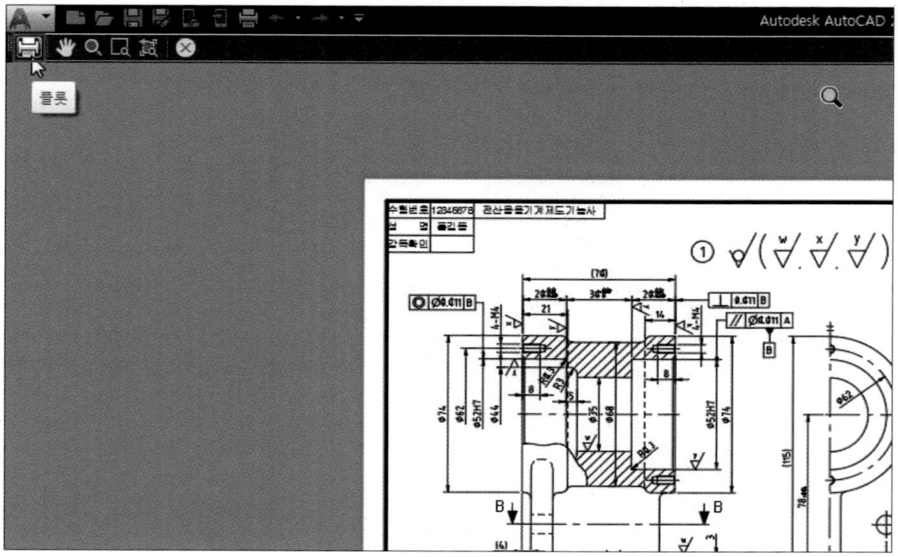

step 21

저장할 위치를 지정한 다음 파일 이름을 작성하고 **저장** 버튼을 클릭합니다.

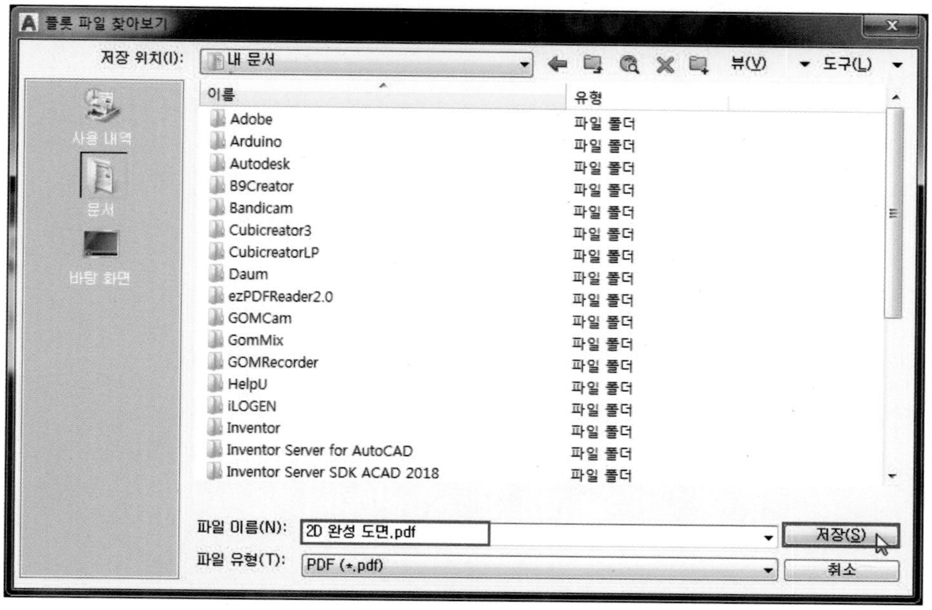

step 22

다음과 같이 도면이 인쇄되었습니다.

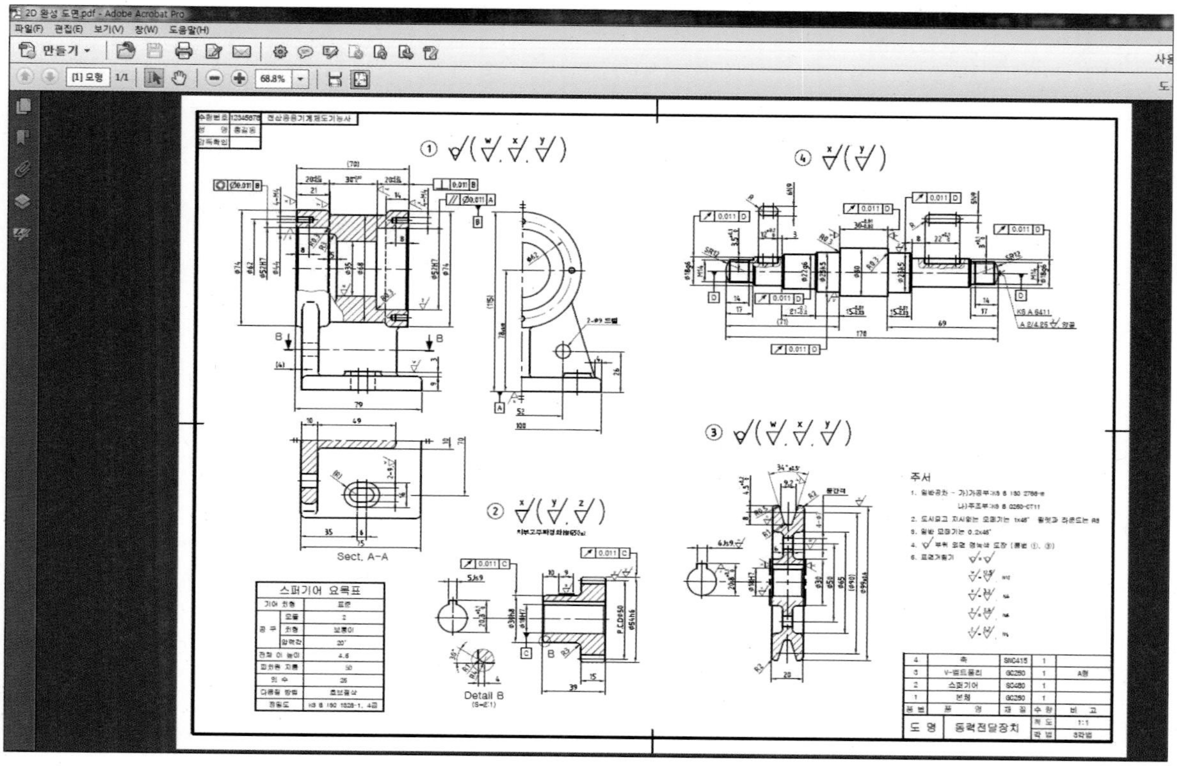

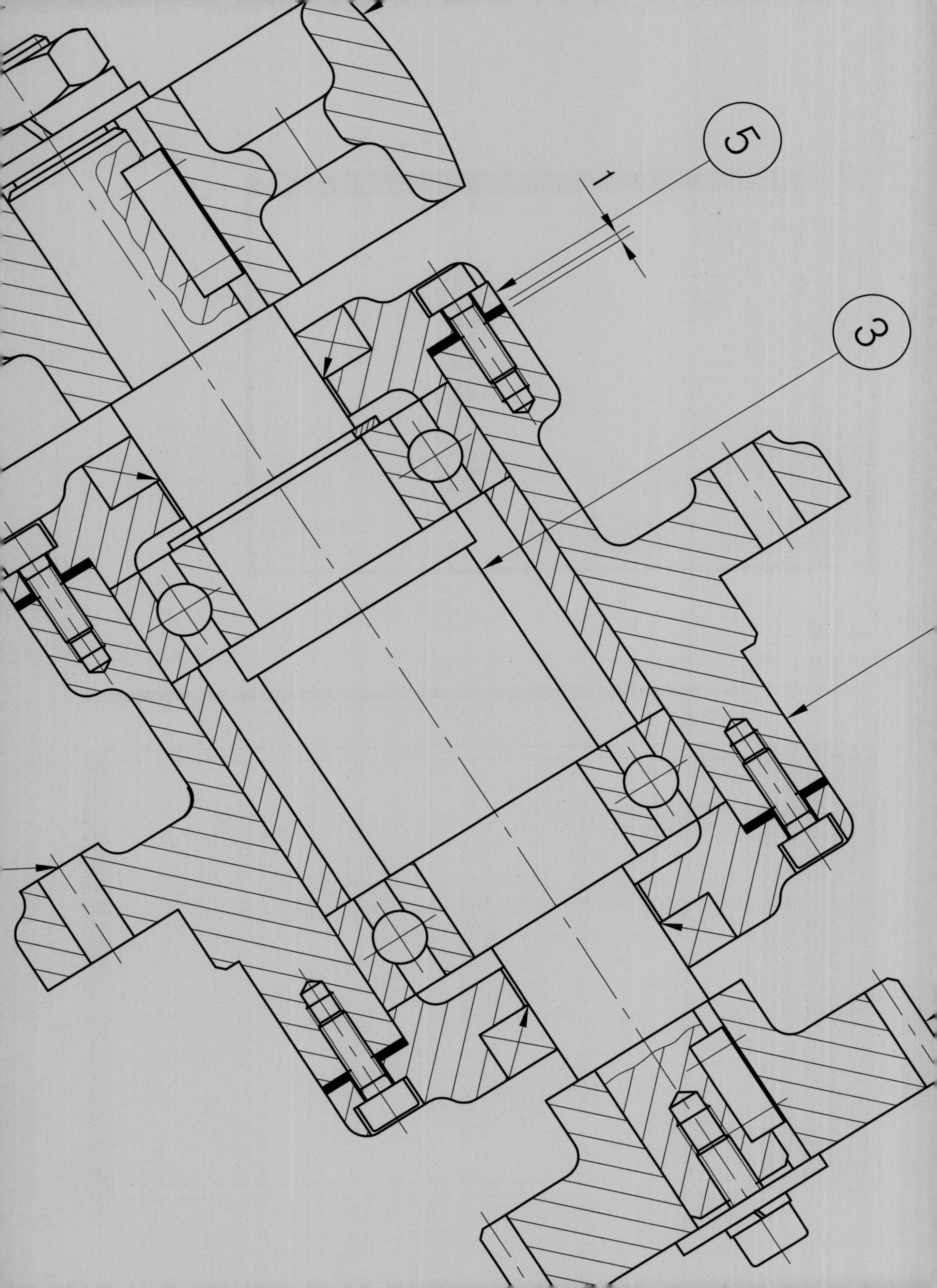
5
1
3

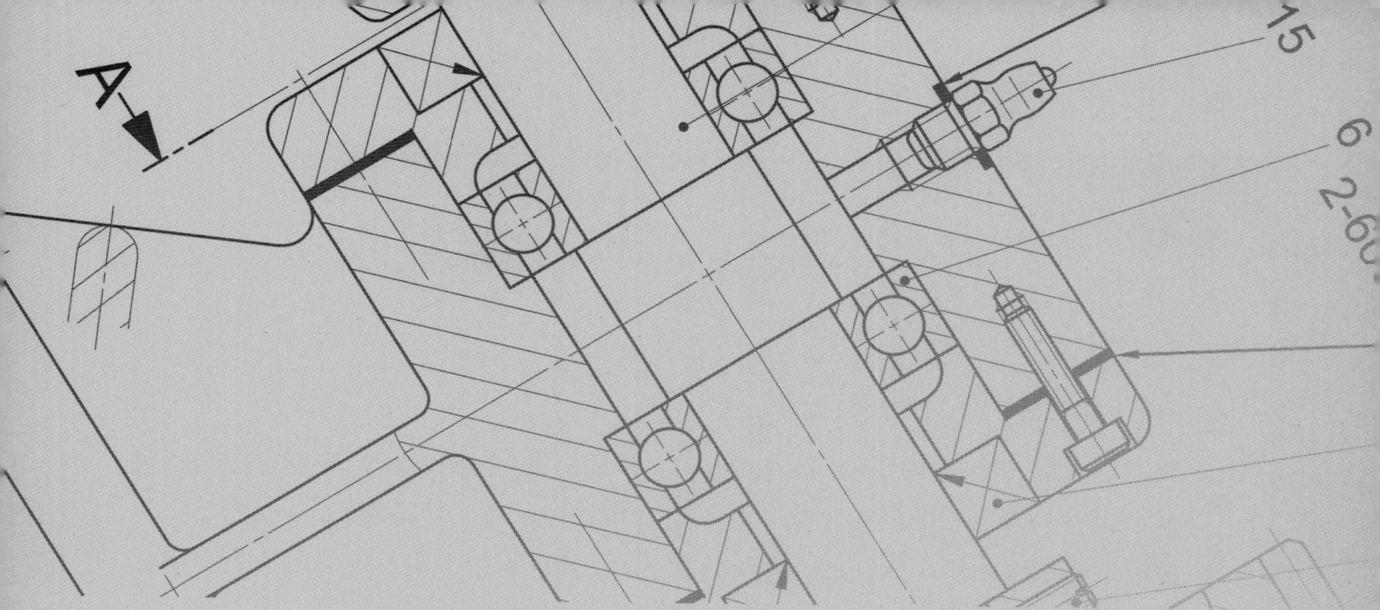

Part 06

인벤터 3D 도면 작성하기

Section 1 질량 산출하기

모델링한 부품의 질량을 측정하여 기입해 보도록 하겠습니다.

(2) 렌더링 등각 투상도(3D) 제도

A) 주어진 문제의 조립도면에 표시된 부품번호 (①, ②, ③) 의 부품을 파라메트릭 솔리드 모델링을 하고 모양과 윤곽을 알아보기 쉽도록 뚜렷한 음영, 렌더링 처리를 하여 A3 용지에 제도하시오.

B) 음영과 렌더링 처리는 아래 그림과 같이 형상이 잘 나타나도록 등각 축 2개를 정해 척도는 NS로 실물의 크기를 고려하여 제도하시오. (단, 형상은 단면하여 표시하지 않는다.)

C) 부품란 "비고"에는 모델링한 부품 중 (①, ②, ③) 부품의 질량을 g 단위로 소수점 첫 째자리에서 반올림하여 기입하시오.

– 질량은 반드시 재질과 상관없이 비중을 7.85로 하여 계산하시기 바랍니다.

D) 제도 완료 후, 지급된 A3(420x297) 크기의 용지(트레이싱지)에 수험자가 직접 흑백으로 출력하여 확인하고 제출하시오.

chapter 01 질량 산출하기

step 1

질량을 측정할 **모델링 파일**을 인벤터에서 엽니다.

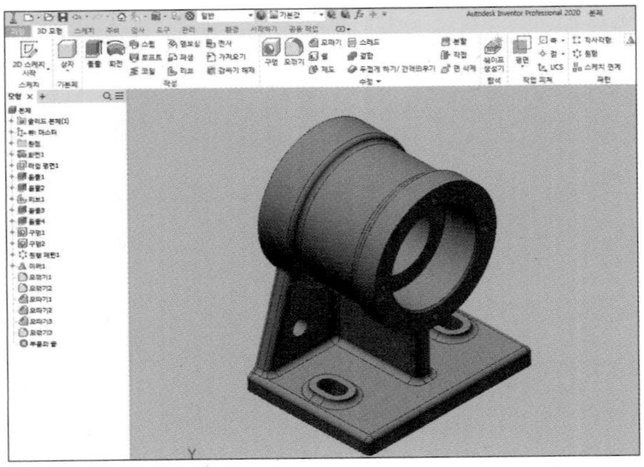

step 2

도구 탭의 **문서 설정** 명령을 실행합니다.

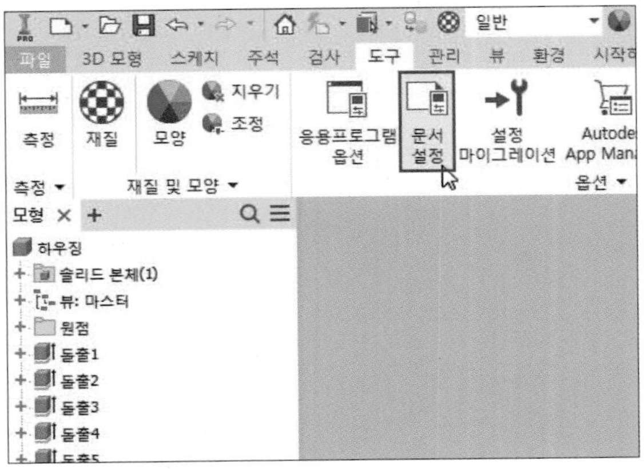

step 3

문서 설정 창이 실행되면 단위 탭의 질량 단위를 **그램**으로 변경합니다.

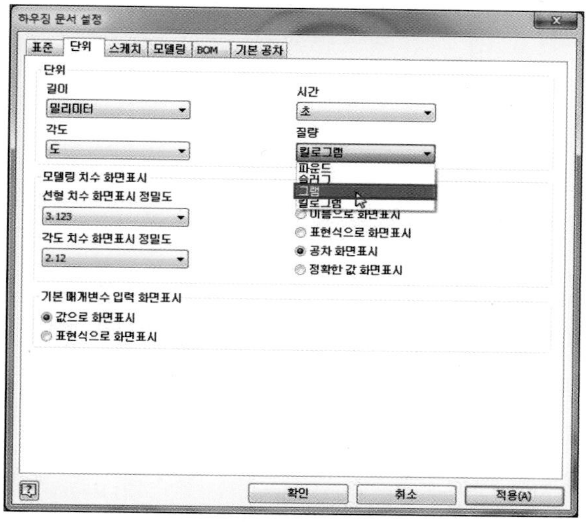

step 4

설정이 완료되면 **확인** 버튼을 클릭하여 종료합니다.

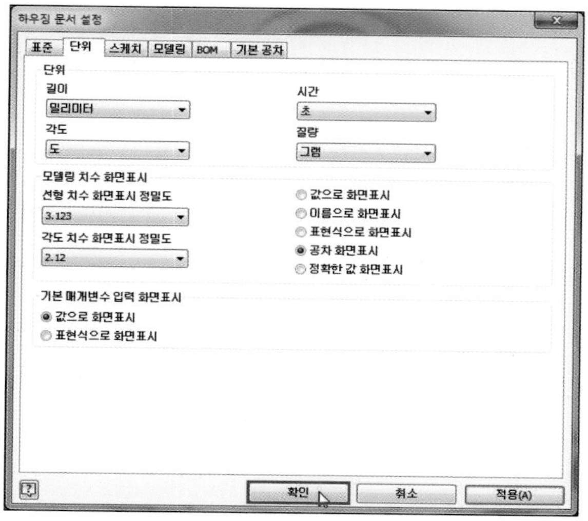

step 5

질량을 측정하기 위해 **파일** 메뉴의 iProperties 명령을 실행합니다.

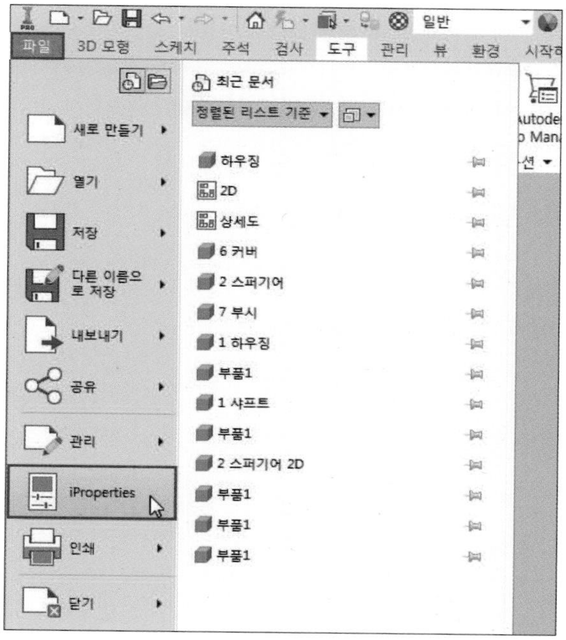

step 6

iProperties 창이 실행되면 **물리적** 탭으로 이동하여 현재 밀도를 확인합니다.

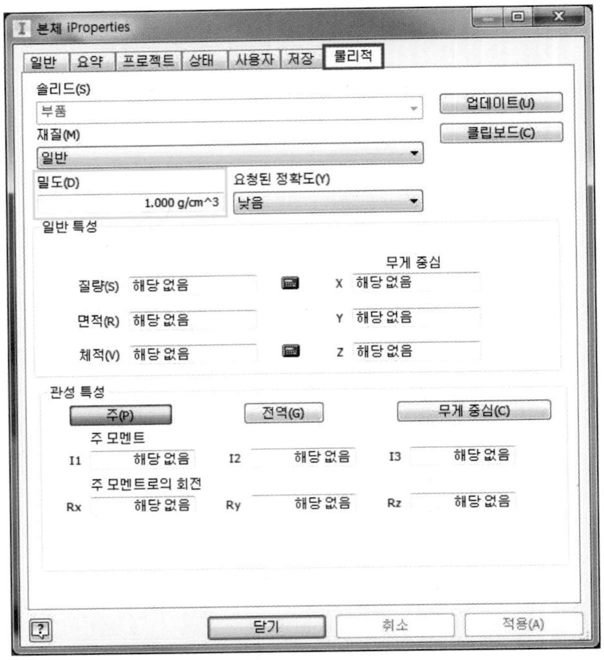

step 7

기능사 시험 조건에 맞게 **밀도**를 7.85g/cm^3로 설정하기 위하여 **재질**을 **강철**로 변경합니다.

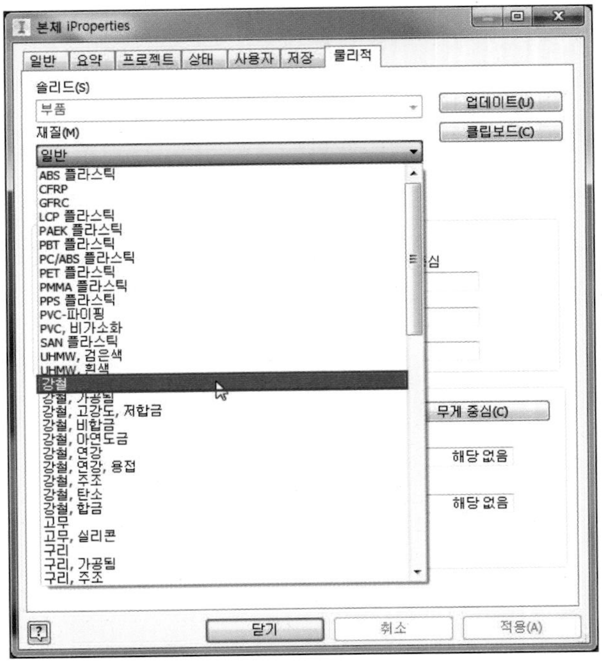

step 8

강철로 재질을 변경하면 다음과 같이 밀도가 7.85g/cm^3로 설정됩니다.

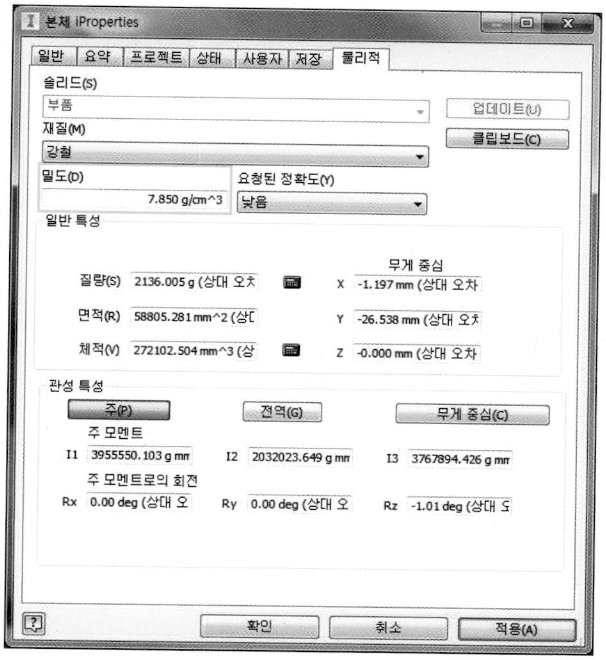

step 9

이어서 **요청된 정확도**를 **매우 높음**으로 변경합니다.

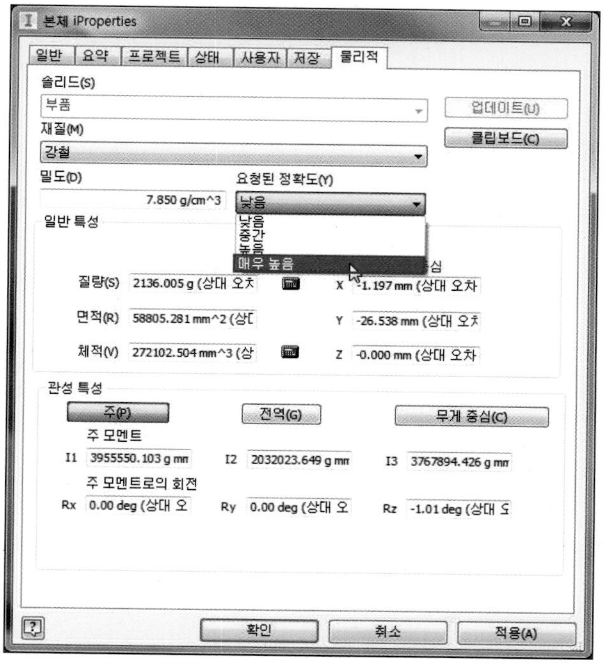

step 10

설정이 완료되면 **업데이트** 버튼을 클릭합니다.

step 11

계산된 질량을 확인합니다.

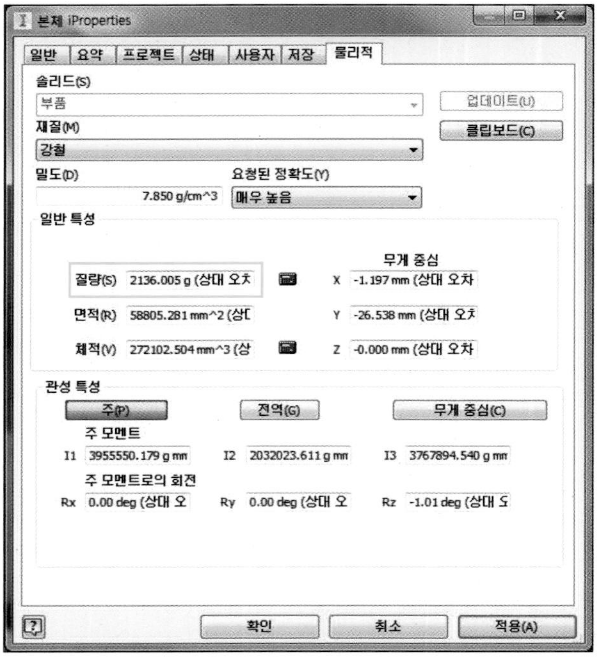

step 12

AutoCAD 프로그램에서 작성했던 3D **도면 양식 비고란**에 계산된 질량을 기입합니다. 질량은 시험 조건에 맞춰 소수점 첫째 자리에서 반올림하여 기입합니다.

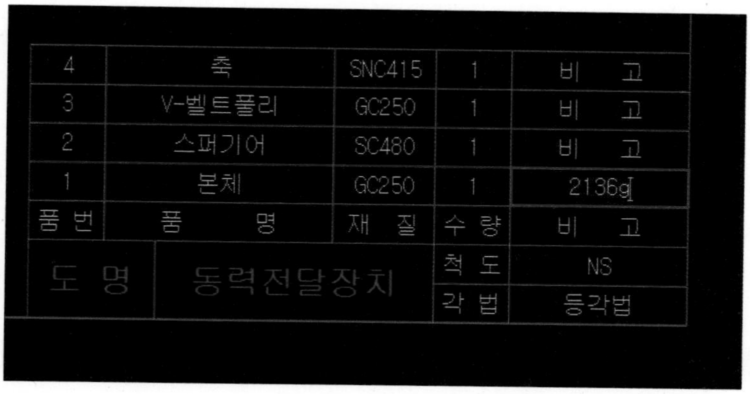

4	축	SNC415	1	비 고
3	V-벨트풀리	GC250	1	비 고
2	스퍼기어	SC480	1	비 고
1	본체	GC250	1	2136g
품 번	품 명	재 질	수 량	비 고
도 명	동력전달장치		척 도	NS
			각 법	등각법

step 13

마찬가지 방법으로 렌더링 등각 투상도에 삽입될 나머지 부품들도 질량을 측정하여 기입하도록 합니다.

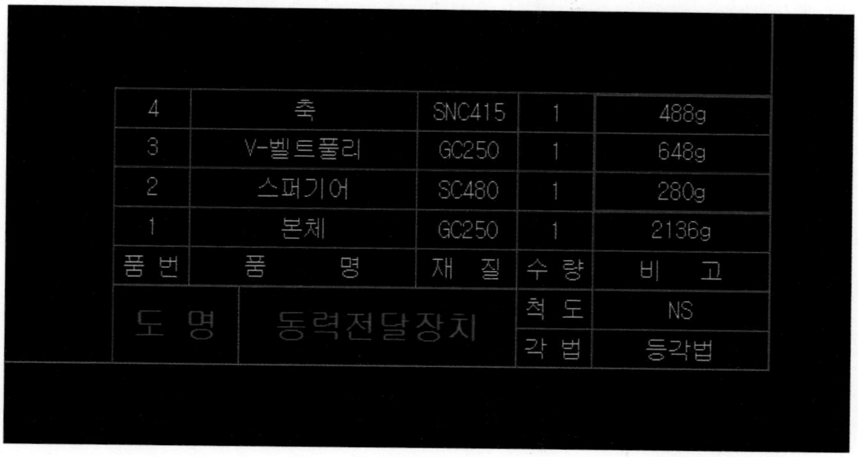

4	축	SNC415	1	488g
3	V-벨트풀리	GC250	1	648g
2	스퍼기어	SC480	1	280g
1	본체	GC250	1	2136g
품 번	품 명	재 질	수 량	비 고
도 명	동력전달장치		척 도	NS
			각 법	등각법

Section 2 AutoCAD 도면 양식 불러오기

AutoCAD로 작성한 도면 양식을 인벤터로 불러와 보도록 하겠습니다.

chapter 01 AutoCAD 도면 양식 불러오기

step 1

인벤터로 가져갈 AutoCAD 렌더링 등각 투상도 도면틀을 **저장(*.dwg)한 다음 파일을 닫아줍니다.** 이때, 비고란에는 질량이 기입되어 있는 것이 좋습니다.

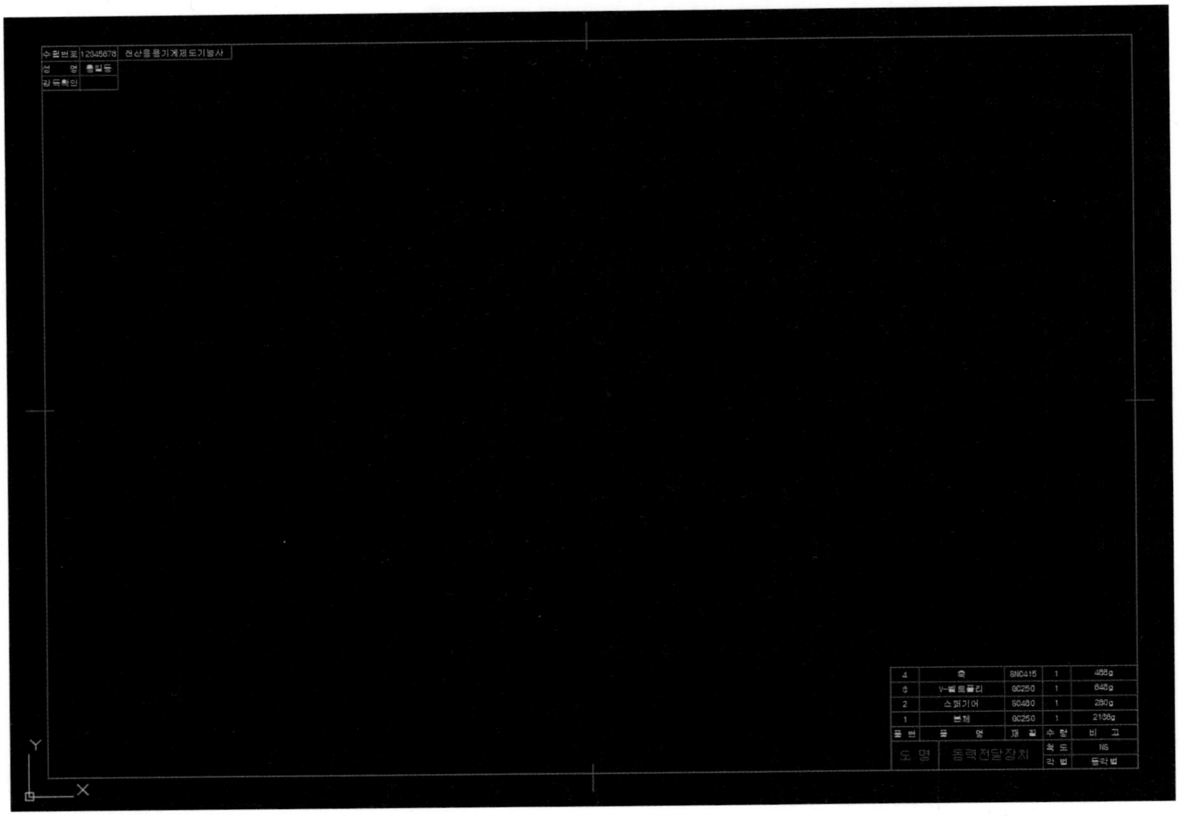

> **TIP** AutoCAD 도면 경계 양식을 인벤터로 불러올 시에는 저장한 **캐드 파일을 닫아 준 후** 작업하도록 합니다.

step 2

인벤터 프로그램의 **새로 만들기** 버튼을 클릭합니다.

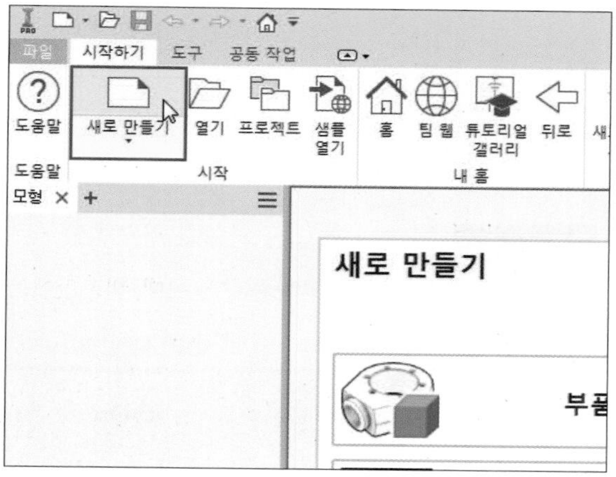

step 3

Standard.idw 템플릿을 선택한 다음 **작성** 버튼을 클릭합니다.

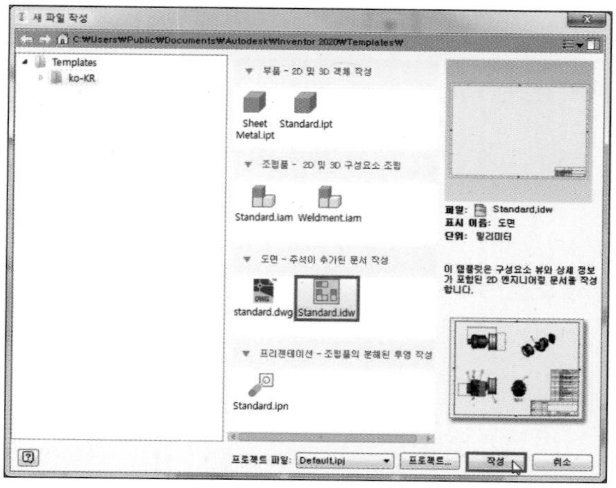

step 4

모형 검색기에서 다음 **도면 자원** 항목을 마우스 우측 버튼으로 선택하여 **삭제** 버튼을 클릭합니다.

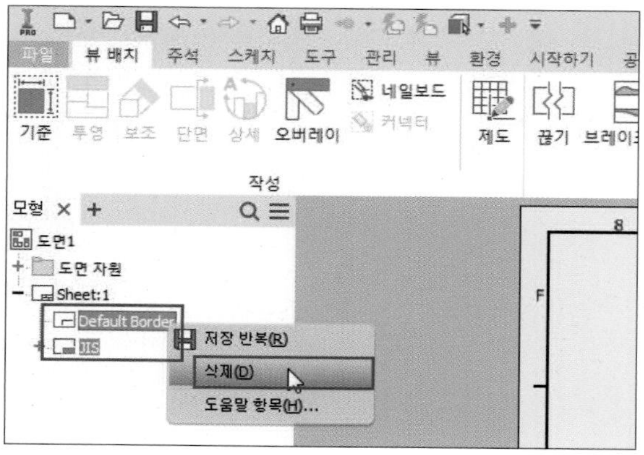

step 5

다음과 같이 기본 경계 및 표제란 형식이 삭제됩니다.

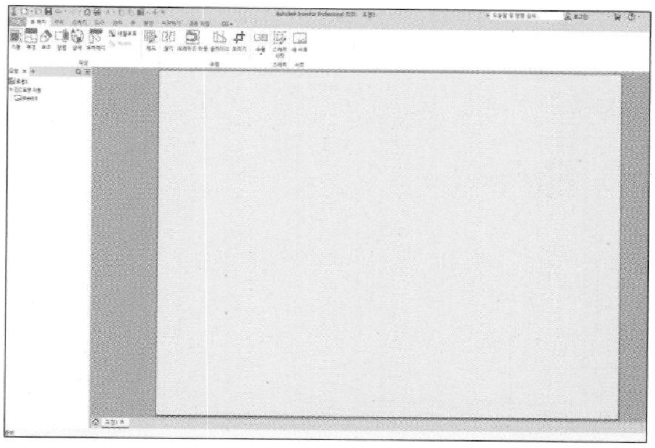

step 6

스케치 시작 버튼을 클릭합니다.

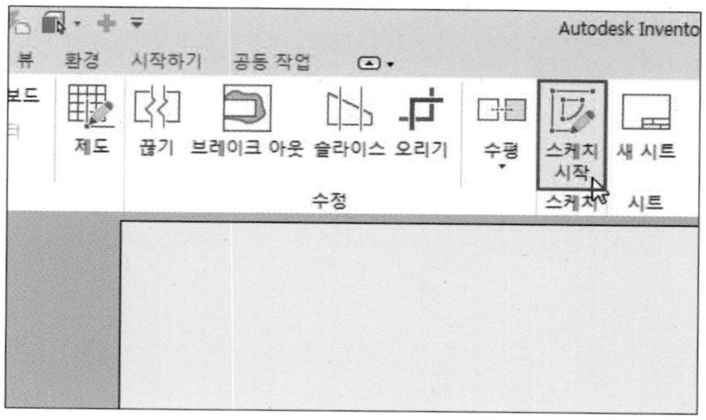

step 7

다음과 같이 스케치 환경이 열리게 되면 삽입 패널의 ACAD 명령을 실행합니다.

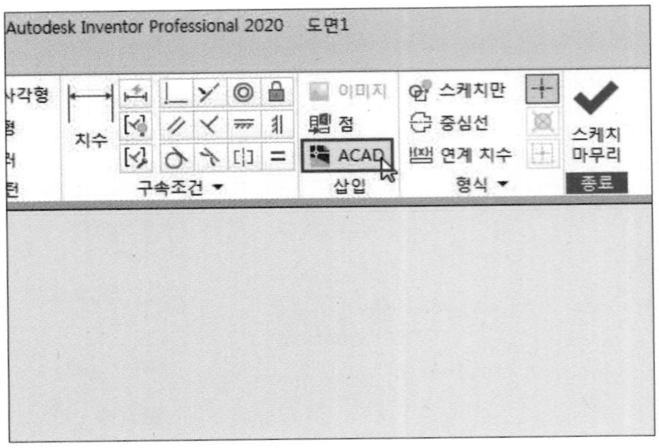

step 8

저장한 렌더링 등각 투상도 도면틀 .dwg 파일을 **열기** 버튼으로 열어줍니다.

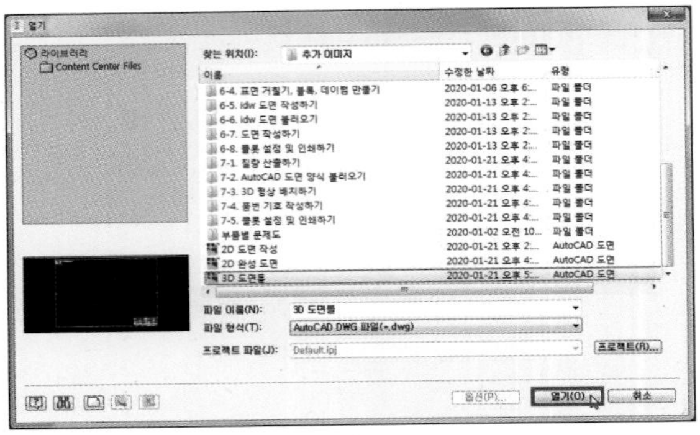

step 9

도면층 및 객체 가져오기 옵션 창이 실행되면 가져오기 미리보기 화면을 확인하고 **다음** 버튼을 클릭합니다.

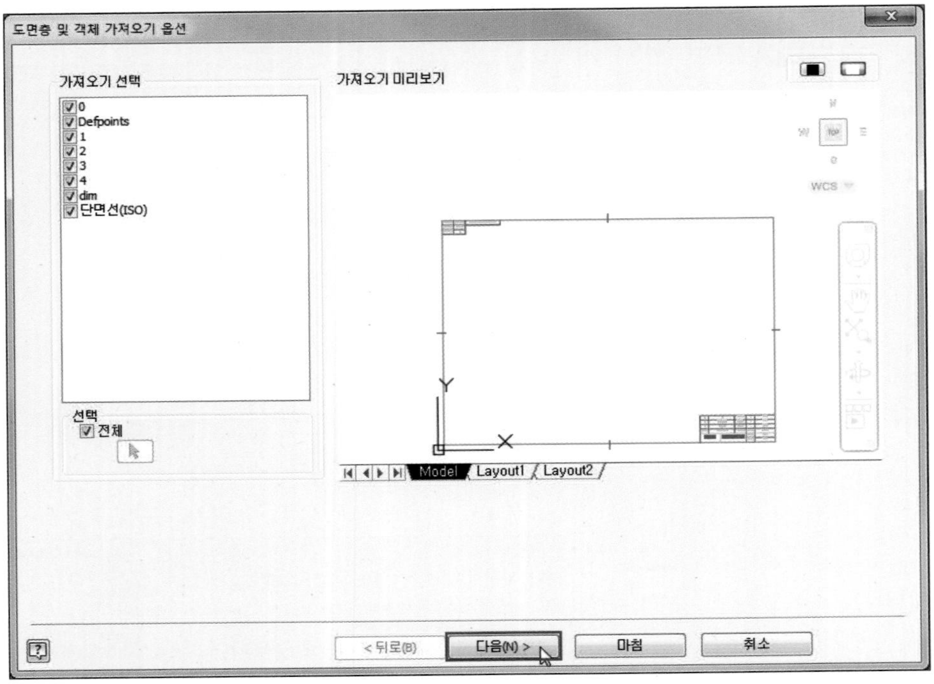

step 10

파일 가져오기 단위 항목의 단위 지정을 **밀리미터**로 설정하고, **끝점 구속**과 **형상 구속조건 적용** 항목을 **체크**한 다음 **마침** 버튼을 클릭합니다.

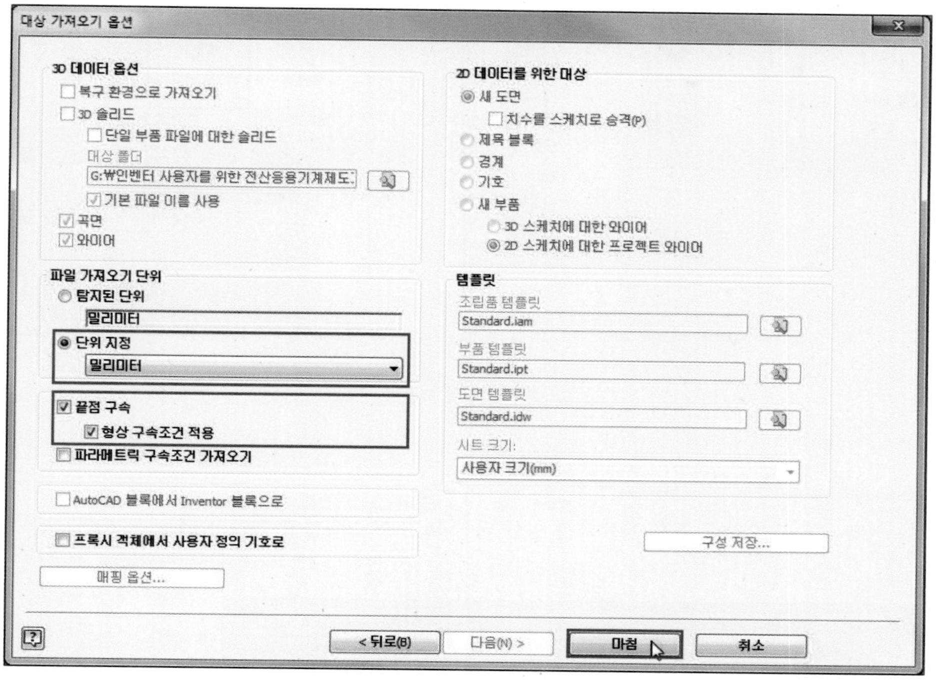

step 11

다음과 같이 AutoCAD로 작성한 도면틀을 인벤터로 불러왔습니다.

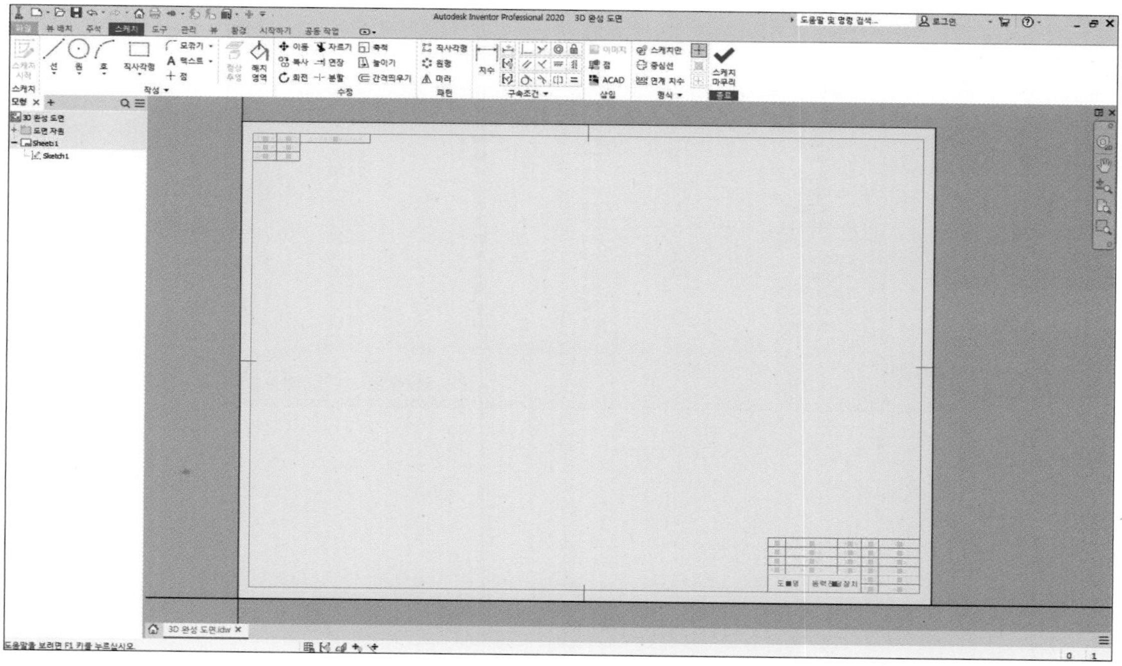

step 12

우측 상단의 **스케치 마무리** 버튼을 클릭합니다.

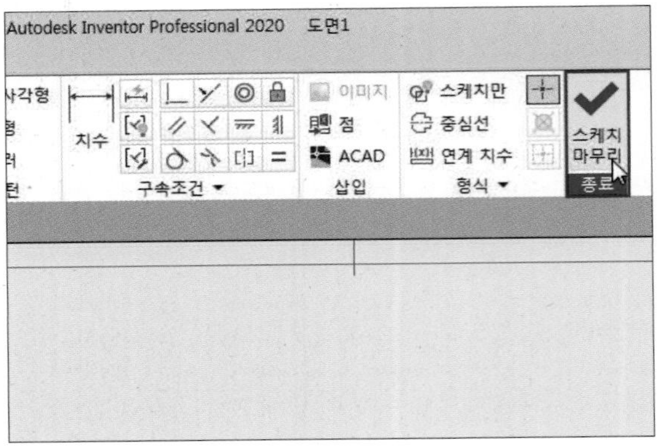

step 13

관리 탭의 **스타일 편집기** 명령을 클릭합니다.

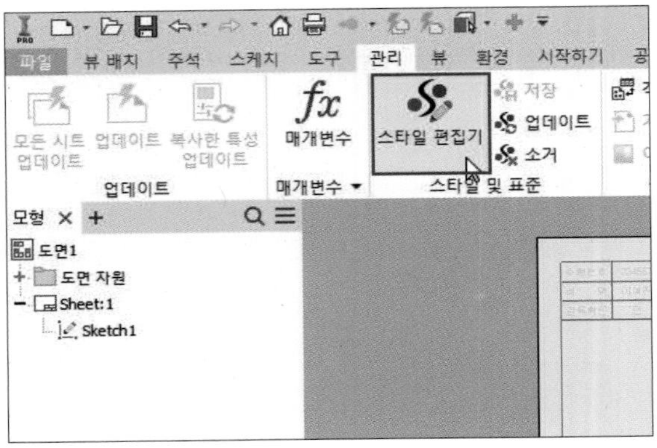

step 14

스타일 및 표준 편집기 창이 실행되면 왼쪽의 **도면층** 메뉴를 클릭한 다음 도면층 스타일 항목에서 아무 도면층을 하나 **더블 클릭**합니다.

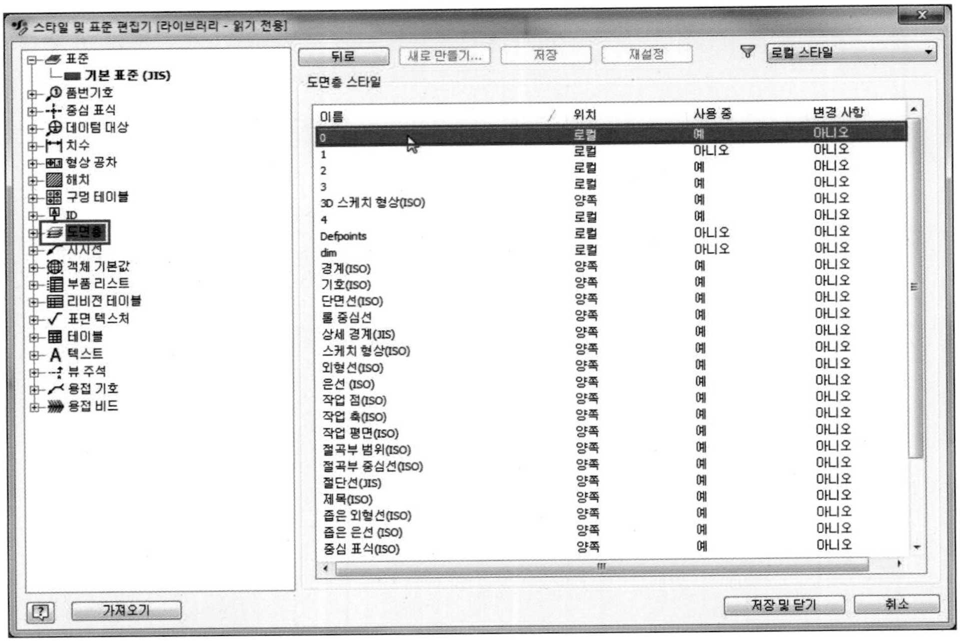

step 15

다음과 같이 도면층의 색상 및 선 가중치를 설정할 수 있는 창으로 화면이 변경됩니다.

step 16

키보드의 Shift 키를 이용하여 **모든 도면층을 선택한 다음 모양(색상) 항목**을 하나 클릭해 주도록 합니다.

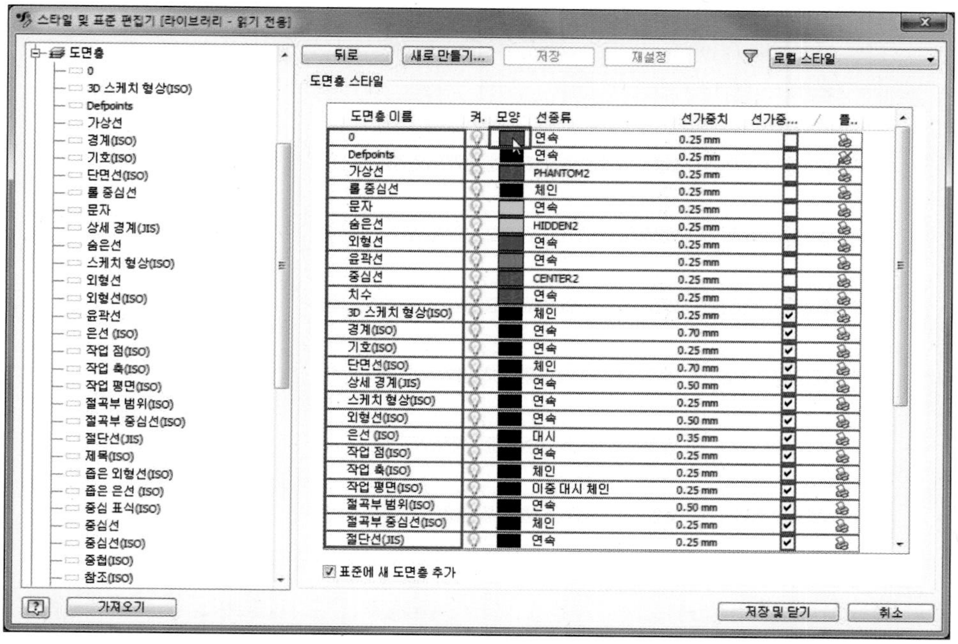

step 17

다음과 같이 색상 창이 실행되면 검은색을 선택한 다음 확인 버튼을 클릭합니다.

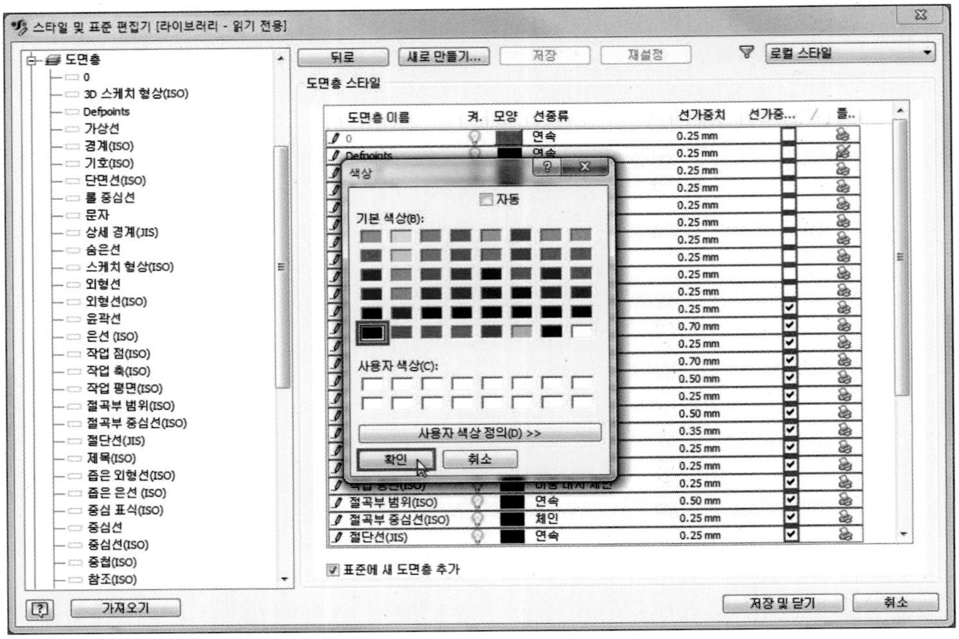

step 18

다음과 같이 모든 도면층의 색상이 검은색으로 변경되었습니다.

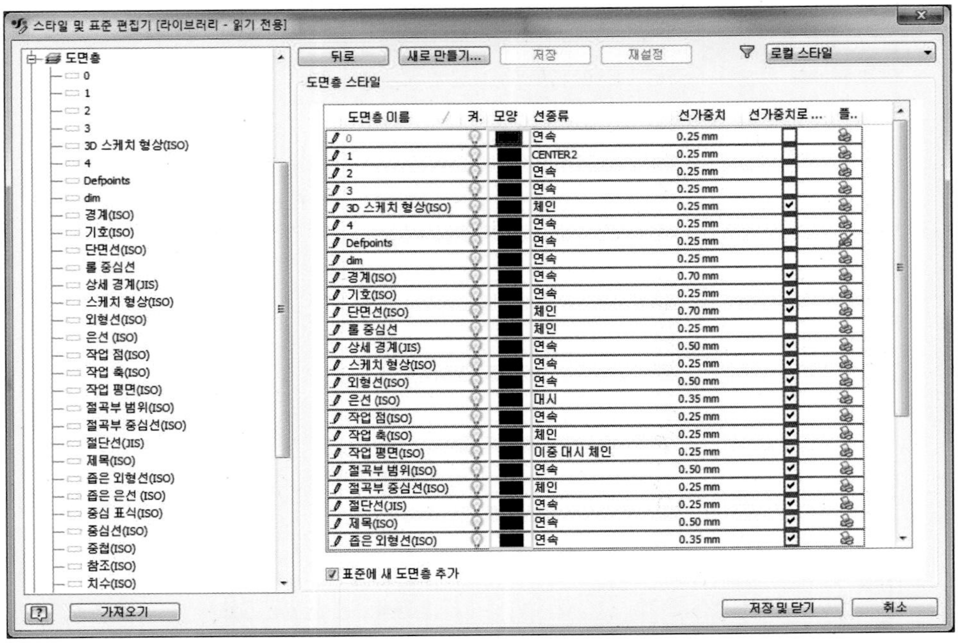

step 19

모든 도면층이 선택되어 있는 상태에서 선 가중치를 0.25mm로 변경합니다.

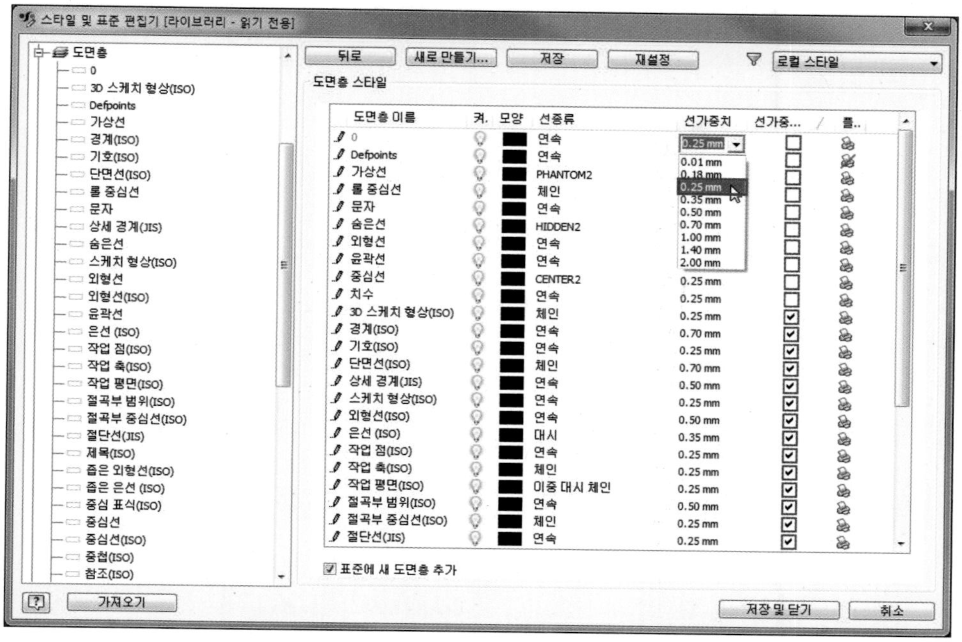

step 20

다음과 같이 모든 도면층의 선 가중치가 0.25mm로 변경되었습니다.

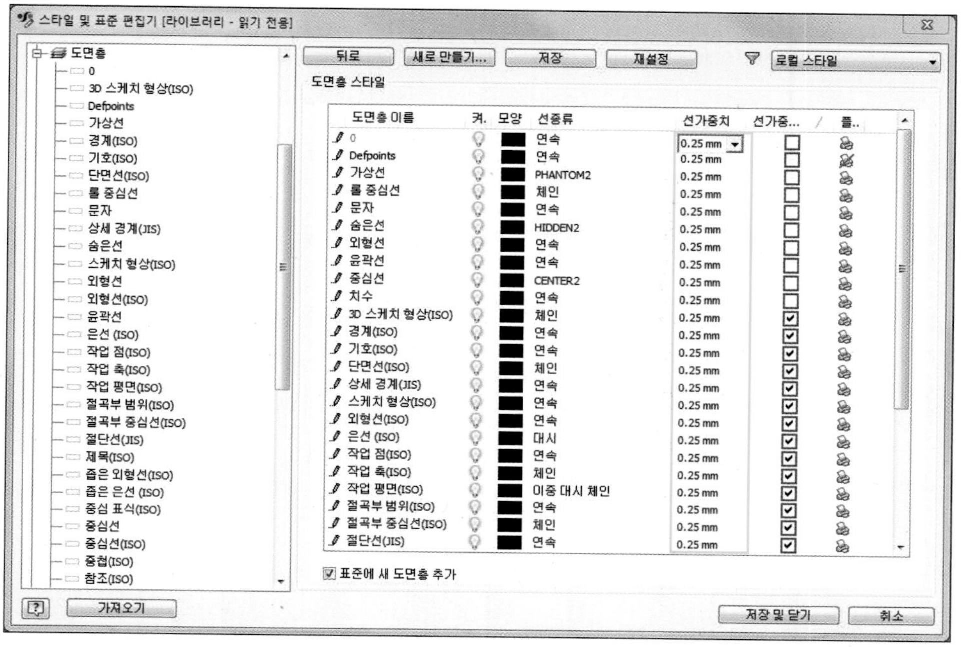

step 21

모든 도면층이 선택되어 있는 상태에서 **선 가중치로 축척** 항목을 **체크**합니다.

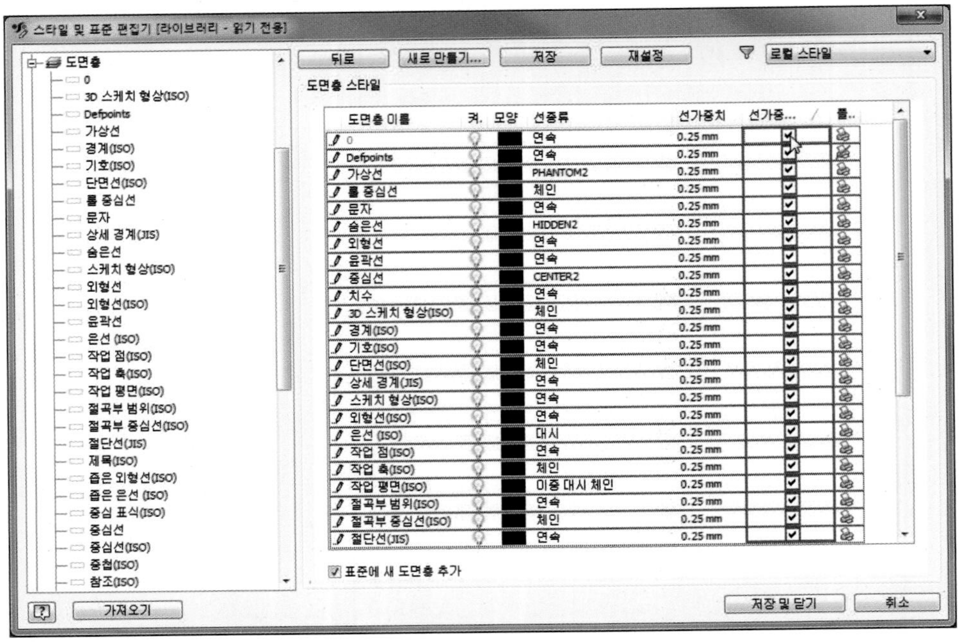

step 22

문자 도면층의 선 가중치를 0.35mm, 외형선 도면층은 0.5mm, 윤곽선 도면층은 0.7mm로 추가 변경한 다음 **저장 및 닫기** 버튼을 클릭합니다.

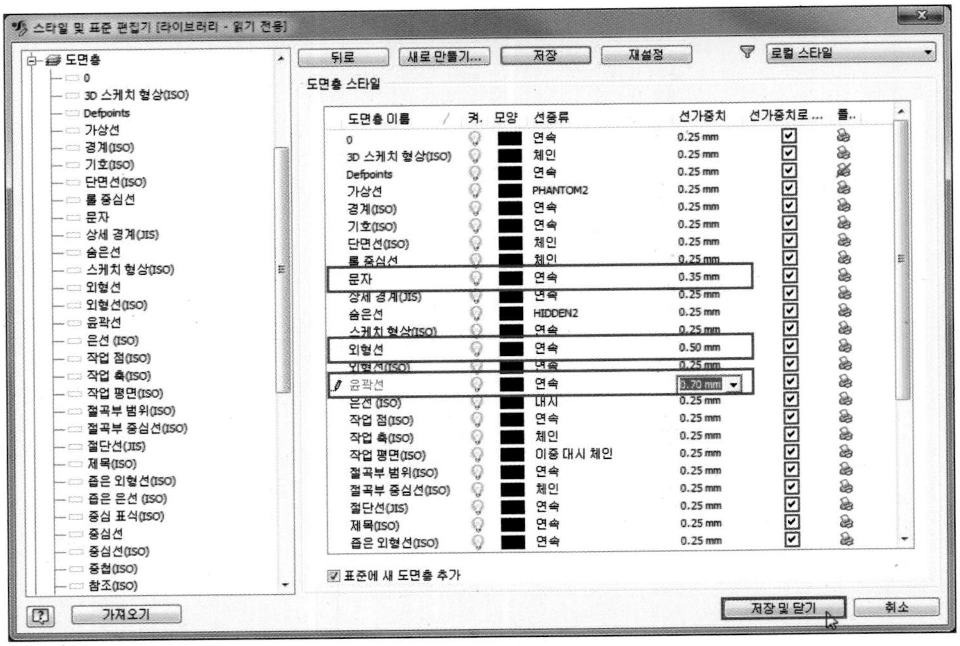

문자, 숫자, 기호의 높이	선 굵기	지정 색상(Color)	용도
7.0mm	0.70mm	청(파란)색(Blue)	윤곽선, 표제란과 부품란의 윤곽선, 중심마크 등
5.0mm	0.50mm	초록(Green), 갈색(Brown)	외형선, 부품번호, 개별주서 등
3.5mm	0.35mm	황(노란)색(Yellow)	숨은선, 치수와 기호, 일반주서 등
2.5mm	0.25mm	흰색(White), 빨강(Red)	해치선, 치수선, 치수보조선, 중심선, 가상선 등

step 23

다음과 같이 도면층의 설정이 변경되면서 모든 색상이 검은색으로 표시됩니다.

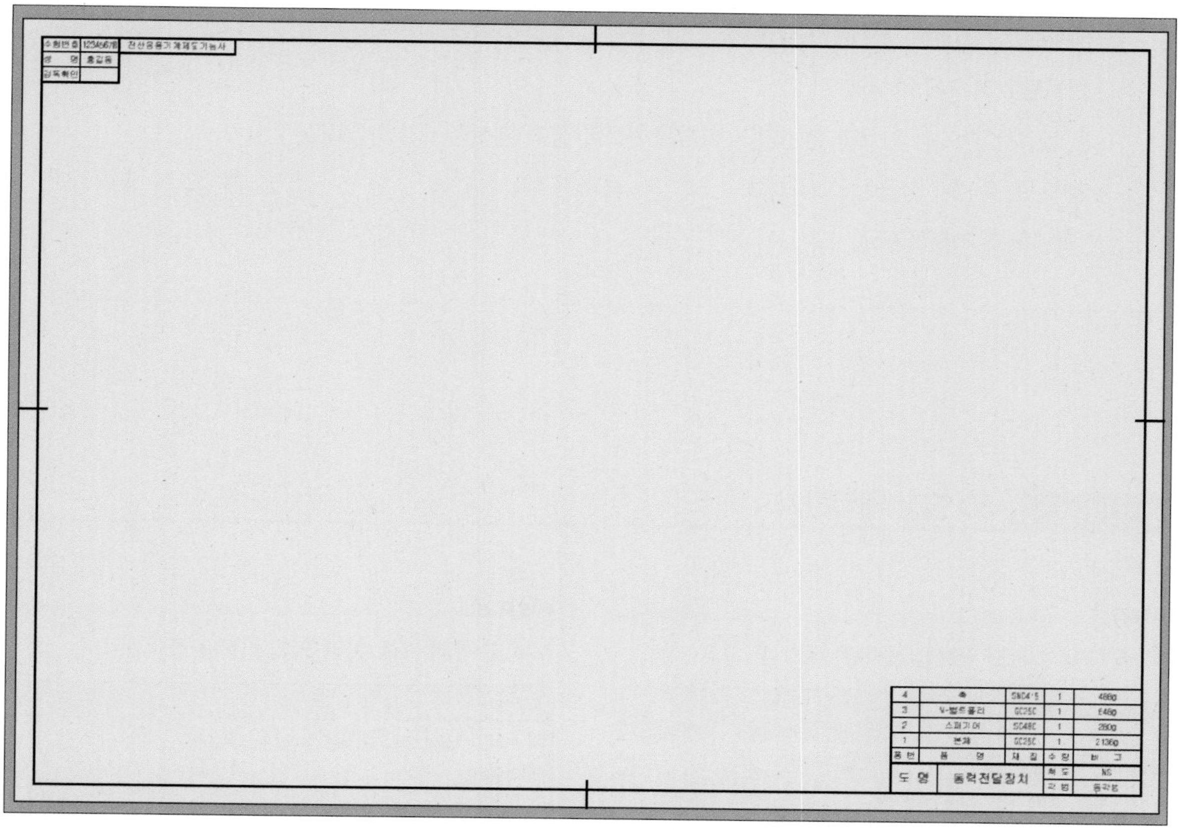

TIP AutoCAD 도면 경계 색상을 모두 검은색으로 바꿀 때, 바뀌지 않는 색상은 AutoCAD에서 도면층으로 색상(By Layer)을 지정한 것이 아니라 색상 자체를 강제로(노란색, 빨간색 등) 넣어준 경우 그런 현상이 발생합니다.

따라서, AutoCAD에서 다시 색상을 변경하고 인벤터로 도면 양식을 불러와야 합니다.

Section 3 3D 형상 배치하기

모델링한 부품을 이용하여 도면에 3D 형상을 배치해 보도록 하겠습니다.

(2) 렌더링 등각 투상도(3D) 제도

A) 주어진 문제의 조립도면에 표시된 부품번호 (①, ②, ③) 의 부품을 파라메트릭 솔리드 모델링을 하고 **모양과 윤곽을 알아보기 쉽도록 뚜렷한 음영, 렌더링 처리를 하여 A3 용지에 제도하시오.**

B) **음영과 렌더링 처리는 아래 그림과 같이 형상이 잘 나타나도록 등각 축 2개를 정해 척도는 NS로 실물의 크기를 고려하여 제도하시오. (단, 형상은 단면하여 표시하지 않는다.)**

C) 부품란 "비고"에는 모델링한 부품 중 (①, ②, ③) 부품의 질량을 g 단위로 소수점 첫 째자리에서 반올림하여 기입하시오.

– 질량은 반드시 재질과 상관없이 비중을 7.85로 하여 계산하시기 바랍니다.

D) 제도 완료 후, 지급된 A3(420x297) 크기의 용지(트레이싱지)에 수험자가 직접 흑백으로 출력하여 확인하고 제출하시오.

chapter 01 3D 형상 배치하기

step 1

뷰 배치 탭의 기준 명령을 클릭합니다.

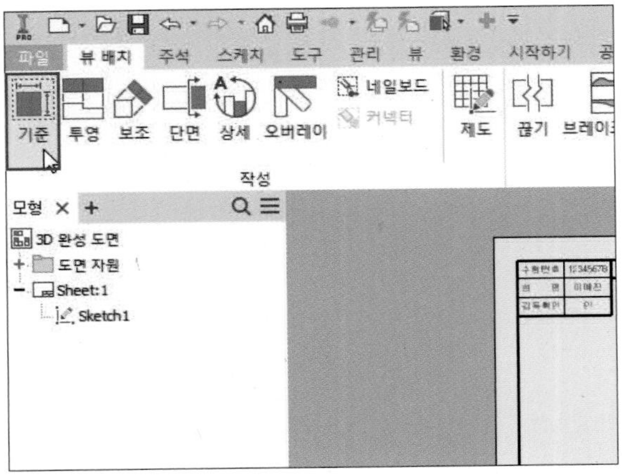

step 2

도면 뷰 창의 기존 파일 열기 버튼을 클릭합니다.

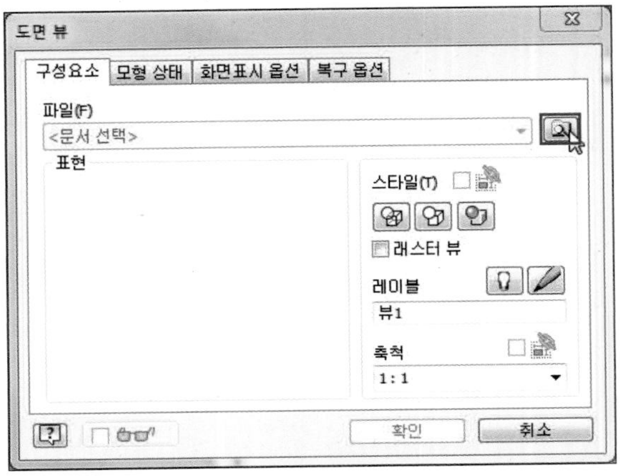

step 3

본체 부품을 선택한 다음 **열기** 버튼을 클릭합니다.

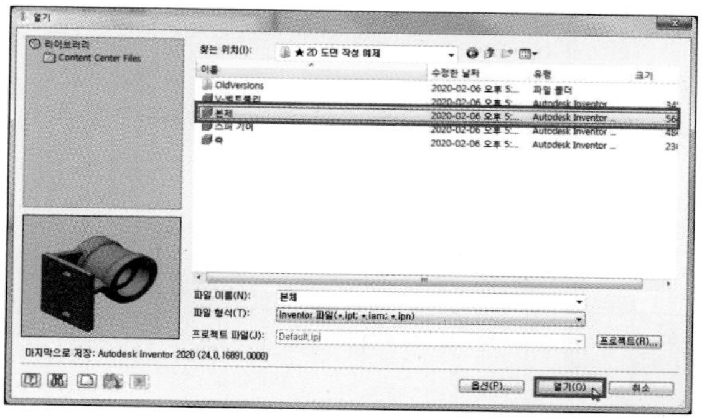

step 4

다음과 같이 본체 부품이 실행됩니다.

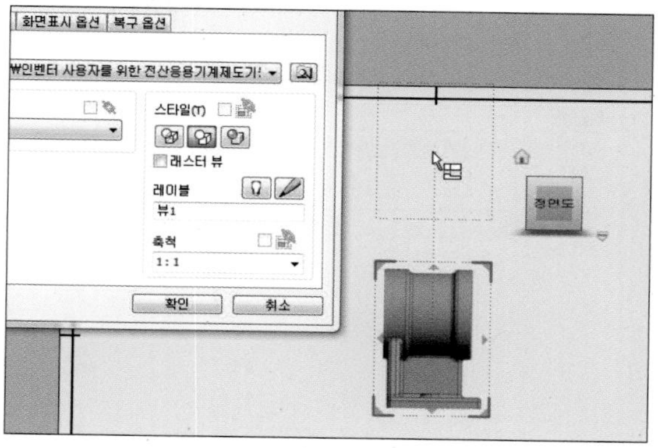

step 5

마우스를 **대각선 방향**으로 이동하면 다음과 같이 도면 영역이 미리보기 됩니다.

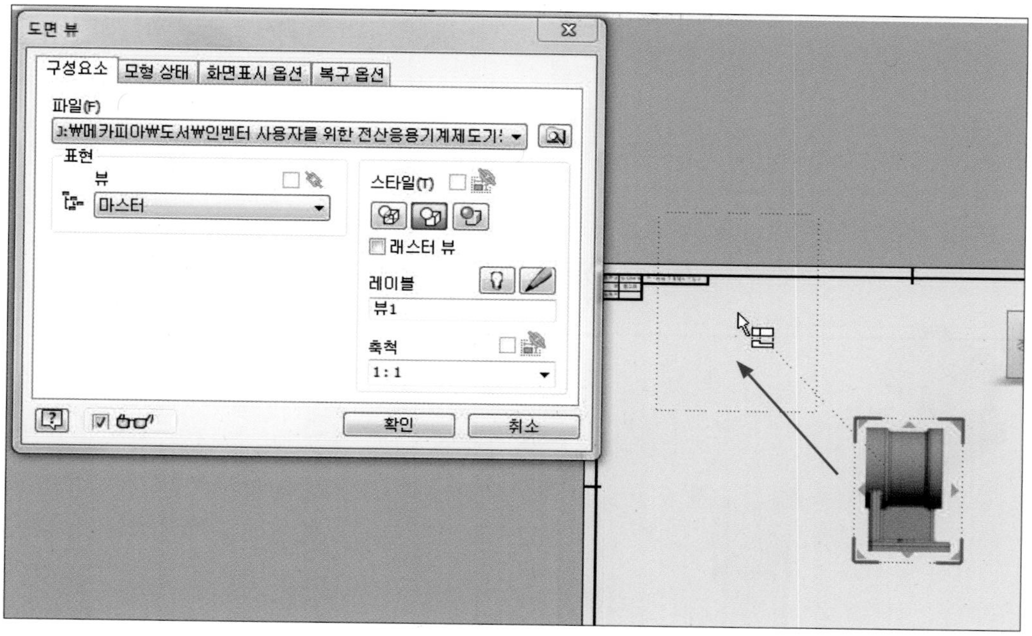

step 6

클릭하면 다음과 같이 정면도를 기준으로 하는 등각 투상도가 작성됩니다.

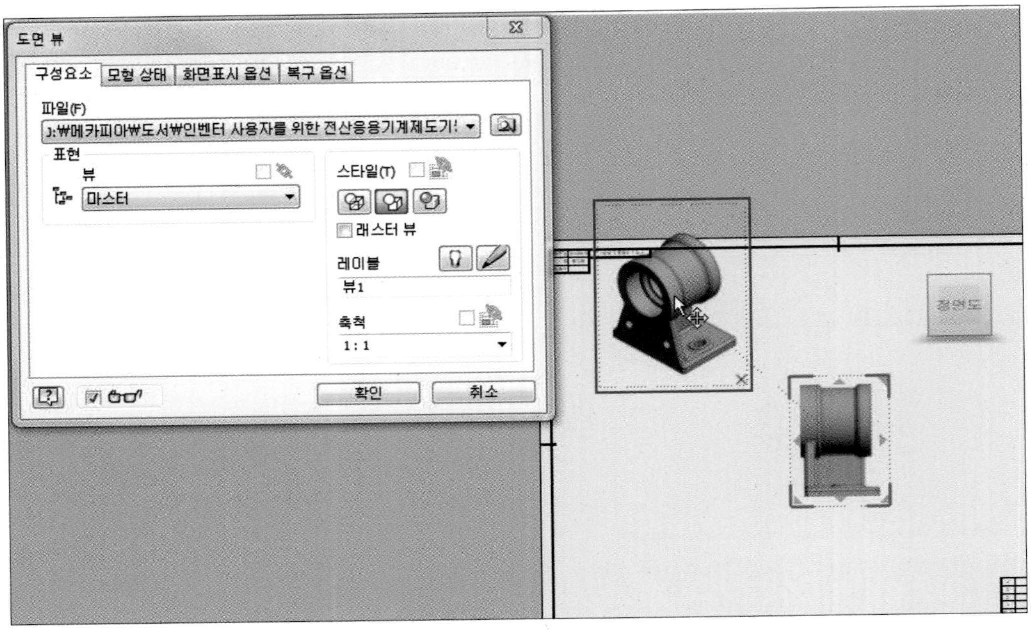

step 7

마찬가지 방법으로 다음과 같이 정면도를 기준으로 하는 **4개의 등각 투상도**를 작성합니다.

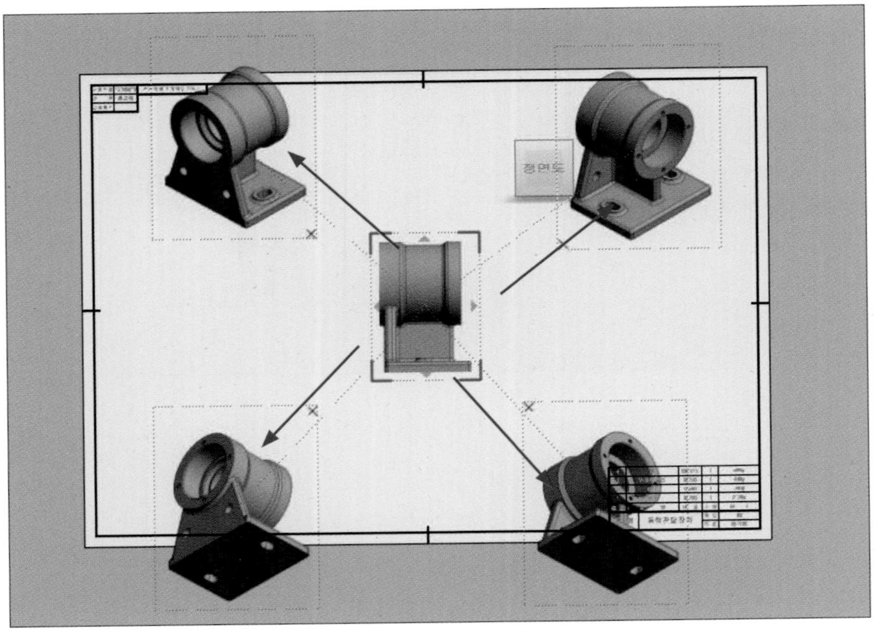

step 8

도면 뷰 창의 스타일 항목을 **은선 제거, 음영처리**로 변경합니다.

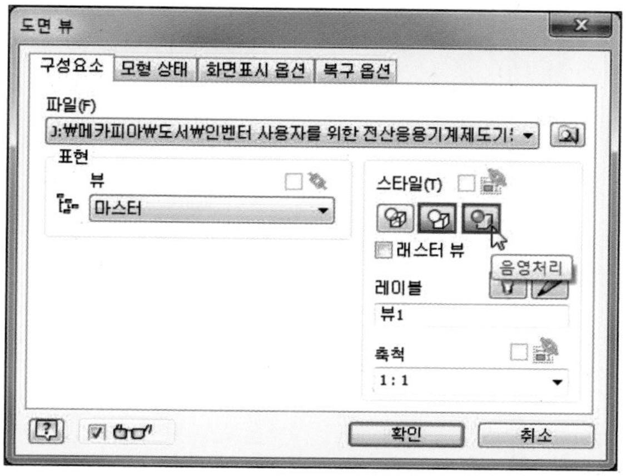

step 9

화면표시 옵션 탭에서는 **스레드 피쳐, 접하는 모서리** 항목에 체크한 다음 **확인** 버튼을 클릭합니다.

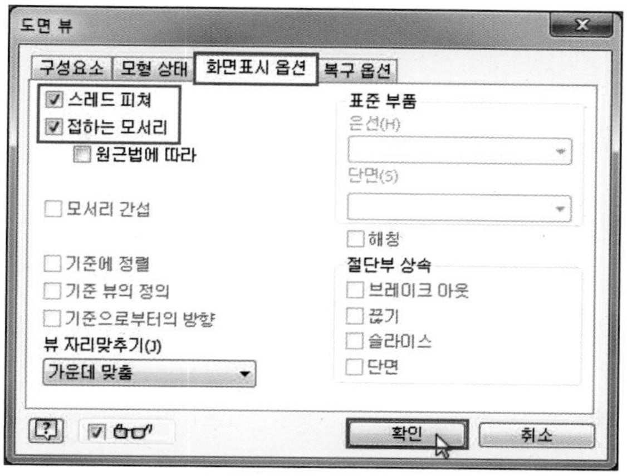

step 10

다음과 같이 등각 투상도 뷰가 배치되었습니다.

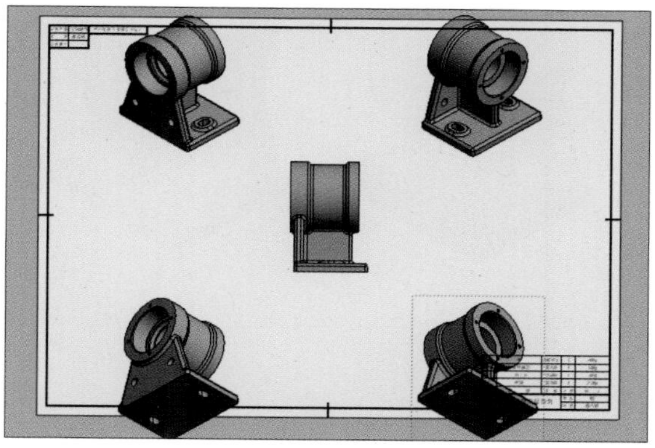

step 11

정면도에 해당하는 뷰를 마우스 우측 버튼으로 선택하여 **삭제** 버튼을 클릭합니다.

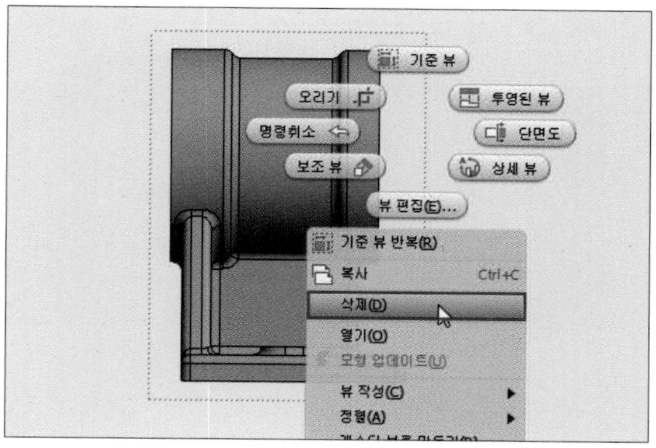

step 12

다음과 같은 창이 뜨면 **확인** 버튼을 클릭합니다.

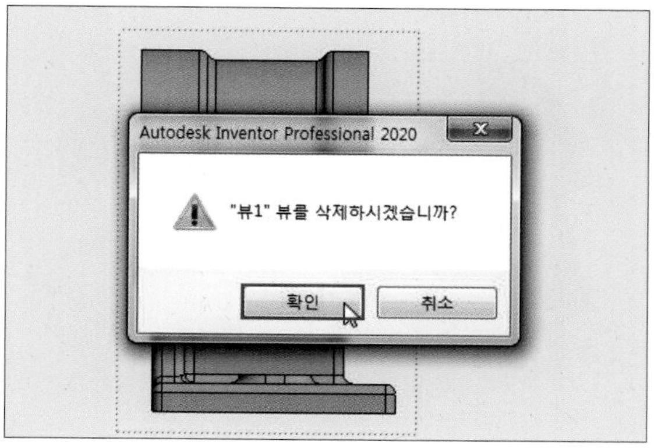

step 13

다음과 같이 등각 투상도 뷰를 정리합니다.

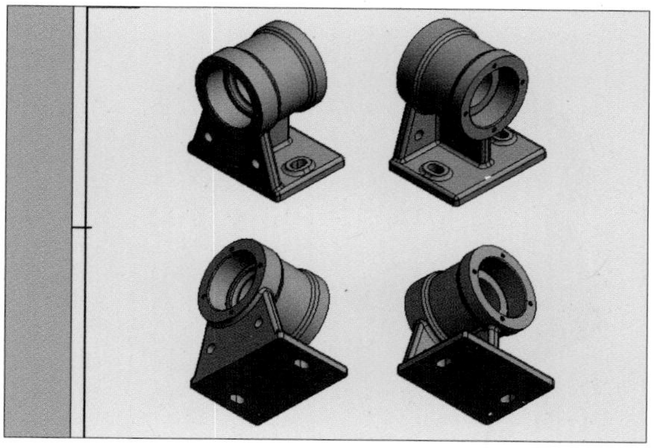

step 14

등각 투상도 뷰 4개 중 모델링 형상이 전체적으로 잘 나타나는 뷰 2개만 남기고 나머지 뷰는 삭제합니다.

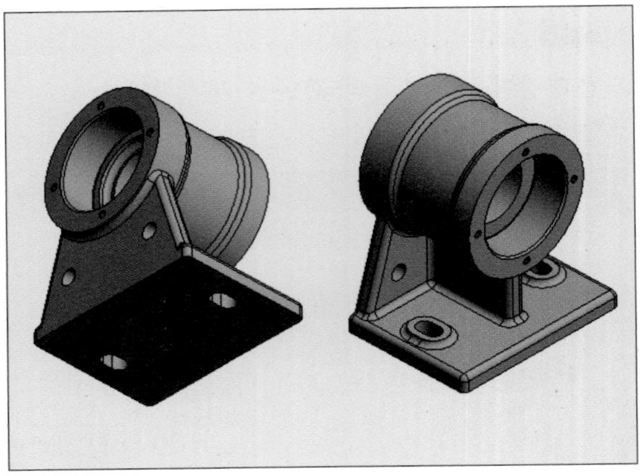

step 15

뷰 배치 탭의 수평 명령을 클릭합니다.

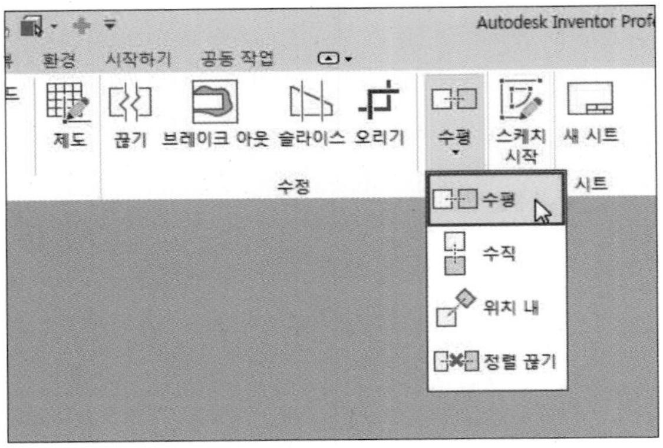

step 16

수평으로 정렬할 뷰를 선택합니다.

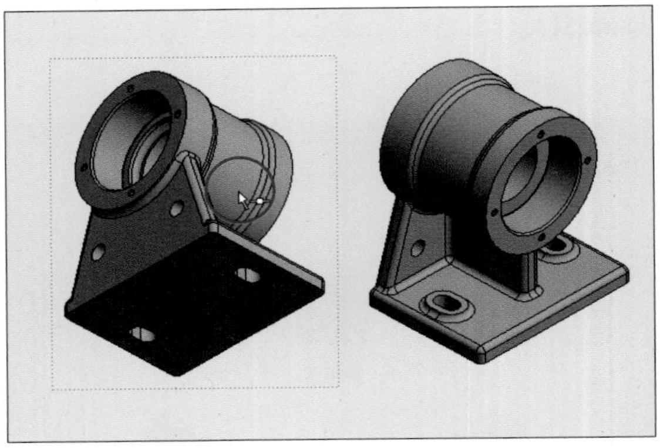

step 17

이어서 기준 뷰를 선택합니다.

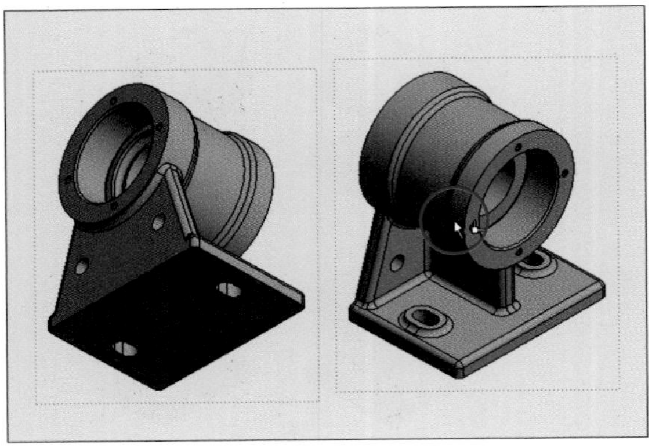

step 18

다음과 같이 선택한 뷰가 수평 정렬되었습니다.

step 19

다음과 같이 등각 뷰를 적당한 곳에 배치합니다.

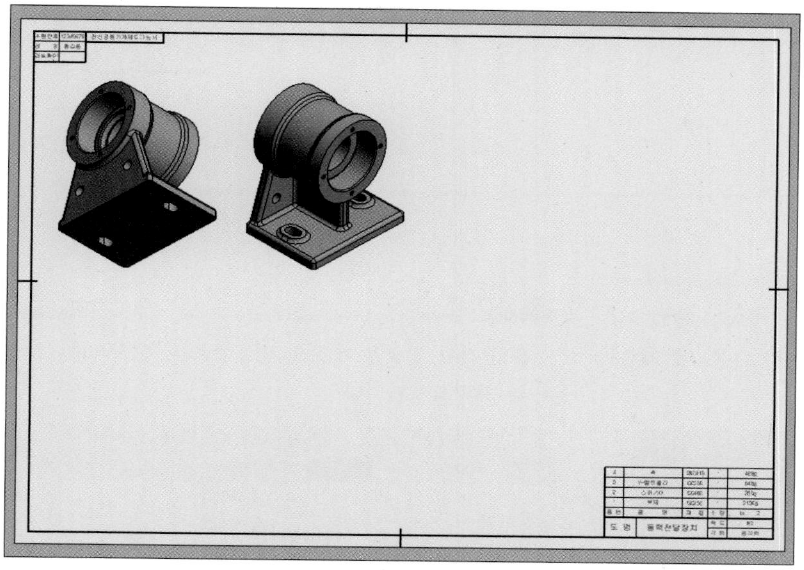

step 20

마찬가지 방법으로 나머지 부품들도 렌더링 등각 투상도를 작성합니다.

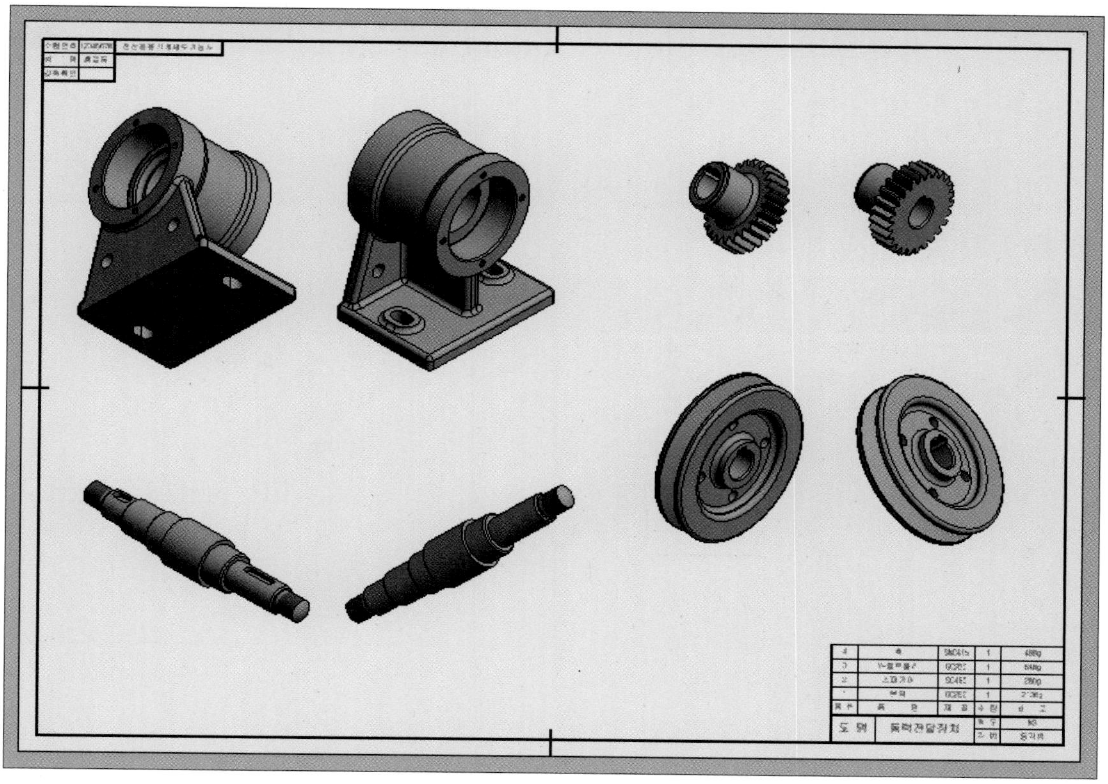

Section 4 품번 기호 작성하기

렌더링 등각 투상도 도면에 품번 기호를 작성해 보도록 하겠습니다.

chapter 01 품번 기호 작성하기

step 1

모형 검색기 탭 - **도면 자원** 폴더를 확장하여 **스케치 기호** 항목을 마우스 우측 버튼으로 선택한 다음 **새 기호 정의** 명령을 실행합니다.

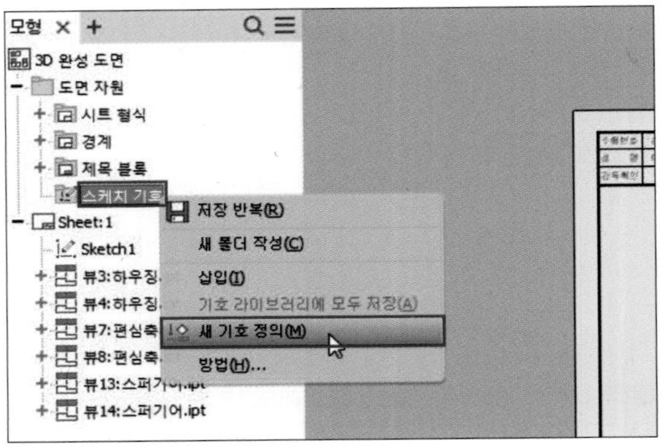

step 2

다음과 같이 새로운 기호를 작성할 수 있도록 하는 스케치 환경이 실행됩니다.

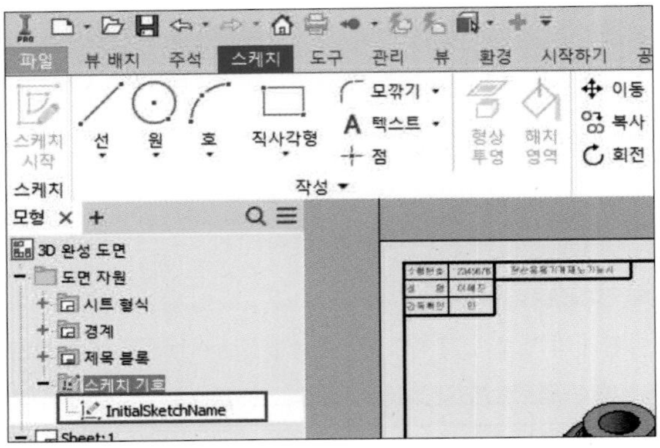

step 3

중심점 원 명령을 클릭합니다.

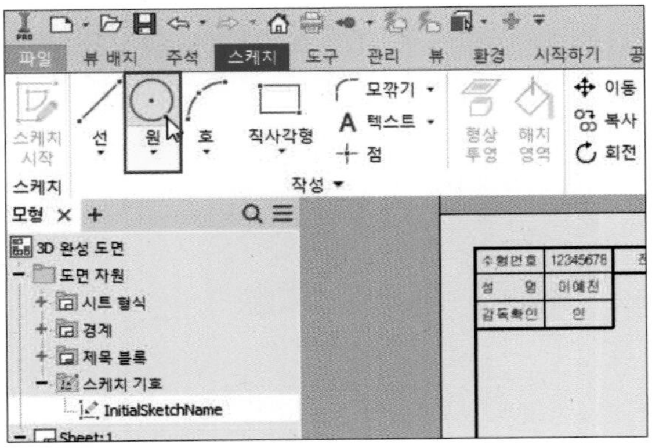

step 4

대략적인 곳에 **원의 중심점**을 클릭합니다.

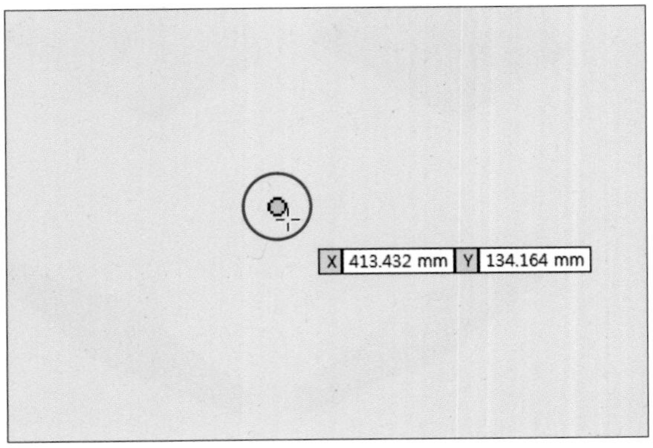

step 5

이어서 적당한 곳을 클릭하여 원을 작성합니다.

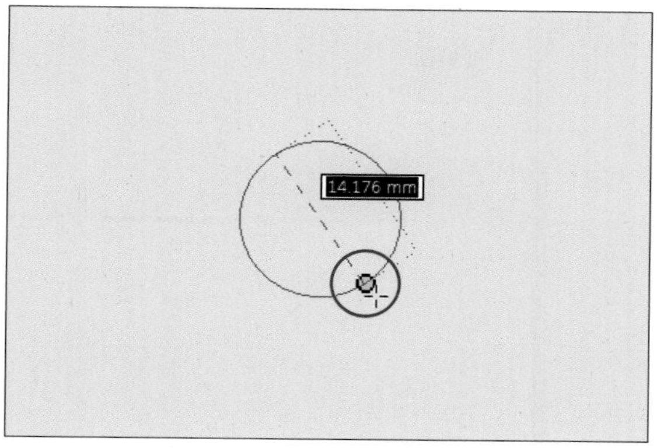

step 6

다음과 같이 원이 작성되었습니다.

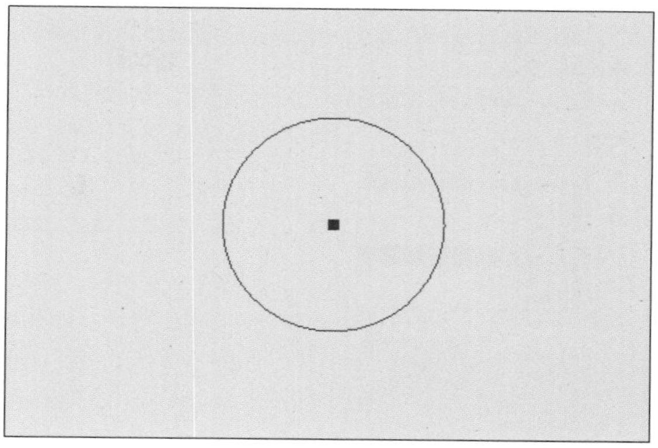

step 7

치수 명령을 실행합니다.

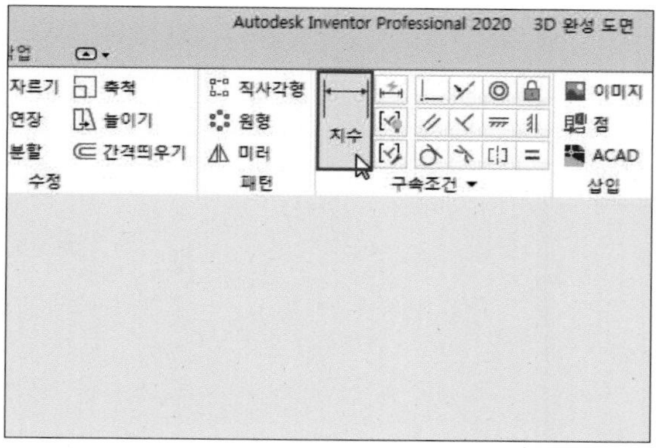

step 8

작성한 원에 **지름 치수** 10mm를 기입합니다.

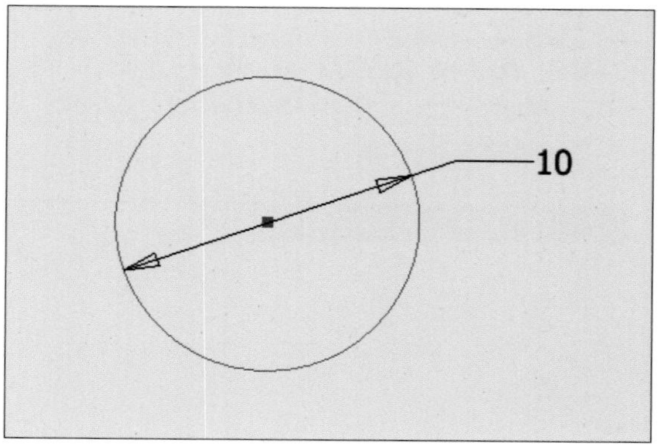

step 9

작성 패널의 **텍스트** 명령을 클릭합니다.

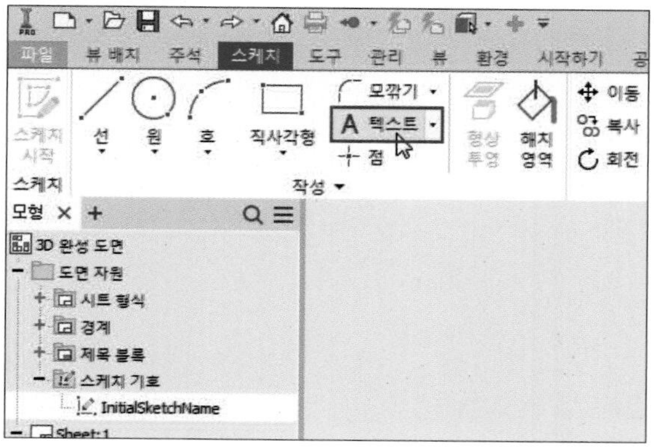

step 10

문자가 위치할 **임의의 한 지점**을 클릭합니다.

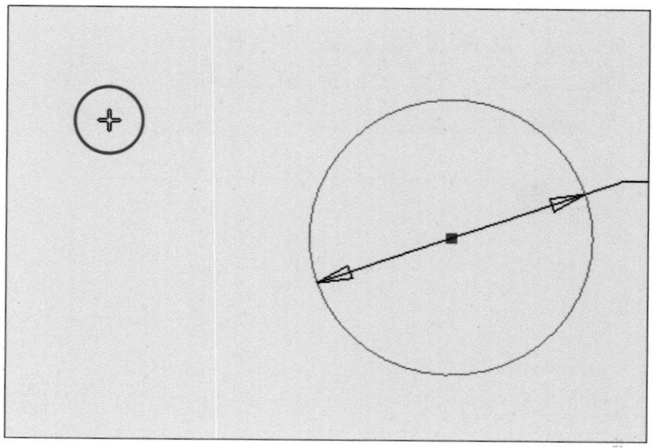

step 11

유형을 **프롬프트된 항목**으로 변경합니다.

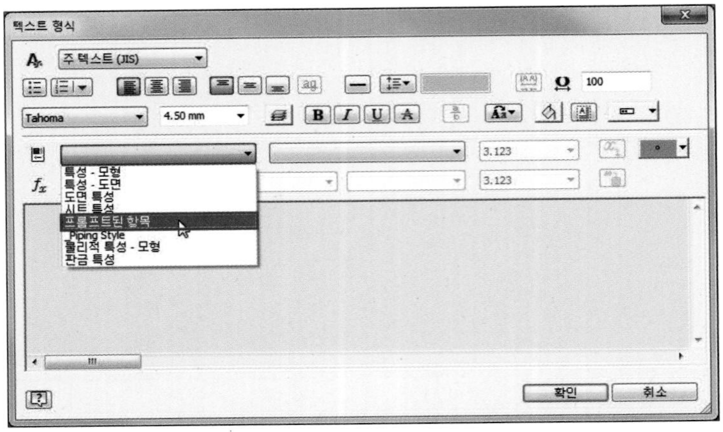

step 12

다음과 같이 문자 입력창에 〈필드에 대한 프롬프트 입력〉란이 생기게 됩니다.

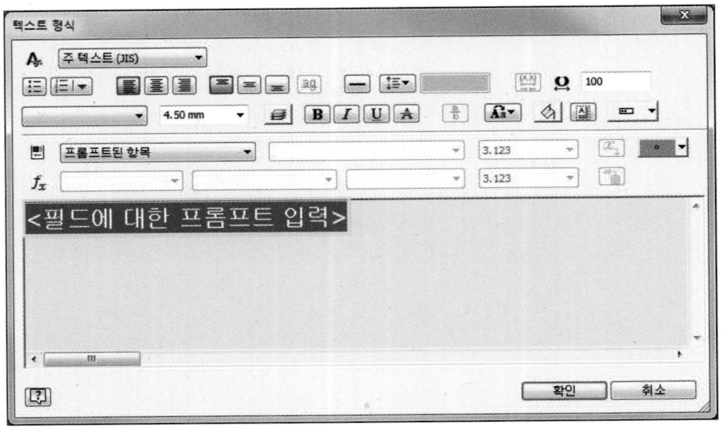

step 13

프롬프트 필드로는 **품번기호**를 입력합니다.

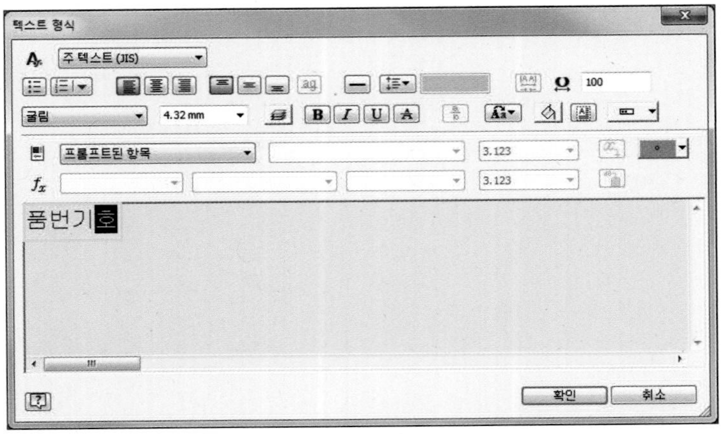

step 14

작성한 글자를 먼저 드래그한 후 다음과 같이 설정하고 확인 버튼을 클릭합니다. (굴림체 / 5mm / 가운데 정렬)

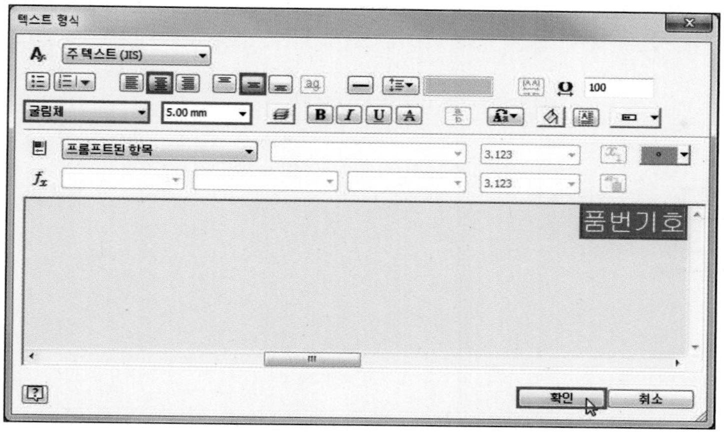

step 15

다음과 같이 텍스트가 입력되었습니다.

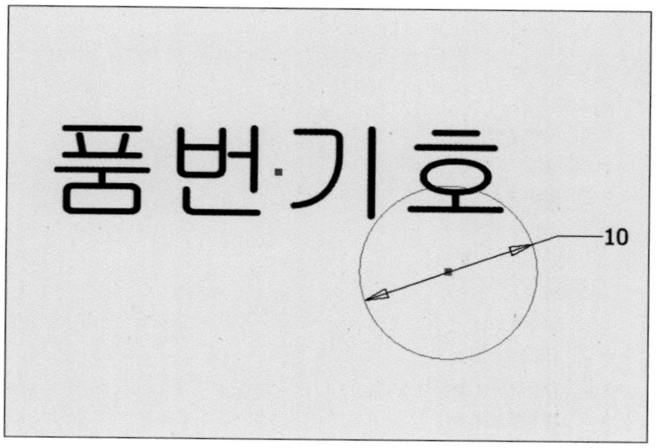

step 16

일치 구속조건 명령을 클릭합니다.

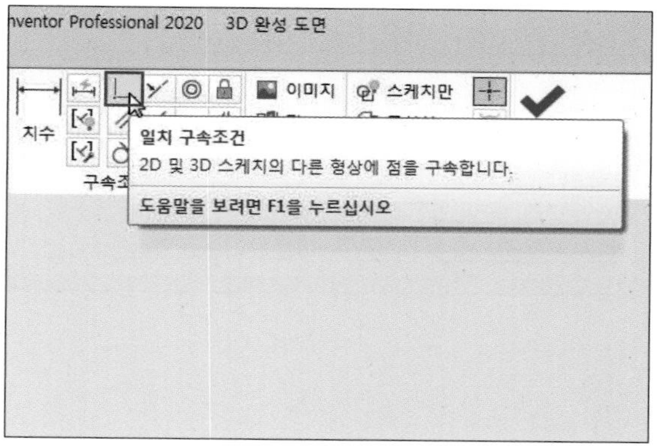

step 17

문자의 중심점을 클릭합니다.

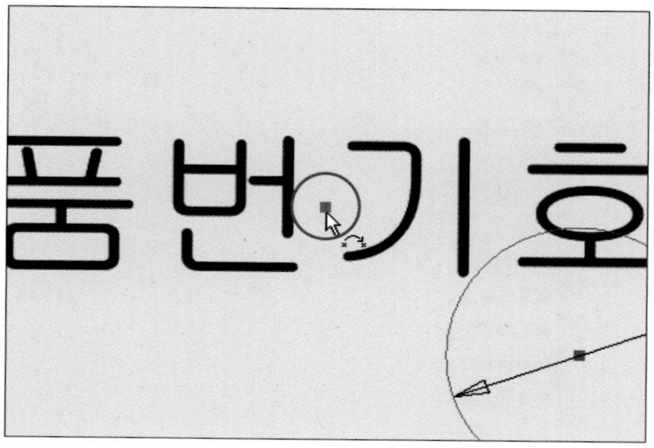

step 18

이어서 원의 중심점을 클릭합니다.

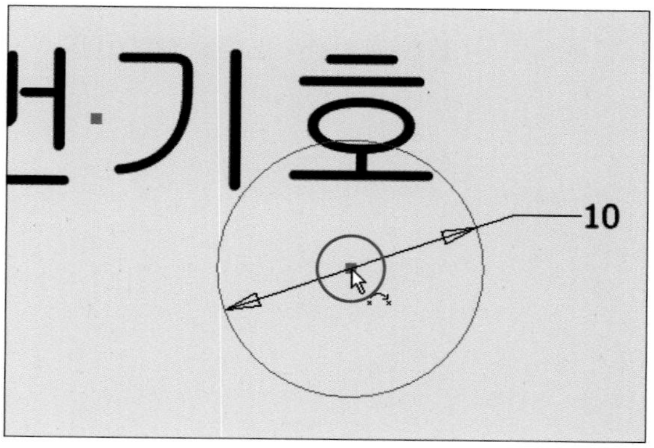

step 19

다음과 같이 선택한 두 점이 병합되면서 문자의 위치가 수정되었습니다.

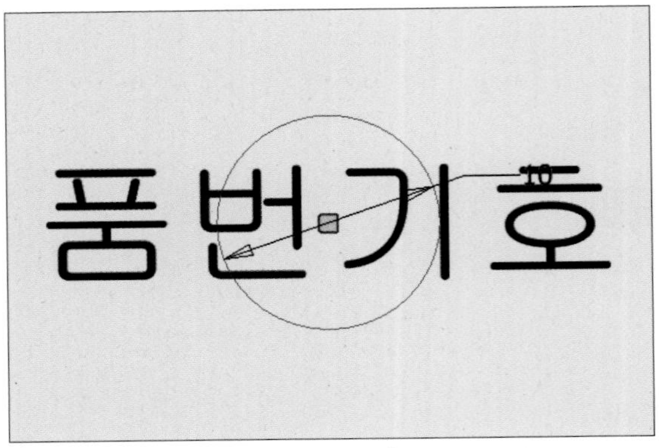

step 20

우측 상단의 **스케치 마무리** 버튼을 클릭합니다.

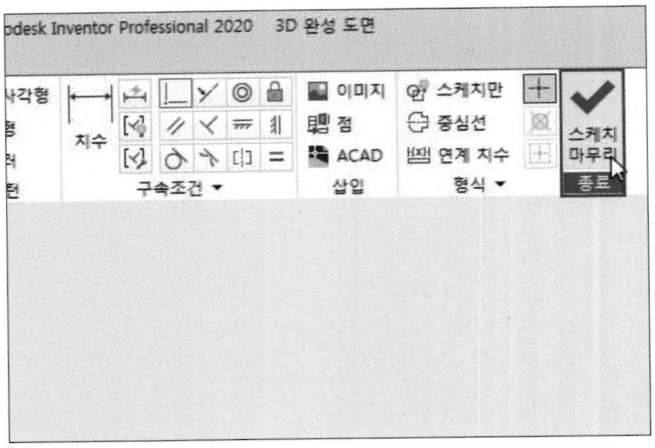

step 21

작성한 **기호의 이름**을 지정한 다음 **저장** 버튼을 클릭합니다.

step 22

다음과 같이 품번 기호에 해당하는 스케치 기호가 저장되었습니다.

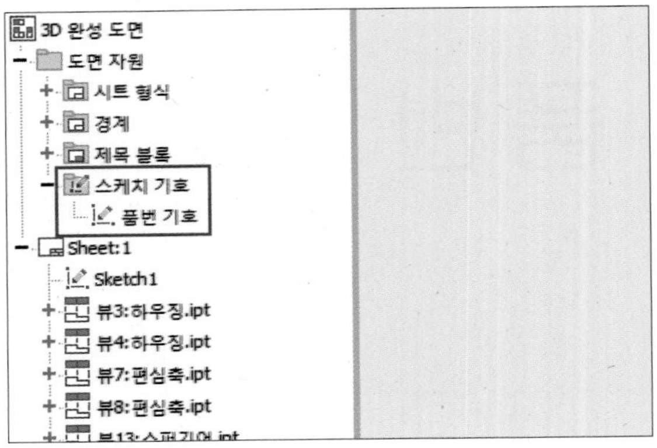

step 23

모형 검색기에서 **품번 기호** 항목을 **더블 클릭**합니다.

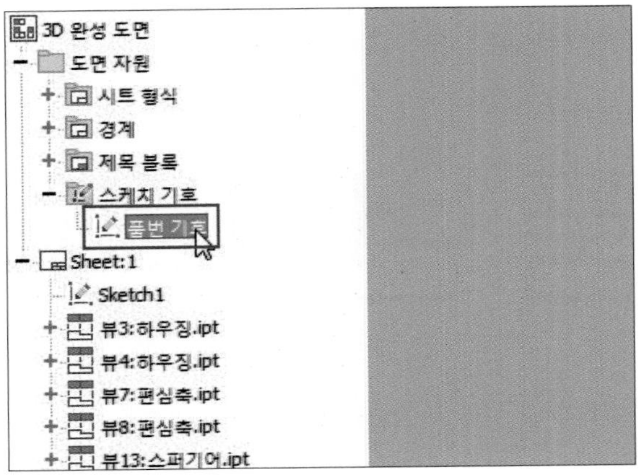

step 24

품번 기호가 위치할 도면의 적당한 곳을 **클릭**합니다.

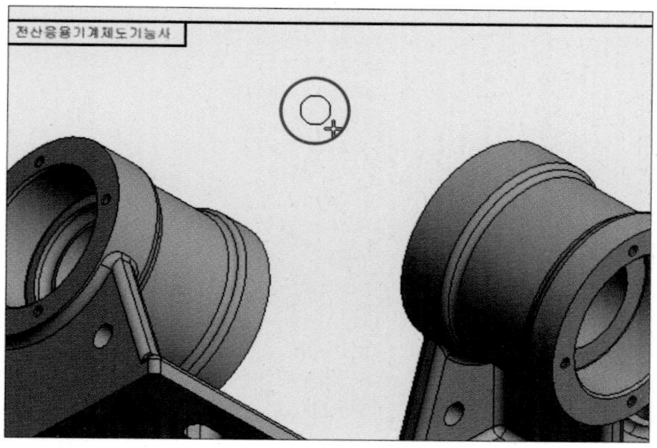

step 25

품번 기호 프롬프트 텍스트 창이 실행되면 해당 부품의 품번 기호에 해당하는 **숫자**를 입력한 다음 **확인** 버튼을 클릭합니다.

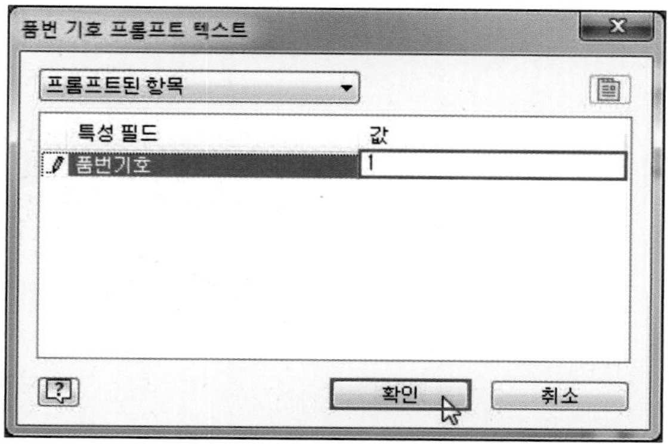

step 26

다음과 같이 품번 기호가 작성되었습니다.

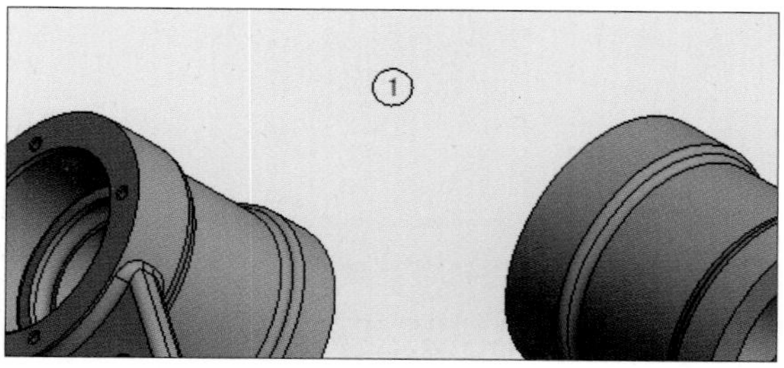

step 27

다른 부품에도 마찬가지 방법으로 품번 기호를 삽입합니다.

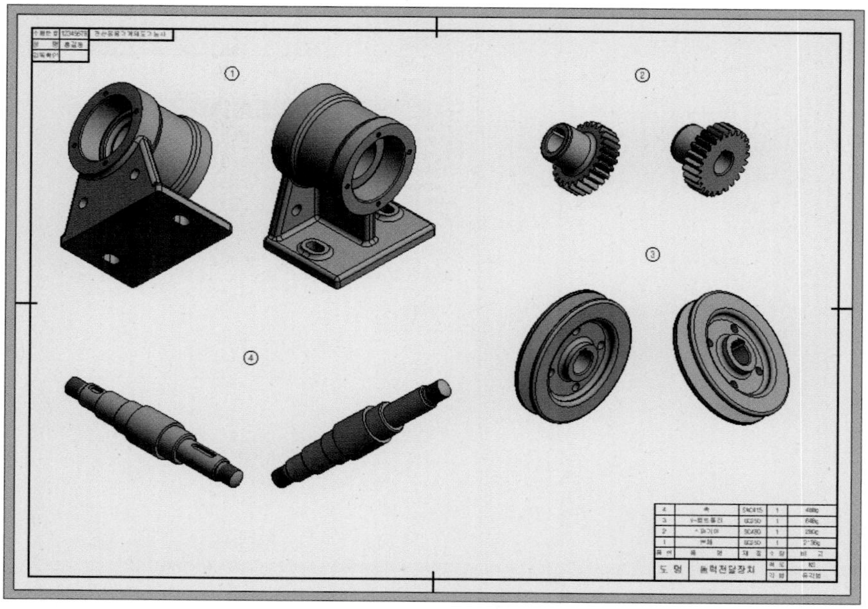

step 28

삽입한 품번 기호 중 하나를 마우스 우측 버튼으로 클릭하여 **지시선 스타일 편집** 명령을 실행합니다.

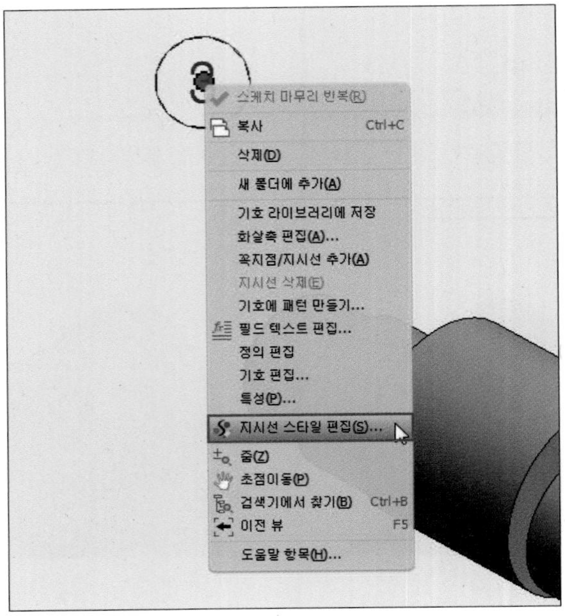

step 29

지시선 스타일에 대한 스타일 및 표준 편집기 창이 실행되면 선 종류 : 연속, 선 가중치 : 0.25mm로 설정합니다.

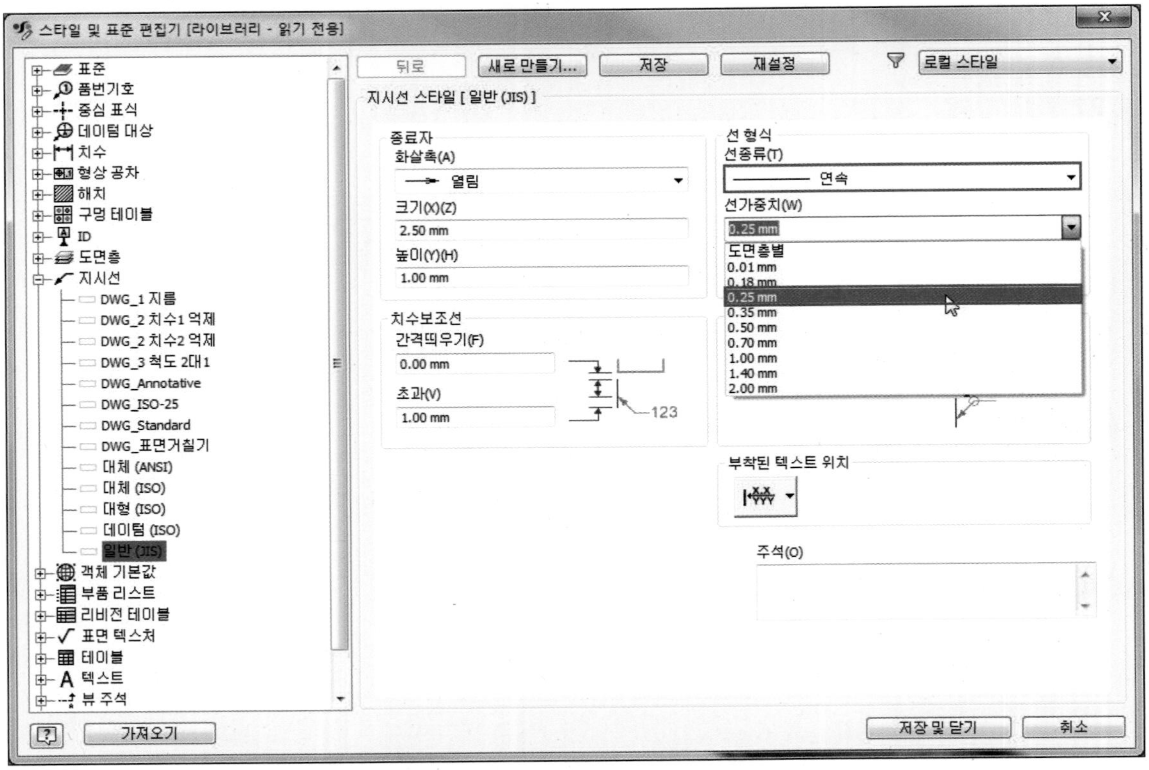

step 30

색상 항목에 해당하는 아이콘을 클릭합니다.

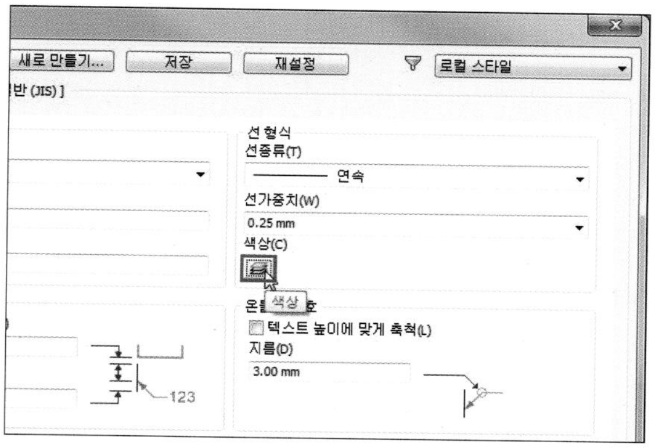

step 31

색상 창이 실행되면 **검은색**을 선택한 다음 **확인** 버튼을 클릭합니다.

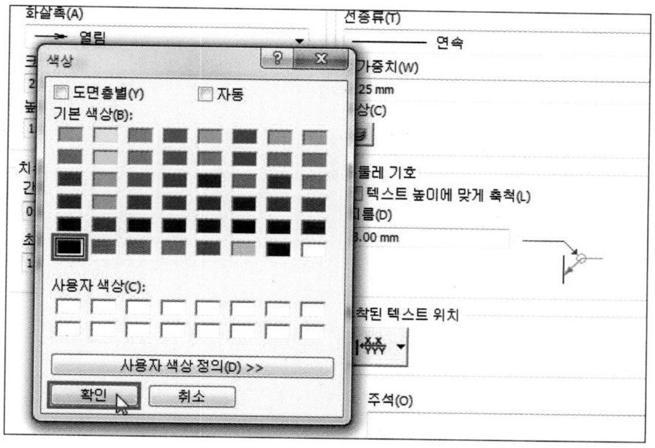

step 32

모든 설정이 완료되면 **저장 및 닫기** 버튼을 클릭합니다.

step 33

다음과 같이 3D 렌더링 등각 투상도 도면 작업이 완료되었습니다.

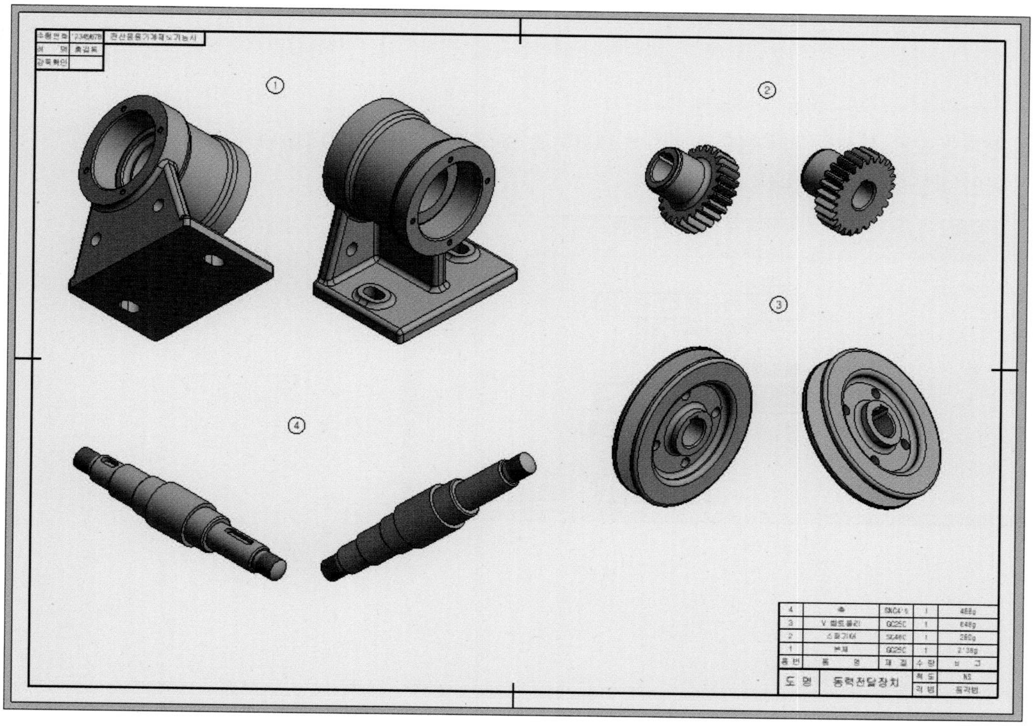

Section 5 플롯 설정 및 인쇄하기

렌더링 등각 투상도 도면을 인쇄해 보도록 하겠습니다.

chapter 01 플롯 설정 및 PDF 인쇄하기

step 1

PDF 파일로 인쇄하기 위해 **파일** 메뉴에서 **내보내기** 항목의 **PDF** 명령을 실행합니다.

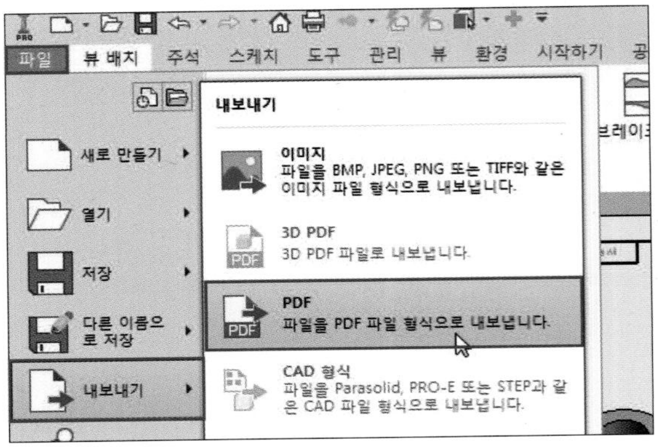

step 2

저장 위치와 파일 이름을 지정한 다음 **옵션** 아이콘을 클릭합니다.

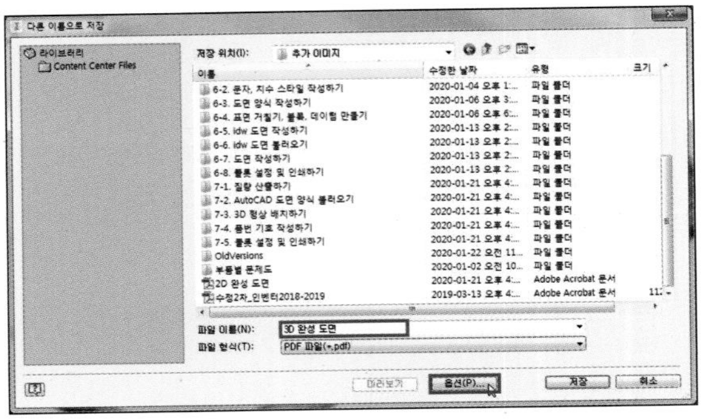

step 3

PDF 도면 창이 실행되면 **모든 색상을 검은색으로** 항목에 **체크**하고, **벡터 해상도**를 2400 DPI나 4800 DPI로 변경합니다. 설정이 완료되면 **확인** 버튼을 클릭합니다.

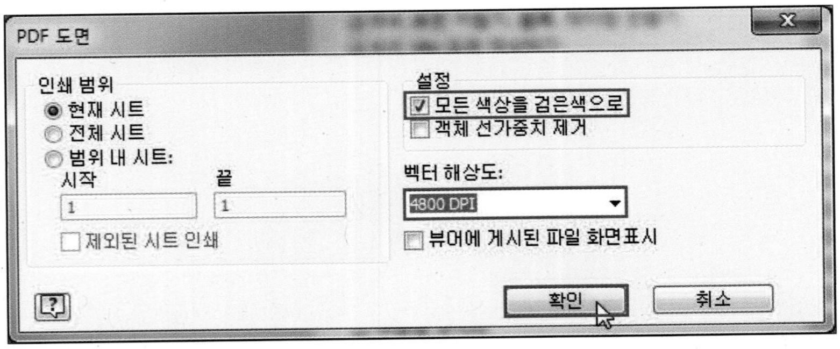

step 4

저장 버튼을 클릭하여 도면 파일을 저장합니다.

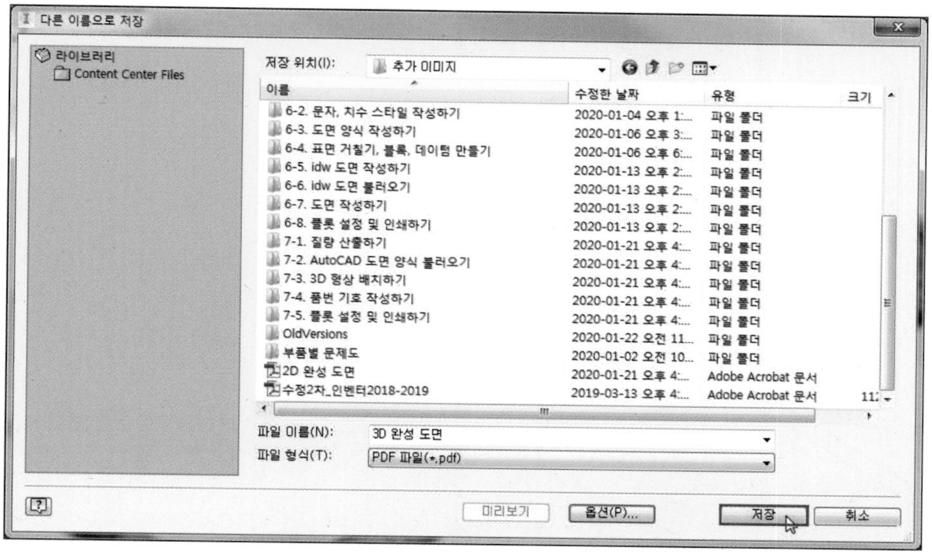

step 5

다음과 같이 도면이 인쇄되었습니다.

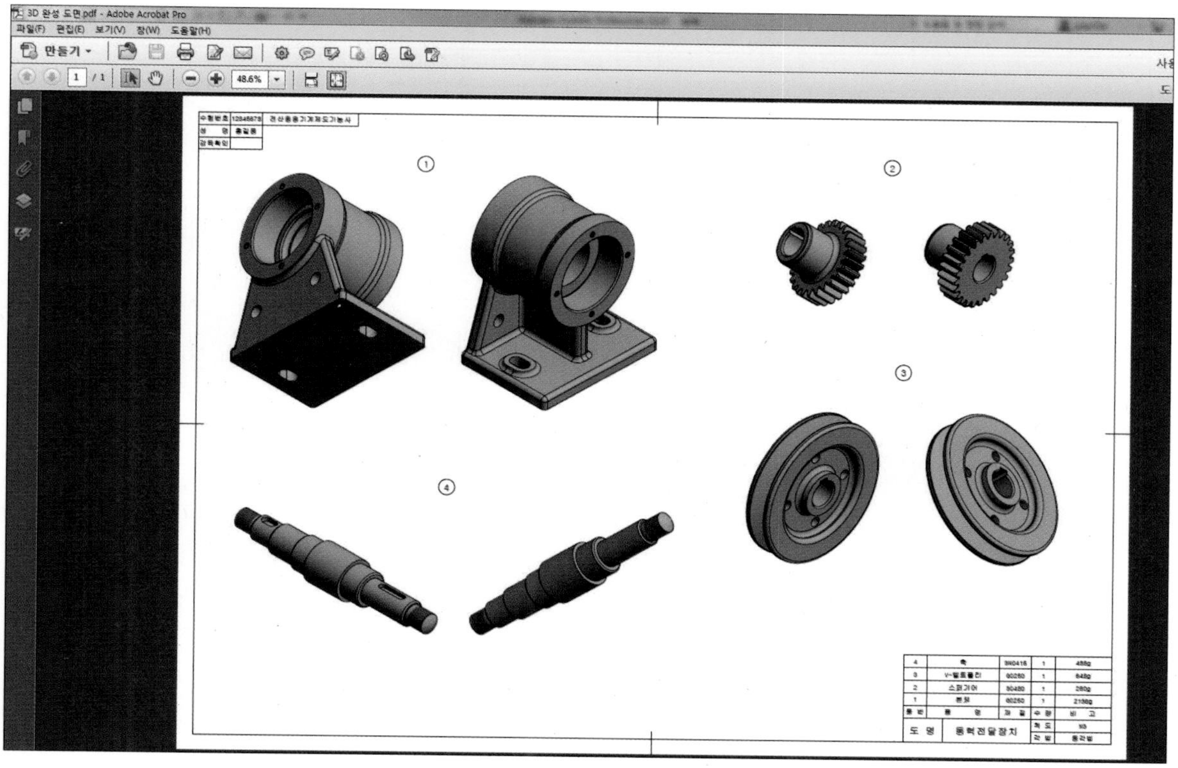

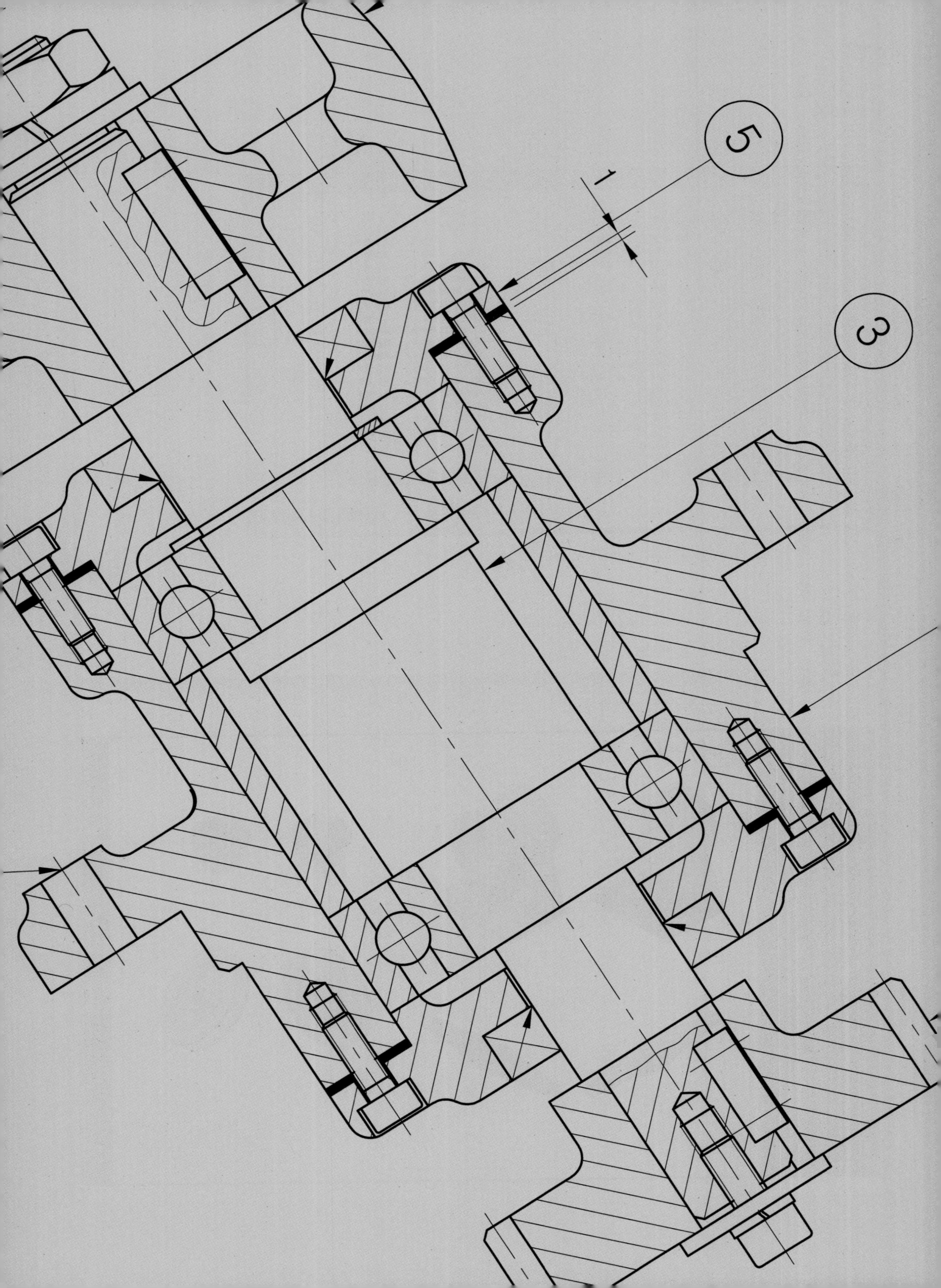
5
1
3

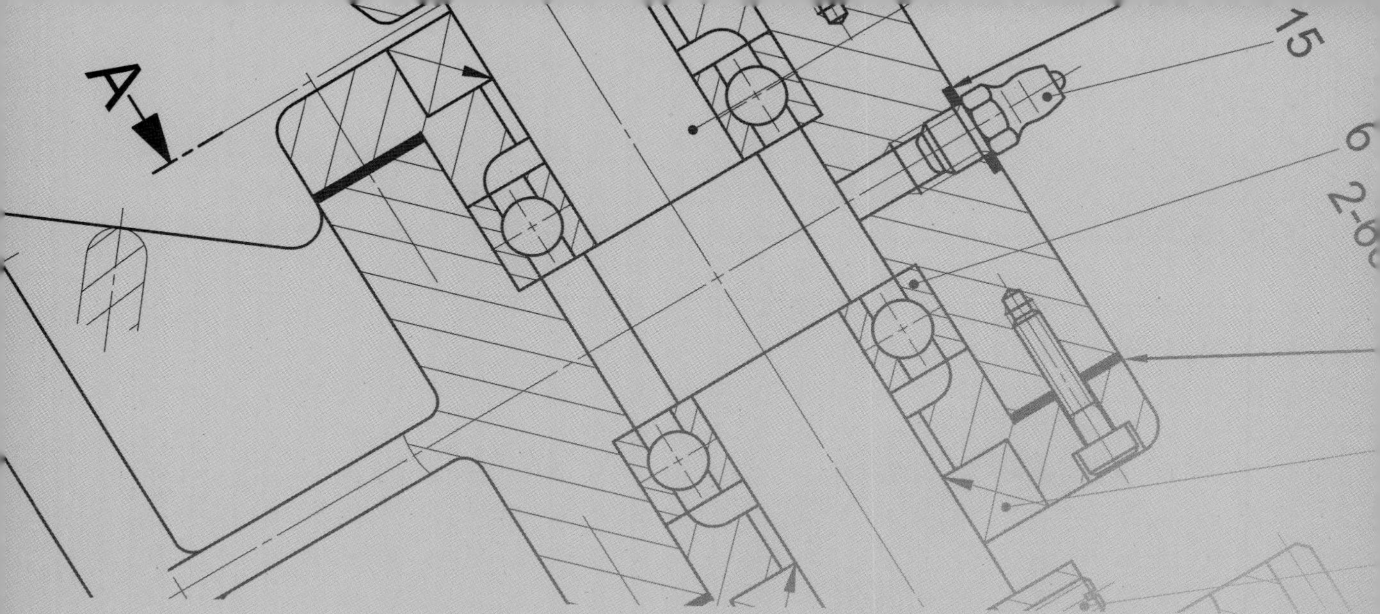

Part 07

연습 예제 도면

Section 1 부품 예제 도면

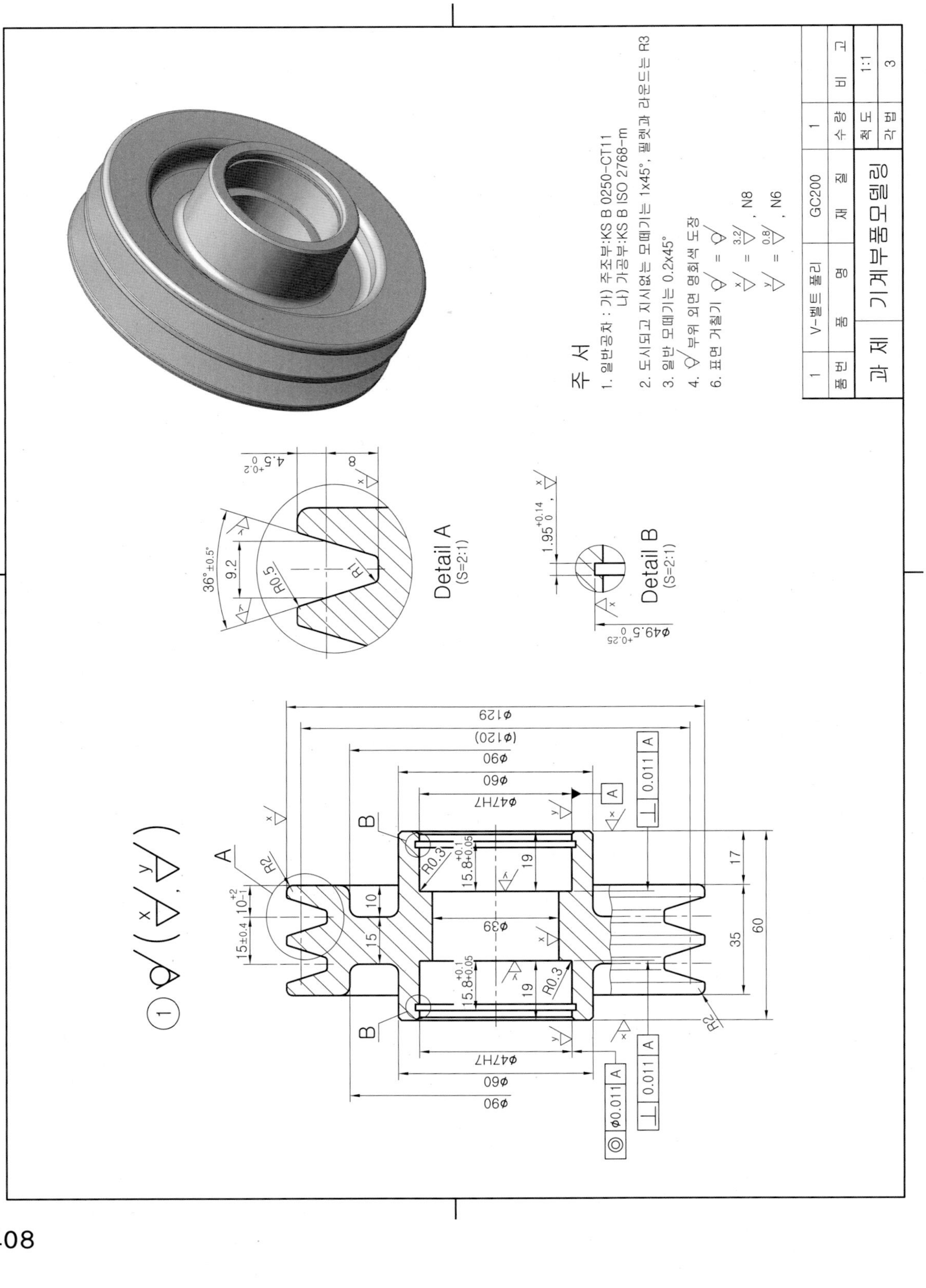

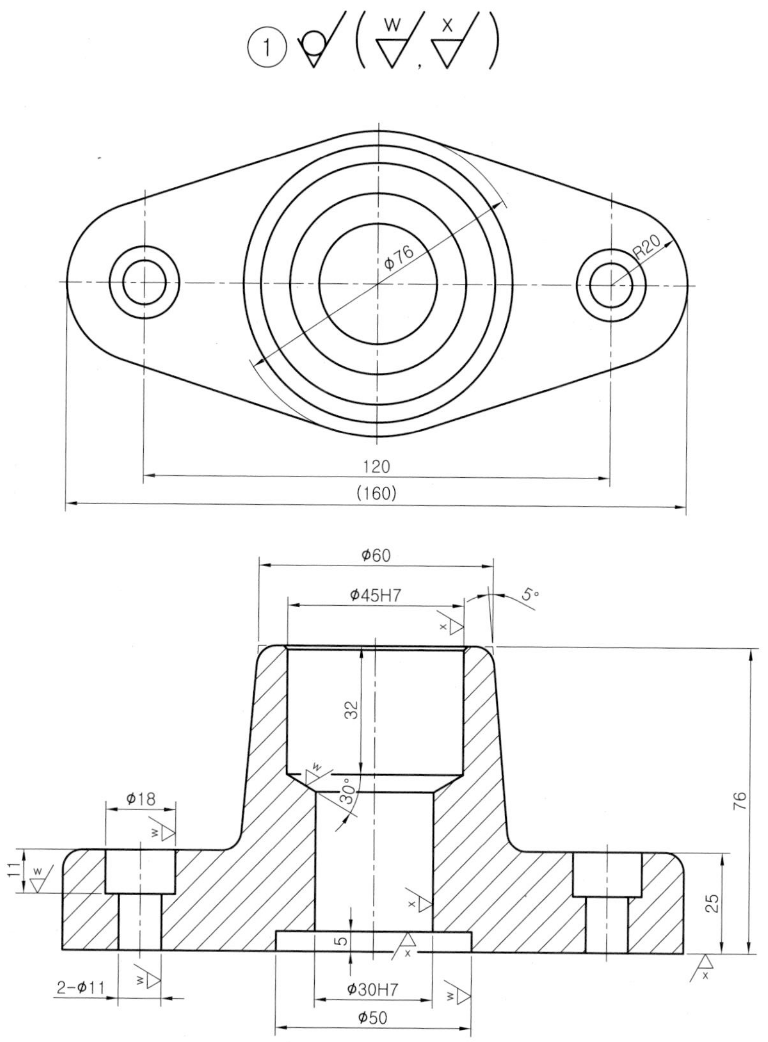

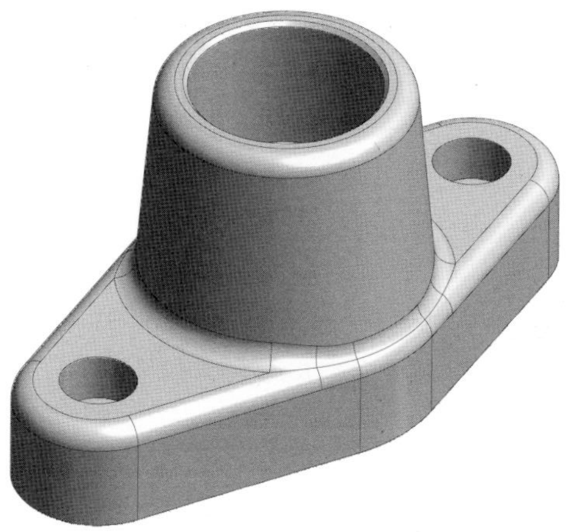

주 서

1. 일반공차 : 가) 주조부:KS B 0250-CT11
   나) 가공부:KS B ISO 2768-m
2. 도시되고 지시없는 모떼기는 1x45°, 필렛과 라운드는 R5
3. 일반 모떼기는 0.2x45°
4. (기호) 부위 외면 명회색 도장
5. 표면 거칠기 (기호) = (기호)
   (W 기호) = 12.5 , N10
   (X 기호) = 3.2 , N8

1	플랜지	GC200	1	
품 번	품 명	재 질	수 량	비 고
과 제	기계부품모델링		척 도	1:1
			각 법	3

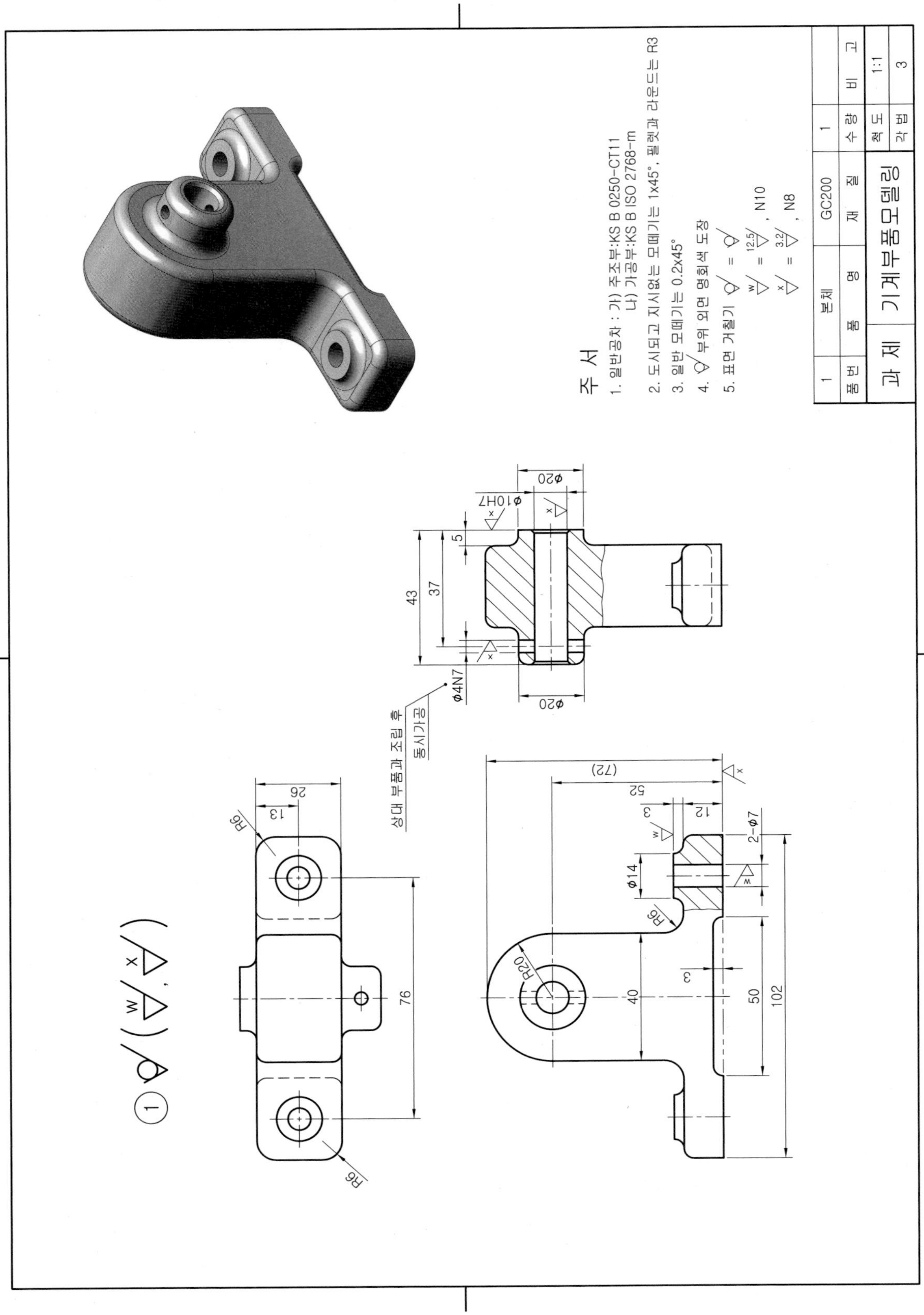
주 서
1. 일반공차 : 가) 주조부:KS B 0250-CT11
나) 가공부:KS B ISO 2768-m
2. 도시되고 지시없는 모떼기는 1x45°, 필렛과 라운드는 R3
3. 일반 모떼기는 0.2x45°
4. 부위 외면 명회색 도장
5. 표면 거칠기
12.5, N10
3.2, N8
상대 부품과 조립 후 동시가공
φ4N7
φ10H7
1 본체 GC200 1
품번 품명 재질 수량 비고
과제 기계부품모델링
척도 1:1
각법 3

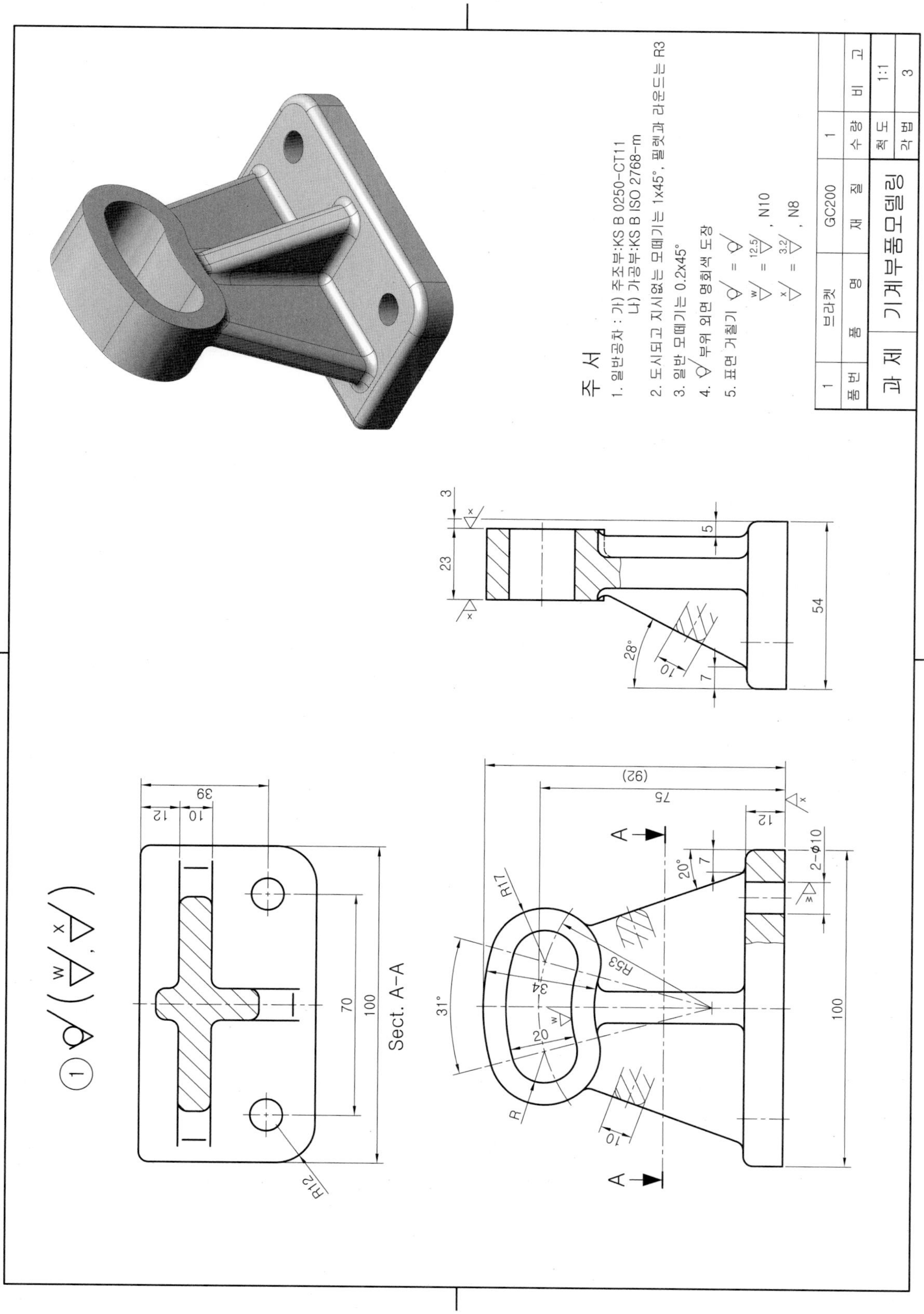
주 서
1. 일반공차 : 가) 주조부:KS B 0250-CT11
나) 가공부:KS B ISO 2768-m
2. 도시되고 지시없는 모떼기는 1x45°, 필렛과 라운드는 R3
3. 일반 모떼기는 0.2x45°
4. 부위 외면 명회색 도장
5. 표면 거칠기
, N10
, N8
Sect. A-A
1 | 브라켓 | GC200 | 1
품 번 | 품 명 | 재 질 | 수 량 | 비 고
과 제 | 기계부품모델링 | 척 도 | 1:1 | 각 법 | 3

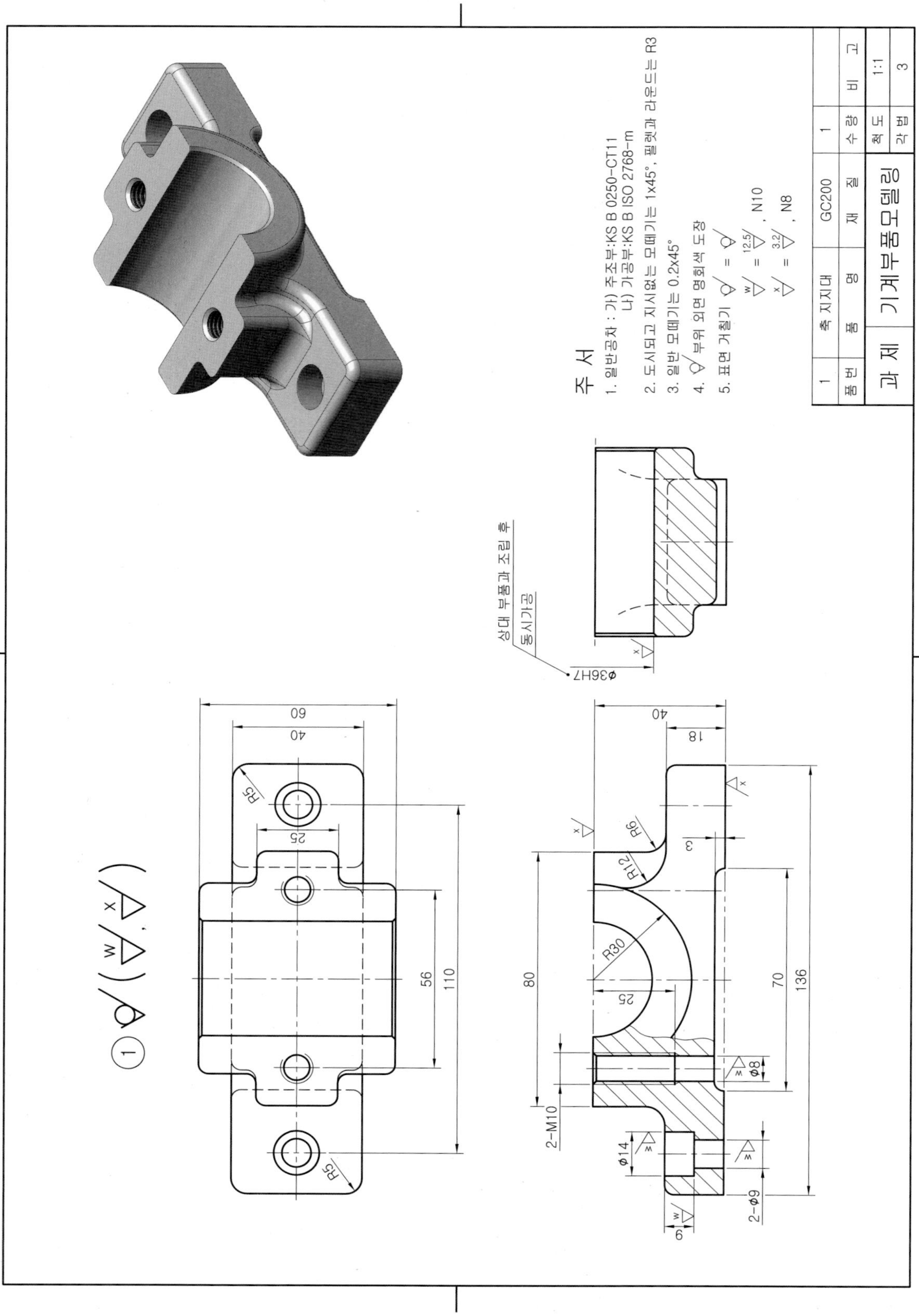
주 서
1. 일반공차 : 가) 주조부:KS B 0250-CT11
나) 가공부:KS B ISO 2768-m
2. 도시되고 지시없는 모떼기는 1x45°, 필렛과 라운드는 R3
3. 일반 모떼기는 0.2x45°
4. 부위 외면 명회색 도장
5. 표면 거칠기
= 12.5/ , N10
= 3.2/ , N8
1 | 축 지지대 | GC200 | 1 |
품번 | 품명 | 재질 | 수량 | 비고
과제 | 기계부품모델링 | 척도 | 1:1
각법 | 3
상대 부품과 조립 후
동시가공
φ36H7
①
60
40
R5
25
56
110
80
R30
R12
R6
3
18
70
136
2-M10
φ14
φ8
2-φ9
6

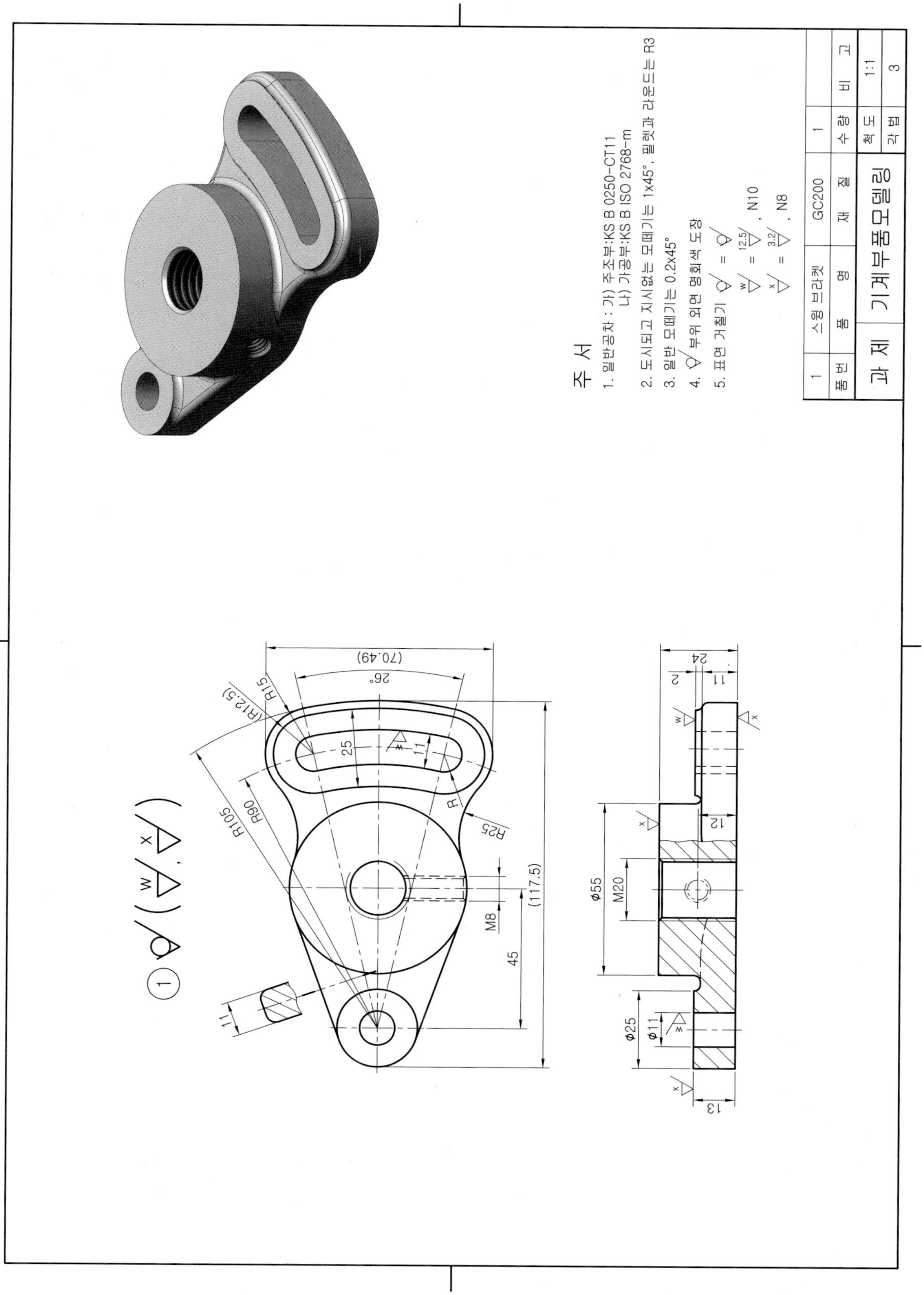
주 서
1. 일반공차 : 가) 주조부:KS B 0250-CT11
나) 가공부:KS B ISO 2768-m
2. 도시되고 지시없는 모떼기는 1x45°, 필렛과 라운드는 R3
3. 일반 모떼기는 0.2x45°
4. 부위 외면 명회색 도장
5. 표면 거칠기
= 12.5, N10
= 3.2, N8
1 | 스윙 브라켓 | GC200 | 1
품번 | 품 명 | 재 질 | 수 량 | 비 고
과 제 | 기계부품모델링 | 척 도 | 1:1
각 법 | 3
1
(70.49)
26°
R15
(R12.5)
R105
R90
25
11
R
R25
M8
45
(117.5)
11
24
2
11
12
ϕ55
M20
ϕ25
ϕ11
13

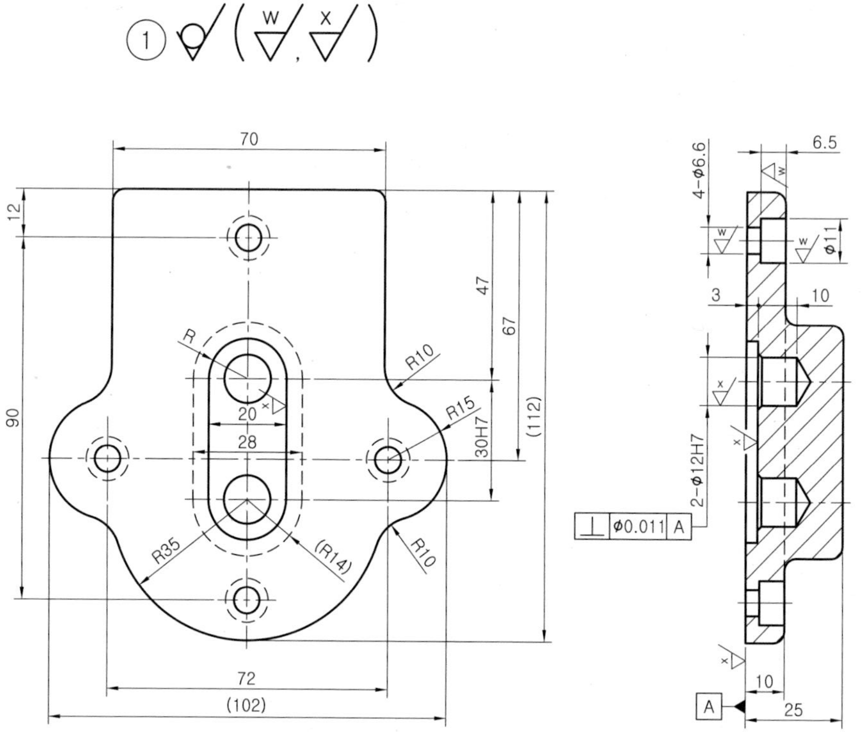

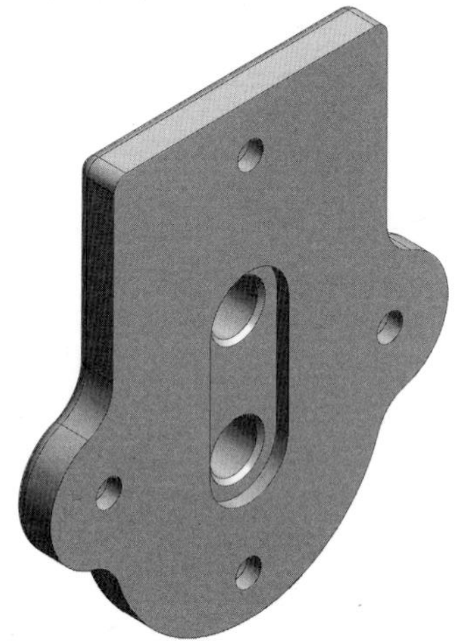

주 서

1. 일반공차 : 가) 주조부:KS B 0250-CT11
   나) 가공부:KS B ISO 2768-m
2. 도시되고 지시없는 모떼기는 1x45°, 필렛과 라운드는 R3
3. 일반 모떼기는 0.2x45°
4. (주조면 기호) 부위 외면 명회색 도장
5. 표면 거칠기 (주조면) = (주조면)
   w = 12.5, N10
   x = 3.2, N8

1	커버	GC200	1	
품번	품 명	재 질	수량	비 고
과 제	기계부품모델링		척도	1:1
			각법	3

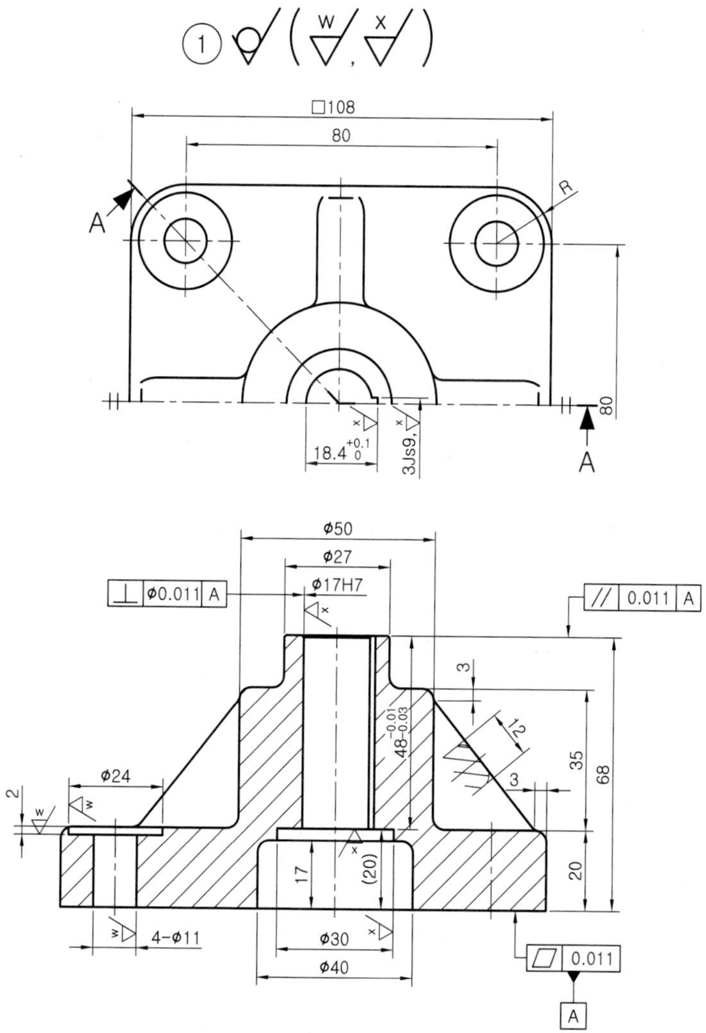

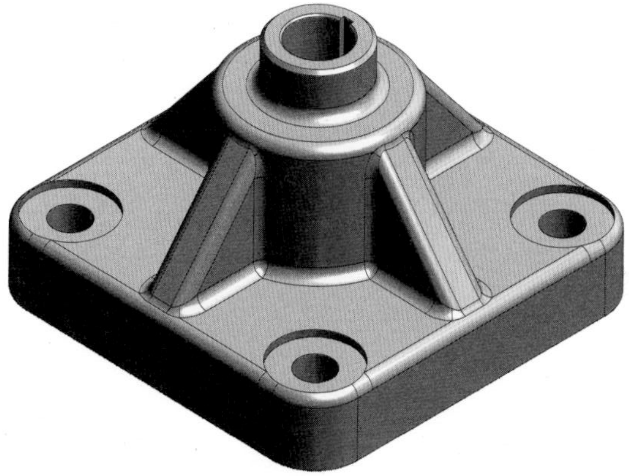

주 서

1. 일반공차 : 가) 주조부:KS B 0250-CT11
   나) 가공부:KS B ISO 2768-m
2. 도시되고 지시없는 모떼기는 0.5x45°, 필렛과 라운드는 R3
3. 일반 모떼기는 0.2x45°
4. 부위 외면 명회색 도장
5. 표면 거칠기 =
   w = 12.5, N10
   x = 3.2, N8

1	서포트	GC200	1	
품번	품 명	재 질	수 량	비 고
과 제	기계부품모델링		척 도	1:1
			각 법	3

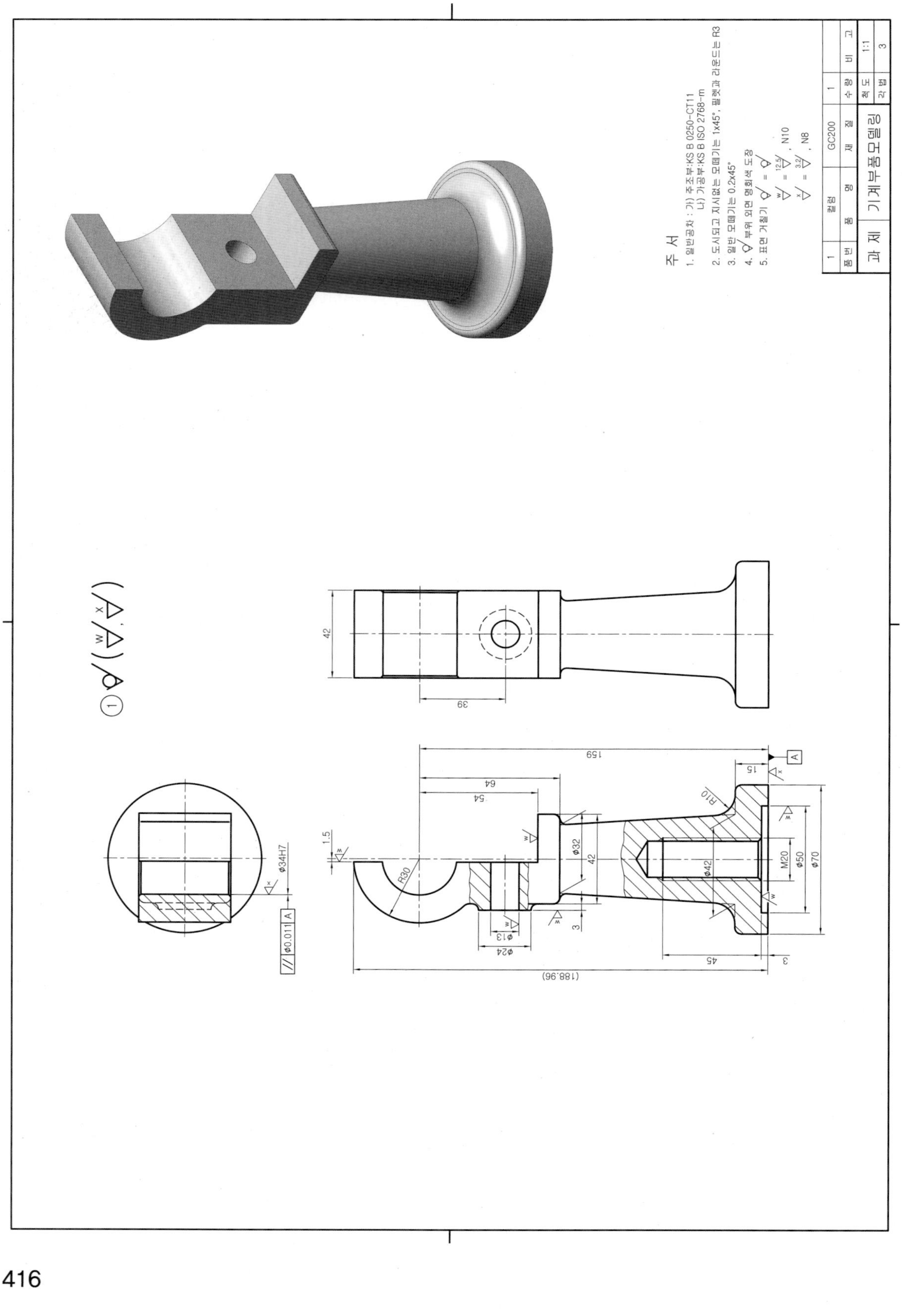
주 서
1. 일반공차 : 가) 주조부:KS B 0250-CT11
나) 가공부:KS B ISO 2768-m
2. 도시되고 지시없는 모떼기는 1x45°, 필렛과 라운드는 R3
3. 일반 모떼기는 0.2x45°
4. 부위 외면 명회색 도장
5. 표면 거칠기
N10
N8
GC200
과 제
기계부품모델링
1:1
3
42
39
159
64
54
15
R10
R30
1.5
ϕ32
42
ϕ42
M20
ϕ50
ϕ70
ϕ13
ϕ24
3
45
(188.96)
ϕ34H7
ϕ0.011 A

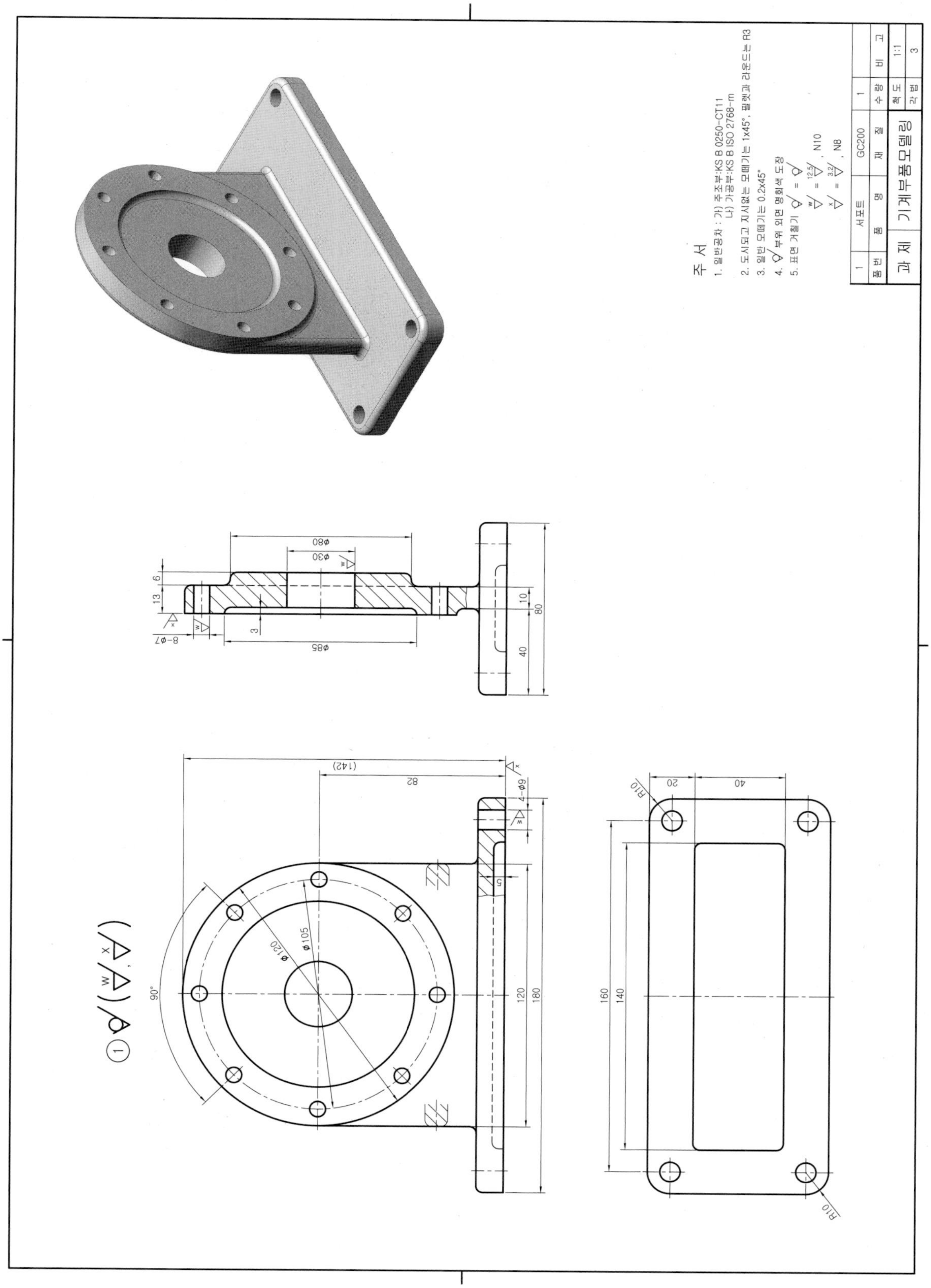
주 서
1. 일반공차 : 가) 주조부:KS B 0250-CT11
나) 가공부:KS B ISO 2768-m
2. 도시되고 지시없는 모떼기는 1x45°, 필렛과 라운드는 R3
3. 일반 모떼기는 0.2x45°
4. 부위 외면 명회색 도장
5. 표면 거칠기
N10
N8
품번 1
품명 서포트
재질 GC200
수량 1
비고
과제 기계부품모델링
척도 1:1
각법 3
8-φ7
φ85
φ80
φ30
4-φ9
(142)
82
φ120
φ105
90°
120
180
160
140
40
20
R10

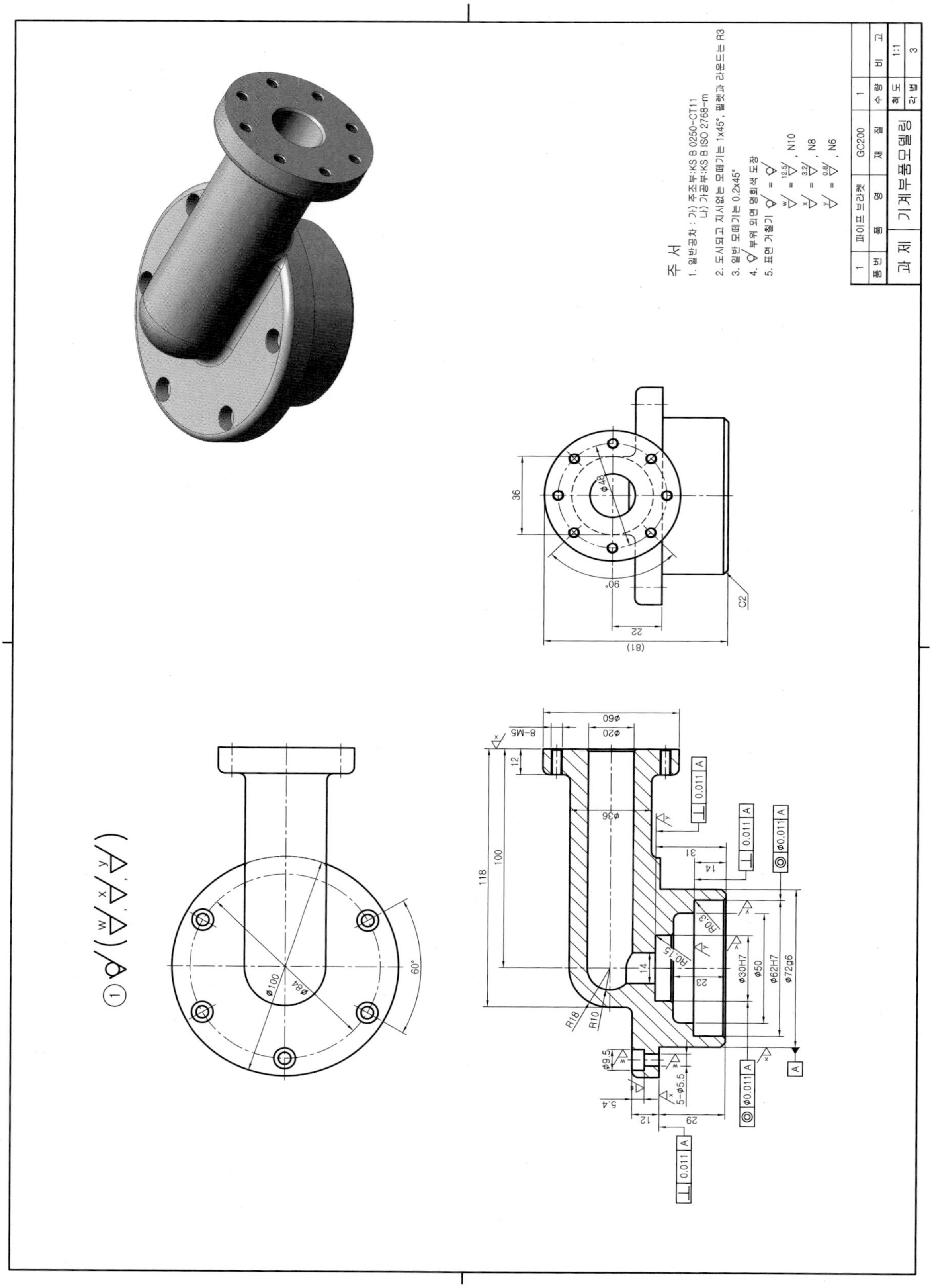
주 서
1. 일반공차 : 가) 주조부:KS B 0250-CT11
나) 가공부:KS B ISO 2768-m
2. 도시되고 지시없는 모떼기는 1x45°, 필렛과 라운드는 R3
3. 일반 모떼기는 0.2x45°
4. 부위 외면 명회색 도장
5. 표면 거칠기
N10
N8
N6
1
파이프 브라켓
GC200
1
품번
품명
재질
수량
비고
과제
기계부품모델링
척도
1:1
각법
3
36
Φ48
90°
22
(81)
C2
Φ60
8-M5
Φ20
12
118
100
Φ36
0.011
A
31
14
Φ0.011
R0.3
R0.15
14
23
Φ30H7
Φ50
Φ62H7
Φ72g6
R18
R10
Φ9.5
5-Φ5.5
5.4
12
29
Φ100
Φ84
60°

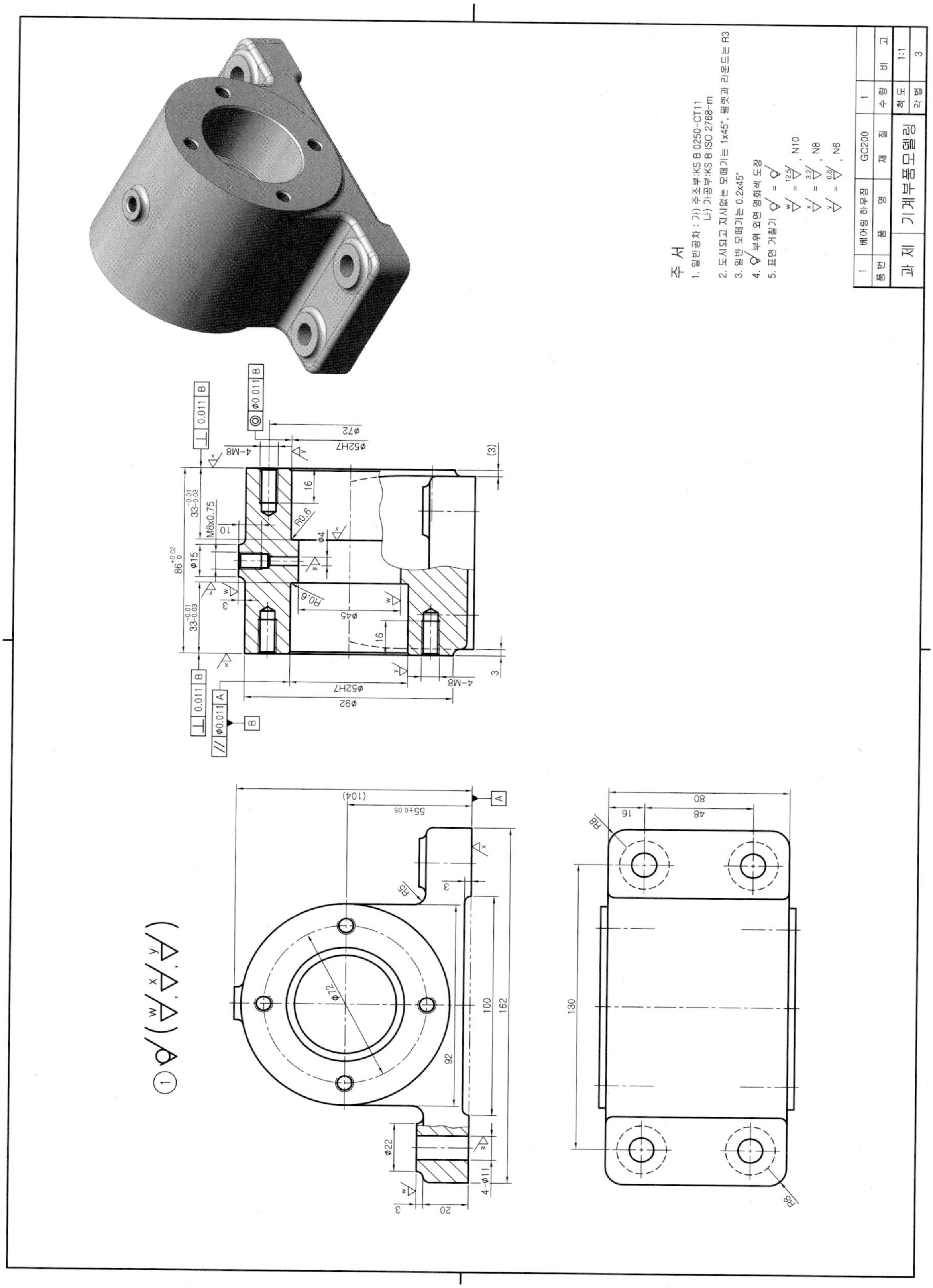
주 서
1. 일반공차 : 가) 주조부:KS B 0250-CT11
나) 가공부:KS B ISO 2768-m
2. 도시되고 지시없는 모떼기는 1x45°, 필렛과 라운드는 R3
3. 일반 모떼기는 0.2x45°
4. 부위 외면 명회색 도장
5. 표면 거칠기
N10
N8
N6
1
베어링 하우징
GC200
1
품번
품 명
재 질
수 량
비 고
과 제
기계부품모델링
척 도
1:1
각 법
3

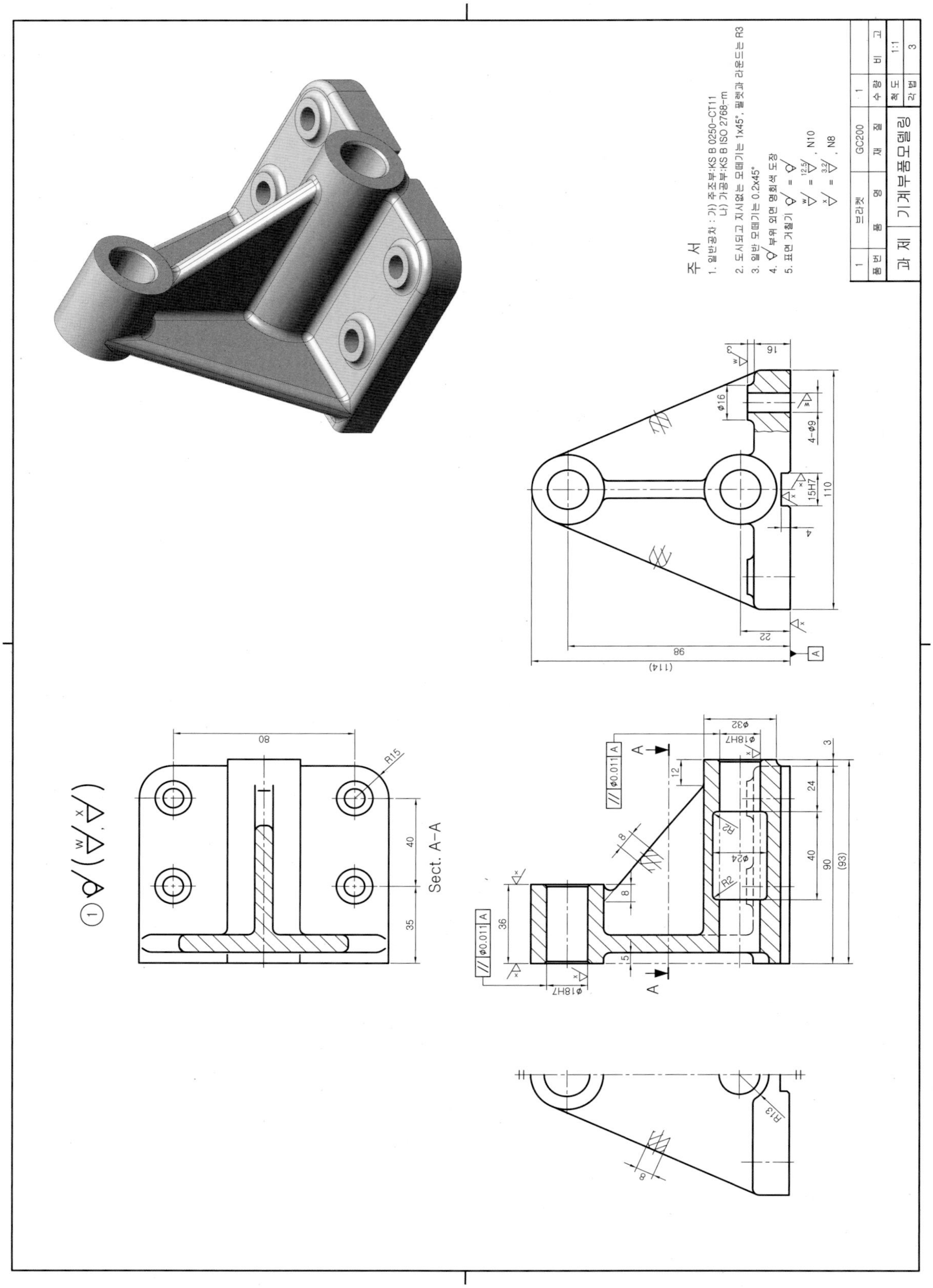
주 서
1. 일반공차 : 가) 주조부:KS B 0250-CT11
나) 가공부:KS B ISO 2768-m
2. 도시되고 지시없는 모떼기는 1x45°, 필렛과 라운드는 R3
3. 일반 모떼기는 0.2x45°
4. 부위 외면 명회색 도장
5. 표면 거칠기
Sect. A-A
1 | 브라켓 | GC200 | 1
품번 | 품명 | 재질 | 수량 | 비고
과 제 | 기계부품모델링 | 척도 1:1 | 각법 3

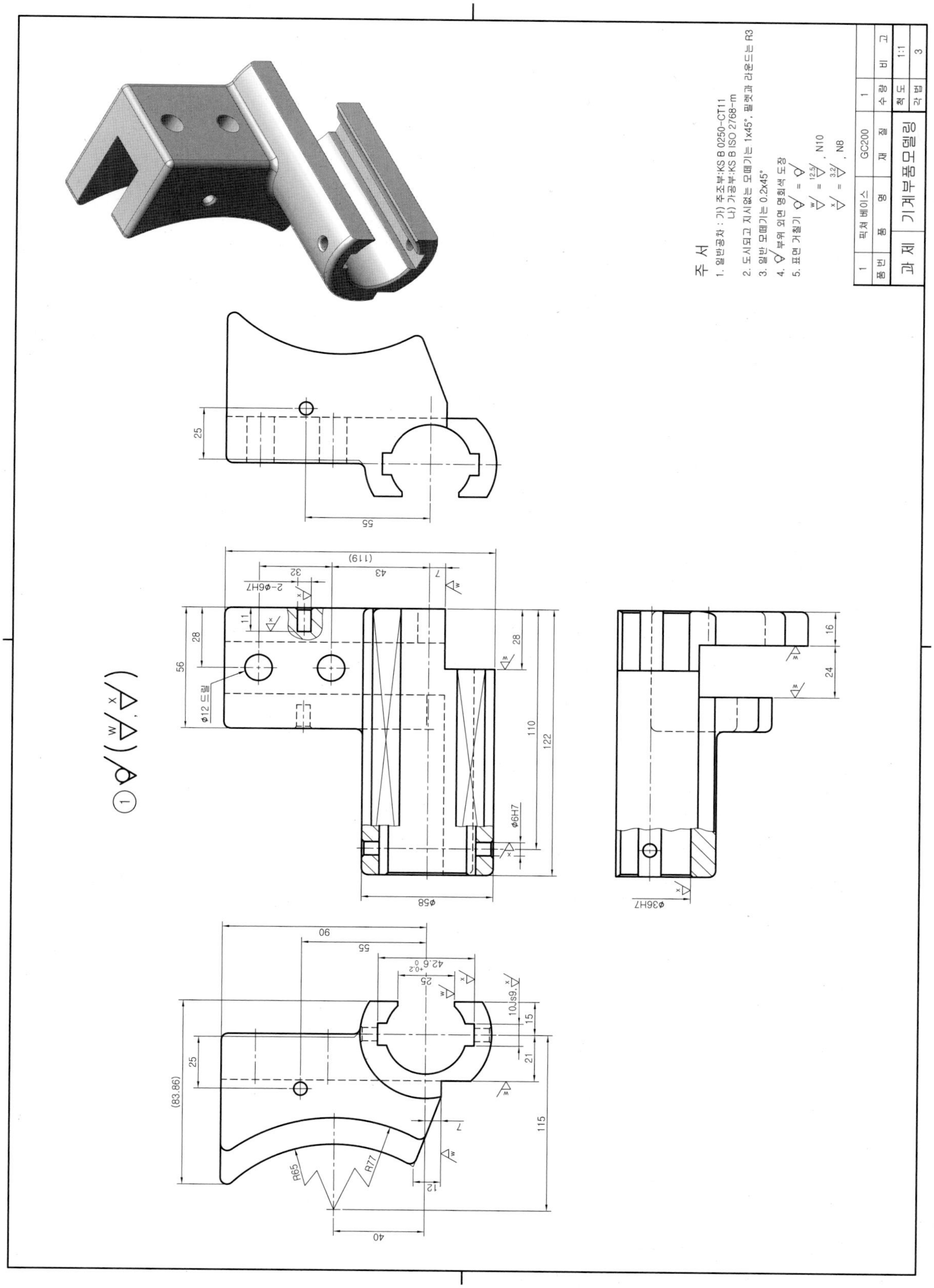
주 서
1. 일반공차 : 가) 주조부:KS B 0250-CT11
나) 가공부:KS B ISO 2768-m
2. 도시되고 지시없는 모떼기는 1x45°, 필렛과 라운드는 R3
3. 일반 모떼기는 0.2x45°
4. 부위 외면 명회색 도장
5. 표면 거칠기
N10
N8
1
픽쳐 베이스
GC200
1
품 번
품 명
재 질
수 량
비 고
과 제
기계부품모델링
척 도
1:1
각 법
3

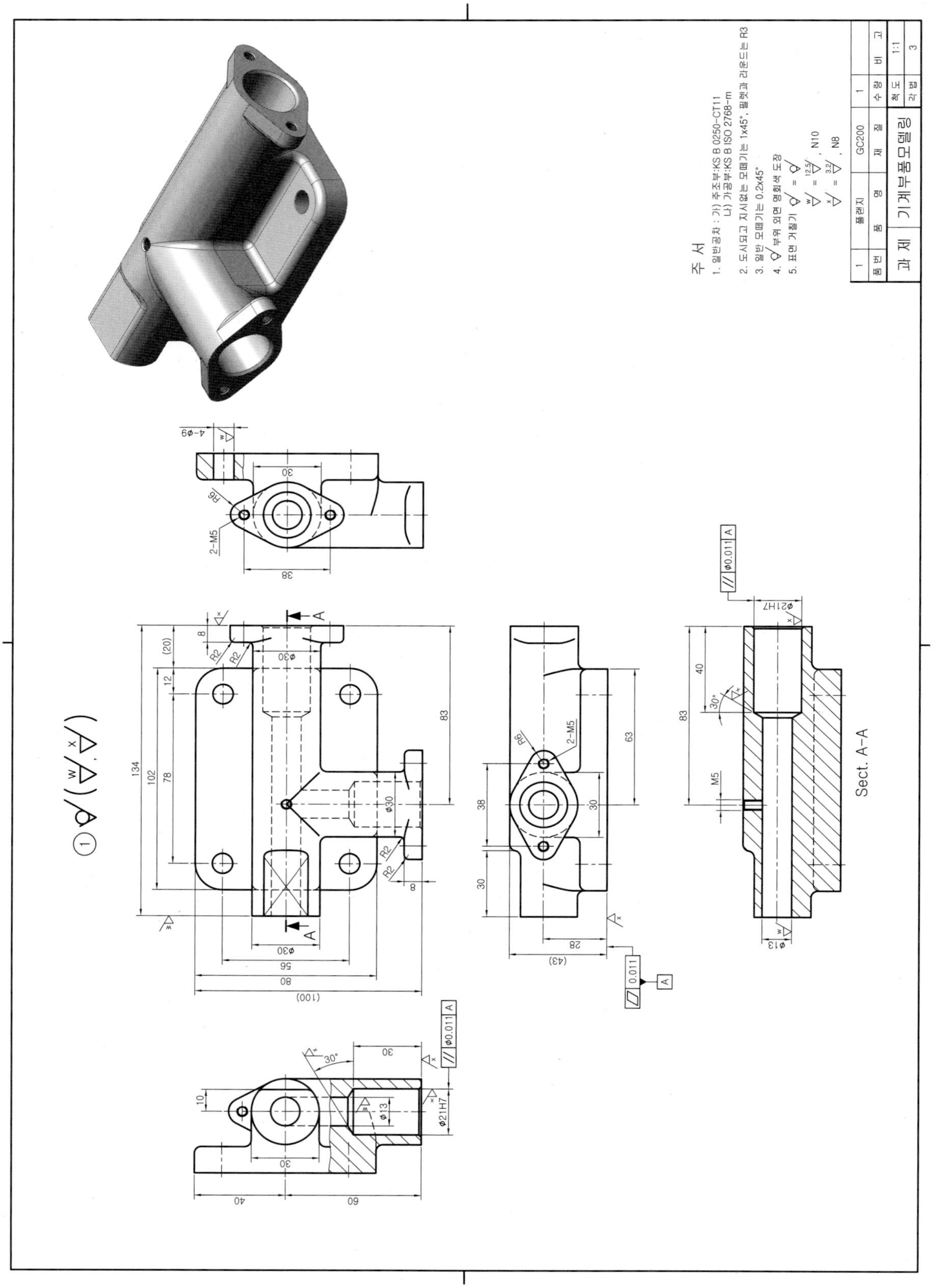
주 서
1. 일반공차 : 가) 주조부:KS B 0250-CT11
나) 가공부:KS B ISO 2768-m
2. 도시되고 지시없는 모떼기는 1x45°, 필렛과 라운드는 R3
3. 일반 모떼기는 0.2x45°
4. 부위 외면 명회색 도장
5. 표면 거칠기
N10
N8
1
플랜지
GC200
1
품번
품명
재질
수량
비고
과제
기계부품모델링
척도
1:1
각법
3
Sect. A-A

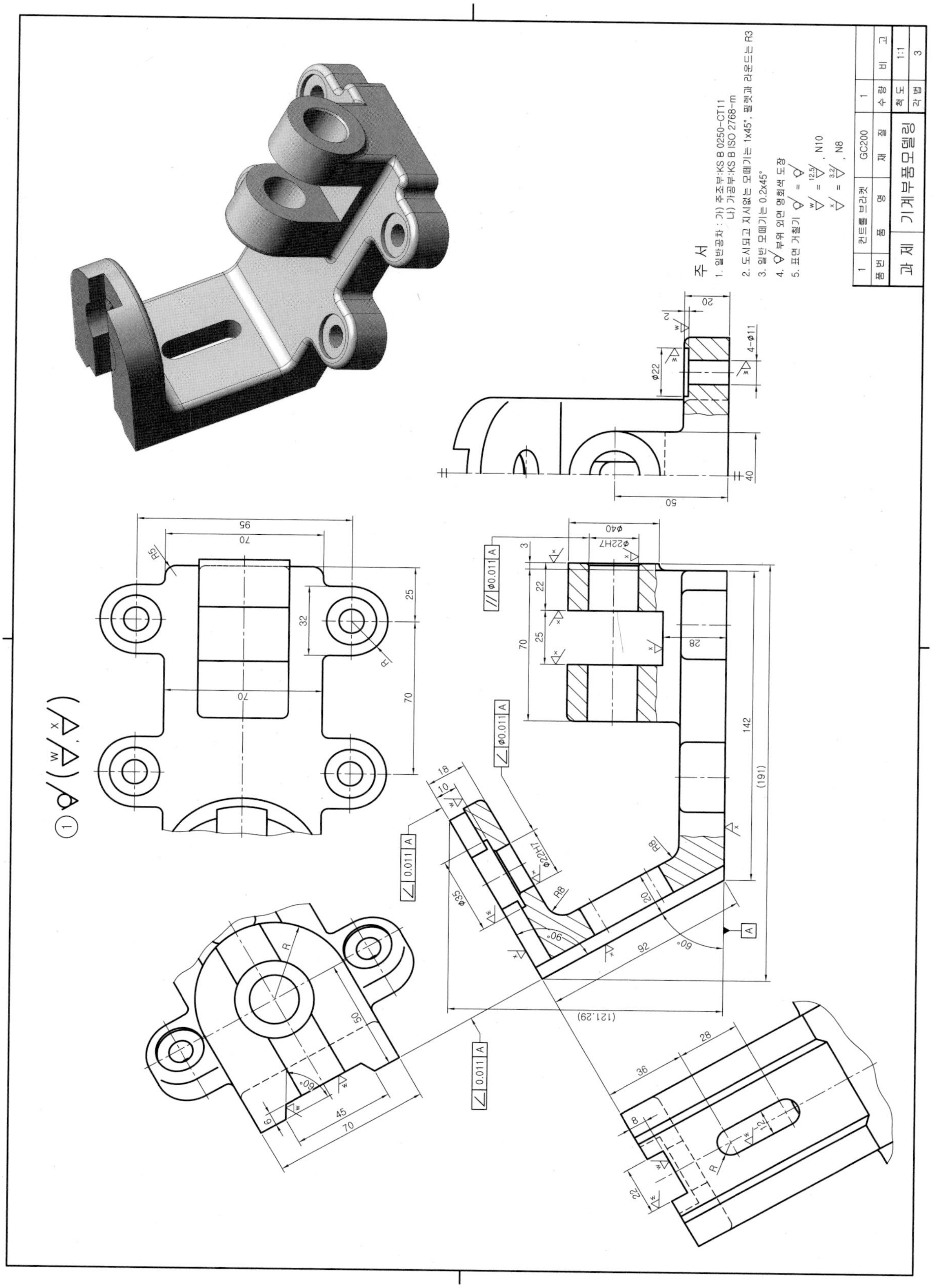

주 서
1. 일반공차 : 가) 주조부:KS B 0250-CT11
나) 가공부:KS B ISO 2768-m
2. 도시되고 지시없는 모떼기는 1x45°, 필렛과 라운드는 R3
3. 일반 모떼기는 0.2x45°
4. 부위 외면 명회색 도장
5. 표면 거칠기
N10
N8
1
컨트롤 브라켓
GC200
1
품 번
품 명
재 질
수 량
비 고
과 제
기계부품모델링
척 도
1:1
각 법
3

1. 축 받침 장치

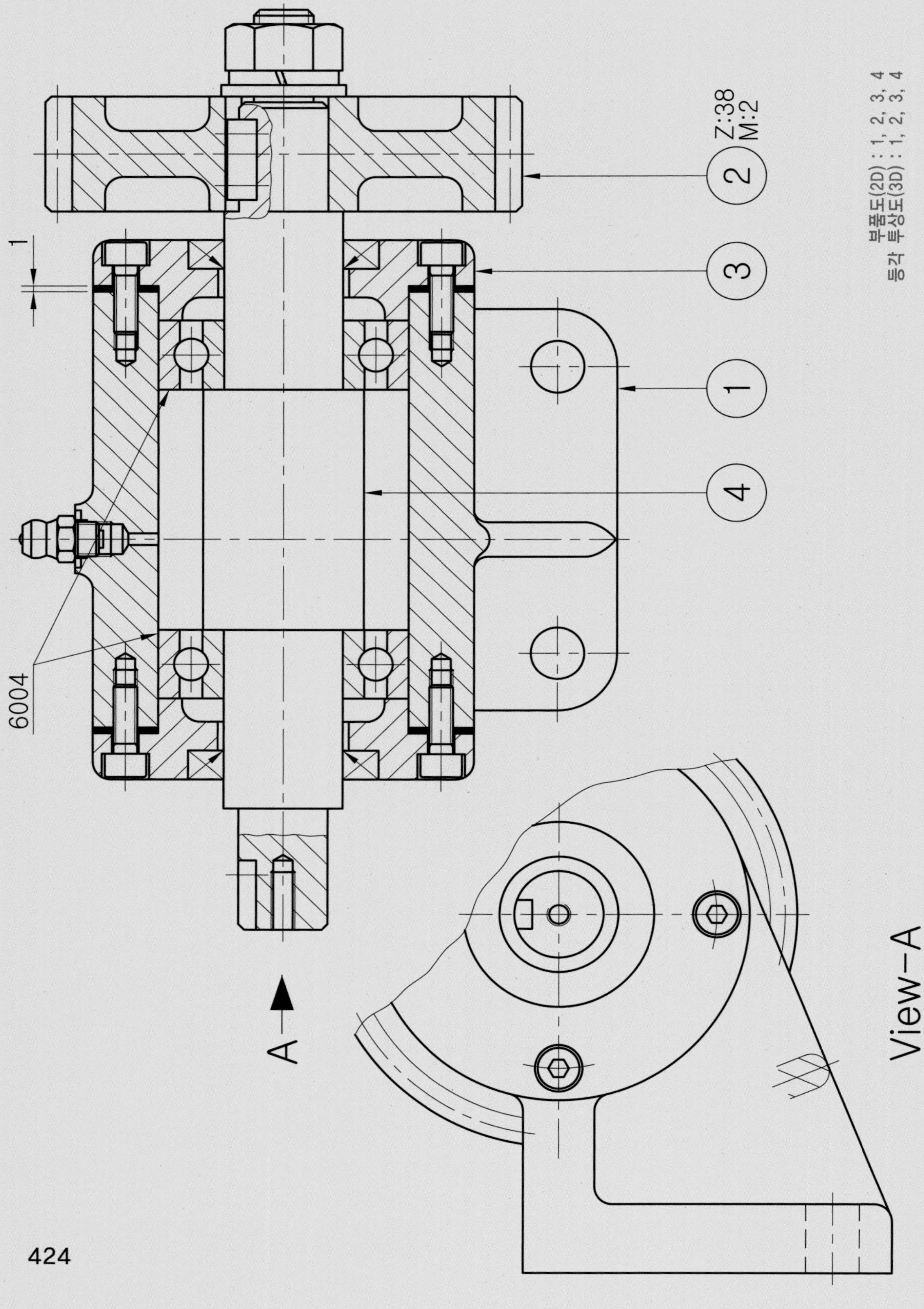

수험번호		기능사, 산업기사
성 명		
감독확인		

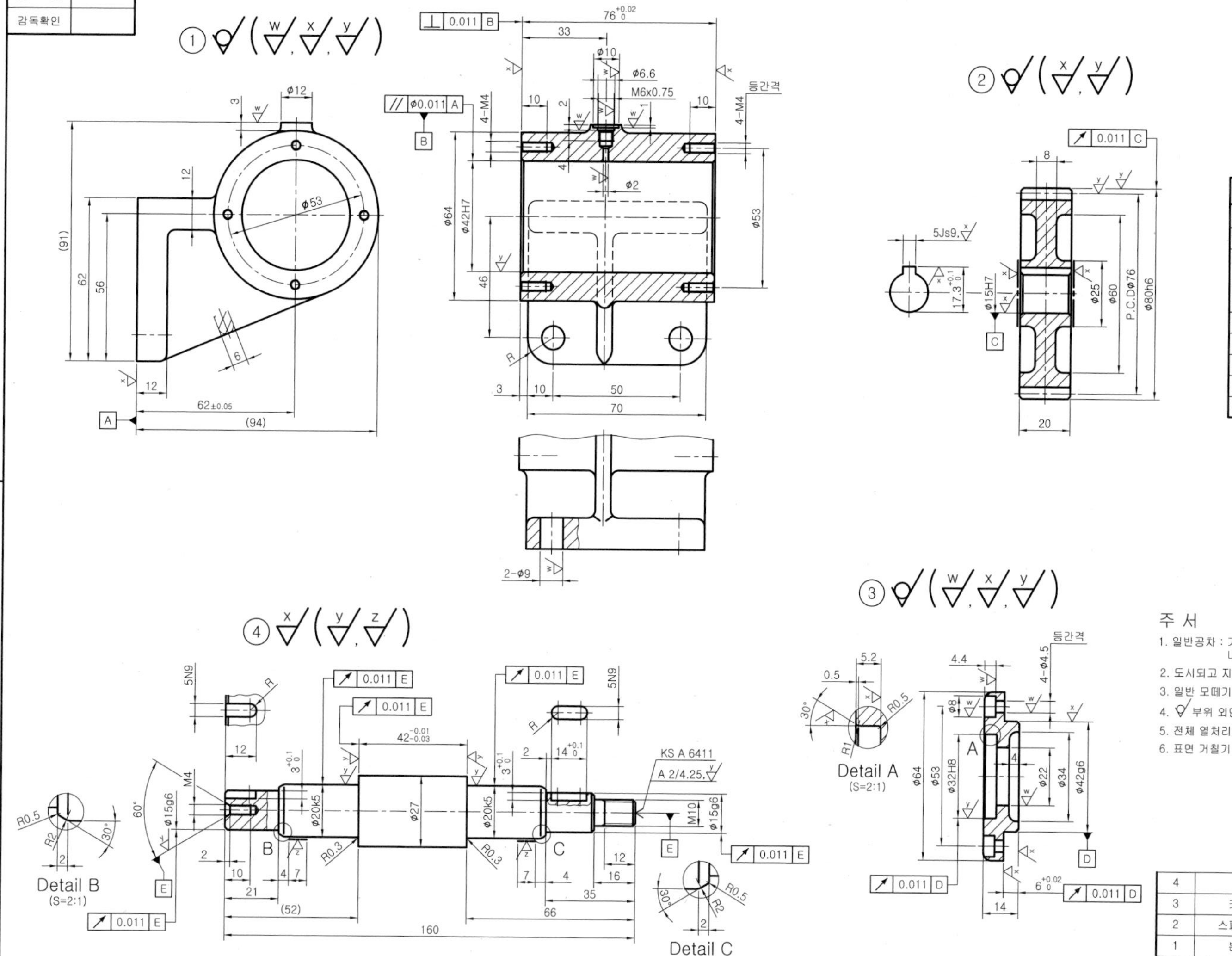

스퍼기어 요목표		
구분 \ 품번		2
기어치형		표준
공 구	모듈	2
	치형	보통이
	압력각	20°
전체 이 높이		4.5
피치원 지름		ϕ76
잇 수		38
다듬질 방법		호브절삭
정밀도		KS B ISO 1328-1, 4급

주 서

1. 일반공차 : 가) 주조부:KS B 0250-CT11
   나) 가공부:KS B ISO 2768-m
2. 도시되고 지시없는 모떼기는 1x45°, 필렛과 라운드는 R3
3. 일반 모떼기는 0.2x45°
4. 부위 외면 명회색 도장 (부품 1 , 3)
5. 전체 열처리 H_RC 50±3 (부품 2 , 4)
6. 표면 거칠기
   w = 12.5, N10
   x = 3.2, N8
   y = 0.8, N6
   z = 0.2, N4

품번	품 명	재 질	수 량	비 고
4	축	SCM440	1	
3	커버	GC200	2	
2	스퍼기어	SC480	1	
1	본체	GC200	1	

도 명	축 받침 장치	척 도	1:1
		각 법	3

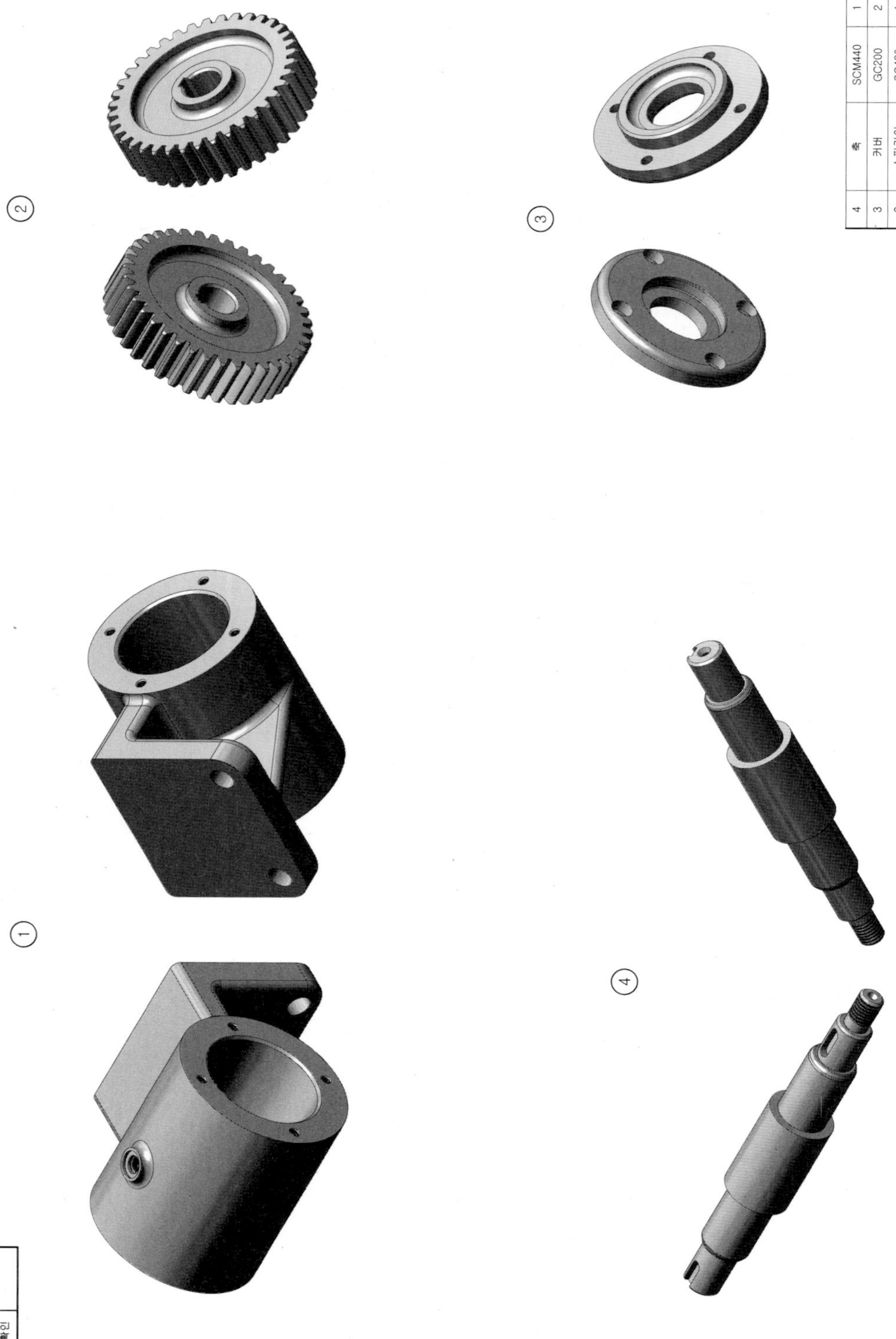

품번	품명	재질	수량	비고
4	축	SCM440	1	
3	커버	GC200	2	
2	스퍼기어	SC480	1	
1	본체	GC200	1	

도명	축 받침 장치	척도	NS

전산응용기계제도기능사

수험번호	
성명	
감독확인	

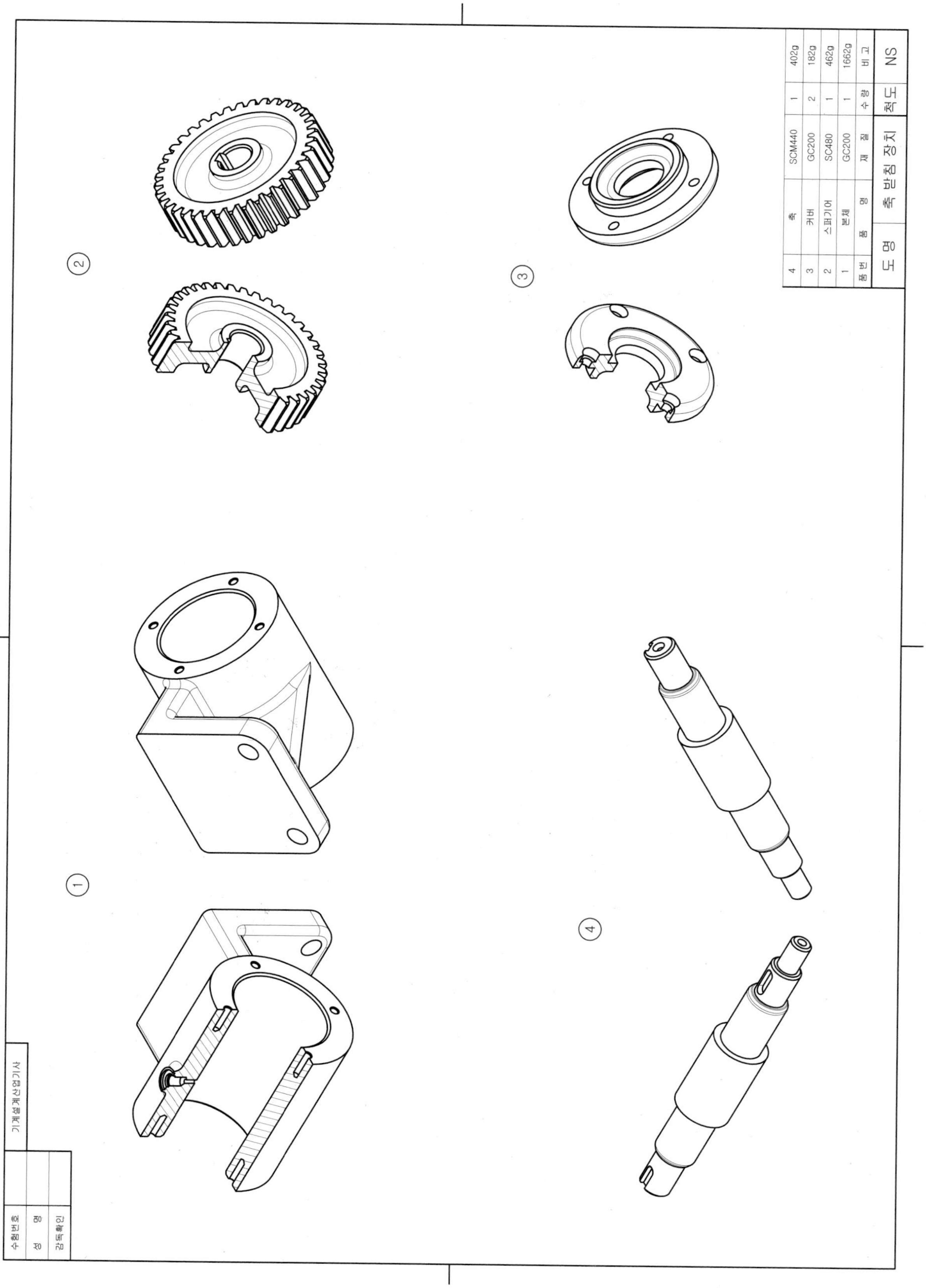
4 축 SCM440 1 402g
3 커버 GC200 2 182g
2 스퍼기어 SC480 1 462g
1 본체 GC200 1 1662g
품번 품명 재질 수량 비고
도명 축 받침 장치 척도 NS
①
②
③
④
기계설계산업기사
수험번호
성명
감독확인

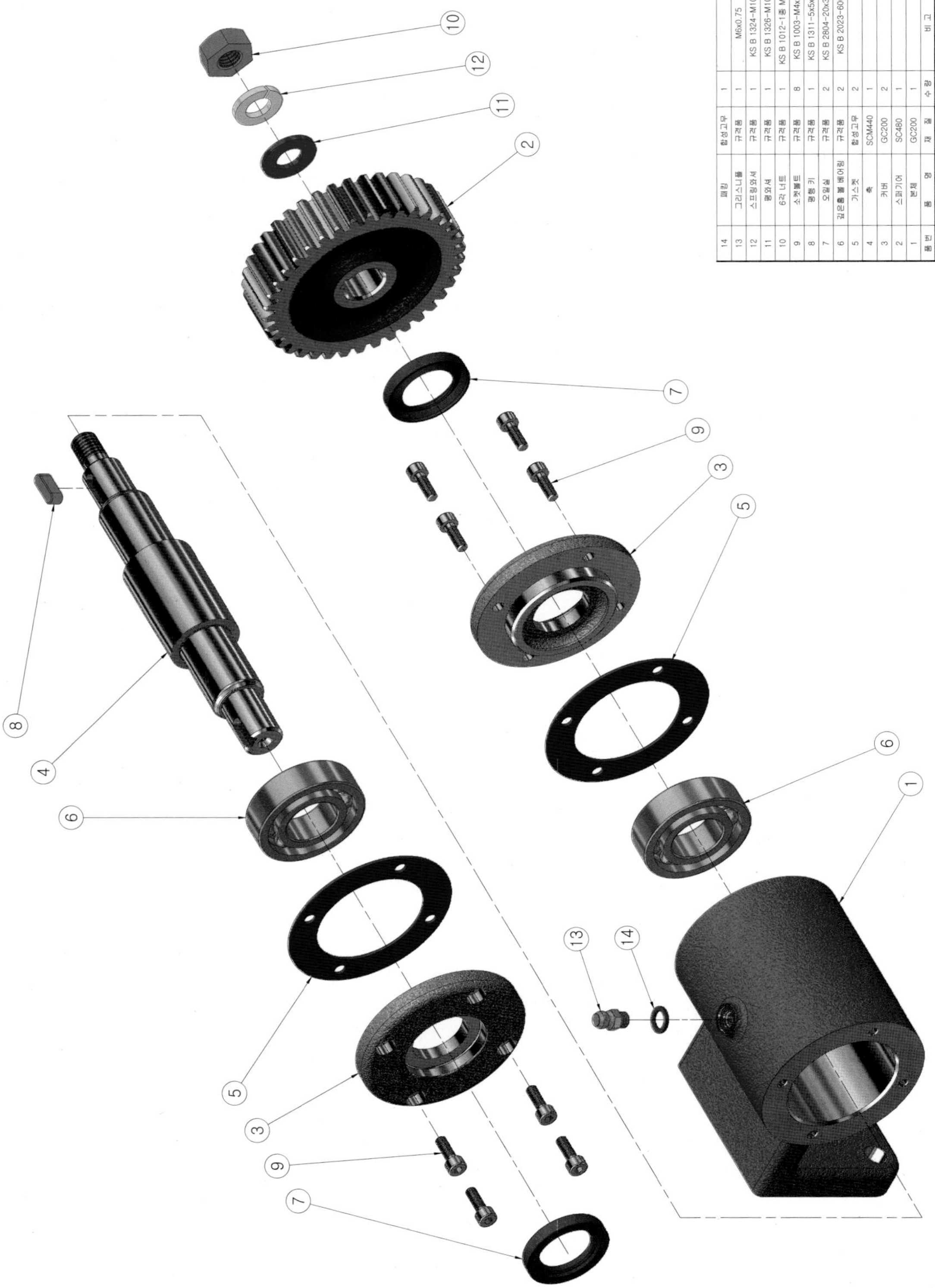

품번	품명	재질	수량	비고
14	패킹	합성고무	1	
13	그리스니플	규격품	1	M6x0.75
12	스프링와셔	규격품	1	KS B 1324-M10용
11	평와셔	규격품	1	KS B 1326-M10용
10	6각 너트	규격품	1	KS B 1012-1종 M10용
9	소켓볼트	규격품	8	KS B 1003-M4x12L
8	평행 키	규격품	1	KS B 1311-5x5x14L
7	오일실	규격품	2	KS B 2804-20x32x5
6	깊은홈 볼 베어링	규격품	2	KS B 2023-6004
5	가스켓	합성고무	2	
4	축	SCM440	1	
3	커버	GC200	2	
2	스퍼기어	SC480	1	
1	본체	GC200	1	

도명	축 받침 장치	척도	NS

도 명
축 받침 장치
척도
NS
본체
GC200
회 주철품
스퍼기어
SC480
탄소강 주강품
축
SCM440
크로뮴 몰리브데넘 강
커버
GC200
회 주철품

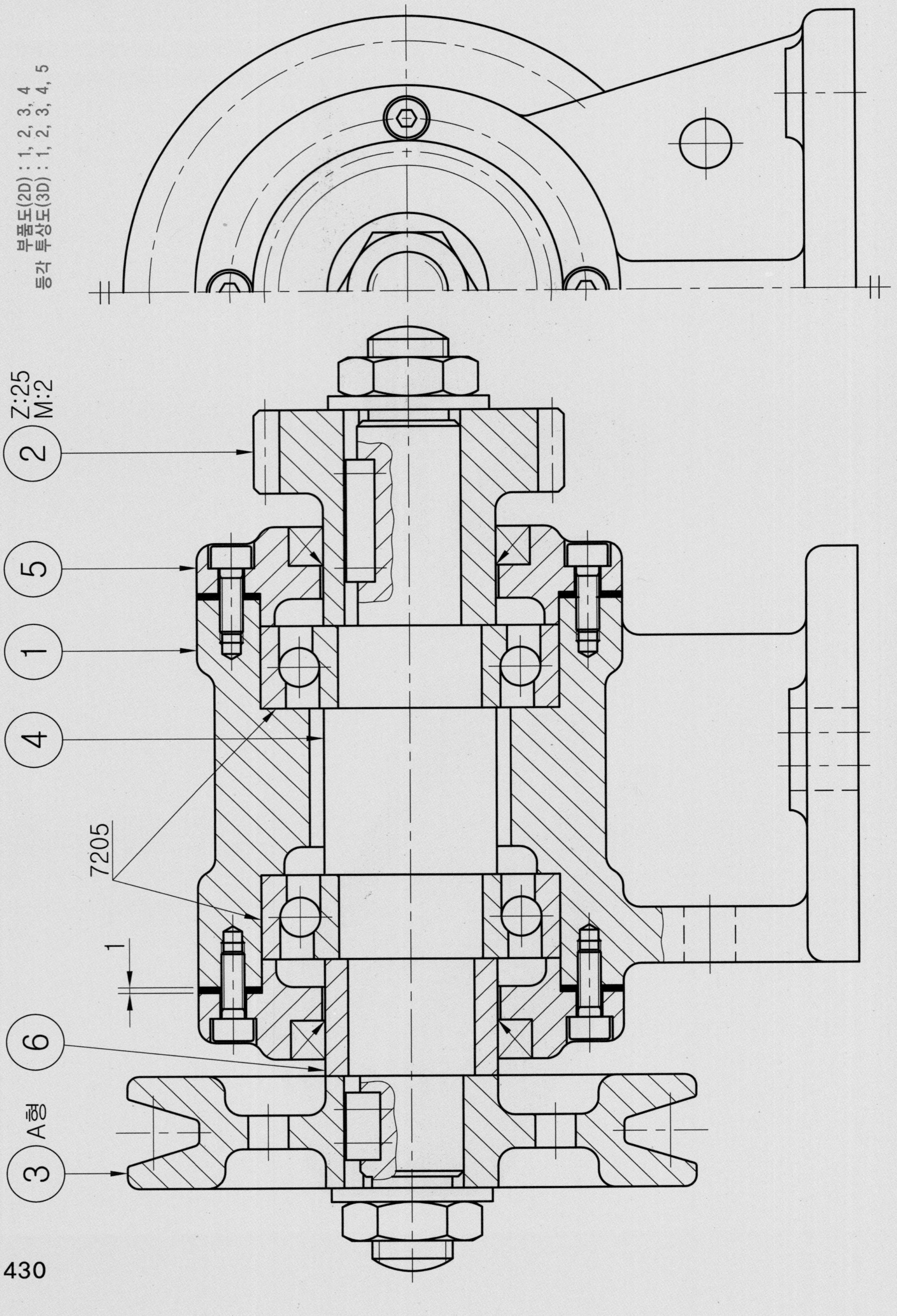
부품도(2D) : 1, 2, 3, 4
등각 투상도(3D) : 1, 2, 3, 4, 5
2
Z:25
M:2
5
1
4
7205
1
6
3
A형

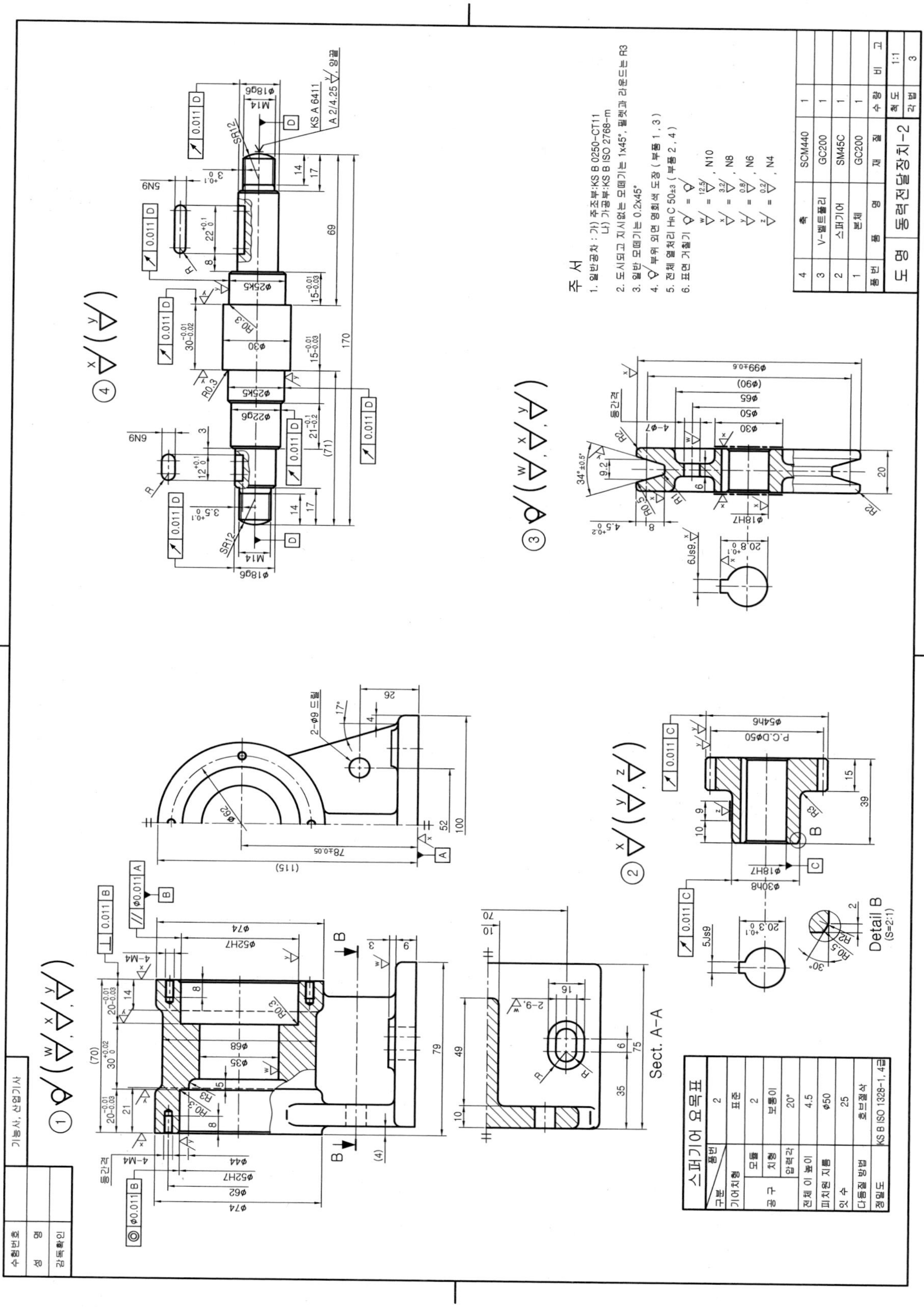
수험번호
성 명
감독확인
기능사, 산업기사
주 서
1. 일반공차 : 가) 주조부:KS B 0250-CT11
나) 가공부:KS B ISO 2768-m
2. 도시되고 지시없는 모떼기는 1x45°, 필렛과 라운드는 R3
3. 일반 모떼기는 0.2x45°
4. 부위 외면 명회색 도장 (부품 1, 3)
5. 전체 열처리 HRC 50±3 (부품 2, 4)
6. 표면 거칠기
N10
N8
N6
N4
스퍼기어 요목표
구분 / 품번: 2
기어치형: 표준
공구 모듈: 2
치형: 보통이
압력각: 20°
전체 이 높이: 4.5
피치원 지름: φ50
잇 수: 25
다듬질 방법: 호브절삭
정밀도: KS B ISO 1328-1, 4급
4 축 SCM440 1
3 V-벨트풀리 GC200 1
2 스퍼기어 SM45C 1
1 본체 GC200 1
품번 품 명 재 질 수량 비 고
도 명 동력전달장치-2
척도 1:1
각법 3
Sect. A-A
Detail B (S=2:1)
KS A 6411 A 2/4.25

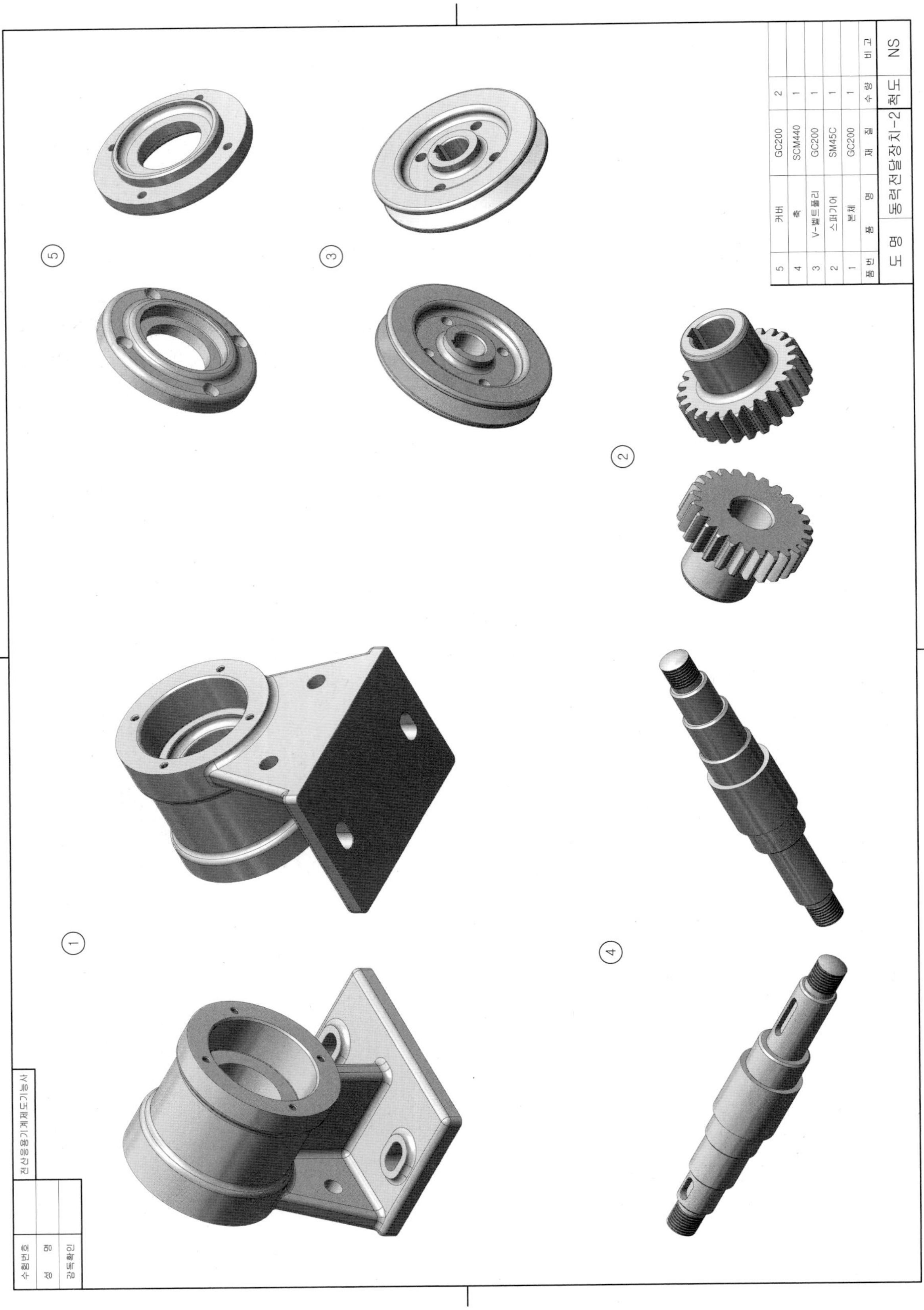

품번	품 명	재 질	수 량	비 고
5	커버	GC200	2	
4	축	SCM440	1	
3	V-벨트풀리	GC200	1	
2	스퍼기어	SM45C	1	
1	본체	GC200	1	
도 명	동력전달장치-2		척도	NS

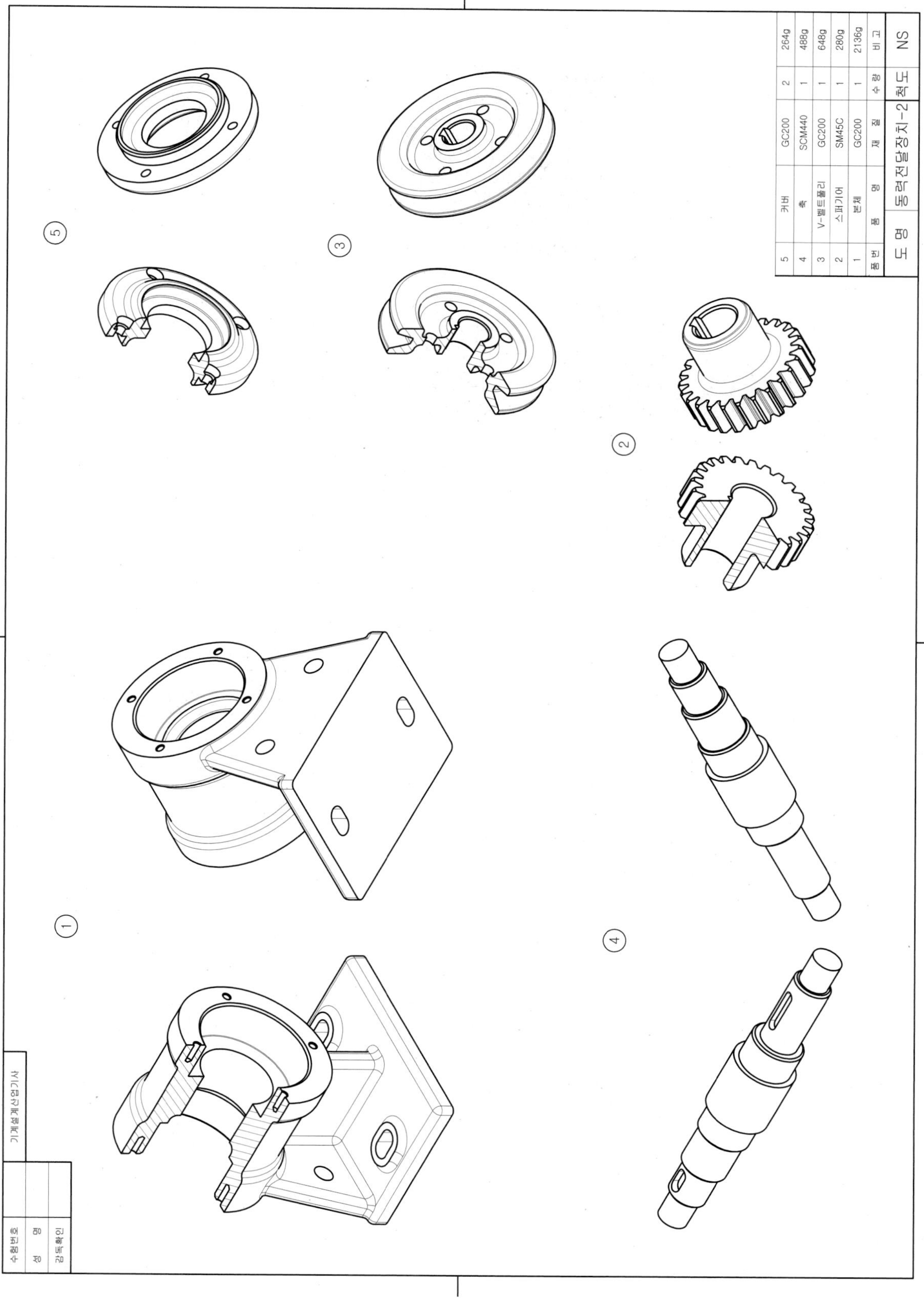
수험번호
성 명
감독확인
기계설계산업기사
①
②
③
④
⑤
5 커버 GC200 2 264g
4 축 SCM440 1 488g
3 V-벨트풀리 GC200 1 648g
2 스퍼기어 SM45C 1 280g
1 본체 GC200 1 2136g
품번 품 명 재 질 수량 비 고
도 명 동력전달장치-2 척도 NS

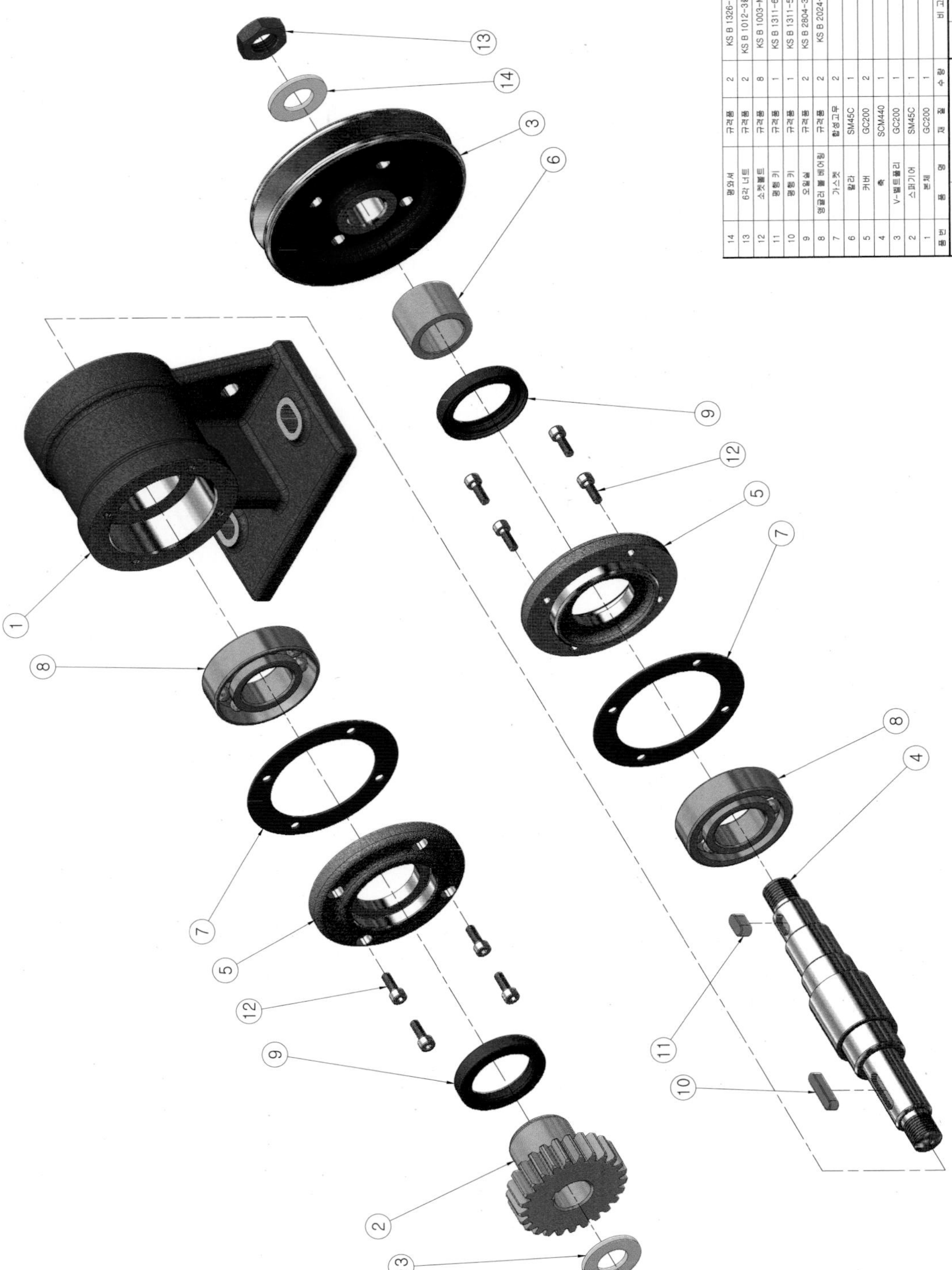

품번	품명	재질	수량	비고
14	평와셔	규격품	2	KS B 1326-M14용
13	6각 너트	규격품	2	KS B 1012-3종 M14용
12	소켓볼트	규격품	8	KS B 1003-M4x12L
11	평행 키	규격품	1	KS B 1311-6x6x12L
10	평행 키	규격품	1	KS B 1311-5x5x22L
9	오일실	규격품	2	KS B 2804-30x42x7
8	앵귤러 볼 베어링	규격품	2	KS B 2024-7205
7	가스켓	합성고무	2	
6	칼라	SM45C	1	
5	커버	GC200	2	
4	축	SCM440	1	
3	V-벨트풀리	GC200	1	
2	스퍼기어	SM45C	1	
1	본체	GC200	1	

도 명	동력전달장치-2	척도	NS

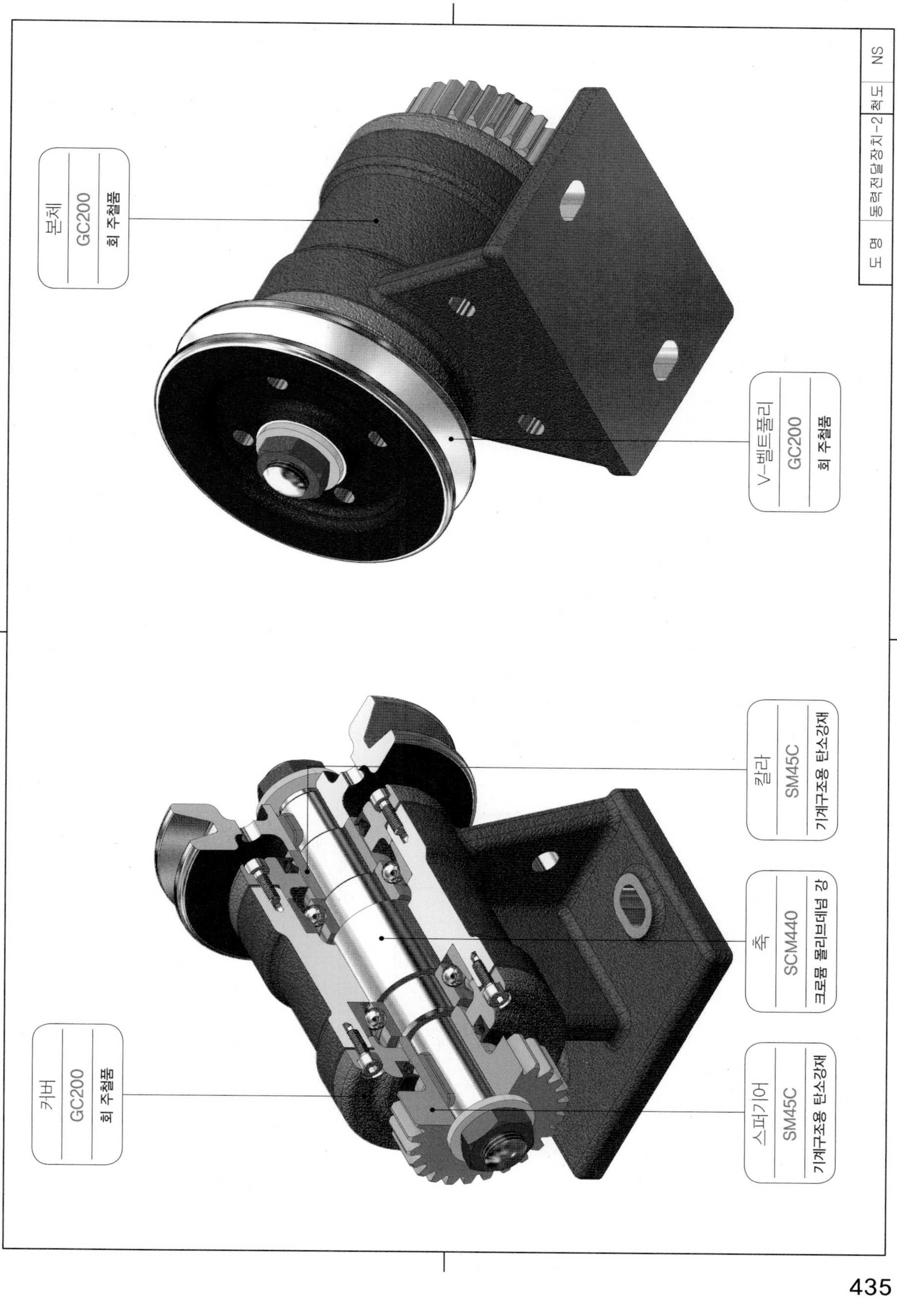
도 명
동력전달장치-2
척도
NS
본체
GC200
회 주철품
V-벨트풀리
GC200
회 주철품
커버
GC200
회 주철품
스퍼기어
SM45C
기계구조용 탄소강재
축
SCM440
크로뮴 몰리브데넘 강
칼라
SM45C
기계구조용 탄소강재

3. 기어박스

부품도(2D) : 1, 3, 4, 5
등각 투상도(3D) : 1, 2, 3, 4

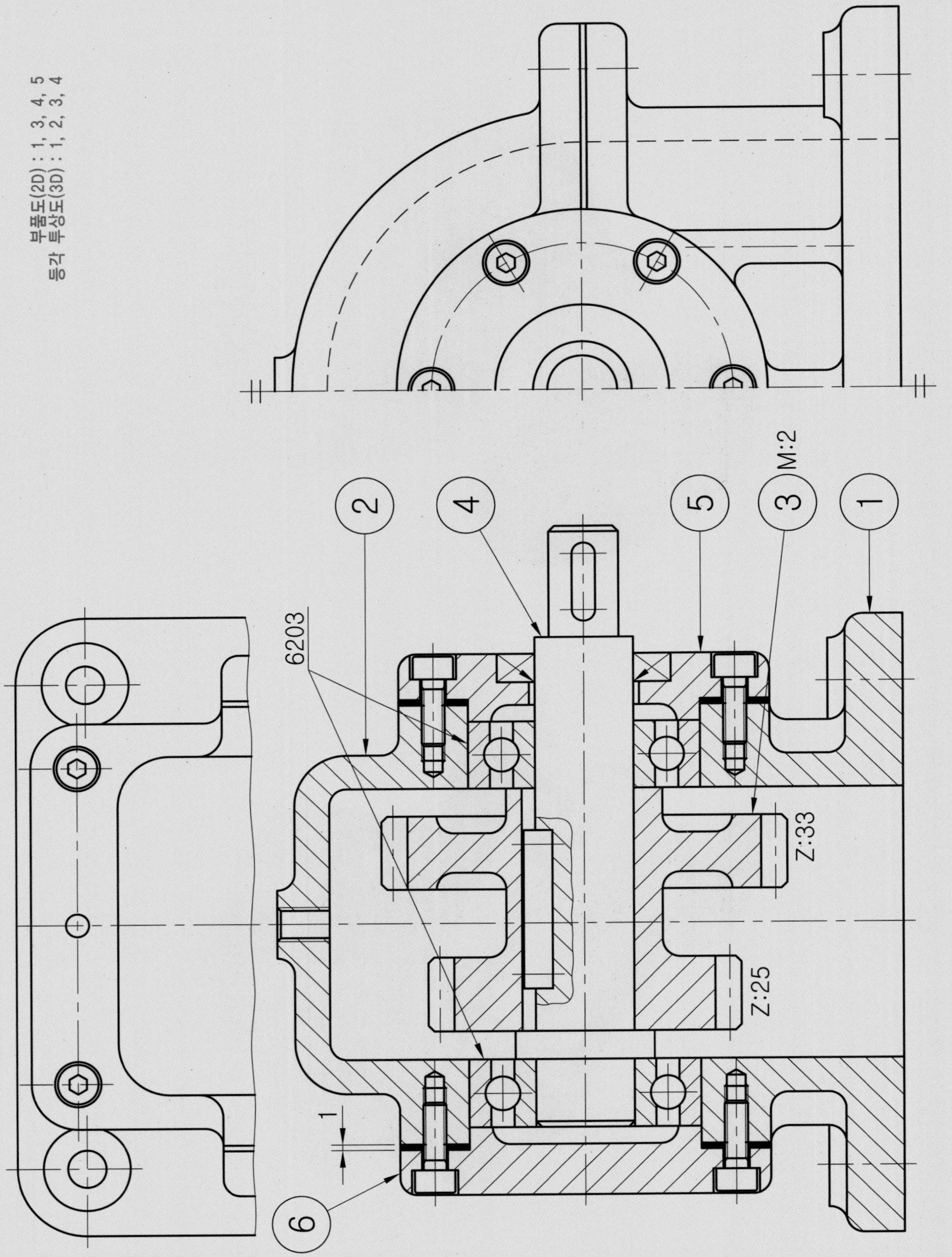

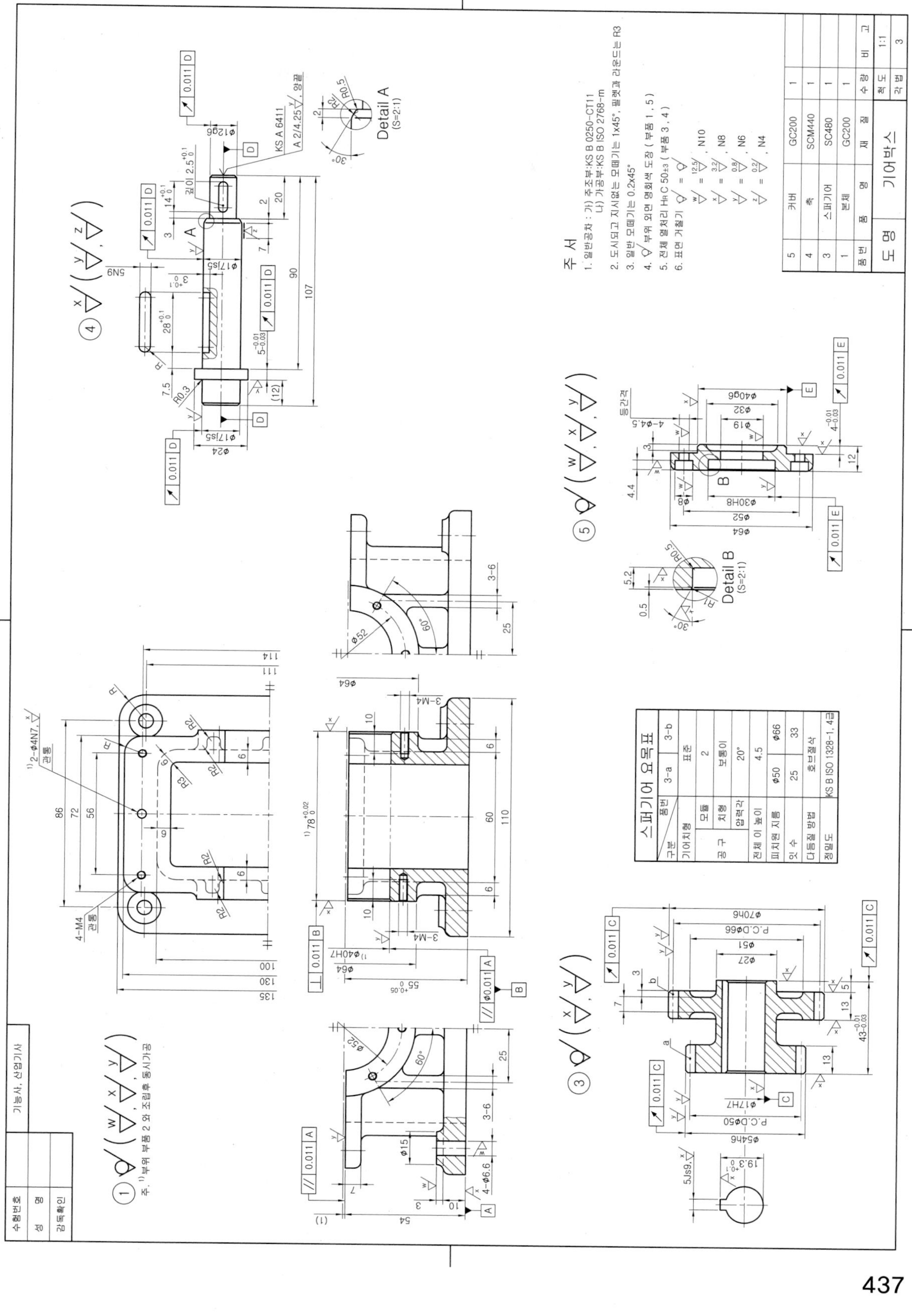

수험번호
성명
감독확인
기능사, 산업기사
주. 1) 부위 부품 2 와 조립후 동시가공
Detail A
(S=2:1)
Detail B
(S=2:1)
KS A 6411
A 2/4.25
스퍼기어 요목표
구분 / 품번: 3-a, 3-b
기어치형: 표준
공구 모듈: 2
치형: 보통이
압력각: 20°
전체 이 높이: 4.5
피치원 지름: Ø50, Ø66
잇 수: 25, 33
다듬질 방법: 호브절삭
정밀도: KS B ISO 1328-1, 4급
주 서
1. 일반공차 : 가) 주조부:KS B 0250-CT11
나) 가공부:KS B ISO 2768-m
2. 도시되고 지시없는 모떼기는 1x45°, 필렛과 라운드는 R3
3. 일반 모떼기는 0.2x45°
4. 부위 외면 명회색 도장 (부품 1, 5)
5. 전체 열처리 HRC 50±3 (부품 3, 4)
6. 표면 거칠기
N10
N8
N6
N4
5 커버 GC200 1
4 축 SCM440 1
3 스퍼기어 SC480 1
1 본체 GC200 1
품번 품명 재질 수량 비고
도명 기어박스
척도 1:1
각법 3

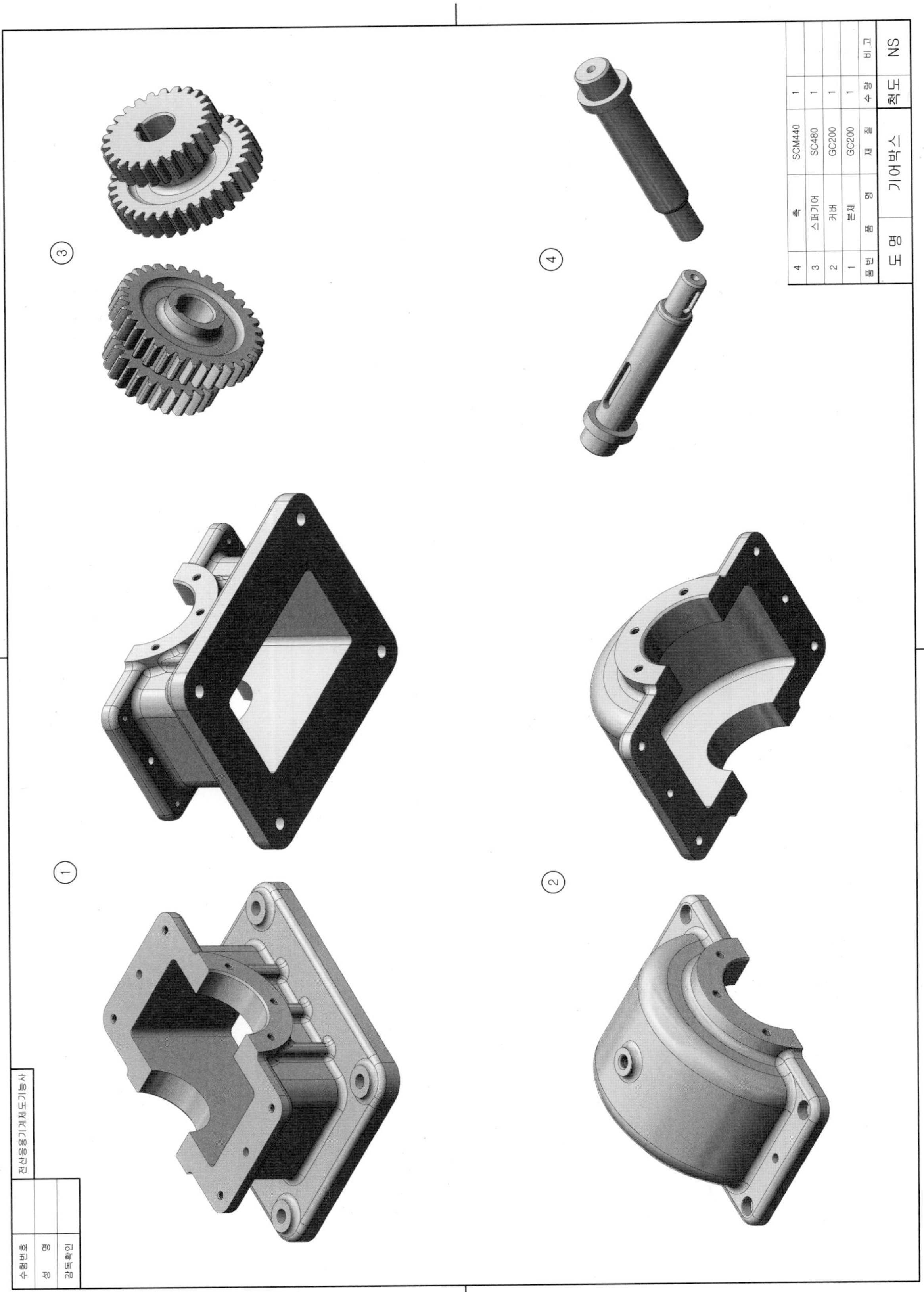
③
④
①
②
4 축 SCM440 1
3 스퍼기어 SC480 1
2 커버 GC200 1
1 본체 GC200 1
품번 품명 재질 수량 비고
도명 기어박스 척도 NS
전산응용기계제도기능사
수험번호
성명
감독확인

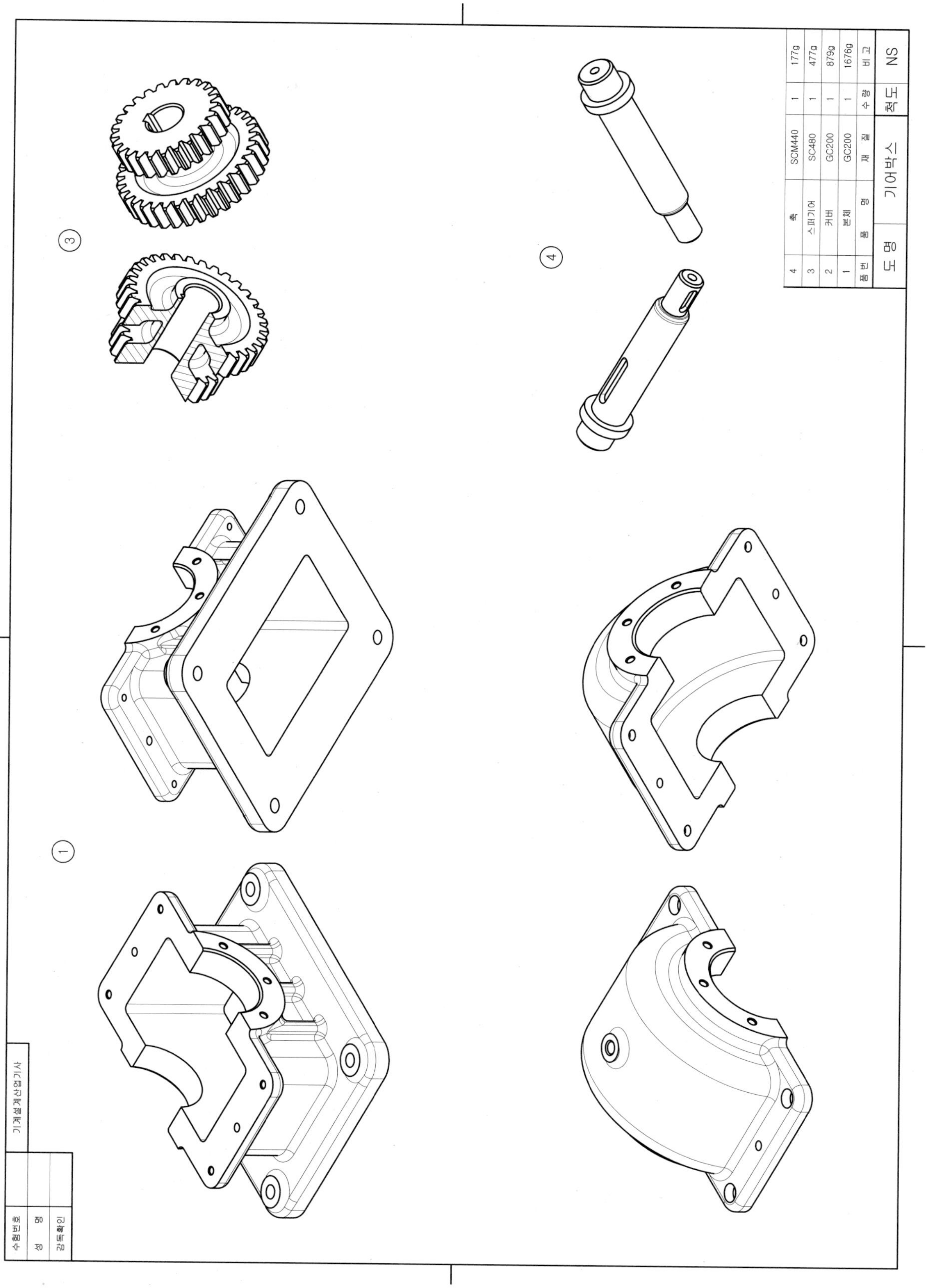
4 축 SCM440 1 177g
3 스퍼기어 SC480 1 477g
2 커버 GC200 1 879g
1 본체 GC200 1 1676g
품번 품명 재질 수량 비고
도명 기어박스 척도 NS
수험번호
성명
감독확인
기계설계산업기사
①
③
④

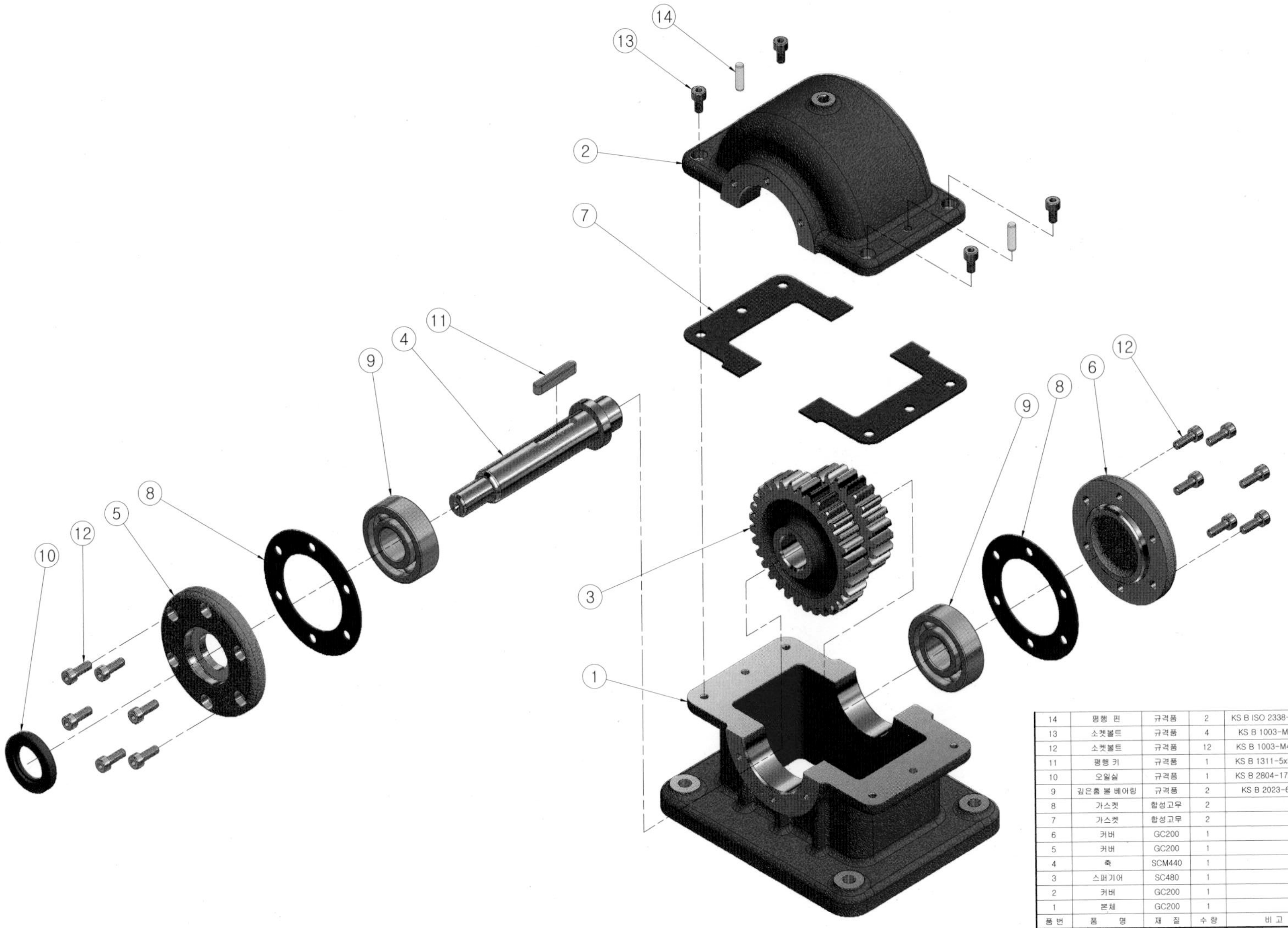

품번	품명	재질	수량	비고
14	평행 핀	규격품	2	KS B ISO 2338-4x15L
13	소켓볼트	규격품	4	KS B 1003-M4x8L
12	소켓볼트	규격품	12	KS B 1003-M4x12L
11	평행 키	규격품	1	KS B 1311-5x5x28L
10	오일실	규격품	1	KS B 2804-17x30x5
9	깊은홈 볼 베어링	규격품	2	KS B 2023-6203
8	가스켓	합성고무	2	
7	가스켓	합성고무	2	
6	커버	GC200	1	
5	커버	GC200	1	
4	축	SCM440	1	
3	스퍼기어	SC480	1	
2	커버	GC200	1	
1	본체	GC200	1	

도 명	기어박스	척도	NS

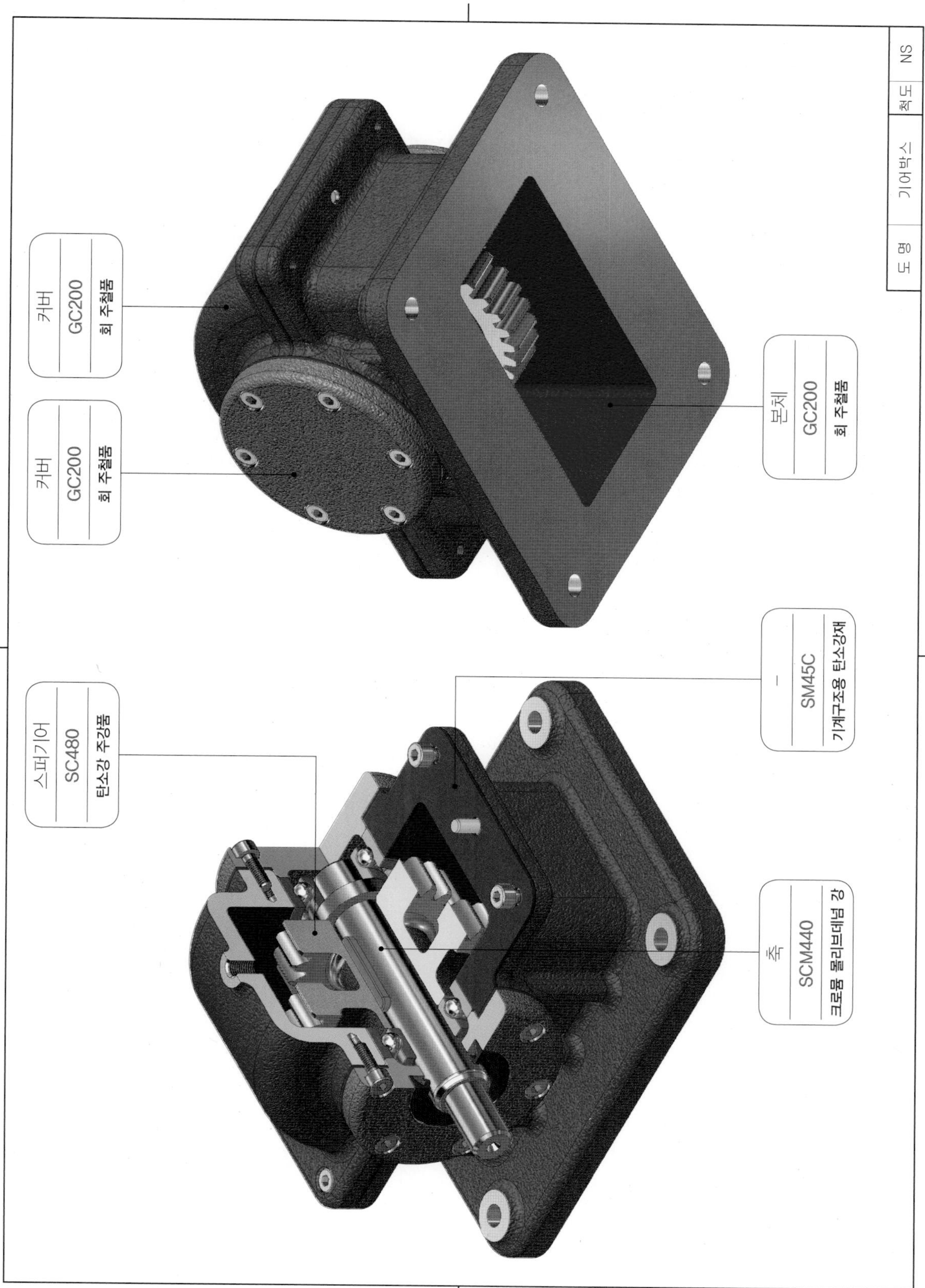
도 명
기어박스
척도
NS
커버
GC200
회 주철품
커버
GC200
회 주철품
본체
GC200
회 주철품
스퍼기어
SC480
탄소강 주강품
-
SM45C
기계구조용 탄소강재
축
SCM440
크로뮴 몰리브데넘 강

4. 바이스

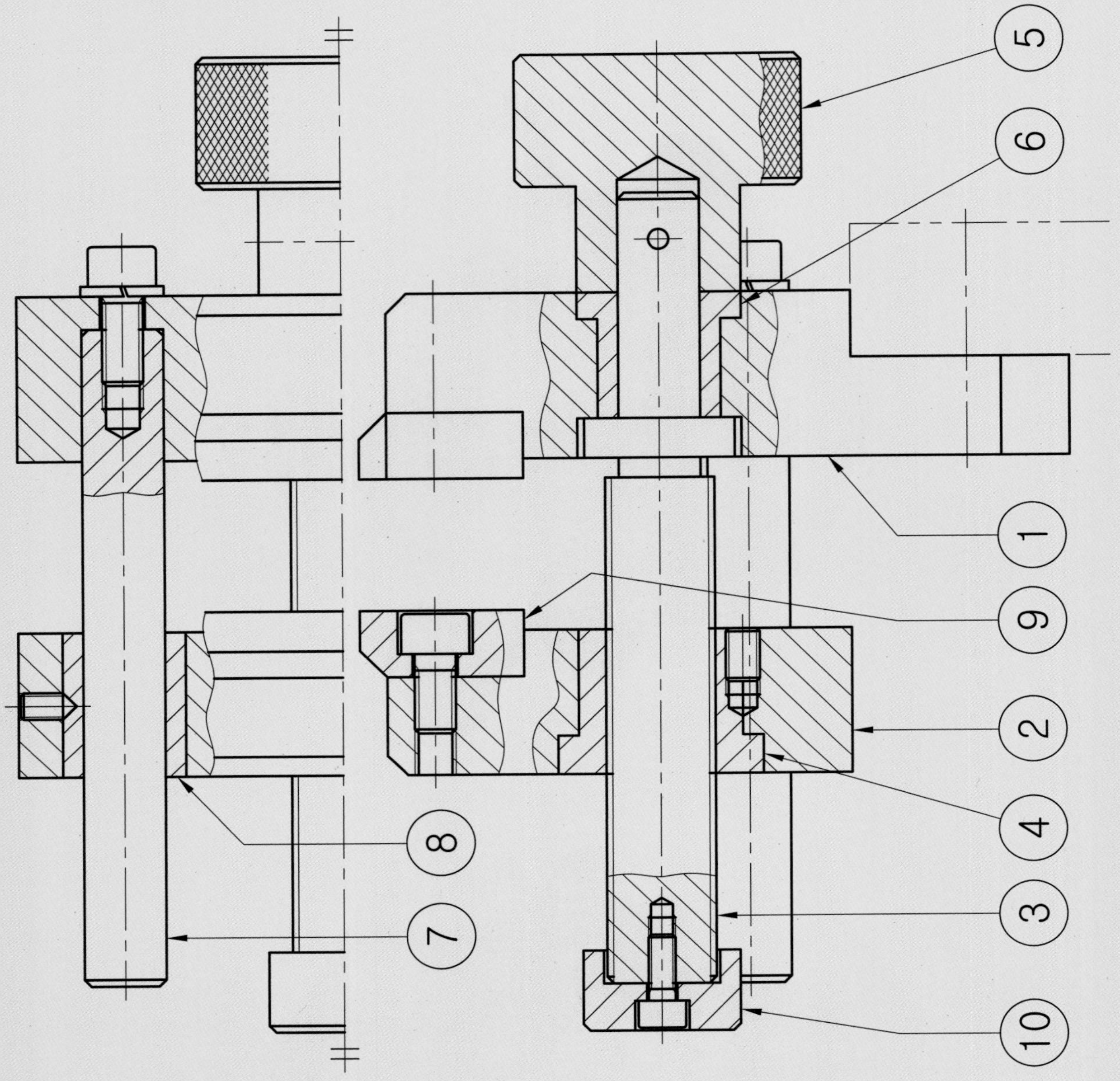

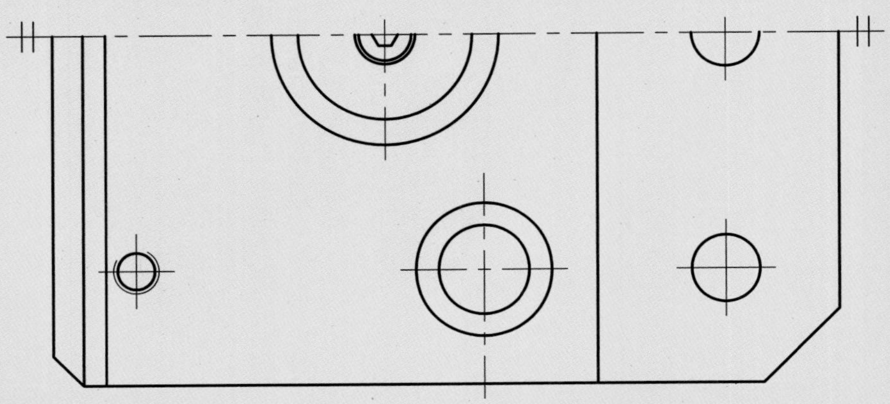

부품도(2D) : 1, 2, 3, 5
등각 투상도(3D) : 1, 2, 3, 4, 5

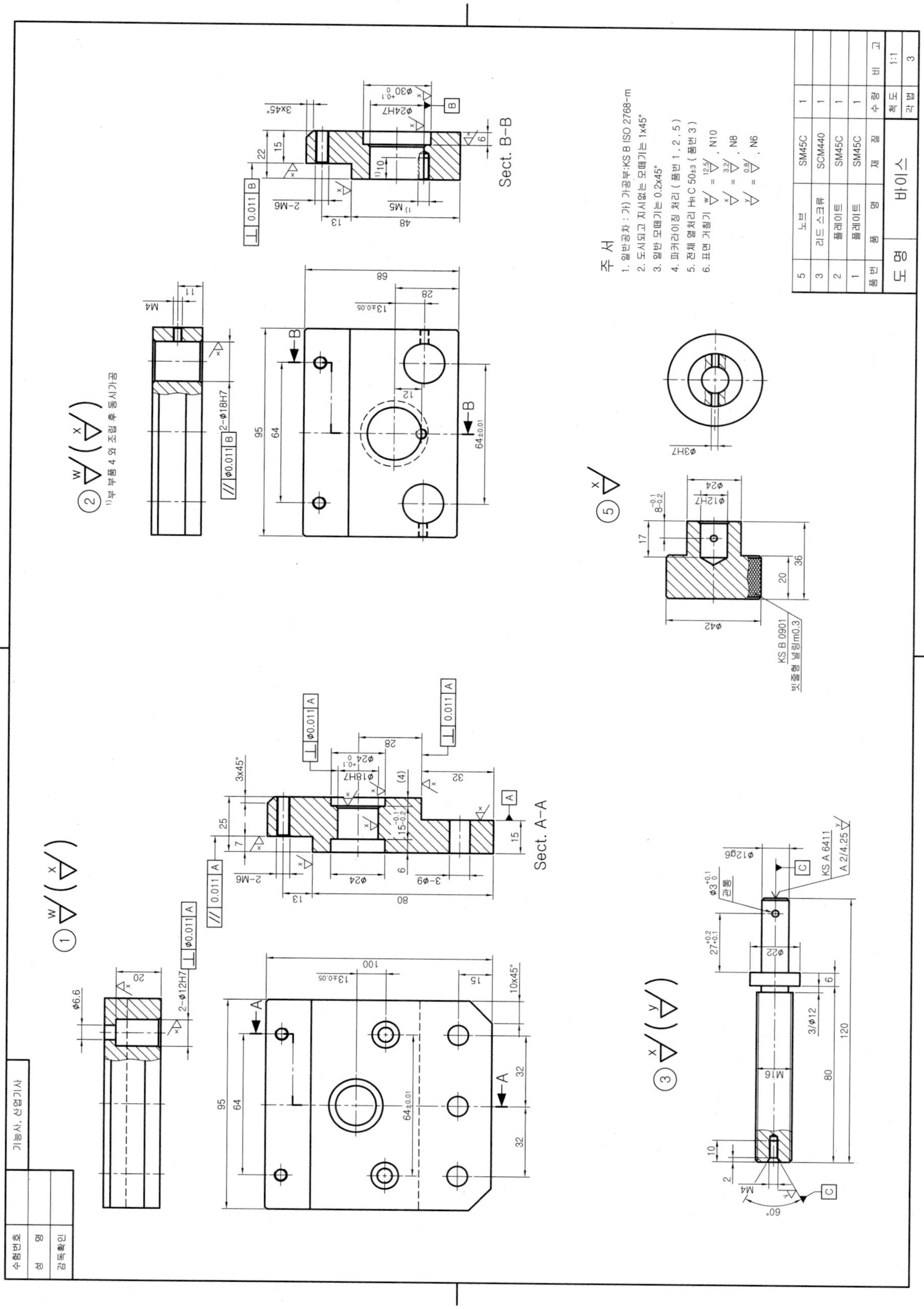
Sect. A-A
Sect. B-B
주 서
1. 일반공차 : 가) 가공부:KS B ISO 2768-m
2. 도시되고 지시없는 모떼기는 1x45°
3. 일반 모떼기는 0.2x45°
4. 파커라이징 처리 (품번 1, 2, 5)
5. 전체 열처리 HRC 50±3 (품번 3)
6. 표면 거칠기
5 노브 SM45C 1
3 리드 스크류 SCM440 1
2 플레이트 SM45C 1
1 플레이트 SM45C 1
품번 품명 재질 수량 비고
도명 바이스
척도 1:1
각법 3
수험번호
성명
감독확인
기능사, 산업기사

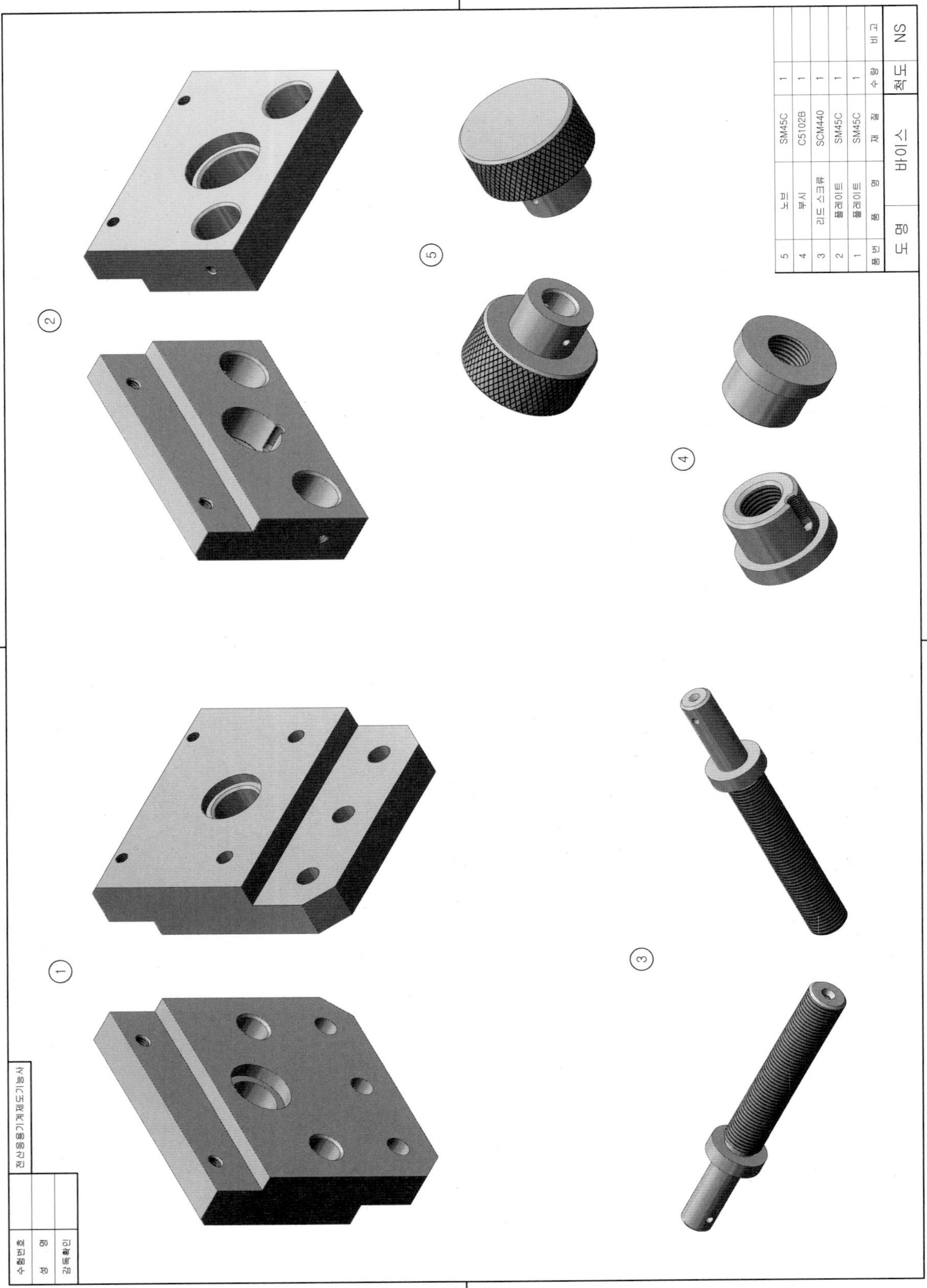

품번	품명	재질	수량	비고
5	노브	SM45C	1	
4	부시	C5102B	1	
3	리드 스크류	SCM440	1	
2	플레이트	SM45C	1	
1	플레이트	SM45C	1	
도명	바이스		척도	NS

전산응용기계제도기능사	
수험번호	
성명	
감독확인	

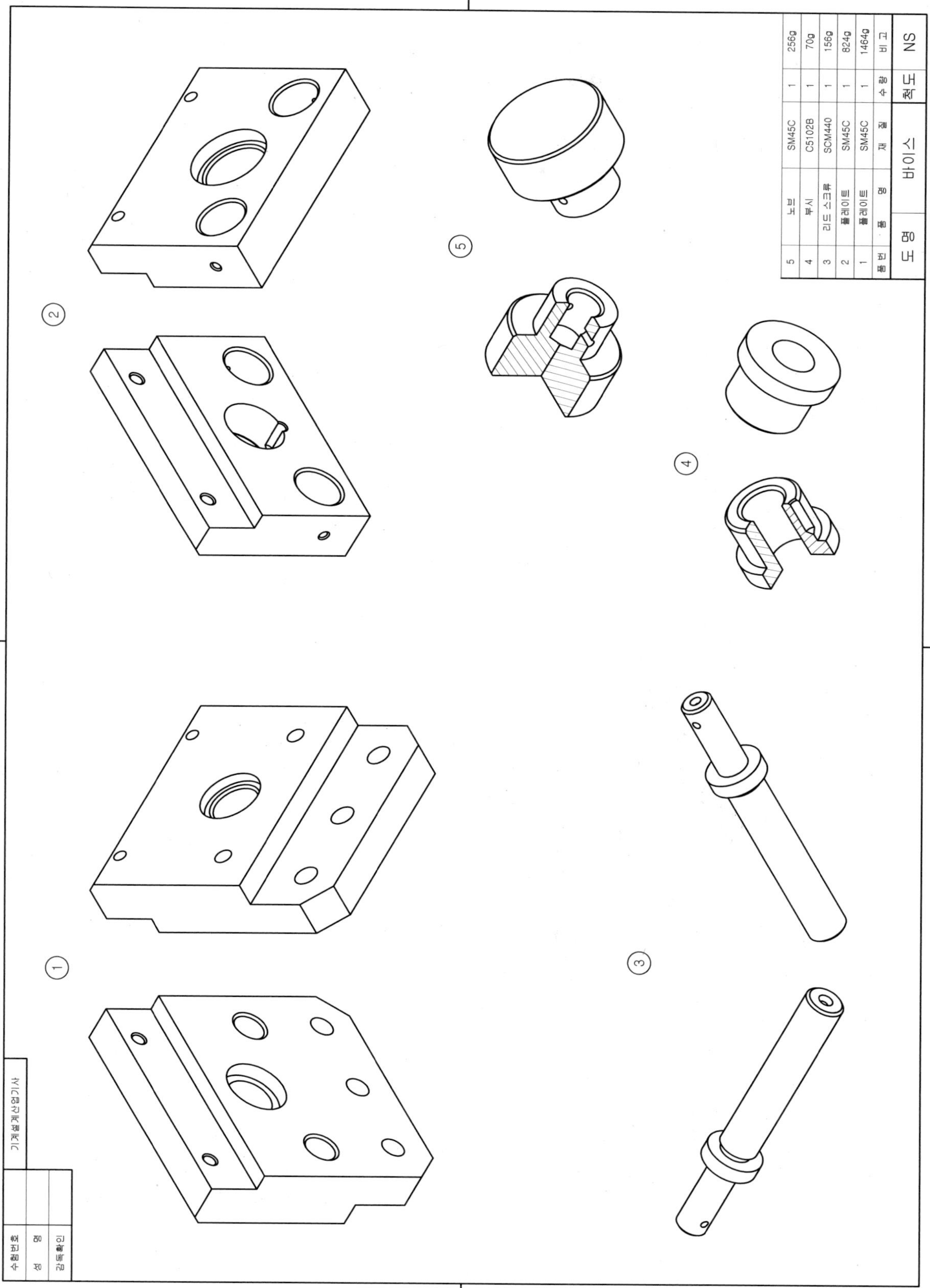

품 번	품 명	재 질	수 량	비 고
5	노브	SM45C	1	256g
4	부시	C5102B	1	70g
3	리드 스크류	SCM440	1	156g
2	플레이트	SM45C	1	824g
1	플레이트	SM45C	1	1464g
도 명	바이스		척 도	NS

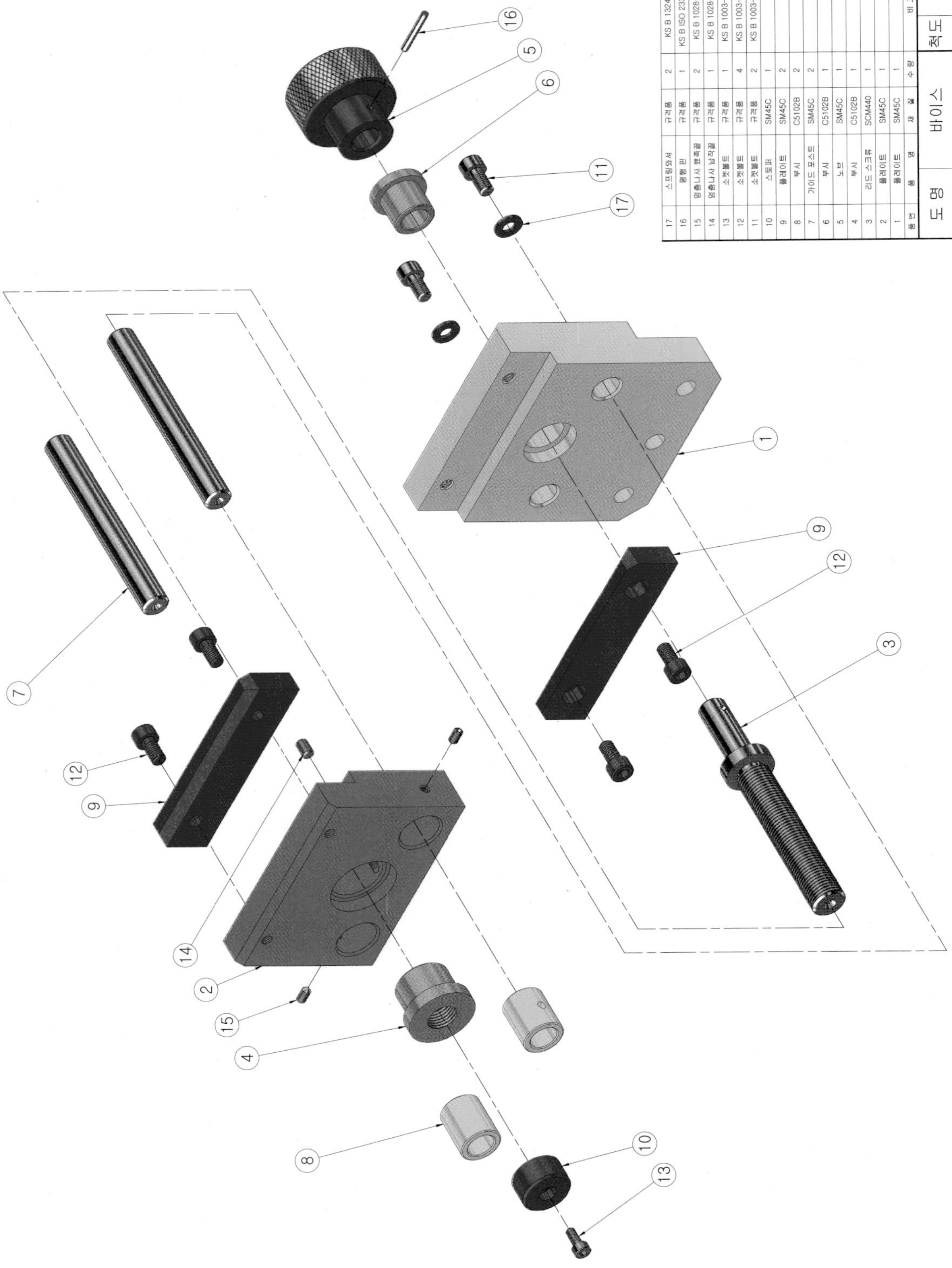

품번	품명	재질	수량	비고
17	스프링와셔	규격품	2	KS B 1324-M6용
16	평행 핀	규격품	1	KS B ISO 2338-3x22L
15	멈춤나사 평족끝	규격품	2	KS B 1028-M4x8L
14	멈춤나사 납작끝	규격품	1	KS B 1028-M5x8L
13	소켓볼트	규격품	1	KS B 1003-M4x10L
12	소켓볼트	규격품	4	KS B 1003-M6x12L
11	소켓볼트	규격품	2	KS B 1003-M6x15L
10	스토퍼	SM45C	1	
9	플레이트	SM45C	2	
8	부시	C5102B	2	
7	가이드 포스트	SM45C	2	
6	부시	C5102B	1	
5	노브	SM45C	1	
4	부시	C5102B	1	
3	리드 스크류	SCM440	1	
2	플레이트	SM45C	1	
1	플레이트	SM45C	1	

도 명	바이스	척도	NS

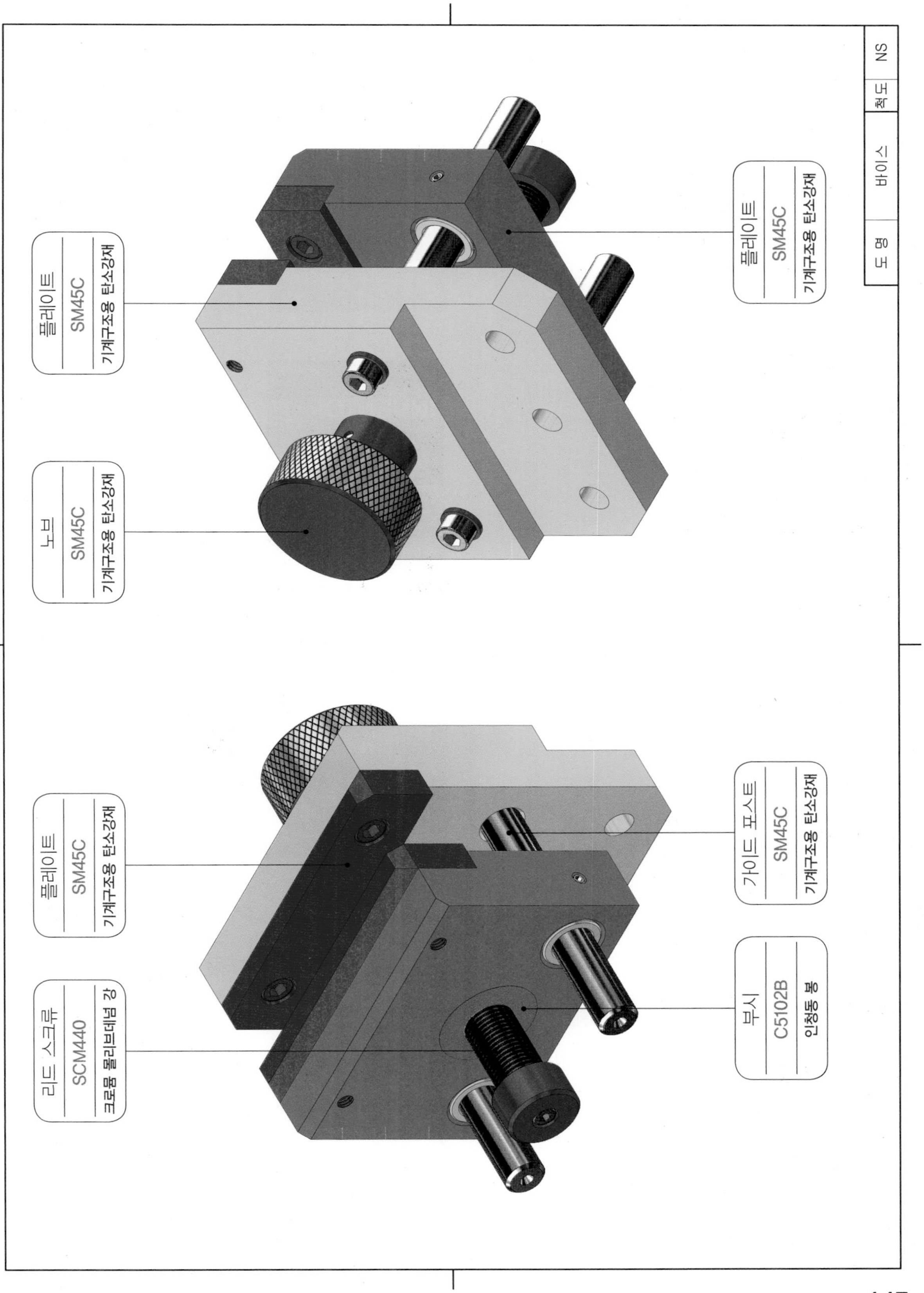

플레이트
SM45C
기계구조용 탄소강재
노브
SM45C
기계구조용 탄소강재
플레이트
SM45C
기계구조용 탄소강재
플레이트
SM45C
기계구조용 탄소강재
리드 스크류
SCM440
크로뮴 몰리브데넘 강
가이드 포스트
SM45C
기계구조용 탄소강재
부시
C5102B
인청동 봉
도 명
바이스
척 도
NS

신간 도서 목록

NCS 학습 모듈기반 능력단위 훈련서

전산응용기계제도기능사
실기출제도면집

저자 : 메카피아
발행 : 2019년 4월 15일
쪽수 : 384
정가 : 23,000원
ISBN : 9791162480335

인벤터 사용자를 위한

생산자동화기능사.산업기사
CAD 작업형 실기

저자 : 주영환, 강명창
발행 : 2019년 4월 15일
쪽수 : 448
정가 : 28,000원
ISBN : 9791162480366

최신 KS 기계제도 규격에 따른

일반기계기사 기계설계산업기사
건설기계설비기사/산업기사 작업형 실기

저자 : 메카피아
발행 : 2019년 4월 10일
쪽수 : 480
정가 : 34,000원
ISBN : 9791162480311

Autodesk

INVENTOR 2018-2019
Basic for Engineer

저자 : 노수황, 정인수, 이승열, 이예진
발행 : 2019년 3월 29일
쪽수 : 480
정가 : 32,000원
ISBN : 9791162480304

퓨전360 캠 & 제너레이티브 디자인

Fusion360 CAM &
Generative Design

저자 : 정인수, 이승열, 노수황, 이예진
발행 : 2020년 1월 20일
쪽수 : 528
정가 : 38,000원
ISBN : 9791162480625

전산응용기계설계제도(CAD)
2D 도면작업과 3D형상 모델링 작업
실기실무 도면집

저자 : 노수황, 주영환, 이원모, 신충식
발행 : 2019년 3월 4일
쪽수 : 524
정가 : 27,000원
ISBN : 9791162480281

NCS 기반

3D프린터운용기능사 실기
인벤터 3D모델링 & 3D프린팅 작업

저자 : 노수황, 권현진, 주영환
발행 : 2019년 5월 10일
쪽수 : 548
정가 : 30,000원
ISBN : 9791162480427

한권으로 끝내는

3D 프린터 마스터북
3D 프린팅 개론 및 실전활용서

저자 : 노수황
발행 : 2019년 1월 11일
쪽수 : 532
정가 : 28,000원
ISBN : 9791187244370

YouTube 메카피아